研究区域（东北地区）示意图

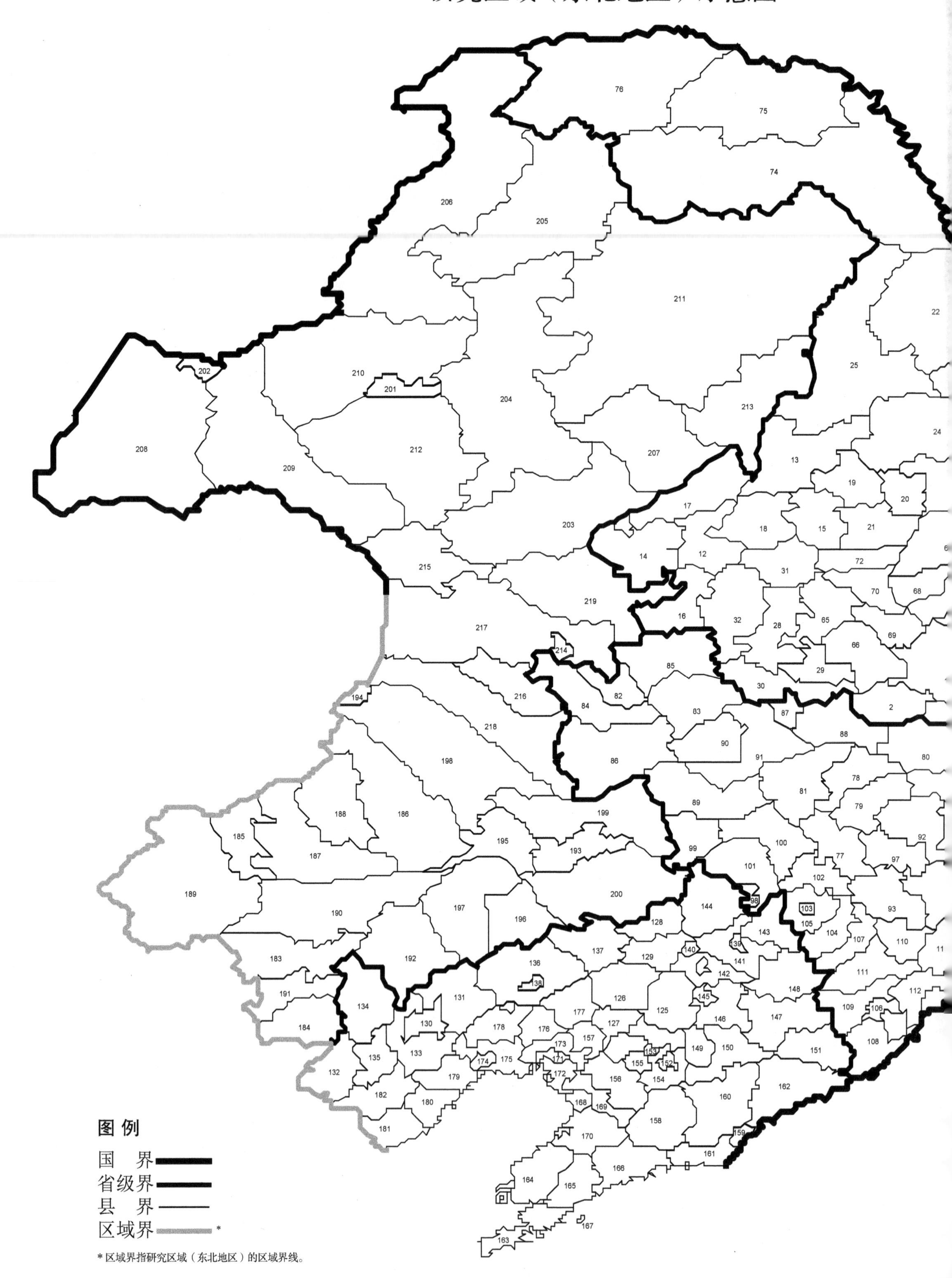

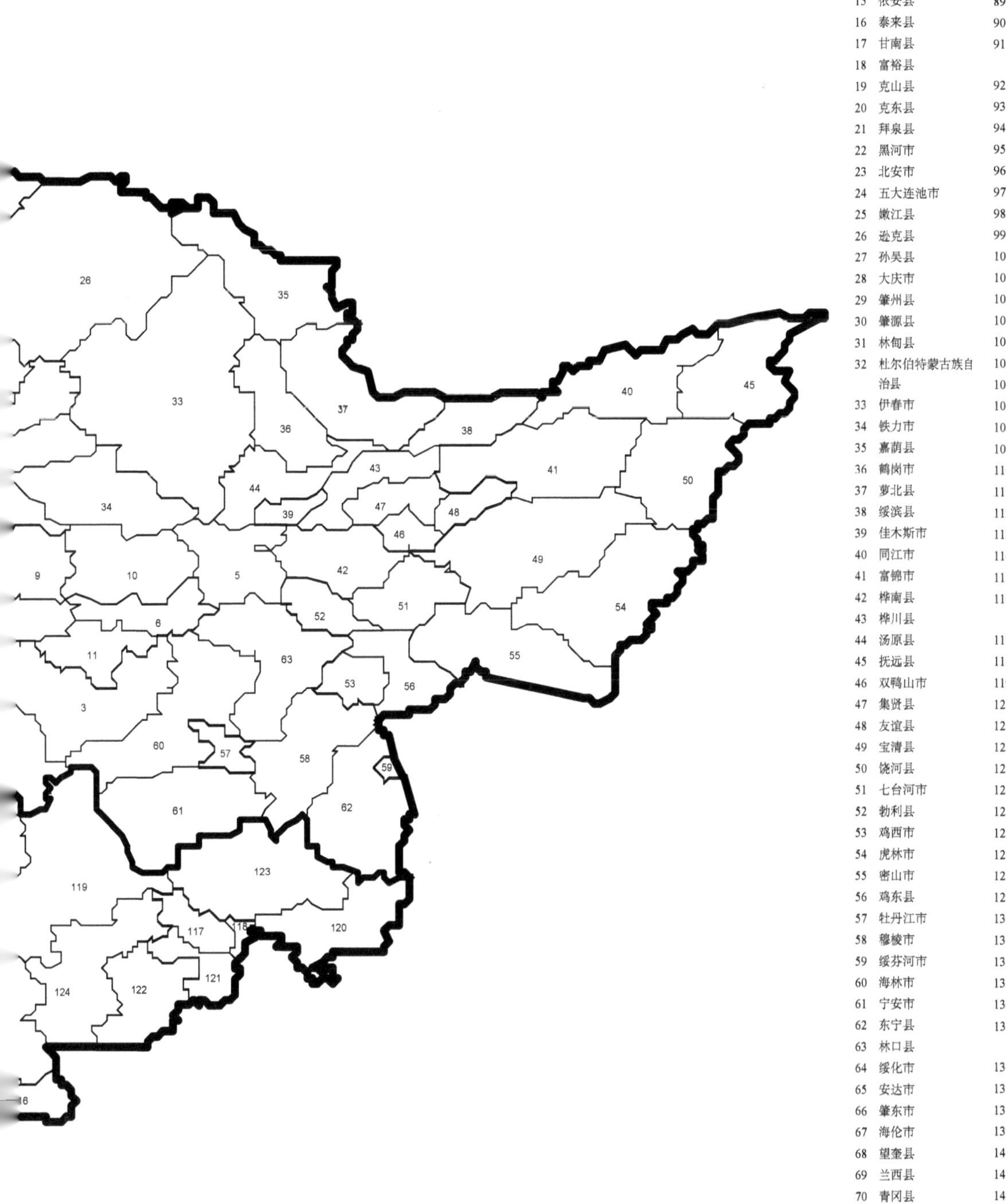

1 哈尔滨市
2 双城市
3 尚志市
4 五常市
5 依兰县
6 方正县
7 宾县
8 巴彦县
9 木兰县
10 通河县
11 延寿县
12 齐齐哈尔市
13 讷河市
14 龙江县
15 依安县
16 泰来县
17 甘南县
18 富裕县
19 克山县
20 克东县
21 拜泉县
22 黑河市
23 北安市
24 五大连池市
25 嫩江县
26 逊克县
27 孙吴县
28 大庆市
29 肇州县
30 肇源县
31 林甸县
32 杜尔伯特蒙古族自治县
33 伊春市
34 铁力市
35 嘉荫县
36 鹤岗市
37 萝北县
38 绥滨县
39 佳木斯市
40 同江市
41 富锦市
42 桦南县
43 桦川县
44 汤原县
45 抚远县
46 双鸭山市
47 集贤县
48 友谊县
49 宝清县
50 饶河县
51 七台河市
52 勃利县
53 鸡西市
54 虎林市
55 密山市
56 鸡东县
57 牡丹江市
58 穆棱市
59 绥芬河市
60 海林市
61 宁安市
62 东宁县
63 林口县
64 绥化市
65 安达市
66 肇东市
67 海伦市
68 望奎县
69 兰西县
70 青冈县
71 庆安县
72 明水县
73 绥棱县
74 呼玛县
75 塔河县
76 漠河县
77 长春市
78 德惠市
79 九台市
80 榆树市
81 农安县
82 白城市
83 大安市
84 洮南市
85 镇赉县
86 通榆县
87 松原市
88 扶余县
89 长岭县
90 乾安县
91 前郭尔罗斯蒙古族自治县
92 吉林市
93 磐石市
94 蛟河市
95 桦甸市
96 舒兰市
97 永吉县
98 四平市
99 双辽市
100 公主岭市
101 梨树县
102 伊通满族自治县
103 辽源市
104 东丰县
105 东辽县
106 通化市
107 梅河口市
108 集安市
109 通化县
110 辉南县
111 柳河县
112 白山市
113 临江市
114 抚松县
115 靖宇县
116 长白朝鲜族自治县
117 延吉市
118 图们市
119 敦化市
120 珲春市
121 龙井市
122 和龙市
123 汪清县
124 安图县
125 沈阳市
126 新民市
127 辽中县
128 康平县
129 法库县
130 朝阳市
131 北票市
132 凌源市
133 朝阳县
134 建平县
135 喀喇沁左翼蒙古族自治县（喀左）
136 阜新市
137 彰武县
138 阜新蒙古族自治县
139 铁岭市
140 调兵山市
141 开原市
142 铁岭县
143 西丰县
144 昌图县
145 抚顺市
146 抚顺县
147 新宾满族自治县
148 清原满族自治县
149 本溪市
150 本溪满族自治县
151 桓仁满族自治县
152 辽阳市
153 灯塔市
154 辽阳县
155 鞍山市
156 海城市
157 台安县
158 岫岩满族自治县
159 丹东市
160 凤城市
161 东港市
162 宽甸满族自治县
163 大连市
164 瓦房店市
165 普兰店市
166 庄河市
167 长海县（分布用"↑"表示）
168 营口市
169 大石桥市
170 盖州市
178 义县
171 盘锦市
172 大洼县
173 盘山县
174 锦州市
175 凌海市
176 北镇市
177 黑山县
179 葫芦岛市
180 兴城市
181 绥中县
182 建昌县
183 赤峰市
184 宁城县
185 林西县
186 阿鲁科尔沁旗
187 巴林右旗
188 巴林左旗
189 克什克腾旗
190 翁牛特旗
191 喀喇沁旗
192 敖汉旗
193 通辽市
194 霍林郭勒市
195 开鲁县
196 库伦旗
197 奈曼旗
198 扎鲁特旗
199 科尔沁左翼中旗
200 科尔沁左翼后旗
201 呼伦贝尔市海拉尔区
202 满洲里市
203 扎兰屯市
204 牙克石市
205 根河市
206 额尔古纳市
207 阿荣旗
208 新巴尔虎右旗
209 新巴尔虎左旗
210 陈巴尔虎旗
211 鄂伦春自治旗
212 鄂温克族自治旗
213 莫力达瓦达斡尔族自治旗
214 乌兰浩特市
215 阿尔山市
216 突泉县
217 科尔沁右翼前旗
218 科尔沁右翼中旗
219 扎赉特旗

| 东北森林植物与生境丛书 | 韩士杰　总主编 |

东北植物分布图集（下册）

主　编

曹　伟

著　者

曹　伟　李冀云　刘　巍　朱彩霞

于兴华　吴雨洋　郑美林　白肖杰

石洪山　张　悦　郭　佳

科 学 出 版 社

北　京

审图号：GS（2018）6994 号

内 容 简 介

本书以馆藏标本为基础，对东北地区植物的产地分布进行了系统整理、制图，力图反映目前掌握的东北植物的县域分布状况。本书收录东北野生维管束植物 153 科 788 属 2537 种 9 亚种 408 变种 147 变型，记载了植物名称、生境与分布，每种配以其在东北的产地分布图，全面地反映东北植物自然分布状态。本书蕨类植物按秦仁昌教授 1978 年的系统排列，裸子植物按郑万钧教授 1978 年的中国裸子植物的系统排列，被子植物则按照恩格勒 1964 年的系统排列。

本书可供国内外植物分类学、植物地理学、生物多样性研究者及有关科研、教学和生产部门参考。

图书在版编目（CIP）数据

东北植物分布图集：全 2 册 / 曹伟主编．—北京：科学出版社，2019.2

（东北森林植物与生境丛书 / 韩士杰总主编）

ISBN 978-7-03-056200-5

Ⅰ.①东… Ⅱ.①曹… Ⅲ.①植物图 - 东北地区 Ⅳ.① Q948.523

中国版本图书馆 CIP 数据核字（2017）第 323117 号

责任编辑：马 俊 / 责任校对：宋玲玲

责任印制：吴兆东 / 封面设计：铭轩堂

科学出版社 出版

北京东黄城根北街16号

邮政编码：100717

http://www.sciencep.com

北京虎彩文化传播有限公司印刷

科学出版社发行 各地新华书店经销

*

2019年2月第 一 版 开本：889×1094 1/16

2019年2月第一次印刷 印张：103 3/8

字数：3 423 000

定价：900.00元（上下册）

（如有印装质量问题，我社负责调换）

东北森林植物与生境丛书

编委会

总 序

我国东北林区是全球同纬度植物群落和物种极其丰富的区域之一，也是我国生态安全战略格局“两屏三带”中一个重要的地带。

长期以来，不合理的采伐和利用导致东北森林资源锐减、生境退化，制约了区域社会经济的持续发展。面对国家重大生态工程建设和自然资源资产管理、自然生态监管等重大需求，系统总结东北森林植物与生境的多年研究成果十分迫切。

国家“十一五”和“十二五”科技基础性工作专项中，列入了“东北森林植物种质资源专项调查”与“东北森林国家级保护区及毗邻区植物群落和土壤生物调查”项目。该项目由中国科学院沈阳应用生态研究所主持，东北林业大学、北华大学、中国科学院东北地理与农业生态研究所、黑龙江大学等多个单位共同承担。近百名科技人员和教师十余年历经艰苦，先后调查了大兴安岭、小兴安岭等几个山区和东北三十八个以森林生态系统为主的国家级自然保护区及其毗邻区。在此基础上最终完成“东北森林植物与生境丛书”。

该丛书包括《东北植物分布图集》《东北森林植物与生境调查方法》《东北森林植物群落结构与动态》《东北森林植被》《东北森林土壤》《东北森林土壤生物多样性》《东北森林植物原色图谱》《东北主要森林植物及其解剖图谱》，以及反映部分自然保护区森林植被与生境的著作。

“东北森林植物与生境丛书”是对东北森林树种与分布、群落结构与动态，以及土壤与土壤生物特征的长期调研资料系统分析和综合研究的成果。相信它将为东北森林资源的可持续利用和生态环境的保护提供重要的科学依据。

中国科学院院士
第三世界科学院院士
孙鸿烈

2017年10月

前 言

位于欧亚大陆东缘的我国东北，地域辽阔，包括黑龙江、吉林、辽宁三省以及内蒙古自治区东部的呼伦贝尔市、兴安盟、通辽市和赤峰市。地理位置大体在北纬 38°40′ 至 53°30′，东经 115°05′ 至 135°02′ 之间。南北跨越近 15°，东西跨越近 20°，水热条件变化很大，造成了东北植物十分丰富、复杂，在全国占有十分重要的地位。

东北的植物，长期以来一直为世界所关注。自十八世纪初开始，一些外国人开始进入这一地区做了一些工作，大多是一般植物考察和标本采集。直到二十世纪五十年代，我国许多相关单位把东北作为重点考察地区，对植物资源进行了许多的局部地区调查研究。中国科学院沈阳应用生态研究所投入了巨大的力量，对东北进行了广泛深入的调查研究。并曾与前苏联和前民主德国联合开展综合调查。科研人员在艰苦的条件下足迹踏遍了东北的森林、草原与沼泽，采集标本数十万份，建立了中国科学院沈阳应用生态研究所东北生物标本馆。

东北生物标本馆多年积累的馆藏标本是一笔巨大的财富，是东北植物研究的基石。基于此我们陆续完成了《长白山植物自然分布》(2003)、《大兴安岭植物区系与分布》(2004)和《小兴安岭植物区系与分布》(2007)，反映了东北植物资源重点地区的植物分布状况。

2012 年，我们即着手对野生维管束植物在整个东北地区的分布进行系统整理，开始编撰东北植物分布图集。撰写此书旨在提供一部迄今为止最翔实、最完整的东北植物分布的著作。并希望它能够为保护、发展、合理利用植物资源，为合理进行林业和农业区划提供科学依据，并为今后多学科深入研究东北植物奠定基础。本书是对中国科学院沈阳应用生态研究所六十多年来在东北采集调查和植物分布研究工作的小结，也是对东北植物多样性分布格局、物种的分化与分布规律等进行更深入研究的开始。

本书共收录东北野生维管束植物 153 科 788 属 2537 种 9 亚种 408 变种 147 变型。记载了每种植物的中文名与拉丁名、生境、县级产地和这些种在世界范围内的分布，并配以该种植物在东北的产地分布图（辽宁省长海县有分布用“🡹”表示）。书中的中文名与拉丁名主要参考《东北植物检索表》(第 2 版)。蕨类植物按秦仁昌先生 1978 年的系统排列，裸子植物按郑万钧先生 1978 年的中国裸子植物系统排列，被子植物则按恩格勒 1964 年的系统排列。科名按上述系统顺序排列，科内的属名与种名均按拉丁文字母顺序排列。

虽然我们有东北植物区系的研究基础和馆藏标本数字化的基础，但工作起来还是发现工作量远远超出我们先前的想象。简单的分布数据来源于一张张标本。我们在依据目前掌握的标本产地信息确定县级产地时，需要考虑标本的同物异名甚至鉴定错误，分析不同历史时期的小地名，以及县级行政单位的历史沿革。确定东北所有维管束植物在区域内二百多个县级单位的有无确实不是一件简单的事。

编撰一本三百多万字的著作，凡是有从事学术著述体验的人都可以想见这个工作之艰辛，个中辛苦不必尽述。在这本凝聚了包括我在内的多名学者积五年之久的艰苦劳动之作即将付梓之际，我特别要感谢标本后面的那些人，感谢那些从山上从水里一镐一铲采集标本的人，感谢那些连夜压制整理标本的人，感谢那些揉着眼睛做记录的人，感谢那些一穿一粘装订标本的人，感谢那些坐在冷板凳上鉴定标本的人，感谢那些监控虫害消毒标本的人，感谢那些一个个标签抄写与录入的人。同时也感谢那些和我一起苦斗这本大书的伙伴。

本书是国家科技基础性工作专项重点项目资助下的研究成果。全书虽经详细查对，但仍难免于疏漏与不当之处，敬请广大读者批评指正，使其日臻完善。

曹　伟

目录

总序

前言

上册

下　册

鹿蹄草科 Pyrolaceae

球果假水晶兰

Cheilotheca humilis (D. Don) H. Keng

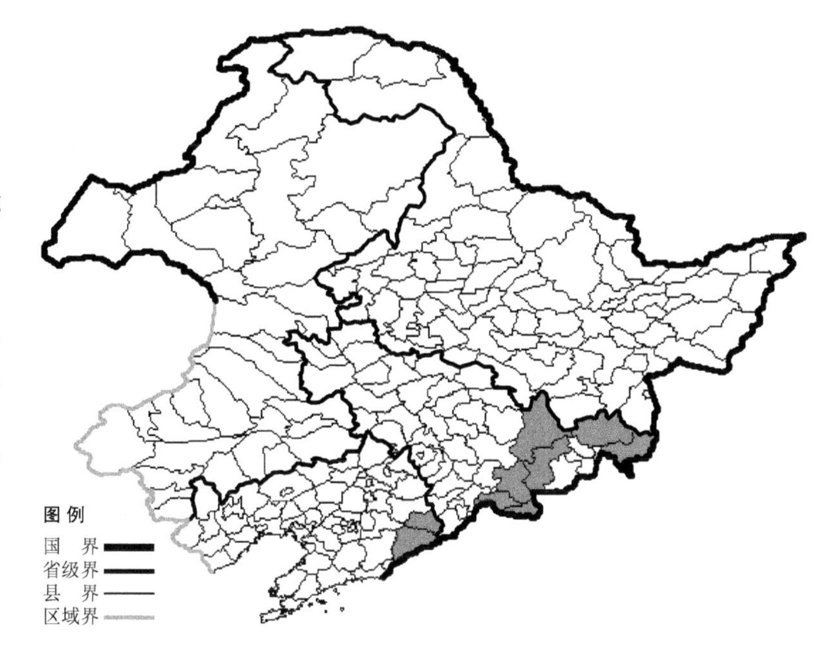

生境：林下，海拔 1200 米以下。

产地：吉林省临江、抚松、长白、敦化、珲春、汪清、安图，辽宁省桓仁、宽甸。

分布：中国（吉林、辽宁、浙江、湖北、云南、西藏、台湾），朝鲜半岛，日本，俄罗斯（远东地区），北美洲。

喜冬草

Chimaphila japonica Miq.

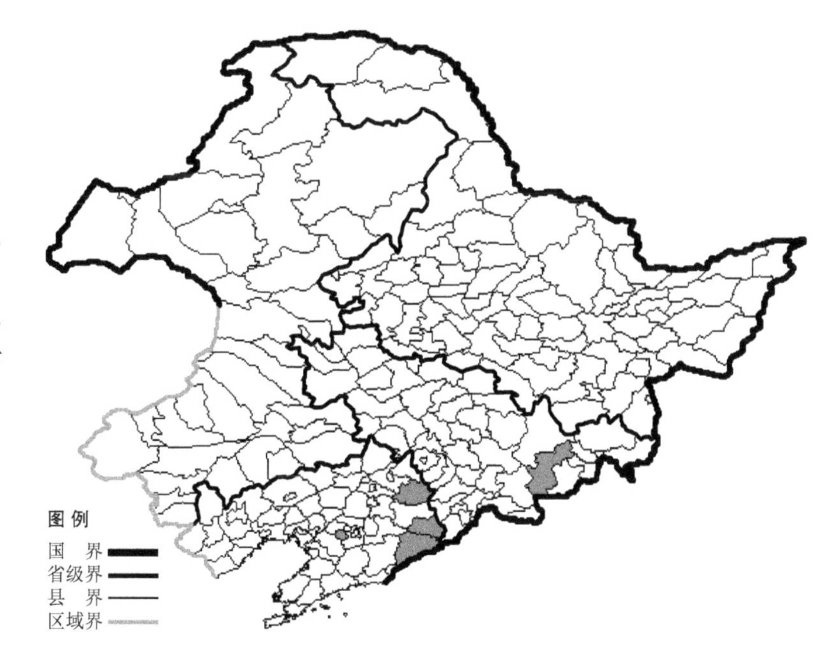

生境：林下，海拔 900 米以下。

产地：吉林省安图，辽宁省清原、桓仁、鞍山、宽甸。

分布：中国（吉林、辽宁、山西、陕西、安徽、湖北、四川、贵州、云南、西藏、台湾），朝鲜半岛，日本，俄罗斯（远东地区）。

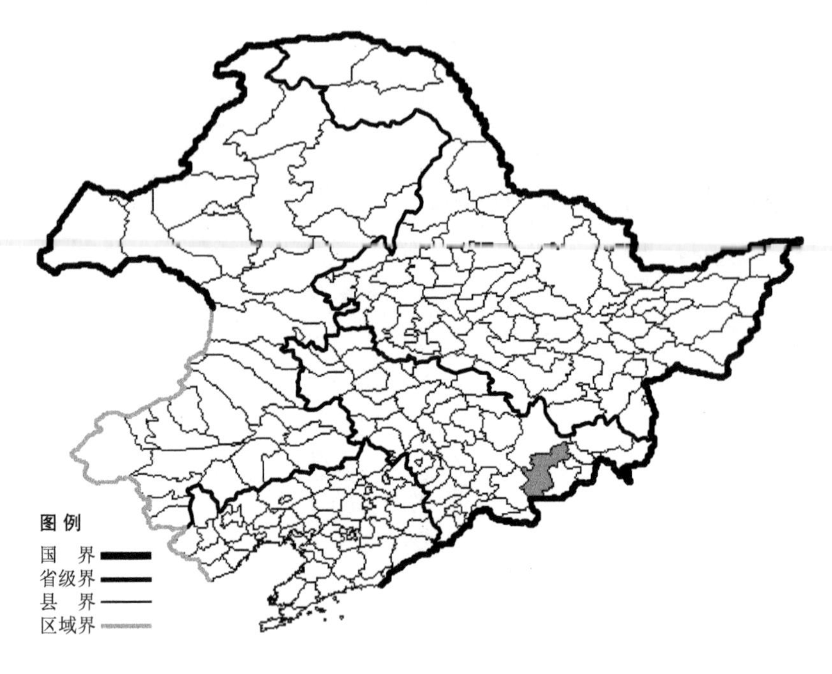

伞形喜冬草

Chimaphila umbellata (L.) Barton

生境：林下，海拔约 1200 米。

产地：吉林省安图。

分布：中国（吉林），日本，俄罗斯（欧洲部分、西伯利亚、远东地区），欧洲，北美洲。

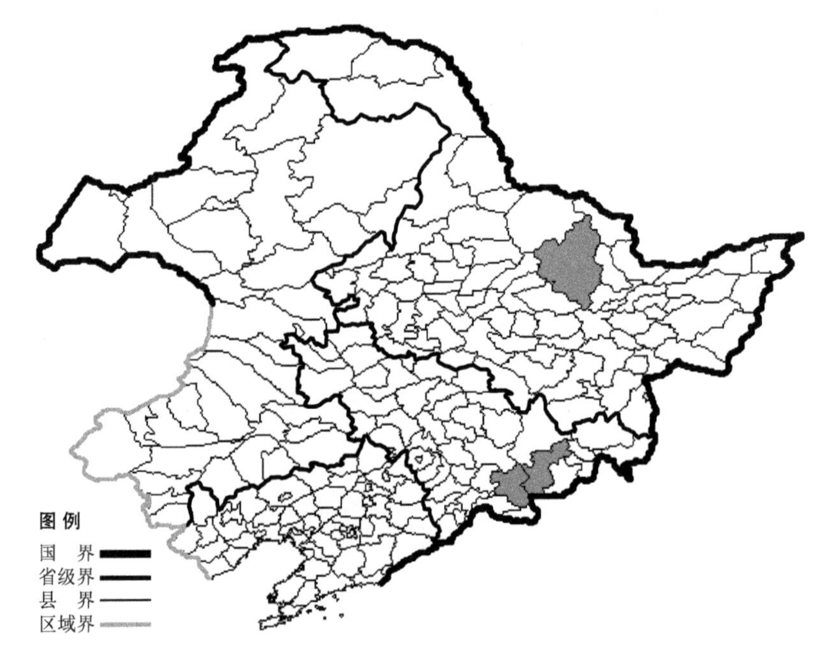

独丽花

Moneses uniflora (L.) A. Gray

生境：林下，海拔 1800 米以下。

产地：黑龙江省伊春，吉林省抚松、安图。

分布：中国（黑龙江、吉林、山西、甘肃、新疆、四川、云南、台湾），朝鲜半岛，日本，蒙古，俄罗斯（北极带、欧洲部分、高加索、西伯利亚、远东地区），中亚，土耳其，欧洲，北美洲。

松下兰

Monotropa hypopitys L.

生境：针阔混交林下，林缘草湿地，海拔 500-1100 米。

产地：吉林省靖宇、长白、敦化、珲春、安图，辽宁省桓仁、鞍山、宽甸，内蒙古扎兰屯、牙克石、根河、科尔沁右翼前旗。

分布：中国（吉林、辽宁、内蒙古、山西、陕西、甘肃、青海、新疆、湖北、四川），朝鲜半岛，日本，俄罗斯（欧洲部分、高加索、西伯利亚、远东地区），中亚，欧洲，北美洲。

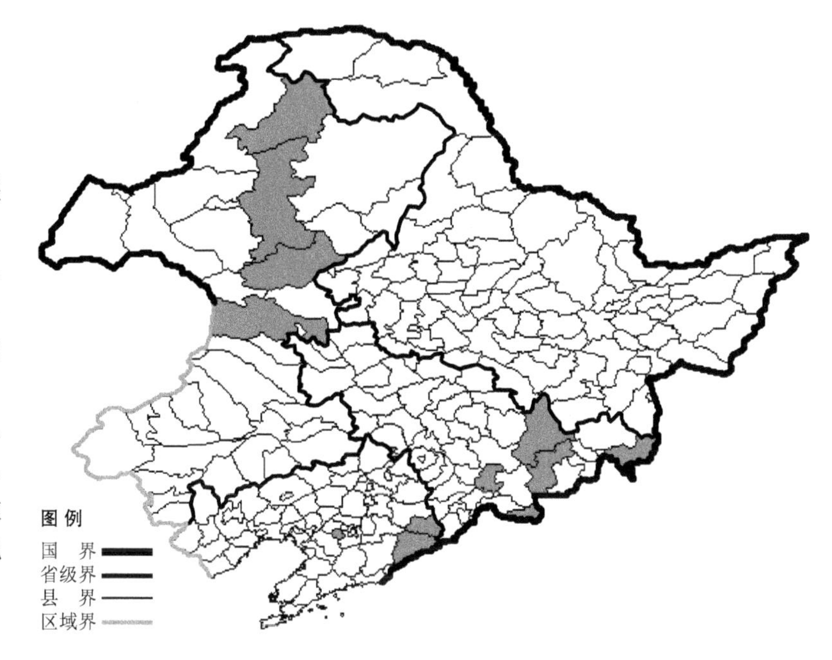

毛花松下兰 Monotropa hypopitys L. var. **hirsuta** Roth 生于林下，产于辽宁省桓仁，分布于中国（辽宁、山西、安徽、福建、湖北、江西、湖南、西藏、台湾），俄罗斯，北美洲。

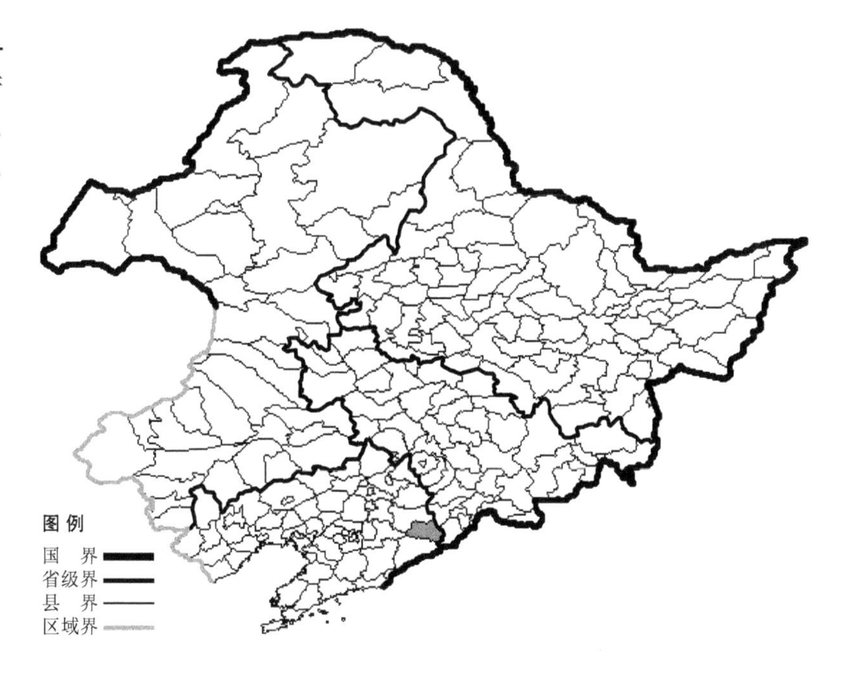

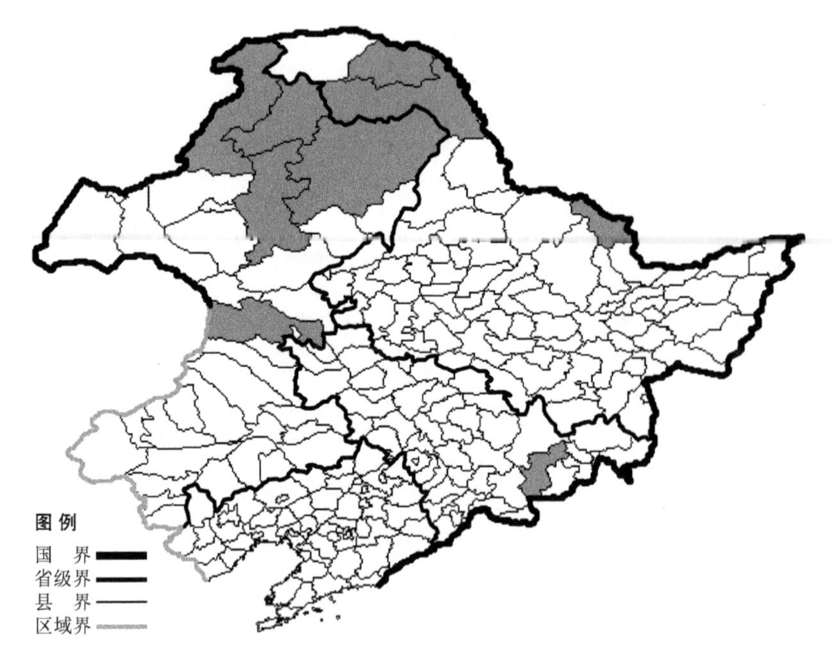

团叶单侧花

Orthilia obtusata (Turcz.) Hara

生境：林下，林缘，海拔 1200 米以下。

产地：黑龙江省嘉荫、呼玛、塔河，吉林省安图，内蒙古牙克石、根河、额尔古纳、鄂伦春旗、科尔沁右翼前旗。

分布：中国（黑龙江、吉林、内蒙古、山西、甘肃、青海、新疆、四川），蒙古，俄罗斯（北极带、欧洲部分、西伯利亚），欧洲，北美洲。

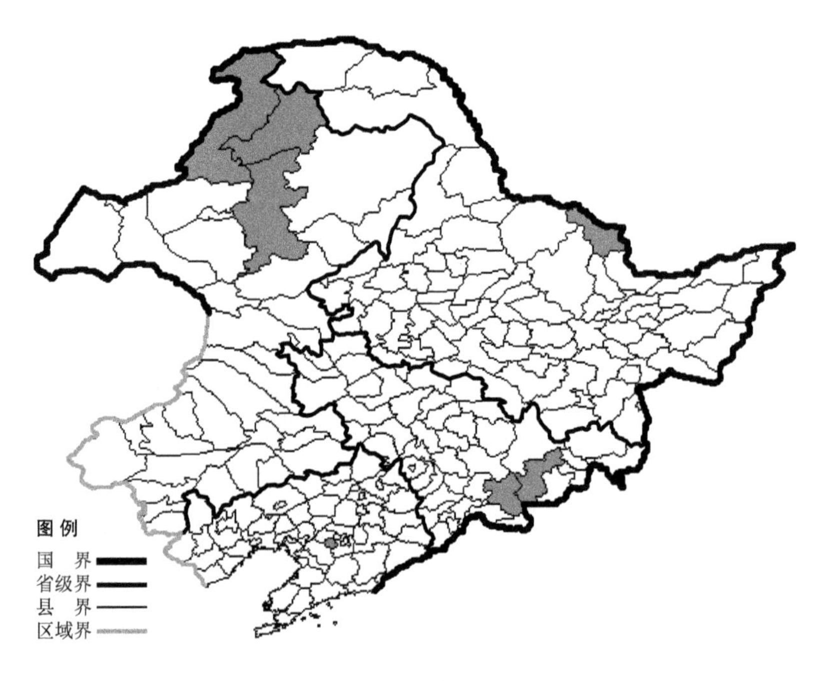

单侧花

Orthilia secunda (L.) House

生境：林下，林缘，海拔 1300 米以下。

产地：黑龙江省嘉荫，吉林省抚松、安图，辽宁省鞍山，内蒙古牙克石、根河、额尔古纳。

分布：中国（黑龙江、吉林、辽宁、内蒙古、新疆、西藏），朝鲜半岛，日本，蒙古，俄罗斯（欧洲部分、高加索、西伯利亚、远东地区），中亚，欧洲，北美洲。

绿花鹿蹄草

Pyrola chlorantha Swartz

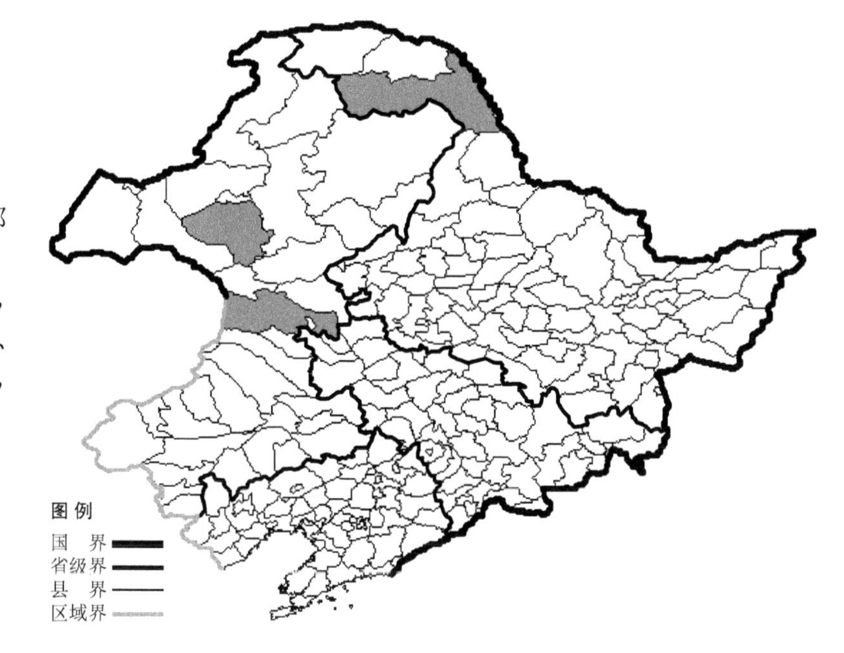

生境：樟子松林下，山坡草地。

产地：黑龙江省呼玛，内蒙古鄂温克旗、科尔沁右翼前旗。

分布：中国（黑龙江、内蒙古），俄罗斯（北极带、欧洲部分、高加索、西伯利亚、远东地区），土耳其，欧洲，北美洲。

兴安鹿蹄草

Pyrola dahurica (H. Andr.) Kom.

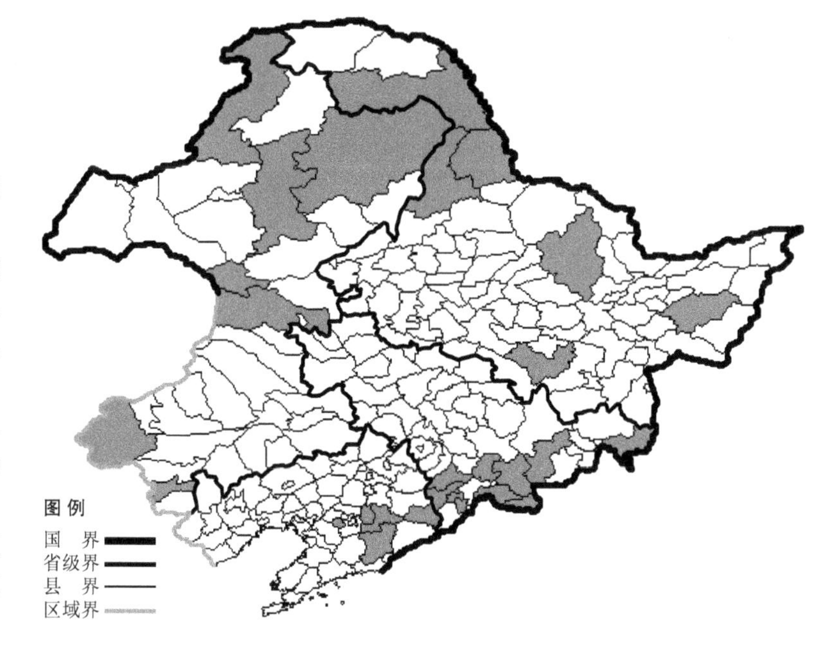

生境：林下，林缘，灌丛，海拔 900 米以下。

产地：黑龙江省尚志、黑河、嫩江、伊春、宝清、呼玛，吉林省通化、柳河、临江、抚松、靖宇、长白、珲春、安图，辽宁省本溪、桓仁、鞍山、凤城，内蒙古牙克石、额尔古纳、鄂伦春旗、阿尔山、科尔沁右翼前旗、克什克腾旗、喀喇沁旗。

分布：中国（黑龙江、吉林、辽宁、内蒙古），朝鲜半岛，俄罗斯（东部西伯利亚、远东地区）。

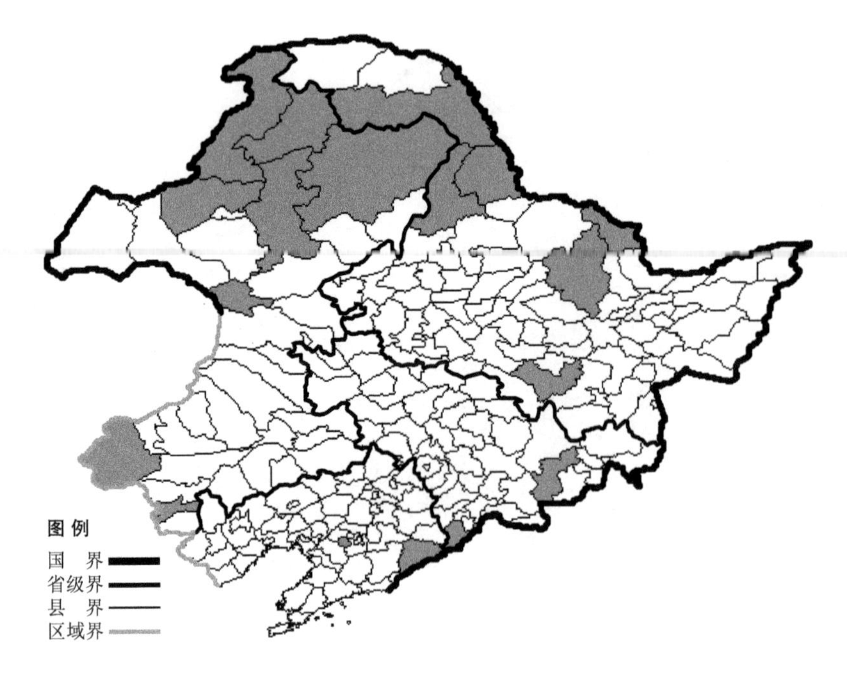

红花鹿蹄草

Pyrola incarnata Fisch. ex DC.

生境：林下，海拔 1400 米以下。

产地：黑龙江省尚志、黑河、嫩江、伊春、嘉荫、呼玛，吉林省集安、安图，辽宁省鞍山、宽甸，内蒙古牙克石、根河、额尔古纳、陈巴尔虎旗、鄂伦春旗、阿尔山、克什克腾旗、喀喇沁旗。

分布：中国（黑龙江、吉林、辽宁、内蒙古、河北、山西、河南、新疆），朝鲜半岛，日本，蒙古，俄罗斯（北极带、欧洲部分、西伯利亚、远东地区）。

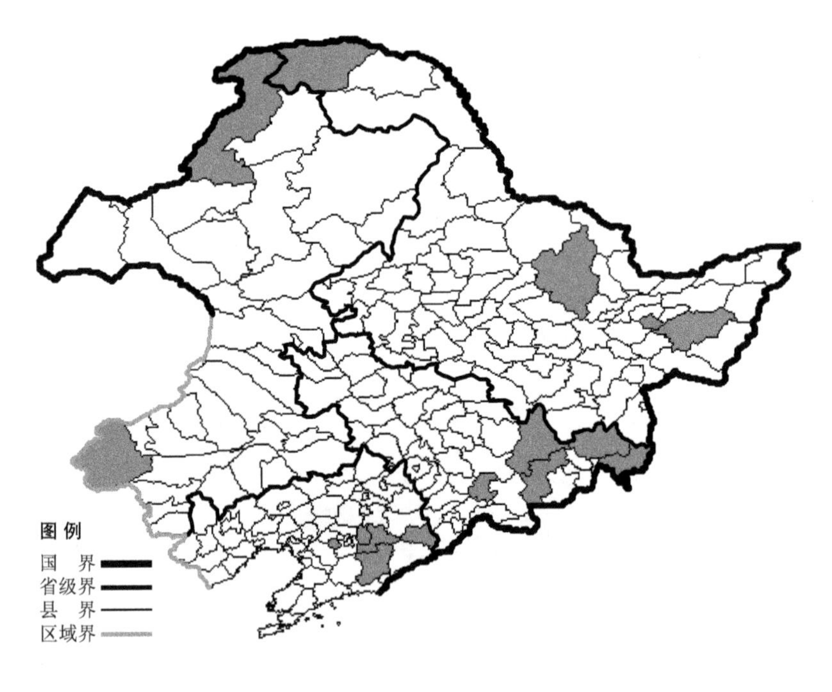

日本鹿蹄草

Pyrola japonica Klenze ex Alef.

生境：针阔叶混交林下，海拔约 800 米。

产地：黑龙江省伊春、双鸭山、宝清、漠河，吉林省靖宇、敦化、珲春、汪清、安图，辽宁省本溪、桓仁、鞍山、凤城，内蒙古额尔古纳、克什克腾旗。

分布：中国（黑龙江、吉林、辽宁、内蒙古、河北、河南），朝鲜半岛，日本，俄罗斯（远东地区）。

短柱鹿蹄草

Pyrola minor L.

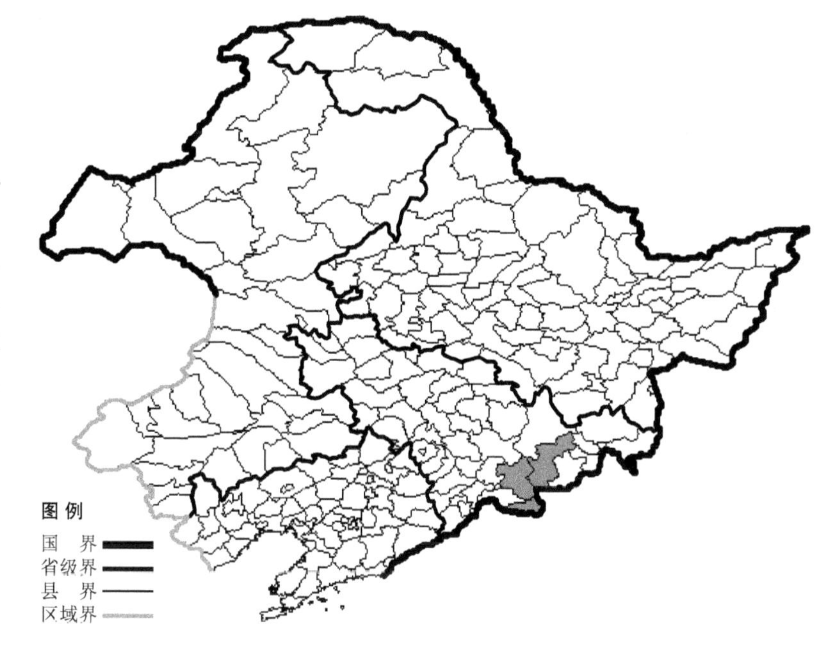

生境：林下，林缘，海拔 700-2200 米。

产地：吉林省抚松、长白、安图。

分布：中国（吉林、新疆、云南、西藏），朝鲜半岛，日本，俄罗斯（北极带、欧洲部分、高加索、西伯利亚、远东地区），中亚，土耳其，欧洲，北美洲。

肾叶鹿蹄草

Pyrola renifolia Maxim.

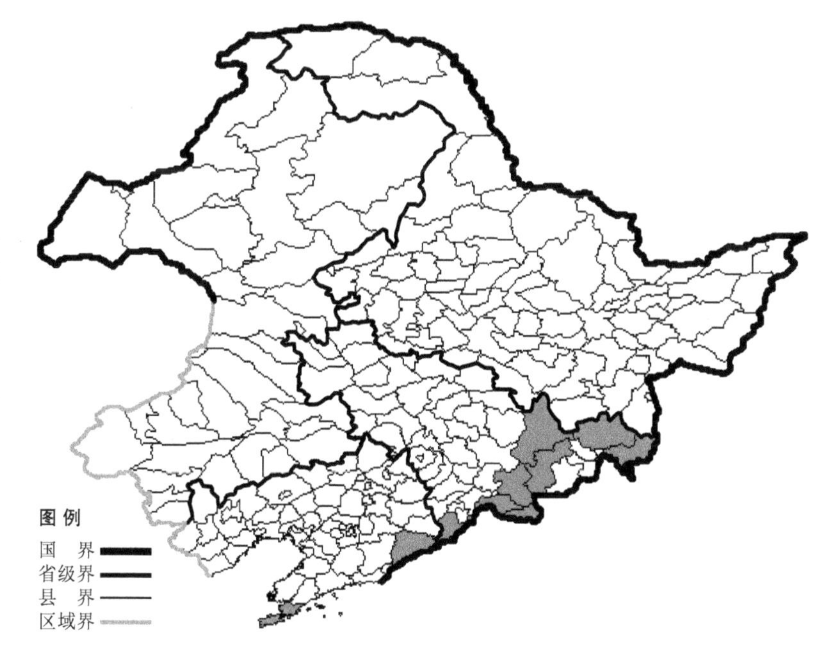

生境：林下，海拔 1500 米以下。

产地：吉林省集安、临江、抚松、长白、敦化、珲春、汪清、安图，辽宁省宽甸、大连。

分布：中国（吉林、辽宁、河北），朝鲜半岛，日本，俄罗斯（远东地区）。

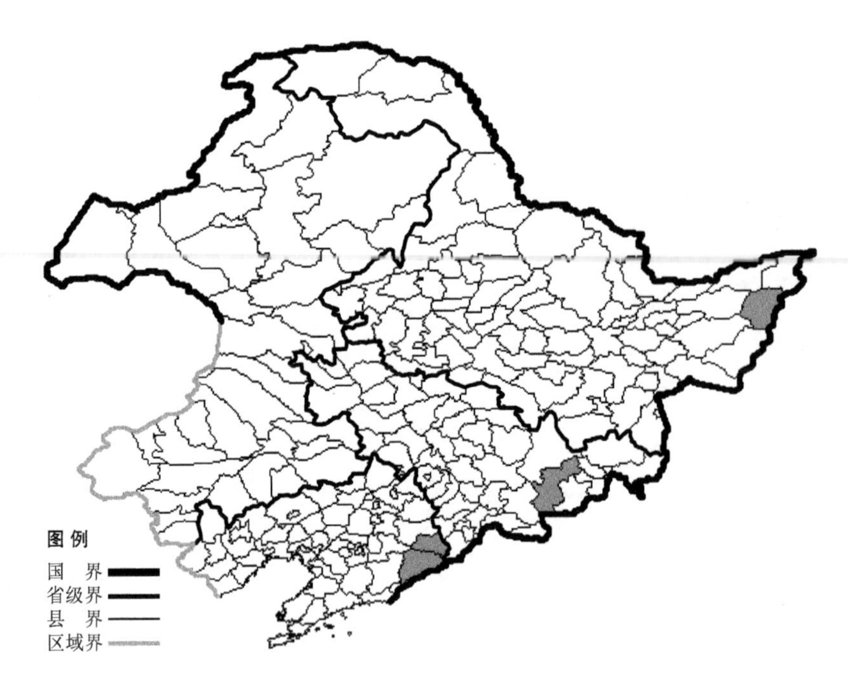

鳞叶鹿蹄草

Pyrola subaphylla Maxim.

生境：林下，海拔约 600 米。

产地：黑龙江省饶河，吉林省安图，辽宁省桓仁、宽甸。

分布：中国（黑龙江、吉林、辽宁），朝鲜半岛，俄罗斯（远东地区）。

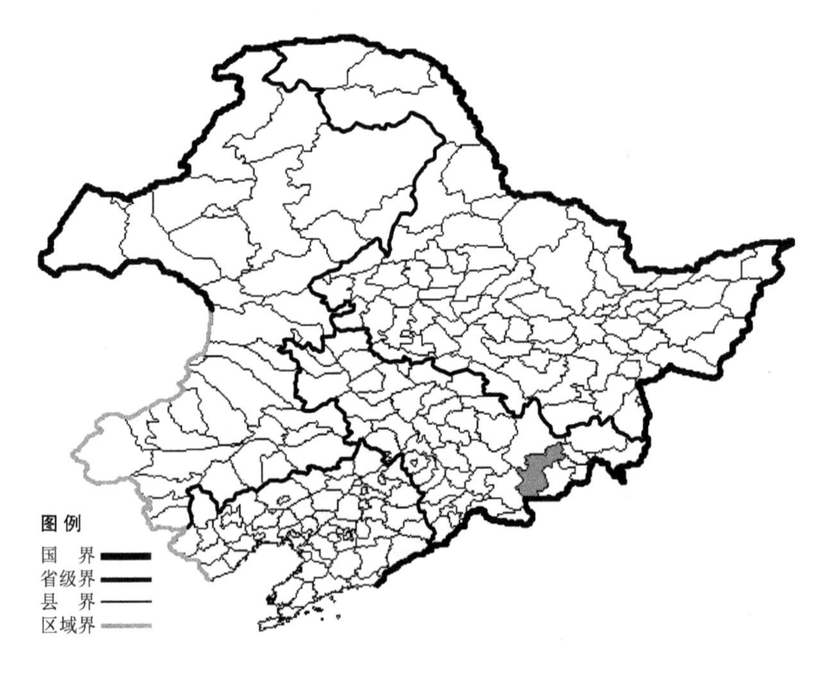

长白鹿蹄草

Pyrola tschanbaischanica Y. L. Chou et Y. L. Chang

生境：高山冻原，海拔约 2100 米。

产地：吉林省安图。

分布：中国（吉林）。

杜鹃花科 Ericaceae

黑果天栌

Arctous japonicus Nakai

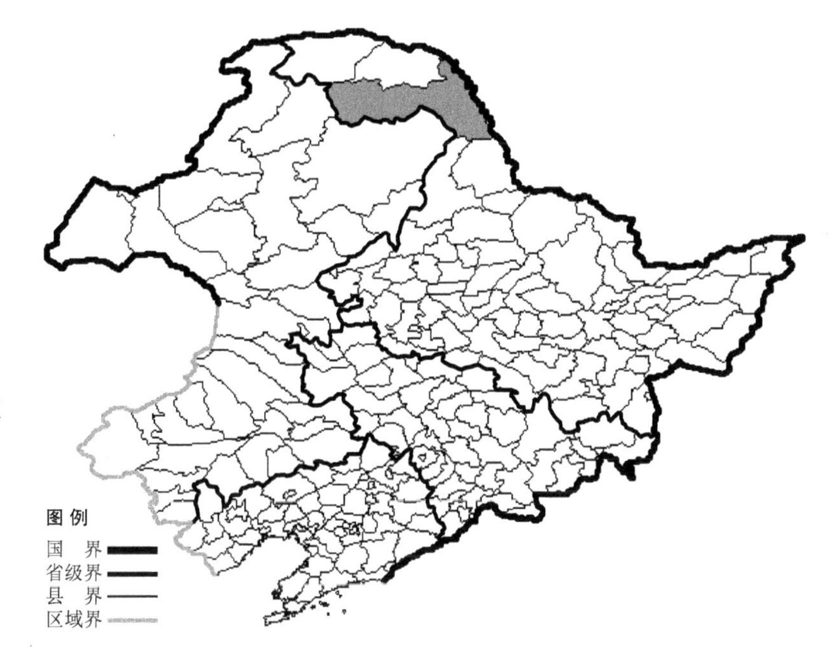

生境：高山山坡,海拔约 1400 米。

产地：黑龙江省呼玛。

分布：中国（黑龙江），日本，俄罗斯（远东地区），北美洲（阿拉斯加）。

天栌

Arctous ruber (Rehd. et Wils.) Nakai

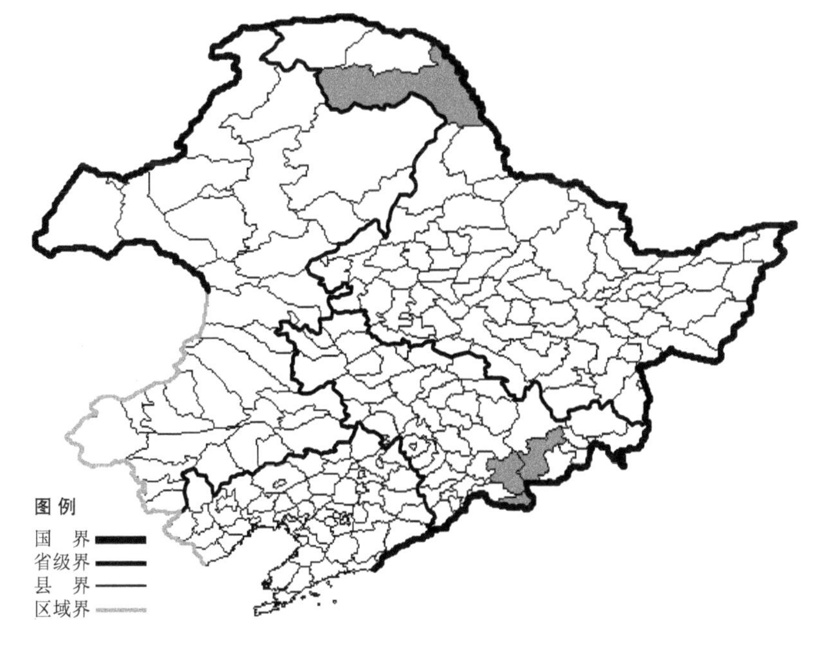

生境：高山山坡，林下，海拔约 1800 米。

产地：黑龙江省呼玛，吉林省抚松、长白、安图。

分布：中国（黑龙江、吉林、宁夏、甘肃、四川），朝鲜半岛。

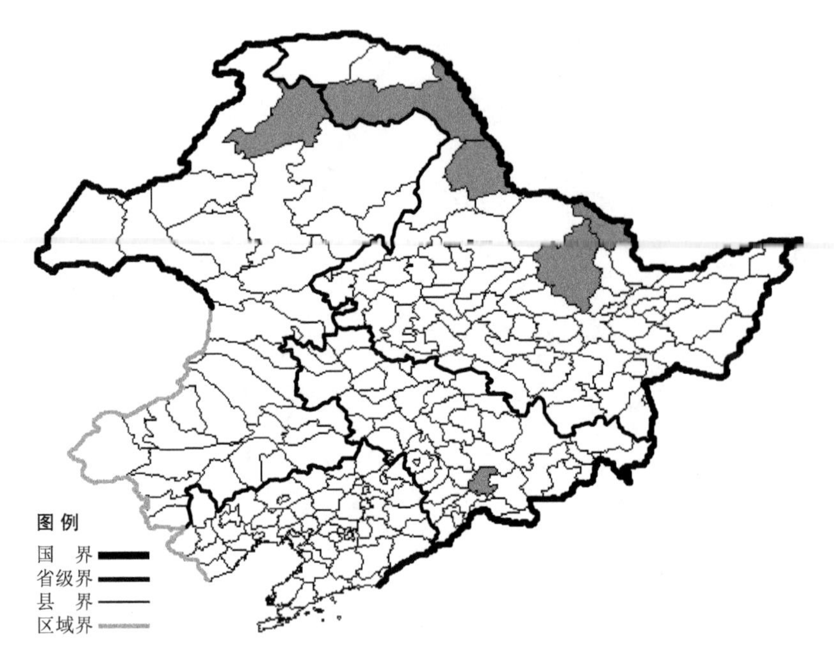

甸杜

Chamaedaphne calyculata (L.) Moench

生境：苔藓类湿地，针叶林下，海拔约 400-600 米。

产地：黑龙江省黑河、伊春、嘉荫、呼玛，吉林省靖宇，内蒙古根河。

分布：中国（黑龙江、吉林、内蒙古），朝鲜半岛，日本，俄罗斯（北极带、欧洲部分、西伯利亚、远东地区），欧洲，北美洲。

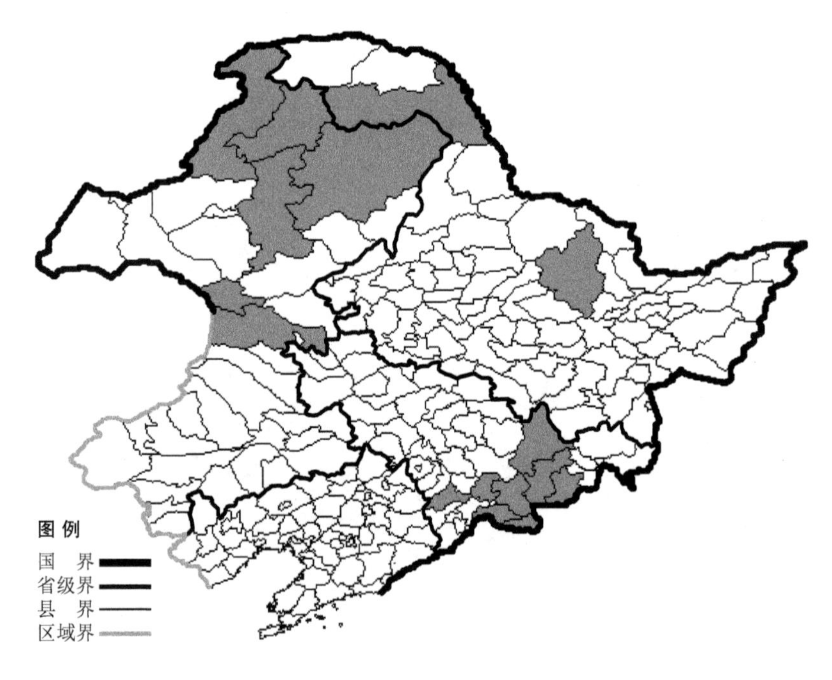

细叶杜香

Ledum palustre L.

生境：针叶林或针阔混交林下，苔藓类湿地，海拔 1500 米以下。

产地：黑龙江省伊春、呼玛，吉林省柳河、临江、抚松、靖宇、长白、敦化、和龙、安图，内蒙古牙克石、根河、额尔古纳、鄂伦春旗、阿尔山、科尔沁右翼前旗。

分布：中国（黑龙江、吉林、内蒙古），朝鲜半岛，日本，俄罗斯（北极带、欧洲部分、西伯利亚、远东地区），欧洲，北美洲。

宽叶杜香 Ledum palustre L. var. **dilatatum** Wahlenb. 生于林下、林缘湿润地，海拔 900-1800 米（长白山），产于吉林省临江、抚松、靖宇、长白、和龙、安图，辽宁省桓仁，内蒙古牙克石、根河、额尔古纳，分布于中国（吉林、辽宁、内蒙古），日本，俄罗斯（远东地区），北美洲。

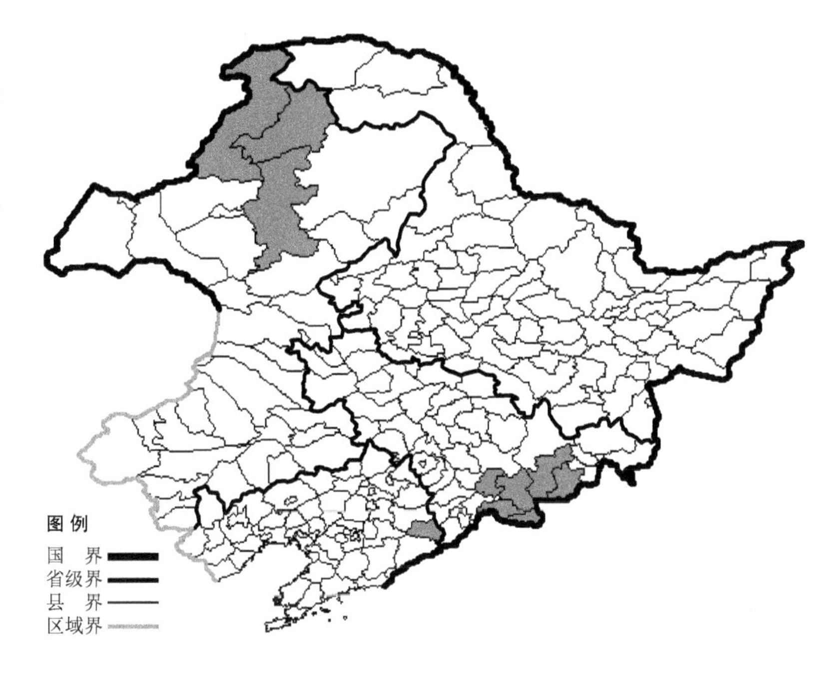

毛蒿豆

Oxycoccus microcarpus Turcz.

生境：苔藓类湿地，海拔约 400 米。

产地：黑龙江省呼玛，吉林省长白、安图，内蒙古根河、额尔古纳。

分布：中国（黑龙江、吉林、内蒙古），朝鲜半岛，日本，蒙古，俄罗斯（北极带、欧洲部分、西伯利亚、远东地区），欧洲，北美洲。

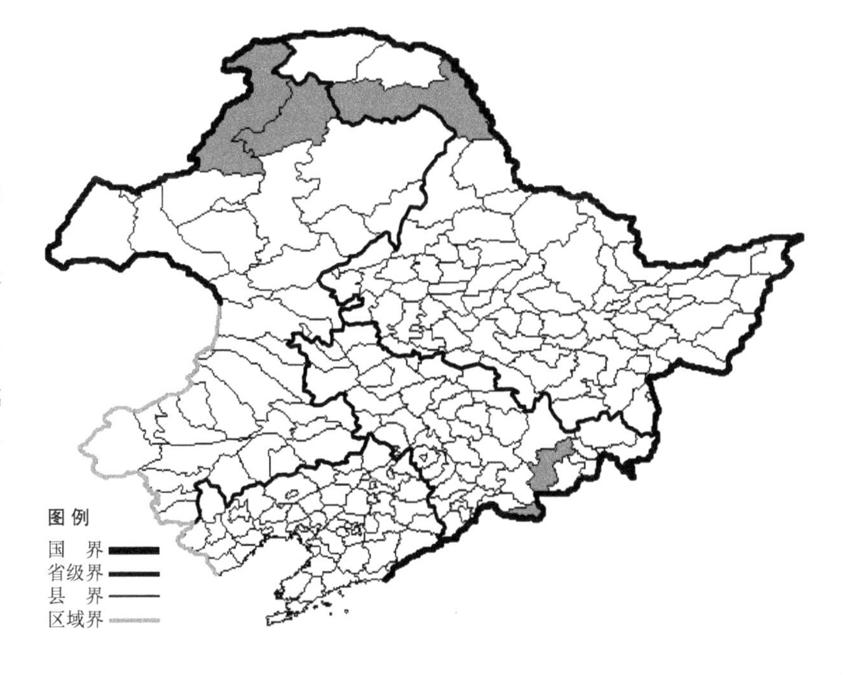

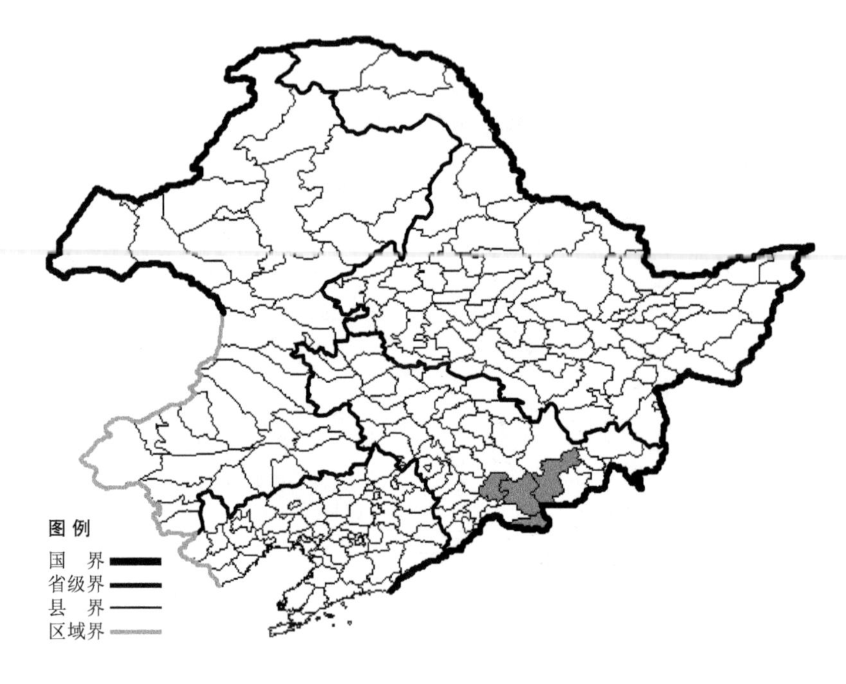

大果毛蒿豆

Oxycoccus palustris Pers.

生境：苔藓类湿地，沟旁，海拔500-1000米。

产地：吉林省抚松、靖宇、长白、安图。

分布：中国（吉林），朝鲜半岛，日本，俄罗斯（欧洲部分、西伯利亚、远东地区），欧洲，北美洲。

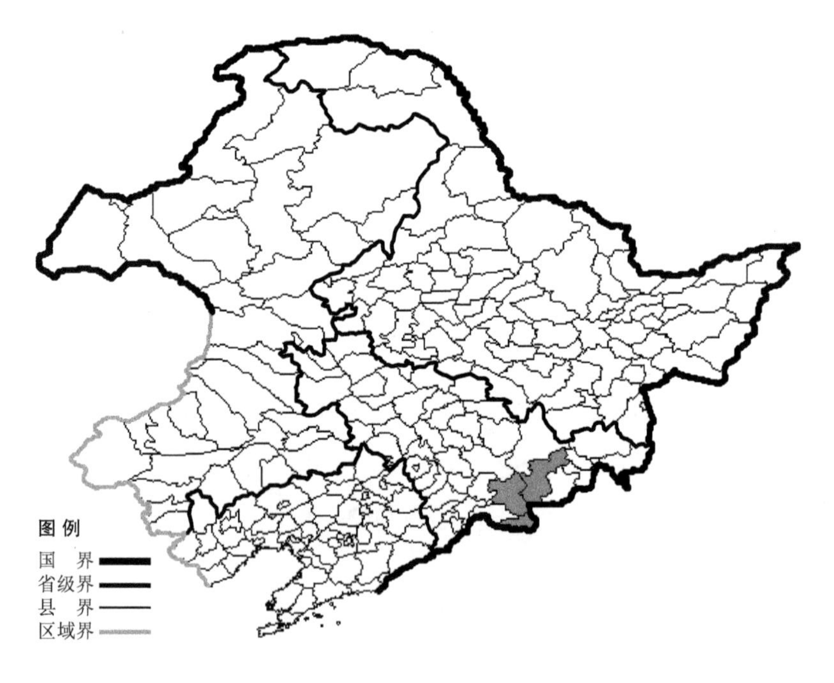

松毛翠

Phyllodoce caerulea (L.) Babingt.

生境：高山冻原，岳桦林下，海拔1800-2500米。

产地：吉林省抚松、长白、安图。

分布：中国（吉林、新疆），朝鲜半岛，日本，俄罗斯（北极带、欧洲部分、东部西伯利亚、远东地区），欧洲，北美洲。

短果杜鹃

Rhododendron brachycarpum D. Don

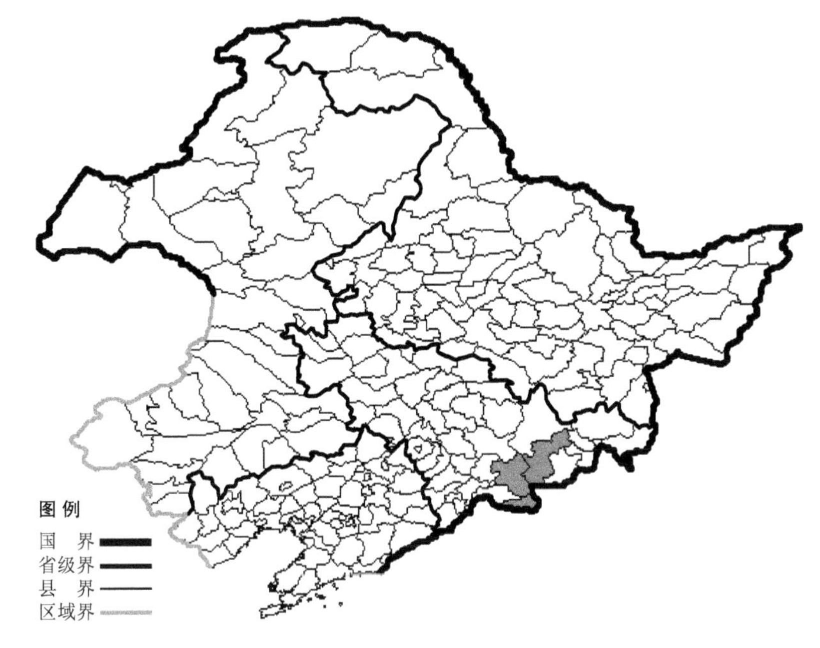

生境：针叶林疏林下，海拔1100-1300米。

产地：吉林省抚松、长白、安图。

分布：中国（吉林），朝鲜半岛，日本。

牛皮杜鹃

Rhododendron chrysanthum Pall.

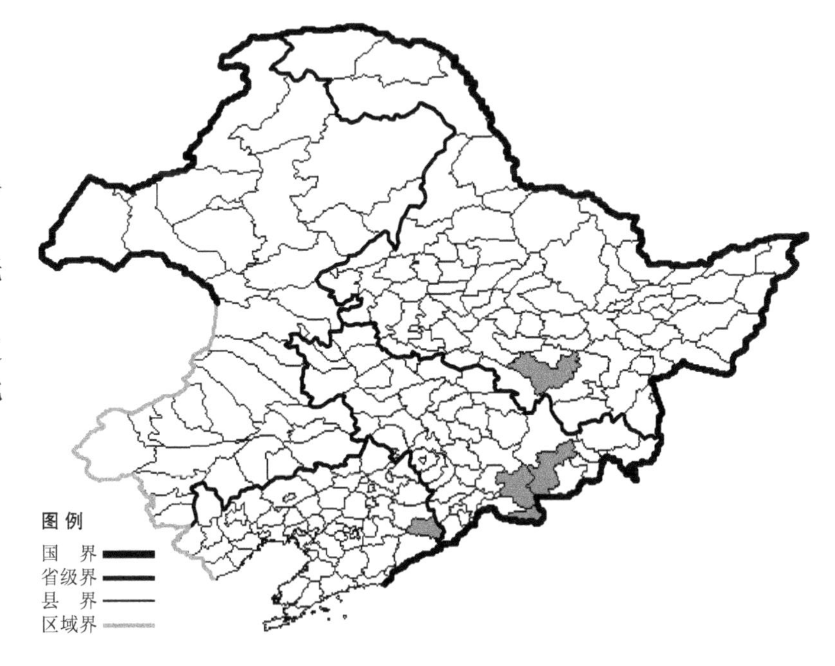

生境：高山冻原，岳桦林及云冷杉林下，海拔1200-2500米。

产地：黑龙江省尚志，吉林省抚松、长白、安图，辽宁省桓仁。

分布：中国（黑龙江、吉林、辽宁），朝鲜半岛，日本，蒙古，俄罗斯（北极带、东部西伯利亚、远东地区）。

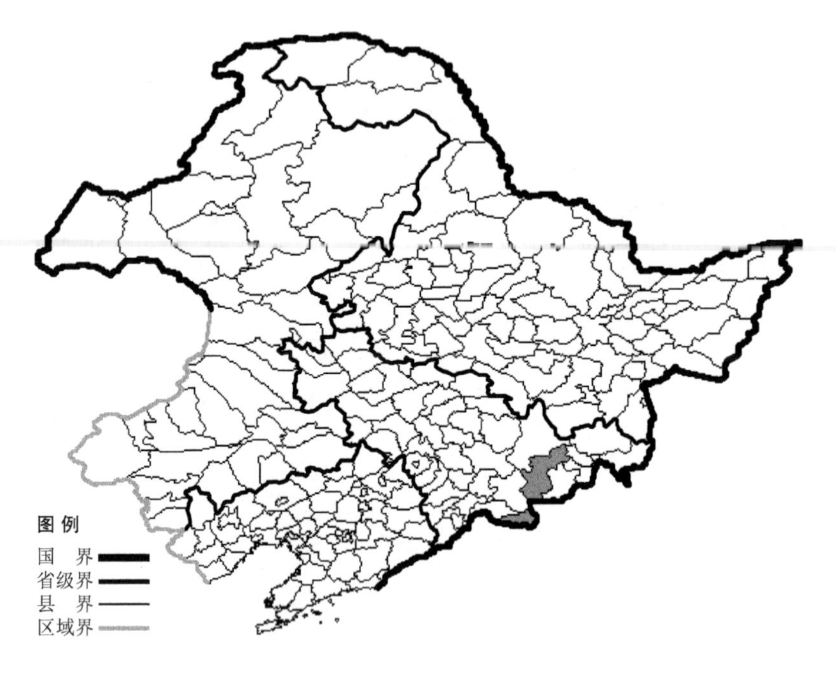

毛毡杜鹃

Rhododendron confertissimum Nakai

生境：高山冻原，海拔约 2000-2500 米。

产地：吉林省长白、安图。

分布：中国（吉林），朝鲜半岛。

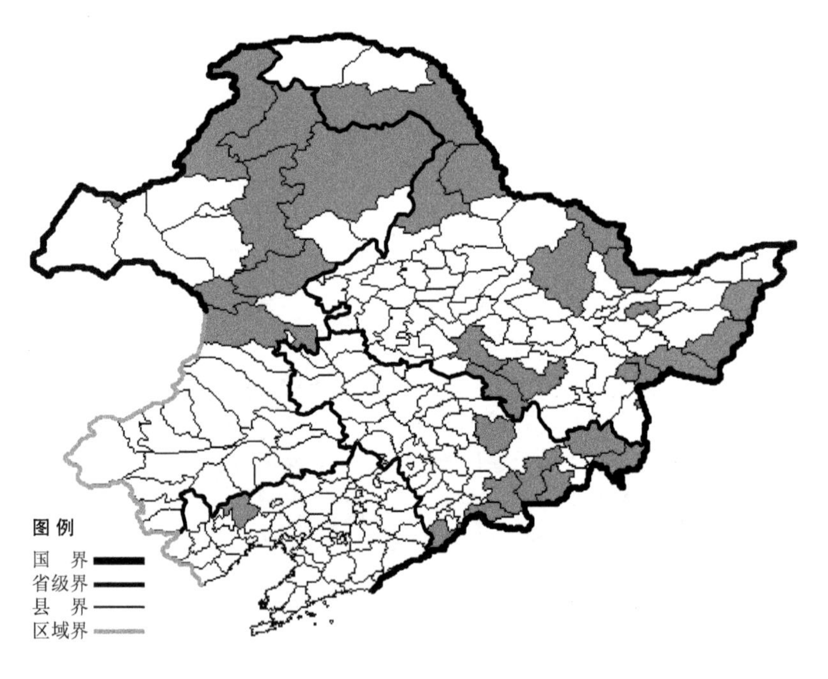

兴安杜鹃

Rhododendron dauricum L.

生境：山坡灌丛，石砬子上，海拔 1100 米以下。

产地：黑龙江省哈尔滨、嫩江、尚志、五常、黑河、伊春、嘉荫、萝北、集贤、饶河、鸡西、虎林、密山、鸡东、绥芬河、呼玛，吉林省蛟河、集安、临江、抚松、珲春、和龙、汪清、安图，辽宁省北票，内蒙古满洲里、扎兰屯、牙克石、根河、额尔古纳、鄂伦春旗、阿尔山、科尔沁右翼前旗。

分布：中国（黑龙江、吉林、辽宁、内蒙古），朝鲜半岛，日本，蒙古，俄罗斯（东部西伯利亚、远东地区）。

白花兴安杜鹃 Rhododendron dauricum L. f. **albiflorum** (Turcz.) C. F. Fang 生于采伐迹地，产于内蒙古鄂伦春旗，分布于中国（内蒙古），俄罗斯（东部西伯利亚）。

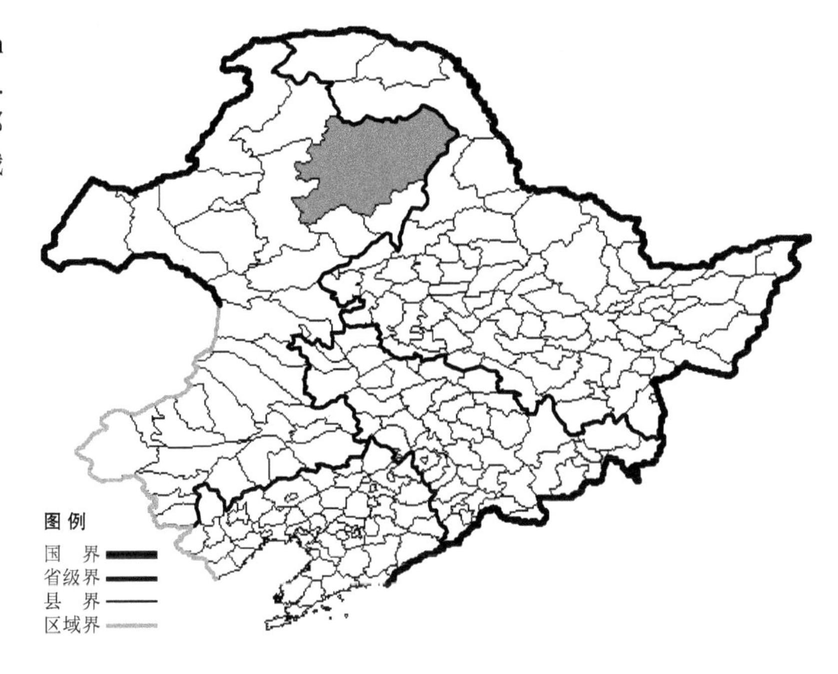

照白杜鹃

Rhododendron micranthum Turcz.

生境：山坡灌丛，山脊石砬子上，海拔 700 米以下。

产地：辽宁省朝阳、北票、凌源、建平、喀左、本溪、鞍山、海城、岫岩、丹东、凤城、大连、普兰店、庄河、营口、盖州、北镇、义县、兴城、绥中、建昌，内蒙古科尔沁右翼前旗、扎鲁特旗、科尔沁左翼后旗、宁城、克什克腾旗、翁牛特旗、喀喇沁旗。

分布：中国（辽宁、内蒙古、河北、山西、陕西、甘肃、山东、河南、湖北、湖南、四川），朝鲜半岛。

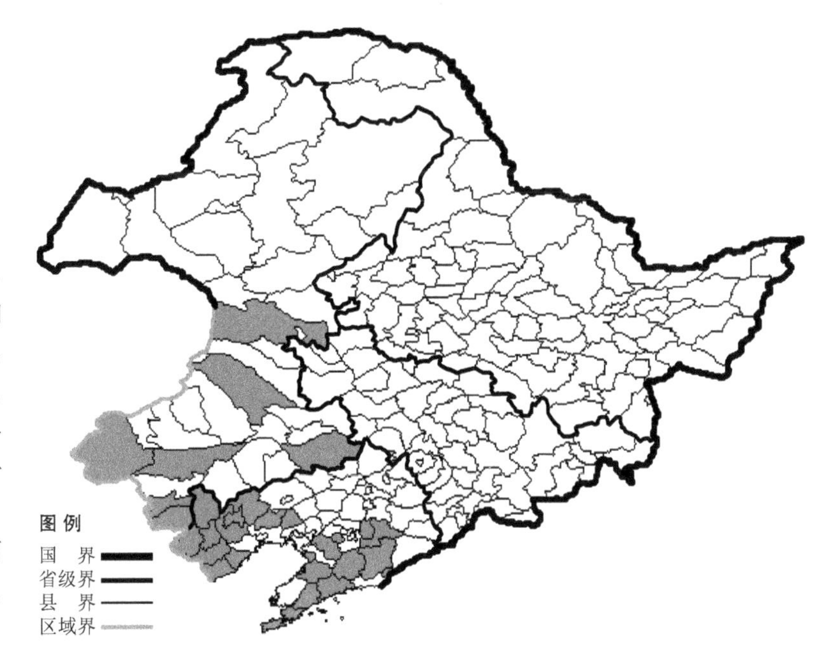

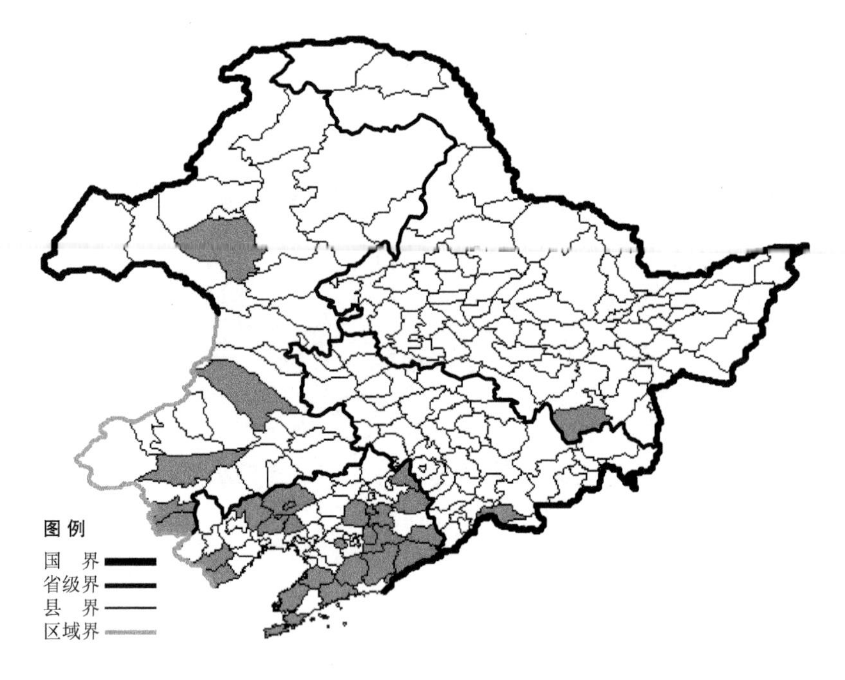

迎红杜鹃

Rhododendron mucronulatum Turcz.

生境：山坡灌丛，石砬子上，海拔 1000 米以下。

产地：黑龙江省宁安，吉林省临江，辽宁省沈阳、北票、阜新、西丰、抚顺、清原、本溪、桓仁、鞍山、岫岩、丹东、凤城、宽甸、大连、瓦房店、庄河、盖州、北镇、义县、绥中、建昌，内蒙古鄂温克旗、扎鲁特旗、宁城、翁牛特旗、喀喇沁旗。

分布：中国（黑龙江、吉林、辽宁、内蒙古、河北、山东、江苏），朝鲜半岛，俄罗斯（远东地区）。

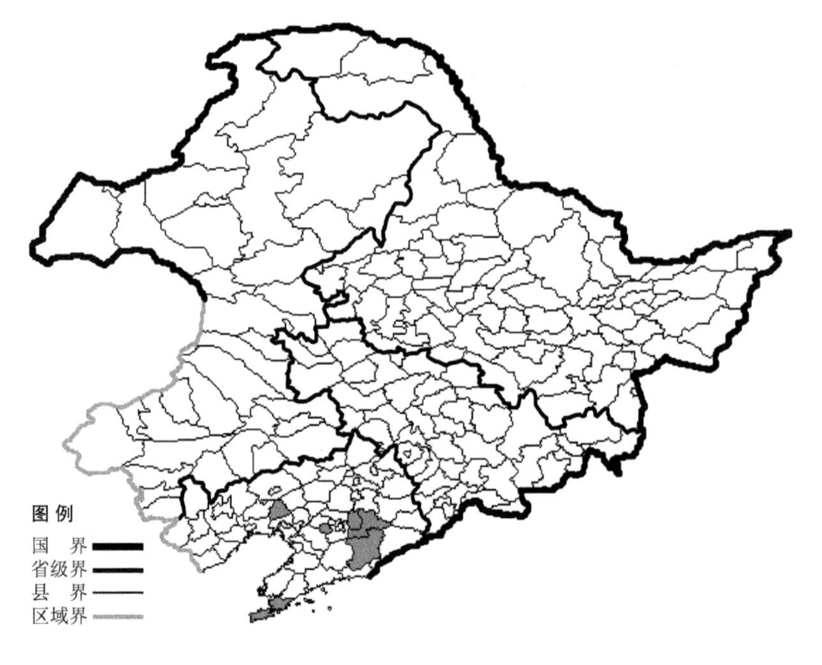

缘毛迎红杜鹃 Rhododendron mucronulatum Turcz. var. **ciliatum** Nakai 生于山脊林下，海拔 1000 米以下，产于辽宁省本溪、鞍山、凤城、大连、北镇，分布于中国（辽宁），朝鲜半岛，日本。

白花迎红杜鹃 Rhododendron mucronulatum Turcz. f. **albiflorum** T. Lee 生于半阴坡柞木林下，海拔约300米，产于辽宁省庄河，分布于中国（辽宁），朝鲜半岛。

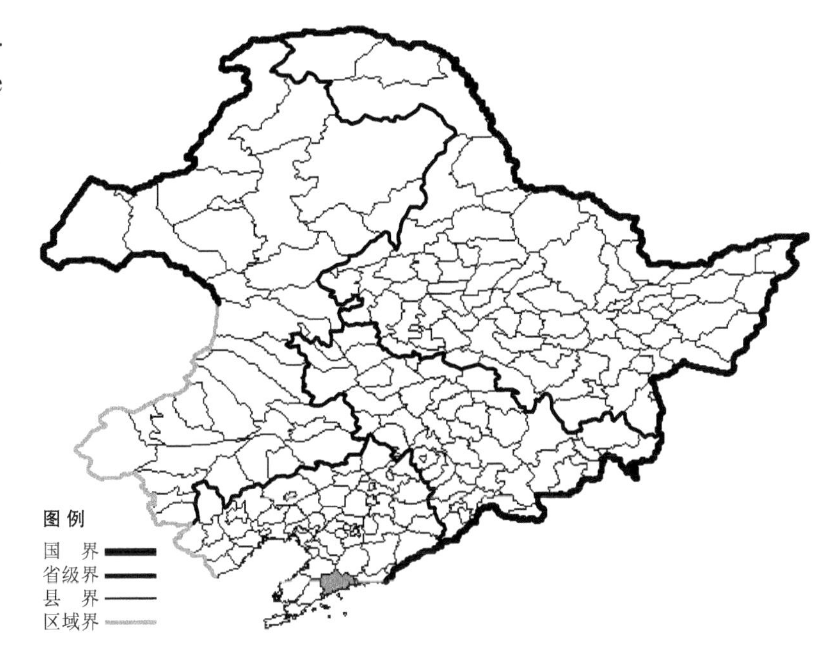

小叶杜鹃

Rhododendron parvifolium Adams

生境：落叶松林低湿处，海拔1300米以下。

产地：黑龙江省呼玛，吉林省抚松、靖宇、长白、和龙、安图，内蒙古牙克石、根河、额尔古纳、鄂伦春旗。

分布：中国（黑龙江、吉林、内蒙古），朝鲜半岛，蒙古，俄罗斯（东部西伯利亚、远东地区），北美洲。

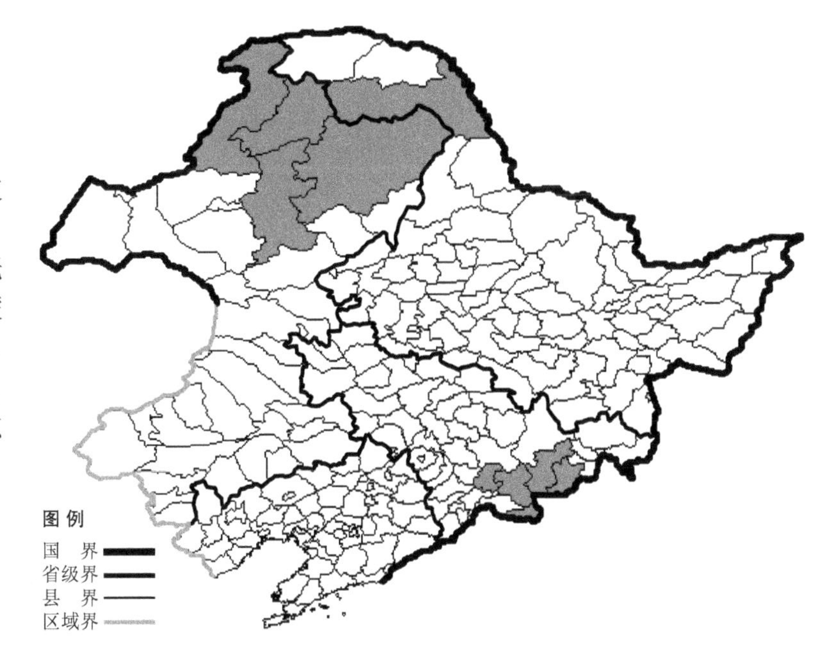

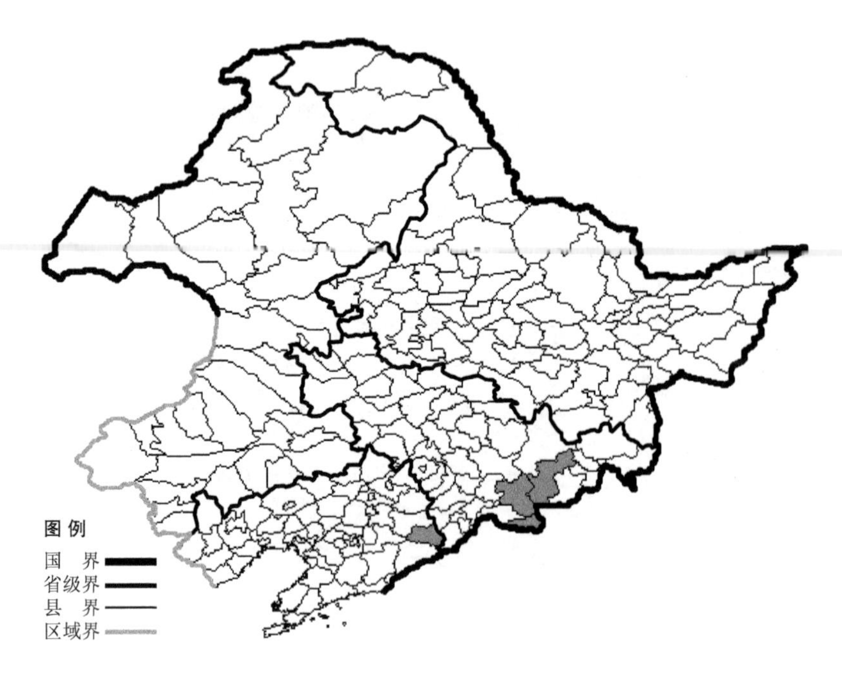

苞叶杜鹃

Rhododendron redowskiamum Maxim.

生境：高山冻原，岳桦林下，海拔 1700-2400 米（长白山）。

产地：吉林省抚松、长白、安图，辽宁省桓仁。

分布：中国（吉林、辽宁），朝鲜半岛，俄罗斯（东西伯利亚、远东地区）。

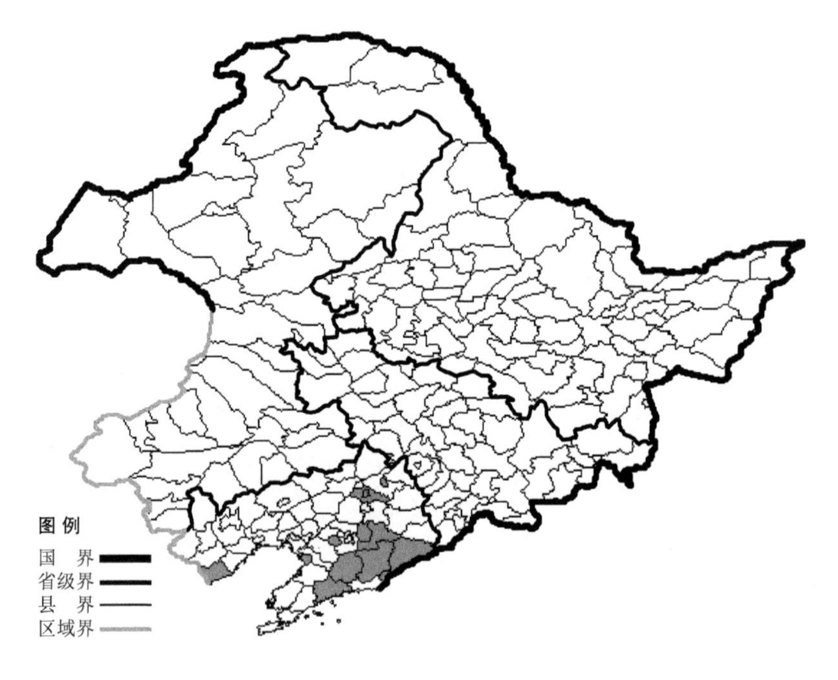

大字杜鹃

Rhododendron schlippenbachii Maxim.

生境：山坡岩石间，山顶，林下，海拔 1000 米以下。

产地：辽宁省铁岭、本溪、鞍山、岫岩、丹东、凤城、宽甸、庄河、营口、绥中。

分布：中国（辽宁），朝鲜半岛，俄罗斯（远东地区）。

朝鲜越桔

Vaccinium koreanum Nakai

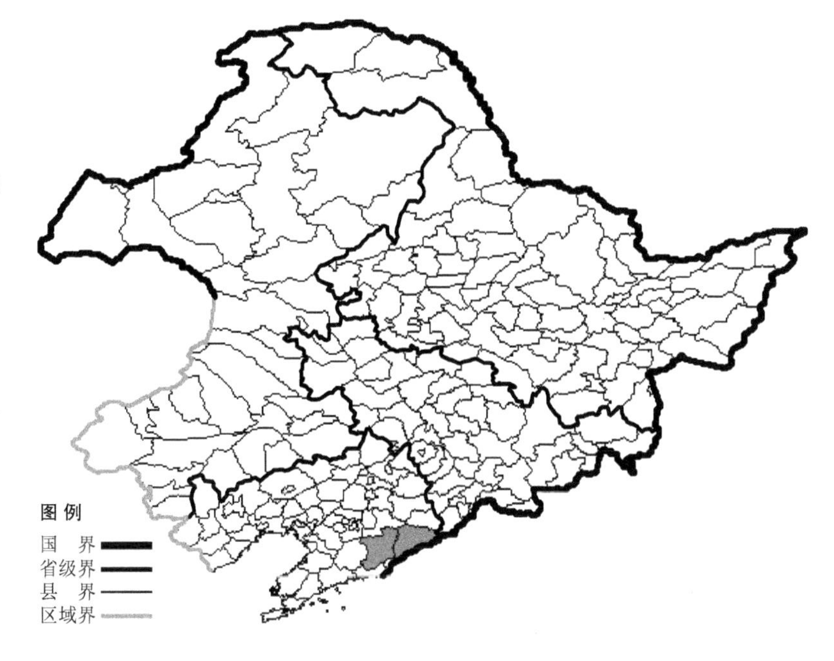

生境：山顶石砬子上，海拔 1000 米以下。

产地：辽宁省凤城、宽甸。

分布：中国（辽宁），朝鲜半岛。

笃斯越桔

Vaccinium uliginosum L.

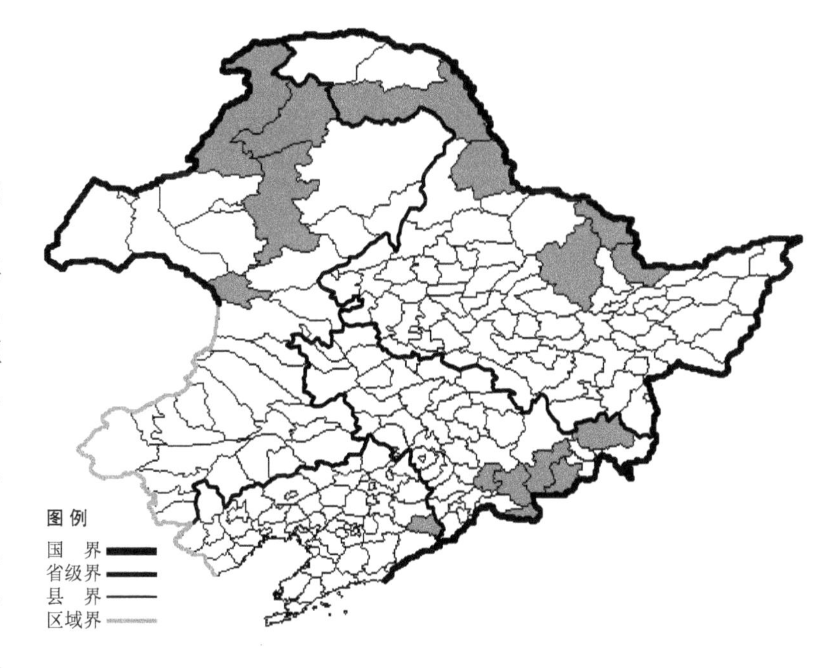

生境：岳桦林下湿草地，高山冻原，海拔 1800 米以下。

产地：黑龙江省黑河、伊春、嘉荫、萝北、呼玛，吉林省抚松、靖宇、长白、和龙、汪清、安图，辽宁省桓仁，内蒙古牙克石、根河、额尔古纳、阿尔山。

分布：中国（黑龙江、吉林、辽宁、内蒙古、新疆），朝鲜半岛，日本，蒙古，俄罗斯（北极带、欧洲部分、高加索、西伯利亚、远东地区），欧洲，北美洲。

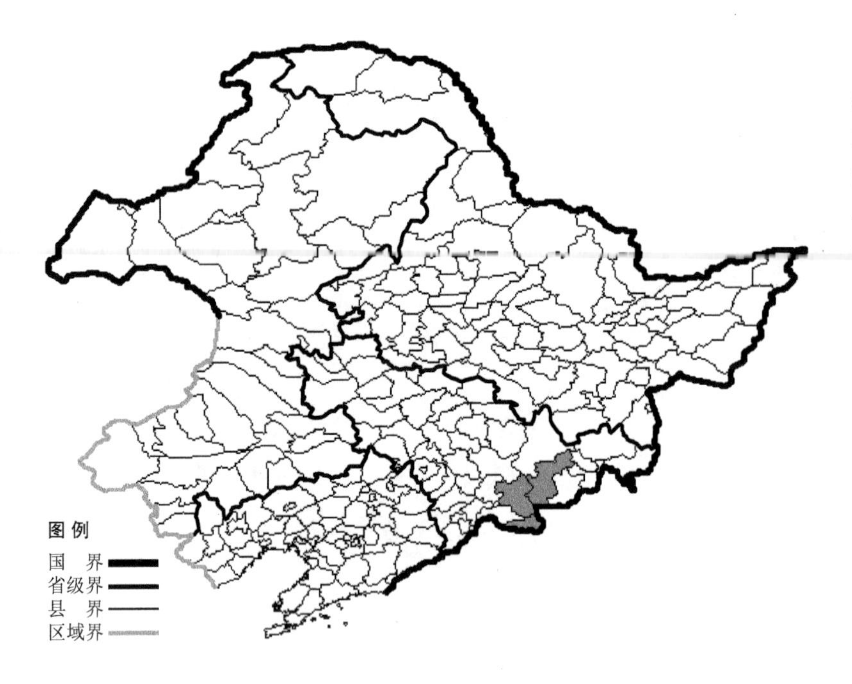

高山笃斯越桔 Vaccinium uliginosum L. var. **alpinum** Bigel. 生于岳桦林下湿草地，高山冻原，海拔 1700-2500 米，产于吉林省抚松、长白、安图，分布于中国（吉林），俄罗斯（北极带、西伯利亚、远东地区）。

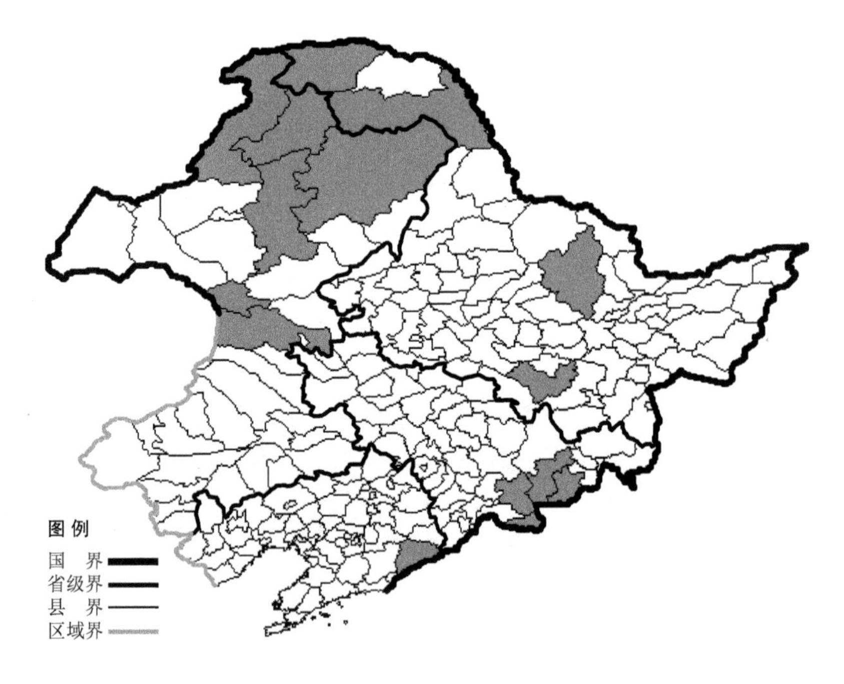

越桔

Vaccinium vitis-idaea L.

生境：高山草甸，疏林下，海拔 2400 米以下。

产地：黑龙江省尚志、伊春、呼玛、漠河，吉林省抚松、长白、和龙、安图，辽宁省宽甸，内蒙古牙克石、根河、额尔古纳、鄂伦春旗、阿尔山、科尔沁右翼前旗。

分布：中国（黑龙江、吉林、辽宁、内蒙古、陕西、新疆），朝鲜半岛，日本，蒙古，俄罗斯（北极带、欧洲部分、高加索、西伯利亚、远东地区），欧洲，北美洲。

岩高兰科 Empetraceae

东亚岩高兰

Empetrum nigrum L. var. **japonicum** K. Koch

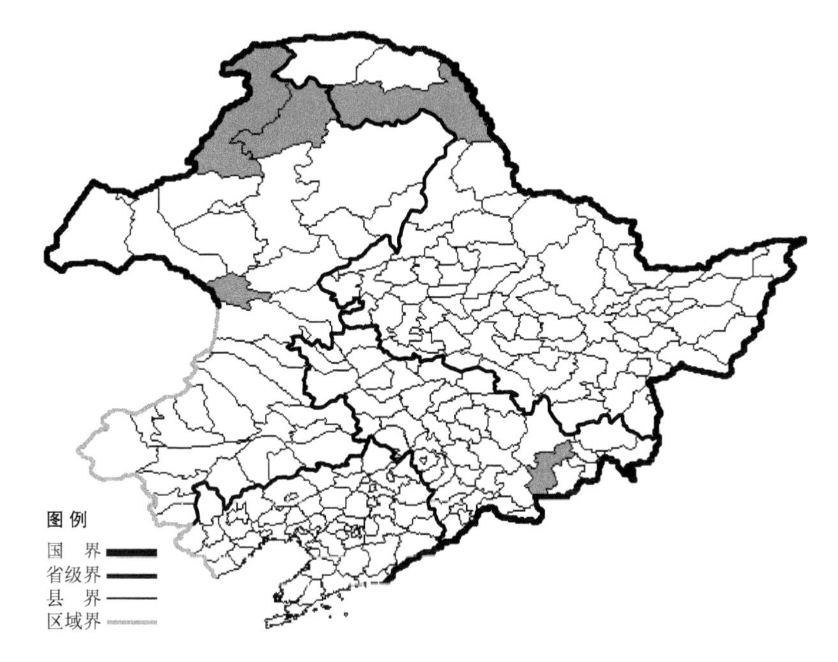

生境：山顶岩石间，针叶林下，冻土上，海拔 1300-2100 米。

产地：黑龙江省呼玛，吉林省安图，内蒙古根河、额尔古纳、阿尔山。

分布：中国（黑龙江、吉林、内蒙古），朝鲜半岛，日本，蒙古，俄罗斯。

报春花科 Primulaceae

东北点地梅

Androsace filiformis Retz.

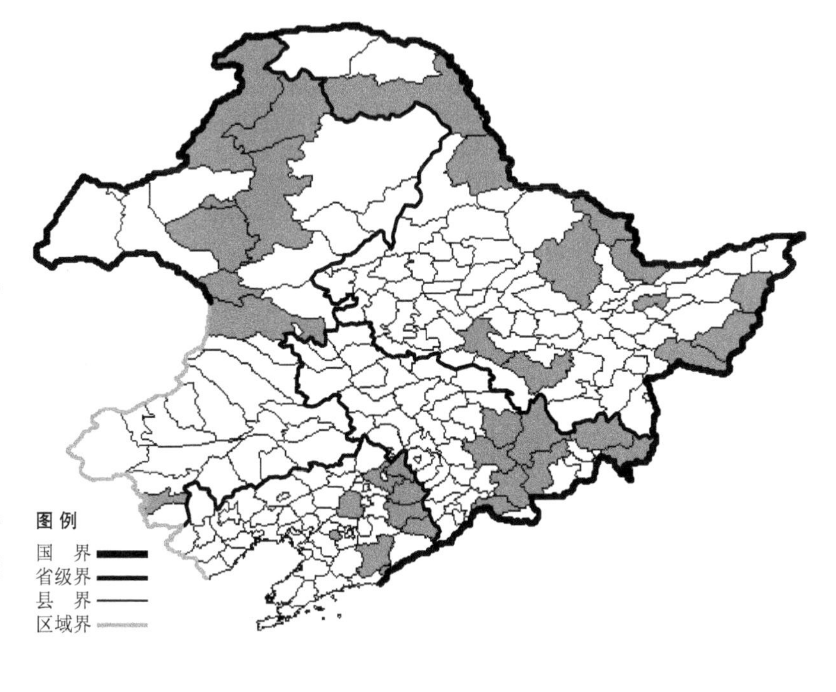

生境：沟边，林下，湿草地，海拔 1100 米以下。

产地：黑龙江省哈尔滨、尚志、黑河、伊春、嘉荫、萝北、集贤、饶河、虎林、密山、呼玛，吉林省蛟河、桦甸、临江、抚松、敦化、珲春、汪清、安图，辽宁省沈阳、开原、西丰、新宾、清原、桓仁、鞍山、丹东、凤城，内蒙古海拉尔、牙克石、根河、额尔古纳、鄂温克旗、阿尔山、科尔沁右翼前旗、喀喇沁旗。

分布：中国（黑龙江、吉林、辽宁、内蒙古、新疆），朝鲜半岛，蒙古，俄罗斯（北极带、欧洲部分、西伯利亚、远东地区），中亚，欧洲。

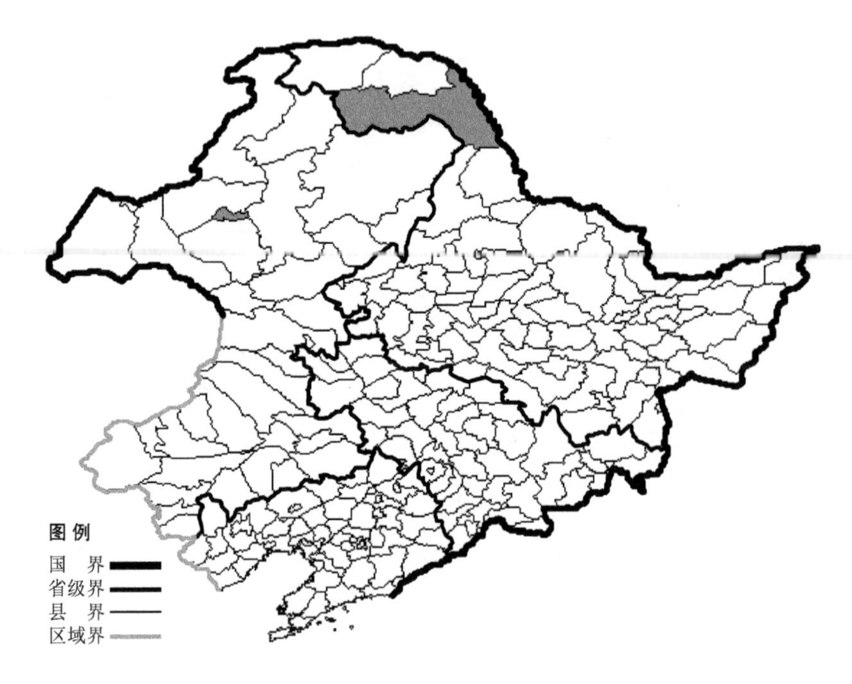

小点地梅

Androsace gmelinii (L.) Gaertn.

生境：河边湿草地。

产地：黑龙江省呼玛，内蒙古海拉尔。

分布：中国（黑龙江、内蒙古、甘肃、青海、新疆、四川），蒙古，俄罗斯（西伯利亚、远东地区）。

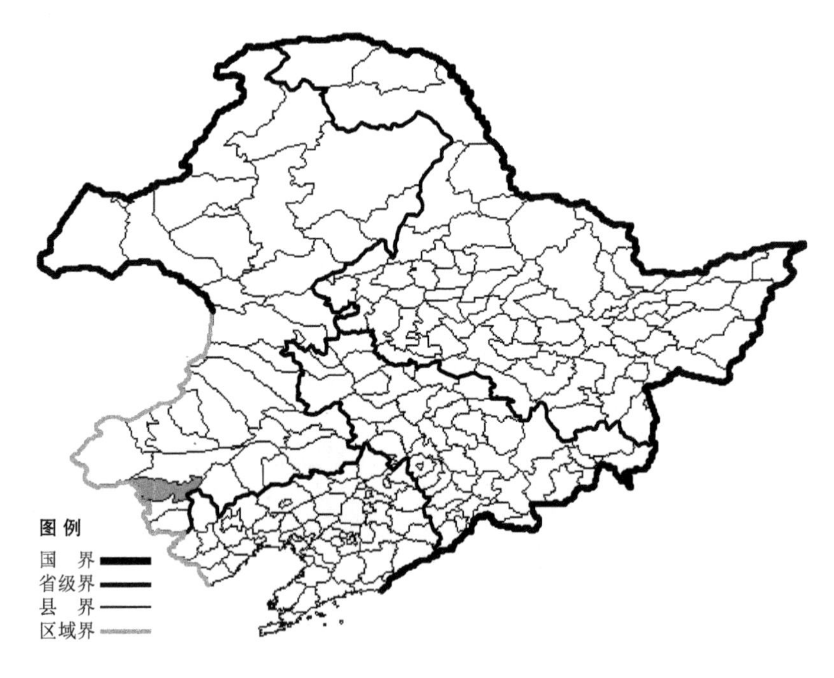

白花点地梅

Androsace incana Lam.

生境：山地羊茅草原，石质丘陵顶部。

产地：内蒙古赤峰。

分布：中国（内蒙古、河北、山西、青海、甘肃、新疆），蒙古，俄罗斯（西伯利亚、远东地区）。

旱生点地梅

Androsace lehmanniana Spreng.

生境： 高山冻原，海拔约 1900 米。

产地： 吉林省安图。

分布： 中国（吉林、新疆），蒙古，俄罗斯（北极带、欧洲部分、西伯利亚、远东地区），中亚。

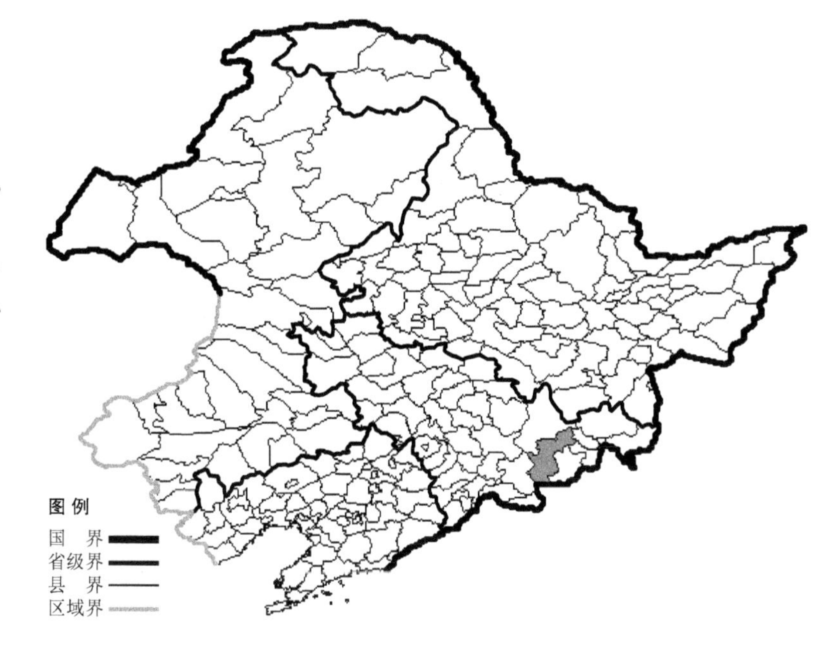

长叶点地梅

Androsace longifolia Turcz.

生境： 石砾质山坡，草原。

产地： 黑龙江省大庆、安达、肇东，内蒙古乌兰浩特、扎赉特旗。

分布： 中国（黑龙江、内蒙古、山西、宁夏），蒙古。

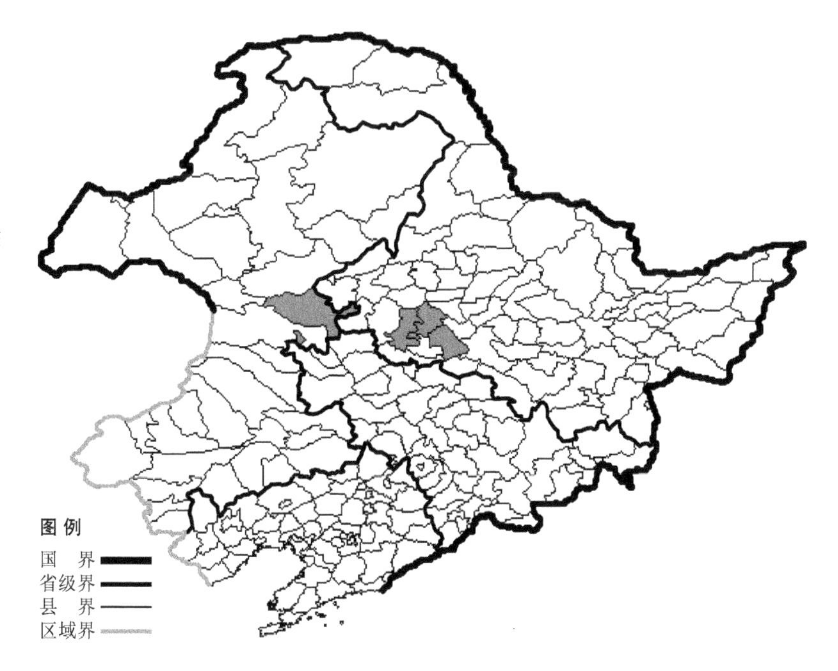

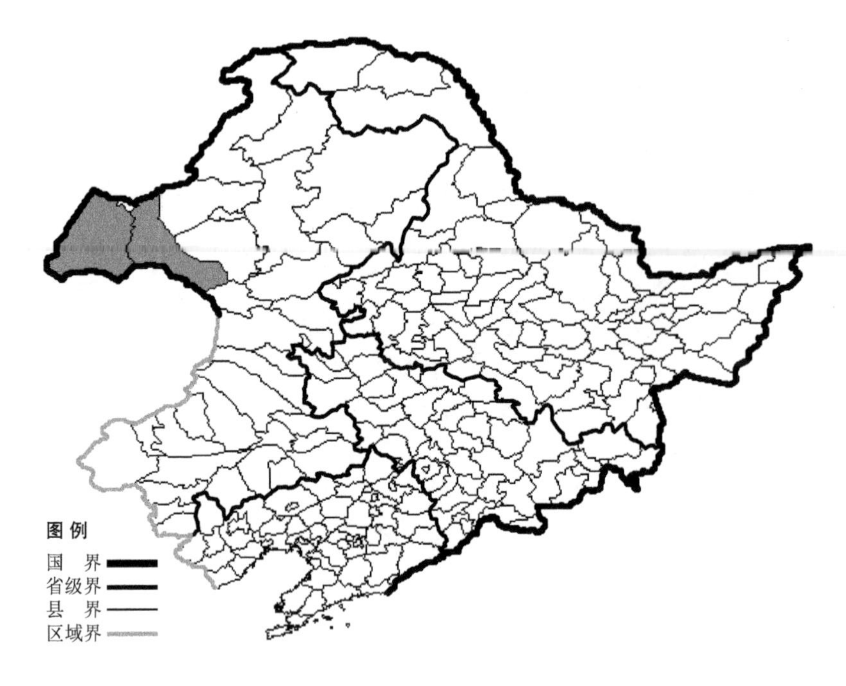

大苞点地梅

Androsace maxima L.

生境：石砾质山坡，丘间低地。

产地：内蒙古新巴尔虎右旗、新巴尔虎左旗。

分布：中国（内蒙古、山西、陕西、宁夏、甘肃、新疆），蒙古，俄罗斯（欧洲部分、高加索、西伯利亚），中亚。

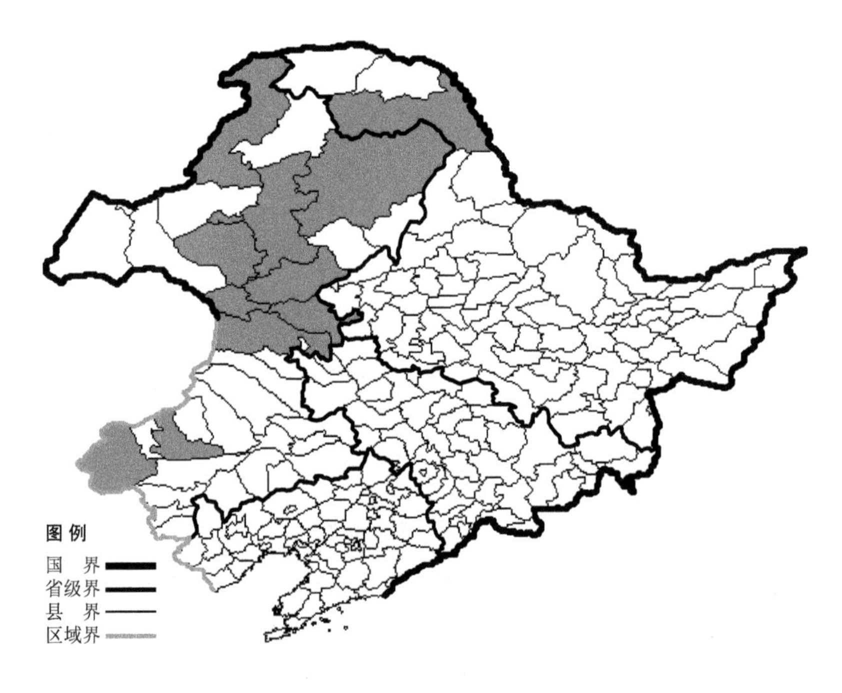

雪山点地梅

Androsace septentrionalis L.

生境：草原，沙质地，岩石缝间，海拔 500-800 米。

产地：黑龙江省呼玛，内蒙古海拉尔、扎兰屯、牙克石、额尔古纳、鄂伦春旗、鄂温克旗、阿尔山、科尔沁右翼前旗、扎赉特旗、巴林右旗、克什克腾旗。

分布：中国（黑龙江、内蒙古、河北、山西、新疆），日本，蒙古，俄罗斯（欧洲部分、高加索、西伯利亚、远东地区），中亚，土耳其，欧洲，北美洲。

点地梅

Androsace umbellata (Lour.) Merr.

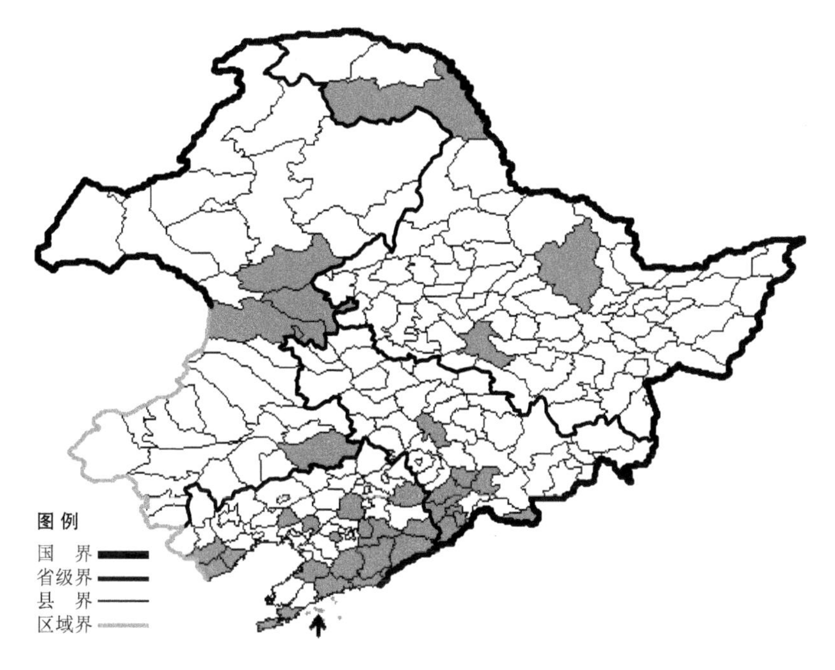

生境：林缘，疏林下，向阳草地，海拔约 400 米。

产地：黑龙江省哈尔滨、伊春、呼玛，吉林省长春、集安、通化、辉南、柳河、靖宇、长白，辽宁省沈阳、清原、本溪、桓仁、鞍山、台安、岫岩、丹东、凤城、东港、宽甸、大连、庄河、长海、盖州、北镇、兴城、绥中、建昌，内蒙古扎兰屯、乌兰浩特、科尔沁右翼前旗、扎赉特旗、科尔沁左翼后旗。

分布：中国（全国各地），朝鲜半岛，日本，俄罗斯（远东地区），缅甸，印度，越南，菲律宾。

假报春

Cortusa matthioli L.

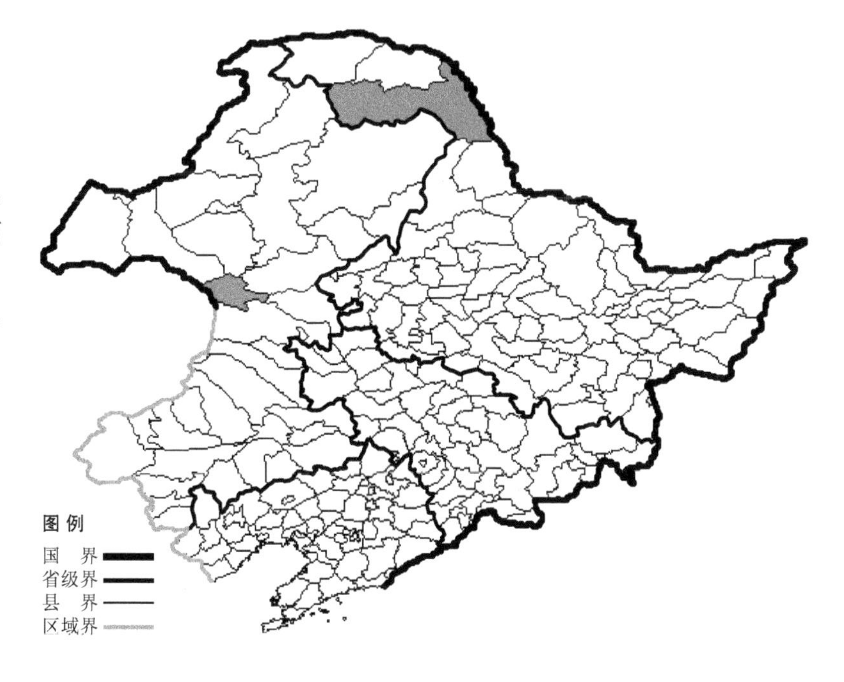

生境：针叶林下，海拔约 700 米。

产地：黑龙江省呼玛，内蒙古阿尔山。

分布：中国（黑龙江、内蒙古、新疆），俄罗斯（欧洲部分、西伯利亚），欧洲。

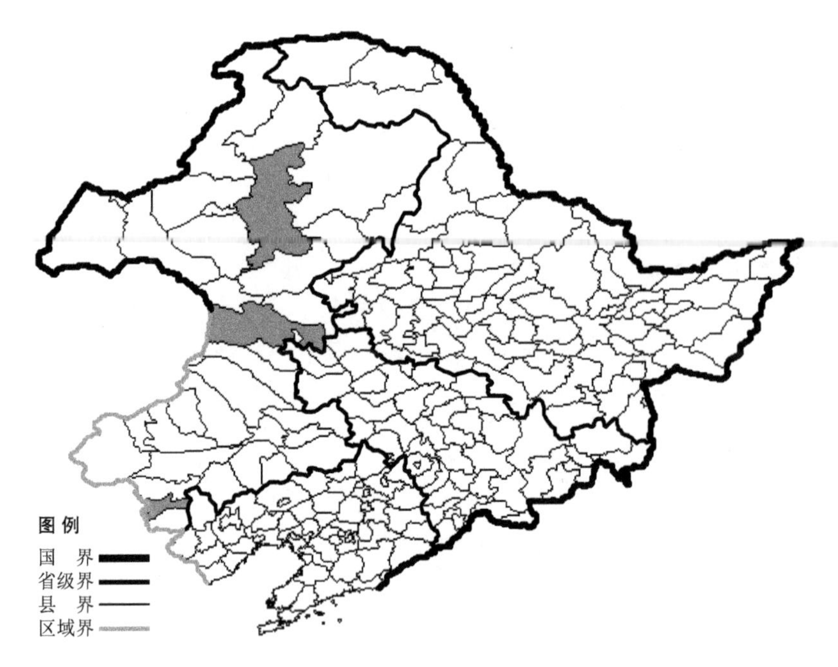

河北假报春 Cortusa matthioli subsp. **pekinensis** (Al. Richt.) Kitag. 生于林下，产于内蒙古牙克石、科尔沁右翼前旗、喀喇沁旗，分布于中国（内蒙古、河北、山西、陕西），朝鲜半岛，俄罗斯（远东地区）。

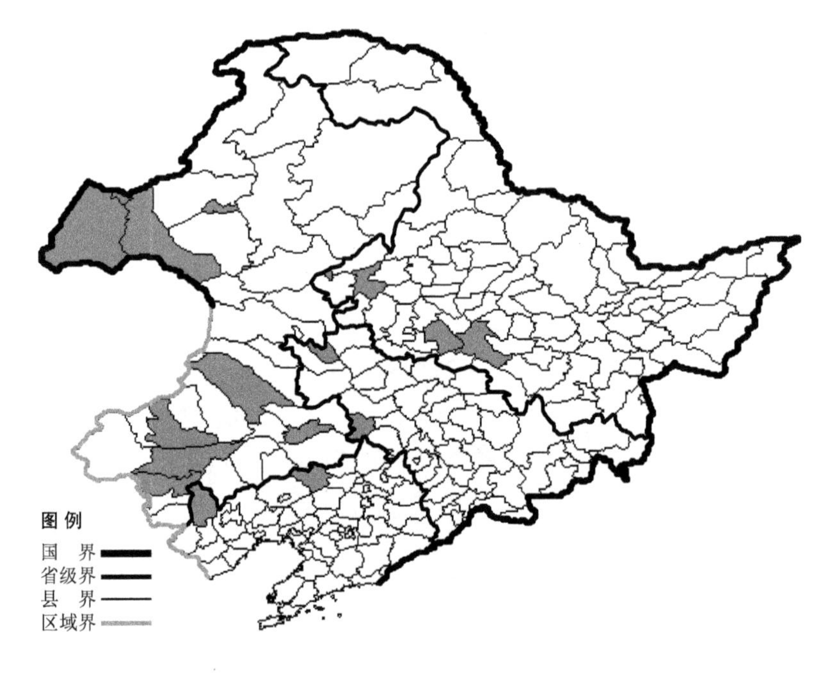

海乳草

Glaux maritima L.

生境：盐碱地，水边湿地，海拔约 600 米。

产地：黑龙江省哈尔滨、齐齐哈尔、肇东，吉林省白城、双辽，辽宁省建平、彰武，内蒙古海拉尔、满洲里、新巴尔虎右旗、新巴尔虎左旗、通辽、扎鲁特旗、赤峰、巴林右旗、翁牛特旗。

分布：中国（黑龙江、吉林、辽宁、内蒙古、河北、陕西、甘肃、青海、新疆、山东、四川、西藏），日本，蒙古，俄罗斯（欧洲部分、高加索、西伯利亚、远东地区），中亚，土耳其，伊朗，欧洲，北美洲。

狼尾花

Lysimachia barystachys Bunge

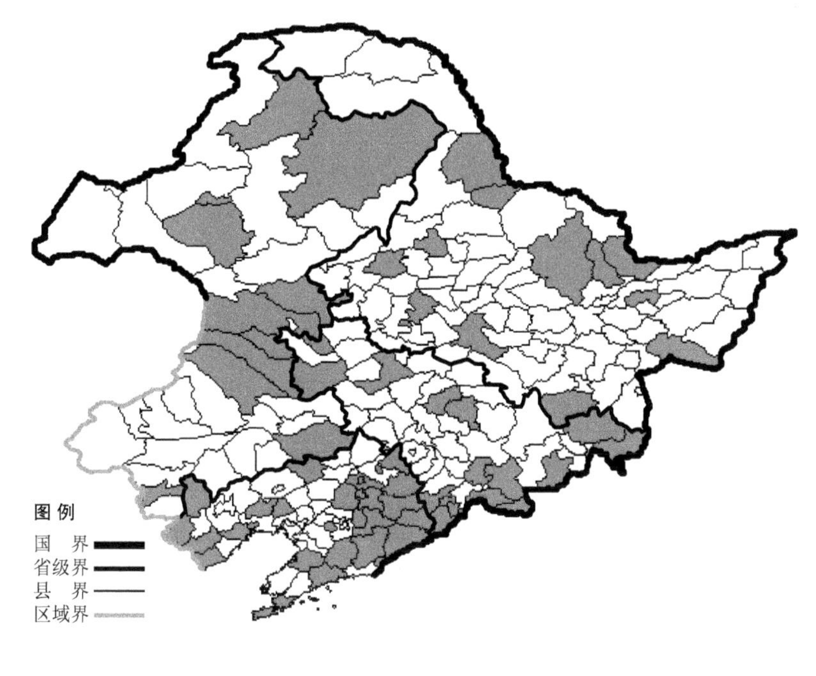

生境：草甸，山坡灌丛，路旁，沙地，海拔 600 米以下。

产地：黑龙江省哈尔滨、富裕、克山、黑河、孙吴、伊春、鹤岗、萝北、集贤、密山、宁安、安达，吉林省九台、白城、通榆、前郭尔罗斯、吉林、集安、通化、临江、抚松、靖宇、长白、珲春、和龙、汪清，辽宁省沈阳、凌源、建平、彰武、铁岭、西丰、抚顺、新宾、清原、本溪、桓仁、鞍山、岫岩、丹东、凤城、宽甸、大连、庄河、盖州、锦州、北镇、义县、葫芦岛、绥中、建昌，内蒙古海拉尔、根河、鄂伦春旗、鄂温克旗、突泉、科尔沁右翼前旗、科尔沁右翼中旗、扎赉特旗、扎鲁特旗、科尔沁左翼后旗、喀喇沁旗。

分布：中国（黑龙江、吉林、辽宁、内蒙古、河北、山西、陕西、甘肃、山东、江苏、安徽、浙江、河南、湖北、四川、贵州、云南），朝鲜半岛，日本，俄罗斯（远东地区）。

珍珠菜

Lysimachia clethroides Duby

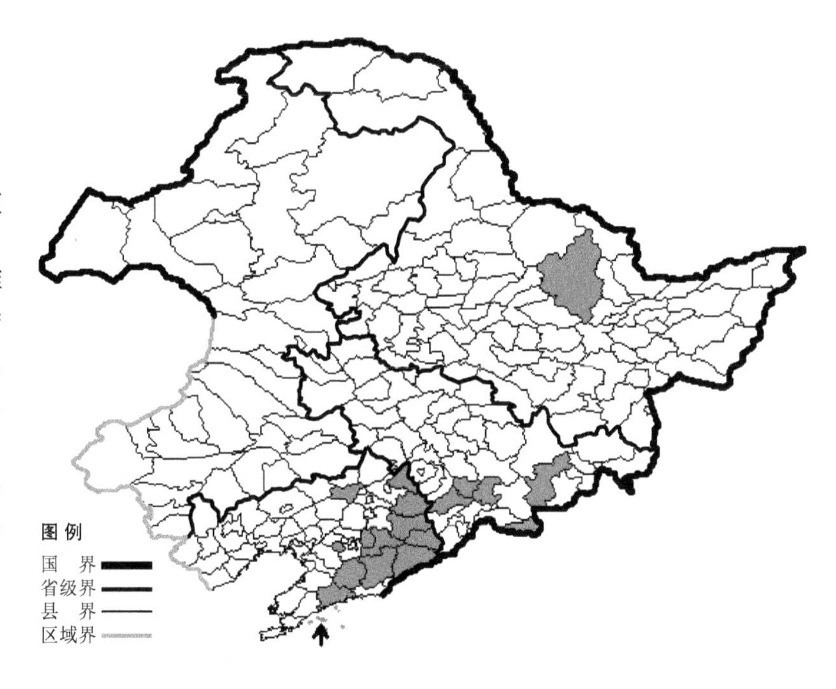

生境：杂木林下，林缘，山坡草地。

产地：黑龙江省伊春，吉林省辉南、柳河、靖宇、长白、安图，辽宁省法库、西丰、新宾、清原、本溪、桓仁、鞍山、岫岩、凤城、宽甸、庄河、长海。

分布：中国（黑龙江、吉林、辽宁、河北、山西、陕西、山东、江苏、河南、湖北、湖南、广东、贵州），朝鲜半岛，日本，俄罗斯（远东地区）。

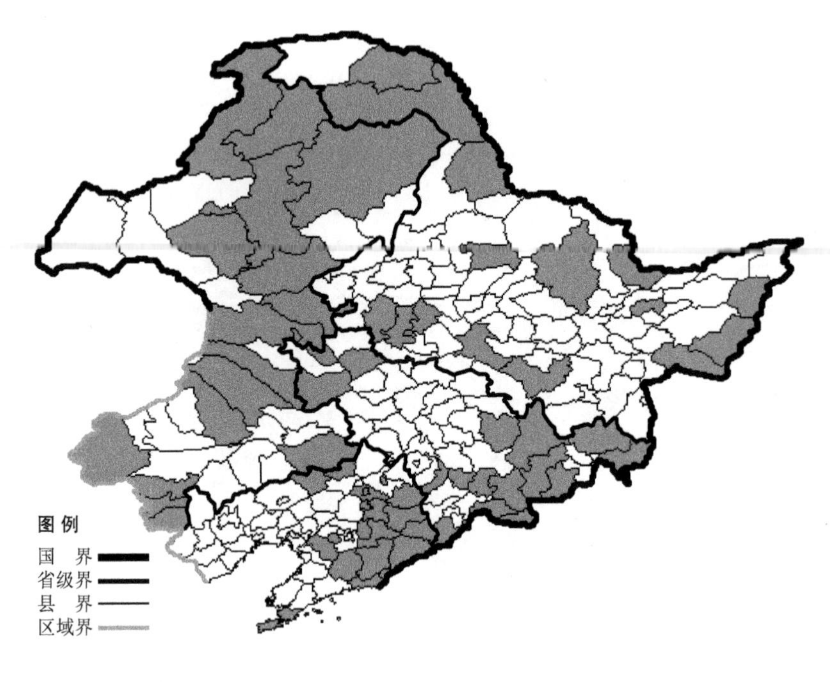

黄连花

Lysimachia davurica Ledeb.

生境：草甸，灌丛，林缘，路旁，海拔 1200 米以下。

产地：黑龙江省哈尔滨、尚志、黑河、北安、大庆、杜尔伯特、伊春、萝北、集贤、饶河、虎林、密山、安达、呼玛、塔河，吉林省白城、大安、通榆、蛟河、梅河口、集安、辉南、临江、抚松、靖宇、长白、敦化、珲春、和龙、汪清、安图，辽宁省康平、彰武、铁岭、抚顺、新宾、清原、本溪、桓仁、鞍山、海城、岫岩、丹东、凤城、东港、宽甸、大连，内蒙古海拉尔、扎兰屯、牙克石、根河、额尔古纳、鄂伦春旗、鄂温克旗、乌兰浩特、科尔沁右翼前旗、科尔沁右翼中旗、扎赉特旗、扎鲁特旗、科尔沁左翼后旗、赤峰、宁城、阿鲁科尔沁旗、克什克腾旗、喀喇沁旗。

分布：中国（黑龙江、吉林、辽宁、内蒙古、河北、山西、山东、江苏、浙江、湖北、四川、云南），朝鲜半岛，日本，蒙古，俄罗斯（东部西伯利亚、远东地区）。

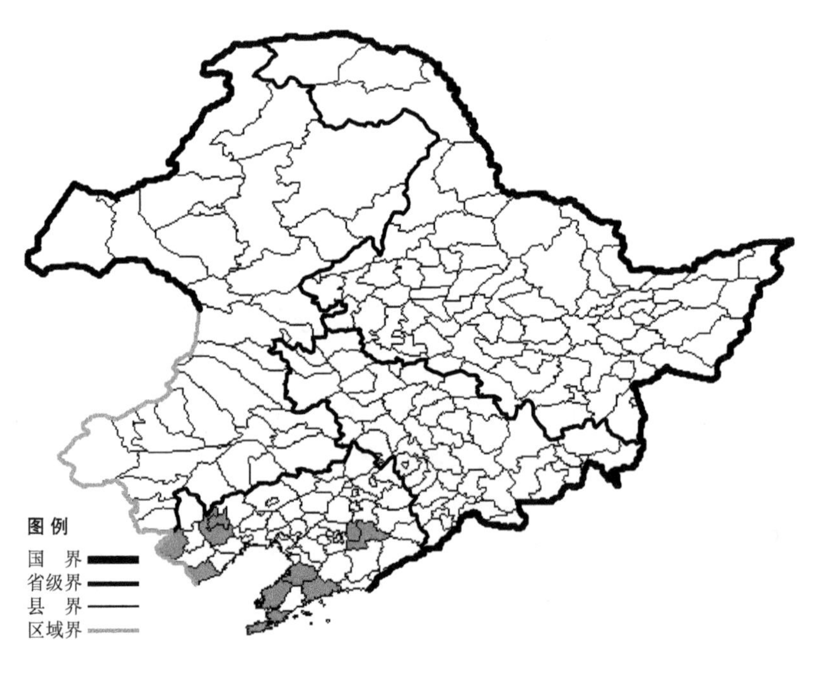

狭叶珍珠菜

Lysimachia pentapetala Bunge

生境：山坡路旁，湿草地，海拔约 200 米。

产地：辽宁省朝阳、凌源、本溪、大连、瓦房店、庄河、盖州、绥中。

分布：中国（辽宁、河北、陕西、甘肃、山东、安徽、湖北），朝鲜半岛。

球尾花

Lysimachia thyrsiflora L.

生境：水边湿草地，海拔 800 米以下。

产地：黑龙江省尚志、黑河、伊春、萝北、富锦、密山，吉林省临江、靖宇、汪清、安图，辽宁省沈阳、彰武，内蒙古海拉尔、牙克石、根河、额尔古纳、鄂伦春旗、鄂温克旗、阿尔山、扎赉特旗、科尔沁左翼后旗。

分布：中国（黑龙江、吉林、辽宁、内蒙古、山西、云南），朝鲜半岛，日本，蒙古，俄罗斯（北极带、欧洲部分、西伯利亚、远东地区），中亚，欧洲，北美洲。

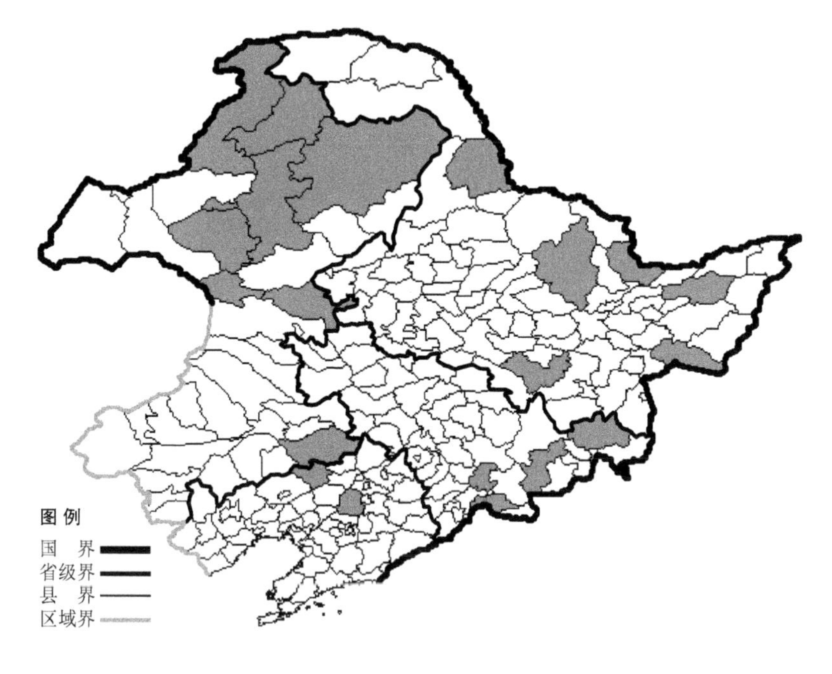

粉报春

Primula farinosa L.

生境：高山冻原，草甸，落叶松林下，沟谷，海拔 2300 米以下。

产地：吉林省安图，内蒙古海拉尔、额尔古纳、鄂伦春旗、鄂温克旗、科尔沁右翼前旗、扎赉特旗、科尔沁左翼后旗、翁牛特旗。

分布：中国（吉林、内蒙古），蒙古、俄罗斯（北极带、欧洲部分、西伯利亚、远东地区），欧洲。

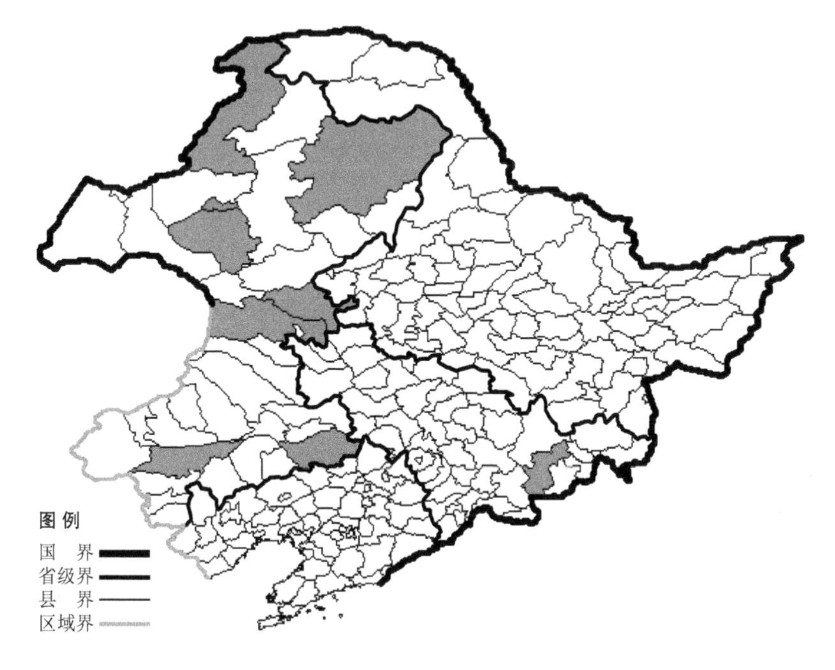

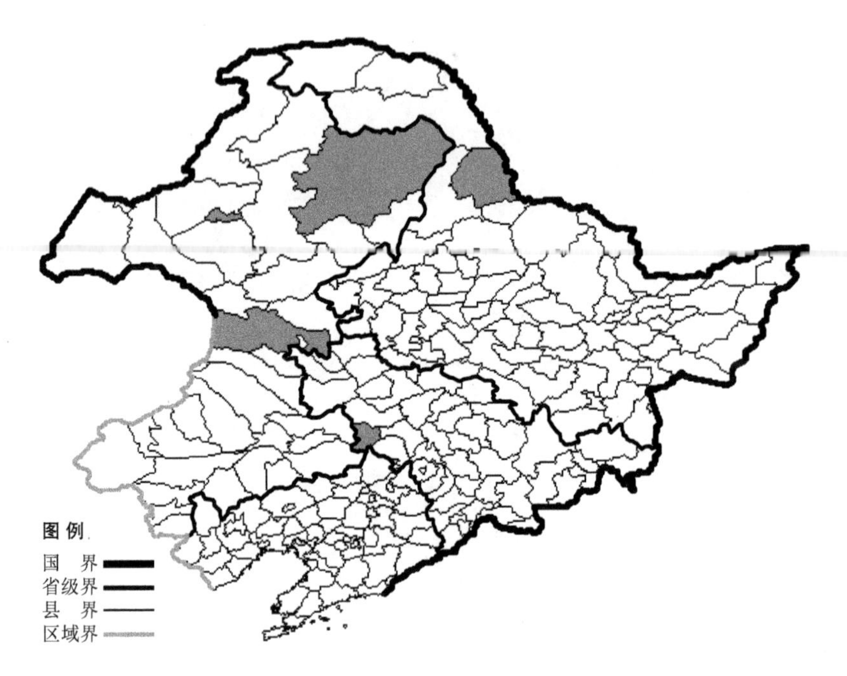

裸报春 Primula farinosa L. var. **denudata** Koch. 生于湿草地，产于黑龙江省黑河，吉林省双辽，内蒙古海拉尔、鄂伦春旗、科尔沁右翼前旗，分布于中国（黑龙江、吉林、内蒙古），蒙古，俄罗斯（东部西伯利亚）。

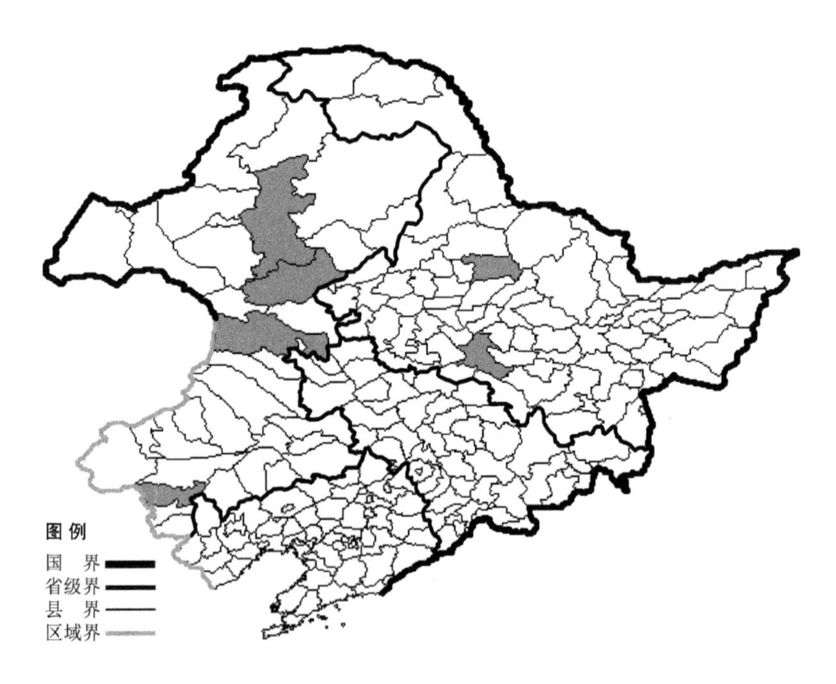

箭报春

Primula fistulosa Turkev.

生境：草甸，富含腐殖质的沙质草地。

产地：黑龙江省哈尔滨、北安，内蒙古扎兰屯、牙克石、科尔沁右翼前旗、赤峰。

分布：中国（黑龙江、内蒙古），蒙古，俄罗斯（远东地区）。

肾叶报春

Primula loeseneri Kitag.

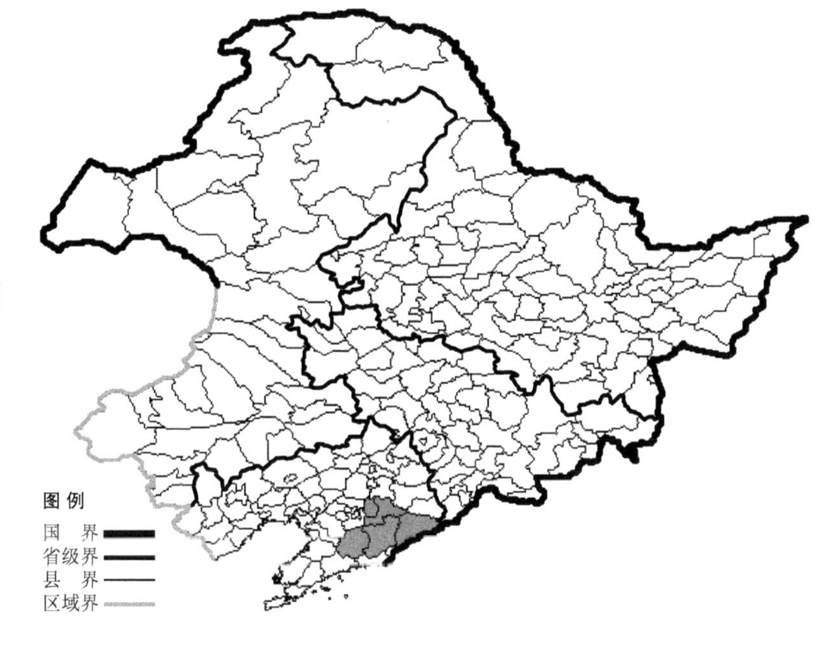

生境：林下阴湿处。

产地：辽宁省本溪、岫岩、凤城、宽甸。

分布：中国（辽宁、山东），朝鲜半岛。

胭脂花

Primula maximowiczii Regel

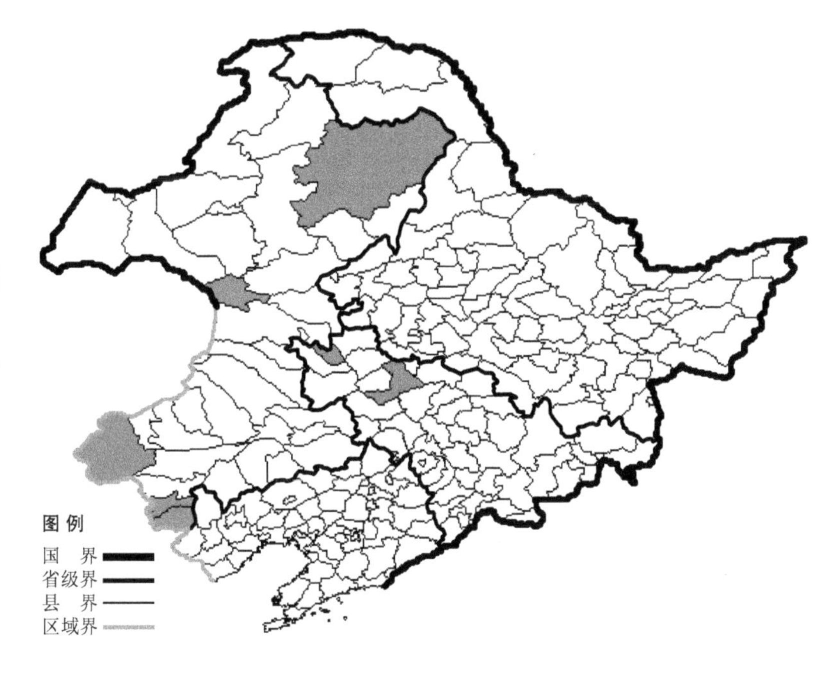

生境：林下，林缘。

产地：吉林省白城、前郭尔罗斯，内蒙古鄂伦春旗、阿尔山、宁城、克什克腾旗、喀喇沁旗。

分布：中国（吉林、内蒙古、河北、山西、陕西、甘肃、青海）。

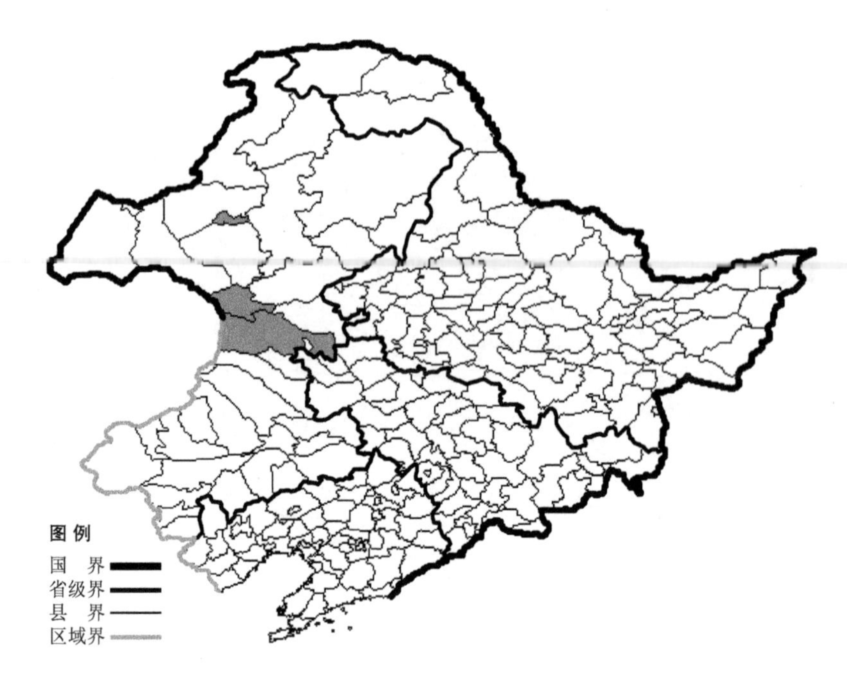

天山报春

Primula nutans Georgi

生境：湿草地，海拔约 600 米。

产地：内蒙古海拉尔、阿尔山、科尔沁右翼前旗。

分布：中国（内蒙古、山西、甘肃、青海、新疆、四川），蒙古，俄罗斯（西伯利亚、远东地区），北美洲。

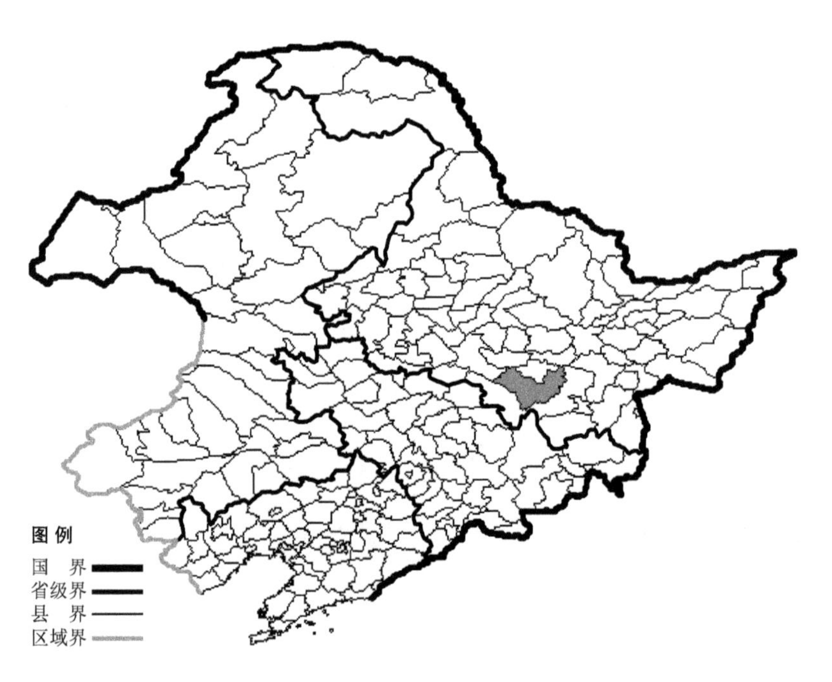

岩生报春

Primula saxatilis Kom.

生境：林下。

产地：黑龙江省尚志。

分布：中国（黑龙江），朝鲜半岛。

樱草

Primula sieboldii E. Morren

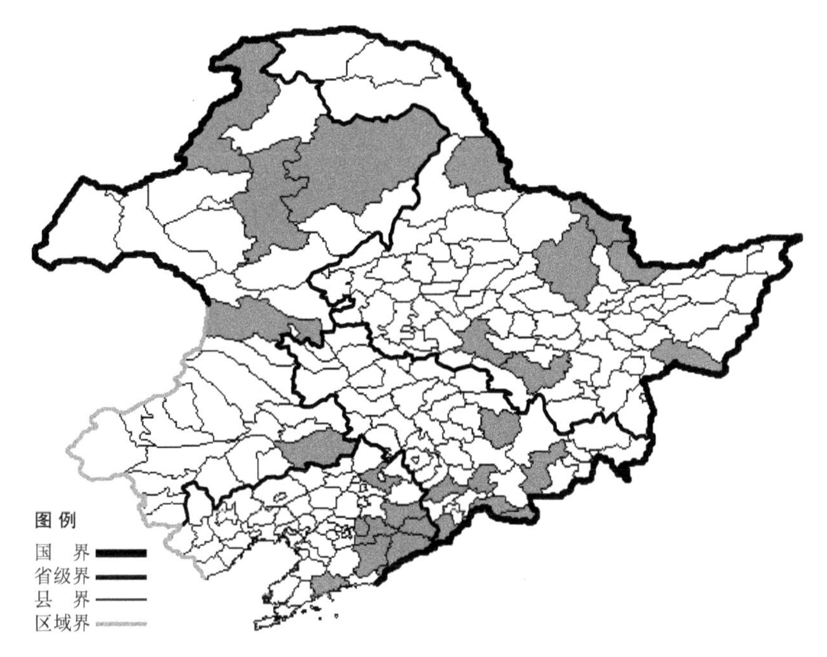

生境：沟旁湿处，林下阴湿处，山坡，海拔 700 米以下。

产地：黑龙江省哈尔滨、尚志、黑河、伊春、嘉荫、萝北、密山，吉林省蛟河、集安、柳河、临江、靖宇、长白、安图，辽宁省开原、新宾、本溪、桓仁、丹东、凤城、宽甸、庄河，内蒙古牙克石、额尔古纳、鄂伦春旗、科尔沁右翼前旗、科尔沁左翼后旗。

分布：中国（黑龙江、吉林、辽宁、内蒙古），朝鲜半岛，日本，俄罗斯（东部西伯利亚、远东地区）。

七瓣莲

Trientalis europaea L.

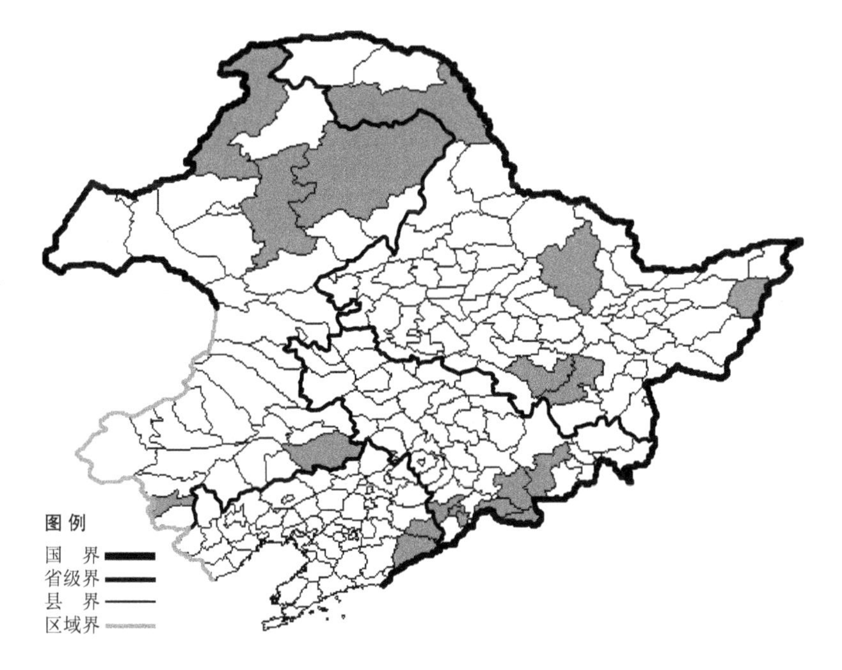

生境：落叶松林下，针阔混交林下，海拔 700-1500 米。

产地：黑龙江省尚志、伊春、饶河、海林、呼玛，吉林省通化、临江、抚松、长白、安图，辽宁省桓仁、宽甸，内蒙古牙克石、额尔古纳、鄂伦春旗、科尔沁左翼后旗、喀喇沁旗。

分布：中国（黑龙江、吉林、辽宁、内蒙古、河北），朝鲜半岛，日本，蒙古，俄罗斯（北极带、欧洲部分、西伯利亚、远东地区），欧洲，北美洲。

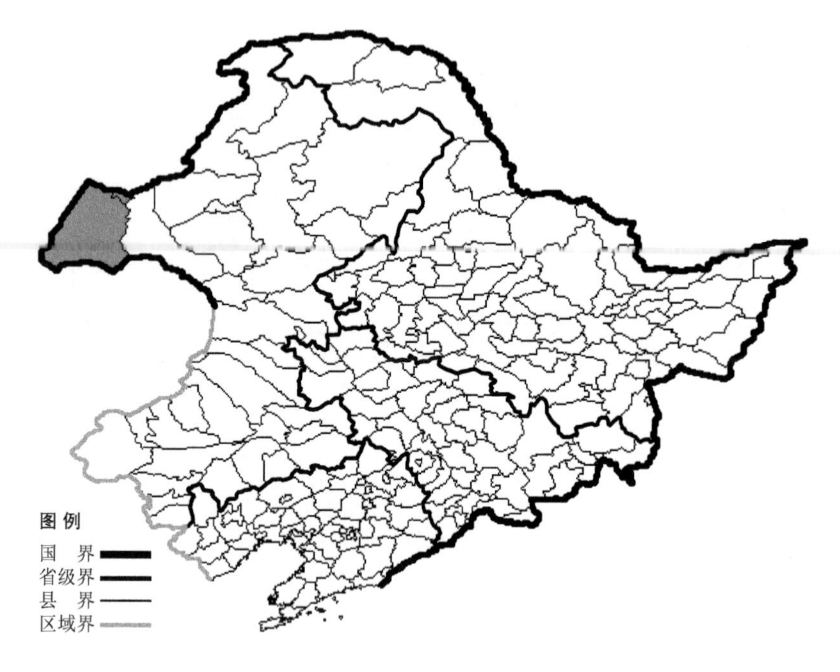

白花丹科 Plumbaginaceae

驼舌草

Goniolimon speciosum (L.) Boiss.

生境：草原，石砾质山坡，海拔约 700 米。

产地：内蒙古满洲里、新巴尔虎右旗。

分布：中国（内蒙古、新疆），蒙古，俄罗斯（欧洲部分、西伯利亚），中亚。

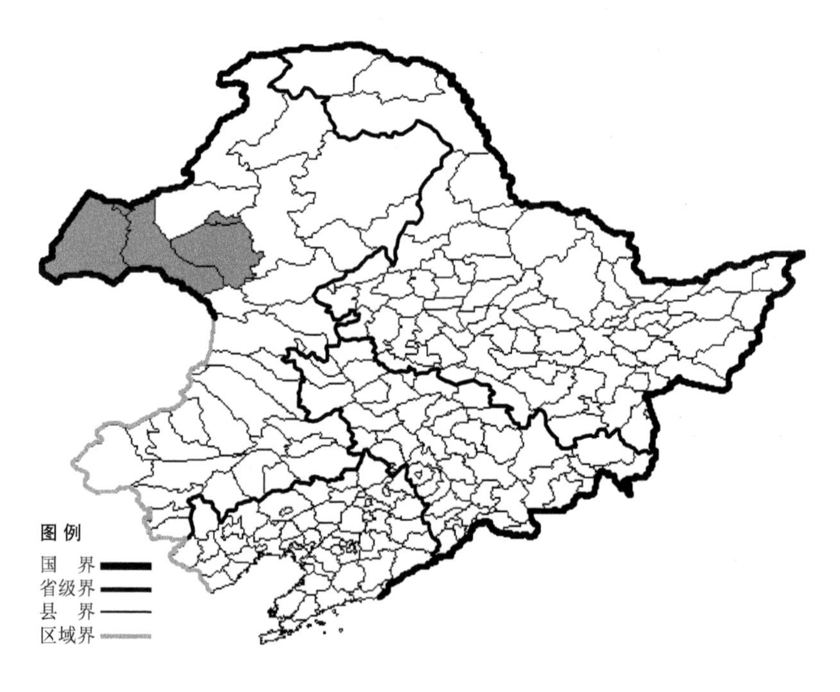

黄花补血草

Limonium aureum (L.) Hill

生境：草原，山坡草地，河边及湖边盐碱地，海拔约 600 米。

产地：内蒙古海拉尔、满洲里、新巴尔虎右旗、新巴尔虎左旗、鄂温克旗。

分布：中国（内蒙古、山西、陕西、甘肃、青海、新疆、四川），蒙古，俄罗斯（东部西伯利亚）。

二色补血草

Limonium bicolor (Bunge) Kuntze

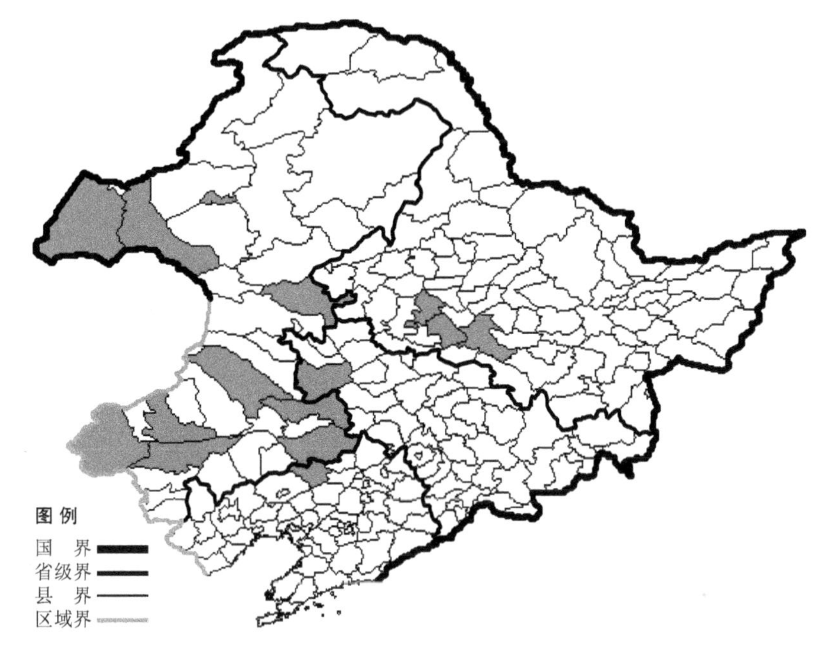

生境：山坡草地，沙丘边缘盐碱地，海拔约 600 米。

产地：黑龙江省哈尔滨、安达、肇东，吉林省通榆，辽宁省彰武，内蒙古海拉尔、新巴尔虎右旗、新巴尔虎左旗、扎赉特旗、扎鲁特旗、科尔沁左翼中旗、科尔沁左翼后旗、巴林右旗、克什克腾旗、翁牛特旗。

分布：中国（黑龙江、吉林、辽宁、内蒙古、河北、山西、陕西、甘肃、山东、江苏、河南），蒙古。

曲枝补血草

Limonium flexuosum (L.) Kuntze

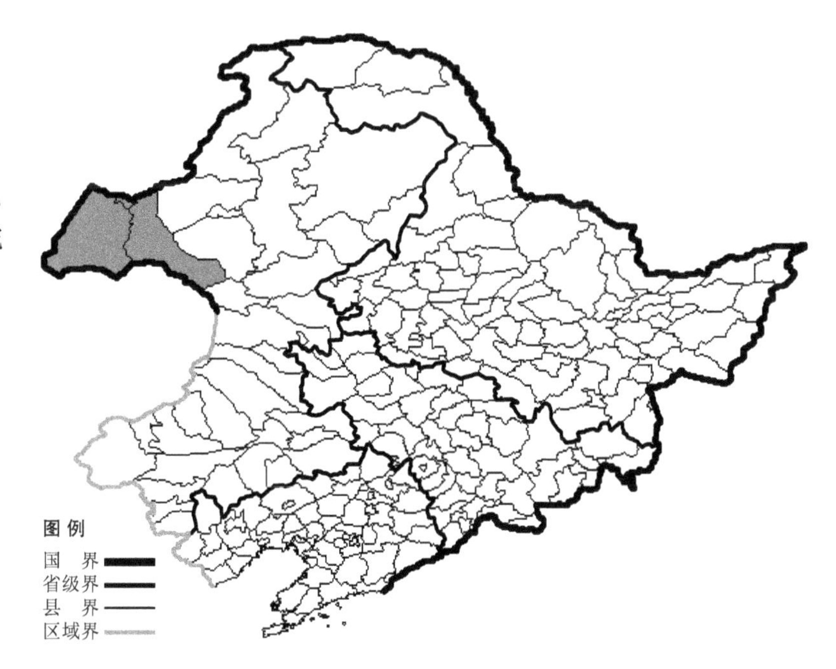

生境：盐碱化草地，海拔约 600 米。

产地：内蒙古满洲里、新巴尔虎右旗、新巴尔虎左旗。

分布：中国（内蒙古），蒙古，俄罗斯（东部西伯利亚）。

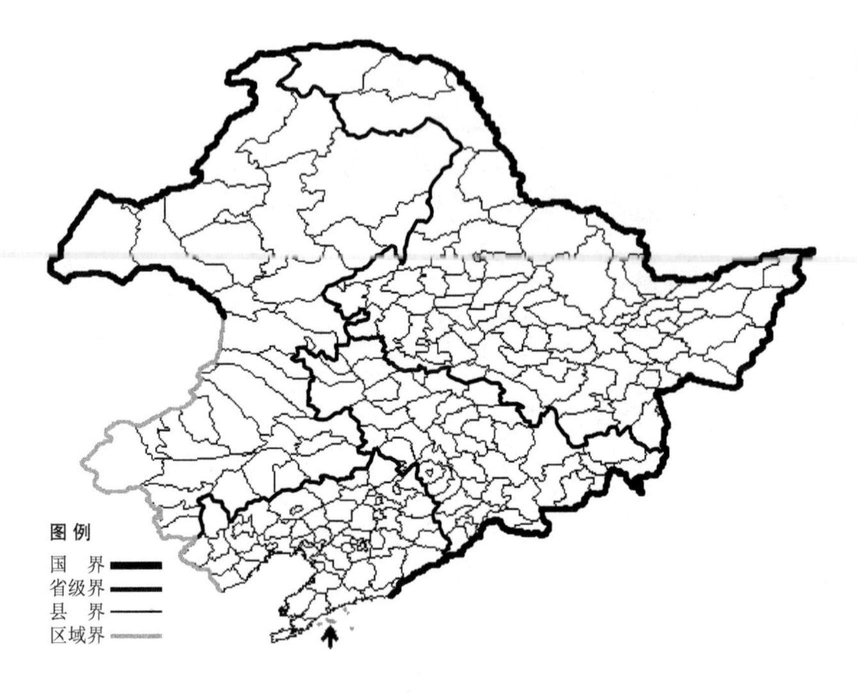

烟台补血草

Limonium franchetii (Debx.) Kuntze

生境：海边山坡及沙地。

产地：辽宁省长海。

分布：中国（辽宁、山东、江苏）。

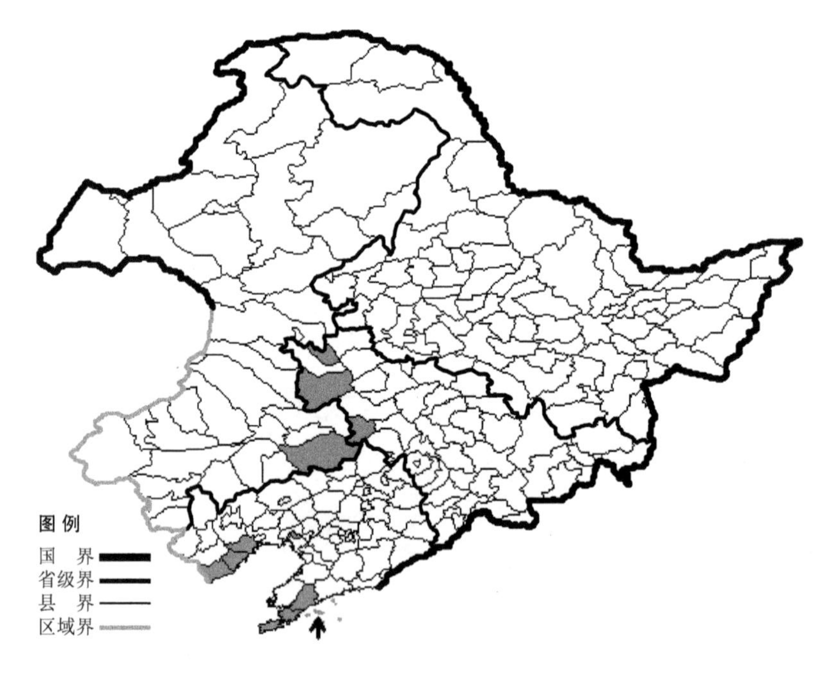

补血草

Limonium sinens (Girard) Kuntze

生境：滨海及内陆盐碱地上。

产地：吉林省白城、通榆、双辽，辽宁省大连、普兰店、长海、盘锦、葫芦岛、兴城、绥中，内蒙古科尔沁左翼后旗。

分布：中国（吉林、辽宁、内蒙古、河北、山东、江苏、福建、广东），越南。

安息香科 Styracaceae

玉铃花

Styrax obassia Sieb.et Zucc.

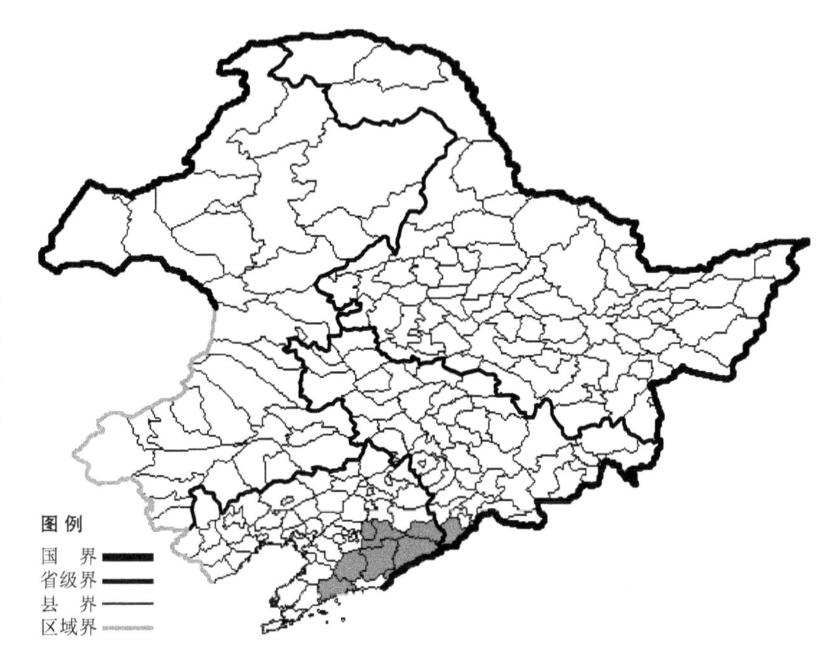

生境：杂木林下，海拔约 700 米。

产地：吉林省集安，辽宁省本溪、桓仁、岫岩、丹东、凤城、宽甸、庄河。

分布：中国（吉林、辽宁、山东、安徽、浙江、湖北、江西），朝鲜半岛，日本。

山矾科 Symplocaceae

白檀山矾

Symplocos paniculata (Thunb.) Miq.

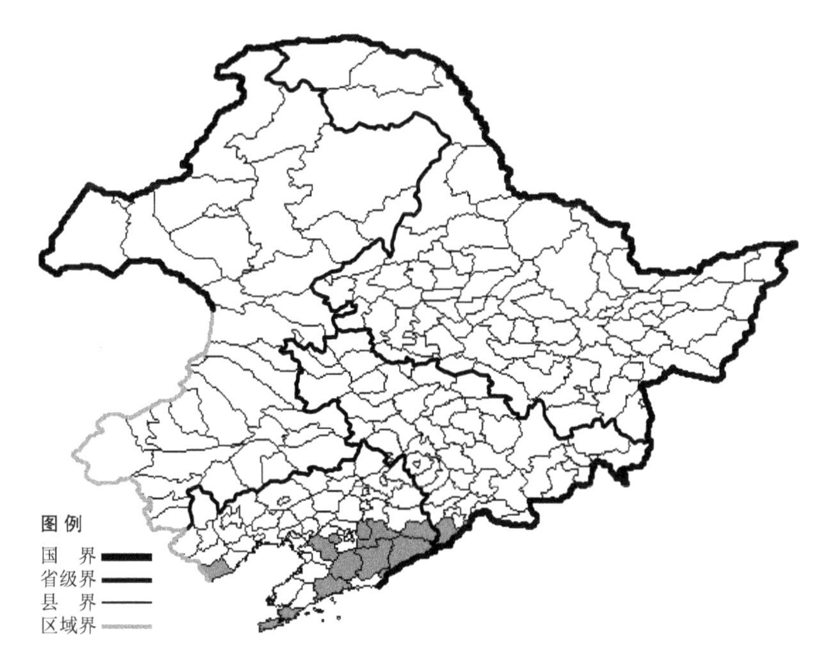

生境：山坡灌丛，林下，海拔约 300 米。

产地：吉林省集安，辽宁省本溪、桓仁、鞍山、海城、岫岩、丹东、凤城、宽甸、大连、庄河、绥中。

分布：中国（吉林、辽宁、华北、华中、华南、西南、台湾），朝鲜半岛，日本，印度。

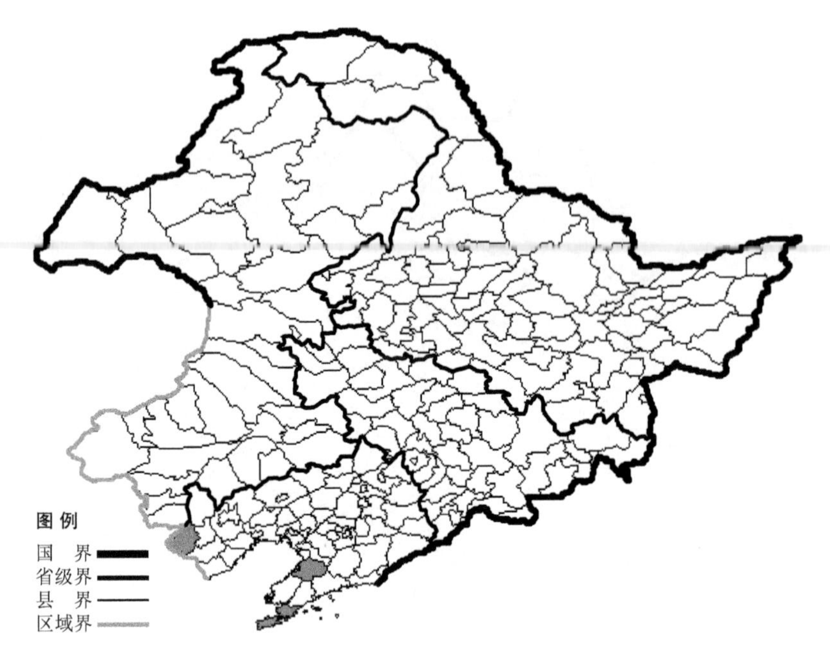

木犀科 Oleaceae

流苏树

Chionanthus retusa Lindl. et Paxton

生境：山坡，河谷，喜生于向阳处。

产地：辽宁省凌源、大连、盖州。

分布：中国（辽宁、河北、山西、陕西、甘肃、福建、河南、湖北、广东、四川、云南、台湾），朝鲜半岛，日本。

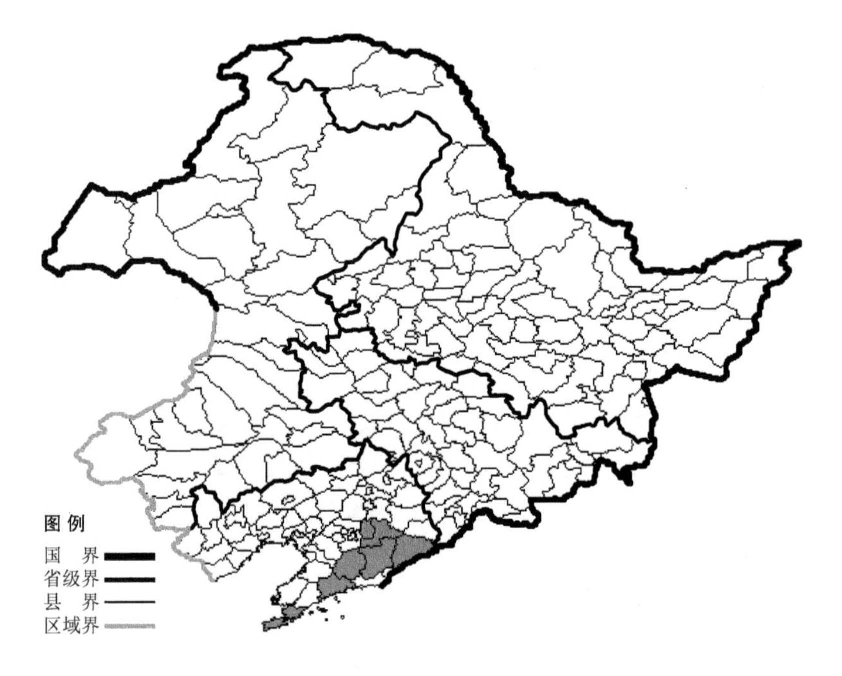

雪柳

Fontanesia fortunei Carr.

生境：山坡，沟边，路旁。

产地：辽宁省本溪、岫岩、凤城、宽甸、大连、庄河。

分布：中国（辽宁、河北、陕西、山东、江苏、安徽、浙江、河南、湖北、江西）。

东北连翘

Forsythia mandshurica Uyeki

生境：山坡。

产地：辽宁省凤城。

分布：中国（辽宁）。

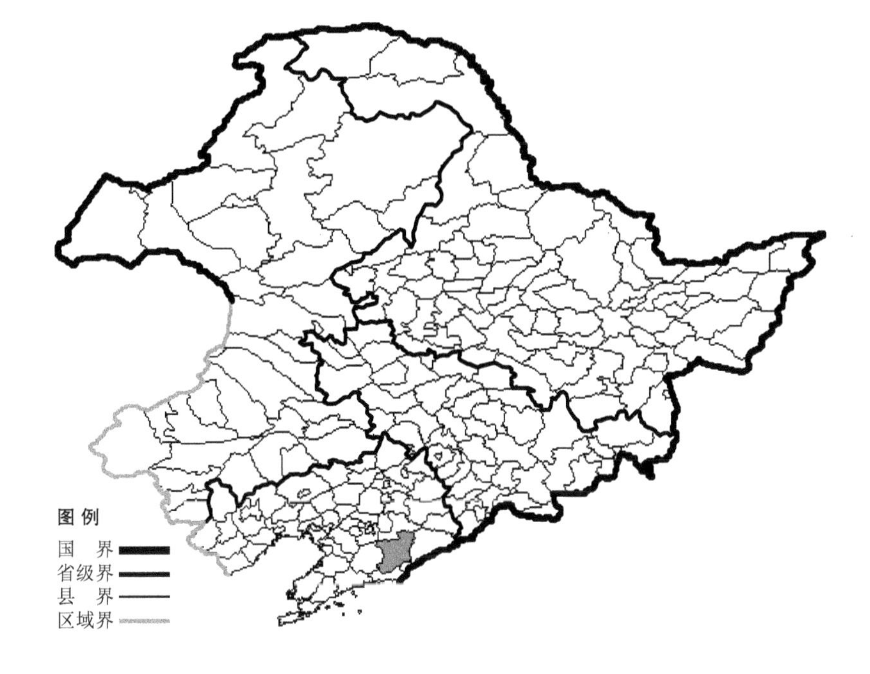

小叶白腊树

Fraxinus bungeana DC.

生境：山坡向阳处，疏林中，沟边，海拔约600米。

产地：吉林省集安、通化、辉南、临江、抚松、长白，辽宁省朝阳、北票、凌源、建平、喀左、北镇、绥中。

分布：中国（吉林、辽宁、河北、山西、山东、安徽、河南）。

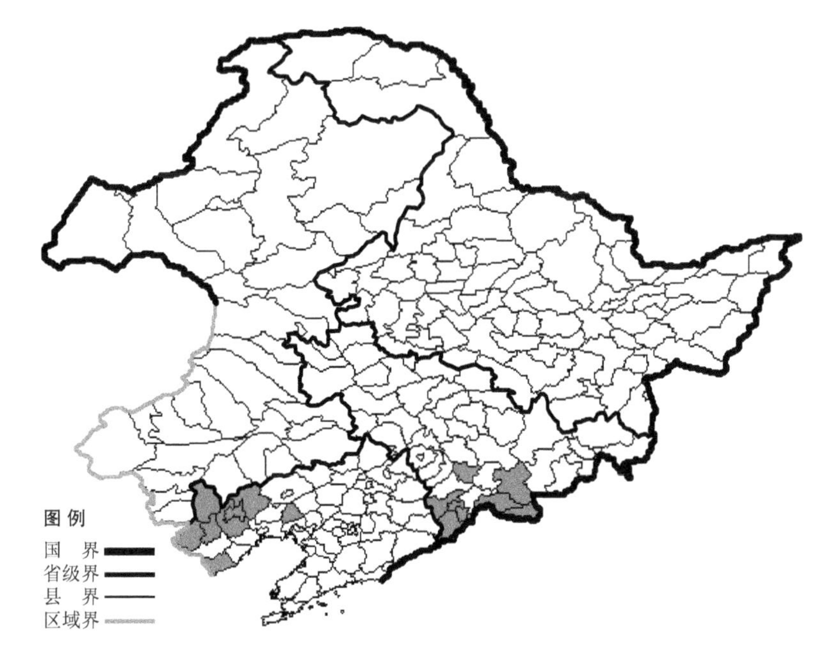

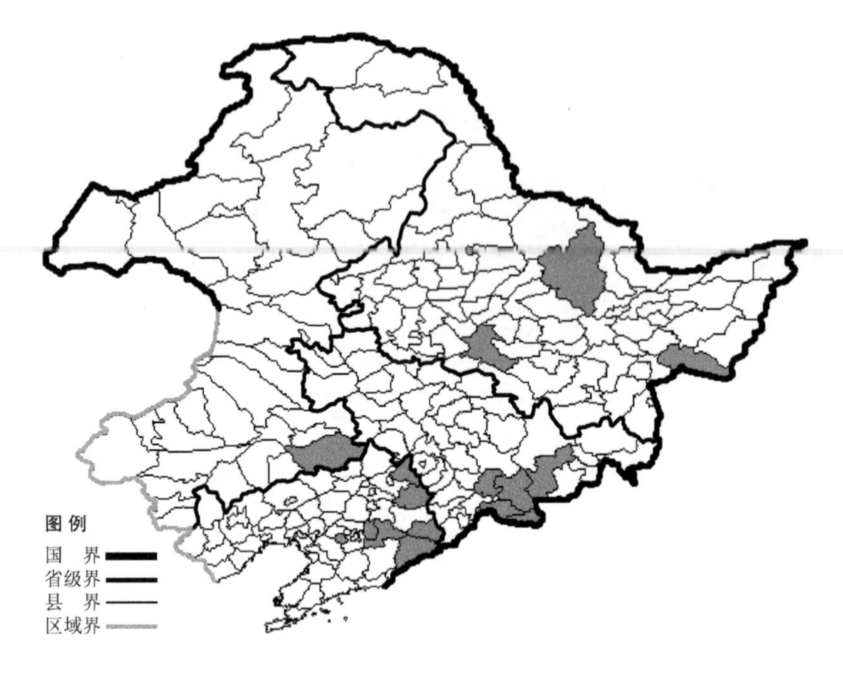

水曲柳

Fraxinus mandshurica Rupr.

生境：针阔混交林及阔叶林中，海拔 900 米以下。

产地：黑龙江省哈尔滨、伊春、密山，吉林省临江、抚松、靖宇、长白、安图，辽宁省西丰、清原、本溪、桓仁、鞍山、宽甸，内蒙古科尔沁左翼后旗。

分布：中国（黑龙江、吉林、辽宁、内蒙古、河北、山西、陕西、甘肃、湖北），朝鲜半岛，日本，俄罗斯（远东地区）。

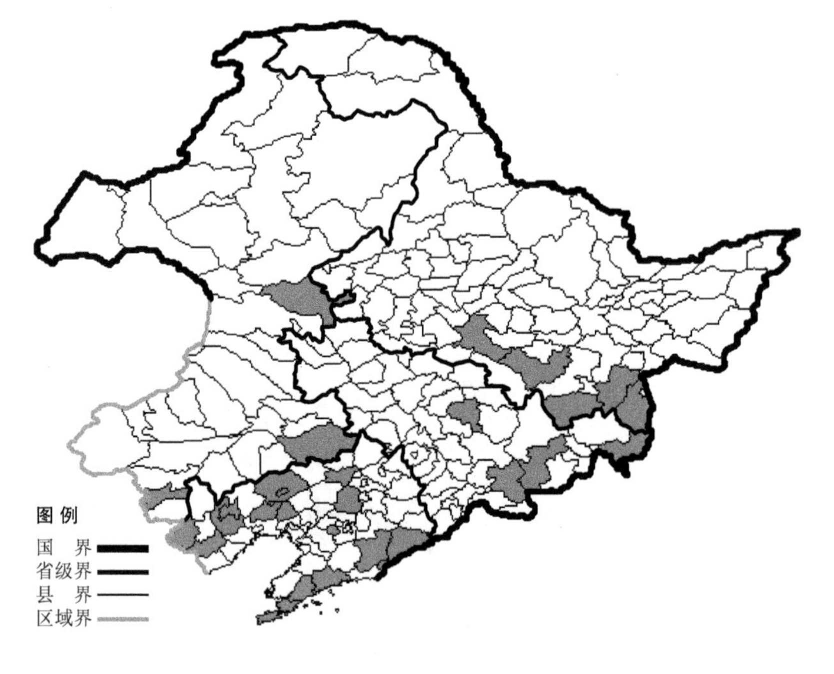

花曲柳

Fraxinus rhynchophylla Hance

生境：林中，海拔 100-650 米。

产地：黑龙江省哈尔滨、尚志、穆棱、宁安、东宁，吉林省吉林、抚松、珲春、安图，辽宁省沈阳、法库、朝阳、凌源、阜新、鞍山、丹东、凤城、宽甸、大连、普兰店、庄河、北镇、义县、建昌，内蒙古扎赉特旗、科尔沁左翼后旗、喀喇沁旗。

分布：中国（黑龙江、吉林、辽宁、内蒙古、华北、西北、华东、华中），朝鲜半岛，俄罗斯（远东地区）。

辽东水蜡树

Ligustrum suave (Kitag.) Kitag.

生境：山坡，溪流旁。
产地：辽宁省丹东、凤城、大连。
分布：中国（辽宁、山东、江苏、浙江）。

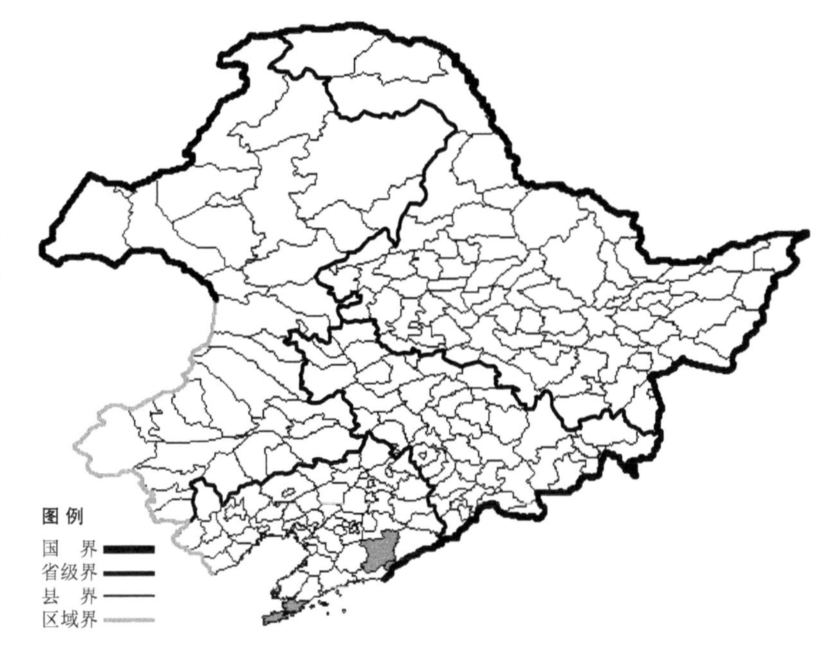

四季丁香

Syringa meyeri Schneid. var. **spontanea** M. C. Chang

生境：山坡灌丛，石砬子上。
产地：辽宁省大连。
分布：中国（辽宁）。

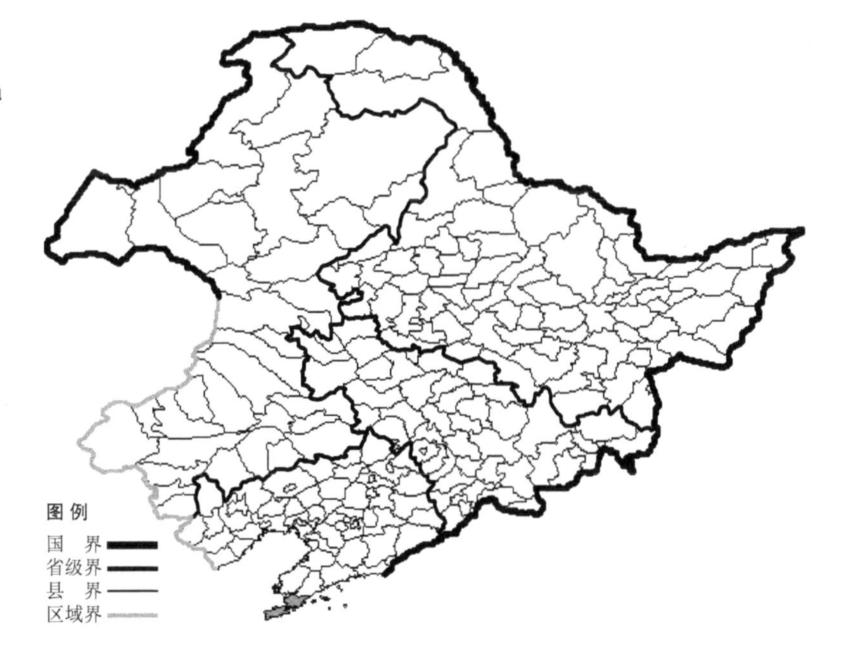

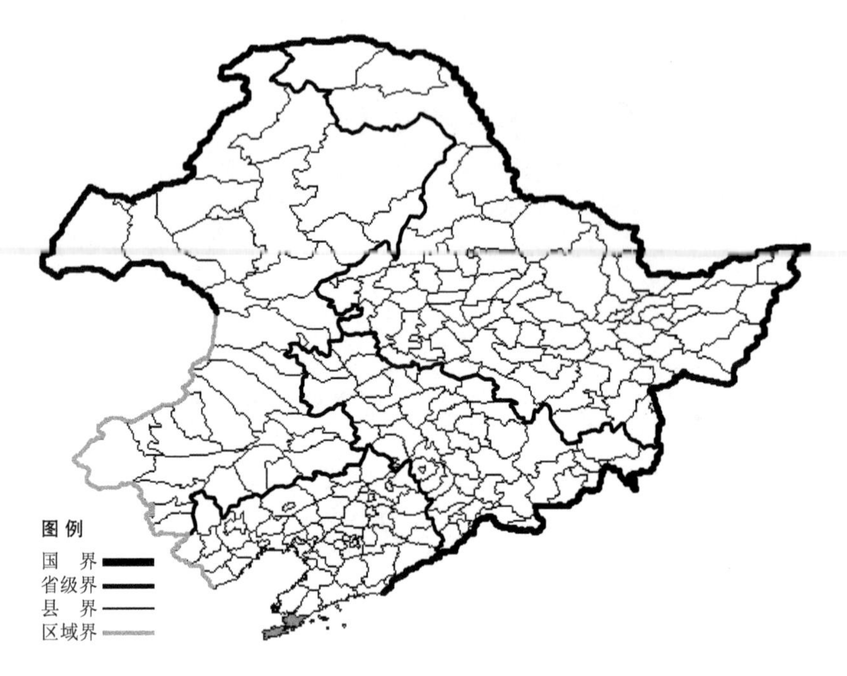

白花四季丁香 Syringa meyeri Schneid. var. **spontanea** M. L. Chang f. **alba** (Wang Wei, Fuh et Chao) M. C. Chang 生于山坡，产于辽宁省大连，分布于中国（辽宁）。

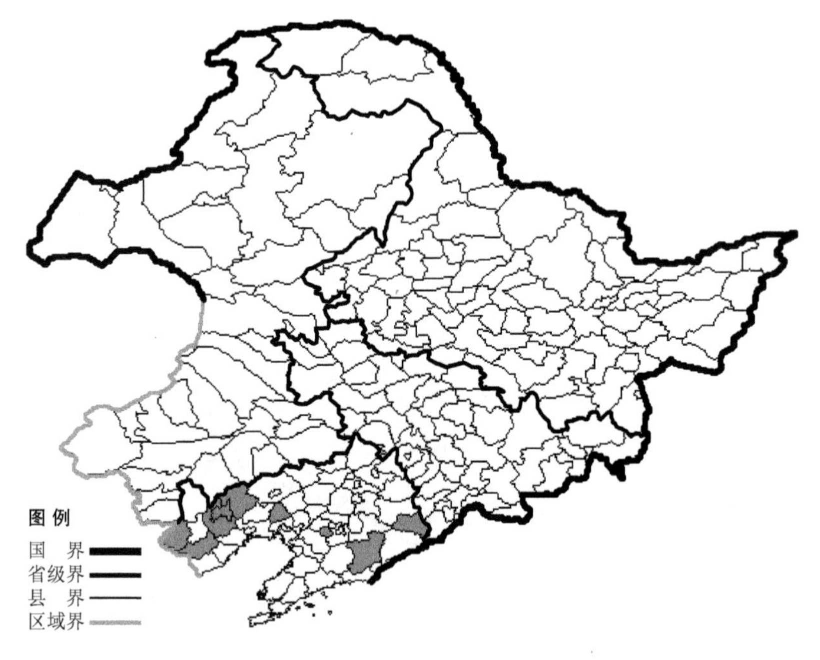

朝鲜丁香

Syringa dilatata Nakai

生境：山坡灌丛。

产地：辽宁省朝阳、北票、凌源、桓仁、鞍山、凤城、北镇、建昌。

分布：中国（辽宁），朝鲜半岛。

长花朝鲜丁香 Syringa dilatata Nakai var. **longituba** Skv. 生于山坡草地，产于辽宁省凤城，分布于中国（辽宁）。

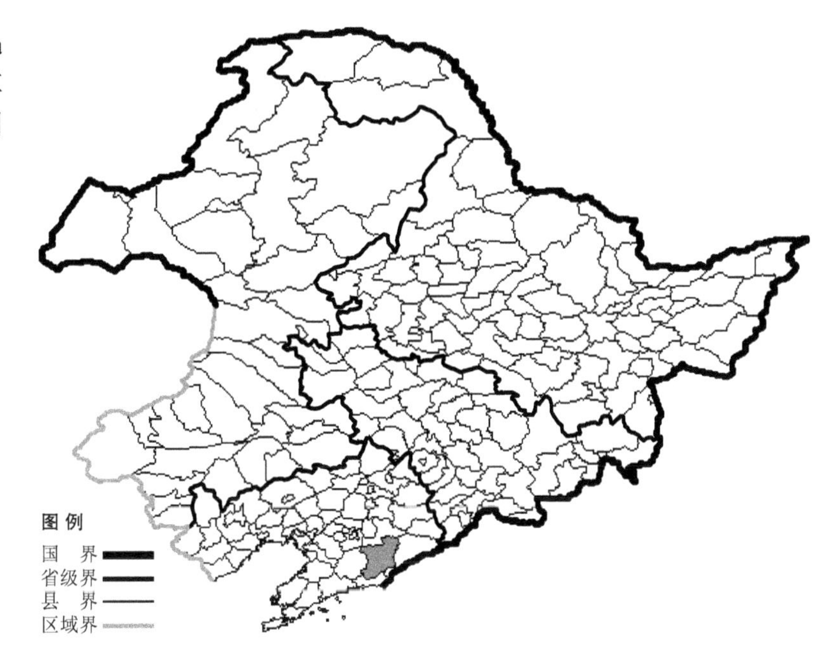

毛叶朝鲜丁香 Syringa dilatata Nakai var. **pubescens** S. D. Zhao 生于山坡石砬子上，产于吉林省集安，辽宁省鞍山，分布于中国（吉林、辽宁）。

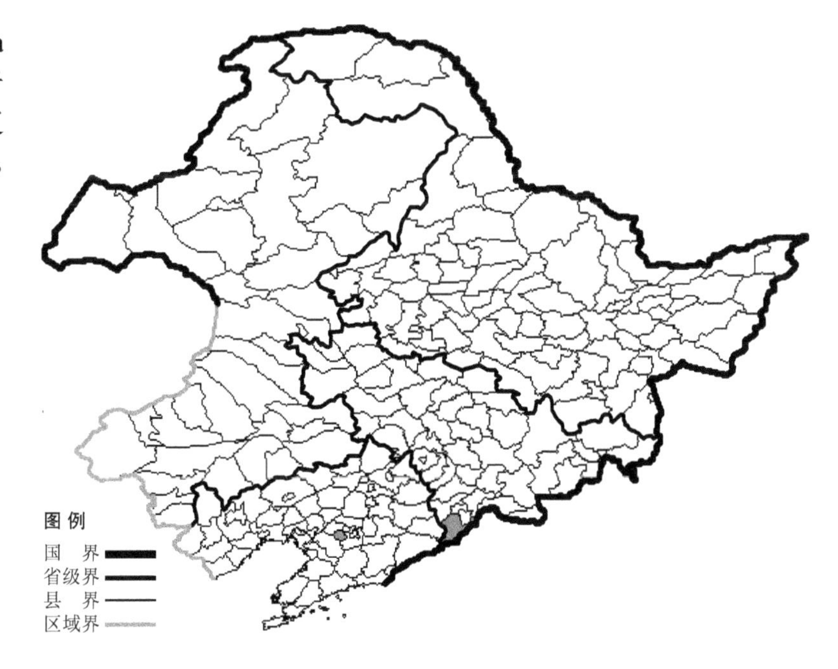

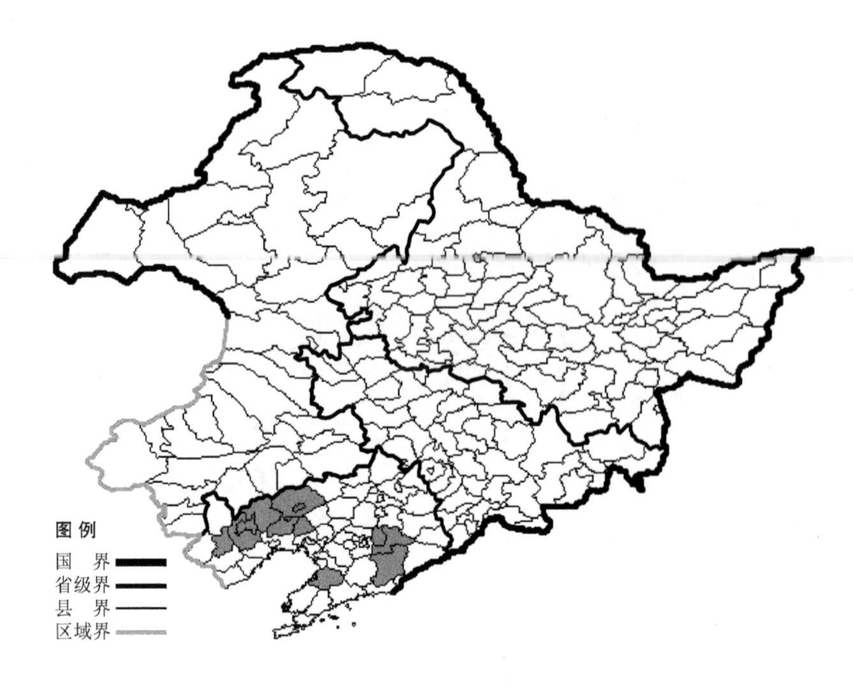

紫丁香

Syringa oblata Lindl.

生境：山坡灌丛。

产地：辽宁省朝阳、北票、喀左、阜新、本溪、凤城、盖州、北镇、义县。

分布：中国（辽宁、山东、陕西、甘肃、四川），朝鲜半岛。

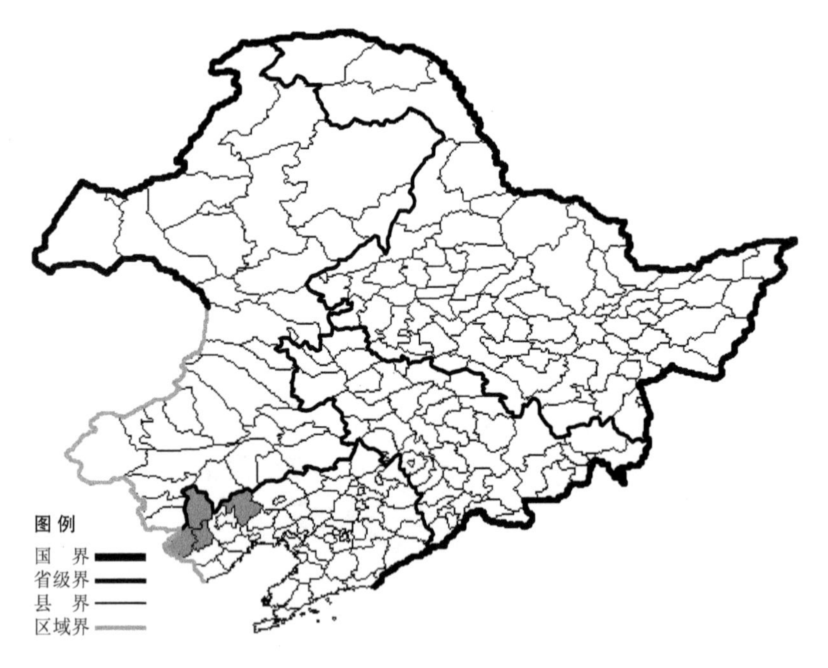

北京丁香

Syringa pekinensis Rupr.

生境：山坡灌丛。

产地：辽宁省北票、凌源、建平、喀左。

分布：中国（辽宁、河北、山西、陕西、宁夏、甘肃、四川）。

毛叶丁香

Syringa pubescens Turcz. subsp. **patula** (Palibin) M. C. Chang

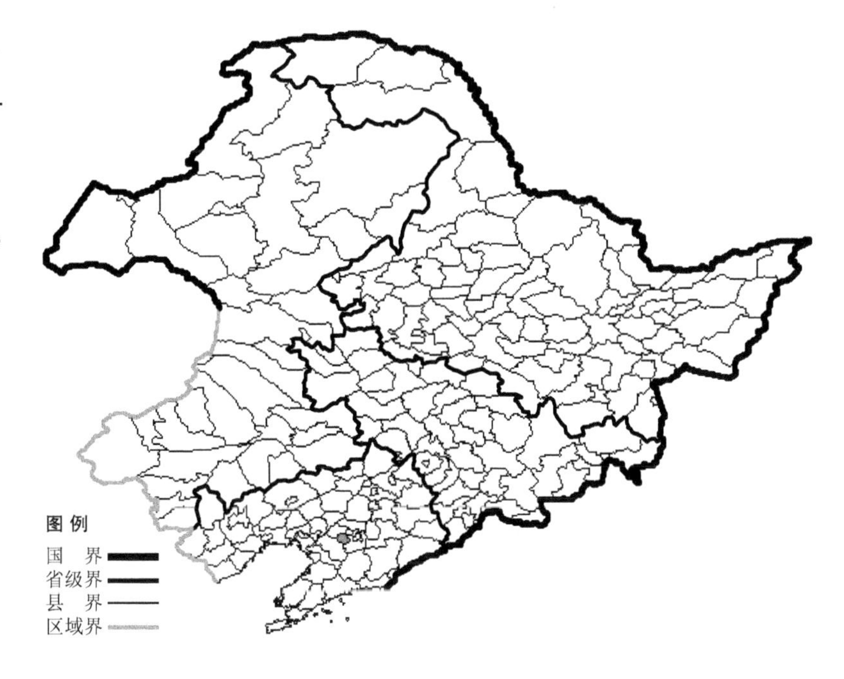

生境：山坡灌丛，海拔约 400 米。
产地：辽宁省鞍山。
分布：中国（辽宁），朝鲜半岛。

暴马丁香

Syringa reticulata (Blume) Hara var. **mandshurica** (Maxim.) Hara

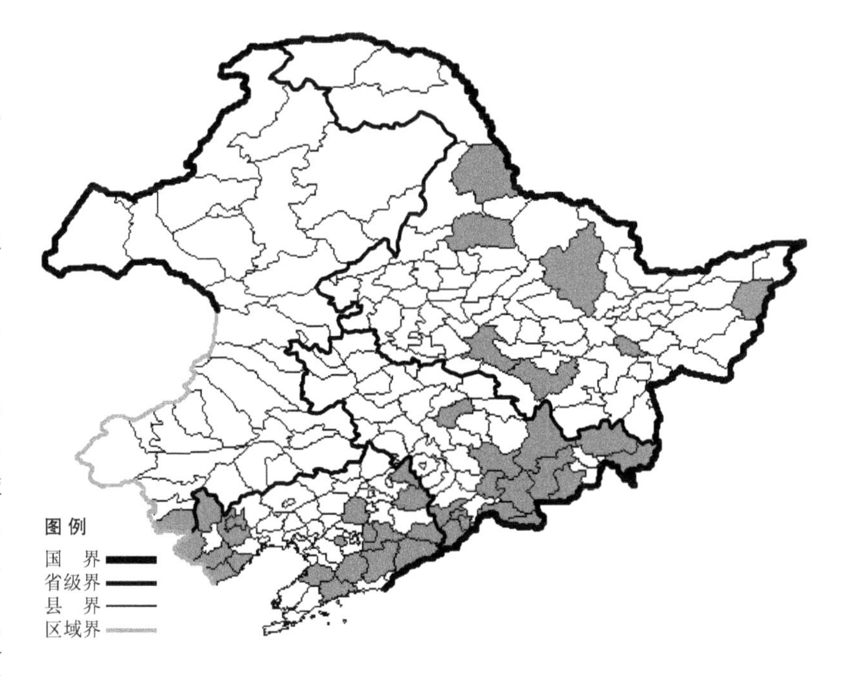

生境：沟谷，河边，针阔混交林下，林缘，海拔 1200 米以下。

产地：黑龙江省哈尔滨、尚志、黑河、五大连池、伊春、饶河、勃利，吉林省九台、桦甸、集安、通化、临江、抚松、靖宇、长白、敦化、珲春、和龙、汪清、安图，辽宁省沈阳、朝阳、凌源、建平、西丰、清原、本溪、桓仁、鞍山、岫岩、凤城、宽甸、庄河、盖州、兴城、绥中、建昌，内蒙古宁城。

分布：中国（黑龙江、吉林、辽宁、内蒙古、河北、山西、陕西、甘肃、青海、山东、河南），朝鲜半岛，俄罗斯（远东地区）。

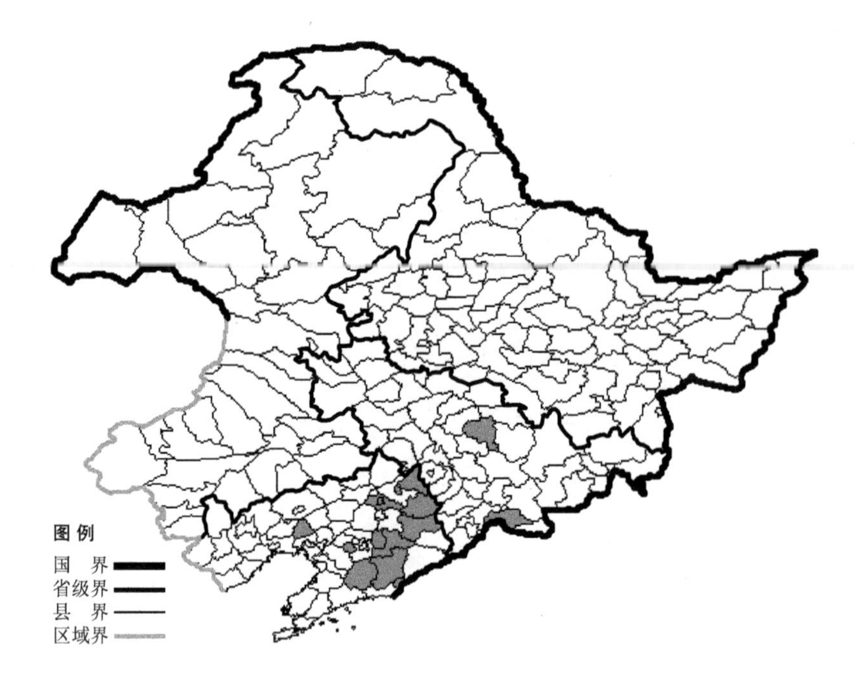

关东丁香

Syringa velutina Kom.

生境：石砬子上，海拔 800 米以下。

产地：吉林省吉林、临江，辽宁省铁岭、西丰、新宾、清原、本溪、鞍山、岫岩、丹东、凤城、北镇。

分布：中国（吉林、辽宁），朝鲜半岛。

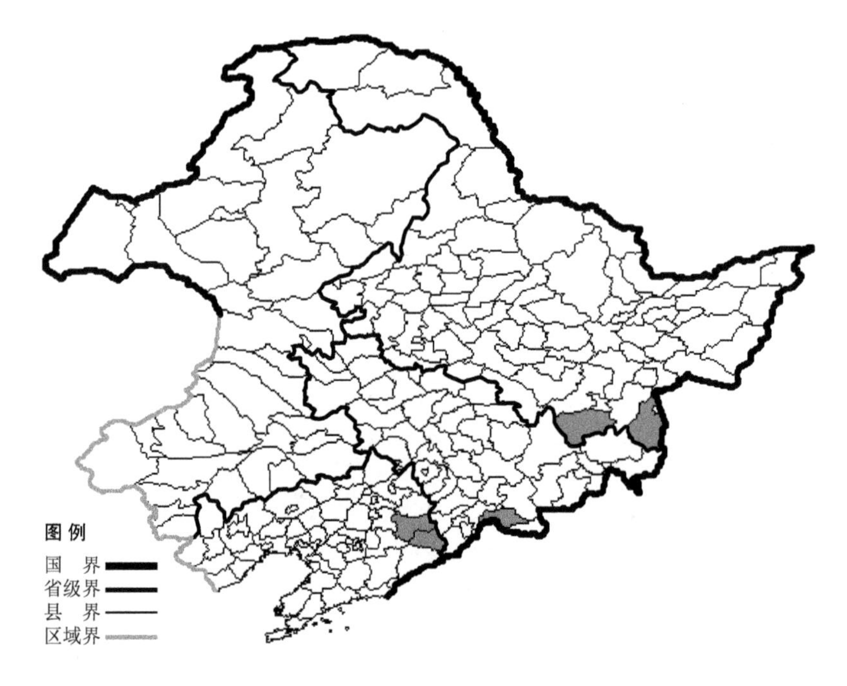

红丁香

Syringa villosa Vahl.

生境：河边砾石地，山坡，海拔 800 米以下。

产地：黑龙江省宁安、东宁，吉林省临江，辽宁省新宾、桓仁。

分布：中国（黑龙江、吉林、辽宁、河北、山西），朝鲜半岛。

辽东丁香

Syringa wolfi Schneid.

生境：山坡灌丛，海拔 700-1400 米。

产地：黑龙江省宁安、东宁，吉林省梅河口、辉南、临江、抚松、长白、敦化、珲春、汪清、安图，辽宁省本溪、桓仁、丹东、凤城、庄河。

分布：中国（黑龙江、吉林、辽宁、河北），朝鲜半岛，俄罗斯（远东地区）。

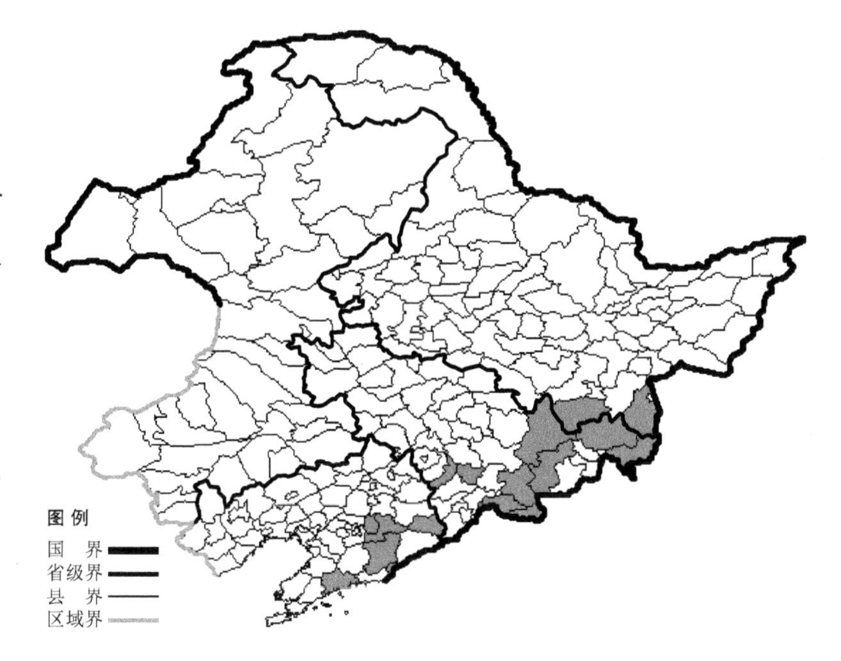

毛辽东丁香 Syringa wolfi Schneid. var. **hirsuta** (Schneid.) Hatusima 生于杂木林下、林缘，产于黑龙江省尚志、海林，吉林省蛟河、临江、抚松、长白、敦化、珲春、安图，分布于中国（黑龙江、吉林），朝鲜半岛。

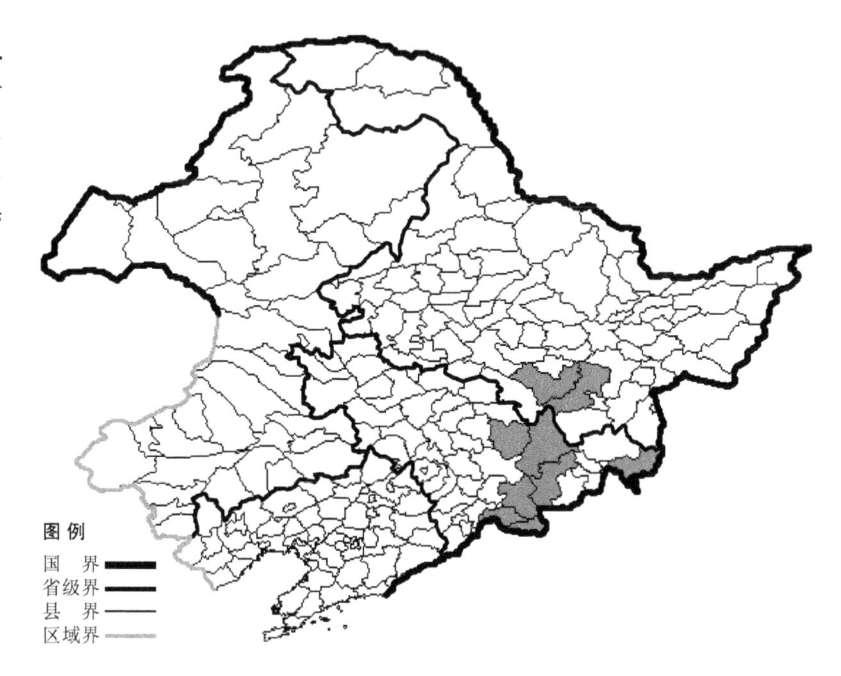

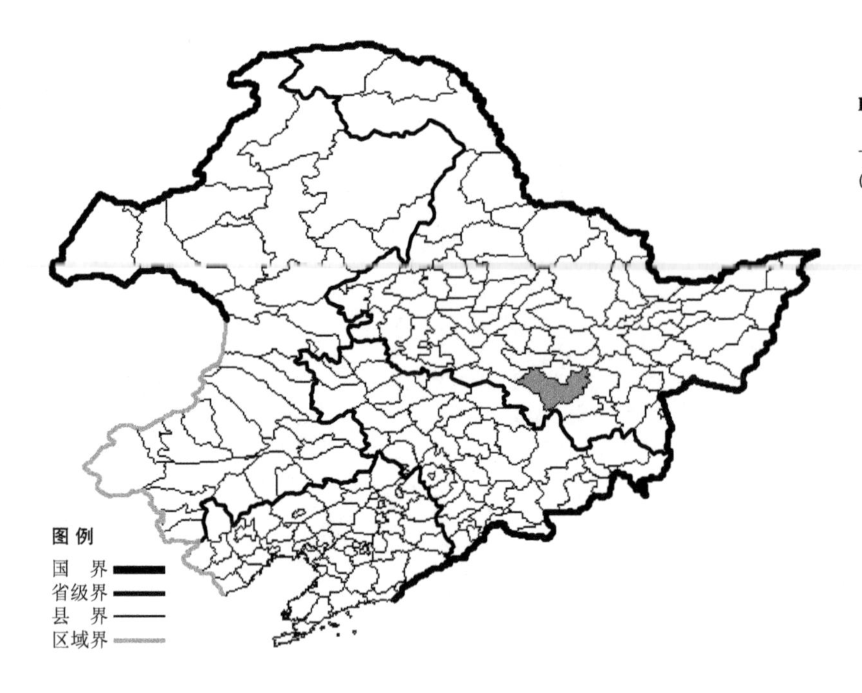

岩丁香 Syringa wolfi Schneid. f. **rupestris** Bar. et Skv. 生于亚高山岩石上，产于黑龙江省尚志，分布于中国（黑龙江）。

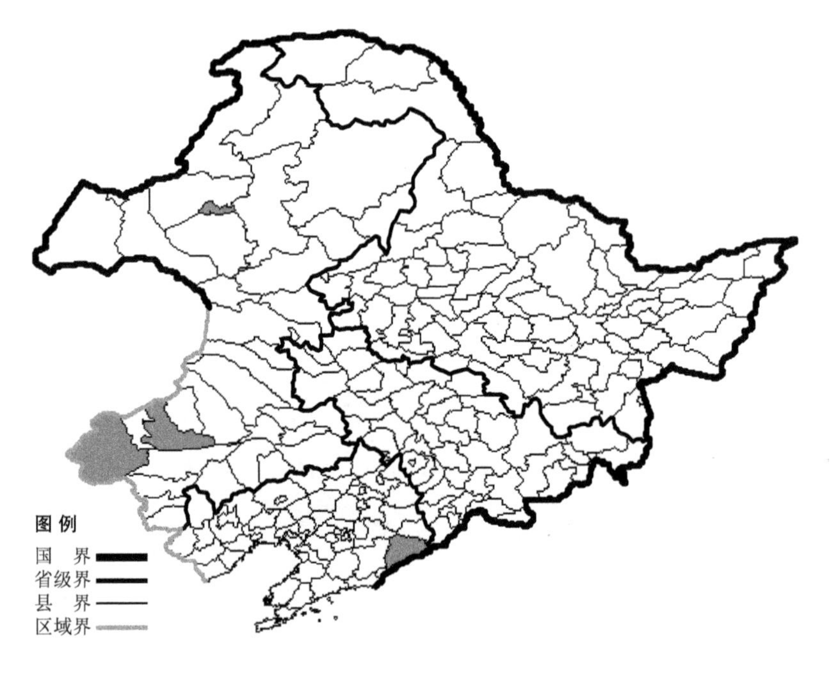

龙胆科 Gentianaceae

腺鳞草

Anagallidium dichotomum (L.) Griseb.

生境：湿草地，海拔约 600 米。

产地：辽宁省宽甸，内蒙古海拉尔、巴林右旗、克什克腾旗。

分布：中国（辽宁、内蒙古、河北、河南、山西、陕西、甘肃、宁夏、新疆、湖北、四川），蒙古，俄罗斯（西伯利亚），中亚。

百金花

Centaurium meyeri (Bunge) Druce

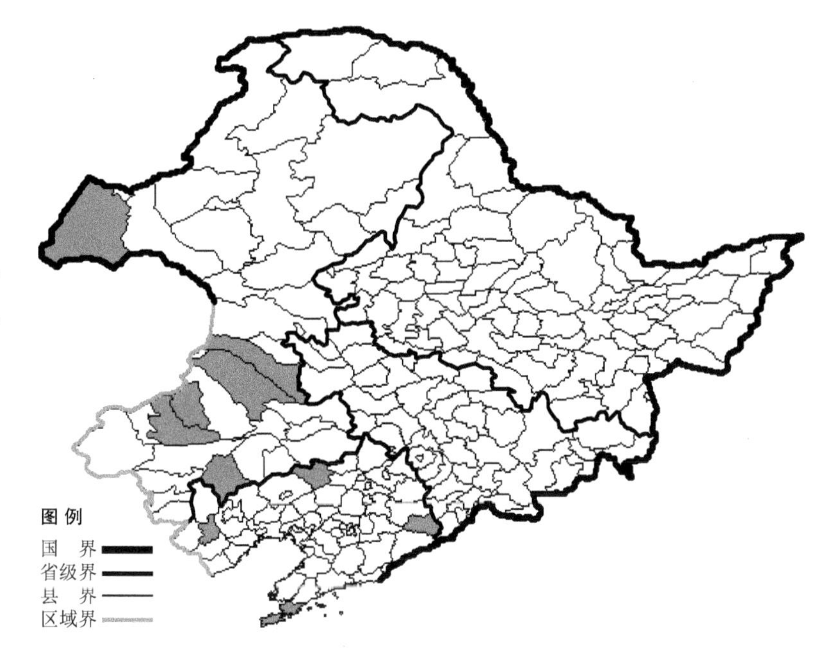

生境：水边，湿草甸。

产地：辽宁省喀左、彰武、桓仁、大连，内蒙古新巴尔虎右旗、科尔沁右翼中旗、扎鲁特旗、巴林右旗、巴林左旗、敖汉旗。

分布：中国（辽宁、内蒙古、河北、山西、陕西、青海、新疆、山东、江苏、安徽、浙江），蒙古，俄罗斯（欧洲部分、高加索、西部西伯利亚），中亚，印度。

高山龙胆

Gentiana algida Pall.

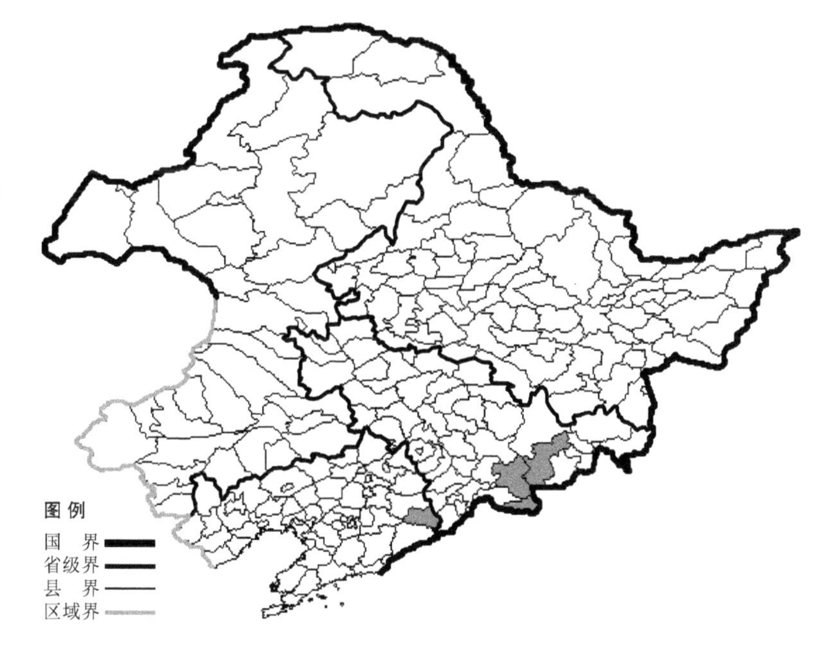

生境：高山冻原，山顶草甸，海拔约 2300 米（长白山）。

产地：吉林省抚松、长白、安图，辽宁省桓仁。

分布：中国（吉林、辽宁、甘肃、青海、新疆、四川、西藏），朝鲜半岛，日本，俄罗斯（西伯利亚），中亚。

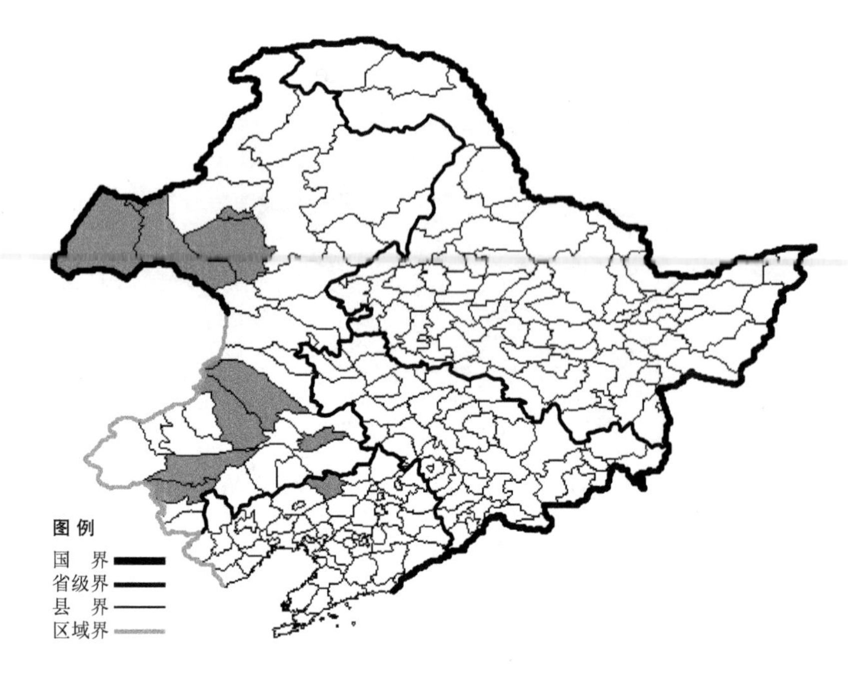

达乌里龙胆

Gentiana dahurica Fisch.

生境：山坡，草原，林缘，海拔约700米。

产地：辽宁省彰武，内蒙古海拉尔、满洲里、新巴尔虎右旗、新巴尔虎左旗、鄂温克旗、通辽、霍林郭勒、扎鲁特旗、赤峰、阿鲁科尔沁旗、翁牛特旗。

分布：中国（辽宁、内蒙古、河北、山西、陕西、宁夏、甘肃、青海、河南、湖北、四川），蒙古，俄罗斯（东部西伯利亚）。

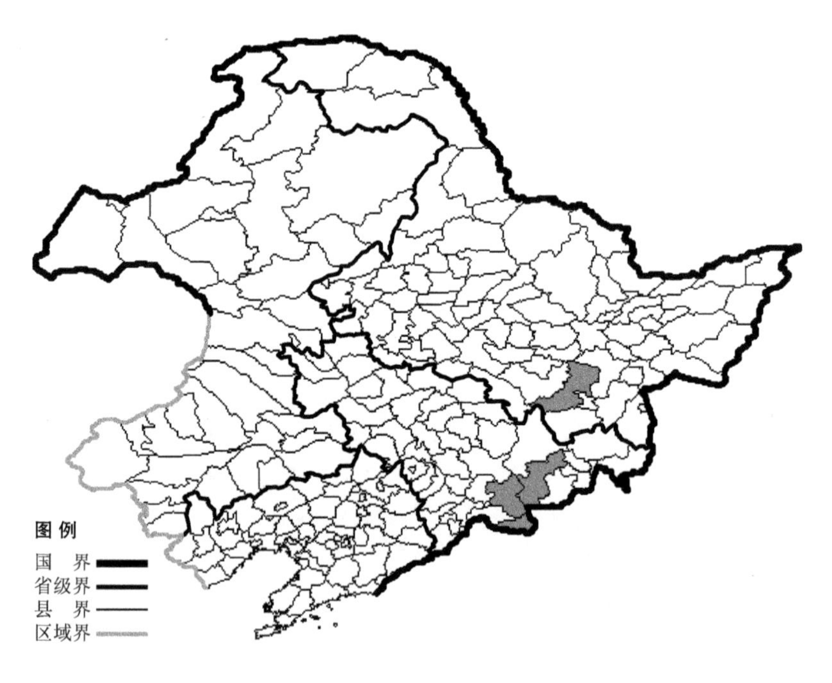

白山龙胆

Gentiana jamesii Hemsl.

生境：高山冻原，高山岩石上，林下，海拔1100米（长白山）。

产地：黑龙江省海林，吉林省抚松、长白、安图。

分布：中国（黑龙江、吉林），朝鲜半岛，日本，俄罗斯（远东地区）。

大叶龙胆

Gentiana macrophylla Pall.

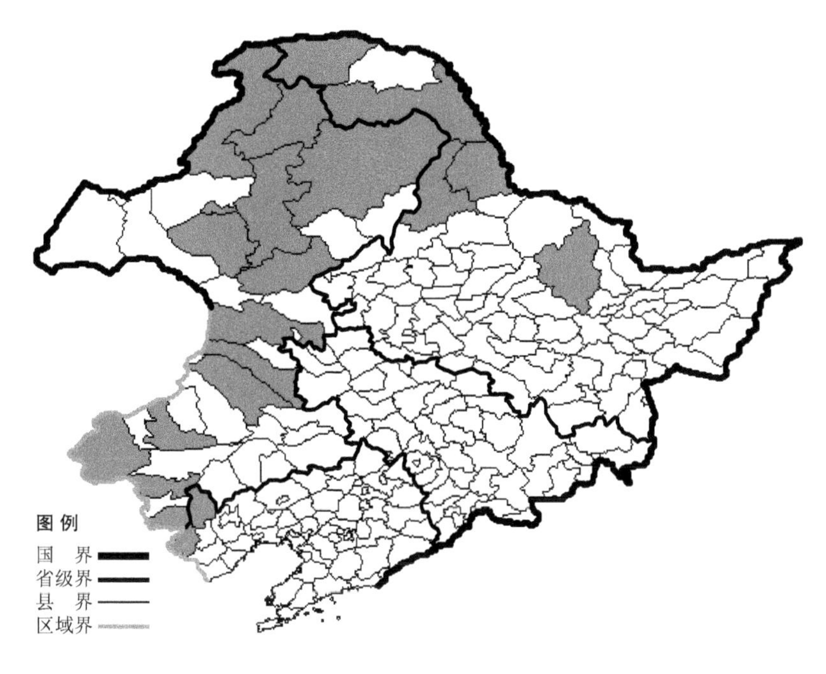

生境：林下，林缘，草甸，低湿草地，海拔约 500 米。

产地：黑龙江省黑河、嫩江、伊春、呼玛、漠河，辽宁省凌源、建平，内蒙古海拉尔、扎兰屯、牙克石、根河、额尔古纳、鄂伦春旗、鄂温克旗、科尔沁右翼前旗、科尔沁右翼中旗、扎鲁特旗、赤峰、宁城、巴林右旗、克什克腾旗。

分布：中国（黑龙江、辽宁、内蒙古、河北、山西、陕西、宁夏、新疆、河南），蒙古，俄罗斯（西伯利亚、远东地区）。

东北龙胆

Gentiana manshurica Kitag.

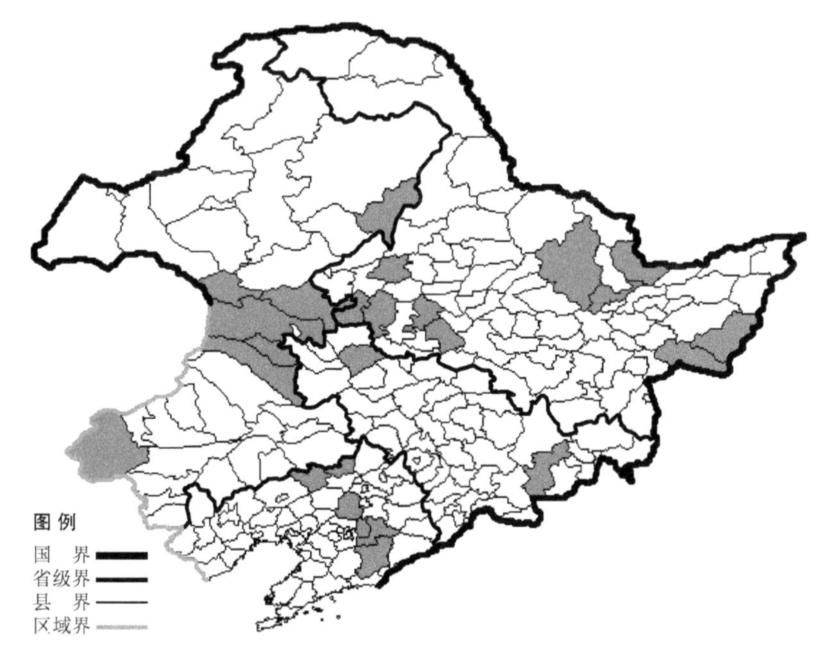

生境：湿草地，山坡，路旁。

产地：黑龙江省泰来、富裕、杜尔伯特、伊春、萝北、汤原、虎林、密山、安达、肇东，吉林省大安、安图，辽宁省沈阳、康平、彰武、本溪、凤城，内蒙古莫力达瓦达斡尔旗、阿尔山、突泉、科尔沁右翼前旗、科尔沁右翼中旗、扎赉特旗、克什克腾旗。

分布：中国（黑龙江、吉林、辽宁、内蒙古、江苏、安徽、浙江、河南、湖北、江西、湖南、广东、广西），朝鲜半岛。

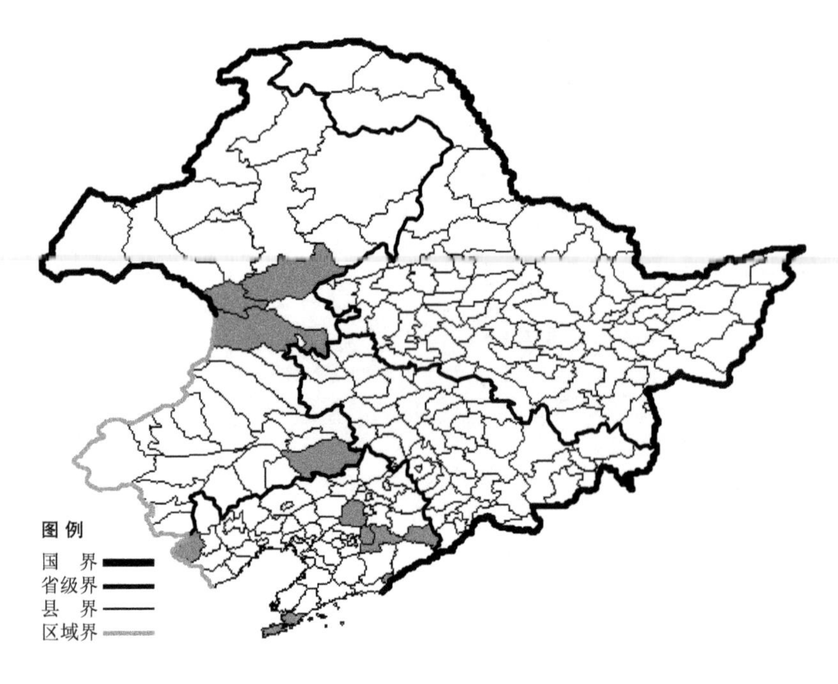

假水生龙胆

Gentiana pseudoaquatica Kusnez.

生境：山坡草地，海拔 1000 米以下。

产地：辽宁省沈阳、凌源、本溪、桓仁、丹东、大连，内蒙古扎兰屯、阿尔山、科尔沁右翼前旗、科尔沁左翼后旗。

分布：中国（辽宁、内蒙古、河北、山西、甘肃、青海、新疆、河南、四川、西藏），朝鲜半岛，蒙古，俄罗斯（西伯利亚），印度。

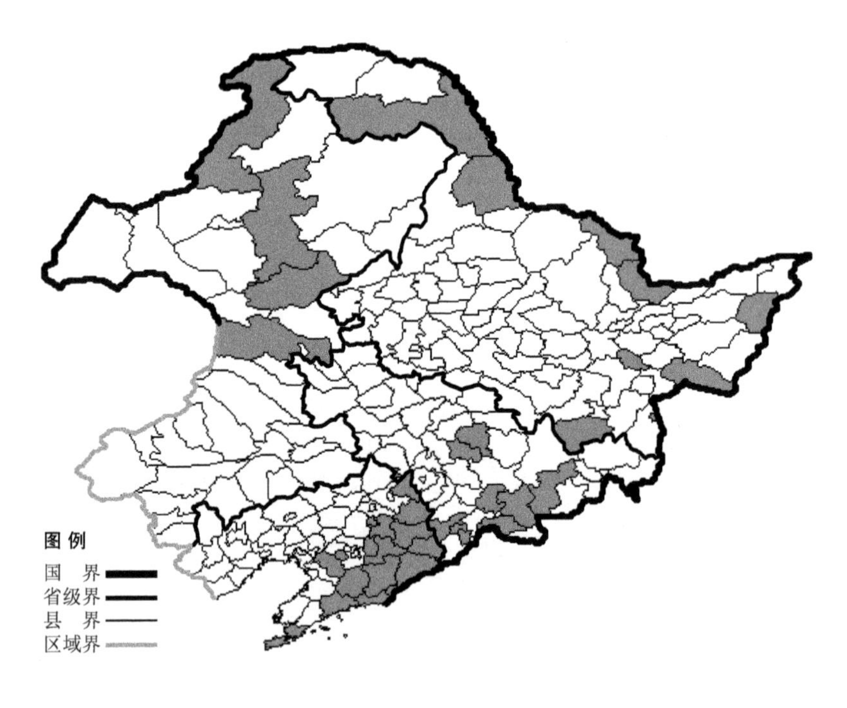

龙胆

Gentiana scabra Bunge

生境：草甸，山坡灌丛，林缘，海拔 1200 米以下。

产地：黑龙江省黑河、嘉荫、萝北、饶河、勃利、密山、绥芬河、宁安、呼玛，吉林省吉林、永吉、四平、通化、临江、抚松、靖宇、安图，辽宁省西丰、抚顺、新宾、清原、本溪、桓仁、鞍山、海城、岫岩、丹东、凤城、东港、宽甸、大连、庄河，内蒙古扎兰屯、牙克石、额尔古纳、科尔沁右翼前旗。

分布：中国（黑龙江、吉林、辽宁、内蒙古、陕西、江苏、安徽、浙江、福建、湖北、江西、湖南、广东、广西、贵州），朝鲜半岛，日本，俄罗斯（东部西伯利亚、远东地区）。

鳞叶龙胆

Gentiana squarrosa Ledeb.

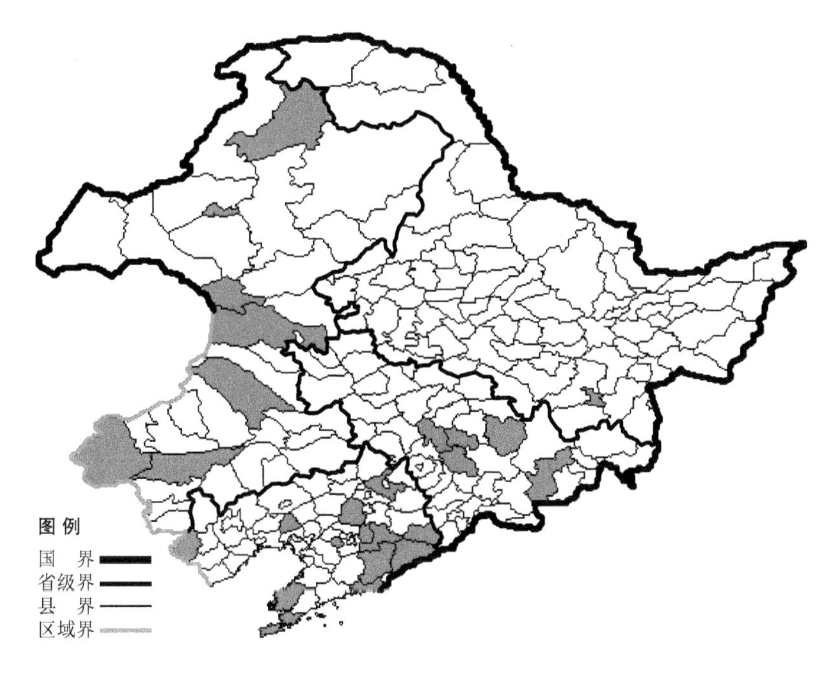

生境：河边湿草地，山坡，草甸，林下，路旁，海拔 700 米以下。

产地：黑龙江省牡丹江，吉林省长春、磐石、蛟河、永吉、安图，辽宁省沈阳、凌源、开原、本溪、桓仁、鞍山、凤城、东港、宽甸、大连、瓦房店、北镇，内蒙古海拉尔、根河、阿尔山、科尔沁右翼前旗、扎鲁特旗、克什克腾旗、翁牛特旗。

分布：中国（黑龙江、吉林、辽宁、内蒙古、河北、山西、陕西、甘肃、宁夏、青海、新疆、山东、河南、云南、四川），朝鲜半岛，日本，蒙古，俄罗斯（西伯利亚、远东地区），中亚，印度。

春龙胆

Gentiana thunbergii Griseb.

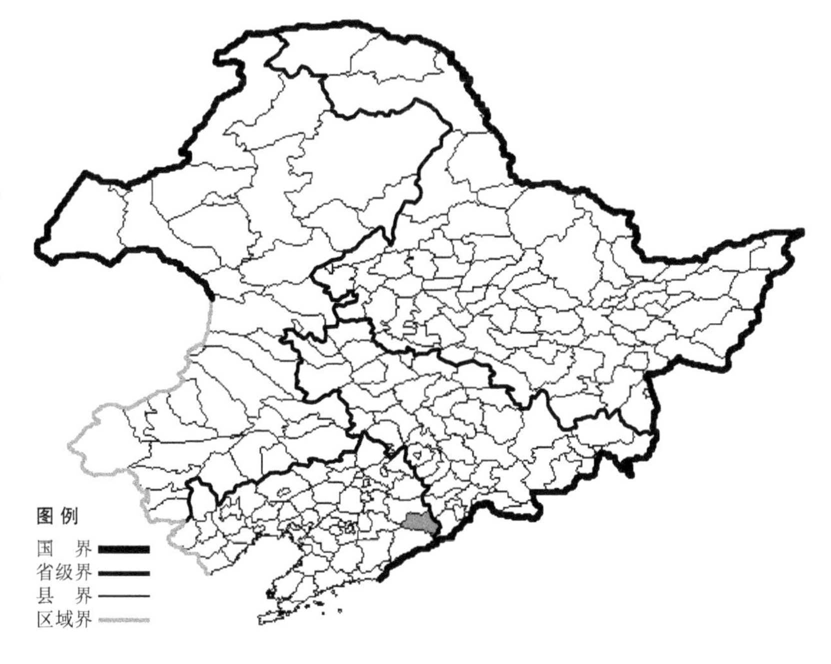

生境：山顶草甸，海拔约 1300 米。

产地：辽宁省桓仁。

分布：中国（辽宁、江西、湖南、广东、广西），朝鲜半岛，日本。

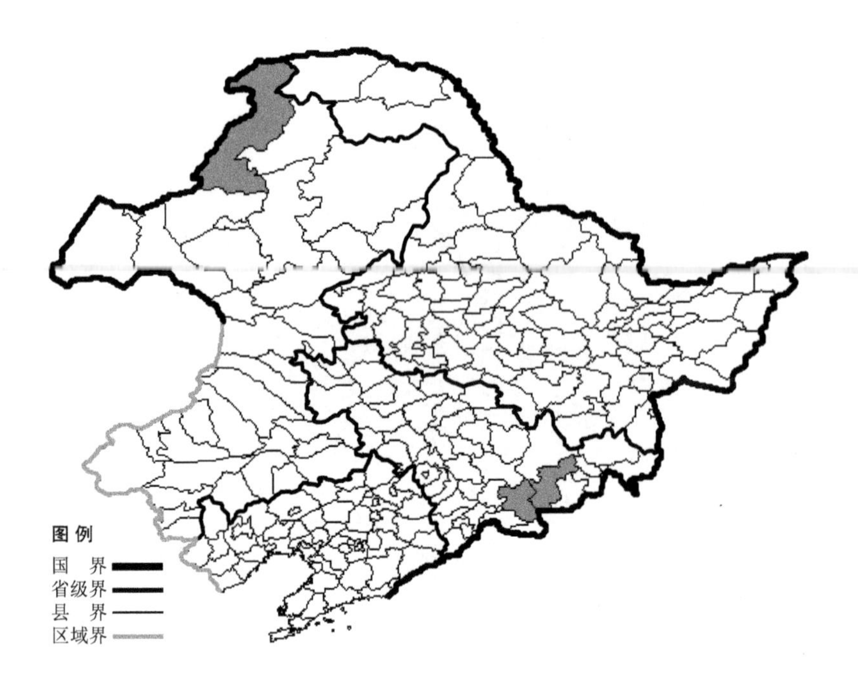

小春龙胆 Gentiana thunbergii Griseb. var. **minor** Maxim. 生于高山草甸、高山冻原，海拔 1700-2400 米，产于吉林省抚松、安图，内蒙古额尔古纳，分布于中国（吉林、内蒙古），朝鲜半岛，日本。

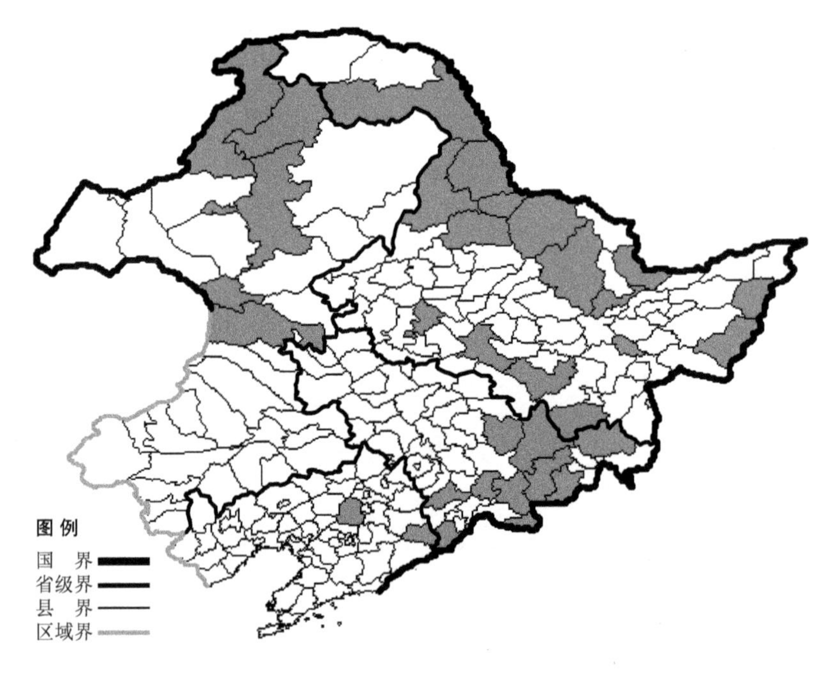

三花龙胆

Gentiana triflora Pall.

生境：草甸，林缘，疏林下，海拔 1400 米以下。

产地：黑龙江省哈尔滨、尚志、黑河、五大连池、嫩江、逊克、孙吴、伊春、萝北、汤原、饶河、勃利、虎林、宁安、安达、呼玛，吉林省蛟河、集安、柳河、抚松、靖宇、长白、敦化、和龙、汪清、安图，辽宁省沈阳、桓仁，内蒙古海拉尔、牙克石、根河、额尔古纳、阿尔山、科尔沁右翼前旗。

分布：中国（黑龙江、吉林、辽宁、内蒙古、河北），朝鲜半岛，日本，俄罗斯（东部西伯利亚、远东地区）。

金刚龙胆

Gentiana uchiyamai Nakai

生境：林缘草地，海拔800米以下。

产地：黑龙江省伊春、鸡东，吉林省蛟河、敦化、汪清、安图，辽宁省新宾、桓仁。

分布：中国（黑龙江、吉林、辽宁），朝鲜半岛。

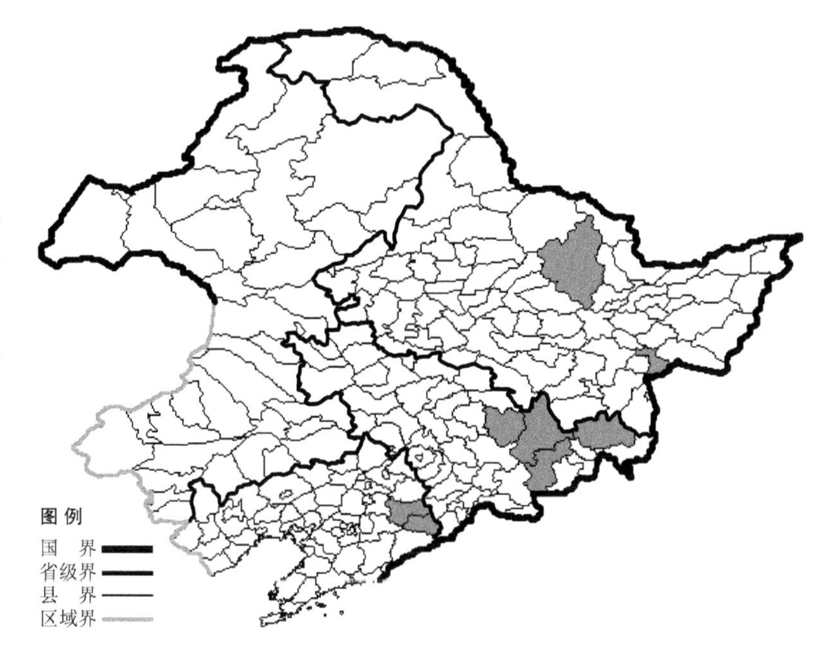

笔龙胆

Gentiana zollingeri Fawc.

生境：山坡灌丛，林下，林缘草地。

产地：吉林省集安、柳河、临江、安图，辽宁省沈阳、新宾、本溪、桓仁、鞍山、丹东、凤城、宽甸、大连、庄河、建昌。

分布：中国（吉林、辽宁、河北、山西、陕西、山东、江苏、安徽、浙江、河南、湖北），朝鲜半岛，日本，俄罗斯（远东地区）。

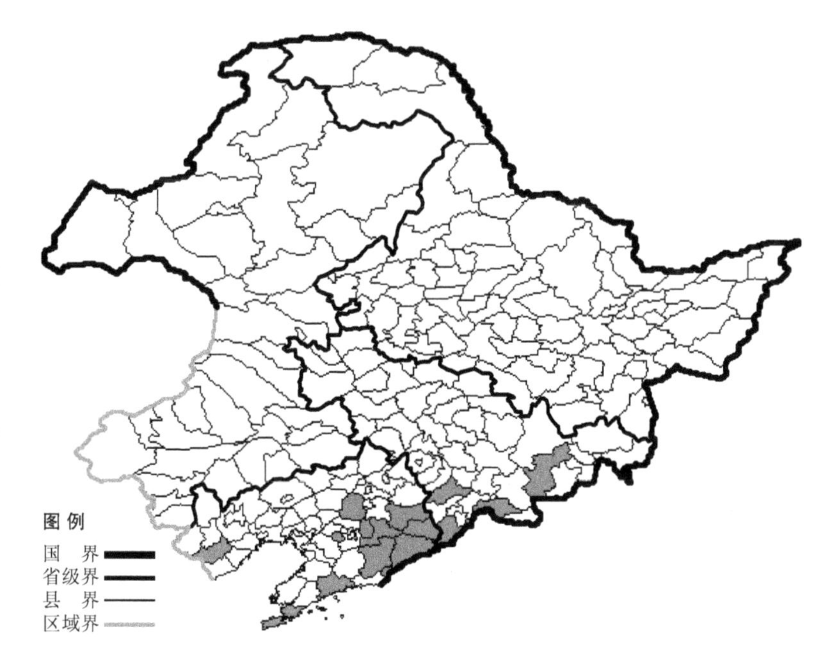

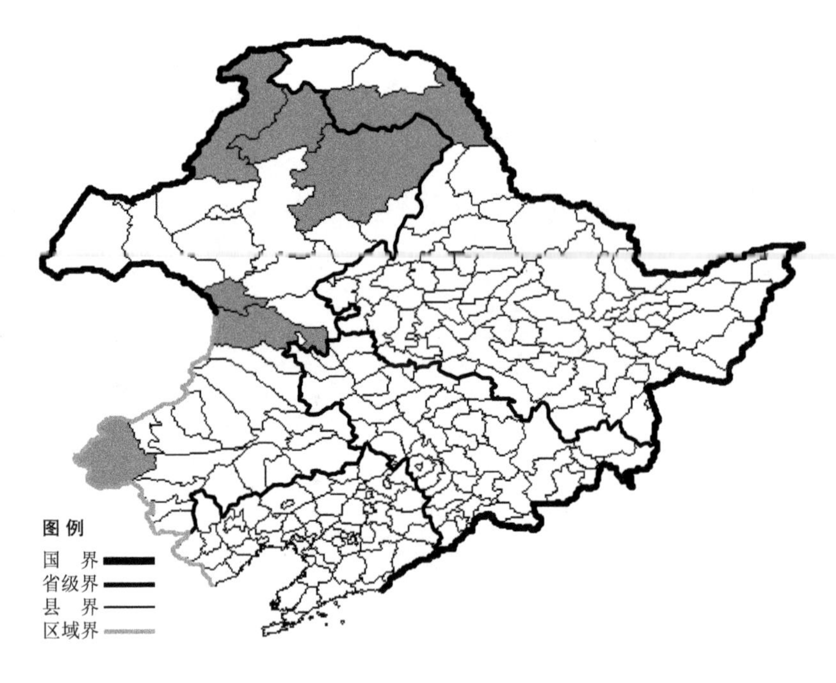

尖叶假龙胆

Gentianella acuta (Michx.) Hiit

生境：湿草地，踏头甸子，林缘，海拔约 600 米。

产地：黑龙江省呼玛，内蒙古根河、额尔古纳、鄂伦春旗、阿尔山、科尔沁右翼前旗、克什克腾旗。

分布：中国（黑龙江、内蒙古、河北、山西、宁夏），蒙古，俄罗斯（东部西伯利亚、远东地区），北美洲。

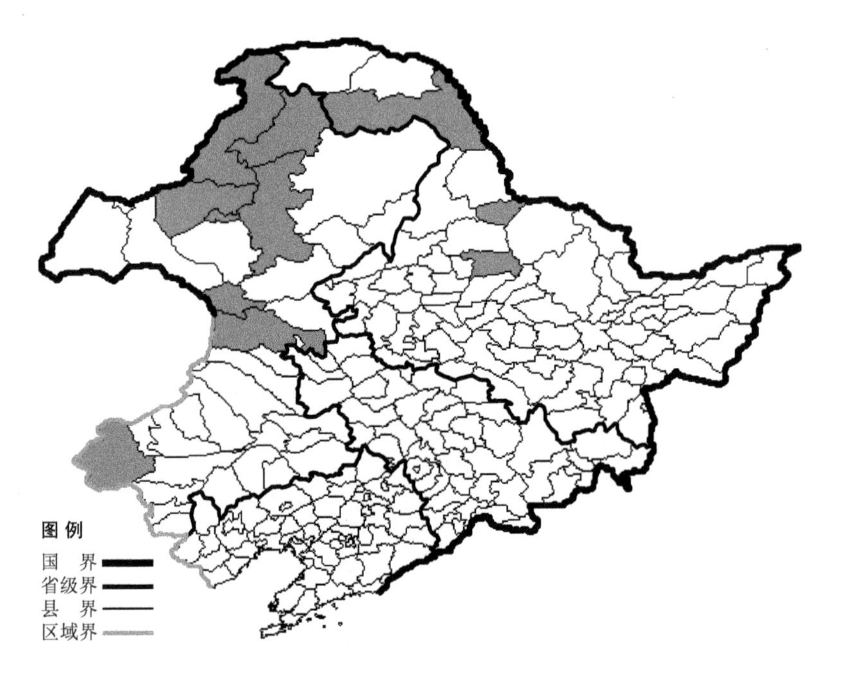

扁蕾

Gentianopsis barbata (Froel.) Ma

生境：林缘，湿草甸，河边。

产地：黑龙江省北安、孙吴、呼玛，内蒙古海拉尔、牙克石、根河、额尔古纳、陈巴尔虎旗、阿尔山、科尔沁右翼前旗、克什克腾旗。

分布：中国（黑龙江、内蒙古、河北、山西、陕西、甘肃、青海、新疆、河南、四川、云南、西藏），蒙古，俄罗斯（北极带、欧洲部分、西伯利亚、远东地区），中亚。

中国扁蕾 Gentianopsis barbata (Froel.) Ma var. **sinensis** Ma 生于湿草甸，产于黑龙江省萝北、饶河、虎林、宁安，辽宁省彰武，内蒙古海拉尔、鄂温克旗、突泉、扎鲁特旗，分布于中国（黑龙江、辽宁、内蒙古）。

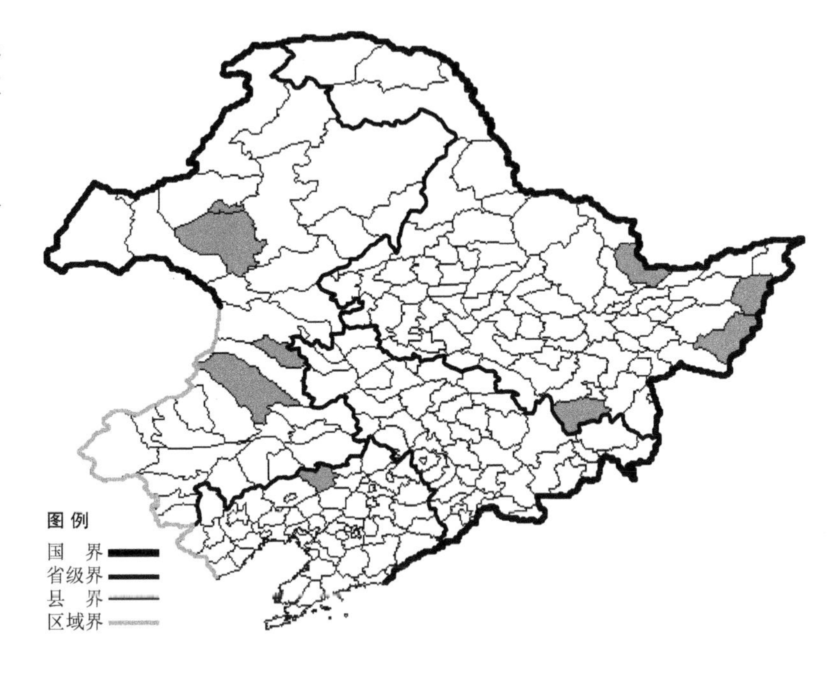

回旋扁蕾

Gentianopsis contorta (Royle) Ma

生境：阔叶林下，林缘。

产地：黑龙江省哈尔滨，吉林省安图，辽宁省本溪、瓦房店。

分布：中国（黑龙江、吉林、辽宁、青海、四川、贵州、云南、西藏），日本，尼泊尔。

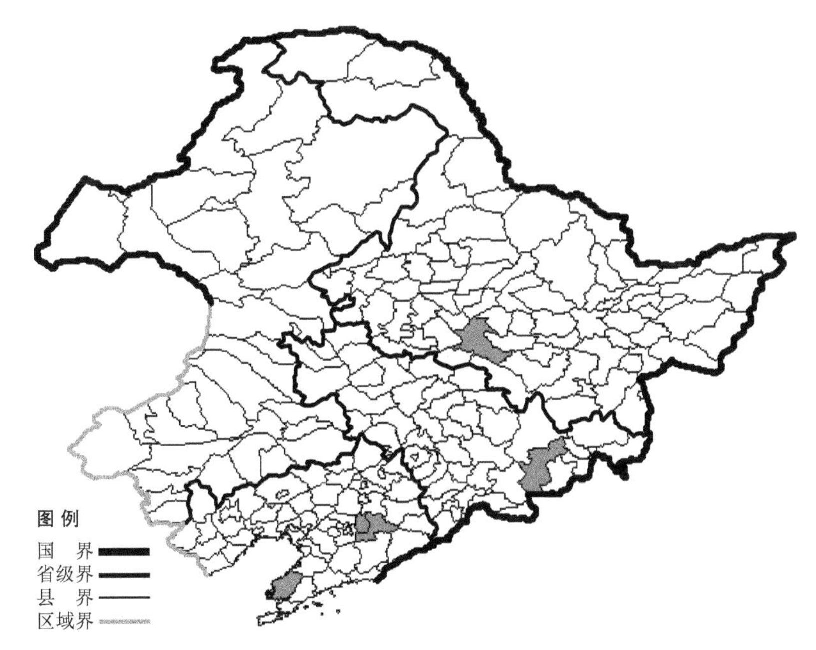

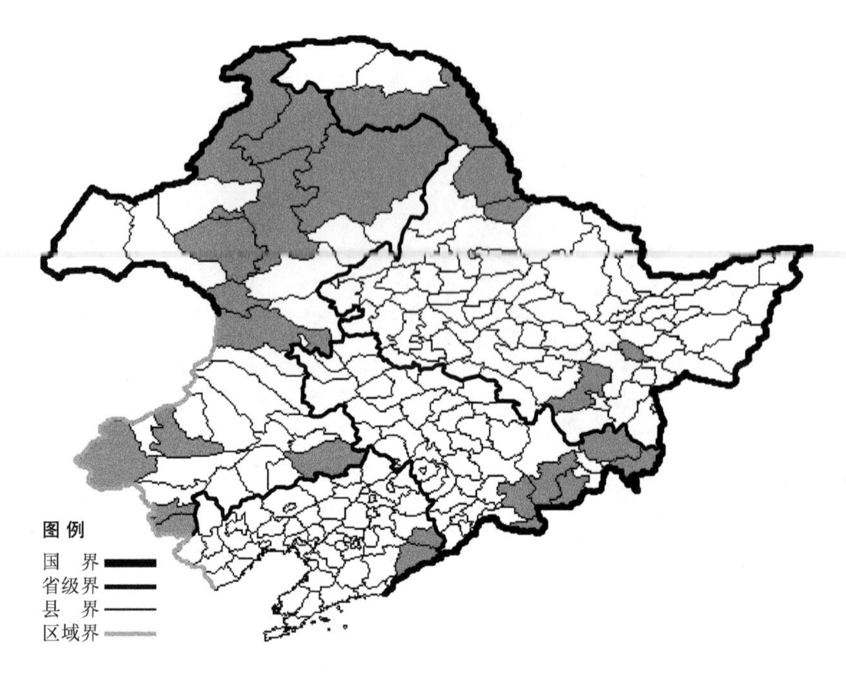

花锚

Halenia corniculata (L.) Cornaz

生境：林缘，山坡草地，海拔2500米以下。

产地：黑龙江省黑河、孙吴、勃利、海林、呼玛，吉林省抚松、长白、珲春、和龙、汪清、安图，辽宁省桓仁、宽甸，内蒙古海拉尔、牙克石、根河、额尔古纳、鄂伦春旗、鄂温克旗、阿尔山、科尔沁右翼前旗、科尔沁左翼后旗、宁城、巴林右旗、克什克腾旗、喀喇沁旗。

分布：中国（黑龙江、吉林、辽宁、内蒙古、河北、山西、陕西），朝鲜半岛，日本，蒙古，俄罗斯（欧洲部分、西伯利亚、远东地区），北美洲。

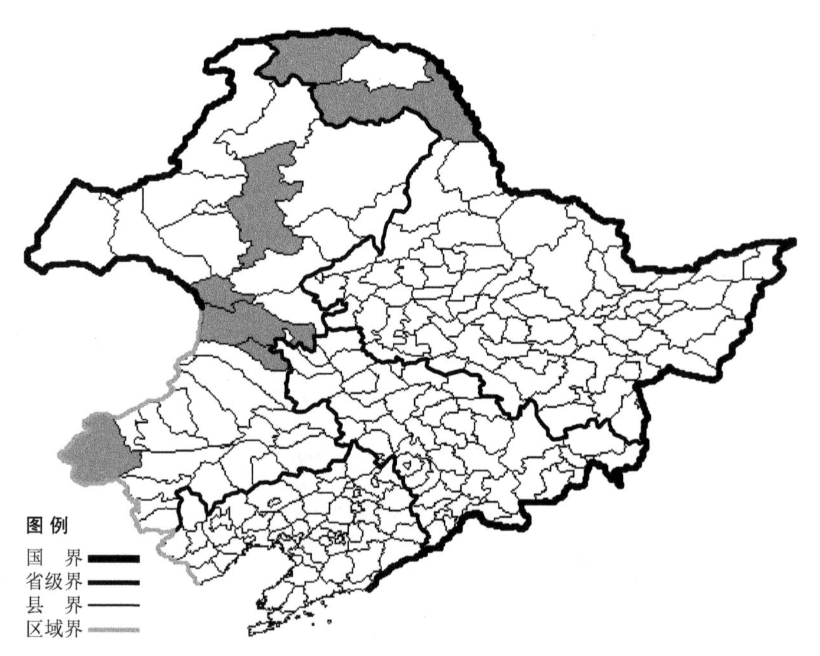

肋柱花

Lomatogonium rotatum (L.) Fries ex Nym.

生境：山坡湿草地，海拔约400米。

产地：黑龙江省漠河、呼玛，内蒙古牙克石、克什克腾旗、科尔沁右翼前旗、阿尔山、突泉。

分布：中国（黑龙江、内蒙古、河北、山西、陕西、甘肃、青海、新疆、西南），日本，蒙古，俄罗斯（北极带、欧洲部分、西伯利亚、远东地区），中亚，欧洲，北美洲。

翼萼蔓

Pterygocalyx volubilis Maxim.

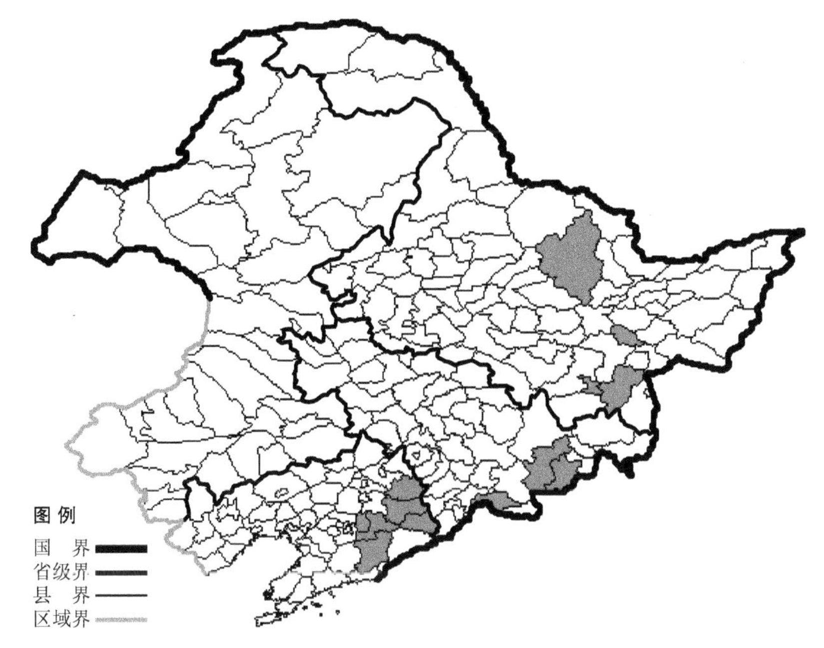

生境：阔叶林下，林缘草地，灌丛。海拔 1200 米以下。

产地：黑龙江省伊春、穆棱、勃利、牡丹江，吉林省临江、和龙、安图，辽宁省清原、新宾、桓仁、本溪、凤城。

分布：中国（黑龙江、吉林、辽宁、河北、山西、陕西、青海、河南、湖北、四川、云南、西藏），朝鲜半岛，日本，俄罗斯（远东地区）。

淡花獐牙菜

Swertia diluta (Turcz.) Benth. et Hook.

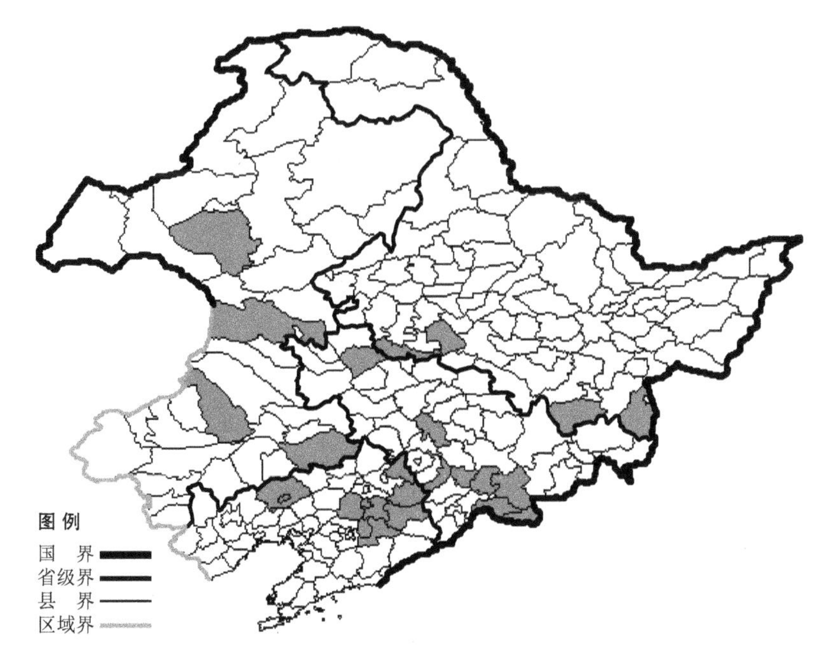

生境：山坡，荒地，海拔 800 米以下。

产地：黑龙江省肇东、肇源，吉林省大安、长春、临江、辉南、抚松、靖宇、长白，辽宁省沈阳、西丰、本溪、新宾、清原、阜新、抚顺，内蒙古鄂温克旗、科尔沁右翼前旗、科尔沁左翼后旗、阿鲁科尔沁旗。

分布：中国（黑龙江、吉林、辽宁、内蒙古、河北、山西、陕西、甘肃、青海、山东、河南、四川），朝鲜半岛，日本，蒙古，俄罗斯（东部西伯利亚、远东地区）。

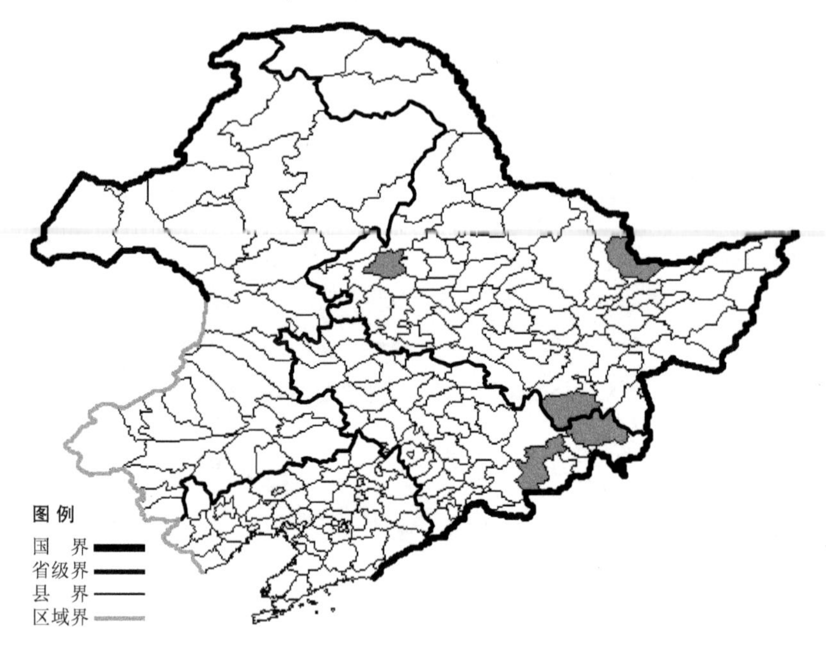

东北獐牙菜

Swertia manshurica (Kom.) Kitag.

生境：草甸。

产地：黑龙江省富裕、萝北、宁安，吉林省安图、汪清。

分布：中国（黑龙江、吉林）。

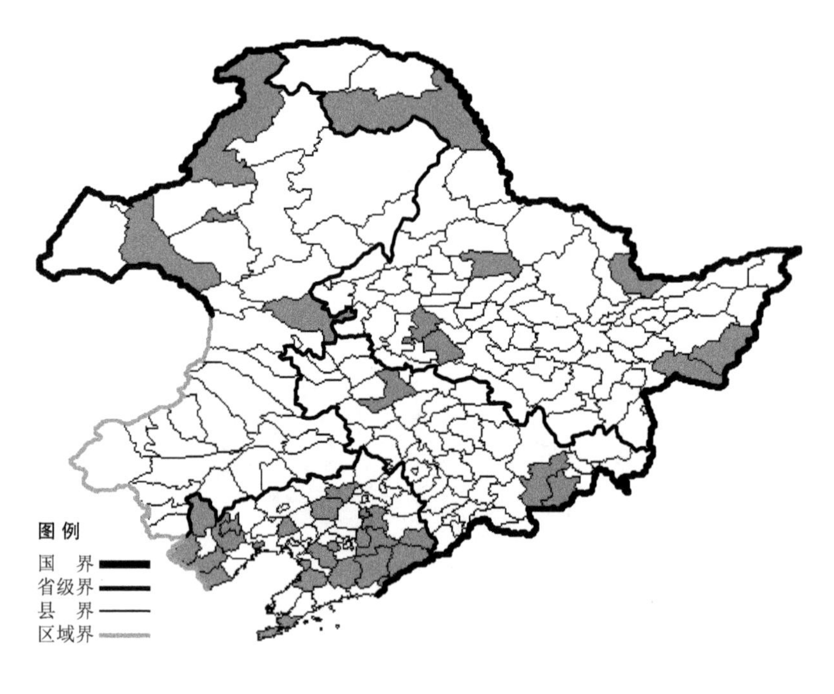

瘤毛獐牙菜

Swertia pseudochinensis Hara

生境：荒地，路旁，山坡灌丛，杂木林下，海拔800米以下。

产地：黑龙江省北安、密山、虎林、安达、肇东、呼玛、萝北，吉林省前郭尔罗斯、安图、和龙，辽宁省新民、法库、海城、抚顺、本溪、凤城、岫岩、宽甸、鞍山、盖州、营口、锦州、绥中、北镇、朝阳、建平、建昌、凌源、大连、丹东、桓仁，内蒙古额尔古纳、扎赉特旗、新巴尔虎左旗、海拉尔。

分布：中国（黑龙江、吉林、辽宁、内蒙古、河北、山西、山东、河南），朝鲜半岛，日本。

伞花獐牙菜

Swertia tetrapetala Pall.

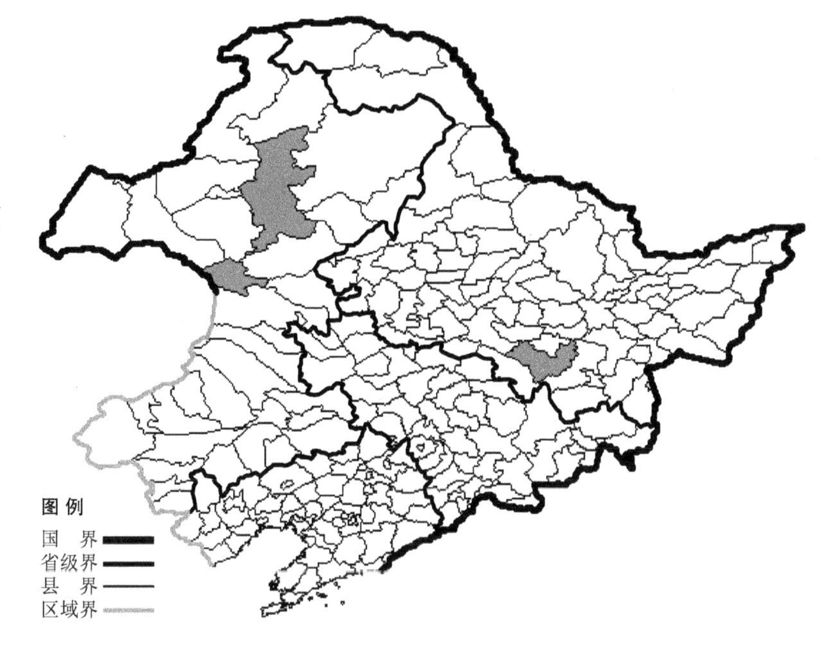

生境：山顶岩石壁上，林下，草地。

产地：黑龙江省尚志，内蒙古阿尔山、牙克石。

分布：中国（黑龙江、内蒙古），俄罗斯（远东地区）。

藜芦獐牙菜

Swertia veratroides Maxim. ex Kom.

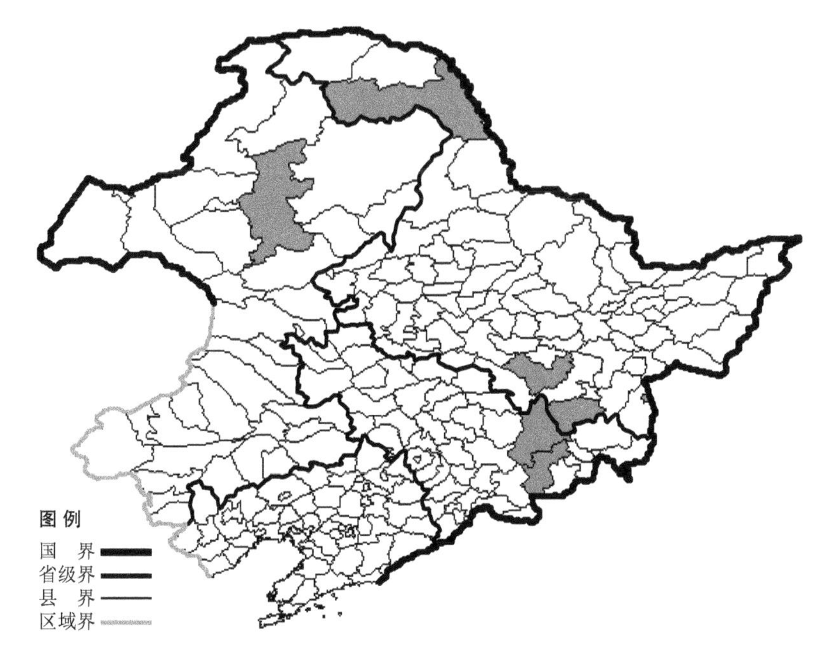

生境：林缘草地，湿草地，海拔1100米以下。

产地：黑龙江省尚志、宁安、绥芬河、呼玛，吉林省安图、敦化，内蒙古牙克石。

分布：中国（黑龙江、吉林、内蒙古），朝鲜半岛，俄罗斯（远东地区）。

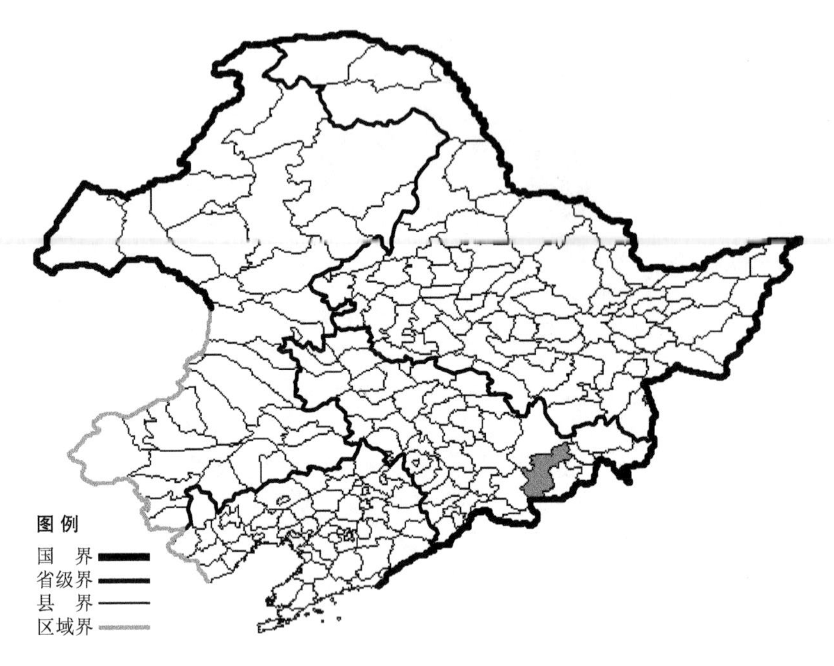

卵叶獐牙菜

Swertia wilfordii Kerner

生境：林下，草甸，海拔约700米。

产地：黑龙江省绥芬河，吉林省安图。

分布：中国（黑龙江、吉林），朝鲜半岛，俄罗斯（远东地区）。

睡菜科 Menyanthaceae

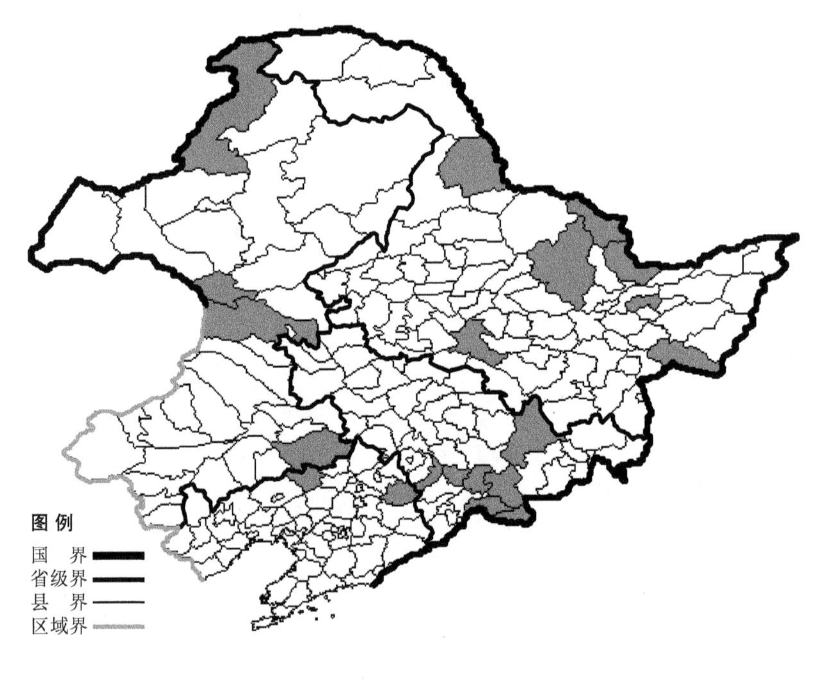

睡菜

Menyanthes trifoliata L.

生境：湖边浅水中，湿草地，沼泽，海拔600米以下。

产地：黑龙江省哈尔滨、伊春、黑河、萝北、集贤、密山、嘉荫，吉林省临江、敦化、梅河口、辉南、靖宇、抚松、长白，辽宁省彰武、清原，内蒙古额尔古纳、阿尔山、科尔沁右翼前旗、科尔沁左翼后旗。

分布：中国（黑龙江、吉林、辽宁、内蒙古、河北、新疆、浙江、四川、贵州、云南、西藏），朝鲜半岛，日本，蒙古，俄罗斯（北极带、欧洲部分、高加索、西伯利亚、远东地区），中亚，土耳其，欧洲，北美洲。

白花荇菜

Nymphoides coreana (Levl.) Hara

生境：池沼。

产地：辽宁省沈阳、普兰店。

分布：中国（辽宁、台湾），朝鲜半岛，日本，俄罗斯（远东地区）。

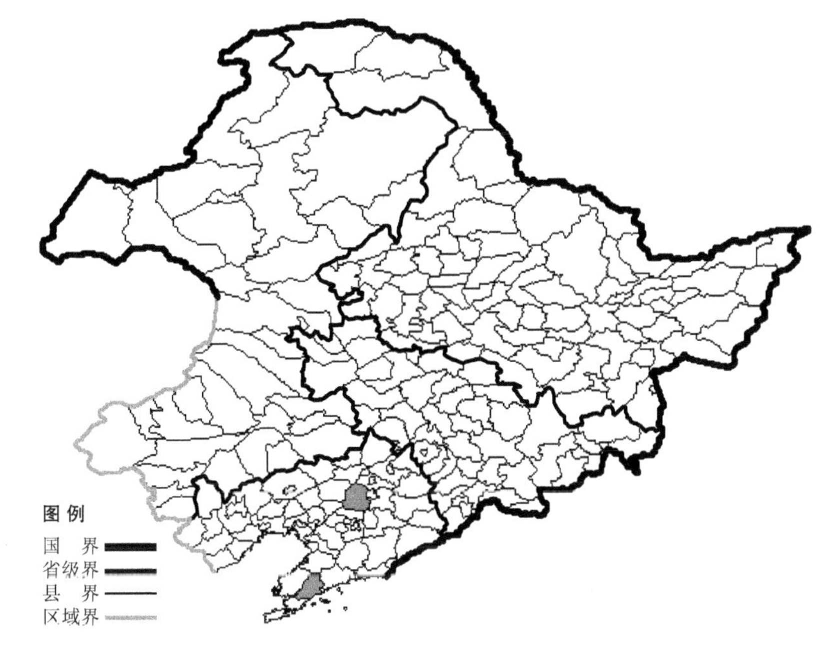

印度荇菜

Nymphoides indica (L.) O. Kuntze

生境：湖泊，池沼。

产地：辽宁省沈阳。

分布：中国（辽宁、河北、安徽、浙江、江西、广东、广西、海南、贵州、云南），遍布世界热带至温带地区。

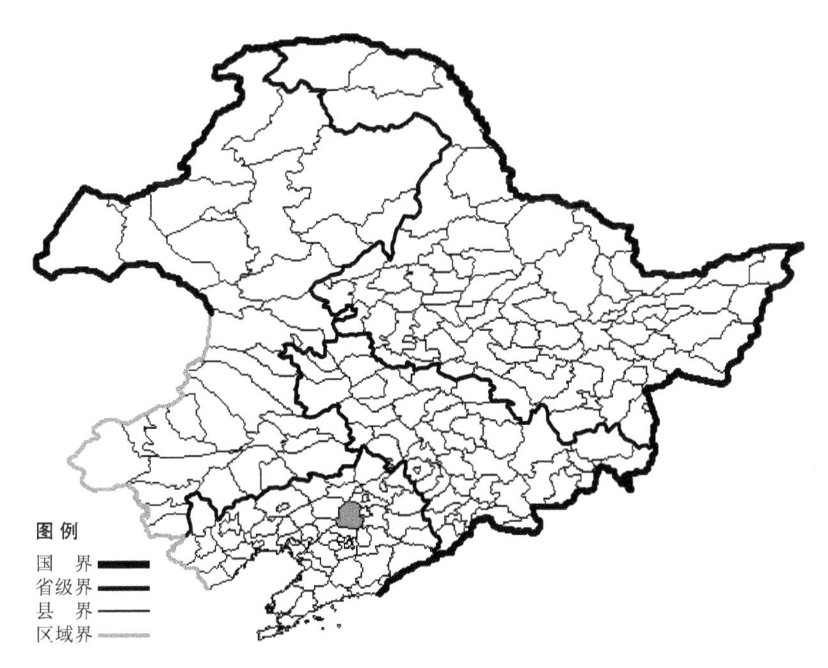

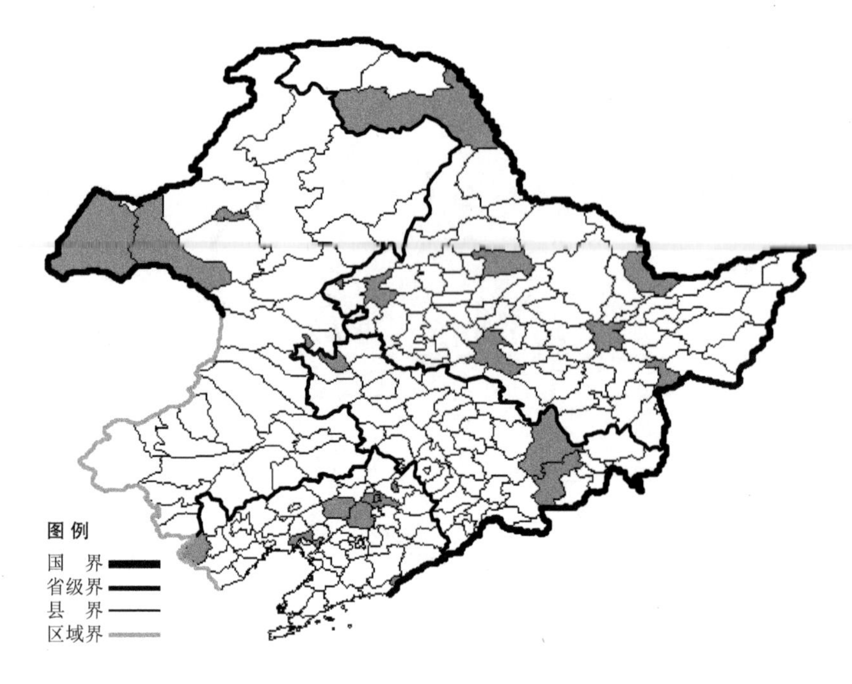

荇菜

Nymphoides peltata (Gmel.) O. Kuntze

生境：池沼，海拔 700 米以下。

产地：黑龙江省哈尔滨、北安、萝北、呼玛、鸡东、依兰、齐齐哈尔，吉林省白城、敦化、安图，辽宁省新民、铁岭、凌源、沈阳、丹东、盘山，内蒙古海拉尔、新巴尔虎左旗、新巴尔虎右旗、乌兰浩特。

分布：中国（黑龙江、吉林、辽宁、内蒙古、河北、陕西、江苏、河南、湖北、江西、湖南、贵州、云南），朝鲜半岛，日本，蒙古，俄罗斯（欧洲部分、高加索、西伯利亚、远东地区），中亚，土耳其，伊朗，欧洲。

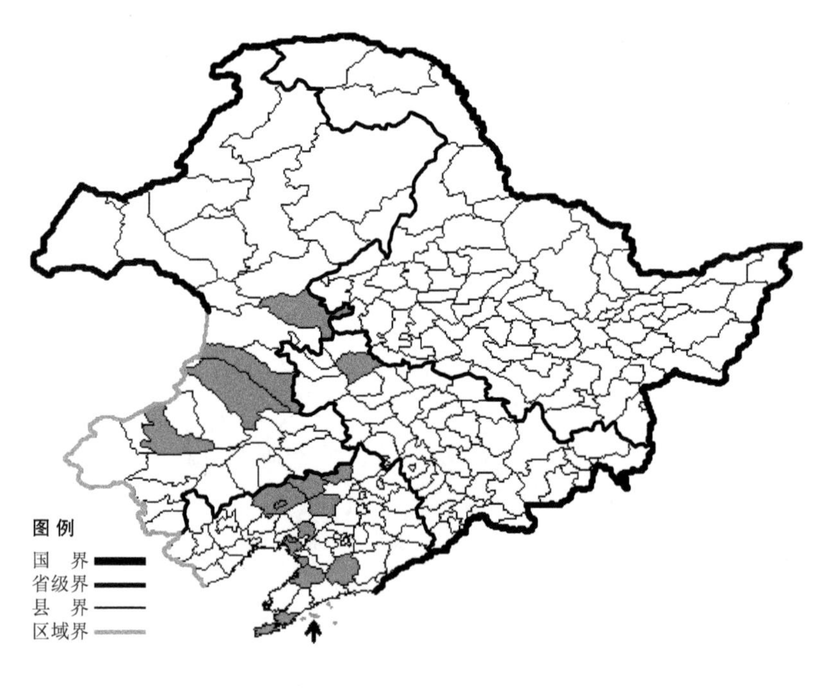

夹竹桃科 Apocynaceae

罗布麻

Apocynum venetum L.

生境：盐碱地，沙质地，河滩，草甸子。

产地：吉林省大安，辽宁省彰武、新民、台安、盘锦、康平、盖州、营口、岫岩、大连、长海、阜新、大洼，内蒙古扎鲁特旗、巴林右旗、科尔沁右翼中旗、扎赉特旗。

分布：中国（吉林、辽宁、内蒙古、河北、山西、陕西、甘肃、青海、新疆、山东、江苏、河南），朝鲜半岛，蒙古，俄罗斯（西伯利亚），中亚。

萝藦科 Asclepiadaceae

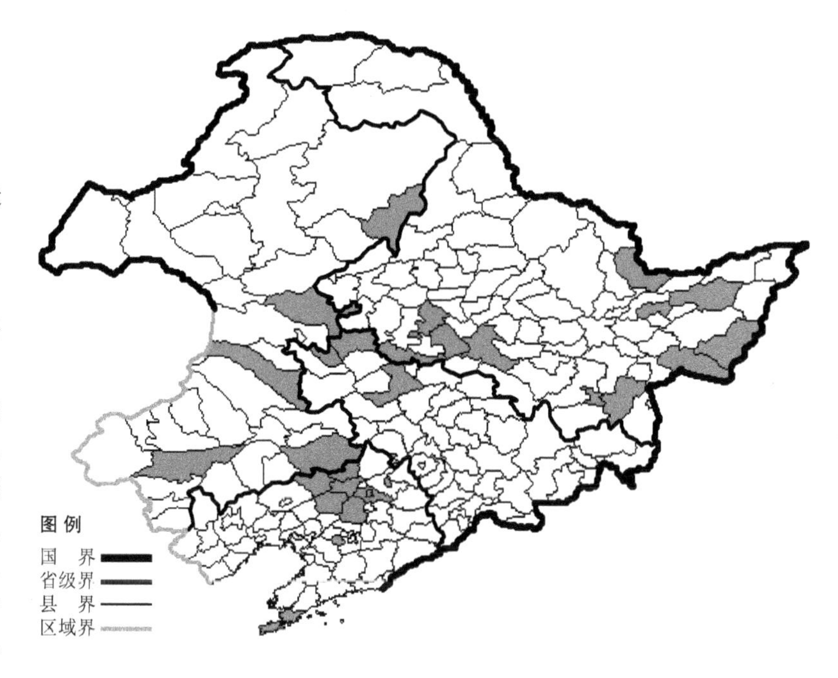

合掌消

Cynanchum amplexicaule (Sieb. et Zucc.) Hemsl.

生境：草甸，堤岸，耕地旁，路旁，湿草地，沙丘。

产地：黑龙江省肇源、安达、虎林、集贤、穆棱、肇东、萝北、富锦、密山、哈尔滨、牡丹江，吉林省前郭尔罗斯、白城、镇赉，辽宁省沈阳、新民、鞍山、大连、彰武、法库、康平、铁岭，内蒙古莫力达瓦达斡尔旗、翁牛特旗、集贤、科尔沁左翼后旗、科尔沁右翼中旗、扎赉特旗。

分布：中国（黑龙江、吉林、辽宁、内蒙古），朝鲜半岛，日本，俄罗斯（远东地区）。

紫花合掌消 Cynanchum amplexicaule (Sieb. et Zucc.) Hemsl. f. **castaneum** (Makino) C. Y. Li 生于沙丘、路旁、堤岸、山坡草地，海拔 300 米以下，产于辽宁省大连、沈阳、康平、法库，内蒙古科尔沁左翼后旗、莫力达瓦达斡尔旗、扎赉特旗，分布于中国（辽宁、内蒙古、河北、陕西、山东、江苏、河南、湖北、江西、湖南、广西），朝鲜半岛，日本，俄罗斯（远东地区）。

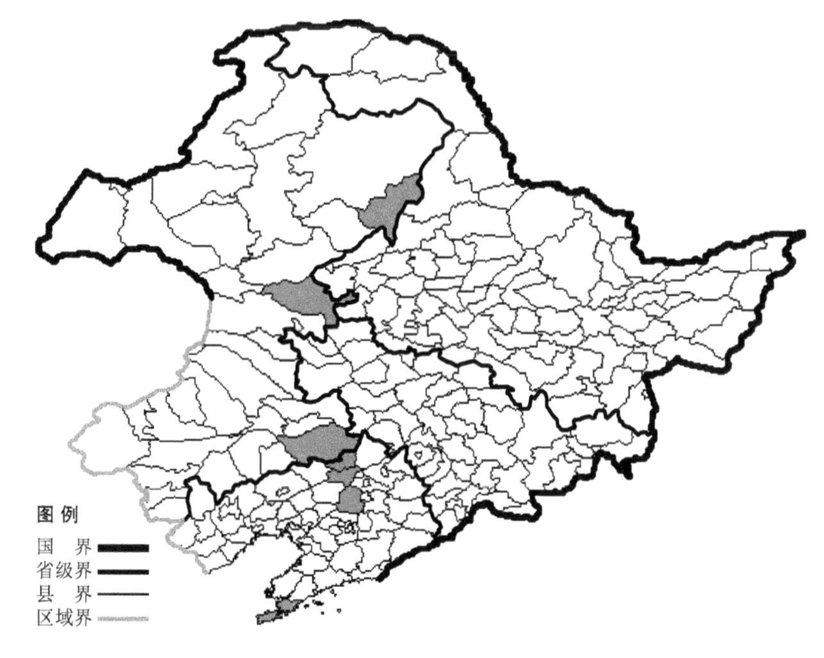

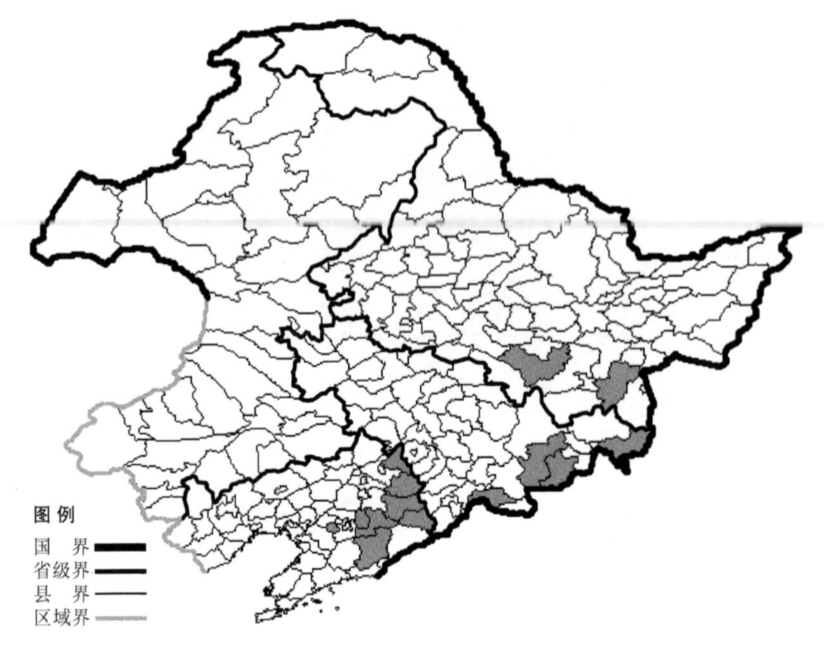

潮风草

Cynanchum ascyrifolium (Franch. et Sav.) Matsum.

生境：山坡林缘，杂木林下，湿草地，海拔 800 米以下。

产地：黑龙江省尚志、穆棱，吉林省珲春、安图、临江、和龙，辽宁省鞍山、清原、凤城、新宾、桓仁、西丰、本溪。

分布：中国（黑龙江、吉林、辽宁、河北、山东），朝鲜半岛，日本，俄罗斯（远东地区）。

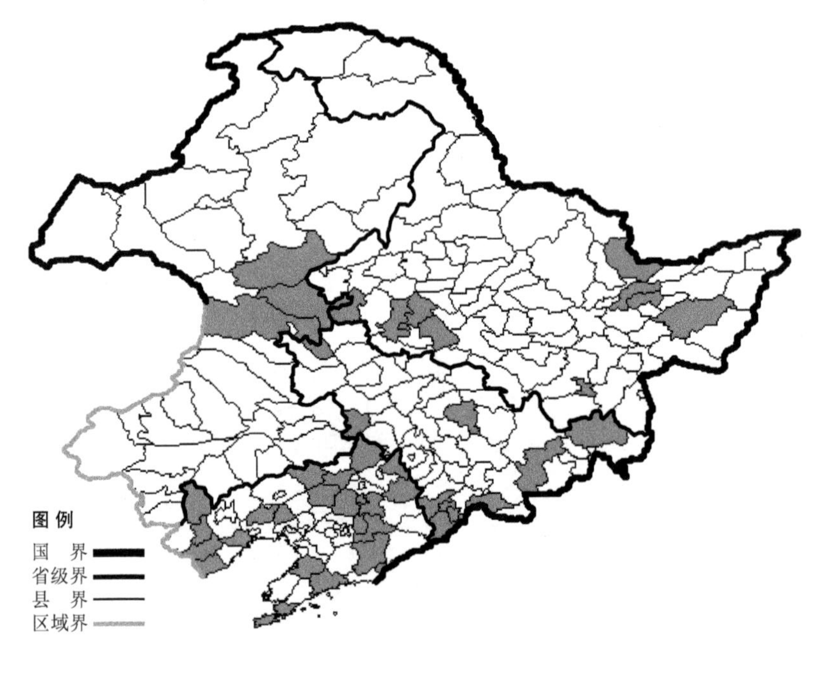

白薇

Cynanchum atratum Bunge

生境：山坡草地，林缘路旁，林下，灌丛。

产地：黑龙江省大庆、肇东、桦川、宝清、集贤、泰来、牡丹江、安达、萝北，吉林省安图、通化、白城、临江、集安、吉林、汪清、双辽，辽宁省抚顺、新民、本溪、清原、凤城、庄河、义县、葫芦岛、北镇、昌图、西丰、喀左、法库、绥中、沈阳、丹东、彰武、建昌、建平、大连、盖州，内蒙古扎赉特旗、扎兰屯、科尔沁右翼前旗。

分布：中国（黑龙江、吉林、辽宁、内蒙古、河北、山西、陕西、山东、江苏、福建、河南、湖北、湖南、江西、广东、广西、四川、贵州、云南），朝鲜半岛，日本，俄罗斯（远东地区）。

白首乌

Cynanchum bungei Decne.

生境：山坡草地，榛丛间，砾林下，路边沙地。

产地：辽宁省凌源、建平、彰武、绥中，内蒙古科尔沁右翼前旗、科尔沁右翼中旗、巴林右旗。

分布：中国（辽宁、内蒙古、河北、山西、甘肃、山东、河南），朝鲜半岛。

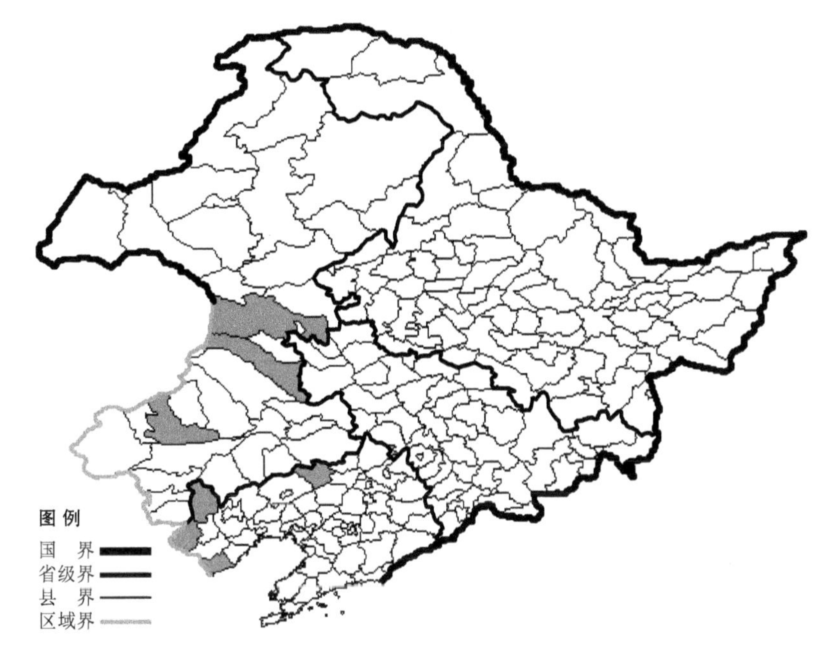

鹅绒藤

Cynanchum chinense R. Br.

生境：固定沙丘，山坡草地，路旁，海滩石砬子上，海拔 500 米以下。

产地：吉林省通榆、白城，辽宁省鞍山、营口、大连、盖州、长海、彰武、沈阳、葫芦岛、建平、康平，内蒙古牙克石、扎鲁特旗、通辽、巴林右旗、科尔沁左翼后旗、科尔沁右翼中旗、开鲁。

分布：中国（吉林、辽宁、内蒙古、河北、山东、河南、山西、陕西、甘肃、宁夏、江苏、浙江）。

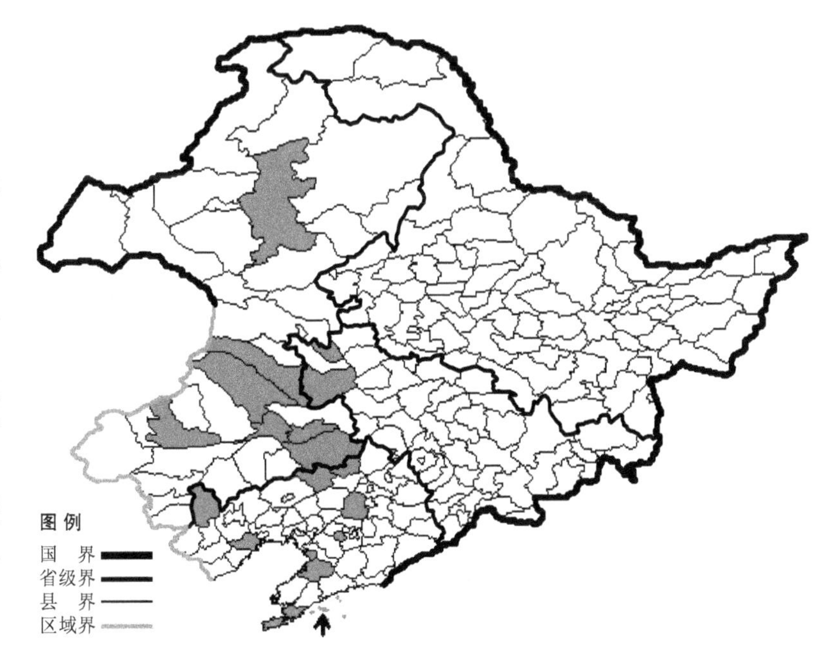

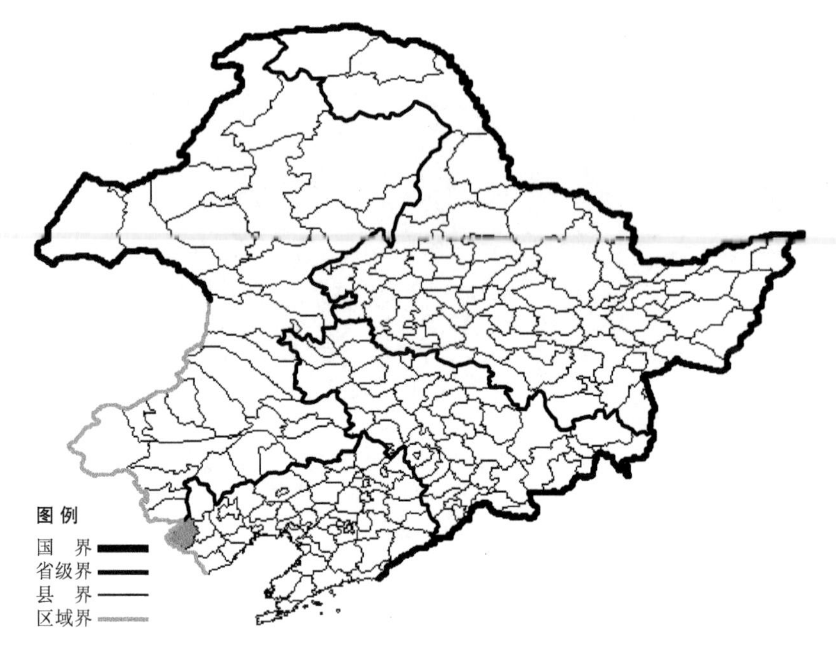

竹灵消

Cynanchum inamoenum (Maxim.) Leos.

生境：石砾质山坡，疏林下，灌丛，山坡草地。

产地：辽宁省凌源。

分布：中国（辽宁、河北、陕西、甘肃、山东、山西、安徽、浙江、河南、湖北、湖南、四川、贵州、西藏），朝鲜半岛，日本，俄罗斯（远东地区）。

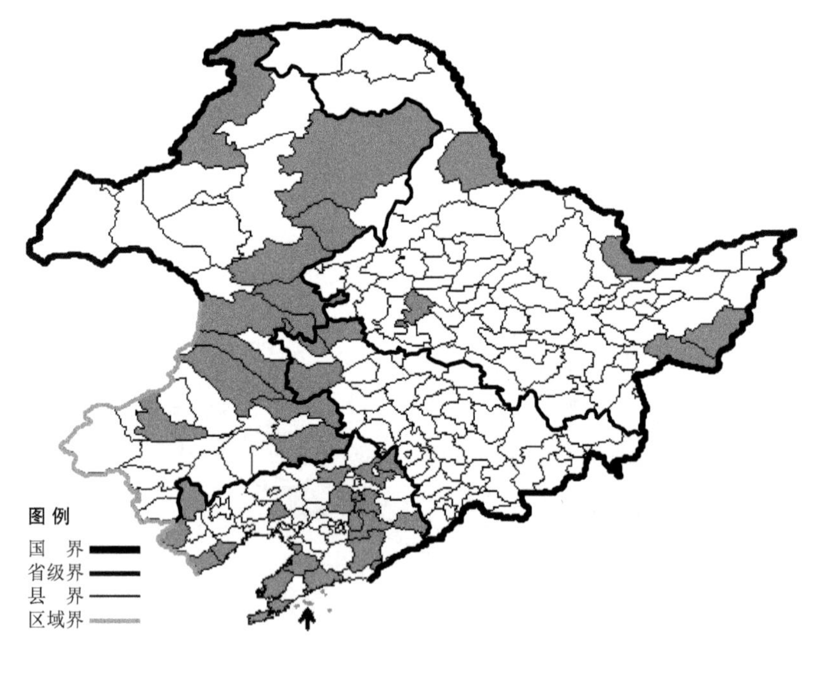

徐长卿

Cynanchum paniculatum (Bunge) Kitag.

生境：沟边石砾质地，林下灌丛，山坡草地，路旁，海拔 800 米以下。

产地：黑龙江省黑河、密山、虎林、萝北、安达，吉林省白城、通榆、镇赉，辽宁省本溪、桓仁、凤城、绥中、北镇、法库、西丰、凌源、建平、丹东、营口、沈阳、大连、庄河、长海、兴城、盖州、开原、瓦房店、抚顺，内蒙古扎兰屯、科尔沁右翼中旗、科尔沁右翼前旗、阿荣旗、巴林右旗、乌兰浩特、扎鲁特旗、科尔沁左翼后旗、科尔沁左翼中旗、额尔古纳、鄂伦春旗、扎赉特旗。

分布：中国（黑龙江、吉林、辽宁、内蒙古、河北、山西、陕西、甘肃、山东、江苏、安徽、浙江、河南、湖北、江西、湖南、广东、广西、四川、贵州、云南），朝鲜半岛，日本。

紫花杯冠藤

Cynanchum purpureum K. Schum.

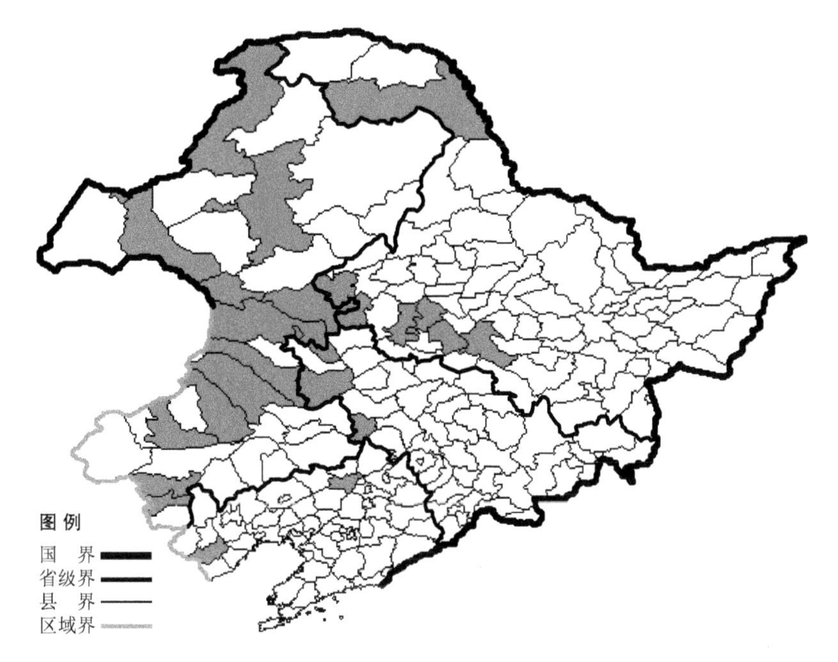

生境：山坡，灌丛，岩石壁上。

产地：黑龙江省大庆、安达、肇东、泰来、呼玛、龙江、哈尔滨，吉林省双辽、通榆、白城，辽宁省建昌、法库，内蒙古科尔沁右翼中旗、科尔沁右翼前旗、乌兰浩特、牙克石、赤峰、额尔古纳、新巴尔虎左旗、巴林右旗、阿尔山、海拉尔、满洲里、扎赉特旗、喀喇沁旗、扎鲁特旗、阿鲁科尔沁旗。

分布：中国（黑龙江、吉林、辽宁、内蒙古、河北），朝鲜半岛，蒙古，俄罗斯（东部西伯利亚、远东地区）。

地梢瓜

Cynanchum thesioides (Freyn.) K. Schum.

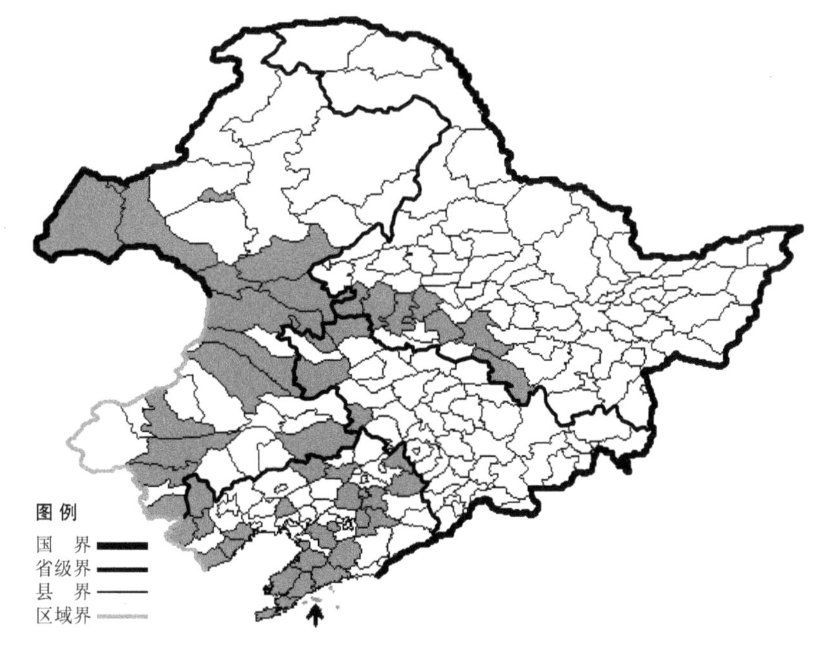

生境：河边，林下，耕地旁，路旁，海拔 700 米以下。

产地：黑龙江省杜尔伯特、肇东、五常、泰来、大庆、哈尔滨、安达，吉林省双辽、镇赉、通榆、白城，辽宁省沈阳、抚顺、清原、本溪、海城、营口、盖州、兴城、长海、普兰店、庄河、彰武、葫芦岛、绥中、北镇、岫岩、西丰、凌源、喀左、建平、大连、瓦房店、鞍山、法库，内蒙古海拉尔、满洲里、扎兰屯、新巴尔虎右旗、新巴尔虎左旗、扎鲁特旗、赤峰、翁牛特旗、巴林右旗、宁城、阿尔山、科尔沁右翼前旗、科尔沁右翼中旗、扎赉特旗、乌兰浩特、科尔沁左翼后旗。

分布：中国（黑龙江、吉林、辽宁、内蒙古、河北、山西、陕西、甘肃、宁夏、青海、新疆、江苏），朝鲜半岛，蒙古，俄罗斯（西伯利亚、远东地区）。

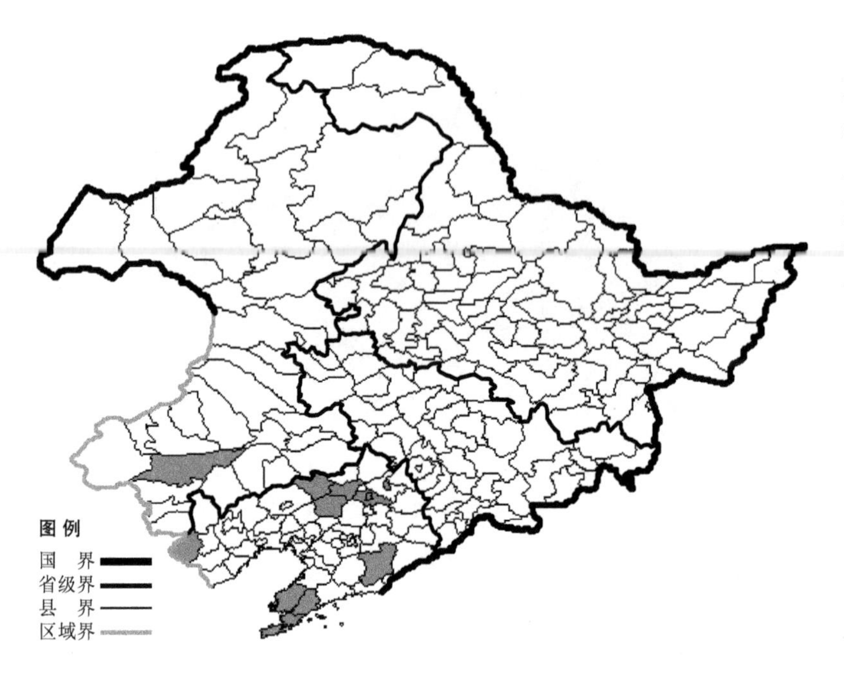

雀瓢 Cynanchum thesioides (Freyn) K. Schum. var. **australe** (Maxim.) Tsiang et P. T. Li 生于沟边、河边、山坡草地、路旁灌丛，产于辽宁省新民、凌源、大连、普兰店、凤城、彰武、瓦房店、铁岭、法库，内蒙古翁牛特旗，分布于中国（辽宁、内蒙古、河北、陕西、山东、江苏、河南），朝鲜半岛。

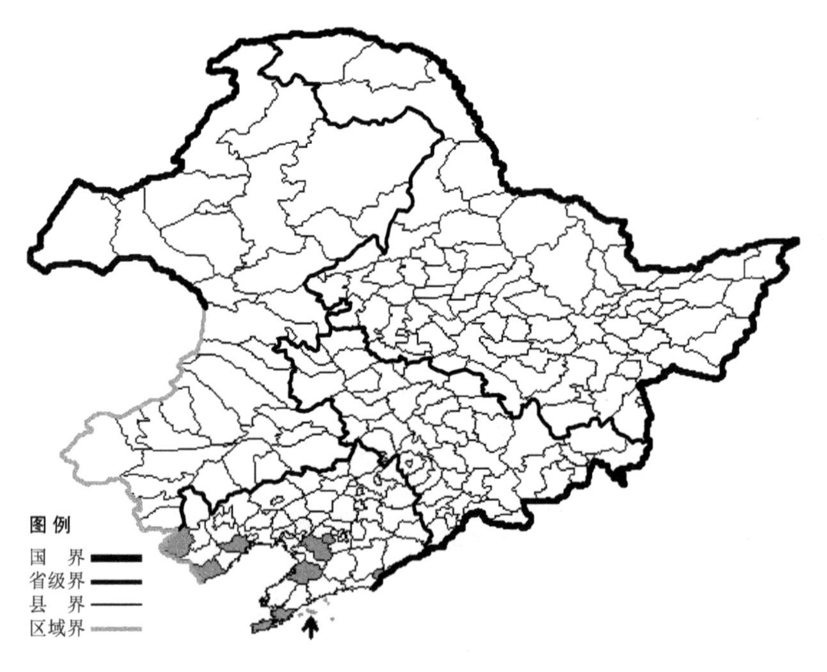

变色白前

Cynanchum versicolor Bunge

生境：山坡草地，路旁，林间，海拔 800 米以下。

产地：辽宁省鞍山、大连、海城、长海、凌海、葫芦岛、丹东、绥中、盖州。

分布：中国（辽宁、河北、山东、江苏、浙江、河南、四川）。

蔓白前

Cynanchum volubile (Maxim.) Forb. et Hemsl.

生境：湿草甸，山坡草地。

产地：黑龙江省哈尔滨、伊春、桦川、穆棱、密山、虎林，辽宁省丹东。

分布：中国（黑龙江、辽宁），朝鲜半岛，俄罗斯（远东地区）。

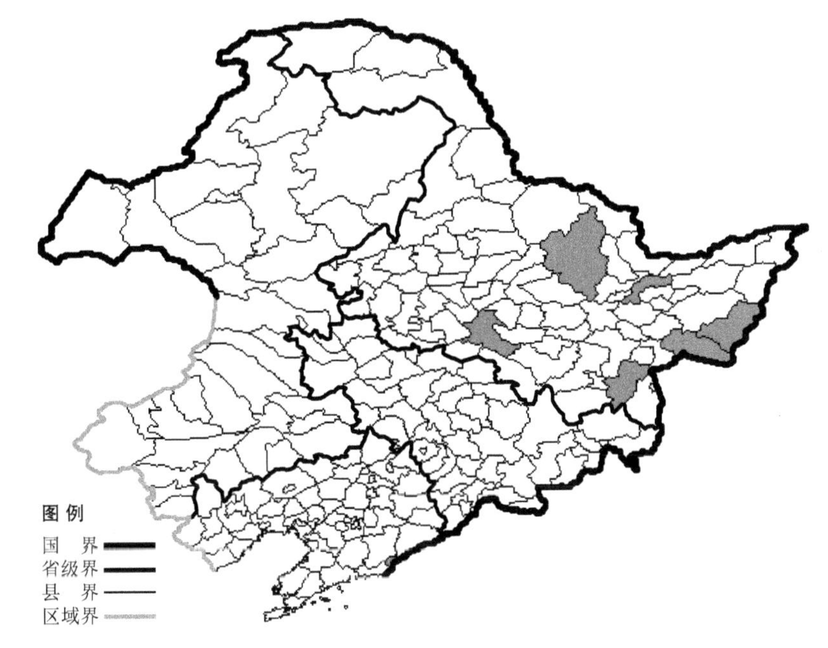

隔山消

Cynanchum wilfordii (Maxim.) Forb. et Hemsl.

生境：山坡草地，山谷，灌丛，路旁。

产地：辽宁省大连、鞍山、凤城、西丰、岫岩、本溪。

分布：中国（辽宁、山西、陕西、甘肃、新疆、山东、江苏、安徽、河南、湖北、湖南、四川），朝鲜半岛，日本，俄罗斯（远东地区）。

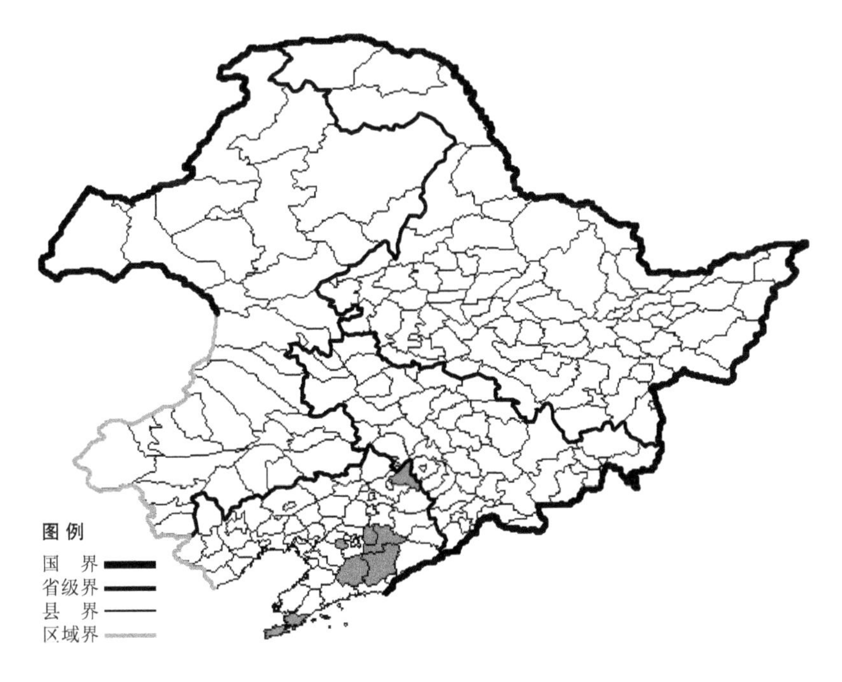

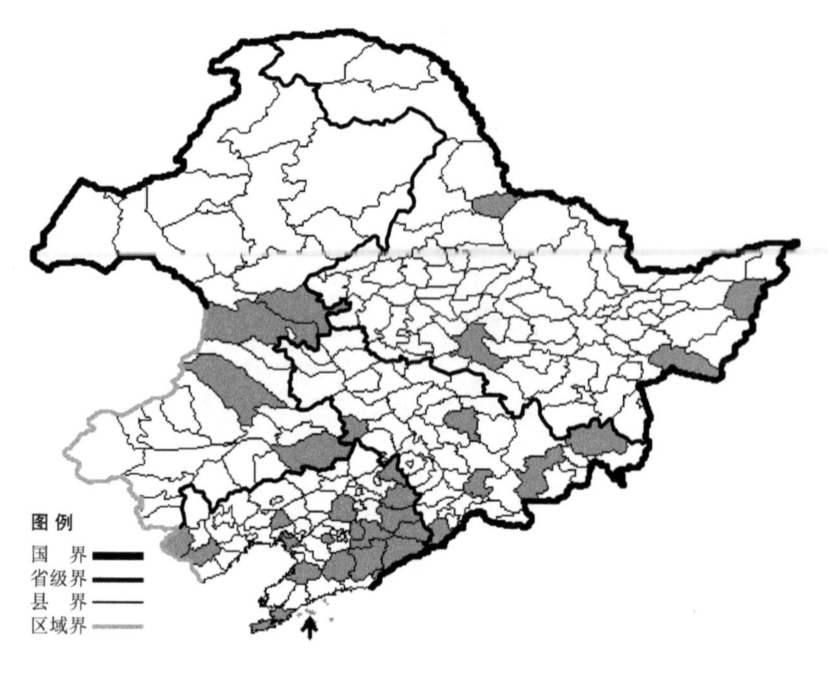

萝藦

Metaplexis japonica (Thunb.) Makino

生境：山坡，路旁，灌丛，林间草地，林缘，人家附近，海拔800米以下。

产地：黑龙江省哈尔滨、孙吴、饶河、密山，吉林省吉林、靖宇、集安、双辽、安图、汪清，辽宁省沈阳、鞍山、丹东、大连、清原、盖州、北镇、大洼、桓仁、宽甸、盘锦、凌源、西丰、新宾、岫岩、凤城、建昌、长海、本溪，内蒙古扎鲁特旗、科尔沁右翼前旗、科尔沁左翼后旗、扎赉特旗。

分布：中国（黑龙江、吉林、辽宁、内蒙古、河北、山西、陕西、甘肃、山东、江苏、安徽、浙江、福建、河南、湖北、江西、湖南、四川、贵州、台湾），朝鲜半岛，日本，俄罗斯（远东地区）。

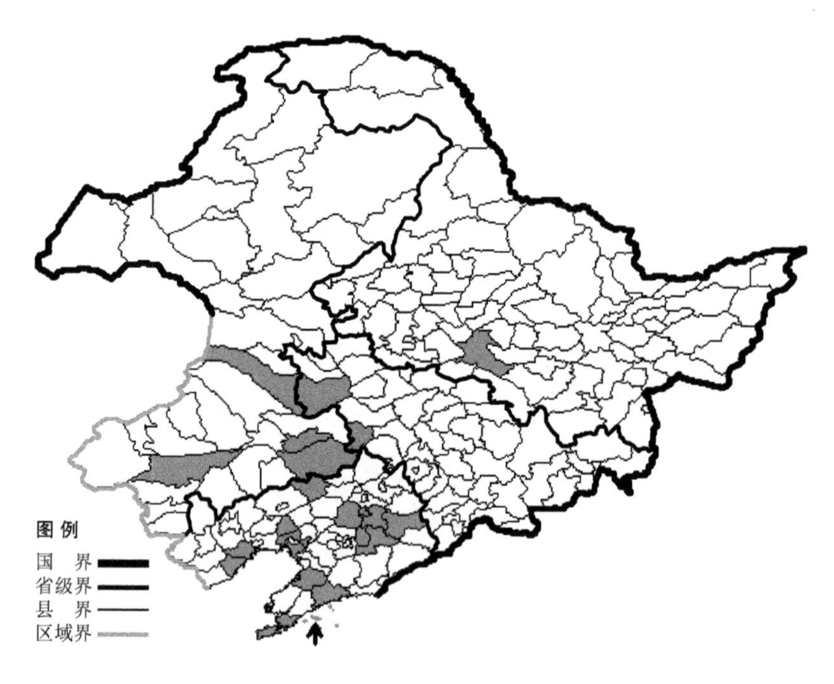

杠柳

Periploca sepium Bunge

生境：林缘，山坡，沟谷，河边沙质地。

产地：黑龙江省哈尔滨，吉林省通榆、双辽，辽宁省大连、长海、庄河、盖州、盘山、沈阳、抚顺、本溪、彰武、北镇、大洼、葫芦岛、新宾、兴城，内蒙古科尔沁左翼后旗、通辽、科尔沁右翼中旗、翁牛特旗。

分布：中国（黑龙江、吉林、辽宁、内蒙古、河北、山西、山东、陕西、甘肃、江苏、河南、江西、贵州、四川），朝鲜半岛，蒙古，俄罗斯（远东地区）。

茜草科 Rubiaceae

异叶车叶草

Asperula maximowiczii Kom.

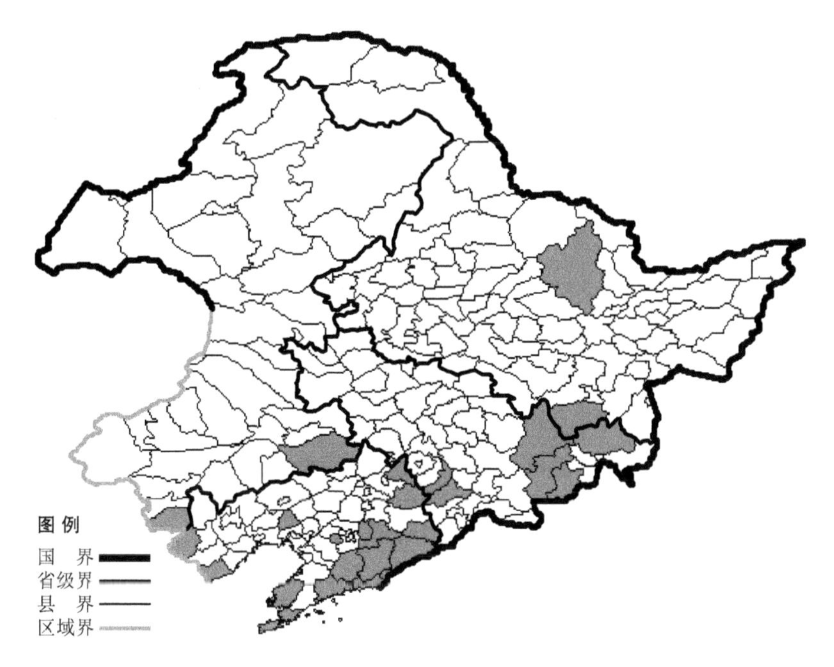

生境：灌丛，石砾质山坡，林下，林缘，海拔 800 米以下。

产地：黑龙江省伊春、宁安，吉林省汪清、和龙、安图、敦化、梅河口、柳河，辽宁省西丰、清原、鞍山、丹东、大连、庄河、瓦房店、东港、宽甸、凤城、桓仁、岫岩、北镇、绥中、凌源、本溪，内蒙古宁城、科尔沁左翼后旗。

分布：中国（黑龙江、吉林、辽宁、内蒙古、河北、山西），朝鲜半岛，俄罗斯（远东地区）。

香车叶草

Asperula odorata L.

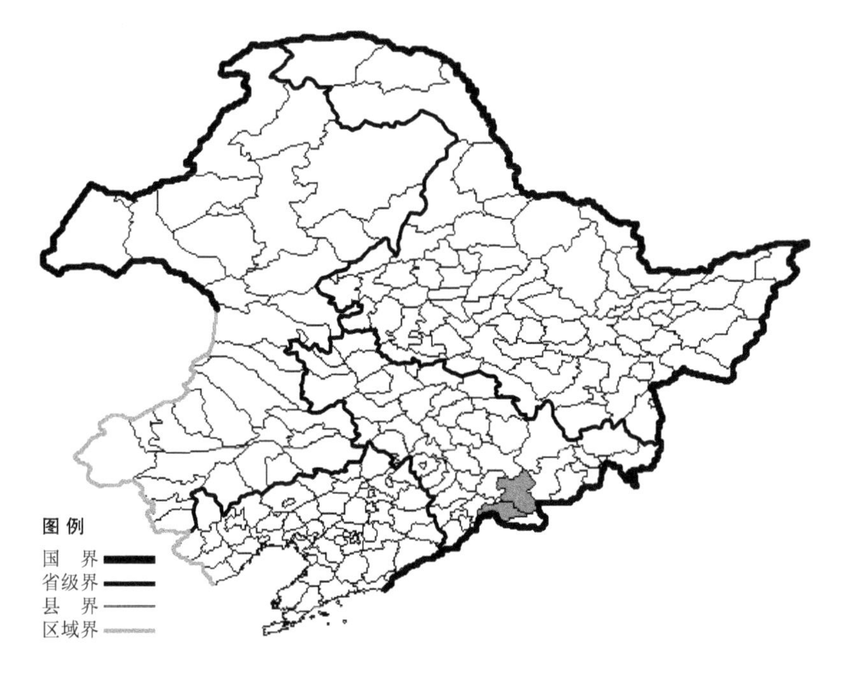

生境：林下，海拔约 900 米。

产地：吉林省临江、抚松。

分布：中国（吉林、陕西、宁夏、甘肃、新疆、山东、四川），朝鲜半岛，日本，俄罗斯（欧洲部分、高加索、西伯利亚、远东地区），中亚，土耳其，伊朗，欧洲，非洲。

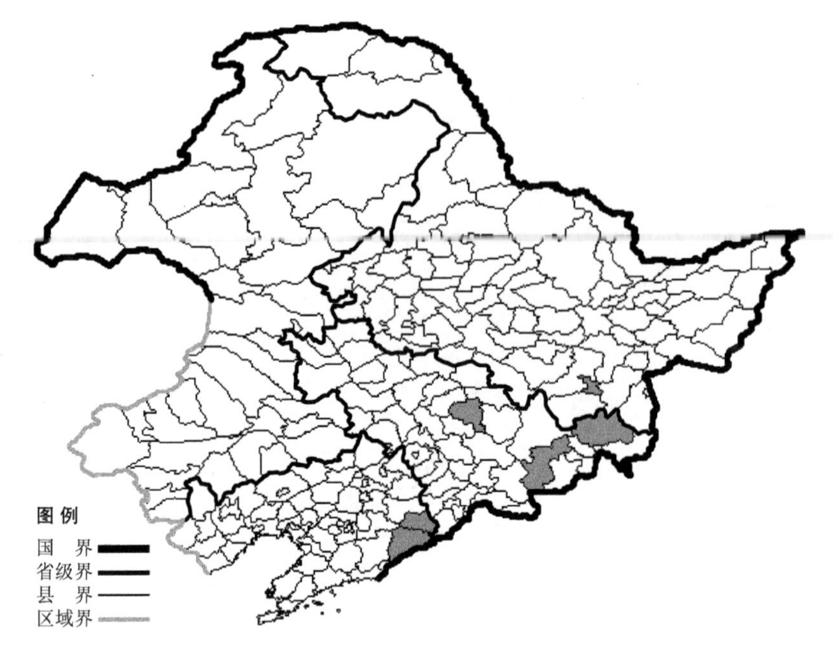

卵叶车叶草

Asperula platygalium Maxim.

生境：石砾质山坡，林下，海拔800米以下。

产地：黑龙江省牡丹江，吉林省安图、汪清、吉林，辽宁省宽甸、桓仁。

分布：中国（黑龙江、吉林、辽宁），朝鲜半岛，俄罗斯（远东地区）。

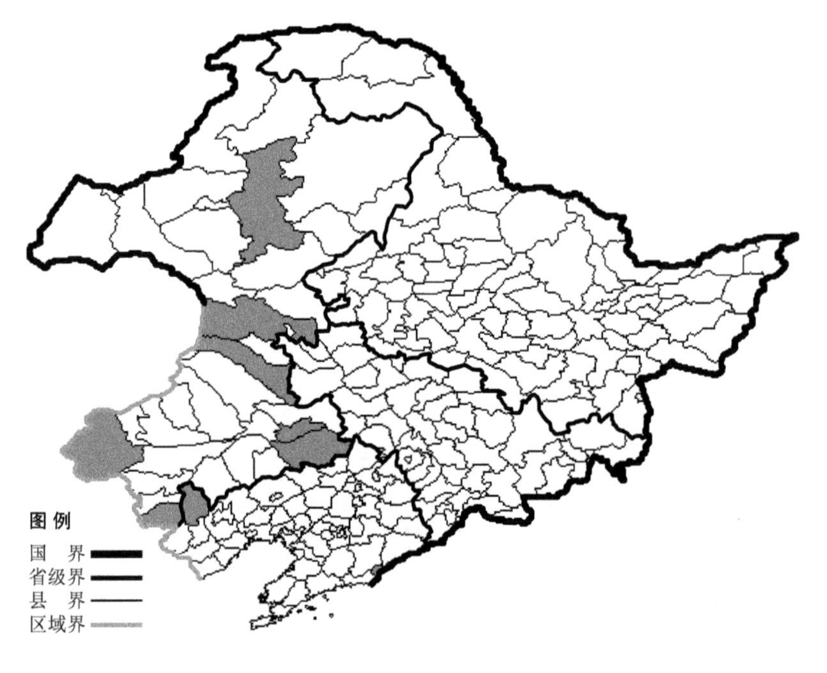

拉拉藤

Galium aparine L. var. **tenerum** (Gren. et Godr.) Rchb.

生境：路旁，草地。

产地：辽宁省建平、丹东，内蒙古宁城、克什克腾旗、牙克石、科尔沁右翼前旗、科尔沁右翼中旗、通辽、科尔沁左翼后旗。

分布：中国（辽宁、内蒙古、河北、山西、陕西、甘肃、青海、新疆、山东、江苏、安徽、浙江、福建、湖北、江西、湖南、广东、四川、云南、西藏、台湾），朝鲜半岛，日本，巴基斯坦。

北方拉拉藤

Galium boreale L.

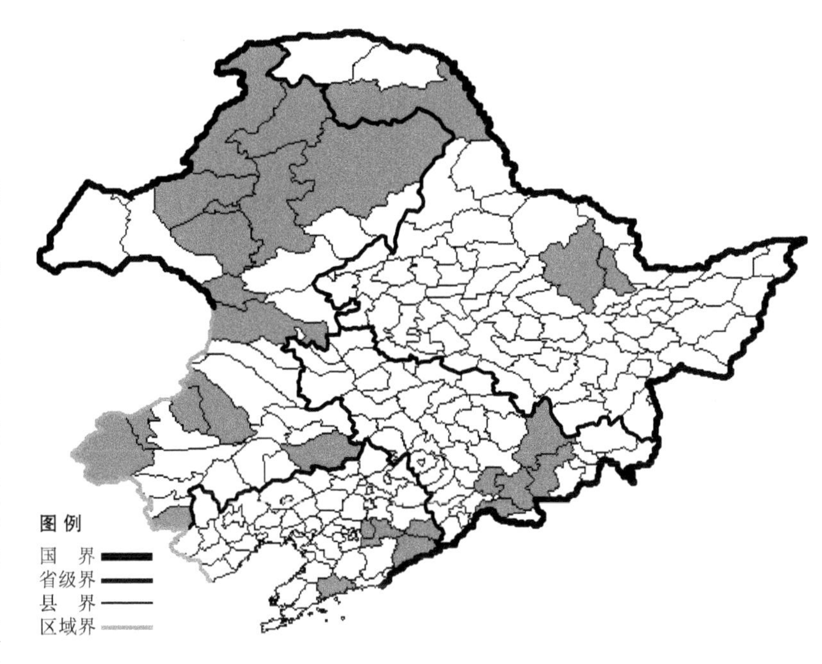

生境：河边灌丛，山坡灌丛，湿草地，林下，林缘，海拔 500-1400 米。

产地：黑龙江省伊春、鹤岗、呼玛，吉林省安图、敦化、抚松、靖宇、临江，辽宁省本溪、凤城、庄河、桓仁、宽甸，内蒙古海拉尔、牙克石、根河、科尔沁右翼前旗、额尔古纳、陈巴尔虎旗、阿尔山、鄂伦春旗、鄂温克旗、巴林左旗、巴林右旗、林西、克什克腾旗、阿鲁科尔沁旗、宁城、科尔沁左翼后旗。

分布：中国（黑龙江、吉林、辽宁、内蒙古、河北、山西、陕西、甘肃、宁夏、青海、新疆、四川、西藏），朝鲜半岛，蒙古，俄罗斯（北极带、欧洲部分、高加索、西伯利亚），中亚，土耳其，伊朗，欧洲，北美洲。

硬毛拉拉藤 Galium boreale L. var. **ciliatum** Nakai 生于山坡草地、林缘、湿草甸，产于黑龙江省黑河、呼玛、塔河，吉林省安图、敦化、延吉，辽宁省鞍山，内蒙古海拉尔、牙克石、鄂伦春旗、科尔沁右翼前旗、阿尔山、额尔古纳、克什克腾旗、宁城，分布于中国（黑龙江、吉林、辽宁、内蒙古、河北、山西、陕西、甘肃、宁夏、青海、新疆、四川、云南、西藏），朝鲜半岛，俄罗斯（远东地区），欧洲，北美洲。

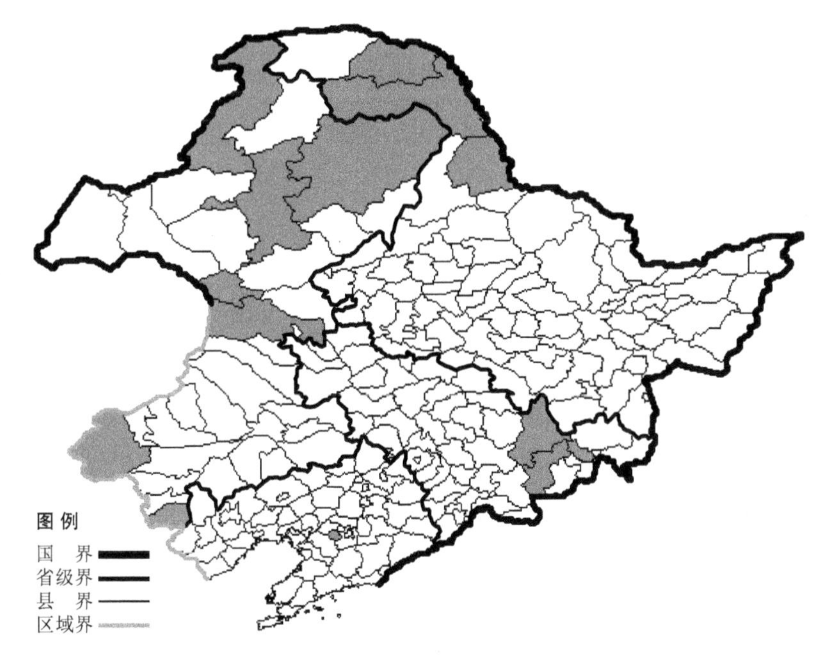

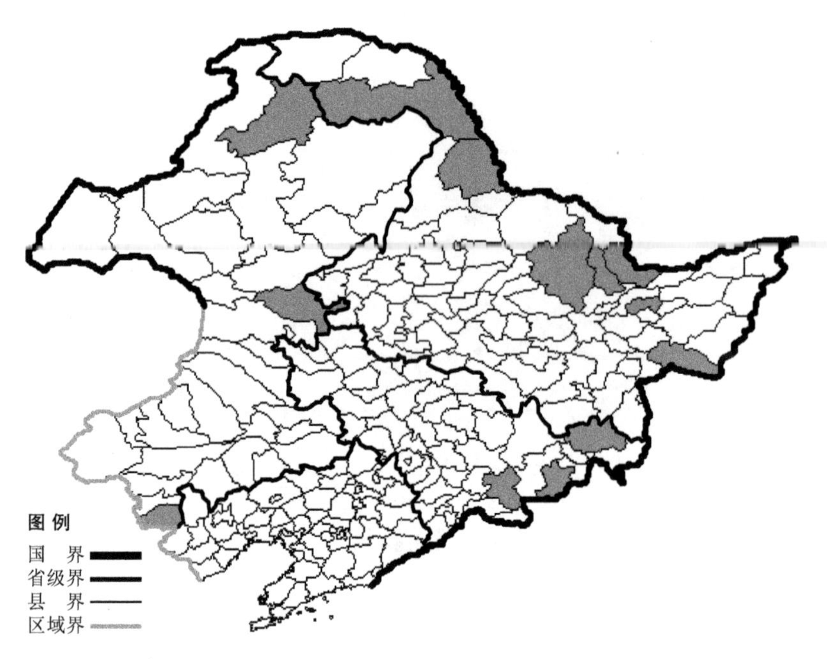

宽叶拉拉藤 Galium boreale L. var. **latifolia** Turcz. 生于林缘草甸、灌丛，海拔 800 米以下，产于黑龙江省萝北、呼玛、集贤、密山、黑河、鹤岗、伊春，吉林省抚松、汪清、和龙，内蒙古根河、扎赉特旗、宁城，分布于中国（黑龙江、吉林、内蒙古、山西、甘肃、宁夏、新疆），朝鲜半岛，俄罗斯（远东地区）。

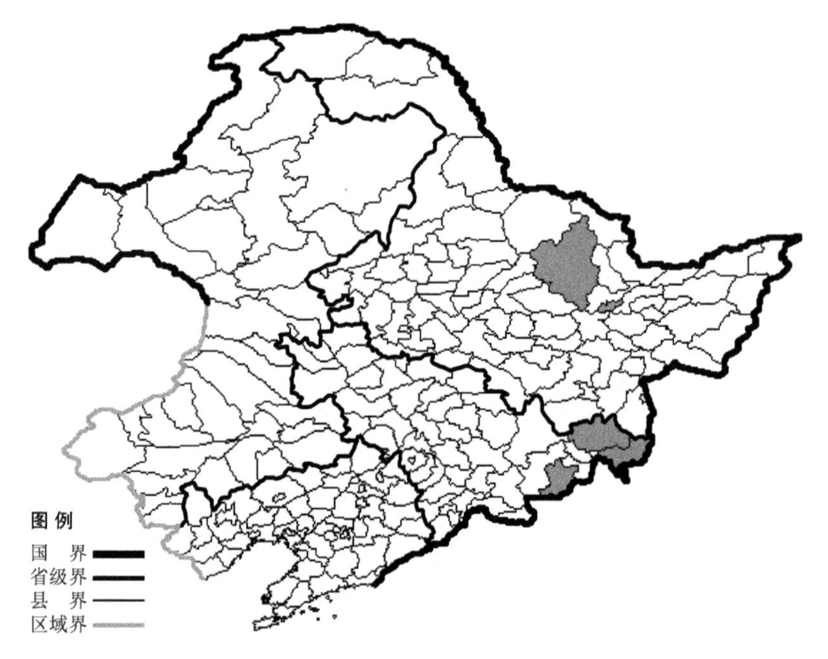

光果拉拉藤 Galium boreale L. var. **leiocarpum** Nakai 生于阔叶林下、山坡草地，海拔 600 米以下，产于黑龙江省伊春、佳木斯，吉林省汪清、珲春、和龙，分布于中国（黑龙江、吉林、新疆），朝鲜半岛，俄罗斯（远东地区）。

四叶葎拉拉藤

Galium bungei Steud.

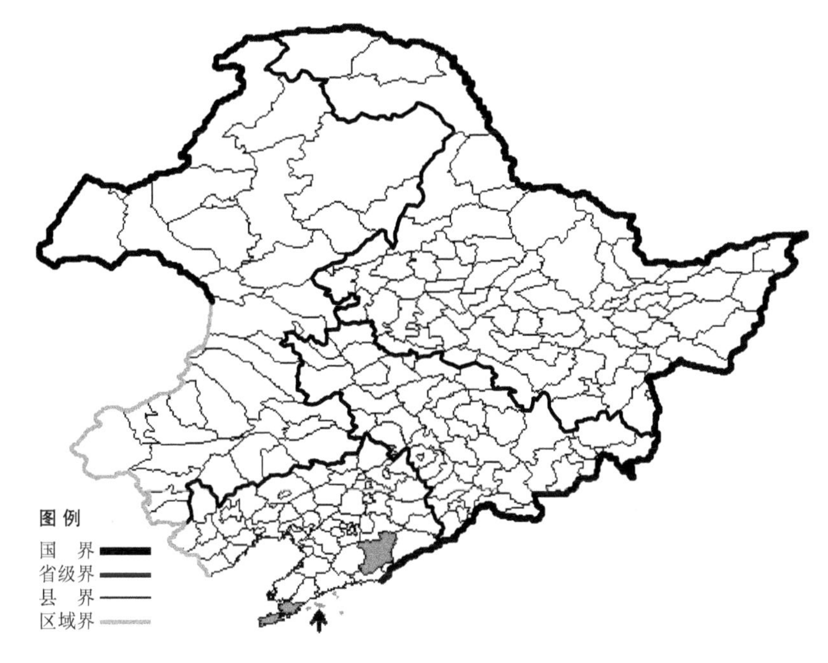

生境：林下。

产地：辽宁省大连、长海、凤城。

分布：中国（辽宁、河北、山西、陕西、甘肃、宁夏、山东、江苏、安徽、浙江、福建、河南、湖北、湖南、广东、四川、贵州、云南、台湾），朝鲜半岛，日本。

兴安拉拉藤

Galium dahuricum Turcz.

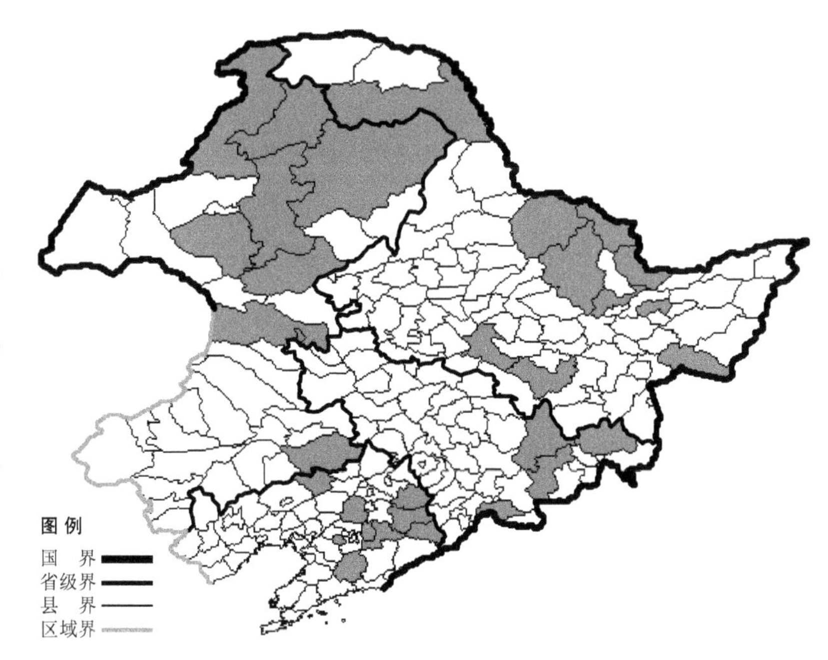

生境：河边柳丛，榛丛，湿草地，栎林下，海拔 1100 米以下。

产地：黑龙江省呼玛、尚志、汤原、密山、逊克、萝北、集贤、哈尔滨、伊春、嘉荫，吉林省汪清、敦化、安图、临江，辽宁省沈阳、鞍山、彰武、本溪、桓仁、岫岩、新宾、清原，内蒙古根河、牙克石、扎兰屯、额尔古纳、鄂伦春旗、乌兰浩特、鄂温克旗、科尔沁左翼后旗、科尔沁右翼前旗。

分布：中国（黑龙江、吉林、辽宁、内蒙古、河北、新疆），朝鲜半岛，日本，俄罗斯（东部西伯利亚、远东地区）。

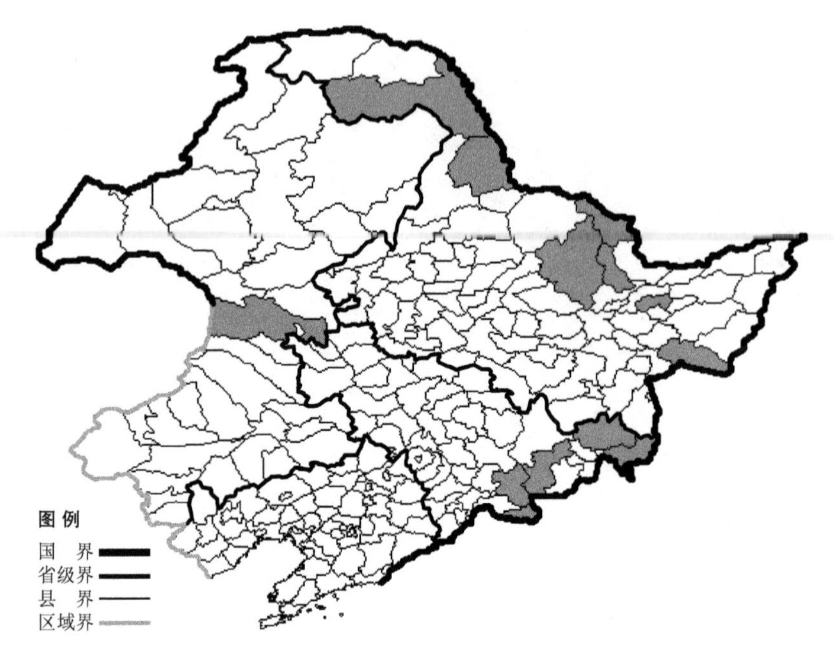

三脉拉拉藤

Galium kamtschaticum Stell. ex Roem.

生境：林下，林缘，灌丛，河边湿草地，海拔 2200 米以下。

产地：黑龙江省鹤岗、黑河、呼玛、集贤、嘉荫、密山、伊春，吉林省安图、抚松、长白、汪清、珲春，内蒙古科尔沁右翼前旗。

分布：中国（黑龙江、吉林、内蒙古），朝鲜半岛，日本，俄罗斯（远东地区），北美洲。

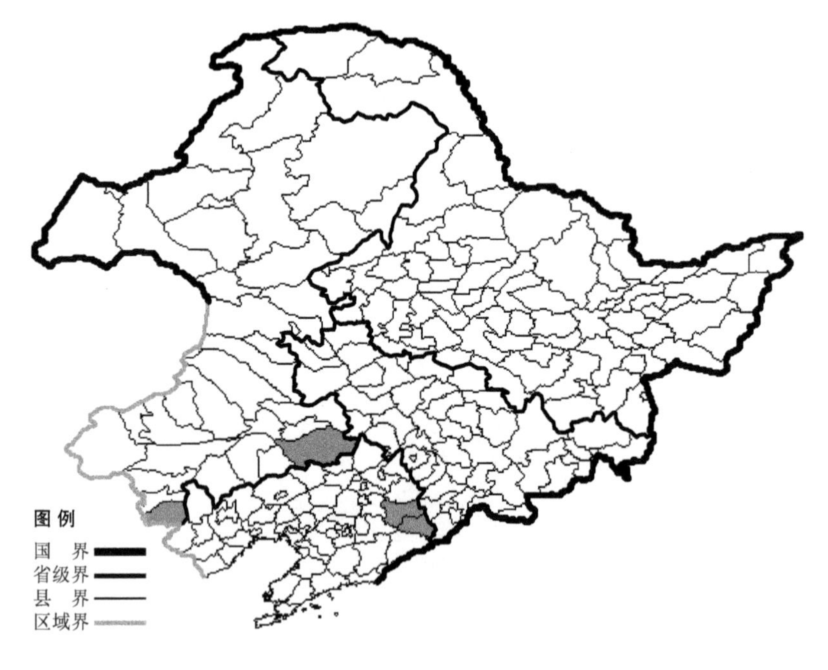

线叶拉拉藤

Galium linearifolium Turcz.

生境：山坡草地，林下，海拔 1000 米以下。

产地：辽宁省桓仁、新宾，内蒙古科尔沁左翼后旗、宁城。

分布：中国（辽宁、内蒙古、河北），朝鲜半岛。

东北拉拉藤

Galium manshuricum Kitag.

生境：林下，沟谷湿地。

产地：黑龙江省伊春、宝清、密山、虎林、饶河、绥芬河、集贤、宁安、尚志、哈尔滨、汤原，吉林省抚松、安图、汪清、吉林、临江、敦化，辽宁省清原、桓仁、鞍山、本溪、宽甸。

分布：中国（黑龙江、吉林、辽宁）。

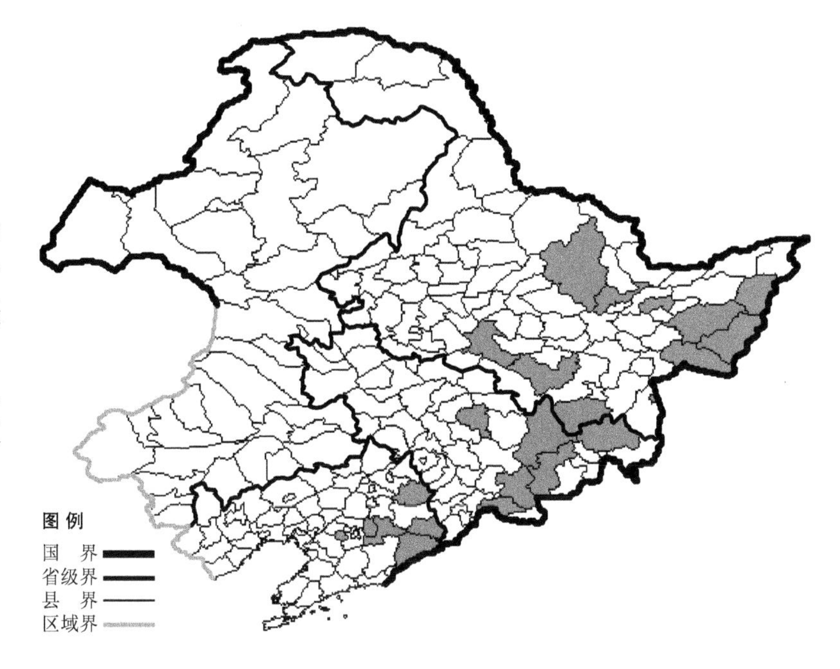

林拉拉藤

Galium paradoxum Maxim.

生境：林下，海拔 800 米以下。

产地：黑龙江省伊春，吉林省临江、吉林，辽宁省本溪、庄河、桓仁、凤城、宽甸。

分布：中国（黑龙江、吉林、辽宁、河北、山西、陕西、甘肃、青海、安徽、浙江、河南、湖北、湖南、广西、四川、贵州、云南、西藏），朝鲜半岛，日本，俄罗斯（欧洲部分、西伯利亚、远东地区），印度，尼泊尔。

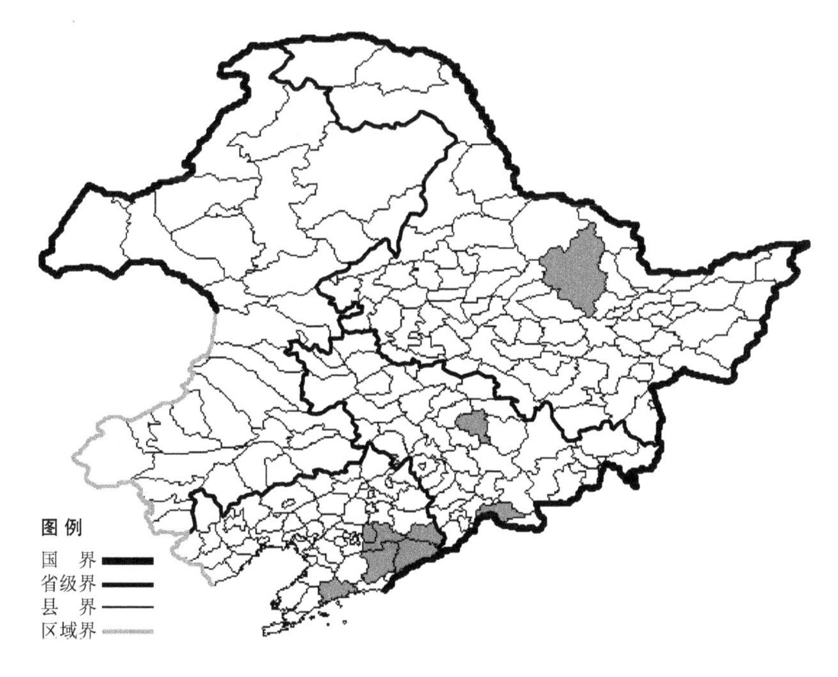

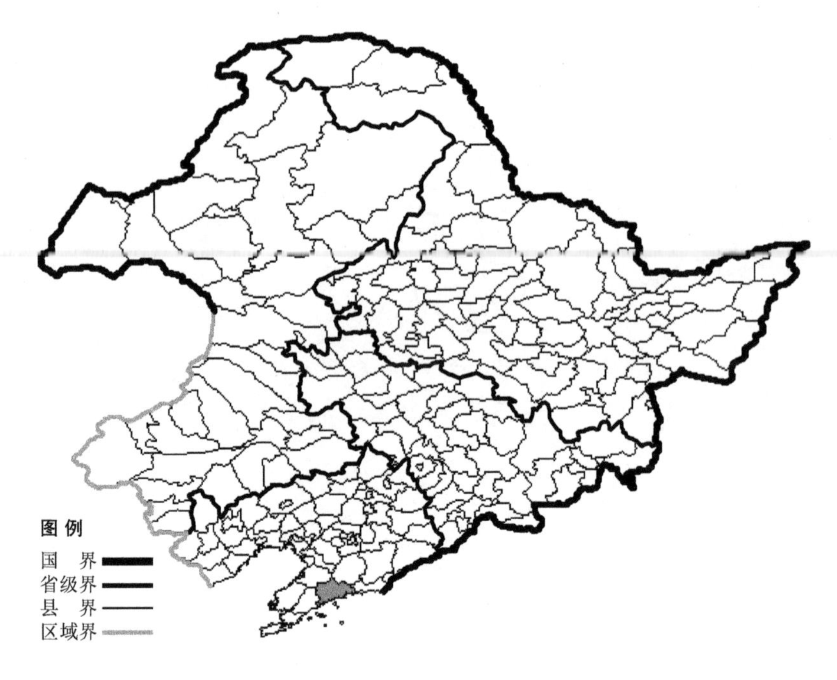

少花拉拉藤

Galium pauciflorum Bunge

生境：林下，山坡草地。
产地：辽宁省庄河。
分布：中国（辽宁、河北）。

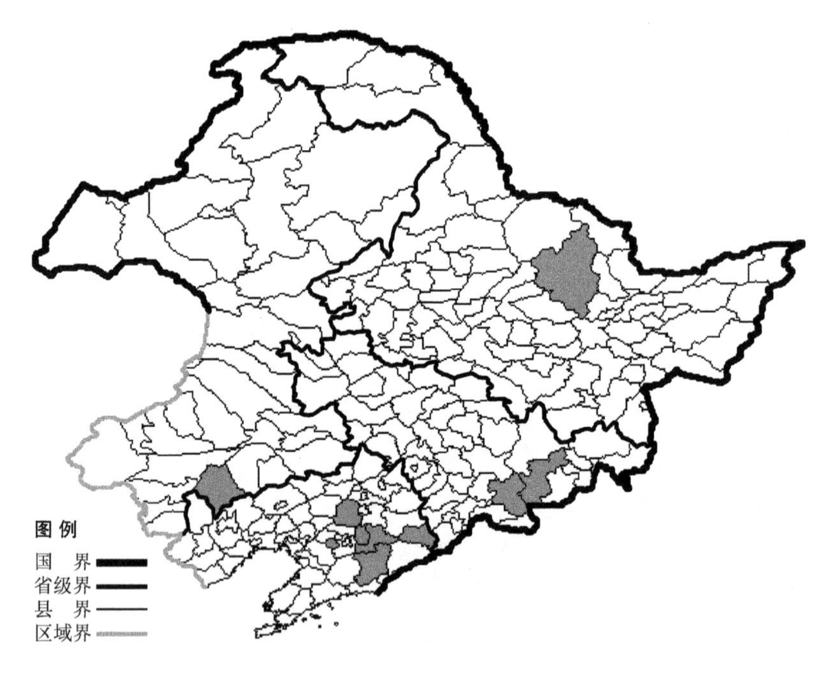

山拉拉藤

Galium pseudoasprellum Maxim.

生境：林下，林缘。

产地：黑龙江省伊春，吉林省安图、抚松，辽宁省桓仁、凤城、沈阳、鞍山、本溪，内蒙古敖汉旗。

分布：中国（黑龙江、吉林、辽宁、内蒙古、河北、山西、陕西、甘肃、青海、江苏、浙江、河南、湖北、四川、云南），朝鲜半岛，日本。

刺果拉拉藤

Galium spuricum L. var. **echinospermum** (Wallr.) Hayek

生境：路旁，沙地。

产地：黑龙江省哈尔滨、尚志，吉林省洮南、抚松、长白，辽宁省沈阳、鞍山、本溪、彰武、庄河，内蒙古宁城、满洲里、阿尔山。

分布：中国（全国各地），朝鲜半岛，日本，俄罗斯（欧洲部分、高加索、西伯利亚、远东地区），中亚，印度，尼泊尔，巴基斯坦，非洲，欧洲，北美洲。

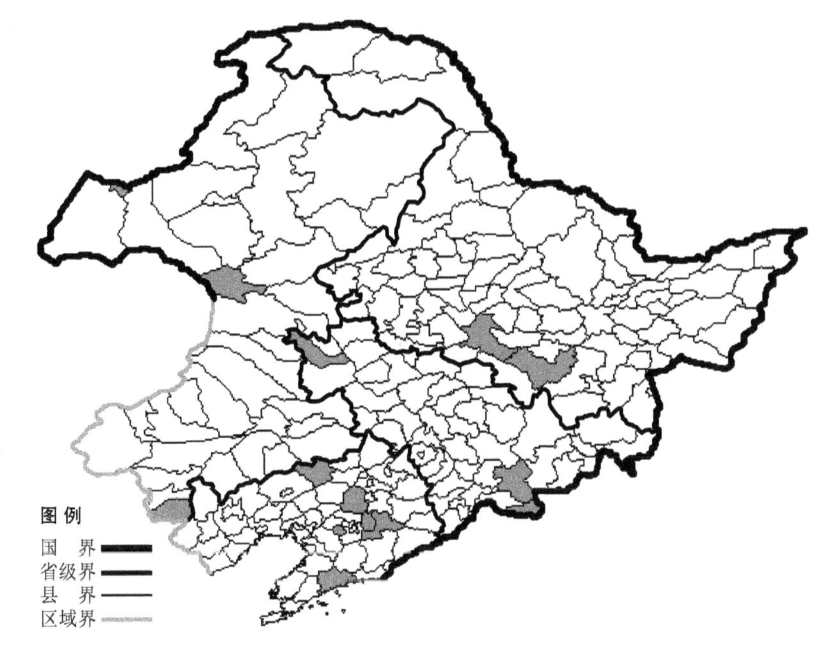

花拉拉藤

Galium tokyoense Makino

生境：湿草地，河边，山坡，林下。

产地：黑龙江省哈尔滨，辽宁省铁岭、西丰、彰武，内蒙古科尔沁左翼后旗、额尔古纳、扎兰屯、科尔沁右翼前旗、扎赉特旗。

分布：中国（黑龙江、辽宁、内蒙古、河北、山东），朝鲜半岛，日本。

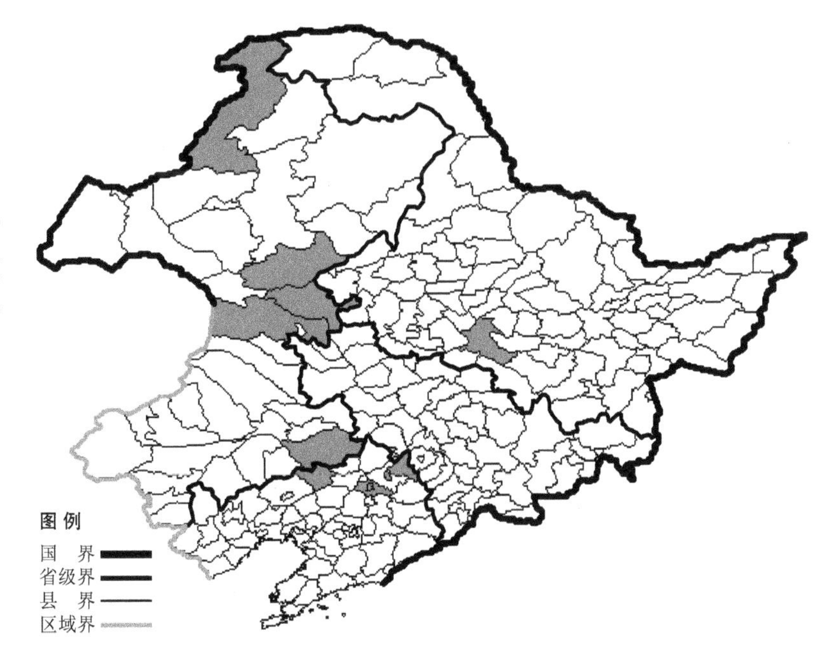

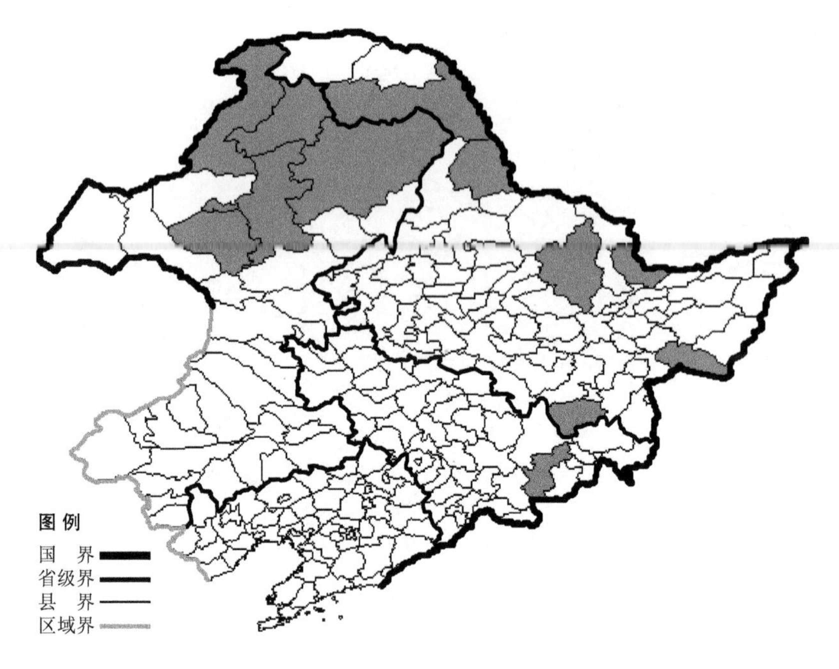

小叶拉拉藤

Galium trifidum L.

生境：林缘湿草地，踏头甸子，海拔 800 米以下。

产地：黑龙江省黑河、呼玛、宁安、密山、萝北、伊春，吉林省安图，内蒙古额尔古纳、牙克石、鄂温克旗、鄂伦春旗、根河、海拉尔。

分布：中国（黑龙江、吉林、内蒙古、河北、山西、江苏、安徽、浙江、福建、江西、湖南、广东、广西、四川、贵州、云南、台湾），朝鲜半岛，日本，俄罗斯（远东地区），欧洲，北美洲。

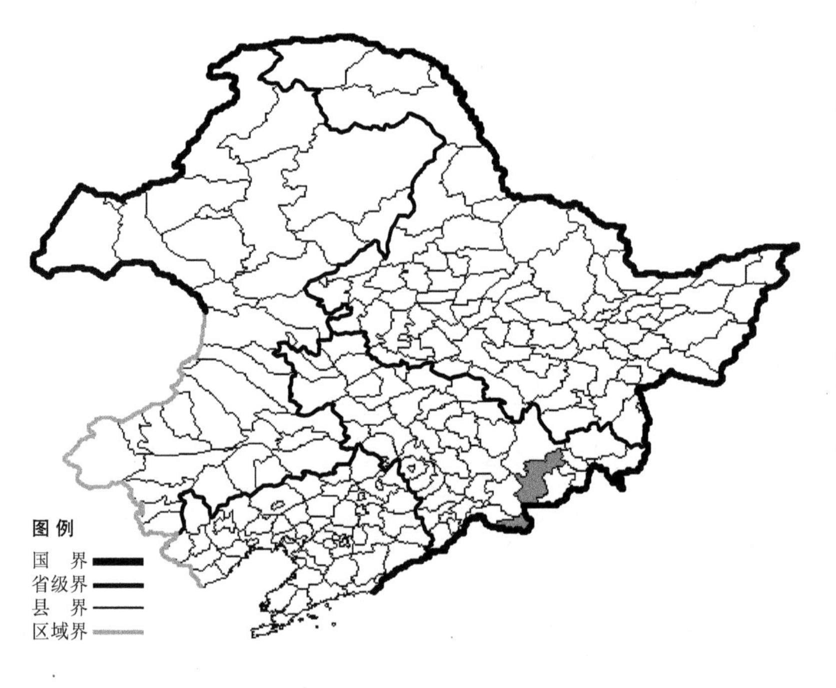

三花拉拉藤

Galium trifloriforme Kom.

生境：林下，海拔 1700 米以下。

产地：吉林省安图、长白。

分布：中国（吉林、河北、山西、陕西、甘肃、江苏、安徽、浙江、河南、湖北、江西、湖南、四川、贵州、云南、西藏），朝鲜半岛，日本，俄罗斯（远东地区）。

蓬子菜拉拉藤

Galium verum L.

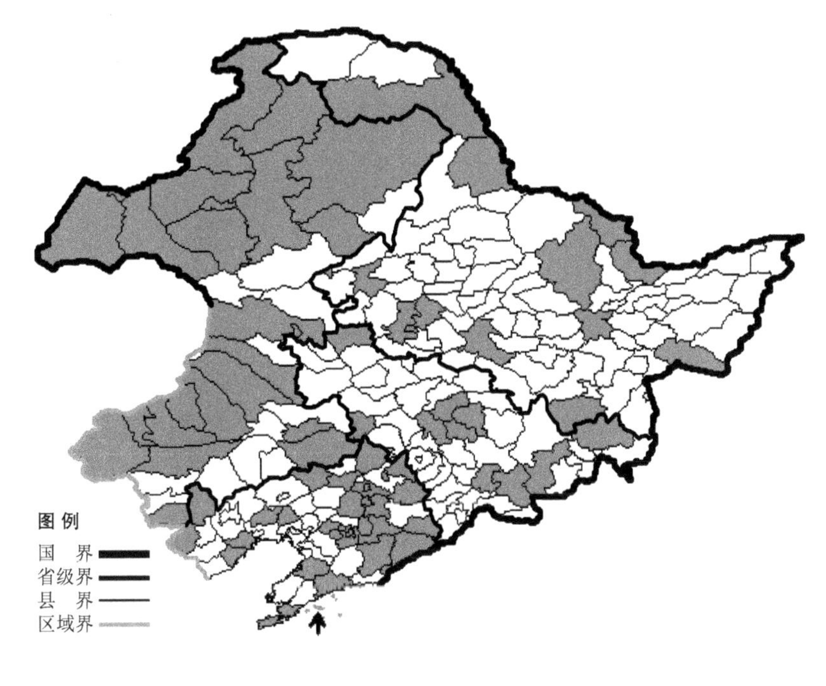

生境：草甸，林下，林缘，山坡草地，海拔 900 米以下。

产地：黑龙江省哈尔滨、大庆、黑河、嘉荫、伊春、呼玛、宁安、萝北、依兰、密山、安达、齐齐哈尔，吉林省长春、吉林、双辽、九台、镇赉、汪清、永吉、安图、靖宇、抚松，辽宁省沈阳、法库、西丰、昌图、辽阳、盖州、长海、彰武、义县、北镇、建平、凌源、葫芦岛、兴城、抚顺、清原、本溪、桓仁、凤城、丹东、庄河、大连、鞍山、宽甸、铁岭，内蒙古额尔古纳、牙克石、海拉尔、满洲里、陈巴尔虎旗、鄂伦春旗、阿荣旗、鄂温克旗、翁牛特旗、科尔沁左翼后旗、扎鲁特旗、通辽、新巴尔虎右旗、新巴尔虎左旗、根河、乌兰浩特、科尔沁右翼前旗、科尔沁右翼中旗、克什克腾旗、林西、巴林左旗、巴林右旗、阿鲁科尔沁旗、宁城。

分布：中国（黑龙江、吉林、辽宁、内蒙古、河北、山西、陕西、甘肃、宁夏、青海、新疆、山东、江苏、安徽、浙江、河南、湖北、四川、西藏），朝鲜半岛，日本，俄罗斯（欧洲部分、高加索、西伯利亚、远东地区），中亚，土耳其，欧洲。

白花蓬子菜拉拉藤 Galium verum L. var. **lacteum** Maxim. 生于林缘，海拔 1700 米以下，产于吉林省抚松、汪清、安图，分布于中国（吉林），朝鲜半岛，日本，俄罗斯（远东地区）。

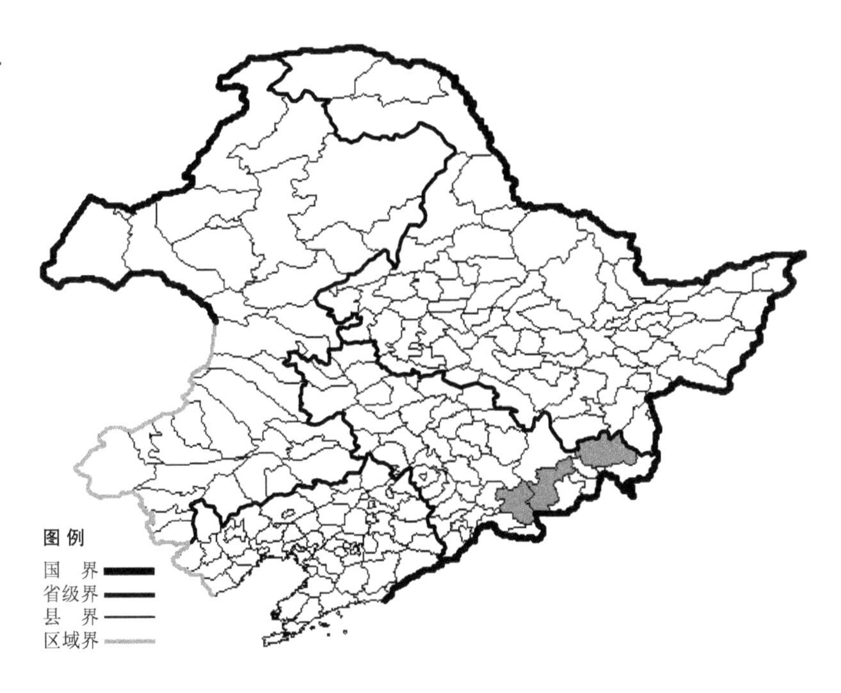

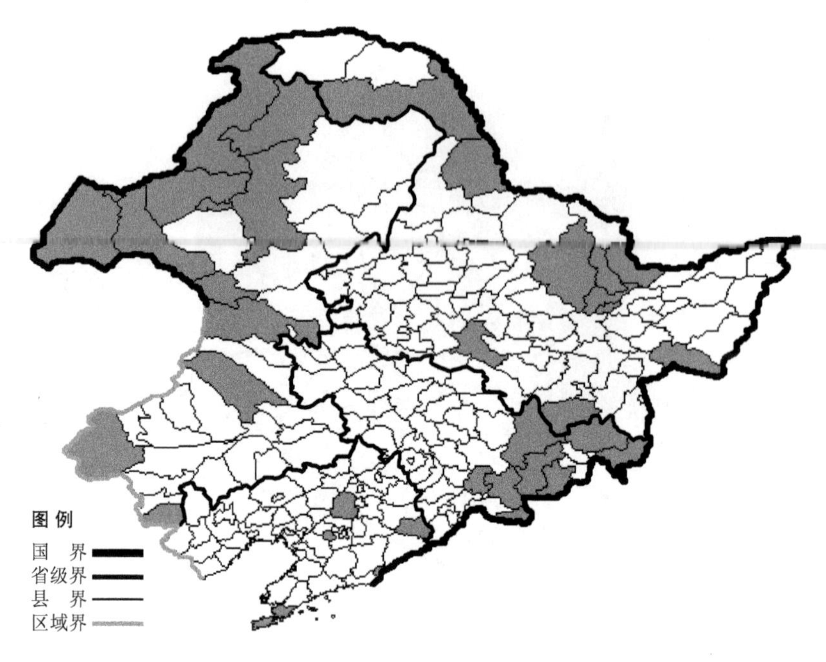

毛果蓬子菜拉拉藤 Galium verum L. var. **trachycarpum** DC. 生于山坡草地，灌丛，海拔1700米以下，产于黑龙江省哈尔滨、呼玛、伊春、佳木斯、鹤岗、黑河、汤原、萝北、密山、宁安，吉林省靖宇、抚松、长白、汪清、安图、和龙、敦化、珲春，辽宁省沈阳、鞍山、大连、丹东、桓仁，内蒙古满洲里、海拉尔、牙克石、额尔古纳、根河、新巴尔虎左旗、新巴尔虎右旗、阿尔山、陈巴尔虎旗、扎鲁特旗、克什克腾旗、宁城、科尔沁右翼前旗，分布于中国（黑龙江、吉林、辽宁、内蒙古、河北、山西、甘肃、青海、新疆、浙江、河南、四川、西藏），朝鲜半岛，日本，俄罗斯（欧洲部分、高加索、西伯利亚、远东地区），中亚，欧洲。

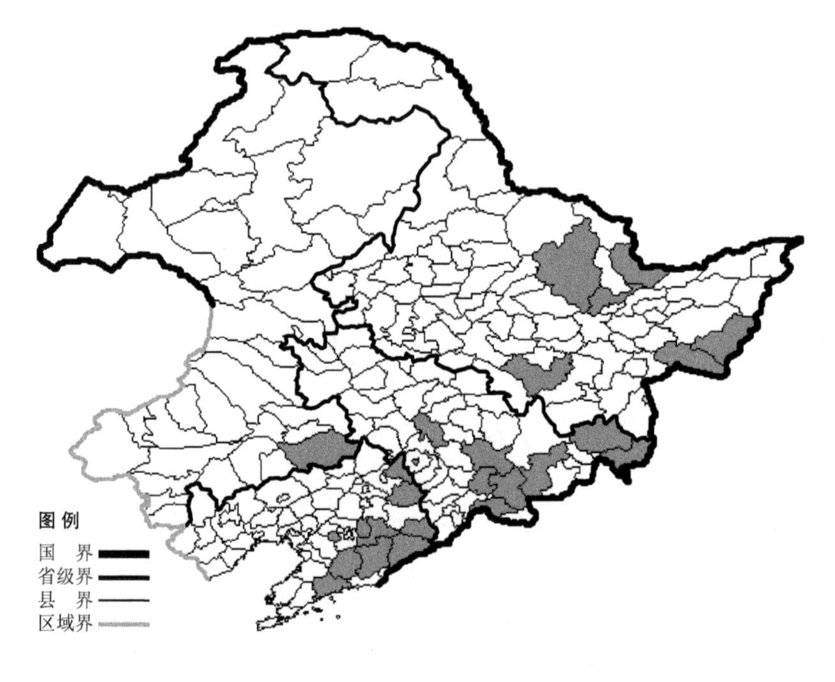

中国茜草

Rubia chinensis Regel et Maack

生境：林下，林缘，海拔1000米以下。

产地：黑龙江省虎林、萝北、密山、伊春、汤原、尚志，吉林省安图、抚松、汪清、珲春、靖宇、桦甸、长春、辽源、临江，辽宁省本溪、桓仁、凤城、鞍山、庄河、宽甸、岫岩、清原、西丰，内蒙古科尔沁左翼后旗。

分布：中国（黑龙江、吉林、辽宁、内蒙古、河北、陕西、甘肃、青海、贵州、云南、西藏），朝鲜半岛，日本，俄罗斯（远东地区）。

无毛茜草 Rubia chinensis Regel et Maack var. **glabrescens** (Nakai) Kitag. 生于阔叶林下，产于辽宁省鞍山、桓仁、庄河，分布于中国（辽宁），朝鲜半岛，日本，俄罗斯（远东地区）。

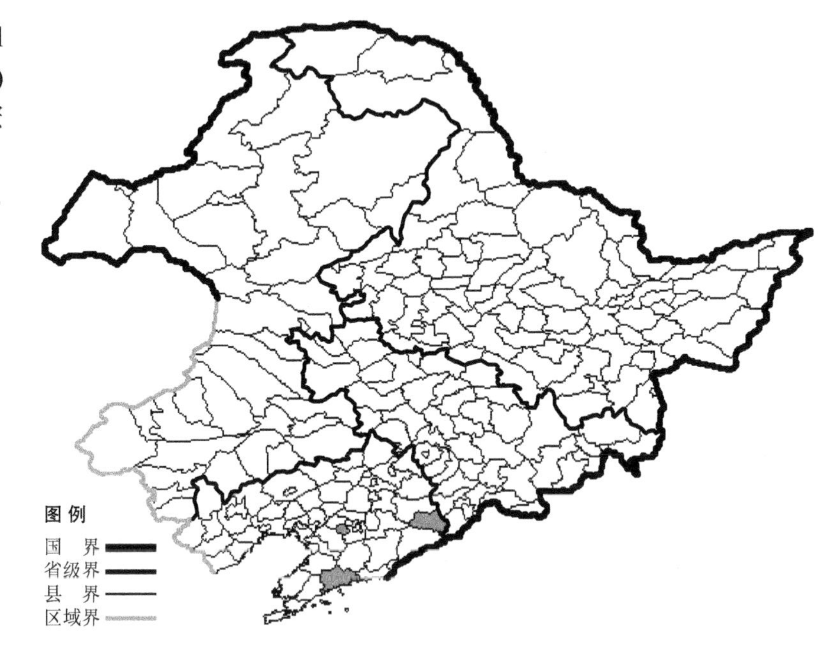

茜草

Rubia cordifolia L.

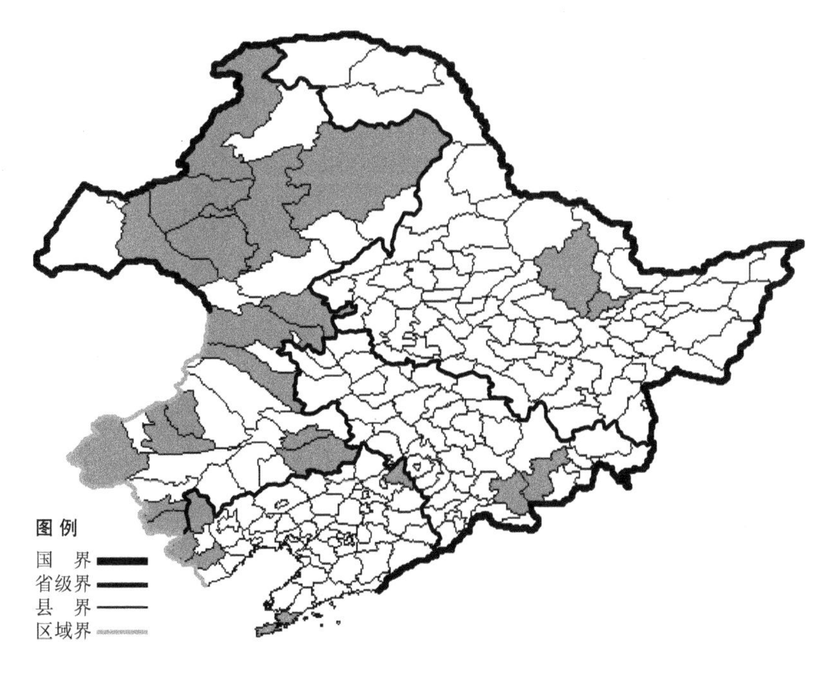

生境：林缘，灌丛，路旁，山坡草地，海拔 900 米以下。

产地：黑龙江省伊春、汤原，吉林省安图、抚松，辽宁省西丰、建平、建昌、大连、凌源，内蒙古科尔沁左翼后旗、克什克腾旗、敖汉旗、翁牛特旗、科尔沁右翼前旗、鄂伦春旗、宁城、喀喇沁旗、陈巴尔虎旗、鄂温克旗、牙克石、额尔古纳、新巴尔虎左旗、海拉尔、巴林左旗、通辽、巴林右旗、科尔沁右翼中旗、扎赉特旗。

分布：中国（黑龙江、吉林、辽宁、内蒙古、河北、山西、陕西、甘肃、青海、宁夏、山东、河南、湖北、江西、四川、西藏），朝鲜半岛，蒙古，俄罗斯（东部西伯利亚、远东地区），大洋洲。

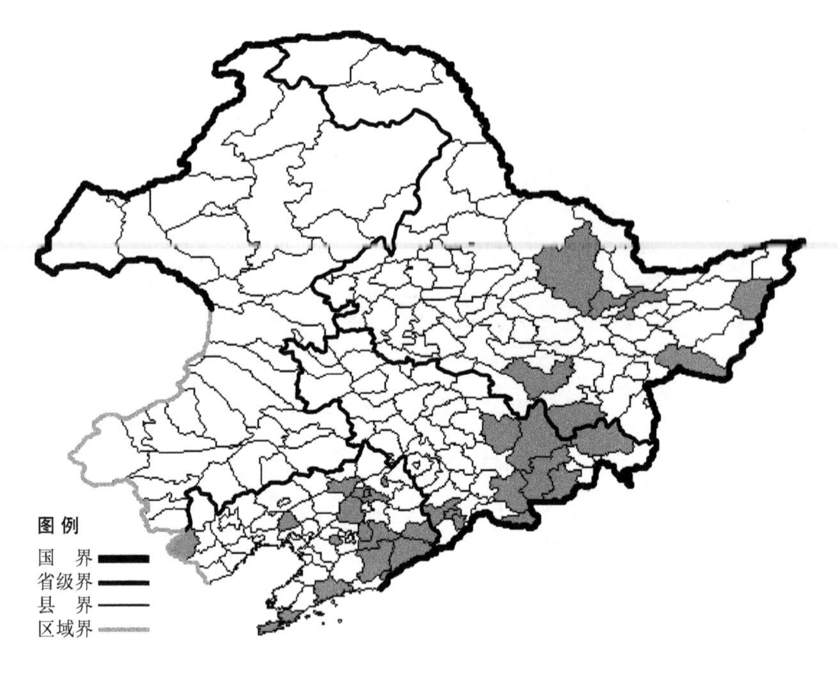

林茜草 Rubia cordifolia L. var. **sylvatica** Maxim. 生于针叶林下、灌丛，产于黑龙江省伊春、饶河、尚志、桦川、汤原、密山、宁安，吉林省蛟河、敦化、抚松、安图、长白、通化、汪清、和龙，辽宁省沈阳、铁岭、鞍山、本溪、桓仁、宽甸、凤城、丹东、大连、凌源、法库、北镇、庄河，分布于中国（黑龙江、吉林、辽宁），朝鲜半岛，俄罗斯（东部西伯利亚、远东地区）。

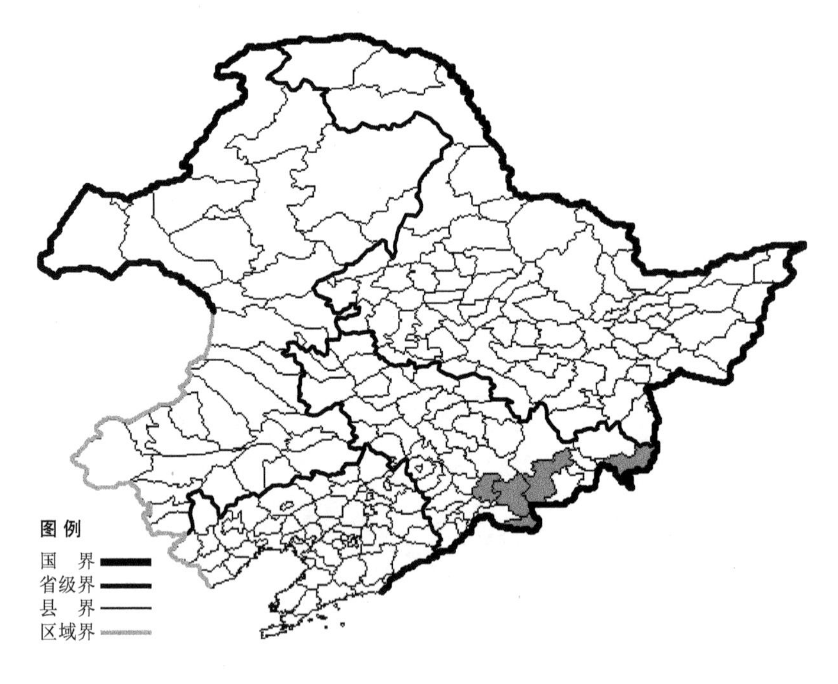

花荵科 Polemoniaceae

腺毛花荵

Polemonium laxiflorum Kitam.

生境：湿草地，路旁，海拔 600-1600 米。

产地：吉林省靖宇、安图、抚松、长白、珲春。

分布：中国（吉林），朝鲜半岛，日本，俄罗斯（远东地区）。

花荵

Polemonium liniflorum V. Vassil.

生境：湿草地，针阔混交林下，海拔 800 米以下。

产地：黑龙江省尚志、虎林、饶河、鹤岗、富锦、密山、北安、穆棱、呼玛、黑河、伊春、嘉荫，吉林省安图、靖宇、抚松、通化、前郭尔罗斯、磐石、舒兰，辽宁省彰武、清原、凤城、铁岭、西丰、庄河、桓仁、本溪，内蒙古通辽、科尔沁左翼后旗、克什克腾旗、宁城、额尔古纳、牙克石、阿尔山。

分布：中国（黑龙江、吉林、辽宁、内蒙古、河北），蒙古，朝鲜半岛，俄罗斯（西伯利亚、远东地区）。

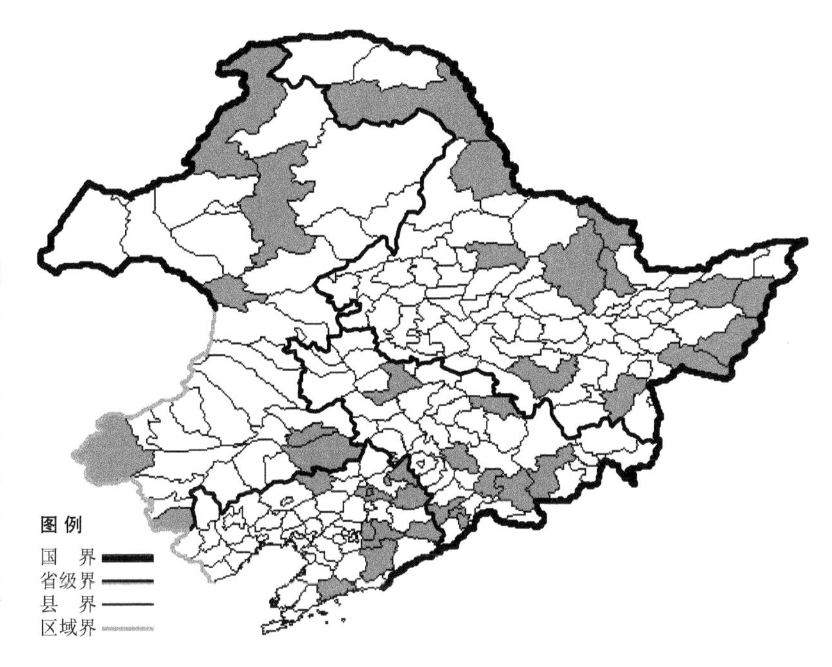

白花花荵 Polemonium liniflorum V. Vassil. f. **alba** V. Vassil. 生于湿草地，产于内蒙古牙克石，分布于中国（内蒙古），蒙古，俄罗斯（西伯利亚、远东地区）。

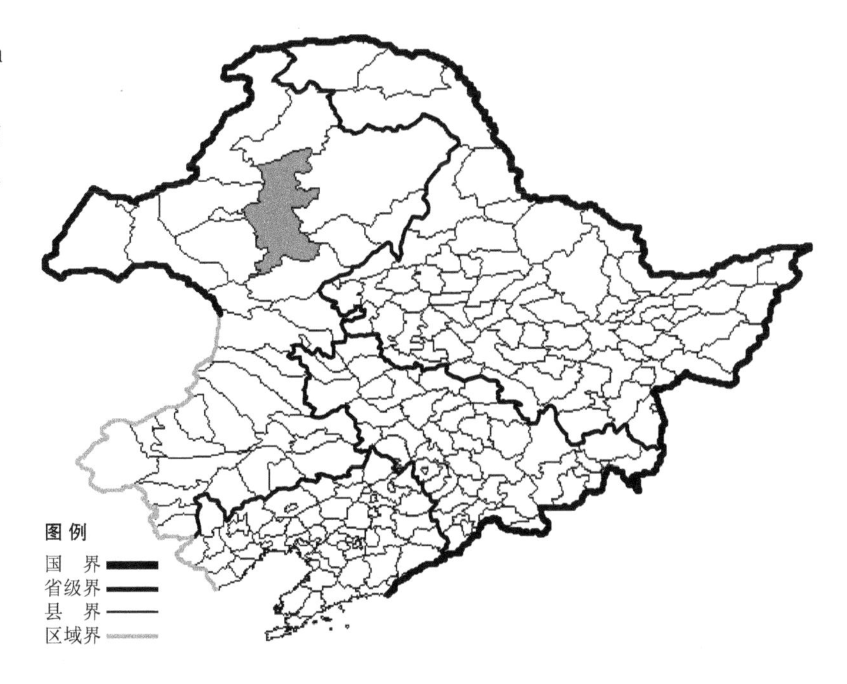

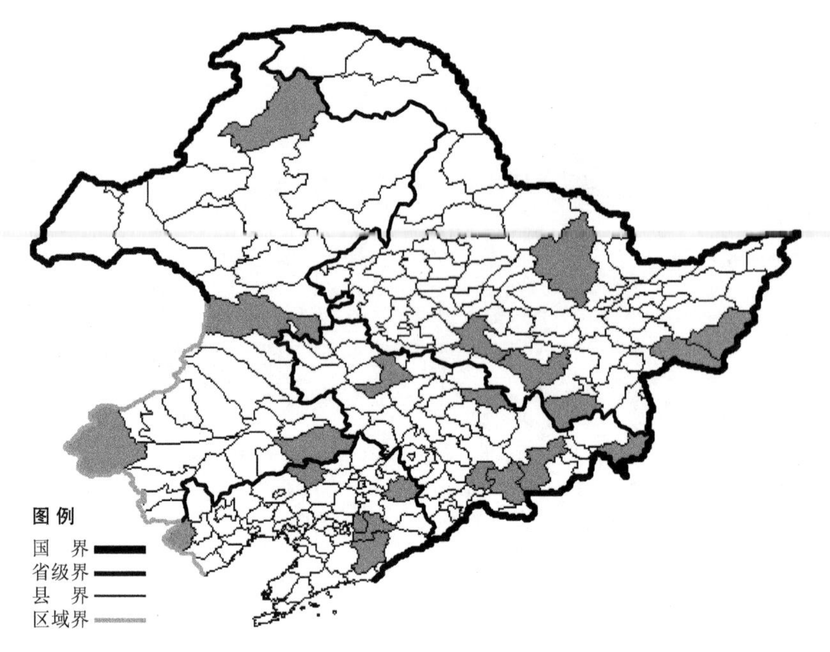

柔毛花荵

Polemonium villosum Rud. ex Georgi

生境：湿草地，海拔1000米以下。

产地：黑龙江省密山、尚志、宁安、虎林、哈尔滨、伊春，吉林省前郭尔罗斯、靖宇、舒兰、珲春、安图、抚松，辽宁省凌源、彰武、清原、凤城、本溪，内蒙古科尔沁右翼前旗、科尔沁左翼后旗、克什克腾旗、根河。

分布：中国（黑龙江、吉林、辽宁、内蒙古、河北、山西），朝鲜半岛，俄罗斯（北极带、东部西伯利亚、远东地区）。

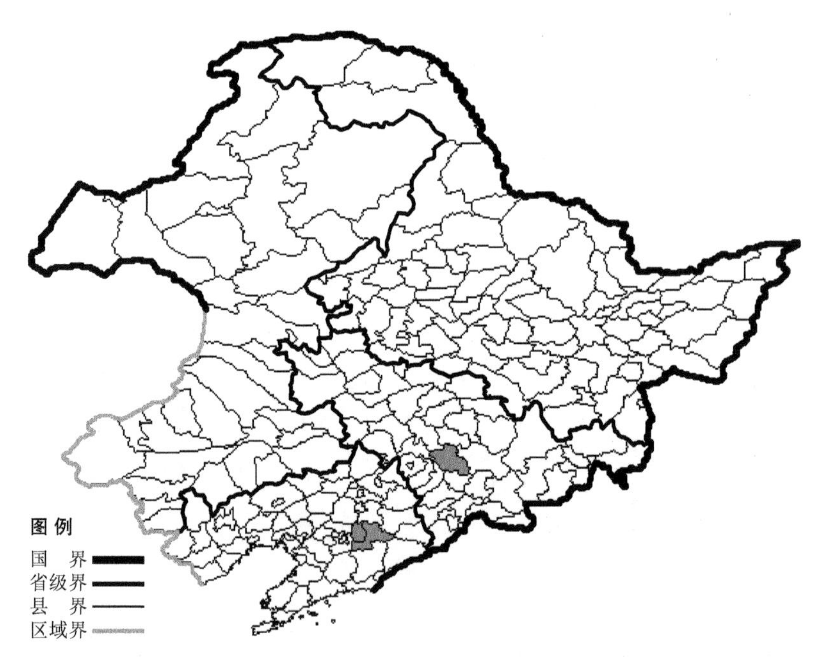

光花荵 Polemonium villosum Rud. ex Georgi f. **glabrum** (S. D. Zhao) S. Z. Liou 生于林下、路旁，产于吉林省磐石，辽宁省本溪，分布于中国（吉林、辽宁）。

旋花科 Convolvulaceae

毛打碗花

Calystegia dahurica (Herb.) Choisy

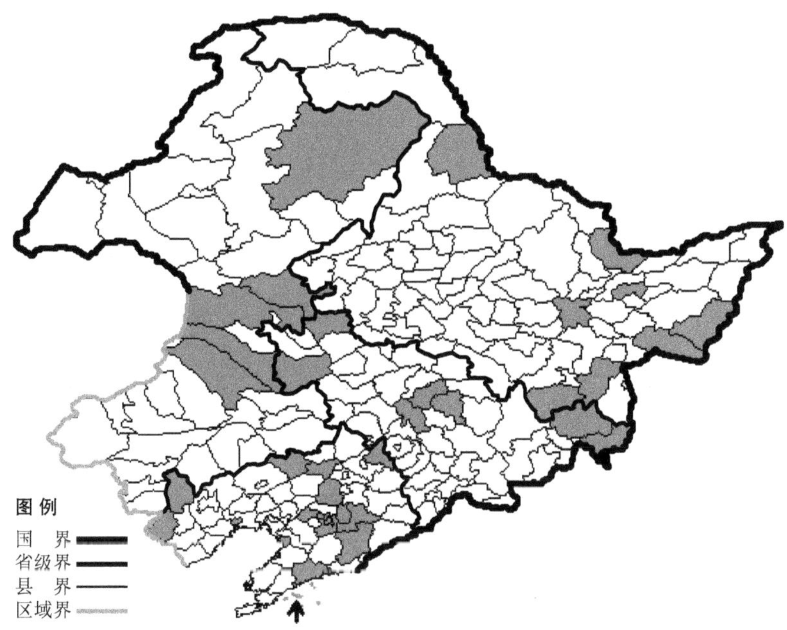

生境：山坡草地，荒地，田间，路旁，海拔 500 以下。

产地：黑龙江省依兰、宁安、穆棱、集贤、密山、黑河、虎林、萝北，吉林省吉林、九台、通榆、珲春、汪清、长春、镇赉，辽宁省庄河、长海、营口、沈阳、锦州、建平、本溪、凤城、辽阳、凌源、法库、西丰、彰武，内蒙古扎赉特旗、科尔沁右翼前旗、鄂伦春旗、扎鲁特旗、科尔沁右翼中旗。

分布：中国（黑龙江、吉林、辽宁、内蒙古、河北、山西、陕西、甘肃、山东、江苏、河南、四川），朝鲜半岛，蒙古，俄罗斯（西伯利亚、远东地区）。

打碗花

Calystegia hedracea Wall.

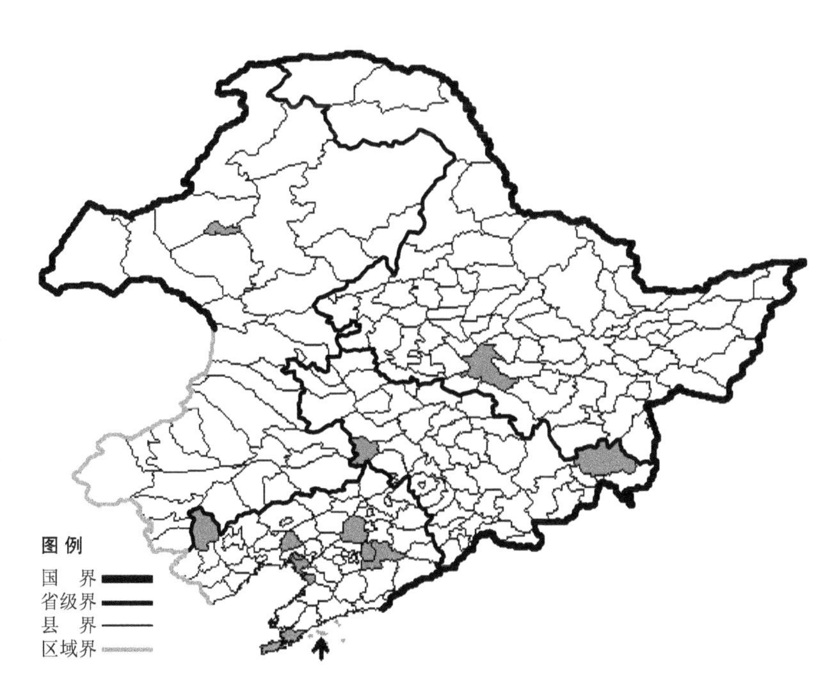

生境：田间，路旁，荒地，人家附近，海拔 800 米以下。

产地：黑龙江省哈尔滨，吉林省汪清、双辽，辽宁省沈阳、大连、长海、北镇、建平、大洼、盘锦、营口、本溪，内蒙古海拉尔。

分布：中国（黑龙江、吉林、辽宁、内蒙古、河北、山西、陕西、甘肃、宁夏、青海、新疆、山东、江苏、安徽、浙江、河南、湖北、江西、湖南、四川、贵州、云南、西藏），朝鲜半岛，日本，蒙古，俄罗斯（西部西伯利亚、远东地区），中亚，南亚，马来西亚，非洲。

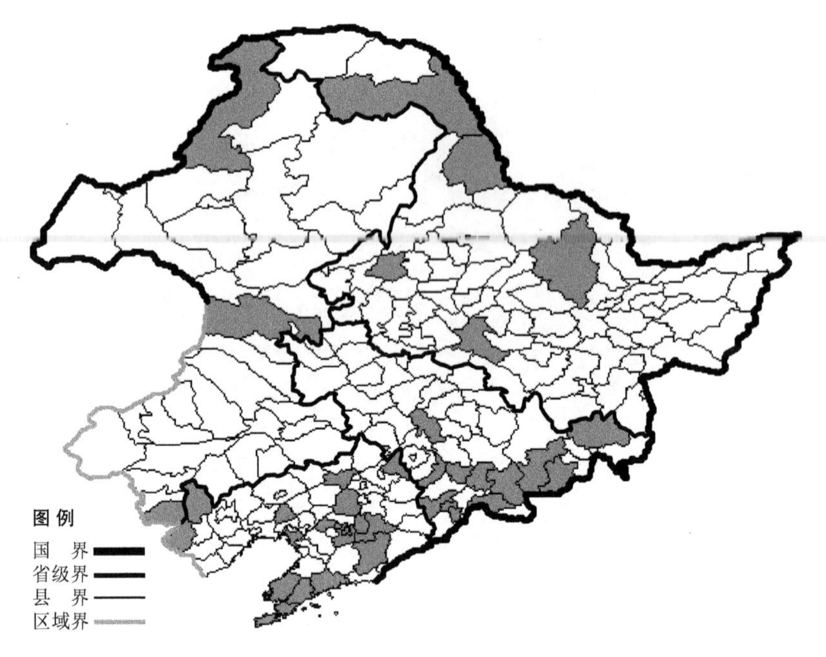

日本打碗花

Calystegia japonica Choisy

生境：荒地，山坡草地，海拔800米以下。

产地：黑龙江省哈尔滨、富裕、伊春、黑河、呼玛，吉林省通化、梅河口、辉南、抚松、靖宇、和龙、临江、长春、汪清、安图，辽宁省西丰、庄河、瓦房店、大洼、辽阳、沈阳、建平、普兰店、凌源、凤城、大连、法库、北镇、本溪，内蒙古宁城、额尔古纳、科尔沁右翼前旗。

分布：中国（黑龙江、吉林、辽宁、内蒙古），朝鲜半岛，日本。

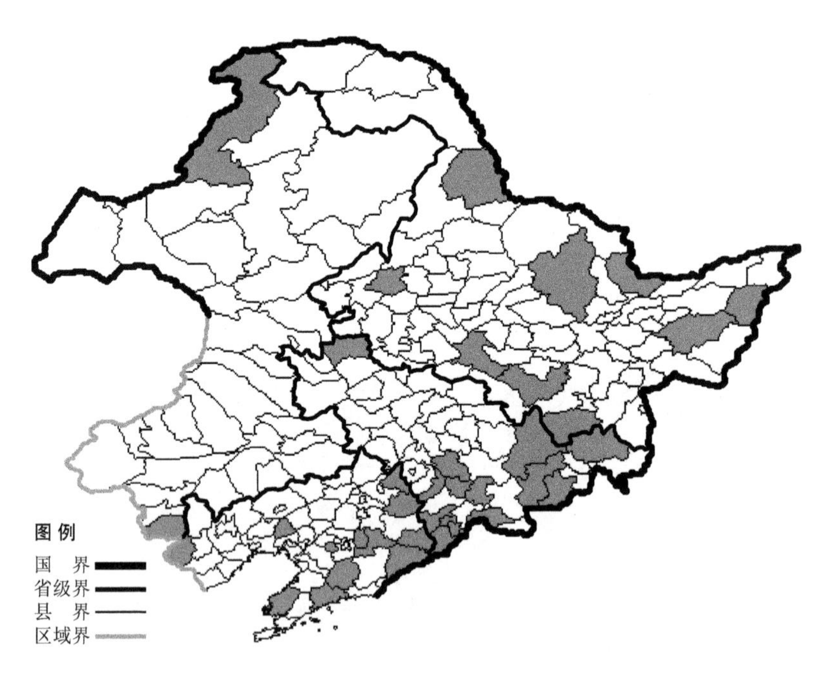

宽叶打碗花

Calystegia sepium (L.) R. Br. var. **communis** (Tryon) Hara

生境：荒地，路旁湿草地，山坡草地，海拔800米以下。

产地：黑龙江省伊春、富裕、饶河、宝清、宁安、尚志、黑河、哈尔滨、萝北，吉林省通化、临江、梅河口、辉南、集安、靖宇、安图、汪清、和龙、镇赉、敦化、磐石，辽宁省瓦房店、庄河、北镇、凌源、西丰、清原、鞍山、岫岩、桓仁、宽甸、本溪，内蒙古宁城、额尔古纳。

分布：中国（全国各地），朝鲜半岛，日本，俄罗斯（西伯利亚），欧洲，北美洲。

肾叶打碗花

Calystegia soldanella (L.) R.Br.

生境：海滩沙地，海边岩石缝中。

产地：辽宁省丹东、大连、长海、庄河、瓦房店、兴城、东港。

分布：中国（辽宁、河北、山东、江苏、浙江、台湾），遍布欧亚温带地区。

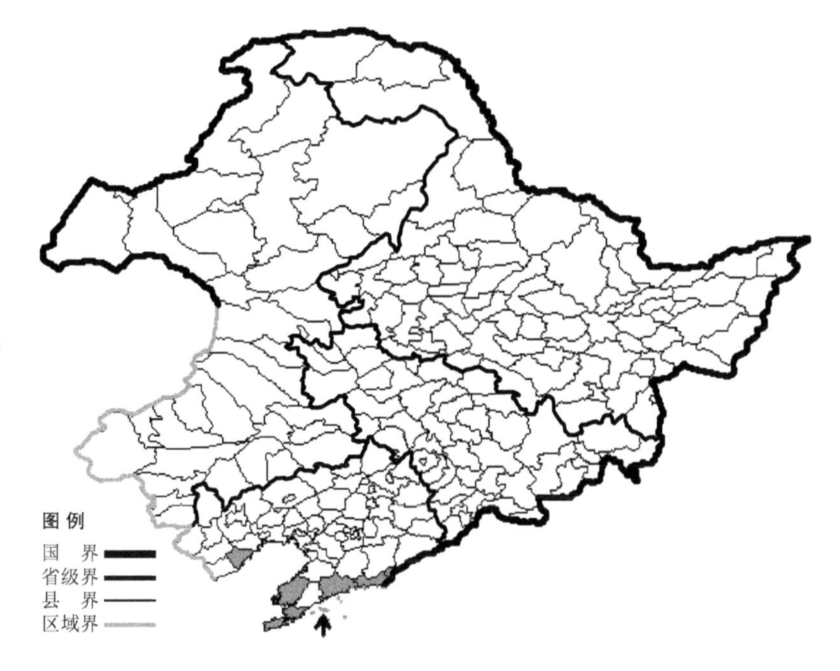

银灰旋花

Convolvulus ammannii Desr.

生境：山坡草地，干草地，干沙质地，海拔 700 米以下。

产地：黑龙江省大庆、青冈、安达，吉林省镇赉、洮南、通榆，辽宁省建平，内蒙古海拉尔、满洲里、新巴尔虎右旗、新巴尔虎左旗、科尔沁右翼前旗、翁牛特旗、赤峰、通辽、乌兰浩特、巴林右旗、扎鲁特旗。

分布：中国（黑龙江、吉林、辽宁、内蒙古，河北、河南、甘肃、陕西、山西、新疆、青海、西藏），朝鲜半岛，蒙古，俄罗斯（西伯利亚），中亚。

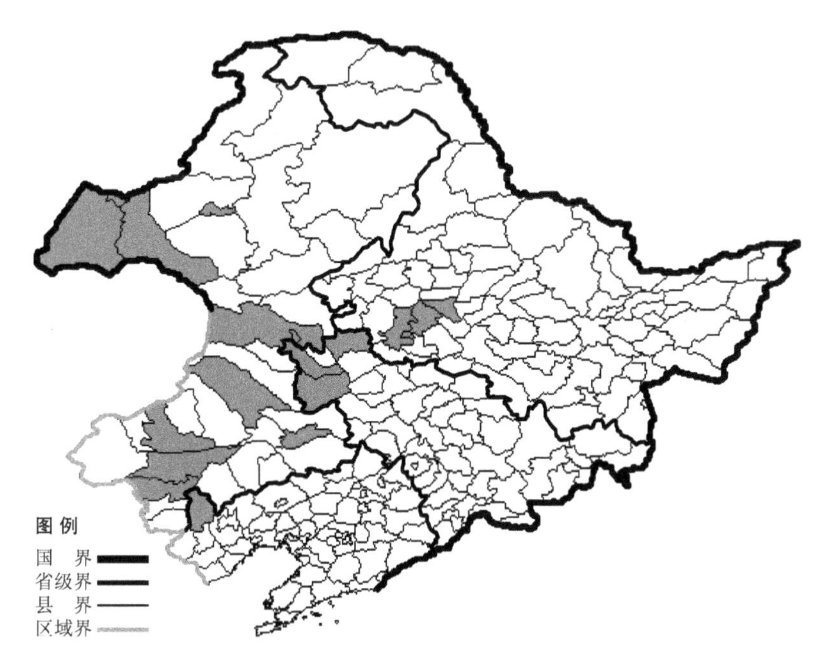

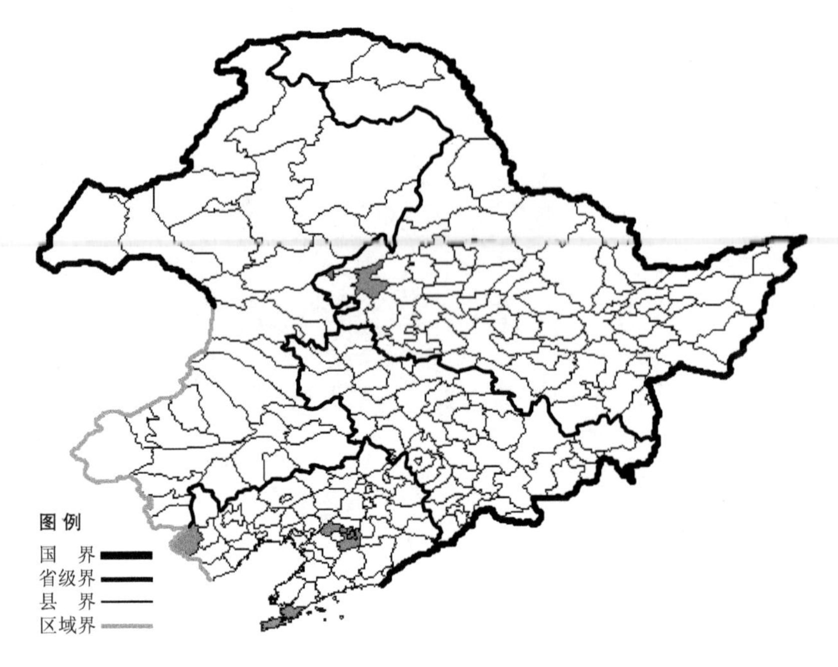

田旋花

Convolvulus arvensis L.

生境：固定沙丘，路旁，人家附近，田间。

产地：黑龙江省齐齐哈尔，辽宁省凌源、大连、辽阳。

分布：中国（黑龙江、辽宁、河北、山西、陕西、甘肃、青海、宁夏、新疆、山东、江苏、河南、四川、西藏），蒙古，俄罗斯（欧洲部分、高加索、西伯利亚），中亚，欧洲，北美洲。

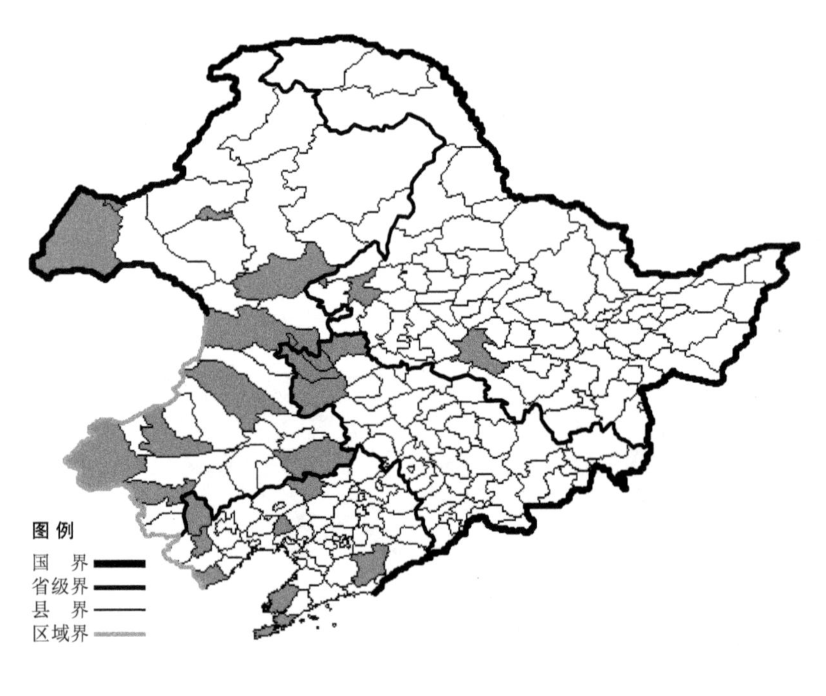

中国旋花

Convolvulus chinensis Ker-Gawl.

生境：山坡，耕地旁，沟边，河边，田间，固定沙丘，干草原。

产地：黑龙江省齐齐哈尔、哈尔滨，吉林省白城、镇赉、洮南、通榆，辽宁省彰武、喀左、建平、绥中、凤城、北镇、大连、瓦房店，内蒙古扎兰屯、新巴尔虎右旗、海拉尔、满洲里、科尔沁右翼前旗、乌兰浩特、科尔沁左翼后旗、扎鲁特旗、赤峰、巴林右旗、克什克腾旗。

分布：中国（黑龙江、吉林、辽宁、内蒙古、河北、山西、陕西、甘肃、青海、宁夏、新疆、山东、江苏、河南、四川、西藏），朝鲜半岛，蒙古，俄罗斯（东部西伯利亚、远东地区）。

菟丝子

Cuscuta chinensis Lam.

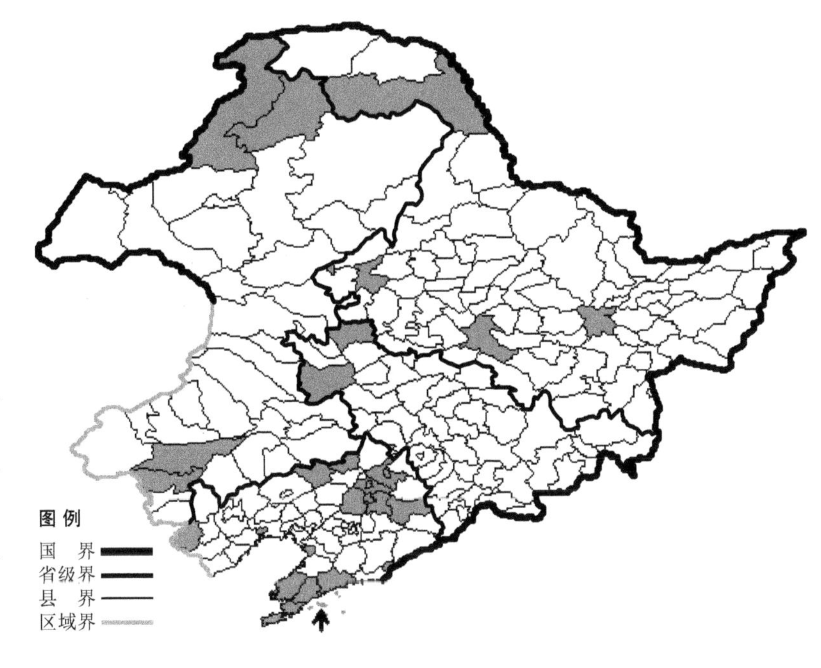

生境：寄生于豆科、菊科、藜科植物上，海拔 800 米以下。

产地：黑龙江省哈尔滨、依兰、呼玛、齐齐哈尔，吉林省通榆、镇赉，辽宁省大连、普兰店、瓦房店、庄河、长海、铁岭、抚顺、丹东、开源、沈阳、锦州、新宾、营口、康平、凌源、彰武，内蒙古根河、额尔古纳、翁牛特旗、赤峰。

分布：中国（黑龙江、吉林、辽宁、内蒙古、河北、山西、陕西、宁夏、甘肃、新疆、山东、江苏、安徽、浙江、福建、河南、四川、云南），朝鲜半岛，日本，蒙古，俄罗斯（远东地区），中亚，伊朗，阿富汗，斯里兰卡，大洋洲。

欧洲菟丝子

Cuscuta europoea L.

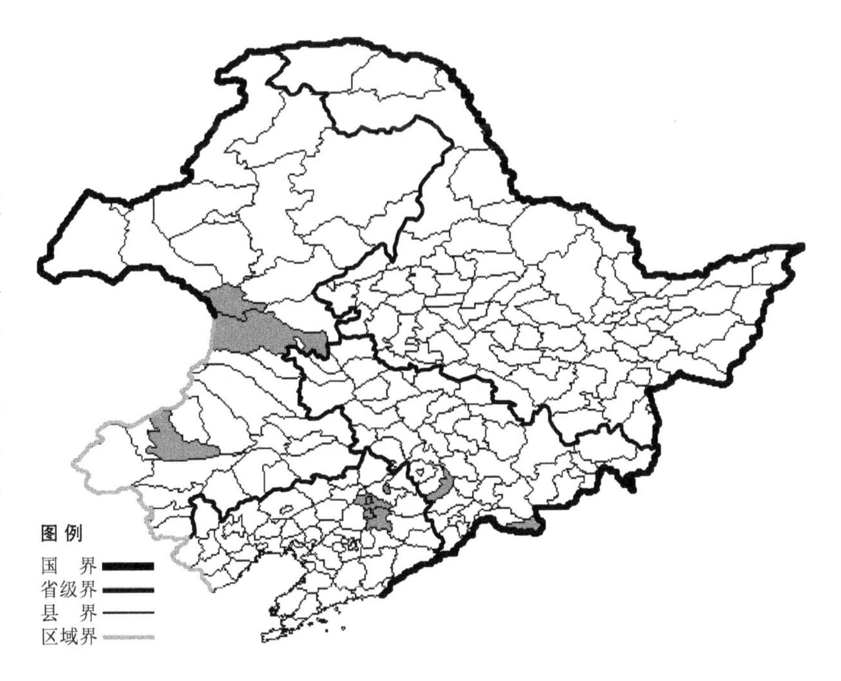

生境：寄生于草本植物上，海拔 800 米以下。

产地：吉林省梅河口、长白，辽宁省抚顺、铁岭，内蒙古巴林右旗、科尔沁右翼前旗、阿尔山。

分布：中国（吉林、辽宁、内蒙古、山西、陕西、甘肃、青海、新疆、四川、云南、西藏），蒙古，俄罗斯（欧洲部分、高加索、西伯利亚、远东地区），中亚，土耳其，伊朗，印度，欧洲，非洲。

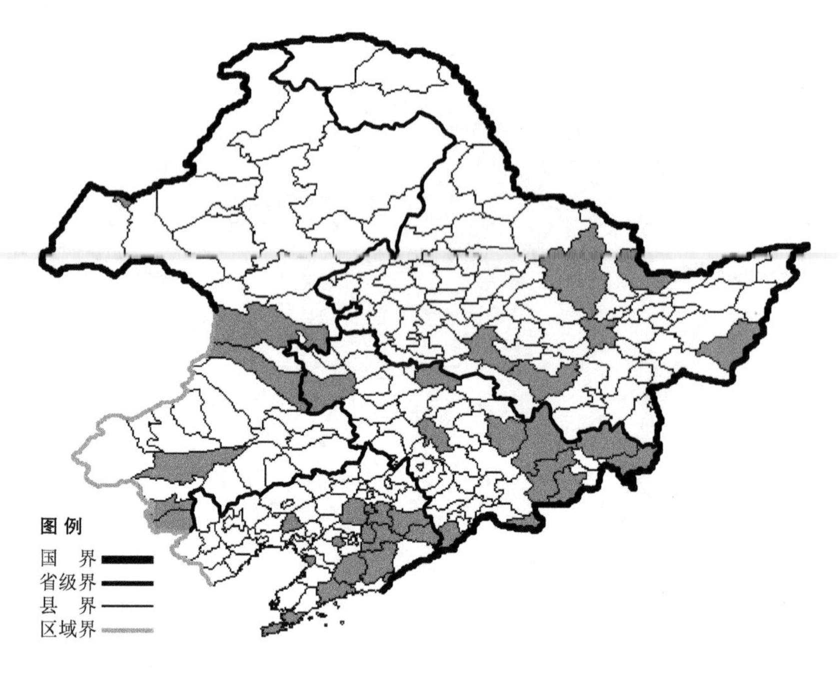

金灯藤

Cuscuta japonica Choisy

生境：寄生于灌木或草本植物上，海拔 1400 米以下。

产地：黑龙江省虎林、依兰、尚志、伊春、萝北、哈尔滨，吉林省集安、长白、敦化、通榆、蛟河、安图、珲春、汪清、和龙、长春、扶余，辽宁省庄河、丹东、大连、营口、北镇、抚顺、鞍山、桓仁、沈阳、新宾、凤城、岫岩、本溪，内蒙古宁城、翁牛特旗、满洲里、科尔沁右翼前旗、科尔沁右翼中旗、喀喇沁旗。

分布：中国（全国各地），朝鲜半岛，日本，俄罗斯（远东地区），越南。

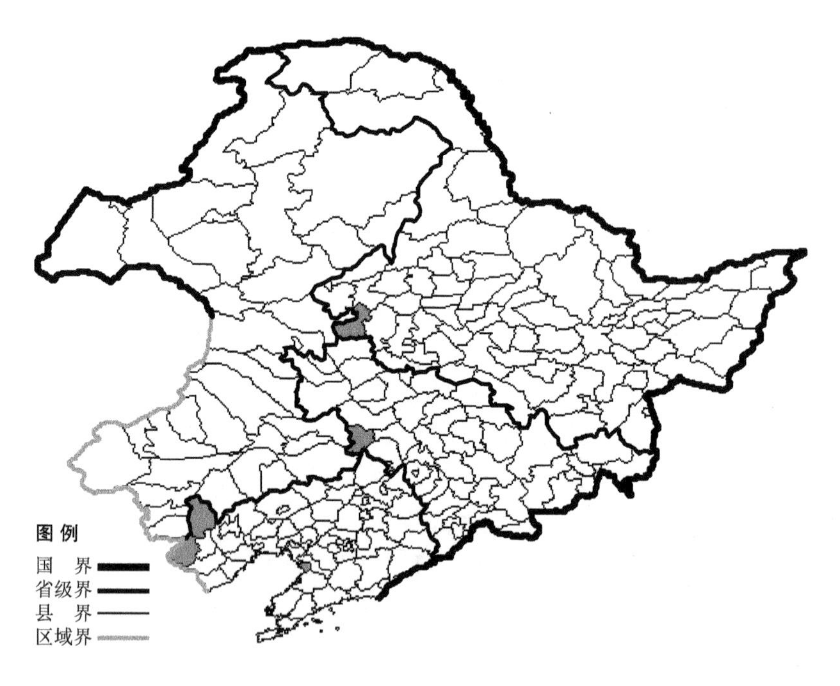

西伯利亚番薯

Ipomaea sibirica (L.) Pers.

生境：湿草地，山坡草地。

产地：黑龙江省泰来，吉林省双辽，辽宁省营口、大连、凌源、建平。

分布：中国（黑龙江、吉林、辽宁、河北、山西、陕西、甘肃、山东、江苏、安徽、浙江、湖南、广西、四川、贵州、云南），蒙古，俄罗斯（东部西伯利亚、远东地区），印度。

紫草科 Boraginaceae

钝背草

Amblynotus rupestris (Pall. ex Georgi) M. Pop

生境：石砾质山坡，沙质地，海拔 1000 米以下。

产地：内蒙古额尔古纳、满洲里、牙克石。

分布：中国（内蒙古），蒙古，俄罗斯（西伯利亚）。

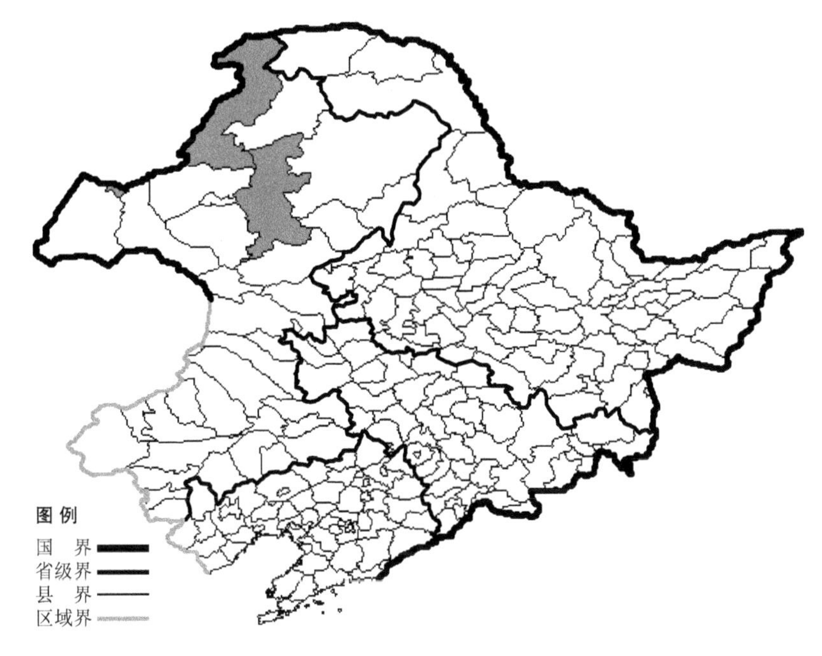

斑种草

Bothriospermum chinense Bunge

生境：向阳草地。

产地：辽宁省北镇、义县。

分布：中国（辽宁、河北、山西、陕西、甘肃、山东、河南）。

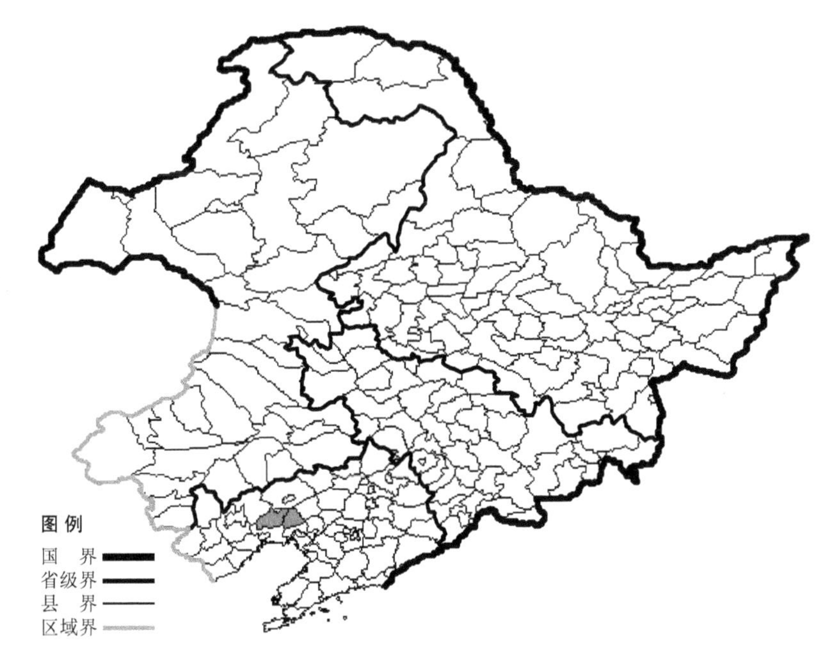

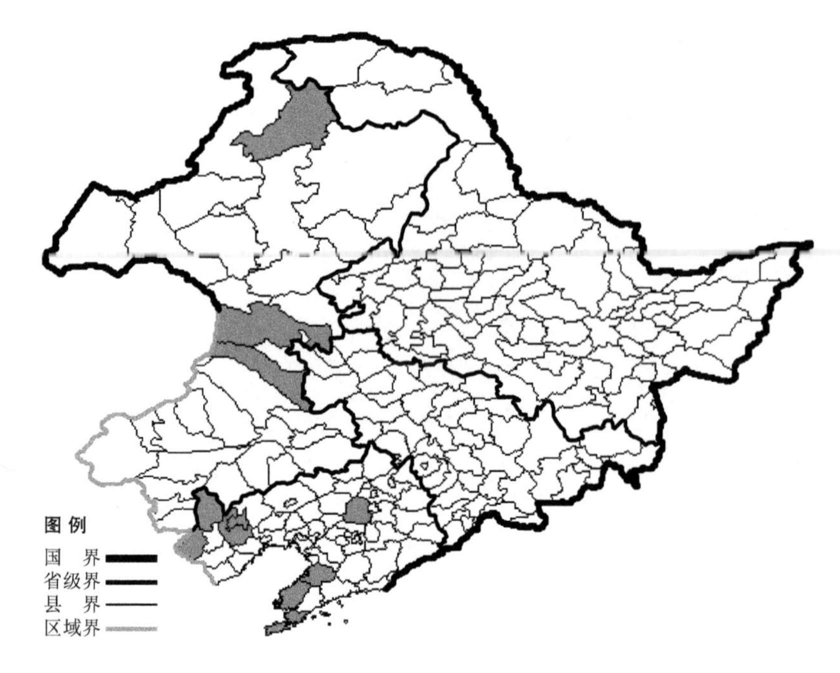

狭苞斑种草

Bothriospermum kusnezowii Bunge

生境：山坡草地。

产地：辽宁省建平、朝阳、凌源、沈阳、大连、盖州、瓦房店，内蒙古根河、科尔沁右翼前旗、科尔沁右翼中旗。

分布：中国（辽宁、内蒙古、河北、山西、陕西、甘肃、青海）。

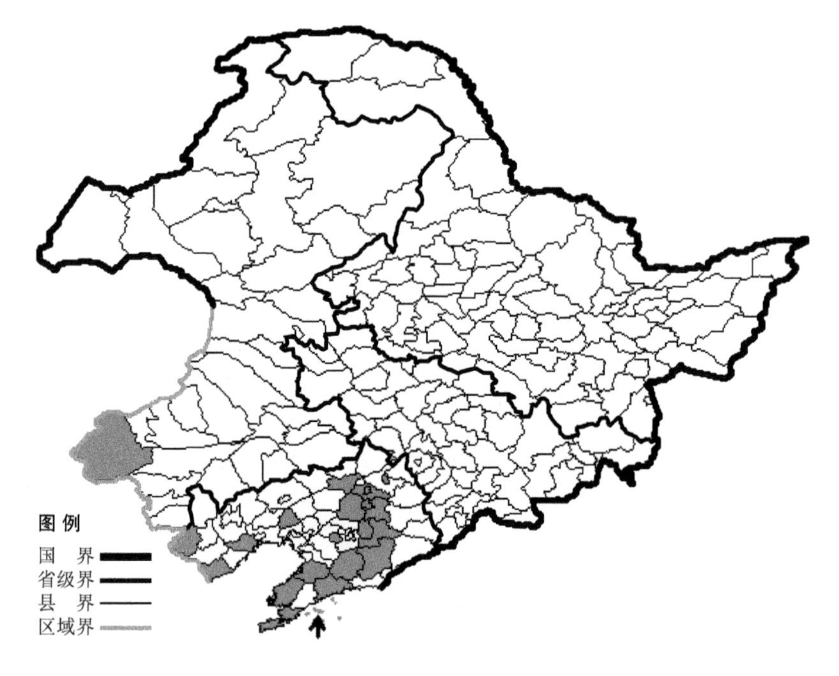

多苞斑种草

Bothriospermum secundum Maxim.

生境：山坡草地。

产地：辽宁省铁岭、葫芦岛、北镇、长海、法库、绥中、岫岩、沈阳、鞍山、抚顺、庄河、大连、凤城、瓦房店、凌源、本溪、盖州，内蒙古克什克腾旗。

分布：中国（辽宁、内蒙古、河北、山西、陕西、甘肃、山东、江苏、云南），朝鲜半岛。

柔弱斑种草

Bothriospermum tenellum (Hornem.) Fisch. et C. A. Mey.

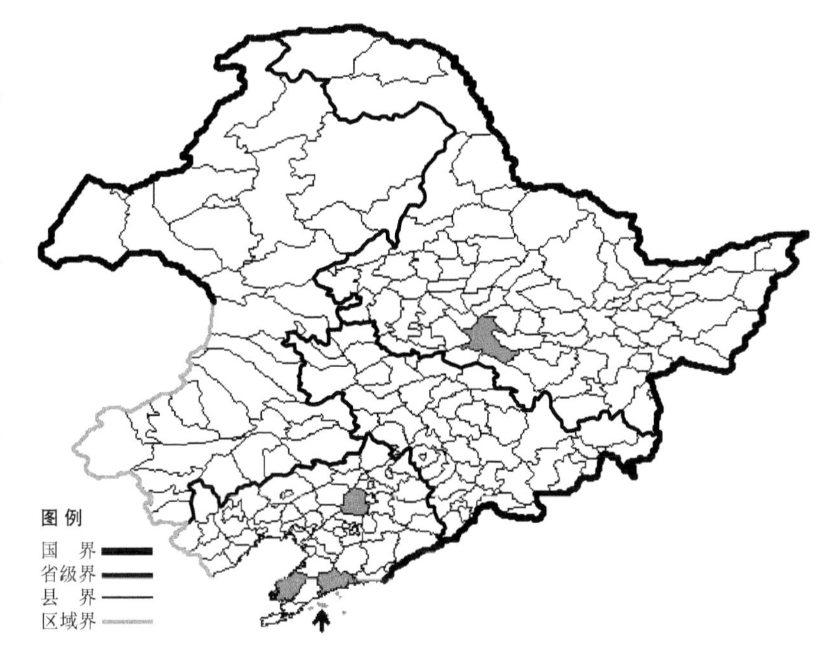

生境：草地，河边。

产地：黑龙江省哈尔滨，辽宁省沈阳、庄河、长海、瓦房店。

分布：中国（黑龙江、辽宁、陕西、山东、江苏、安徽、浙江、福建、湖北、江西、湖南、广东、广西、四川、贵州、云南、河南、台湾），朝鲜半岛，日本，俄罗斯（远东地区），中亚，印度。

山茄子

Brachybotrys paridiformis Maxim. ex Oliv.

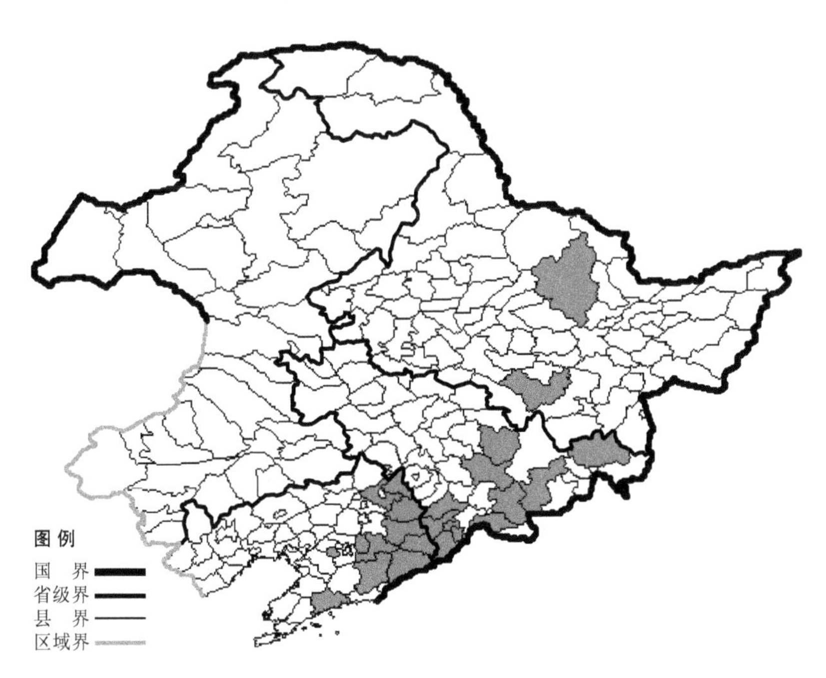

生境：林下，林缘，海拔 900 米以下。

产地：黑龙江省尚志、伊春，吉林省安图、通化、临江、集安、抚松、汪清、蛟河、桦甸、柳河，辽宁省宽甸、凤城、本溪、新宾、开原、清原、西丰、鞍山、桓仁、庄河。

分布：中国（黑龙江、吉林、辽宁），朝鲜半岛，俄罗斯（远东地区）。

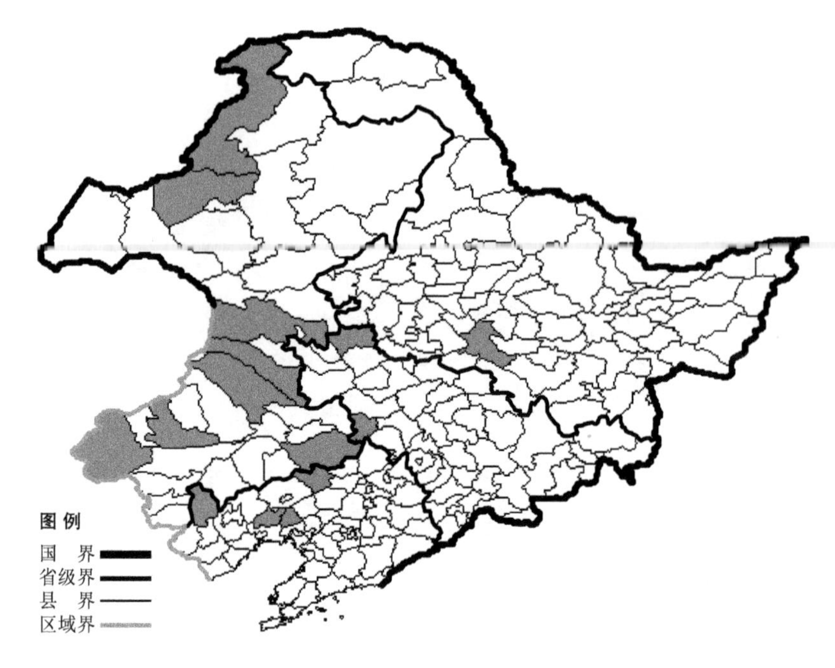

大果琉璃草

Cynoglossum divaricatum Steph.

生境：山坡草地，沙地。

产地：黑龙江省哈尔滨，吉林省镇赉、双辽，辽宁省北镇、彰武、建平、义县，内蒙古科尔沁右翼前旗、科尔沁右翼中旗、额尔古纳、扎鲁特旗、巴林右旗、科尔沁左翼后旗、克什克腾旗、陈巴尔虎旗。

分布：中国（黑龙江、吉林、辽宁、内蒙古、河北、山西、陕西、甘肃、新疆），蒙古，俄罗斯（西伯利亚、远东地区）。

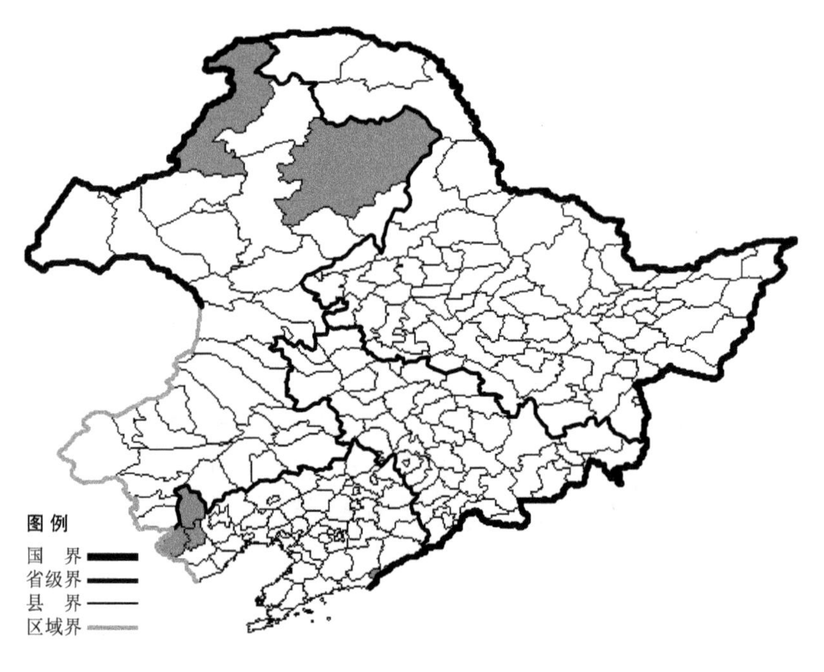

北齿缘草

Eritrichium borealisinense Kitag.

生境：山坡草地，灌丛，海拔300-800米。

产地：辽宁省丹东、建平、凌源、喀左，内蒙古额尔古纳、鄂伦春旗。

分布：中国（辽宁、内蒙古、河北、山西）。

灰白齿缘草

Eritrichium incanum (Turcz.) DC.

生境：山地草原，林缘灌丛。

产地：内蒙古科尔沁右翼中旗、阿尔山。

分布：中国(内蒙古)，俄罗斯(东部西伯利亚、远东地区)。

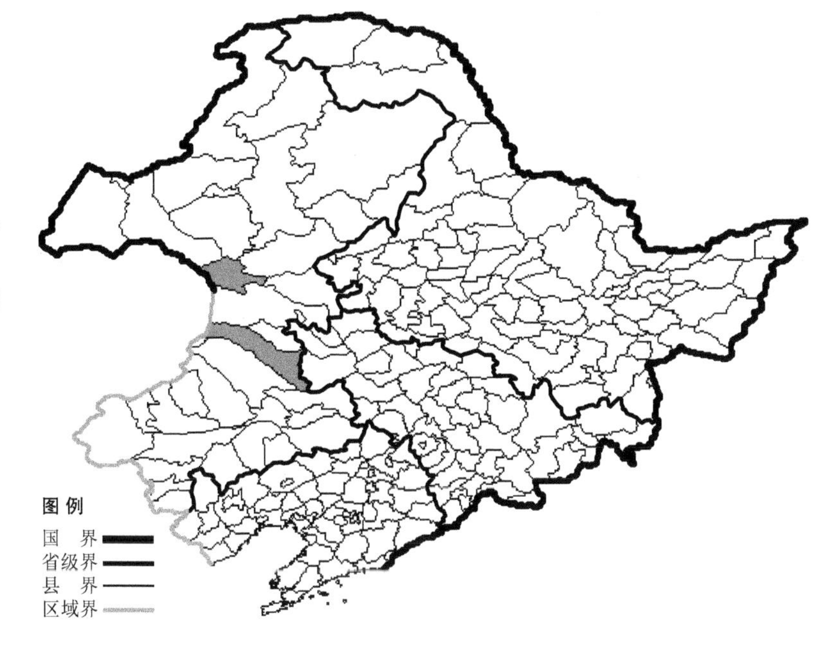

兴安齿缘草

Eritrichium maackii Maxim.

生境：山坡草地，岩石壁上。

产地：黑龙江呼玛，内蒙古牙克石。

分布：中国（黑龙江、内蒙古），俄罗斯（东部西伯利亚、远东地区）。

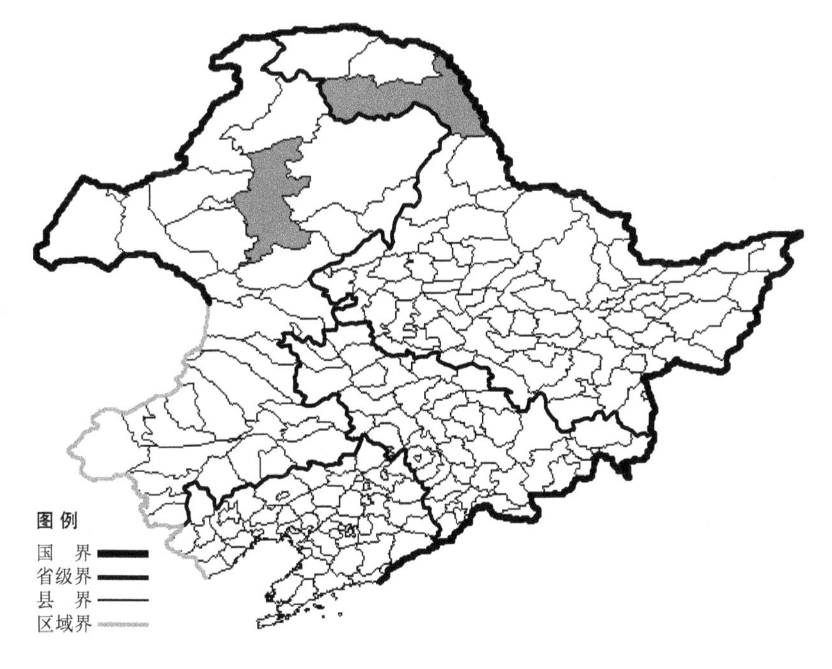

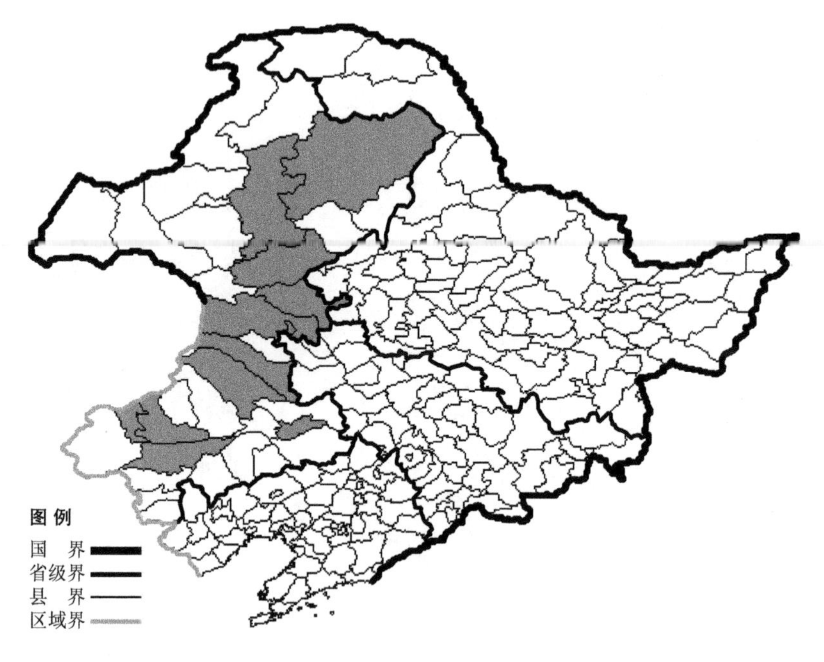

东北齿缘草

Eritrichium mandshuricum M. Pop.

生境：干山坡，草甸，海拔约600米。

产地：内蒙古扎鲁特旗、扎赉特旗、通辽、科尔沁右翼前旗、科尔沁右翼中旗、翁牛特旗、鄂伦春旗、扎兰屯、乌兰浩特、林西、牙克石、巴林右旗。

分布：中国（内蒙古、河北）。

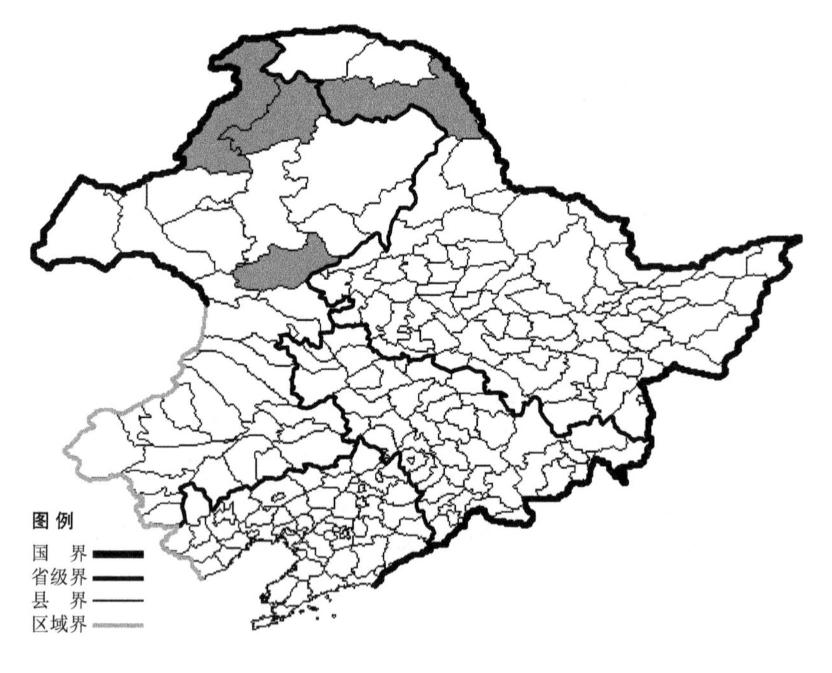

乌苏里齿缘草

Eritrichium sichotense M. Pop.

生境：山坡草地，山坡石砾质地，海拔800米以下。

产地：黑龙江省呼玛，内蒙古额尔古纳、根河、扎兰屯。

分布：中国（黑龙江、内蒙古），朝鲜半岛，俄罗斯（远东地区）。

丘假鹤虱

Hackelia def1exa (Wahl.) Opiz

生境：向阳，山坡草地，沙地，海拔 700 米以下。

产地：黑龙江省牡丹江，吉林省珲春、安图，辽宁省丹东、鞍山，内蒙古鄂伦春旗、海拉尔、牙克石。

分布：中国（黑龙江、吉林、辽宁、内蒙古），朝鲜半岛，蒙古，俄罗斯（欧洲部分、西伯利亚、远东地区），中亚，欧洲，北美洲。

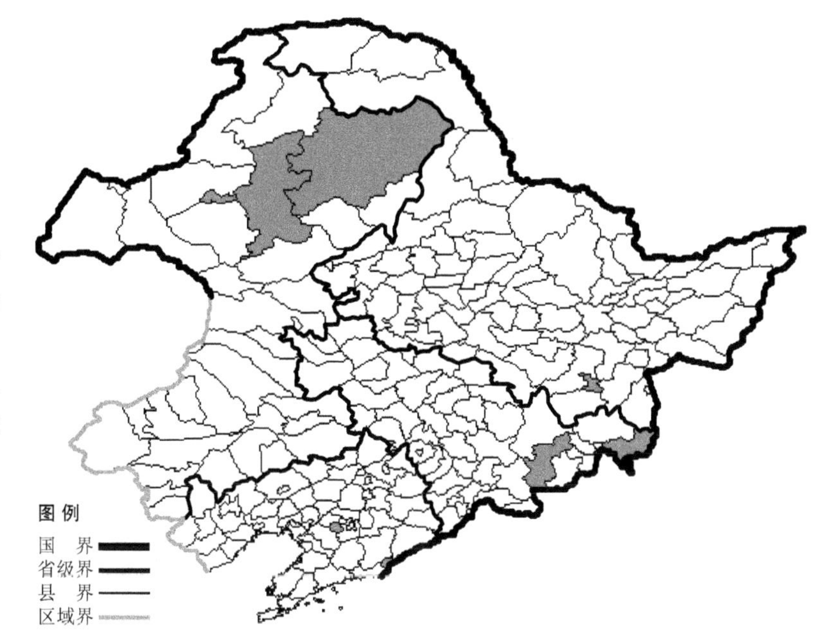

假鹤虱

Hackelia thymifolia (DC.) M. Pop.

生境：石砾质山坡。

产地：内蒙古满洲里。

分布：中国（内蒙古、甘肃、宁夏、新疆），蒙古，俄罗斯（西伯利亚）。

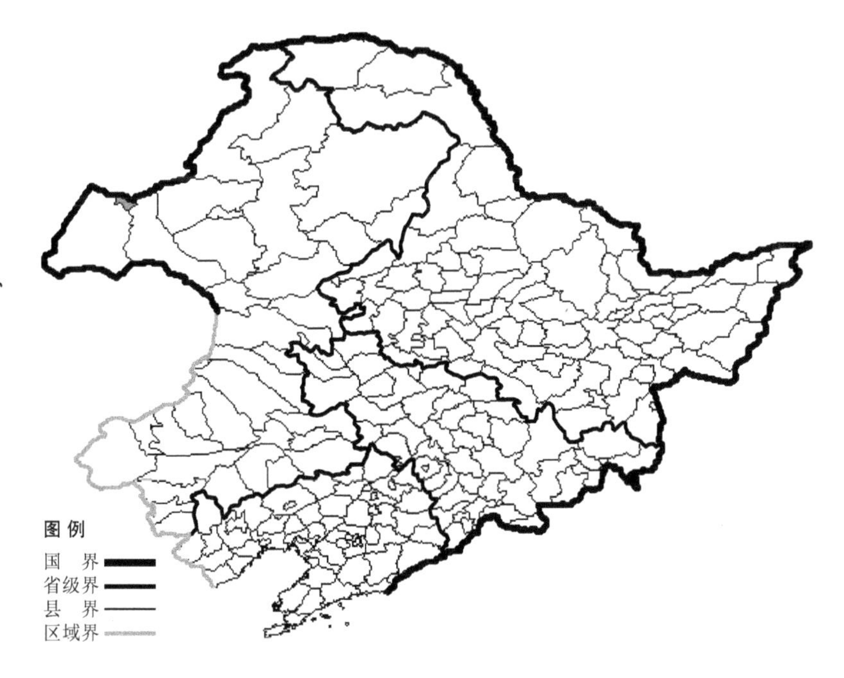

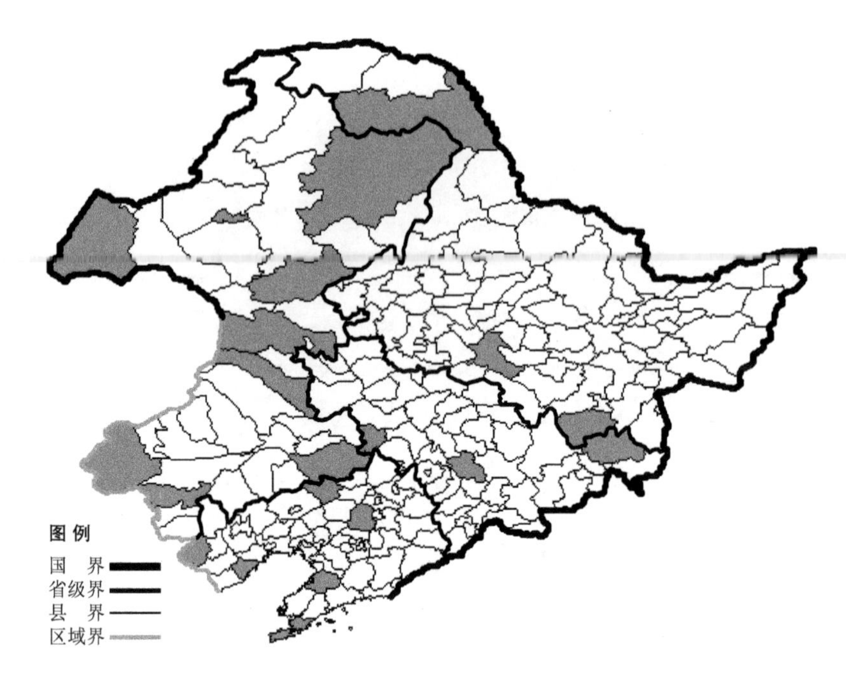

东北鹤虱

Lappula redowskii (Lehm.) Greene

生境：向阳山坡草地，海拔 800 米以下。

产地：黑龙江省哈尔滨、宁安、呼玛，吉林省双辽、磐石、汪清，辽宁省凌源、彰武、兴城、沈阳、大连、盖州，内蒙古赤峰、克什克腾旗、科尔沁右翼中旗、扎兰屯、科尔沁右翼前旗、海拉尔、鄂伦春旗、新巴尔虎右旗、科尔沁左翼后旗。

分布：中国（黑龙江、吉林、辽宁、内蒙古），蒙古，俄罗斯（西伯利亚）。

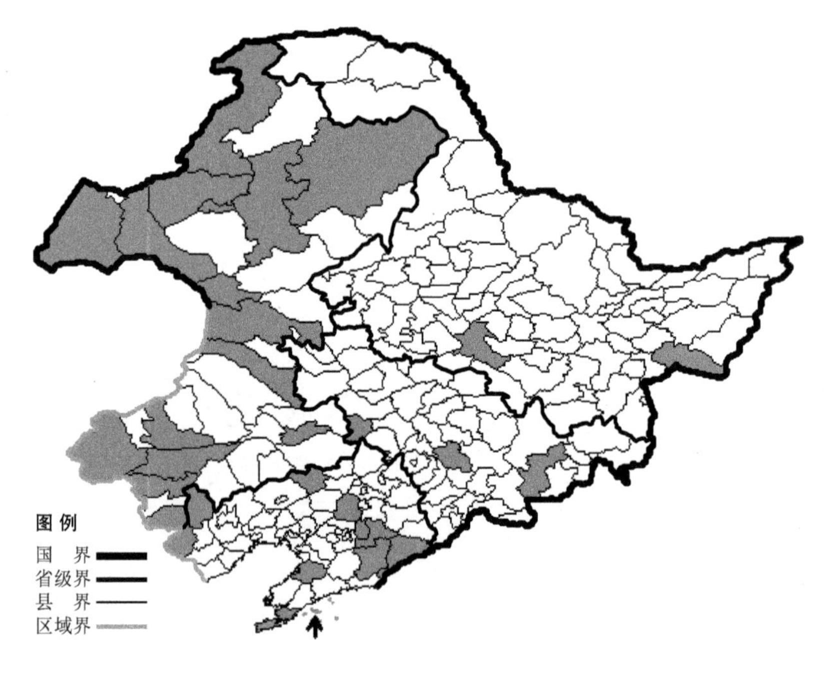

鹤虱

Lappula squarrosa (Retz.) Dumort.

生境：向阳草地，沙地，人家附近，干山坡，海拔 800 米以下。

产地：黑龙江省密山、哈尔滨，吉林省安图、磐石、双辽，辽宁省沈阳、盖州、长海、凌源、建平、丹东、宽甸、凤城、大连、彰武、本溪，内蒙古科尔沁右翼前旗、科尔沁右翼中旗、克什克腾旗、巴林右旗、赤峰、宁城、翁牛特旗、鄂伦春旗、牙克石、额尔古纳、阿尔山、通辽、新巴尔虎左旗、陈巴尔虎旗、海拉尔、新巴尔虎右旗。

分布：中国（黑龙江、吉林、辽宁、内蒙古、河北、山西、陕西、甘肃、宁夏、新疆、河南），朝鲜半岛，蒙古，俄罗斯（欧洲部分、高加索、西伯利亚、远东地区），中亚，阿富汗，巴基斯坦，欧洲。

麦家公

Lithospermum arvense L.

生境：低山丘陵，向阳草地，海拔 200 米以下。

产地：辽宁省北镇、大连。

分布：中国（辽宁、河北、山西、陕西、甘肃、山东、江苏、安徽、浙江、河南、湖北），朝鲜半岛，日本，俄罗斯（除北极带外，几全境），伊朗，欧洲。

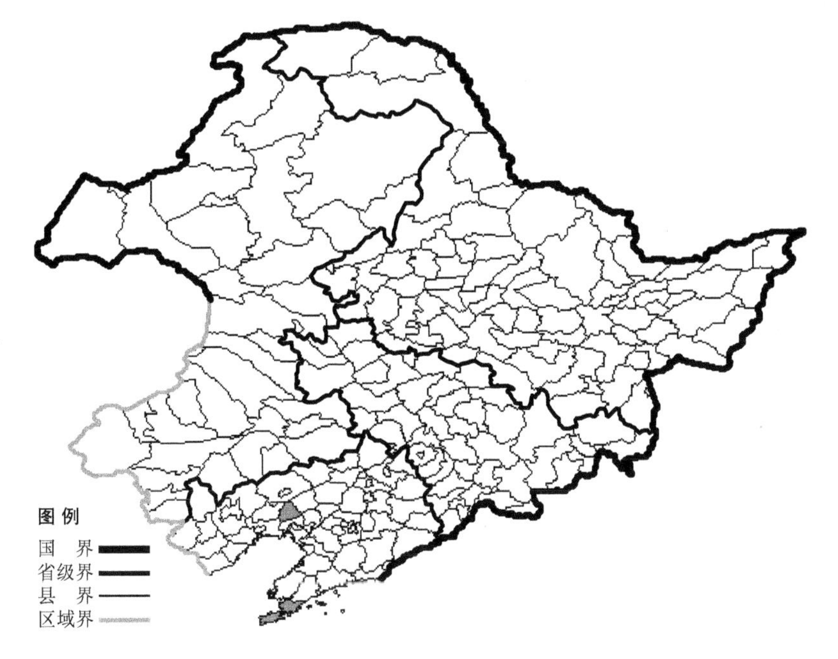

紫草

Lithospermum erythrorhizon Sieb. et Zucc.

生境：草地，干山坡，灌丛，石砾质地，林缘，林下，海拔 800 米以下。

产地：黑龙江省依兰、逊克，吉林省汪清、珲春、磐石、通化，辽宁省北镇、营口、铁岭、法库、锦州、西丰、大连、葫芦岛、凤城、长海、凌源、义县、桓仁、开原、喀左、盖州、鞍山、本溪、抚顺、沈阳、瓦房店、岫岩、清原，内蒙古牙克石、扎赉特旗、鄂伦春旗、喀喇沁旗、克什克腾旗。

分布：中国（黑龙江、吉林、辽宁、内蒙古、河北、山西、陕西、甘肃、河南、湖北、江西、湖南、广西、四川、贵州），朝鲜半岛，日本，俄罗斯（远东地区）。

图例
国 界
省级界
县 界
区域界

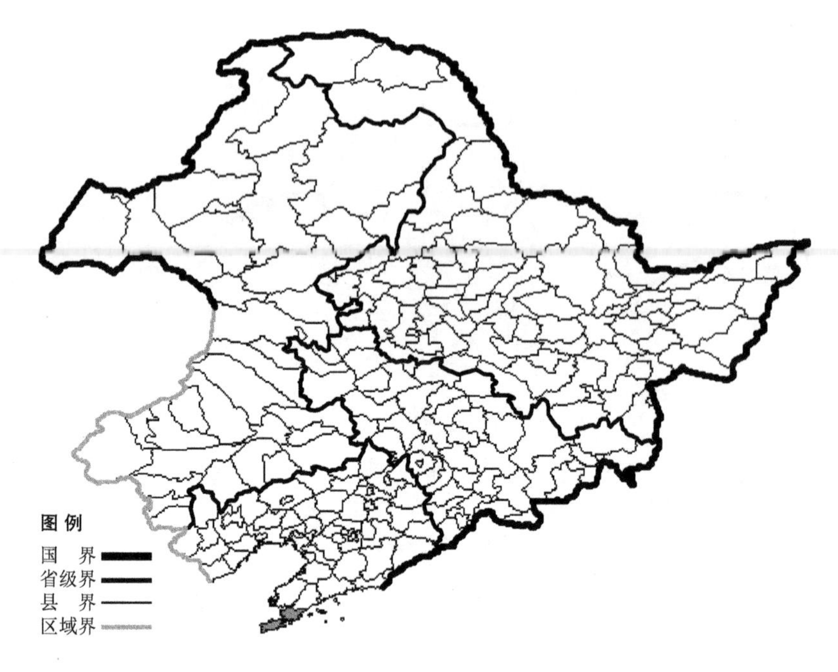

滨紫草

Mertensia asiatica (Takeda) Macbr.

生境：海边沙地。

产地：辽宁省大连。

分布：中国（辽宁），朝鲜半岛，日本，俄罗斯（欧洲部分、西伯利亚，远东地区），欧洲，北美洲。

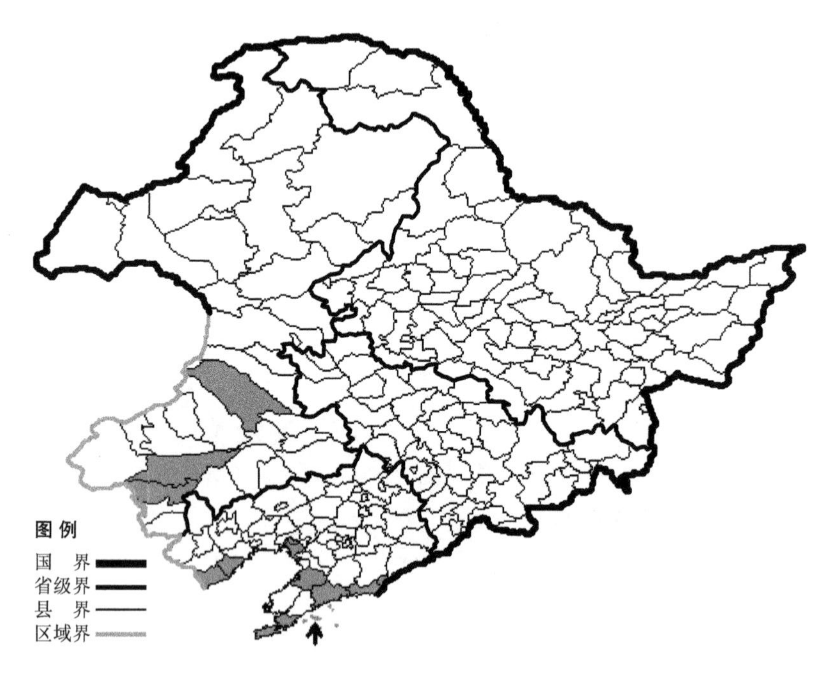

砂引草

Messerschmidia sibirica L.

生境：内陆沙地及海边沙地，海拔 600 米以下。

产地：辽宁省大连、长海、丹东、东港、大洼、盘锦、庄河、盖州、绥中、兴城，内蒙古翁牛特旗、赤峰、扎鲁特旗。

分布：中国（辽宁、内蒙古、河北、山西、陕西、甘肃、宁夏、山东、河南），朝鲜半岛，日本，蒙古，俄罗斯（欧洲部分、高加索、西伯利亚、远东地区），中亚，伊朗，土耳其。

狭叶砂引草 Messerschmidia sibirica L. var. **angustior** (DC.) Nakai 生于沙丘、沙质盐碱地、湖滨沙地，海拔700米以下，产于吉林省双辽，辽宁省康平、大连、彰武、义县，内蒙古赤峰、翁牛特旗、科尔沁左翼后旗、扎鲁特旗、新巴尔虎左旗、新巴尔虎右旗、科尔沁右翼中旗、扎赉特旗，分布于中国（吉林、辽宁、内蒙古、河北、山西、陕西、甘肃、宁夏、山东、河南），朝鲜半岛，俄罗斯（东部西伯利亚）。

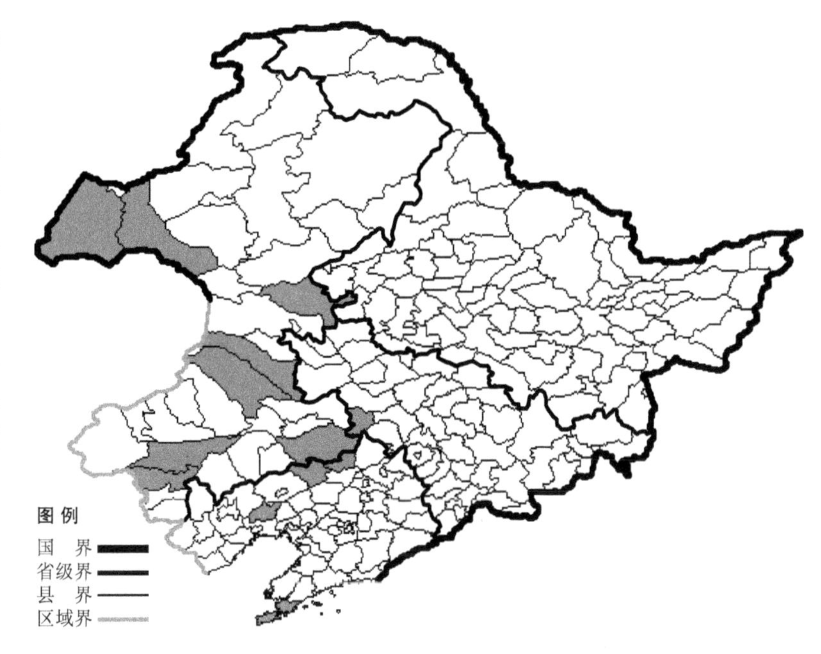

湿地勿忘草

Myosotis caespitosa Schultz

生境：河边，湿草地，沼泽，海拔800米以下。

产地：黑龙江哈尔滨，辽宁省彰武，内蒙古科尔沁右翼前旗、额尔古纳、鄂伦春旗、牙克石、科尔沁左翼后旗、克什克腾旗、乌兰浩特、阿尔山。

分布：中国（黑龙江、辽宁、内蒙古、河北、甘肃、新疆、云南），俄罗斯，伊朗，土耳其，欧洲，非洲，北美洲。

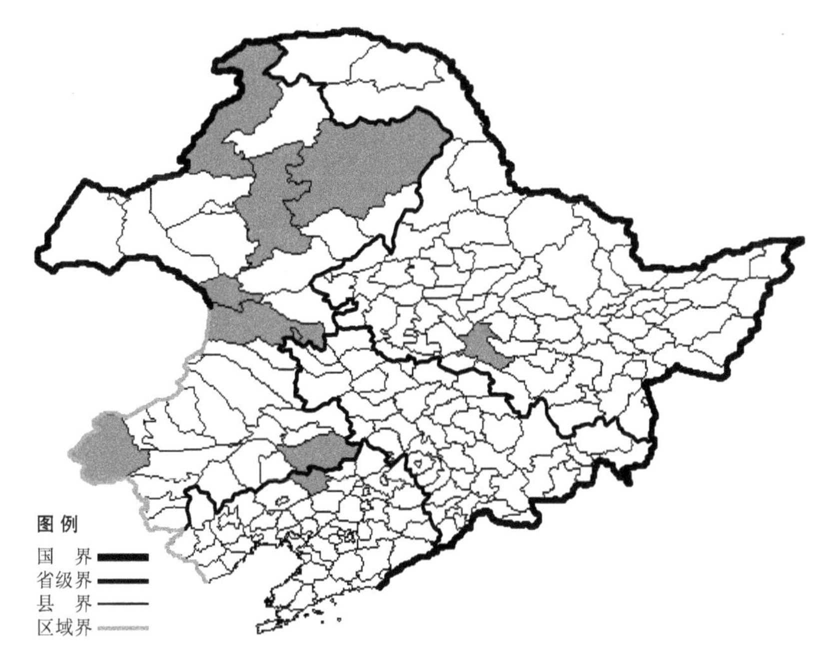

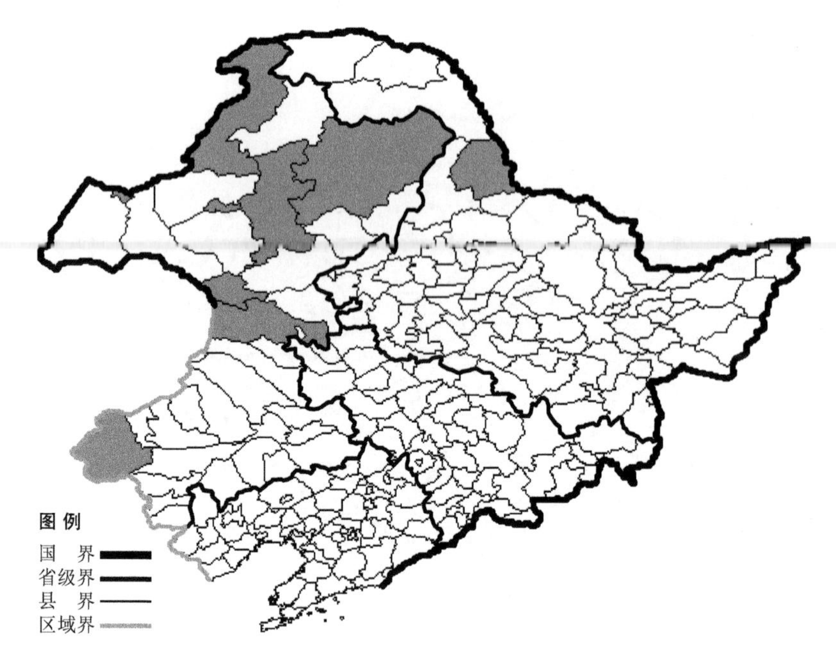

草原勿忘草

Myosotis suaveolens Wald. et Kit.

生境：山坡草地，草甸，草原，海拔 800 米以下。

产地：黑龙江省黑河，内蒙古克什克腾旗、额尔古纳、鄂伦春旗、阿尔山、科尔沁右翼前旗、海拉尔、满洲里、牙克石。

分布：中国（黑龙江、内蒙古），俄罗斯，中亚，欧洲，北美洲。

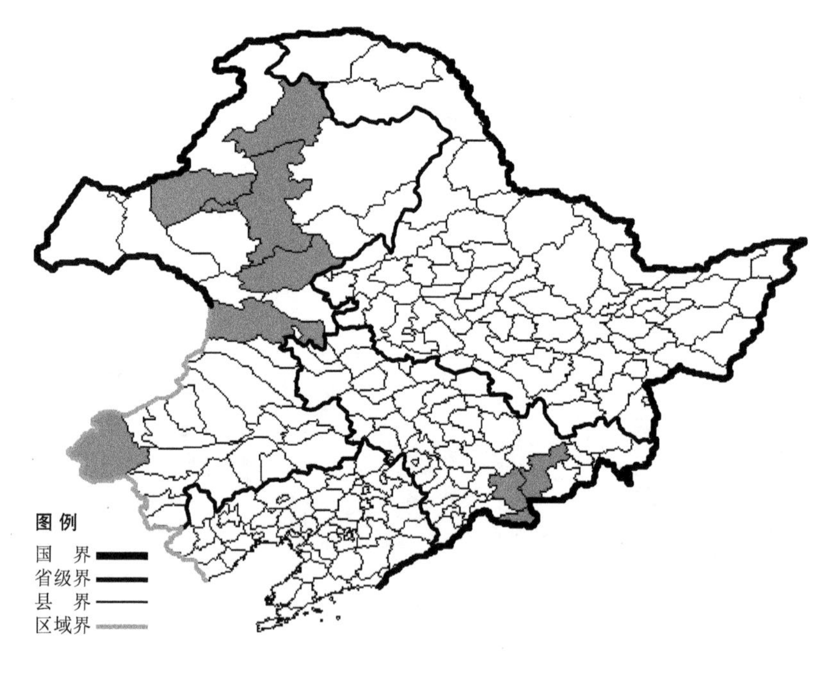

勿忘草

Myosotis sylvatica (Ehrh.) Hoffm.

生境：林间湿草地，林下，林缘，海拔 2000 米以下。

产地：吉林省抚松、安图、长白，内蒙古克什克腾旗、科尔沁右翼前旗、根河、陈巴尔虎旗、牙克石、海拉尔、扎兰屯。

分布：中国（吉林、内蒙古、河北、山西、陕西、甘肃、新疆、江苏、河南、湖北、四川、云南），朝鲜半岛，日本，蒙古，俄罗斯，欧洲。

无茎勿忘草 Myosotis sylvatica (Ehrh.) Hoffm. f. **acaulis** Y. L. Chang et S. D. Zhao 生于长白山温泉附近，海拔约1800米，生于吉林省抚松，分布于中国（吉林）。

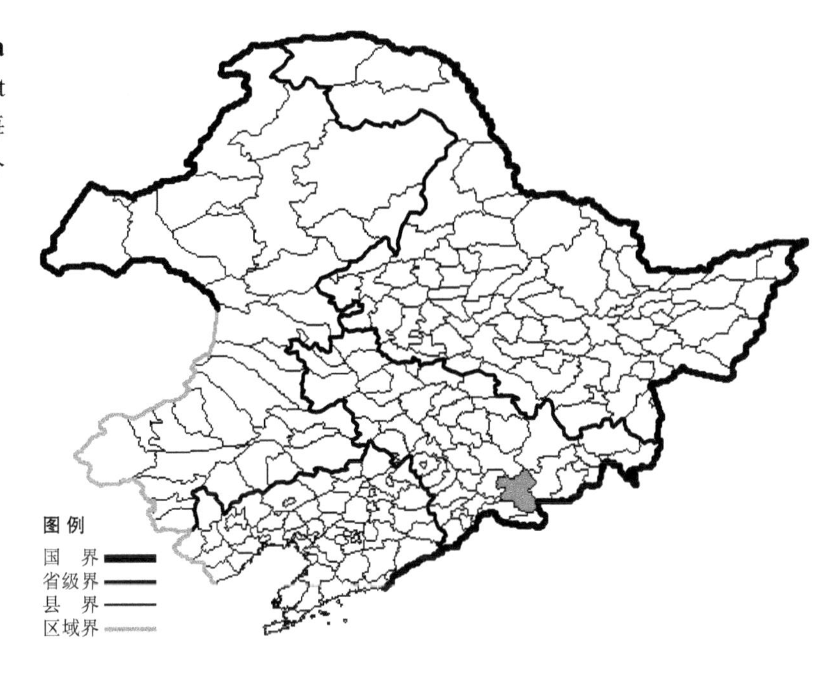

紫筒草

Stenosolenium saxatile (Pall.) Turcz.

生境：草原，沙地，石砾质山坡。

产地：吉林省双辽、镇赉，辽宁省彰武、建平，内蒙古扎鲁特旗、翁牛特旗、赤峰、科尔沁左翼后旗、科尔沁右翼中旗。

分布：中国（吉林、辽宁、内蒙古、河北、山西、陕西、甘肃、宁夏、青海、山东），蒙古，俄罗斯（东部西伯利亚）。

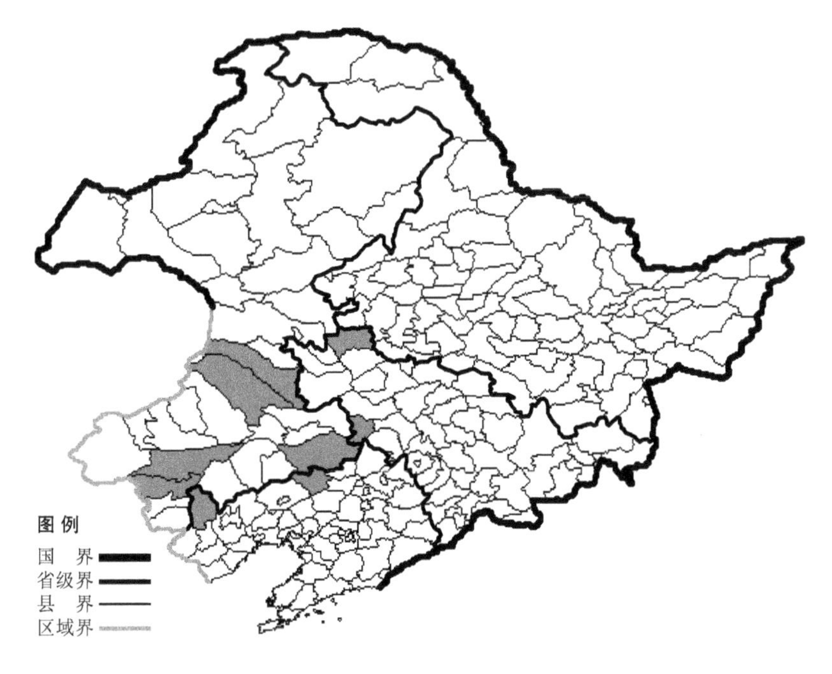

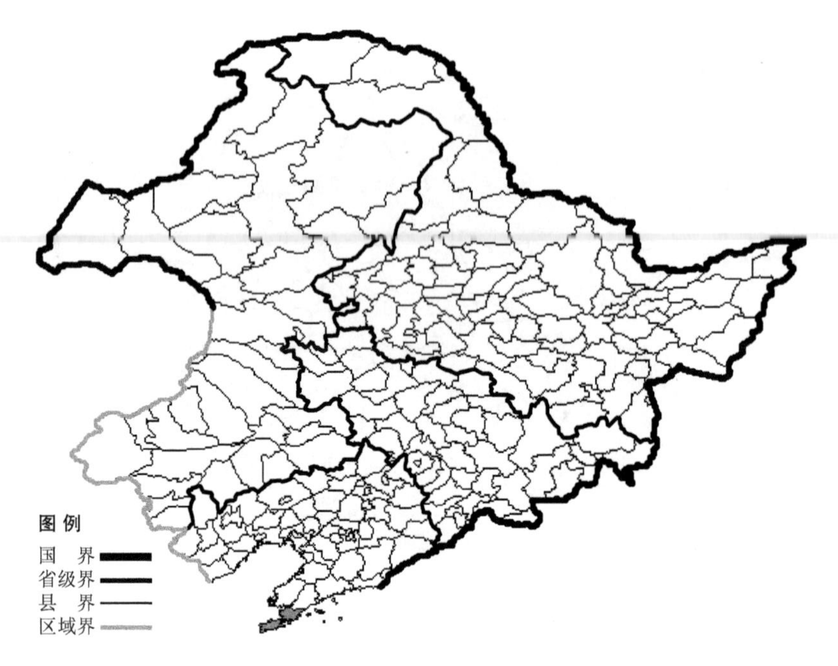

弯齿盾果草

Thyrocarpus glochidiatus Maxim.

生境：山坡草地。

产地：辽宁省大连。

分布：中国（辽宁、陕西、江苏、安徽、河南、江西、广东、四川）。

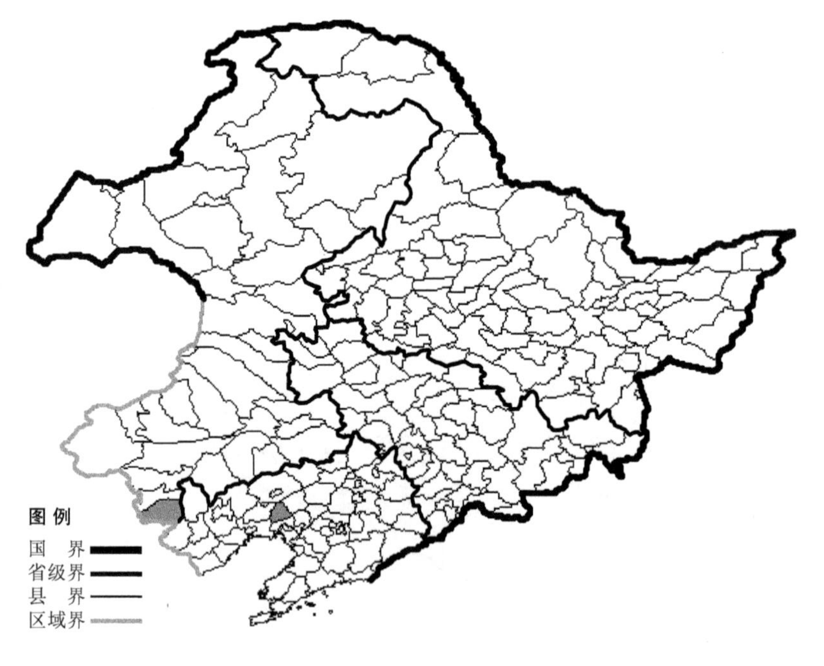

钝萼附地菜

Trigonotis amblyosepala Nakai

生境：林缘，草地。

产地：辽宁省北镇，内蒙古宁城。

分布：中国（辽宁、内蒙古、河北、山西、陕西、甘肃、山东、河南）。

水甸附地菜

Trigonotis myosotidea (Maxim.) Maxim.

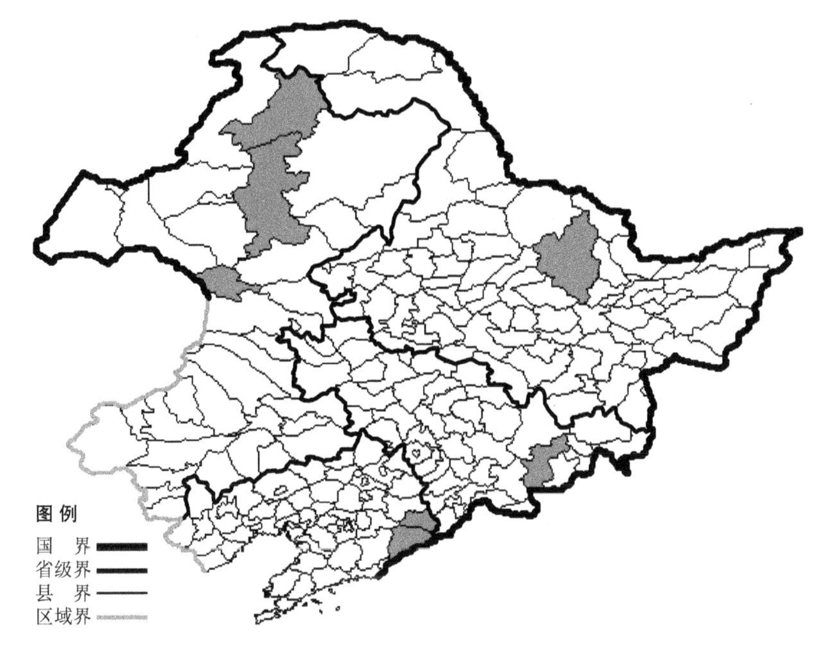

生境：湿草地，林缘，海拔 1900 米以下。

产地：黑龙江省伊春，吉林省安图，辽宁省宽甸、桓仁，内蒙古阿尔山、根河、牙克石。

分布：中国（黑龙江、吉林、辽宁、内蒙古、河北），俄罗斯（东部西伯利亚、远东地区）。

森林附地菜

Trigonotis nakaii Hara

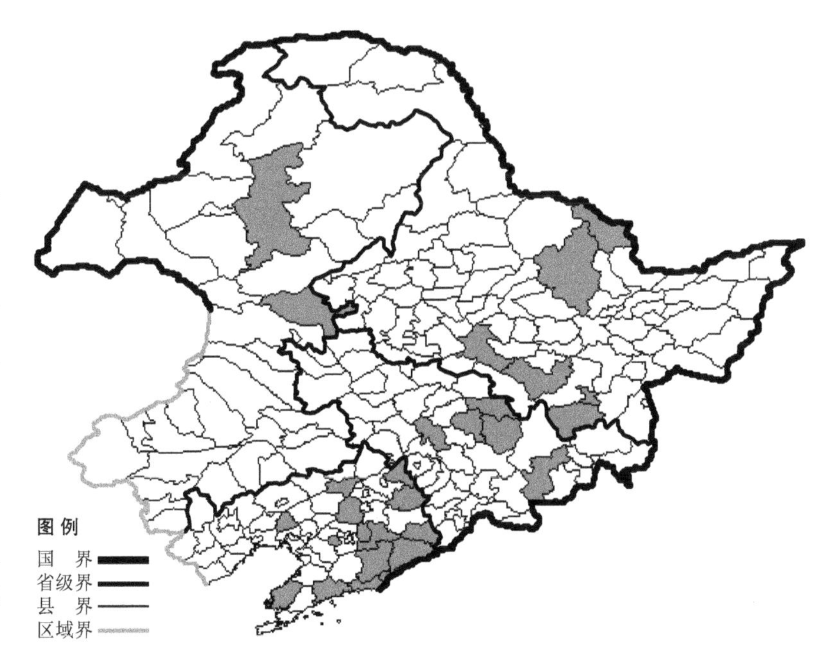

生境：林缘，灌丛，湿草地，海拔 800 米以下。

产地：黑龙江省哈尔滨、嘉荫、牡丹江、尚志、宁安、伊春，吉林省蛟河、安图、长春、吉林、舒兰，辽宁省桓仁、鞍山、北镇、本溪、西丰、清原、丹东、沈阳、东港、法库、凤城、瓦房店、宽甸、庄河，内蒙古牙克石、扎赉特旗。

分布：中国（黑龙江、吉林、辽宁、内蒙古），朝鲜，日本，俄罗斯（远东地区）。

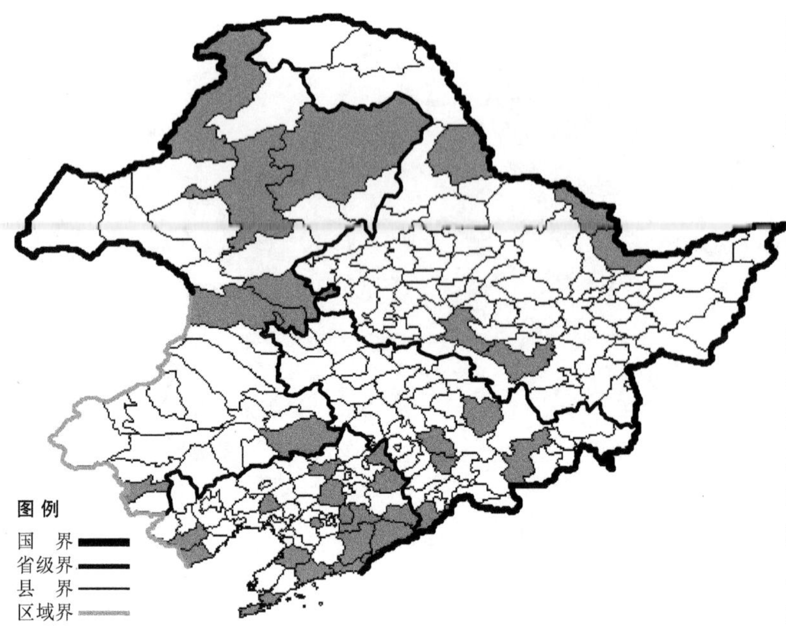

附地菜

Trigonotis peduncularis (Tev.) Benth. ex Baker et Moore

生境：向阳草地，灌丛，海拔 1800 米以下。

产地：黑龙江省尚志、黑河、嘉荫、萝北、哈尔滨，吉林省蛟河、磐石、辉南、集安、安图，辽宁省沈阳、丹东、凤城、盖州、庄河、大连、宽甸、桓仁、北镇、东港、法库、建昌、清原、绥中、西丰、鞍山、本溪，内蒙古科尔沁右翼前旗、科尔沁左翼后旗、海拉尔、额尔古纳、乌兰浩特、扎赉特旗、牙克石、鄂伦春旗、喀喇沁旗。

分布：中国（黑龙江、吉林、辽宁、内蒙古、河北、陕西、甘肃、宁夏、青海、新疆、江苏、安徽、浙江、福建、江西、广西、广东、四川、贵州、云南、西藏），朝鲜半岛，日本，蒙古，俄罗斯（欧洲部分、高加索、远东地区），中亚，喜马拉雅地区。

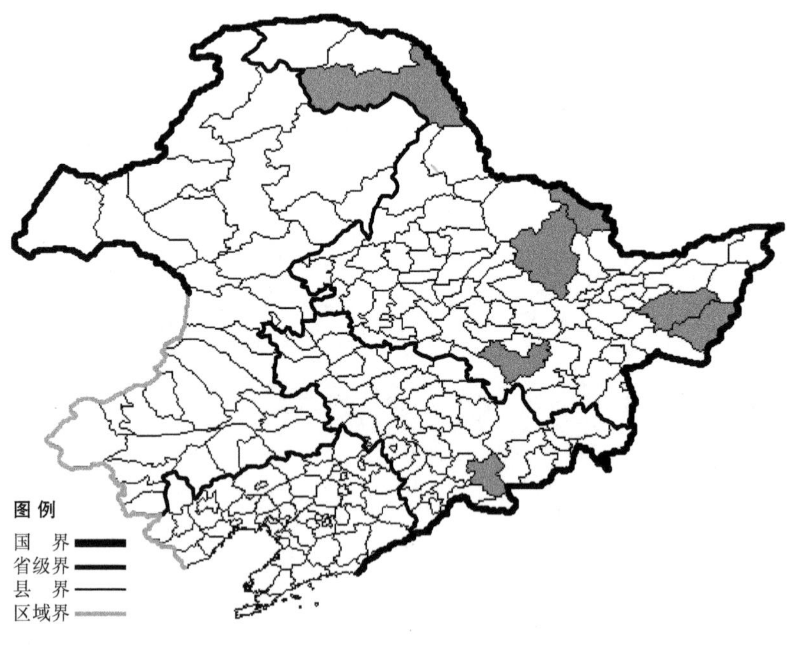

北附地菜

Trigonotis radicans (Turcz.) Stev.

生境：林下。

产地：黑龙江省伊春、宝清、尚志、虎林、呼玛、嘉荫，吉林省抚松。

分布：中国（黑龙江、吉林、河北），朝鲜半岛，日本，俄罗斯（东部西伯利亚）。

马鞭草科 Verbenaceae

日本紫珠

Callicarpa japonica Thunb.

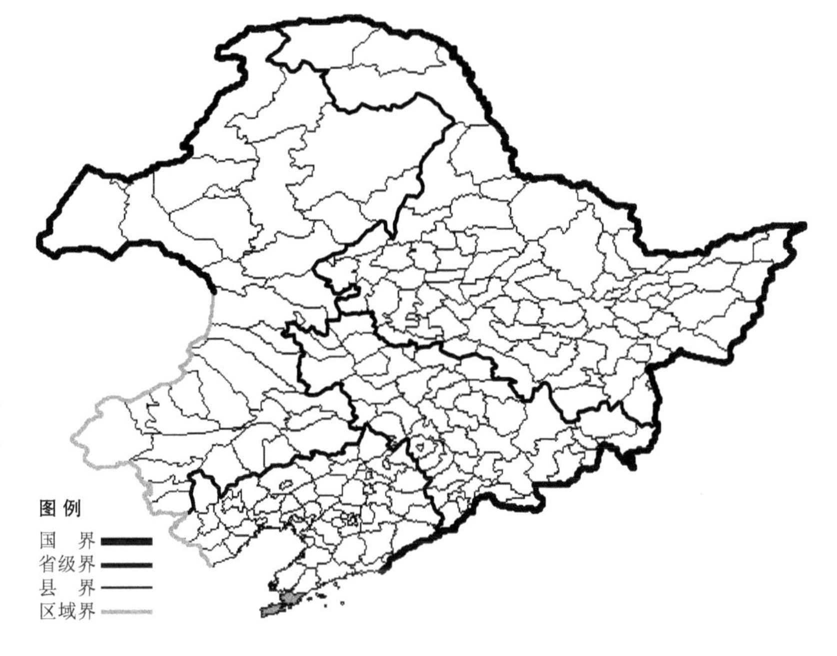

生境：多石沟谷，溪流旁灌丛，海拔 300 米以下。

产地：辽宁省大连。

分布：中国（辽宁、河北、山东、河南、湖北、江西、湖南、四川、贵州、台湾），朝鲜半岛，日本。

海州常山

Clerodendrum trichotomum Thunb.

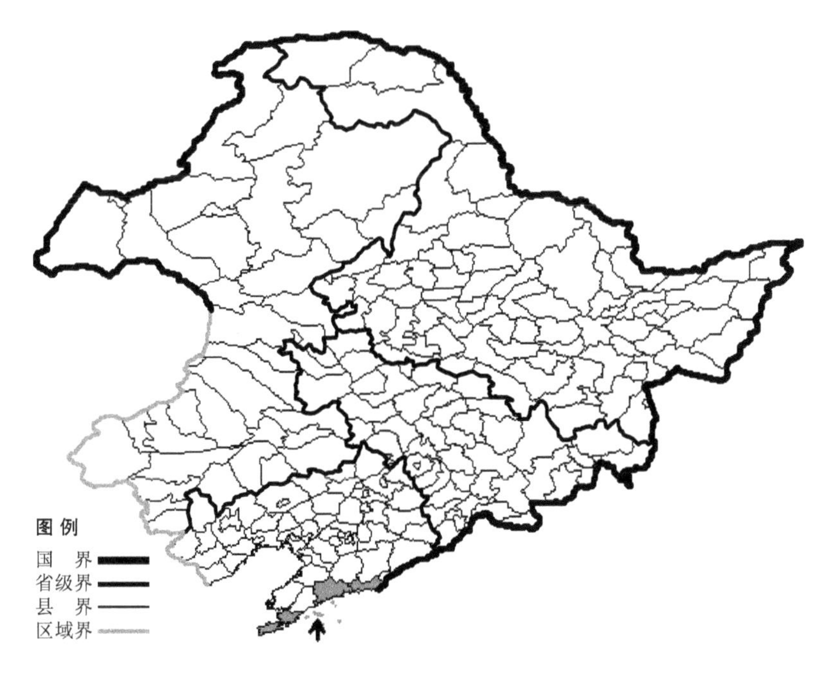

生境：山坡草地，林下，沙滩边，林缘，灌丛，沟谷，溪流旁，海拔 300 米以下。

产地：辽宁省大连、庄河、东港、长海。

分布：中国（辽宁、河北、山西、陕西、甘肃、山东、河南、华中、西南），朝鲜半岛，日本。

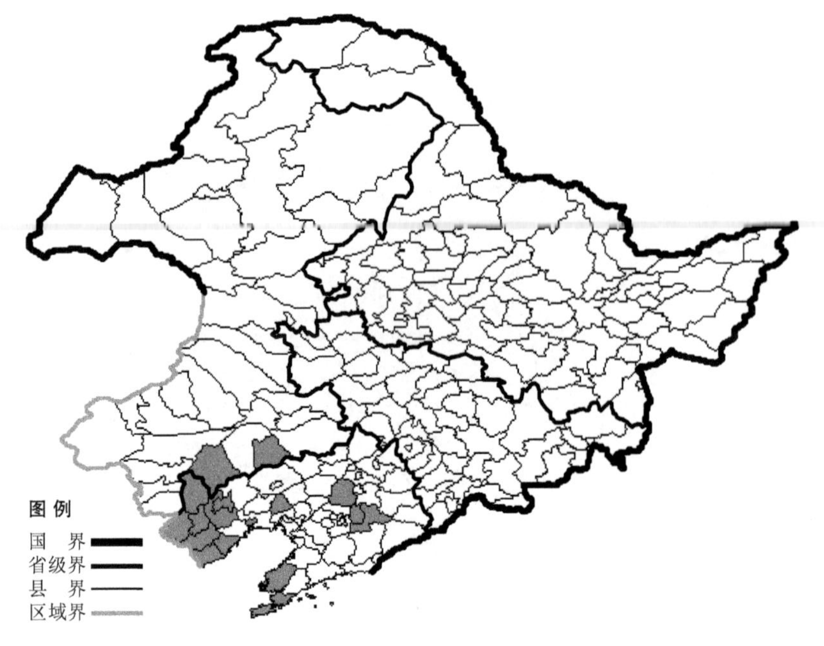

荆条

Vitex negundo L.var. **heterophylla** (Franch.) Rehd.

生境：山坡草地，海拔 800 米以下。

产地：辽宁省大连、北镇、建平、凌源、锦州、沈阳、建昌、兴城、喀左、绥中、朝阳、瓦房店、本溪，内蒙古库伦旗、敖汉旗。

分布：中国（辽宁、内蒙古、河北、山西、陕西、甘肃、江苏、安徽、河南、四川）。

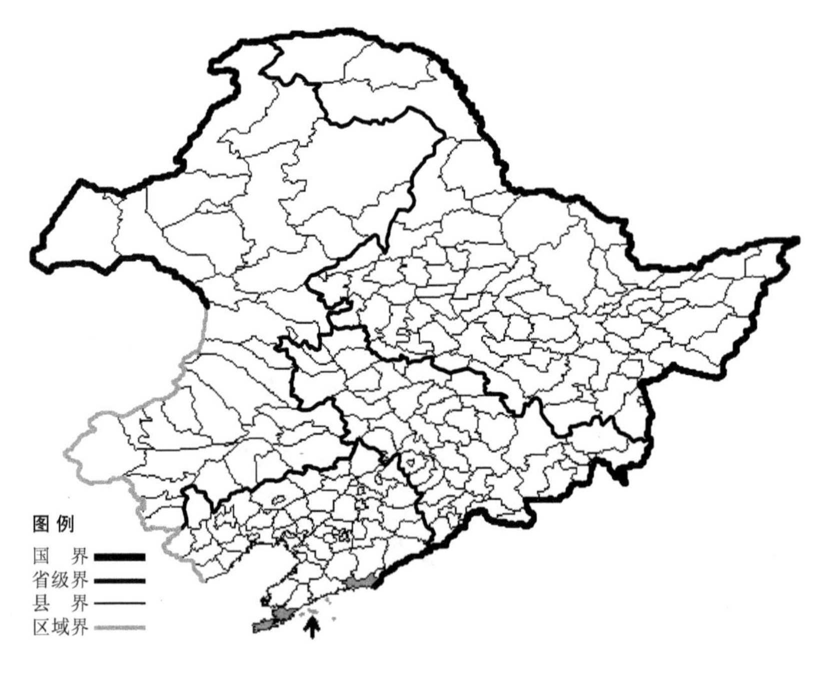

蔓荆

Vitex rotundifolia L.

生境：海边沙地。

产地：辽宁省长海、大连、东港。

分布：中国（辽宁、河北、山东、江苏、安徽、浙江、福建、江西、广东、云南、台湾），日本，印度，缅甸，泰国，越南，马来西亚，澳大利亚，新西兰。

水马齿科 Callitrichaceae

线叶水马齿

Callitriche hermaphroditica L.

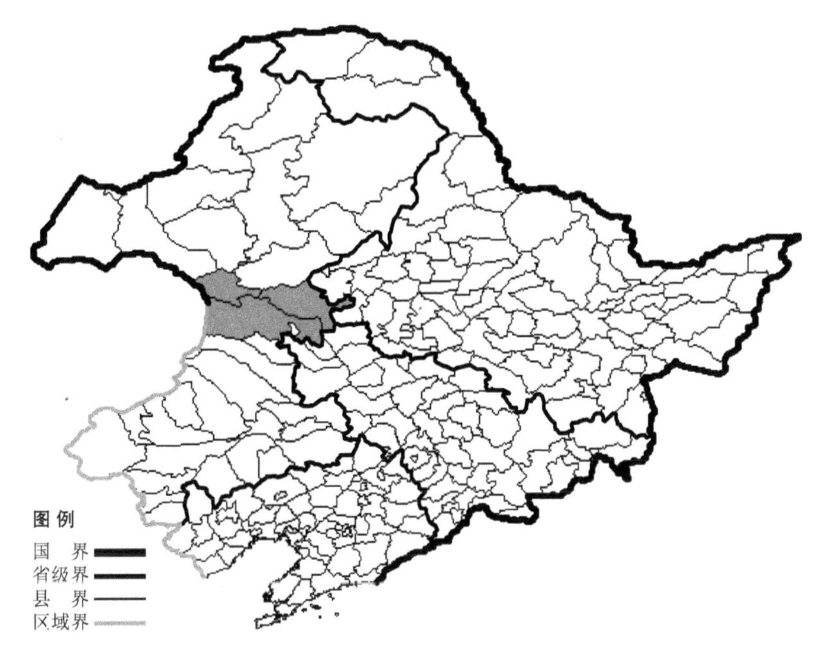

生境：湖泊，溪流缓水中，海拔约 800 米。

产地：内蒙古扎赉特旗、阿尔山、科尔沁右翼前旗。

分布：中国（内蒙古），日本，俄罗斯（欧洲部分、西伯利亚、远东地区），中亚，欧洲，北美洲，南美洲。

沼生水马齿

Callitriche palustris L.

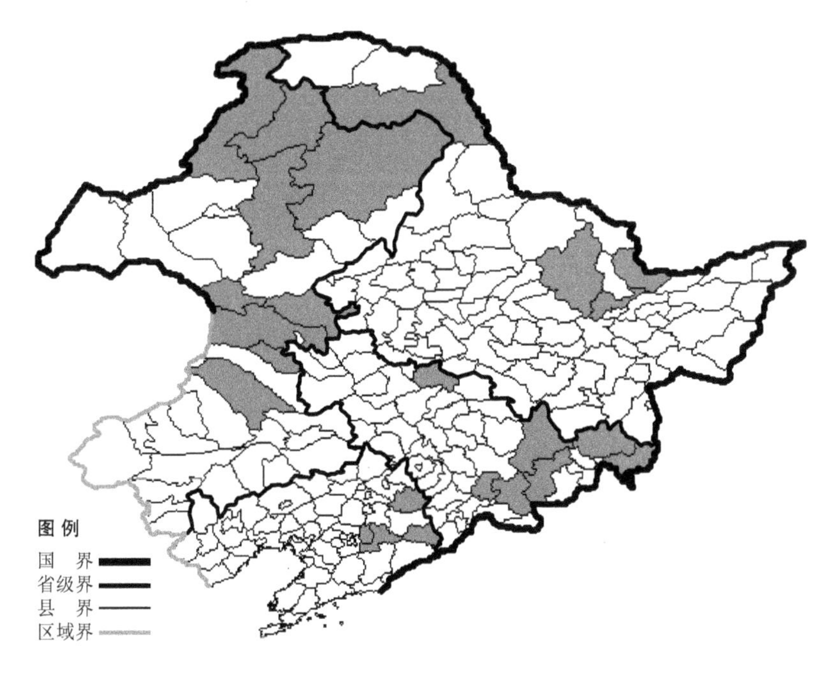

生境：林下湿草地，水田沟渠，溪流旁，沼泽，海拔 1000 米以下。

产地：黑龙江省呼玛、汤原、伊春、萝北，吉林省靖宇、敦化、抚松、安图、扶余、珲春、汪清，辽宁省清原、本溪、桓仁，内蒙古根河、额尔古纳、牙克石、鄂伦春旗、科尔沁右翼前旗、扎鲁特旗、阿尔山、扎赉特旗、突泉。

分布：中国（黑龙江、吉林、辽宁、内蒙古、华东至西南各省区），朝鲜半岛，日本，俄罗斯（欧洲部分、高加索、西伯利亚、远东地区），中亚，土耳其，欧洲，北美洲。

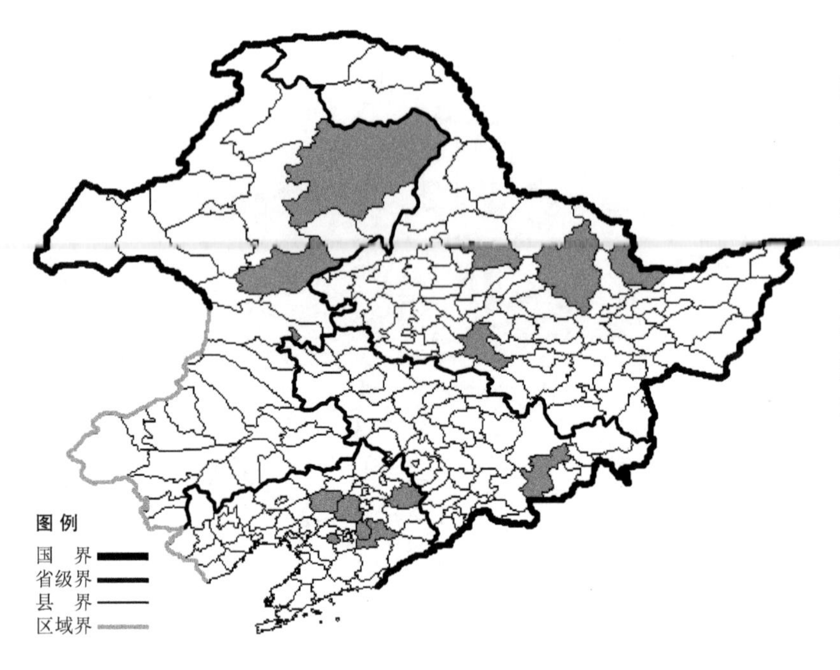

东北水马齿 Callitriche palustris L. var. **elegans** (V. Petr.) Y. L. Chang 生于溪流中、沼泽、湿草地，产于黑龙江省萝北、北安、伊春、哈尔滨，吉林省安图，辽宁省沈阳、鞍山、新民、清原、本溪，内蒙古鄂伦春旗、扎兰屯、乌兰浩特，分布于中国（黑龙江、吉林、辽宁、内蒙古），朝鲜半岛，日本，蒙古，俄罗斯（东部西伯利亚、远东地区）。

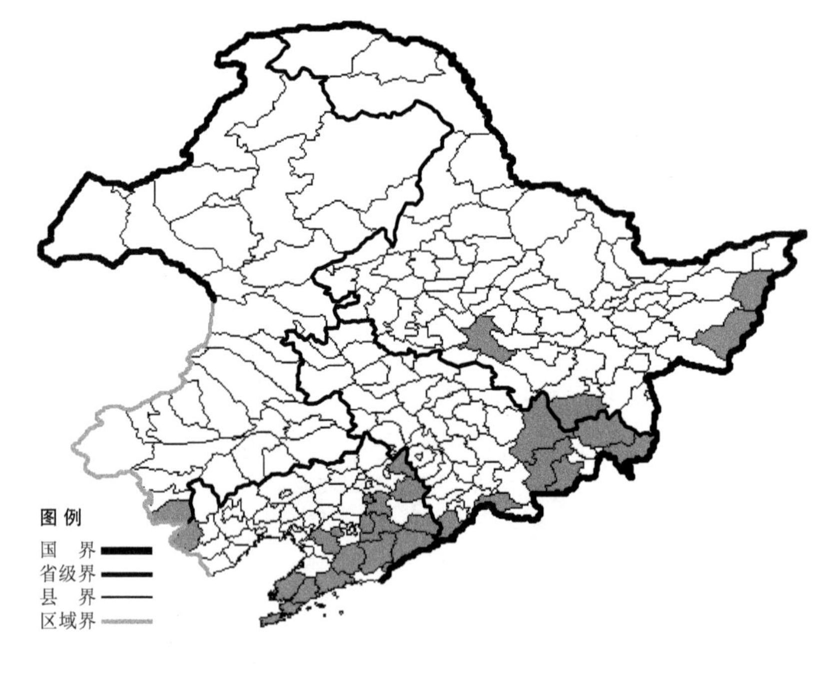

唇形科 Labiatae

藿香

Agastache rugosa (Fisch. et C. A. Mey.) O. Kuntze

生境：山坡草地，林间，沟谷，溪流旁，海拔 1200 米以下。

产地：黑龙江省哈尔滨、饶河、宁安、虎林，吉林省临江、和龙、安图、汪清、集安、珲春、敦化，辽宁省清原、海城、抚顺、鞍山、瓦房店、大连、普兰店、庄河、岫岩、凤城、宽甸、桓仁、西丰、凌源、丹东、本溪，内蒙古宁城。

分布：中国（全国各地），朝鲜半岛，日本，俄罗斯（远东地区），北美洲。

线叶筋骨草

Ajuga linearifolia Pamp.

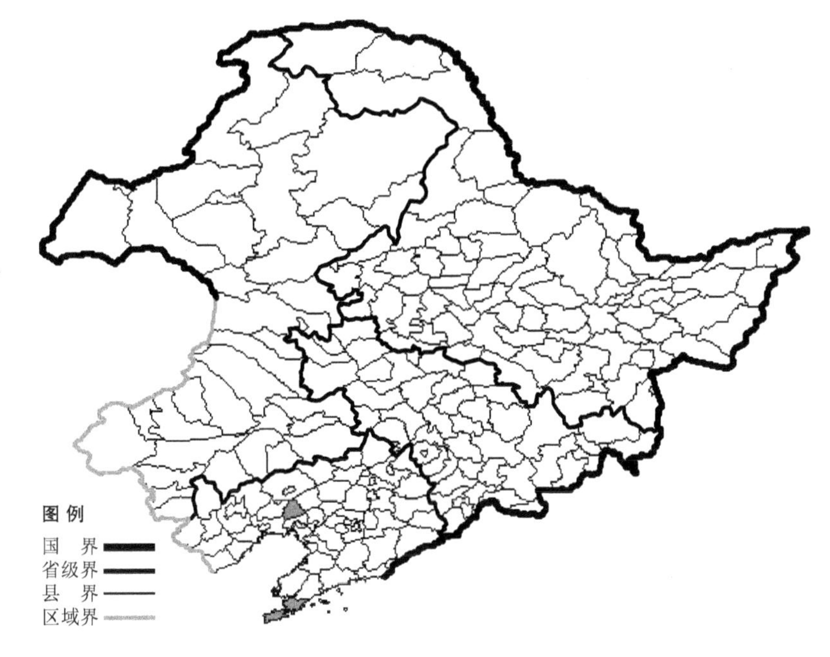

生境：山坡草地。

产地：辽宁省大连、北镇。

分布：中国（辽宁、河北、山西、陕西、湖北）。

多花筋骨草

Ajuga multiflora Bunge

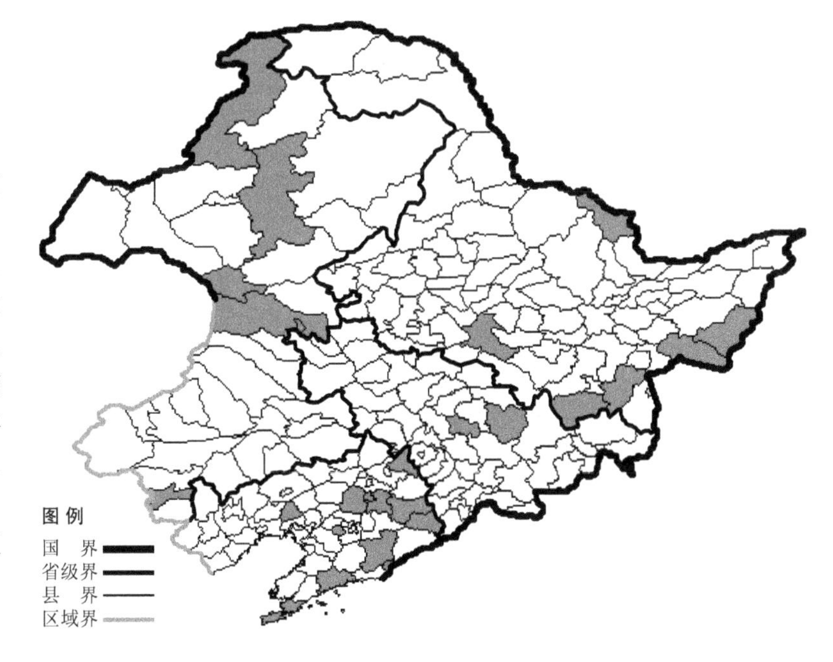

生境：向阳草地，路旁，人家附近。

产地：黑龙江省哈尔滨、虎林、密山、穆棱、宁安、嘉荫，吉林省永吉、蛟河，辽宁省沈阳、抚顺、新宾、桓仁、北镇、西丰、凤城、丹东、鞍山、庄河、大连，内蒙古阿尔山、喀喇沁旗、乌兰浩特、科尔沁右翼前旗、额尔古纳、牙克石。

分布：中国（黑龙江、吉林、辽宁、内蒙古、河北、山东、江苏、安徽），朝鲜半岛，俄罗斯（远东地区）。

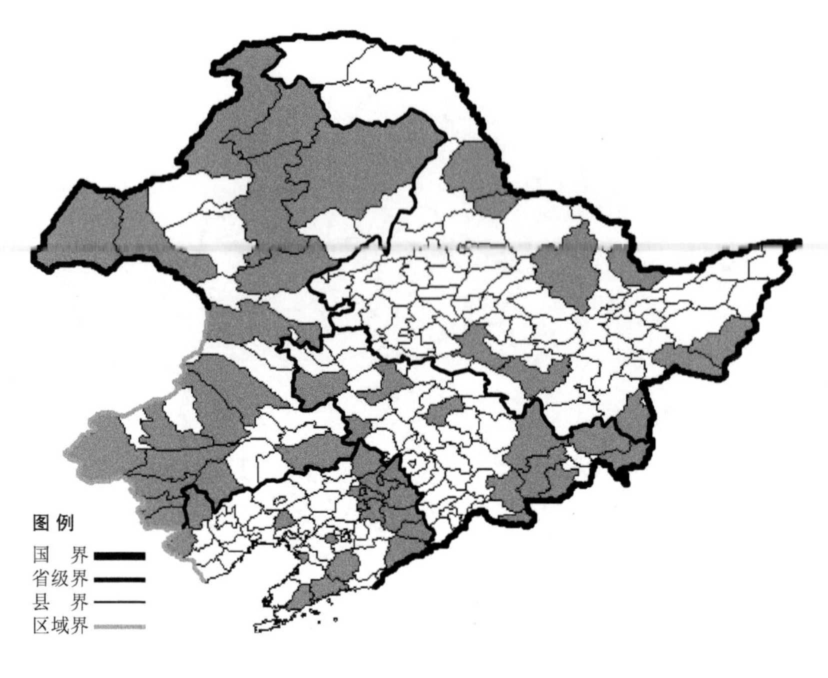

水棘针

Amethystea caerulea L.

生境：耕地旁，灌丛，林间湿草地，林缘，路旁，山坡草地，荒地，海拔 800 米以下。

产地：黑龙江省密山、虎林、萝北、黑河、东宁、孙吴、尚志、哈尔滨、伊春，吉林省抚松、安图、长白、和龙、敦化、珲春、汪清、九台、通榆、双辽、前郭尔罗斯，辽宁省开原、西丰、铁岭、昌图、新宾、北镇、清原、普兰店、庄河、营口、桓仁、宽甸、岫岩、建平、凌源、鞍山、抚顺，内蒙古根河、额尔古纳、扎兰屯、新巴尔虎右旗、新巴尔虎左旗、牙克石、鄂伦春旗、科尔沁右翼前旗、扎鲁特旗、满洲里、翁牛特旗、克什克腾旗、巴林右旗、阿鲁科尔沁旗、喀喇沁旗、赤峰、宁城、敖汉旗、科尔沁左翼后旗。

分布：中国（黑龙江、吉林、辽宁、内蒙古、河北、山西、陕西、甘肃、新疆、山东、江苏、安徽、河南、湖北、四川、云南），朝鲜半岛，日本，蒙古，俄罗斯（西伯利亚、远东地区），中亚，伊朗。

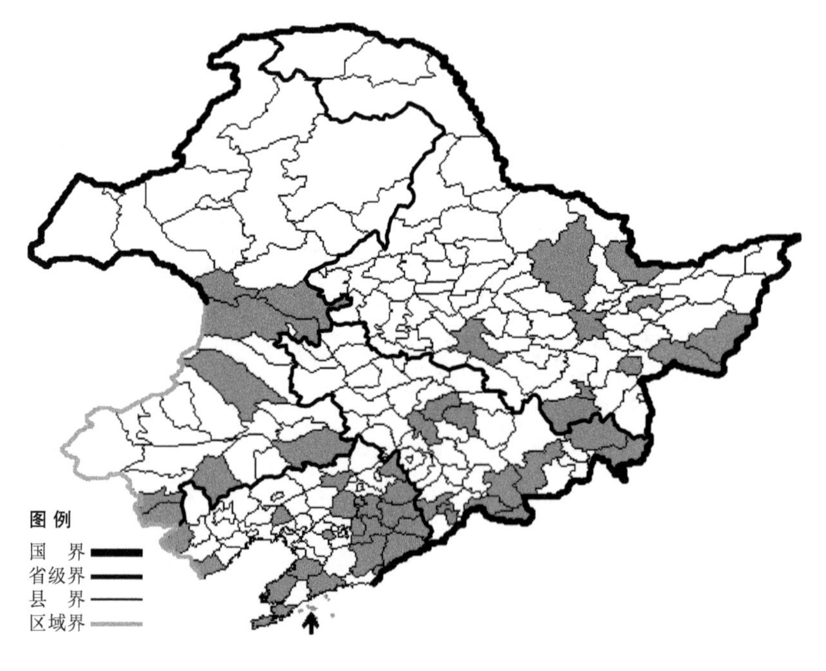

风车草

Clinopodium chinense O. Kuntze var. **grandiflorum** (Maxim.) Hara

生境：林缘，林下，沟旁，湿草地，海拔 900 米以下。

产地：黑龙江省牡丹江、宁安、鸡西、密山、依兰、哈尔滨、伊春、萝北、集贤、虎林，吉林省长春、吉林、临江、九台、汪清、珲春、长白、安图、通化、抚松，辽宁省西丰、清原、新宾、法库、凌源、北镇、沈阳、抚顺、本溪、长海、绥中、瓦房店、鞍山、桓仁、宽甸、凤城、丹东、盖州、庄河、大连，内蒙古宁城、科尔沁左翼后旗、敖汉旗、扎赉特旗、喀喇沁旗、扎鲁特旗、阿尔山、科尔沁右翼前旗。

分布：中国（黑龙江、吉林、辽宁、内蒙古、河北、山西、陕西、山东、江苏、河南、四川），朝鲜半岛，日本，俄罗斯（远东地区）。

光萼青兰

Dracocephalum argunense Fisch. ex Link

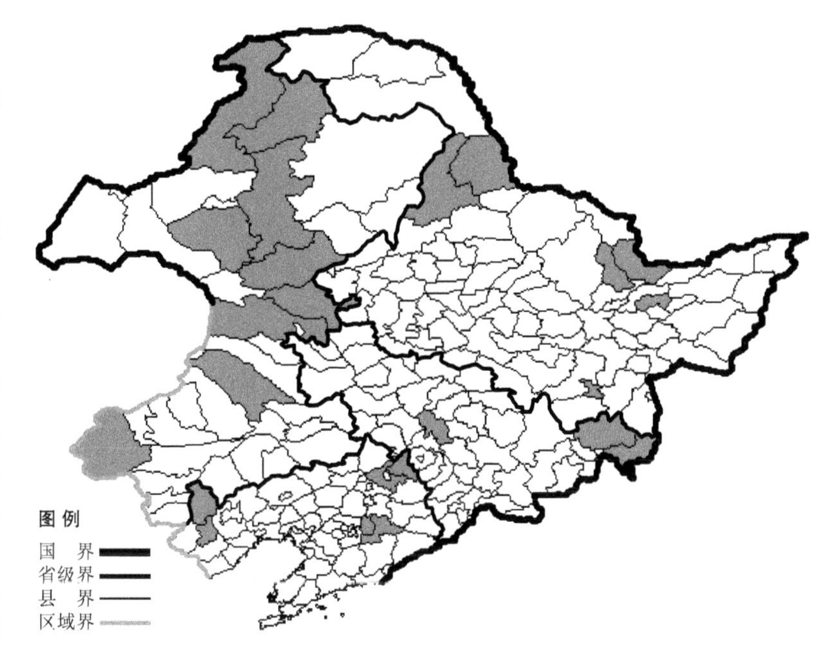

生境：山坡草地，灌丛，海拔 800 米以下。

产地：黑龙江省牡丹江、鹤岗、集贤、黑河、嫩江、萝北，吉林省长春、珲春、汪清，辽宁省西丰、开原、喀左、建平、本溪，内蒙古克什克腾旗、根河、鄂温克旗、牙克石、额尔古纳、科尔沁右翼前旗、扎鲁特旗、扎兰屯、克什克腾旗、扎赉特旗。

分布：中国（黑龙江、吉林、辽宁、内蒙古、河北），朝鲜半岛，俄罗斯（东部西伯利亚、远东地区）。

香青兰

Dracocephalum moldavica L.

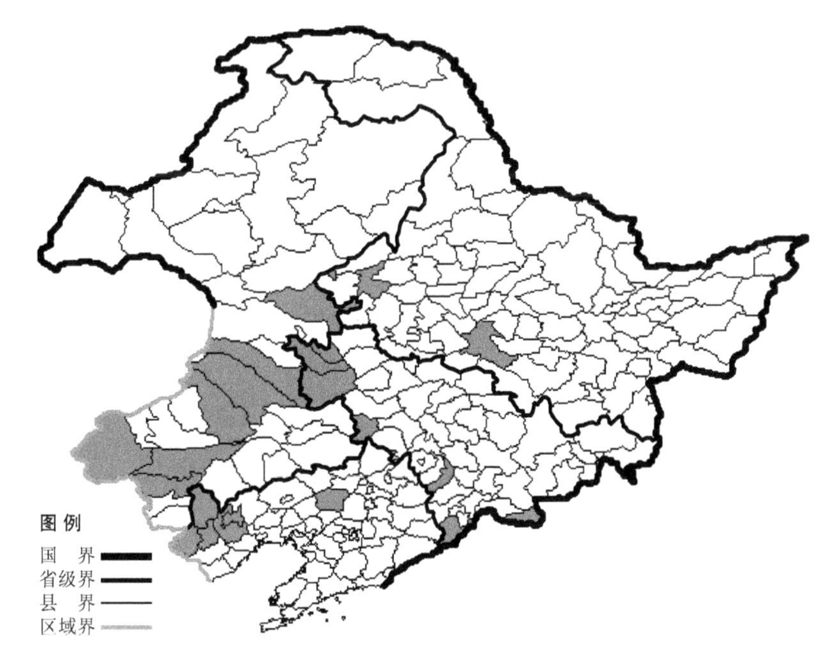

生境：山坡，向阳草地，沟谷，海拔 700 米以下。

产地：黑龙江省齐齐哈尔、哈尔滨，吉林省洮南、双辽、白城、通榆、梅河口、集安、长白，辽宁省朝阳、建平、喀左、新民、凌源，内蒙古扎鲁特旗、克什克腾旗、阿鲁科尔沁旗、赤峰、翁牛特旗、科尔沁右翼中旗、扎赉特旗。

分布：中国（黑龙江、吉林、辽宁、内蒙古、河北、山西、陕西、甘肃、青海、河南），俄罗斯（欧洲部分、西伯利亚、远东地区），中亚，欧洲。

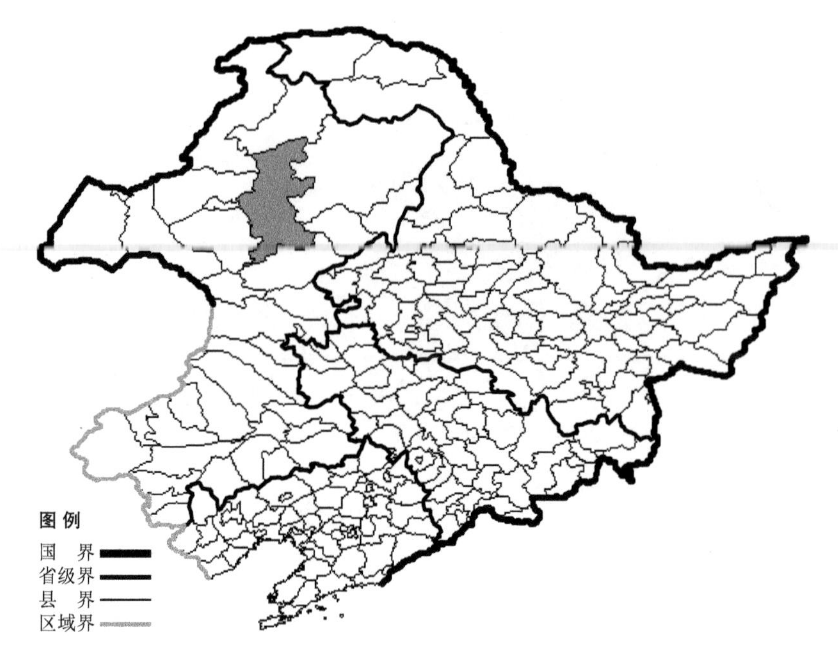

垂花青兰

Dracocephalum nutans L.

生境：山阴坡。

产地：内蒙古牙克石。

分布：中国（内蒙古、新疆），蒙古，俄罗斯（欧洲部分、西伯利亚、远东地区），中亚。

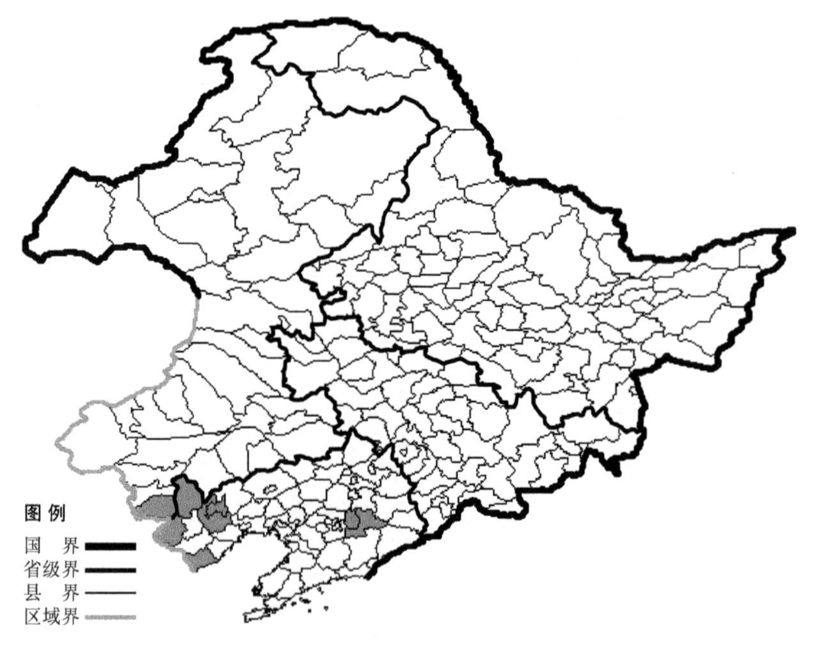

岩青兰

Dracocephalum rupestre Hance.

生境：山坡草地，疏林下，海拔 1200 米以下。

产地：辽宁省本溪、建平、凌源、绥中、朝阳，内蒙古宁城。

分布：中国（辽宁、内蒙古、河北、山西、青海），朝鲜半岛。

青兰

Dracocephalum ruyschiana L.

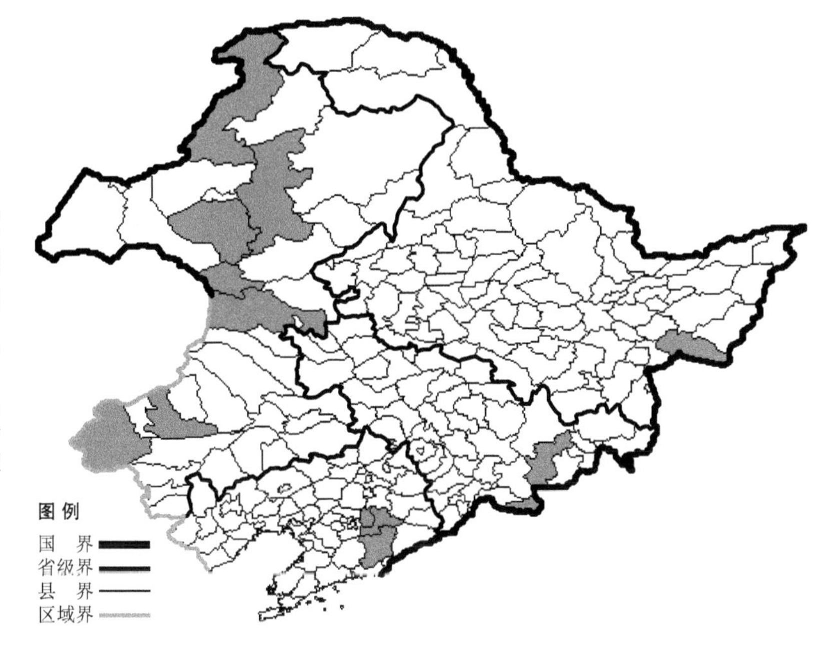

生境：林缘，山阳坡草甸。

产地：黑龙江省密山，吉林省安图、长白，辽宁省凤城、本溪，内蒙古科尔沁右翼前旗、克什克腾旗、鄂温克旗、巴林右旗、额尔古纳、牙克石、阿尔山。

分布：中国（黑龙江、吉林、辽宁、内蒙古、新疆），蒙古，俄罗斯（欧洲部分、高加索、西伯利亚），中亚，欧洲。

小穗水蜡烛

Dysophylla fauriei Levl.

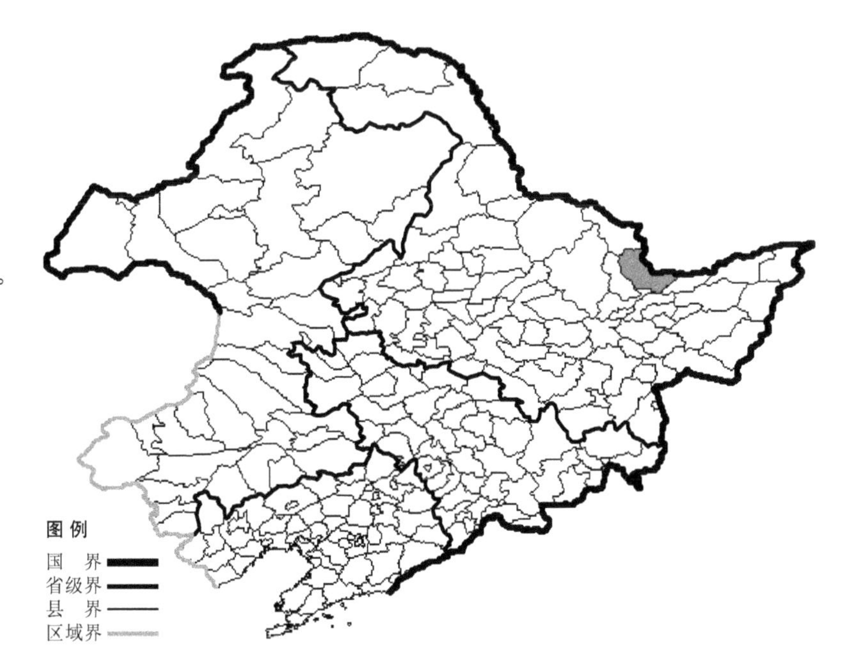

生境：沼泽。

产地：黑龙江省萝北。

分布：中国（黑龙江），朝鲜半岛。

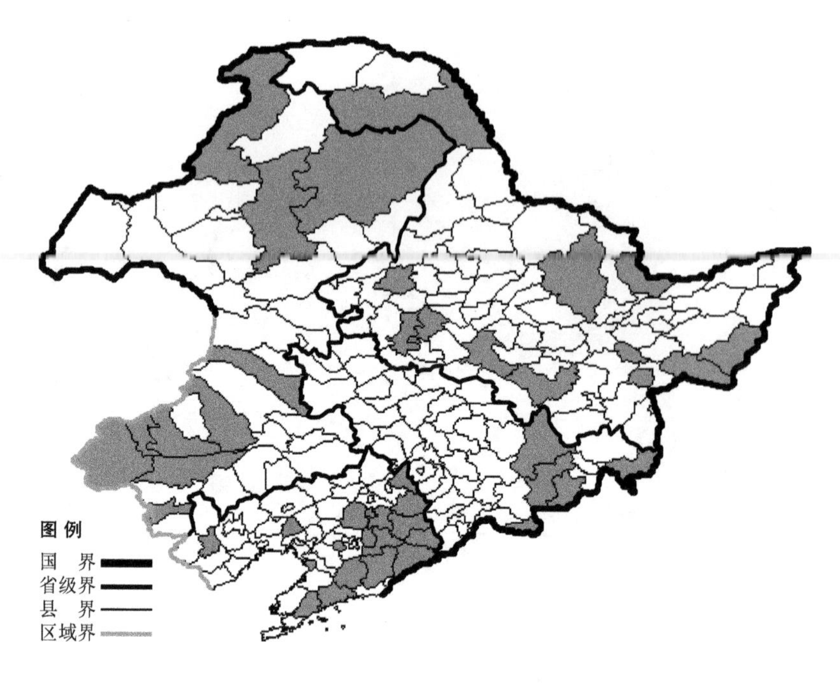

香薷

Elsholtzia ciliata (Thunb.) Hyland.

生境：河边草地，山坡草地，林下，林缘，路旁，耕地旁，人家附近，荒地，海拔 1400 米以下。

产地：黑龙江省哈尔滨、鸡西、安达、伊春、尚志、大庆、富裕、勃利、萝北、密山、虎林、呼玛，吉林省安图、和龙、敦化、长白、珲春，辽宁省沈阳、鞍山、抚顺、本溪、西丰、清原、新宾、宽甸、凤城、岫岩、营口、普兰店、庄河、北镇、喀左、桓仁，内蒙古翁牛特旗、额尔古纳、科尔沁右翼中旗、鄂伦春旗、牙克石、阿鲁科尔沁旗、喀喇沁旗、克什克腾旗、巴林右旗、林西。

分布：中国（全国各地），朝鲜半岛，日本，蒙古，俄罗斯（西伯利亚、远东地区），印度，中南半岛。

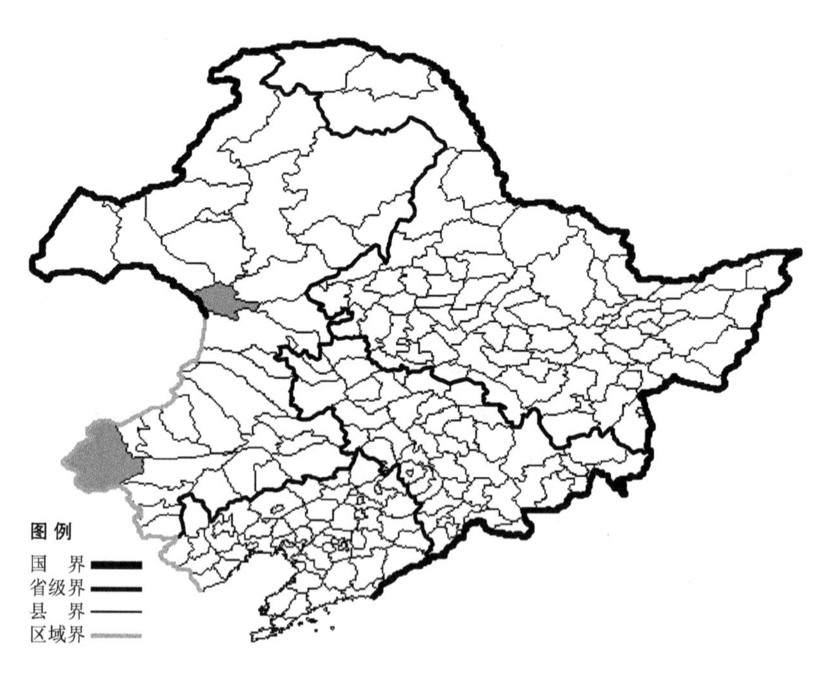

密花香薷

Elsholtzia densa Benth.

生境：路旁，荒地。

产地：内蒙古阿尔山、克什克腾旗。

分布：中国（内蒙古、河北、山西、陕西、甘肃、青海、四川、云南、西藏），蒙古，中亚，阿富汗，巴基斯坦，尼泊尔，印度。

细穗香薷 Elsholtzia densa Benth. var. **ianthina** (Maxim.) C. Y. Wu et S. C. Huang 生于湿草地，产于内蒙古克什克腾旗、敖汉旗、阿尔山、牙克石、鄂伦春旗、鄂温克旗，分布于中国（内蒙古、河北、山西、陕西、甘肃、青海、四川）。

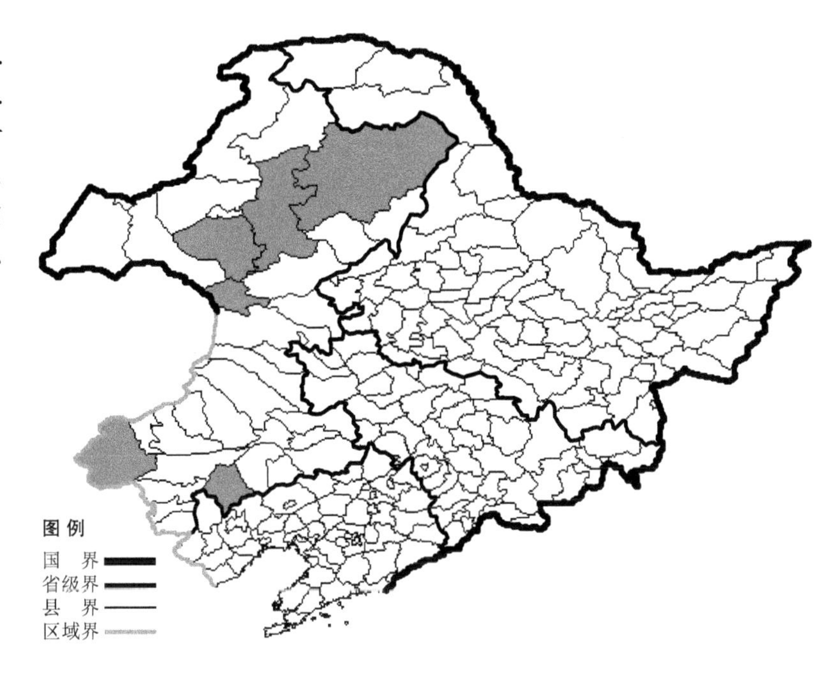

海州香薷

Elsholtzia pseudo-cristata Levl. et Vant.

生境：林缘，灌丛，山坡草地，石砾质地，路旁，耕地旁，海拔 100-700 米。

产地：黑龙江省尚志，吉林省安图、集安，辽宁省本溪、宽甸、凤城、庄河。

分布：中国（黑龙江、吉林、辽宁、河北），朝鲜半岛，俄罗斯（远东地区）。

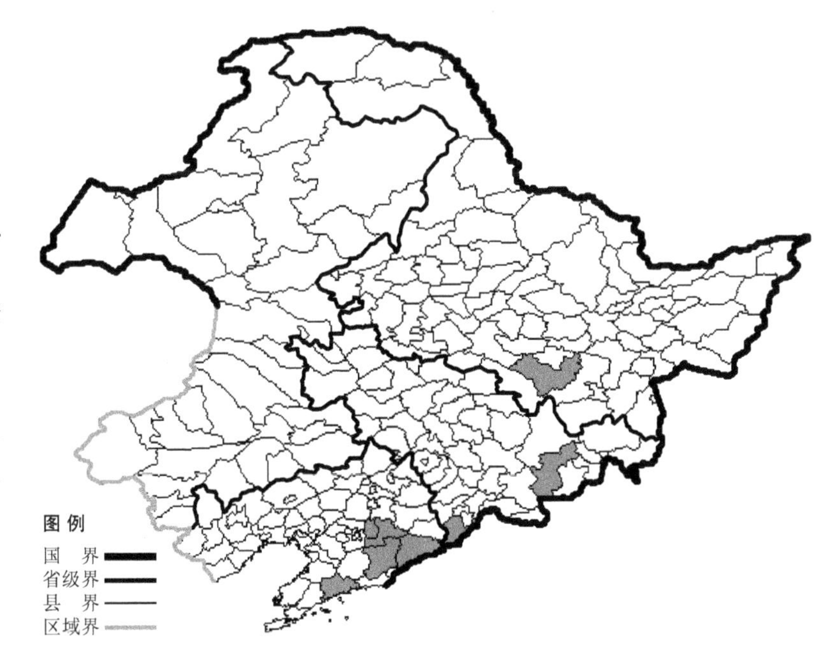

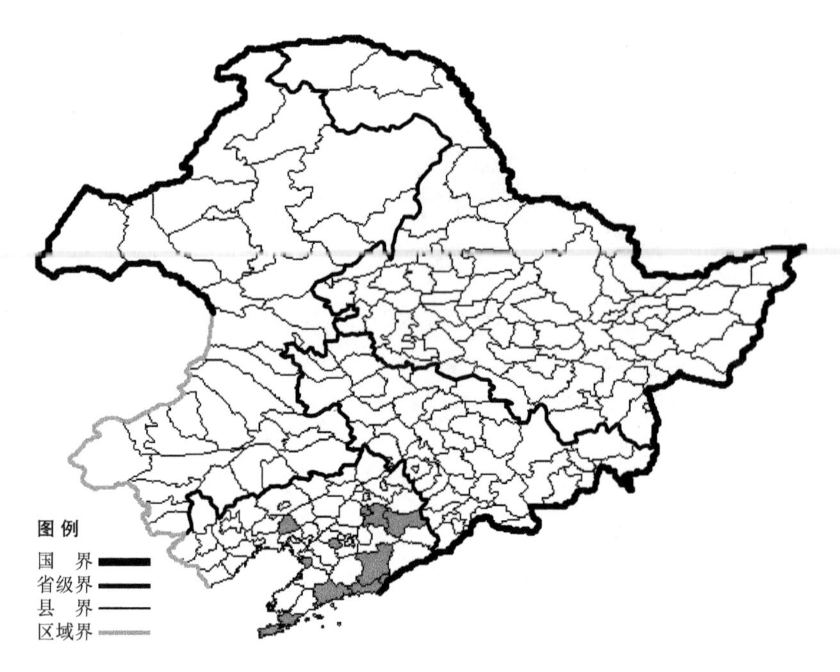

狭叶香薷 Elsholtzia pseudo-cristata Levl. et Vant. var. **angustifolia** (Loes.) P. Y. Fu 生于山坡、林缘、路旁、草地、岩石缝间，海拔约 300 米，产于辽宁省北镇、营口、庄河、大连、凤城、东港、丹东、新宾、鞍山、抚顺，分布于中国（辽宁），朝鲜半岛。

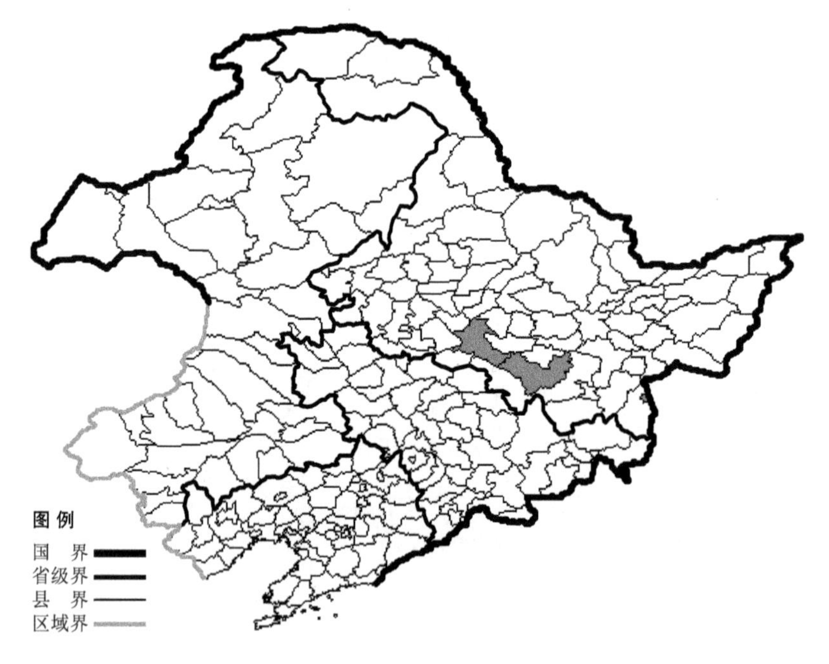

岩生香薷 Elsholtzia pseudo-cristata Levl. et Vant. var. **saxatilis** (Kom.) Nakai 生于岩石缝间，产于黑龙江省哈尔滨、绥芬河、尚志，分布于中国（黑龙江、山东），朝鲜半岛，俄罗斯（远东地区）。

木香薷

Elsholtzia stauntoni Benth.

生境：山坡草地，路旁，沙质地。

产地：辽宁省大连、凌源、绥中、锦州。

分布：中国（辽宁、河北、山西、陕西、甘肃、河南）。

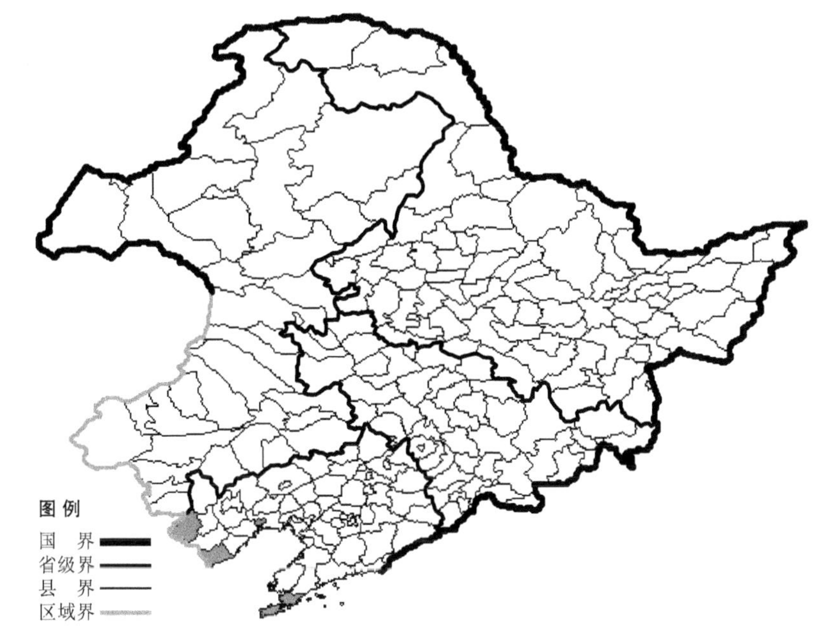

鼬瓣花

Galeopsis bifida Boenn.

生境：草甸，林下，林缘，湿草地，向阳草地，人家附近，海拔 1500 米以下。

产地：黑龙江省呼玛、宁安、海林、虎林、哈尔滨、萝北、尚志、伊春、黑河、嫩江、漠河，吉林省安图、珲春、和龙、蛟河、长白，辽宁省桓仁、清原、凌源，内蒙古额尔古纳、扎兰屯、鄂伦春旗、牙克石。

分布：中国（黑龙江、吉林、辽宁、内蒙古、山西、陕西、甘肃、青海、湖北、四川、贵州、云南、西藏），朝鲜半岛，蒙古，日本，俄罗斯（欧洲部分、高加索、西伯利亚、远东地区），中亚，欧洲。

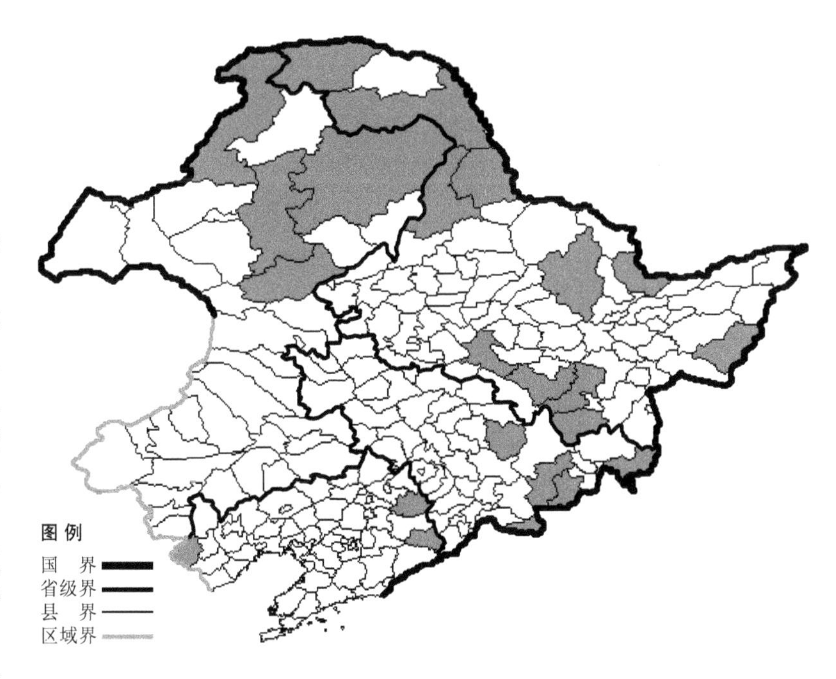

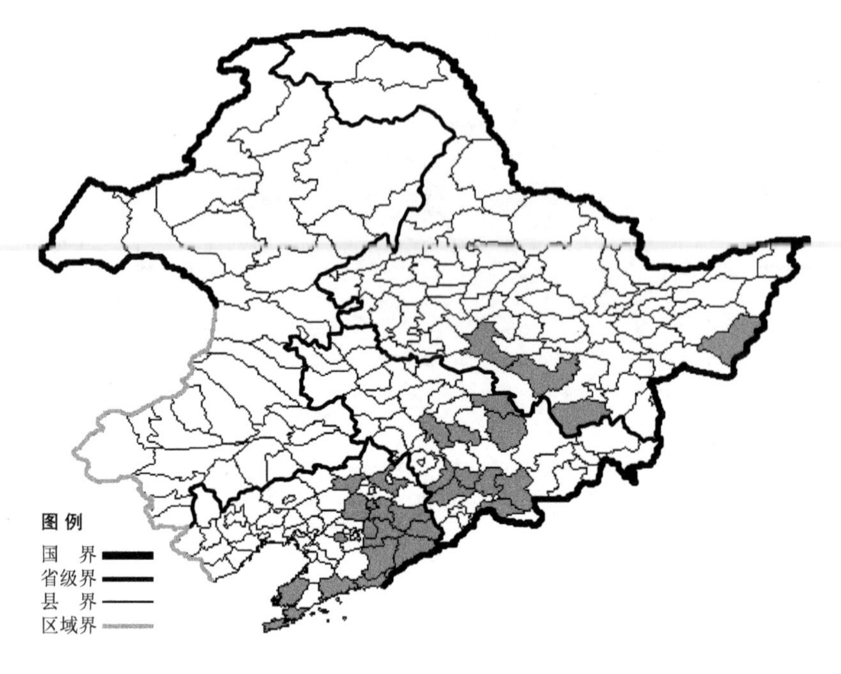

活血丹

Glechoma hederacea L. var. **longituba** Nakai

生境：林缘，林下，山坡草地，路旁，海拔约 300 米。

产地：黑龙江省哈尔滨、尚志、虎林、宁安，吉林省永吉、蛟河、临江、长春、梅河口、柳河、辉南、抚松、靖宇、舒兰，辽宁省新宾、抚顺、鞍山、沈阳、瓦房店、庄河、本溪、大连、东港、法库、开原、桓仁、宽甸、丹东、凤城。

分布：中国（全国各地），朝鲜半岛，俄罗斯（远东地区）。

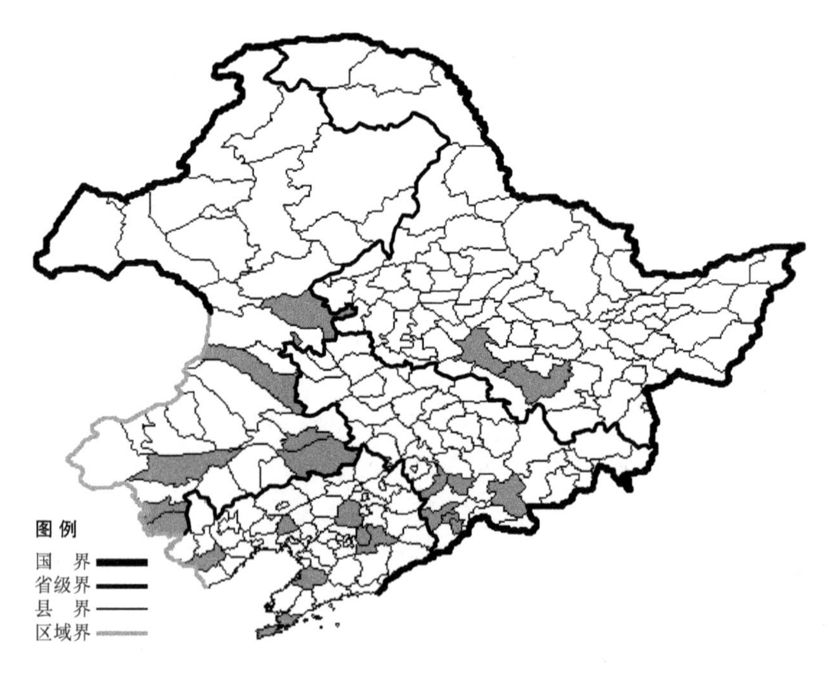

夏至草

Lagopsis supina (Steph.) Ik.-Gal. ex Knorr.

生境：山坡草地，路旁。

产地：黑龙江省哈尔滨、尚志，吉林省通化、梅河口、抚松、辉南，辽宁省盖州、沈阳、北镇、建昌、大连、本溪，内蒙古科尔沁左翼后旗、翁牛特旗、喀喇沁旗、宁城、通辽、科尔沁右翼中旗、扎赉特旗、乌兰浩特。

分布：中国（黑龙江、吉林、辽宁、内蒙古、河北、山西、陕西、甘肃、青海、新疆、山东、江苏、浙江、安徽、河南、湖北、四川、贵州、云南），朝鲜半岛，日本，蒙古，俄罗斯（东部西伯利亚）。

野芝麻

Lamium album L.

生境：林下，林缘，湿草地，较肥沃草地，海拔 1200 米以下。

产地：黑龙江省哈尔滨、伊春、尚志、宁安、汤原、密山、虎林、嘉荫、呼玛，吉林省蛟河、安图、珲春、抚松、临江、梅河口、通化、柳河、辉南、集安、靖宇、长白、桦甸，辽宁省鞍山、本溪、凤城、宽甸、清原、西丰、东港、庄河、新宾、桓仁，内蒙古科尔沁右翼前旗、额尔古纳、根河、牙克石、扎兰屯、阿尔山、通辽、鄂伦春旗、扎赉特旗、鄂温克旗、阿鲁科尔沁旗。

分布：中国（黑龙江、吉林、辽宁、内蒙古、山西、甘肃、新疆），朝鲜半岛，蒙古，俄罗斯（北极带、高家索、西伯利亚、远东地区），中亚，土耳其，伊朗，印度，欧洲，北美洲。

粉花野芝麻 Lamium album L. var. **barbatum** (Sieb. et Zucc.) Franch. et Sav. 生于林下，海拔 300-900 米，产于黑龙江省嘉荫，吉林省安图、长白、集安、抚松，辽宁省桓仁、清原、本溪，分布于中国（黑龙江、吉林、辽宁、河北、山西、陕西、宁夏、甘肃、山东、江苏、安徽、浙江、福建、河南、湖北、江西、湖南、四川、贵州），朝鲜半岛，日本，俄罗斯（远东地区）。

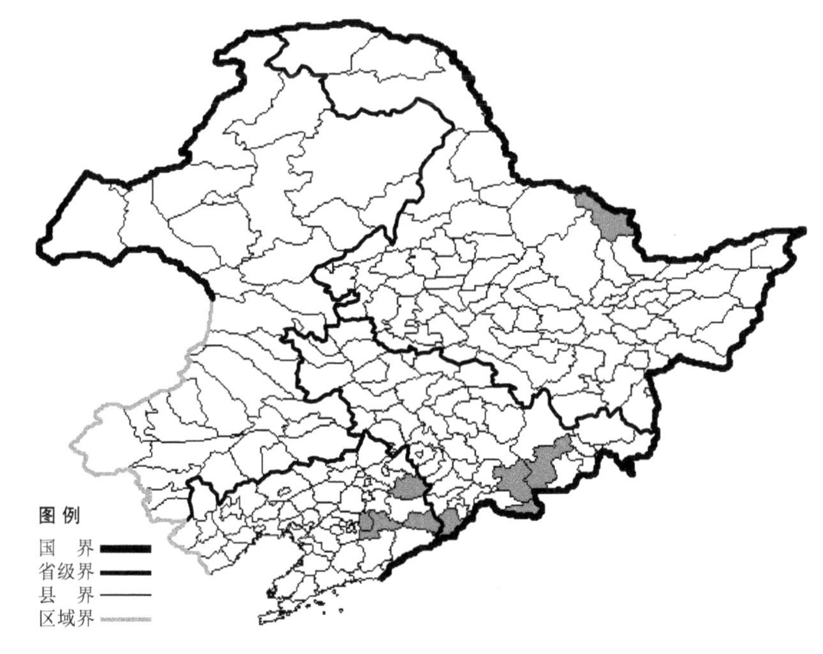

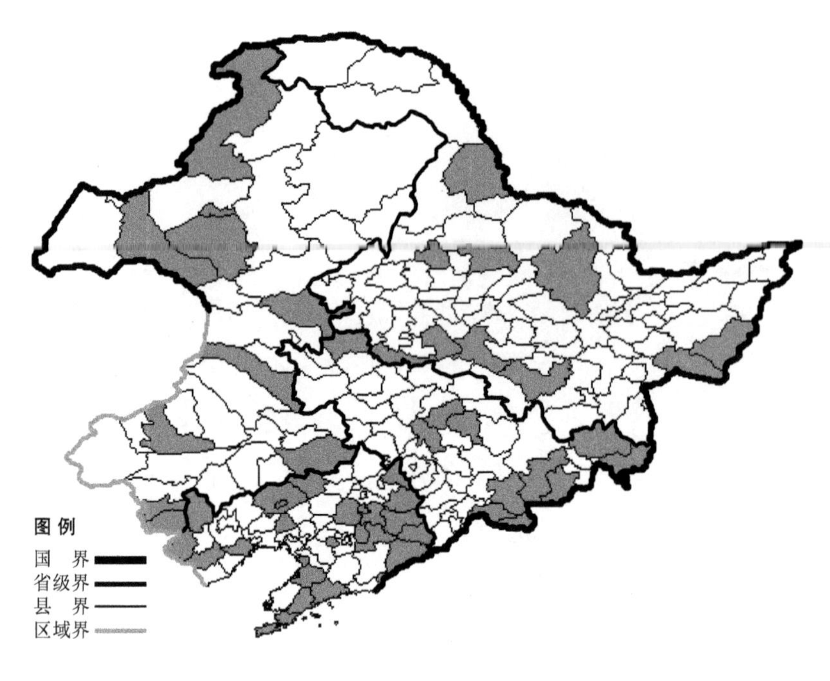

益母草

Leonurus japonicus Houtt.

生境：耕地旁，荒地，山坡草地，海拔 1000 米以下。

产地：黑龙江省黑河、哈尔滨、虎林、密山、北安、克山、尚志、肇东、肇源、伊春，吉林省长春、临江、吉林、九台、镇赉、安图、长白、和龙、汪清、珲春、抚松，辽宁省桓仁、宽甸、大连、鞍山、本溪、北镇、丹东、盖州、建昌、建平、葫芦岛、凌源、清原、沈阳、西丰、新宾、普兰店、营口、彰武、庄河、阜新、抚顺，内蒙古扎赉特旗、科尔沁左翼后旗、巴林右旗、宁城、海拉尔、额尔古纳、鄂温克旗、新巴尔虎左旗、科尔沁右翼中旗、喀喇沁旗。

分布：中国（全国各地），朝鲜半岛，日本，俄罗斯（西伯利亚），亚洲温带至热带，非洲，北美洲。

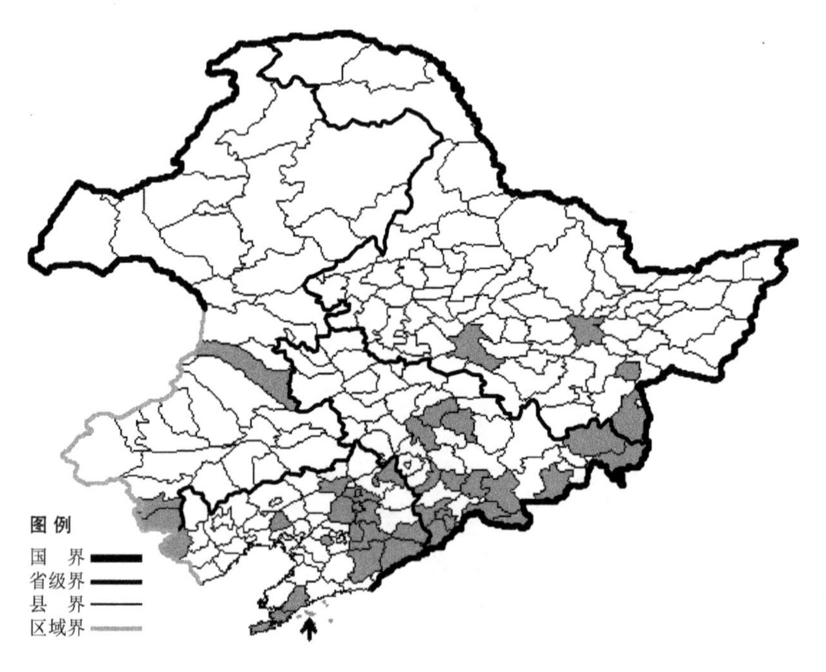

大花益母草

Leonurus macranthus Maxim.

生境：林缘，林下，灌丛，山坡草地，海拔 900 米以下。

产地：黑龙江省鸡西、东宁、依兰、哈尔滨，吉林省吉林、长春、通化、汪清、和龙、珲春、长白、九台、梅河口、辉南、集安、抚松、靖宇、临江，辽宁省鞍山、抚顺、凤城、铁岭、西丰、普兰店、大连、长海、沈阳、法库、北镇、凌源、桓仁、宽甸、本溪，内蒙古科尔沁右翼中旗、宁城、喀喇沁旗。

分布：中国（黑龙江、吉林、辽宁、内蒙古、河北），朝鲜半岛，日本，俄罗斯（远东地区）。

假大花益母草

Leonurus pseudomacranthus Kitag.

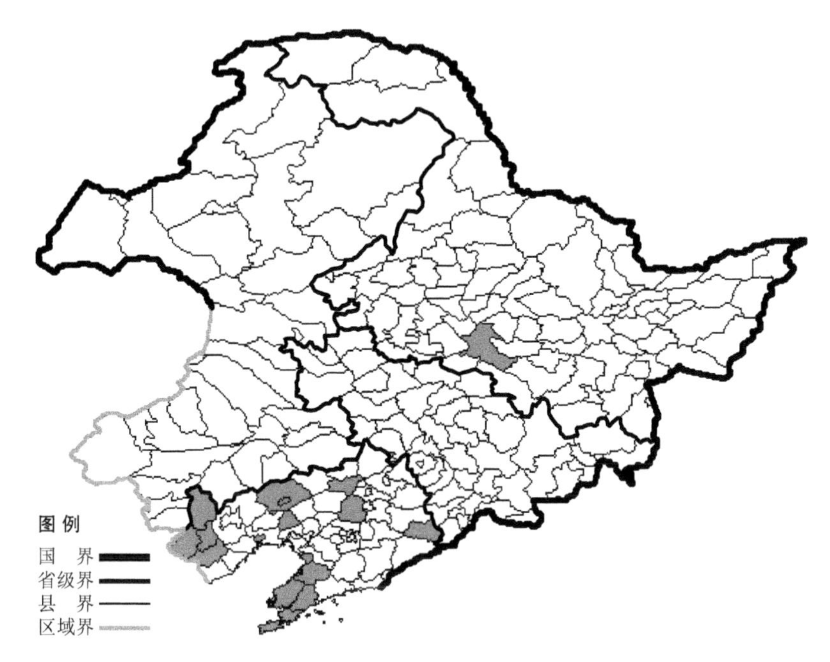

生境：山坡草地，林下，丘陵，沟边，河边，海拔约 400 米。

产地：黑龙江省哈尔滨，辽宁省法库、盖州、大连、营口、北镇、锦州、阜新、喀左、建平、建昌、凌源、桓仁、沈阳、普兰店、瓦房店。

分布：中国（黑龙江、辽宁、河北、山西、陕西、甘肃、江苏、安徽、山东、河南）。

细叶益母草

Leonurus sibiricus L.

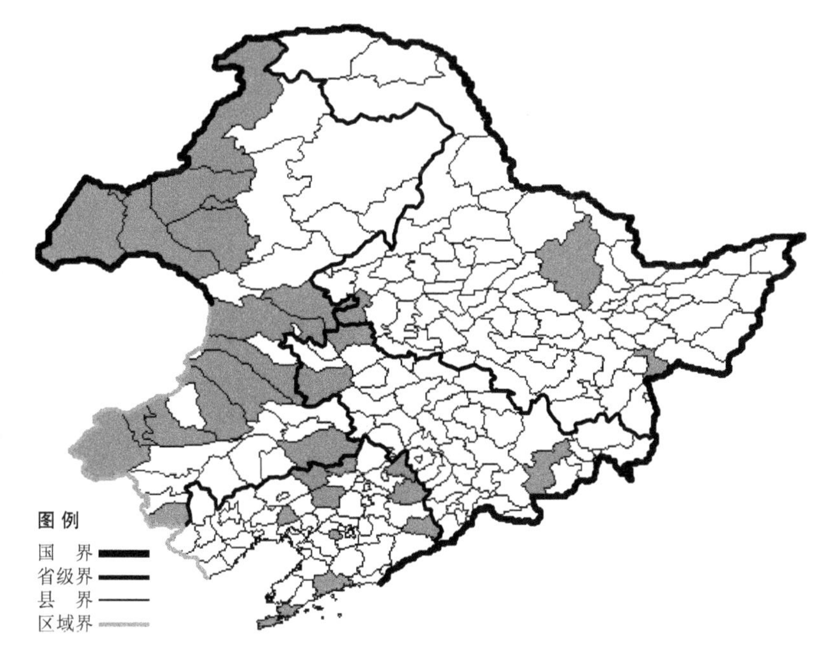

生境：石砾质地，沙质草地，沙丘，海拔 700 米以下。

产地：黑龙江省鸡东、伊春、泰来，吉林省通榆、安图、镇赉，辽宁省北镇、鞍山、清原、庄河、西丰、康平、新民、彰武、桓仁、大连，内蒙古海拉尔、满洲里、额尔古纳、扎鲁特旗、科尔沁左翼后旗、科尔沁右翼前旗、科尔沁右翼中旗、扎赉特旗、克什克腾旗、巴林右旗、阿鲁科尔沁旗、宁城、陈巴尔虎旗、鄂温克旗、新巴尔虎右旗、新巴尔虎左旗、林西。

分布：中国（黑龙江、吉林、辽宁、内蒙古、河北、山西、陕西），朝鲜半岛，蒙古，俄罗斯（西伯利亚）。

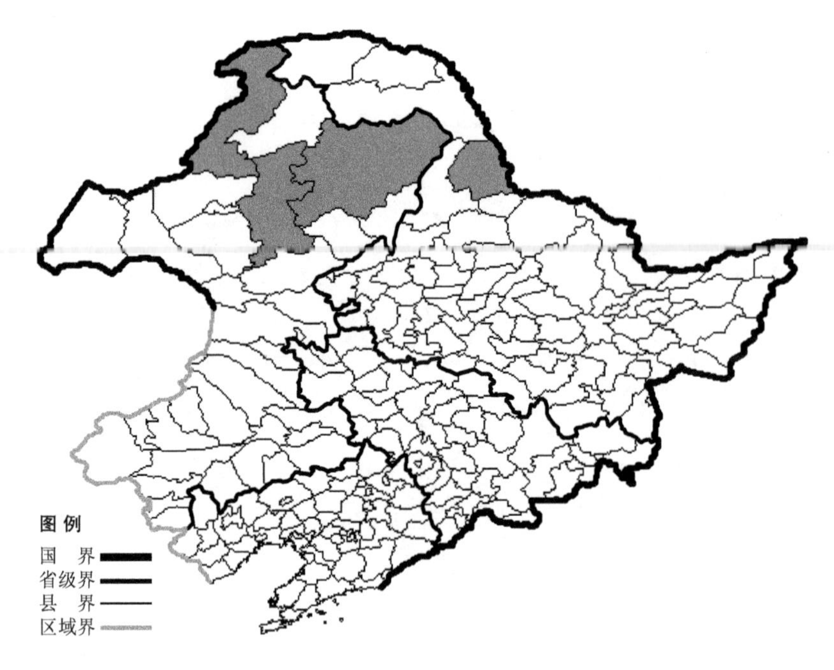

兴安益母草

Leonurus tataricus L.

生境：林下，山坡草地，海拔900米以下。

产地：黑龙江省黑河，内蒙古额尔古纳、牙克石、鄂伦春旗。

分布：中国（黑龙江、内蒙古），俄罗斯（西伯利亚）。

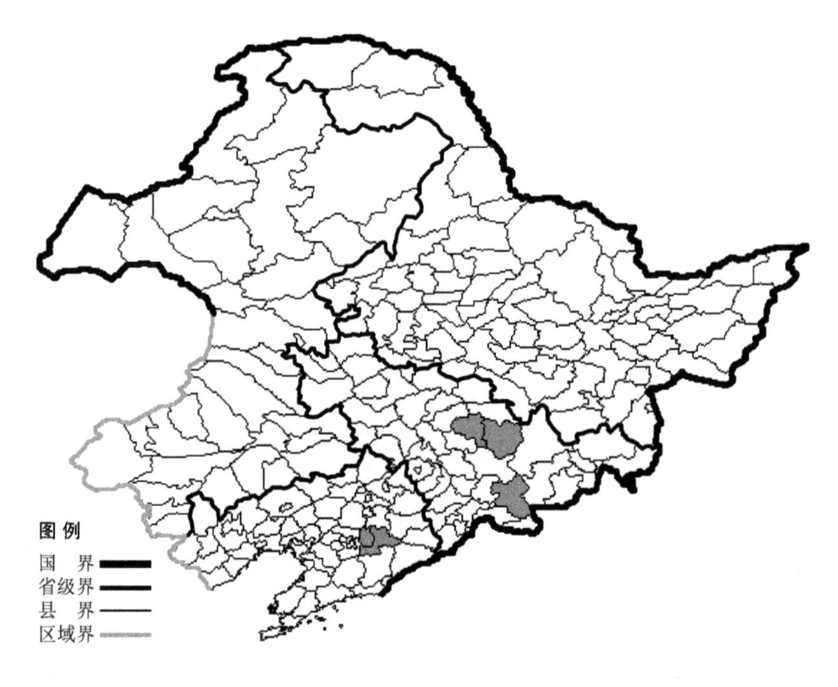

朝鲜地瓜苗

Lycopus coreanus Levl.

生境：山坡草地，路旁，海拔900米以下。

产地：吉林省吉林、蛟河、抚松，辽宁省本溪。

分布：中国（吉林、辽宁、浙江、安徽、江西），朝鲜半岛，日本。

地瓜苗

Lycopus lucidus Turcz.

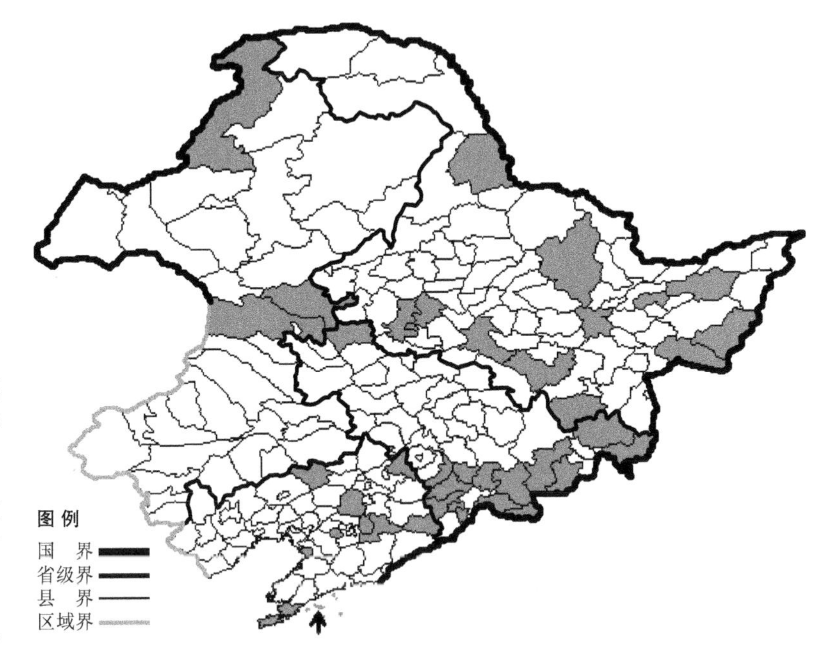

生境：草甸，林下，湿草地，溪流旁，海拔 1800 米以下。

产地：黑龙江省哈尔滨、伊春、富锦、集贤、依兰、密山、虎林、宁安、大庆、尚志、安达、黑河，吉林省汪清、珲春、和龙、安图、通化、抚松、镇赉、临江、梅河口、柳河、辉南、靖宇、长白，辽宁省西丰、彰武、沈阳、本溪、桓仁、鞍山、营口、长海、大连，内蒙古扎赉特旗、科尔沁右翼前旗、额尔古纳。

分布：中国（黑龙江、吉林、辽宁、内蒙古、河北、陕西、四川、贵州、云南），朝鲜半岛，日本，俄罗斯（东部西伯利亚、远东地区）。

异叶地瓜苗 Lycopus lucidus Turcz. var. **maackianus** Maxim. 生于湿草地、沼泽、路旁，产于黑龙江省伊春、黑河，吉林省珲春、安图，内蒙古阿荣旗，分布于中国（黑龙江、吉林、内蒙古），朝鲜半岛，日本，俄罗斯（远东地区）。

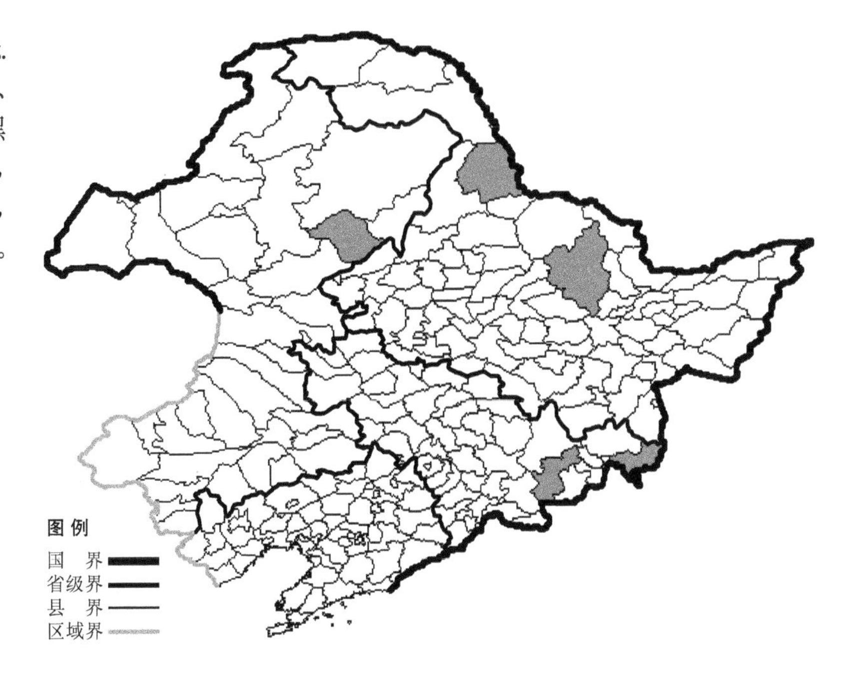

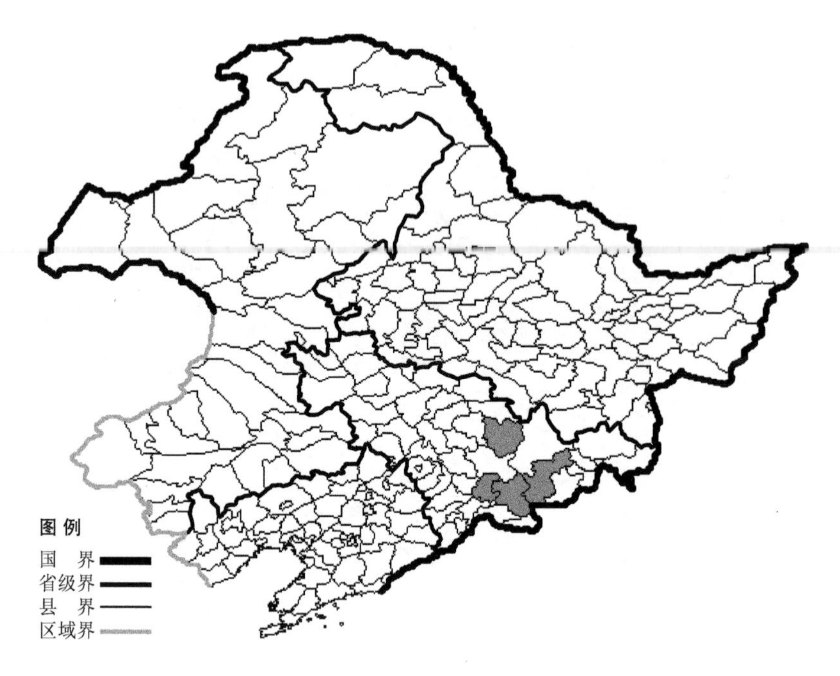

小花地瓜苗

Lycopus uniflorus Michx.

生境：林下，湿草地，路旁，海拔 1800 米以下。

产地：吉林省蛟河、抚松、靖宇、安图。

分布：中国（吉林），朝鲜半岛，日本，俄罗斯（远东地区），北美洲。

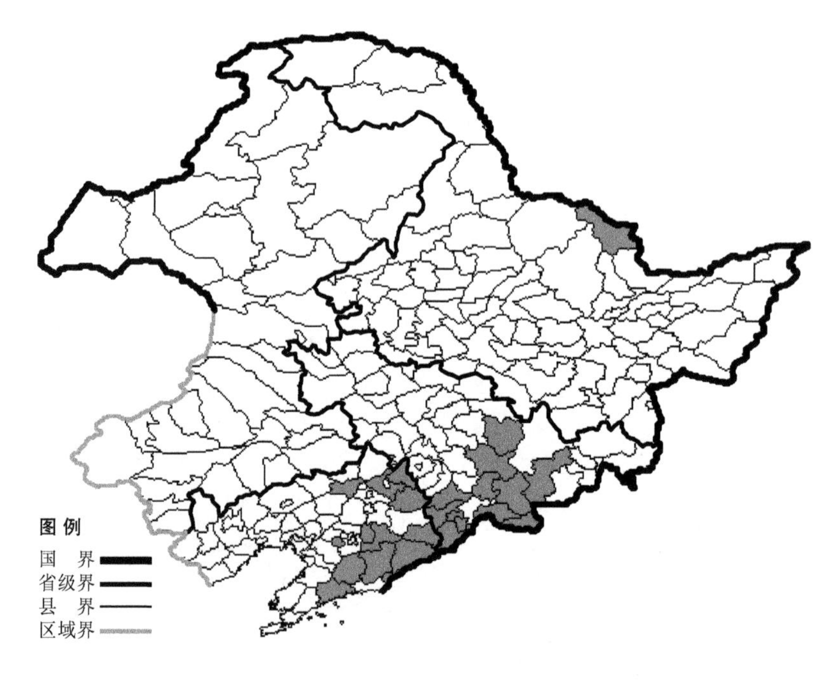

荨麻叶龙头草

Meehania urticifolia (Miq.) Makino

生境：林下，林缘，山坡草地，溪流旁，海拔 900 米以下。

产地：黑龙江省嘉荫，吉林省临江、安图、蛟河、靖宇、通化、柳河、集安、抚松、长白、桦甸，辽宁省清原、鞍山、庄河、岫岩、法库、西丰、开原、凤城、本溪、宽甸、桓仁、丹东。

分布：中国（黑龙江、吉林、辽宁），朝鲜半岛，日本，俄罗斯（远东地区）。

兴安薄荷

Mentha dahurica Fisch. ex Benth.

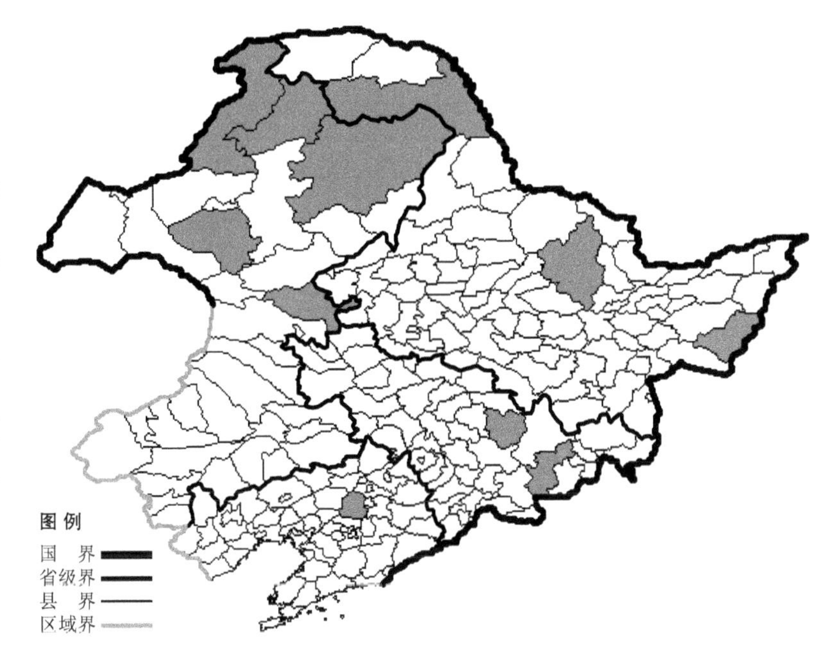

生境：路旁，湿草地，海拔 700 米以下。

产地：黑龙江省伊春、虎林、呼玛，吉林省蛟河、安图，辽宁省沈阳，内蒙古额尔古纳、根河、鄂伦春旗、鄂温克旗、扎赉特旗。

分布：中国（黑龙江、吉林、辽宁、内蒙古），俄罗斯（东部西伯利亚、远东地区）。

薄荷

Mentha haplocalyx Briq.

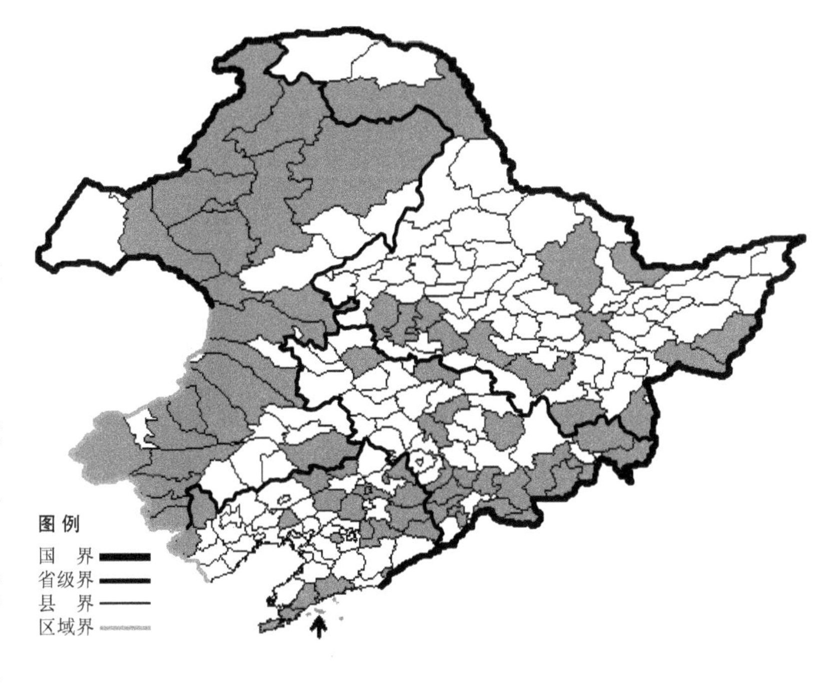

生境：河边，沟边，林缘湿草地，海拔 1200 米以下。

产地：黑龙江省大庆、肇东、依兰、杜尔伯特、呼玛、东宁、密山、萝北、虎林、宁安、尚志、哈尔滨、伊春、安达，吉林省长春、大安、扶余、九台、蛟河、长白、珲春、安图、抚松、通化、临江、梅河口、柳河、辉南、靖宇、和龙、龙井、汪清，辽宁省西丰、康平、建平、凌源、新民、铁岭、清原、新宾、沈阳、本溪、鞍山、桓仁、丹东、庄河、普兰店、大连、长海、北镇、彰武，内蒙古科尔沁右翼前旗、科尔沁右翼中旗、阿尔山、额尔古纳、翁牛特旗、根河、扎鲁特旗、科尔沁左翼后旗、克什克腾旗、阿鲁科尔沁旗、巴林右旗、喀喇沁旗、宁城、鄂伦春旗、鄂温克旗、陈巴尔虎旗、新巴尔虎左旗、巴林左旗、扎赉特旗、牙克石、海拉尔、赤峰。

分布：中国（全国各地），朝鲜半岛，日本，俄罗斯（西伯利亚、远东地区），热带亚洲，北美洲。

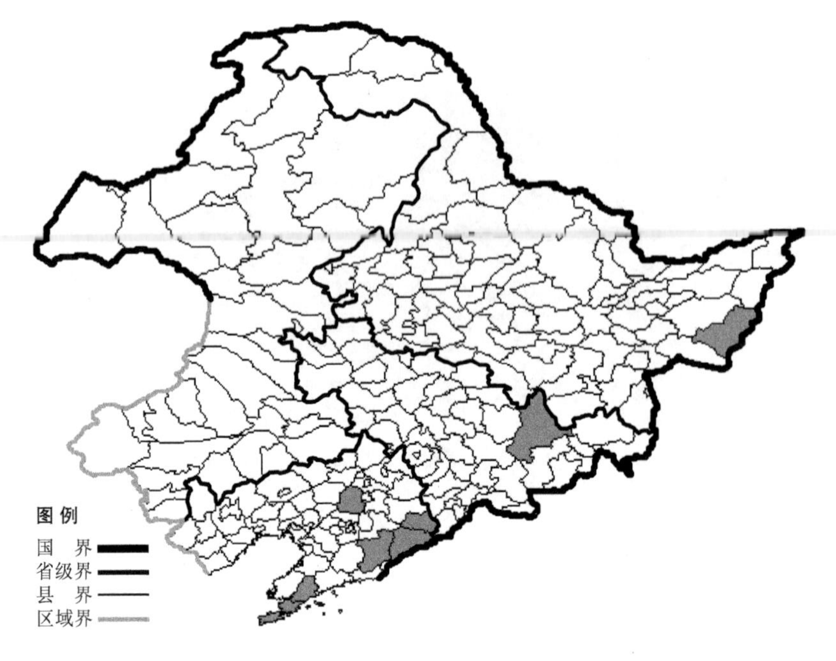

荠苎

Mosla dianthera (Hamilton) Maxim.

生境：山坡草地，路旁。

产地：黑龙江省虎林，吉林省敦化，辽宁省凤城、宽甸、桓仁、沈阳、大连、普兰店。

分布：中国（黑龙江、吉林、辽宁、江苏、安徽），朝鲜半岛，日本，俄罗斯（高加索、远东地区），印度，缅甸，菲律宾。

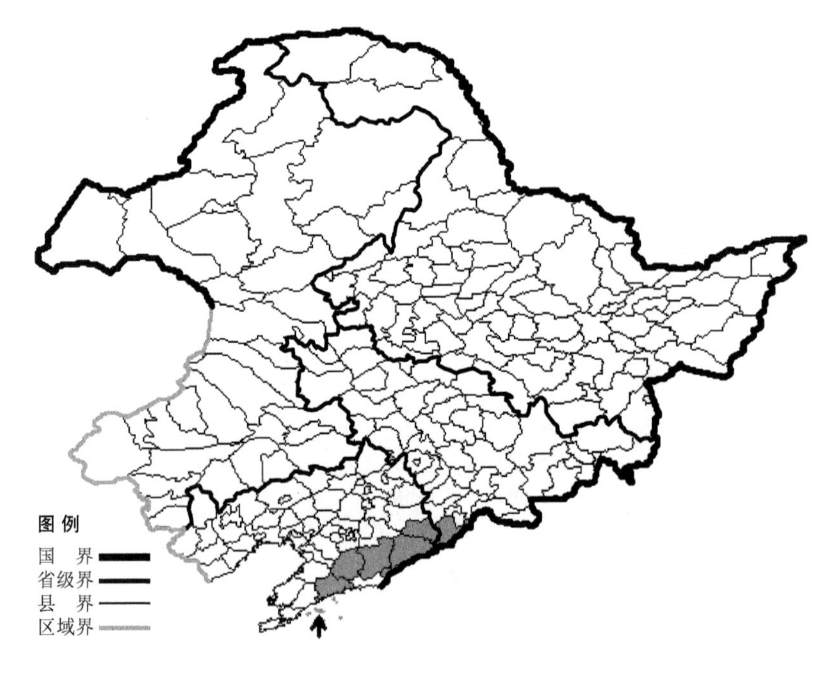

石荠苎

Mosla scabra (Thunb.) C. Y. Wu et H. W. Li

生境：山坡草地，林缘，林下，溪流旁，海拔 700 米以下。

产地：吉林省集安，辽宁省本溪、桓仁、宽甸、凤城、丹东、岫岩、长海、庄河。

分布：中国（吉林、辽宁、陕西、甘肃、江苏、安徽、浙江、福建、河南、湖北、江西、湖南、广东、广西、四川、台湾），朝鲜半岛，日本，越南。

荆芥

Nepeta cataria L.

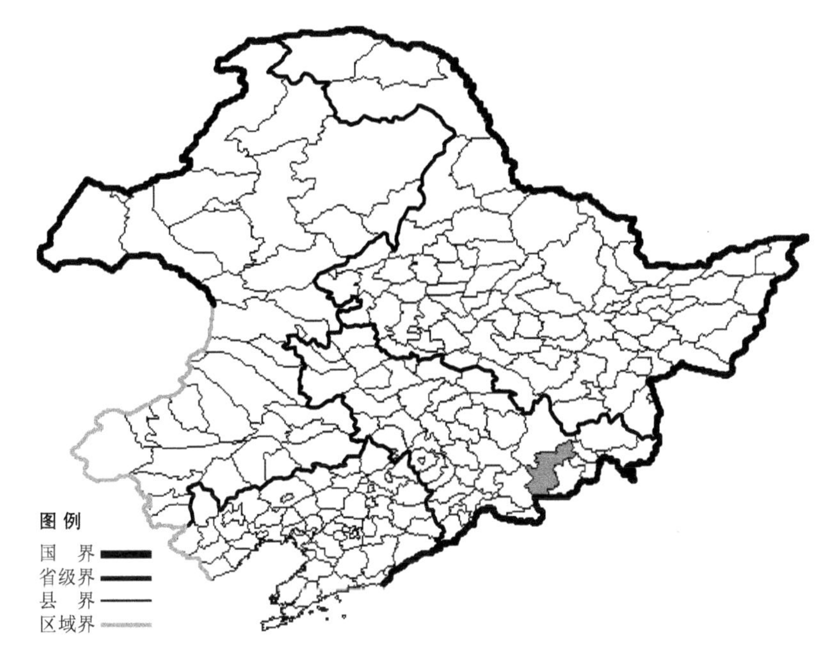

生境：灌丛，人家附近，海拔约700米。

产地：吉林省安图。

分布：中国（吉林、山西、陕西、甘肃、新疆、山东、河南、湖北、四川、贵州、云南），朝鲜半岛，日本，俄罗斯（欧洲部分、西部西伯利亚、远东地区），中亚，土耳其，阿富汗，北美洲。

黑龙江荆芥

Nepeta manchuriensis S. Moore

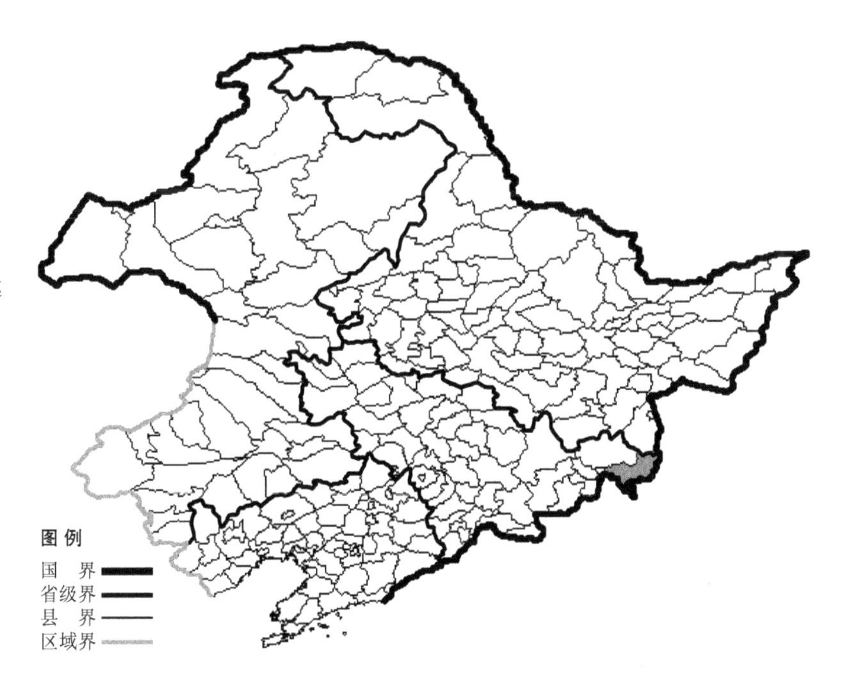

生境：针阔混交林下。

产地：吉林省珲春。

分布：中国（吉林），俄罗斯（远东地区）。

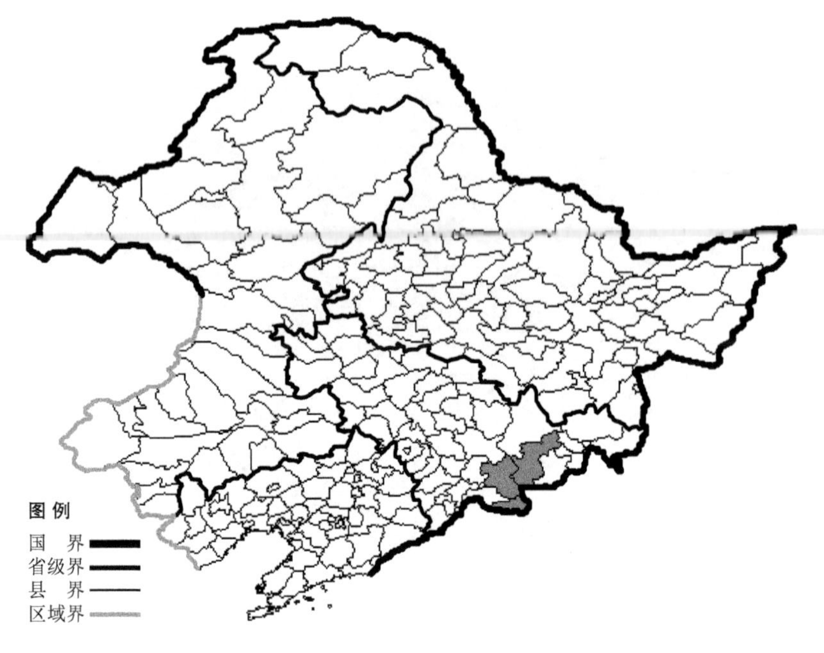

高山糙苏

Phlomis koraiensis Nakai

生境：高山冻原，岳桦林下，海拔 1700-2300 米。

产地：吉林省安图、抚松、长白。

分布：中国（吉林），朝鲜半岛。

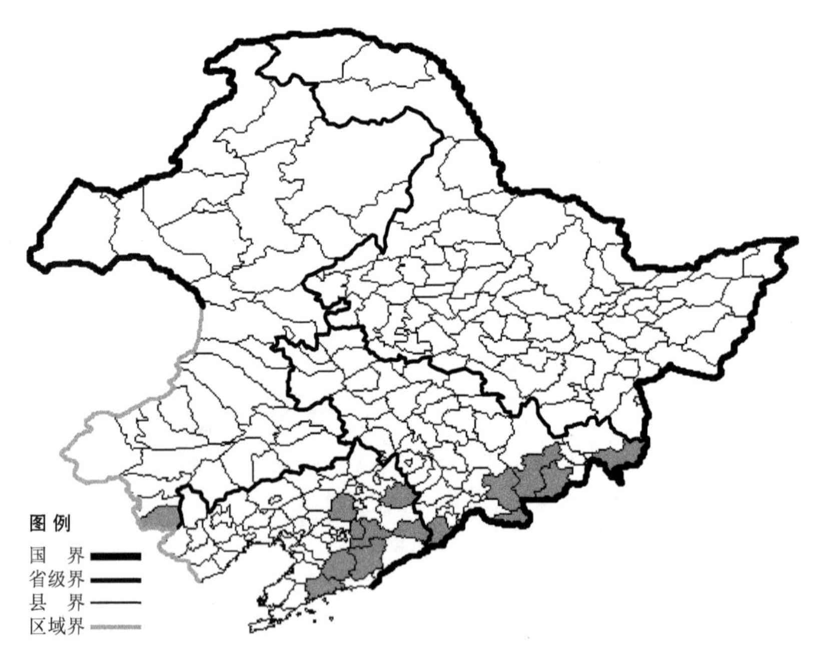

大叶糙苏

Phlomis maximowiczii Regel

生境：林下，林缘，山坡湿草地，海拔 900 米以下。

产地：吉林省安图、珲春、和龙、集安、抚松、长白，辽宁省凤城、桓仁、本溪、岫岩、清原、庄河、沈阳，内蒙古宁城。

分布：中国（吉林、辽宁、内蒙古、河北），朝鲜半岛，俄罗斯（远东地区）。

串铃草

Phlomis mongolica Turcz.

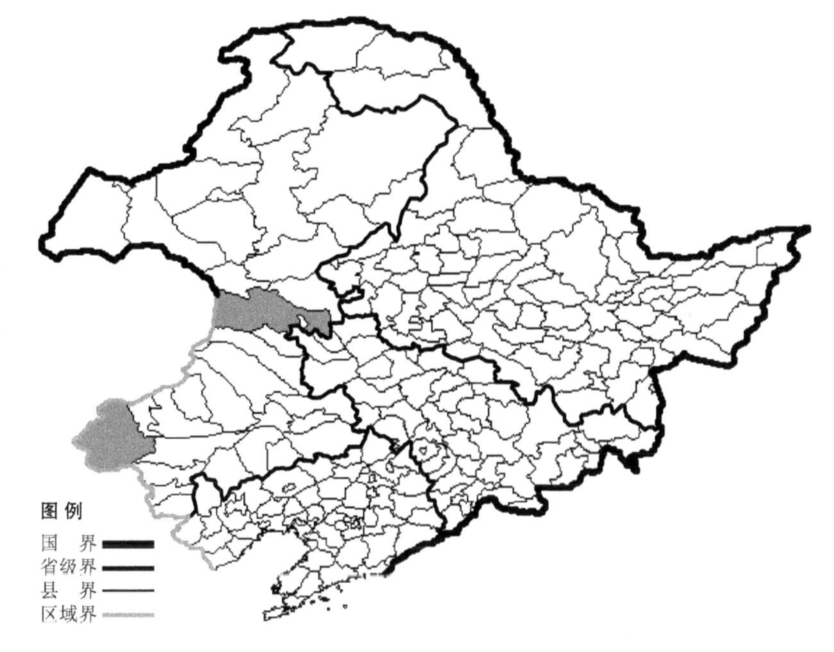

生境：草甸，草原，沟谷，荒地，路旁。

产地：内蒙古科尔沁右翼前旗、克什克腾旗。

分布：中国（内蒙古、河北、山西、陕西、甘肃）。

块根糙苏

Phlomis tuberosa L.

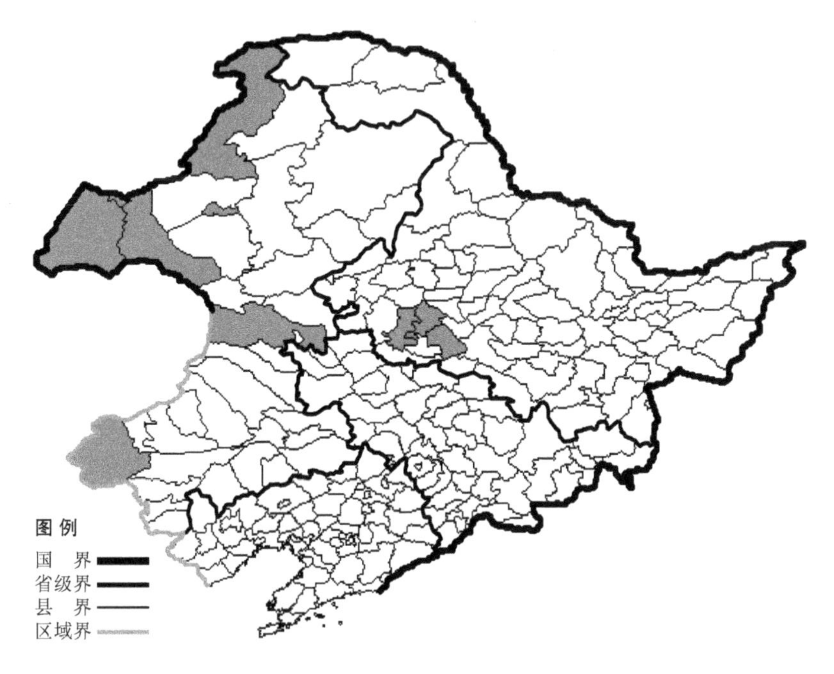

生境：丘陵，向阳草地，沙质地，沟谷，海拔 900 米以下。

产地：黑龙江省肇东、大庆、安达，内蒙古海拉尔、满洲里、新巴尔虎左旗、新巴尔虎右旗、额尔古纳、科尔沁右翼前旗、克什克腾旗。

分布：中国（黑龙江、内蒙古、新疆），蒙古，俄罗斯（欧洲部分、高加索、西伯利亚、远东地区），中亚，伊朗，欧洲。

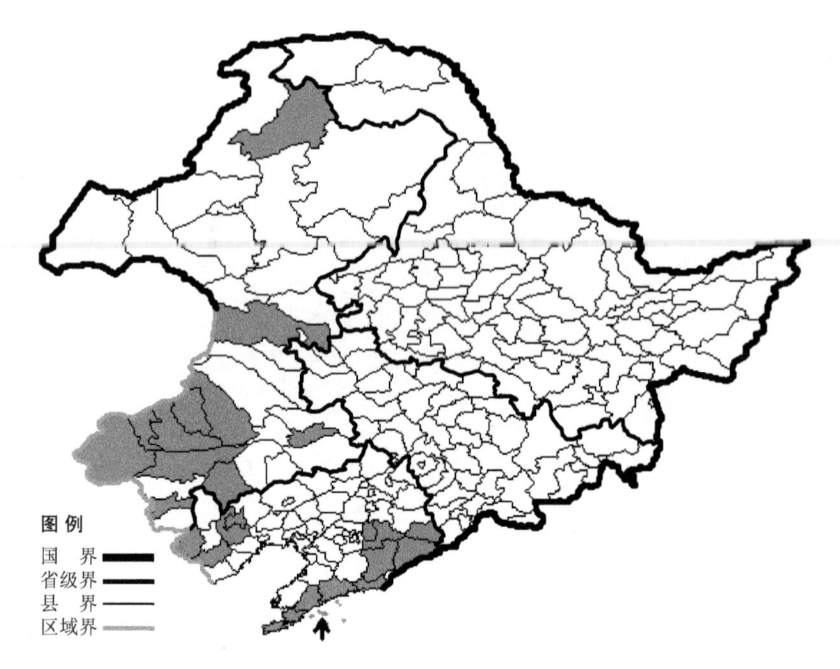

糙苏

Phlomis umbrosa Turcz.

生境：林下，林缘，山坡草地，灌丛，沟边。

产地：辽宁省凌源、建昌、朝阳、庄河、大连、普兰店、长海、宽甸、凤城、本溪、东港、桓仁，内蒙古科尔沁右翼前旗、阿鲁科尔沁旗、克什克腾旗、林西、喀喇沁旗、根河、通辽、巴林右旗、巴林左旗、翁牛特旗、敖汉旗。

分布：中国（辽宁、内蒙古、河北、山西、陕西、甘肃、山东、湖北、广东、四川、贵州）。

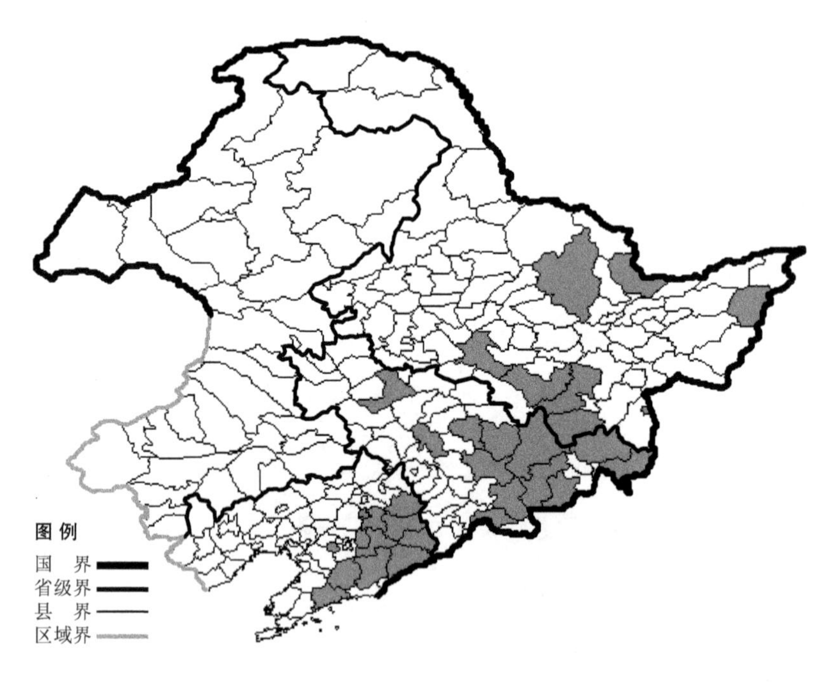

尾叶香茶菜

Plectranthus excisus Maixm.

生境：林缘，林下，山坡草地，海拔 1200 米以下。

产地：黑龙江省饶河、绥芬河、萝北、宁安、海林、尚志、伊春、哈尔滨，吉林省吉林、长春、桦甸、临江、蛟河、汪清、珲春、和龙、安图、敦化、抚松、前郭尔罗斯，辽宁省鞍山、抚顺、清原、庄河、新宾、桓仁、宽甸、岫岩、凤城、本溪。

分布：中国（黑龙江、吉林、辽宁），朝鲜半岛，俄罗斯（远东地区）。

内折香茶菜

Plectranthus inflexus (Thunb.) Vahl. ex Benth.

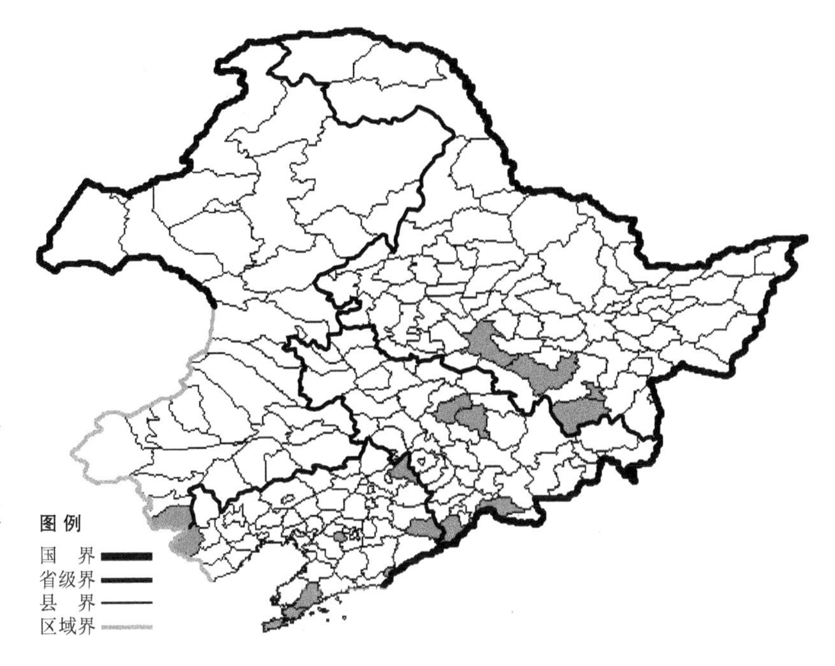

生境：山坡草地，林缘，灌丛，海拔 1200 米以下。

产地：黑龙江省牡丹江、宁安、尚志、哈尔滨，吉林省吉林、九台、集安、临江，辽宁省凌源、丹东、鞍山、大连、桓仁、普兰店、西丰，内蒙古宁城。

分布：中国（黑龙江、吉林、辽宁、河北、山东、江苏、浙江、江西、湖南），朝鲜半岛，日本。

蓝萼香茶菜

Plectranthus japonicus (Burm.f.) Koidz. var. **glaucocalyx** (Maxim.) Koidz.

图 例
国　界
省级界
县　界
区域界

生境：林缘，路旁，山坡草地，海拔 1000 米以下。

产地：黑龙江省宁安、鸡西、虎林、伊春、萝北、密山、哈尔滨，吉林省长春、临江、吉林、九台、安图、抚松、前郭尔罗斯、双辽、和龙、珲春，辽宁省沈阳、本溪、清原、新宾、开原、凌源、法库、庄河、建平、喀左、建昌、彰武、普兰店、岫岩、桓仁、鞍山、抚顺、北镇、西丰、宽甸、大连，内蒙古阿鲁科尔沁旗、巴林左旗、巴林右旗、林西、宁城、敖汉旗、翁牛特旗、喀喇沁旗、额尔古纳、牙克石。

分布：中国（黑龙江、吉林、辽宁、内蒙古、河北、山西、山东），朝鲜半岛，日本，俄罗斯（远东地区）。

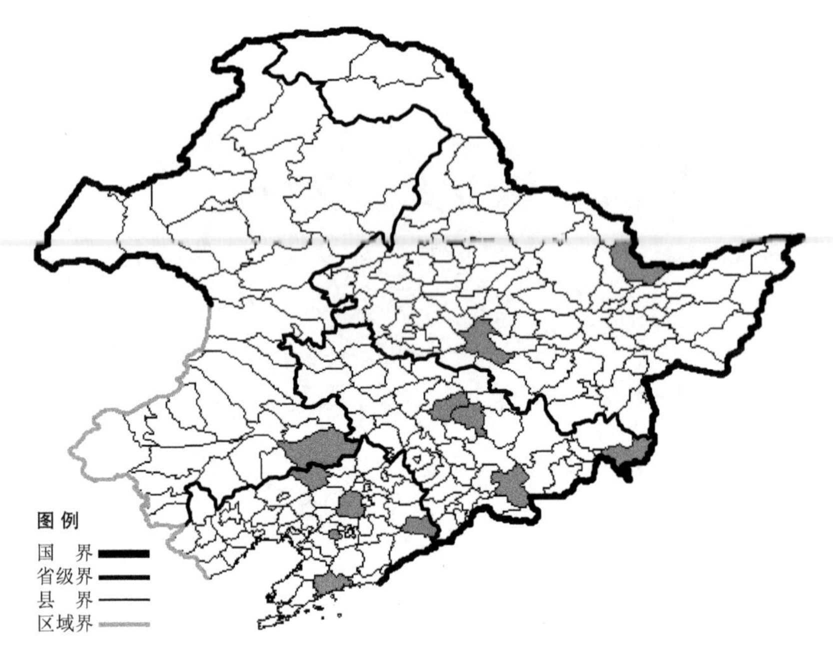

毛果香茶菜

Plectranthus serra Maxim.

生境：路旁，沟边，山坡草地，海拔 400 米以下。

产地：黑龙江省哈尔滨、萝北，吉林省九台、吉林、珲春、抚松，辽宁省沈阳、鞍山、桓仁、庄河、彰武，内蒙古科尔沁左翼后旗。

分布：中国（黑龙江、吉林、辽宁、内蒙古、山西、陕西、甘肃、江苏、浙江、安徽、河南、江西、湖南、广东、广西、四川、贵州、台湾），朝鲜半岛，俄罗斯（远东地区）。

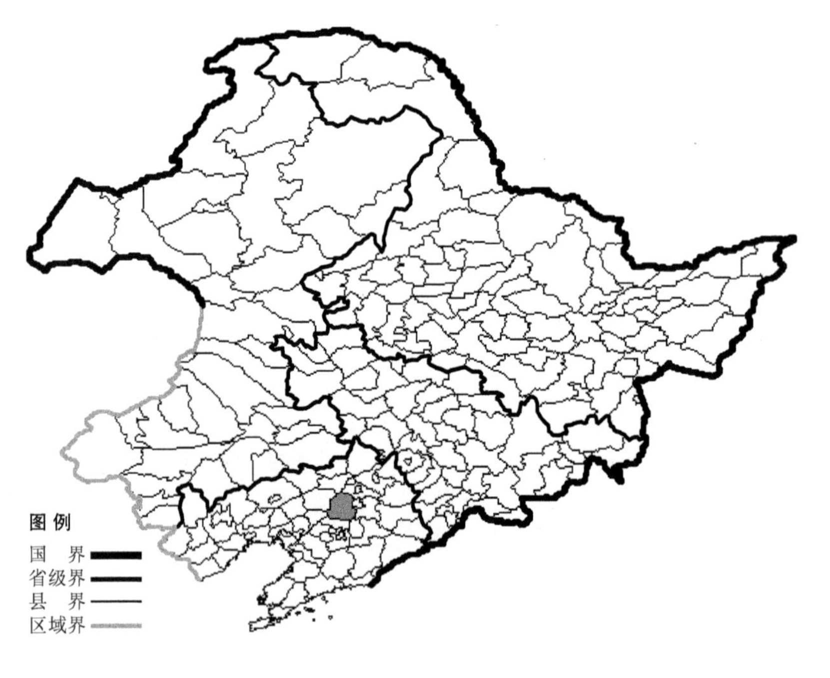

辽宁香茶菜

Plectranthus websteri Hemsl.

生境：沟谷，路旁。

产地：辽宁省沈阳。

分布：中国（辽宁、山东）。

东亚夏枯草

Prunella asiatica Nakai

生境：林缘，林下，山坡草地，灌丛，海拔 2200 米以下。

产地：黑龙江省黑河，吉林省通化、抚松、安图、珲春、汪清、长白，辽宁省清原、铁岭、沈阳、西丰、鞍山、岫岩、凤城、本溪、丹东、桓仁、庄河。

分布：中国（黑龙江、吉林、辽宁、山西、山东、江苏、安徽、浙江、河南、江西），朝鲜半岛，日本，俄罗斯（远东地区）。

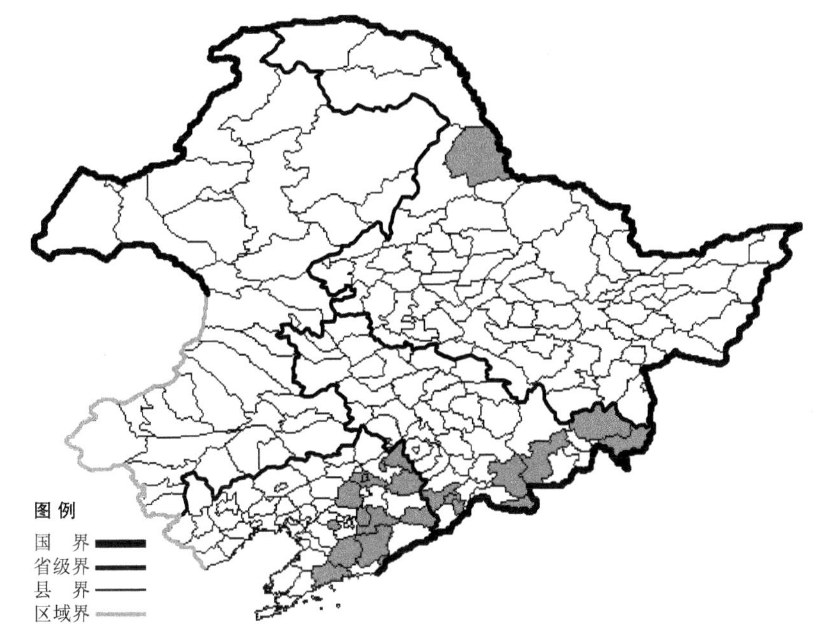

丹参

Salvia miltiorhiza Bunge

生境：山坡草地，沟谷，林下。

产地：辽宁省沈阳、大连、凌源、建昌、绥中、普兰店、瓦房店、庄河、西丰、朝阳、兴城。

分布：中国（辽宁、河北、山西、陕西、山东、江苏、安徽、浙江、河南、江西、湖南），朝鲜半岛。

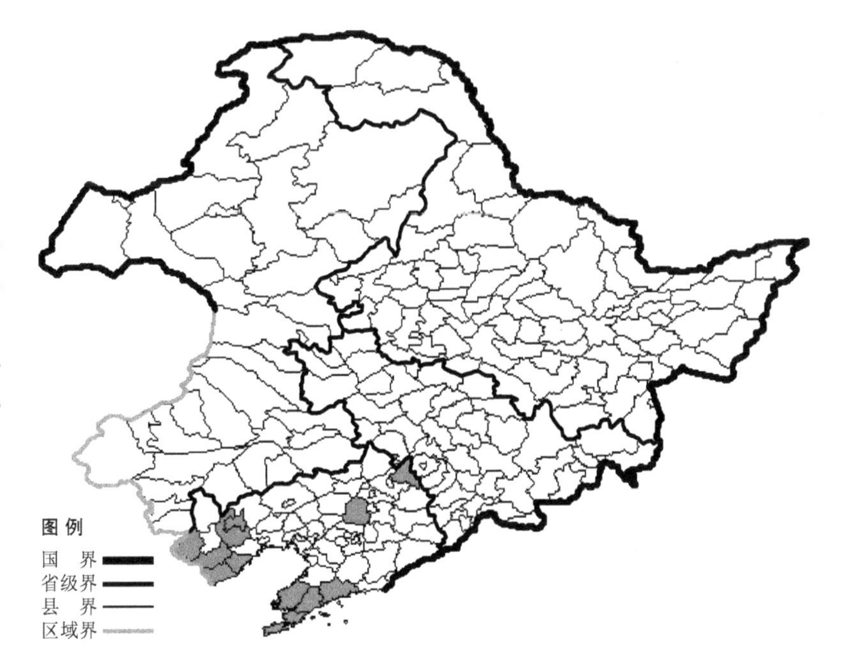

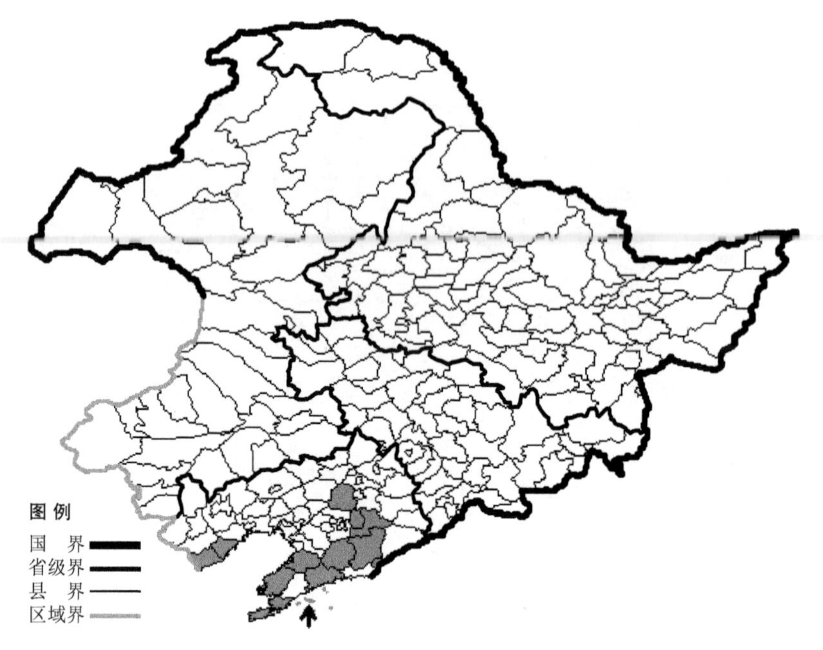

荔枝草

Salvia plebeia R.Br.

生境：林下，山坡草地，路旁，田间，海拔 800 米以下。

产地：辽宁省岫岩、绥中、兴城、沈阳、盖州、瓦房店、长海、庄河、岫岩、本溪、丹东、凤城、大连。

分布：中国（辽宁、河北、陕西、山东、江苏、安徽、浙江、福建、河南、湖北、江西、湖南、广东、海南、广西、四川、贵州、云南、台湾），朝鲜半岛，日本，阿富汗，印度，缅甸，泰国，越南，马来西亚，大洋洲。

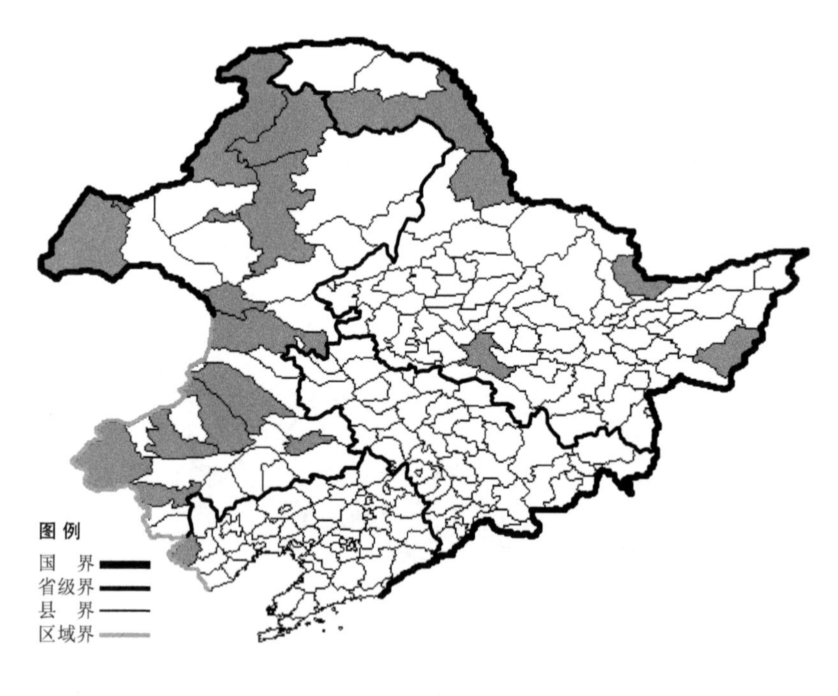

多裂叶荆芥

Schizonepeta multifida (L.) Briq.

生境：林下，林缘，山坡草地，海拔 1000 米以下。

产地：黑龙江省哈尔滨、萝北、虎林、黑河、呼玛，辽宁省凌源，内蒙古根河、额尔古纳、海拉尔、扎鲁特旗、牙克石、新巴尔虎右旗、科尔沁右翼前旗、赤峰、满洲里、阿尔山、通辽、巴林右旗、阿鲁科尔沁旗、克什克腾旗。

分布：中国（黑龙江、辽宁、内蒙古、河北、山西、陕西、甘肃），朝鲜半岛，蒙古，俄罗斯（西伯利亚、远东地区）。

裂叶荆芥

Schizonepeta tenuifolia (Benth.) Briq.

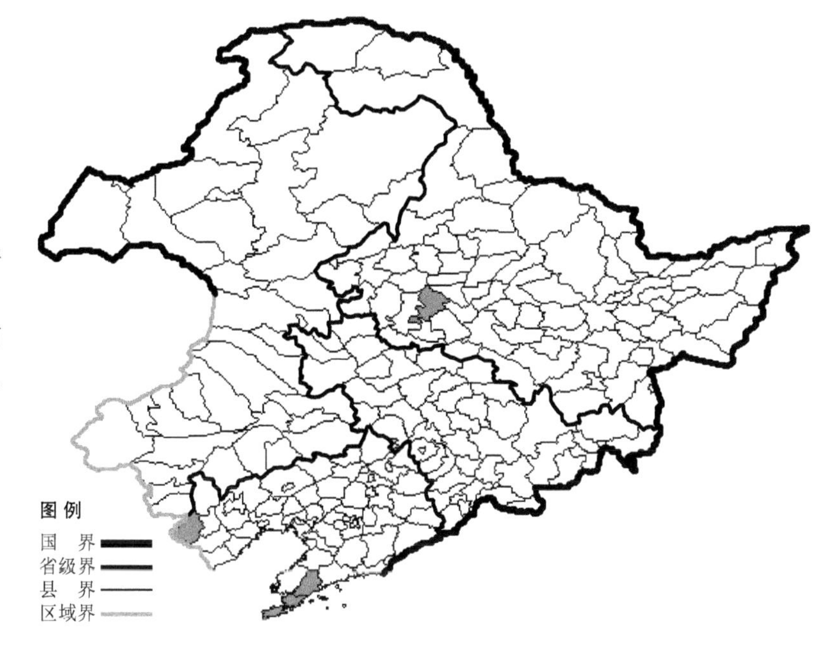

生境：沟谷，山坡草地，路旁，林缘。

产地：黑龙江省安达，辽宁省普兰店、大连、凌源。

分布：中国（黑龙江、辽宁、河北、山西、陕西、甘肃、青海、河南、四川、贵州），朝鲜半岛。

黄芩

Scutellaria baicalensis Georgi

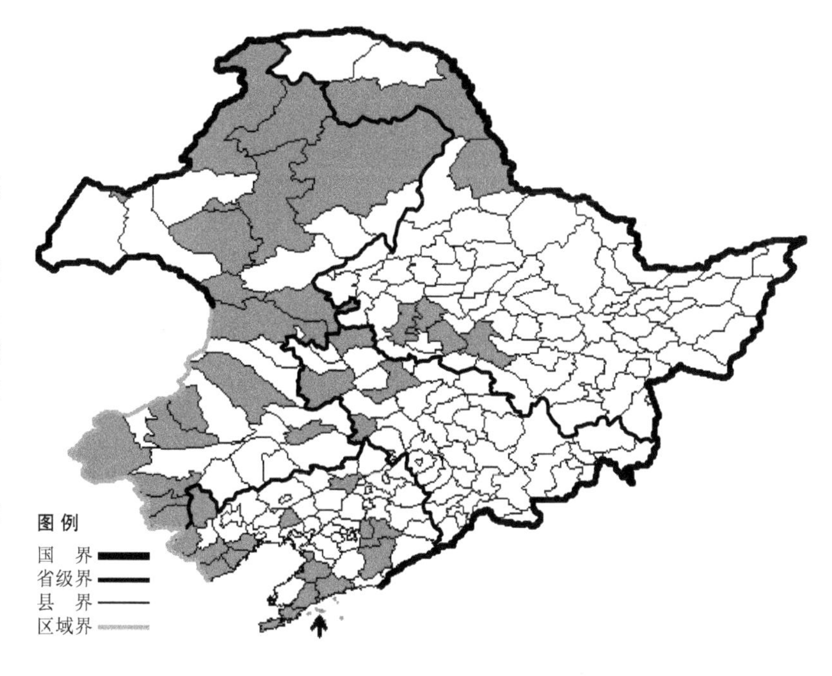

生境：沙质地，山坡草地，石砾质地，草甸草原，海拔 1000 米以下。

产地：黑龙江省黑河、大庆、安达、哈尔滨、呼玛、肇东，吉林省镇赉、双辽、通榆、前郭尔罗斯，辽宁省法库、本溪、凤城、营口、盖州、普兰店、长海、大连、北镇、葫芦岛、兴城、绥中、建平、建昌、凌源、庄河，内蒙古根河、额尔古纳、阿尔山、鄂伦春旗、通辽、牙克石、科尔沁右翼前旗、海拉尔、满洲里、鄂温克旗、扎赉特旗、扎鲁特旗、赤峰、巴林左旗、巴林右旗、宁城、喀喇沁旗、克什克腾旗。

分布：中国（黑龙江、吉林、辽宁、内蒙古、河北、山西、陕西、甘肃、山东、河南、四川），朝鲜半岛，蒙古，俄罗斯（东部西伯利亚、远东地区）。

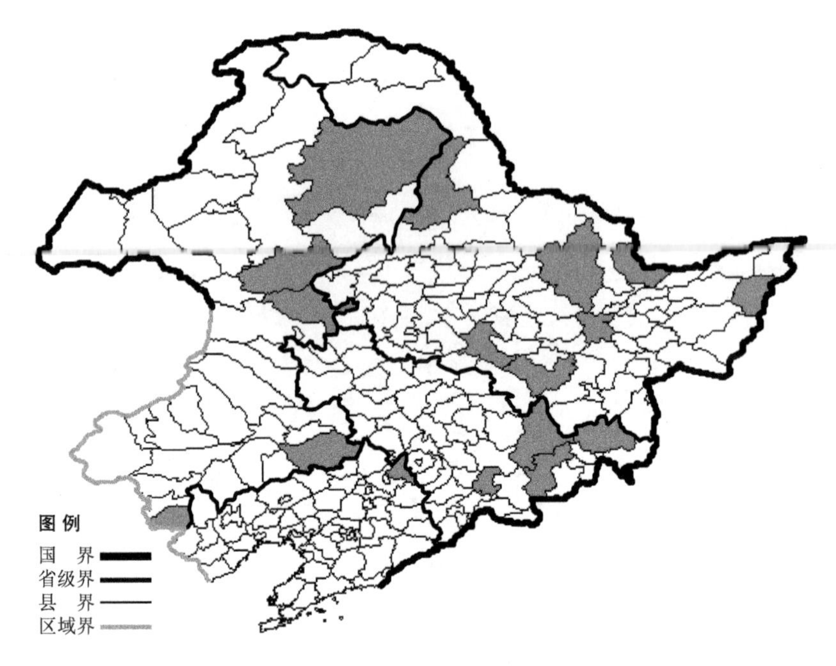

纤弱黄芩

Scutellaria dependens Maxim.

生境：河边，林下，林缘，湿草地，沼泽边，海拔 700 米以下。

产地：黑龙江省尚志、依兰、萝北、饶河、嫩江、伊春、哈尔滨，吉林省安图、靖宇、汪清、敦化，辽宁省西丰，内蒙古科尔沁左翼后旗、宁城、鄂伦春旗、扎兰屯、扎赉特旗。

分布：中国（黑龙江、吉林、辽宁、内蒙古、山东），朝鲜半岛，日本，俄罗斯（东部西伯利亚、远东地区）。

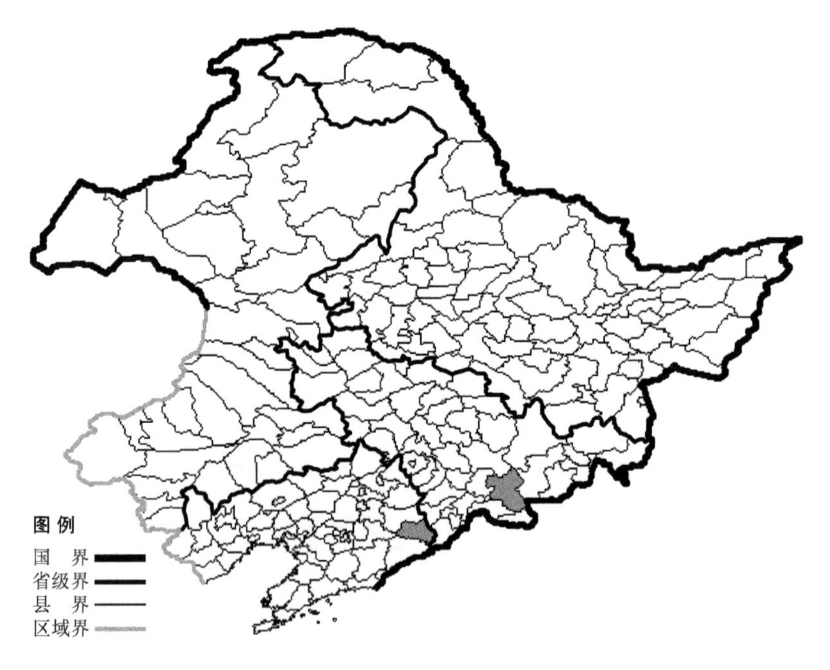

串珠黄芩

Scutellaria moniliorrhiza Kom.

生境：山坡草地，海拔 900 米以下。

产地：吉林省抚松，辽宁省桓仁。

分布：中国（吉林、辽宁），朝鲜半岛，俄罗斯（远东地区）。

京黄芩

Scutellaria pekinensis Maxim.

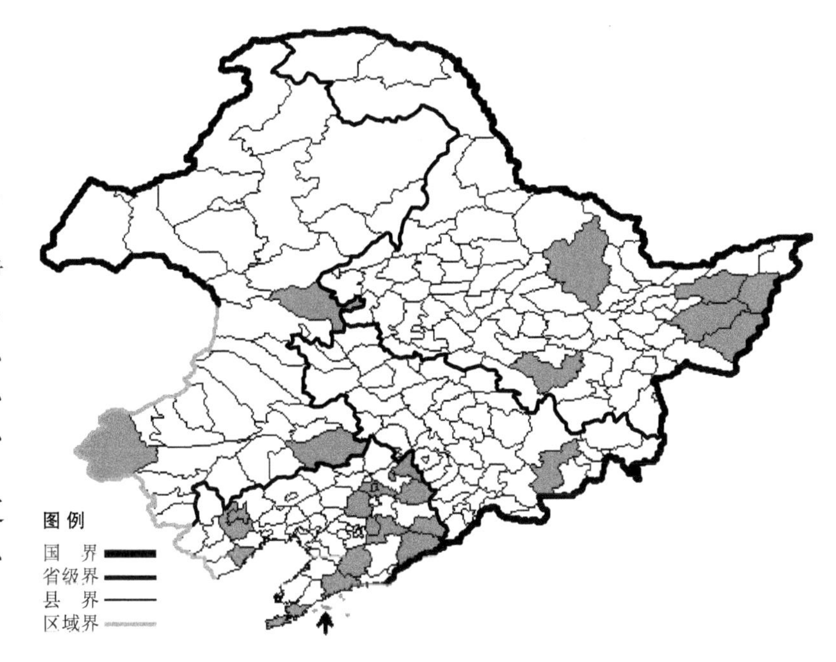

生境：林缘，林间，沟边，溪流旁，干山坡，海拔 900 米以下。

产地：黑龙江省饶河、虎林、伊春、宝清、富锦、尚志，吉林省安图，辽宁省西丰、铁岭、沈阳、岫岩、清原、本溪、宽甸、庄河、长海、大连、兴城、桓仁、朝阳，内蒙古科尔沁左翼后旗、克什克腾旗、扎赉特旗。

分布：中国（黑龙江、吉林、辽宁、内蒙古、河北、陕西、山东、浙江、河南）。

乌苏里黄芩 Scutellaria pekinensis Maxim. var. **ussuriensis** (Regel) Hand.-Mazz. 生于林缘、林下、湿草地、溪流旁，海拔 1200 米以下，产于黑龙江省宁安、尚志、饶河、伊春，吉林省安图、抚松、珲春、敦化、临江，辽宁省凤城、本溪，内蒙古牙克石、科尔沁左翼后旗，分布于中国（黑龙江、吉林、辽宁、内蒙古），朝鲜半岛，日本，俄罗斯（远东地区）。

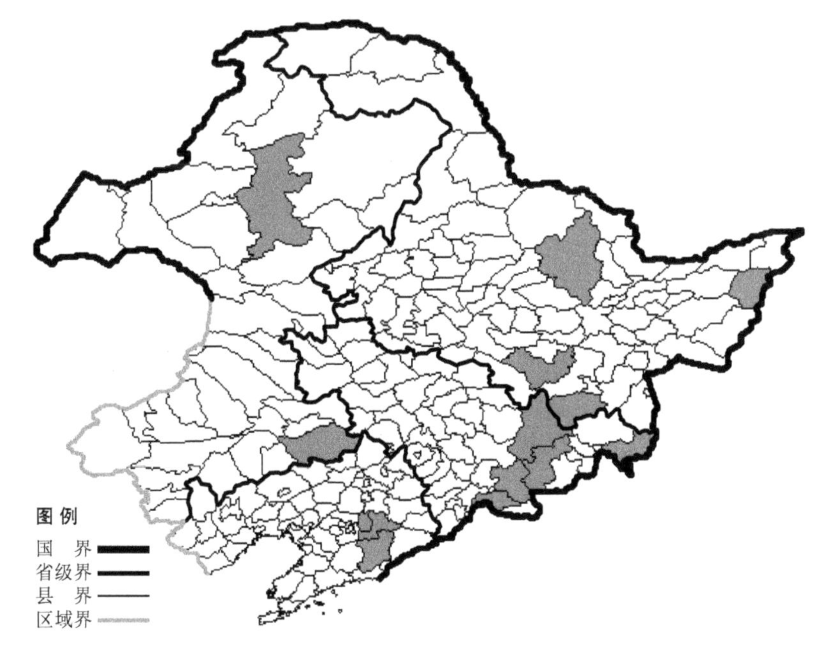

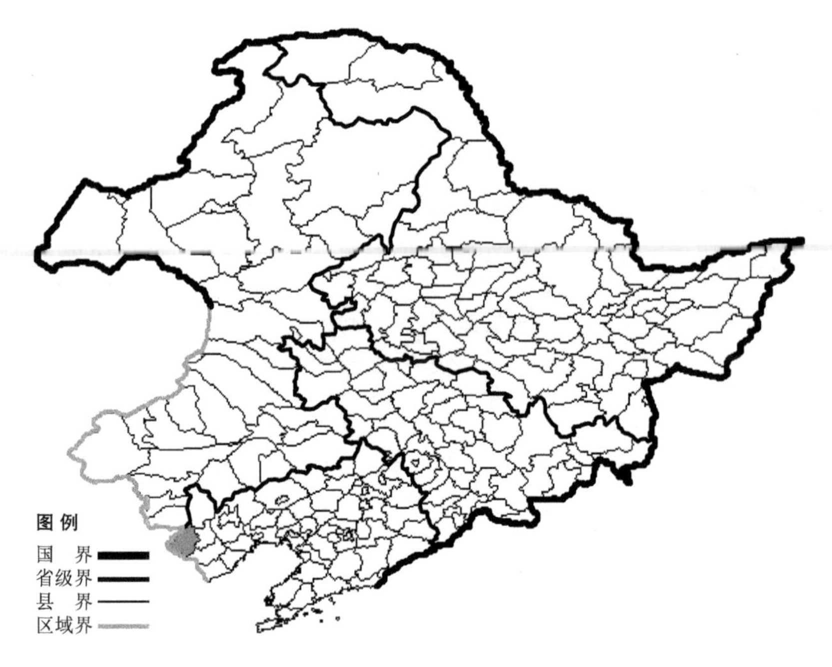

木根黄芩

Scutellaria planipes Nakai et Kitag.

生境：山坡，沟边多石地。
产地：辽宁省凌源。
分布：中国（辽宁）。

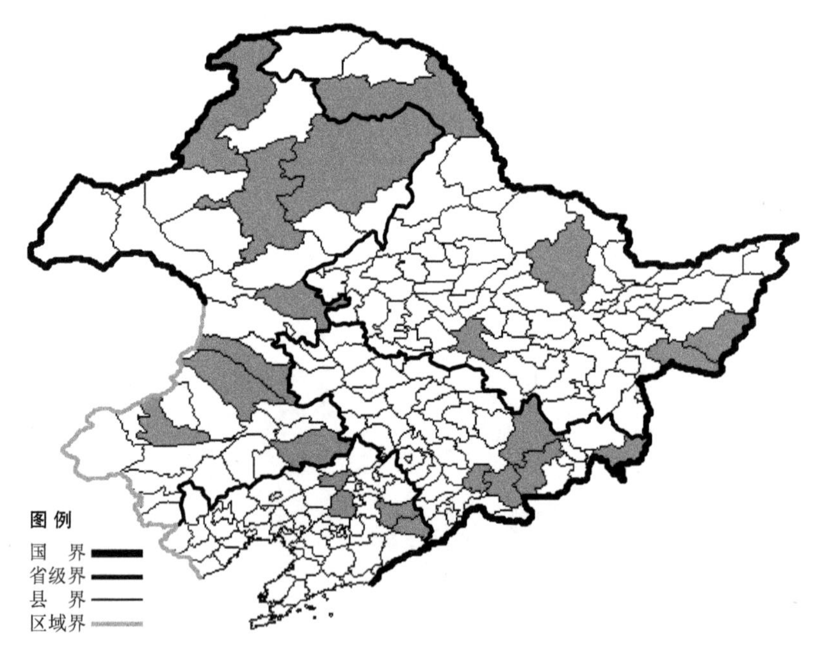

狭叶黄芩

Scutellaria regeliana Nakai

生境：草甸，林下，林缘，湿草地，沼泽，海拔 1500 米以下。

产地：黑龙江省呼玛、虎林、伊春、哈尔滨、密山，吉林省珲春、敦化、抚松、靖宇、安图，辽宁省法库、桓仁、沈阳、新宾，内蒙古额尔古纳、牙克石、海拉尔、扎鲁特旗、科尔沁左翼后旗、扎赉特旗、鄂伦春旗、科尔沁右翼中旗、巴林右旗。

分布：中国（黑龙江、吉林、辽宁、内蒙古、河北），朝鲜半岛，俄罗斯（远东地区）。

并头黄芩

Scutellaria scordifolia Fisch. ex Schrank

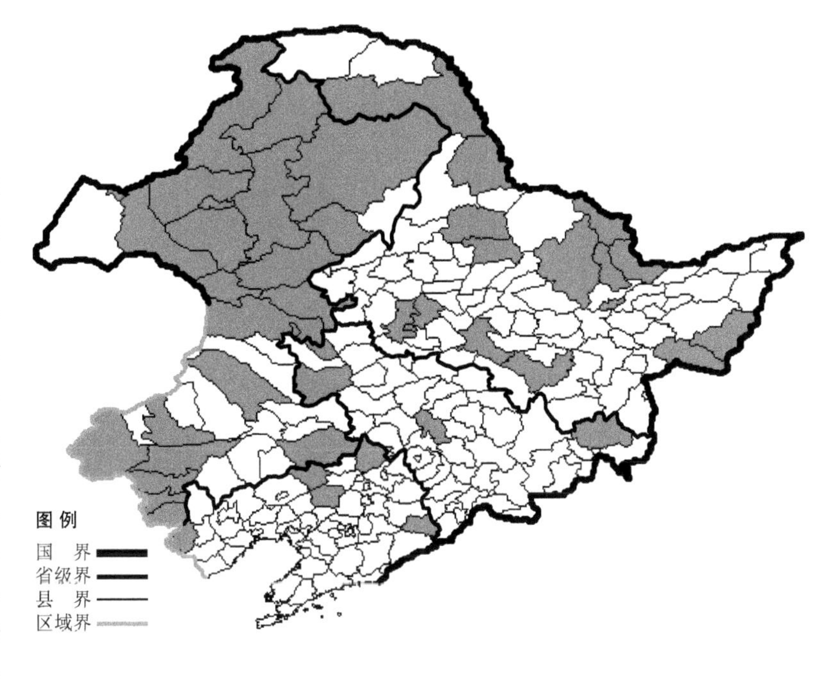

生境：草甸，向阳山坡草地，林下，耕地旁，人家附近，沙地，海拔1800米以下。

产地：黑龙江省五大莲池、北安、安达、密山、伊春、哈尔滨、佳木斯、大庆、尚志、虎林、呼玛、萝北、黑河、嘉荫、鹤岗，吉林省通榆、长春、白城、汪清，辽宁省桓仁、凌源、昌图、新民、彰武，内蒙古赤峰、克什克腾旗、巴林右旗、新巴尔虎左旗、喀喇沁旗、宁城、鄂伦春旗、阿荣旗、扎兰屯、扎鲁特旗、科尔沁左翼后旗、科尔沁右翼前旗、牙克石、海拉尔、鄂温克旗、陈巴尔虎旗、根河、额尔古纳、满洲里、阿尔山、翁牛特旗、扎赉特旗、乌兰浩特。

分布：中国（黑龙江、吉林、辽宁、内蒙古、河北、山西、陕西、青海），朝鲜半岛，蒙古，俄罗斯（西伯利亚、远东地区）。

雾灵黄芩 Scutellaria scordifolia Fisch. ex Schrank var. **wulingshanensis** (Nakai et Kitag.) C. Y. Wu et W. T. Wang 生于山阴坡，产于辽宁省建平，分布于中国（辽宁、河北、山西）。

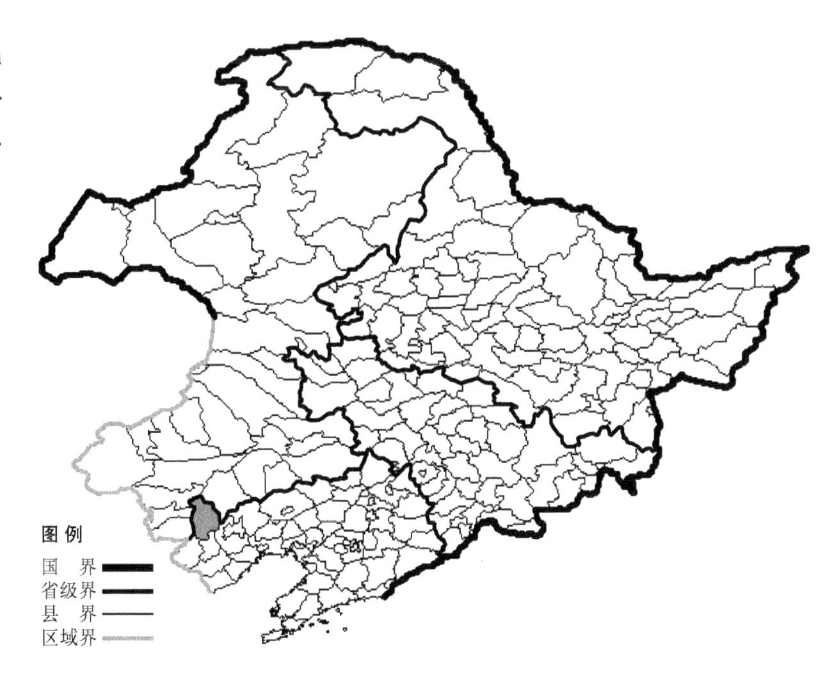

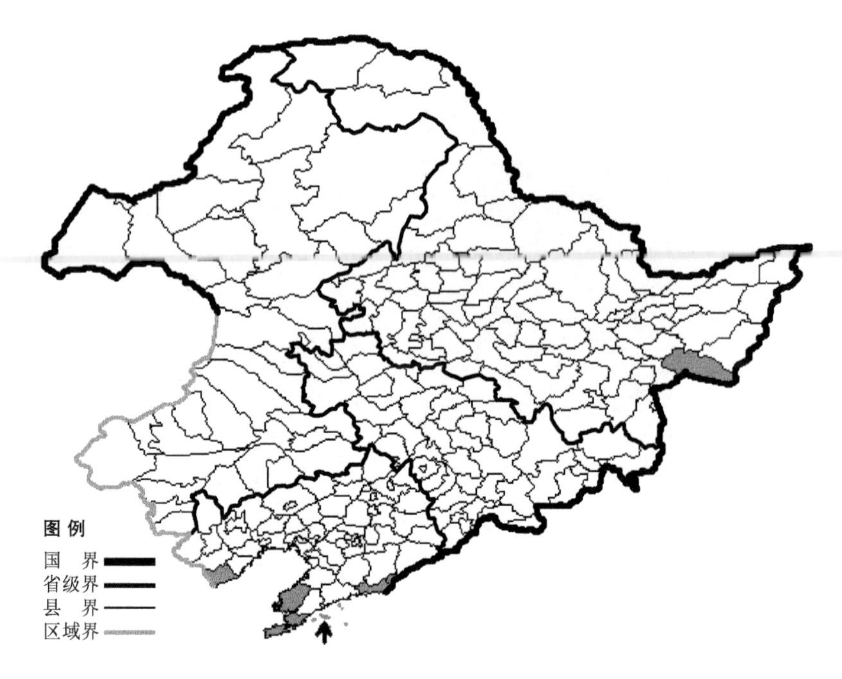

沙滩黄芩

Scutellaria strigillosa Hemsl.

生境：海边，沙地，海拔 100 米以下。

产地：黑龙江省密山，辽宁省大连、长海、绥中、丹东、瓦房店、东港。

分布：中国（黑龙江、辽宁、河北、山东、江苏），朝鲜半岛，日本，俄罗斯（远东地区）。

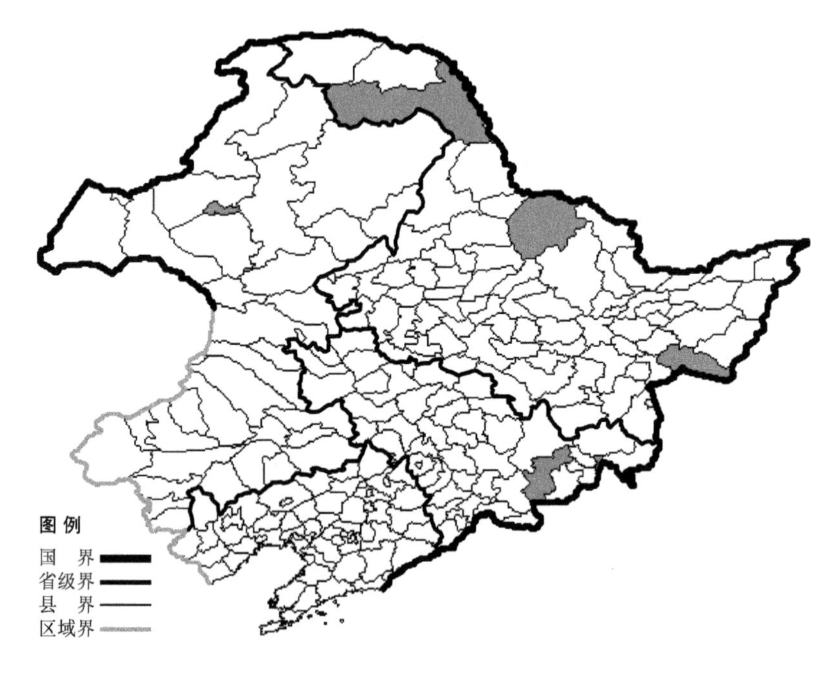

图们黄芩

Scutellaria tuminensis Nakai

生境：河边湿草地，海拔 700 米以下。

产地：黑龙江省呼玛、密山、逊克，吉林省图们、安图，内蒙古海拉尔。

分布：中国（黑龙江、吉林、内蒙古），俄罗斯（远东地区）。

粘毛黄芩

Scutellaria viscidula Bunge

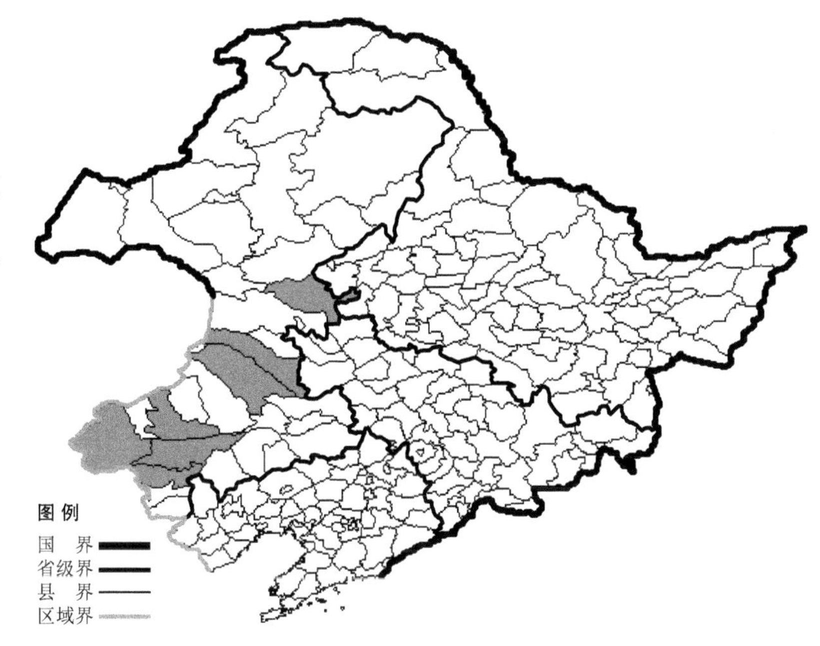

生境：向阳沙砾地，荒地，海拔约600米。

产地：内蒙古巴林右旗、翁牛特旗、赤峰、扎鲁特旗、克什克腾旗、扎赉特旗、科尔沁右翼中旗。

分布：中国（内蒙古、河北、山西、山东）。

毛水苏

Stachys baicalensis Fisch. ex Benth.

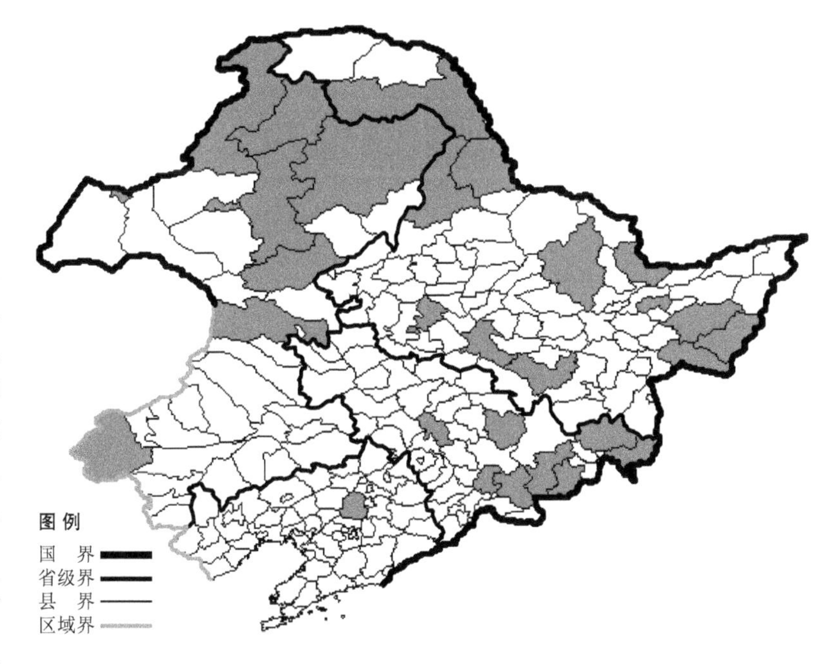

生境：河边，林下，林缘，湿草地，海拔1000米以下。

产地：黑龙江省哈尔滨、尚志、密山、集贤、嫩江、黑河、伊春、呼玛、虎林、萝北、宝清、安达，吉林省靖宇、抚松、安图、珲春、汪清、长春、和龙、蛟河，辽宁省沈阳，内蒙古科尔沁右翼前旗、鄂温克旗、扎兰屯、根河、额尔古纳、牙克石、海拉尔、满洲里、克什克腾旗。

分布：中国（黑龙江、吉林、辽宁、内蒙古、河北、山西、陕西、山东），朝鲜半岛，日本，俄罗斯（东部西伯利亚、远东地区）。

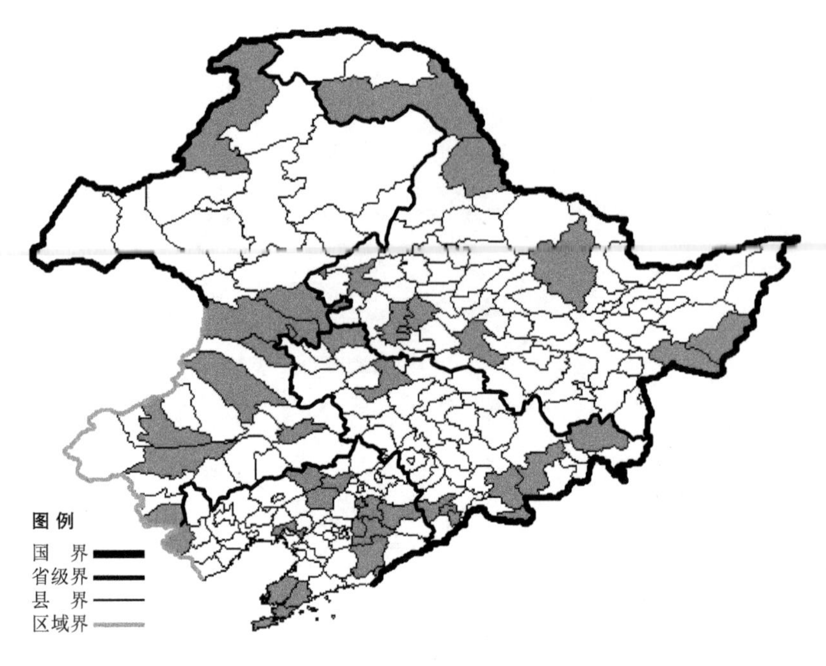

华水苏

Stachys chinensis Bunge ex Benth.

生境：湿草地，河边，沼泽边，海拔900米以下。

产地：黑龙江省呼玛、齐齐哈尔、虎林、大庆、密山、安达、哈尔滨、黑河、伊春，吉林省安图、通化、前郭尔罗斯、镇赉、汪清、抚松、长白，辽宁省凤城、彰武、普兰店、抚顺、盘山、凌源、丹东、大连、瓦房店、新民、法库、新宾、本溪，内蒙古科尔沁右翼前旗、扎赉特旗、乌兰浩特、扎鲁特旗、突泉、额尔古纳、通辽、巴林右旗、翁牛特旗、宁城。

分布：中国（黑龙江、吉林、辽宁、内蒙古、河北、山西、陕西、甘肃）。

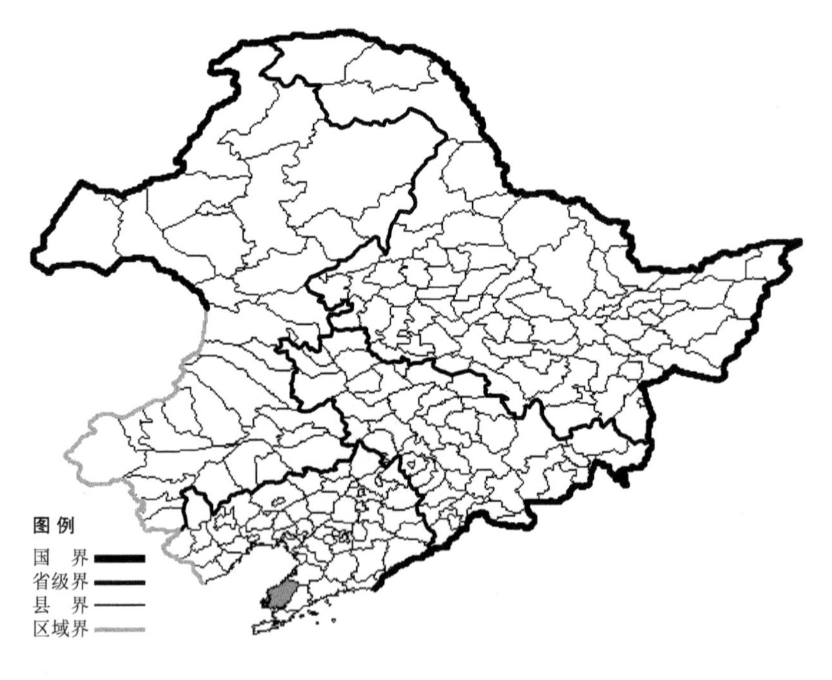

白花华水苏 Stachys chinensis Bunge ex Benth. var. **albiflora** C. Y. Li 生于路边湿草地，产于辽宁省瓦房店，分布于中国（辽宁）。

水苏

Stachys japonica Miq.

生境：湿草地，海拔 900 米以下。

产地：吉林省靖宇、汪清，辽宁省凤城、瓦房店、庄河、沈阳、抚顺、宽甸、本溪、铁岭，内蒙古海拉尔。

分布：中国（吉林、辽宁、内蒙古、河北、山东、江苏、浙江、安徽、江西、福建、河南），朝鲜半岛，日本，俄罗斯（远东地区）。

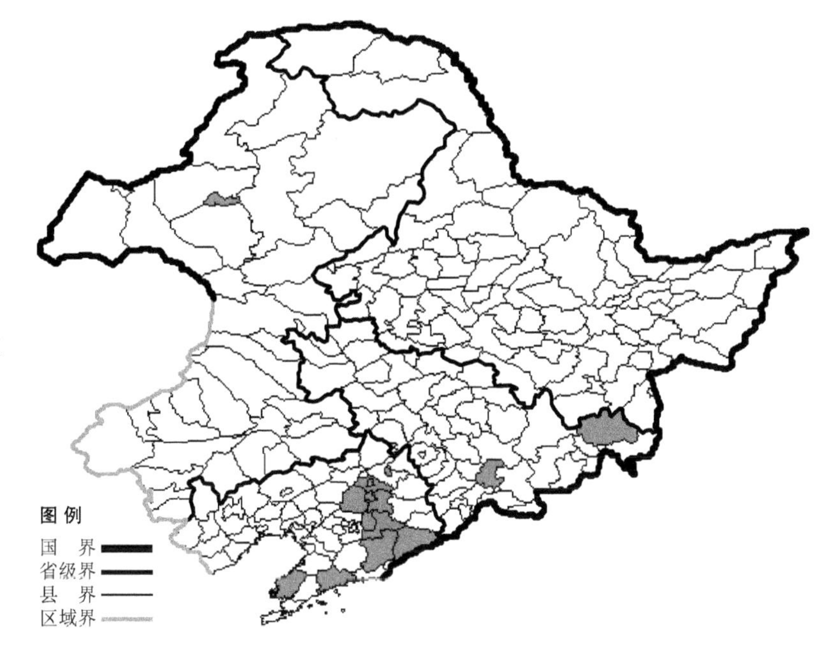

甘露子

Stachys sieboldii Miq.

生境：山坡石缝间。

产地：辽宁省大连、本溪。

分布：中国（辽宁、河北、山西、陕西、甘肃、青海、山东、江苏、河南、江西、湖南、广东、广西、四川、云南）。

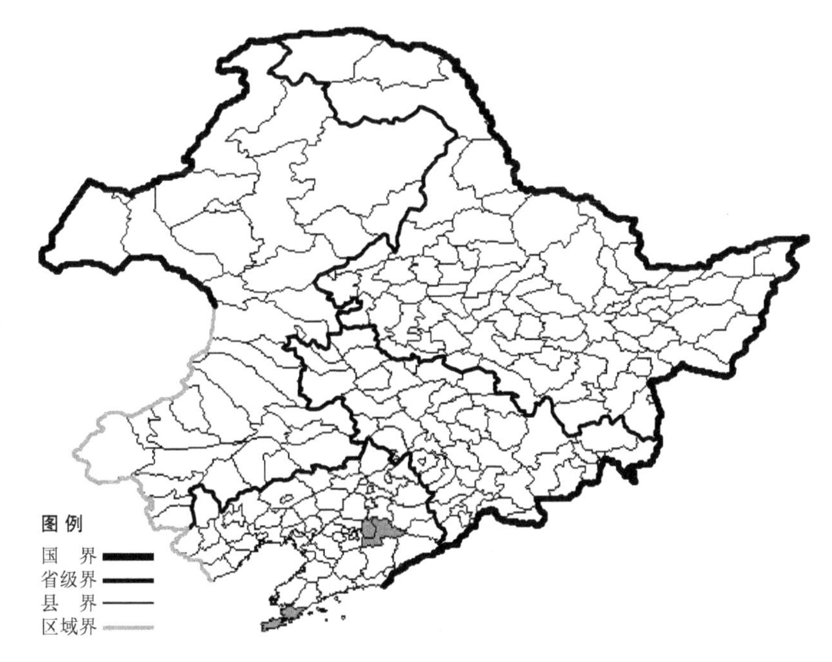

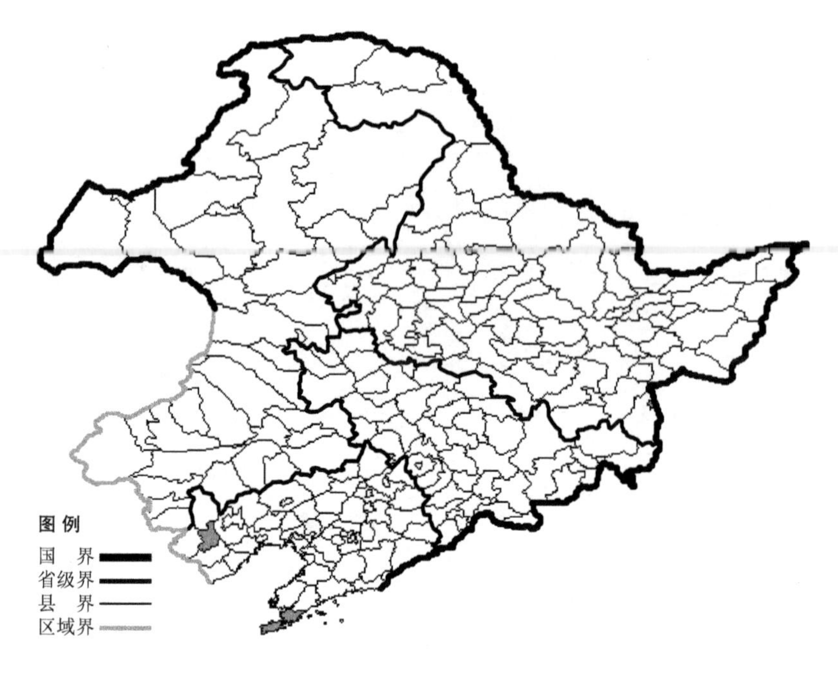

黑龙江香科科

Teucrium ussuriense Kom.

生境：向阳山坡，路旁。

产地：黑龙江省绥芬河，辽宁省喀左、大连。

分布：中国（黑龙江、辽宁、河北、山西），朝鲜半岛，俄罗斯（远东地区）。

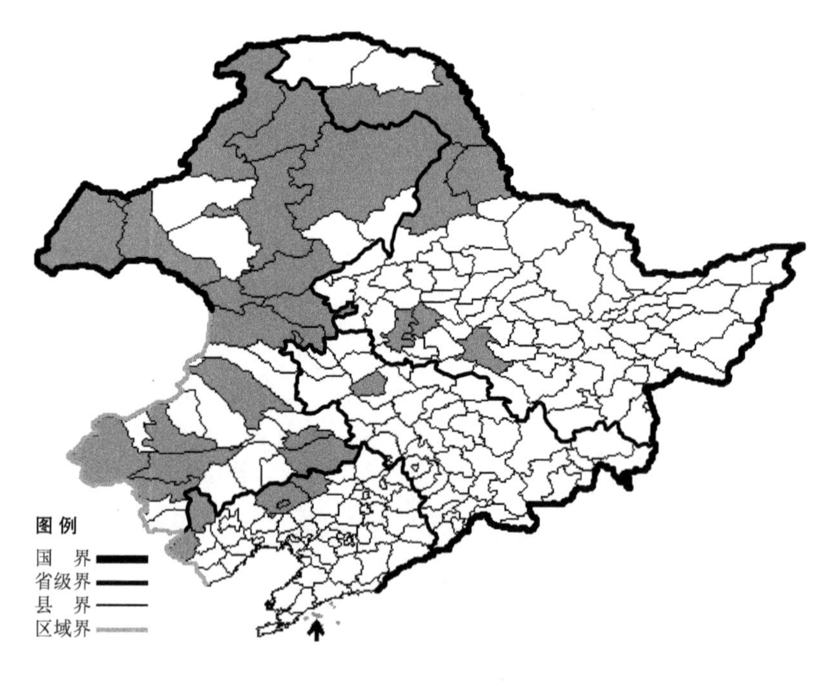

兴安百里香

Thymus dahuricus Serg.

生境：沙砾地，山坡草地，海拔900米以下。

产地：黑龙江省呼玛、嫩江、大庆、哈尔滨、安达、黑河，吉林省乾安，辽宁省阜新、建平、凌源、长海、彰武，内蒙古科尔沁右翼前旗、科尔沁左翼后旗、海拉尔、扎兰屯、鄂伦春旗、扎赉特旗、巴林右旗、新巴尔虎右旗、新巴尔虎左旗、额尔古纳、乌兰浩特、牙克石、阿尔山、满洲里、赤峰、通辽、根河、扎鲁特旗、翁牛特旗、克什克腾旗。

分布：中国（黑龙江、吉林、辽宁、内蒙古），蒙古，俄罗斯（东部西伯利亚）。

白花百里香 Thymus dahuricus Serg. f. **albiflora** C. Y. Li 生于山坡草地、沙地，产于辽宁省建平、彰武，分布于中国（辽宁）。

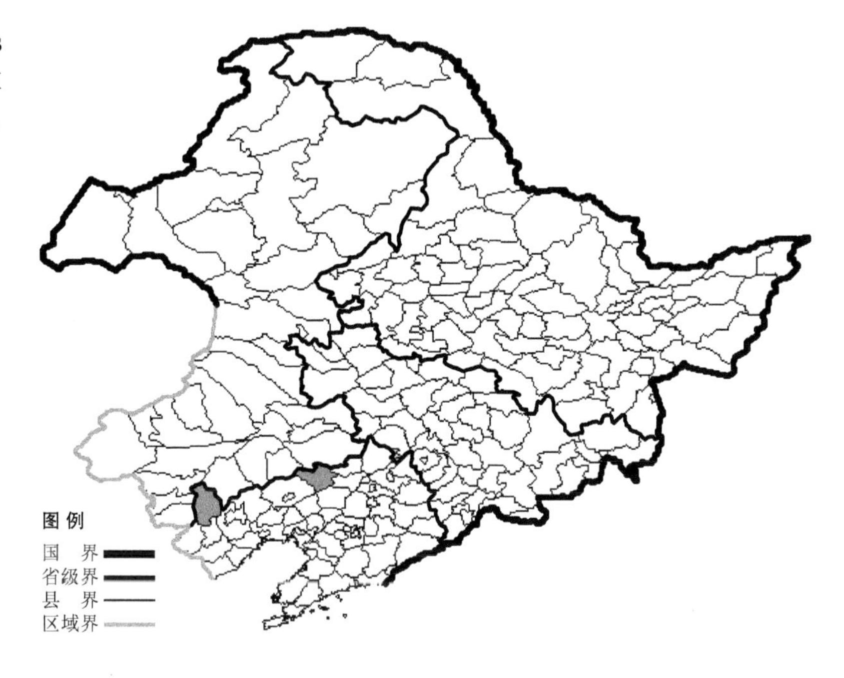

宽叶兴安百里香 Thymus dahuricus Serg. f. **latifolius** Serg. 生于沙砾地、山坡草地，海拔500米以下，产于黑龙江省呼玛、黑河、安达、尚志、杜尔伯特，吉林省镇赉，内蒙古宁城、额尔古纳，分布于中国（黑龙江、吉林、内蒙古），蒙古，俄罗斯（东部西伯利亚）。

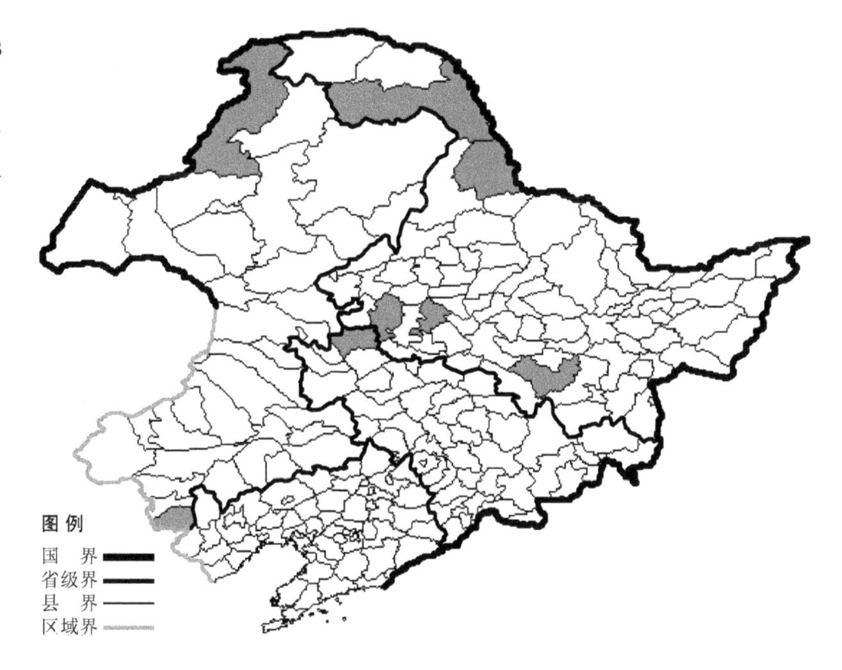

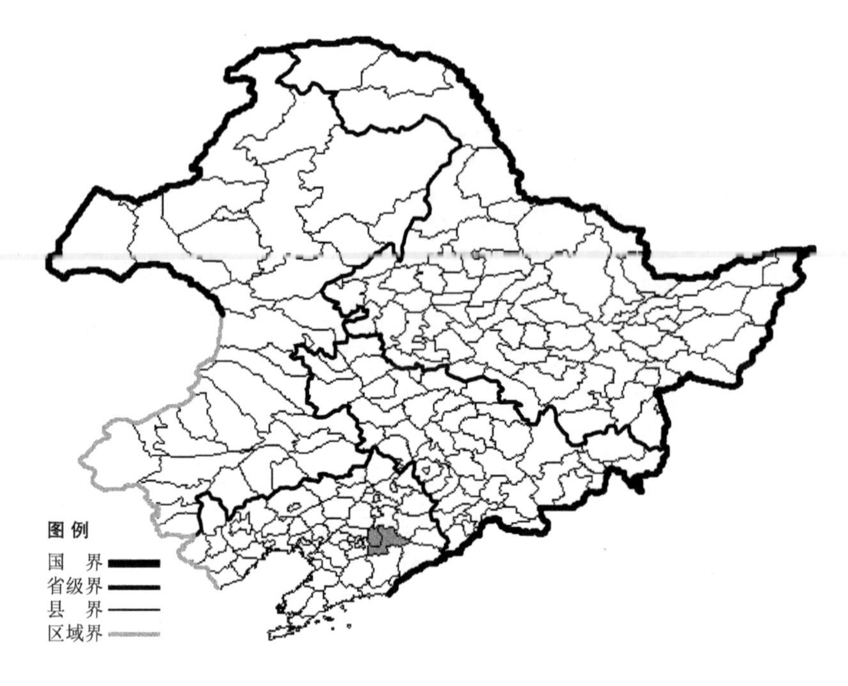

长齿百里香

Thymus disjunctus Klok.

生境：山顶草地，海拔约 1200 米。

产地：辽宁省本溪。

分布：中国（辽宁），俄罗斯（远东地区）。

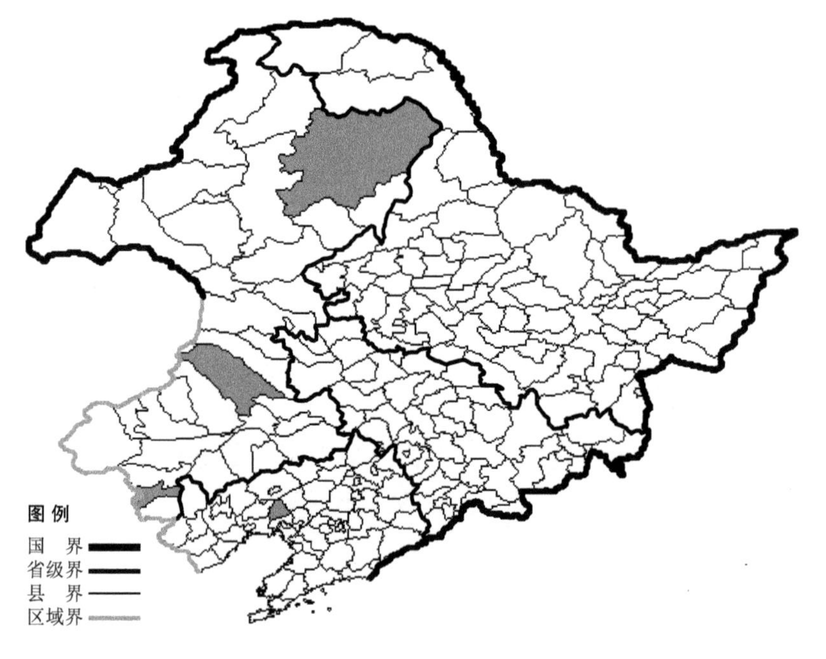

百里香

Thymus mongolicus Ronn.

生境：沙地。

产地：辽宁省北镇，内蒙古鄂伦春旗、扎鲁特旗、喀喇沁旗。

分布：中国（辽宁、内蒙古、河北、山西、陕西、甘肃、青海）。

显脉百里香

Thymus nervulosus Klok.

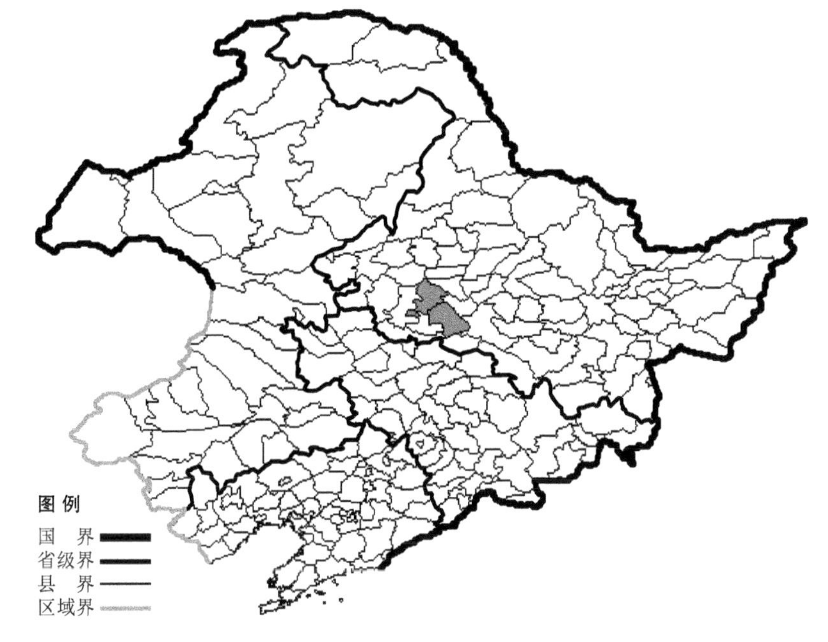

生境：草原，山坡草地。

产地：黑龙江省安达、肇东。

分布：中国（黑龙江），俄罗斯（远东地区）。

兴凯百里香

Thymus przewalskii (Kom.) Nakai

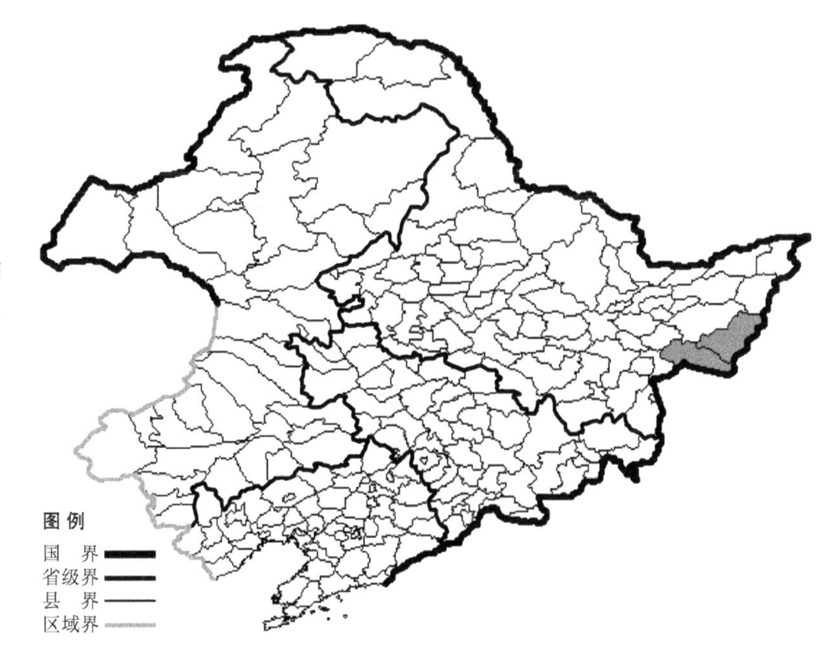

生境：沙地，山坡草地。

产地：黑龙江省密山、虎林。

分布：中国（黑龙江、河北、山西、陕西、甘肃、河南），朝鲜半岛，俄罗斯（远东地区）。

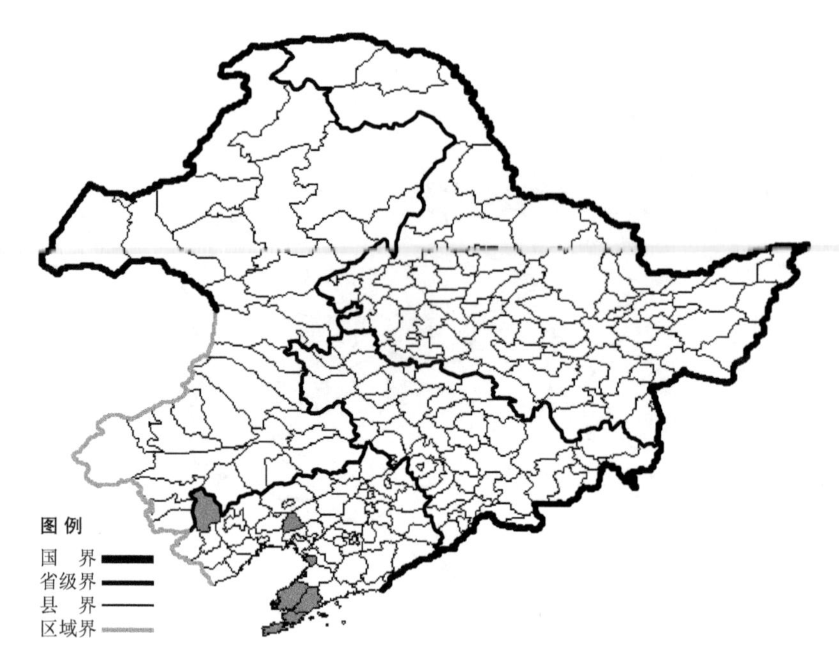

地椒

Thymus quinquecostatus Celak.

生境：山坡草地，沿海地区丘陵山地。

产地：辽宁省大连、普兰店、瓦房店、营口、北镇、建平。

分布：中国（辽宁、河北、山西、山东、河南），朝鲜半岛，日本。

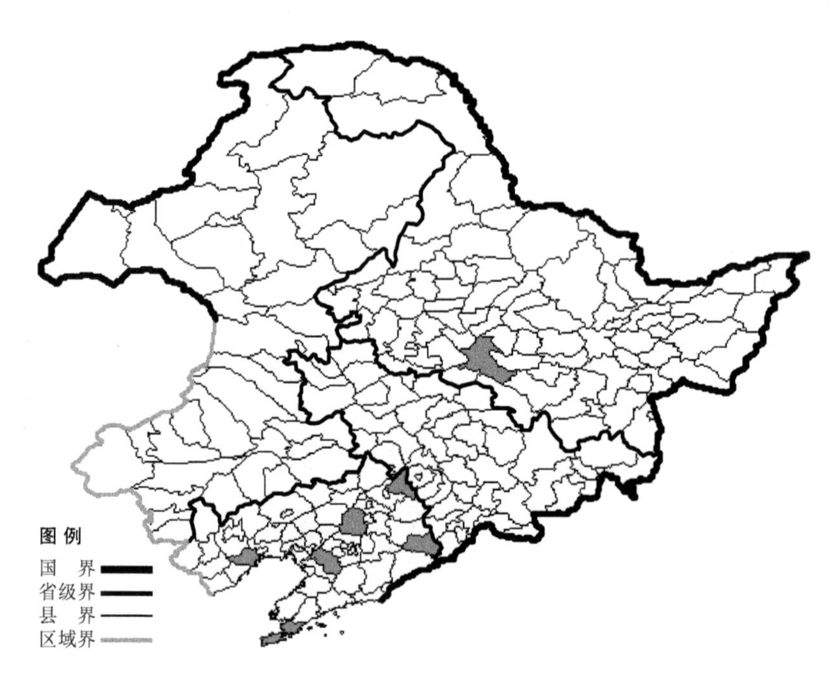

茄科 Solanaceae

毛曼陀罗

Datura innoxia Mill.

生境：人家附近，路旁。

产地：黑龙江省哈尔滨，辽宁省沈阳、海城、大连、桓仁、西丰、葫芦岛。

分布：中国（黑龙江、辽宁、河北、新疆、山东、江苏、河南、湖北），欧洲，北美洲，南美洲。

曼陀罗

Datura stramonium L.

生境：路旁草地，人家附近，海拔 800 米以下。

产地：黑龙江省哈尔滨、尚志，吉林省通化、临江、梅河口、柳河、辉南、集安、长白，辽宁省绥中、兴城、朝阳、阜新、沈阳、本溪、海城、大连、长海、葫芦岛、庄河、丹东、凤城、桓仁、清原，内蒙古扎鲁特旗、翁牛特旗、阿鲁科尔沁旗、喀喇沁旗、宁城、科尔沁左翼后旗。

分布：原产墨西哥，现我国各地有分布。

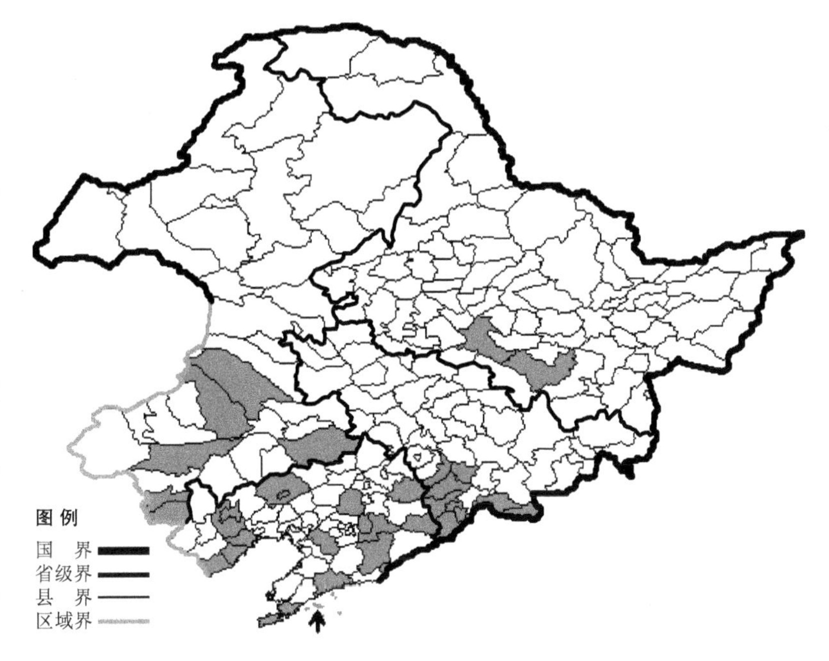

小天仙子

Hyoscyamus bohemicus F. W. Schmidt

生境：人家附近，路旁，多腐殖质的肥沃土壤上。

产地：黑龙江省哈尔滨，吉林省梨树、通化，辽宁省沈阳、鞍山、本溪、盖州、庄河、彰武、阜新、建平、凌源，内蒙古牙克石、扎鲁特旗、科尔沁左翼后旗、赤峰。

分布：中国（黑龙江、吉林、辽宁、内蒙古、河北），朝鲜半岛，俄罗斯（欧洲部分、高加索、西部西伯利亚、远东地区），中亚。

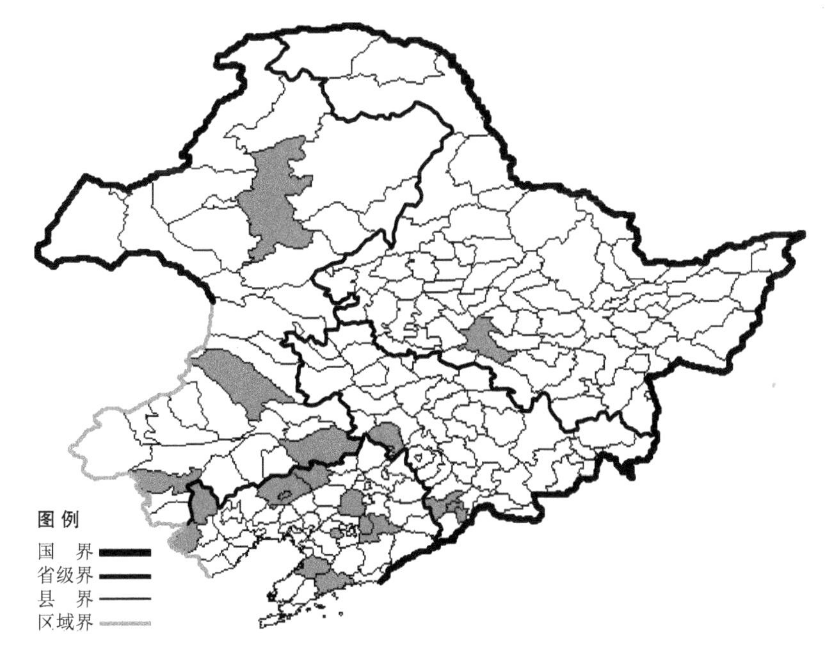

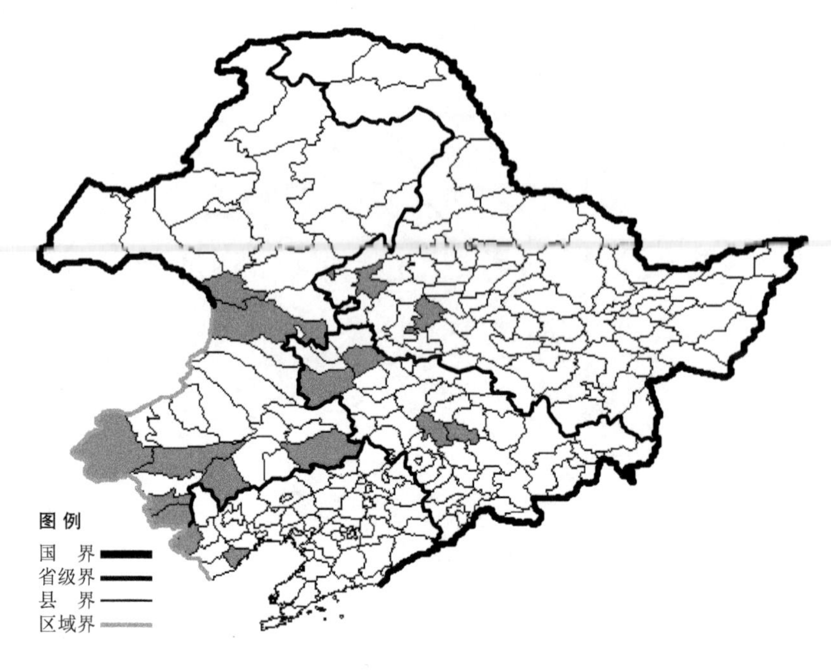

天仙子

Hyoscyamus niger L.

生境：人家附近，山坡，路旁，河边沙地，海拔800米以下。

产地：黑龙江省安达、齐齐哈尔，吉林省大安、通榆、永吉、长春，辽宁省兴城、凌源，内蒙古克什克腾旗、喀喇沁旗、宁城、敖汉旗、翁牛特旗、科尔沁左翼后旗、科尔沁右翼前旗、阿尔山。

分布：中国（黑龙江、吉林、辽宁、内蒙古、河北、山西、陕西、甘肃、青海、四川、西藏），蒙古，俄罗斯（欧洲部分、高加索、西伯利亚、远东地区），中亚，印度，欧洲，北美洲。

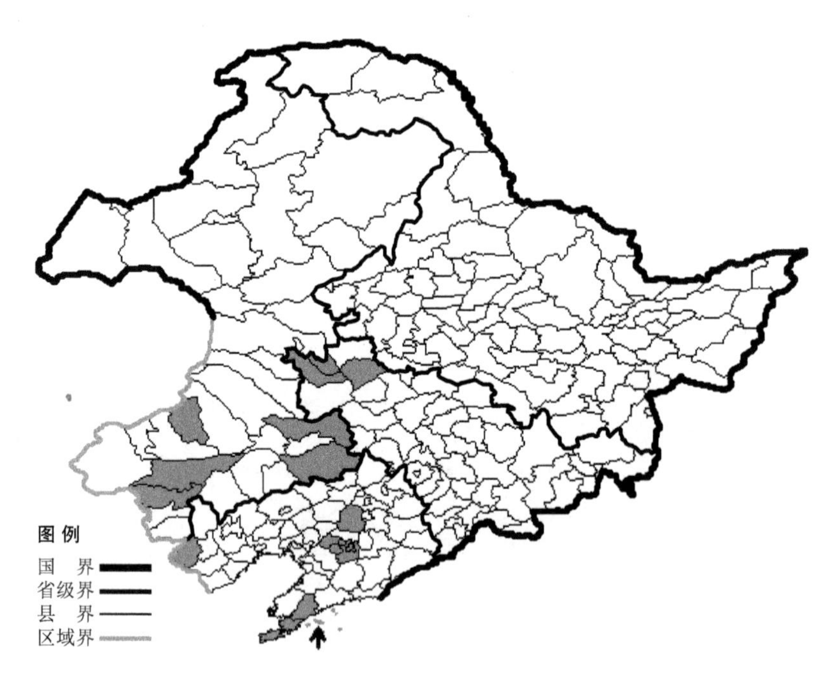

枸杞

Lycium chinense Mill.

生境：沙质地，干山坡。

产地：吉林省白城、洮南、大安，辽宁省沈阳、辽阳、鞍山、大连、普兰店、凌源、长海，内蒙古巴林左旗、翁牛特旗、赤峰、科尔沁左翼中旗、科尔沁左翼后旗。

分布：中国（全国各地），欧洲。

北方枸杞 Lycium chinense Mill. var. **potaninii** (Pojark.) A. M. Lu 生于向阳山坡、沟边、人家附近，产于辽宁省沈阳、辽阳、北镇，内蒙古翁牛特旗，分布于中国（辽宁、内蒙古、河北、山西、陕西、宁夏、甘肃、青海、新疆）。

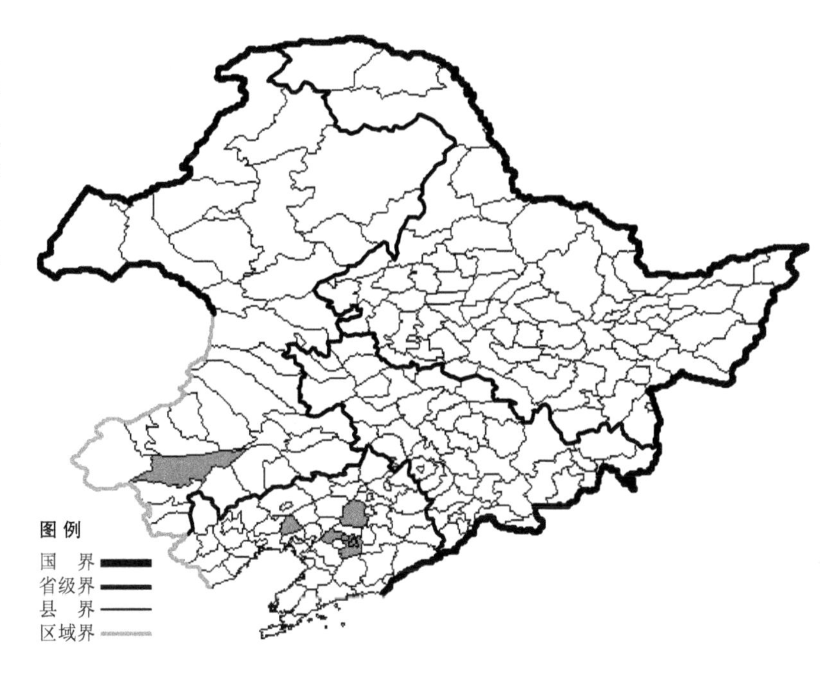

菱叶枸杞 Lycium chinense Mill. f. **rhombifolium** (Dip.) S. Z. Liou 生于海边沙地，产于辽宁省长海，分布于中国（辽宁、台湾），朝鲜半岛，日本。

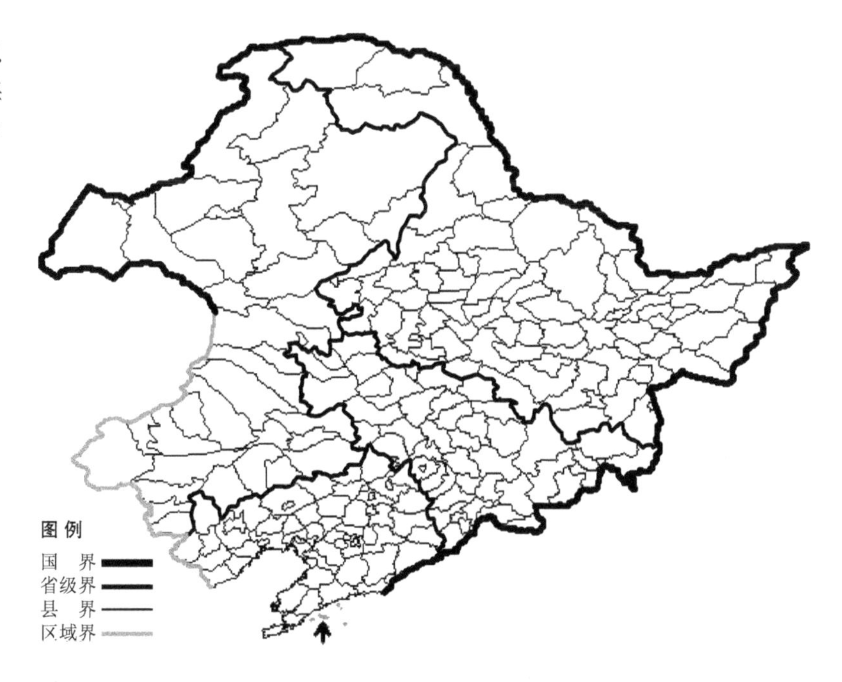

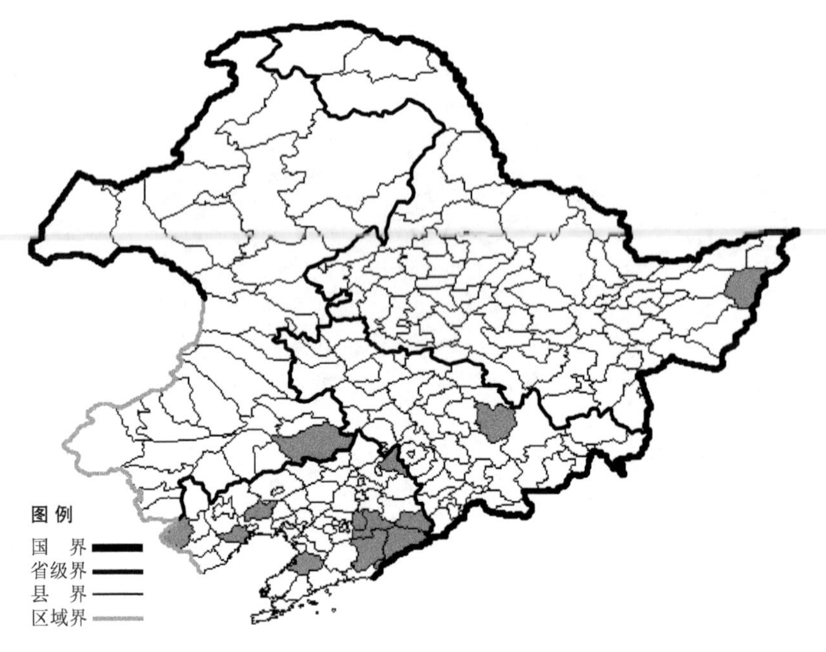

日本散血丹

Physaliastrum japonicum (Franch. et Sav.) Honda

生境：林下，河边灌丛，山坡草地。

产地：黑龙江省饶河，吉林省蛟河，辽宁省凌源、义县、葫芦岛、盖州、西丰、本溪、凤城、丹东、桓仁、宽甸，内蒙古科尔沁左翼后旗。

分布：中国（黑龙江、吉林、辽宁、内蒙古、陕西、山东），朝鲜半岛，日本，俄罗斯（远东地区）。

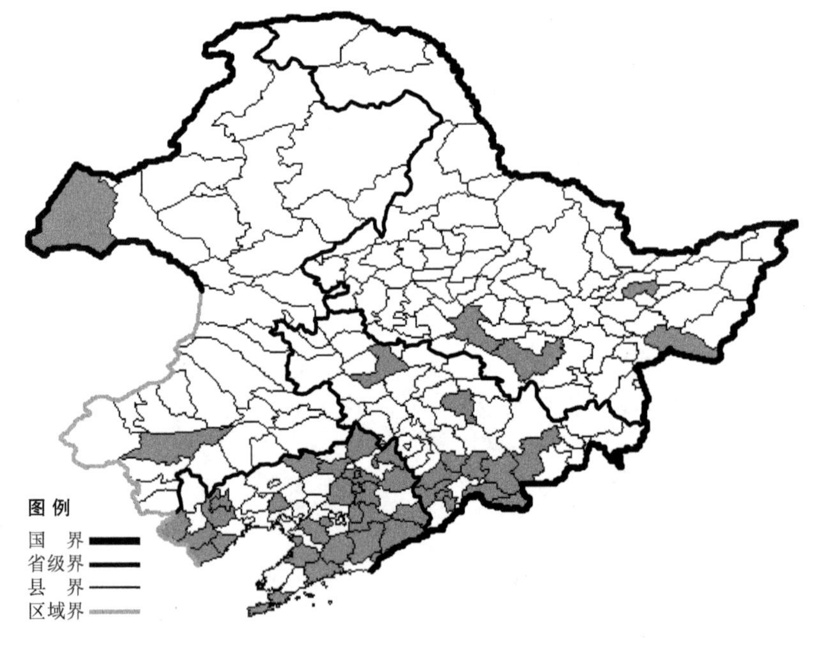

挂金灯酸浆

Physalis alkekengi L. var. **francheti** (Mast.) Makino

生境：林缘，山坡草地，路旁，海拔 1100 米以下。

产地：黑龙江省哈尔滨、尚志、集贤、密山，吉林省吉林、通化、柳河、抚松、靖宇、长白、前郭尔罗斯、安图、临江、辉南，辽宁省彰武、凤城、桓仁、庄河、鞍山、岫岩、大连、昌图、兴城、丹东、营口、海城、盖州、西丰、北镇、凌源、建昌、绥中、庄河、法库、清原、沈阳、宽甸、本溪、抚顺、朝阳、铁岭，内蒙古翁牛特旗、新巴尔虎右旗。

分布：中国（除西藏外，各省区广布），朝鲜半岛，日本。

苦蘵酸浆

Physalis angulata L.

生境：耕地旁。

产地：吉林省双辽、前郭尔罗斯，辽宁省法库、普兰店，内蒙古鄂伦春旗。

分布：中国（吉林、辽宁、内蒙古、华东、华中、华南、西南），印度，澳大利亚，北美洲。

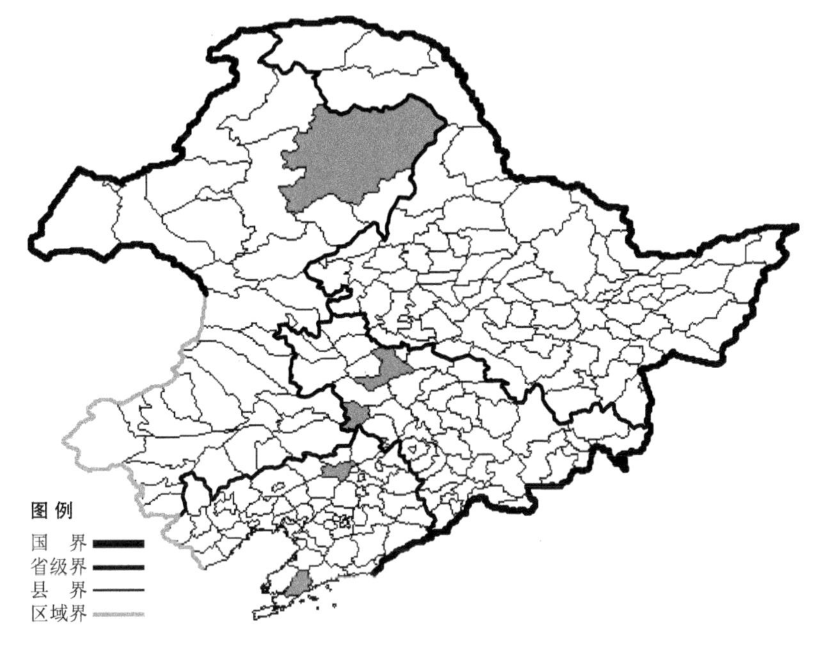

泡囊草

Physochlaina physaloides (L.) G.Don

生境：山坡草地，林缘，海拔约 700 米。

产地：内蒙古满洲里。

分布：中国（内蒙古、河北、新疆），蒙古，俄罗斯（西伯利亚）。

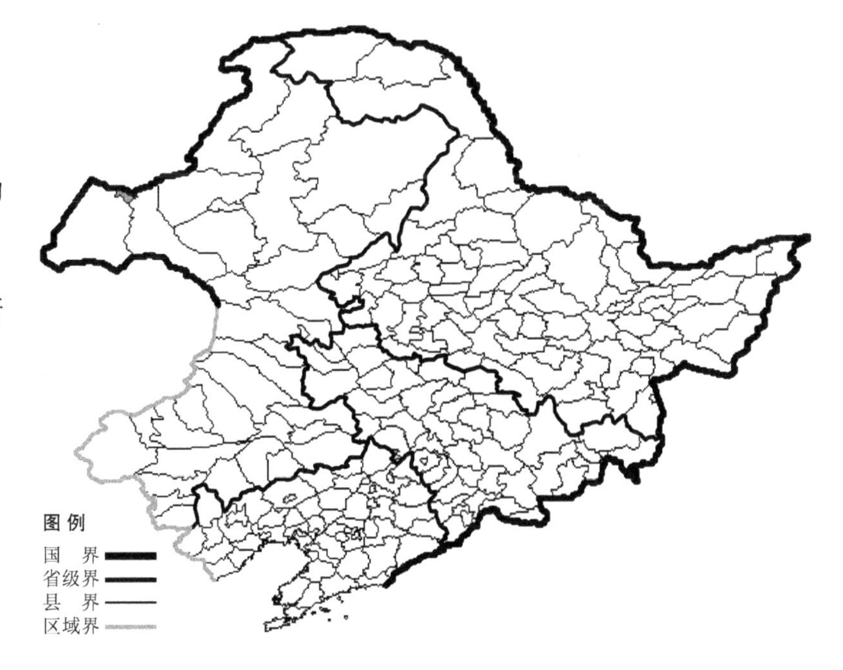

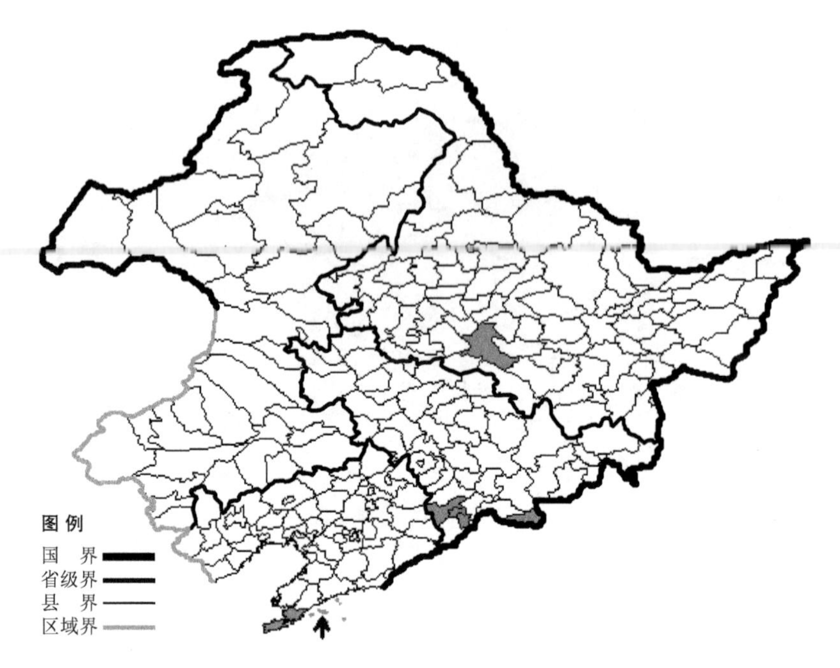

野海茄

Solanum japonense Nakai

生境：山坡草地，湿草地，路旁，林缘，疏林下。

产地：黑龙江省哈尔滨，吉林省通化、长白，辽宁省大连、长海。

分布：中国（黑龙江、吉林、辽宁、河北、陕西、青海、新疆、江苏、安徽、浙江、河南、湖北、广东、广西、四川、云南），朝鲜半岛，日本。

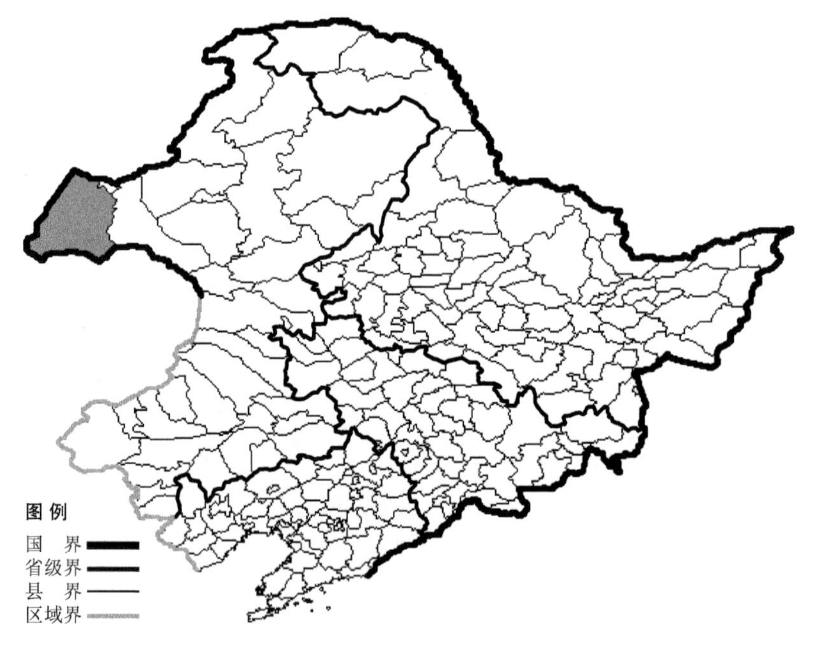

木山茄

Solanum kitagawae Schonb.-Tem.ex Rech.f.

生境：林下，湿草地。

产地：内蒙古新巴尔虎右旗。

分布：中国（内蒙古、河北、青海、新疆），蒙古，俄罗斯（欧洲部分、西伯利亚、远东地区），中亚，克什米尔地区。

白英

Solanum lyratum Thunb.

生境：沟谷，路旁，耕地旁阴湿处。

产地：辽宁省长海。

分布：中国（辽宁、山西、陕西、甘肃、山东、江苏、安徽、浙江、福建、河南、湖北、江西、湖南、广东、广西、海南、四川、贵州、云南、台湾），朝鲜半岛，日本，中南半岛。

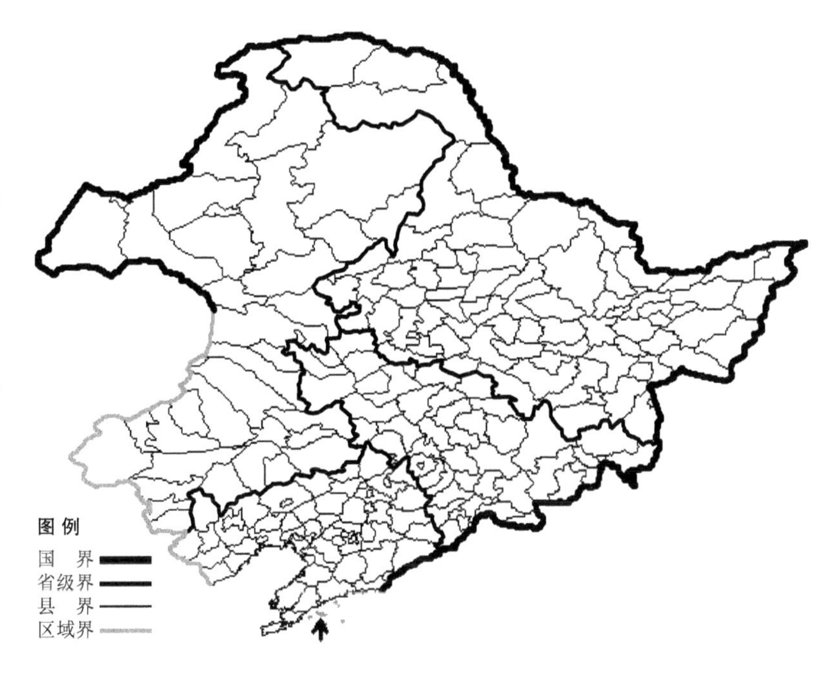

龙葵

Solanum nigrum L.

生境：耕地旁，荒地，人家附近。

产地：黑龙江省哈尔滨、密山，吉林省吉林、安图、汪清、镇赉、珲春，辽宁省沈阳、大连、长海、庄河、建平、锦州、法库，内蒙古科尔沁右翼中旗。

分布：中国（全国各地），遍布世界温带至热带地区。

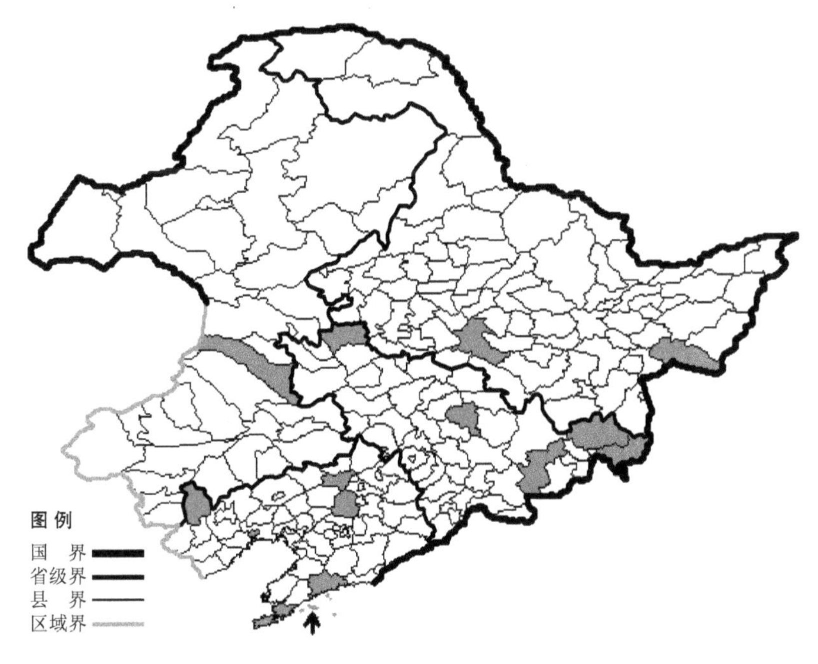

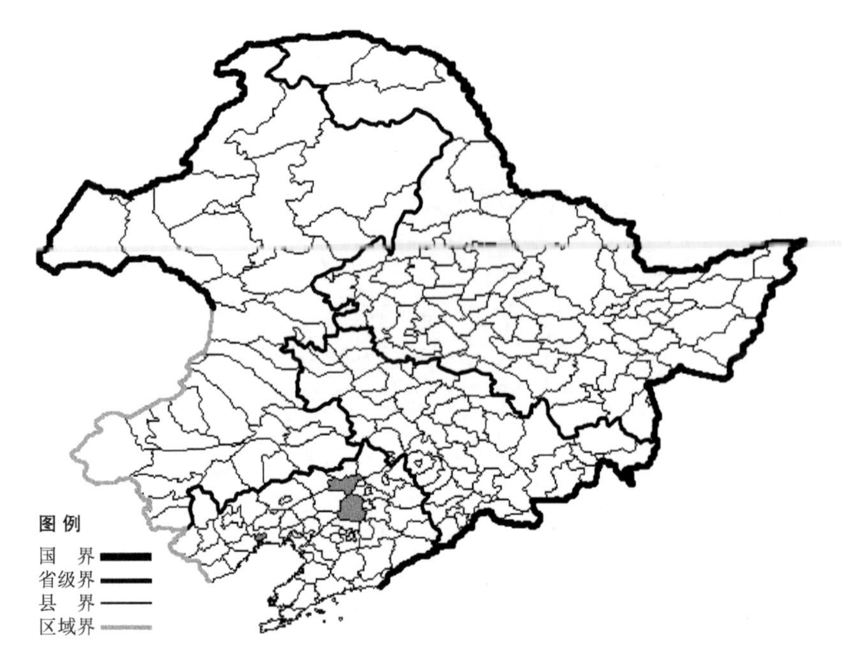

黄果龙葵 Solanum nigrum L. var. **flavovidum** S. Z. Liou et W. Q. Wang 生于田间、路旁、肥沃的土壤，产于辽宁省沈阳、法库、锦州，分布于中国（辽宁）。

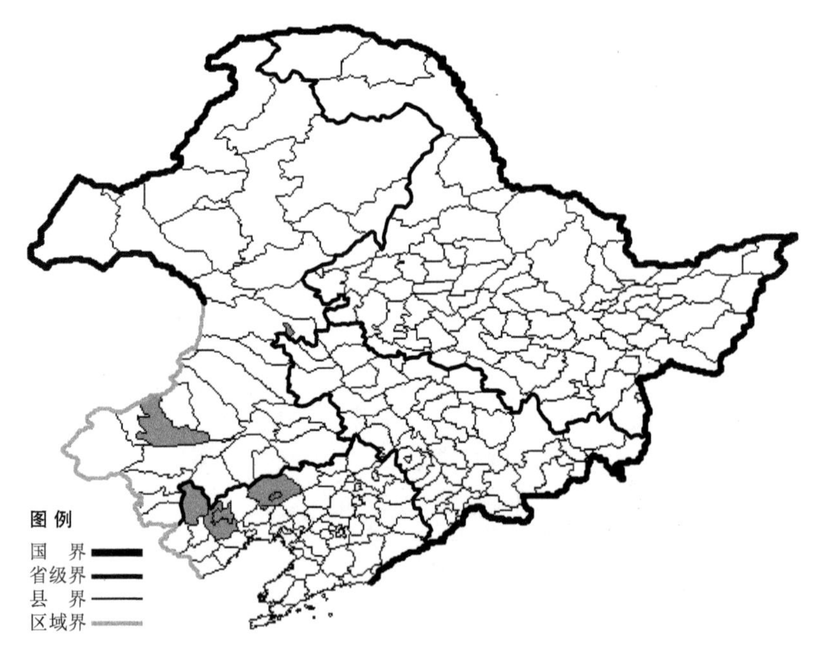

黄花刺茄

Solanum rostratum Dunal

生境：干燥草原，荒地。

产地：辽宁省建平、朝阳、阜新，内蒙古乌兰浩特、巴林右旗。

分布：中国（辽宁、内蒙古），俄罗斯（欧洲部分、高加索），北美洲。

毛龙葵

Solanum sarrachoides Sendt.

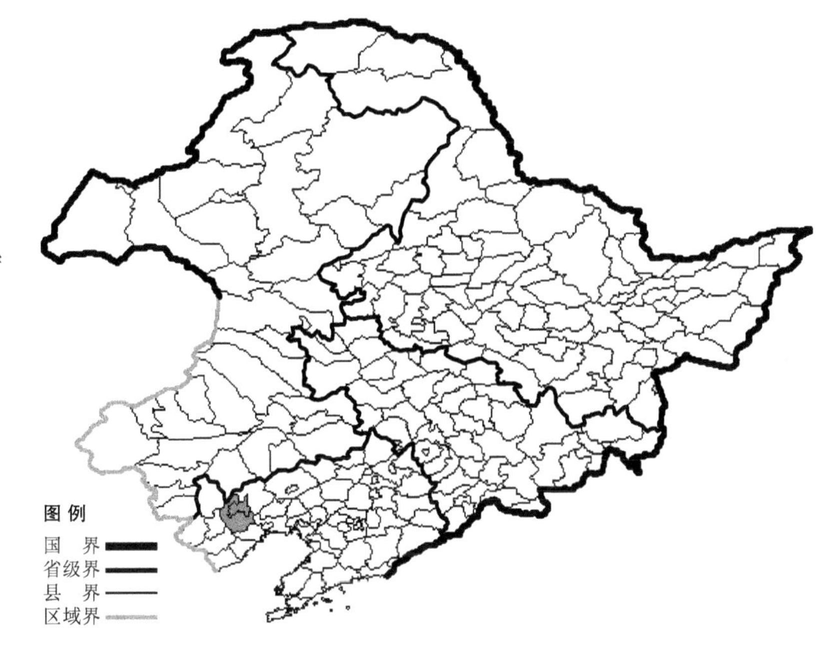

生境：人家附近。

产地：辽宁省朝阳。

分布：原产北美洲，现中国辽宁有分布。

青杞

Solanum septemlobum Bunge

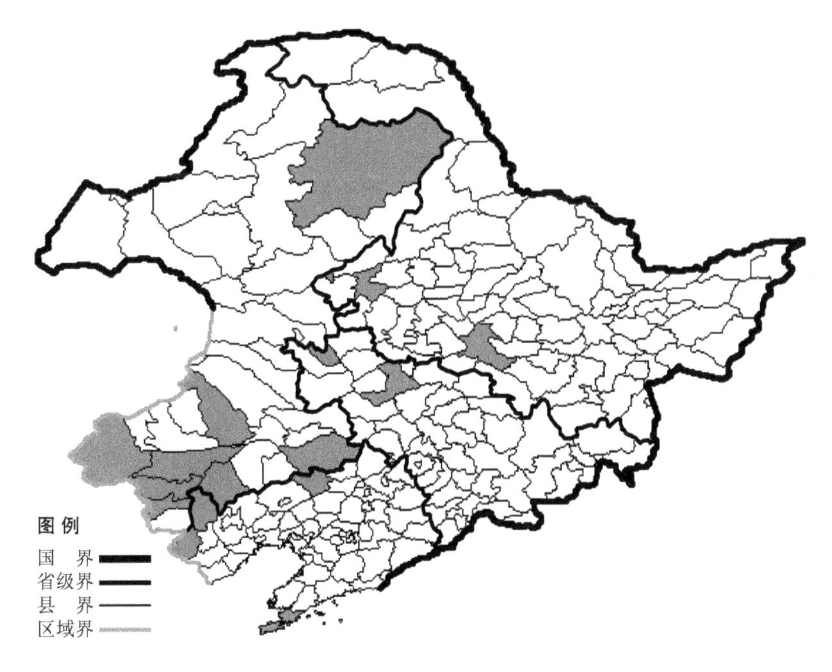

生境：向阳山坡，沙丘，路旁，林下，湿草地。

产地：黑龙江省哈尔滨、齐齐哈尔，吉林省白城、前郭尔罗斯，辽宁省建平、彰武、凌源、大连，内蒙古翁牛特旗、克什克腾旗、喀喇沁旗、赤峰、敖汉旗、鄂伦春旗、阿鲁科尔沁旗、科尔沁左翼后旗。

分布：中国（黑龙江、吉林、辽宁、内蒙古、河北、山西、陕西、甘肃、新疆、山东、安徽、江苏、河南、四川），蒙古，俄罗斯（远东地区）。

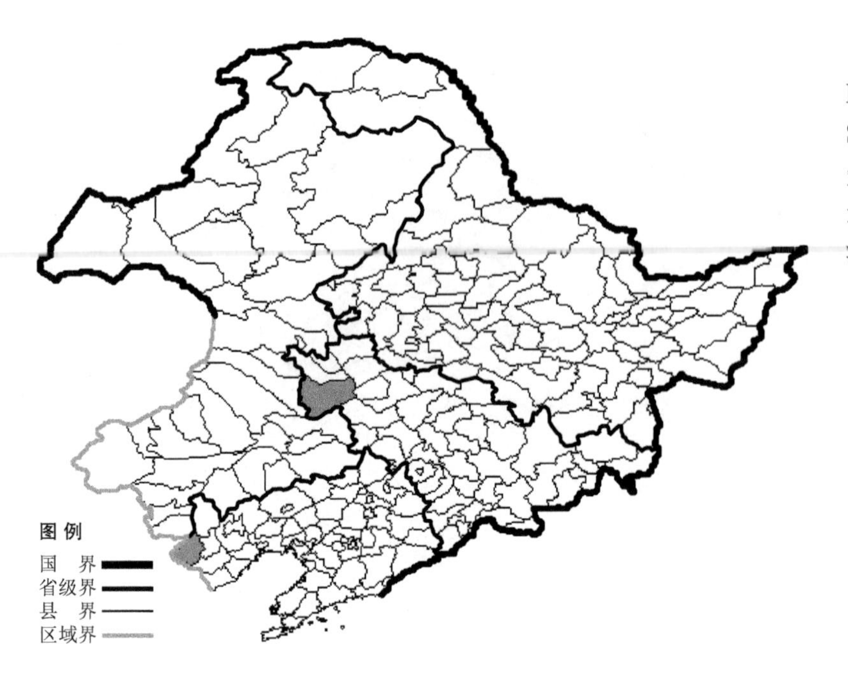

卵果青杞 Solanum septemlobum Bunge var. **ovoidocarpum** C. Y. Wu et S. C. Huang 生于向阳山坡、沙丘、路旁、林下、湿草地，产于吉林省通榆，辽宁省凌源，分布于中国（吉林、辽宁、河北）。

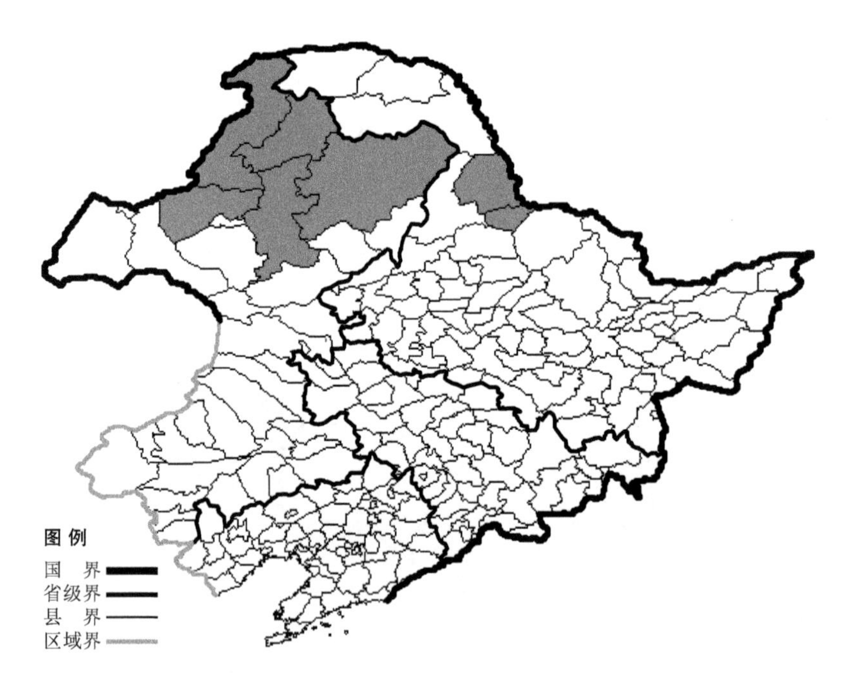

玄参科 Scrophulariaceae

火焰草

Castilleja pallida (L.) Kunth

生境：路旁，山坡草地，灌丛，海拔 900 米以下。

产地：黑龙江省黑河、孙吴，内蒙古牙克石、额尔古纳、根河、鄂伦春旗、陈巴尔虎旗。

分布：中国（黑龙江、内蒙古），蒙古，俄罗斯（北极带、西伯利亚、远东地区），北美洲。

达乌里芯芭

Cymbaria dahurica L.

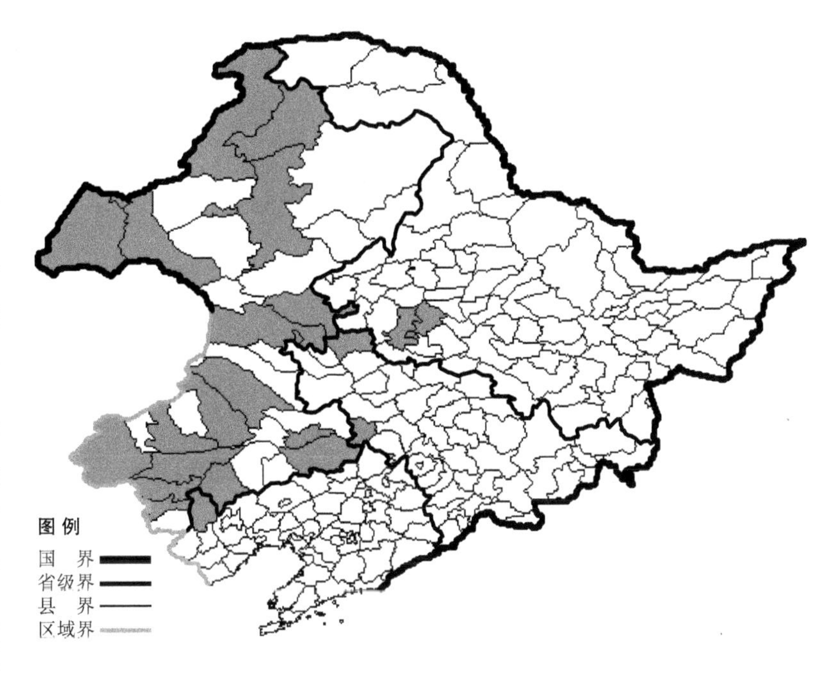

生境：沙质草原，山坡草地，海拔 900 米以下。

产地：黑龙江省大庆、安达，吉林省双辽、镇赉，辽宁省建平，内蒙古海拉尔、满洲里、根河、扎赉特旗、牙克石、新巴尔虎左旗、新巴尔虎右旗、科尔沁右翼前旗、科尔沁左翼后旗、扎鲁特旗、乌兰浩特、通辽、赤峰、翁牛特旗、克什克腾旗、巴林右旗、阿鲁科尔沁旗、喀喇沁旗、敖汉旗、额尔古纳。

分布：中国（黑龙江、吉林、辽宁、内蒙古、河北），蒙古，俄罗斯（东部西伯利亚）。

泽番椒

Deinostema violaceum (Maixm.) Yamaz.

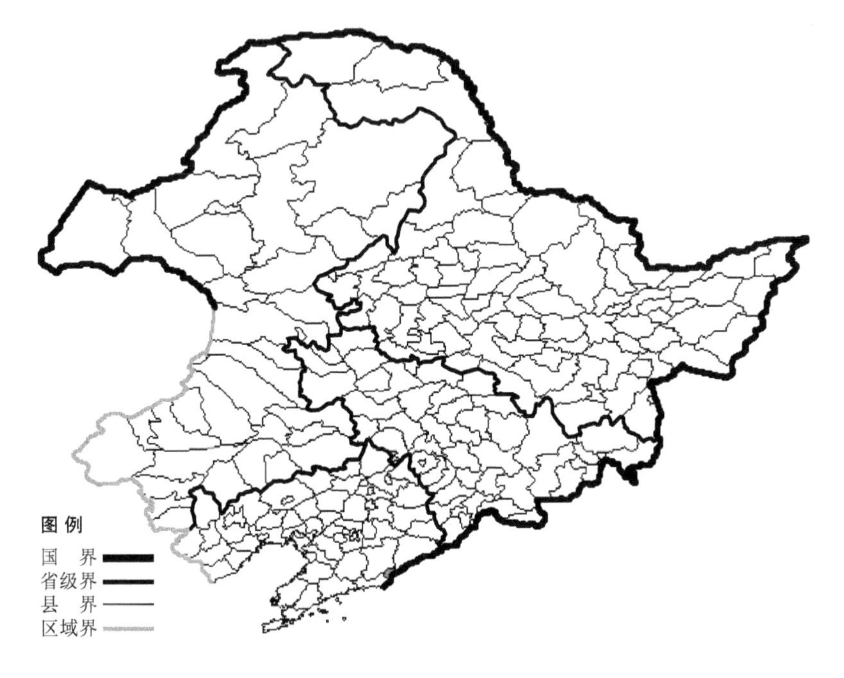

生境：沼泽。

产地：辽宁省丹东。

分布：中国（辽宁、江苏），朝鲜半岛，日本。

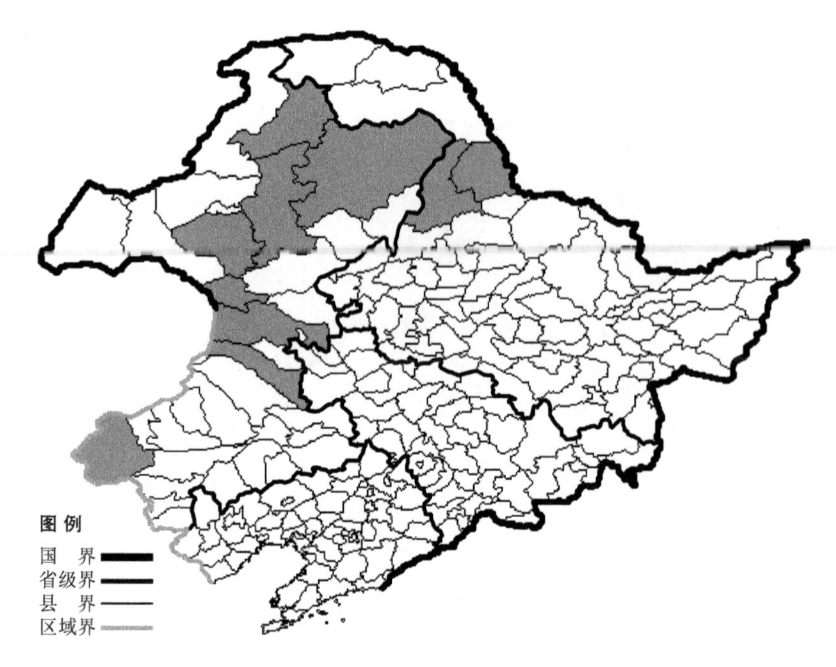

东北小米草

Euphrasia amurensis Freyn

生境：山坡湿草地。

产地：黑龙江省黑河、嫩江，内蒙古科尔沁右翼中旗、科尔沁右翼前旗、克什克腾旗、鄂伦春旗、根河、牙克石、鄂温克旗、阿尔山。

分布：中国（黑龙江、内蒙古），俄罗斯（远东地区）。

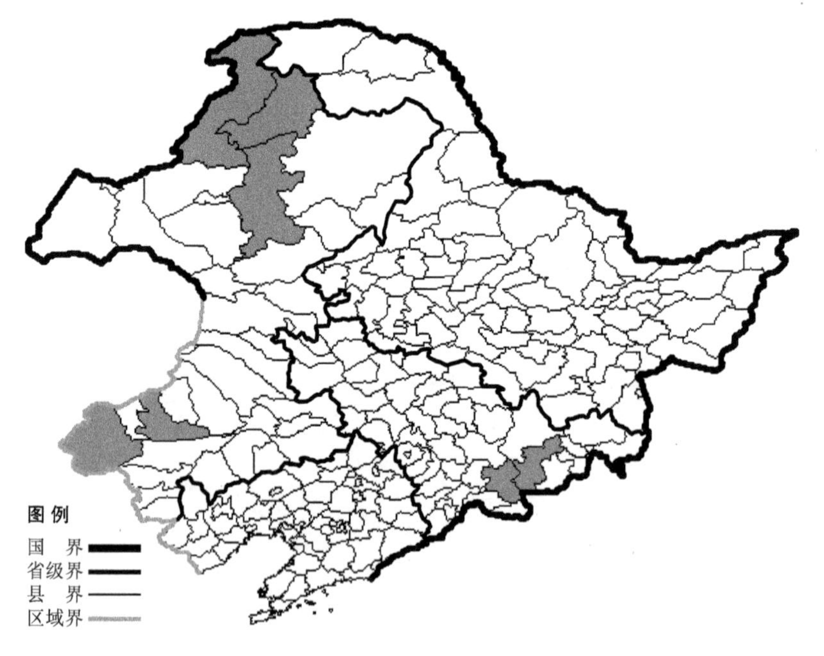

长腺小米草

Euphrasia hirtella Jord. ex Reuter

生境：草甸，林缘，湿草地，针叶林下，海拔约600-1800米。

产地：吉林省抚松、安图，内蒙古克什克腾旗、巴林右旗、根河、额尔古纳、牙克石。

分布：中国（吉林、内蒙古、新疆），朝鲜半岛，蒙古，俄罗斯（欧洲部分、高加索、西伯利亚），中亚，欧洲。

芒小米草

Euphrasia maximowiczii Wettst.

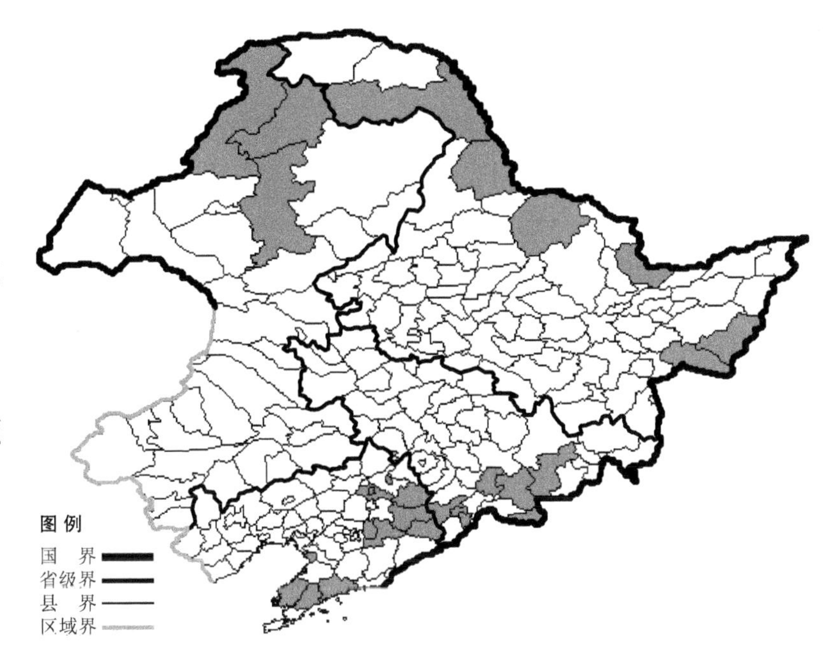

生境：林缘，山坡草地，疏林下，海拔 2100 米以下。

产地：黑龙江省黑河、萝北、虎林、密山、逊克、呼玛，吉林省安图、靖宇、抚松、长白、通化，辽宁省清原、新宾、本溪、营口、普兰店、瓦房店、庄河、桓仁、铁岭，内蒙古根河、额尔古纳、牙克石。

分布：中国（黑龙江、吉林、辽宁、内蒙古、河北、山西、山东），朝鲜半岛，日本，蒙古，俄罗斯（远东地区）。

小米草

Euphrasia tatarica Fisch. ex Spreng.

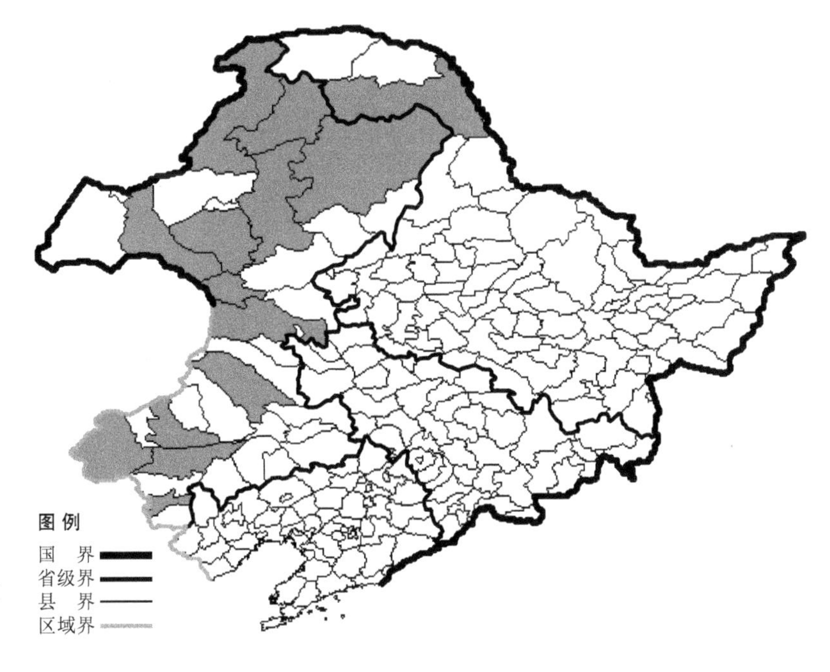

生境：山阴坡草地，林缘，灌丛，湿草甸，沙丘柳丛中，河边灌丛，海拔 1100 米以下。

产地：黑龙江省呼玛，内蒙古克什克腾旗、巴林右旗、翁牛特旗、喀喇沁旗、额尔古纳、根河、牙克石、鄂温克旗、新巴尔虎左旗、扎鲁特旗、鄂伦春旗、科尔沁右翼前旗、阿尔山。

分布：中国（黑龙江、内蒙古、河北、山西、甘肃、宁夏、新疆），朝鲜半岛，日本，蒙古，俄罗斯（欧洲部分、高加索、西伯利亚），中亚，欧洲。

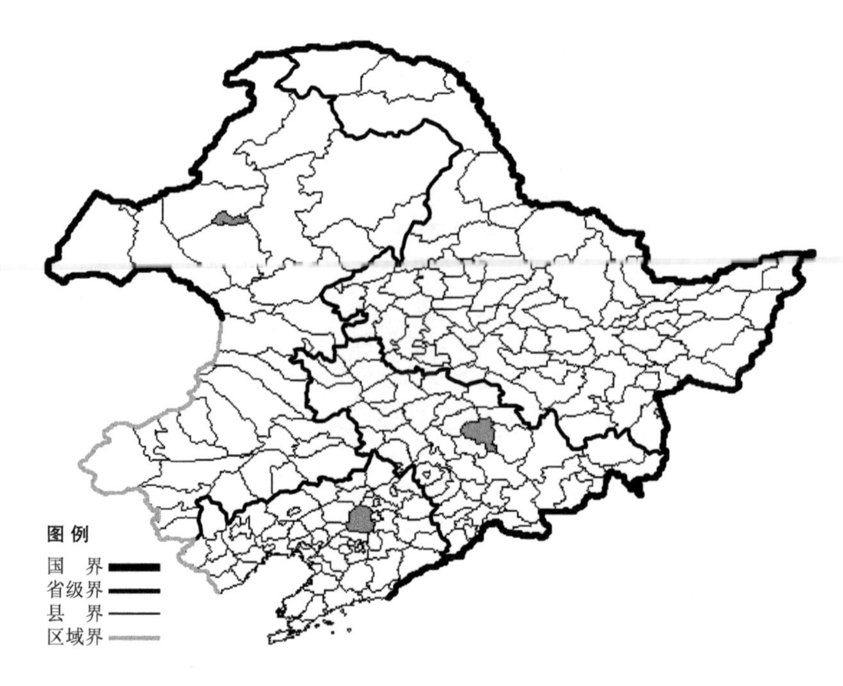

白花水八角

Gratiola japonica Miq.

生境：稻田及水边带粘性的淤泥上。

产地：吉林省吉林，辽宁省沈阳，内蒙古海拉尔。

分布：中国（吉林、辽宁、内蒙古、江苏、江西、云南），朝鲜半岛，日本，俄罗斯（远东地区）。

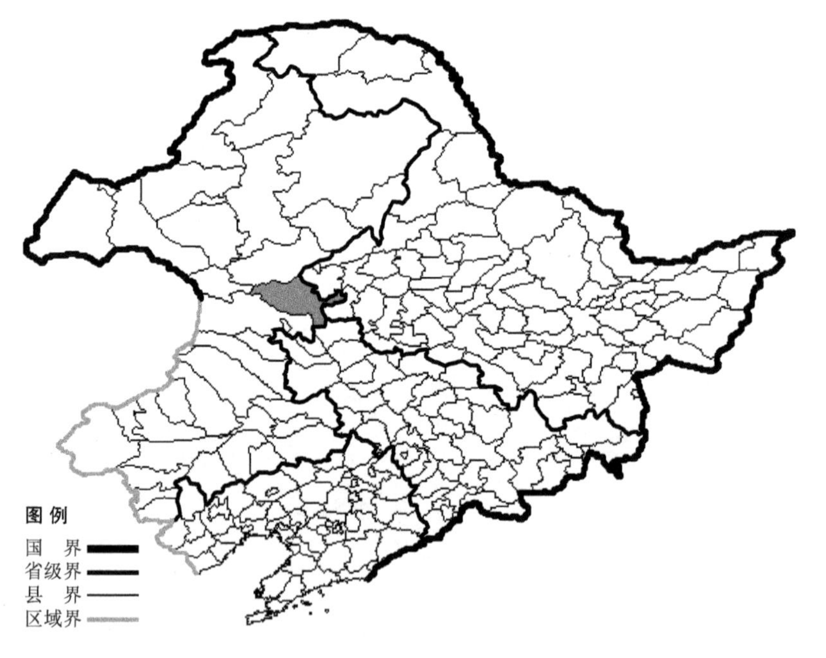

北方石龙尾

Limnophila borealis Y. Z. Zhao et Ma. f.

生境：水田中。

产地：内蒙古扎赉特旗。

分布：中国（内蒙古）。

石龙尾

Limnophila sessiliflora (Vahl) Blume

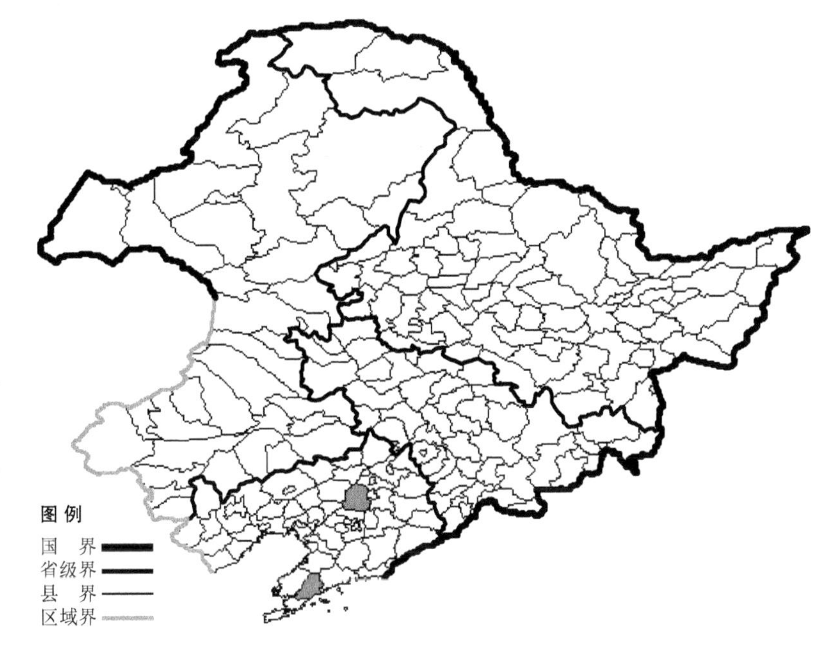

生境：池沼，沼泽，水田，路旁，沟边。

产地：辽宁省沈阳、普兰店。

分布：中国（辽宁、江苏、安徽、浙江、福建、河南、湖北、江西、湖南、广东、广西、四川、贵州、云南、台湾），朝鲜半岛，日本，印度，尼泊尔，不丹，越南，马来西亚，印度尼西亚。

水茫草

Limosella aquatica L.

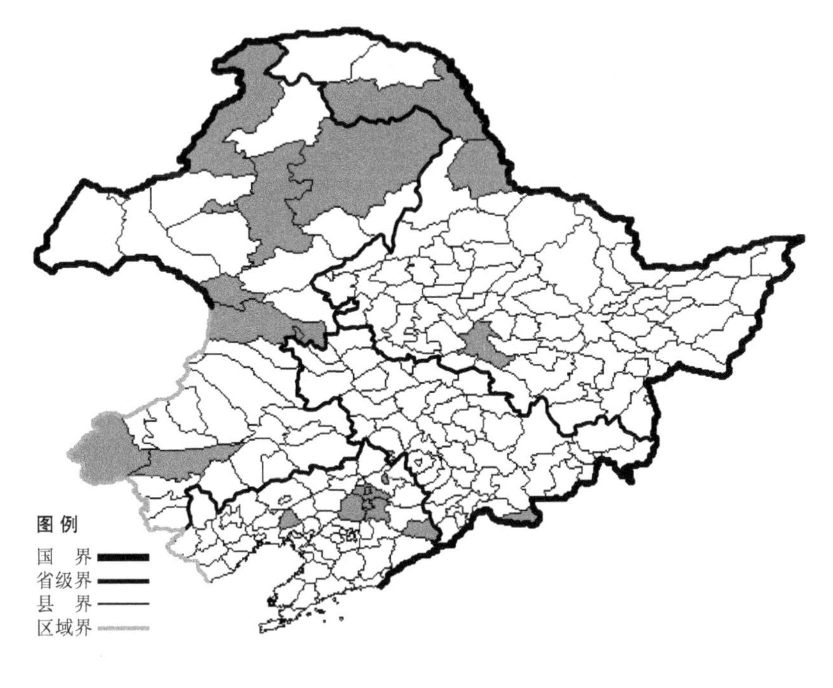

生境：河水中，河边，林缘湿草地，溪流旁。

产地：黑龙江省哈尔滨、黑河、呼玛，吉林省长白，辽宁省桓仁、沈阳、抚顺、铁岭、北镇，内蒙古额尔古纳、牙克石、海拉尔、鄂伦春旗、阿尔山、科尔沁右翼前旗、克什克腾旗、乌兰浩特、翁牛特旗。

分布：中国（黑龙江、吉林、辽宁、内蒙古、青海、四川、云南、西藏），朝鲜半岛，日本，蒙古，俄罗斯（北极带、欧洲部分、高加索、西伯利亚、远东地区），中亚，非洲，欧洲，大洋洲，北美洲，南美洲。

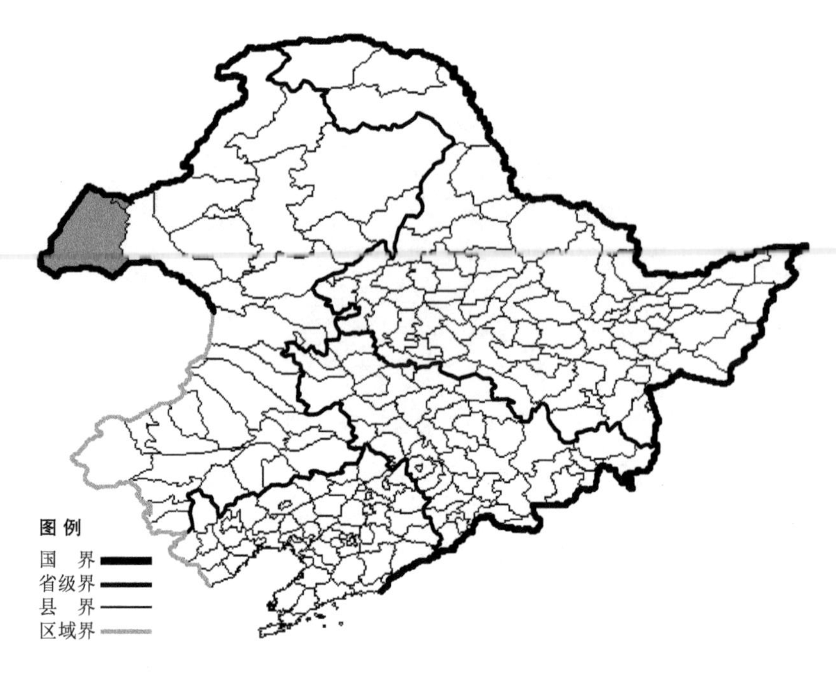

多枝柳穿鱼

Linaria buriatica Turcz.

生境：草原，荒地，沙丘，海拔约600米。

产地：内蒙古满洲里、新巴尔虎右旗。

分布：中国（内蒙古），蒙古，俄罗斯（东部西伯利亚）。

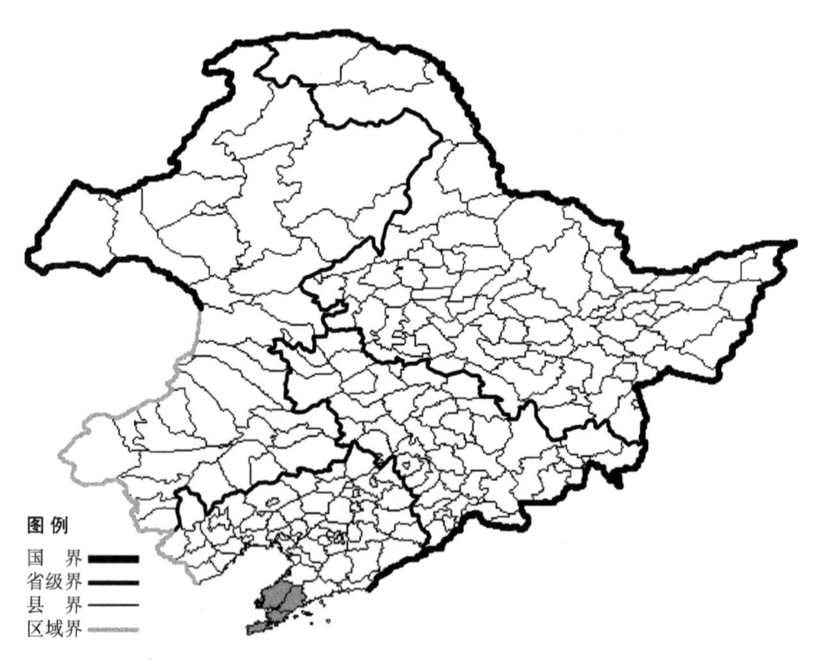

海滨柳穿鱼

Linaria japonica Miq.

生境：海边沙地。

产地：辽宁省大连、普兰店、瓦房店。

分布：中国（辽宁），朝鲜半岛，日本，俄罗斯（远东地区）。

柳穿鱼

Linaria vulgaris Mill. var. **sinensis** Bebeaux

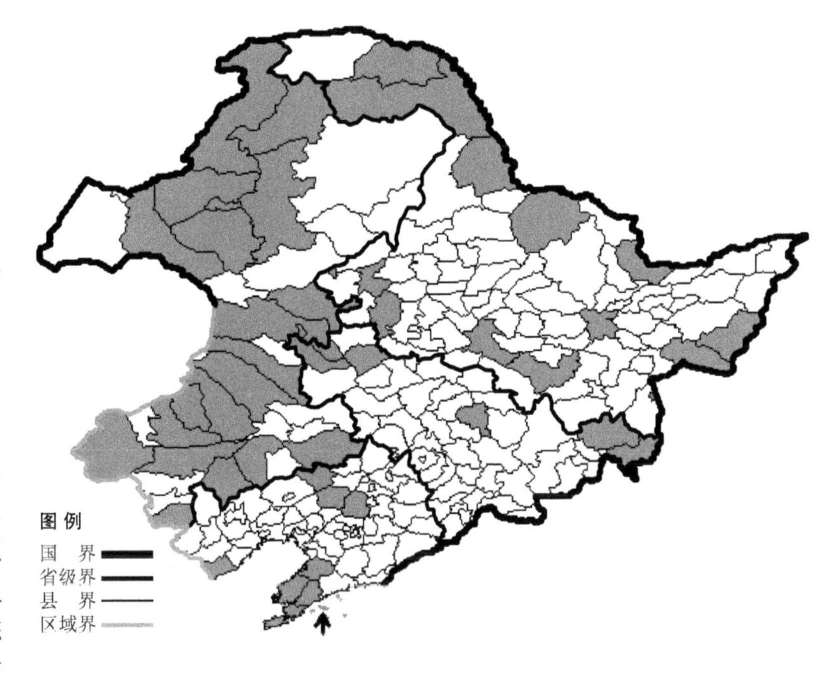

生境：山坡草地，河边石砾地，耕地旁，路旁，草原，固定沙丘，海拔 800 米以下。

产地：黑龙江省哈尔滨、尚志、虎林、依兰、密山、呼玛、杜尔伯特、塔河、绥芬河、逊克、黑河、萝北、齐齐哈尔，吉林省汪清、洮南、白城、大安、珲春、吉林，辽宁省长海、绥中、新民、沈阳、盖州、彰武、大连、瓦房店、普兰店，内蒙古海拉尔、鄂温克旗、牙克石、额尔古纳、根河、陈巴尔虎旗、新巴尔虎左旗、科尔沁右翼前旗、科尔沁右翼中旗、扎鲁特旗、奈曼旗、扎赉特旗、克什克腾旗、翁牛特旗、乌兰浩特、敖汉旗、科尔沁左翼后旗、阿鲁科尔沁旗、巴林左旗、巴林右旗、宁城。

分布：中国（黑龙江、吉林、辽宁、内蒙古、河北、山西、陕西、甘肃、山东、江苏、河南）。

陌上菜

Lindernia procumbens (Krock.) Borbas

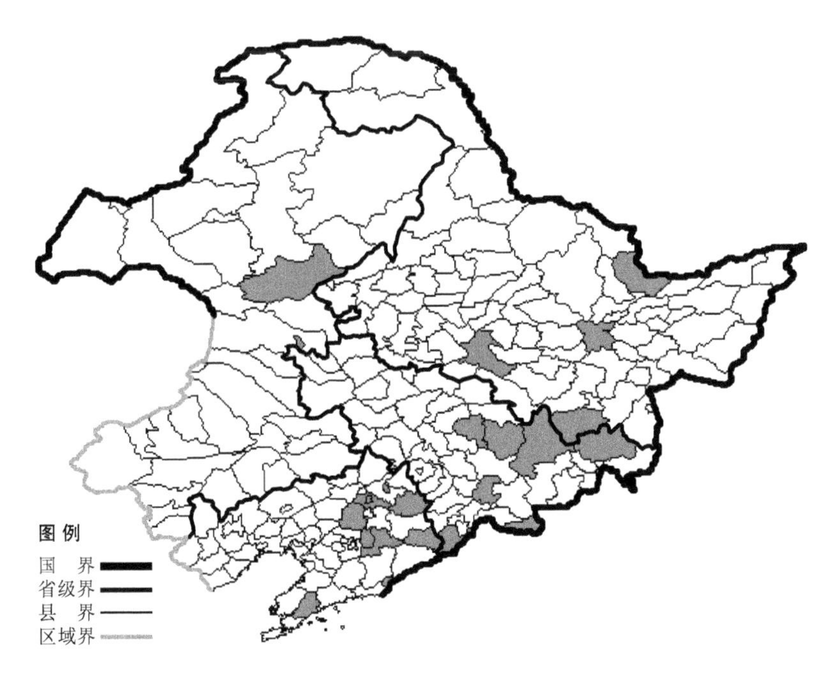

生境：水边湿草地，海拔约 300 米。

产地：黑龙江省哈尔滨、宁安、依兰、萝北，吉林省吉林、集安、蛟河、汪清、敦化、长白、靖宇，辽宁省沈阳、本溪、铁岭、丹东、普兰店、清原、桓仁，内蒙古扎兰屯、乌兰浩特。

分布：中国（黑龙江、吉林、辽宁、内蒙古、河北、江苏、安徽、浙江、河南、湖北、江西、湖南、广东、广西、四川、贵州、云南），日本，马来西亚，欧洲。

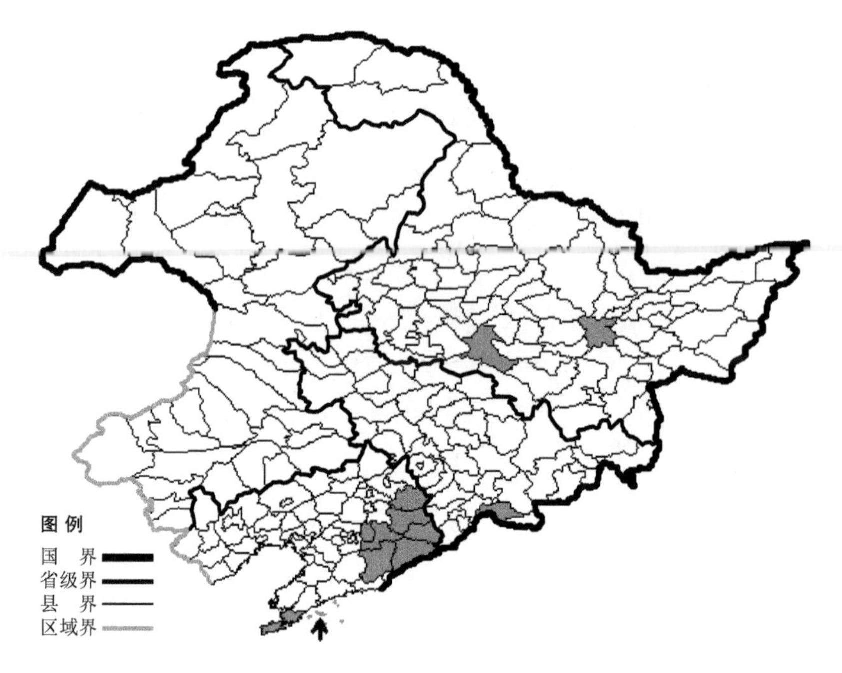

通泉草

Mazus japonicus (Thunb.) O. Kuntze

生境：山坡湿草地，沟边，路旁，林缘，耕地旁。

产地：黑龙江省哈尔滨、依兰，吉林省临江，辽宁省本溪、凤城、宽甸、桓仁、清原、新宾、大连、长海。

分布：中国（全国各地），朝鲜半岛，日本，俄罗斯（远东地区），菲律宾，越南。

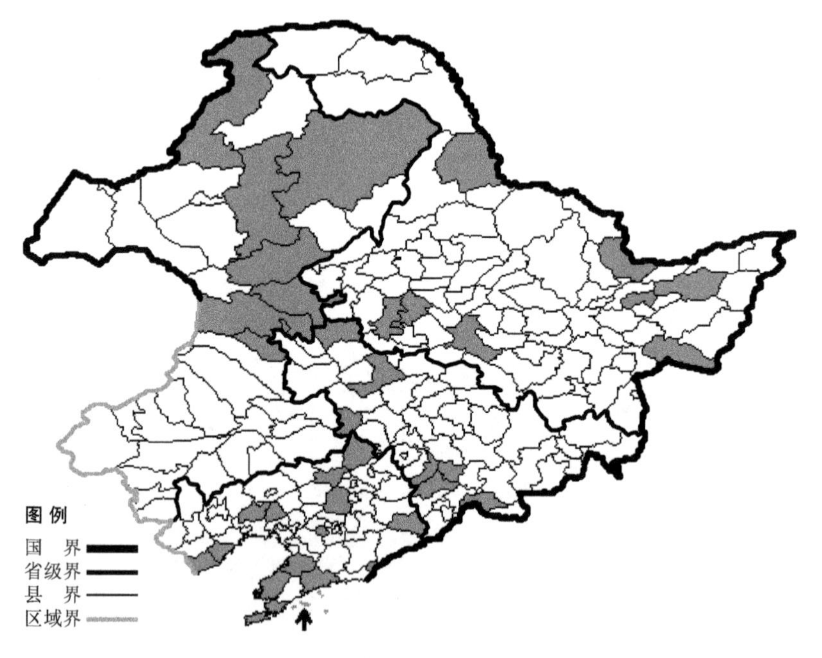

弹刀子菜

Mazus stachydifolius (Turcz.) Maxim.

生境：山坡湿草地，路旁，林缘，向阳山坡石砾质地，海拔 900 米以下。

产地：黑龙江省哈尔滨、集贤、富锦、安达、大庆、密山、萝北、黑河，吉林省镇赉、双辽、临江、前郭尔罗斯、辉南、梅河口、柳河，辽宁省沈阳、鞍山、盖州、丹东、庄河、大连、昌图、北镇、瓦房店、兴城、长海、法库、桓仁、义县、绥中，内蒙古科尔沁右翼前旗、乌兰浩特、扎赉特旗、额尔古纳、鄂伦春旗、牙克石、扎兰屯、突泉。

分布：中国（黑龙江、吉林、辽宁、内蒙古、河北、山西、陕西、江苏、浙江、江西、广东、四川、台湾），朝鲜半岛，蒙古，俄罗斯（远东地区）。

山萝花

Melampyrum roseum Maixm.

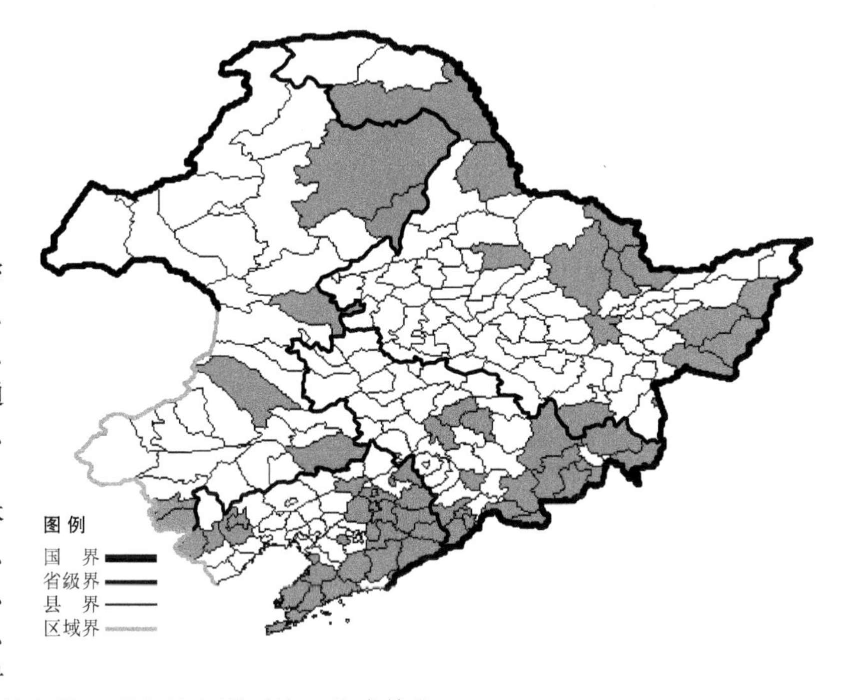

生境：林间草地，林缘，疏林下，海拔 1000 米以下。

产地：黑龙江省饶河、宝清、密山、虎林、萝北、伊春、依兰、宁安、绥芬河、鹤岗、北安、黑河、呼玛、嘉荫，吉林省长春、吉林、临江、通化、集安、抚松、安图、汪清、珲春、辉南、长白、九台、敦化、龙井、和龙，辽宁省西丰、铁岭、沈阳、抚顺、本溪、清原、新宾、桓仁、营口、鞍山、盖州、普兰店、岫岩、喀左、瓦房店、朝阳、凌源、凤城、宽甸、法库、庄河、丹东、大连，内蒙古鄂伦春旗、扎鲁特旗、喀喇沁旗、宁城、莫力达瓦达斡尔旗、科尔沁左翼后旗、扎赉特旗。

分布：中国（黑龙江、吉林、辽宁、内蒙古、河北、山西、甘肃、山东、河南、湖北、湖南），朝鲜半岛，日本，俄罗斯（远东地区）。

狭叶山萝花

Melampyrum setaceum (Maxim.) Nakai

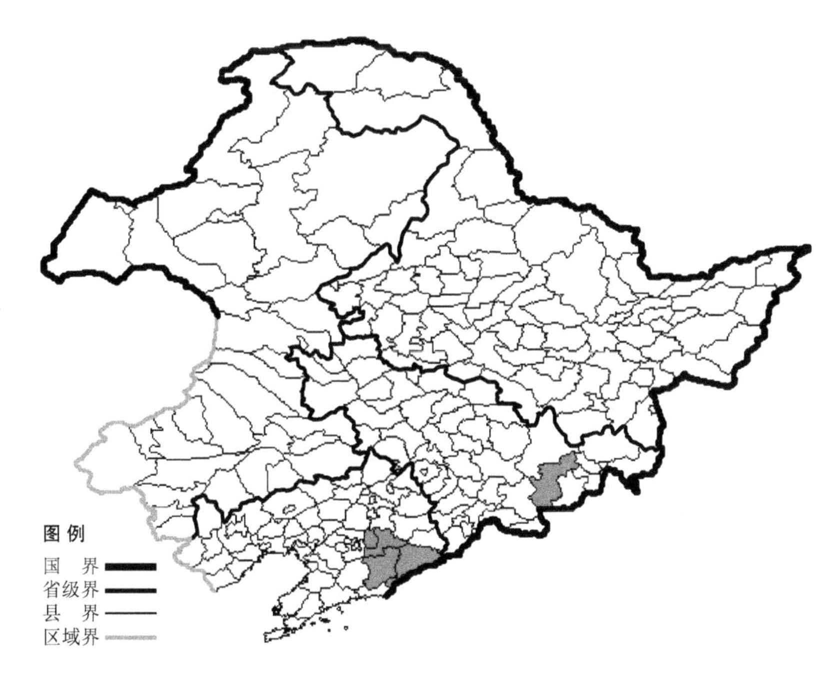

生境：林下。

产地：吉林省安图，辽宁省丹东、本溪、凤城、宽甸。

分布：中国（吉林、辽宁），朝鲜半岛，俄罗斯（远东地区）。

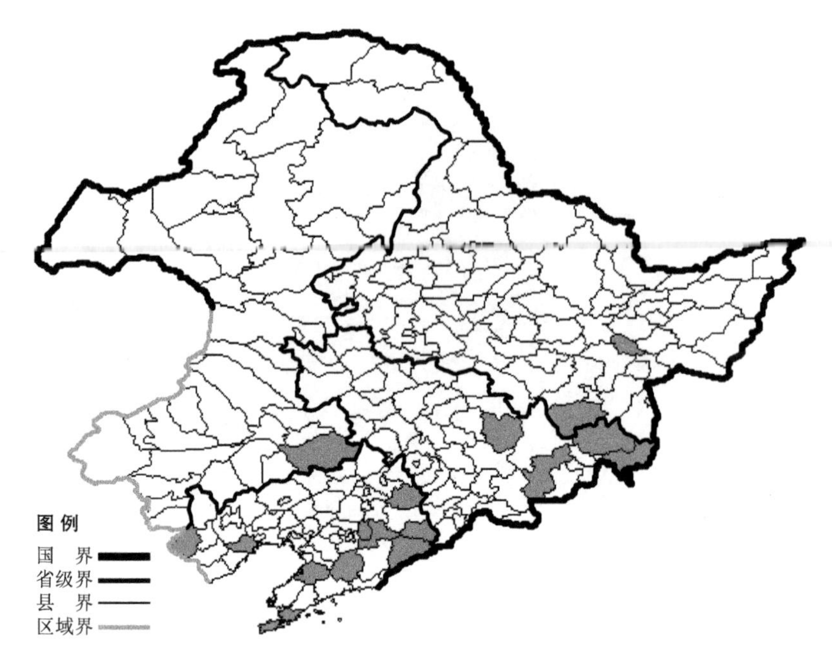

沟酸浆

Mimulus tenellus Bunge

生境：水边，林下湿草地。

产地：黑龙江省宁安、勃利，吉林省蛟河、珲春、汪清、安图，辽宁省凌源、大连、桓仁、盖州、本溪、宽甸、岫岩、清原、葫芦岛，内蒙古科尔沁左翼后旗。

分布：中国（黑龙江、吉林、辽宁、内蒙古、华北、西北、华东），朝鲜半岛，俄罗斯（远东地区）。

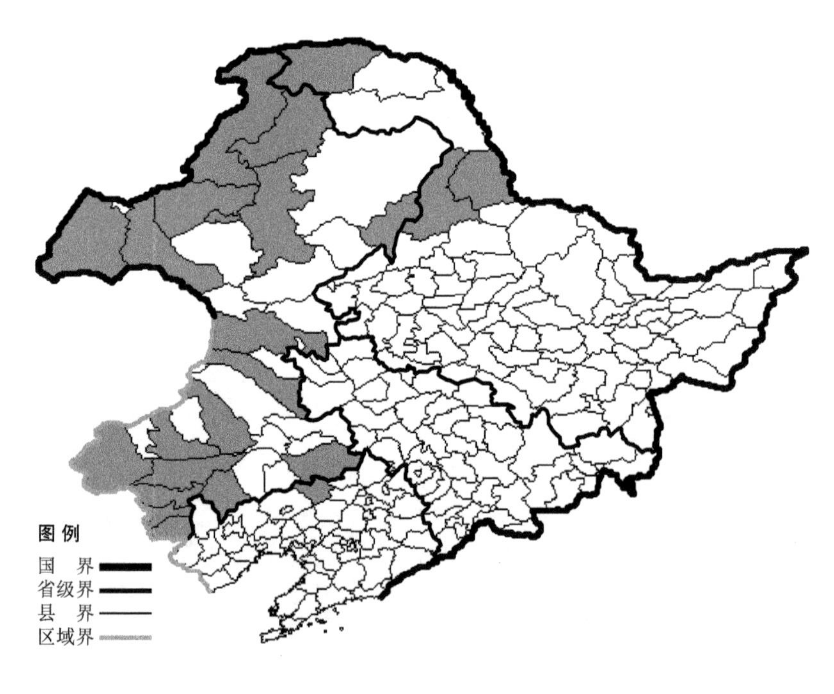

疗齿草

Odontites serotina (Lam.) Dumort.

生境：湿草地，河边，路旁，山坡草地，海拔 700 米以下。

产地：黑龙江省漠河、嫩江、黑河，辽宁省彰武，内蒙古海拉尔、牙克石、根河、额尔古纳、陈巴尔虎旗、新巴尔虎左旗、新巴尔虎右旗、莫力达瓦达斡尔旗、克什克腾旗、赤峰、巴林右旗、阿鲁科尔沁旗、宁城、敖汉旗、科尔沁左翼后旗、喀喇沁旗、翁牛特旗、科尔沁右翼前旗、科尔沁右翼中旗。

分布：中国（黑龙江、辽宁、内蒙古、河北、陕西、甘肃、宁夏、青海、新疆），蒙古，俄罗斯（欧洲部分、高加索、西伯利亚、远东地区），中亚，土耳其，伊拉克，伊朗，阿富汗，欧洲。

脐草

Omphalothrix longipes Maxim.

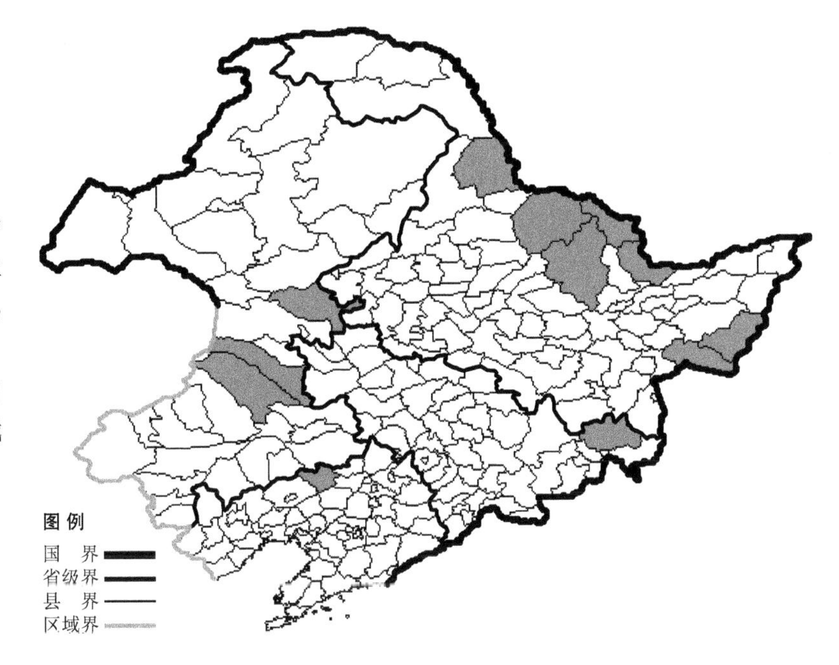

生境：湿草地，林下。

产地：黑龙江省萝北、黑河、密山、逊克、虎林、伊春、嘉荫，吉林省汪清，辽宁省彰武，内蒙古科尔沁右翼中旗、扎赉特旗、扎鲁特旗。

分布：中国（黑龙江、辽宁、内蒙古、河北），朝鲜半岛，蒙古，俄罗斯（远东地区）。

黄花马先蒿

Pedicularis flava Pall.

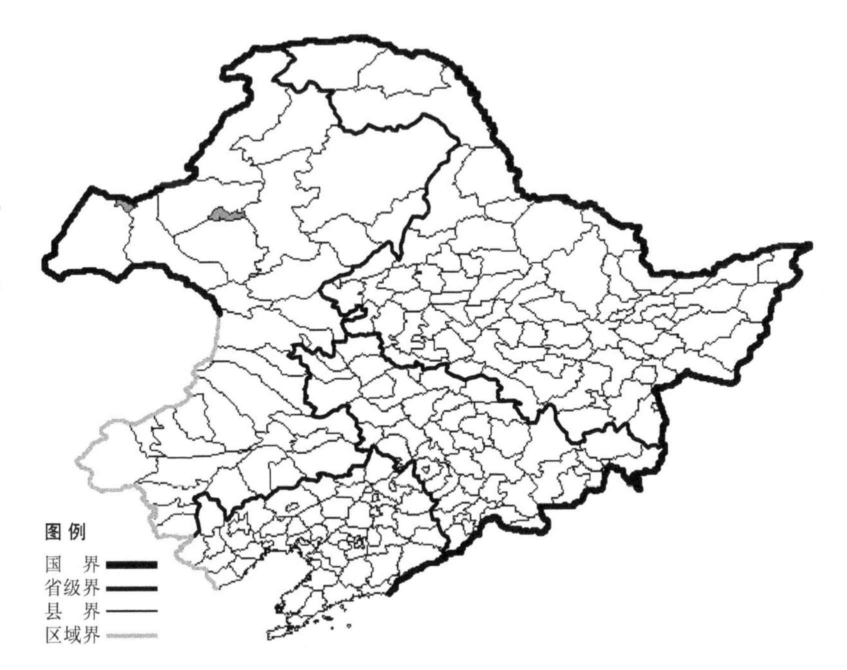

生境：山坡草地，海拔约 700 米。

产地：内蒙古满洲里、海拉尔。

分布：中国（内蒙古），蒙古，俄罗斯（东部西伯利亚）。

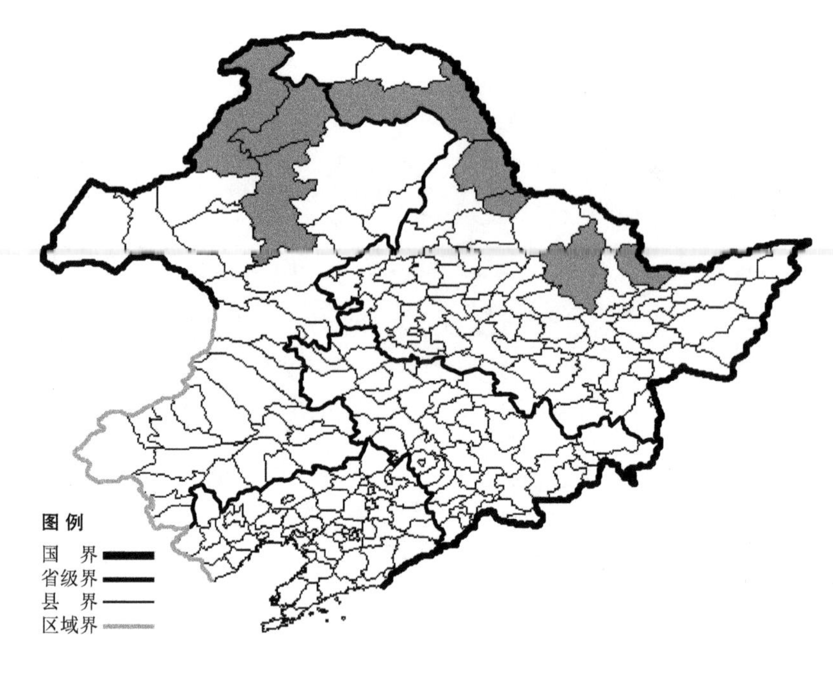

大野苏子马先蒿

Pedicularis grandiflora Fisch.

生境：沼泽，湿草甸，海拔约400米。

产地：黑龙江省萝北、黑河、呼玛、伊春、孙吴，内蒙古牙克石、额尔古纳、根河。

分布：中国（黑龙江、内蒙古），俄罗斯（东部西伯利亚、远东地区）。

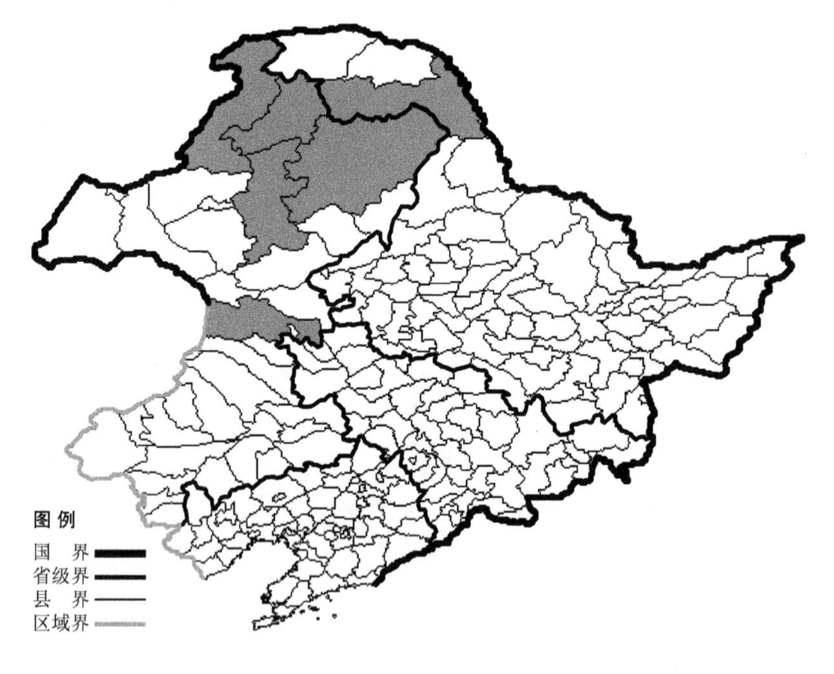

拉不拉多马先蒿

Pedicularis labradorica Wirsing

生境：林下，林缘，山坡草地，海拔约700米。

产地：黑龙江省呼玛，内蒙古额尔古纳、根河、牙克石、鄂伦春旗、科尔沁右翼前旗。

分布：中国（黑龙江、内蒙古），日本，蒙古，俄罗斯（北极带、欧洲部分、西伯利亚、远东地区），北美洲。

鸡冠马先蒿

Pedicularis mandshurica Maxim.

生境：山坡草地，腐殖质深厚的多石山坡，海拔 1100 米以下。

产地：吉林省安图，辽宁省沈阳、本溪、宽甸、凤城。

分布：中国（吉林、辽宁），朝鲜半岛，俄罗斯（远东地区）。

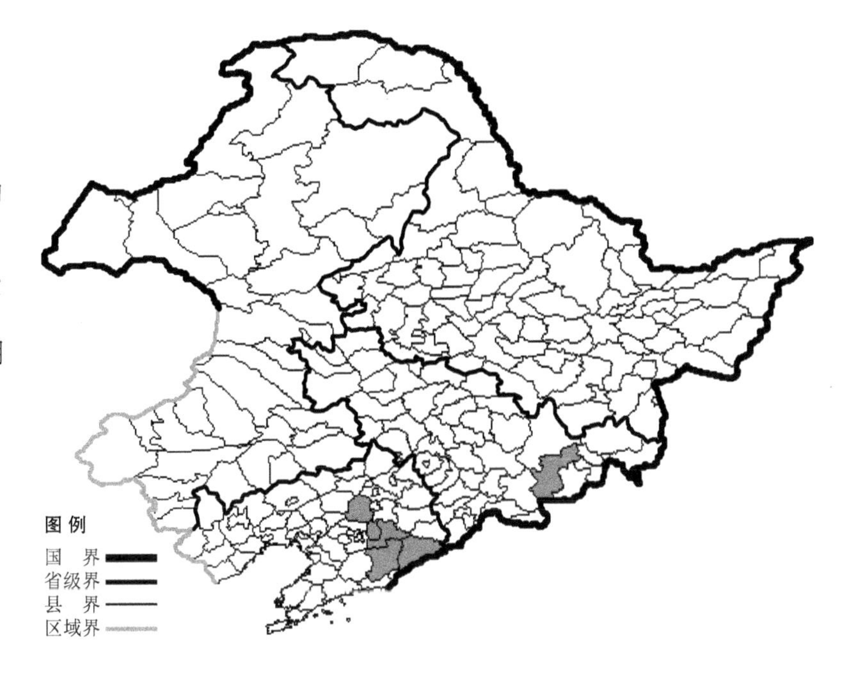

小花沼生马先蒿

Pedicularis palustris L. subsp. **karoi** (Freyn) Tsoong

生境：湿草甸，海拔 700 米以下。

产地：黑龙江省呼玛、漠河，内蒙古牙克石、海拉尔、额尔古纳、根河、克什克腾旗。

分布：中国（黑龙江、内蒙古），蒙古，俄罗斯（欧洲部分、西伯利亚）。

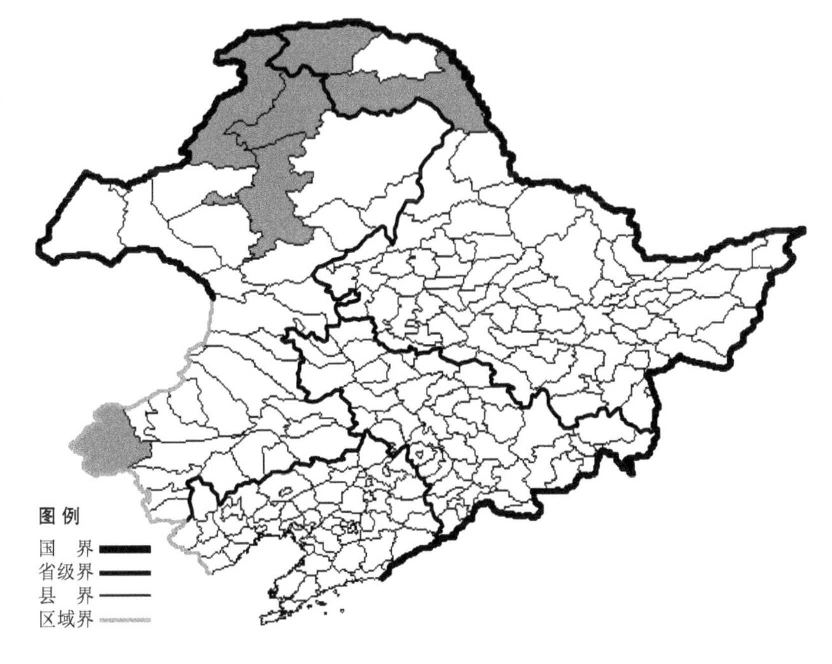

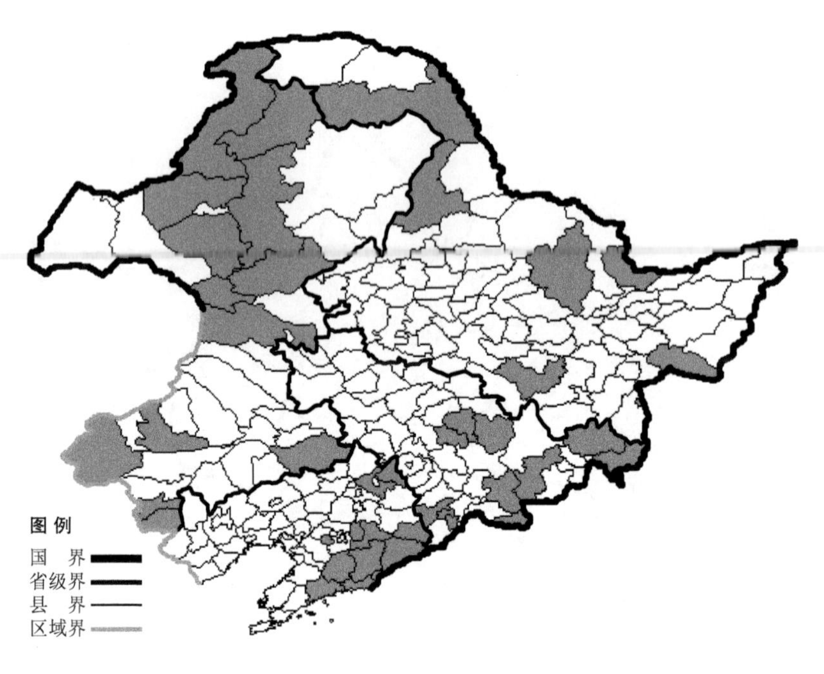

返顾马先蒿

Pedicularis resupinata L.

生境：山坡灌丛，沟谷，林缘，林下，湿草地，海拔 1700 米以下。

产地：黑龙江省嫩江、呼玛、密山、绥芬河、尚志、萝北、伊春，吉林省永吉、安图、蛟河、珲春、汪清、吉林、长白、通化、抚松，辽宁省本溪、凤城、东港、宽甸、桓仁、岫岩、丹东、庄河、开原、西丰、鞍山，内蒙古科尔沁左翼后旗、克什克腾旗、巴林右旗、喀喇沁旗、宁城、科尔沁右翼前旗、阿尔山、鄂温克旗、根河、额尔古纳、牙克石、陈巴尔虎旗、扎兰屯。

分布：中国（黑龙江、吉林、辽宁、内蒙古、河北、山西、陕西、甘肃、山东、安徽、四川、贵州），朝鲜半岛，日本，蒙古，俄罗斯（欧洲部分、西伯利亚、远东地区）。

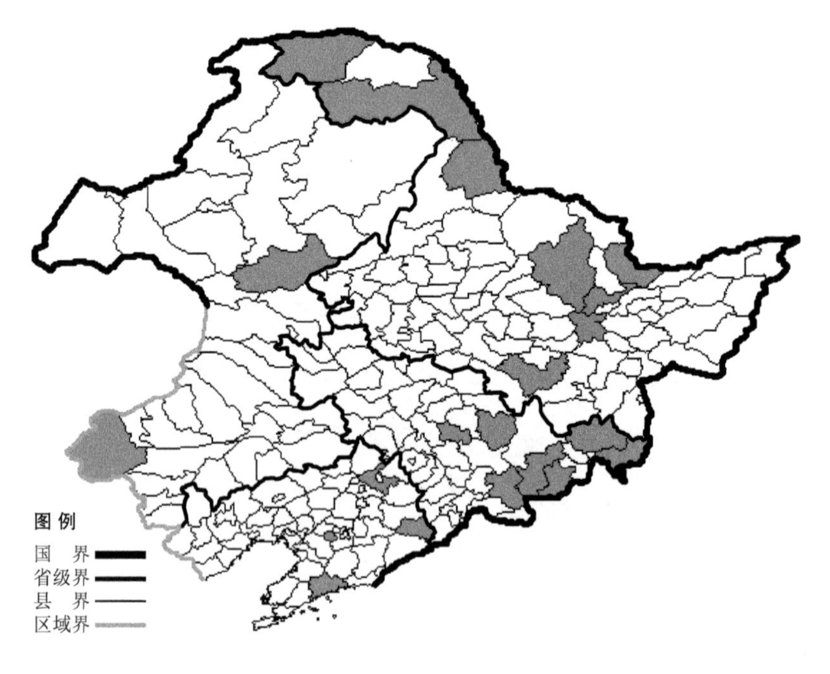

多枝返顾马先蒿 Pedicularis resupinata L. f. **ramosa** Kom. 生于林缘、林下、灌丛、山顶草甸、山坡草地、湿地，海拔 1800 米以下，产于黑龙江省汤原、呼玛、黑河、伊春、萝北、漠河、依兰、尚志，吉林省和龙、安图、汪清、珲春、永吉、蛟河、抚松，辽宁省开原、鞍山、庄河、桓仁，内蒙古扎兰屯、克什克腾旗，分布于中国（黑龙江、吉林、辽宁、内蒙古），朝鲜半岛。

白花返顾马先蒿 Pedicularis resupinata L. var. **albiflora** (Nakai) S. H. Li 生于草甸、河边林下，产于黑龙江省嫩江、呼玛，内蒙古扎兰屯、扎鲁特旗、克什克腾旗，分布于中国（黑龙江、内蒙古），朝鲜半岛。

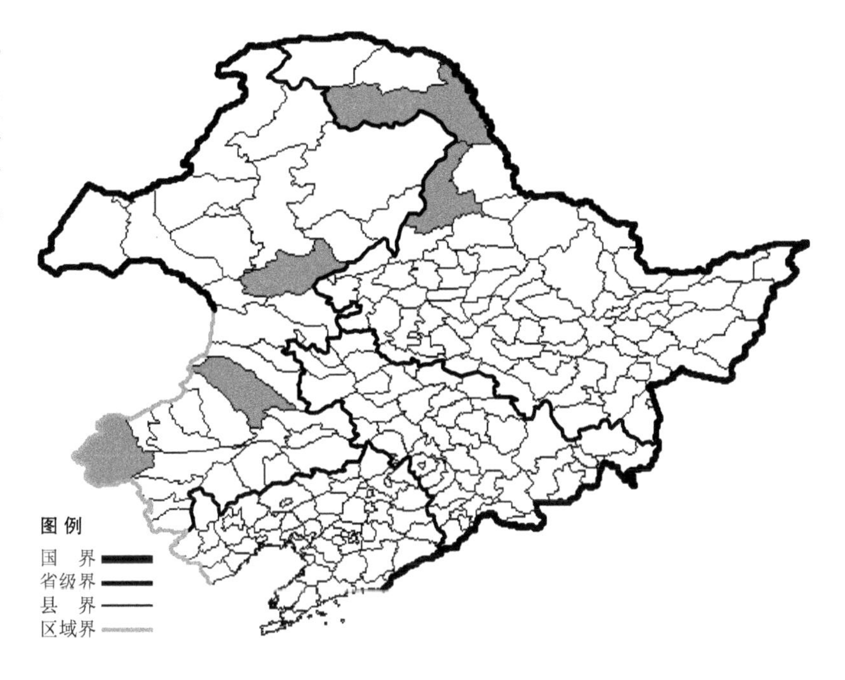

毛返顾马先蒿 Pedicularis resupinata L. var. **pubescens** (Kom.) Nakai 生于沟谷、高山冻原、林缘、湿草地、林下、灌丛，海拔 2200 米以下，产于黑龙江省黑河、呼玛、孙吴、萝北、富锦、饶河、依兰、密山、海林、尚志、伊春，吉林省汪清、珲春、和龙、安图、敦化、蛟河、桦甸、抚松、长白，辽宁省清原、新宾、鞍山、西丰、本溪、桓仁、东港、岫岩、宽甸、彰武，内蒙古额尔古纳、鄂伦春旗、鄂温克旗、新巴尔虎左旗、陈巴尔虎旗、巴林右旗、克什克腾旗、牙克石、海拉尔、科尔沁左翼后旗、扎鲁特旗、赤峰，分布于中国（黑龙江、吉林、辽宁、内蒙古）。

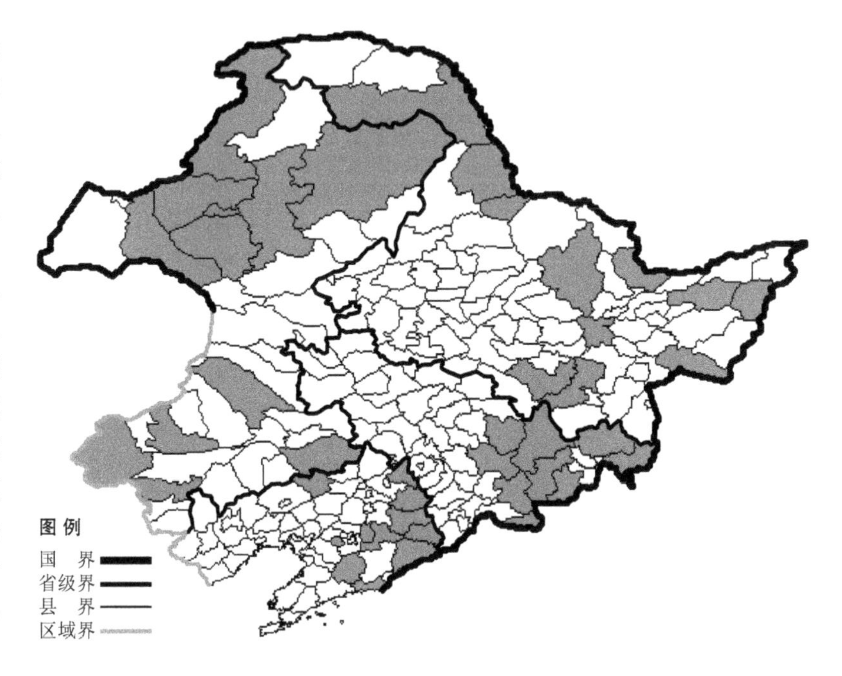

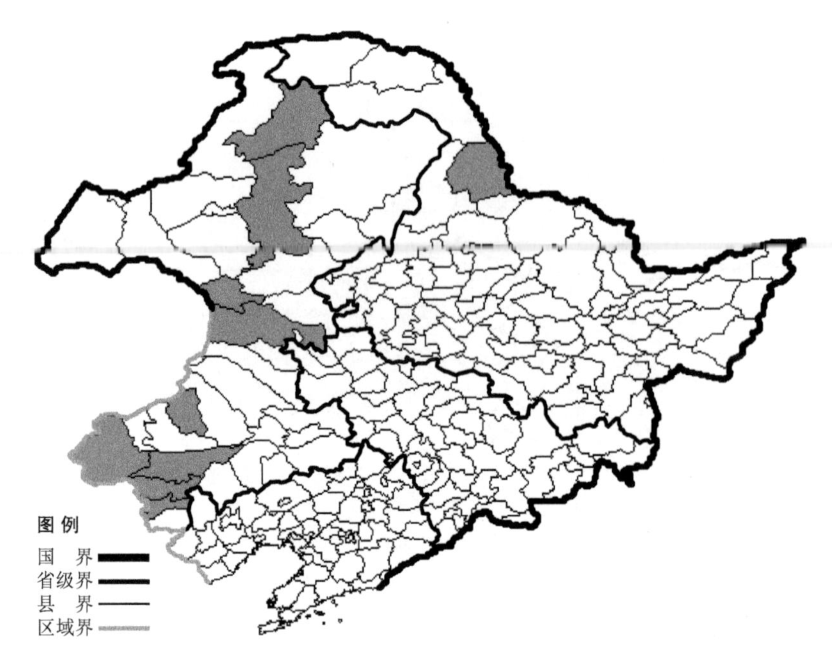

红色马先蒿

Pedicularis rubens Steph. ex Willd.

生境：山地草原，山坡草地。

产地：黑龙江省黑河，内蒙古阿尔山、根河、科尔沁右翼前旗、克什克腾旗、翁牛特旗、巴林左旗、牙克石、赤峰、喀喇沁旗。

分布：中国（黑龙江、内蒙古、河北），蒙古，俄罗斯（东部西伯利亚）。

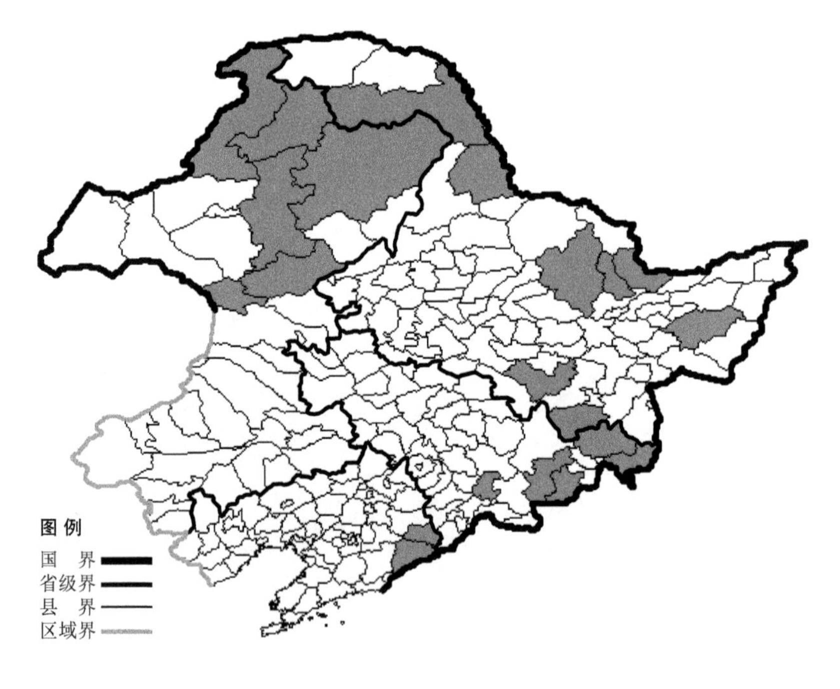

旌节马先蒿

Pedicularis sceptrum-carolinum L.

生境：灌丛，溪流旁，河边，灌丛，林缘，山坡草地，湿草地，海拔800米以下。

产地：黑龙江省尚志、宁安、宝清、萝北、鹤岗、伊春、黑河、呼玛，吉林省安图、珲春、汪清、和龙、靖宇，辽宁省宽甸、桓仁，内蒙古额尔古纳、根河、牙克石、扎兰屯、鄂伦春旗、阿尔山。

分布：中国（黑龙江、吉林、辽宁、内蒙古），朝鲜半岛，蒙古，俄罗斯（北极带、欧洲部分、西伯利亚、远东地区），欧洲。

穗花马先蒿

Pedicularis spicata Pall.

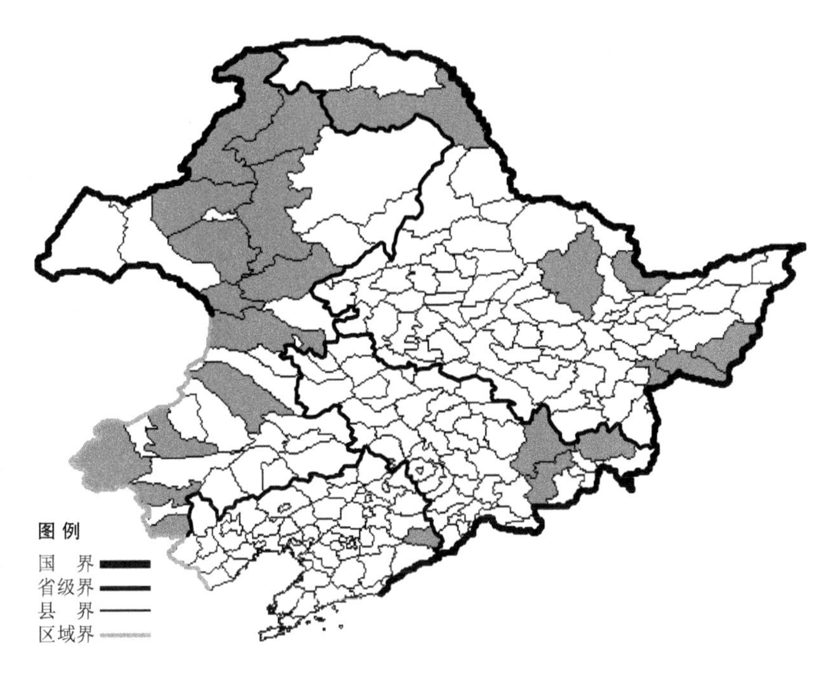

生境：林缘，林下，湿草地，海拔 1400 米以下。

产地：黑龙江省呼玛、鸡东、密山、虎林、伊春、萝北，吉林省安图、汪清、敦化，辽宁省桓仁，内蒙古牙克石、额尔古纳、根河、鄂温克旗、克什克腾旗、巴林右旗、赤峰、宁城、陈巴尔虎旗、扎兰屯、扎鲁特旗、阿尔山、科尔沁右翼前旗。

分布：中国（黑龙江、吉林、辽宁、内蒙古、河北、山西、陕西、甘肃、湖北、四川），朝鲜半岛，日本，蒙古，俄罗斯（东部西伯利亚、远东地区）。

红纹马先蒿

Pedicularis striata Pall.

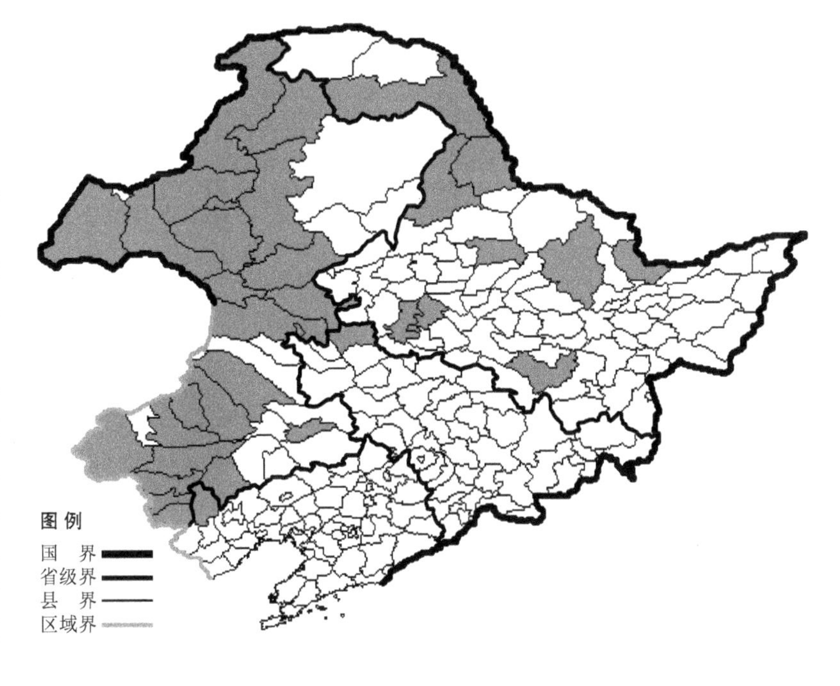

生境：山坡草地，湿草地，沙地疏林下，海拔 1100 米以下。

产地：黑龙江省黑河、嫩江、尚志、北安、萝北、大庆、安达、伊春、呼玛，吉林省镇赉，辽宁省建平，内蒙古额尔古纳、根河、牙克石、陈巴尔虎旗、新巴尔虎右旗、新巴尔虎左旗、扎赉特旗、扎兰屯、鄂温克旗、海拉尔、赤峰、阿尔山、乌兰浩特、通辽、翁牛特旗、敖汉旗、扎鲁特旗、科尔沁右翼前旗、克什克腾旗、阿鲁科尔沁旗、喀喇沁旗、巴林左旗、巴林右旗、宁城。

分布：中国（黑龙江、吉林、辽宁、内蒙古、河北、山西、陕西、宁夏），蒙古，俄罗斯（东部西伯利亚、远东地区）。

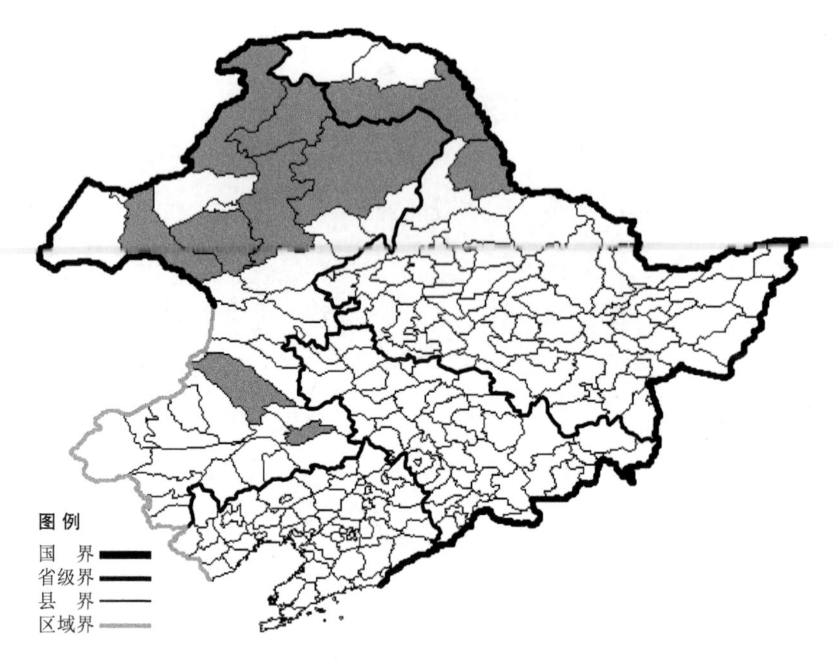

秀丽马先蒿

Pedicularis venusta Schang. ex Bunge

生境：草甸，山坡草地，海拔约600米。

产地：黑龙江省黑河、呼玛，内蒙古牙克石、扎鲁特旗、通辽、根河、额尔古纳、鄂伦春旗、鄂温克旗、新巴尔虎左旗。

分布：中国（黑龙江、内蒙古、新疆），蒙古，俄罗斯（西伯利亚、远东地区）。

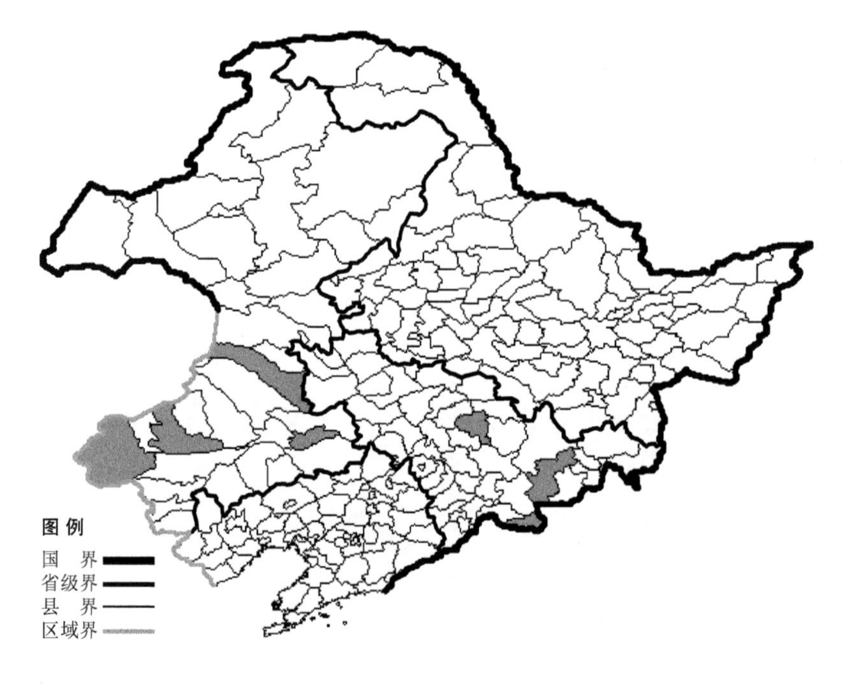

轮叶马先蒿

Pedicularis verticillata L.

生境：林缘，河边湿草地，高山冻原，海拔1700-2600米。

产地：吉林省吉林、长白、安图，内蒙古通辽、克什克腾旗、科尔沁右翼中旗、巴林右旗。

分布：中国（吉林、内蒙古、河北、四川），朝鲜半岛，日本，蒙古，俄罗斯（北极带、欧洲部分、西伯利亚、远东地区），喜马拉雅地区，欧洲，北美洲。

松蒿

Phteirospermum japonicum (Thunb.) Kanitz

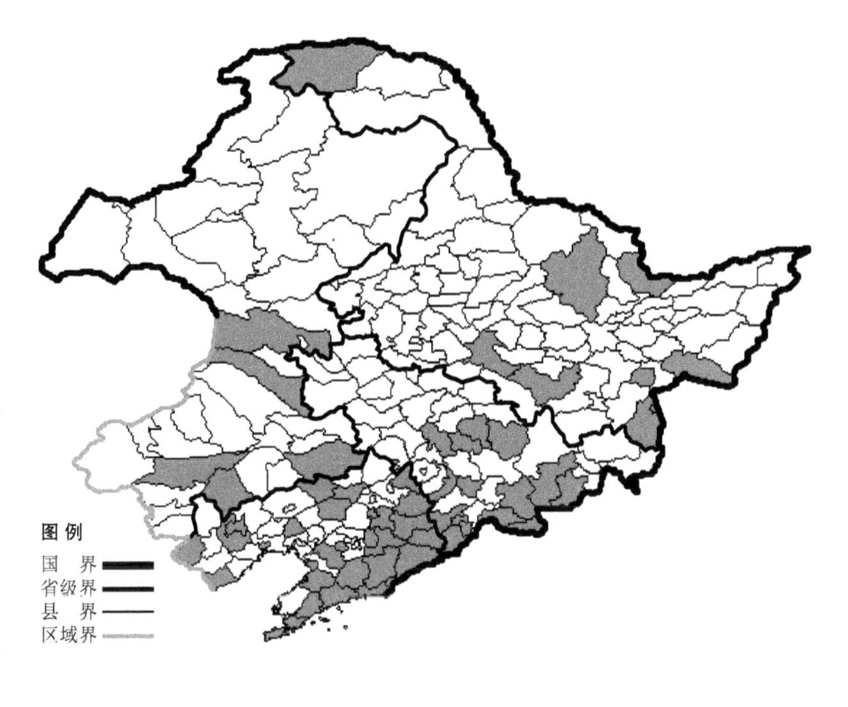

生境：灌丛，山坡草地，海拔1400米以下。

产地：黑龙江省尚志、漠河、绥芬河、鸡西、萝北、密山、哈尔滨、伊春、东宁，吉林省吉林、长白、通化、抚松、临江、安图、永吉、梅河口、辉南、和龙、长春、集安、蛟河，辽宁省彰武、法库、新民、西丰、新宾、凌源、朝阳、绥中、锦州、北镇、营口、抚顺、本溪、鞍山、海城、盖州、岫岩、庄河、普兰店、清原、桓仁、宽甸、凤城、丹东、大连、东港，内蒙古翁牛特旗、敖汉旗、科尔沁左翼后旗、科尔沁右翼中旗、科尔沁右翼前旗。

分布：中国（全国各地），朝鲜半岛，日本，俄罗斯（远东地区）。

白花松蒿 Phteirospermum jappnicum (Thunb.) Kanitz f. **album** C. F. Fang 生于山阴坡草地，产于辽宁省凌源、清原，分布于中国（辽宁）。

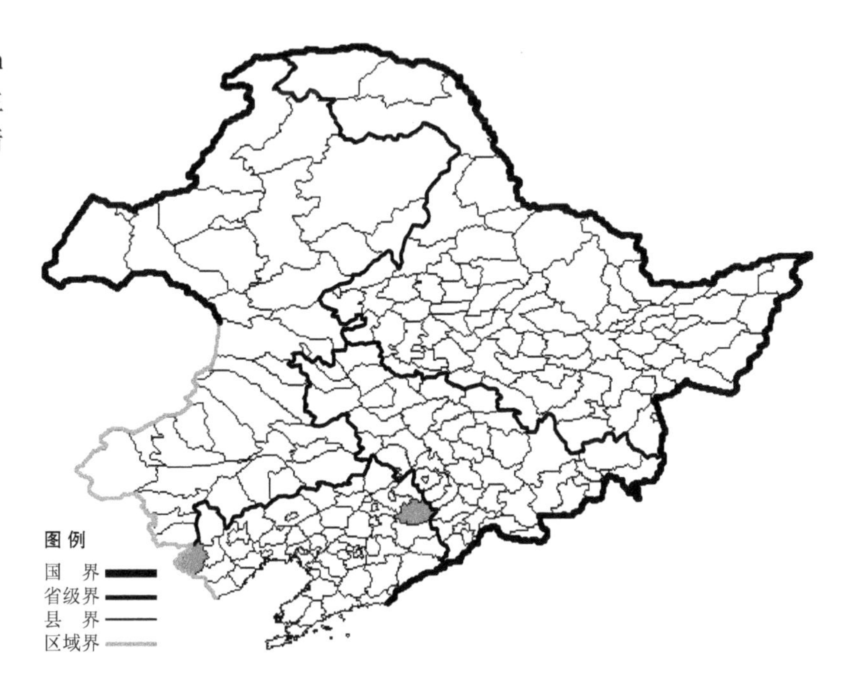

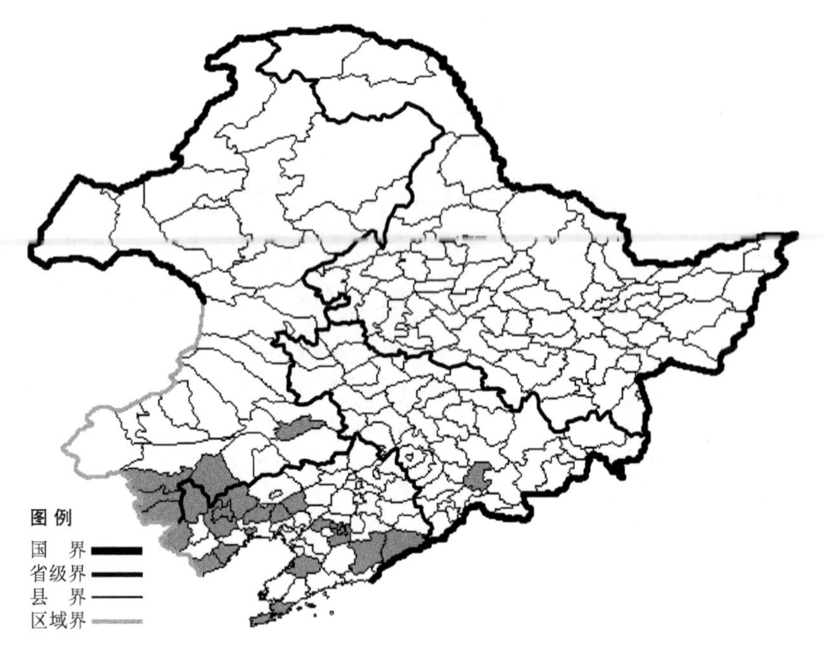

地黄

Rehmannia glutinosa (Gaert.) **Libosch.** ex Fisch. et C. A. Mey.

生境：墙边，山坡草地，路旁，海拔 700 米以下。

产地：吉林省靖宇，辽宁省朝阳、北票、凌源、建平、兴城、绥中、北镇、锦州、黑山、义县、盖州、大连、宽甸、凤城、辽阳，内蒙古赤峰、喀喇沁旗、通辽、宁城、敖汉旗。

分布：中国（吉林、辽宁、内蒙古、河北、山西、陕西、甘肃、山东、江苏、河南、湖北），朝鲜半岛。

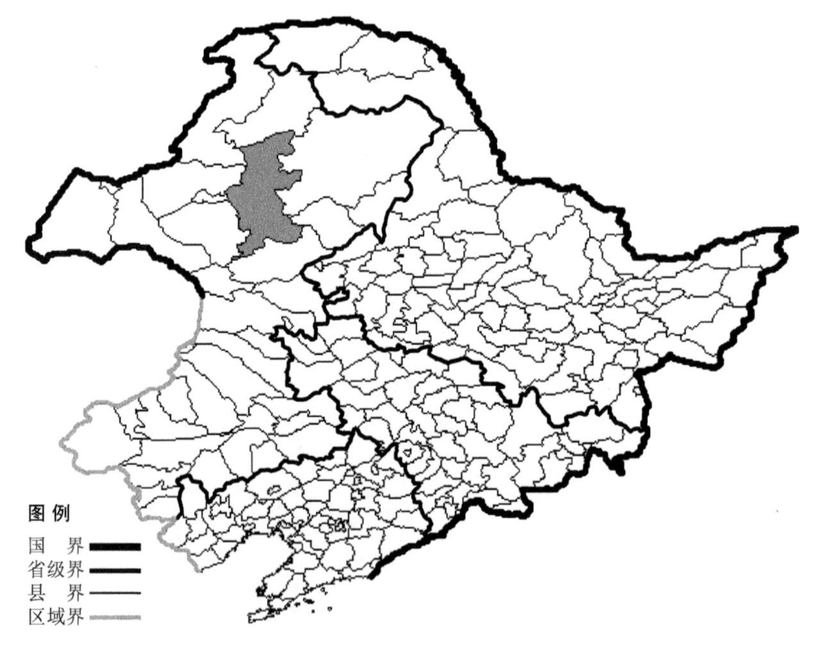

鼻花

Rhinanthus vernalis (Zing) B. Schischk. et Serg.

生境：草甸。

产地：内蒙古牙克石。

分布：中国（内蒙古、新疆），俄罗斯（欧洲部分、高加索、西伯利亚），土耳其，欧洲。

岩玄参

Scrophularia amgunensis Fr. Schmidt

生境：石砾质山坡。

产地：黑龙江省密山，内蒙古扎赉特旗。

分布：中国（黑龙江、内蒙古），俄罗斯（远东地区）。

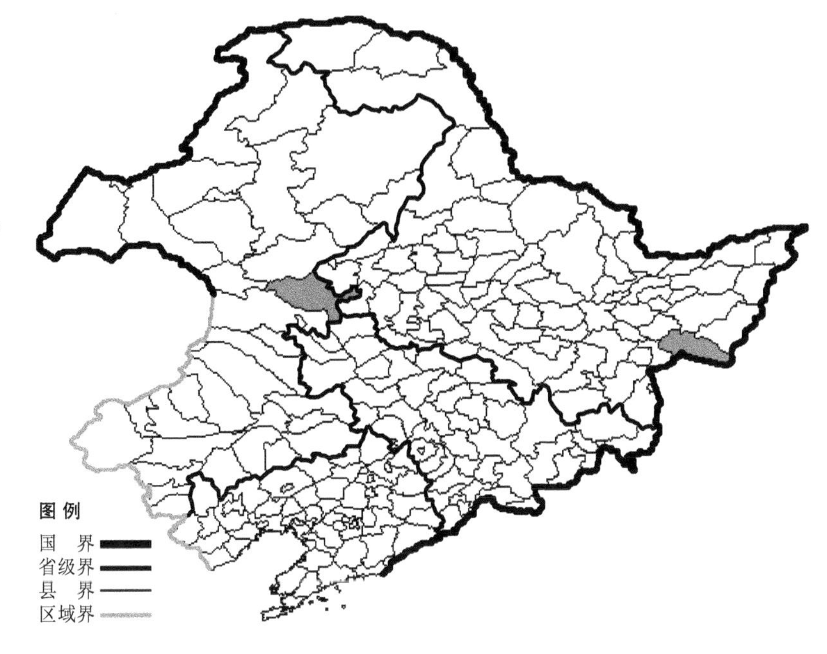

北玄参

Scrophularia buegeriana Miq.

生境：杂木林下，湿草地。

产地：黑龙江省哈尔滨，辽宁省沈阳、铁岭、辽阳、西丰、开原、凤城、桓仁、丹东、普兰店、大连、长海、凌源、本溪。

分布：中国（黑龙江、辽宁、河北、河南、山东），朝鲜半岛，日本，俄罗斯（远东地区）。

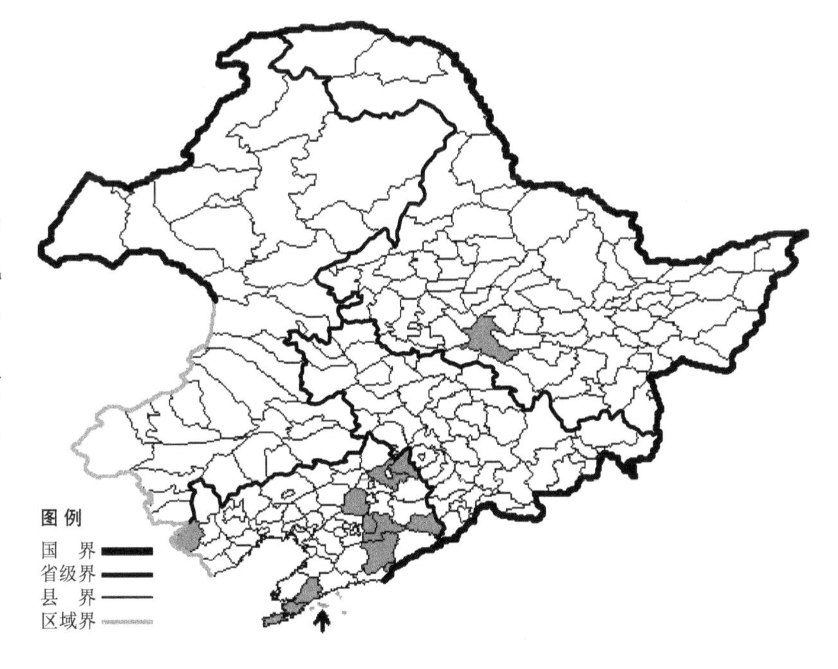

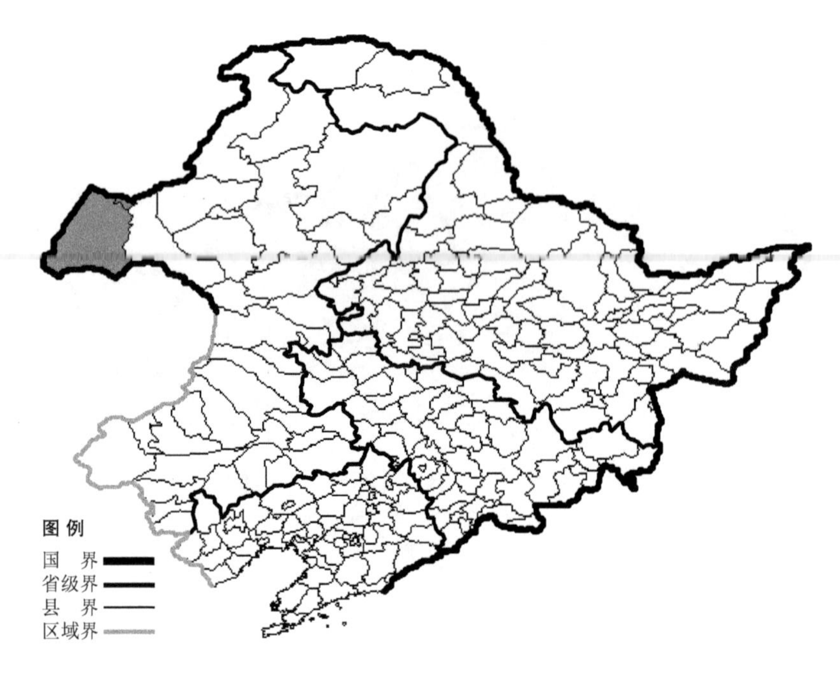

砾玄参

Scrophularia incisa Weinm.

生境：河滩石砾地，湖边沙地，海拔约 600 米。

产地：内蒙古满洲里、新巴尔虎右旗。

分布：中国（内蒙古、宁夏、甘肃、青海），蒙古，俄罗斯（西伯利亚），中亚。

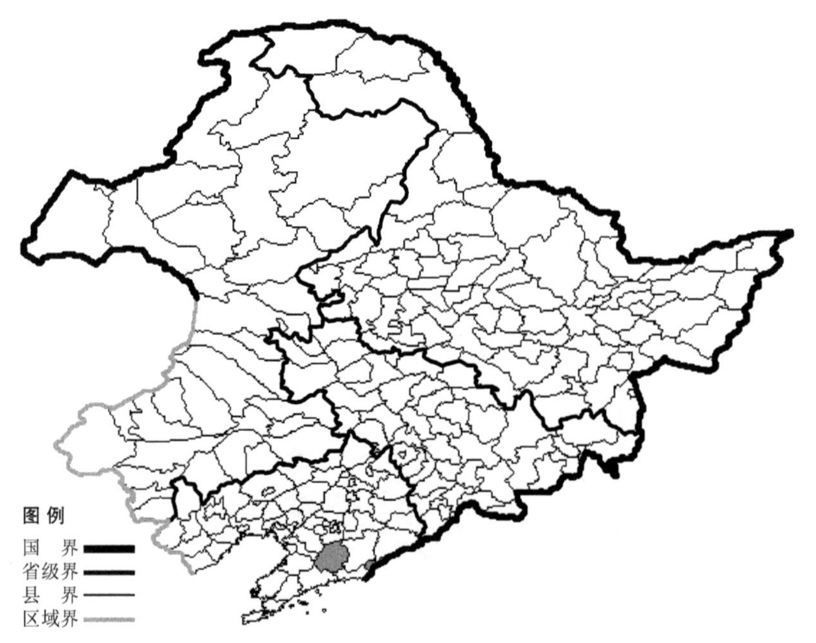

丹东玄参

Scrophularia kakudensis Franch.

生境：山坡灌丛，人家附近。

产地：辽宁省丹东、岫岩。

分布：中国（辽宁），朝鲜半岛，日本。

阴行草

Siphonostegia chinensis Benth.

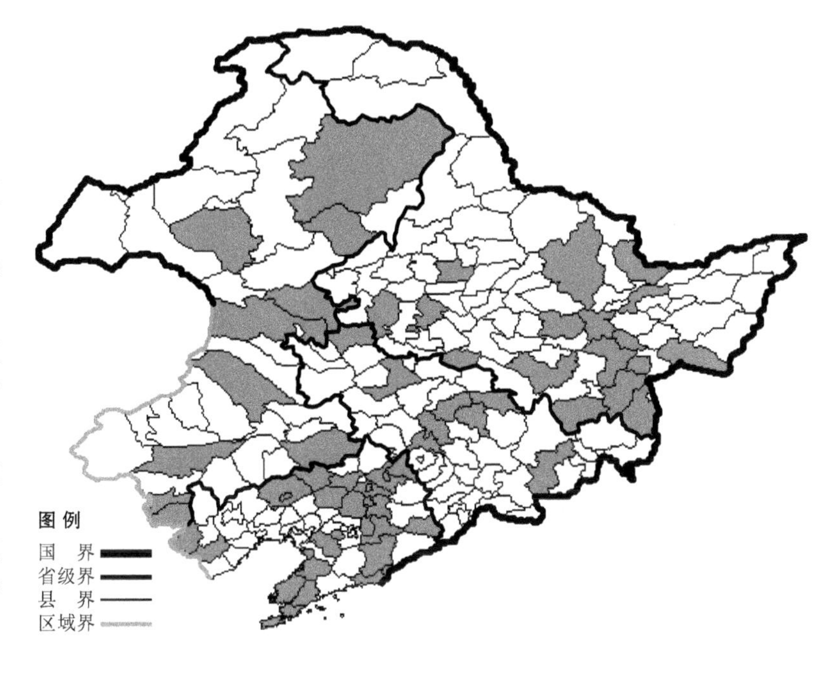

生境：山坡草地，湿草地，海拔1300米以下。

产地：黑龙江省双城、尚志、桦川、勃利、东宁、穆棱、林口、通河、伊春、安达、宁安、萝北、密山、依兰、拜泉、鸡西、杜尔伯特，吉林省安图、镇赉、前郭尔罗斯、长春、吉林、舒兰、九台、伊通，辽宁省沈阳、大连、新民、普兰店、海城、法库、桓仁、建昌、西丰、抚顺、鞍山、盖州、瓦房店、凤城、东港、彰武、营口、开原、铁岭、凌源、本溪、丹东、阜新，内蒙古鄂伦春旗、鄂温克旗、阿荣旗、科尔沁右翼前旗、科尔沁左翼后旗、翁牛特旗、喀喇沁旗、扎鲁特旗、扎赉特旗、宁城。

分布：中国（黑龙江、吉林、辽宁、内蒙古、河北、山西、华中、华南、西南），朝鲜半岛，日本，俄罗斯（远东地区）。

水苦荬婆婆纳

Veronica anagallis-aquatica L.

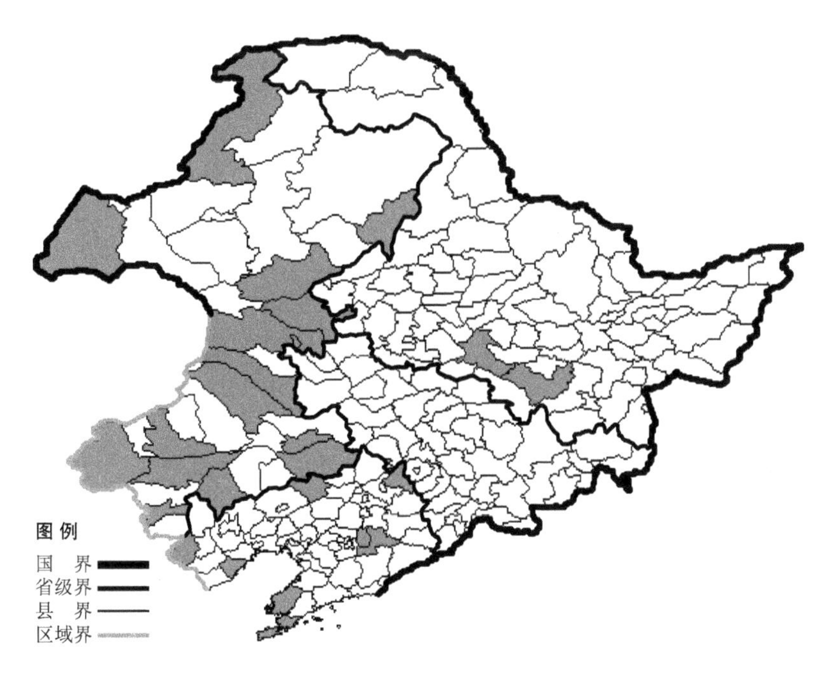

生境：水边，湿草地，海拔800米以下。

产地：黑龙江省哈尔滨、尚志，辽宁省彰武、本溪、西丰、大连、瓦房店、兴城、凌源，内蒙古新巴尔虎右旗、扎兰屯、莫力达瓦达斡尔旗、乌兰浩特、通辽、额尔古纳、科尔沁左翼后旗、扎鲁特旗、克什克腾旗、扎赉特旗、科尔沁右翼前旗、科尔沁右翼中旗、喀喇沁旗、巴林右旗、翁牛特旗、敖汉旗。

分布：中国（全国各地），遍布欧亚温带地区。

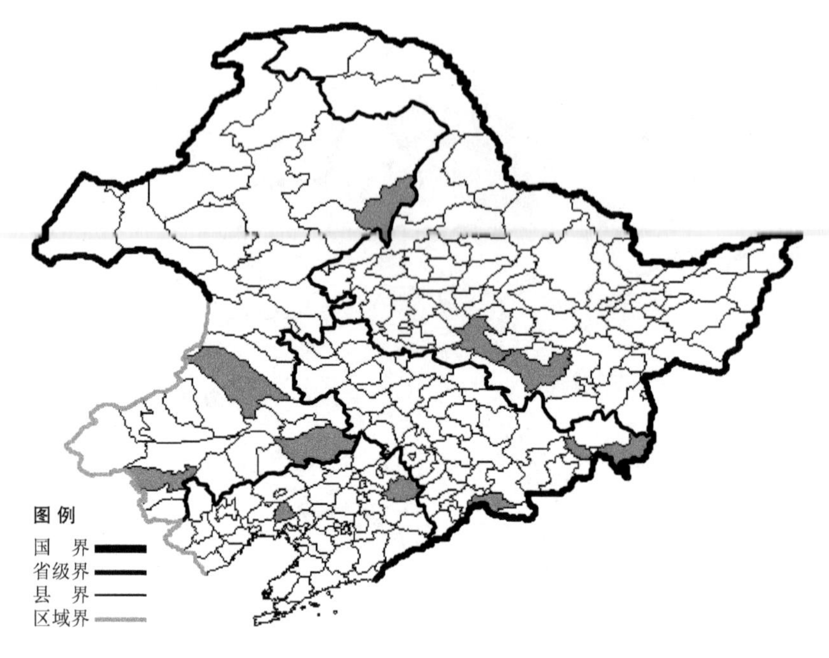

长果婆婆纳

Veronica anagalloides Guss.

生境：河边湿地，浅水中，水沟，海拔 600 米以下。

产地：黑龙江省尚志、哈尔滨，吉林省延吉、珲春、临江，辽宁省北镇、清原，内蒙古莫力达瓦达斡尔旗、赤峰、扎鲁特旗、科尔沁左翼后旗。

分布：中国（黑龙江、吉林、辽宁、内蒙古、山西、陕西、甘肃、青海、新疆），俄罗斯（欧洲部分、高加索、西部西伯利亚、远东地区），中亚，土耳其，伊朗，印度，非洲，欧洲。

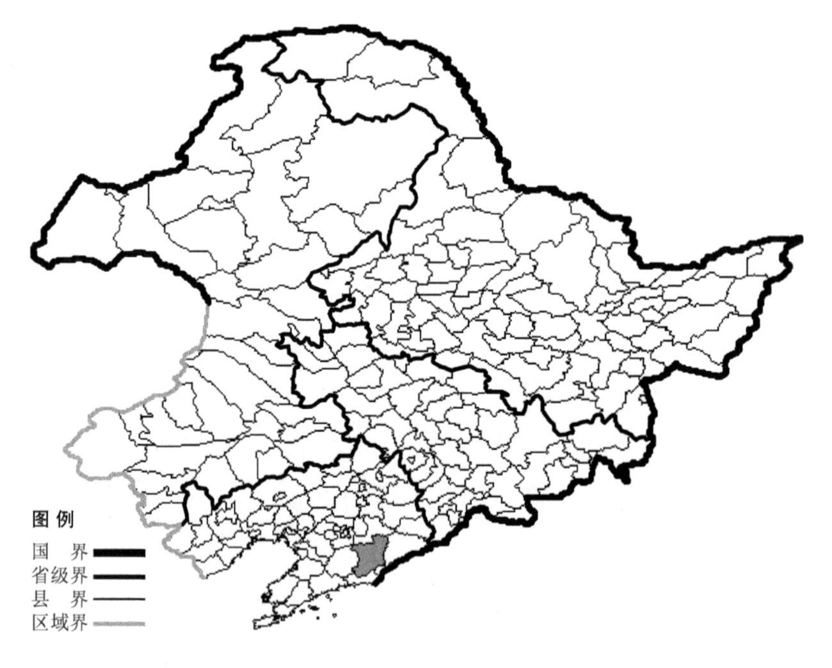

石蚕叶婆婆纳

Veronica chamaedrys L.

生境：草地，铁路旁。

产地：辽宁省凤城。

分布：中国（辽宁），俄罗斯（欧洲部分、高加索、西伯利亚、远东地区），中亚，欧洲。

大婆婆纳

Veronica dahurica Stev.

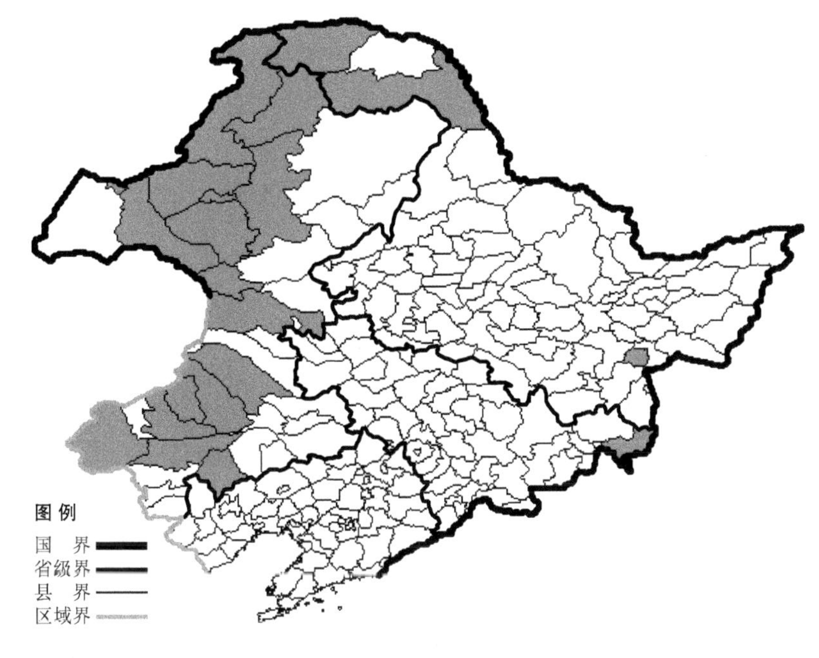

生境：山坡草地，沟谷，林缘，岩石壁上，沙丘间湿地，海拔 900 米以下。

产地：黑龙江省鸡西、漠河、呼玛，吉林省珲春，内蒙古海拉尔、额尔古纳、根河、陈巴尔虎旗、鄂温克旗、新巴尔虎左旗、牙克石、克什克腾旗、满洲里、阿鲁科尔沁旗、巴林左旗、巴林右旗、翁牛特旗、敖汉旗、科尔沁右翼前旗、扎鲁特旗、阿尔山。

分布：中国（黑龙江、吉林、内蒙古、河北、河南），朝鲜半岛，蒙古，俄罗斯（东部西伯利亚、远东地区）。

白婆婆纳

Veronica incana L.

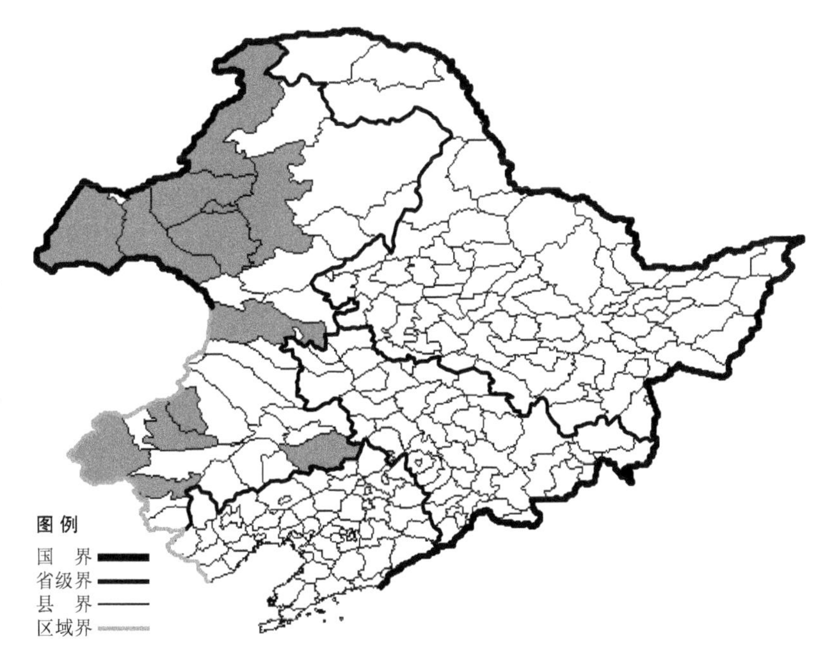

生境：沙丘间湿地，山坡草地，林缘草甸，海拔约 600 米。

产地：内蒙古海拉尔、陈巴尔虎旗、科尔沁右翼前旗、鄂温克旗、牙克石、新巴尔虎左旗、新巴尔虎右旗、额尔古纳、赤峰、巴林右旗、克什克腾旗、巴林左旗、科尔沁左翼后旗。

分布：中国（内蒙古），俄罗斯（东部西伯利亚）。

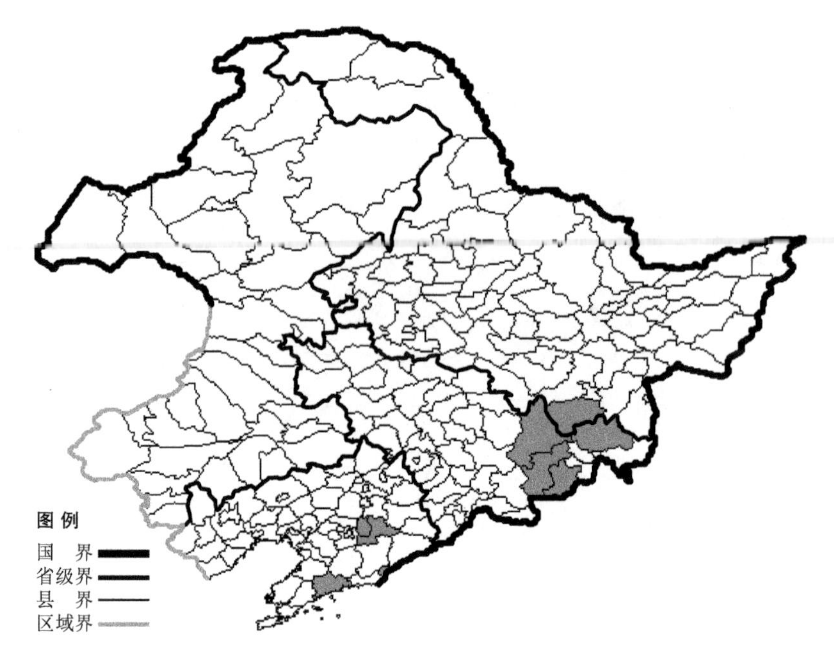

长毛婆婆纳

Veronica kiusiana Furumi

生境：沟边，湿草地，林缘草地，海拔约 400 米。

产地：黑龙江省宁安，吉林省汪清、敦化、和龙、安图，辽宁省丹东、本溪、庄河。

分布：中国（黑龙江、吉林、辽宁），朝鲜半岛，日本。

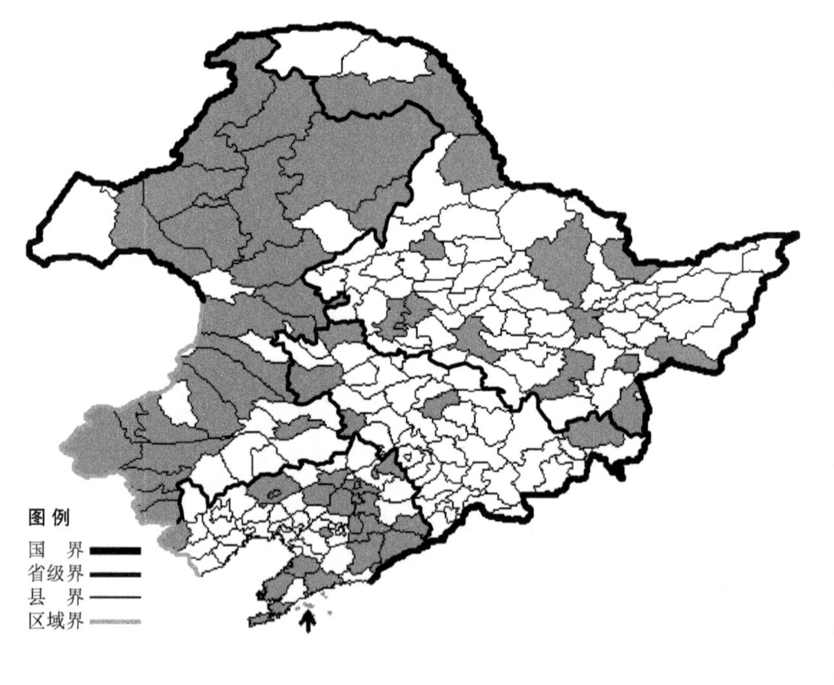

细叶婆婆纳

Veronica linariifolia Pall. ex Link

生境：山坡草地，林缘，灌丛，草原，路旁，海拔 900 米以下。

产地：黑龙江省大庆、伊春、东宁、鸡西、哈尔滨、黑河、呼玛、萝北、依兰、密山、海林、克山、安达，吉林省双辽、汪清、九台、镇赉、通榆，辽宁省沈阳、大连、鞍山、丹东、铁岭、西丰、瓦房店、法库、庄河、本溪、桓仁、新民、凤城、阜新、盖州、凌源、长海、宽甸、抚顺，内蒙古海拉尔、莫力达瓦达斡尔旗、鄂伦春旗、陈巴尔虎旗、鄂温克旗、新巴尔虎左旗、额尔古纳、根河、牙克石、扎兰屯、通辽、赤峰、翁牛特旗、科尔沁右翼前旗、科尔沁右翼中旗、宁城、扎赉特旗、林西、巴林右旗、阿鲁科尔沁旗、喀喇沁旗、克什克腾旗、扎鲁特旗。

分布：中国（黑龙江、吉林、辽宁、内蒙古），朝鲜半岛，日本，蒙古，俄罗斯（东部西伯利亚、远东地区）。

宽叶婆婆纳 Veronica linariifolia Pall. ex Link var. **dilatata** Nakai et Kitag 生于林下、山坡、灌丛、草甸、路旁，产于黑龙江省安达、依兰、大庆，辽宁省沈阳、鞍山、法库、抚顺、长海、瓦房店、普兰店、桓仁、北镇、绥中、凤城、西丰、建平、建昌、凌源、本溪、阜新，内蒙古牙克石、新巴尔虎右旗、科尔沁右翼前旗、扎鲁特旗、翁牛特旗、克什克腾旗，分布于中国（黑龙江、辽宁、内蒙古、河北、山西、陕西、甘肃、云南）。

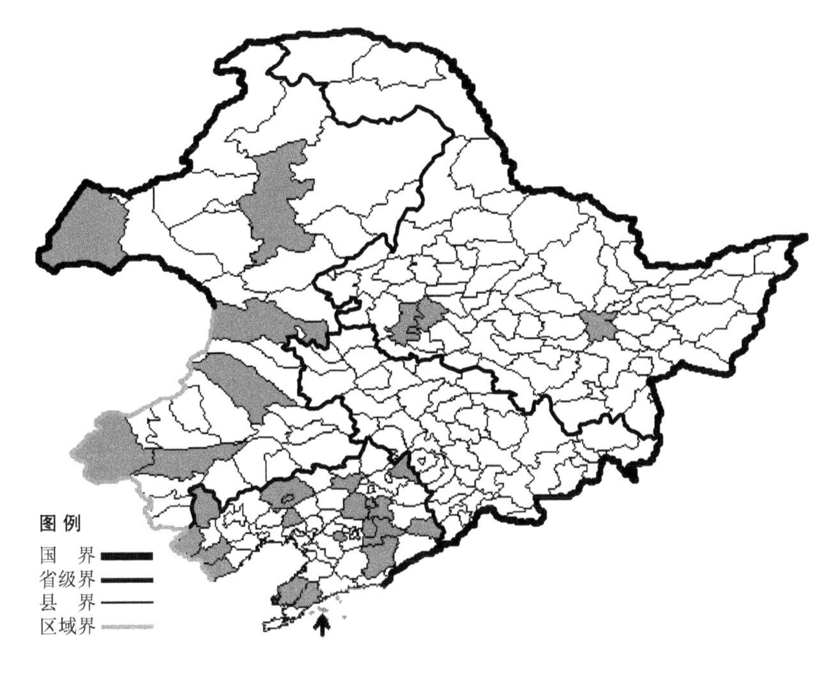

长尾婆婆纳

Veronica longifolia L.

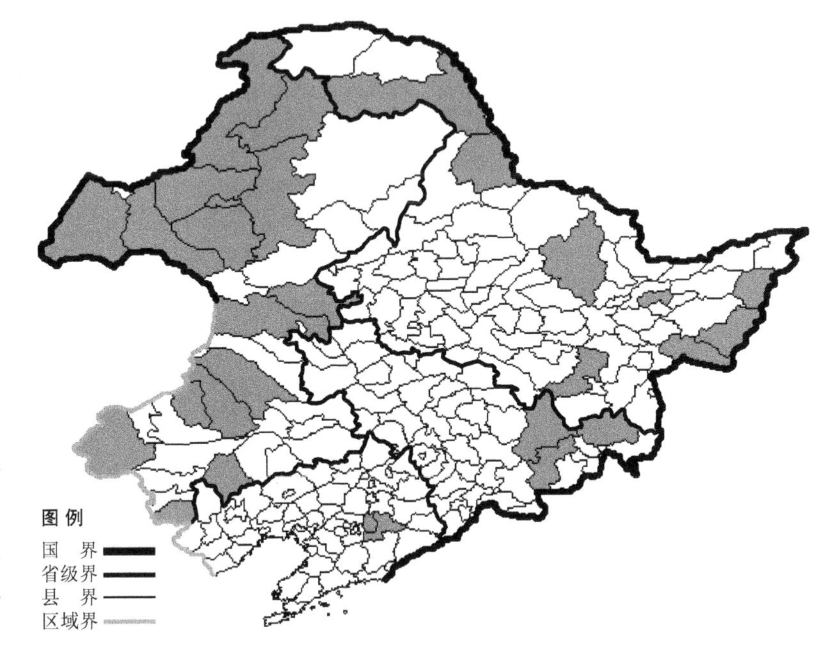

生境：山坡草地，林下稍湿处，草甸，河边，林缘，灌丛，海拔900米以下。

产地：黑龙江省伊春、呼玛、黑河、海林、集贤、密山、饶河、虎林，吉林省敦化、汪清、安图，辽宁省本溪，内蒙古额尔古纳、根河、牙克石、海拉尔、克什克腾旗、敖汉旗、扎鲁特旗、科尔沁右翼前旗、扎赉特旗、宁城、阿鲁科尔沁旗、巴林左旗、陈巴尔虎旗、鄂温克旗、新巴尔虎左旗、新巴尔虎右旗。

分布：中国（黑龙江、吉林、辽宁、内蒙古），朝鲜半岛，俄罗斯（欧洲部分、高加索、西伯利亚、远东地区），中亚，欧洲。

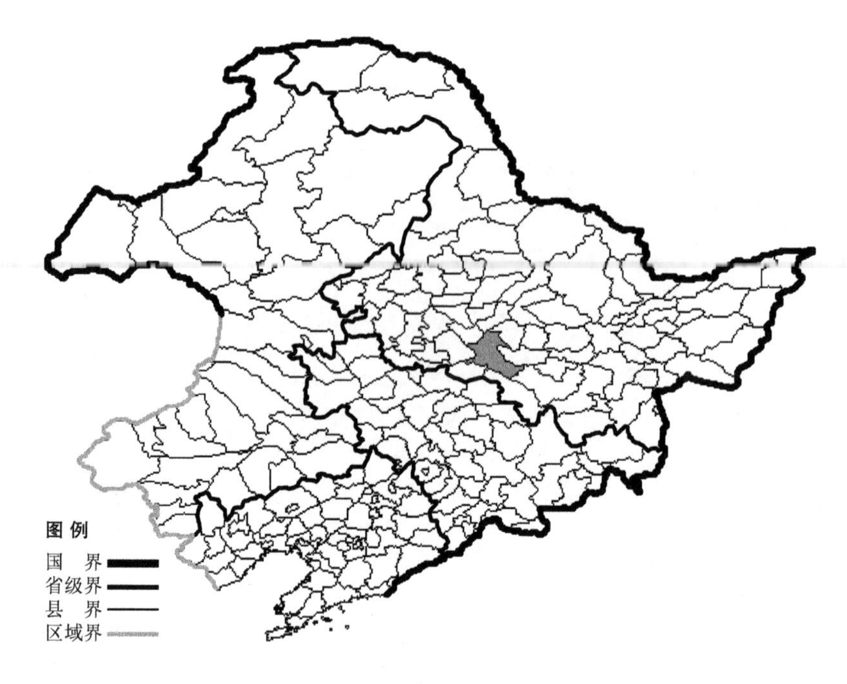

蚊母婆婆纳

Veronica peregrina L.

生境：湿地，江边。

产地：黑龙江省哈尔滨。

分布：中国（黑龙江、华东、华中、西南），朝鲜半岛，日本，俄罗斯（东部西伯利亚、远东地区），伊拉克，欧洲，大洋洲，北美洲。

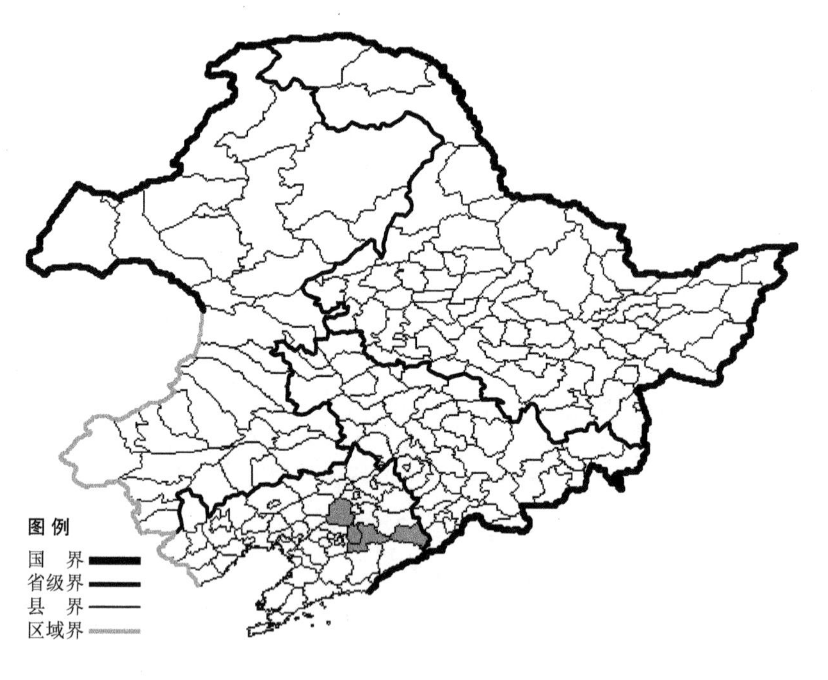

朝鲜婆婆纳

Veronica rotunda Nakai var. **coreana** (Nakai) Yamaz.

生境：林缘，山坡草地，海拔1300米以下。

产地：辽宁省沈阳、本溪、桓仁。

分布：中国（辽宁、山西、安徽、浙江、河南），朝鲜半岛。

东北婆婆纳 Veronica rotunda Nakai var. **subintegra** (Nakai) Yamaz. 生于林缘、沼泽边、水边草甸、林下，海拔1400米以下，产于黑龙江省黑河、宁安、尚志、哈尔滨、嫩江、饶河、萝北、汤原、孙吴、伊春，吉林省蛟河、安图、汪清、抚松、和龙，辽宁省本溪，内蒙古鄂伦春旗，分布于中国（黑龙江、吉林、辽宁、内蒙古），朝鲜半岛，日本，俄罗斯（远东地区）。

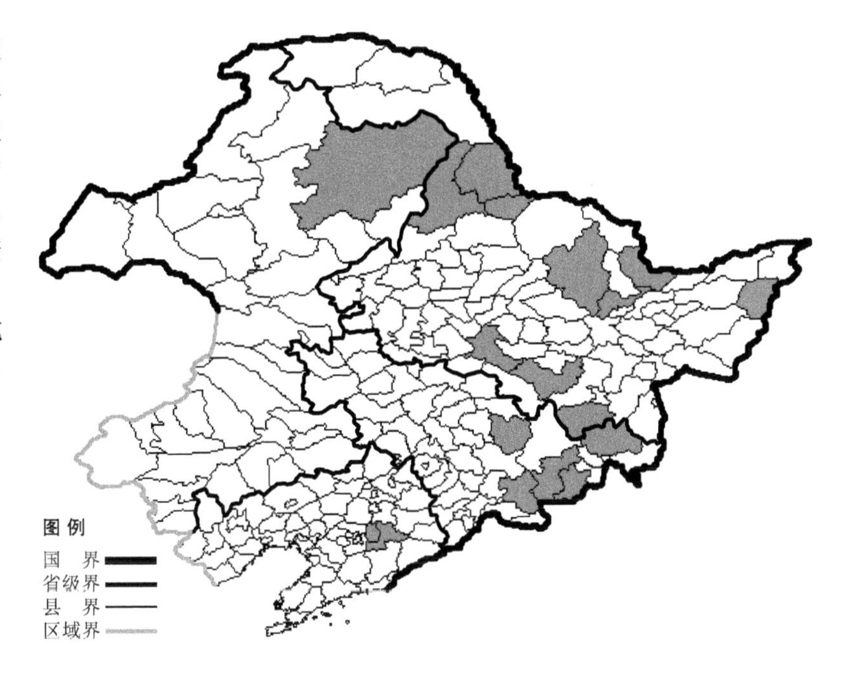

小婆婆纳

Veronica serpyllifolia L.

生境：湿草地，海拔约500米。

产地：吉林省临江。

分布：中国（吉林、新疆、河南、湖北、湖南、西藏、西北、西南），朝鲜半岛，日本，俄罗斯（欧洲部分、高加索、西伯利亚、远东地区），中亚，欧洲。

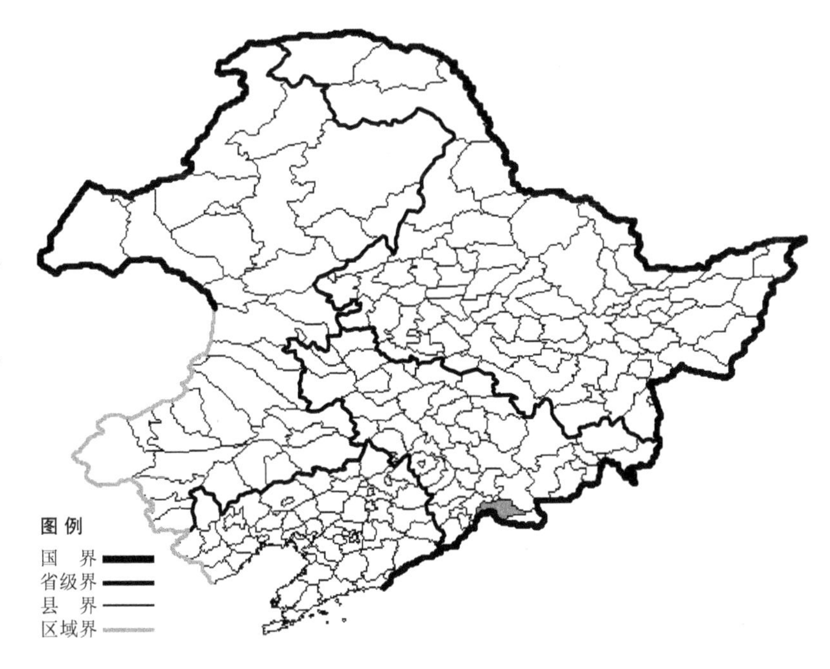

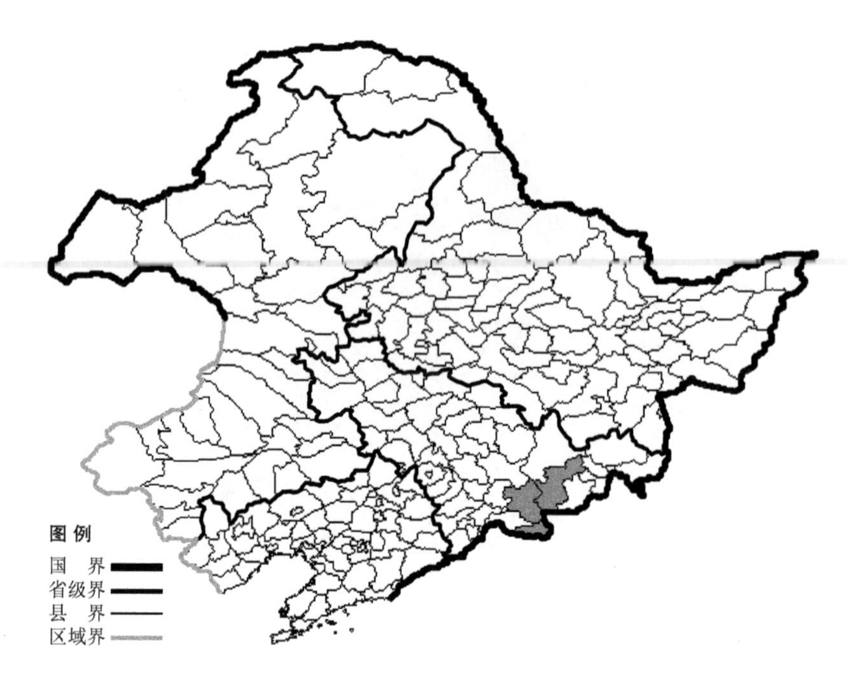

长白婆婆纳

Veronica stelleri Pall. ex Link var. **longistyla** Kitag.

生境：长白山温泉附近，高山冻原，海拔 1700-2400 米。

产地：吉林省长白、安图、抚松。

分布：中国（吉林），朝鲜半岛，日本，俄罗斯（远东地区），北美洲。

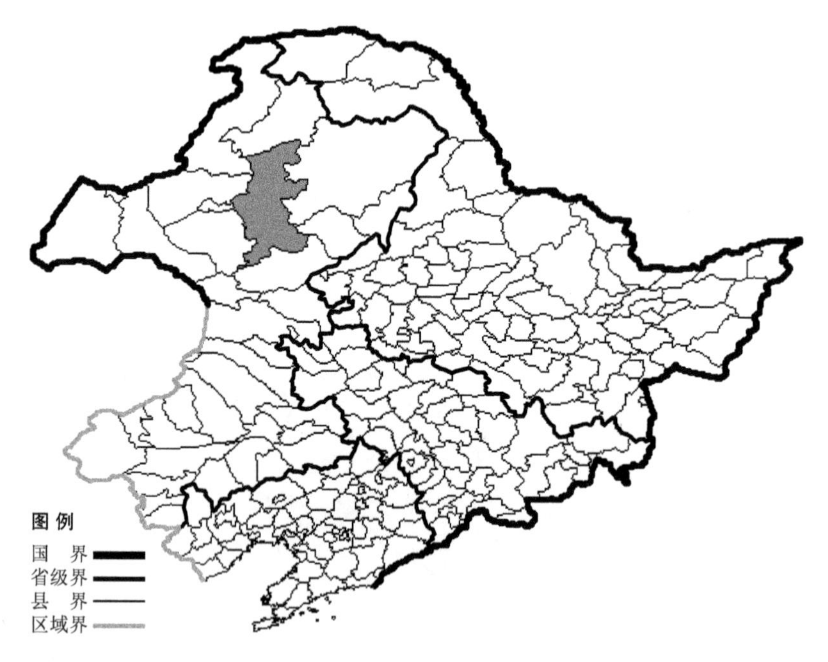

卷毛婆婆纳

Veronica teucrium L.

生境：草甸，林缘。

产地：内蒙古牙克石。

分布：中国（内蒙古、新疆），俄罗斯（欧洲部分、高加索、西部西伯利亚），欧洲。

水婆婆纳

Veronica undulata Wall.

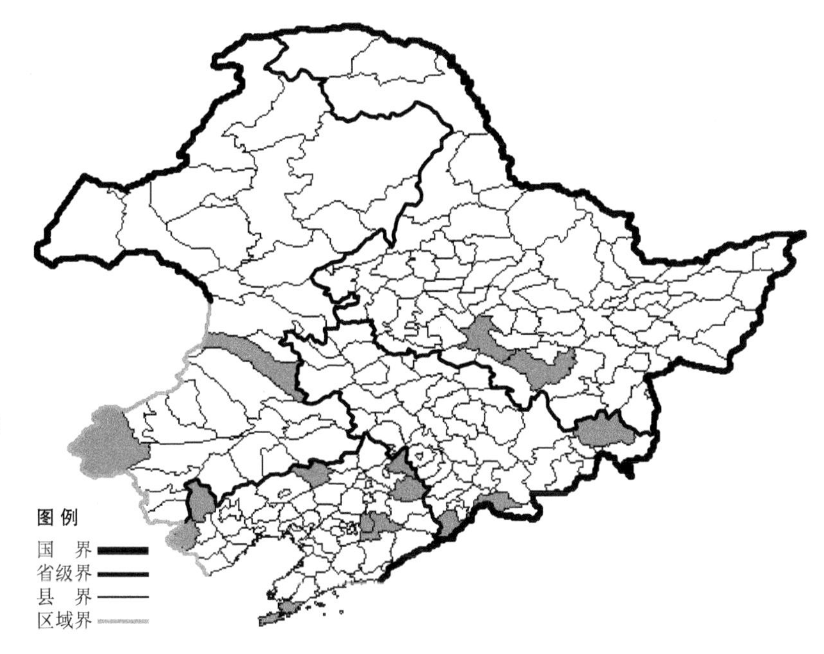

生境：水边，溪流旁，湿草地，海拔约 200 米。

产地：黑龙江省哈尔滨、尚志，吉林省集安、临江、汪清，辽宁省大连、本溪、西丰、清原、建平、凌源、彰武，内蒙古克什克腾旗、科尔沁右翼中旗。

分布：中国（全国各地），朝鲜半岛，日本，尼泊尔，印度，巴基斯坦。

轮叶腹水草

Veronicastrum sibiricum (L.) Pennell

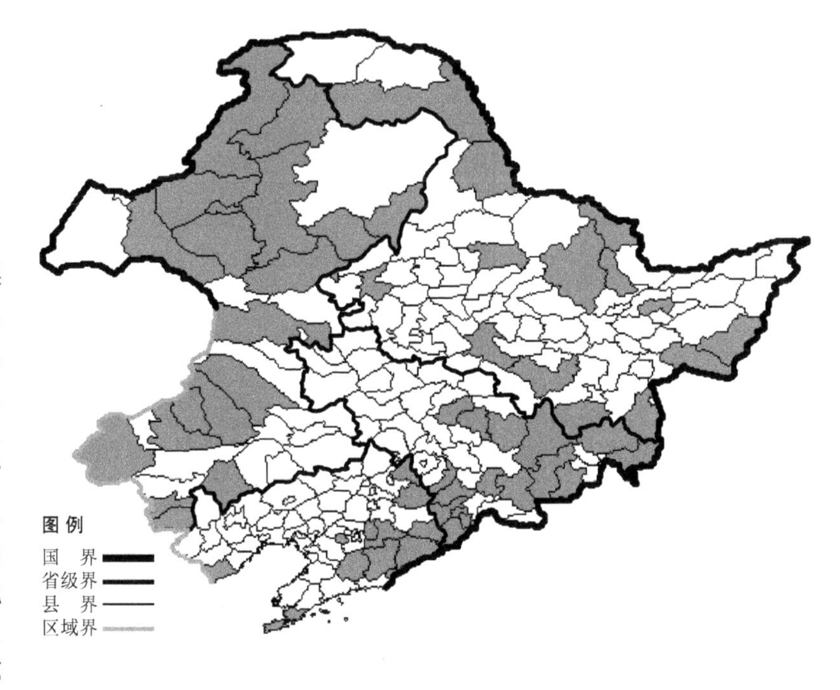

生境：灌丛，林缘，山坡草地，海拔 1200 米以下。

产地：黑龙江省黑河、北安、集贤、密山、虎林、宁安、东宁、鹤岗、哈尔滨、尚志、呼玛、伊春、齐齐哈尔、嘉荫，吉林省蛟河、九台、汪清、珲春、和龙、安图、敦化、靖宇、抚松、集安、吉林、通化、梅河口、柳河，辽宁省清原、西丰、岫岩、本溪、鞍山、绥中、大连、丹东、凤城、桓仁、宽甸，内蒙古额尔古纳、根河、牙克石、新巴尔虎左旗、扎兰屯、海拉尔、阿荣旗、莫力达瓦达斡尔旗、陈巴尔虎旗、鄂温克旗、科尔沁右翼前旗、扎鲁特旗、克什克腾旗、巴林左旗、巴林右旗、阿鲁科尔沁旗、喀喇沁旗、宁城、敖汉旗。

分布：中国（黑龙江、吉林、辽宁、内蒙古、河北、山西、陕西、甘肃、山东），朝鲜半岛，日本，俄罗斯（东部西伯利亚、远东地区）。

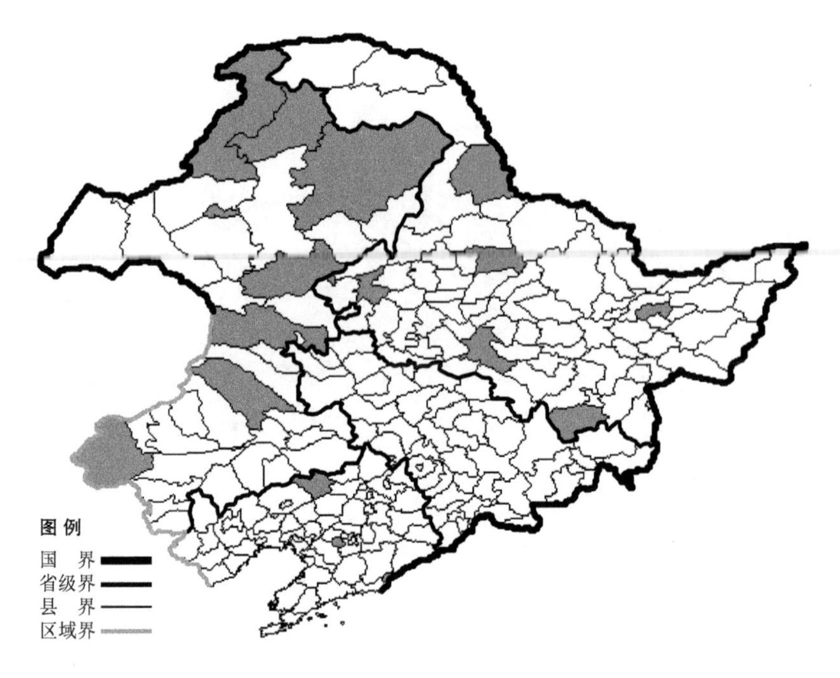

管花腹水草

Veronicastrum tubiflorum (Fisch. et C. A. Mey.) Hara

生境：湿草地，河边。

产地：黑龙江省集贤、北安、黑河、宁安、哈尔滨、齐齐哈尔，辽宁省鞍山、丹东、彰武，内蒙古扎兰屯、额尔古纳、根河、海拉尔、鄂伦春旗、克什克腾旗、扎鲁特旗、科尔沁右翼前旗。

分布：中国（黑龙江、辽宁、内蒙古），朝鲜半岛，俄罗斯（东部西伯利亚、远东地区）。

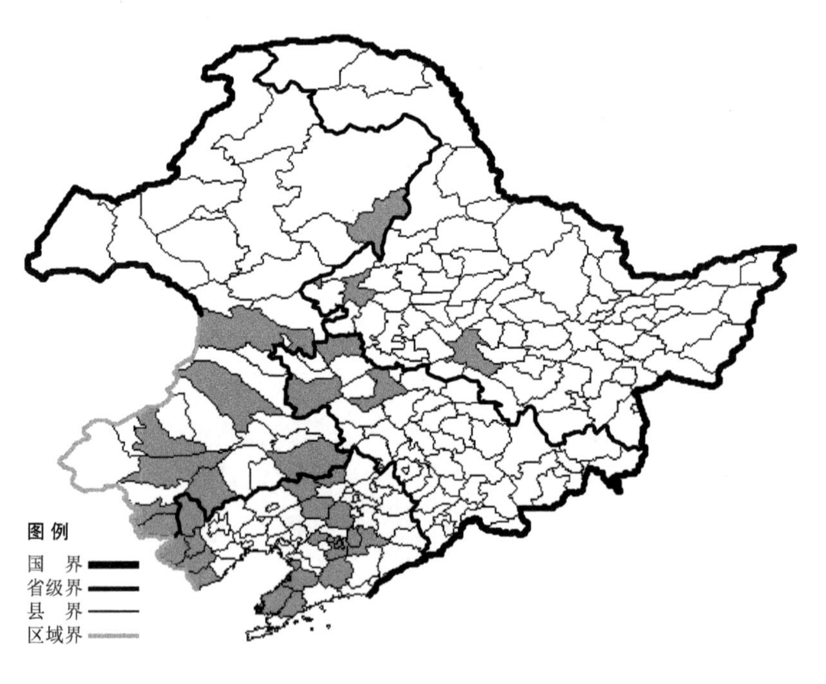

紫葳科 Bignoniaceae

角蒿

Incarvillea sinensis Lam.

生境：荒地，路旁，河边，沟谷。

产地：黑龙江省哈尔滨、齐齐哈尔，吉林省镇赉、通榆、前郭尔罗斯，辽宁省沈阳、辽阳、绥中、彰武、新民、盖州、岫岩、普兰店、瓦房店、本溪、建平、建昌、喀左、凌源、康平、营口，内蒙古喀喇沁旗、扎鲁特旗、科尔沁右翼前旗、莫力达瓦达斡尔旗、宁城、科尔沁左翼后旗、翁牛特旗、巴林右旗、敖汉旗。

分布：中国（黑龙江、吉林、辽宁、内蒙古、华北、陕西、甘肃、宁夏、青海、四川、云南、西藏），蒙古，俄罗斯（远东地区）。

胡麻科 Pedaliaceae

茶菱

Trapella sinensis Oliv.

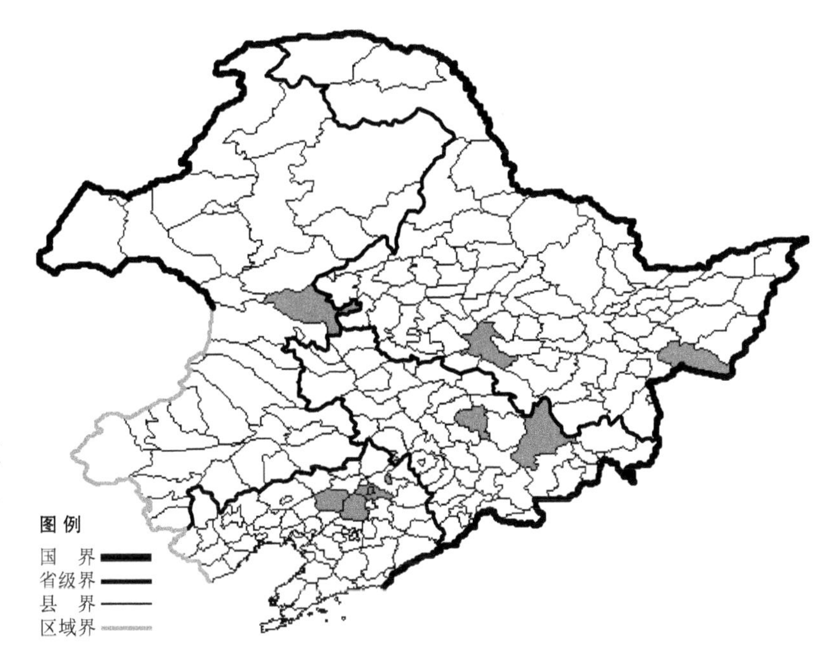

生境：池沼，湖泊。

产地：黑龙江省哈尔滨、密山，吉林省敦化、吉林，辽宁省沈阳、新民、铁岭，内蒙古扎赉特旗。

分布：中国（黑龙江、吉林、辽宁、内蒙古、河北、安徽、江苏、浙江、福建、湖北、湖南），朝鲜半岛，日本，俄罗斯（远东地区）。

苦苣苔科 Gesneriaceae

猫耳旋蒴苣苔

Boea hygrometrica (Bunge) R. Br.

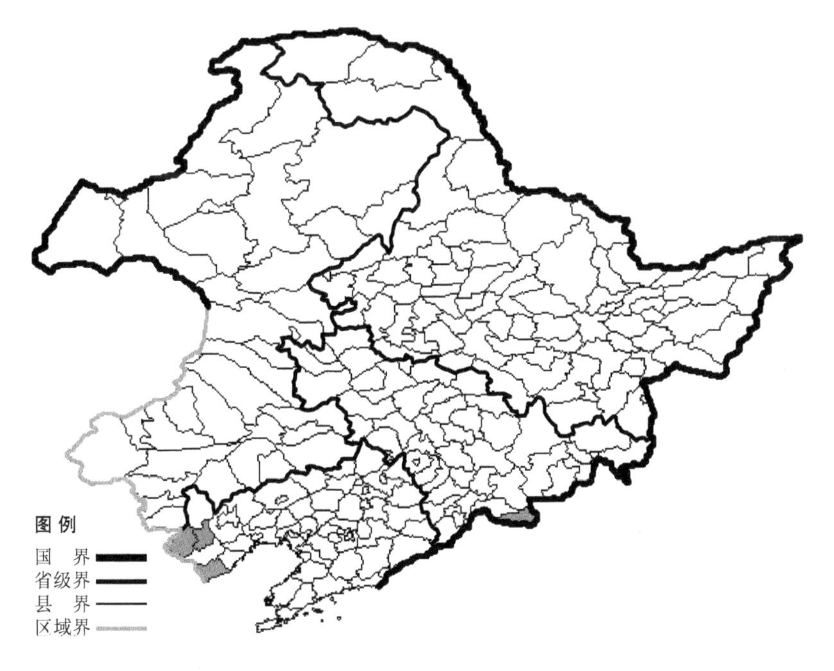

生境：岩石壁上，海拔 900 米以下。

产地：吉林省长白，辽宁省凌源、绥中、喀左。

分布：中国（吉林、辽宁、河北、山西、陕西、山东、浙江、福建、河南、湖北、江西、湖南、广东、广西、四川、云南）。

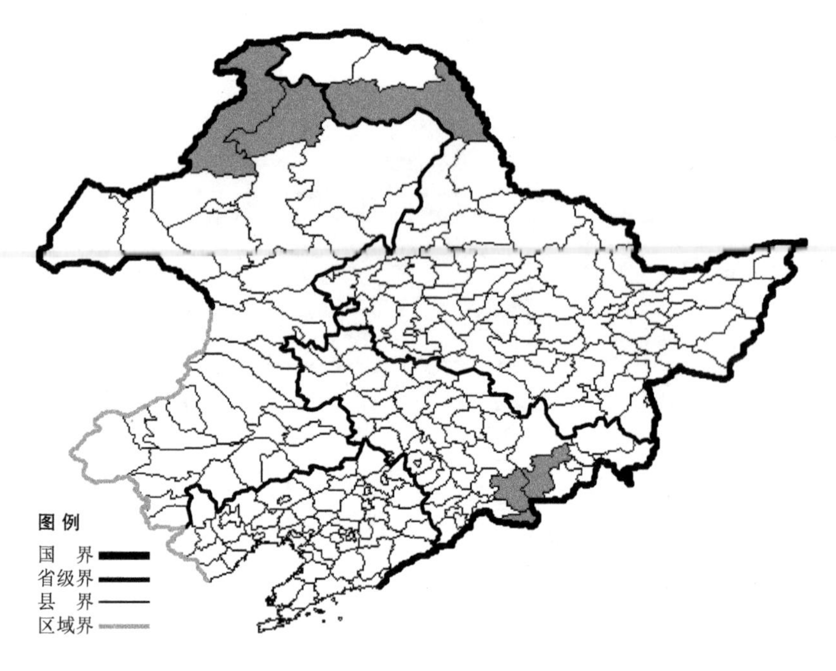

列当科 Orobanchaceae

草苁蓉

Boschniakia rossica (Cham. et Schlecht.) Fedtsch.

生境：寄生于赤杨根上，岳桦林下，林缘，海拔1400-1900米（长白山）。

产地：黑龙江省呼玛，吉林省抚松、安图、长白，内蒙古额尔古纳、根河。

分布：中国（黑龙江、吉林、内蒙古），朝鲜半岛，日本，俄罗斯（北极带、欧洲部分、西伯利亚、远东地区），北美洲。

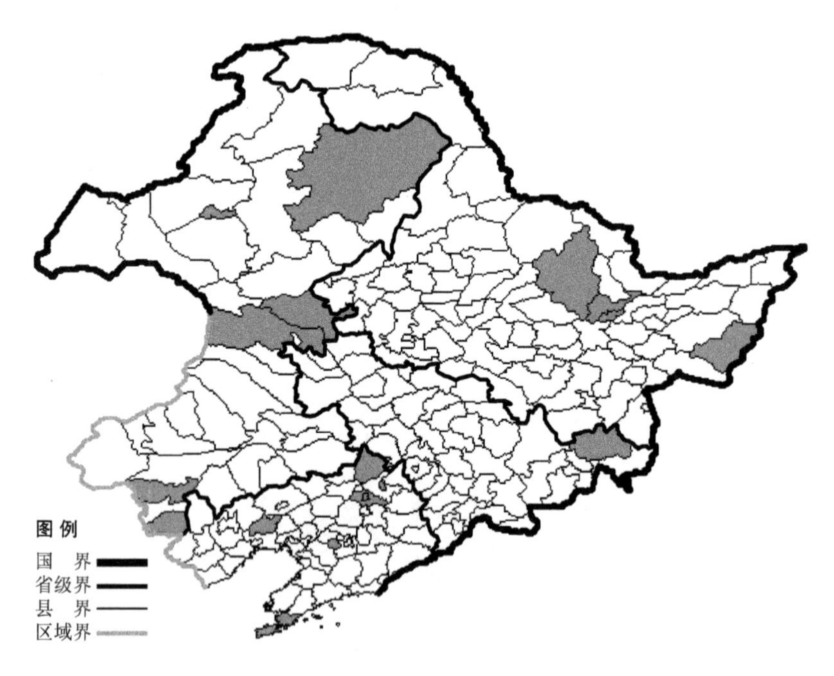

黑水列当

Orobanche amurensis (G. Beck) Kom.

生境：山坡草地，草甸，寄生于蒿属植物根上。

产地：黑龙江省虎林、汤原、佳木斯、伊春，吉林省汪清，辽宁省大连、义县、昌图、鞍山、铁岭，内蒙古科尔沁右翼前旗、宁城、赤峰、鄂伦春旗、海拉尔、扎赉特旗。

分布：中国（黑龙江、吉林、辽宁、内蒙古），朝鲜半岛，俄罗斯（远东地区）。

欧亚列当

Orobanche cernua Loefl.

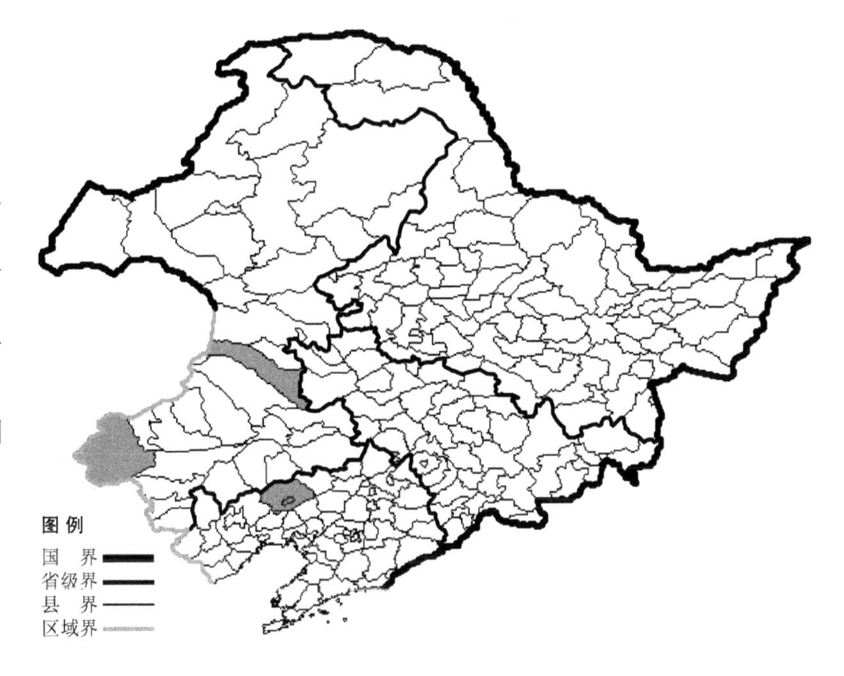

生境：寄生于向日葵根或蒿属植物根上。

产地：辽宁省阜新，内蒙古克什克腾旗、科尔沁右翼中旗。

分布：中国（辽宁、内蒙古、河北、山西、陕西、甘肃、青海），蒙古，俄罗斯（欧洲部分、高加索、西伯利亚），中亚，欧洲，伊朗，克什米尔地区。

列当

Orobanche coerulescens Steph.

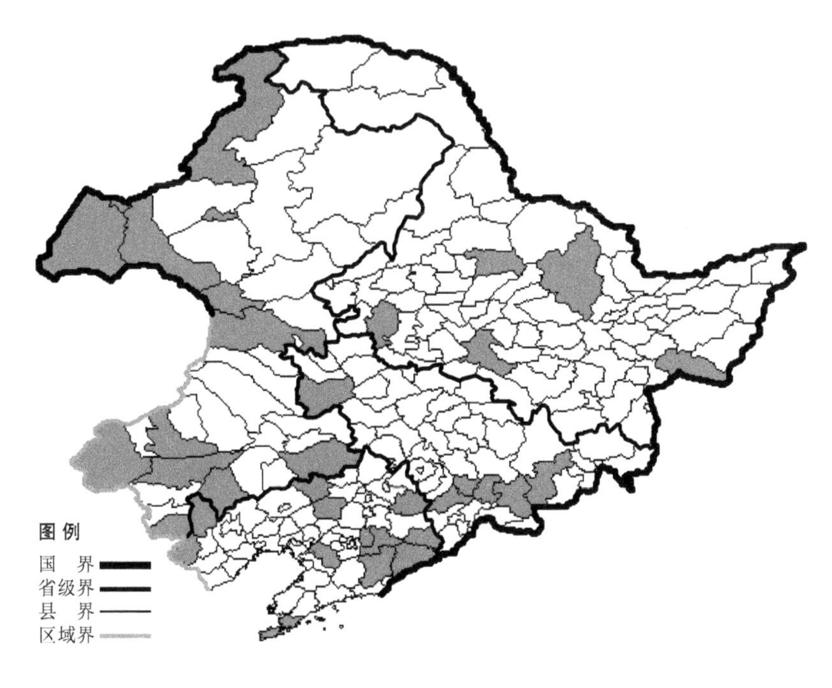

生境：山坡草地，湖边沙地，固定沙丘，寄生于蒿属植物根上，海拔1300米以下。

产地：黑龙江省密山、北安、伊春、杜尔伯特、哈尔滨，吉林省柳河、抚松、靖宇、辉南、安图、通榆，辽宁省建平、凌源、彰武、大连、本溪、清原、新民、海城、凤城、宽甸、桓仁，内蒙古海拉尔、满洲里、阿尔山、新巴尔虎右旗、新巴尔虎左旗、额尔古纳、克什克腾旗、翁牛特旗、巴林右旗、宁城、敖汉旗、科尔沁左翼后旗、科尔沁右翼前旗。

分布：中国（黑龙江、吉林、辽宁、内蒙古、河北、山西、陕西、甘肃、新疆、山东、湖北、四川、云南、西藏），朝鲜半岛，日本，蒙古，俄罗斯（欧洲部分、高加索、西伯利亚、远东地区），中亚，欧洲。

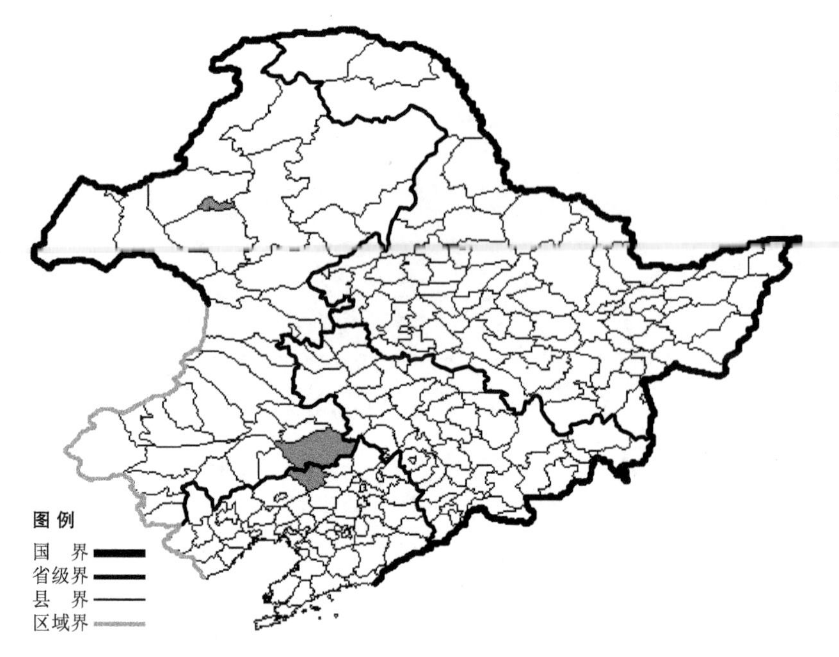

毛药列当 Orobanche coerulescens Steph. f. **ombrochares** (Hance) G. Beck. 生于半固定沙丘上、山坡沙质地，寄生于盐蒿根上，产于辽宁省彰武，内蒙古海拉尔、科尔沁左翼后旗，分布于中国（辽宁、内蒙古、河北、山西、陕西）。

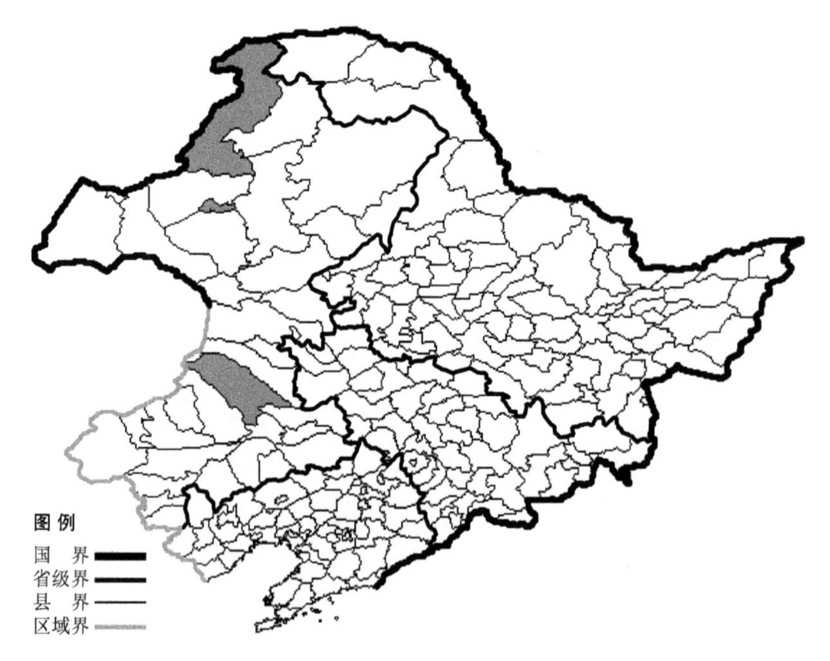

黄白列当 Orobanche coerulescens Steph. var. **albiflora** O. Kuntze 生于山坡湿草地、沙质草原、石砾质山坡，产于内蒙古海拉尔、额尔古纳、扎鲁特旗，分布于中国（内蒙古），蒙古，俄罗斯。

黄花列当

Orobanche pycnostachya Hance

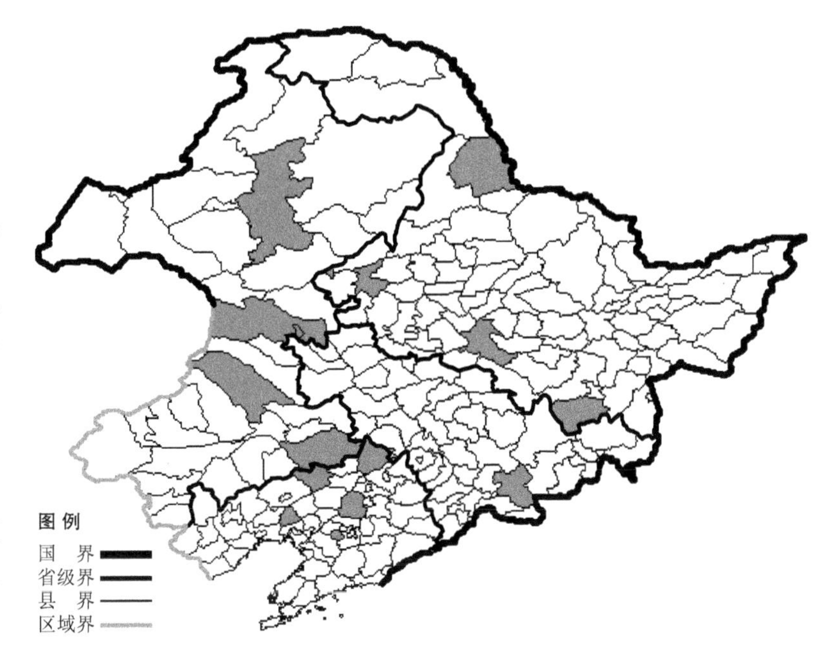

生境：干山坡，山地草原，固定沙丘，寄生于万年蒿根上，海拔 500 米以下。

产地：黑龙江省黑河、宁安、哈尔滨、齐齐哈尔，吉林省抚松，辽宁省昌图、鞍山、沈阳、北镇、彰武，内蒙古牙克石、科尔沁右翼前旗、乌兰浩特、扎鲁特旗、科尔沁左翼后旗。

分布：中国（黑龙江、吉林、辽宁、内蒙古、河北、陕西、山东、河南），朝鲜半岛，俄罗斯（东部西伯利亚、远东地区）。

狸藻科 Lentibulariaceae

黄筒花

Phacellanthus tubiflorus Sieb et Zucc.

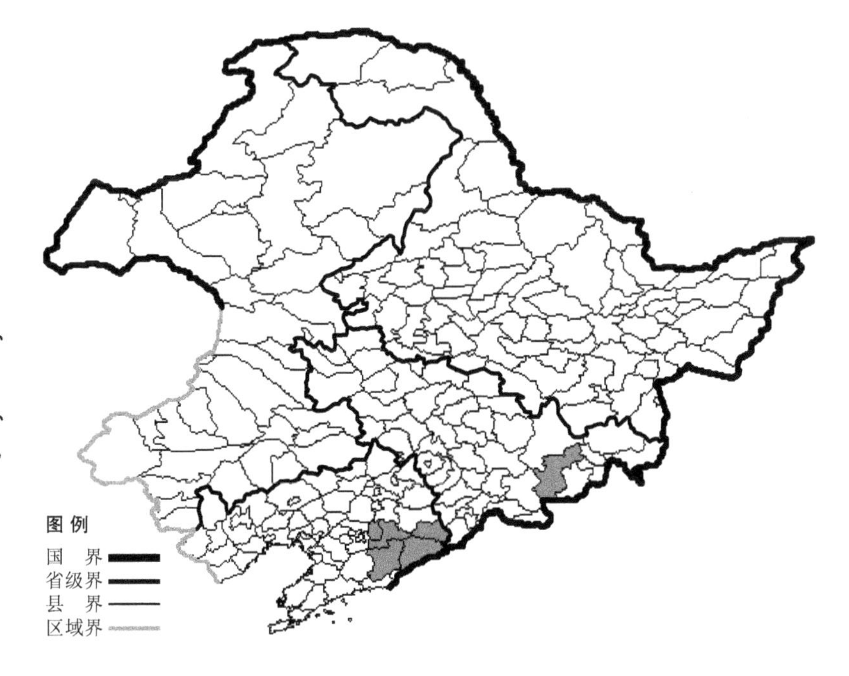

生境：林下，海拔 1000 米以下。

产地：吉林省安图，辽宁省凤城、本溪、桓仁、宽甸。

分布：中国（吉林、辽宁、陕西、浙江、湖北、湖南），朝鲜半岛，日本，俄罗斯（远东地区）。

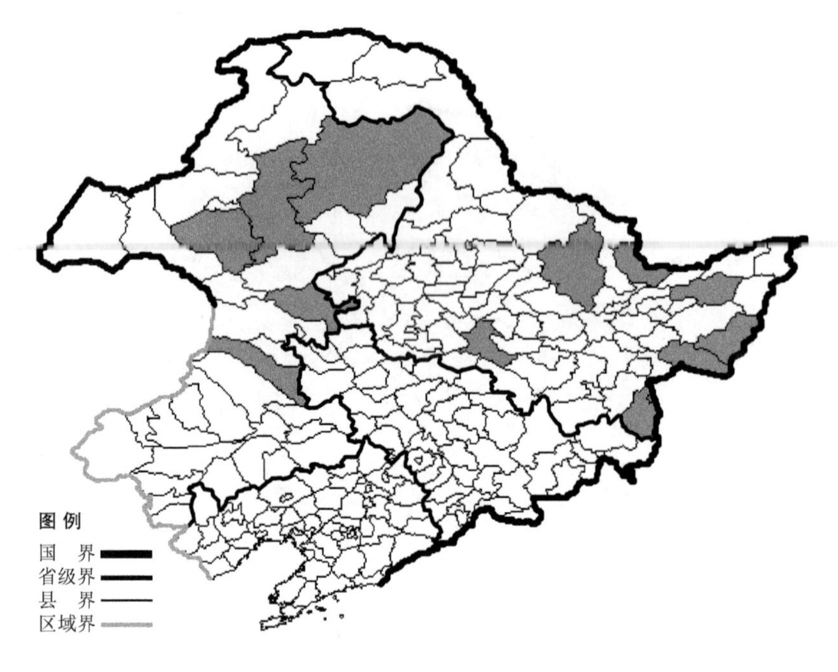

中狸藻

Utricularia intermedia Hayne

生境：沼泽，湖泊，水中。

产地：黑龙江省伊春、虎林、富锦、哈尔滨、绥芬河、东宁、密山、萝北，内蒙古牙克石、鄂伦春旗、鄂温克旗、科尔沁右翼中旗、扎赉特旗。

分布：中国（黑龙江、内蒙古、四川、西藏），朝鲜半岛，日本，俄罗斯（北极带、欧洲部分、西伯利亚、远东地区），中亚，欧洲，北美洲。

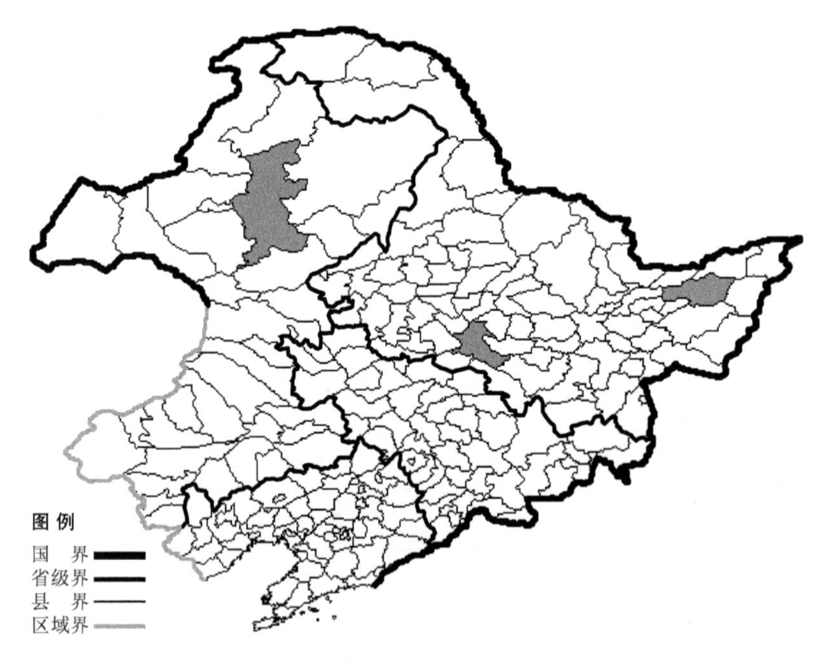

小狸藻

Utricularia minor L.

生境：漂筏甸子，水中，沼泽。

产地：黑龙江省富锦、哈尔滨，内蒙古牙克石。

分布：中国（黑龙江、内蒙古、山西、新疆、四川、西藏），朝鲜半岛，日本，俄罗斯（除北极带外各区），欧洲，北美洲。

狸藻

Utricularia vulgaris L.

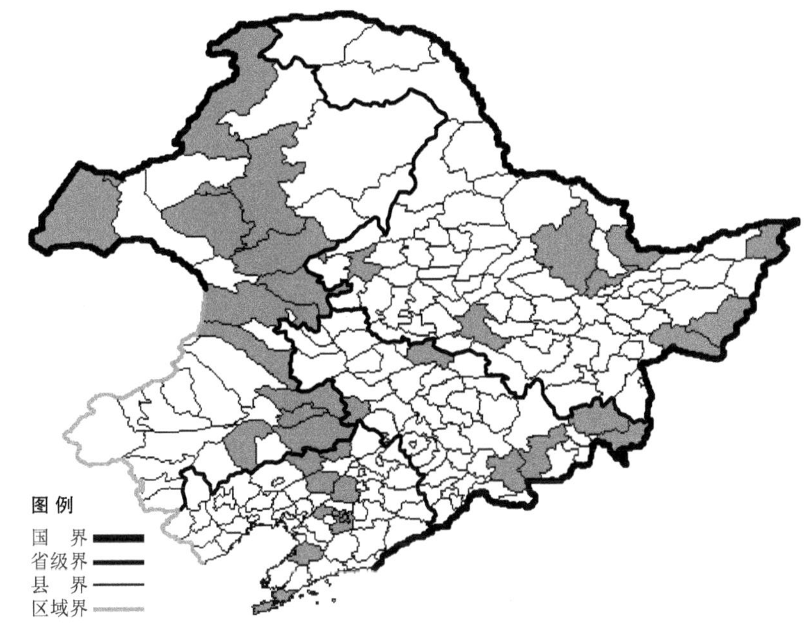

生境：水中，沼泽。

产地：黑龙江省抚远、密山、萝北、虎林、汤原、哈尔滨、齐齐哈尔、伊春，吉林省安图、汪清、双辽、扶余、珲春、抚松，辽宁省沈阳、新民、彰武、康平、辽阳、盖州、大连，内蒙古额尔古纳、鄂温克旗、新巴尔虎右旗、科尔沁右翼前旗、科尔沁右翼中旗、扎赉特旗、满洲里、牙克石、扎兰屯、海拉尔、通辽、科尔沁左翼后旗、科尔沁左翼中旗、奈曼旗。

分布：中国（黑龙江、吉林、辽宁、内蒙古、河北、山西、陕西、甘肃、青海、新疆、山东、河南、四川），朝鲜半岛，日本，俄罗斯（欧洲部分、高加索、西伯利亚、远东地区），中亚，欧洲，北美洲。

透骨草科 Phrymaceae

透骨草

Phryma leptostachya L. var. **asiatica** Hara

生境：林下，路旁，海拔 1300 米以下。

产地：黑龙江省伊春、哈尔滨、虎林、尚志、宁安、饶河，吉林省吉林、安图、长白、抚松、通化、和龙、珲春、汪清、靖宇，辽宁省沈阳、本溪、鞍山、大连、丹东、普兰店、凤城、桓仁、西丰、清原、绥中、凌源、宽甸，内蒙古科尔沁左翼后旗。

分布：中国（黑龙江、吉林、辽宁、内蒙古、河北、山西、陕西、甘肃、山东、江苏、安徽、浙江、福建、河南、湖北、湖南、广西、四川、贵州、云南、西藏），朝鲜半岛，日本，俄罗斯（远东地区），印度，尼泊尔，越南，北美洲。

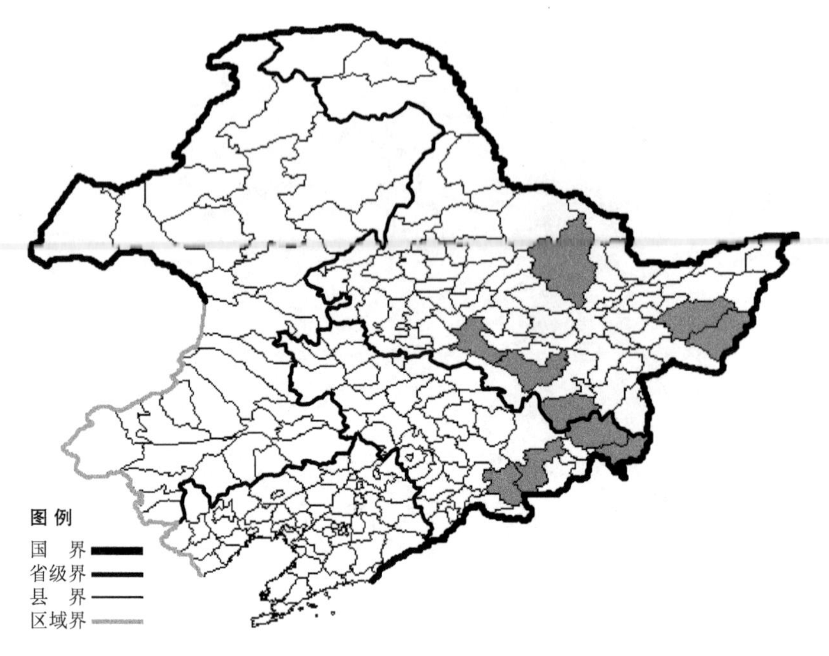

黑穗透骨草 Phryma leptostachya L. f. **melanostachya** Kitag. 生于林下，海拔 1400 米以下，产于黑龙江省虎林、伊春、宁安、尚志、宝清、哈尔滨，吉林省珲春、汪清、安图、抚松，分布于中国（黑龙江、吉林）。

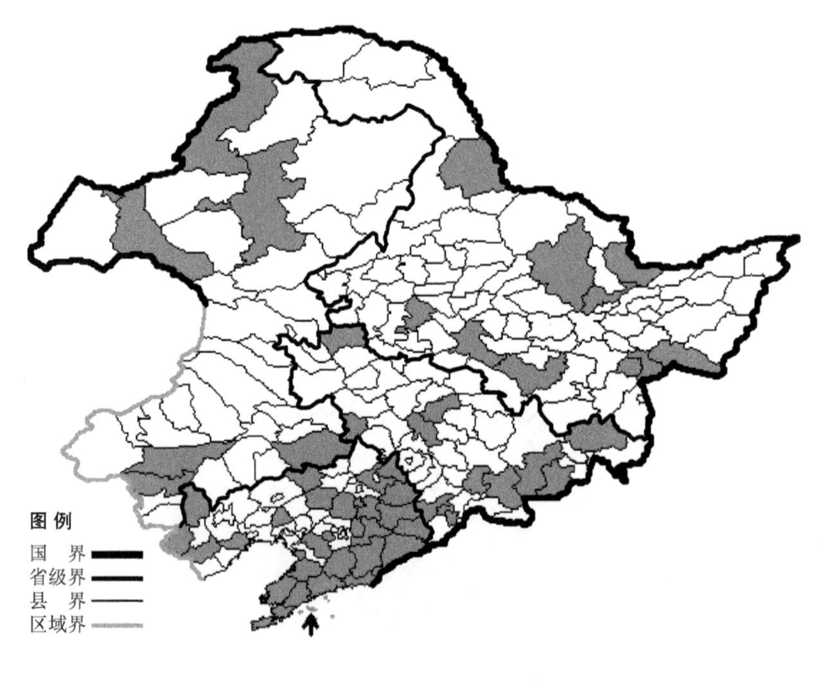

车前科 Plantaginaceae

车前

Plantago asiatica L.

生境：路旁，山坡草地，湿草地，林下，林缘，沟边，荒地，耕地旁，海拔 1800 米以下。

产地：黑龙江省哈尔滨、安达、伊春、黑河、萝北、汤原、密山、鸡西、鸡东、尚志，吉林省安图、抚松、汪清、靖宇、九台、双辽、镇赉、通化、长春、和龙，辽宁省新民、西丰、开原、抚顺、新宾、清原、本溪、桓仁、岫岩、凤城、东港、丹东、鞍山、海城、盖州、营口、瓦房店、普兰店、大连、长海、庄河、沈阳、彰武、北镇、葫芦岛、建昌、建平、凌源、宽甸，内蒙古海拉尔、满洲里、牙克石、额尔古纳、新巴尔虎左旗、翁牛特旗、赤峰、科尔沁左翼后旗。

分布：中国（全国各地），朝鲜半岛，日本，俄罗斯（西伯利亚、远东地区），尼泊尔，马来西亚，印度尼西亚。

海滨车前

Plantago camtschatica Link

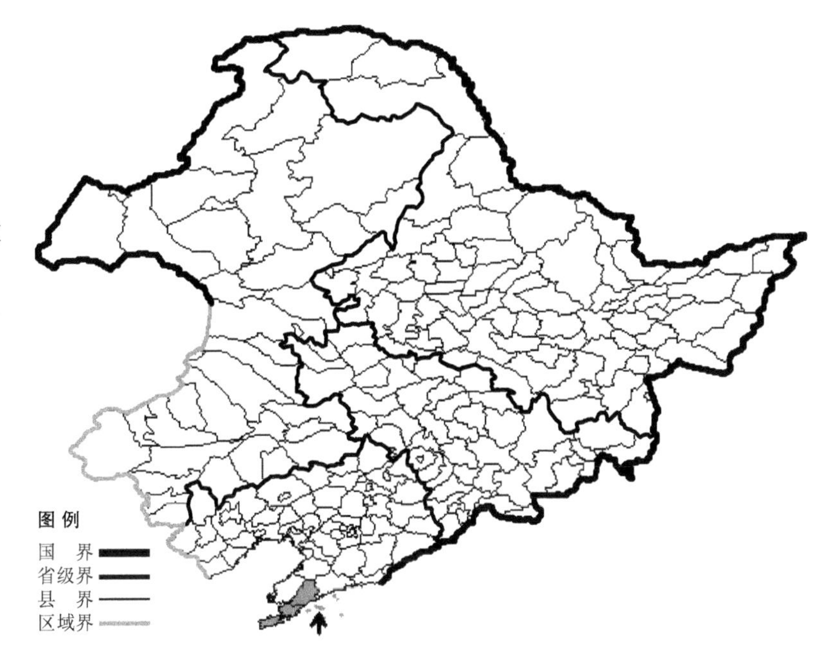

生境：海边沙地，路旁。

产地：辽宁省普兰店、长海、大连。

分布：中国（辽宁），朝鲜，日本，俄罗斯（远东地区）。

平车前

Plantago depressa Willd.

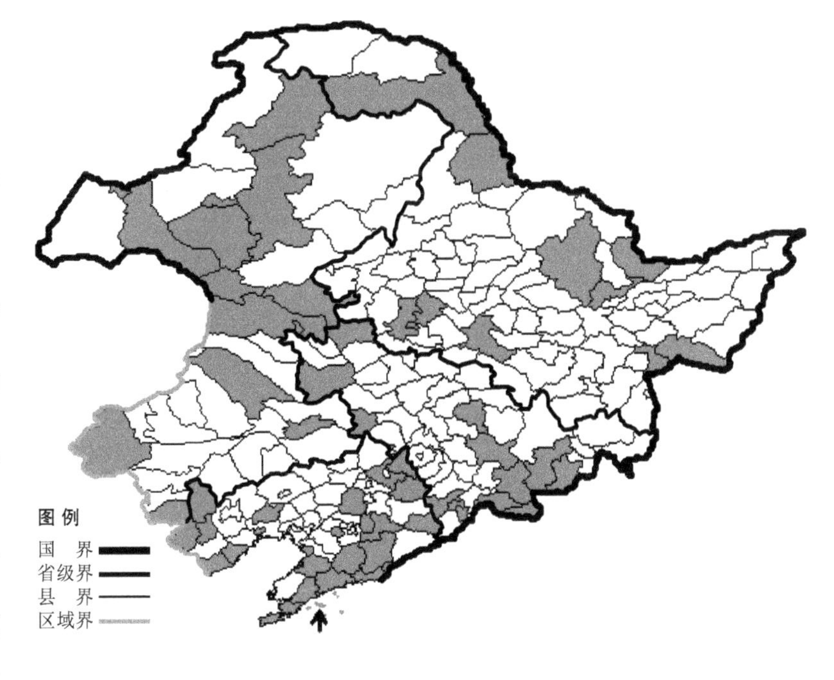

生境：河边，路旁，湿草地，耕地旁，山坡草地，海拔 1000 米以下。

产地：黑龙江省哈尔滨、安达、大庆、伊春、汤原、萝北、密山、鸡东、黑河、呼玛，吉林省桦甸、临江、吉林、通化、安图、抚松、长白、和龙、双辽、镇赉、通榆，辽宁省沈阳、西丰、本溪、桓仁、开原、东港、清原、鞍山、盖州、营口、普兰店、大连、长海、庄河、岫岩、凤城、丹东、义县、锦州、兴城、绥中、建平、凌源、喀左，内蒙古海拉尔、满洲里、牙克石、根河、新巴尔虎左旗、鄂温克旗、阿尔山、科尔沁右翼前旗、扎鲁特旗、扎赉特旗、通辽、乌兰浩特、宁城、克什克腾旗。

分布：中国（黑龙江、吉林、辽宁、内蒙古、河北、山西、陕西、甘肃、宁夏、青海、新疆、山东、江苏、安徽、河南、湖北、江西、四川、云南、西藏），朝鲜半岛，日本，蒙古，俄罗斯（西伯利亚、远东地区），哈萨克斯坦，阿富汗，印度，巴基斯坦，克什米尔地区。

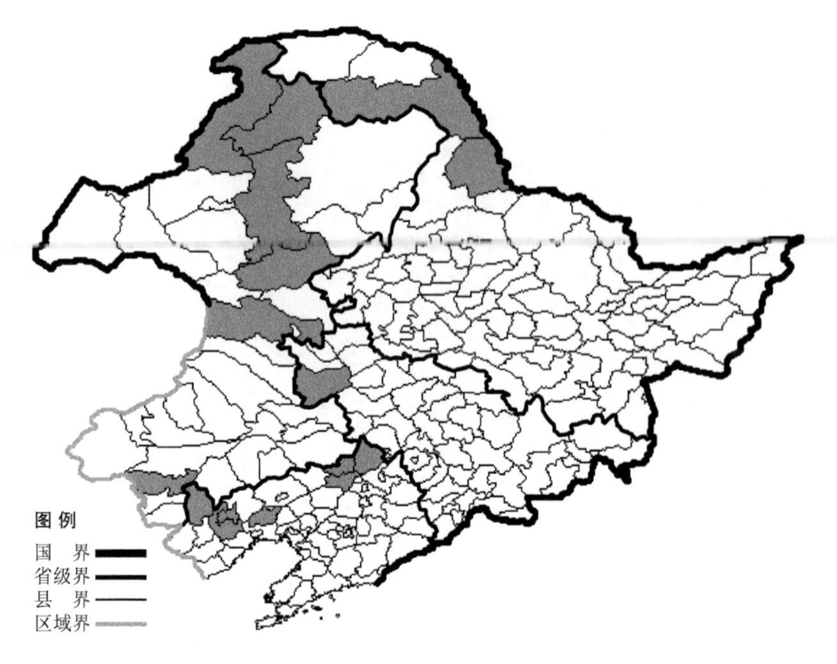

毛平车前 Plantago depressa Willd. var. **montana** Kitag. 生于路旁、草甸，产于黑龙江省黑河、呼玛，吉林省通榆，辽宁省义县、建平、朝阳、昌图、法库、康平，内蒙古牙克石、扎兰屯、额尔古纳、根河、科尔沁右翼前旗、赤峰，分布于中国（黑龙江、吉林、辽宁、内蒙古）。

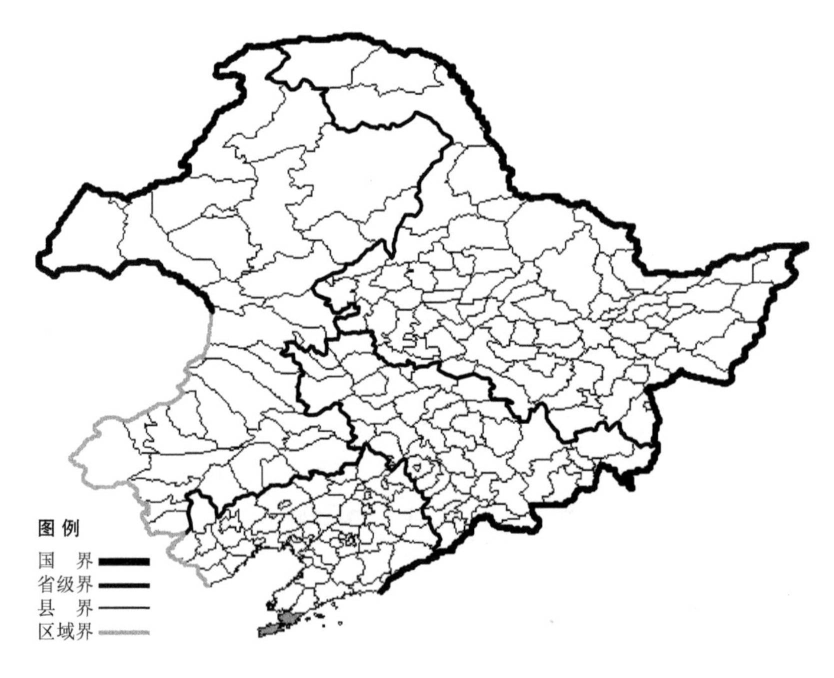

披针叶车前

Plantago lanceolata L.

生境：海边沙地，河沟，路旁，山坡草地。

产地：辽宁省大连。

分布：中国（辽宁、甘肃、新疆、山东），朝鲜半岛，日本，俄罗斯（欧洲分部、高加索、西部西伯利亚），中亚，欧洲，北美洲。

大车前

Plantago major L.

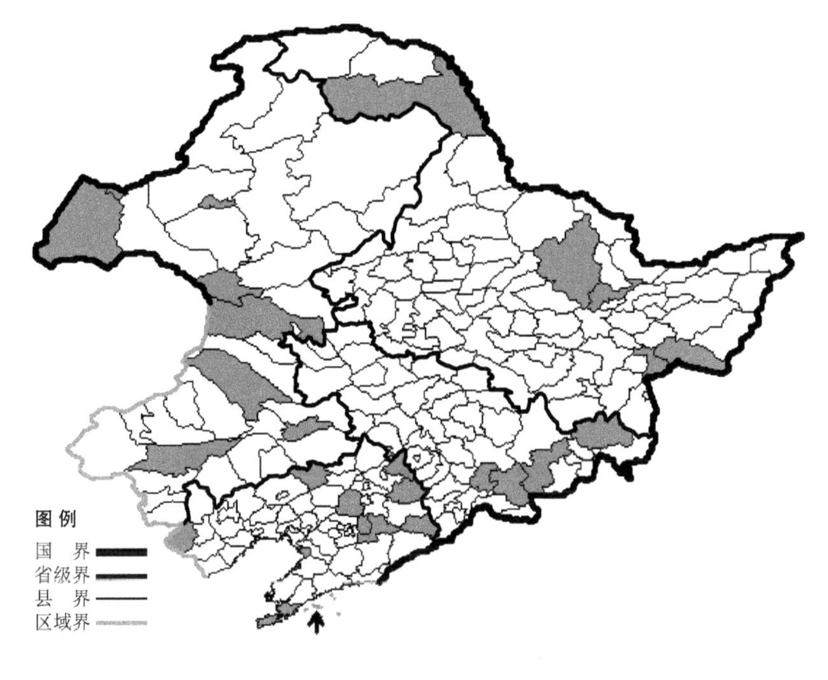

生境：林缘，路旁，耕地旁，海拔 1000 米以下。

产地：黑龙江省呼玛、伊春、汤原、密山、鸡东，吉林省汪清、安图、抚松、靖宇，辽宁省沈阳、西丰、清原、本溪、桓仁、大连、长海、营口、彰武、凌源，内蒙古新巴尔虎右旗、扎鲁特旗、阿尔山、通辽、海拉尔、满洲里、科尔沁右翼前旗、翁牛特旗。

分布：中国（黑龙江、吉林、辽宁、内蒙古、河北、山西、陕西、甘肃、青海、新疆、山东、江苏、浙江、福建、湖北、江西、湖南、广东、广西、海南、四川、贵州、云南、西藏、台湾），遍布欧亚大陆温带及寒温带。

毛大车前 Plantago major L. var. **jehohlensis** (Koidz.) S. H. Li 生于干旱耕地旁、路旁、沙地，产于辽宁省朝阳、建平，分布于中国（辽宁、河北）。

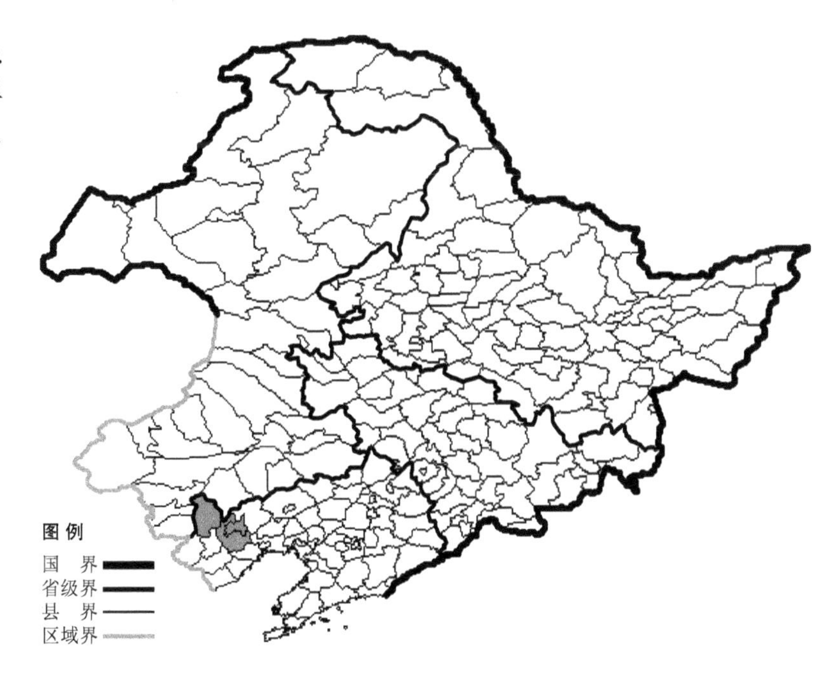

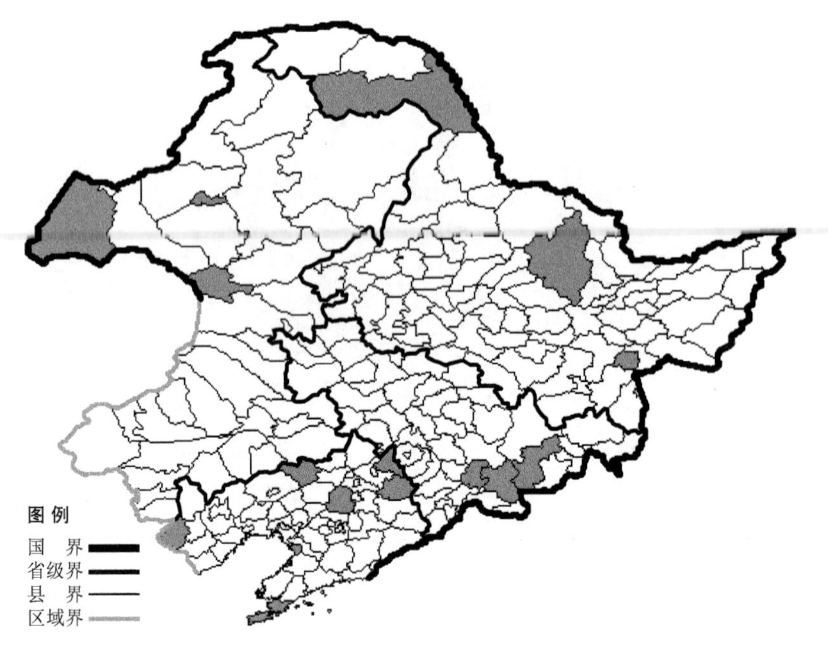

波叶车前 Plantago major L. var. **sinuata** (Lam.) Decne. 生于荒地、河边、田间、林缘，海拔约 500 米，产于黑龙江省伊春、鸡西、呼玛，吉林省抚松、靖宇、安图，辽宁省沈阳、西丰、大连、凌源、清原、营口、彰武，内蒙古海拉尔、阿尔山、新巴尔虎右旗，分布于中国（黑龙江、吉林、辽宁、内蒙古）。

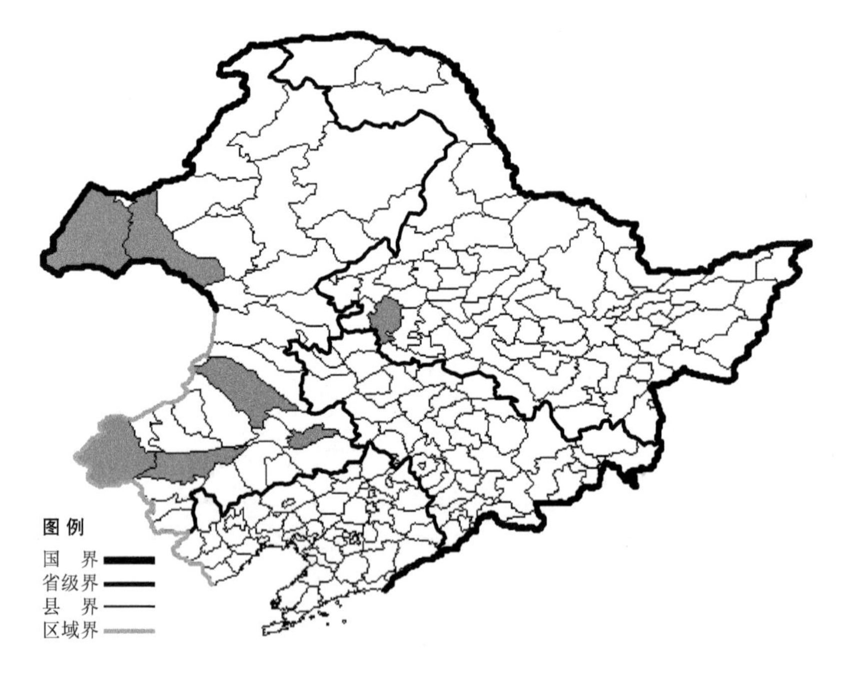

盐生车前

Plantago maritima L. var. **salsa** (Pall.) Pilger

生境：盐化草甸或草原，海拔 1000 米以下。

产地：黑龙江省杜尔伯特，内蒙古新巴尔虎左旗、新巴尔虎右旗、扎鲁特旗、通辽、翁牛特旗、克什克腾旗。

分布：中国（黑龙江、内蒙古、河北、陕西、甘肃、青海、新疆），蒙古，俄罗斯（高家索、西伯利亚），哈萨克斯坦，吉尔吉斯斯坦，阿富汗，伊朗，欧洲，北美洲，南美洲。

北车前

Plantago media L.

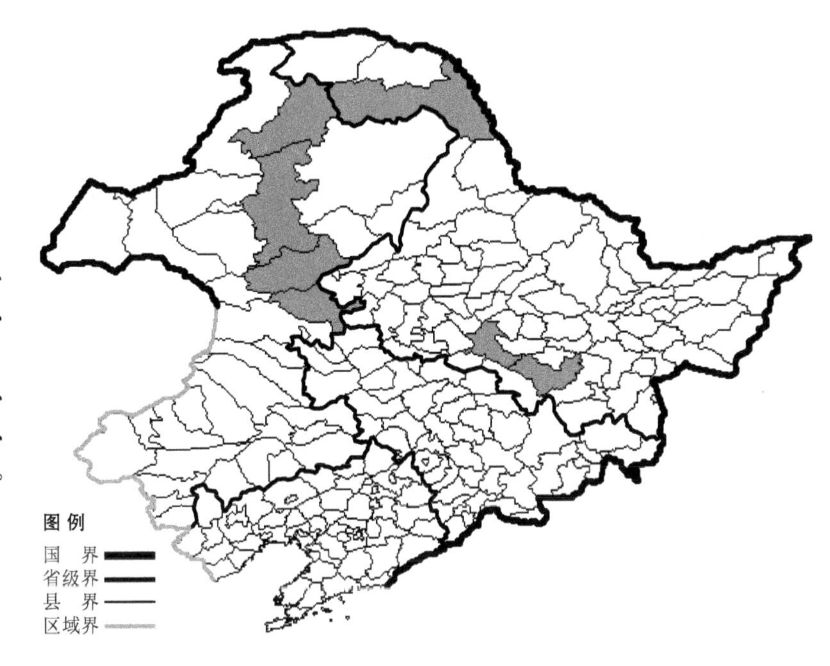

生境：山坡草地，林缘，路旁，草甸。

产地：黑龙江省哈尔滨、尚志、呼玛，内蒙古牙克石、根河、扎兰屯、扎赉特旗。

分布：中国（黑龙江、内蒙古、新疆），俄罗斯（欧洲部分、西伯利亚、远东地区），中亚，伊朗，欧洲，北美洲。

忍冬科 Caprifoliaceae

二花六道木

Abelia biflora Turcz.

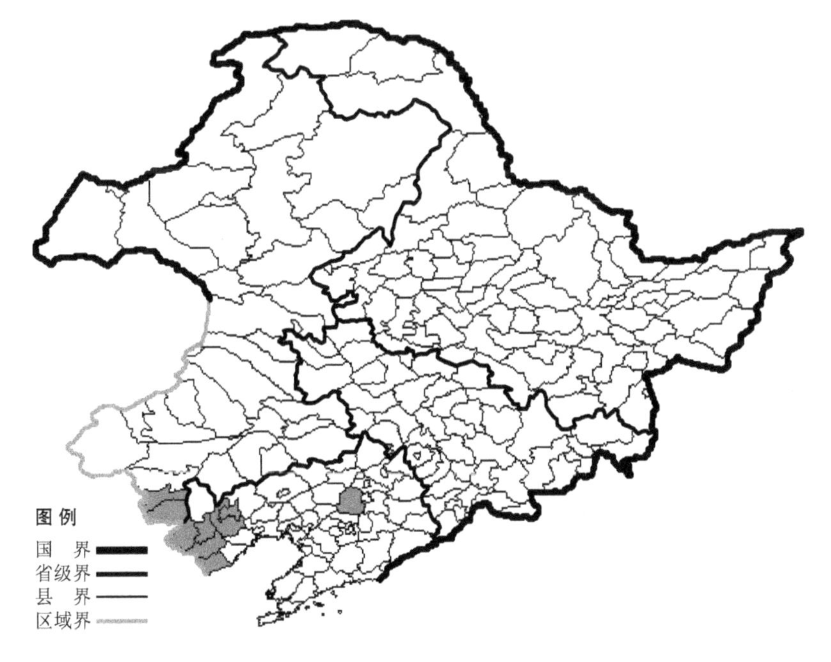

生境：石砾质山坡灌丛。

产地：辽宁省沈阳、喀左、凌源、建昌、绥中、朝阳，内蒙古宁城、喀喇沁旗。

分布：中国（辽宁、内蒙古、河北、山西、陕西）。

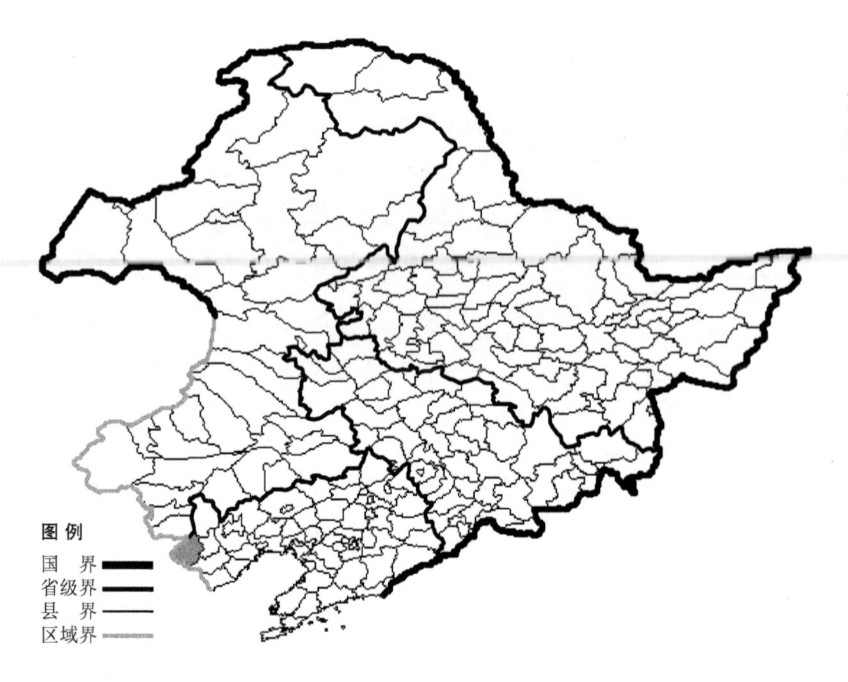

狭叶六道木 Abelia biflora Turcz. f. **minor** Nakai 生于山坡草地，海拔约600米，产于辽宁省凌源，分布于中国（辽宁、河北）。

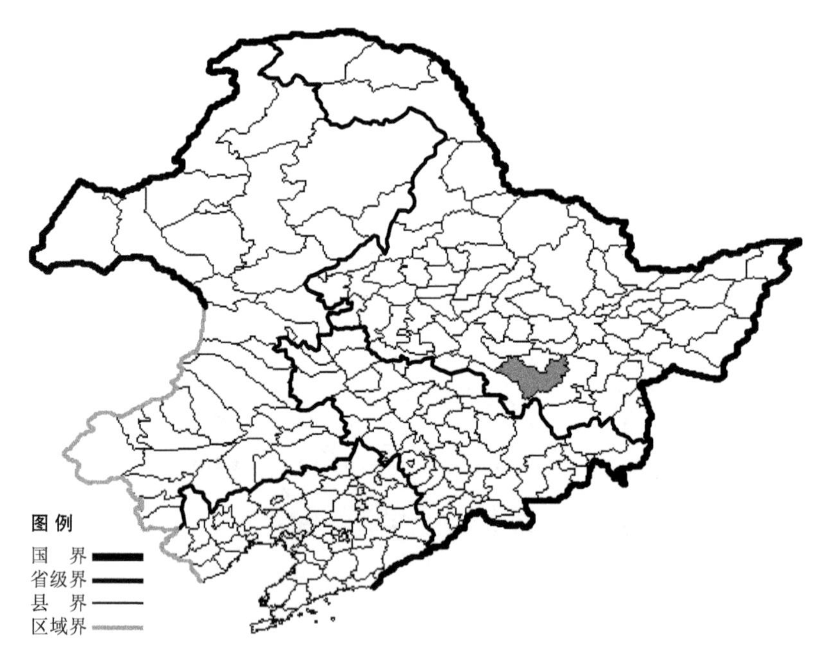

高山二花六道木 Abelia biflora Turcz. var. **alpina** Bar. et Skv. 生于近山顶的山坡，海拔1200米，产于黑龙江省尚志，分布于中国（黑龙江）。

朝鲜六道木 Abelia biflora Turcz. var. **coreana** (Nakai) C. F. Fang 生于岩石壁旁，海拔 1000 米以下，产于黑龙江省尚志，吉林省抚松，辽宁省本溪，分布于中国（黑龙江、吉林、辽宁），朝鲜半岛，俄罗斯（远东地区）。

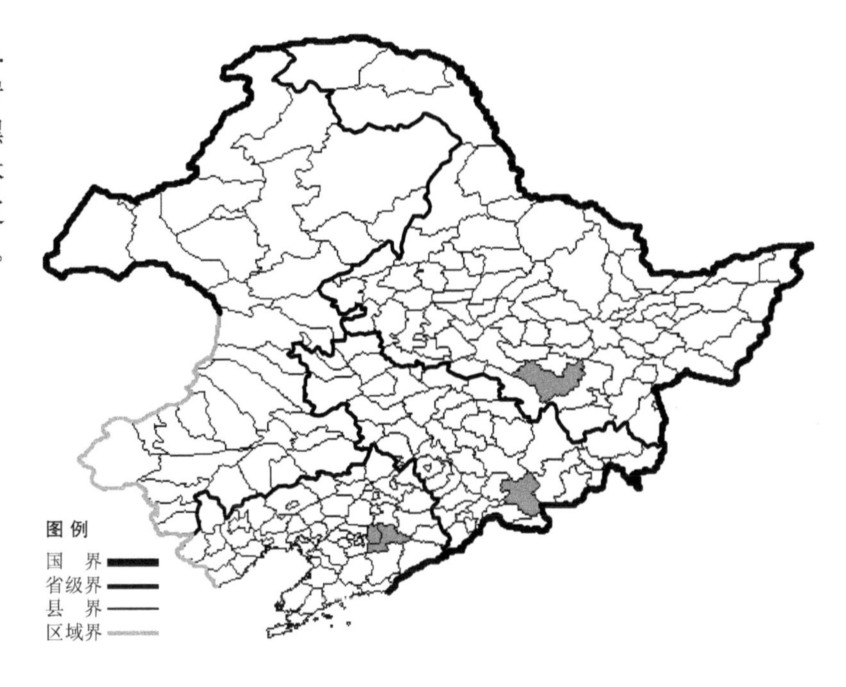

北极花

Linnaea borealis L.

生境：林下苔藓类湿地，海拔 2200 米以下。

产地：黑龙江省呼玛、塔河、海林、尚志、伊春，吉林省安图、抚松，辽宁省桓仁，内蒙古科尔沁右翼前旗、鄂伦春旗、阿尔山、牙克石、额尔古纳、根河。

分布：中国（黑龙江、吉林、辽宁、内蒙古、河北、新疆），朝鲜半岛，日本，俄罗斯（北极带、欧洲部分、高加索、西伯利亚、远东地区），欧洲，北美洲。

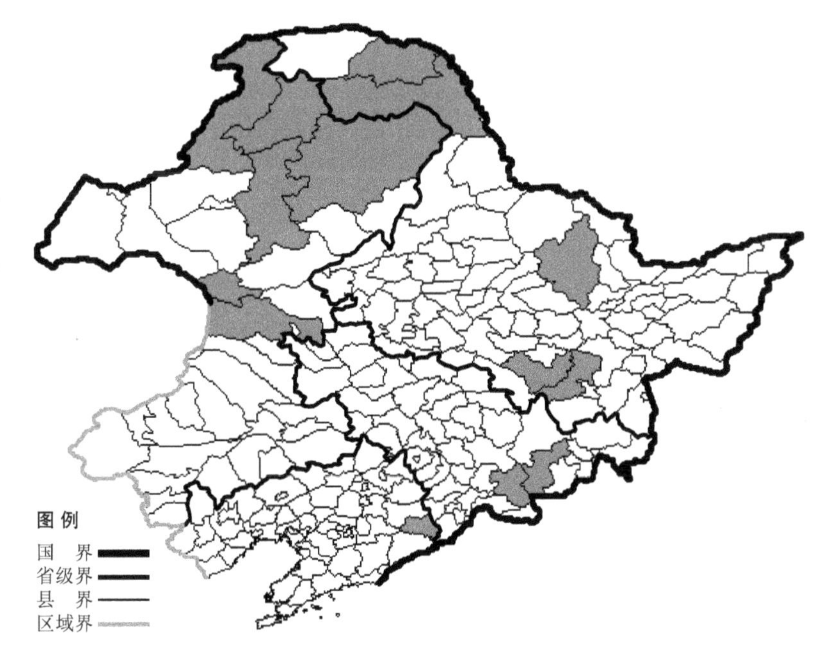

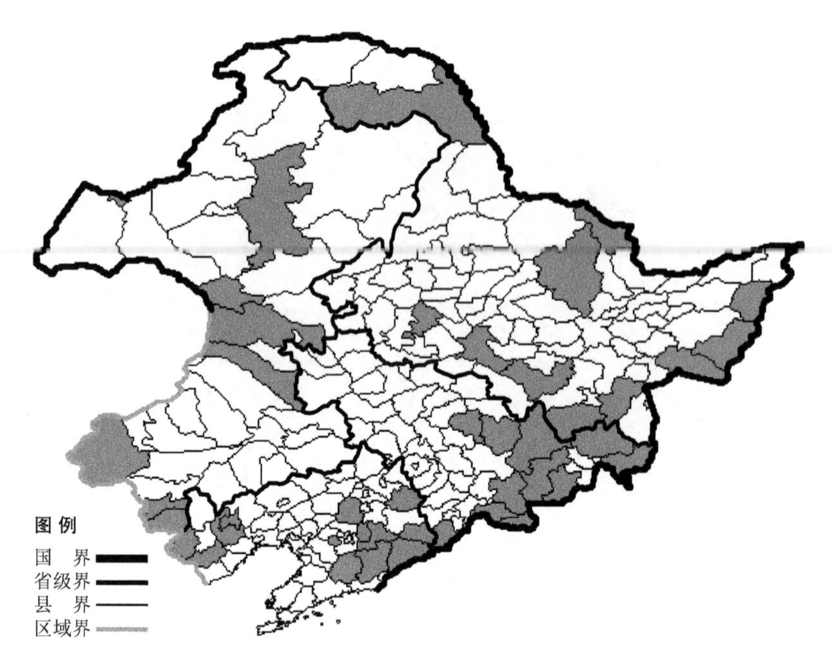

黄花忍冬

Lonicera chrysantha Turcz.

生境：林中，林缘，岩石壁旁，海拔1700米以下。

产地：黑龙江省呼玛、宁安、密山、尚志、虎林、伊春、哈尔滨、穆棱、安达、嘉荫、饶河，吉林省汪清、安图、抚松、吉林、蛟河、敦化、集安、珲春、长白、和龙、临江，辽宁省桓仁、凤城、沈阳、清原、本溪、岫岩、鞍山、宽甸、建昌、凌源、朝阳，内蒙古科尔沁右翼中旗、科尔沁右翼前旗、阿尔山、满洲里、牙克石、喀喇沁旗、克什克腾旗、宁城。

分布：中国（黑龙江、吉林、辽宁、内蒙古、河北、山西、陕西、甘肃、宁夏、青海、山东、河南、湖北、江西、四川），朝鲜半岛，日本，俄罗斯（东部西伯利亚）。

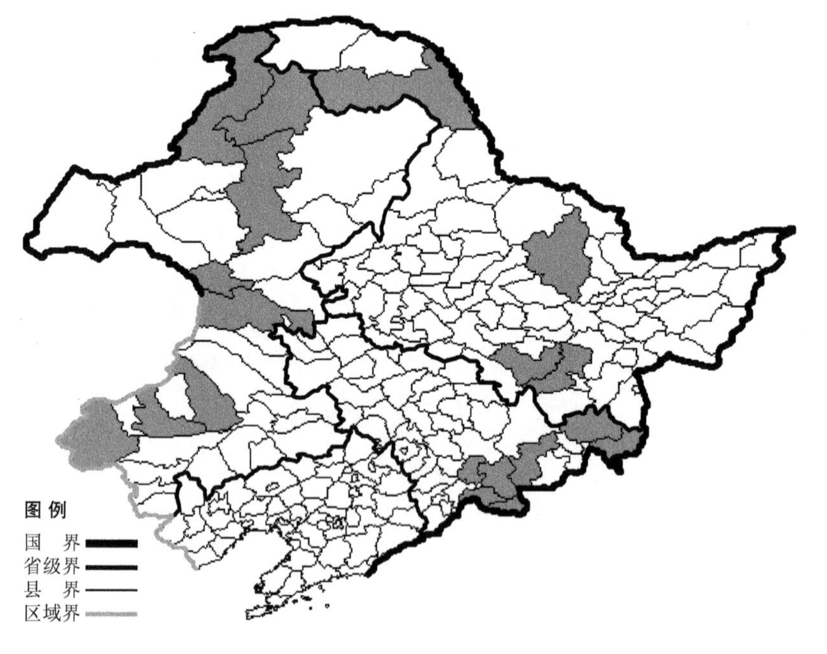

蓝靛果忍冬

Lonicera edulis Turcz.

生境：山坡灌丛，林缘，河边，海拔2000米以下。

产地：黑龙江省尚志、呼玛、海林、伊春，吉林省安图、抚松、汪清、珲春、靖宇、长白、临江，内蒙古根河、额尔古纳、阿鲁科尔沁旗、巴林右旗、克什克腾旗、阿尔山、科尔沁右翼前旗、牙克石。

分布：中国（黑龙江、吉林、内蒙古、河北、山西、甘肃、宁夏、青海、四川、云南），朝鲜半岛，日本，俄罗斯（东部西伯利亚、远东地区）。

秦岭忍冬

Lonicera ferdinandi Franch.

生境：山坡草地，海拔约 200 米。

产地：辽宁省大连、盖州、沈阳、本溪、桓仁。

分布：中国（辽宁、河北、河南、山西、陕西、甘肃、宁夏、四川），朝鲜半岛。

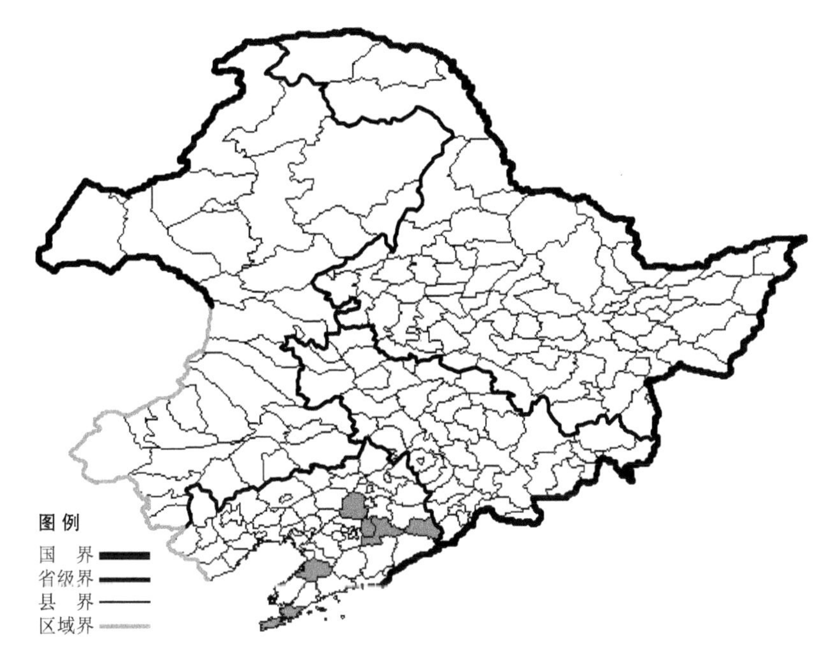

金银花

Lonicera japonica Thunb.

生境：山坡草地，林缘，海拔 700 米以下。

产地：辽宁省大连、普兰店、宽甸、北镇、绥中、鞍山。

分布：中国（全国各地），朝鲜半岛，日本。

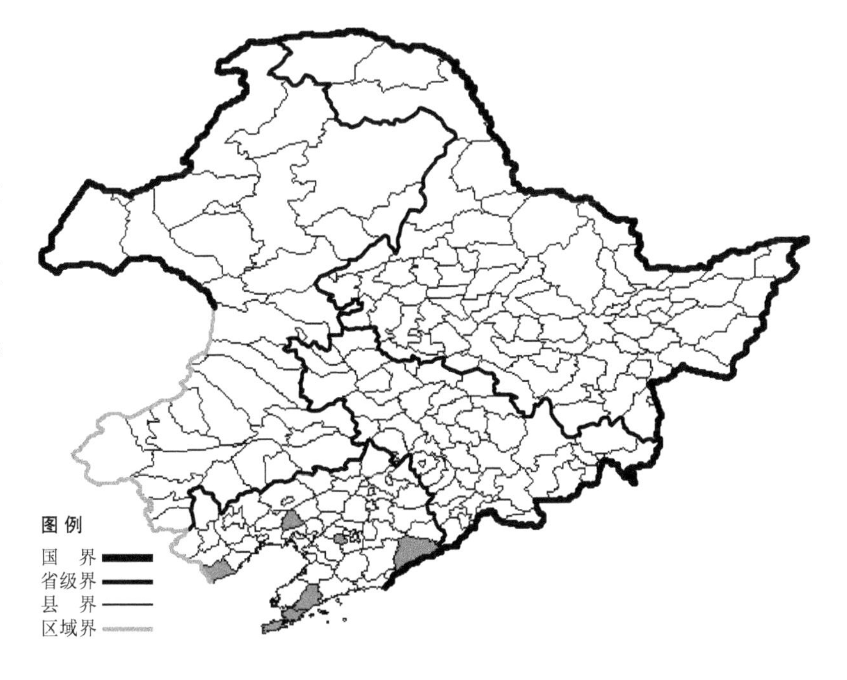

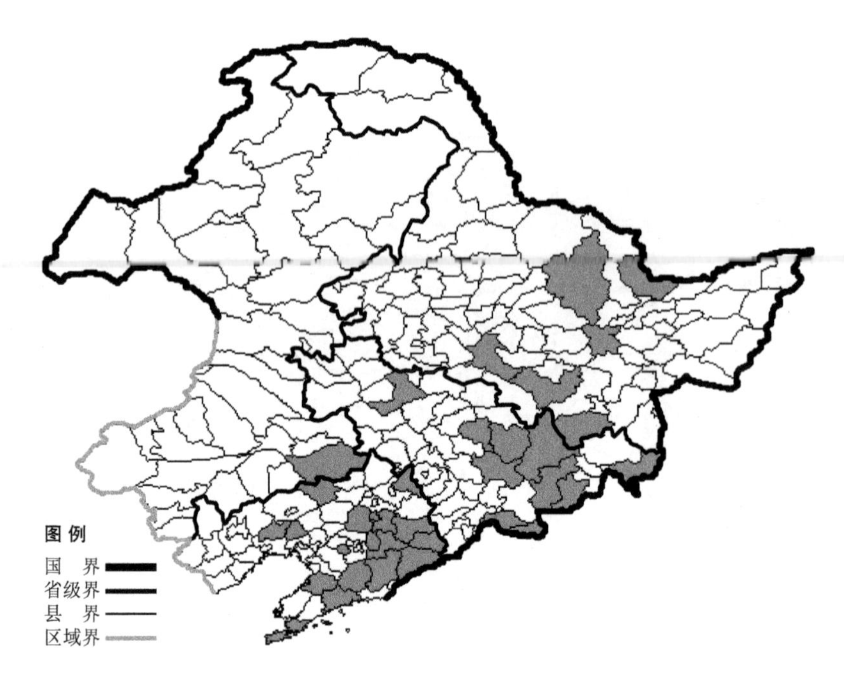

金银忍冬

Lonicera maackii (Rupr.) Maixm.

生境：林缘，溪流旁，海拔 800 米以下。

产地：黑龙江省伊春、尚志、哈尔滨、依兰、宁安、萝北，吉林省安图、蛟河、吉林、桦甸、前郭尔罗斯、珲春、临江、长白、和龙、敦化，辽宁省鞍山、盖州、凤城、宽甸、本溪、新宾、桓仁、抚顺、大连、岫岩、庄河、西丰、义县、北镇、沈阳、彰武，内蒙古科尔沁左翼后旗。

分布：中国（黑龙江、吉林、辽宁、内蒙古、河北、山西、陕西、甘肃、山东、江苏、安徽、浙江、河南、湖北、湖南、四川、贵州、云南、西藏），朝鲜半岛，日本，俄罗斯（远东地区）。

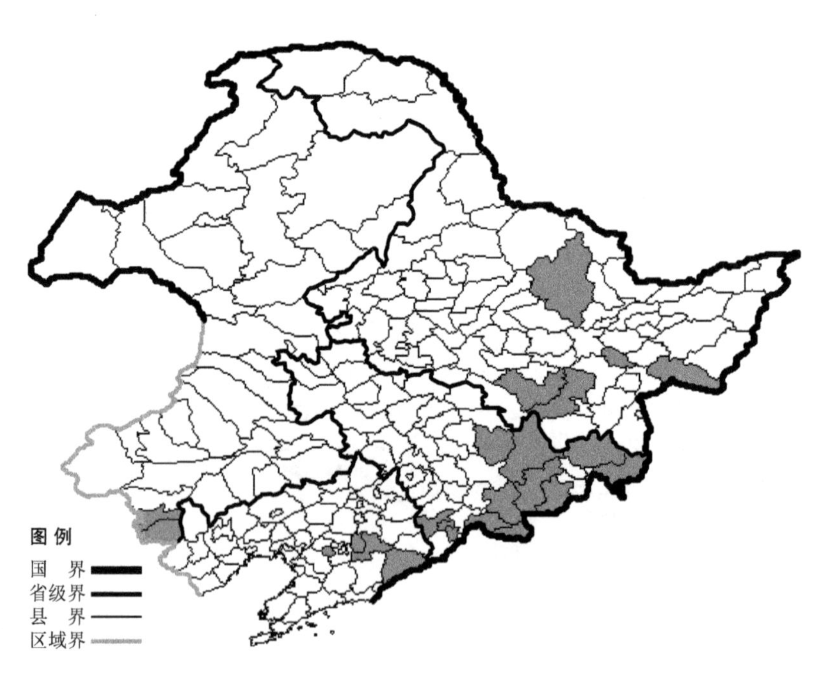

紫枝忍冬

Lonicera maximowiczii (Rupr.) Regel

生境：林中，海拔 1700 米以下。

产地：黑龙江省伊春、勃利、密山、海林，吉林省抚松、临江、安图、和龙、敦化、汪清、珲春、蛟河、长白、通化，辽宁省宽甸、鞍山、本溪，内蒙古喀喇沁旗、宁城。

分布：中国（黑龙江、吉林、辽宁、内蒙古、山东），朝鲜半岛，日本，俄罗斯（远东地区）。

无毛紫枝忍冬 Lonicera maximowiczii (Rupr.) Regel. var. **sachalinensis** Fr. Schmidt 生于山坡杂木林中、林缘，海拔约 600 米，产于辽宁省凌源、本溪，分布于中国（辽宁），朝鲜半岛，日本，俄罗斯（远东地区）。

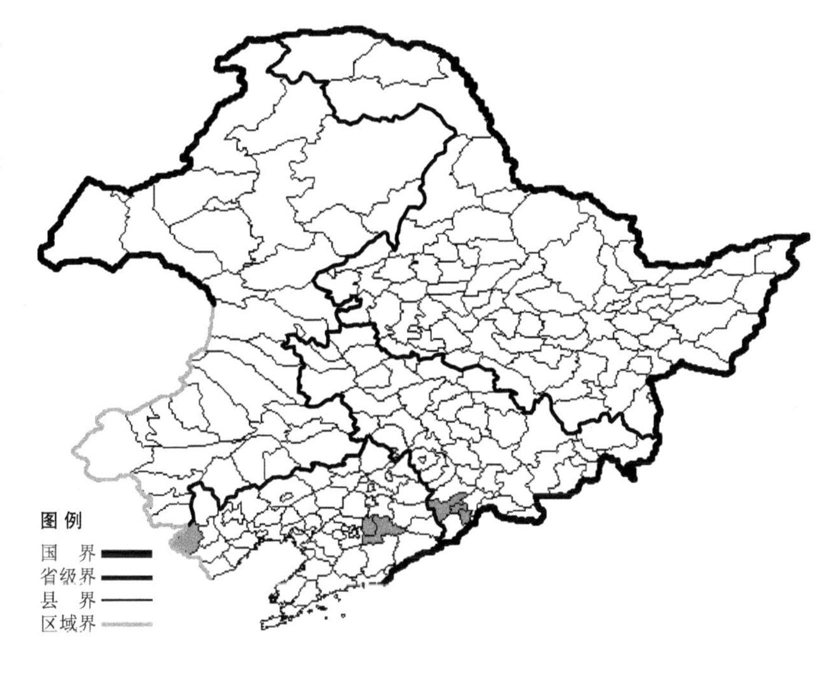

单花忍冬

Lonicera monantha Nakai

生境：针阔叶林下，海拔 1800 米以下。

产地：吉林省安图、临江，辽宁省本溪、宽甸、桓仁、盖州。

分布：中国（吉林、辽宁），朝鲜半岛。

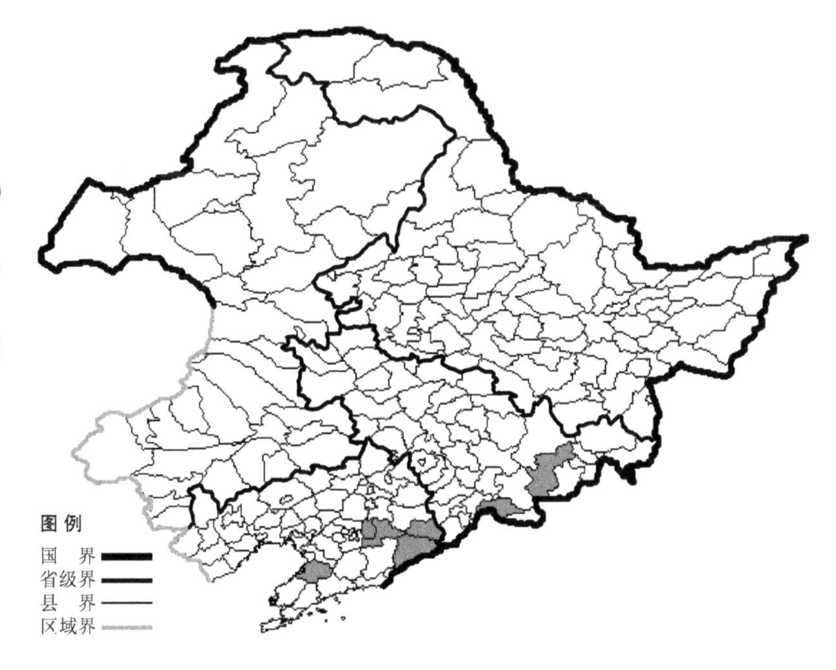

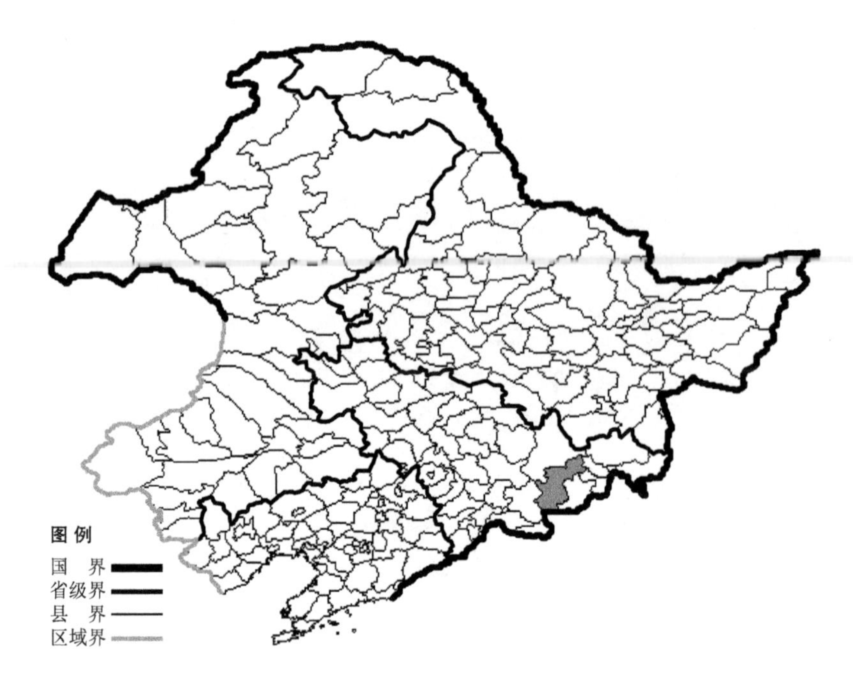

毛脉黑忍冬

Lonicera nigra L. var. **barbinervis** (Kom.) Nakai

生境：山坡灌丛，林下，林缘，海拔 1700 米以下。

产地：吉林省安图。

分布：中国（吉林），朝鲜半岛。

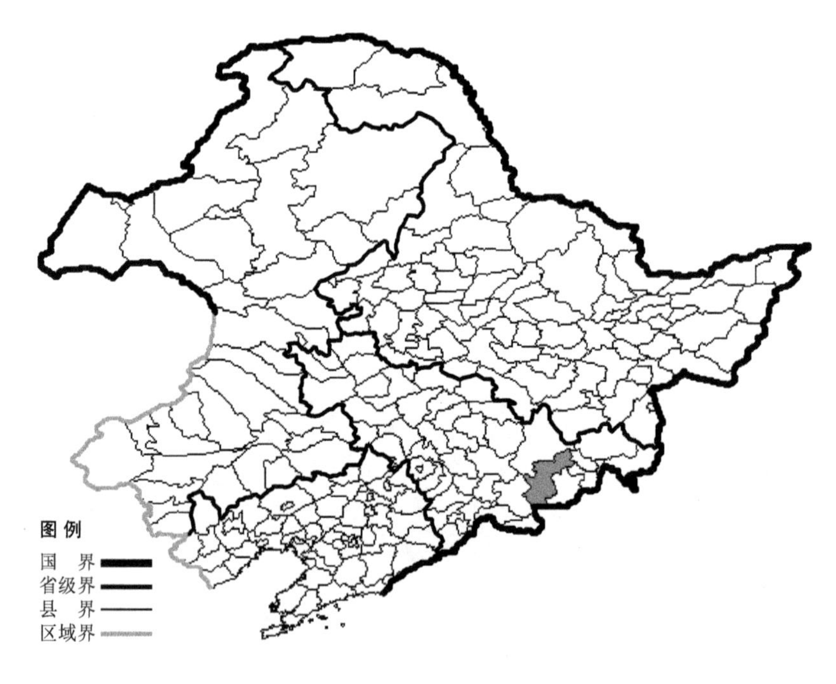

毛柱黑忍冬 **Lonicera nigra** L. var. **barbinervis** (Kom.) Nakai f. **changbaishana** W. Wang et C. F. Fang 生于林缘，海拔 1700 米以下，产于吉林省安图，分布于中国（吉林）。

早花忍冬

Lonicera praeflorens Batalin

生境：山坡灌丛，杂木林下，林缘，海拔 900 米以下。

产地：黑龙江省伊春、宁安、哈尔滨、尚志，吉林省安图、集安，辽宁省庄河、鞍山、凤城、宽甸、盖州、桓仁、本溪、沈阳、凌源。

分布：中国（黑龙江、吉林、辽宁），朝鲜半岛，日本，俄罗斯（远东地区）。

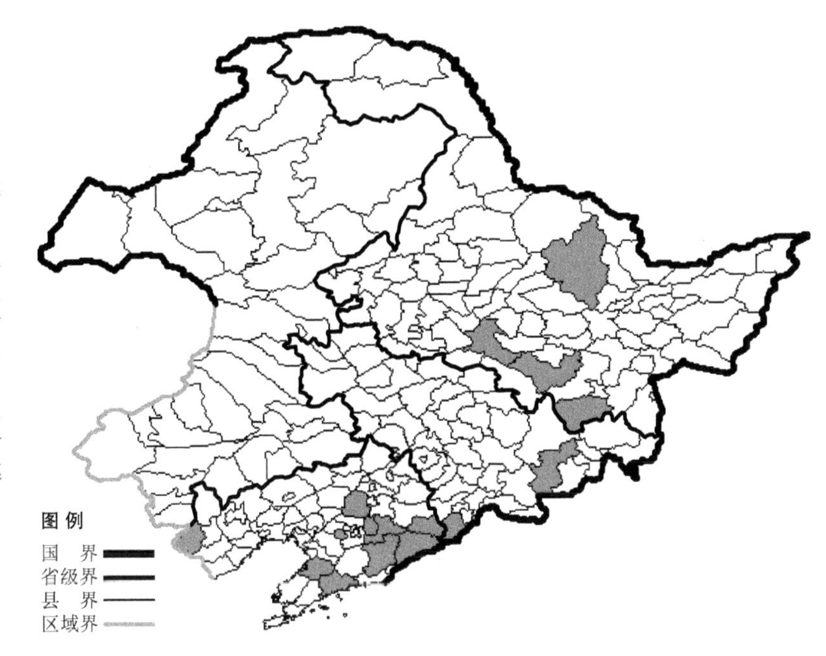

长白忍冬

Lonicera ruprechtiana Regel

生境：山坡灌丛，河边，林缘，林下，海拔 1200 米以下。

产地：黑龙江省宁安、哈尔滨、尚志、孙吴、依兰、伊春、宝清、虎林、密山、黑河，吉林省汪清、抚松、安图、临江、长春、桦甸、靖宇，辽宁省凤城、本溪、盖州、沈阳、抚顺、桓仁、宽甸、清原、黑山、开原。

分布：中国（黑龙江、吉林、辽宁），朝鲜半岛，俄罗斯（远东地区）。

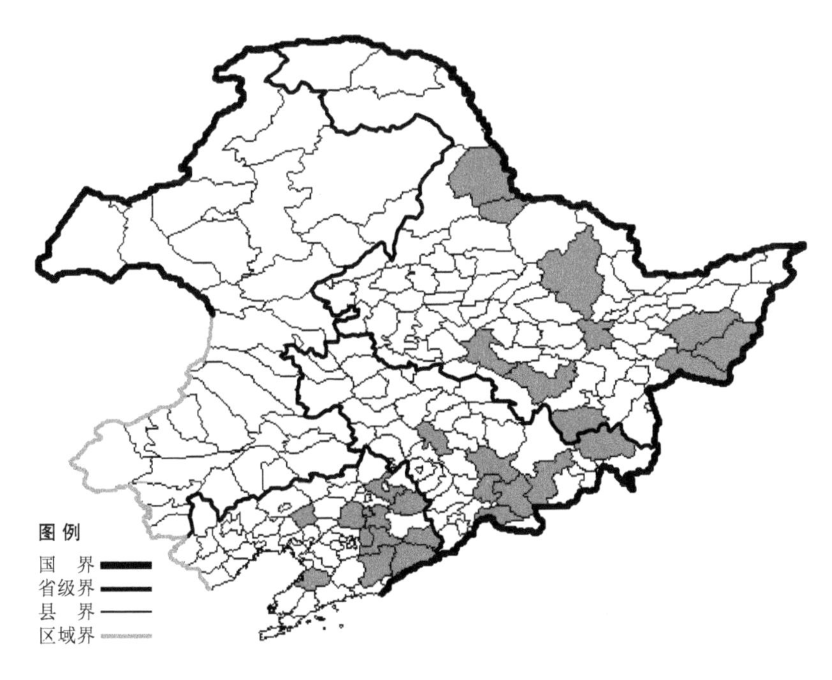

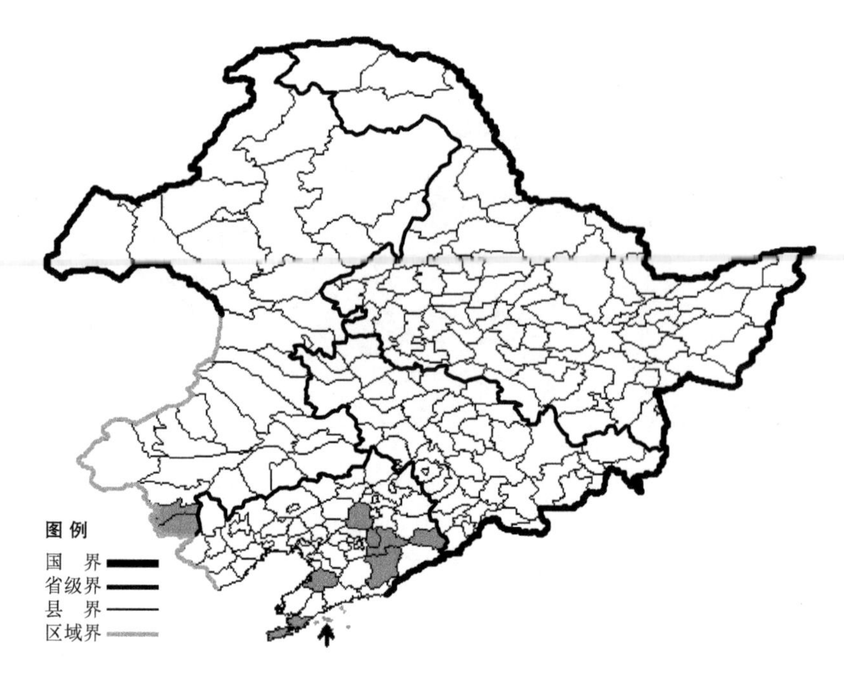

藏花忍冬

Lonicera tatarinowii Maxim.

生境：山坡灌丛。

产地：辽宁省桓仁、凤城、本溪、大连、沈阳、长海、盖州，内蒙古宁城、喀喇沁旗。

分布：中国（辽宁、内蒙古、河北、山东）。

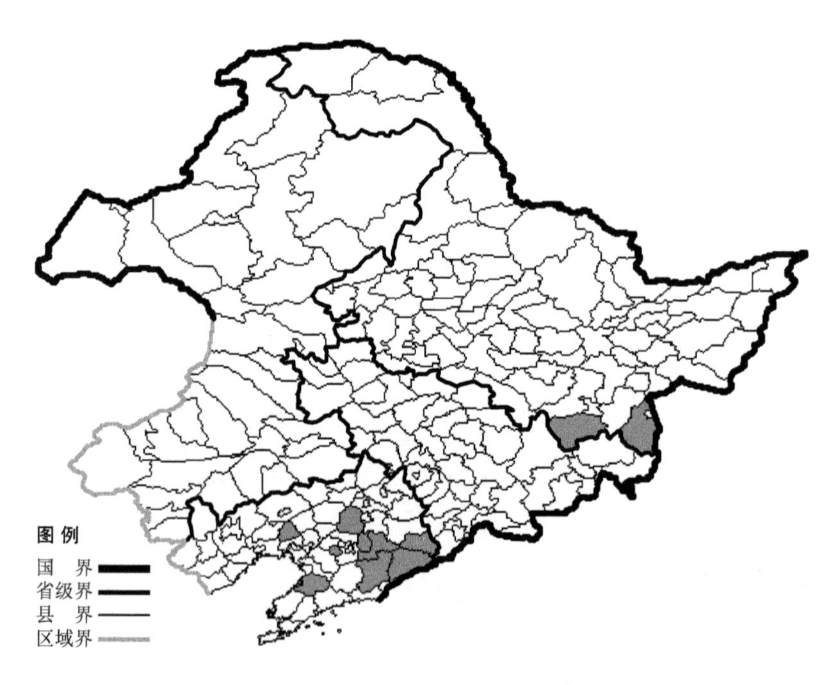

波叶忍冬

Lonicera vesicaria Kom.

生境：山坡石砾质地，海拔约200米。

产地：黑龙江省宁安、东宁，辽宁省北镇、鞍山、本溪、桓仁、凤城、盖州、沈阳、宽甸。

分布：中国（黑龙江、辽宁、华北），朝鲜半岛。

毛接骨木

Sambucus buergeriana Blume ex Nakai

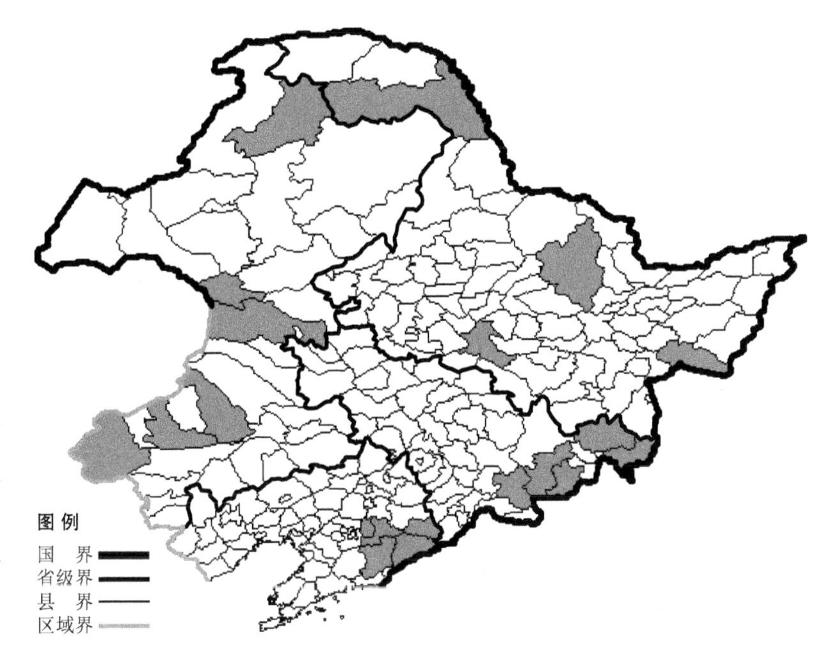

生境：采伐迹地，河边，疏林下，海拔 1900 米以下。

产地：黑龙江省伊春、呼玛，哈尔滨、密山，吉林省安图、抚松、和龙、汪清、珲春，辽宁省本溪、宽甸、凤城、桓仁，内蒙古根河、科尔沁右翼前旗、阿尔山、阿鲁科尔沁旗、巴林右旗、克什克腾旗。

分布：中国（黑龙江、吉林、辽宁、内蒙古），朝鲜半岛，日本。

兴安毛接骨木 Sambucus buergeriana Blume ex Nakai f. **cordifoliata** Skv. et Wang 生于山坡灌丛、疏林下，海拔 1000 米以下，产于黑龙江省呼玛，内蒙古阿尔山、额尔古纳、根河，分布于中国（黑龙江、内蒙古）。

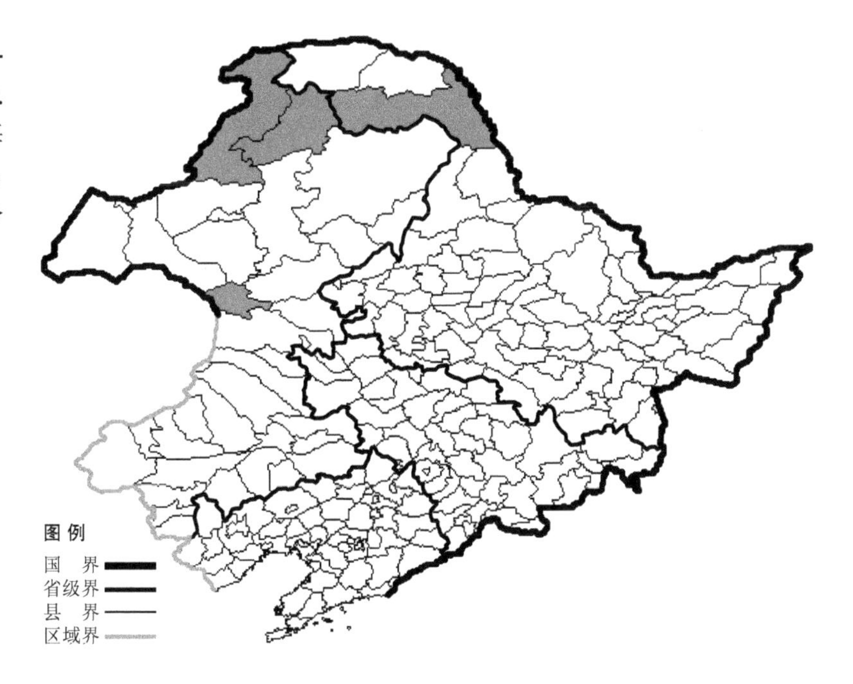

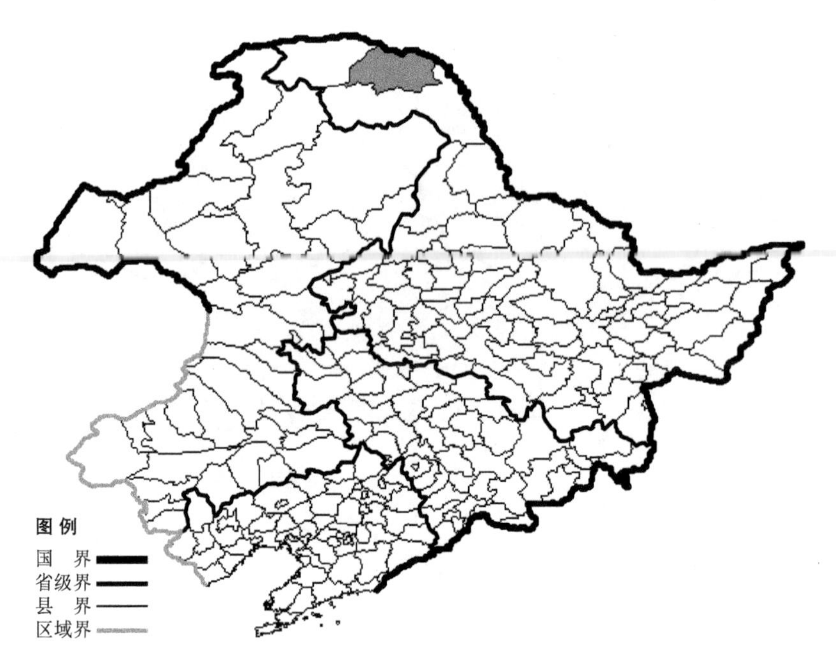

羽裂毛接骨木 Sambucus buergeriana Blume ex Nakai var. **pinnatisecta** G. Y. Luo et P. H. Huang 生于山坡灌丛、路旁、林缘，产于黑龙江省塔河，分布于中国（黑龙江）。

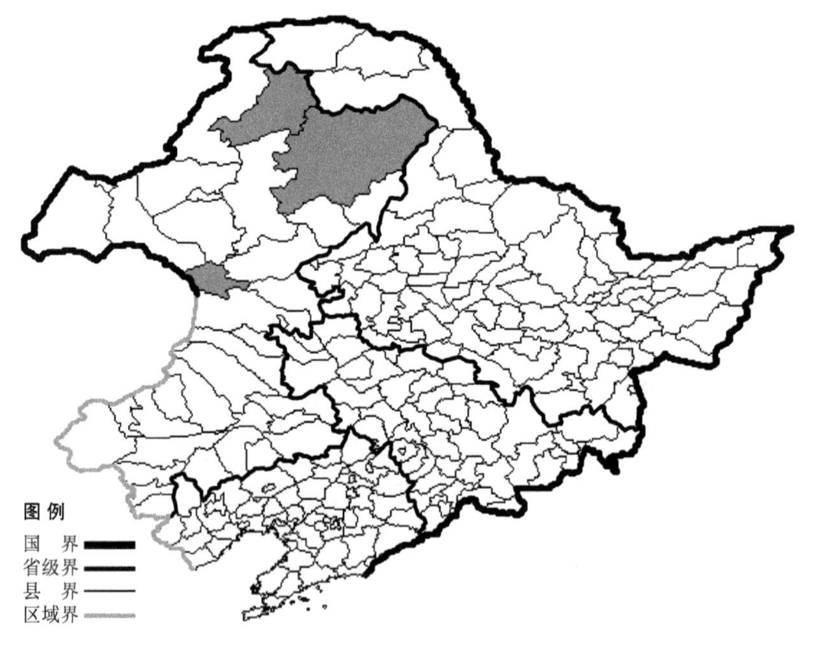

钩齿接骨木

Sambucus foetidissima Nakai et Kitag.

生境：山坡灌丛，林缘。

产地：内蒙古鄂伦春旗、根河、阿尔山。

分布：中国（内蒙古）。

黄药钩齿接骨木 Sambucus foetidissima Nakai et Kitag. f. **flava** Skv. et Wang Wei 生于山沟半阴坡处，产于黑龙江省呼玛，辽宁省营口、开原、沈阳，分布于中国（黑龙江、辽宁、河北）。

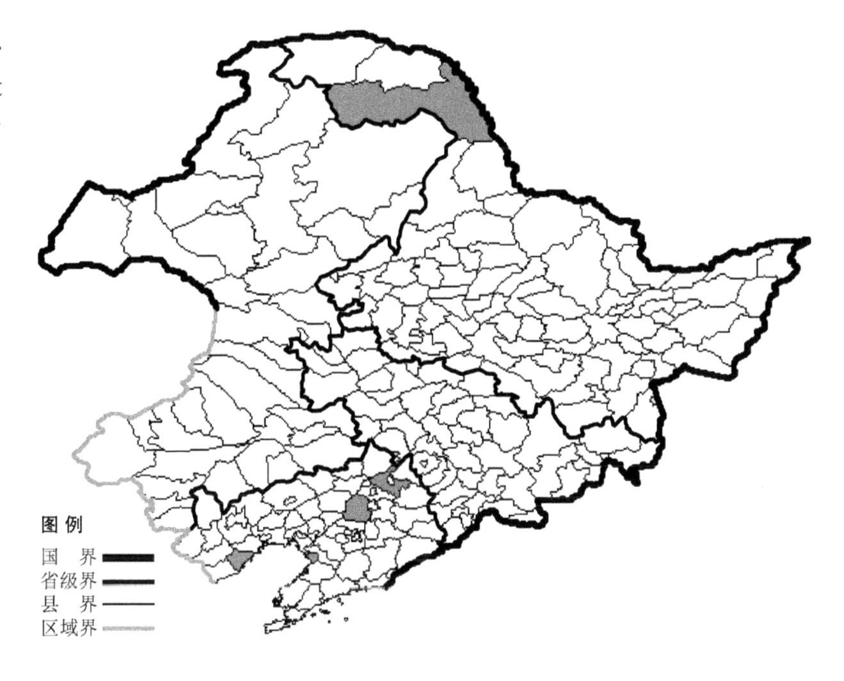

东北接骨木

Sambucus mandshurica Kitag.

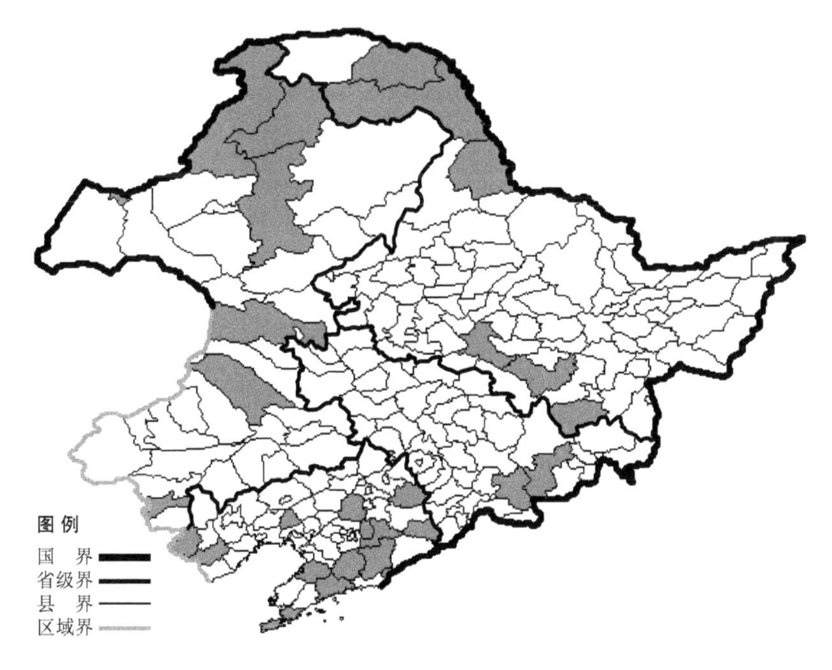

生境：阔叶林下，林缘，海拔1600米以下。

产地：黑龙江省哈尔滨、塔河、黑河、呼玛、尚志、宁安，吉林省安图、抚松，辽宁省建昌、盖州、北镇、清原、桓仁、凌源、沈阳、本溪、凤城、丹东、岫岩、庄河、大连，内蒙古额尔古纳、根河、满洲里、牙克石、扎鲁特旗、科尔沁右翼前旗、喀喇沁旗。

分布：中国（黑龙江、吉林、辽宁、内蒙古），朝鲜半岛，蒙古，俄罗斯（东部西伯利亚、远东地区）。

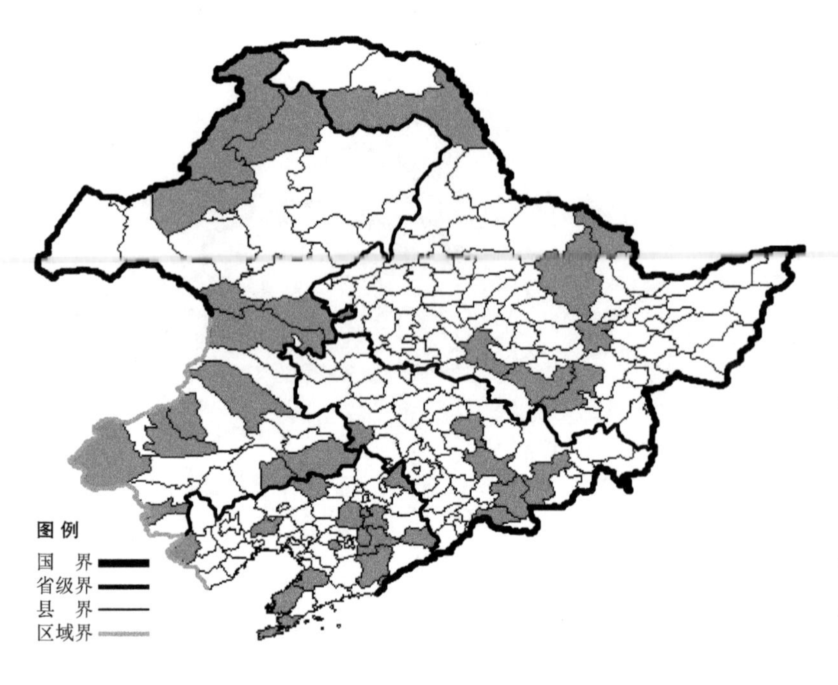

接骨木

Sambucus williamsii Hance

生境：林下，灌丛，采伐迹地，路旁，海拔 800 米以下。

产地：黑龙江省哈尔滨、伊春、嘉荫、尚志、海林、依兰、呼玛，吉林省吉林、双辽、安图、临江、桦甸、抚松，辽宁省凌源、义县、彰武、沈阳、鞍山、盖州、瓦房店、桓仁、西丰、大连、丹东、凤城、抚顺、本溪，内蒙古科尔沁左翼后旗、根河、扎赉特旗、克什克腾旗、扎鲁特旗、库伦旗、巴林左旗、巴林右旗、喀喇沁旗、阿尔山、额尔古纳、陈巴尔虎旗、科尔沁右翼前旗。

分布：中国（黑龙江、吉林、辽宁、内蒙古、河北、山西、陕西、甘肃、山东、江苏、安徽、浙江、福建、河南、湖北、湖南、广东、广西、四川、贵州、云南），朝鲜半岛，日本，俄罗斯（远东地区）。

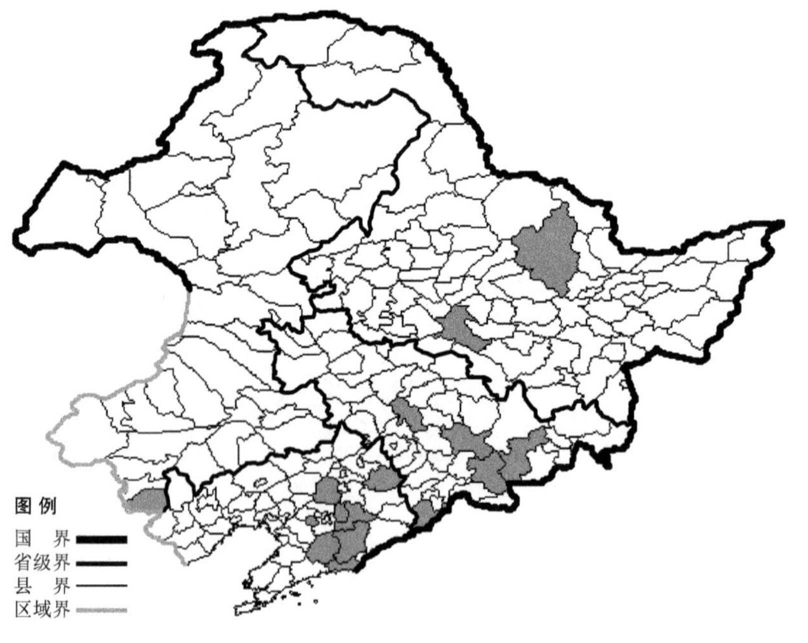

朝鲜接骨木 Sambucus williamsii Hance var. **coreana** (Nakai) Nakai 生于河边、林缘，海拔 800 米以下，产于黑龙江省哈尔滨、伊春，吉林省安图、长春、桦甸、抚松、集安，辽宁省沈阳、鞍山、东港、清原、本溪、凤城、岫岩，内蒙古宁城。分布于中国（黑龙江、吉林、辽宁、内蒙古），朝鲜半岛，日本，俄罗斯（远东地区）。

腋花莛子藨

Triosteum sinuatum Maxim.

生境：山坡灌丛，海拔约 500 米。

产地：辽宁省西丰、桓仁、铁岭、新宾、抚顺、宽甸、凤城、本溪。

分布：中国（辽宁、新疆），朝鲜半岛，日本，俄罗斯（远东地区）。

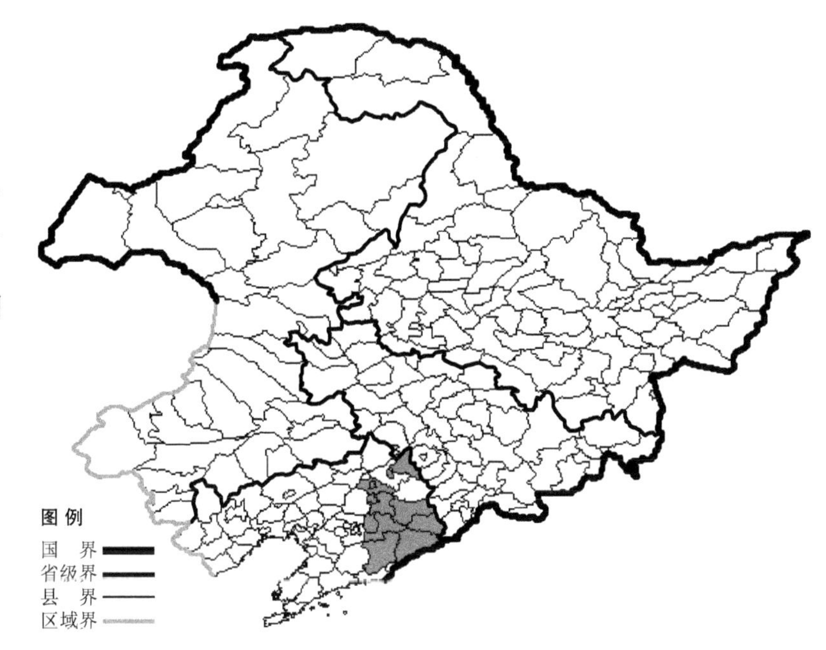

暖木条荚蒾

Viburnum burejaeticum Regel et Herd.

生境：杂木林下，海拔 1300 米以下。

产地：黑龙江省呼玛、哈尔滨、伊春、尚志、宝清、勃利、饶河、宁安，吉林省安图、抚松、临江、长白、和龙、汪清、珲春、舒兰、蛟河、桦甸、通化、集安，辽宁省桓仁、新宾、宽甸、凤城、本溪、鞍山、盖州、沈阳、朝阳、凌源，内蒙古翁牛特旗。

分布：中国（黑龙江、吉林、辽宁、内蒙古），朝鲜半岛，俄罗斯（远东地区）。

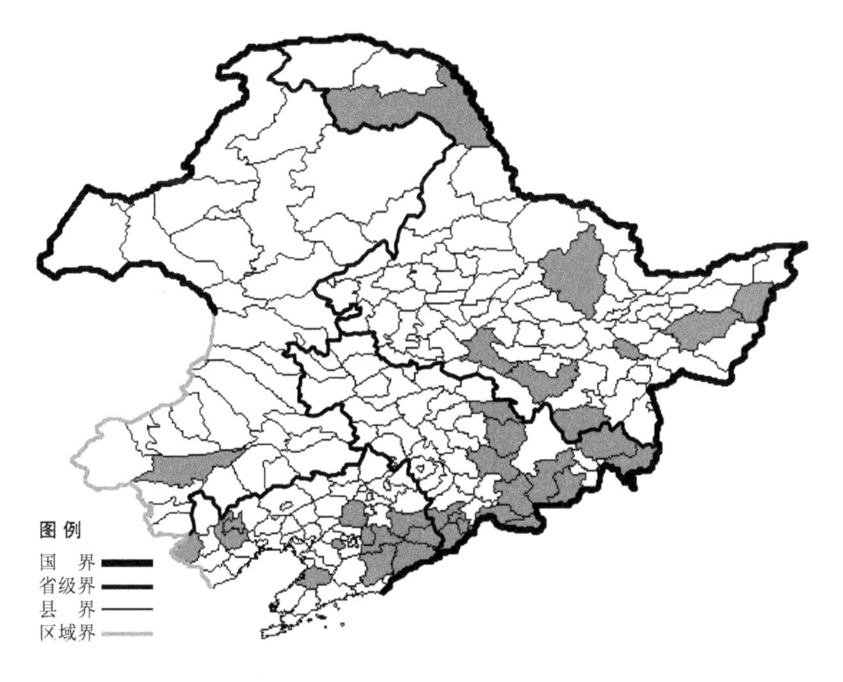

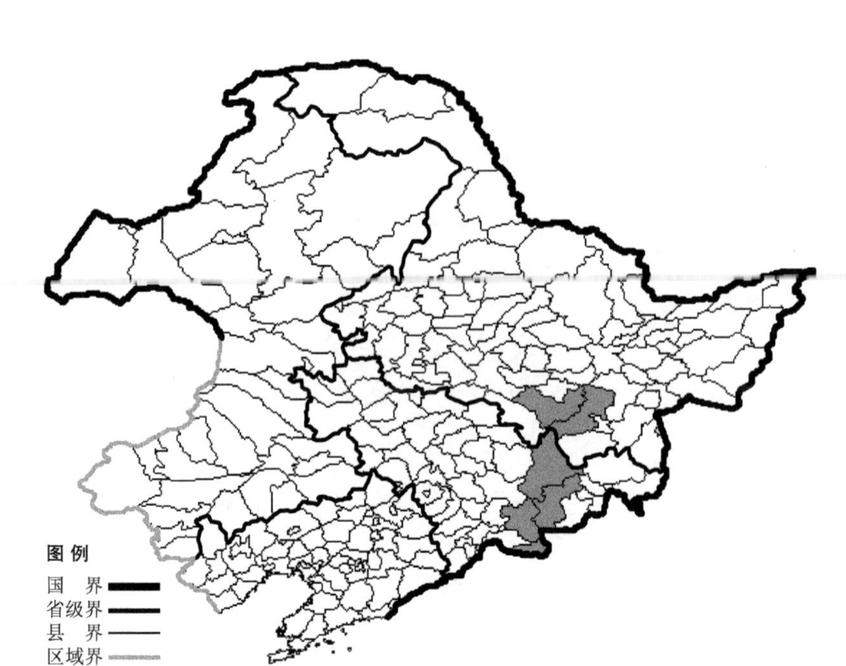

朝鲜荚蒾

Viburnum koreanum Nakai

生境：林下，海拔 1900 米以下。

产地：黑龙江省海林、尚志，吉林省长白、敦化、安图、抚松。

分布：中国（黑龙江、吉林），朝鲜半岛。

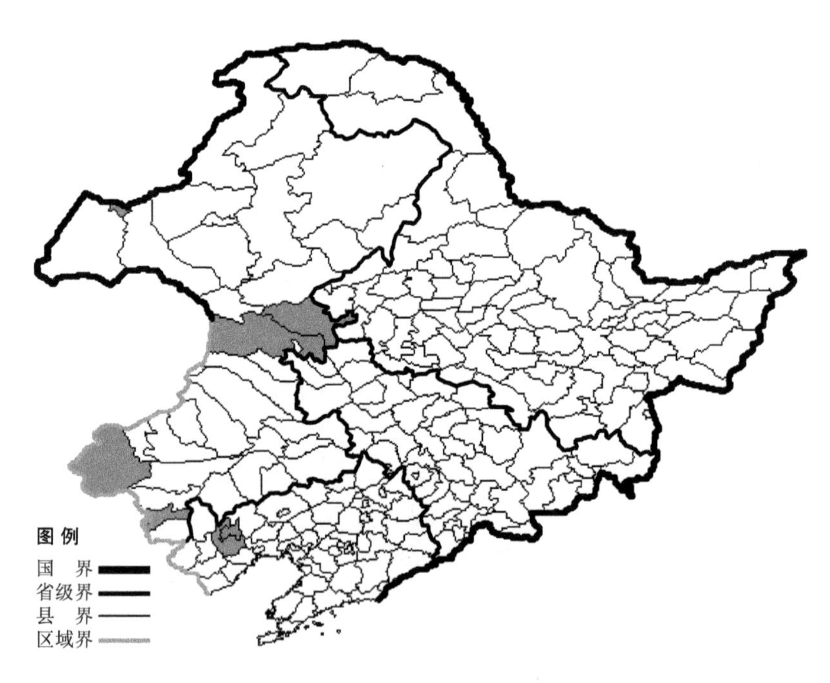

蒙古荚蒾

Viburnum mongolicum (Pall.) Rehd.

生境：林缘，杂木林下，灌丛，海拔 1000 米以下。

产地：辽宁省朝阳，内蒙古扎赉特旗、克什克腾旗、喀喇沁旗、满洲里、科尔沁右翼前旗。

分布：中国（辽宁、内蒙古、河北），蒙古，俄罗斯（东部西伯利亚）。

鸡树条荚蒾

Viburnum sargenti Koehne

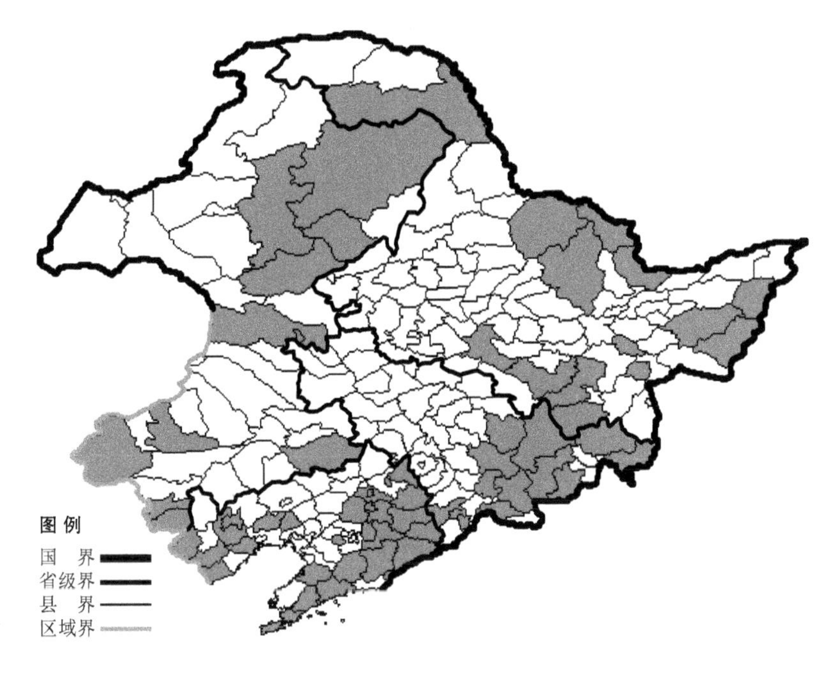

生境：林下，沟谷，山坡灌丛，海拔 1800 米以下。

产地：黑龙江省伊春、饶河、虎林、勃利、宝清、鸡西、海林、宁安、哈尔滨、尚志、呼玛、萝北、逊克、嘉荫，吉林省桦甸、通化、和龙、靖宇、珲春、汪清、蛟河、临江、安图、敦化、抚松，辽宁省西丰、新宾、桓仁、宽甸、凤城、丹东、普兰店、清原、铁岭、岫岩、庄河、本溪、盖州、鞍山、抚顺、沈阳、北镇、义县、朝阳、凌源、葫芦岛、大连、建昌、绥中，内蒙古阿荣旗、鄂伦春旗、牙克石、乌兰浩特、科尔沁右翼前旗、科尔沁左翼后旗、克什克腾旗、宁城、喀喇沁旗、巴林右旗、扎兰屯。

分布：中国（黑龙江、吉林、辽宁、内蒙古、河北、山西、陕西、甘肃、山东、安徽、浙江、河南、湖北、江西、四川），朝鲜半岛，日本，俄罗斯（东部西伯利亚、远东地区）。

毛鸡树条荚蒾 Viburnum sargenti Koehne var. **puberulum** (Kom.) Kitag. 生于林缘、灌丛，海拔 1100 米以下，产于黑龙江省伊春、宁安、尚志，吉林省抚松、蛟河、安图、临江，辽宁省岫岩、本溪，分布于中国（黑龙江、吉林、辽宁），朝鲜半岛，日本，俄罗斯（东部西伯利亚、远东地区）。

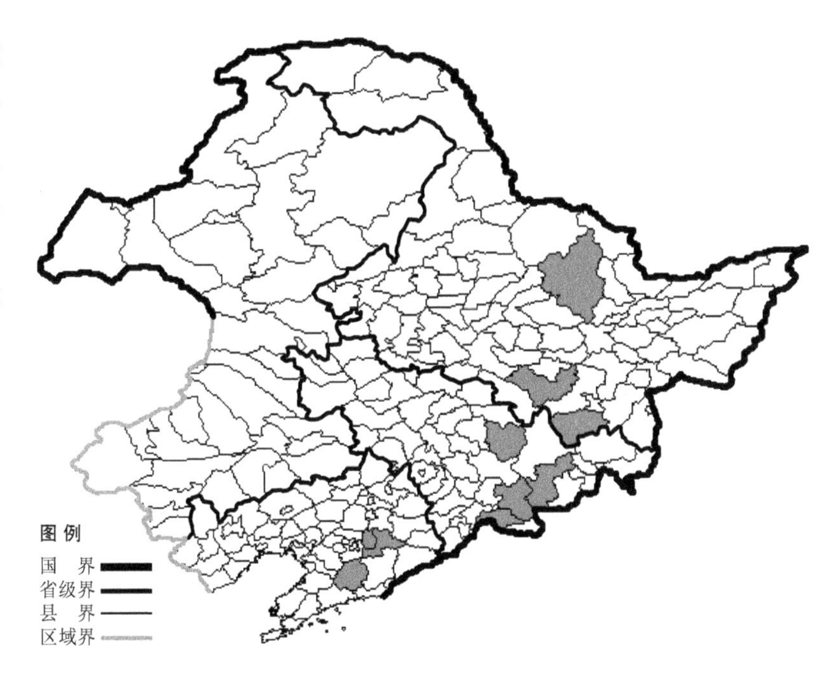

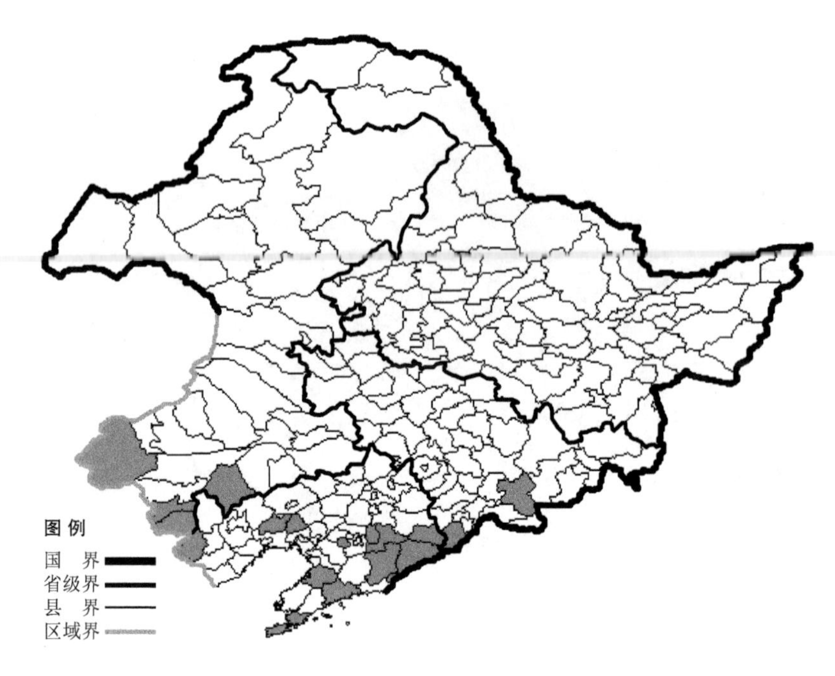

锦带花

Weigela florida (Bunge) DC.

生境：杂木林下，山顶灌丛，岩石壁上，海拔约 400 米。

产地：吉林省抚松、集安，辽宁省大连、盖州、鞍山、本溪、凤城、宽甸、桓仁、丹东、北镇、义县、凌源、庄河，内蒙古敖汉旗、喀喇沁旗、宁城、克什克腾旗。

分布：中国（吉林、辽宁、内蒙古、河北、山西、陕西、山东、江苏、河南），朝鲜半岛，日本。

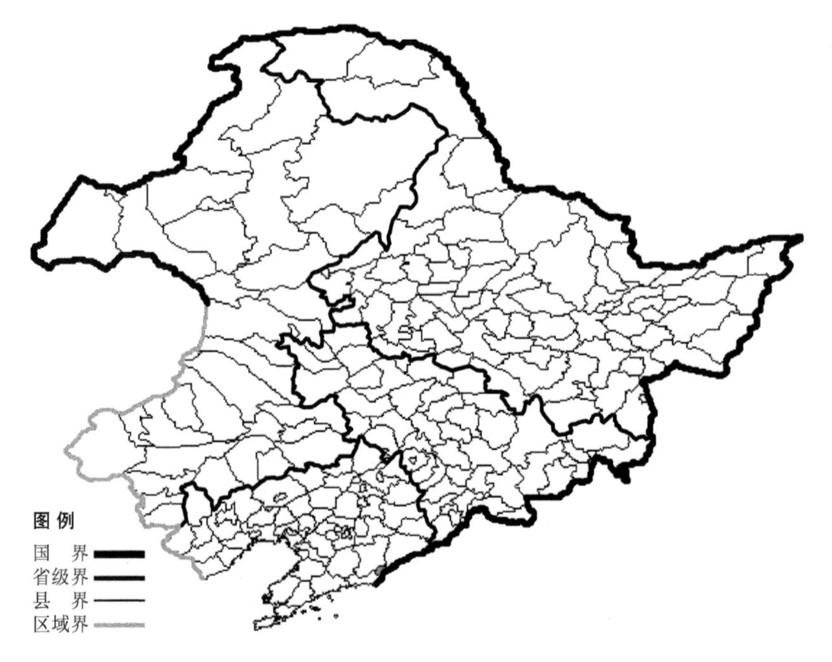

白锦带花 Weigela florida (Bunge) DC. f. **alba** (Nakai) C. F. Fang 生于山坡，海拔约 100 米，产于辽宁省丹东，分布于中国（辽宁）。

早锦带花

Weigela praecox (Lemoine) Bailey

生境：山坡岩石壁上，海拔 600 米以下。

产地：吉林省珲春、集安、和龙，辽宁省宽甸、桓仁、新宾、本溪、凤城、清原、葫芦岛、丹东、岫岩、庄河、大连、瓦房店、鞍山、抚顺、沈阳、北镇、喀左、凌源、建昌、绥中、盖州，内蒙古宁城。

分布：中国（吉林、辽宁、内蒙古、河北），朝鲜半岛，日本，俄罗斯（远东地区）。

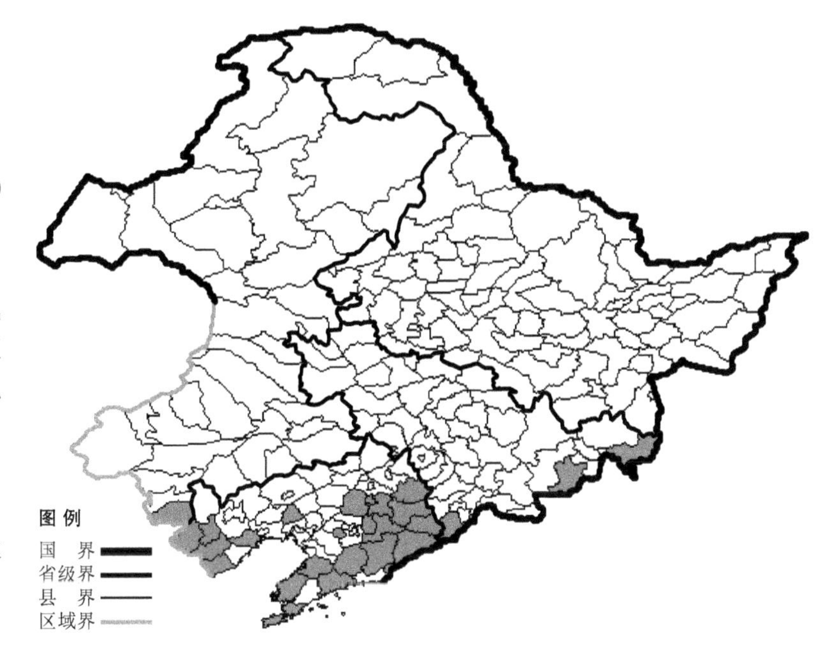

白花早锦带花 Weigela praecox (Lemoine) Bailey f. **albiflora** (Y. C. Chu) C. F. Fang 生于山坡岩石壁上，产于辽宁省宽甸，分布于中国（辽宁）。

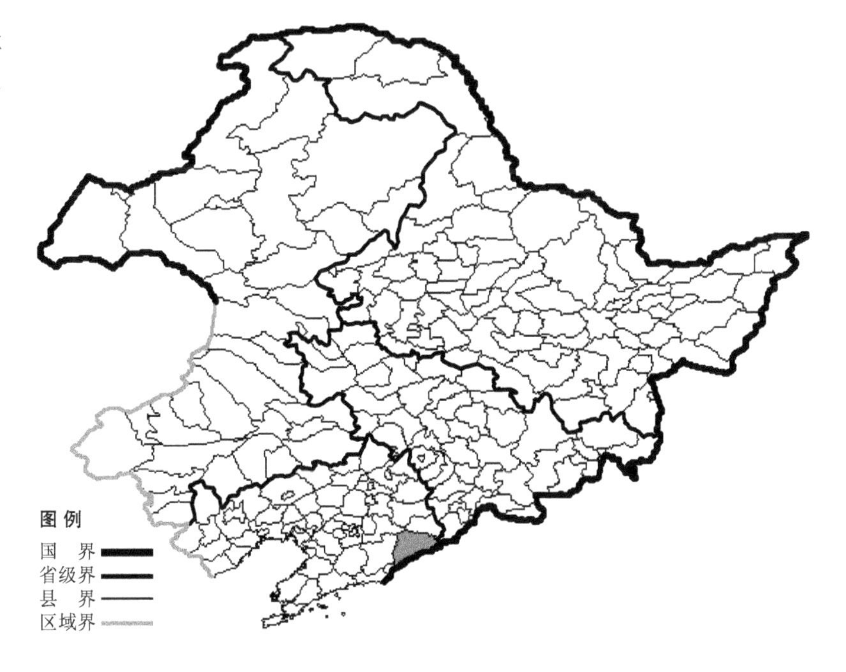

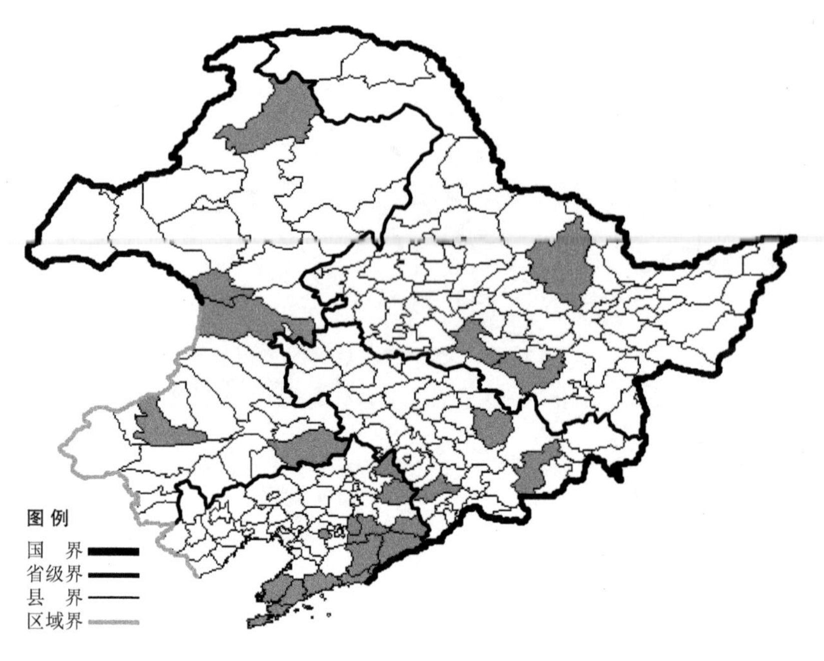

五福花科 Adoxaceae

五福花

Adoxa moschatellina L.

生境：河边柳丛，林下，山坡灌丛，溪流旁，海拔 1200 米以下。

产地：黑龙江省哈尔滨、尚志、伊春，吉林省安图、蛟河、柳河，辽宁省本溪、清原、桓仁、凤城、东港、庄河、瓦房店、普兰店、宽甸、西丰、大连、丹东、鞍山，内蒙古根河、阿尔山、科尔沁右翼前旗、巴林右旗、科尔沁左翼后旗。

分布：中国（黑龙江、吉林、辽宁、内蒙古、河北、山西、青海、新疆、四川、云南），朝鲜半岛，日本，俄罗斯（北极带、欧洲部分、西伯利亚、远东地区），中亚，欧洲，北美洲。

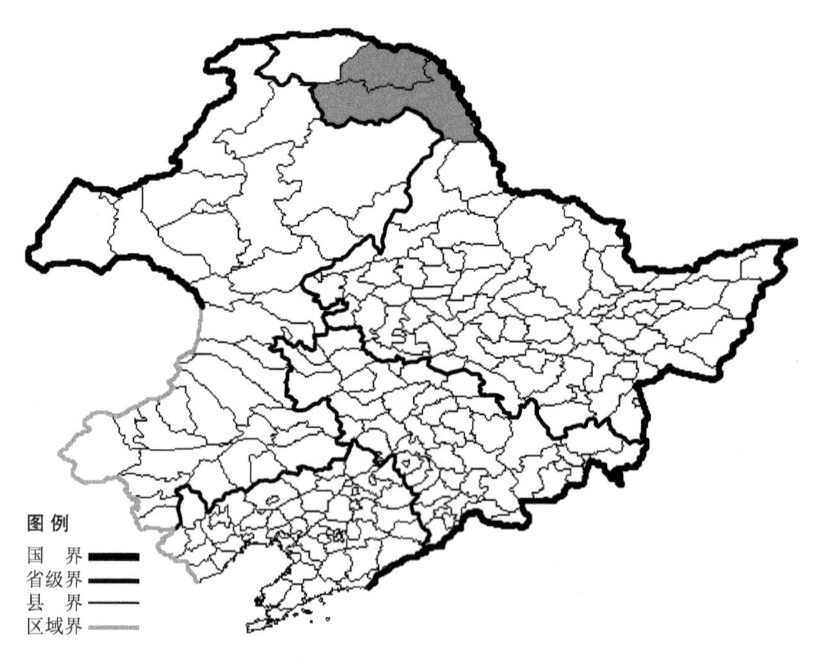

东方五福花

Adoxa orientalis Nepomnj.

生境：云杉林下，溪流旁，海拔 600-700 米。

产地：黑龙江省塔河、呼玛。

分布：中国(黑龙江)，俄罗斯(远东地区)。

败酱科 Valerianaceae

异叶败酱

Patrinia heterophylla Bunge

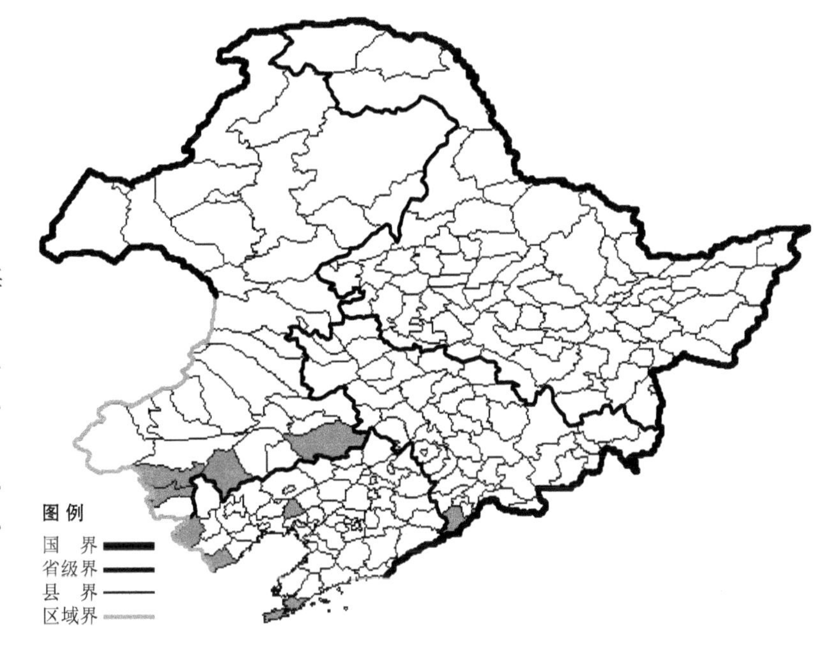

生境：山坡草地，岩石缝间，海拔约 300 米。

产地：吉林省集安，辽宁省北镇、大连、凌源、绥中，内蒙古喀喇沁旗、敖汉旗、赤峰、科尔沁左翼后旗。

分布：中国（吉林、辽宁、内蒙古、河北、山西、陕西、甘肃、宁夏、青海、山东、安徽、浙江、河南、云南）。

单蕊败酱

Patrinia monandra C. B. Clarke

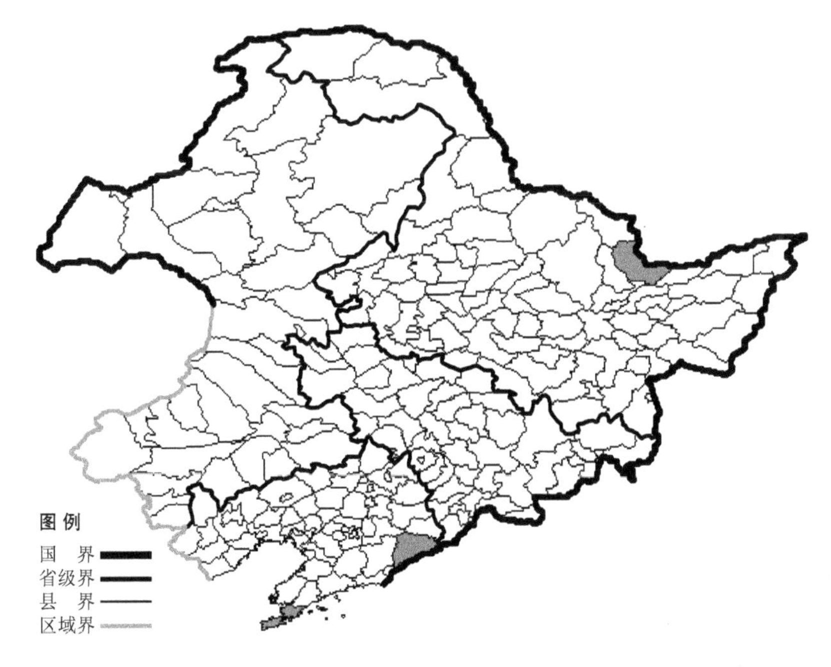

生境：林缘，灌丛，海拔 800 米以下。

产地：黑龙江省萝北，辽宁省宽甸、大连。

分布：中国（黑龙江、辽宁、河北、陕西、甘肃、山东、江苏、河南、湖北、江西、湖南、广西、四川、贵州、云南、台湾）。

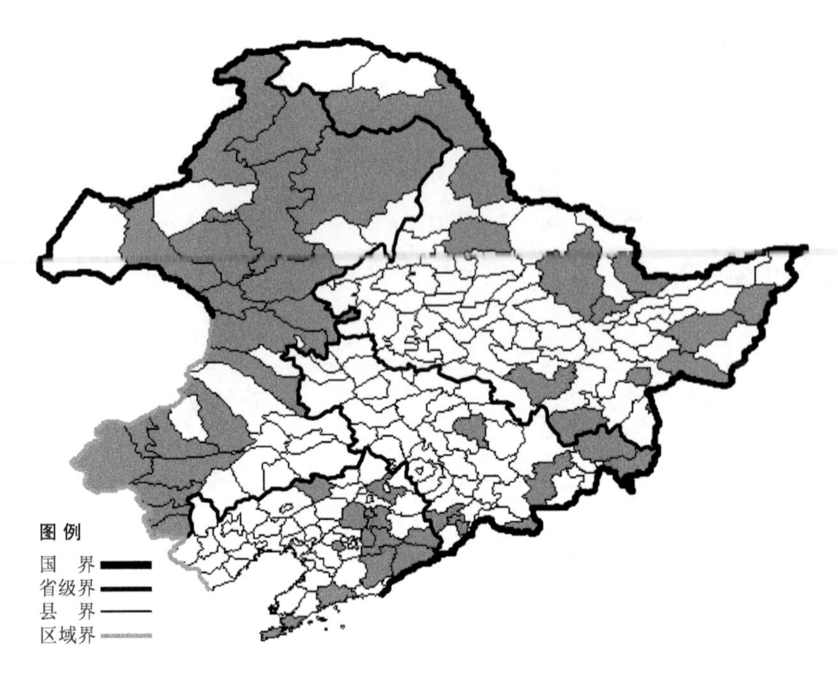

岩败酱

Patrinia rupestris (Pall.) Juss.

生境：林间草地，石砾质山坡，栎林下，海拔 1100 米以下。

产地：黑龙江省伊春、黑河、绥芬河、尚志、五大连池、萝北、饶河、宝清、汤原、密山、鸡西、宁安、呼玛，吉林省吉林、汪清、长白、通化、珲春、安图，辽宁省抚顺、鞍山、宽甸、桓仁、开原、彰武、本溪、凤城、庄河、大连、沈阳，内蒙古鄂伦春旗、牙克石、海拉尔、满洲里、额尔古纳、根河、扎兰屯、鄂温克旗、新巴尔虎左旗、阿尔山、科尔沁右翼前旗、科尔沁右翼中旗、扎赉特旗、翁牛特旗、林西、克什克腾旗、巴林右旗、阿鲁科尔沁旗、赤峰、宁城。

分布：中国（黑龙江、吉林、辽宁、内蒙古、河北、山西），朝鲜半岛，俄罗斯（东部西伯利亚、远东地区）。

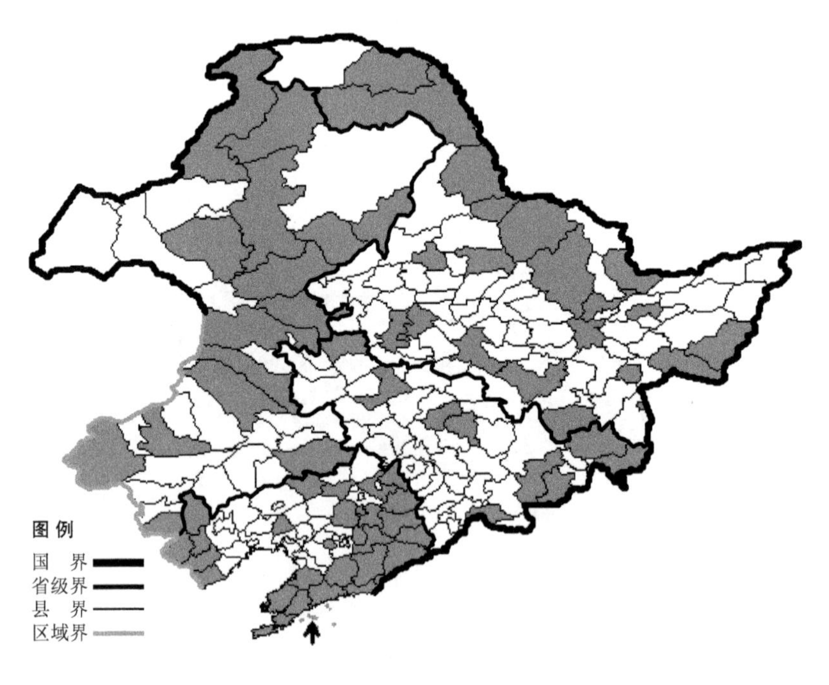

败酱

Patrinia scabiosaefolia Fisch. ex Trev.

生境：草甸，灌丛，河边，林缘，山坡草地，海拔 1500 米以下。

产地：黑龙江省大庆、黑河、伊春、北安、孙吴、逊克、萝北、集贤、汤原、依兰、密山、虎林、鸡西、宁安、绥芬河、安达、塔河、尚志、哈尔滨、克山、呼玛，吉林省吉林、临江、九台、汪清、珲春、安图、和龙、镇赉、前郭尔罗斯，辽宁省鞍山、盖州、大连、瓦房店、普兰店、庄河、新宾、清原、本溪、宽甸、桓仁、北镇、绥中、岫岩、凤城、丹东、沈阳、开原、西丰、彰武、法库、长海、喀左、东港、建平、凌源、建昌、抚顺，内蒙古额尔古纳、根河、莫力达瓦达斡尔旗、扎兰屯、阿荣旗、鄂温克旗、扎赉特旗、牙克石、科尔沁右翼前旗、科尔沁右翼中旗、科尔沁左翼后旗、扎鲁特旗、克什克腾旗、巴林右旗、宁城。

分布：中国（全国各地），朝鲜半岛，日本，蒙古，俄罗斯（东部西伯利亚、远东地区）。

糙叶败酱

Patrinia scabra Bunge

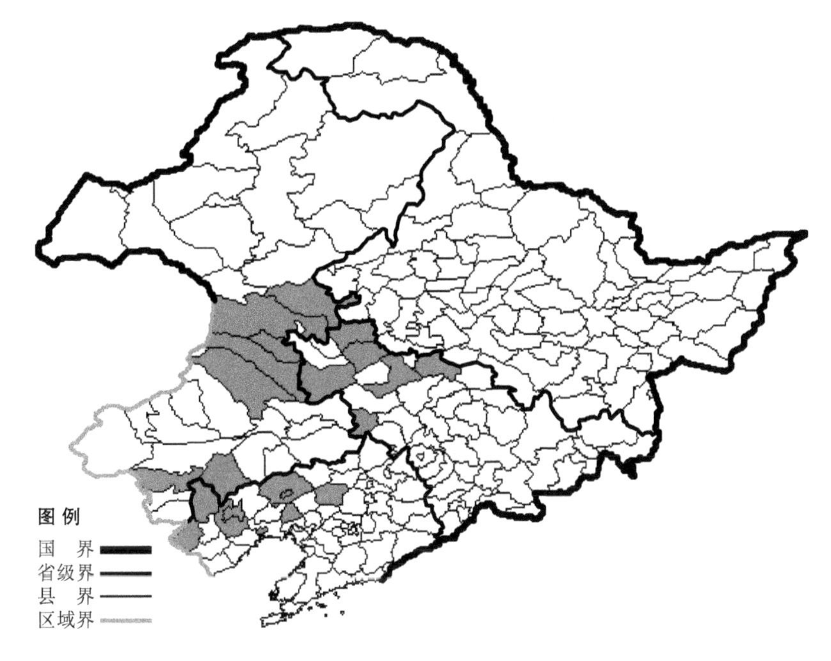

生境：山坡灌丛，向阳山坡草地，石砾质沙地，草原，固定沙丘，海拔约 600 米。

产地：吉林省双辽、大安、通榆、前郭尔罗斯、扶余、镇赉，辽宁省新民、北镇、凌源、建平、朝阳、锦州、阜新，内蒙古赤峰、敖汉旗、扎鲁特旗、扎赉特旗、突泉、科尔沁右翼前旗、科尔沁右翼中旗。

分布：中国（吉林、辽宁、内蒙古、河北、山西、陕西、宁夏、甘肃、青海、山东、河南）。

西伯利亚败酱

Patrinia sibirica (L.) Juss.

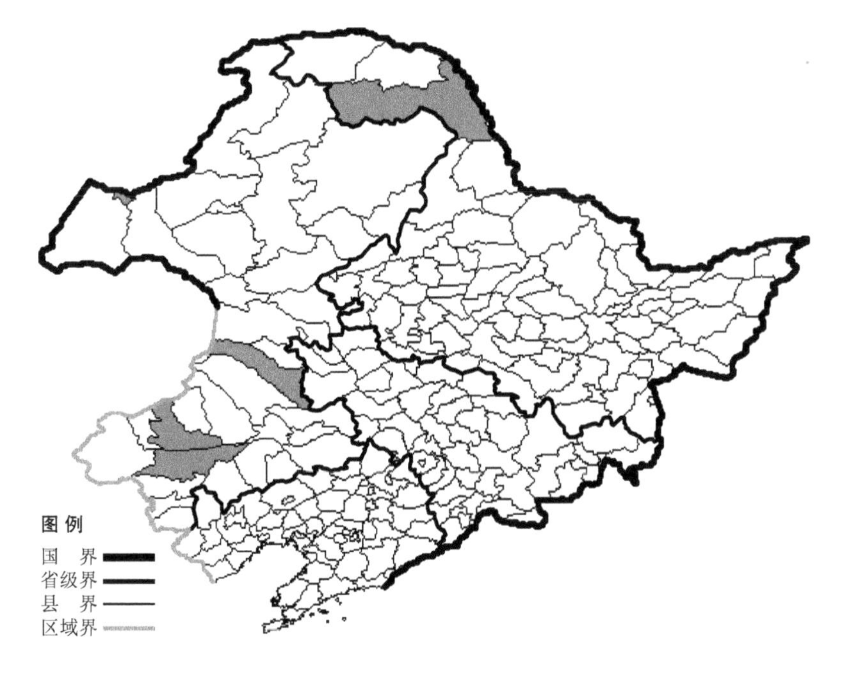

生境：岩石缝间，高山石砾质地，海拔 1400 米以下。

产地：黑龙江省呼玛，内蒙古满洲里、科尔沁右翼中旗、翁牛特旗、巴林右旗。

分布：中国（黑龙江、内蒙古、新疆），日本，蒙古，俄罗斯（欧洲部分、西伯利亚、远东地区），中亚。

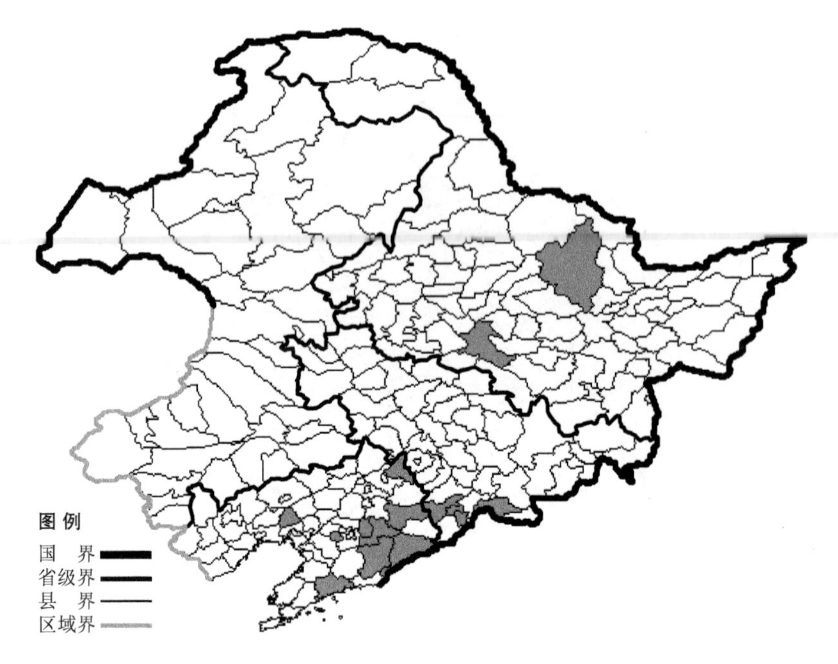

白花败酱

Patrinia villosa (Thunb.) Juss.

生境：林缘，林下，沟谷，山坡灌丛，路旁，海拔 800 米以下。

产地：黑龙江省哈尔滨、伊春，吉林省通化、临江，辽宁省本溪、桓仁、北镇、凤城、鞍山、庄河、丹东、新宾、西丰、宽甸。

分布：中国（黑龙江、吉林、辽宁、江苏、安徽、浙江、河南、湖北、江西、湖南、广东、广西、四川、贵州、台湾），朝鲜半岛，日本。

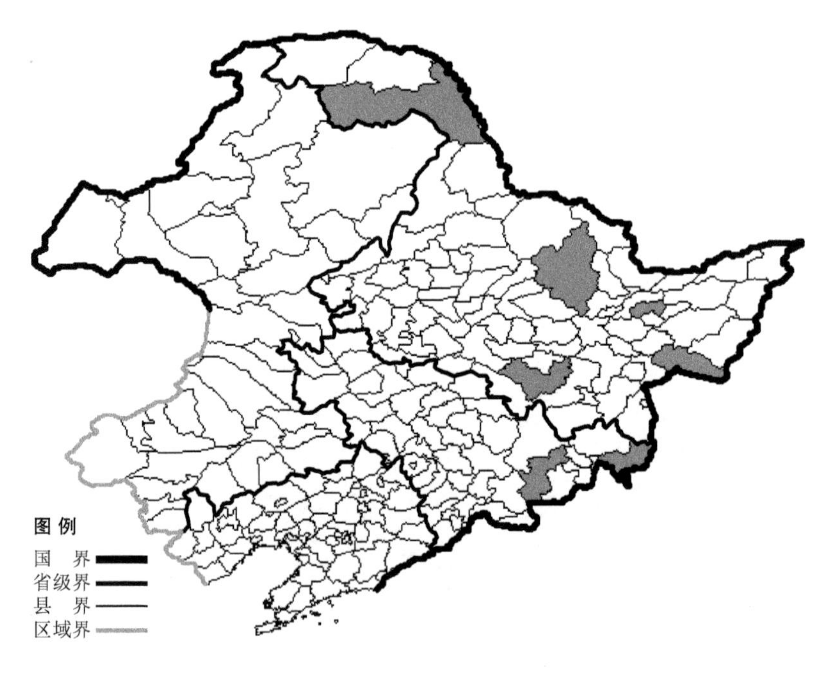

黑水缬草

Valeriana amurensis Smirn. ex Kom.

生境：林缘，林下，沼泽化草甸。

产地：黑龙江省密山、集贤、尚志、伊春、呼玛，吉林省珲春、安图。

分布：中国（黑龙江、吉林），朝鲜半岛，俄罗斯（远东地区）。

缬草

Valeriana alternifolia Bunge

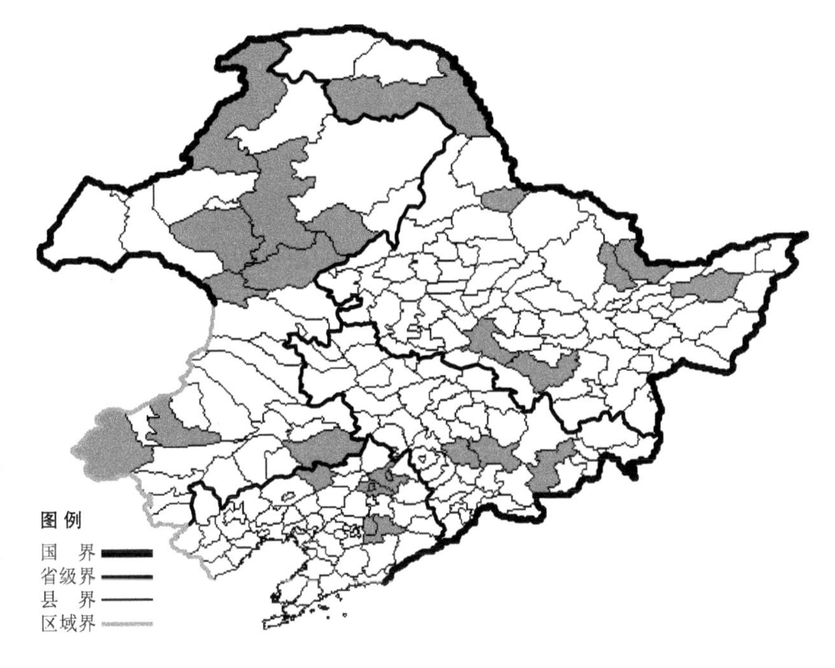

生境：林缘，灌丛，河边，山坡草地，海拔 2500 米以下。

产地：黑龙江省孙吴、呼玛、富锦、尚志、萝北、哈尔滨、鹤岗，吉林省桦甸、安图、磐石，辽宁省彰武、本溪、开原、铁岭，内蒙古鄂温克旗、额尔古纳、阿尔山、阿荣旗、扎兰屯、科尔沁左翼后旗、牙克石、克什克腾旗、巴林右旗。

分布：中国（黑龙江、吉林、辽宁、内蒙古、河北、山西），俄罗斯（西伯利亚、远东地区）。

狭叶毛节缬草 Valeriana alternifolia Bunge f. **angustifolia** (Kom.) Kitag. 生于水边，产于辽宁省彰武，内蒙古海拉尔、牙克石、科尔沁左翼后旗，分布于中国（辽宁、内蒙古）。

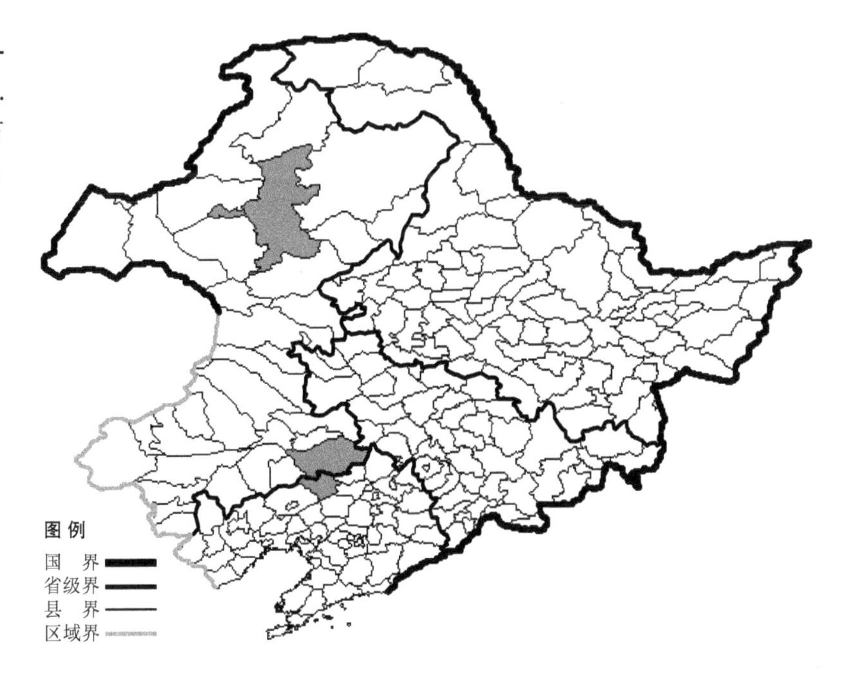

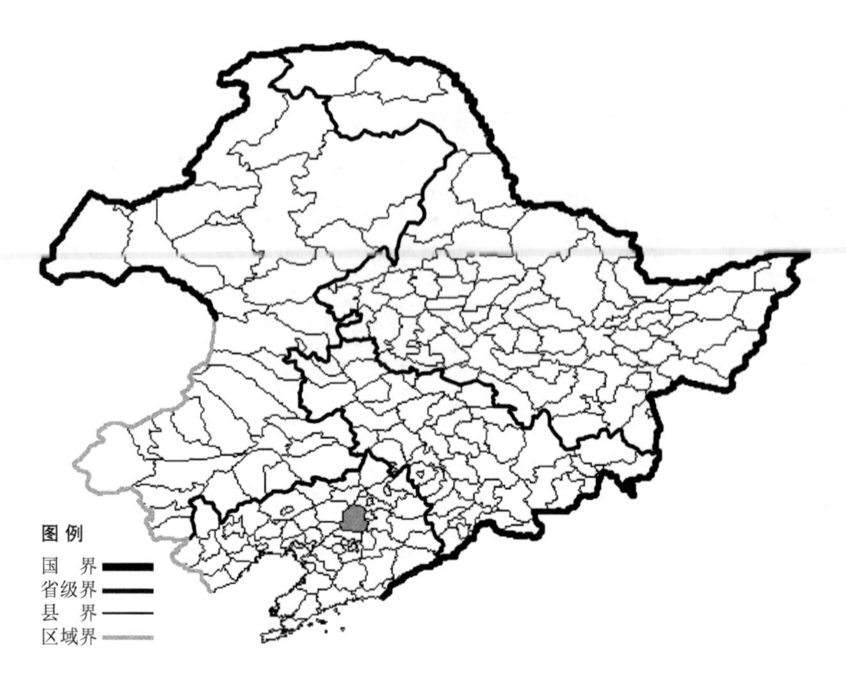

轮叶缬草 Valeriana alternifolia Bunge f. **verticillata** (Kom.) S. H. Li 生于林缘灌丛，产于辽宁省沈阳，分布于中国（辽宁）。

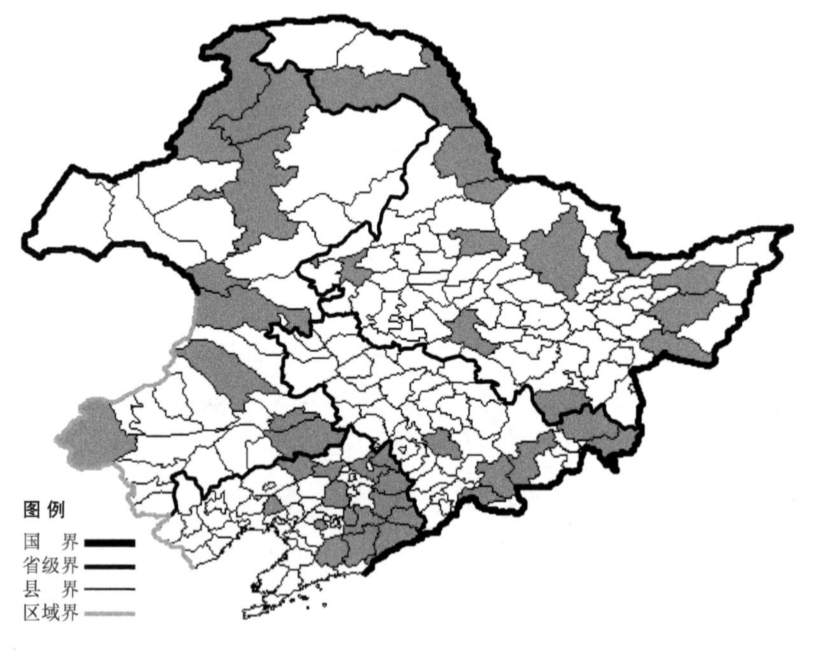

毛节缬草 Valeriana alternifolia Bunge var. **stolonifera** Bar. et Skv. 生于林下、山坡草地、灌丛、河边，海拔 1900 米以下，产于黑龙江省孙吴、宝清、密山、宁安、黑河、萝北、北安、富锦、呼玛、哈尔滨、伊春，吉林省汪清、珲春、磐石、抚松、安图、临江，辽宁省沈阳、开原、桓仁、岫岩、凤城、宽甸、本溪、法库、清原、西丰、新宾、丹东、鞍山、北镇、彰武，内蒙古根河、牙克石、海拉尔、扎鲁特旗、阿尔山、克什克腾旗、额尔古纳、通辽、科尔沁右翼前旗、科尔沁左翼后旗，分布于中国（黑龙江、吉林、辽宁、内蒙古），俄罗斯（东部西伯利亚、远东地区）。

北缬草

Valeriana fauriei Briq.

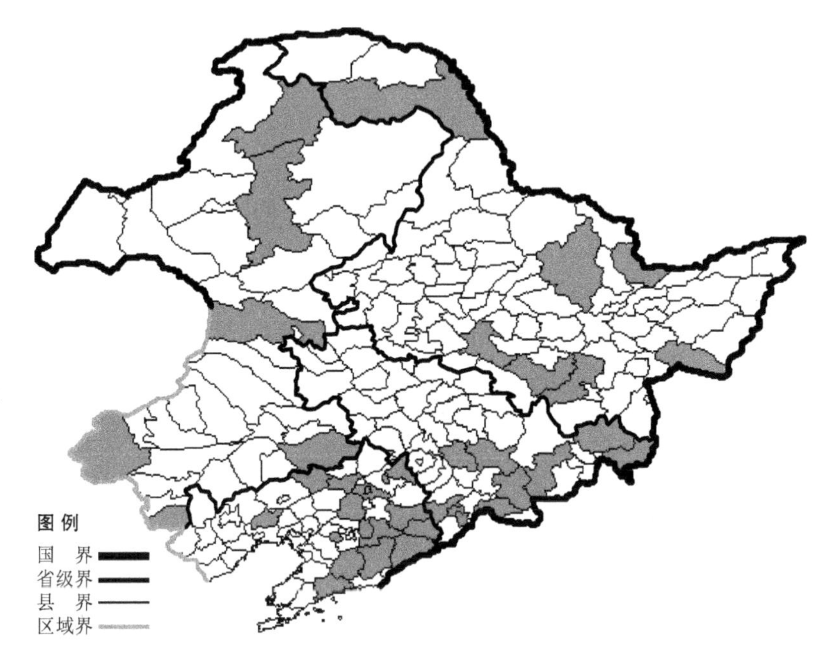

生境：草甸，林下，林缘，海拔 2100 米以下。

产地：黑龙江省伊春、尚志、密山、萝北、哈尔滨、海林、呼玛，吉林省安图、抚松、桦甸、汪清、珲春、磐石、临江、通化，辽宁省沈阳、铁岭、西丰、法库、新宾、庄河、本溪、桓仁、鞍山、宽甸、凤城、岫岩、义县、彰武，内蒙古科尔沁右翼前旗、根河、牙克石、宁城、克什克腾旗、科尔沁左翼后旗。

分布：中国（黑龙江、吉林、辽宁、内蒙古、河北、山西、青海），朝鲜半岛，日本，俄罗斯（远东地区）。

川续断科 Dipsacaceae

川续断

Dipsacus japonicus Miq.

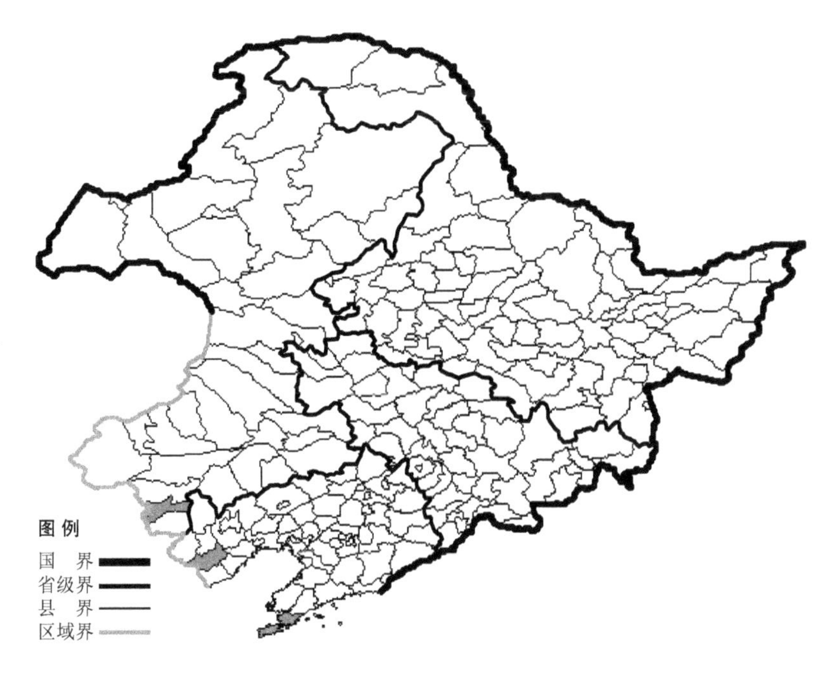

生境：山坡草地。

产地：辽宁省大连、建昌，内蒙古喀喇沁旗。

分布：中国（辽宁、内蒙古、河北、山西、陕西、宁夏、甘肃、青海、山东、安徽、浙江、河南、湖北、江西、湖南、广西、四川、贵州），朝鲜半岛，日本。

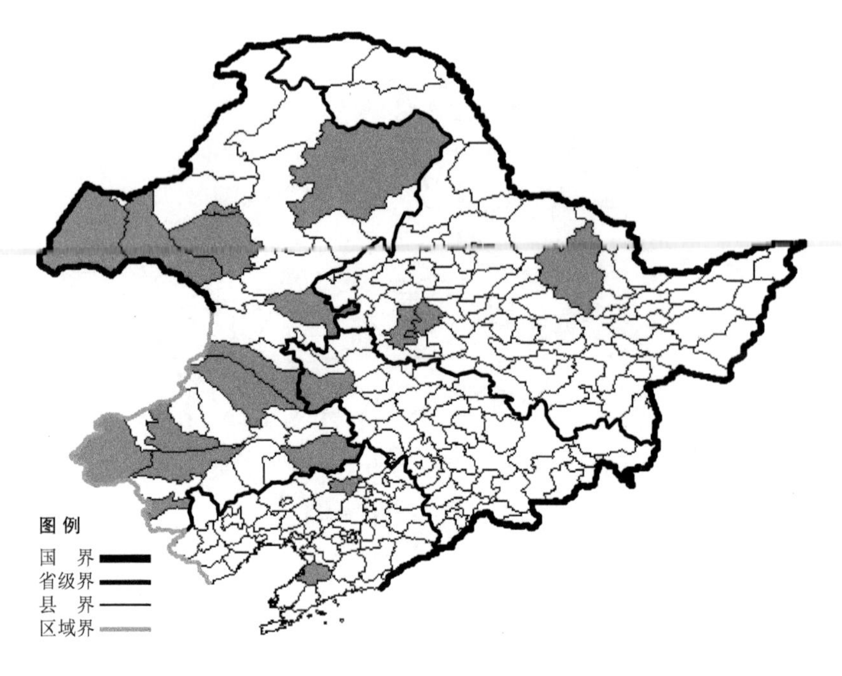

窄叶蓝盆花

Scabiosa comosa Fisch. ex Roem. et Schult.

生境：干山坡，石砾质山坡，灌丛，草原，沙丘，沙地，海拔 700 米以下。

产地：黑龙江省安达、大庆、伊春，吉林省通榆，辽宁省盖州、法库，内蒙古海拉尔、新巴尔虎左旗、新巴尔虎右旗、鄂伦春旗、扎赉特旗、扎鲁特旗、科尔沁右翼中旗、克什克腾旗、喀喇沁旗、巴林右旗、鄂温克旗、翁牛特旗、科尔沁左翼后旗。

分布：中国（黑龙江、吉林、辽宁、内蒙古、河北），朝鲜半岛，蒙古，俄罗斯（东部西伯利亚）。

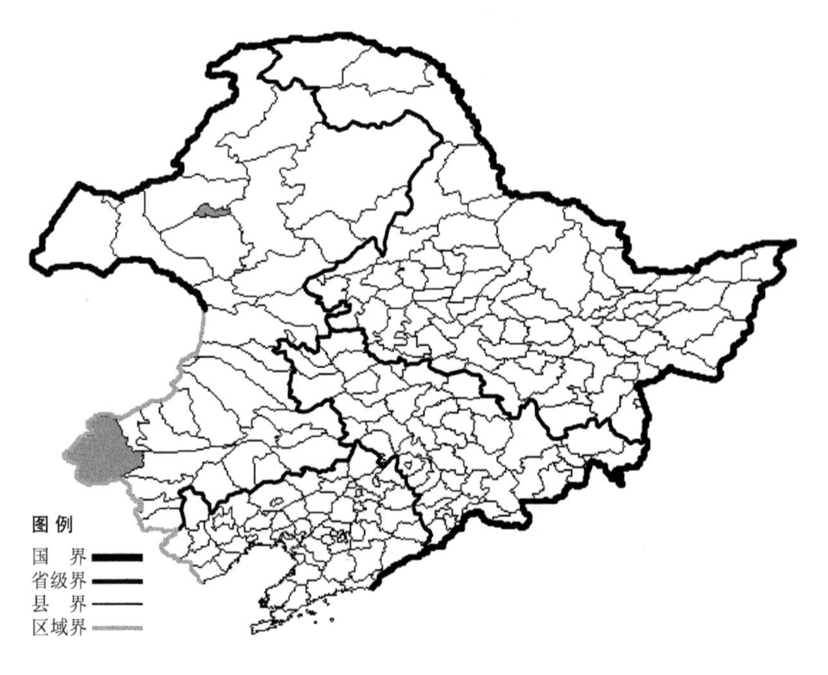

白花窄叶蓝盆花 Scabiosa comosa Fisch. ex Roem. et Schult. f. **albiflora** S. H. Li 生于山顶草地，产于内蒙古克什克腾旗、海拉尔，分布于中国（内蒙古）。

毛叶蓝盆花 Scabiosa comosa Fisch. ex Roem. et Schult. var. **lachnophylla** (Kitag.) Kitag. 生于草原、固定沙丘、湖边沙地，产于黑龙江省安达，吉林省通榆、洮南，辽宁省彰武，内蒙古海拉尔、满洲里、新巴尔虎左旗、通辽、扎鲁特旗、科尔沁右翼前旗、翁牛特旗，分布于中国（黑龙江、吉林、辽宁、内蒙古、河北），朝鲜半岛，俄罗斯（远东地区）。

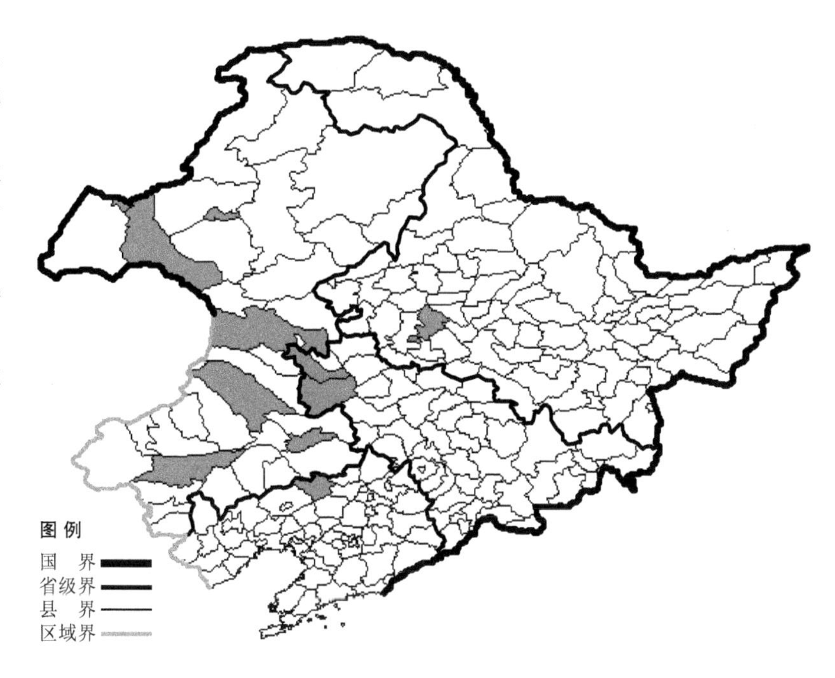

日本蓝盆花

Scabiosa japonica Miq.

生境：山顶草甸，海拔约 1200 米。

产地：辽宁省桓仁、宽甸、本溪。

分布：中国（辽宁），朝鲜半岛，日本。

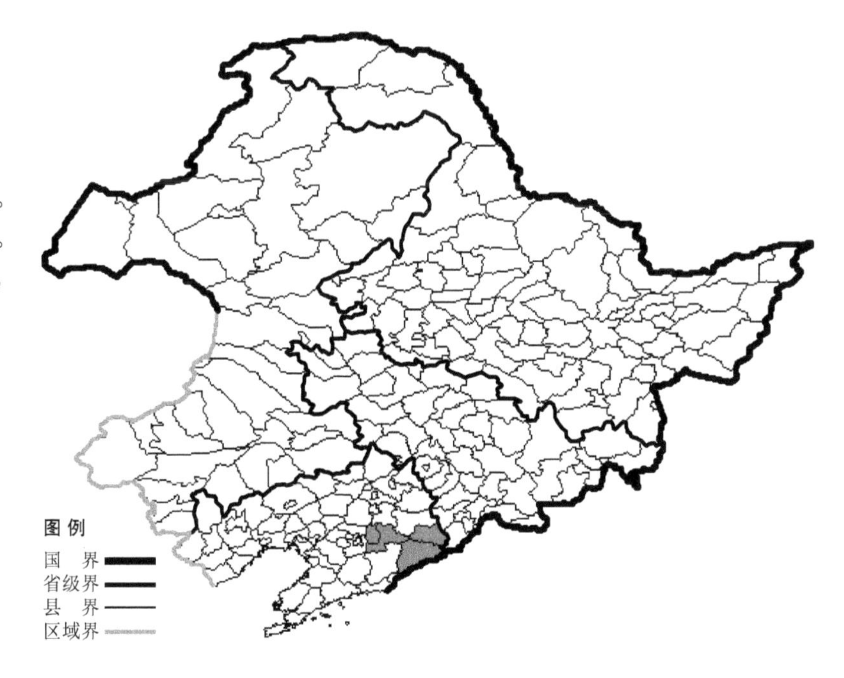

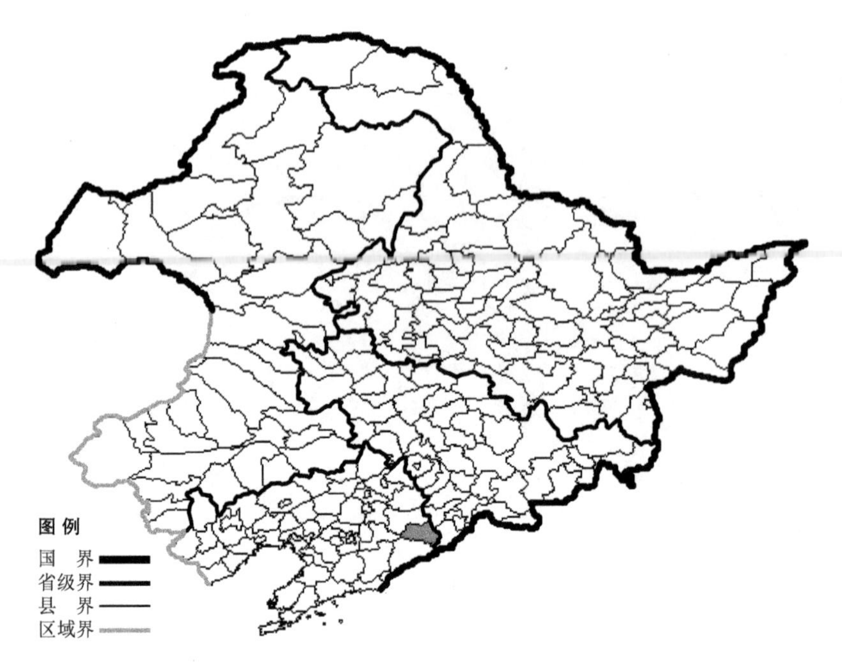

尖裂日本蓝盆花 Scabiosa japonica Miq. var. **acutiloba** Hara 生于山顶草甸，产于辽宁省桓仁，分布于中国（辽宁），朝鲜半岛，日本，俄罗斯（远东地区）。

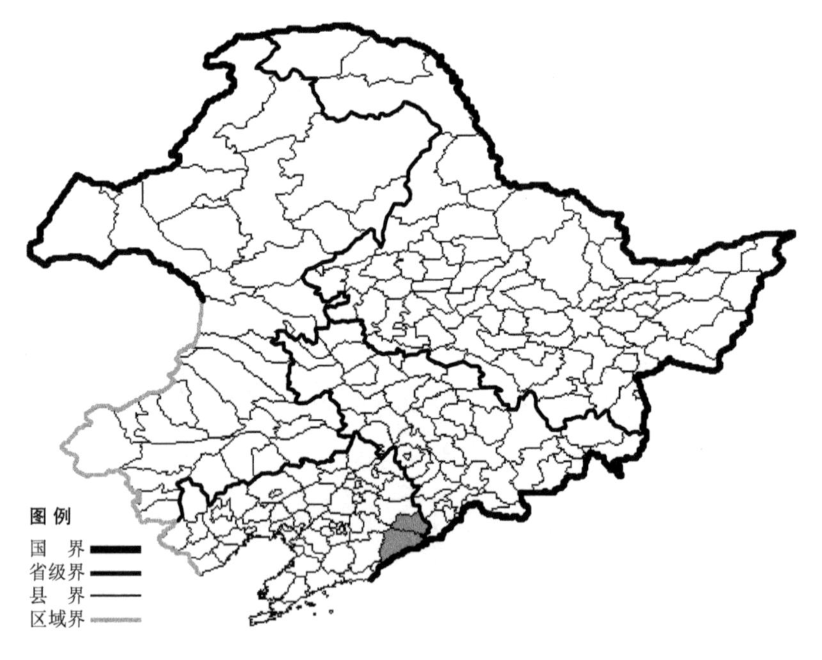

高山日本蓝盆花 Scabiosa japonica Miq. var. **alpina** Takeda 生于山顶草甸，海拔约 1300 米，产于辽宁省桓仁、宽甸，分布于中国（辽宁），日本。

华北蓝盆花

Scabiosa tschiliensis Grun.

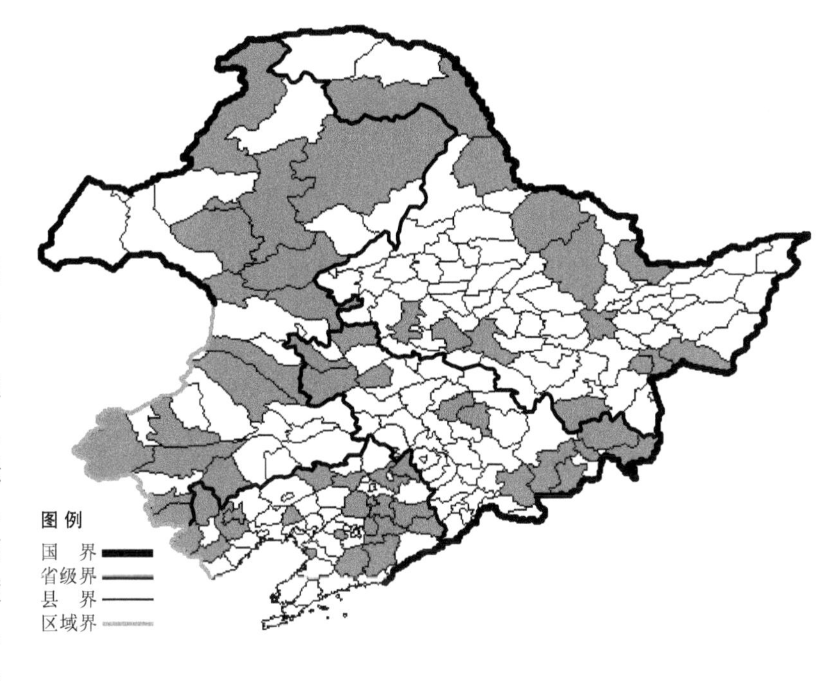

生境：灌丛，林缘，山坡草地，海拔 900 米以下。

产地：黑龙江省伊春、肇东、黑河、萝北、依兰、密山、宁安、大庆、逊克、鸡东、鸡西、哈尔滨、呼玛，吉林省九台、吉林、延吉、汪清、珲春、和龙、安图、抚松、乾安、通榆、洮南、镇赉，辽宁省沈阳、鞍山、抚顺、新宾、本溪、桓仁、北镇、凤城、岫岩、彰武、开原、法库、西丰、朝阳、建昌、建平、凌源、营口，内蒙古翁牛特旗、克什克腾旗、巴林右旗、喀喇沁旗、宁城、敖汉旗、扎赉特旗、阿尔山、科尔沁右翼中旗、牙克石、鄂伦春旗、海拉尔、扎兰屯、鄂温克旗、额尔古纳。

分布：中国（黑龙江、吉林、辽宁、内蒙古、河北、山西、陕西、甘肃、宁夏）。

白花华北蓝盆花 Scabiosa tschiliensis Grun. f. **albiflora** S. H. Li 生于山坡草地，产于吉林省珲春，内蒙古根河，分布于中国（吉林、内蒙古）。

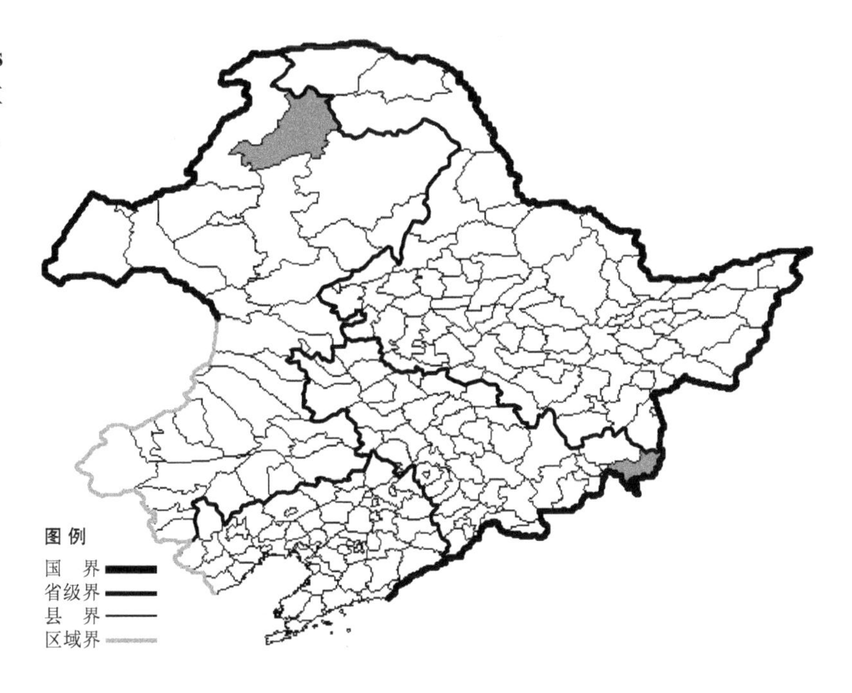

桔梗科 Campanulaceae

北方沙参

Adenophora borealis Hong et Zhao Yizhi

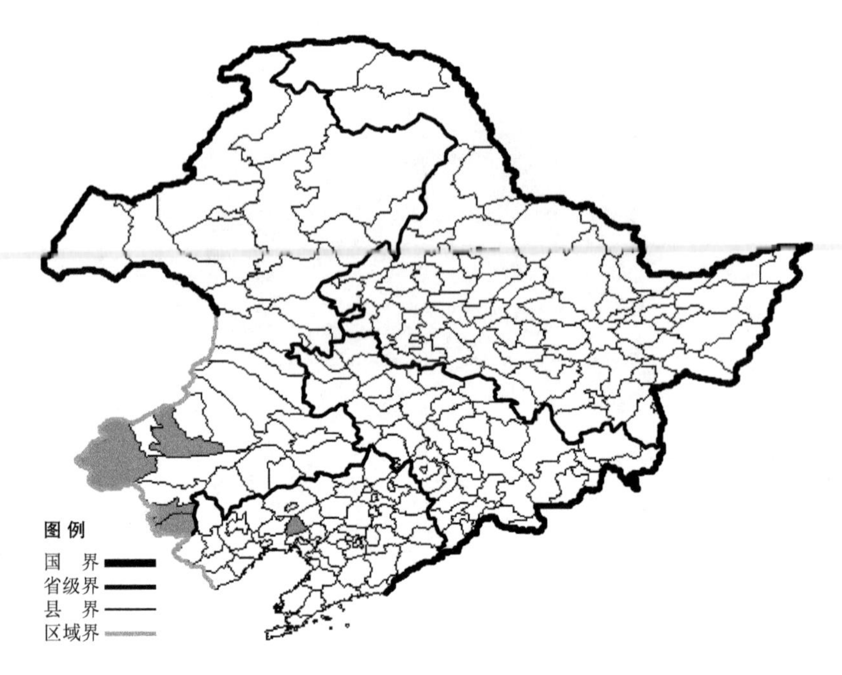

生境：山坡草地，林缘。

产地：辽宁省北镇，内蒙古克什克腾旗、喀喇沁旗、巴林右旗、宁城。

分布：中国(辽宁、内蒙古、河北)。

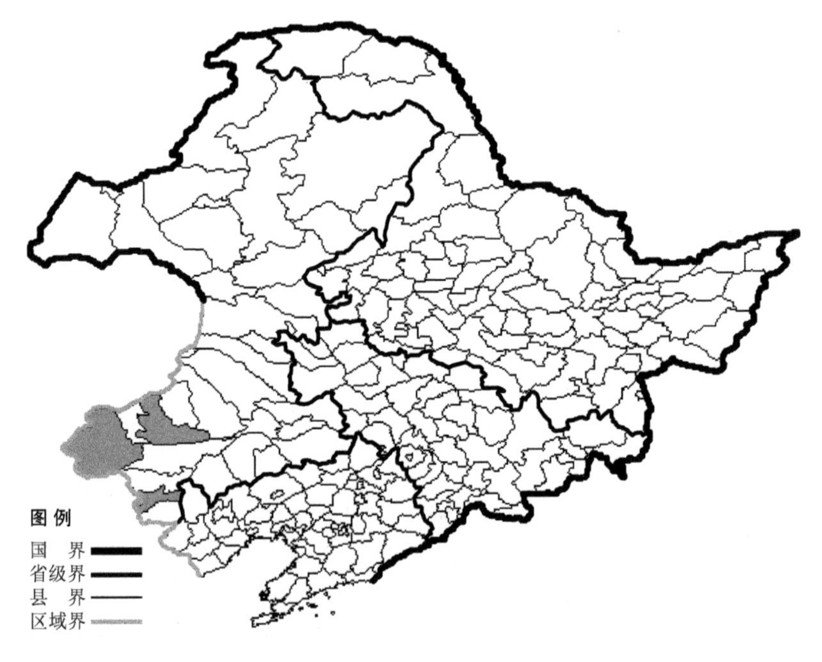

山沙参 Adenophora borealis Hong et Zhao Yizhi var. **oreophila** Y. Z. Zhao 生于林缘、山顶草甸。产于内蒙古巴林右旗、克什克腾旗、喀喇沁旗。分布于中国（内蒙古）。

展枝沙参

Adenophora divaricata Franch. et Sav.

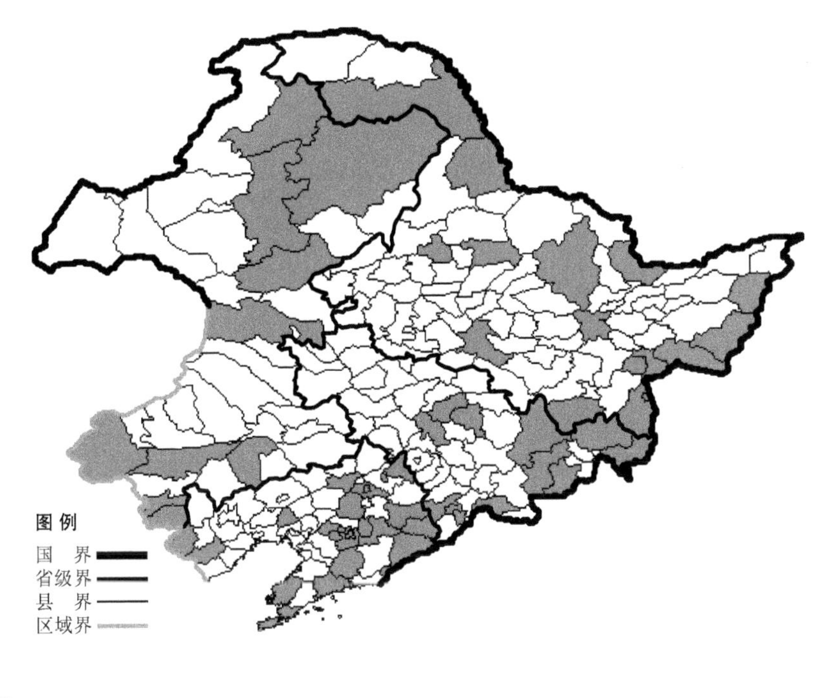

生境：草甸，林缘，海拔 1100 米以下。

产地：黑龙江省哈尔滨、克山、黑河、虎林、伊春、宁安、北安、呼玛、依兰、萝北、密山、东宁、鸡西、鸡东、饶河、绥芬河，吉林省安图、临江、通化、珲春、汪清、吉林、九台、和龙、敦化、长春，辽宁省建昌、沈阳、辽阳、鞍山、丹东、庄河、大连、瓦房店、本溪、宽甸、法库、桓仁、北镇、岫岩、新宾、凌源、西丰、铁岭，内蒙古扎兰屯、牙克石、宁城、翁牛特旗、根河、鄂伦春旗、科尔沁右翼前旗、奈曼旗、克什克腾旗、喀喇沁旗。

分布：中国（黑龙江、吉林、辽宁、内蒙古、河北、山西、山东），朝鲜半岛，日本，俄罗斯（远东地区）。

狭叶展枝沙参 Adenophora divaricata Franch. et Sav. var. **angustifolia** Bar. 生于林缘，海拔约 600 米，产于黑龙江省黑河、呼玛，辽宁省庄河、建昌、北镇，内蒙古宁城，分布于中国（黑龙江、辽宁、内蒙古）。

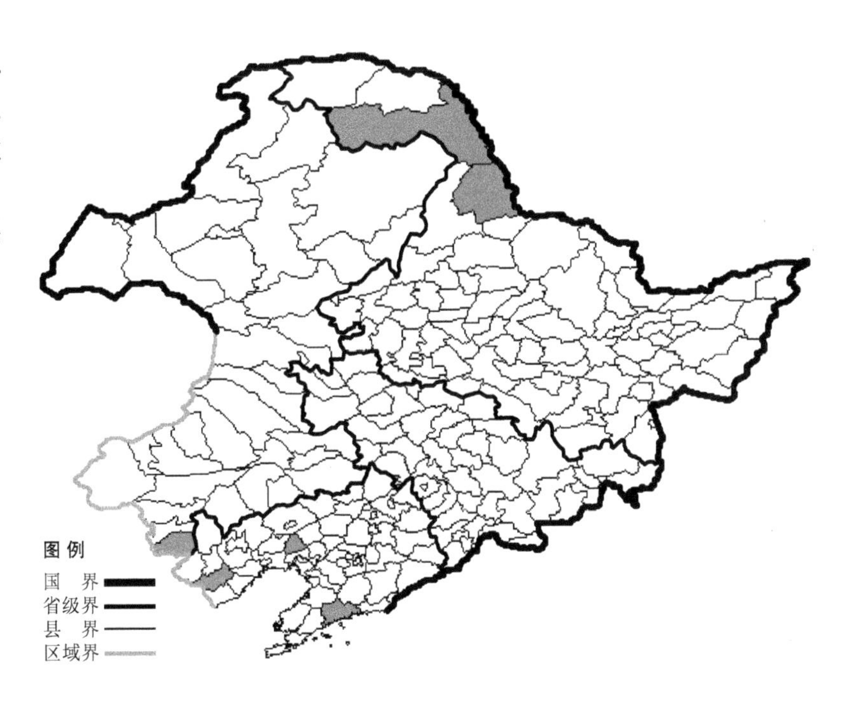

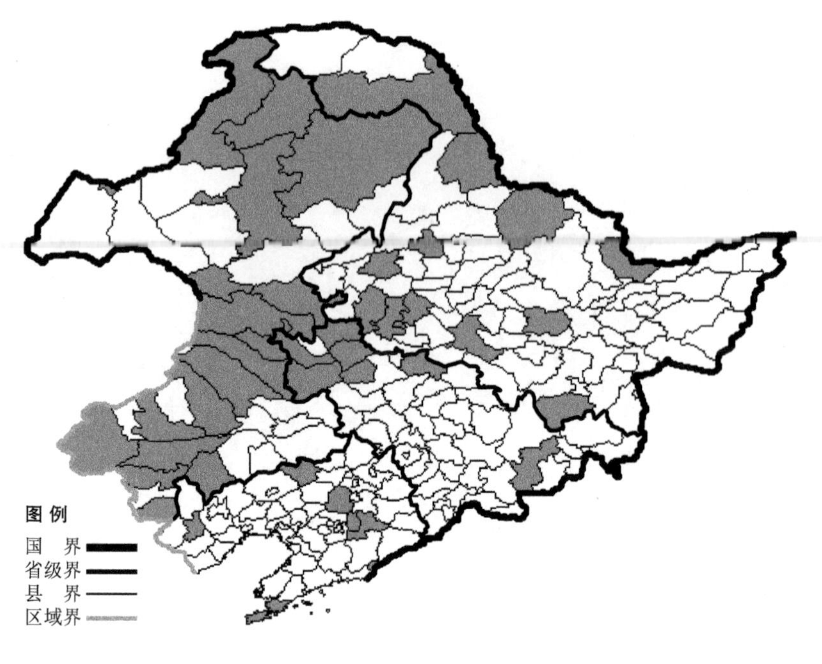

狭叶沙参

Adenophora gmelinii (Spreng.) Fisch.

生境：山坡草地，林缘，草甸草原，海拔 900 米以下。

产地：黑龙江省克山、呼玛、富裕、哈尔滨、黑河、大庆、萝北、杜尔伯特、逊克、安达、宁安、通河，吉林省扶余、乾安、通榆、安图、镇赉、大安、洮南，辽宁省彰武、沈阳、本溪、大连、喀左、丹东，内蒙古根河、额尔古纳、海拉尔、满洲里、鄂伦春旗、扎赉特旗、科尔沁右翼前旗、扎鲁特旗、乌兰浩特、牙克石、赤峰、阿尔山、阿鲁科尔沁旗、科尔沁右翼中旗、突泉、敖汉旗、宁城、克什克腾旗、巴林右旗、翁牛特旗。

分布：中国（黑龙江、吉林、辽宁、内蒙古、河北、山西），蒙古，俄罗斯（东部西伯利亚）。

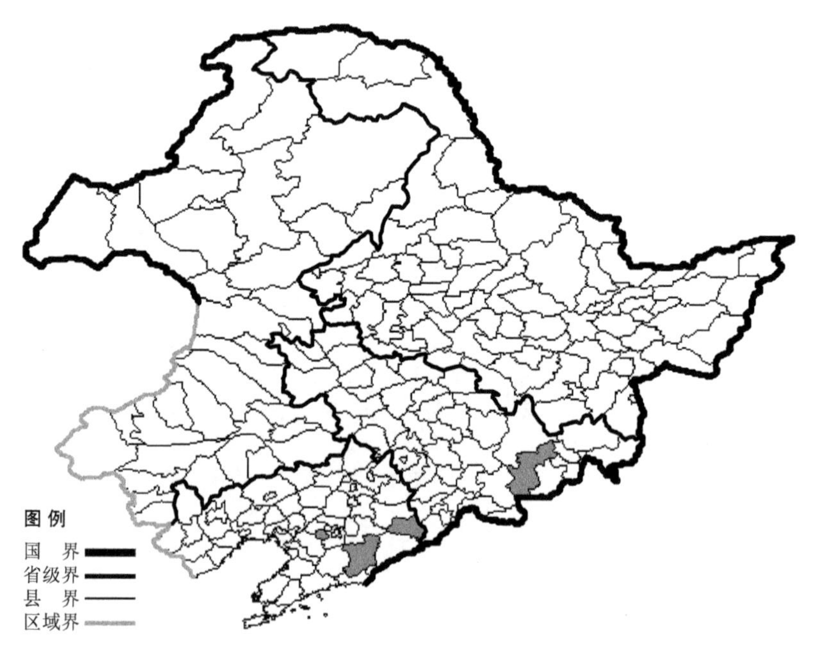

大花沙参

Adenophora grandiflora Nakai

生境：林间草地。

产地：吉林省安图，辽宁省鞍山、桓仁、凤城。

分布：中国（吉林、辽宁），朝鲜半岛。

小花沙参

Adenophora micrantha Hong

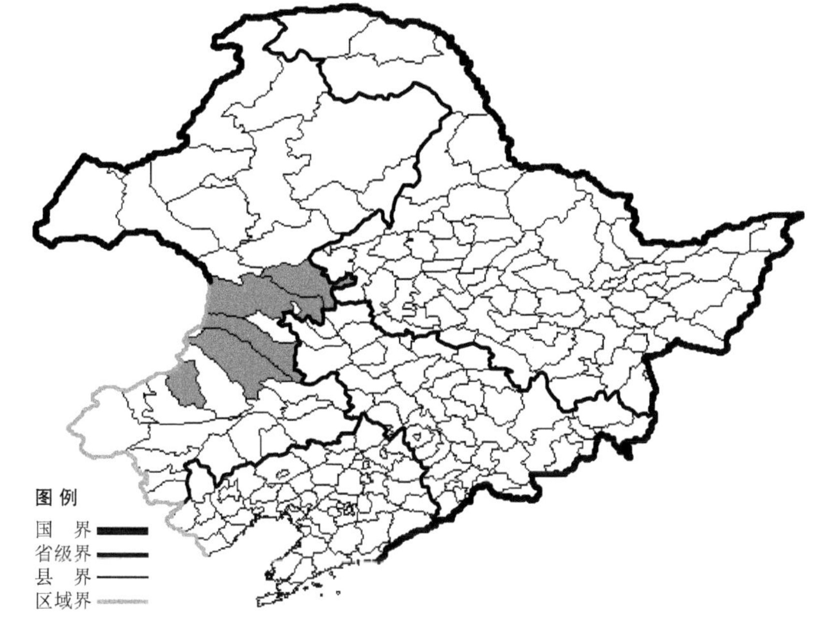

生境：石砾质山坡。

产地：内蒙古扎赉特旗、科尔沁右翼前旗、科尔沁右翼中旗、扎鲁特旗、巴林左旗。

分布：中国（内蒙古）。

紫沙参

Adenophora paniculata Nannf.

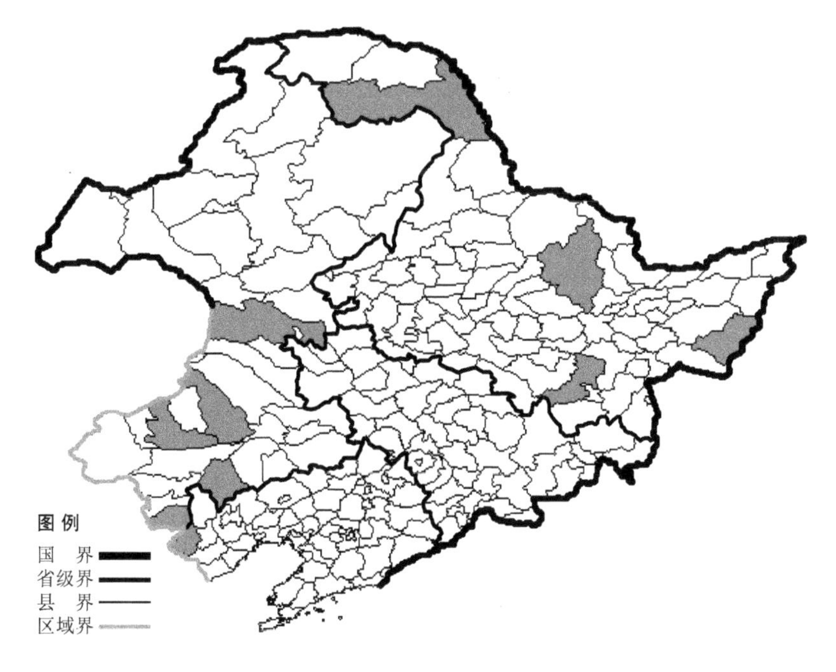

生境：干山坡，灌丛，林缘。

产地：黑龙江省呼玛、伊春、虎林、海林，辽宁省凌源，内蒙古阿鲁科尔沁旗、科尔沁右翼前旗、巴林右旗、宁城、敖汉旗。

分布：中国（黑龙江、辽宁、内蒙古、陕西、山西、河北、河南、山东）。

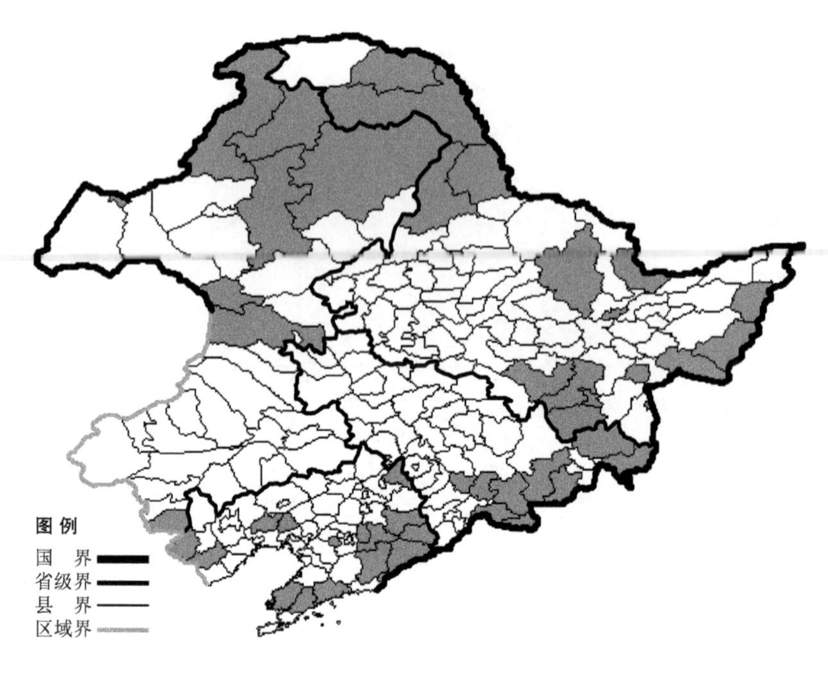

长白沙参

Adenophora pereskiifolia (Fisch. ex Roem. et Schult.) G. Don

生境：山坡草地，林缘，灌从，林间草地，海拔 2100 米以下。

产地：黑龙江省伊春、虎林、塔河、鸡西、佳木斯、牡丹江、绥芬河、宁安、黑河、呼玛、嫩江、尚志、萝北、饶河、密山、海林，吉林省辉南、长白、靖宇、安图、和龙、汪清、抚松、珲春、临江，辽宁省凌源、建昌、义县、北镇、鞍山、本溪、新宾、丹东、桓仁、宽甸、庄河、普兰店、瓦房店、凤城、西丰，内蒙古根河、额尔古纳、牙克石、阿尔山、科尔沁右翼前旗、满洲里、宁城、鄂伦春旗。

分布：中国（黑龙江、吉林、辽宁、内蒙古），朝鲜半岛，日本，蒙古，俄罗斯（东部西伯利亚、远东地区）。

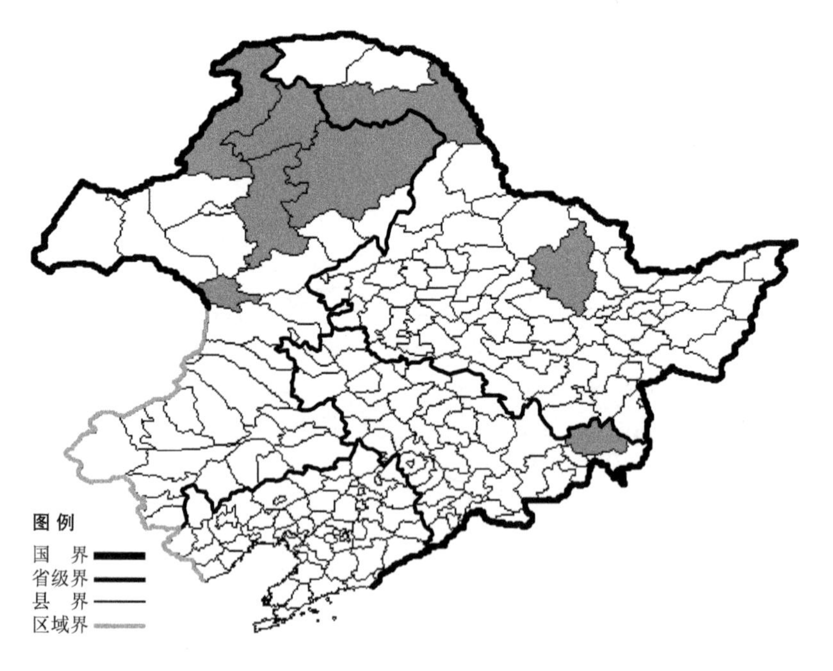

长叶沙参 Adenophora pereskiifolia (Fisch. ex Roem. et Schult.) G. Don var. **alternifolia** Fuh ex Y. Z. Zhao 生于林下、沟谷、草甸，海拔 900 米以下，产于黑龙江省伊春、呼玛，吉林省汪清，内蒙古额尔古纳、根河、鄂伦春旗、牙克石、阿尔山，分布于中国（黑龙江、吉林、内蒙古）。

狭叶长白沙参 Adenophora pereskiifolia (Fisch. ex Roem. et Schult.) G. Don var. **angustifolia** Y. Z. Zhao 生于林下、林缘、草甸，产于内蒙古额尔古纳、根河、鄂伦春旗、牙克石、扎赉特旗、阿尔山，分布于中国（内蒙古）。

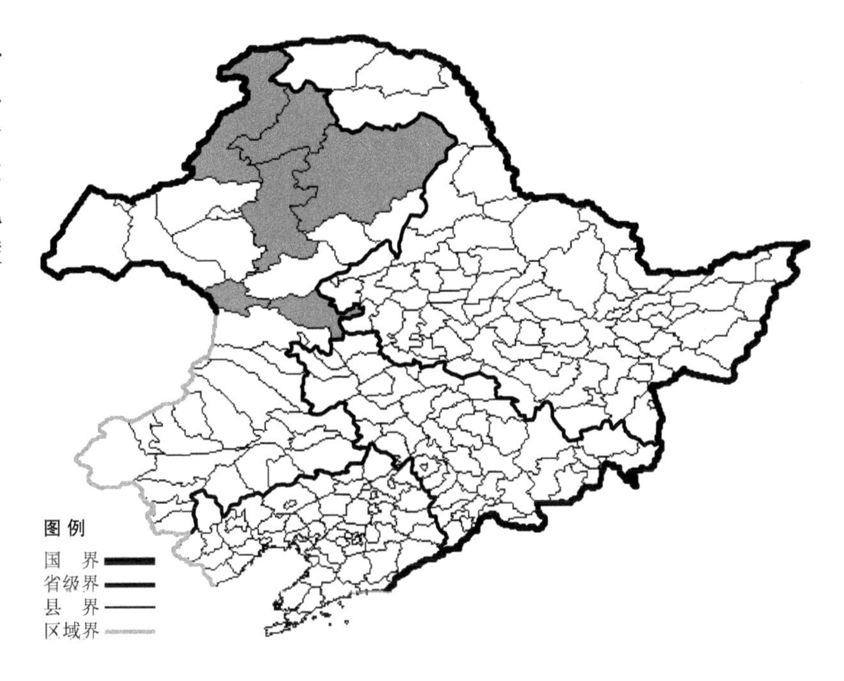

石沙参

Adenophora polyantha Nakai

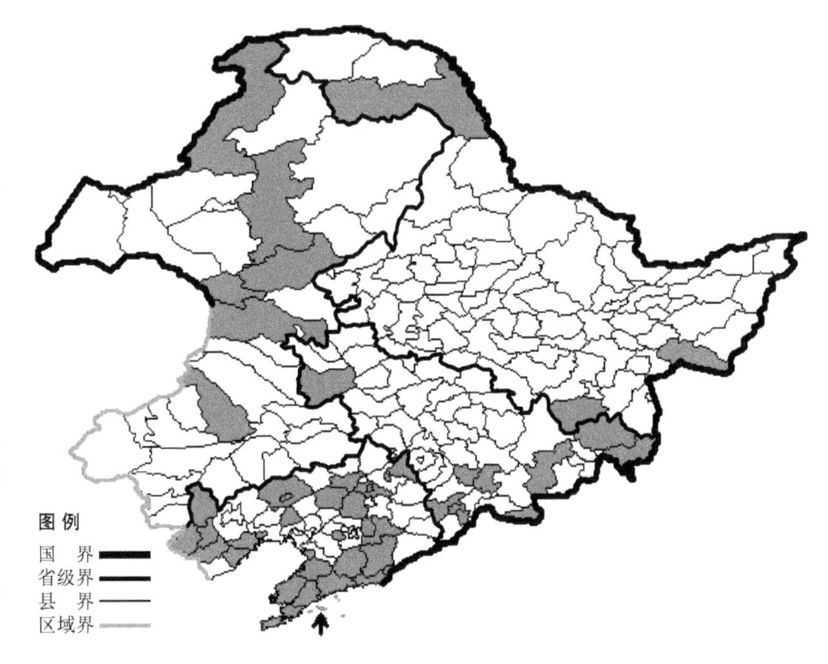

生境：丘陵地，沟谷，干山坡，海拔 1100 米以下。

产地：黑龙江省呼玛、密山、宁安，吉林省辉南、长白、靖宇、珲春、通榆、汪清、安图、通化，辽宁省凌源、西丰、铁岭、鞍山、营口、盖州、岫岩、丹东、东港、庄河、北镇、普兰店、本溪、大连、瓦房店、长海、法库、沈阳、锦州、葫芦岛、建平、建昌、新民、兴城、凤城、喀左、阜新，内蒙古阿尔山、科尔沁右翼前旗、额尔古纳、阿鲁科尔沁旗、扎兰屯、牙克石。

分布：中国（黑龙江、吉林、辽宁、内蒙古、河北、山西、陕西、甘肃、宁夏、山东、江苏、安徽、河南），朝鲜半岛。

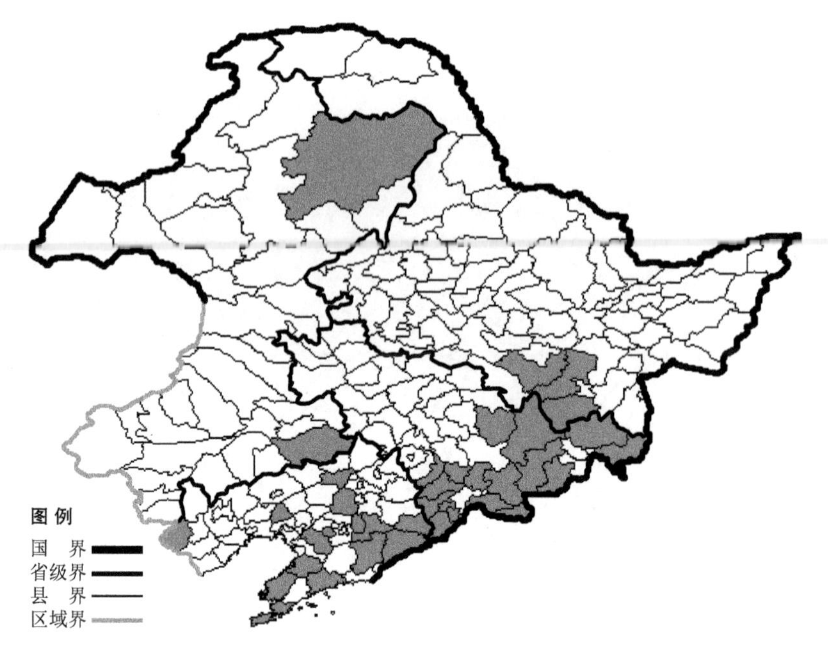

薄叶荠苨

Adenophora remotiflora (Sieb. et Zucc.) Miq.

生境：山坡草地，灌丛，林缘，林下，海拔 1700 米以下。

产地：黑龙江省尚志、宁安、海林，吉林省临江、通化、柳河、梅河口、辉南、集安、抚松、靖宇、长白、安图、珲春、和龙、敦化、汪清、蛟河，辽宁省本溪、桓仁、宽甸、海城、盖州、沈阳、大连、庄河、瓦房店、鞍山、法库、凤城、凌源、北镇，内蒙古鄂伦春旗、科尔沁左翼后旗。

分布：中国（黑龙江、吉林、辽宁、内蒙古），朝鲜半岛，日本。

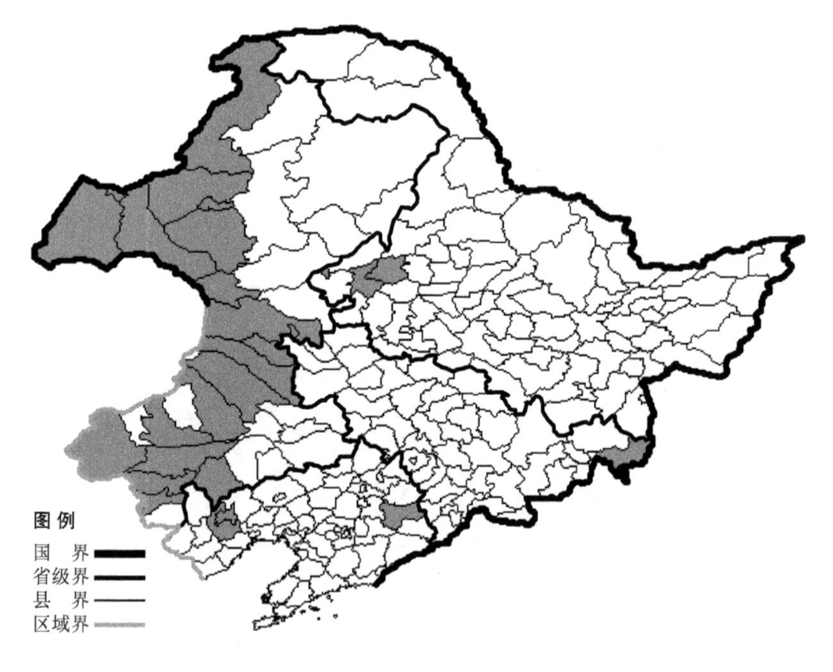

长柱沙参

Adenophora stenanthina (Ledeb.) Kitag.

生境：山坡草地，沟谷，草甸，灌丛，草原，沙丘，海拔 900 米以下。

产地：黑龙江省富裕、齐齐哈尔，吉林省珲春，辽宁省朝阳、新宾，内蒙古额尔古纳、满洲里、新巴尔虎右旗、新巴尔虎左旗、陈巴尔虎旗、鄂温克旗、海拉尔、阿尔山、科尔沁右翼前旗、科尔沁右翼中旗、乌兰浩特、喀喇沁旗、突泉、扎鲁特旗、赤峰、克什克腾旗、翁牛特旗、敖汉旗、阿鲁科尔沁旗、巴林右旗。

分布：中国（黑龙江、吉林、辽宁、内蒙古、河北、山西、陕西、甘肃、宁夏、青海），蒙古，俄罗斯（西伯利亚、远东地区）。

丘沙参 Adenophora stenanthina (Ledeb.) Kitag. var. **collina** (Kitag.) Y. Z. Zhao 生于草地，产于辽宁省法库、凌源，内蒙古克什克腾旗、巴林右旗、翁牛特旗，分布于中国（辽宁、内蒙古）。

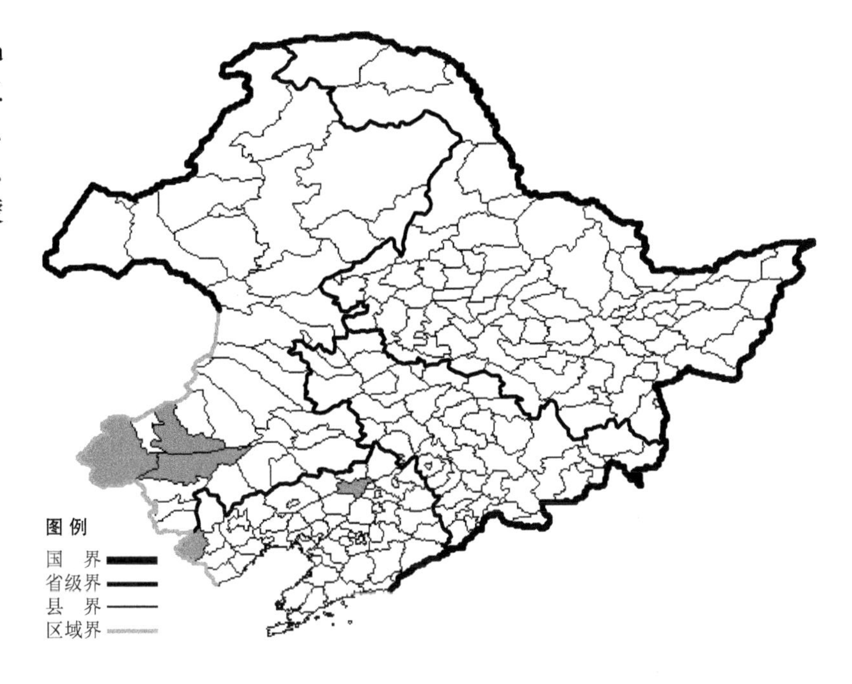

扫帚沙参

Adenophora stenophylla Hemsl.

生境：山坡草地，草甸草原，海拔 700 米以下。

产地：黑龙江省黑河、大庆、哈尔滨、齐齐哈尔、安达，吉林省镇赉、洮南、乾安、前郭尔罗斯、双辽、长岭、通榆，辽宁省彰武、庄河，内蒙古扎赉特旗、满洲里、额尔古纳、海拉尔、鄂伦春旗、科尔沁右翼前旗、科尔沁左翼中旗、乌兰浩特。

分布：中国（黑龙江、吉林、辽宁、内蒙古）。

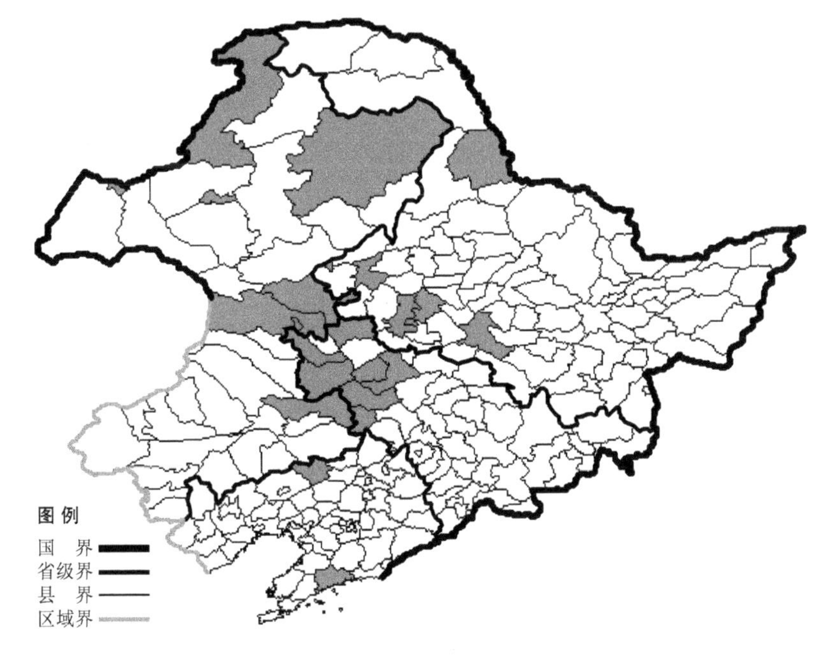

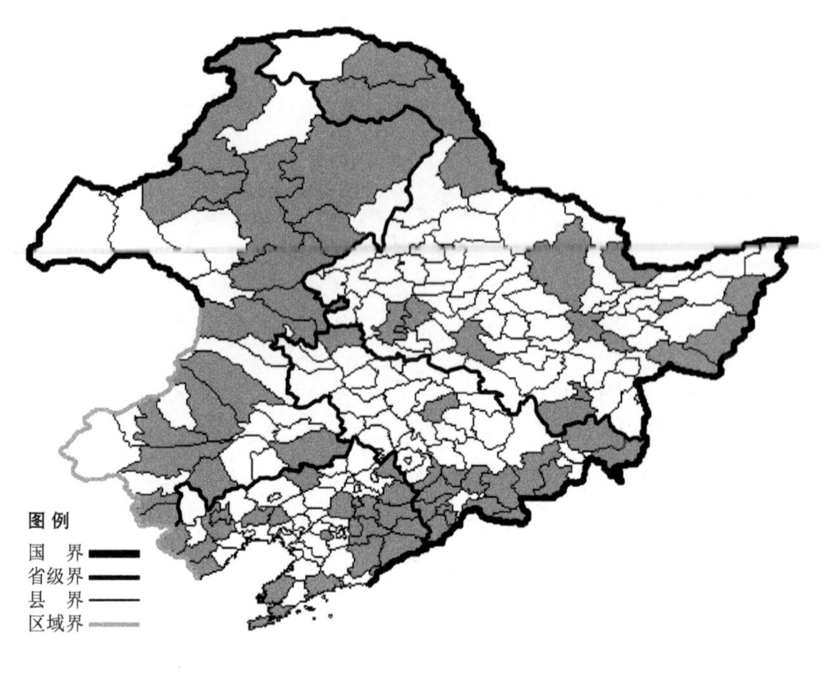

轮叶沙参

Adenophora tetraphylla (Thunb.) Fisch.

生境：河滩草甸，山坡灌丛，次生林下，林缘，海拔 700 米以下。

产地：黑龙江省伊春、大庆、虎林、萝北、黑河、密山、饶河、依兰、哈尔滨、友谊、勃利、塔河、牡丹江、呼玛、安达、宁安，吉林省临江、通化、柳河、梅河口、辉南、集安、抚松、靖宇、长白、汪清、安图、珲春、和龙、九台、镇赉，辽宁省凌源、建昌、绥中、义县、北镇、彰武、沈阳、鞍山、抚顺、新宾、本溪、凤城、丹东、庄河、大连、瓦房店、清原、西丰、宽甸、桓仁、朝阳，内蒙古鄂伦春旗、海拉尔、牙克石、扎兰屯、扎鲁特旗、科尔沁左翼后旗、额尔古纳、阿荣旗、陈巴尔虎旗、科尔沁右翼前旗、扎赉特旗、阿鲁科尔沁旗、巴林右旗、翁牛特旗、敖汉旗、喀喇沁旗、宁城。

分布：中国（黑龙江、吉林、辽宁、内蒙古、河北、山西、山东、广东、广西、四川、贵州、云南），朝鲜半岛，日本，俄罗斯（东部西伯利亚、远东地区），越南。

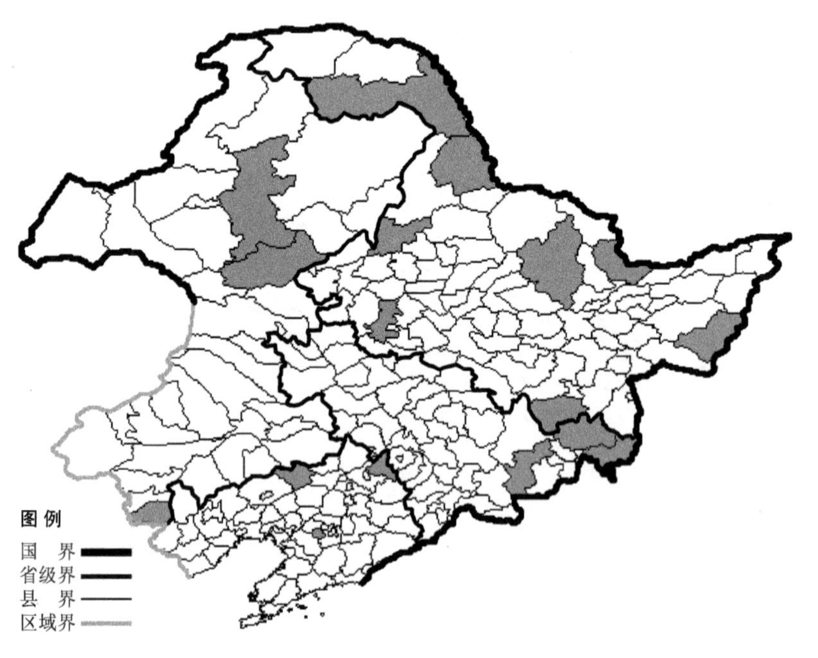

狭轮叶沙参 Adenophora tetraphylla (Thunb.) Fisch. f. **angustifolia** (Regel) C. Y. Li 生于林缘、山坡草地，产于黑龙江省伊春、宁安、虎林、萝北、黑河、呼玛、大庆、讷河，吉林省珲春、安图、汪清，辽宁省彰武、鞍山、西丰，内蒙古宁城、扎兰屯、牙克石，分布于中国（黑龙江、吉林、辽宁、内蒙古），俄罗斯（远东地区）。

荠苨

Adenophora trachelioides Maxim.

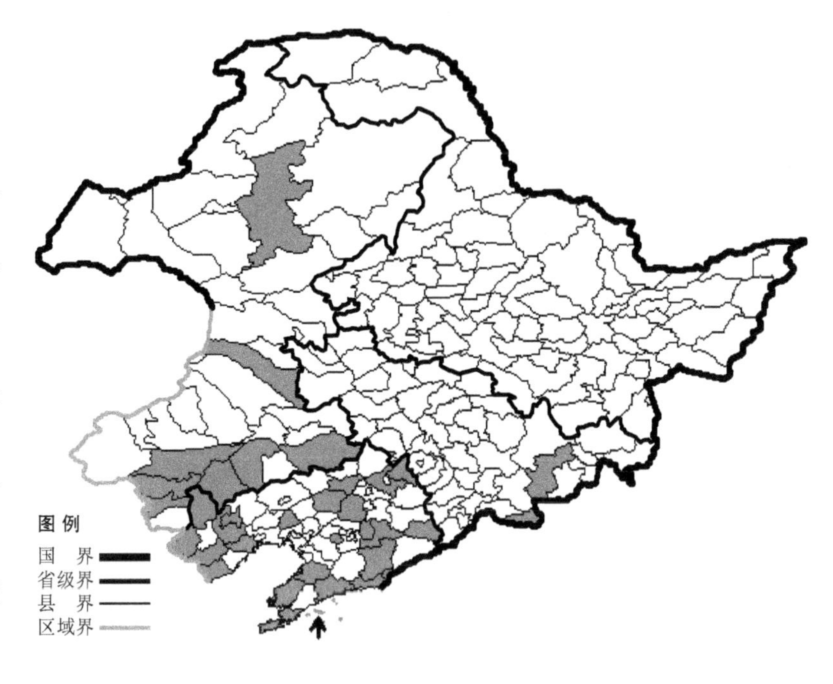

生境：林间草地，山坡草地，路旁，海拔 500 米以下。

产地：吉林省长白、安图，辽宁省丹东、凌源、法库、桓仁、葫芦岛、东港、西丰、绥中、大连、北镇、建昌、建平、盖州、鞍山、凤城、新民、长海、庄河、瓦房店、本溪、沈阳、朝阳、开原，内蒙古科尔沁左翼后旗、奈曼旗、赤峰、敖汉旗、牙克石、喀喇沁旗、翁牛特旗、科尔沁右翼中旗。

分布：中国（吉林、辽宁、内蒙古、河北、山东、江苏、安徽、浙江），朝鲜半岛，俄罗斯（远东地区）。

锯齿沙参

Adenophora tricuspidata (Fisch. ex Roem. et Schult.) A. DC.

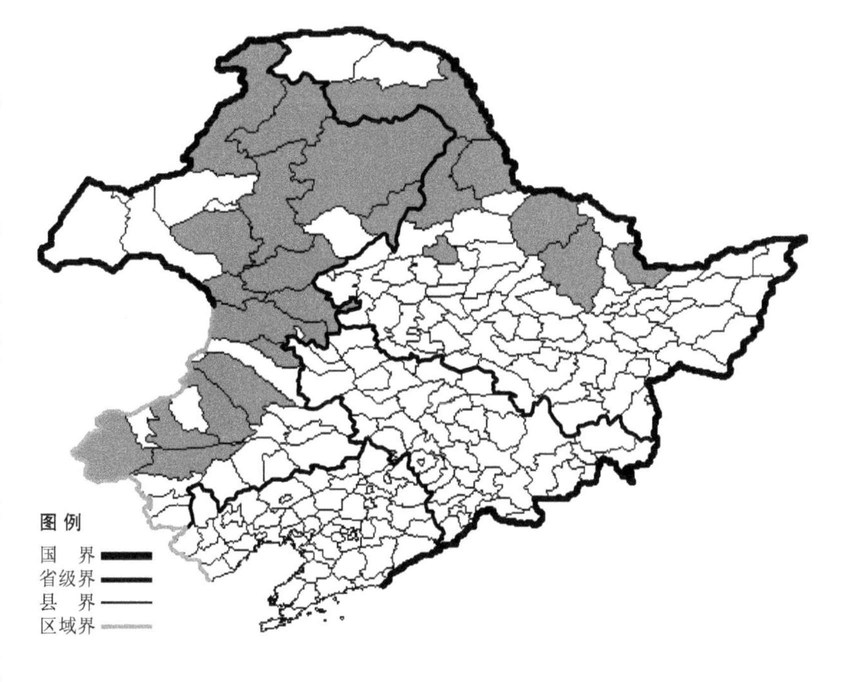

生境：草甸，湿草地，海拔 800 米以下。

产地：黑龙江省嫩江、伊春、萝北、克山、呼玛、黑河、逊克，内蒙古克什克腾旗、阿鲁科尔沁旗、鄂伦春旗、牙克石、莫力达瓦达斡尔旗、鄂温克旗、额尔古纳、根河、扎兰屯、扎鲁特旗、阿尔山、扎赉特旗、科尔沁右翼前旗、巴林右旗、翁牛特旗、突泉。

分布：中国（黑龙江、内蒙古），蒙古，俄罗斯（东部西伯利亚、远东地区）。

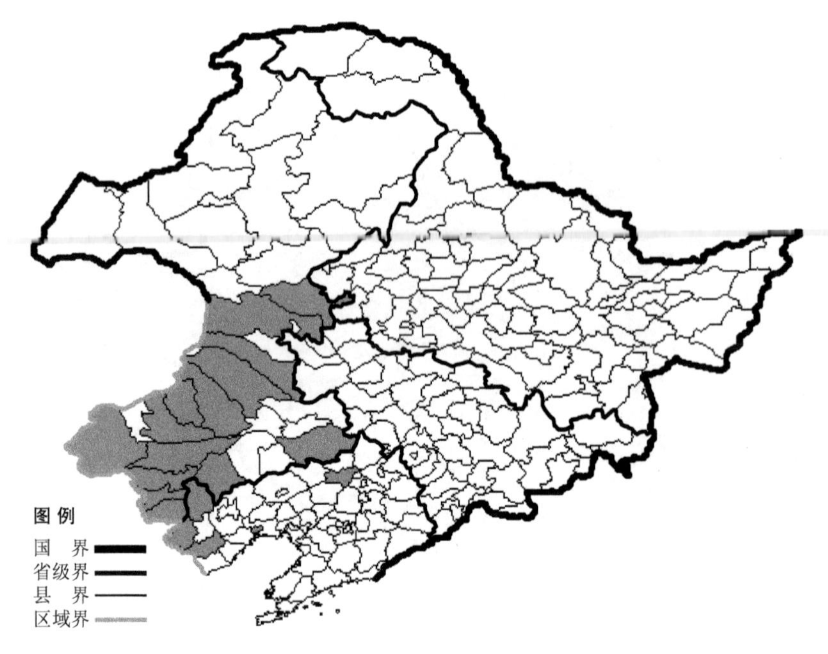

多歧沙参

Adenophora wawreana A. Zahlbr.

生境：山坡草地，林缘，较干旱沟谷。

产地：辽宁省建平、凌源、建昌、锦州、法库，内蒙古科尔沁右翼前旗、科尔沁右翼中旗、扎赉特旗、科尔沁左翼后旗、阿鲁科尔沁旗、巴林左旗、扎鲁特旗、巴林右旗、赤峰、翁牛特旗、敖汉旗、克什克腾旗、喀喇沁旗、宁城。

分布：中国（辽宁、内蒙古、河北、山西、河南）。

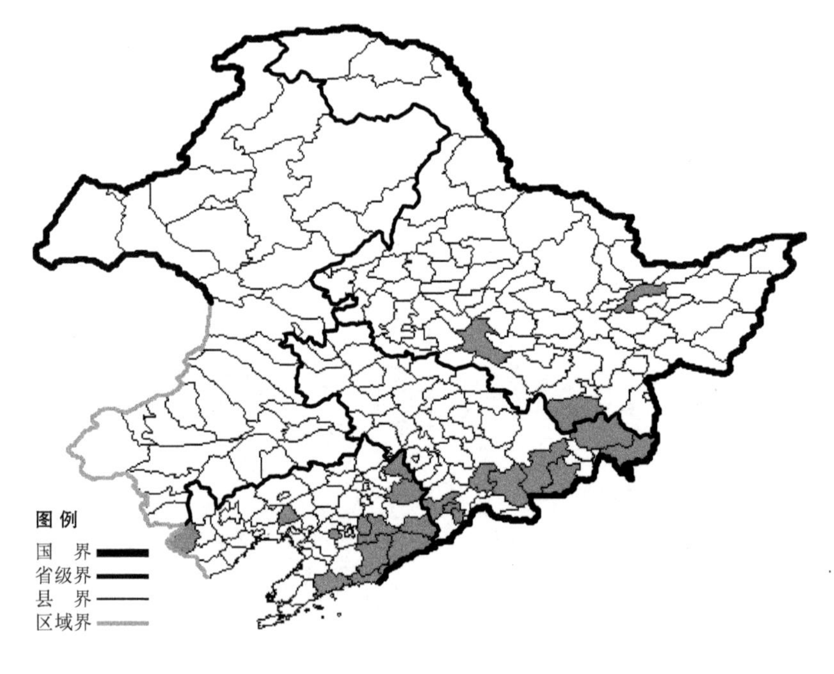

牧根草

Asyneuma japonicum (Miq.) Briq.

生境：林下，林缘，海拔 900 米以下。

产地：黑龙江省哈尔滨、宁安、桦川，吉林省和龙、安图、汪清、珲春、抚松、靖宇、通化，辽宁省庄河、桓仁、本溪、丹东、东港、宽甸、北镇、凌源、凤城、西丰、鞍山、清原。

分布：中国（黑龙江、吉林、辽宁），朝鲜半岛，日本，俄罗斯（远东地区）。

聚花风铃草

Campanula glomerata L.

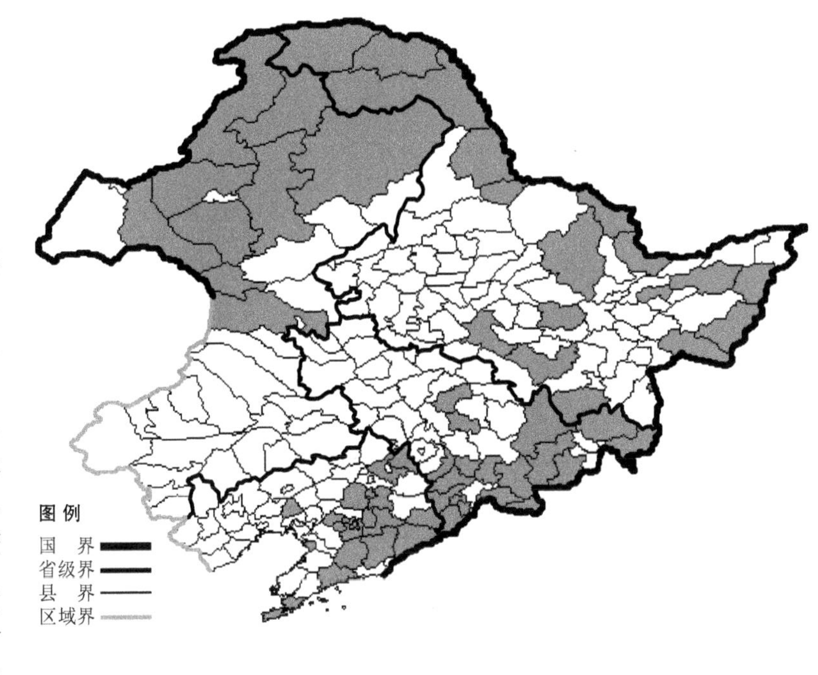

生境：山坡草地，路旁，林缘，林间草地，海拔 2100 米以下。

产地：黑龙江省漠河、呼玛、嘉荫、萝北、尚志、塔河、富锦、伊春、哈尔滨、密山、饶河、虎林、黑河、绥芬河、集贤、宁安、孙吴、通河，吉林省临江、通化、柳河、梅河口、辉南、集安、永吉、抚松、靖宇、长白、珲春、安图、敦化、和龙、汪清、九台，辽宁省沈阳、抚顺、本溪、鞍山、凤城、大连、庄河、桓仁、宽甸、岫岩、北镇、营口、开原、西丰、辽阳，内蒙古额尔古纳、牙克石、阿尔山、根河、鄂温克旗、科尔沁右翼前旗、陈巴尔虎旗、新巴尔虎左旗、鄂伦春旗。

分布：中国（黑龙江、吉林、辽宁、内蒙古、新疆），朝鲜半岛，日本，蒙古，俄罗斯（欧洲部分、西伯利亚、远东地区），中亚，欧洲。

紫斑风铃草

Campanula punctata Lam.

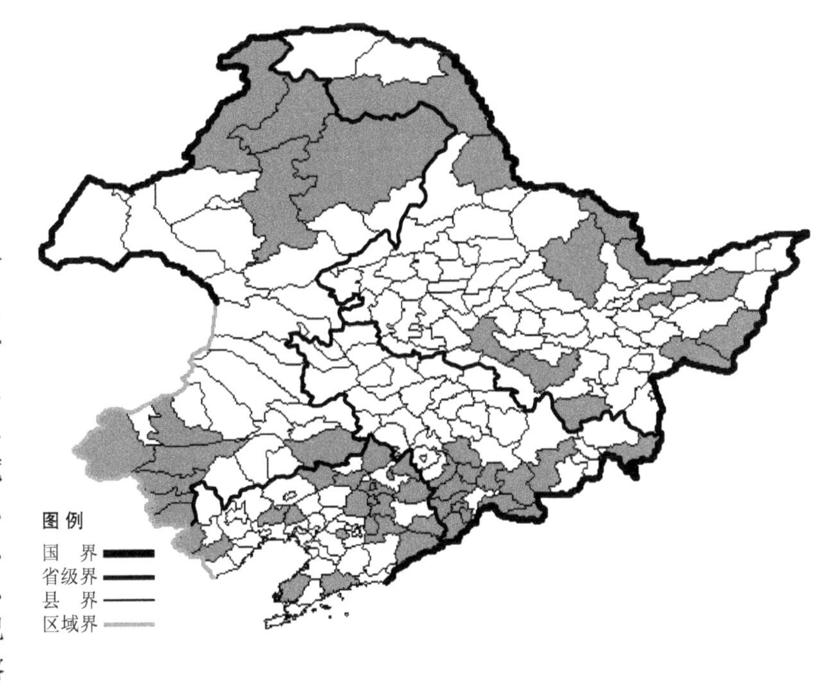

生境：林缘，灌丛，山坡草地，路旁，海拔 900 米以下。

产地：黑龙江省呼玛、伊春、萝北、尚志、密山、黑河、嘉荫、虎林、集贤、富锦、宁安、哈尔滨，吉林省临江、通化、柳河、梅河口、辉南、集安、抚松、靖宇、长白、安图、珲春、磐石，辽宁省北镇、西丰、本溪、宽甸、桓仁、鞍山、庄河、瓦房店、凌源、义县、法库、抚顺、建昌、昌图、铁岭、清原、沈阳、彰武，内蒙古额尔古纳、根河、科尔沁左翼后旗、牙克石、巴林右旗、克什克腾旗、翁牛特旗、喀喇沁旗、鄂伦春旗、赤峰、宁城。

分布：中国（黑龙江、吉林、辽宁、内蒙古、河北、山西、陕西、甘肃、河南、湖北、四川），朝鲜半岛，日本，俄罗斯（东部西伯利亚、远东地区）。

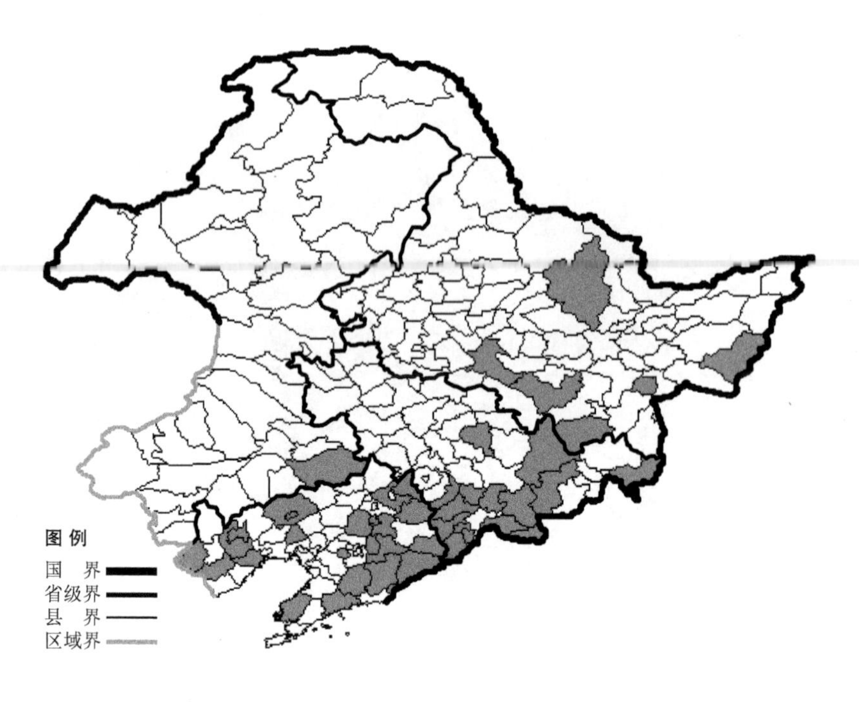

羊乳

Codonopsis lanceolata (Sieb. et Zucc.) Trautv.

生境：沟谷，溪流旁，林缘，山坡灌丛，海拔 1100 米以下。

产地：黑龙江省哈尔滨、宁安、尚志、鸡西、虎林、伊春，吉林省抚松、长白、临江、通化、柳河、梅河口、辉南、集安、靖宇、珲春、安图、吉林、敦化，辽宁省西丰、开原、清原、桓仁、宽甸、凤城、丹东、鞍山、抚顺、本溪、沈阳、葫芦岛、岫岩、庄河、凌源、建昌、朝阳、阜新、瓦房店、北镇，内蒙古科尔沁左翼后旗。

分布：中国（黑龙江、吉林、辽宁、内蒙古、河北、山西、山东、江苏、河南、湖北），朝鲜半岛，日本，俄罗斯（远东地区）。

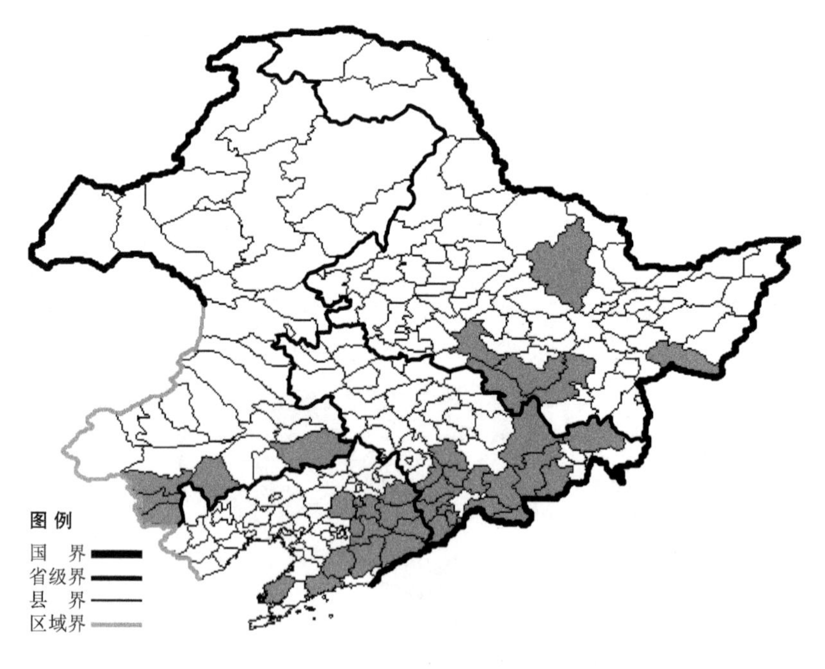

党参

Codonopsis pilosula (Franch.) Nannf.

生境：林缘，灌丛，疏林下，河边，路旁，海拔 1400 米以下。

产地：黑龙江省哈尔滨、伊春、五常、密山、尚志、海林，吉林省临江、通化、柳河、梅河口、辉南、集安、抚松、靖宇、长白、敦化、汪清、安图、磐石、和龙，辽宁省清原、新宾、桓仁、抚顺、本溪、宽甸、凤城、岫岩、庄河、瓦房店、沈阳，内蒙古赤峰、宁城、喀喇沁旗、科尔沁左翼后旗、敖汉旗。

分布：中国（黑龙江、吉林、辽宁、内蒙古、河北、山西、陕西、甘肃、宁夏、青海、河南、四川、云南、西藏），朝鲜半岛，蒙古，俄罗斯（远东地区）。

雀斑党参

Codonopsis ussuriensis (Rupr. et Maxim.) Hemsl.

生境：林缘，沟谷，河边，海拔约300米。

产地：黑龙江省依兰、伊春、虎林、密山、萝北、嫩江、黑河，吉林省安图、珲春、汪清、梅河口、通化，辽宁省西丰、开原、铁岭、抚顺、海城、盖州、桓仁、丹东、岫岩、庄河、绥中、凤城、本溪。

分布：中国（黑龙江、吉林、辽宁），朝鲜半岛，日本，俄罗斯（远东地区）。

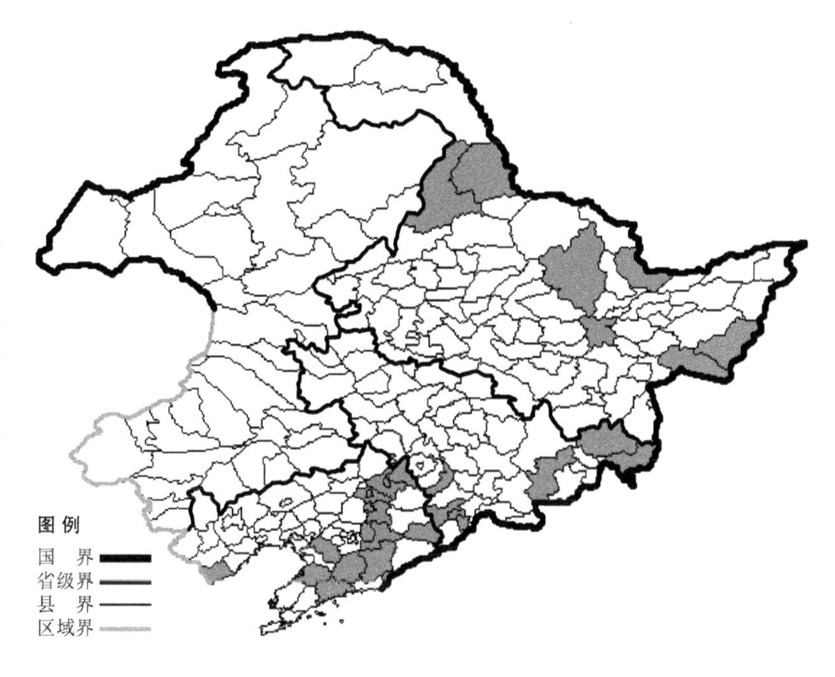

山梗菜

Lobelia sessilifolia Lamb.

生境：湿草地，沼泽，草甸，河边，海拔1000米以下。

产地：黑龙江省虎林、伊春、勃利、黑河、佳木斯、密山、尚志、东宁、萝北、嘉荫、孙吴，吉林省临江、通化、柳河、梅河口、辉南、集安、抚松、靖宇、长白、安图、敦化、蛟河、珲春、汪清，辽宁省彰武，内蒙古鄂伦春旗、扎兰屯、莫力达瓦达斡尔旗、牙克石、科尔沁左翼后旗。

分布：中国（黑龙江、吉林、辽宁、内蒙古、河北、山东、浙江、广西、云南、台湾），朝鲜半岛，日本，俄罗斯（东部西伯利亚、远东地区）。

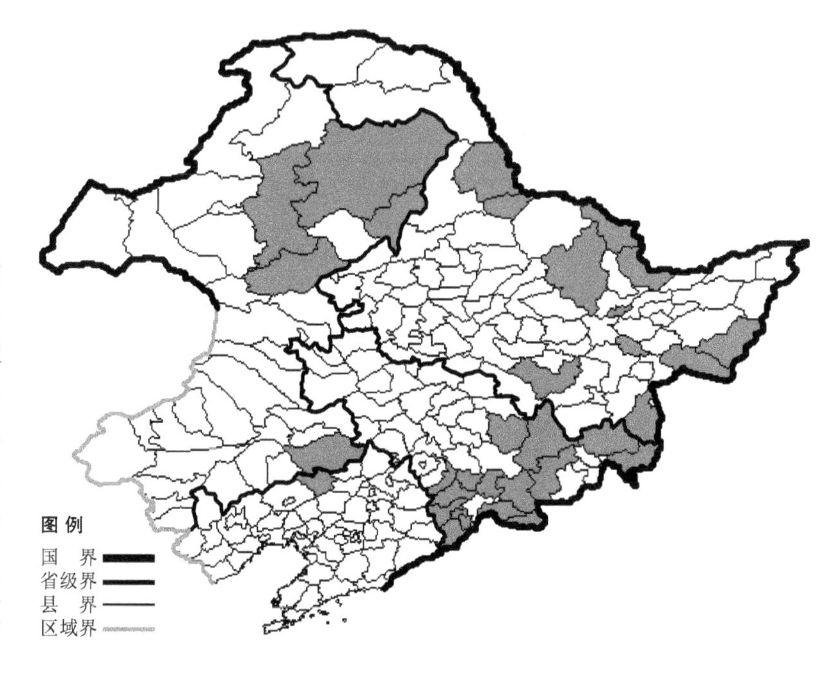

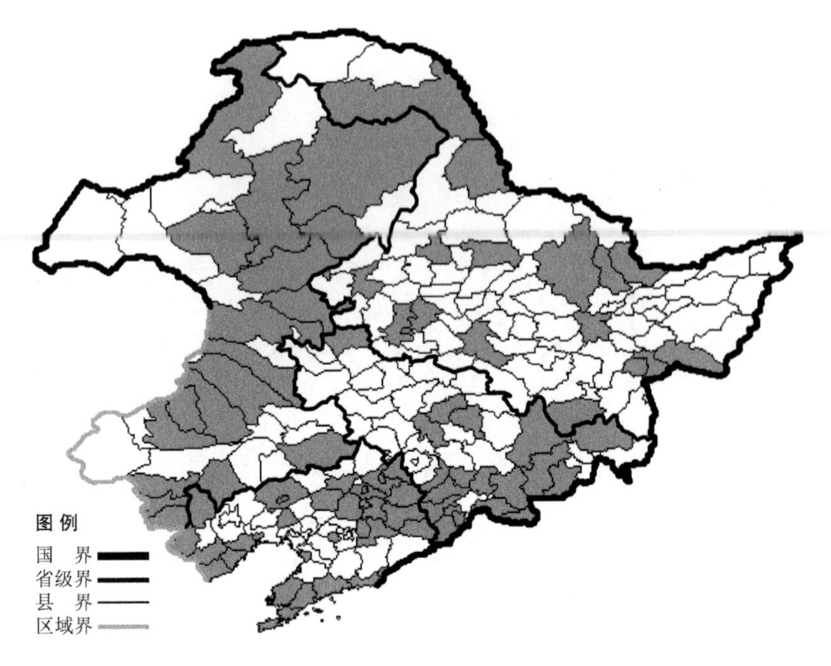

桔梗

Platycodon grandiflorum (Jacq.) A. DC.

生境：山坡草地，林缘，灌丛，草甸，海拔 900 米以下。

产地：黑龙江省萝北、密山、黑河、呼玛、宁安、北安、伊春、齐齐哈尔、鹤岗、依兰、鸡东、鸡西、大庆、哈尔滨、克山、安达，吉林省临江、通化、柳河、梅河口、辉南、集安、抚松、吉林、靖宇、长白、汪清、安图、敦化、九台、长春、和龙、镇赉，辽宁省大连、普兰店、瓦房店、庄河、兴城、本溪、阜新、抚顺、锦州、绥中、葫芦岛、建平、营口、凌源、北镇、建昌、西丰、新民、桓仁、新宾、鞍山、丹东、东港、开原、法库、沈阳、清原、铁岭，内蒙古额尔古纳、阿荣旗、牙克石、扎兰屯、科尔沁右翼前旗、科尔沁右翼中旗、鄂伦春旗、扎鲁特旗、宁城、敖汉旗、赤峰、喀喇沁旗、巴林左旗、巴林右旗、阿鲁科尔沁旗、扎赉特旗、鄂温克旗、科尔沁左翼后旗。

分布：中国（黑龙江、吉林、辽宁、内蒙古、河北、山西、陕西、山东、江苏、安徽、浙江、福建、河南、湖北、江西、湖南、广东、广西、四川、贵州、云南、台湾），朝鲜半岛，日本，俄罗斯（东部西伯利亚、远东地区）。

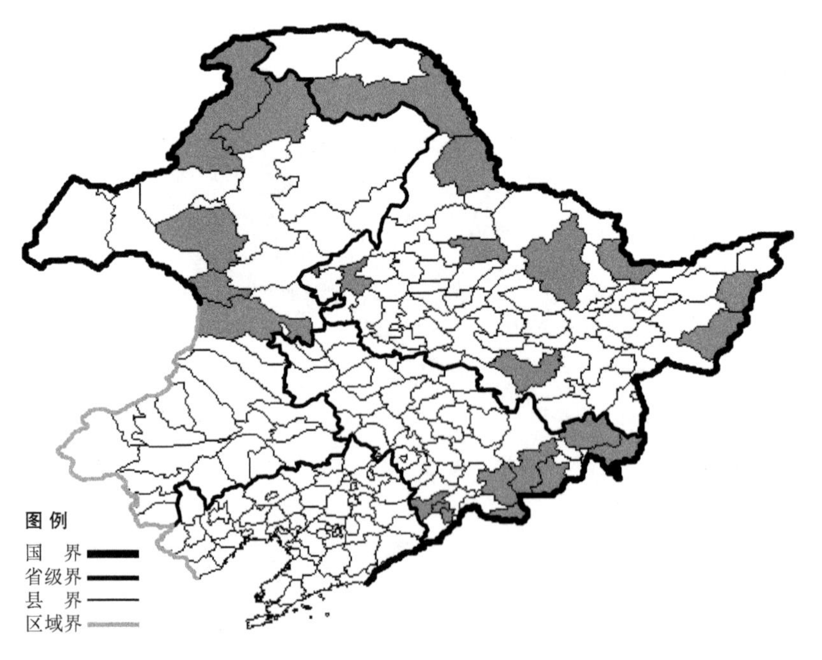

菊科 Compositae

齿叶蓍

Achillea acuminata (Ledeb.) Sch.-Bip.

生境：湿草地，溪流旁，林下，林缘，海拔 700 米以下。

产地：黑龙江省虎林、饶河、萝北、尚志、呼玛、北安、伊春、齐齐哈尔、黑河，吉林省安图、抚松、和龙、珲春、汪清、通化、长白，内蒙古根河、额尔古纳、鄂温克旗、阿尔山、科尔沁右翼前旗。

分布：中国（黑龙江、吉林、内蒙古、陕西、甘肃、青海、宁夏），朝鲜半岛，日本，蒙古，俄罗斯（东部西伯利亚、远东地区）。

高山蓍

Achillea alpina L.

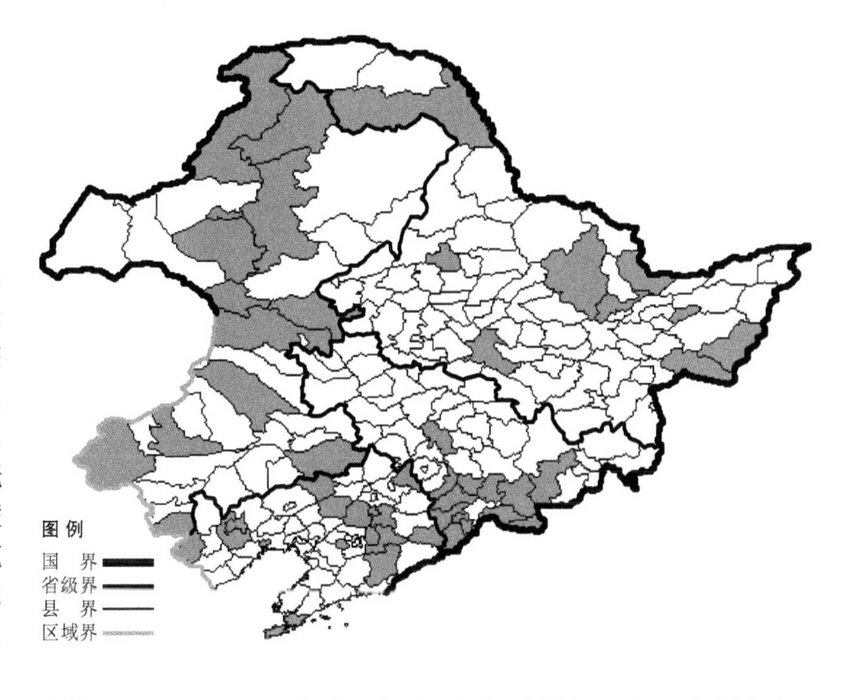

生境：河边，林缘，山坡草地，灌丛，海拔1500米以下。

产地：黑龙江省哈尔滨、密山、友谊、伊春、虎林、萝北、克山、汤原、呼玛，吉林省安图、长白、长春、临江、梅河口、通化、柳河、辉南、集安、抚松、靖宇，辽宁省西丰、沈阳、彰武、新民、鞍山、桓仁、凤城、本溪、抚顺、凌源、大连、朝阳、锦州，内蒙古鄂温克旗、根河、额尔古纳、牙克石、海拉尔、科尔沁右翼前旗、阿尔山、扎赉特旗、扎鲁特旗、克什克腾旗、科尔沁左翼后旗、巴林右旗、宁城。

分布：中国（黑龙江、吉林、辽宁、内蒙古、河北、山西、甘肃、宁夏、青海、四川、云南），朝鲜半岛，日本，蒙古，俄罗斯（东部西伯利亚、远东地区）。

亚洲蓍

Achillea asiatica Serg.

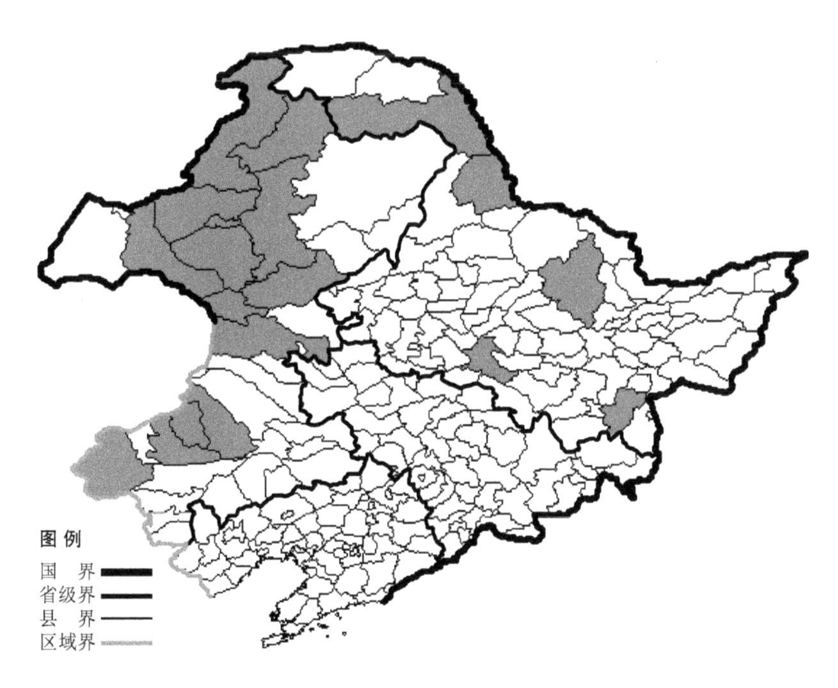

生境：干山坡，草甸，河边，林缘湿草地，海拔1000米以下。

产地：黑龙江省呼玛、黑河、穆棱、哈尔滨、伊春，内蒙古额尔古纳、海拉尔、扎兰屯、牙克石、阿尔山、根河、科尔沁右翼前旗、新巴尔虎左旗、陈巴尔虎旗、鄂温克旗、克什克腾旗、阿鲁科尔沁旗、巴林左旗、巴林右旗。

分布：中国（黑龙江、内蒙古、河北、新疆），蒙古，俄罗斯（西伯利亚、远东地区），中亚。

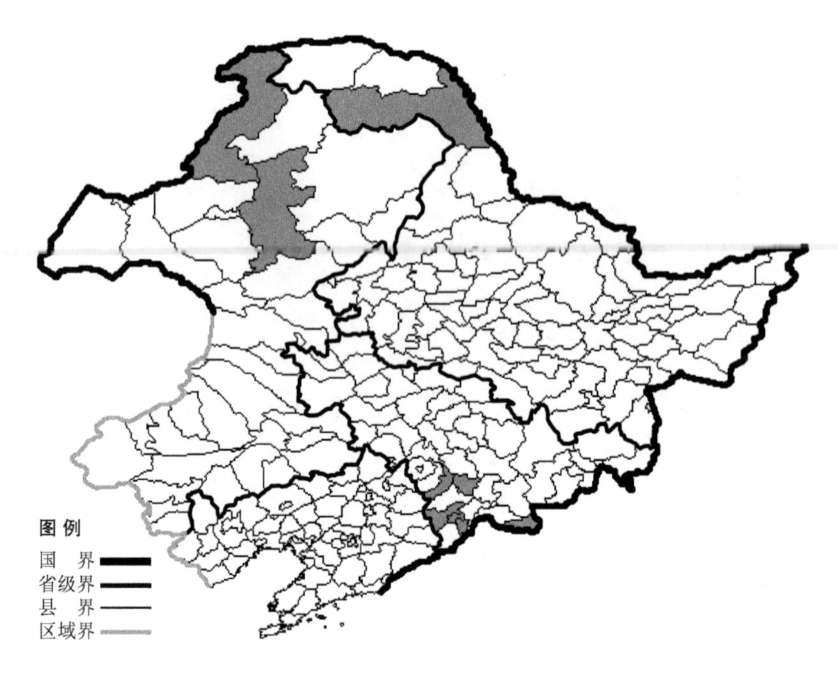

蓍

Achillea millefolium L.

生境：山坡草地，林缘，草甸。

产地：黑龙江省呼玛，吉林省通化、梅河口、辉南、长白，内蒙古额尔古纳、牙克石。

分布：原产欧洲，现我国黑龙江、吉林、内蒙古有分布。

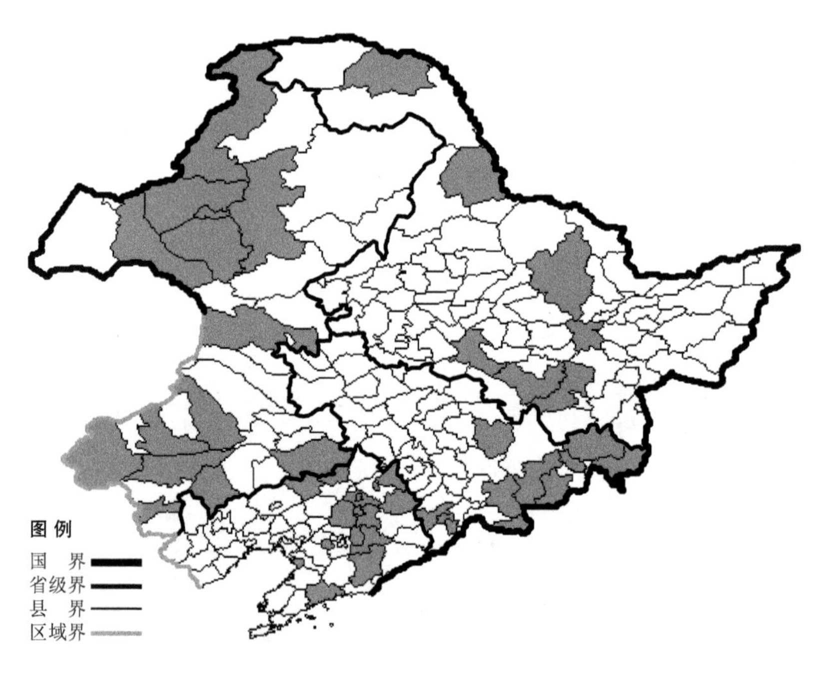

短瓣蓍

Achillea ptarmicoides Maxim.

生境：草甸，林缘，山坡草地，海拔1500米以下。

产地：黑龙江省海林、塔河、哈尔滨、尚志、依兰、黑河、伊春，吉林省安图、抚松、长白、和龙、延吉、汪清、珲春、蛟河、通化，辽宁省沈阳、凤城、清原、西丰、鞍山、康平、庄河、营口、彰武、铁岭、本溪、抚顺，内蒙古科尔沁左翼后旗、额尔古纳、牙克石、海拉尔、新巴尔虎左旗、科尔沁右翼前旗、陈巴尔虎旗、鄂温克旗、巴林右旗、克什克腾旗、阿鲁科尔沁旗、翁牛特旗、敖汉旗、喀喇沁旗。

分布：中国（黑龙江、吉林、辽宁、内蒙古、河北），朝鲜半岛，日本，蒙古，俄罗斯（东部西伯利亚、远东地区）。

猫儿菊

Achyrophorus ciliatus (Thunb.) Sch. Bip.

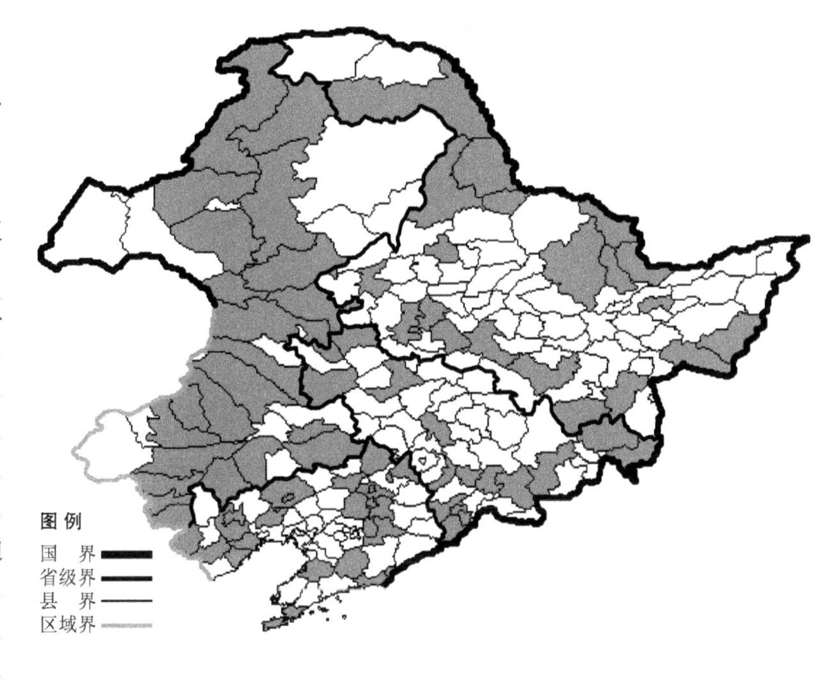

生境：山坡灌丛，草甸，海拔800米以下。

产地：黑龙江省密山、虎林、五大莲池、克山、穆棱、尚志、肇东、哈尔滨、集贤、黑河、呼玛、安达、伊春、宁安、嫩江、鹤岗、萝北、孙吴、大庆、齐齐哈尔、嘉荫，吉林省通化、抚松、安图、梅河口、辉南、集安、靖宇、前郭尔罗斯、白城、长春、通榆、珲春、汪清、镇赉，辽宁省西丰、铁岭、昌图、沈阳、抚顺、盖州、大连、兴城、法库、建昌、凌源、阜新、义县、葫芦岛、岫岩、本溪、东港、朝阳、丹东，内蒙古根河、宁城、扎赉特旗、扎鲁特旗、科尔沁右翼前旗、科尔沁右翼中旗、阿尔山、额尔古纳、牙克石、扎兰屯、科尔沁左翼后旗、陈巴尔虎旗、鄂温克旗、通辽、奈曼旗、阿鲁科尔沁旗、巴林左旗、巴林右旗、翁牛特旗、赤峰、敖汉旗、喀喇沁旗。

分布：中国（黑龙江、吉林、辽宁、内蒙古、河北、山西、新疆、山东、河南），朝鲜半岛，蒙古，俄罗斯（西伯利亚、远东地区）。

腺梗菜

Adenocaulon himalaicum Edgew.

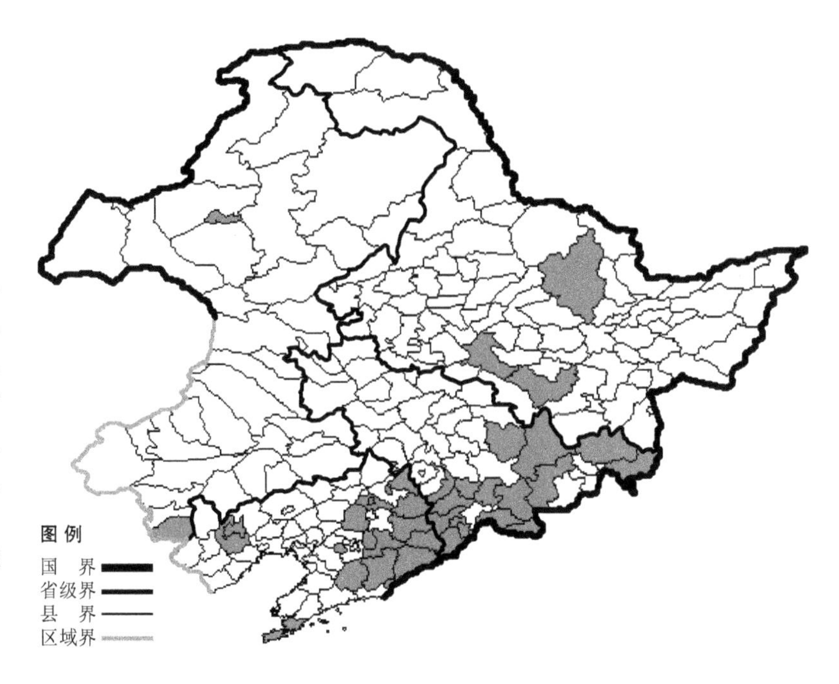

生境：林缘，林下，灌丛，路旁，海拔800米以下。

产地：黑龙江省伊春、哈尔滨、尚志，吉林省抚松、敦化、安图、汪清、珲春、蛟河、通化、临江、柳河、辉南、集安、靖宇、梅河口、长白，辽宁省西丰、新宾、沈阳、铁岭、清原、鞍山、本溪、凤城、丹东、大连、朝阳、桓仁、岫岩、宽甸，内蒙古宁城、海拉尔。

分布：中国（全国各地），朝鲜半岛，日本，俄罗斯（远东地区），印度。

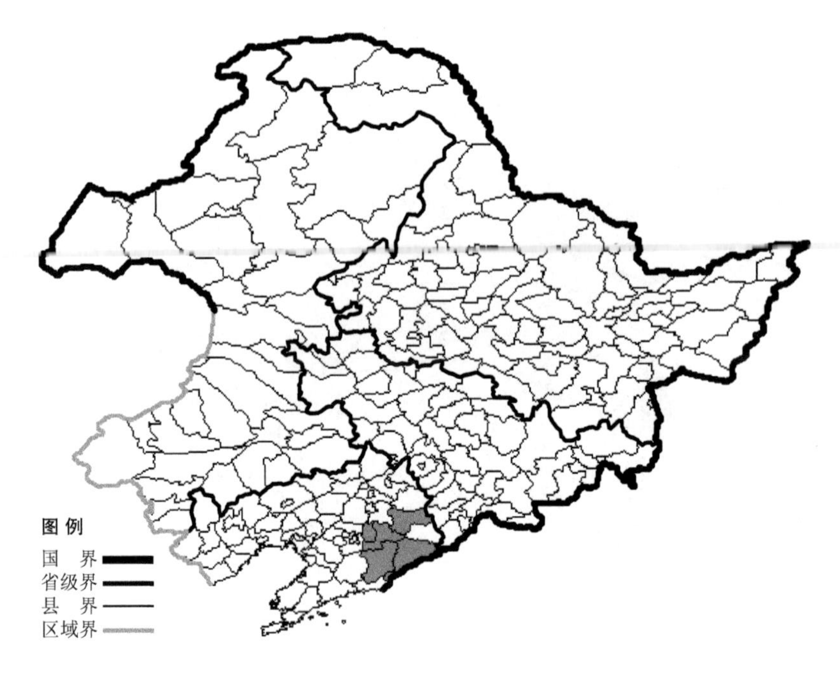

槭叶兔儿风

Ainsliaca acerifolia Sch.-Bip.

生境：林缘，林下，海拔 800 米以下。

产地：辽宁省本溪、凤城、宽甸、新宾、丹东。

分布：中国（辽宁），朝鲜半岛，日本。

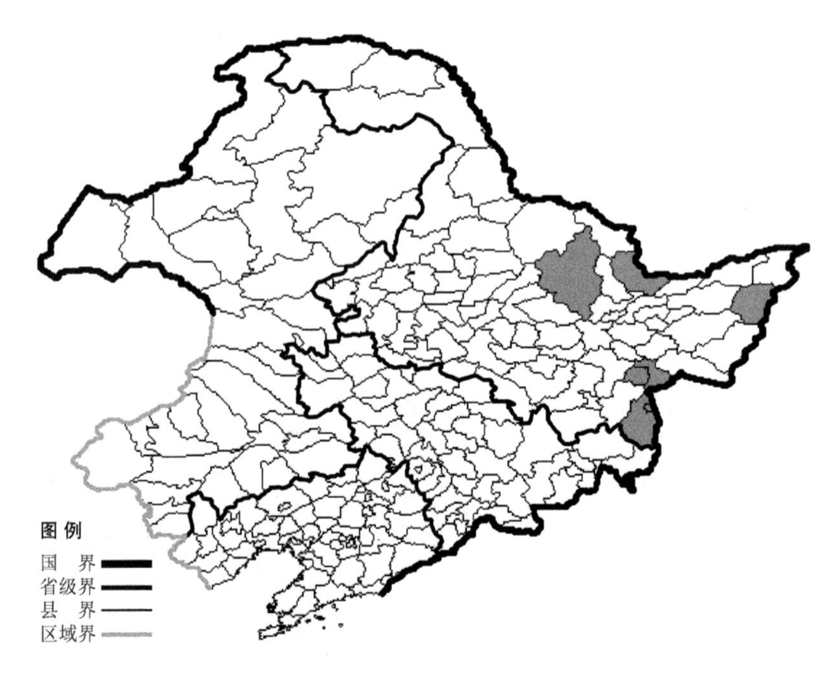

亚菊

Ajania pallasiana (Fisch. ex Bess.) Poljak.

生境：石砾质山坡，岩石壁上，山顶草地，杂木林下，海拔 600 米以下。

产地：黑龙江省饶河、萝北、伊春、鸡东、鸡西、东宁、绥芬河。

分布：中国（黑龙江），朝鲜半岛，俄罗斯（远东地区）。

豚草

Ambrosia artemisiifolia L.

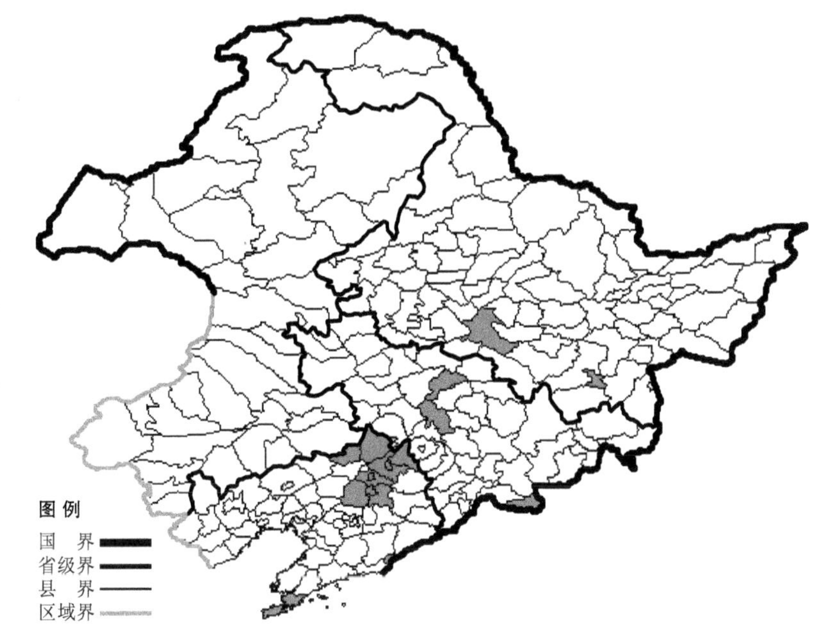

生境：路旁，河边。

产地：黑龙江省哈尔滨、牡丹江，吉林省长春、德惠、长白，辽宁省西丰、昌图、开原、铁岭、沈阳、丹东、抚顺、大连、康平。

分布：原产北美洲，现中国各地普遍分布。

三裂叶豚草

Ambrosia trifida L.

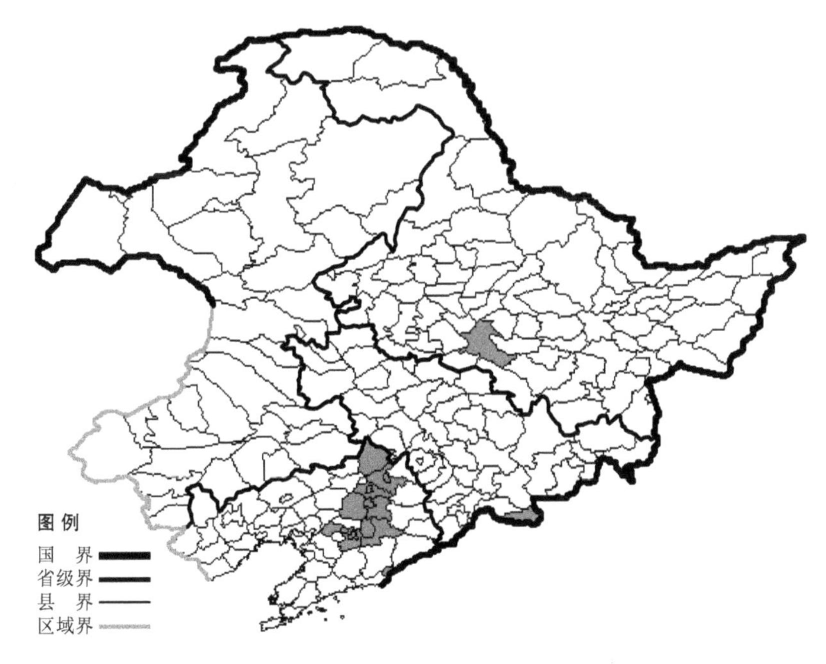

生境：山坡，田园，人家附近，路旁，铁路旁，沟渠沿岸。

产地：黑龙江省哈尔滨，吉林省长白，辽宁省昌图、开原、铁岭、沈阳、抚顺、辽阳、本溪、丹东。

分布：原产北美洲，现中国各地普遍分布。

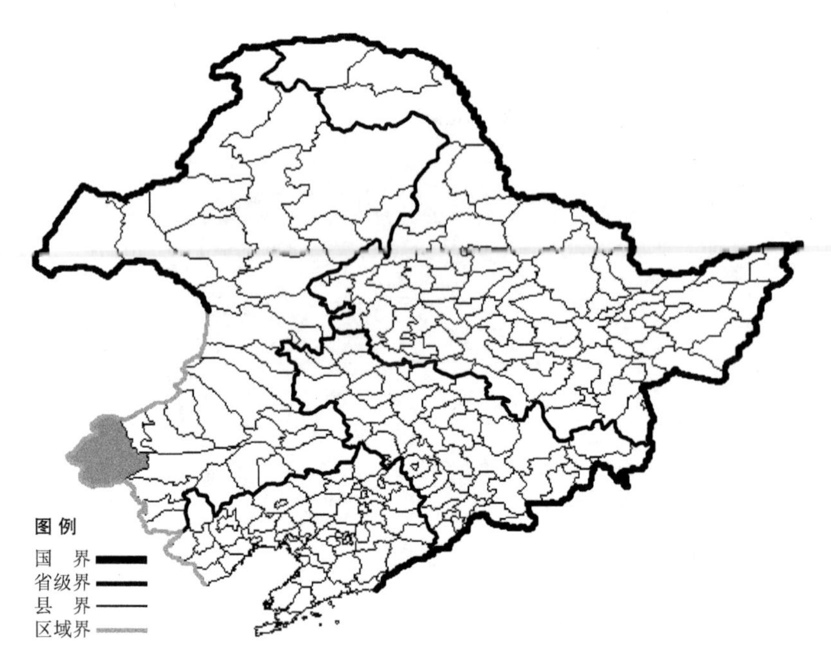

铃铃香青

Anaphalis hancockii Maxim.

生境：山顶，山坡草地。

产地：内蒙古克什克腾旗。

分布：中国（内蒙古、河北、山西、陕西、甘肃、青海、四川、西藏）。

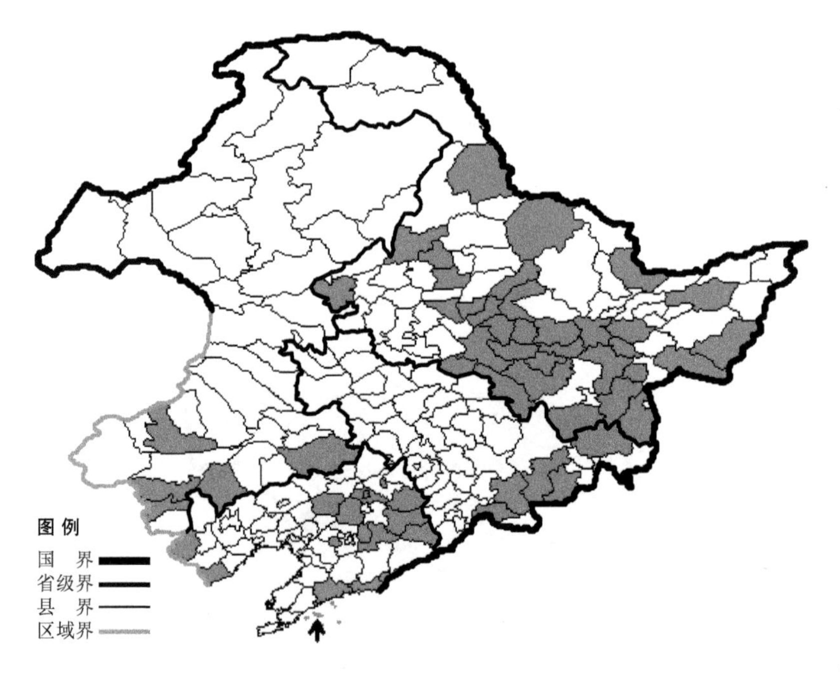

牛蒡

Arctium lappa L.

生境：林下，林缘，山坡草地，路旁，人家附近，亦有栽培，海拔1200米以下。

产地：黑龙江省逊克、讷河、拜泉、克山、林口、虎林、方正、双城、桦南、尚志、萝北、哈尔滨、密山、五常、宁安、庆安、宾县、巴彦、延寿、木兰、青冈、鸡西、穆棱、富锦、勃利、望奎、通河、依兰、东宁、绥化、绥棱、龙江、黑河，吉林省临江、抚松、和龙、汪清、安图，辽宁省沈阳、绥中、本溪、清原、丹东、桓仁、凌源、长海、鞍山、新民、铁岭、新宾、东港、庄河，内蒙古赤峰、巴林右旗、科尔沁左翼后旗、喀喇沁旗、敖汉旗。

分布：中国（全国各地），遍布欧亚大陆。

莎菀

Arctogeron gramineum (L.) DC.

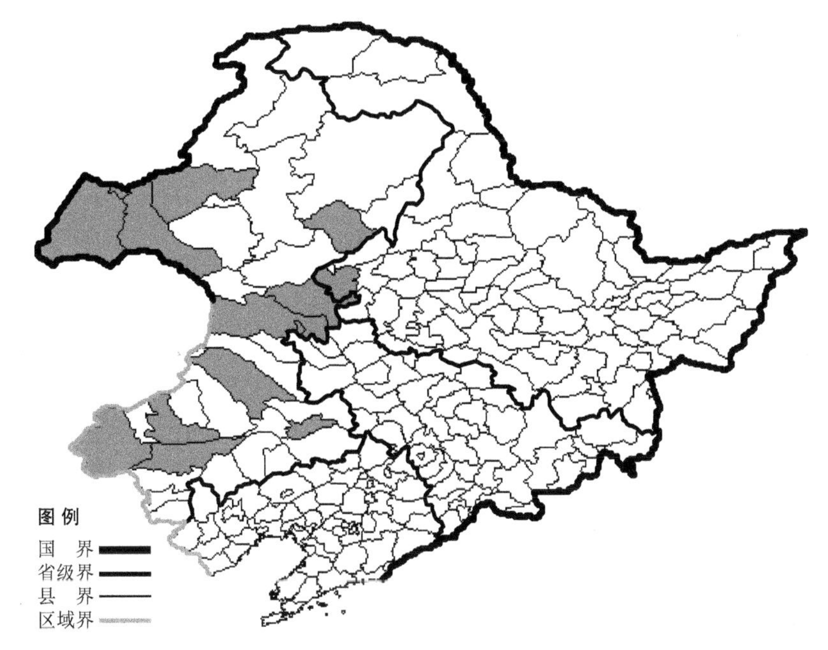

生境：石砾质地，海拔 800 米以下。

产地：黑龙江省龙江，内蒙古新巴尔虎右旗、新巴尔虎左旗、满洲里、科尔沁右翼前旗、扎赉特旗、翁牛特旗、通辽、巴林右旗、克什克腾旗、扎鲁特旗、乌兰浩特、阿荣旗、陈巴尔虎旗。

分布：中国（黑龙江、内蒙古），蒙古，俄罗斯（西伯利亚）。

丝叶蒿

Artemisia adamsii Bess.

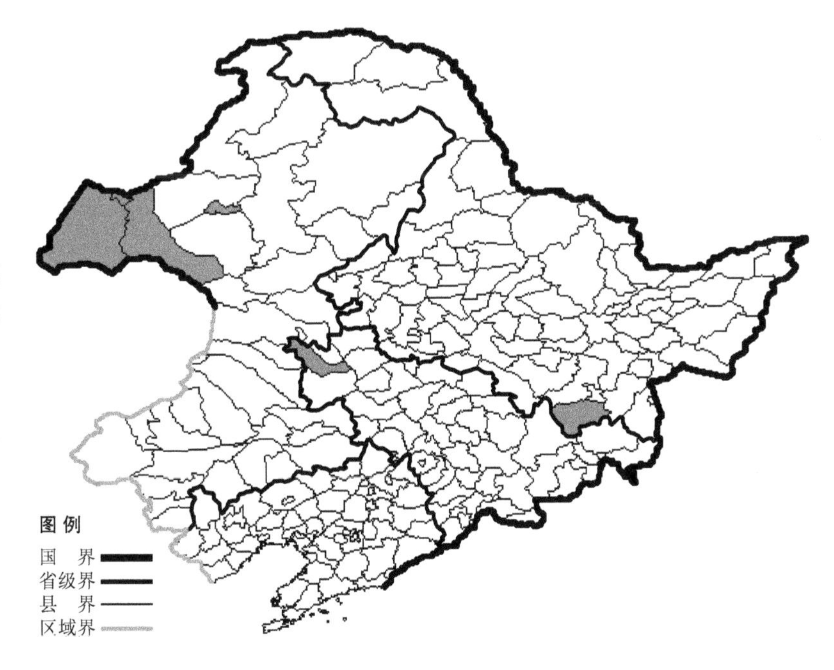

生境：河边，湖边，盐渍化草原，平原向阳处。

产地：黑龙江省宁安，吉林省洮南，内蒙古满洲里、海拉尔、新巴尔虎左旗、新巴尔虎右旗。

分布：中国（黑龙江、吉林、内蒙古），蒙古，俄罗斯（东部西伯利亚）。

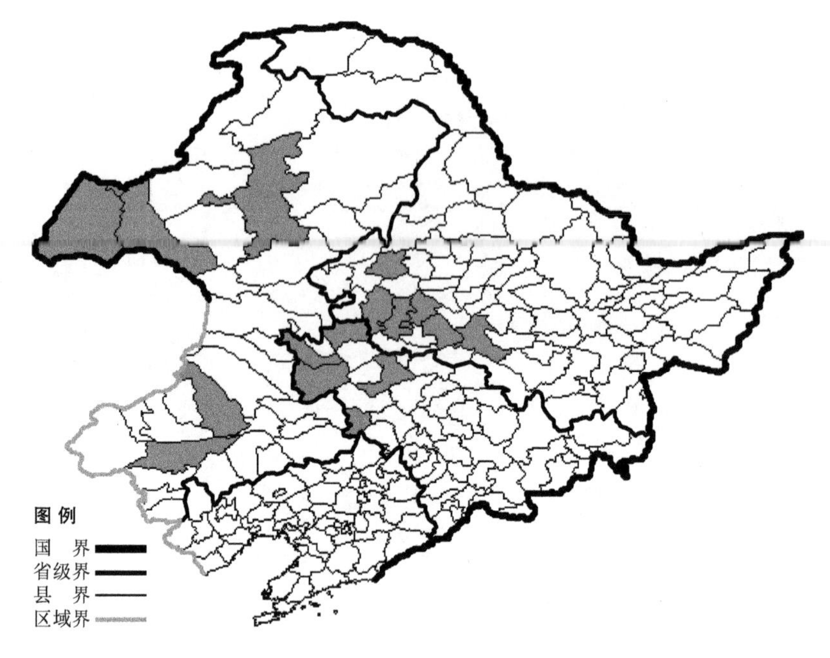

大莳萝

Artemisia anethifolia Weber ex Stechm.

生境：碱性草地，沙丘间碱地。

产地：黑龙江省肇东、大庆、杜尔伯特、哈尔滨、富裕、安达，吉林省双辽、前郭尔罗斯、洮南、通榆、镇赉，内蒙古海拉尔、满洲里、新巴尔虎左旗、新巴尔虎右旗、牙克石、翁牛特旗、阿鲁科尔沁旗。

分布：中国（黑龙江、吉林、内蒙古、河北、山西、陕西、宁夏、甘肃、青海、新疆），蒙古，俄罗斯（西伯利亚）。

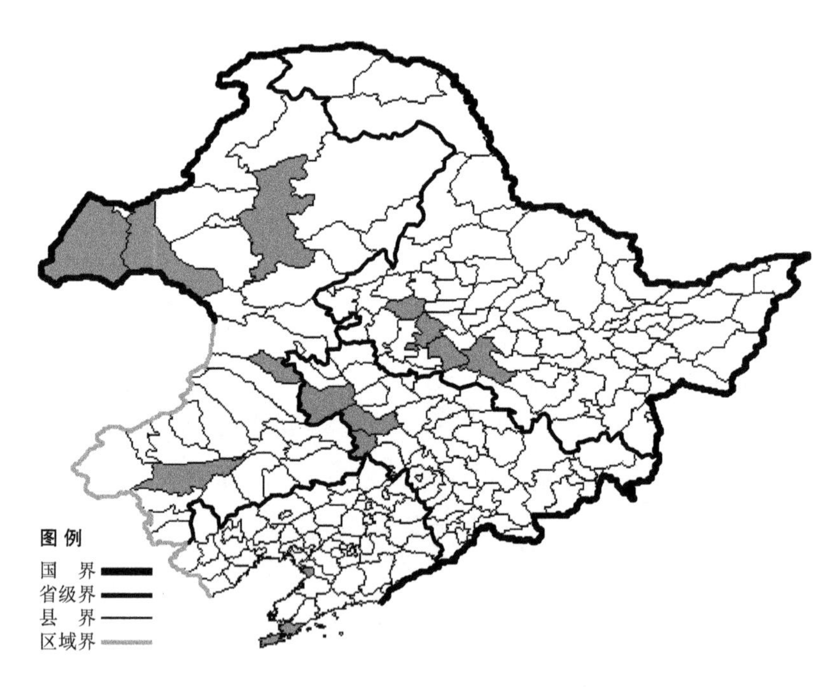

莳萝蒿

Artemisia anethoides Mattf.

生境：干燥沙质地，干山坡，河边沙地，荒地，盐碱地，沙质草原。

产地：黑龙江省哈尔滨、肇东、安达、林甸，吉林省通榆、双辽、长岭，辽宁省营口、大连，内蒙古牙克石、新巴尔虎左旗、新巴尔虎右旗、突泉、翁牛特旗。

分布：中国（黑龙江、吉林、辽宁、内蒙古、河北、山西、陕西、甘肃、青海、宁夏、新疆、山东、河南、四川），蒙古。

黄花蒿

Artemisia annua L.

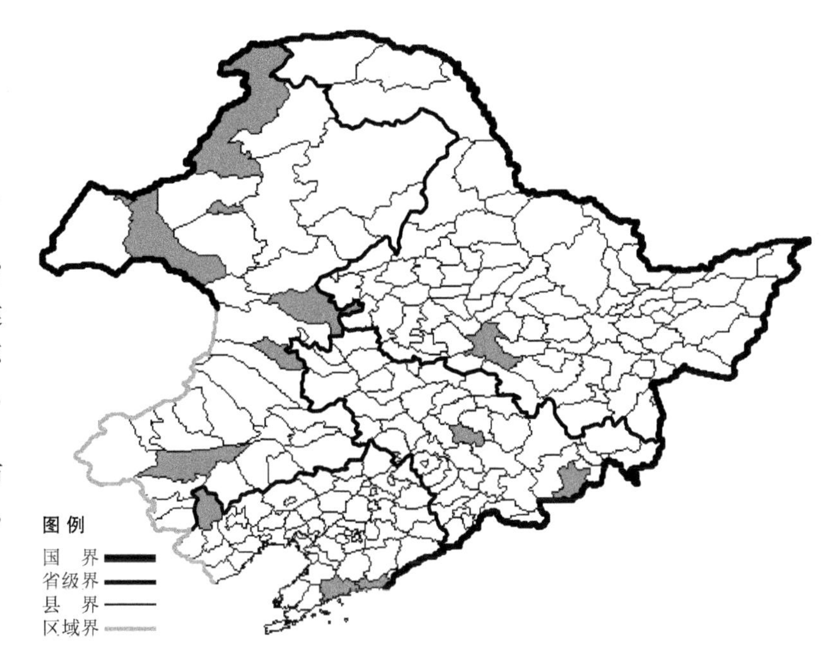

生境：荒地，路旁，山坡草地，海拔约 400 米。

产地：黑龙江省哈尔滨，吉林省永吉、和龙，辽宁省东港、庄河、建平，内蒙古海拉尔、满洲里、新巴尔虎左旗、翁牛特旗、额尔古纳、突泉、扎赉特旗。

分布：中国（全国各地），遍布欧亚温带、寒温带及亚热带，北美洲。

艾蒿

Artemisia argyi Levl.

图例
国 界
省级界
县 界
区域界

生境：山坡草地、路旁，耕地旁，林缘，沟边，海拔约 300 米。

产地：黑龙江省虎林、密山、哈尔滨、大庆、富裕、杜尔伯特、宁安、安达、伊春、萝北，吉林省双辽、九台、长春、和龙、珲春，辽宁省沈阳、庄河、建昌、阜新、喀左、彰武、葫芦岛、凌源、锦州、大连，内蒙古科尔沁右翼前旗、科尔沁右翼中旗、扎鲁特旗、赤峰、翁牛特旗、突泉、巴林右旗、喀喇沁旗。

分布：中国（黑龙江、吉林、辽宁、内蒙古、河北、山西、陕西、宁夏、甘肃、青海、山东、江苏、安徽、浙江、福建、河南、湖北、江西、湖南、广西、四川、贵州），朝鲜半岛，蒙古，俄罗斯（远东地区）。

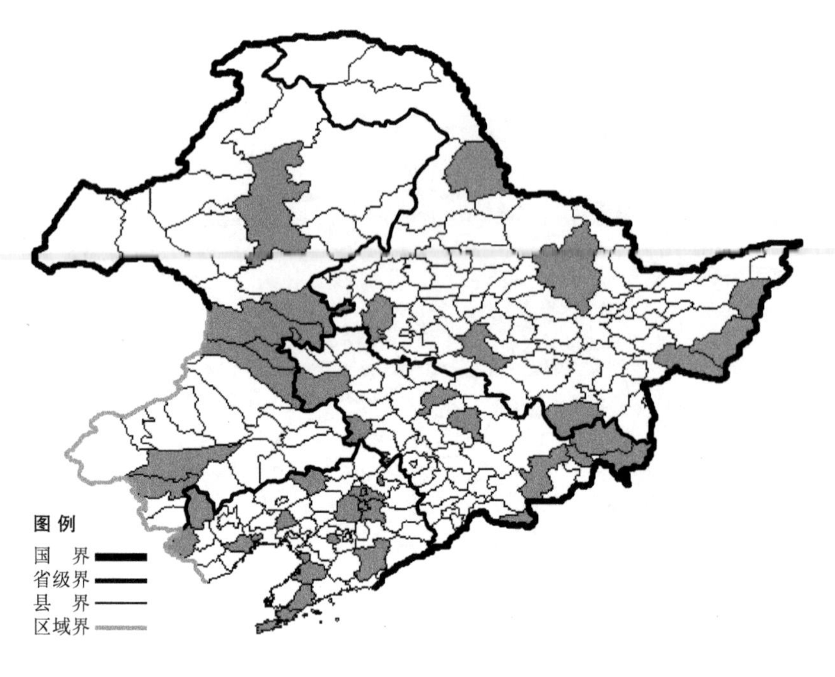

朝鲜艾蒿 **Artemisia argyi** Levl. var. **gracilis** Pamp. 生于路旁、林缘、山坡草地，海拔800米以下，产于黑龙江省伊春、宁安、哈尔滨、密山、虎林、宁安、杜尔伯特、饶河、黑河，吉林省安图、珲春、德惠、江清、吉林、双辽、通榆、四平、延吉、长白，辽宁省锦州、营口、凌源、建平、彰武、北镇、葫芦岛、沈阳、盖州、抚顺、普兰店、鞍山、凤城、大连、铁岭，内蒙古科尔沁右翼前旗、科尔沁右翼中旗、扎赉特旗、突泉、乌兰浩特、赤峰、翁牛特旗、牙克石，分布于中国（全国各地），朝鲜半岛，蒙古，俄罗斯（远东地区）。

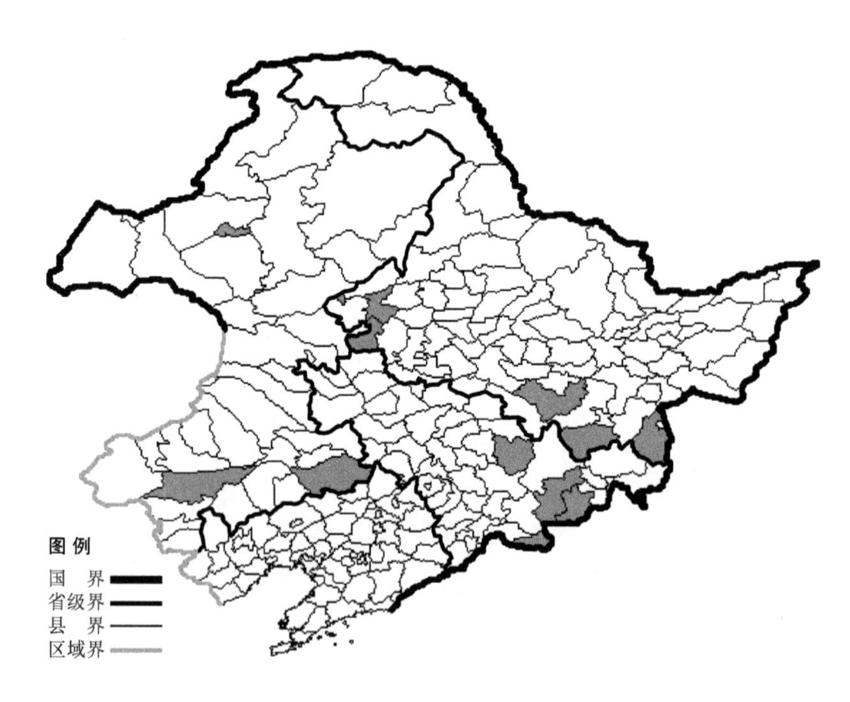

黄金蒿

Artemisisa aurata Kom.

生境：干燥岩石上，岩石缝间，干山坡，荒地，海拔800米以下。

产地：黑龙江省泰来、尚志、东宁、齐齐哈尔、宁安，吉林省蛟河、安图、和龙、长白，内蒙古海拉尔、翁牛特旗、科尔沁左翼后旗。

分布：中国（黑龙江、吉林、内蒙古），朝鲜半岛，日本，俄罗斯（远东地区）。

巴尔古津蒿

Artemisia bargusinensis Spreng.

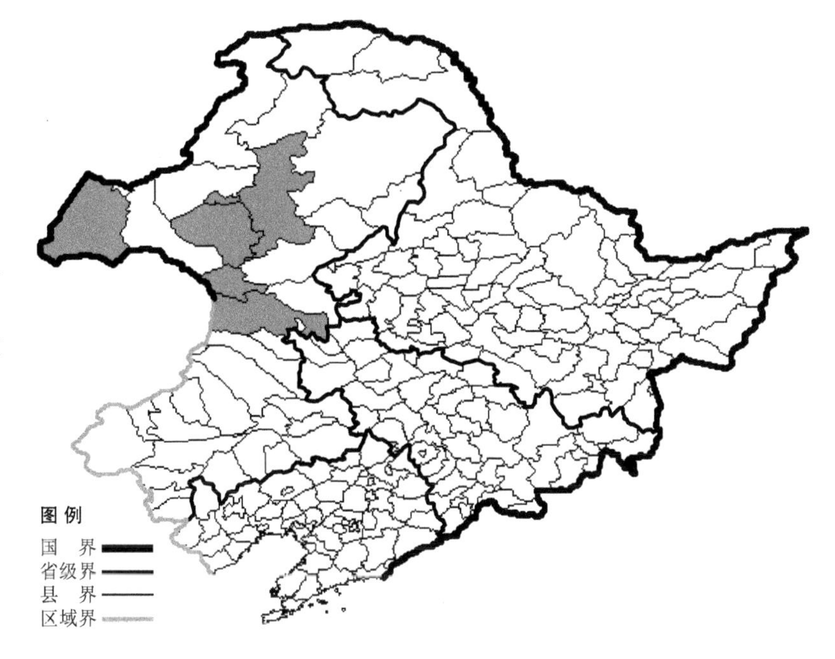

生境：沙石山坡，河边岩石。

产地：内蒙古鄂温克旗、海拉尔、阿尔山、新巴尔虎右旗、科尔沁右翼前旗、牙克石。

分布：中国（内蒙古），俄罗斯（欧洲部分、西伯利亚）。

山蒿

Artemisia brachyloba Franch.

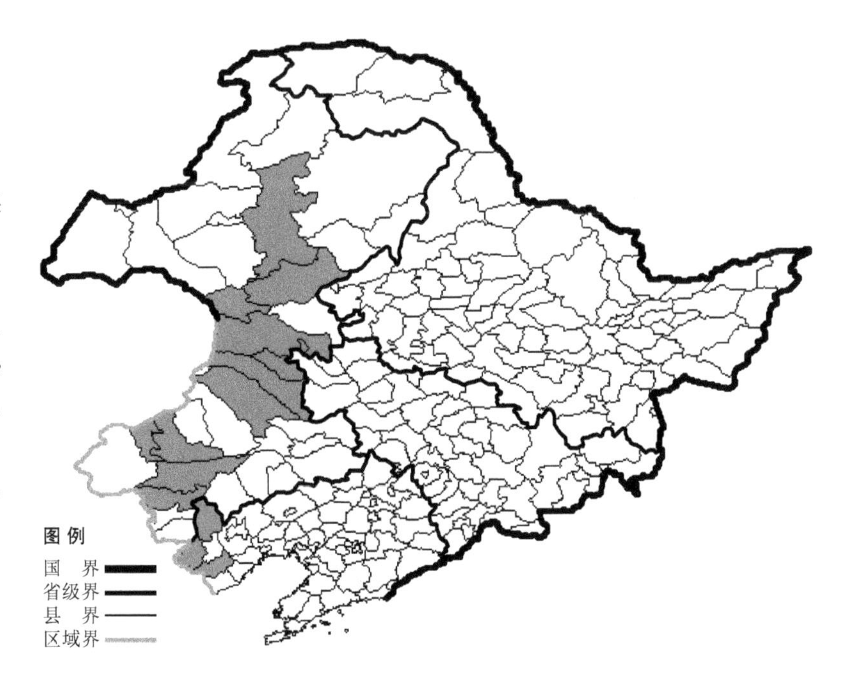

生境：岩石缝间，岩石壁上，海拔 700 米以下。

产地：辽宁省凌源、建平、建昌，内蒙古牙克石、乌兰浩特、阿尔山、巴林右旗、科尔沁右翼前旗、科尔沁右翼中旗、突泉、扎鲁特旗、翁牛特旗、扎兰屯、林西、赤峰。

分布：中国（辽宁、内蒙古、河北、山西、陕西、甘肃、宁夏），蒙古。

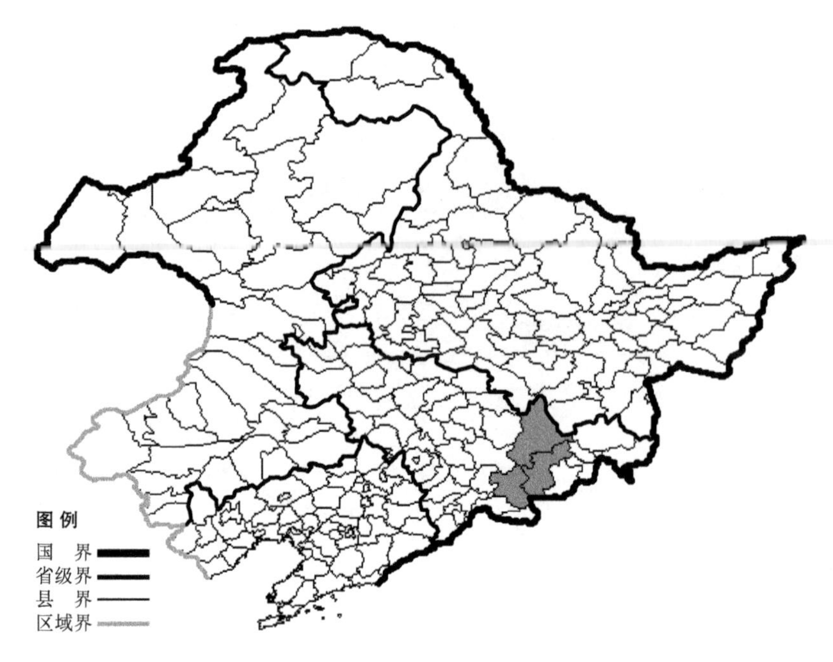

高岭蒿

Artemisia brachyphylla Kitam.

生境：高山冻原，林下，林缘，海拔 2100 米以下。

产地：吉林省安图、抚松、敦化。

分布：中国（吉林），朝鲜半岛。

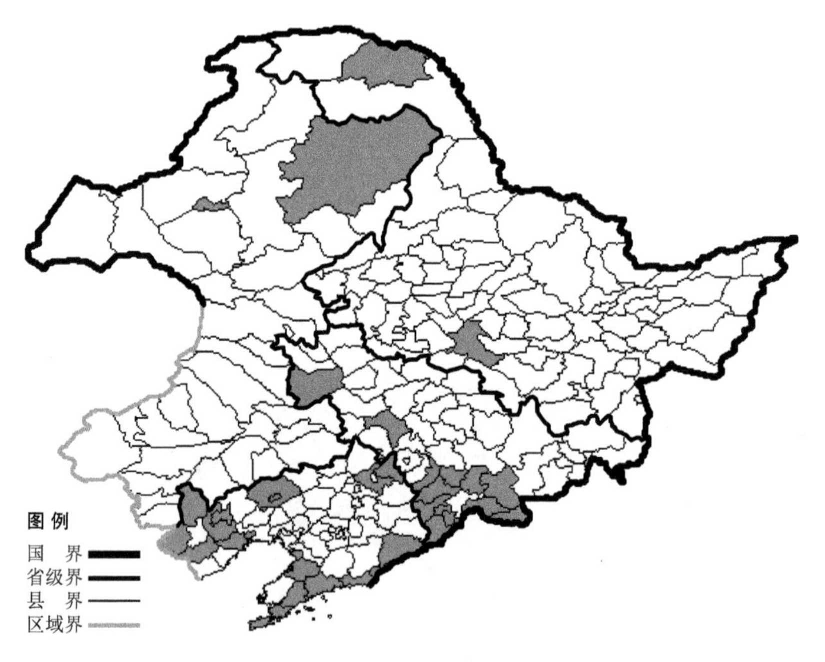

茵陈蒿

Artemisia capillaris Thunb.

生境：湖边，山坡草地，灌丛。

产地：黑龙江省塔河、哈尔滨，吉林省公主岭、临江、通化、柳河、梅河口、辉南、集安、抚松、靖宇、长白、通榆，辽宁凌源、建平、建昌、普兰店、东港、开原、葫芦岛、营口、大连、庄河、丹东、西丰、宽甸、朝阳、盖州、锦州、阜新，内蒙古鄂伦春旗、海拉尔。

分布：中国（黑龙江、吉林、辽宁、内蒙古、河北、山西、陕西、山东、江苏、安徽、浙江、福建、河南、湖北、江西、广东、广西、四川、台湾），朝鲜半岛，日本，俄罗斯（远东地区），越南，柬埔寨，菲律宾，马来西亚，印度尼西亚。

青蒿

Artemisia carvifolia Buch.-Ham.

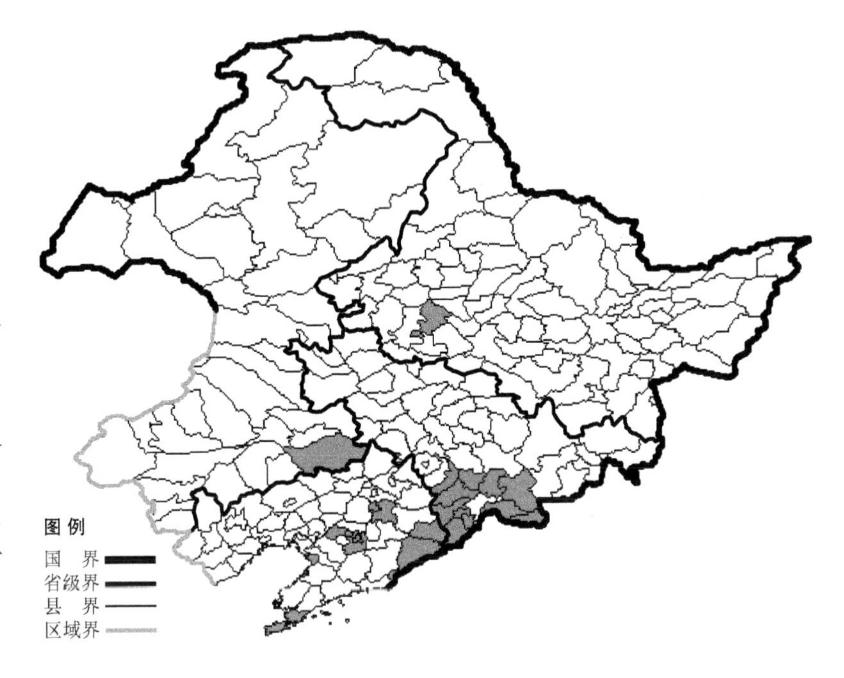

生境：山坡草地，荒地，沙质地。

产地：黑龙江省安达，吉林省临江、通化、柳河、梅河口、辉南、集安、抚松、靖宇、长白，辽宁省营口、辽阳、大连、抚顺、丹东、宽甸、桓仁，内蒙古科尔沁左翼后旗。

分布：中国（黑龙江、吉林、辽宁、内蒙古、河北、陕西、山东、江苏、安徽、浙江、福建、河南、湖北、江西、湖南、广东、广西、四川、贵州、云南），朝鲜半岛，日本，印度，尼泊尔，越南，缅甸。

千山蒿

Artemisia chienshanica Ling et W. Wang

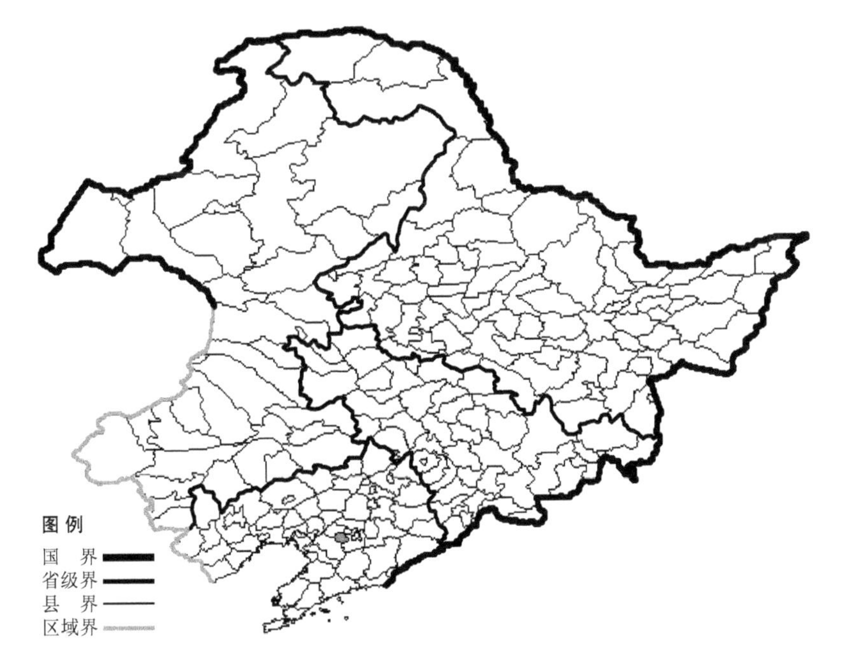

生境：林下，林缘。

产地：辽宁省鞍山。

分布：中国（辽宁）。

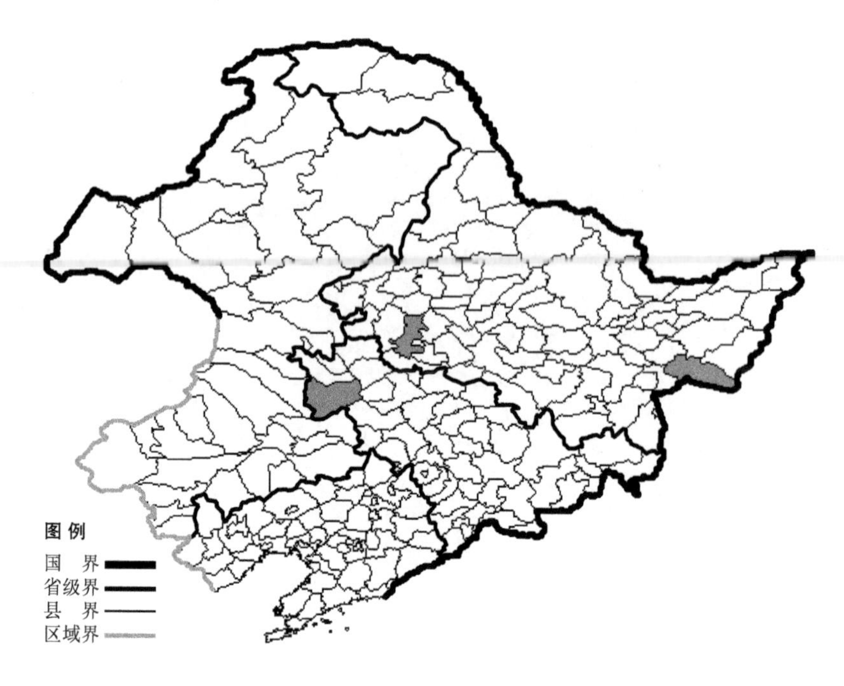

黑砂蒿

Artemisia coracina W. Wang

生境：固定沙丘。

产地：黑龙江省大庆、密山，吉林省通榆。

分布：中国（黑龙江、吉林）。

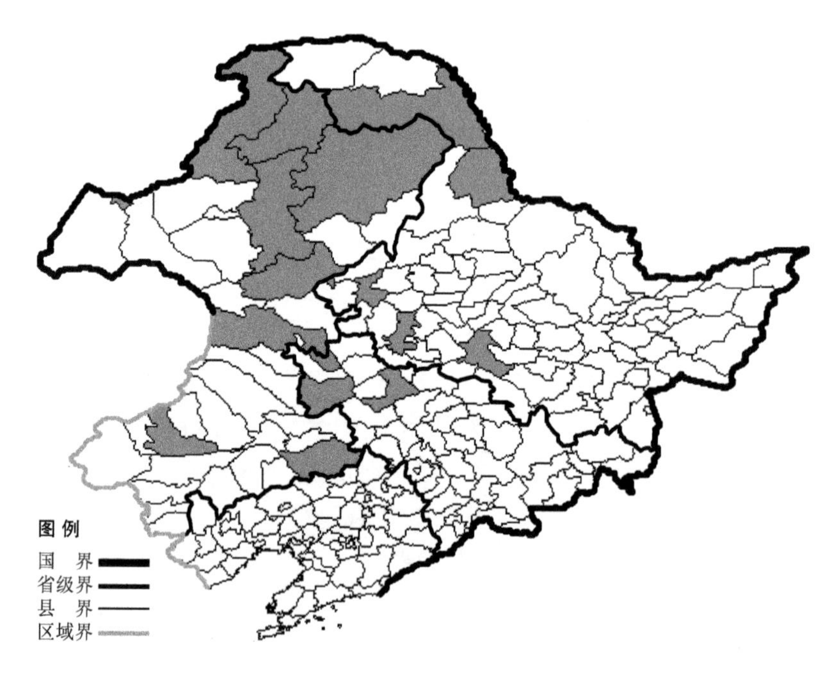

变蒿

Artemisia commutata Bess.

生境：山坡草地，林缘，灌丛。

产地：黑龙江省黑河、齐齐哈尔、呼玛、大庆、哈尔滨，吉林省白城、通榆、前郭尔罗斯，内蒙古根河、额尔古纳、扎兰屯、满洲里、牙克石、鄂伦春旗、科尔沁左翼后旗、科尔沁右翼前旗、巴林右旗。

分布：中国（黑龙江、吉林、内蒙古、河北、山西、陕西、甘肃、青海、新疆），蒙古，俄罗斯（欧洲部分、西伯利亚、远东地区）。

尖叶变蒿 Artemisia commutata Bess. var. **acutiloba** W. Wang et C. Y. Li 生于干山顶、向阳山坡，产于内蒙古鄂温克旗、扎鲁特旗、扎兰屯、牙克石、鄂伦春旗、克什克腾旗，分布于中国（黑龙江、内蒙古）。

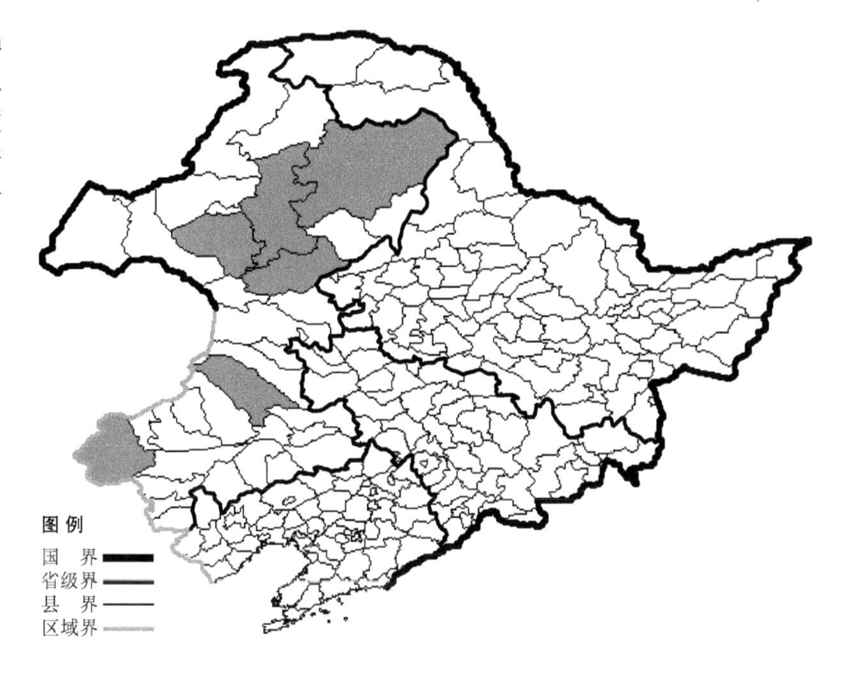

圆叶变蒿 Artemisia commutata Bess. var. **rotundifolia** W. Wang et C. Y. Li 生于草原稍湿地，产于黑龙江大庆，分布于中国（黑龙江）。

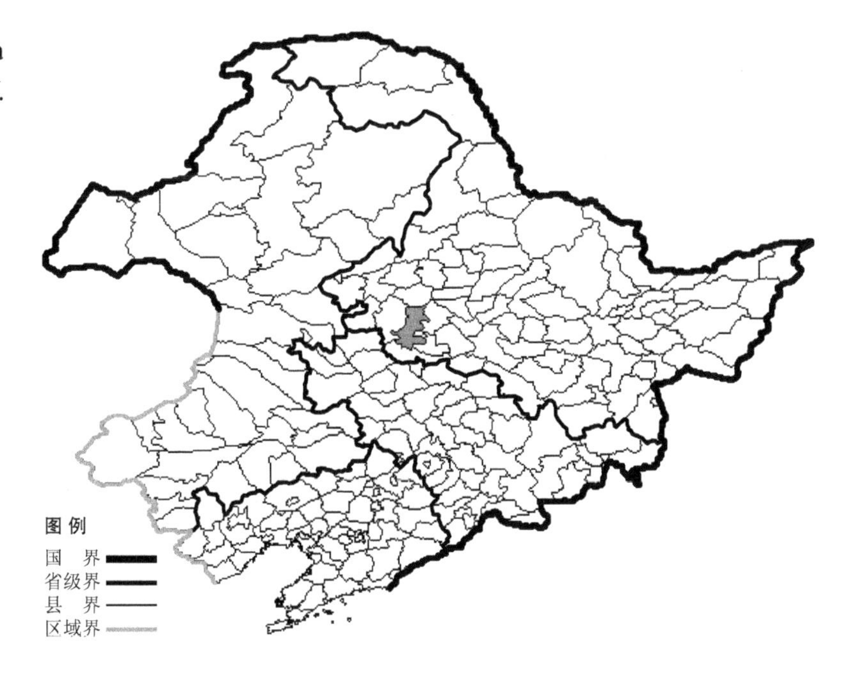

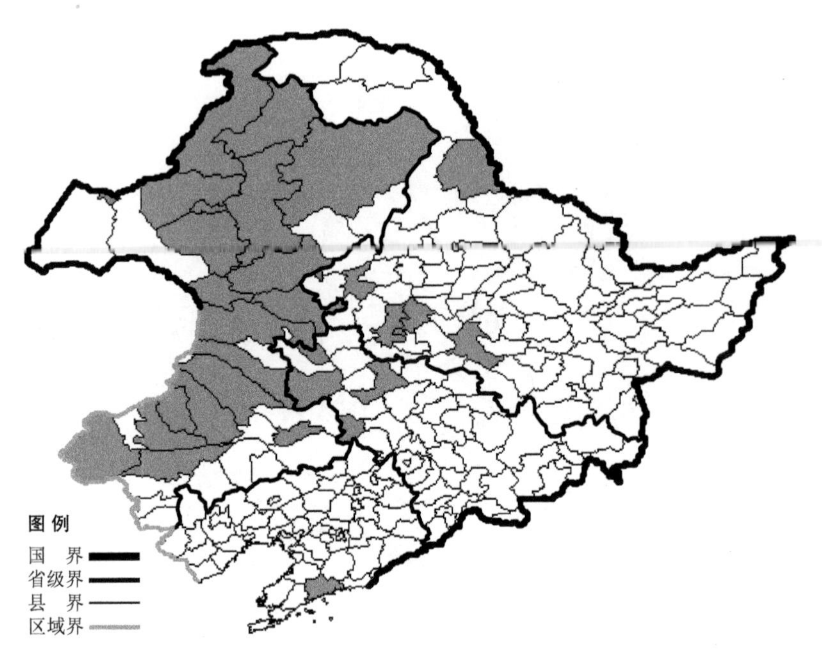

沙蒿

Artemisia desertorum Spreng.

生境：山坡草地。海拔 1300 米以下。

产地：黑龙江省黑河、安达、大庆、齐齐哈尔、哈尔滨，吉林省白城、双辽、前郭尔罗斯、通榆，辽宁省庄河，内蒙古额尔古纳、根河、牙克石、鄂伦春旗、海拉尔、陈巴尔虎旗、扎兰屯、鄂温克旗、满洲里、阿尔山、阿鲁科尔沁旗、科尔沁右翼前旗、科尔沁右翼中旗、扎赉特旗、扎鲁特旗、通辽、克什克腾旗、巴林左旗、巴林右旗、翁牛特旗。

分布：中国（黑龙江、吉林、辽宁、内蒙古、河北、山西、陕西、甘肃、宁夏、青海、新疆、四川、贵州、云南、西藏），日本，俄罗斯（东部西伯利亚、远东地区），印度，巴基斯坦。

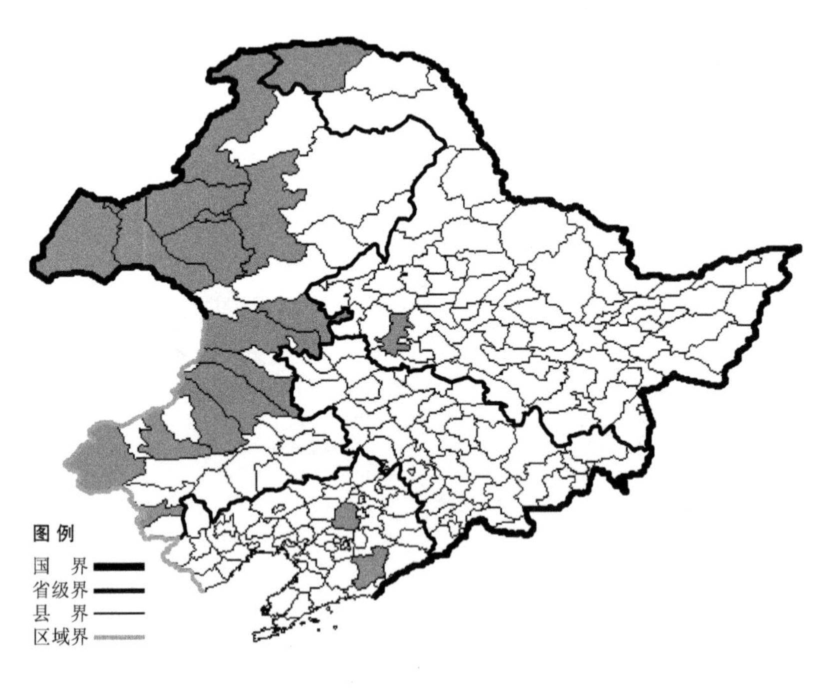

龙蒿

Artemisia dracunculus L.

生境：山坡草地，草甸，路旁，荒地，海拔 900 米以下。

产地：黑龙江省漠河、大庆，辽宁省沈阳、凤城，内蒙古满洲里、海拉尔、额尔古纳、科尔沁右翼中旗、扎赉特旗、新巴尔虎左旗、新巴尔虎右旗、牙克石、鄂温克旗、陈巴尔虎旗、扎鲁特旗、巴林右旗、科尔沁右翼前旗、阿鲁科尔沁旗、克什克腾旗、喀喇沁旗。

分布：中国（黑龙江、辽宁、内蒙古、河北、山西、陕西、甘肃、青海、宁夏、新疆），蒙古，俄罗斯（欧洲部分、西伯利亚、远东地区），中亚，阿富汗，印度，巴基斯坦，欧洲，北美洲。

南牡蒿

Artemisia eriopoda Bunge

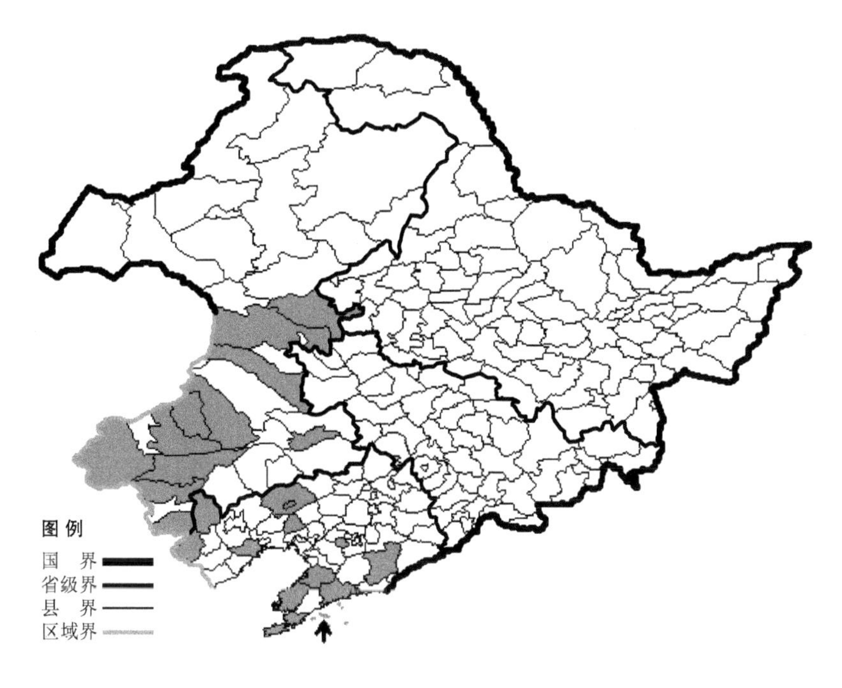

生境：干山坡，松栎疏林下，灌丛，山坡岩石上，海拔 900 米以下。

产地：辽宁省凌源、建平、葫芦岛、大连、长海、庄河、凤城、阜新、盖州、瓦房店、北镇、鞍山，内蒙古通辽、科尔沁右翼前旗、科尔沁右翼中旗、阿鲁科尔沁旗、巴林左旗、巴林右旗、赤峰、扎赉特旗、宁城、翁牛特旗、克什克腾旗。

分布：中国（辽宁、内蒙古、河北、山西、陕西、山东、江苏、安徽、河南、湖北、湖南、四川、云南），朝鲜半岛，日本，蒙古。

冷蒿

Artemisia frigida Willd.

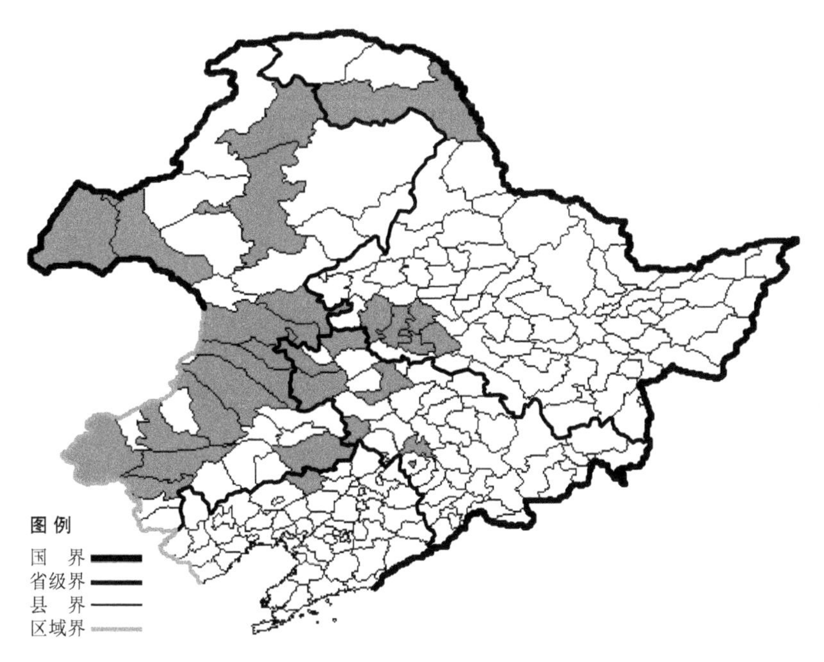

生境：干草原，沙丘，盐碱地，干山坡，海拔 700 米以下。

产地：黑龙江省呼玛、肇东、肇州、杜尔伯特、安达、大庆，吉林省伊通、辽源、镇赉、双辽、通榆、洮南、前郭尔罗斯，辽宁省彰武，内蒙古满洲里、海拉尔、新巴尔虎左旗、新巴尔虎右旗、扎鲁特旗、科尔沁右翼前旗、科尔沁右翼中旗、突泉、乌兰浩特、科尔沁左翼后旗、阿鲁科尔沁旗、巴林右旗、扎赉特旗、牙克石、克什克腾旗、赤峰、翁牛特旗、根河。

分布：中国（黑龙江、吉林、辽宁、内蒙古、河北、山西、陕西、宁夏、甘肃、青海、新疆、西藏），蒙古，俄罗斯（欧洲部分、西伯利亚），中亚，土耳其，伊朗，北美洲。

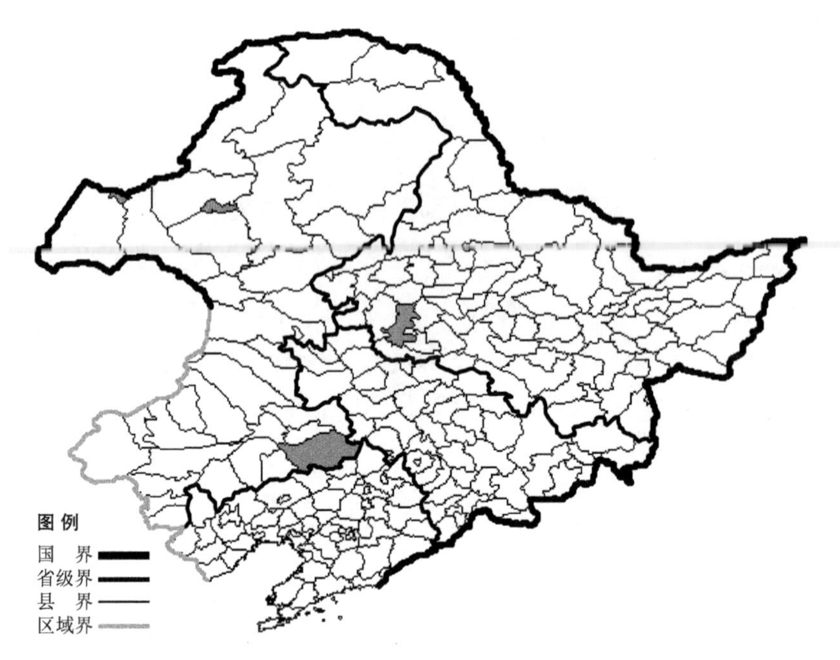

紫花冷蒿 Artemisia frigida Willd. f. **atro-purpurea** (Pamp.) Wang et C. Y. Li 生于盐碱地、草原，产于黑龙江省大庆，内蒙古海拉尔、满洲里、科尔沁左翼后旗，分布于中国（黑龙江、内蒙古、甘肃、宁夏、青海、新疆）。

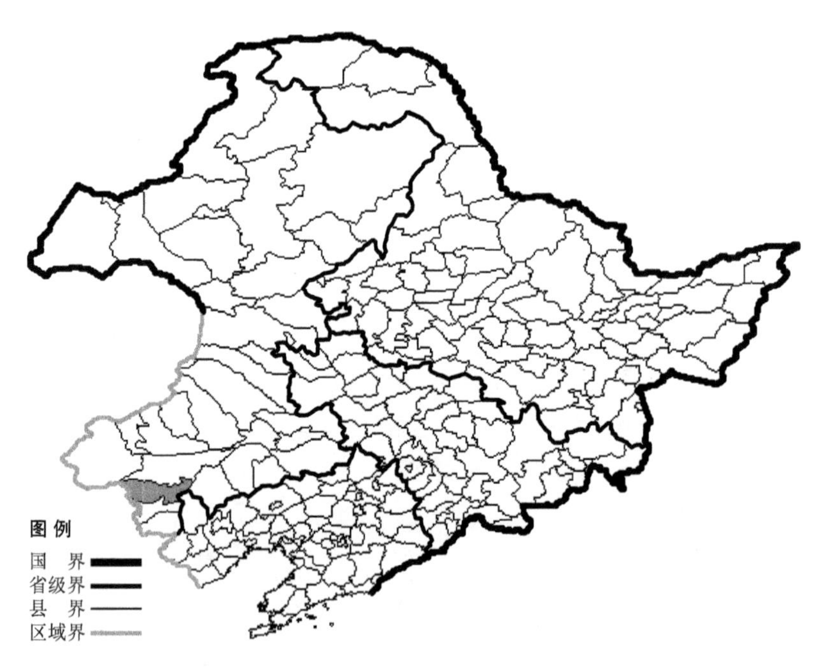

甘肃蒿

Artemisia gansuensis Ling et Y. R. Ling

生境：干山坡。

产地：内蒙古赤峰。

分布：中国（内蒙古、河北、山西、陕西、甘肃、宁夏、青海）。

盐蒿

Artemisia halodendron Turcz. ex Bess.

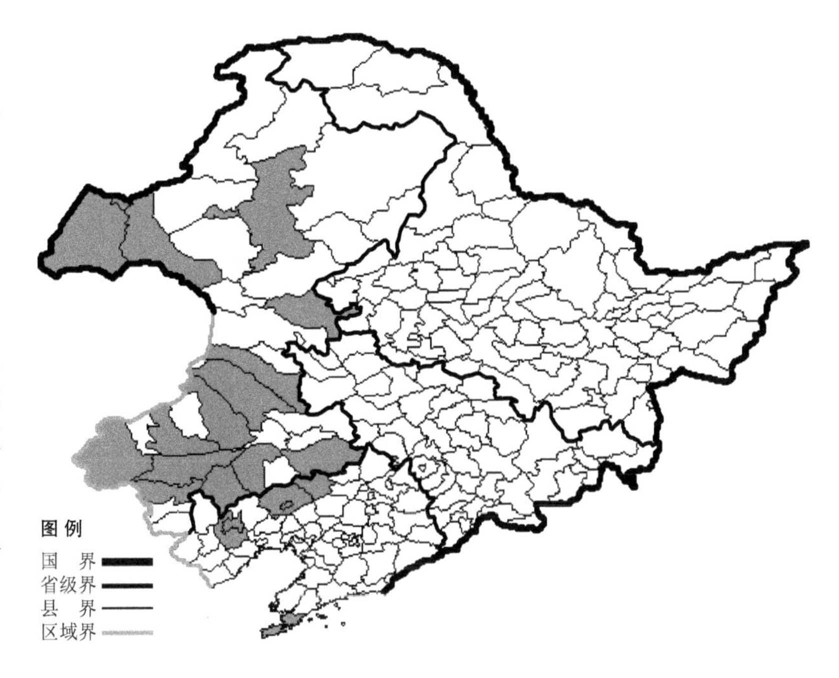

生境：流动沙丘，半固定沙丘，沙地，海拔 700 米以下。

产地：辽宁省大连、彰武、朝阳、阜新，内蒙古海拉尔、满洲里、牙克石、翁牛特旗、巴林右旗、赤峰、敖汉旗、扎赉特旗、扎鲁特旗、奈曼旗、科尔沁右翼中旗、阿鲁科尔沁旗、克什克腾旗、新巴尔虎左旗、新巴尔虎右旗、科尔沁左翼后旗。

分布：中国（辽宁、内蒙古、河北、山西、陕西、宁夏、甘肃、新疆），蒙古，俄罗斯（东部西伯利亚）。

岐茎蒿

Artemisia igniaria Maxim.

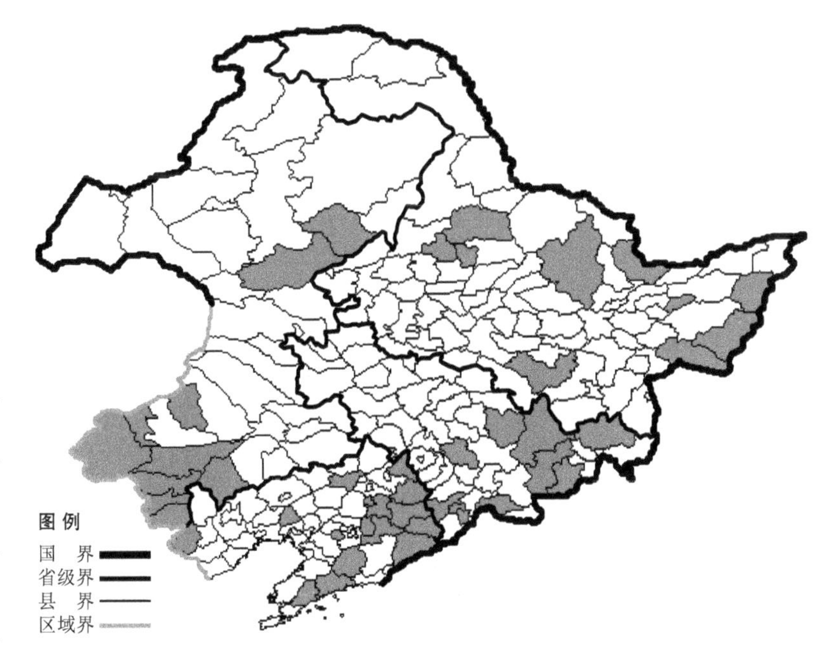

生境：林下，海拔 800 米以下。

产地：黑龙江省五大连池、克山、克东、友谊、虎林、密山、萝北、尚志、饶河、伊春，吉林省安图、敦化、蛟河、和龙、磐石、汪清、临江、通化，辽宁省法库、西丰、鞍山、北镇、凌源、普兰店、新宾、桓仁、宽甸、本溪、岫岩、清原、庄河、抚顺，内蒙古阿荣旗、宁城、巴林左旗、赤峰、林西、克什克腾旗、翁牛特旗、敖汉旗、喀喇沁旗、扎兰屯。

分布：中国（黑龙江、吉林、辽宁、内蒙古、河北、山西、陕西、山东、河南）。

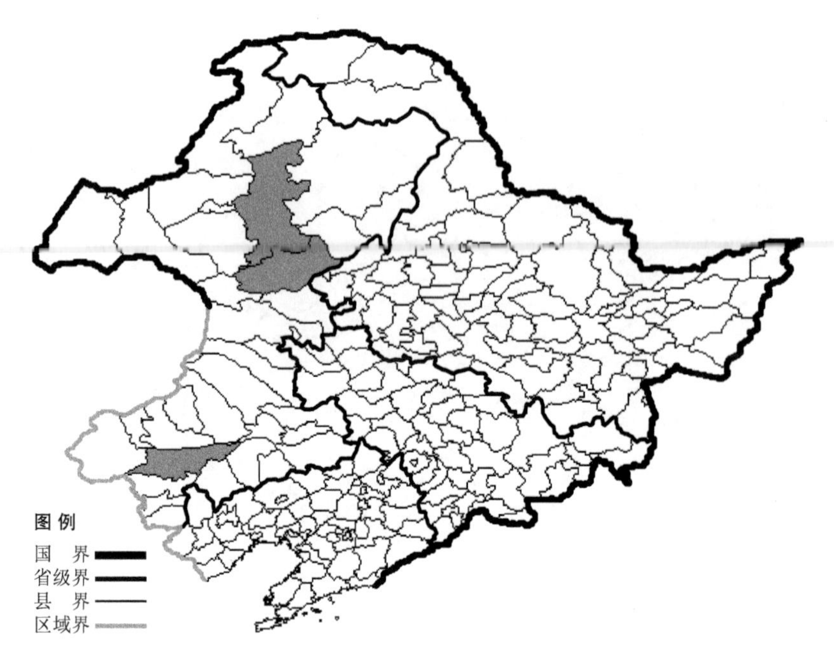

五月艾

Artemisia indica Willd.

生境：岩石壁上。

产地：内蒙古牙克石、扎兰屯、翁牛特旗。

分布：中国（内蒙古、河北、山西、陕西、甘肃、山东、江苏、安徽、浙江、福建、河南、湖北、江西、湖南、广东、广西、四川、贵州、云南、西藏、台湾），朝鲜半岛，日本，印度，巴基斯坦，尼泊尔，不丹，斯里兰卡，泰国，越南，老挝，缅甸，柬埔寨，菲律宾，马来西亚，新加坡，印度尼西亚。

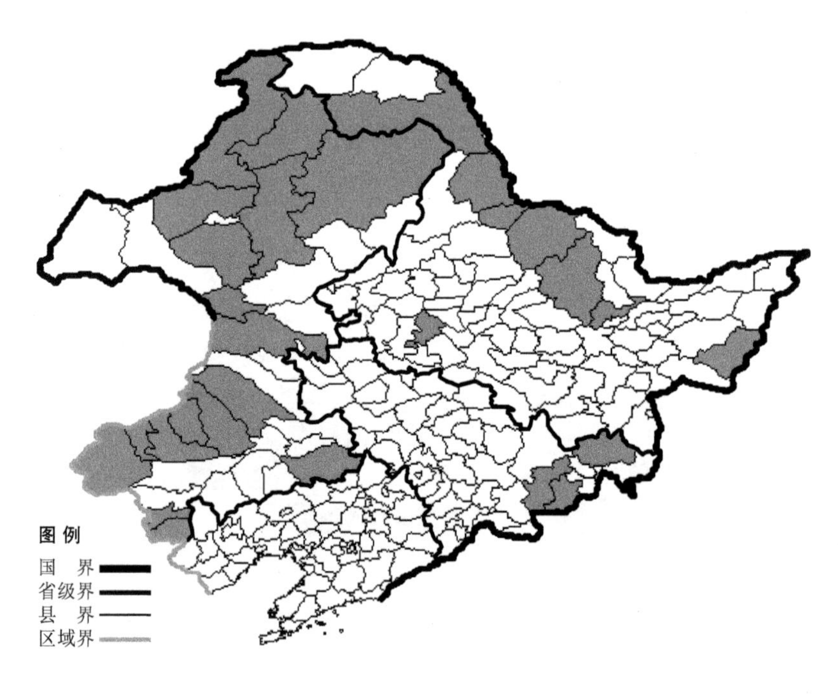

柳蒿

Artemisia integrifolia L.

生境：林缘，草原，湿地旁，海拔 700 米以下。

产地：黑龙江省呼玛、黑河、汤原、孙吴、逊克、伊春、虎林、安达，吉林省安图、和龙、汪清，内蒙古根河、额尔古纳、牙克石、阿尔山、科尔沁右翼前旗、克什克腾旗、鄂温克旗、陈巴尔虎旗、鄂伦春旗、扎鲁特旗、阿鲁科尔沁旗、林西、巴林左旗、巴林右旗、喀喇沁旗、宁城、科尔沁左翼后旗。

分布：中国（黑龙江、吉林、内蒙古、河北），朝鲜半岛，蒙古，俄罗斯（西伯利亚、远东地区）。

牡蒿

Artemisia japonica Thunb.

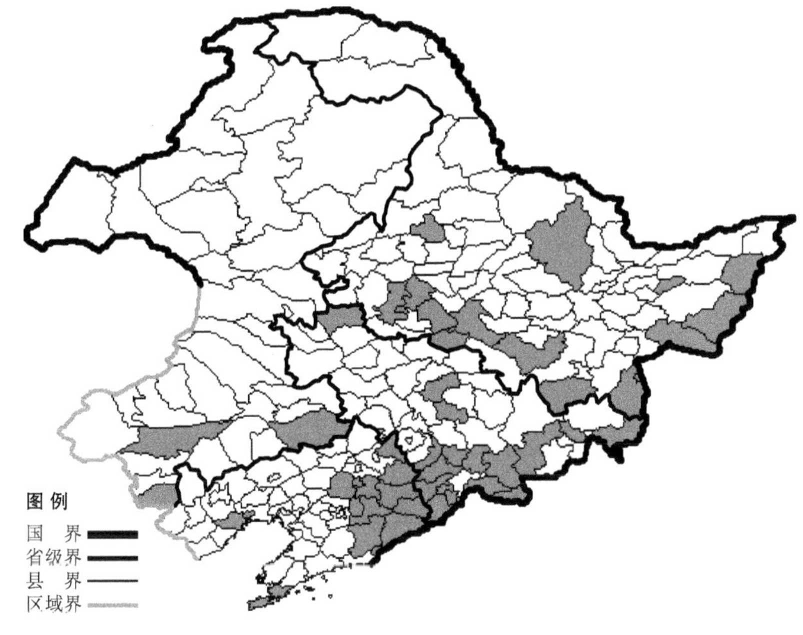

生境：河边沙地，山坡石砾质地，灌丛，杂木林下，海拔 1000 米以下。

产地：黑龙江省绥芬河、宁安、尚志、克山、肇东、双城、友谊、安达、虎林、哈尔滨、密山、大庆、东宁、饶河、伊春，吉林省安图、珲春、长白、临江、通化、柳河、镇赉、梅河口、辉南、集安、抚松、靖宇、九台、永吉、延吉，辽宁省葫芦岛、清原、桓仁、新宾、宽甸、抚顺、沈阳、丹东、凤城、大连、本溪、锦州、西丰，内蒙古翁牛特旗、宁城、科尔沁左翼后旗。

分布：中国（黑龙江、吉林、辽宁、内蒙古、河北、山西、陕西、甘肃、山东、江苏、安徽、浙江、福建、河南、湖北、江西、湖南、广东、广西、四川、贵州、云南、西藏、台湾），朝鲜半岛，日本，俄罗斯（远东地区），阿富汗，不丹，尼泊尔，克什米尔地区，越南，印度，老挝，泰国，缅甸，菲律宾。

狭叶牡蒿 Artemisia japonica Thunb. var. **angustissima** (Nakai) Kitag. 生于湿草甸、山坡路旁、草原低地，产于黑龙江省伊春、虎林、安达、密山、逊克、北安、饶河、呼玛、哈尔滨、大庆，内蒙古巴林右旗、宁城、鄂伦春旗、牙克石，分布于中国（黑龙江、内蒙古、河北、山西、陕西、甘肃、山东、江苏、河南），朝鲜半岛。

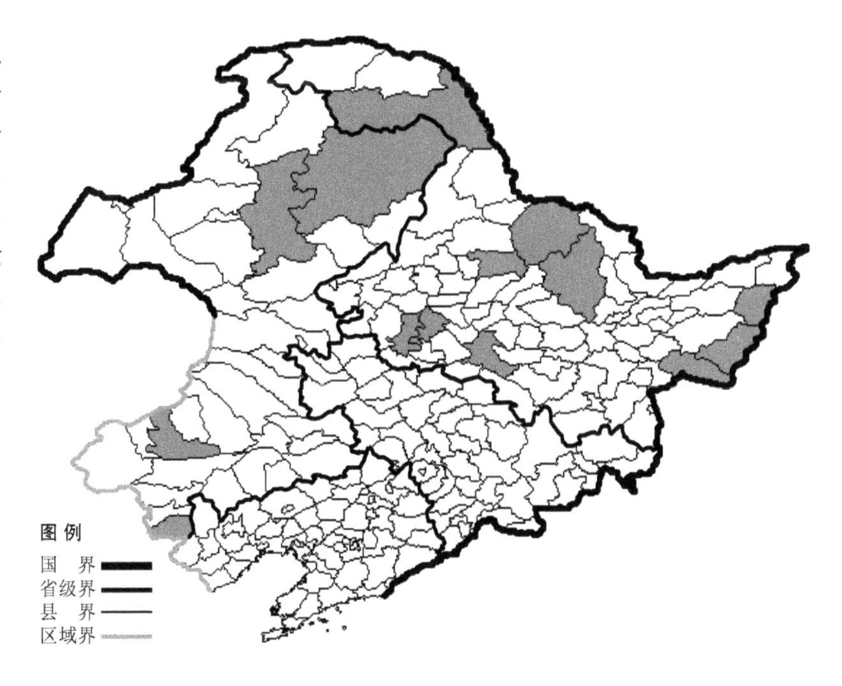

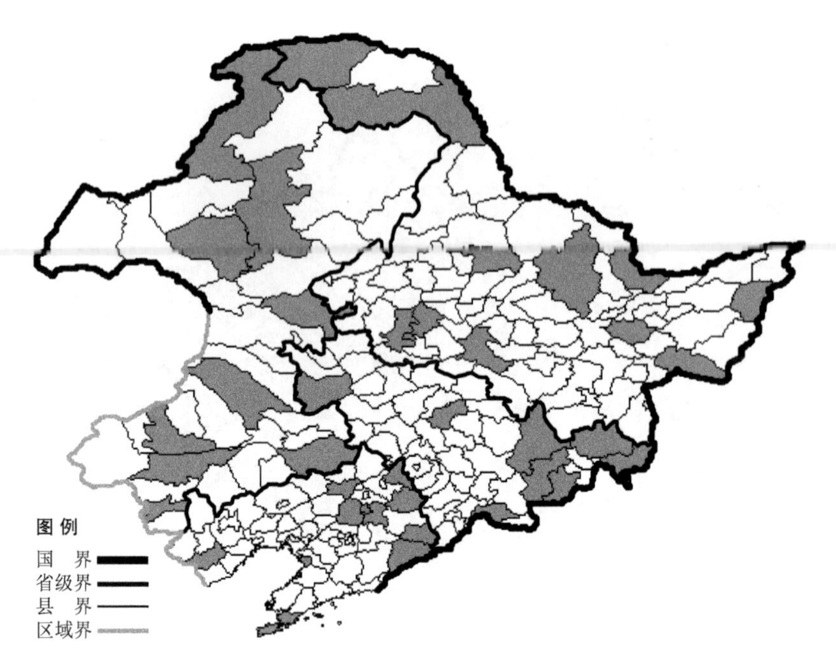

东北牡蒿 Artemisia japonica Thunb. var. **manshurica** (Kom.) Kitag 生于山坡灌丛、杂木林下，海拔 800 米以下，产于黑龙江省桦南、漠河、萝北、密山、饶河、北安、呼玛、哈尔滨、伊春、大庆、安达，吉林省珲春、九台、安图、和龙、汪清、临江、通榆、敦化，辽宁省西丰、抚顺、宽甸、桓仁、沈阳、清原、法库、建昌、营口、大连，内蒙古额尔古纳、牙克石、扎赉特旗、扎鲁特旗、科尔沁左翼后旗、鄂温克旗、翁牛特旗、巴林右旗、喀喇沁旗，分布于中国（黑龙江、吉林、辽宁、内蒙古、河北），朝鲜半岛，日本。

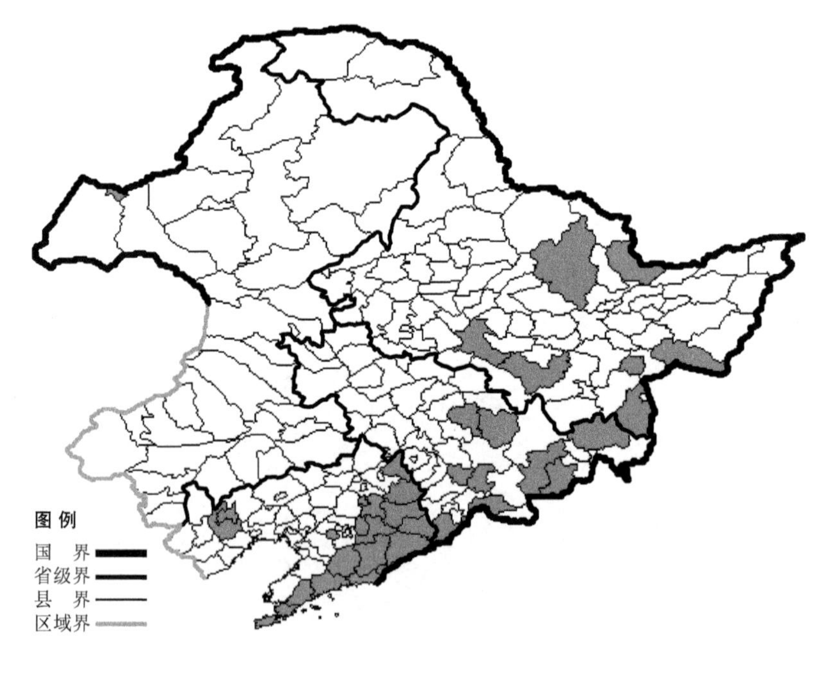

菴蔺

Artemisia keiskeana Miq.

生境：干山坡，草地，路旁，岩石壁上，海拔 800 米以下。

产地：黑龙江省伊春、萝北、尚志、哈尔滨、鸡西、密山、东宁，吉林省汪清、和龙、安图、蛟河、吉林、临江、辉南、集安、靖宇，辽宁省西丰、清原、岫岩、普兰店、庄河、凤城、桓仁、东港、丹东、鞍山、本溪、宽甸、大连、新宾、抚顺、朝阳，内蒙古满洲里。

分布：中国（黑龙江、吉林、辽宁、内蒙古、河北、山东），朝鲜半岛，日本，俄罗斯（远东地区）。

白山蒿

Artemisia lagocephala (Fisch. ex Bess.) DC.

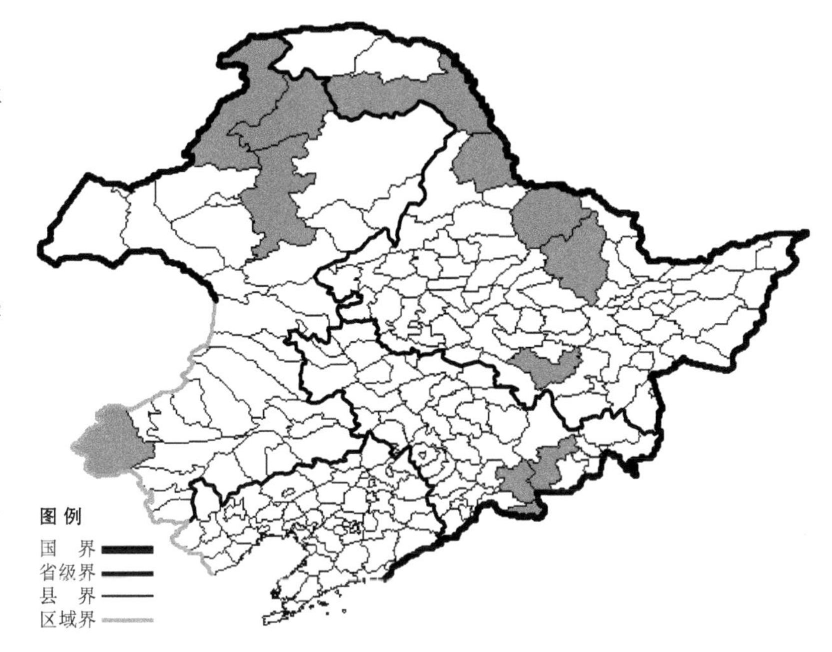

生境：山坡草地，林下石砾质地，海拔 2400 米以下。

产地：黑龙江省呼玛、尚志、逊克、黑河、伊春，吉林省安图、长白、抚松，内蒙古根河、额尔古纳、牙克石、克什克腾旗。

分布：中国（黑龙江、吉林、内蒙古），朝鲜半岛，俄罗斯（北极带、东部西伯利亚、远东地区）。

矮蒿

Artemisia lancea Van

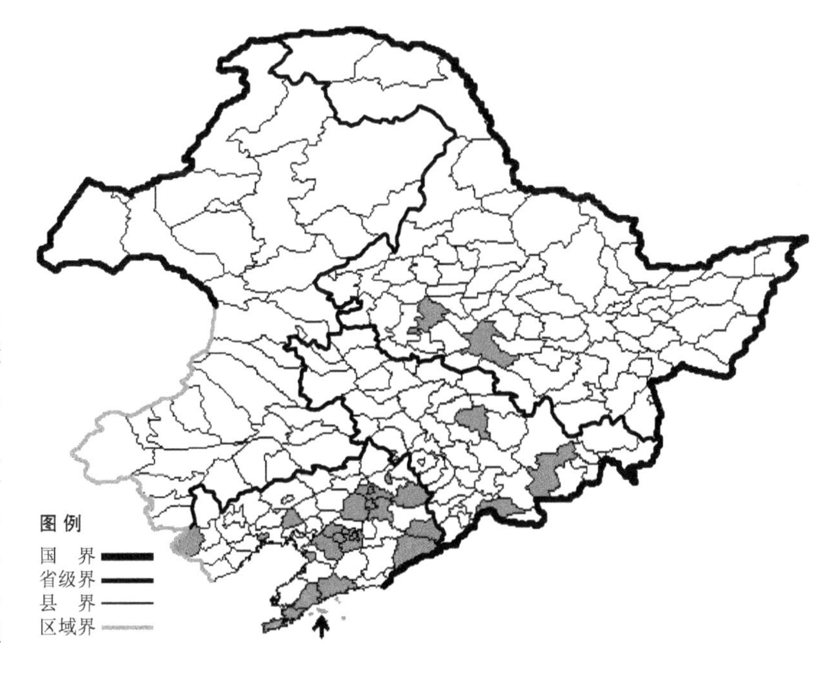

生境：林下，路旁，山坡草地，沟谷，海拔 1000 米以下。

产地：黑龙江省哈尔滨、安达，吉林省吉林、临江、安图，辽宁省锦州、北镇、凌源、营口、铁岭、海城、抚顺、鞍山、普兰店、大连、长海、清原、沈阳、辽阳、桓仁、庄河、宽甸。

分布：中国（黑龙江、吉林、辽宁、河北、山西、陕西、甘肃、山东、江苏、安徽、浙江、福建、河南、江西、湖南、广东、广西、四川、贵州、云南、台湾），朝鲜半岛，日本，俄罗斯（远东地区），印度。

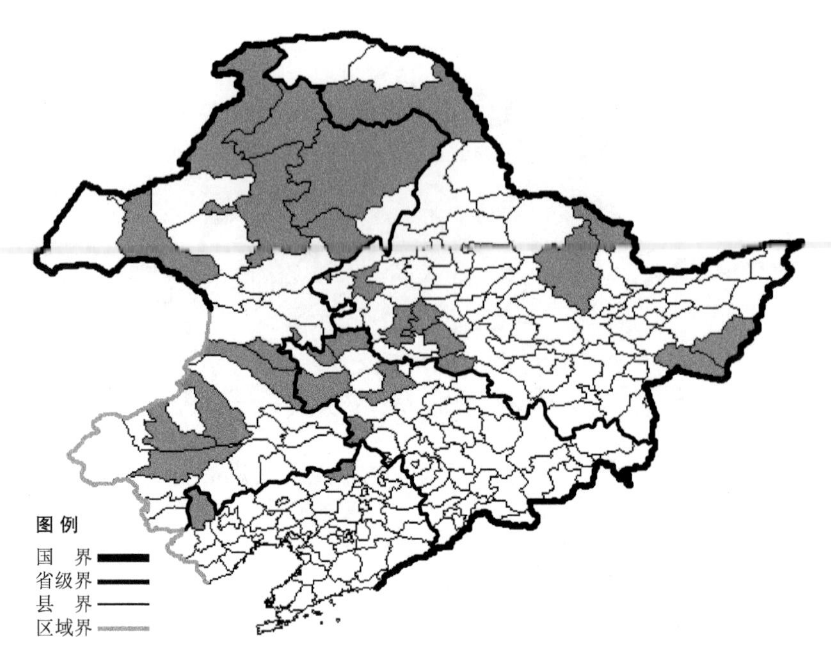

宽叶蒿

Artemisia latifolia Ledeb.

生境：草原，针茅杂草地，海拔约 500 米。

产地：黑龙江省呼玛、安达、肇东、双城、密山、虎林、嘉荫、大庆、伊春、齐齐哈尔，吉林省双辽、镇赉、通榆、白城、前郭尔罗斯，辽宁省建平、康平，内蒙古海拉尔、鄂伦春旗、阿荣旗、科尔沁右翼中旗、巴林右旗、牙克石、突泉、翁牛特旗、乌兰浩特、新巴尔虎左旗、根河、额尔古纳，阿鲁科尔沁旗。

分布：中国（黑龙江、吉林、辽宁、内蒙古、甘肃），朝鲜半岛，蒙古，俄罗斯（欧洲部分、西伯利亚），中亚。

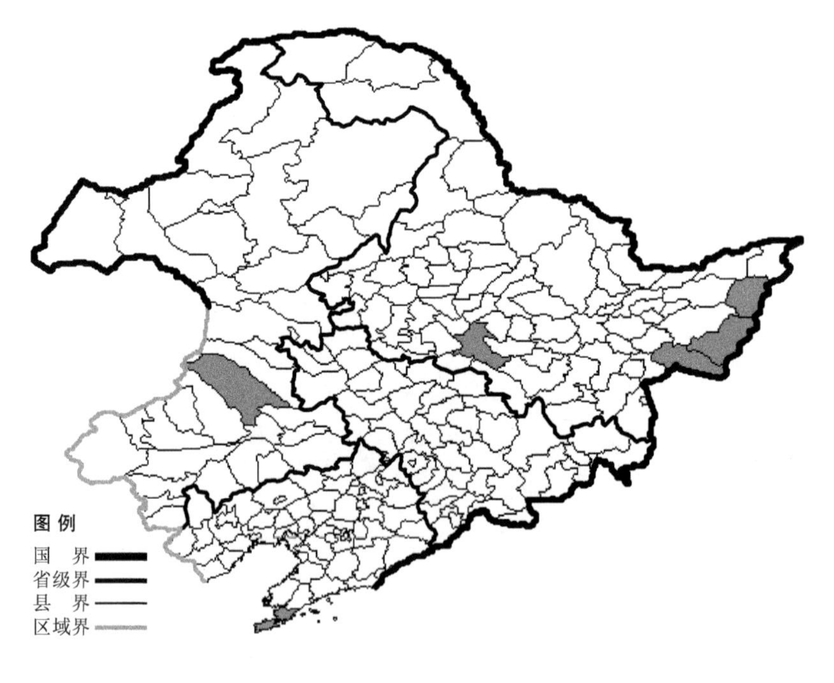

细砂蒿

Artemisia macilenta (Maxim.) Krasch.

生境：河谷沙地，灌丛，林下。

产地：黑龙江省哈尔滨、虎林、饶河、密山，辽宁省大连，内蒙古扎鲁特旗。

分布：中国（黑龙江、辽宁、内蒙古、河北、山西），俄罗斯（远东地区）。

蒙古蒿

Artemisia mongolica Fisch. ex Bess.

生境：碱荒地，河谷沙地，耕地旁，海拔约600米。

产地：黑龙江省哈尔滨、富裕、密山、杜尔伯特、虎林、大庆、齐齐哈尔、安达、肇东、肇州、呼玛，吉林省通榆、镇赉，辽宁省凌源、朝阳、彰武、本溪、宽甸、桓仁，内蒙古海拉尔、满洲里、鄂温克旗、科尔沁右翼前旗、科尔沁右翼中旗、突泉、科尔沁左翼后旗、赤峰、翁牛特旗、扎赉特旗、乌兰浩特。

分布：中国（黑龙江、吉林、辽宁、内蒙古、河北、山西、陕西、宁夏、甘肃、青海、新疆、山东、江苏、安徽、福建、河南、湖北、江西、湖南、广东、四川、贵州、台湾），蒙古，朝鲜半岛，日本，俄罗斯（东部西伯利亚）。

白毛蒿 Artemisia mongolica Fisch. ex Bess. var. **leucophylla** (Turcz. ex Bess.) W. Wang et H. T. Ho 生于沙质地、山坡草地，海拔约600米，产于黑龙江省大庆、富裕、安达，内蒙古翁牛特旗、海拉尔、根河、额尔古纳、科尔沁左翼后旗、新巴尔虎右旗、巴林右旗，分布于中国（黑龙江、内蒙古、河北、山西、陕西、甘肃、青海、宁夏、新疆、四川、贵州、云南、西藏），朝鲜半岛，蒙古，俄罗斯（西部西伯利亚）。

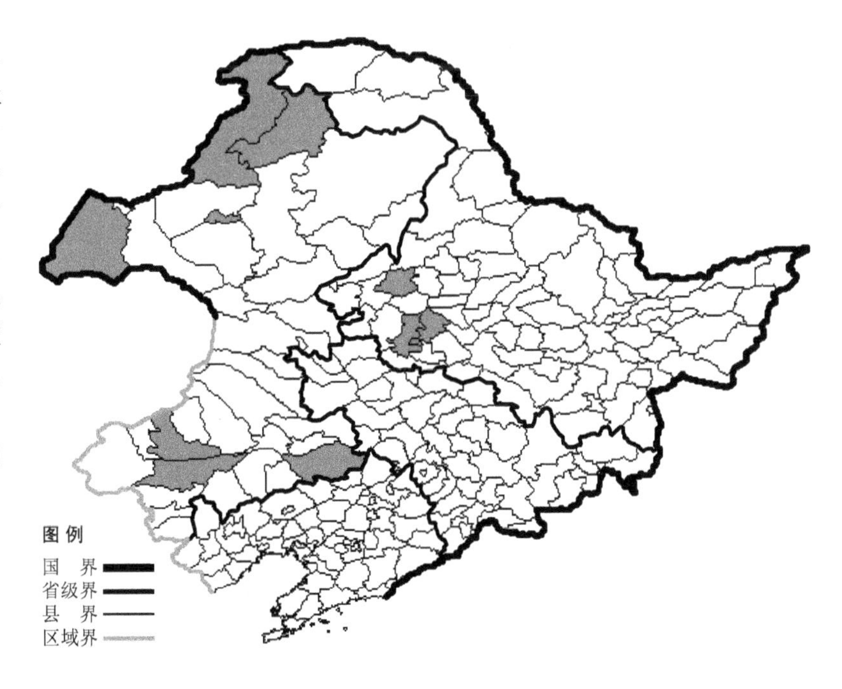

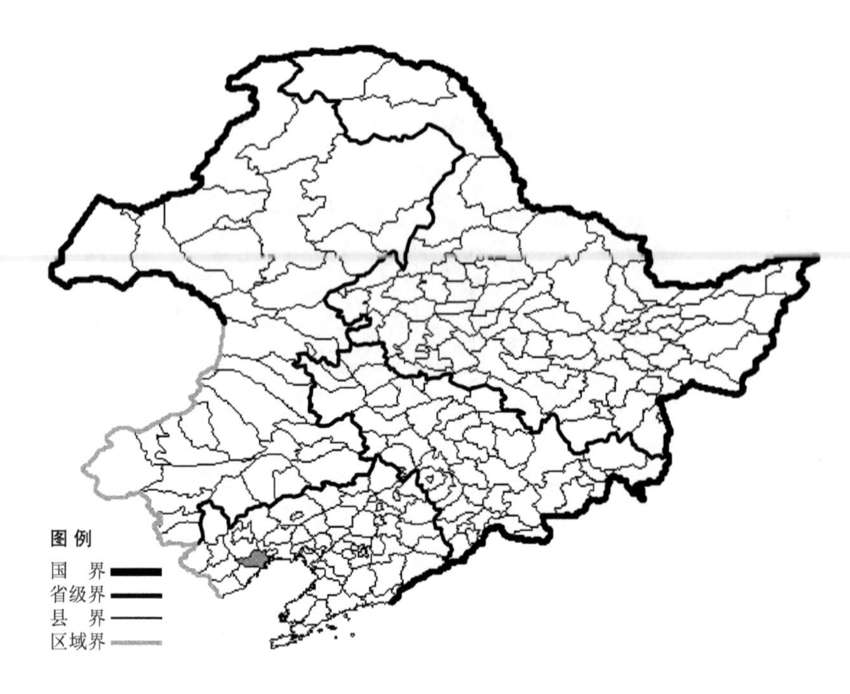

矮滨蒿

Artemisia nakaii Pamp.

生境：海边沙质地。
产地：辽宁省葫芦岛。
分布：中国（辽宁、河北），朝鲜半岛。

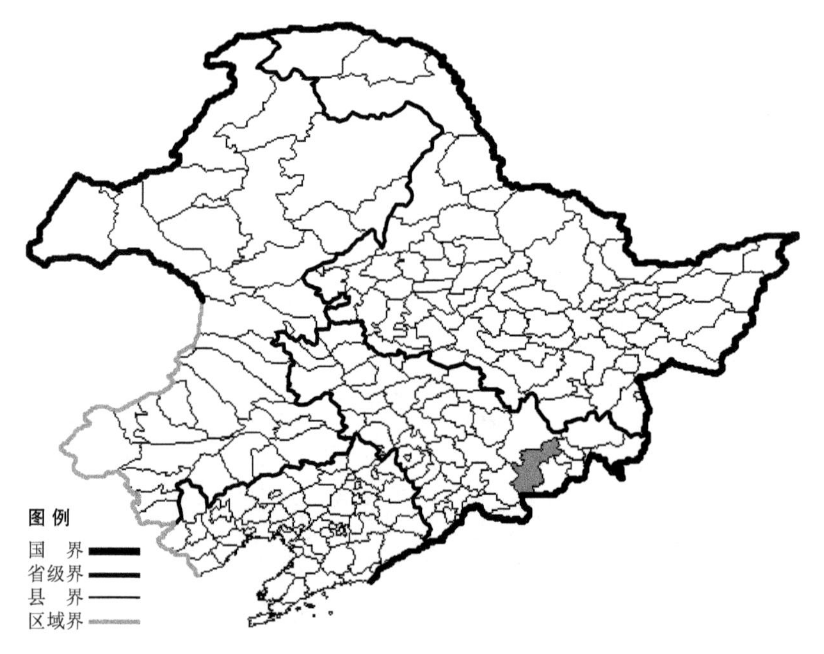

镰叶蒿

Artemisia orthobotrys Kitag.

生境：林缘，火烧迹地，疏林下。
产地：吉林省安图。
分布：中国（吉林），朝鲜半岛，俄罗斯（远东地区）。

光沙蒿

Artemisia oxycephala Kitag.

生境：山坡草地，海拔约 700 米。

产地：黑龙江省大庆、齐齐哈尔、肇东、哈尔滨、泰来、安达、虎林、密山、宁安、富裕，吉林省通榆、双辽，辽宁省凌源、建昌、建平、西丰、葫芦岛、彰武，内蒙古乌兰浩特、额尔古纳、根河、牙克石、满洲里、海拉尔、克什克腾旗、赤峰、翁牛特旗、阿鲁科尔沁旗。

分布：中国（黑龙江、吉林、辽宁、内蒙古、河北、山西）。

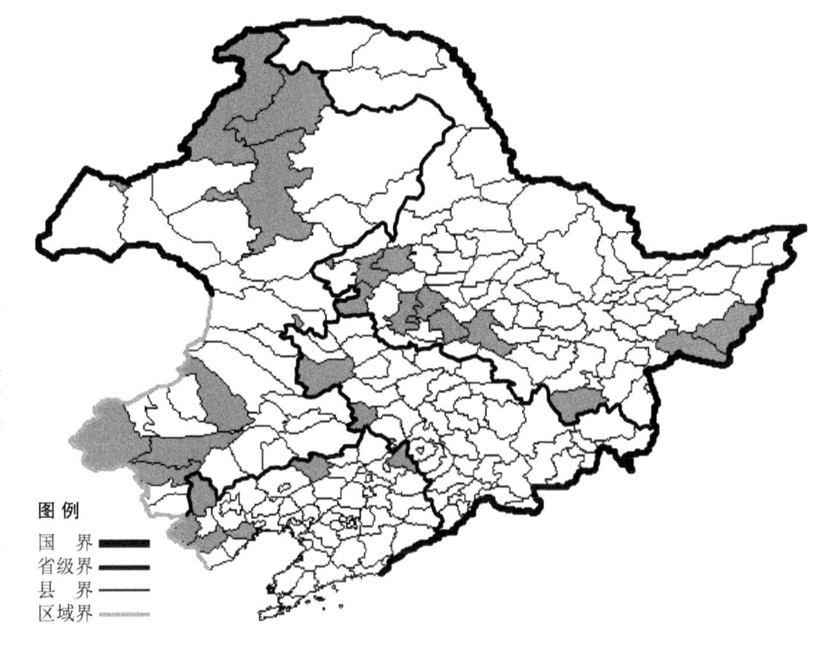

金沙蒿 Artemisia oxycephala Kitag. var. **aurientens** W. Wang 生于湖边沙质地，产于黑龙江省黑河、密山，分布于中国（黑龙江）。

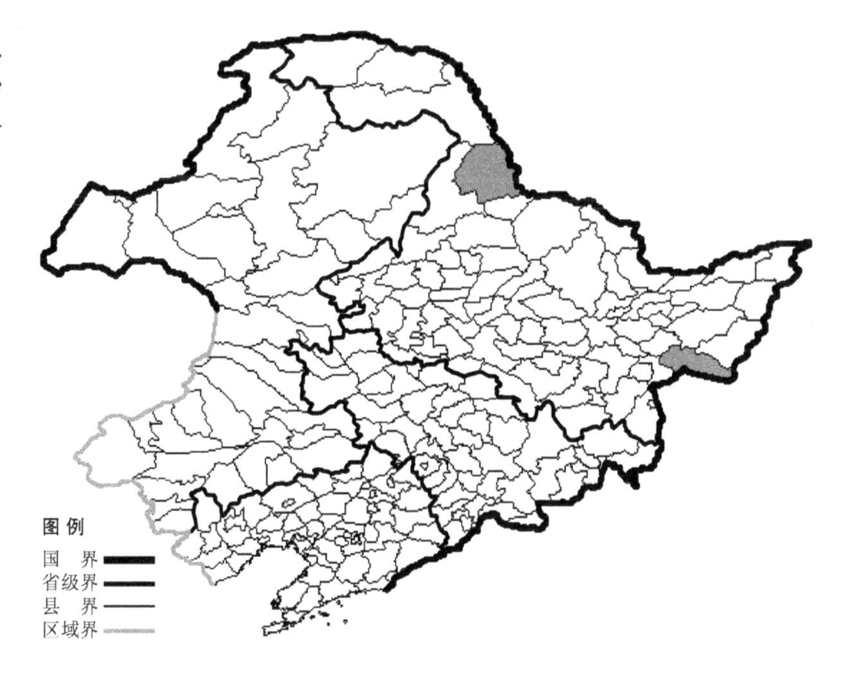

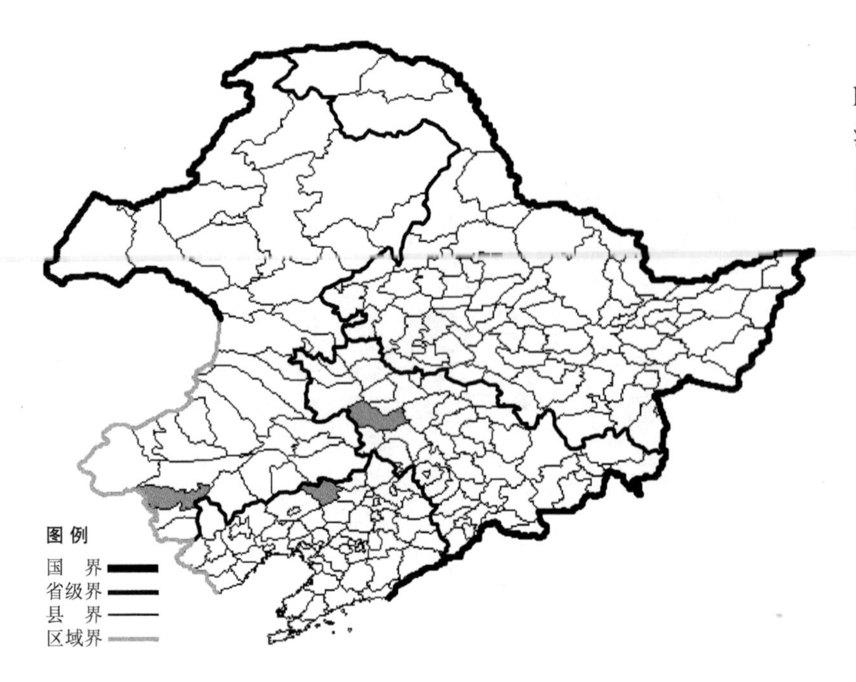

疏花光沙蒿 Artemisia oxycephala Kitag. var. **sporadantha** W. Wang 生于沙丘，产于吉林省长岭，辽宁省彰武，内蒙古赤峰。分布于中国(吉林、辽宁、内蒙古)。

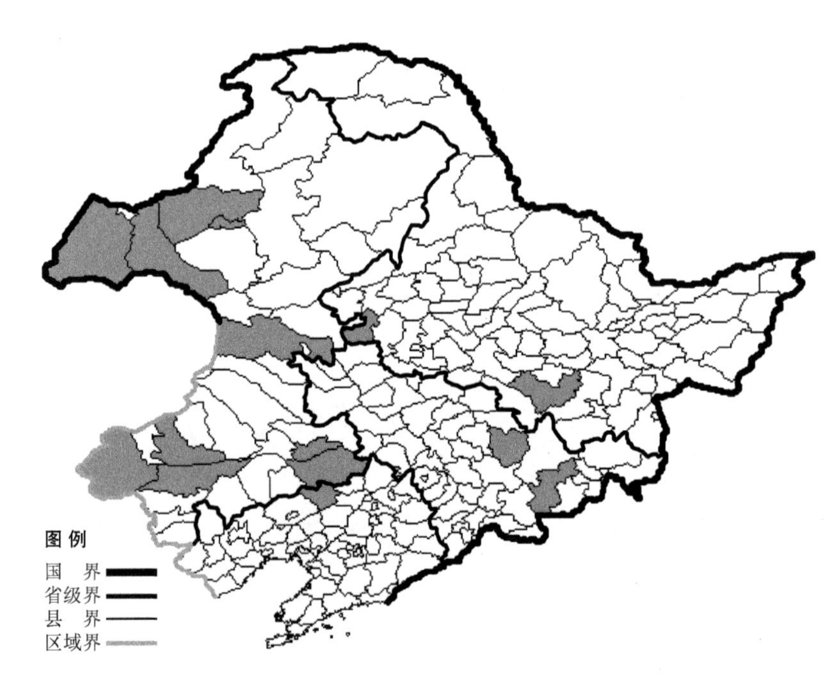

黑蒿

Artemisia palustris L.

生境：向阳山坡，沙质地，固定沙丘，岩石上，海拔 700 米以下。

产地：黑龙江省泰来、尚志，吉林省安图、蛟河，辽宁省彰武，内蒙古海拉尔、新巴尔虎左旗、新巴尔虎右旗、翁牛特旗、巴林右旗、克什克腾旗、陈巴尔虎旗、科尔沁右翼前旗、通辽、科尔沁左翼后旗。

分布：中国（黑龙江、吉林、辽宁、内蒙古、河北），朝鲜半岛，蒙古，俄罗斯（西伯利亚、远东地区）。

褐苞蒿

Artemisia phaeolepis Krasch.

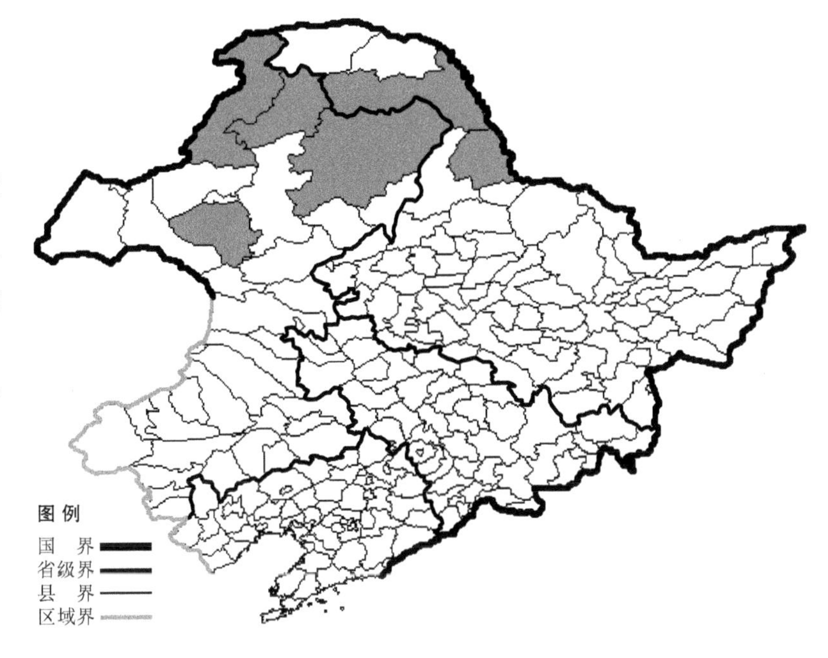

生境：河谷，石砾质山坡，海拔1200米以下。

产地：黑龙江省呼玛、黑河，内蒙古根河、额尔古纳、鄂伦春旗、鄂温克旗。

分布：中国（黑龙江、内蒙古、山西、甘肃、宁夏、新疆、西藏），蒙古，俄罗斯（西伯利亚）。

魁蒿

Artemisia princeps Pamp.

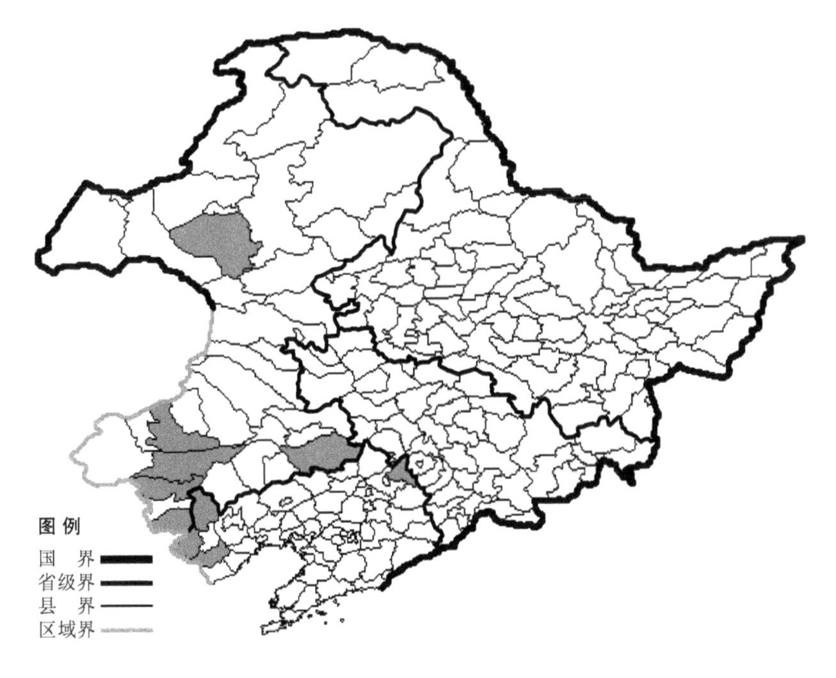

生境：灌丛，河边。

产地：辽宁省西丰、凌源、建平、建昌，内蒙古赤峰、翁牛特旗、巴林右旗、宁城、鄂温克旗、科尔沁左翼后旗。

分布：中国（辽宁、内蒙古、河北、山西、陕西、甘肃、山东、江苏、安徽、福建、河南、湖北、江西、湖南、广东、广西、四川、贵州、云南、台湾），朝鲜半岛，日本。

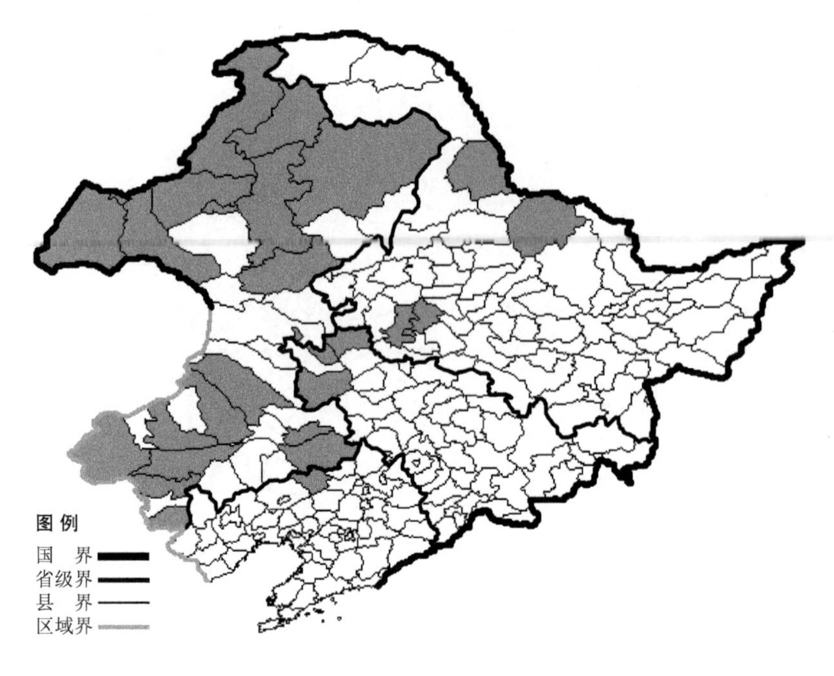

柔毛蒿

Artemisia pubescens Ledeb.

生境：沙质地，干山坡草地，海拔800米以下。

产地：黑龙江省黑河、逊克、大庆、安达，吉林省镇赉、白城、通榆，辽宁省彰武，内蒙古海拉尔、额尔古纳、根河、牙克石、扎兰屯、鄂伦春旗、科尔沁左翼后旗、陈巴尔虎旗、新巴尔虎右旗、新巴尔虎左旗、满洲里、巴林右旗、乌兰浩特、通辽、扎鲁特旗、阿鲁科尔沁旗、翁牛特旗、克什克腾旗、赤峰、宁城。

分布：中国（黑龙江、吉林、辽宁、内蒙古、河北、山西、陕西、甘肃、青海、新疆、四川），日本，蒙古，俄罗斯（东部西伯利亚）。

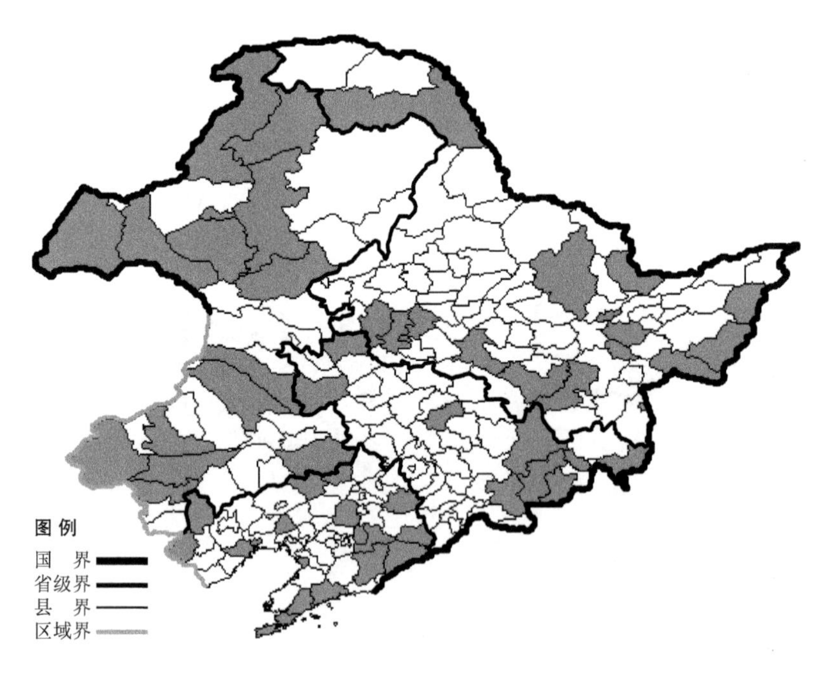

红足蒿

Artemisia rubripes Nakai

生境：林缘，灌丛，荒地，海拔1000米以下。

产地：黑龙江省杜尔伯特、桦南、安达、大庆、勃利、呼玛、海林、佳木斯、密山、绥芬河、虎林、饶河、萝北、尚志、哈尔滨、伊春，吉林省延吉、珲春、和龙、安图、敦化、抚松、镇赉、通榆、九台，辽宁省凌源、建平、彰武、葫芦岛、锦州、北镇、营口、康平、清原、沈阳、大连、普兰店、庄河、凤城、宽甸、桓仁、本溪，内蒙古牙克石、扎鲁特旗、科尔沁左翼后旗、新巴尔虎左旗、科尔沁右翼中旗、克什克腾旗、巴林右旗、赤峰、翁牛特旗、额尔古纳、根河、鄂温克旗、扎兰屯、新巴尔虎右旗、海拉尔。

分布：中国（黑龙江、吉林、辽宁、内蒙古、河北、山西、山东、江苏、安徽、浙江、福建、江西），朝鲜半岛，日本，蒙古，俄罗斯（远东地区）。

猪毛蒿

Artemisia scoparia Wald. et Kit.

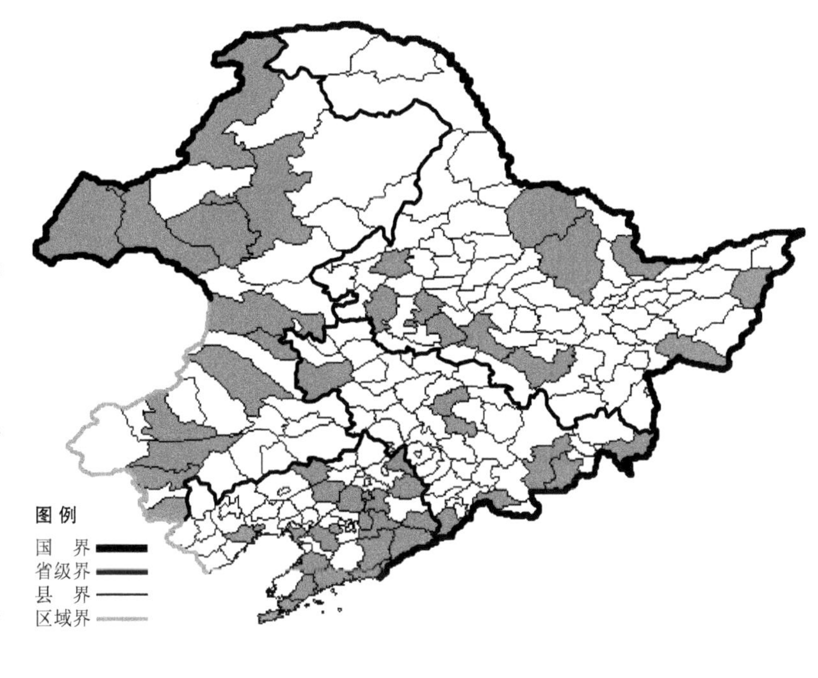

生境：林缘，山坡草地，荒地，人家附近，海拔 900 米以下。

产地：黑龙江省萝北、密山、逊克、尚志、饶河、哈尔滨、杜尔伯特、肇东、富裕、安达、伊春，吉林省临江、永吉、通榆、九台、集安、安图、和龙、珲春，辽宁省海城、锦州、沈阳、宽甸、桓仁、清原、新民、西丰、葫芦岛、丹东、大连、彰武、普兰店、凤城、东港、盖州、庄河、大洼、鞍山、本溪、抚顺，内蒙古科尔沁右翼前旗、扎鲁特旗、突泉、翁牛特旗、巴林右旗、鄂温克旗、满洲里、新巴尔虎左旗、新巴尔虎右旗、海拉尔、额尔古纳、牙克石、赤峰、宁城。

分布：中国（除台湾、海南外，各省区广布），朝鲜半岛，日本，俄罗斯（欧洲部分、高加索、西伯利亚），中亚，伊朗，土耳其，阿富汗，印度，巴基斯坦，欧洲。

毛猪毛蒿 Artemisia scoparia Wald. et Kit. f. **villosa** Korsh. 生于草地、沙丘，产于黑龙江省大庆、肇东、哈尔滨，辽宁省葫芦岛，内蒙古新巴尔虎左旗、海拉尔，分布于中国（黑龙江、辽宁、内蒙古），俄罗斯，欧洲。

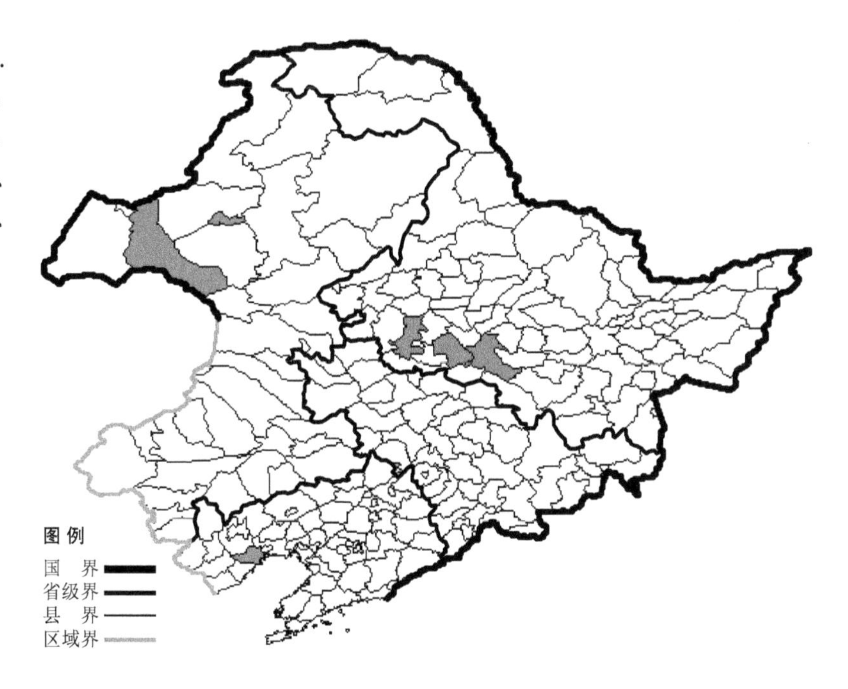

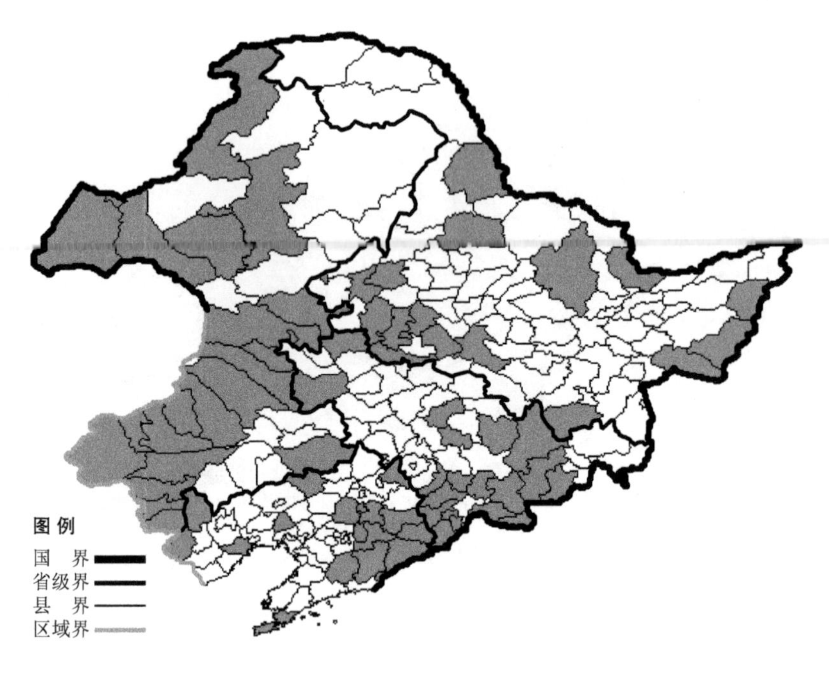

万年蒿

Artemisia sacrorum Ledeb.

生境：石砾质山坡，杂木林下，灌丛，荒地，海拔1400米以下。

产地：黑龙江省黑河、五大连池、哈尔滨、大庆、密山、宁安、杜尔伯特、虎林、安达、伊春、饶河、富裕、肇东、肇源、萝北、齐齐哈尔，吉林省通榆、永吉、和龙、抚松、蛟河、敦化、安图、通化、临江、柳河、梅河口、辉南、集安、靖宇、长白、九台、镇赉，辽宁省建平、凌源、彰武、葫芦岛、北镇、凤城、岫岩、桓仁、新宾、西丰、本溪、宽甸、抚顺、沈阳、丹东、大连，内蒙古鄂温克旗、新巴尔虎左旗、新巴尔虎右旗、科尔沁左翼后旗、额尔古纳、牙克石、海拉尔、满洲里、科尔沁右翼前旗、科尔沁右翼中旗、突泉、扎赉特旗、乌兰浩特、翁牛特旗、巴林左旗、巴林右旗、林西、克什克腾旗、喀喇沁旗、阿鲁科尔沁旗、宁城、赤峰、扎鲁特旗。

分布：中国（全国各地），朝鲜半岛，日本，蒙古，俄罗斯（西伯利亚、远东地区），中亚，阿富汗，印度，巴基斯坦，尼泊尔。

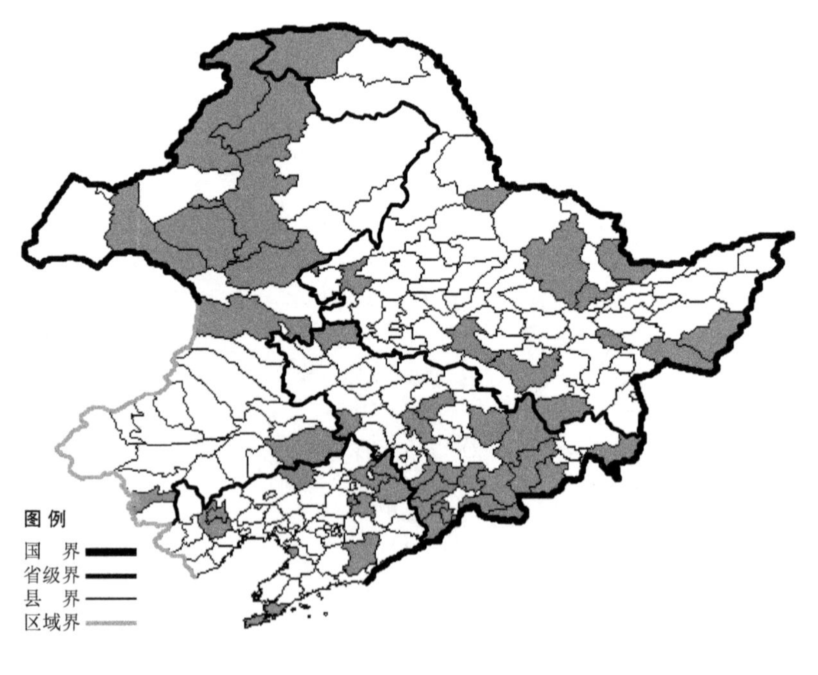

水蒿

Artemisia selengensis Turcz. ex Bess.

生境：草甸，河边，林缘，路旁，湿草地，海拔600米以下。

产地：黑龙江省孙吴、萝北、宁安、伊春、汤原、勃利、密山、虎林、漠河、尚志、哈尔滨、齐齐哈尔，吉林省珲春、和龙、安图、敦化、蛟河、九台、双辽、长春、临江、通化、柳河、梅河口、辉南、集安、抚松、靖宇、长白、镇赉，辽宁省开原、西丰、营口、彰武、大连、朝阳、凤城、清原、抚顺，内蒙古海拉尔、额尔古纳、根河、扎兰屯、鄂温克旗、新巴尔虎左旗、牙克石、科尔沁左翼后旗、科尔沁右翼前旗、喀喇沁旗。

分布：中国（黑龙江、吉林、辽宁、内蒙古、河北、山西、陕西、甘肃、山东、江苏、安徽、河南、湖北、江西、湖南、广东、四川、贵州、云南），朝鲜半岛，蒙古，俄罗斯（东部西伯利亚、远东地区）。

绢毛蒿

Artemisia sericea Weber

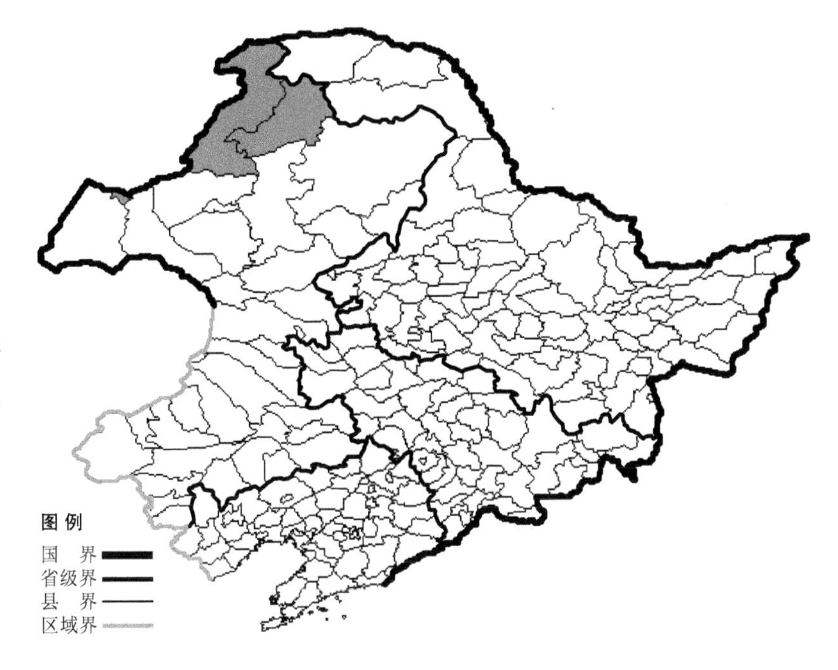

生境：向阳山坡，石灰质岩石上，岩石壁上，海拔 1300 米以下。

产地：内蒙古额尔古纳、根河、满洲里。

分布：中国（内蒙古、宁夏、新疆），蒙古，日本，俄罗斯（欧洲部分、西伯利亚），中亚。

宽叶山蒿

Artemisia stolonifera (Maxim.) Kom.

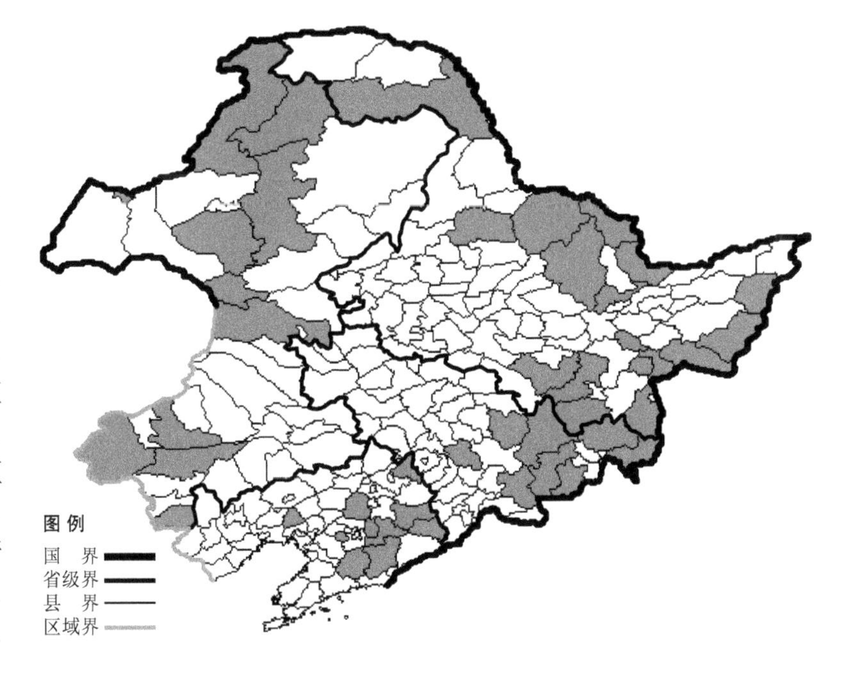

生境：林缘，林下，路旁，荒地，山坡草地，海拔 1300 米以下。

产地：黑龙江省五大连池、饶河、东宁、鸡西、鸡东、汤原、海林、宁安、萝北、逊克、勃利、嘉荫、虎林、密山、尚志、伊春、呼玛，吉林省珲春、汪清、和龙、安图、抚松、敦化、磐石、蛟河，辽宁省沈阳、西丰、新宾、桓仁、凤城、鞍山、北镇、本溪、岫岩，内蒙古阿尔山、根河、额尔古纳、牙克石、鄂温克旗、满洲里、巴林右旗、宁城、科尔沁右翼前旗、克什克腾旗、翁牛特旗。

分布：中国（黑龙江、吉林、辽宁、内蒙古、河北、山西、山东、江苏、安徽、浙江、湖北），朝鲜半岛，日本，俄罗斯（远东地区）。

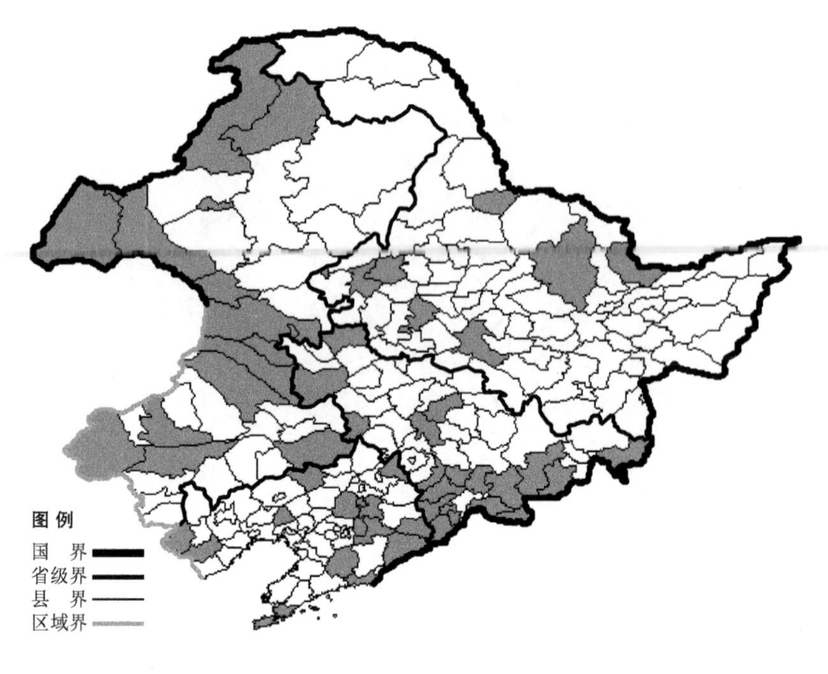

大籽蒿

Artemisia sieversiana Ehrh. ex Willd.

生境：沙质草地，山坡草地，人家附近，河边，海拔 800 米以下。

产地：黑龙江省孙吴、萝北、哈尔滨、富裕、齐齐哈尔、伊春、安达，吉林省双辽、九台、安图、和龙、长春、珲春、临江、通化、柳河、梅河口、辉南、集安、抚松、靖宇、长白、镇赉、通榆，辽宁省西丰、桓仁、抚顺、本溪、大连、建昌、北镇、凌源、东港、沈阳、岫岩、彰武、宽甸，内蒙古根河、额尔古纳、海拉尔、满洲里、新巴尔虎左旗、新巴尔虎右旗、阿尔山、科尔沁右翼前旗、科尔沁右翼中旗、突泉、乌兰浩特、扎鲁特旗、克什克腾旗、巴林右旗、翁牛特旗、科尔沁左翼后旗。

分布：中国（黑龙江、吉林、辽宁、内蒙古、河北、山西、陕西、甘肃、青海、宁夏、新疆、四川、贵州、云南、西藏），朝鲜半岛，日本，蒙古，阿富汗，巴基斯坦，印度，俄罗斯（欧洲部分、西伯利亚、远东地区），中亚。

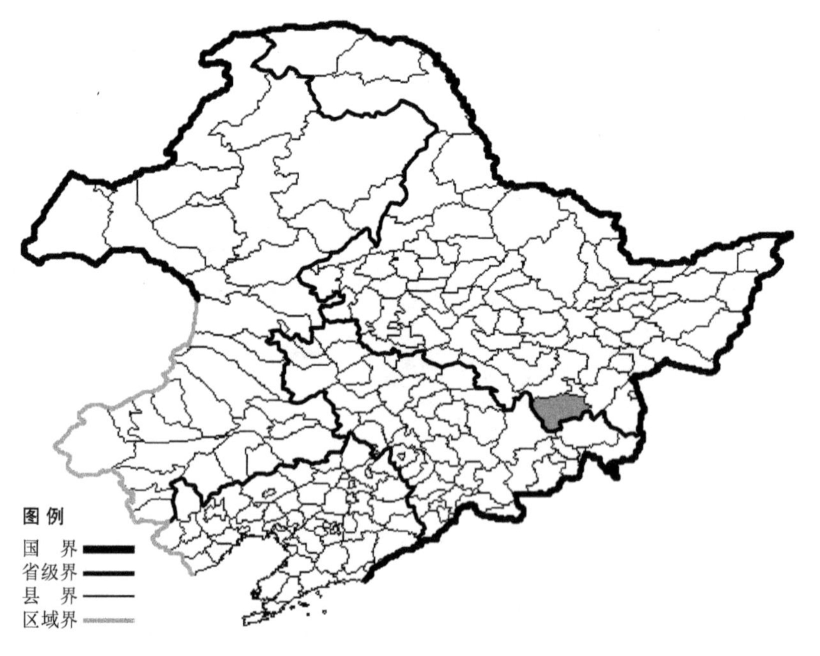

星叶大籽蒿 Artemisia sieversiana Ehrh. ex Willd. var. **koreana** (Nakai) Wang et C. Y. Li 生于山坡草地，海拔约 400 米，产于黑龙江省宁安，分布于中国（黑龙江），朝鲜半岛。

线叶蒿

Artemisia subulata Nakai

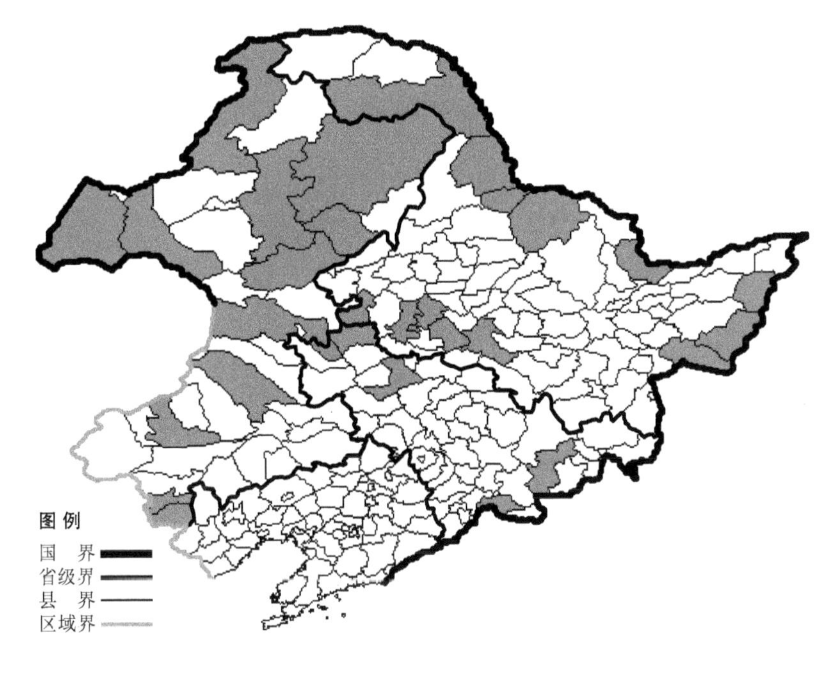

生境：山坡草地，湿草地。

产地：黑龙江省安达、肇东、泰来、呼玛、哈尔滨、逊克、密山、虎林、饶河、萝北、大庆、黑河、孙吴，吉林省安图、镇赉、白城、前郭尔罗斯、临江，内蒙古阿荣旗、扎兰屯、额尔古纳、牙克石、扎鲁特旗、科尔沁右翼前旗、鄂伦春旗、新巴尔虎左旗、新巴尔虎右旗、巴林右旗、喀喇沁旗、宁城。

分布：中国（黑龙江、吉林、内蒙古、河北、山西），朝鲜半岛，日本，俄罗斯（远东地区）。

林地蒿

Artemisia sylvatica Maxim.

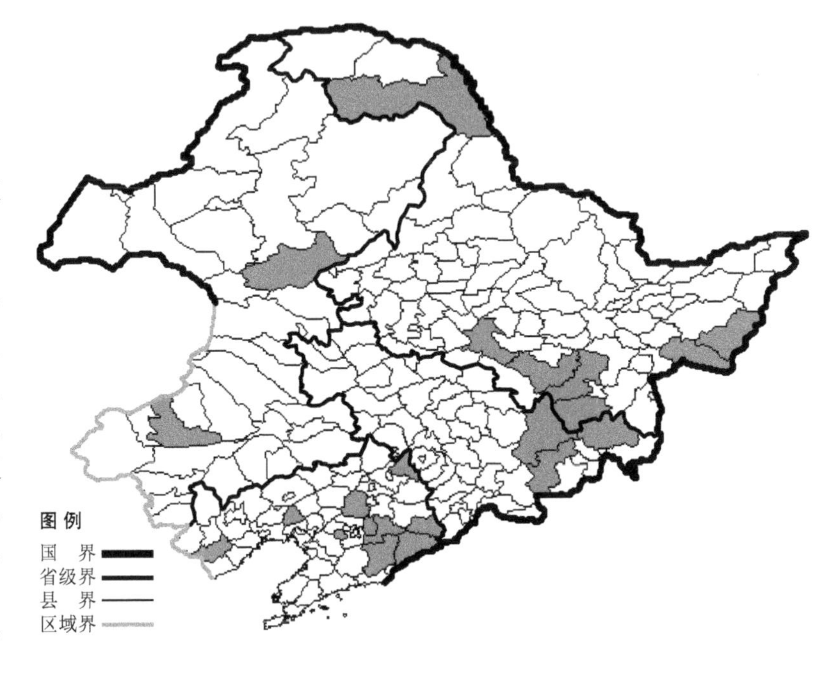

生境：林下，山坡湿草地，海拔800米以下。

产地：黑龙江省哈尔滨、宁安、尚志、海林、虎林、密山、呼玛，吉林省敦化、汪清、安图，辽宁省西丰、沈阳、建昌、鞍山、北镇、本溪、凤城、宽甸、桓仁，内蒙古巴林右旗、扎兰屯。

分布：中国（黑龙江、吉林、辽宁、内蒙古、河北、山西、陕西、甘肃、青海、山东、江苏、安徽、浙江、河南、湖北、江西、湖南、四川、贵州、云南），朝鲜半岛，蒙古，俄罗斯（远东地区）。

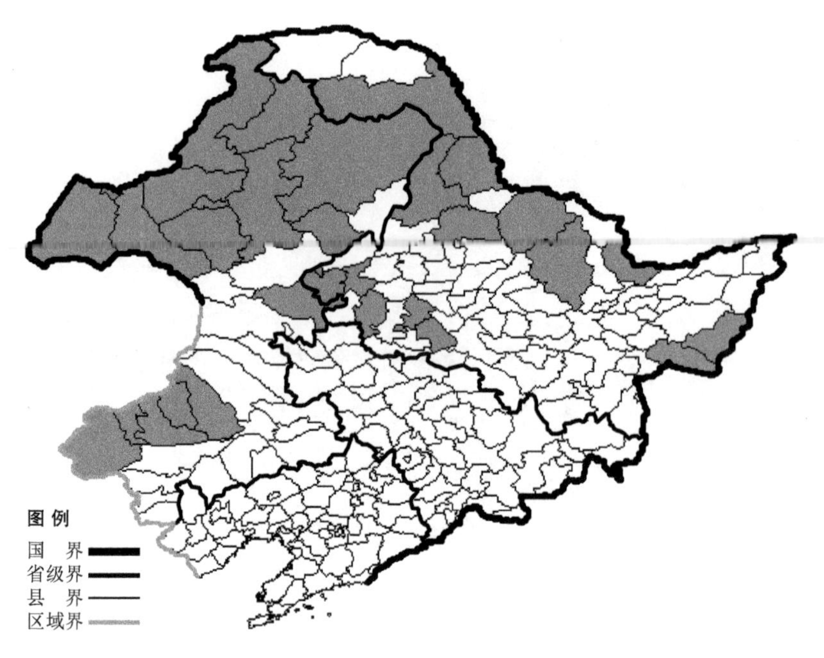

裂叶蒿

Artemisia tanacetifolia L.

生境：干山坡，河边沙质地，灌从，杂木林下，海拔900米以下。

产地：黑龙江省萝北、虎林、密山、龙江、肇东、杜尔伯特、五大连池、逊克、伊春、嫩江、黑河、呼玛、齐齐哈尔、安达，内蒙古海拉尔、满洲里、牙克石、新巴尔虎左旗、新巴尔虎右旗、鄂温克旗、陈巴尔虎旗、阿荣旗、扎赉特旗、鄂伦春旗、根河、额尔古纳、巴林右旗、巴林左旗、林西、阿鲁科尔沁旗、克什克腾旗。

分布：中国（黑龙江、内蒙古、河北、山西、陕西、甘肃、宁夏、青海、新疆），蒙古，俄罗斯（欧洲部分、西伯利亚、远东地区），哈萨克斯坦，欧洲，北美洲。

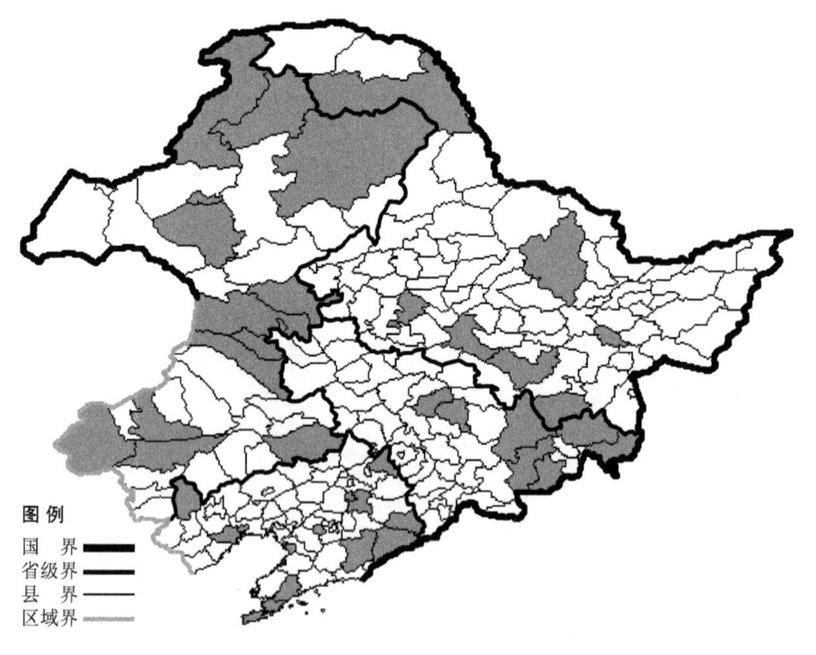

野艾蒿

Artemisia umbrosa (Bess.) Turcz. ex DC.

生境：山坡，林缘，路旁。

产地：黑龙江省哈尔滨、伊春、呼玛、勃利、尚志、安达、宁安，吉林省九台、安图、敦化、和龙、珲春、汪清、吉林，辽宁省西丰、鞍山、宽甸、桓仁、抚顺、营口、大连、葫芦岛、普兰店、建平、锦州、凤城，内蒙古海拉尔、额尔古纳、根河、鄂伦春旗、鄂温克旗、科尔沁右翼前旗、科尔沁右翼中旗、扎赉特旗、突泉、乌兰浩特、科尔沁左翼后旗、巴林右旗、克什克腾旗、翁牛特旗。

分布：中国（黑龙江、吉林、辽宁、内蒙古、河北、山西、陕西、甘肃、山东、江苏、安徽、河南、湖北、江西、湖南、广东、广西、四川、贵州、云南），朝鲜半岛，日本，蒙古，俄罗斯（远东地区）。

辽东蒿

Artemisia verbenacea (Kom.) Kitag.

生境：湿草地。

产地：辽宁省喀左、建平，内蒙古翁牛特旗。

分布：中国（辽宁、内蒙古、河北、山西、陕西、宁夏、甘肃、青海、四川）。

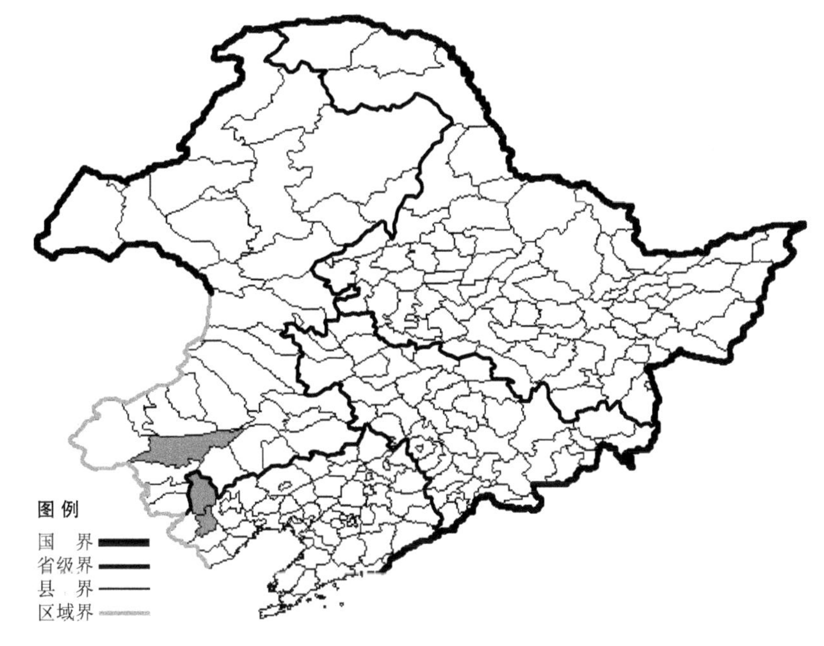

林艾蒿

Artemisia viridissima Pamp.

生境：林缘，林下，海拔 1900 米以下。

产地：吉林省抚松、安图、长白、通化。

分布：中国（吉林），朝鲜半岛。

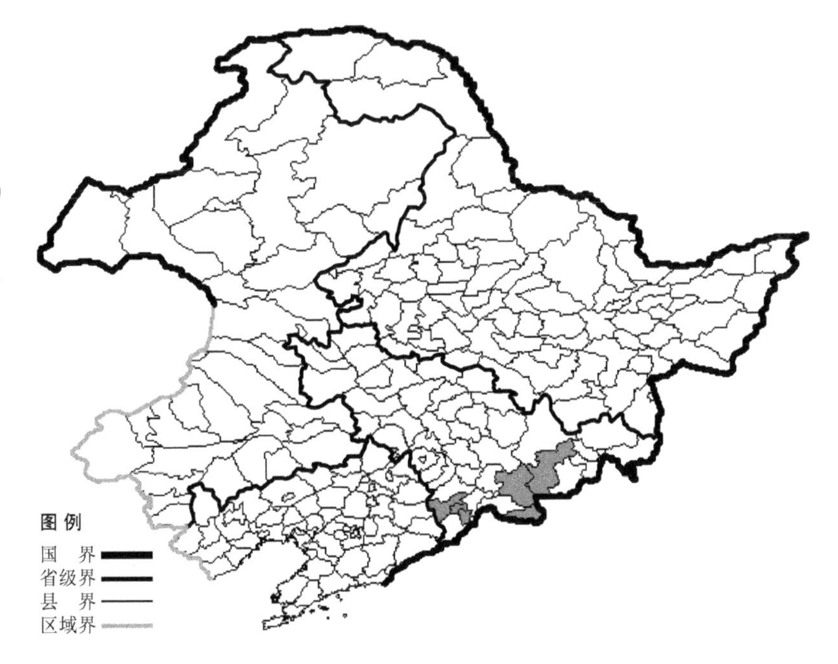

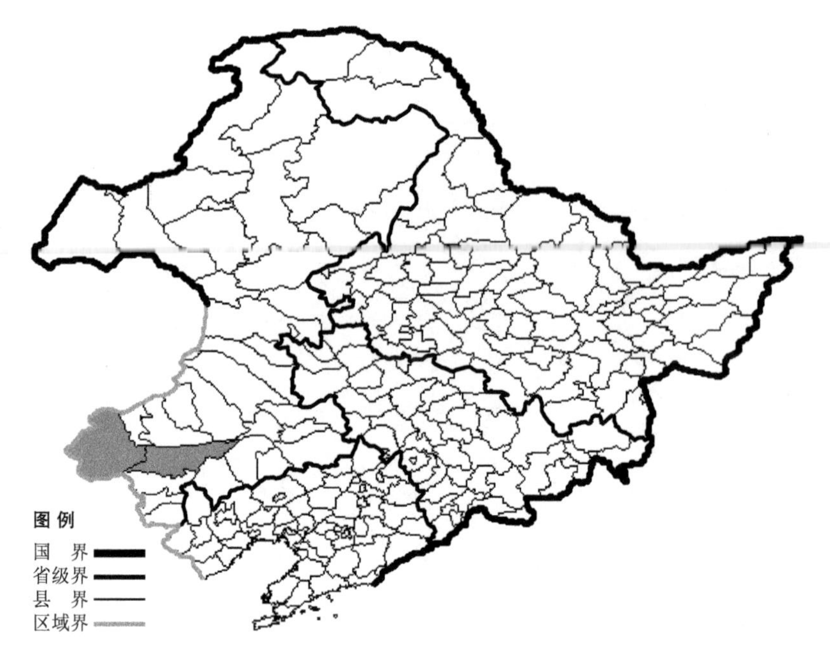

乌丹蒿

Artemisia wudanica Liou et W. Wang

生境：流动沙丘，半固定沙丘。

产地：内蒙古翁牛特旗、克什克腾旗。

分布：中国（内蒙古、河北）。

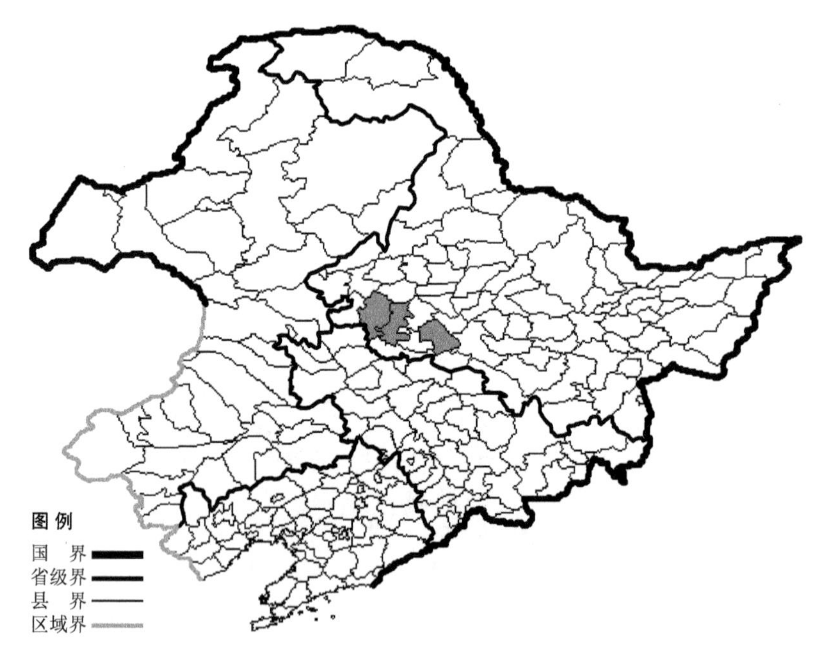

肇东蒿

Artemisia zhaodungensis G. Y. Chang

生境：盐碱地。

产地：黑龙江省肇东、大庆、杜尔伯特。

分布：中国（黑龙江）。

三脉紫菀

Aster ageratoides Turcz.

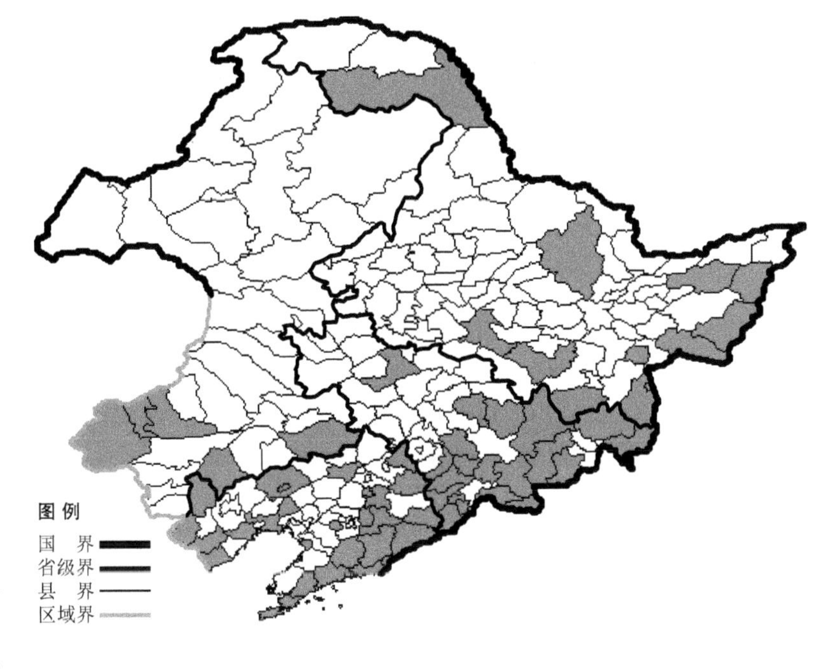

生境：林缘，路旁，山坡草地，海拔 1000 米以下。

产地：黑龙江省密山、饶河、尚志、伊春、虎林、鸡西、呼玛、绥芬河、富锦、东宁、哈尔滨、宁安、吉林省安图、蛟河、敦化、磐石、集安、抚松、珲春、和龙、汪清、前郭尔罗斯、临江、通化、柳河、梅河口、吉林、辉南、靖宇、长白，辽宁省凌源、建平、建昌、葫芦岛、北镇、凌海、绥中、岫岩、营口、庄河、大连、普兰店、鞍山、抚顺、本溪、清原、凤城、桓仁、宽甸、东港、丹东、西丰、阜新、法库，内蒙古科尔沁左翼后旗、克什克腾旗、巴林右旗、林西、敖汉旗。

分布：中国（黑龙江、吉林、辽宁、内蒙古、河北、山西、青海、安徽、浙江、河南、湖北、湖南、广西、四川、贵州、云南、台湾），朝鲜半岛，俄罗斯（远东地区）。

高山紫菀

Aster alpinus L.

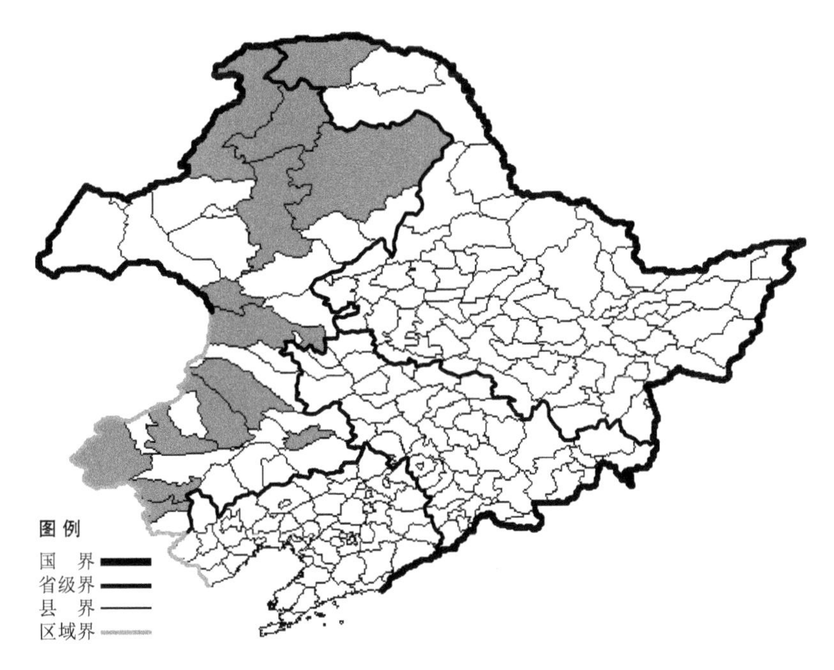

生境：山坡草地，林下，海拔约 800 米。

产地：黑龙江省漠河，内蒙古赤峰、阿鲁科尔沁旗、巴林右旗、克什克腾旗、喀喇沁旗、阿尔山、科尔沁右翼前旗、通辽、扎鲁特旗、额尔古纳、牙克石、根河、鄂伦春旗。

分布：中国（黑龙江、内蒙古、河北、山西、陕西、新疆），亚洲北部至欧洲。

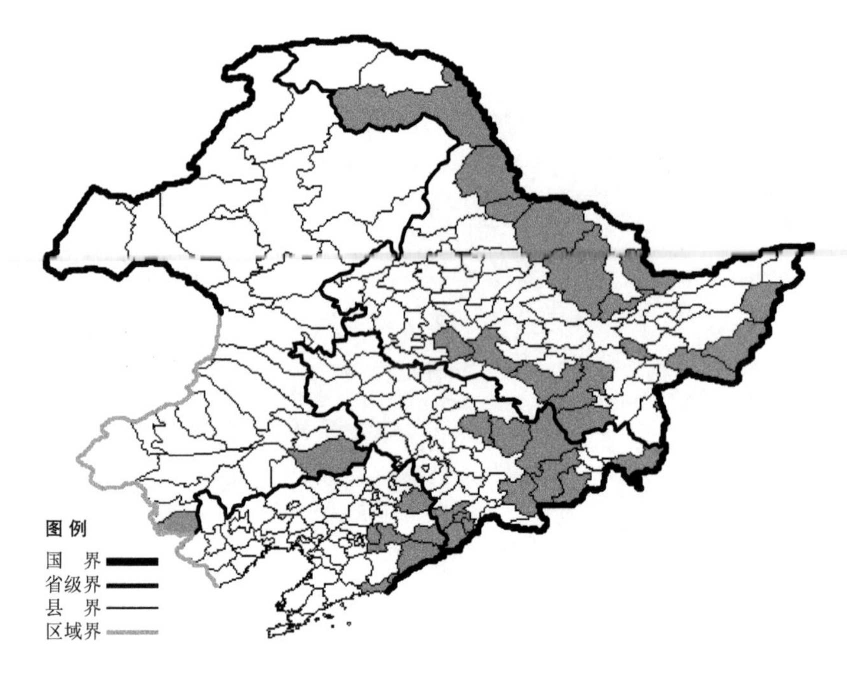

圆苞紫菀

Aster maackii Regel

生境：湿草地，灌丛，林下，路旁，海拔 1000 米以下。

产地：黑龙江省黑河、逊克、密山、呼玛、海林、汤原、绥芬河、肇东、虎林、哈尔滨、伊春、尚志、饶河、勃利、萝北、宁安、孙吴，吉林省集安、安图、敦化、抚松、蛟河、通化、吉林、珲春、和龙，辽宁省宽甸、本溪、桓仁、清原、丹东、东港，内蒙古宁城、科尔沁左翼后旗。

分布：中国（黑龙江、吉林、辽宁、内蒙古），朝鲜半岛，俄罗斯（远东地区）。

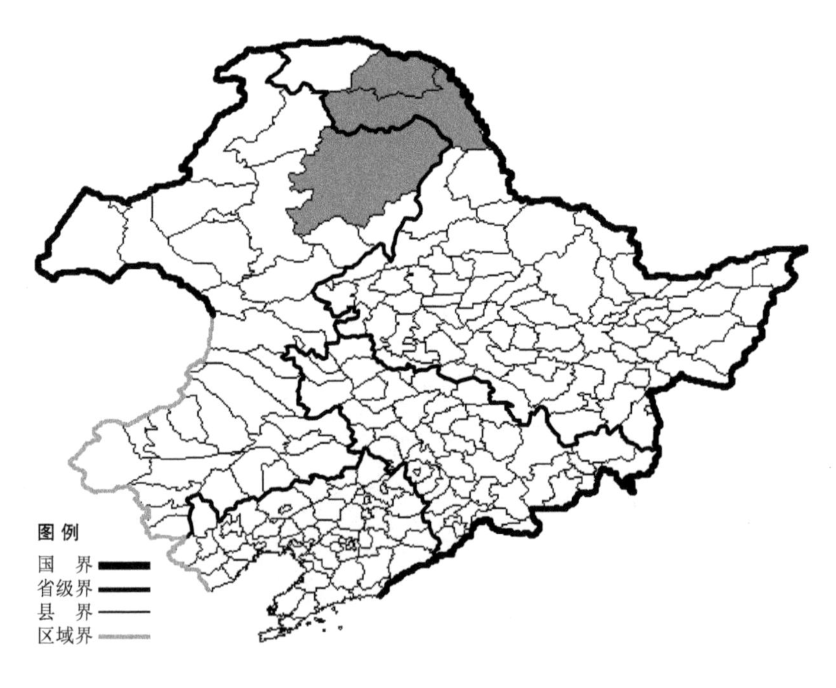

西伯利亚紫菀

Aster sibiricus L.

生境：河边沙地，山坡石砾质地，海拔约 300 米。

产地：黑龙江省塔河、呼玛，内蒙古鄂伦春旗。

分布：中国（黑龙江、内蒙古），朝鲜半岛，日本，俄罗斯（欧洲部分、西伯利亚、远东地区）。

紫菀

Aster tataricus L. f.

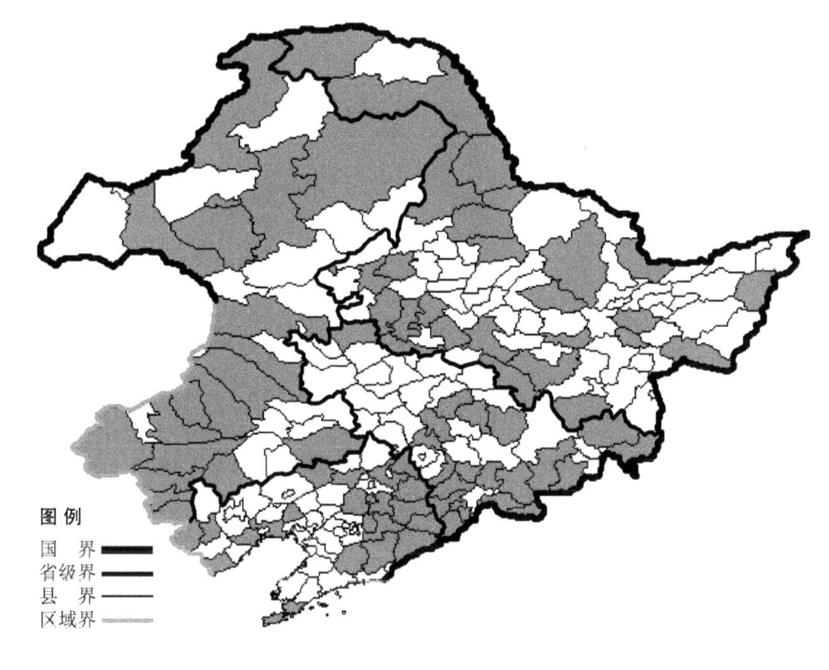

生境：河边，草甸，山坡草地，林下，海拔 1100 米以下。

产地：黑龙江省大庆、北安、铁力、桦南、勃利、方正、漠河、呼玛、嫩江、宁安、五常、杜尔伯特、五大连池、尚志、哈尔滨、伊春、安达、饶河、肇东、肇源、密山、萝北、富裕、孙吴、齐齐哈尔、黑河，吉林省抚松、安图、临江、吉林、长春、蛟河、和龙、珲春、汪清、伊通、九台、镇赉、前郭尔罗斯、通化、柳河、梅河口、辉南、集安、靖宇、长白，辽宁省法库、西丰、新宾、沈阳、抚顺、大连、彰武、喀左、绥中、葫芦岛、北镇、开原、清原、凌海、岫岩、凌源、本溪、凤城、桓仁、宽甸，内蒙古额尔古纳、海拉尔、新巴尔虎左旗、牙克石、科尔沁左翼后旗、鄂伦春旗、鄂温克旗、科尔沁右翼前旗、科尔沁右翼中旗、扎鲁特旗、翁牛特旗、赤峰、阿鲁科尔沁旗、巴林左旗、巴林右旗、克什克腾旗、敖汉旗、喀喇沁旗、宁城。

分布：中国（黑龙江、吉林、辽宁、内蒙古、河北、山西、陕西、甘肃、河南），朝鲜半岛，日本，蒙古，俄罗斯（东部西伯利亚、远东地区）。

关苍术

Atractylodes japonica Koidz. ex Kitam.

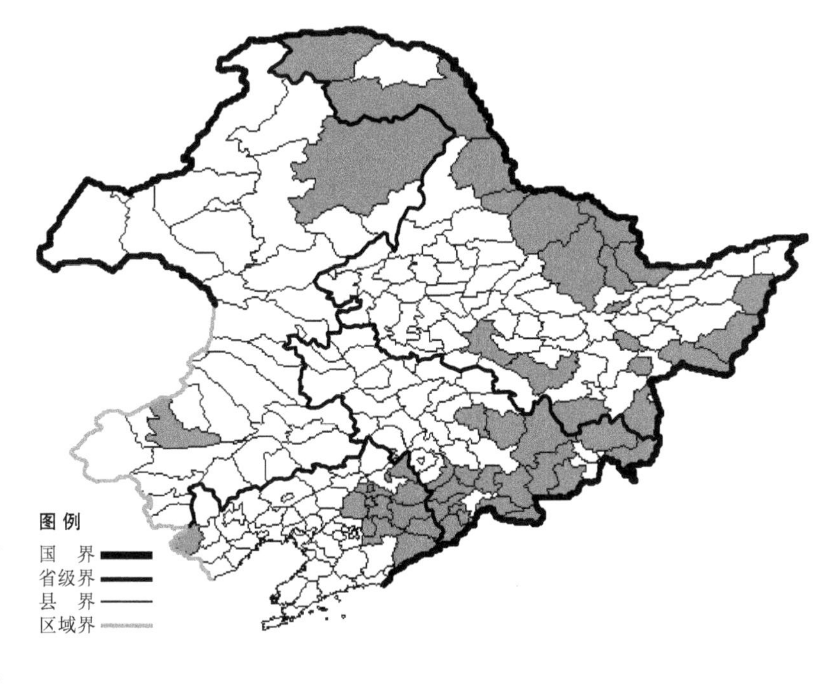

生境：干山坡，林缘，栎林下，海拔 800 米以下。

产地：黑龙江省伊春、尚志、萝北、鹤岗、哈尔滨、密山、虎林、黑河、饶河、嘉荫、呼玛、孙吴、鸡西、东宁、漠河、逊克、佳木斯、勃利、宁安，吉林省临江、通化、柳河、梅河口、辉南、集安、抚松、靖宇、长白、珲春、和龙、敦化、吉林、安图、蛟河、汪清，辽宁省凌源、西丰、清原、新宾、抚顺、铁岭、本溪、桓仁、宽甸、沈阳，内蒙古鄂伦春旗、巴林右旗。

分布：中国（黑龙江、吉林、辽宁、内蒙古），朝鲜半岛，日本。

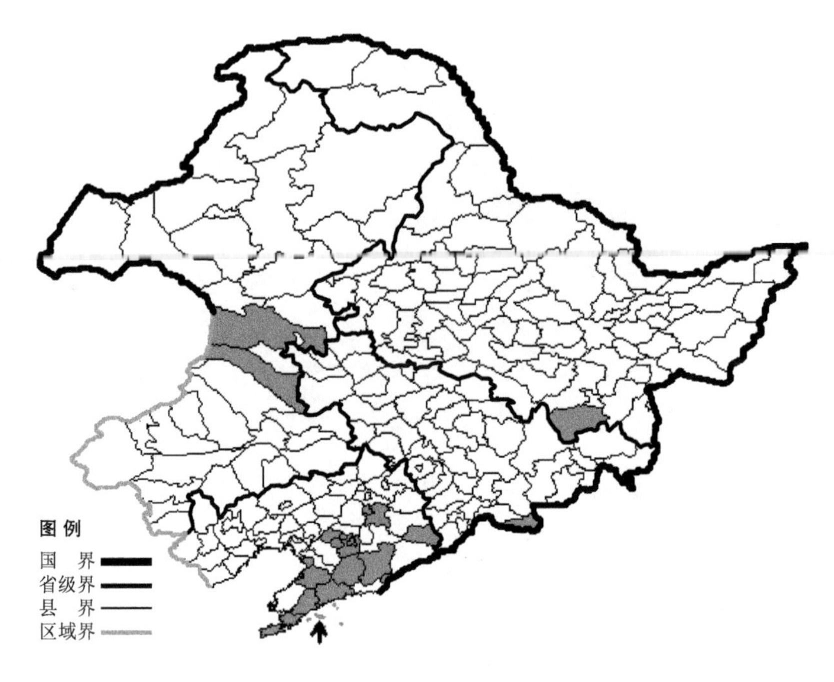

朝鲜苍术

Atractylodes koreana (Nakai) Kitam.

生境：林缘，林下，干山坡，海拔约 200 米。

产地：黑龙江省宁安，吉林省长白，辽宁省鞍山、盖州、普兰店、营口、长海、庄河、岫岩、凤城、桓仁、丹东、抚顺、大连、辽阳，内蒙古科尔沁右翼前旗、科尔沁右翼中旗。

分布：中国（黑龙江、吉林、辽宁、内蒙古、山东），朝鲜半岛。

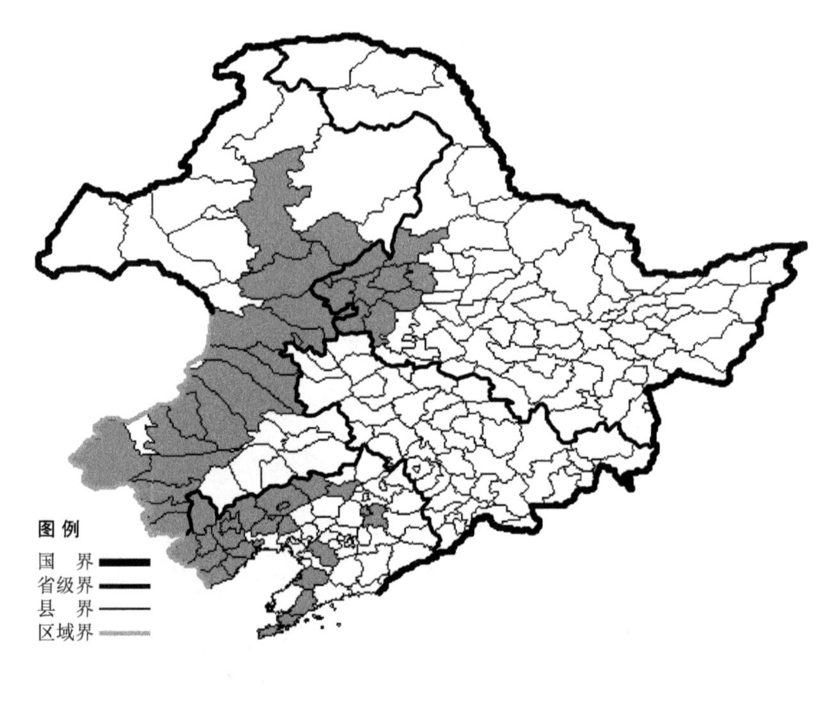

北苍术

Atractylodes lancea (Thunb.) DC.

生境：干山坡，灌丛，海拔 600 米以下。

产地：黑龙江省齐齐哈尔、甘南、龙江、泰来、讷河、林甸、富裕、依安、杜尔伯特，辽宁省建平、建昌、凌源、义县、喀左、葫芦岛、北镇、大连、盖州、法库、普兰店、抚顺、海城、绥中、兴城、朝阳、阜新、彰武、锦州、北票，内蒙古牙克石、阿鲁科尔沁旗、阿荣旗、巴林左旗、巴林右旗、克什克腾旗、喀喇沁旗、扎兰屯、赤峰、宁城、翁牛特旗、扎鲁特旗、科尔沁右翼前旗、科尔沁右翼中旗、突泉、扎赉特旗、乌兰浩特。

分布：中国（黑龙江、辽宁、内蒙古、河北、山西、甘肃、陕西、河南、江苏、安徽、浙江、湖北、江西、湖南、四川），朝鲜半岛，日本。

鬼针草

Bidens bipinnata L.

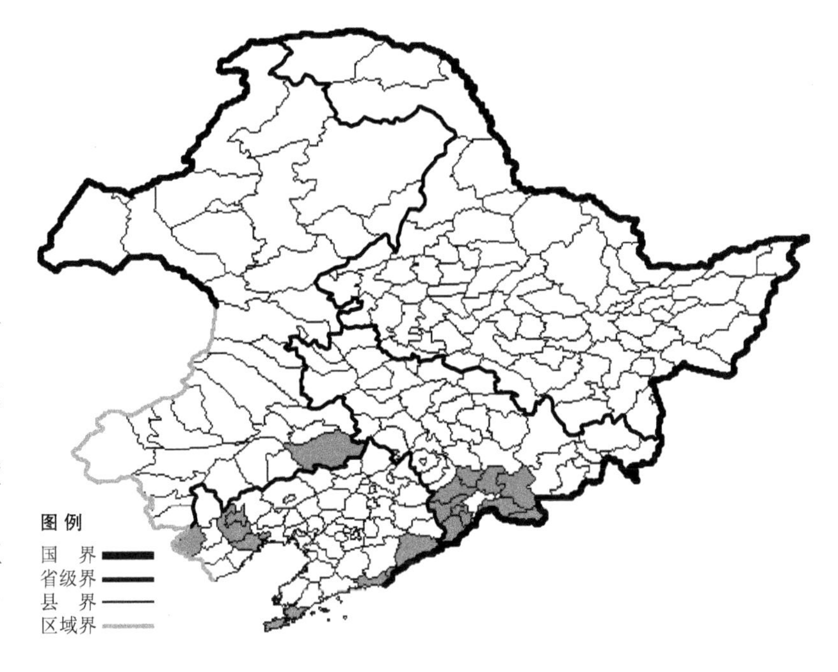

生境：路旁湿地，河边，湖边，海拔 800 米以下。

产地：吉林省临江、通化、柳河、辉南、集安、抚松、靖宇、长白，辽宁省东港、葫芦岛、凌源、锦州、丹东、大连、朝阳、宽甸，内蒙古科尔沁左翼后旗。

分布：中国（吉林、辽宁、内蒙古、河北、山西、陕西、甘肃、山东、江苏、安徽、浙江、福建、河南、江西、湖南、广东、广西、四川、云南、台湾），遍布世界各地。

金盏银盘

Bidens biternata (Lour.) Merr. et Scheff

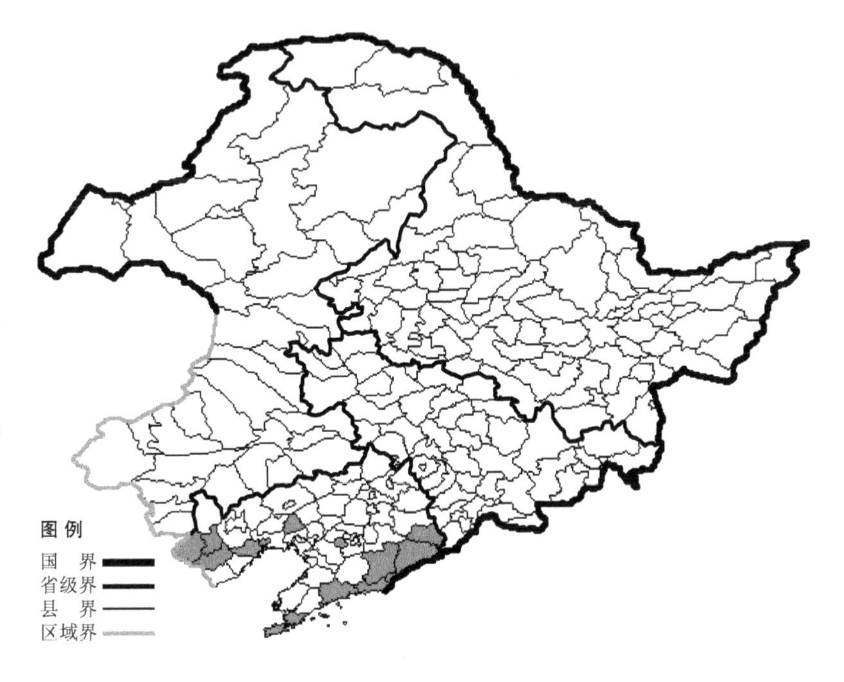

生境：山坡路旁，沟边，荒地，海拔 500 米以下。

产地：辽宁省建昌、北镇、鞍山、庄河、宽甸、桓仁、东港、凤城、大连、葫芦岛、锦州、凌源、丹东、喀左。

分布：中国（辽宁、河北、山西、陕西、甘肃、河南、山东、安徽、浙江、福建、湖北、江西、湖南、广东、海南、广西、贵州、台湾），朝鲜半岛，日本，东南亚，非洲，大洋洲。

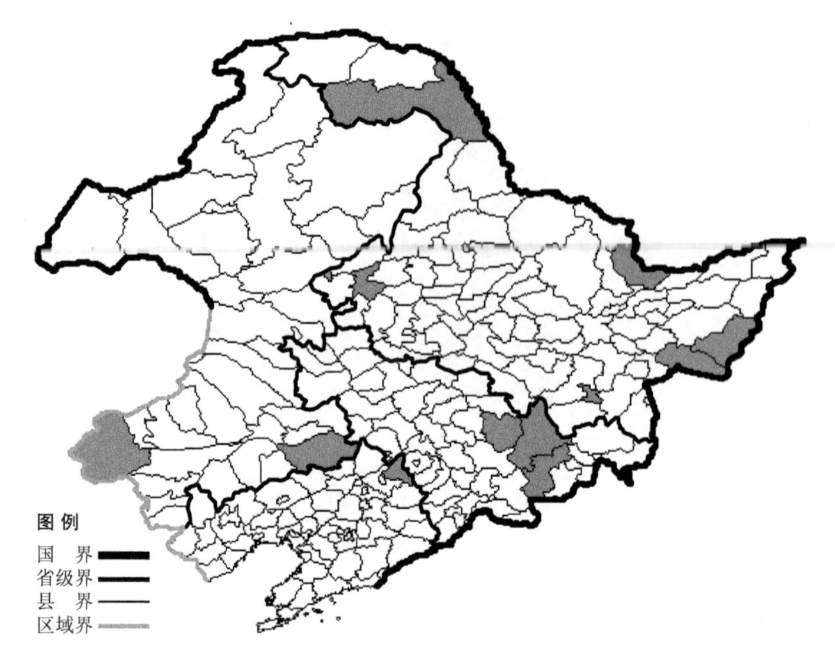

柳叶鬼针草

Bidens cernua L.

生境：河边，湖边，山坡湿草地，海拔约 400 米。

产地：黑龙江省密山、牡丹江、呼玛、虎林、萝北、齐齐哈尔，吉林省蛟河、敦化、安图，辽宁省西丰，内蒙古科尔沁左翼后旗、克什克腾旗。

分布：中国（黑龙江、吉林、辽宁、内蒙古、河北、山西、陕西、新疆、四川、云南、西藏），朝鲜半岛，日本，蒙古，俄罗斯（欧洲部分、高加索、西伯利亚、远东地区），中亚，欧洲，北美洲。

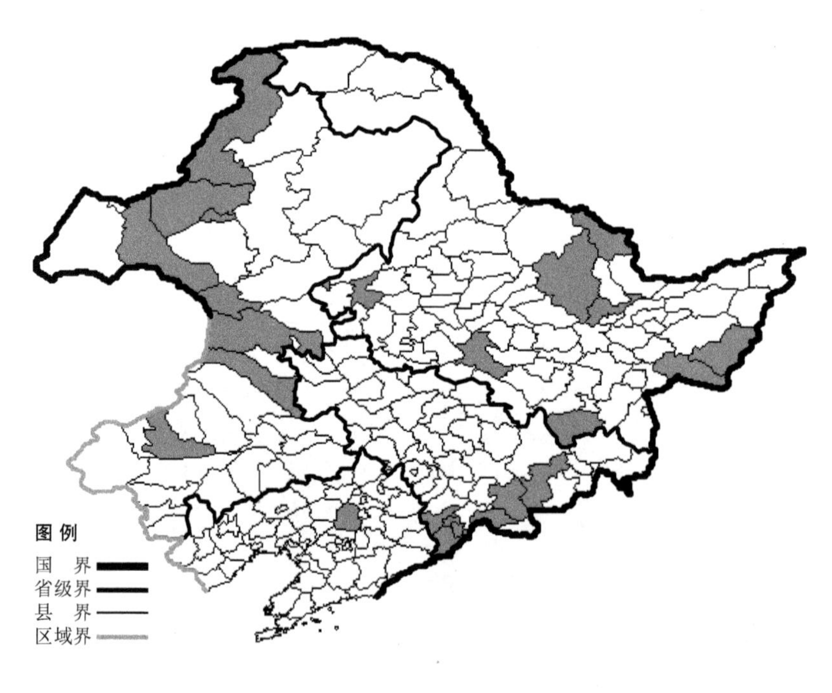

羽叶鬼针草

Bidens maximowicziana Oett.

生境：水边湿地，林缘湿草地，海拔 800 米以下。

产地：黑龙江省密山、嘉荫、宁安、伊春、哈尔滨、齐齐哈尔、汤原、虎林，吉林省安图、抚松、通化、集安、临江，辽宁省沈阳，内蒙古额尔古纳、海拉尔、新巴尔虎左旗、科尔沁右翼前旗、科尔沁右翼中旗、巴林右旗、阿尔山、陈巴尔虎旗。

分布：中国（黑龙江、吉林、辽宁、内蒙古），朝鲜半岛，日本，俄罗斯（东部西伯利亚、远东地区）。

小花鬼针草

Bidens parviflora Willd.

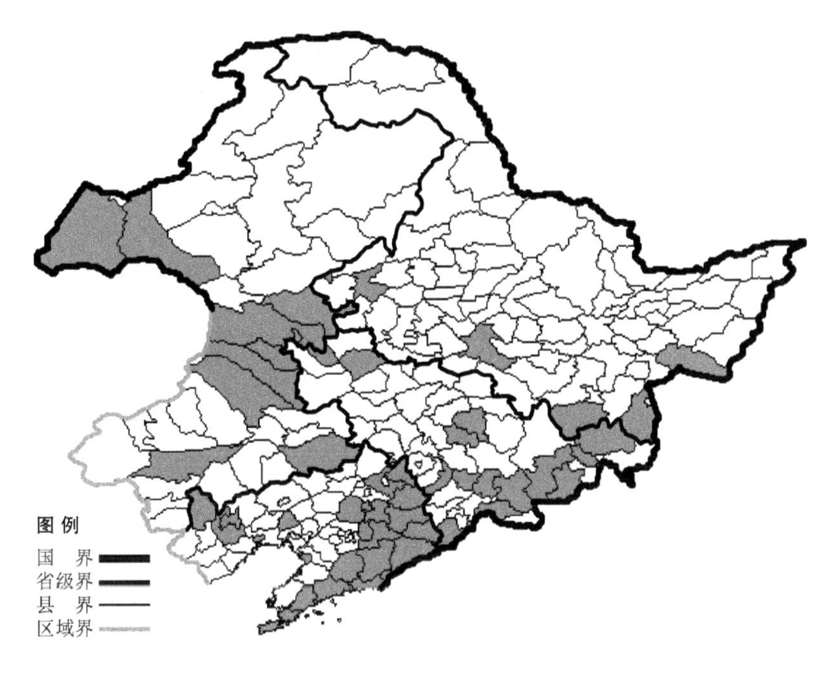

生境：山坡湿草地，石砾质山坡，沟边，耕地旁，荒地，海拔 900 米以下。

产地：黑龙江省哈尔滨、密山、宁安、东宁、齐齐哈尔，吉林省抚松、汪清、安图、和龙、吉林、临江、白城、梅河口、永吉、辉南、集安、靖宇、大安、延吉，辽宁省建平、北镇、锦州、朝阳、沈阳、营口、庄河、新宾、岫岩、西丰、清原、开原、抚顺、大连、普兰店、凤城、宽甸、本溪、桓仁、东港、丹东，内蒙古新巴尔虎右旗、新巴尔虎左旗、科尔沁右翼前旗、科尔沁右翼中旗、扎赉特旗、突泉、乌兰浩特、扎鲁特旗、翁牛特旗、科尔沁左翼后旗。

分布：中国（黑龙江、吉林、辽宁、内蒙古、河北、山西、陕西、甘肃、宁夏、青海、山东、江苏、安徽、河南、四川、贵州、云南、西藏），朝鲜半岛，日本，蒙古，俄罗斯（东部西伯利亚、远东地区）。

兴安鬼针草

Bidens radiata Thuill.

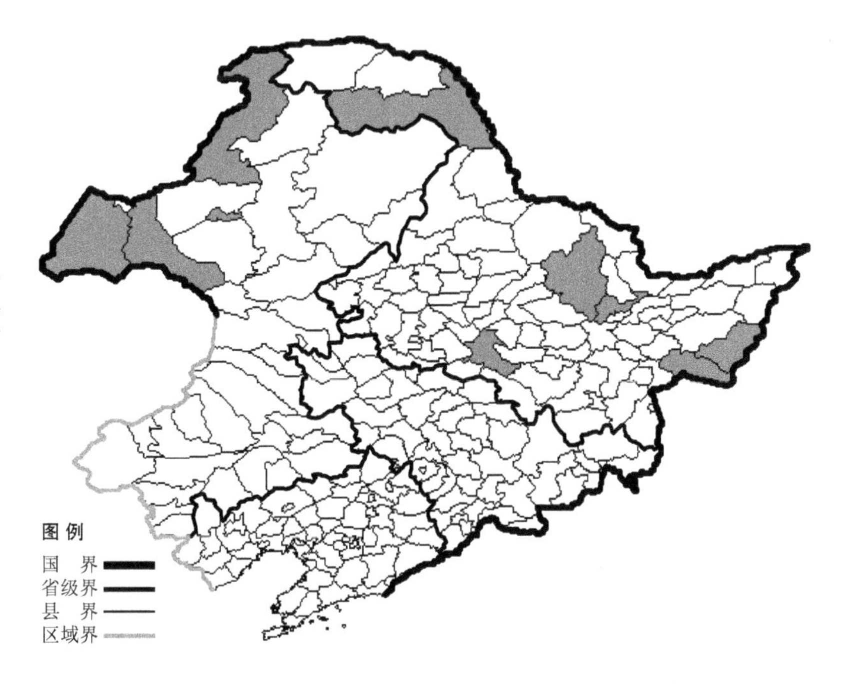

生境：沼泽，林缘，林下，河边，田间，海拔 600 米以下。

产地：黑龙江省虎林、密山、哈尔滨、汤原、呼玛、伊春，内蒙古额尔古纳、新巴尔虎右旗、新巴尔虎左旗、海拉尔。

分布：中国（黑龙江、内蒙古、新疆），蒙古，俄罗斯（欧洲部分、西伯利亚、远东地区），中亚，欧洲。

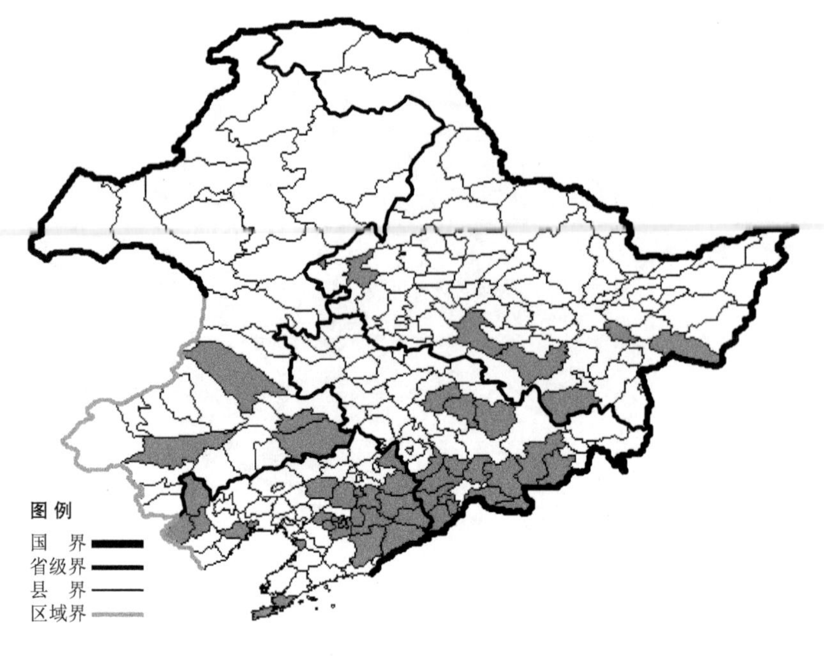

狼把草

Bidens tripartita L.

生境：湿草地，沟边，稻田边，海拔 900 米以下。

产地：黑龙江省密山、勃利、尚志、宁安、哈尔滨、齐齐哈尔，吉林省安图、蛟河、和龙、九台、吉林、临江、通化、柳河、梅河口、辉南、集安、抚松、靖宇、长白，辽宁省凌源、建平、喀左、葫芦岛、锦州、新民、凤城、桓仁、新宾、宽甸、大连、本溪、抚顺、沈阳、清原、西丰、辽阳、鞍山、营口，内蒙古扎鲁特旗、翁牛特旗、通辽、科尔沁左翼后旗。

分布：中国（黑龙江、吉林、辽宁、内蒙古、河北、山西、陕西、甘肃、宁夏、青海、新疆、山东、江苏、安徽、浙江、福建、河南、湖北、江西、湖南、四川、贵州、云南、西藏、台湾），朝鲜半岛，日本，蒙古，俄罗斯（欧洲部分、高加索、西伯利亚、远东地区），中亚，伊朗，伊拉克，欧洲，大洋洲，北美洲。

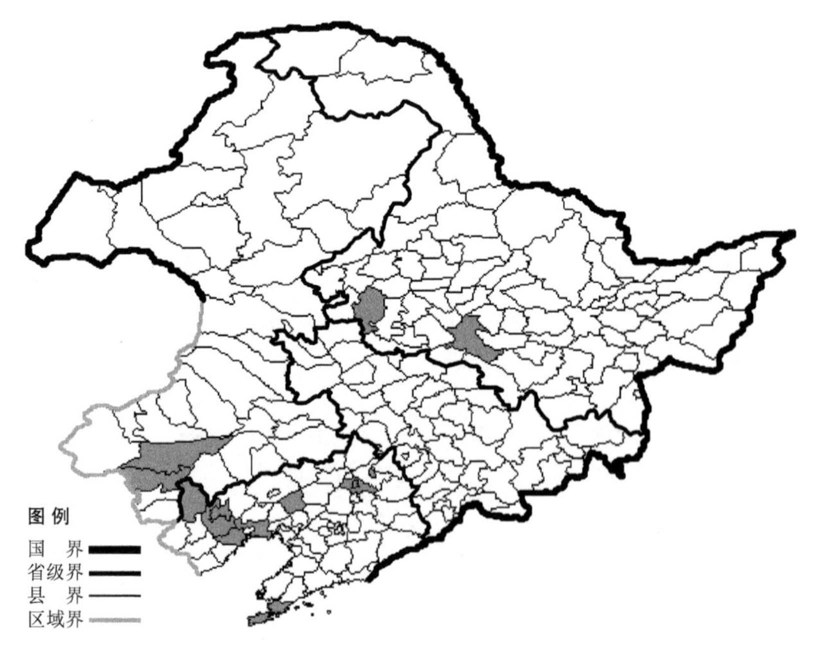

短星菊

Brachyactis ciliata Ledeb.

生境：湿草地，林下沙质湿草地，河边或盐碱湿地上，海拔 600 米以下。

产地：黑龙江省哈尔滨、杜尔伯特，辽宁省建平、朝阳、葫芦岛、黑山、凌海、大连、铁岭，内蒙古赤峰、翁牛特旗。

分布：中国（黑龙江、辽宁、内蒙古、河北、山西、甘肃、宁夏、新疆），朝鲜半岛，日本，蒙古，俄罗斯（西伯利亚、远东地区），中亚。

大叶蟹甲草

Cacalia firma Kom.

生境：林下，林缘，海拔 1100 米以下。

产地：吉林省抚松、安图、临江。

分布：中国（吉林），朝鲜半岛。

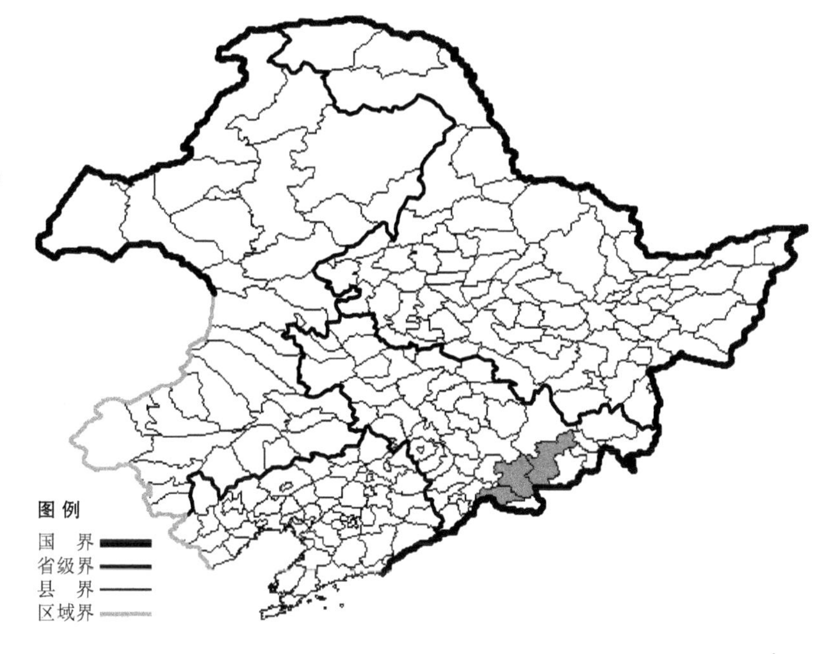

耳叶蟹甲草

Cacalia auriculata DC.

生境：林下，林缘湿草地，海拔 1400 米以下。

产地：黑龙江省伊春、饶河、密山、五常、宾县、宁安、尚志、海林，吉林省安图、抚松、长白、敦化、汪清、和龙、集安。

分布：中国（黑龙江、吉林），朝鲜半岛，日本，俄罗斯（远东地区）。

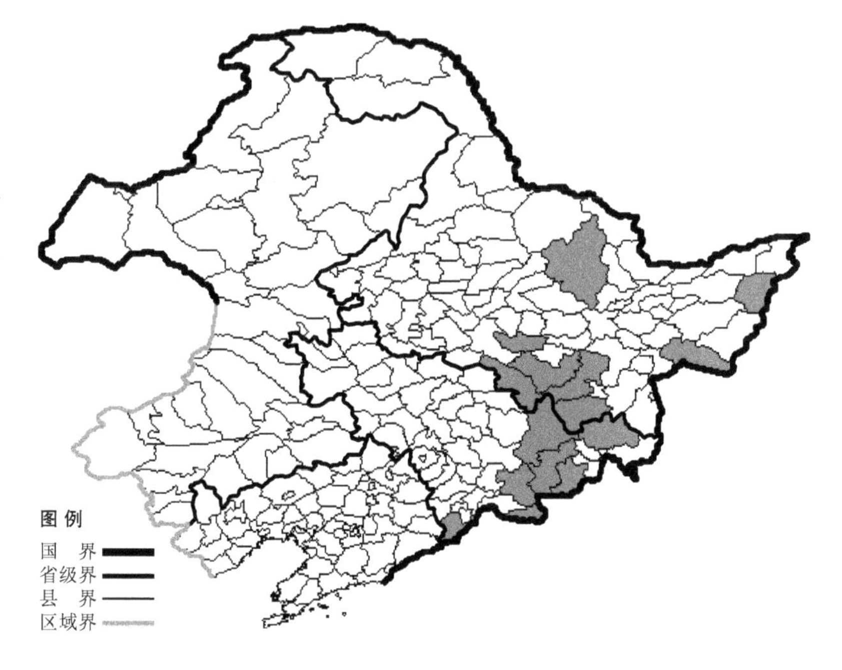

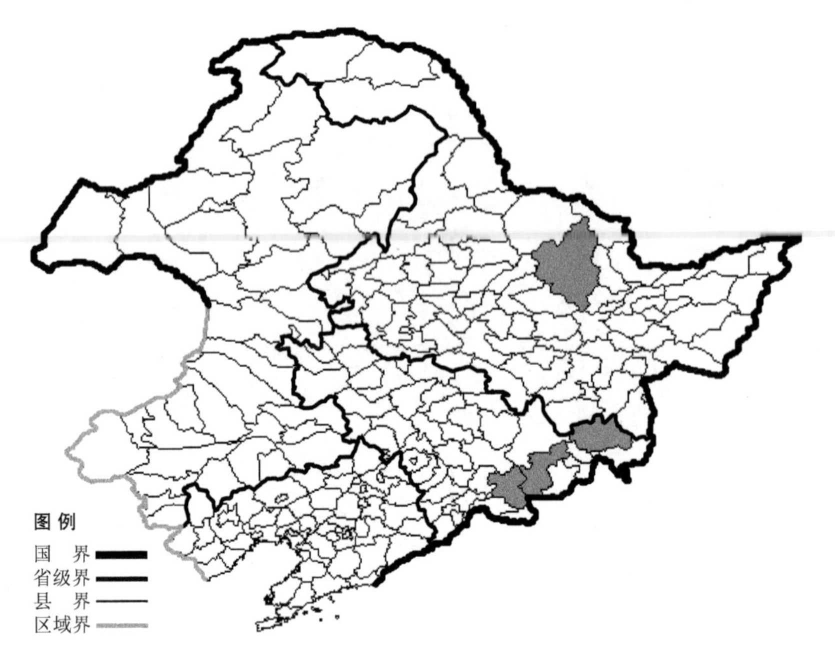

大耳叶蟹甲草 Cacalia auriculata DC. var. **praetermissa** (Pojark.) W. Wang et C. Y. Li 生于林下，海拔1200米以下，产于黑龙江省伊春，吉林省汪清、安图、抚松，分布于中国（黑龙江、吉林），朝鲜半岛，俄罗斯（远东地区）。

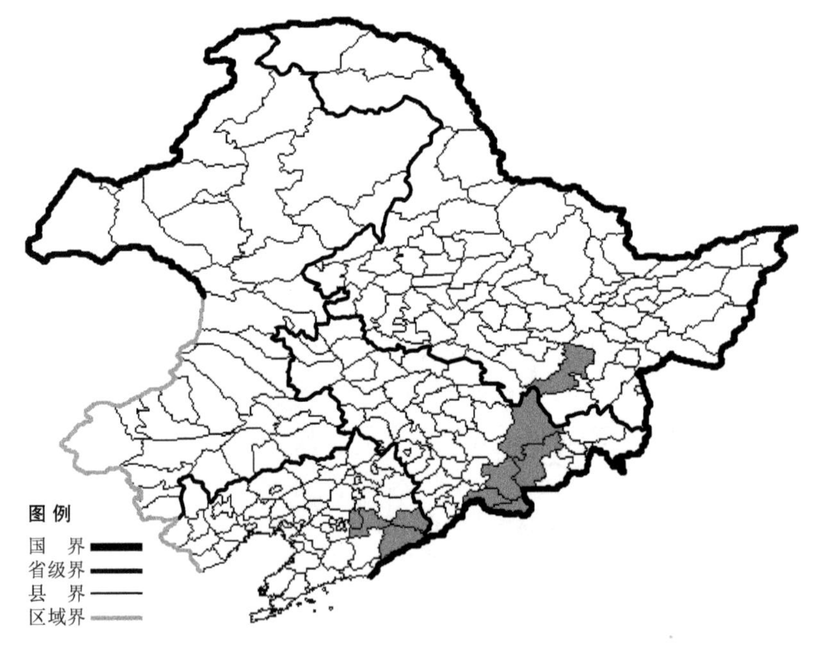

星叶蟹甲草

Cacalia komarowiana (Pojark.) Pojark.

生境：林下，林缘，海拔2100米以下。

产地：黑龙江省海林，吉林省长白、安图、敦化、抚松、临江，辽宁省本溪、宽甸、桓仁。

分布：中国（黑龙江、吉林、辽宁），朝鲜半岛，俄罗斯（远东地区）。

大山尖子

Cacalia robusta Kom.

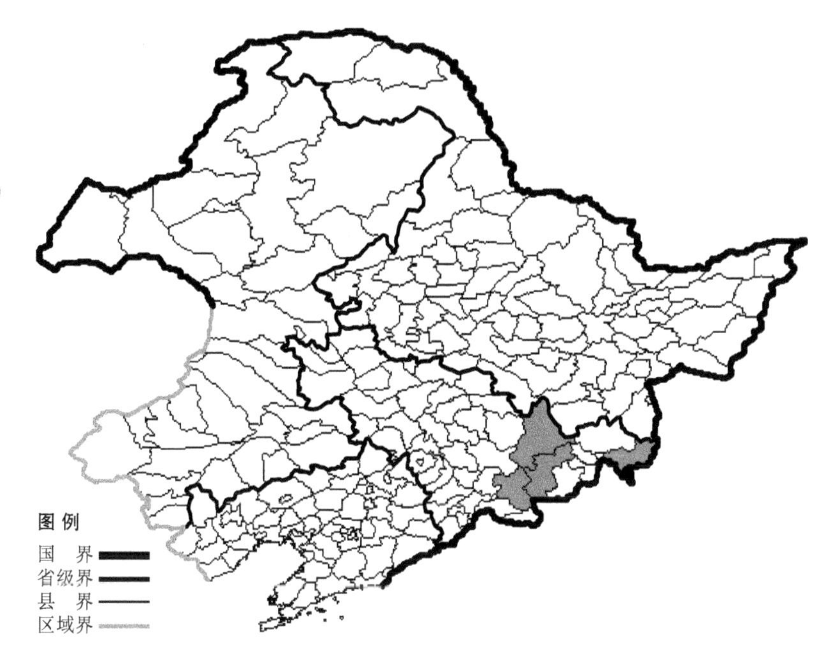

生境：林下，林缘，海拔 1100 米以下。

产地：吉林省安图、敦化、抚松、珲春。

分布：中国（吉林），日本，俄罗斯（远东地区）。

山尖子

Cacalia hastata L.

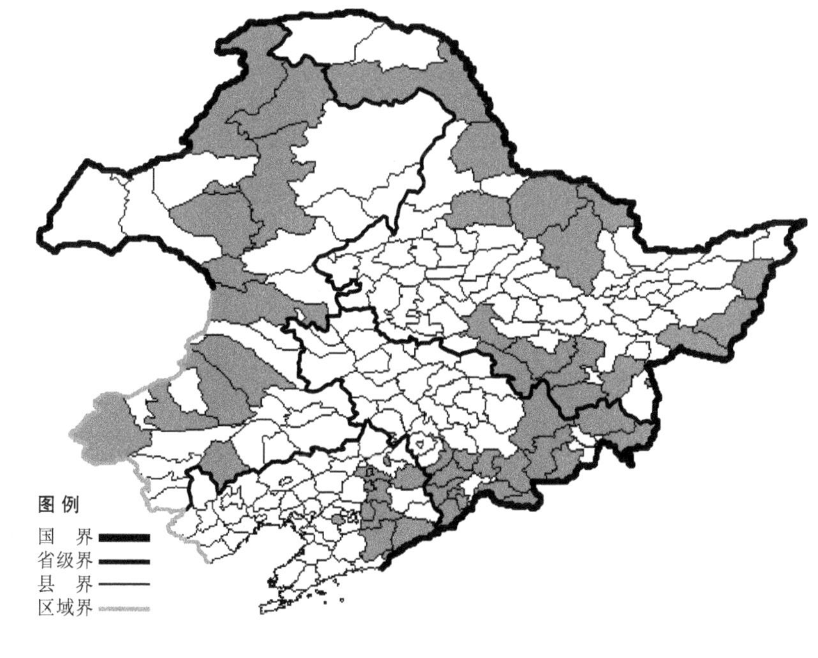

生境：草甸，林下，林缘，路旁，海拔 1400 米以下。

产地：黑龙江省伊春、密山、逊克、五大连池、绥芬河、穆棱、宁安、尚志、海林、五常、虎林、饶河、哈尔滨、嘉荫、呼玛、黑河，吉林省安图、抚松、敦化、和龙、珲春、汪清、临江、通化、柳河、梅河口、辉南、集安、靖宇、长白，辽宁省丹东、抚顺、清原、本溪、铁岭、鞍山、凤城、宽甸，内蒙古根河、额尔古纳、阿尔山、海拉尔、牙克石、科尔沁右翼前旗、扎鲁特旗、鄂温克旗、阿鲁科尔沁旗、巴林右旗、克什克腾旗、敖汉旗。

分布：中国（黑龙江、吉林、辽宁、内蒙古、河北、山西），朝鲜半岛，蒙古，俄罗斯（北极带、欧洲部分、西伯利亚、远东地区）。

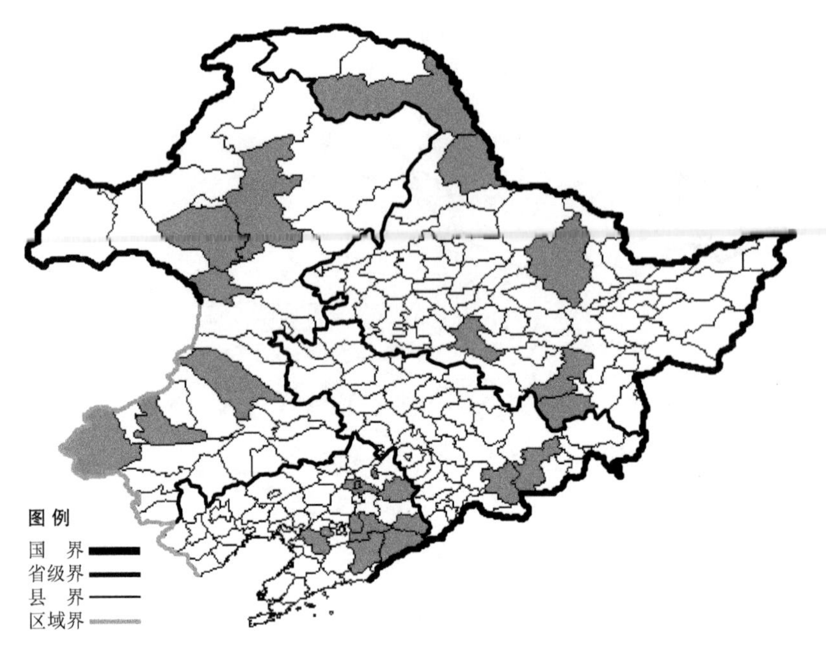

无毛山尖子 Cacalia hastata L. f. **glabra** (Ledeb.) Kitag. 生于山坡草地、林缘、林下，海拔 1100 米以下，产于黑龙江省黑河、海林、呼玛、哈尔滨、宁安、伊春，吉林省抚松、安图，辽宁省鞍山、本溪、海城、清原、凤城、桓仁、宽甸、铁岭，内蒙古牙克石、阿尔山、扎鲁特旗、鄂温克旗、巴林右旗、克什克腾旗，分布于中国（黑龙江、吉林、辽宁、内蒙古、河北、山西、陕西、宁夏）。

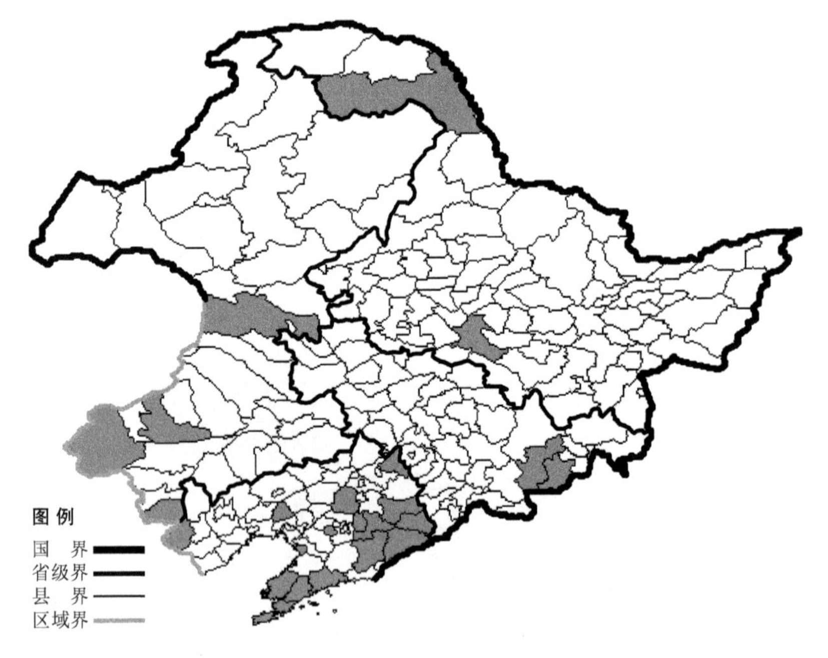

翠菊

Callistephus chinensis (L.) Nees

生境：山坡草地，沟边，荒地，疏林下阴湿处，各地广泛栽培，海拔 900 米以下。

产地：黑龙江省哈尔滨、呼玛，吉林省和龙、安图，辽宁省凌源、北镇、营口、庄河、大连、瓦房店、普兰店、西丰、新宾、沈阳、本溪、凤城、鞍山、桓仁、宽甸，内蒙古巴林右旗、宁城、科尔沁右翼前旗、克什克腾旗。

分布：中国（黑龙江、吉林、辽宁、内蒙古、河北、山西、山东、四川、云南）。

丝毛飞廉

Carduus crispus L.

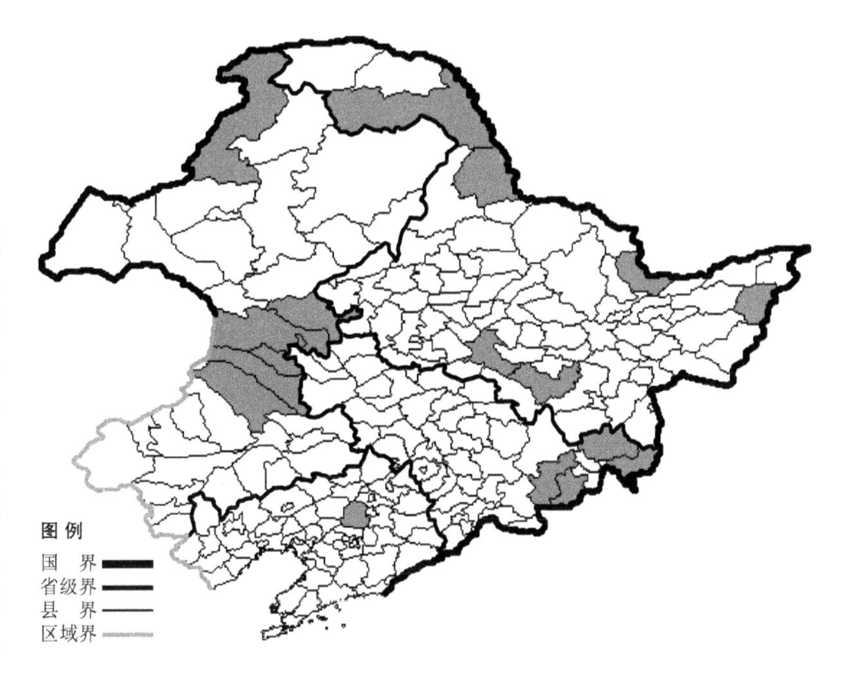

生境：河边，路旁，耕地旁。

产地：黑龙江省呼玛、黑河、饶河、尚志、哈尔滨、萝北，吉林省珲春、和龙、汪清、安图，辽宁省沈阳，内蒙古科尔沁右翼前旗、额尔古纳、扎鲁特旗、科尔沁右翼中旗、扎赉特旗、突泉、乌兰浩特。

分布：中国（黑龙江、吉林、辽宁、内蒙古、河北、山西、陕西、甘肃、宁夏、青海、新疆、山东、江苏、河南、江西、湖南、四川、贵州、云南、西藏），蒙古，俄罗斯（欧洲部分、高加索、西伯利亚、远东地区），伊朗，欧洲。

烟管头草

Carpesium cernuum L.

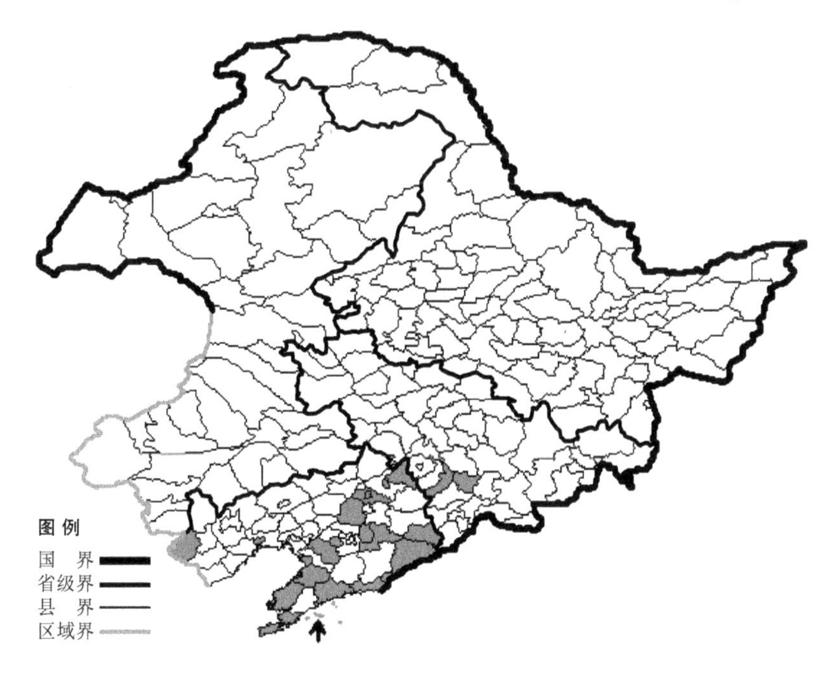

生境：山坡草地，灌丛，林缘，沟谷。

产地：吉林省梅河口、辉南，辽宁省长海、营口、瓦房店、宽甸、大连、丹东、本溪、沈阳、桓仁、西丰、凌源、锦州、铁岭、庄河、盖州、海城、东港、鞍山。

分布：中国（吉林、辽宁、河北、山西、陕西、宁夏、甘肃、新疆、山东、江苏、安徽、浙江、福建、河南、湖北、江西、湖南、广东、广西、四川、贵州、云南），朝鲜半岛，日本，俄罗斯（欧洲部分、高加索、远东地区），中亚，土耳其，欧洲。

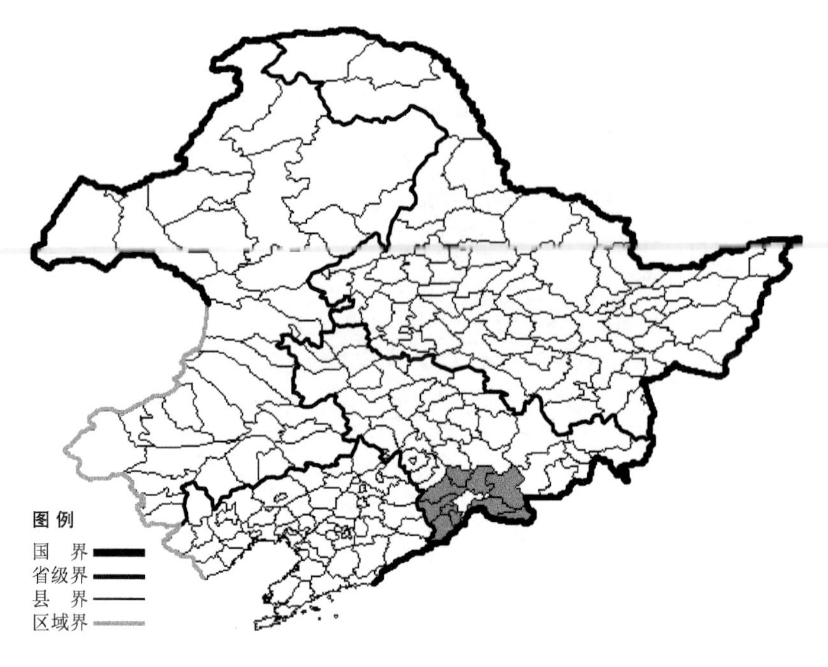

金挖耳

Carpesium divaricatum Sieb. et Zucc.

生境：山坡草地，路旁，沟谷，海拔1000米以下。

产地：吉林省抚松、临江、通化、柳河、辉南、集安、靖宇、长白。

分布：中国（吉林、安徽、浙江、福建、河南、湖北、江西、湖南、广西、贵州、云南、台湾），朝鲜半岛，日本。

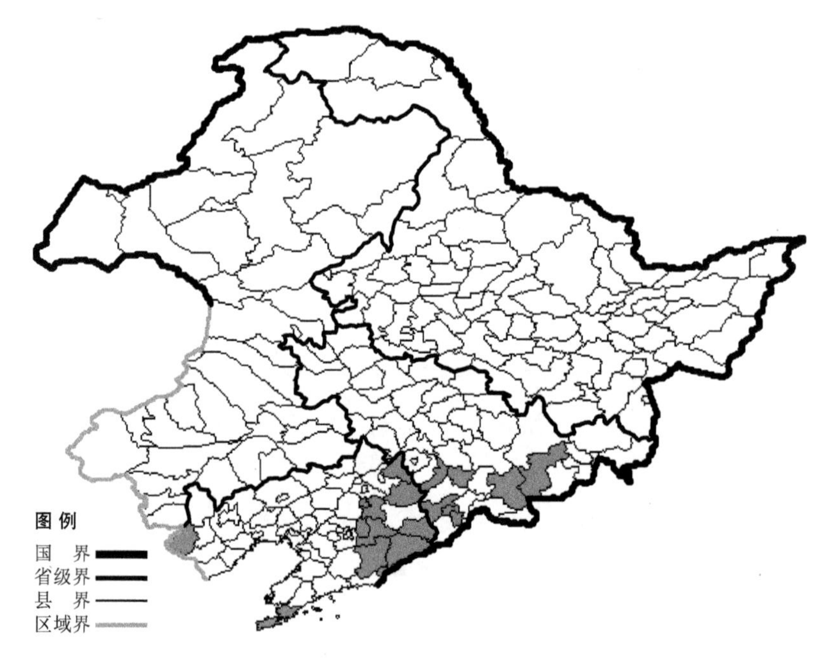

大花金挖耳

Carpesium macrocephalum Franch. et Sav.

生境：林下，林缘，海拔1000米以下。

产地：吉林省抚松、安图、通化、梅河口、辉南，辽宁省西丰、清原、抚顺、本溪、桓仁、宽甸、凌源、凤城、丹东、大连。

分布：中国（吉林、辽宁、河北、陕西、甘肃、四川），朝鲜半岛，日本，俄罗斯（远东地区）。

暗花金挖耳

Carpesium triste Maxim.

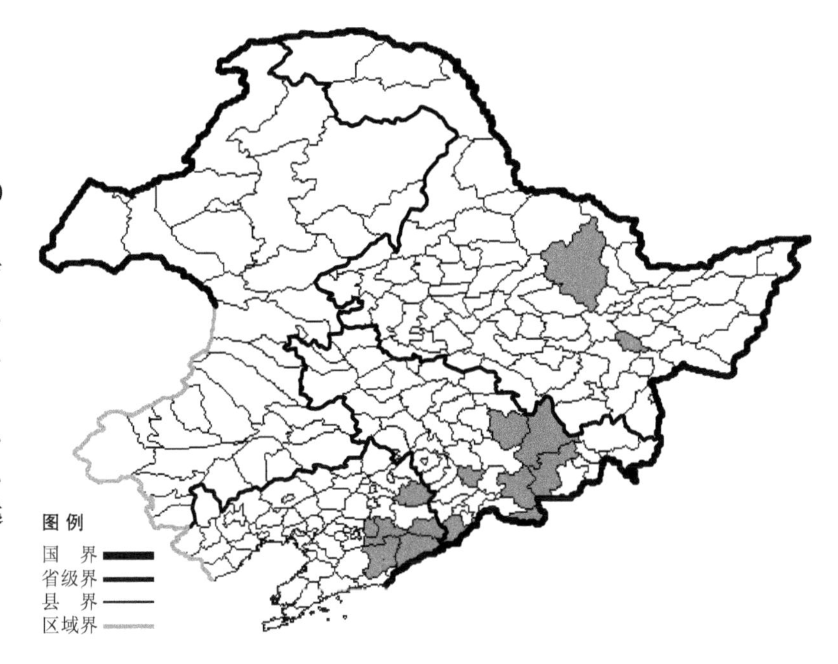

生境：林下，林缘，海拔 1100 米以下。

产地：黑龙江省伊春、勃利，吉林省抚松、蛟河、安图、敦化、集安、辉南、长白，辽宁省清原、本溪、桓仁、宽甸、凤城。

分布：中国（黑龙江、吉林、辽宁、河北、陕西、甘肃、河南、四川、云南、西藏），朝鲜半岛，日本，俄罗斯（远东地区）。

铺散矢车菊

Centaurea diffusa Lam.

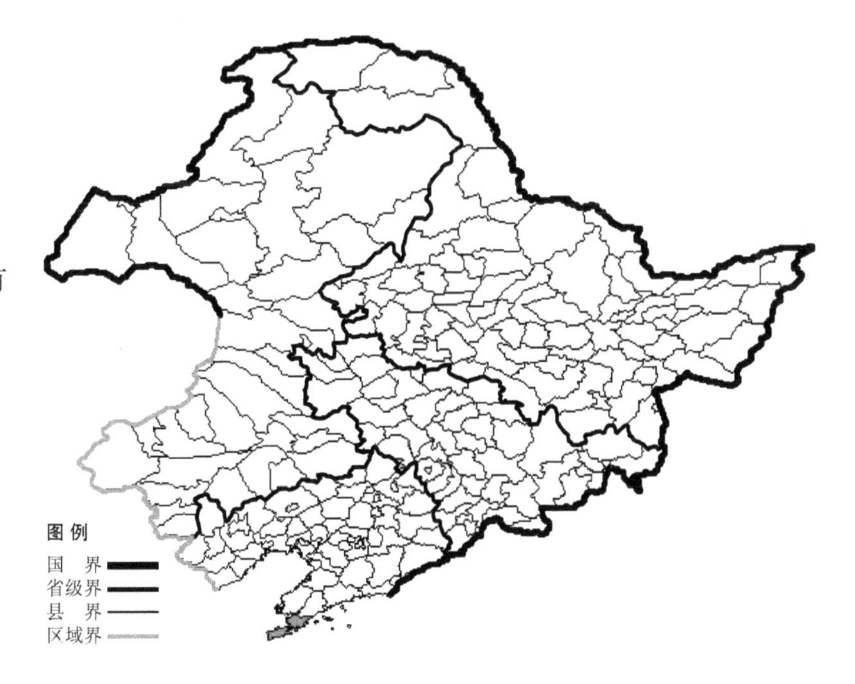

生境：山坡草地。

产地：辽宁省大连。

分布：原产欧洲，现我国辽宁有分布。

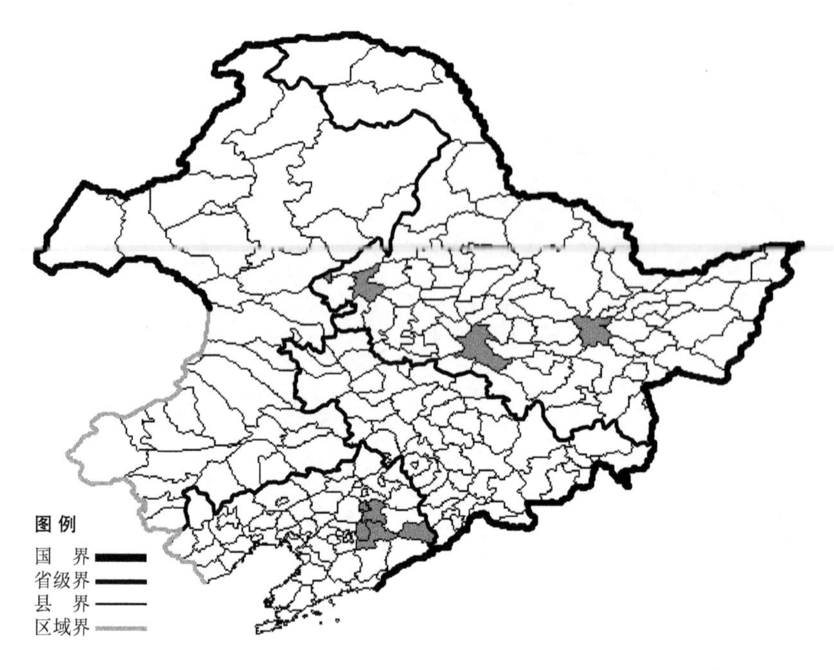

石胡荽

Centipeda minima (L.) A. Br. et Aschers.

生境：杂草地，田间，阴湿地，溪边，浅水滩，沼泽，路旁，沟边。

产地：黑龙江省哈尔滨、依兰、齐齐哈尔，辽宁省本溪、桓仁、抚顺。

分布：中国（黑龙江、辽宁、河北、山西、陕西、山东、江苏、安徽、浙江、福建、河南、湖北、江西、湖南、广东、广西、海南、四川、贵州、云南、台湾），朝鲜半岛，蒙古，日本，俄罗斯（远东地区），印度，马来西亚，菲律宾，大洋洲。

图 例
国 界
省级界
县 界
区域界

小红菊

Chrysanthemum chanetii Levl.

生境：沟边，河滩，灌丛，林缘，亦有栽培，海拔 1000 米以下。

产地：黑龙江省勃利、密山、汤原、东宁、尚志、伊春、哈尔滨，吉林省安图，辽宁省凌源、建平、建昌、鞍山、普兰店、瓦房店、大连、庄河、凤城、本溪、海城、桓仁、岫岩、新宾、朝阳、绥中、丹东，内蒙古宁城、克什克腾旗、扎兰屯、阿鲁科尔沁旗、翁牛特旗、赤峰、阿尔山、科尔沁右翼中旗、科尔沁右翼前旗、科尔沁左翼后旗、突泉、扎赉特旗、乌兰浩特。

分布：中国（黑龙江、吉林、辽宁、内蒙古、河北、山西、陕西、甘肃、青海、山东），朝鲜半岛，俄罗斯（远东地区）。

野菊

Chrysanthemum indicum L.

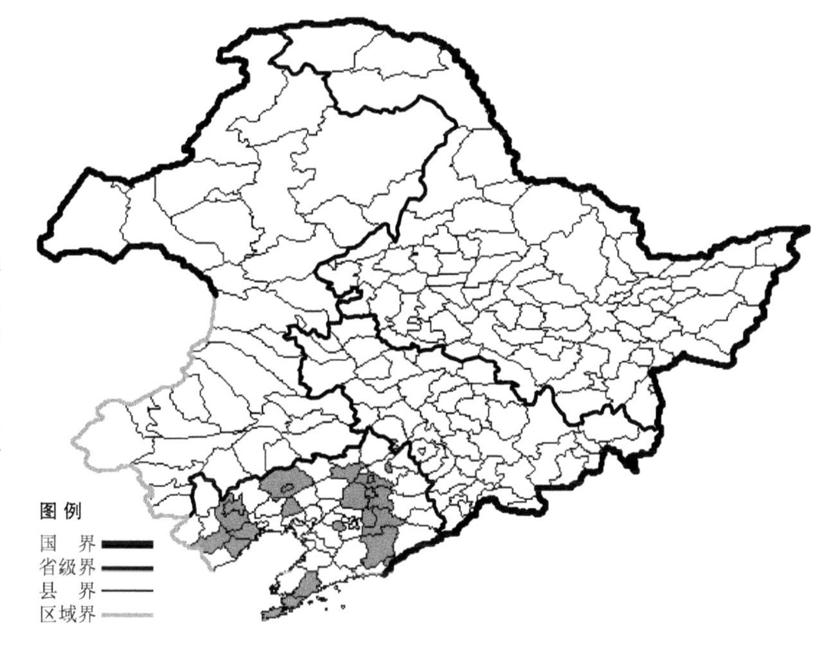

生境：山坡草地，灌丛，河边，山坡石砾质地。

产地：辽宁省兴城、北镇、普兰店、抚顺、凤城、沈阳、铁岭、法库、阜新、本溪、朝阳、大连、建昌、葫芦岛、丹东、鞍山。

分布：中国（辽宁、河北、陕西、甘肃、山东、江苏、安徽、福建、河南、湖北、江西、湖南、广东、广西、四川、贵州、云南、台湾），朝鲜半岛，日本，越南，印度。

甘菊

Chrysanthemum lavandulaefolium (Fisch. ex Trautv.) Makino

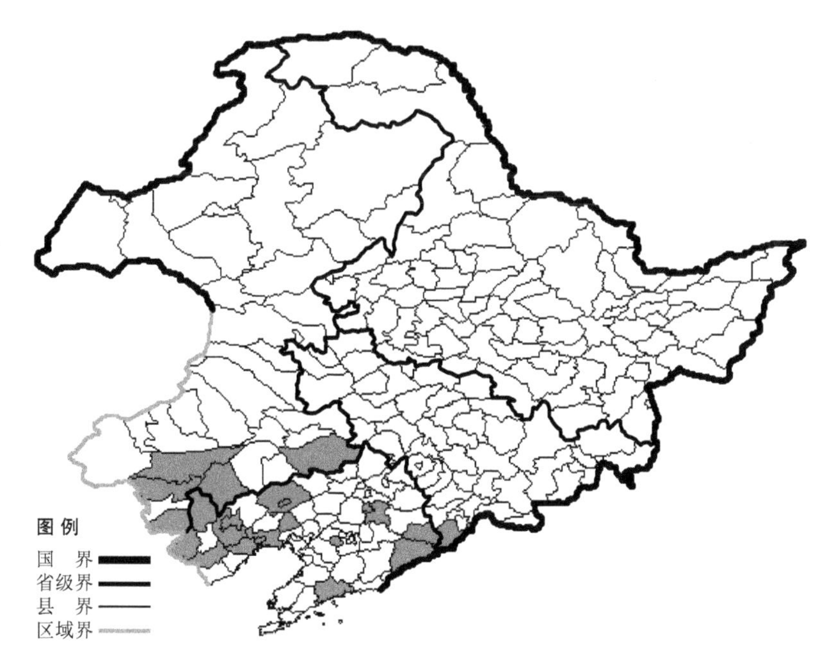

生境：石砾质山坡，路旁，海拔 400 米以下。

产地：吉林省集安，辽宁省凌源、建平、建昌、朝阳、阜新、凌海、葫芦岛、锦州、北镇、抚顺、鞍山、庄河、桓仁、宽甸，内蒙古科尔沁左翼后旗、赤峰、翁牛特旗、敖汉旗、宁城。

分布：中国（吉林、辽宁、内蒙古、河北、山西、陕西、甘肃、青海、新疆、山东、江苏、浙江、湖北、江西、湖南、四川、云南）。

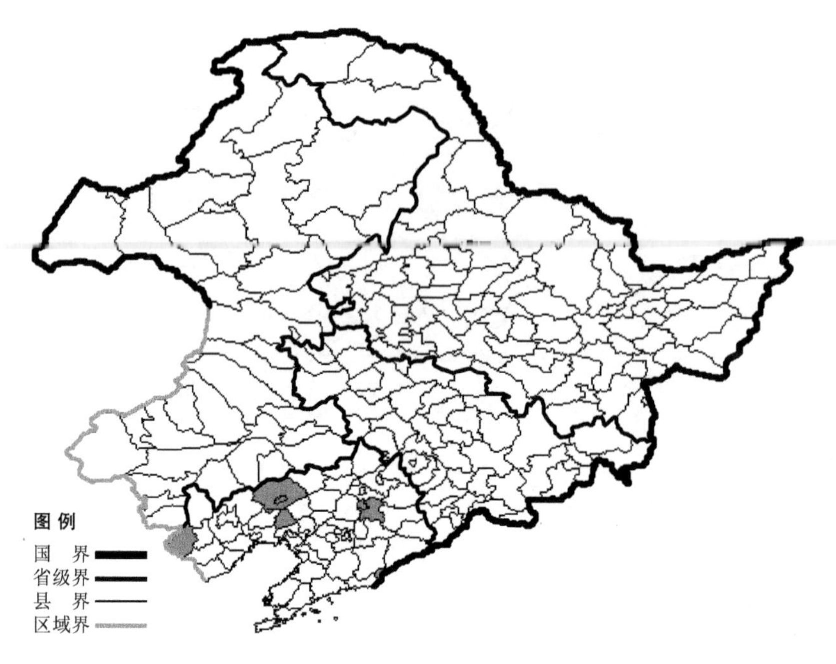

尖齿甘菊 Chrysanthemum lavandulaefolium (Fisch. ex Trautv.) Makino var. **acutum** (Uyeki) C. Y. Li生于路旁、杂木林下，产于辽宁省抚顺、丹东、凌源、北镇、阜新，分布于中国（辽宁），朝鲜半岛。

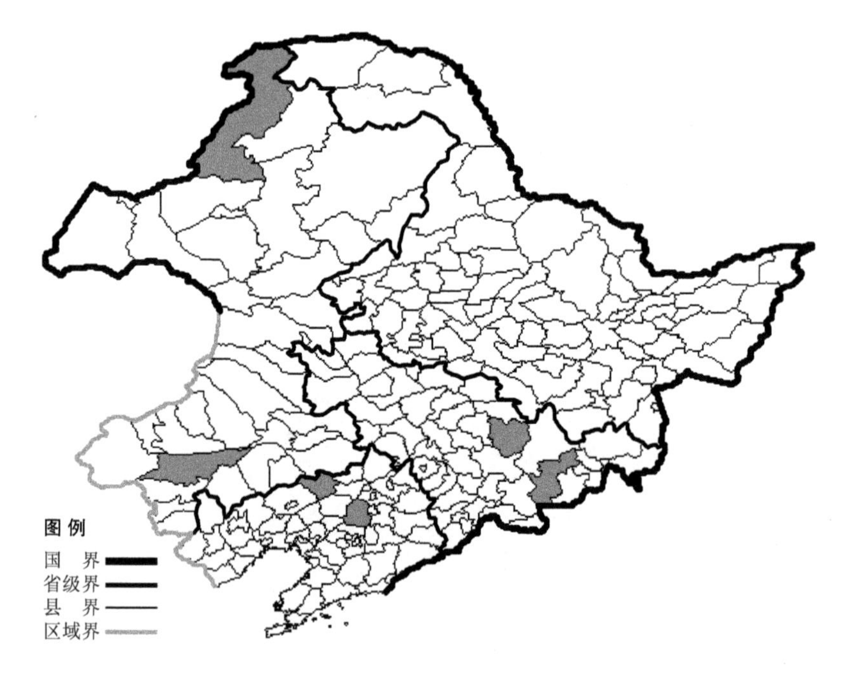

小滨菊

Chrysanthemum lineare Matsum.

生境：湿地，沼泽。

产地：吉林省蛟河、安图，辽宁省沈阳、彰武，内蒙古额尔古纳、翁牛特旗。

分布：中国（吉林、辽宁、内蒙古），朝鲜半岛，日本，俄罗斯（远东地区）。

楔叶菊

Chrysanthemum naktongense Nakai

生境：林下，林缘。

产地：黑龙江省伊春、呼玛，内蒙古克什克腾旗、额尔古纳、鄂温克旗、新巴尔虎左旗、根河、科尔沁右翼前旗、扎鲁特旗、巴林左旗、巴林右旗、克什克腾旗。

分布：中国（黑龙江、内蒙古、河北），朝鲜半岛，俄罗斯（远东地区）。

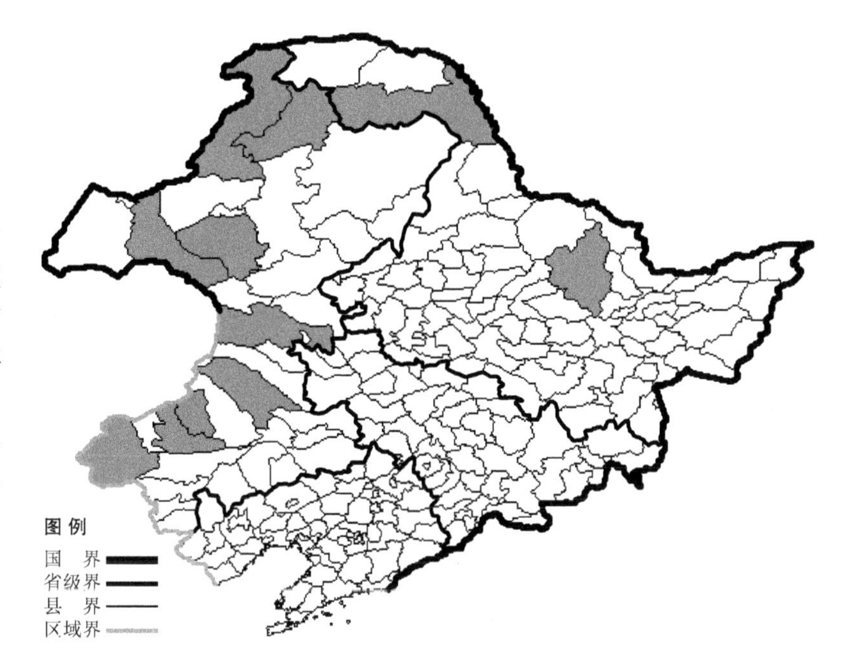

甘野菊

Chrysanthemum seticuspe (Maxim.) Hand-Mazz.

生境：山坡草地，林缘，路旁，海拔 300 米以下。

产地：吉林省通化，辽宁省锦州、西丰、法库、清原、抚顺、鞍山、本溪、桓仁、宽甸、丹东、凤城、沈阳、铁岭、大连。

分布：中国（吉林、辽宁、河北、陕西、甘肃、湖北、江西、湖南、四川、云南），日本。

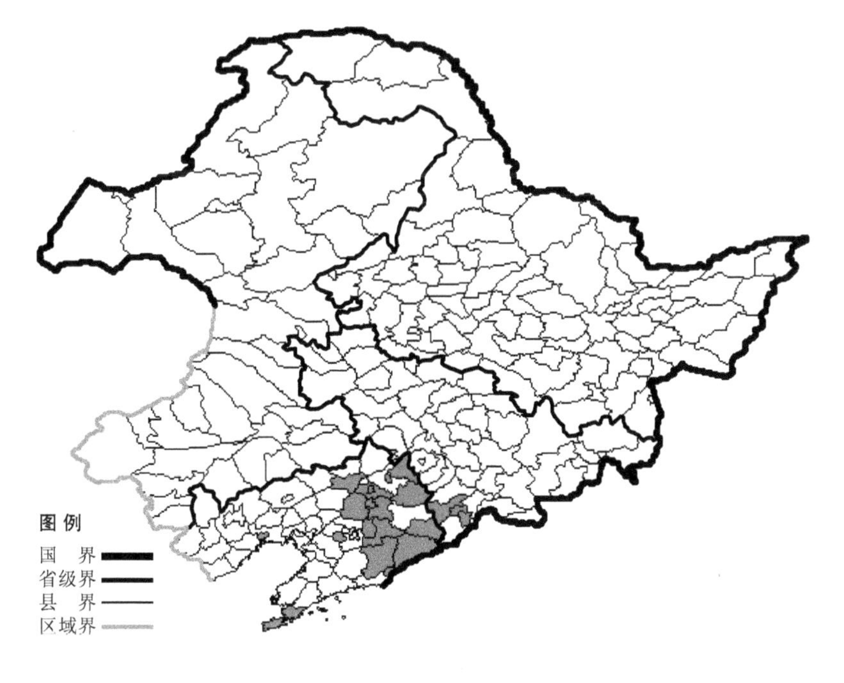

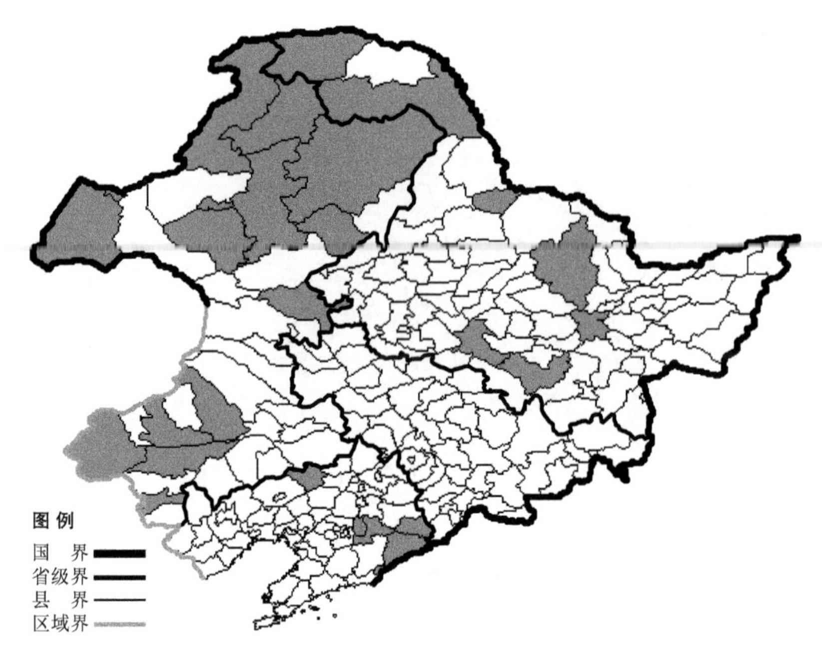

紫花野菊

Chrysanthemum zawadskii Herb.

生境：林下，林缘，岩石壁上，海拔1300米以下。

产地：黑龙江省漠河、呼玛、孙吴、伊春、依兰、尚志、哈尔滨，辽宁省宽甸、本溪、丹东、彰武、桓仁，内蒙古根河、额尔古纳、鄂伦春旗、扎赉特旗、牙克石、鄂温克旗、新巴尔虎右旗、海拉尔、满洲里、翁牛特旗、阿鲁科尔沁旗、喀喇沁旗、巴林右旗、克什克腾旗、阿荣旗。

分布：中国（黑龙江、辽宁、内蒙古、河北、山西、陕西、甘肃、安徽），朝鲜半岛，蒙古，俄罗斯（欧洲部分、西伯利亚、远东地区），欧洲。

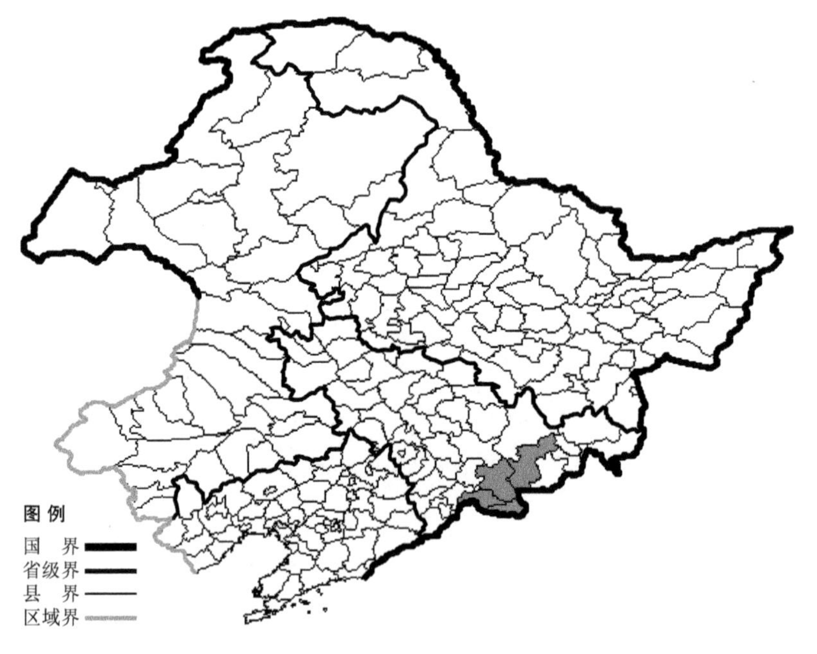

小山菊 **Chrysanthemum zawadskii** Herb. var. **alpinum** (Nakai) Kitam. 生于高山冻原、岳桦林下，海拔1700-2200米，产于吉林省安图、抚松、临江、长白，分布于中国（吉林、河北、山西），朝鲜半岛，俄罗斯（远东地区）。

菊苣

Cichorium intybus L.

生境：湿草地，海边荒山。

产地：黑龙江省饶河，辽宁省大连。

分布：原产欧洲，现我国黑龙江、辽宁、河北、山西、陕西、新疆、山东、河南、江西、广东、四川、贵州、台湾有分布。

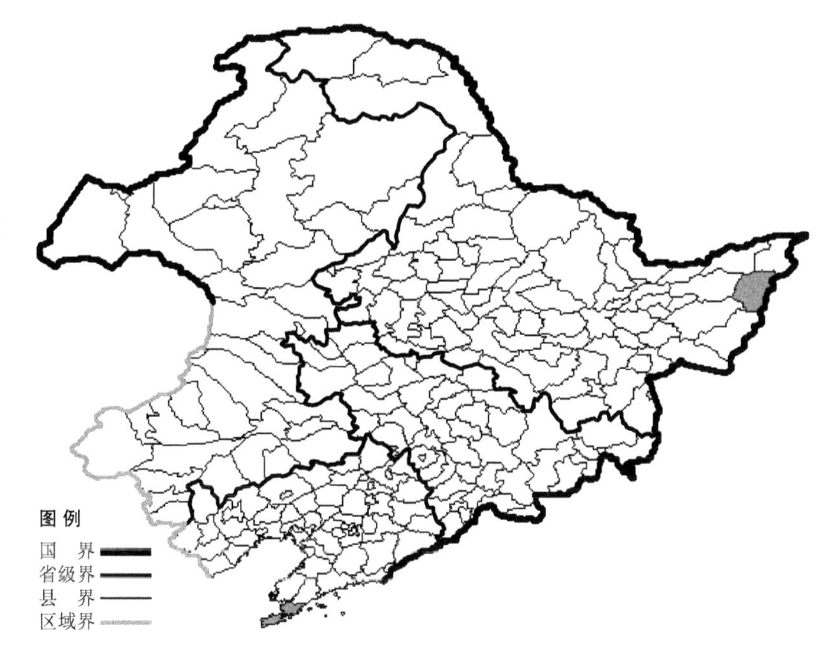

绿蓟

Cirsium chinense Gardn.et Camp.

生境：沟谷，山坡草地。

产地：辽宁省大连，内蒙古翁牛特旗、阿鲁科尔沁旗、克什克腾旗、敖汉旗、喀喇沁旗。

分布：中国（辽宁、内蒙古、河北、山东、江苏、浙江、江西、广东、四川）。

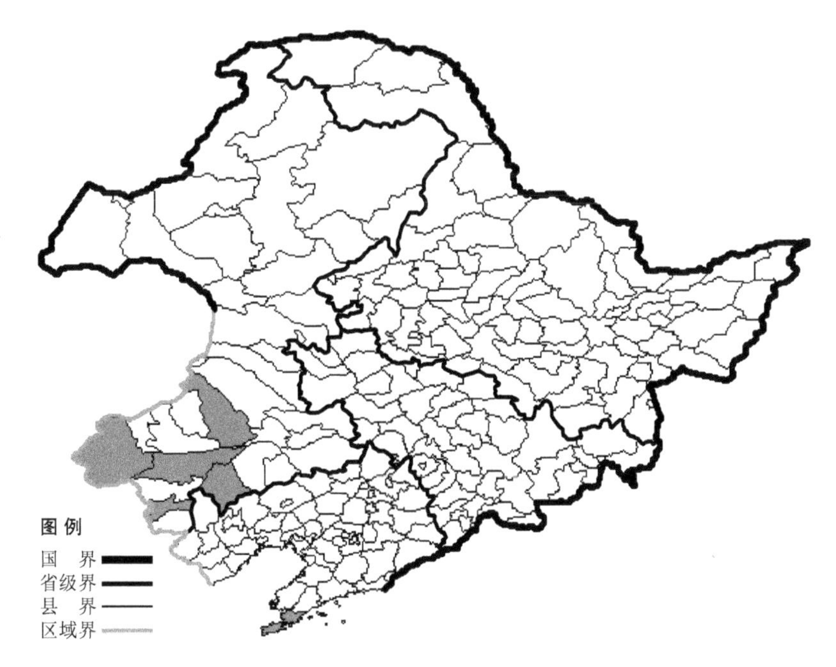

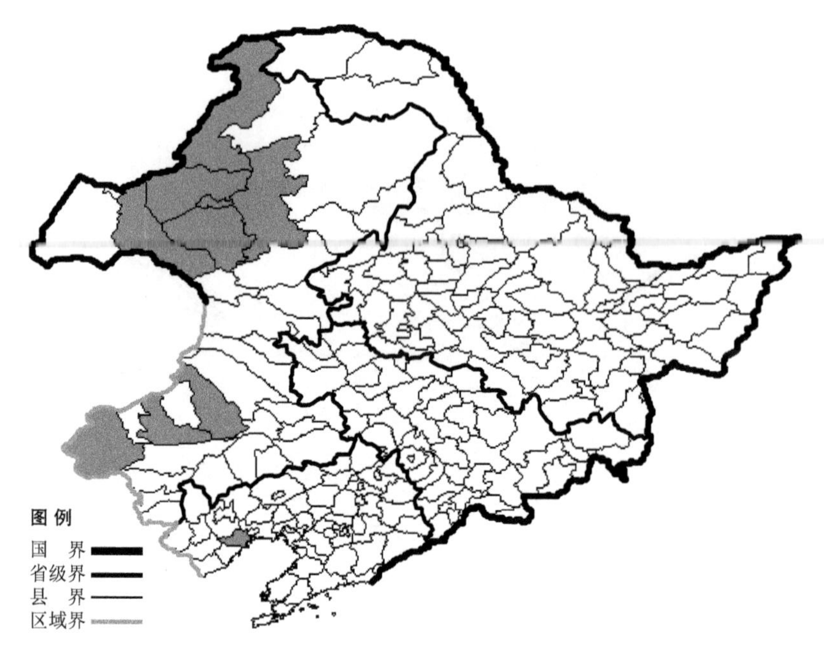

莲座蓟

Cirsium esculenthum (Sievers) C. A. Mey.

生境：湿草甸，海边，河边，山坡湿草地，海拔600米以下。

产地：辽宁省葫芦岛，内蒙古海拉尔、额尔古纳、牙克石、陈巴尔虎旗、鄂温克旗、新巴尔虎左旗、阿鲁科尔沁旗、巴林右旗、克什克腾旗。

分布：中国（辽宁、内蒙古、新疆），蒙古，俄罗斯（欧洲部分、西伯利亚），中亚。

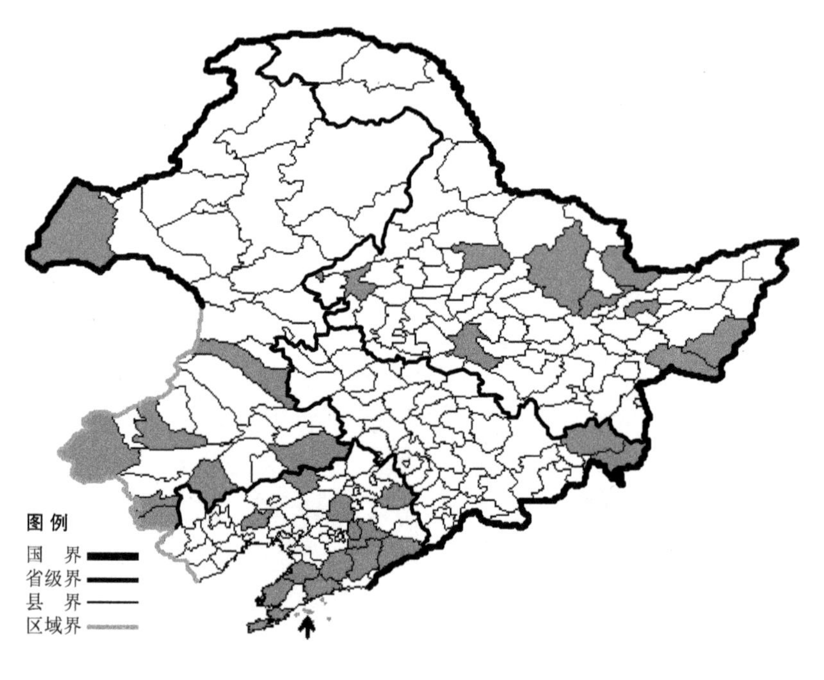

野蓟

Cirsium maackii Maxim.

生境：林下，林缘湿草地，山坡草地，荒地，海拔约600米。

产地：黑龙江省哈尔滨、伊春、密山、虎林、汤原、集贤、萝北、北安、齐齐哈尔，吉林省汪清、珲春，辽宁省清原、沈阳、盖州、庄河、岫岩、瓦房店、长海、凤城、宽甸、本溪、大连、彰武、义县，内蒙古科尔沁右翼中旗、新巴尔虎右旗、科尔沁左翼后旗、巴林右旗、克什克腾旗、敖汉旗、喀喇沁旗、宁城。

分布：中国（黑龙江、吉林、辽宁、内蒙古、河北、山东、江苏、安徽、浙江、四川），朝鲜半岛，日本，俄罗斯（远东地区）。

白花野蓟 Cirsium maackii Maxim. f. **albiflora** W. Wang et C. Y. Li 生于山坡湿草地，产于辽宁省大连，分布于中国（辽宁）。

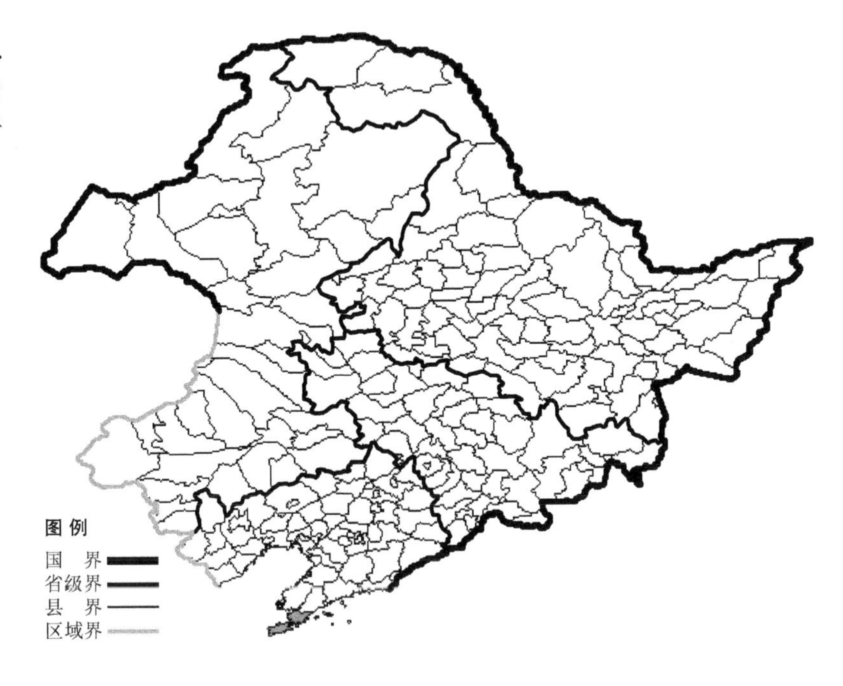

烟管蓟

Cirsium pendulum Fisch. ex DC.

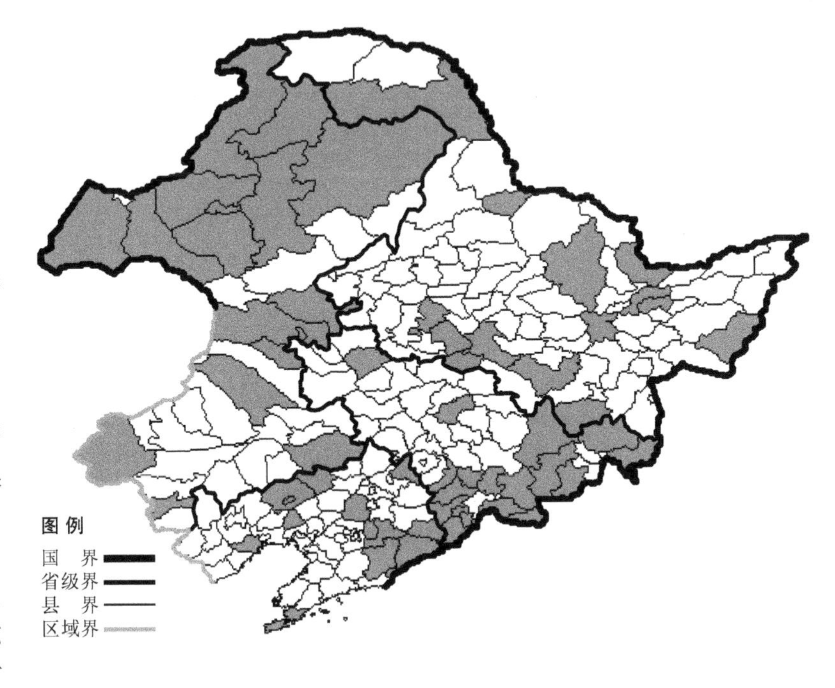

生境：河边，沟谷，林下，湿草甸，海拔 1200 米以下。

产地：黑龙江省呼玛、依兰、集贤、桦川、宁安、肇东、双城、萝北、安达、尚志、虎林、孙吴、哈尔滨、伊春，吉林省大安、九台、安图、和龙、珲春、汪清、敦化、抚松、长白、临江、通化、柳河、梅河口、辉南、集安、靖宇，辽宁省西丰、沈阳、葫芦岛、凤城、北镇、彰武、宽甸、桓仁、本溪、大连、阜新、丹东，内蒙古鄂温克旗、额尔古纳、根河、鄂伦春旗、陈巴尔虎旗、科尔沁左翼后旗、新巴尔虎右旗、新巴尔虎左旗、海拉尔、突泉、乌兰浩特、扎鲁特旗、牙克石、科尔沁右翼前旗、扎赉特旗、克什克腾旗、喀喇沁旗。

分布：中国（黑龙江、吉林、辽宁、内蒙古、河北、山西、陕西、甘肃），朝鲜半岛，日本，俄罗斯（东部西伯利亚、远东地区）。

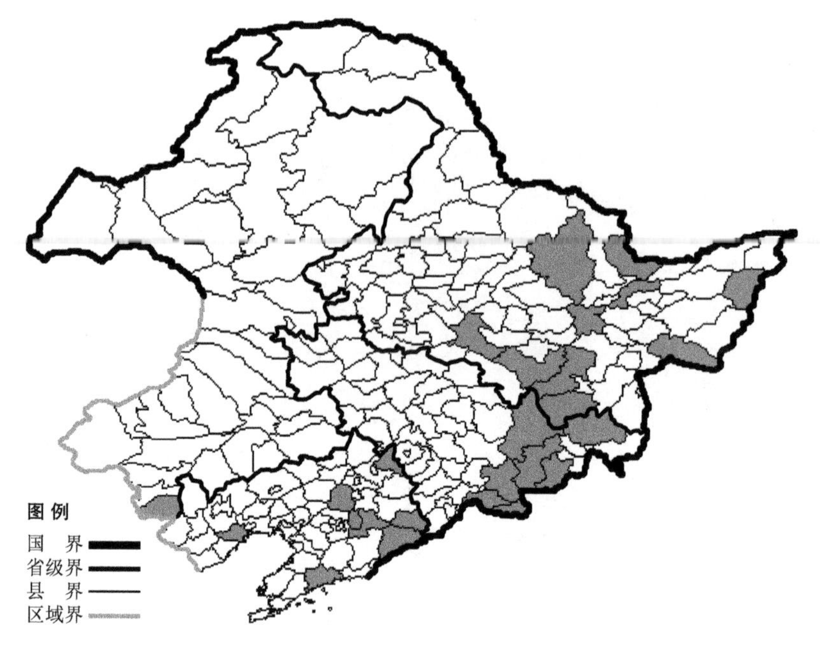

林蓟

Cirsium schantranse Trautv. et C. A. Mey.

生境：林下，林缘，草甸，河边，海拔 2100 米以下。

产地：黑龙江省尚志、宁安、伊春、哈尔滨、依兰、桦川、密山、海林、饶河、萝北，吉林省安图、抚松、临江、长白、敦化、汪清、和龙，辽宁省葫芦岛、西丰、庄河、桓仁、宽甸、沈阳、本溪，内蒙古宁城。

分布：中国（黑龙江、吉林、辽宁、内蒙古），朝鲜半岛，俄罗斯（远东地区）。

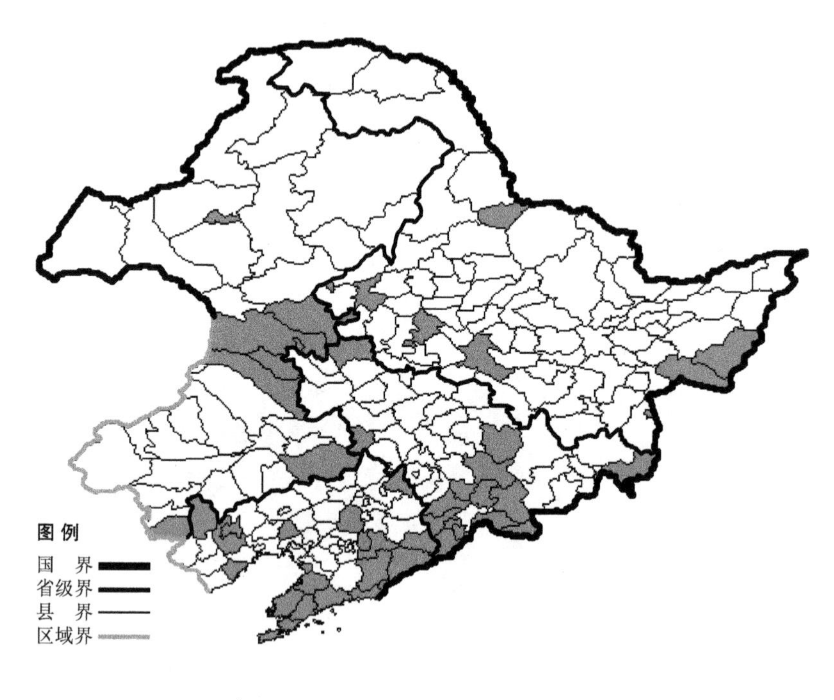

刺儿菜

Cirsium segetum Bunge

生境：荒地，路旁，田间，海拔 1000 米以下。

产地：黑龙江省安达、齐齐哈尔、绥芬河、哈尔滨、虎林、密山、孙吴，吉林省临江、通化、柳河、辉南、集安、抚松、靖宇、长白、镇赉、双辽、珲春、蛟河、桦甸，辽宁省本溪、桓仁、宽甸、凤城、沈阳、大连、丹东、营口、建平、北镇、普兰店、兴城、盖州、东港、瓦房店、庄河、西丰、朝阳，内蒙古科尔沁右翼前旗、科尔沁右翼中旗、扎赉特旗、突泉、乌兰浩特、海拉尔、科尔沁左翼后旗、宁城。

分布：中国（全国各地），朝鲜半岛，日本。

大刺儿菜

Cirsium setosum (Willd.) Bieb.

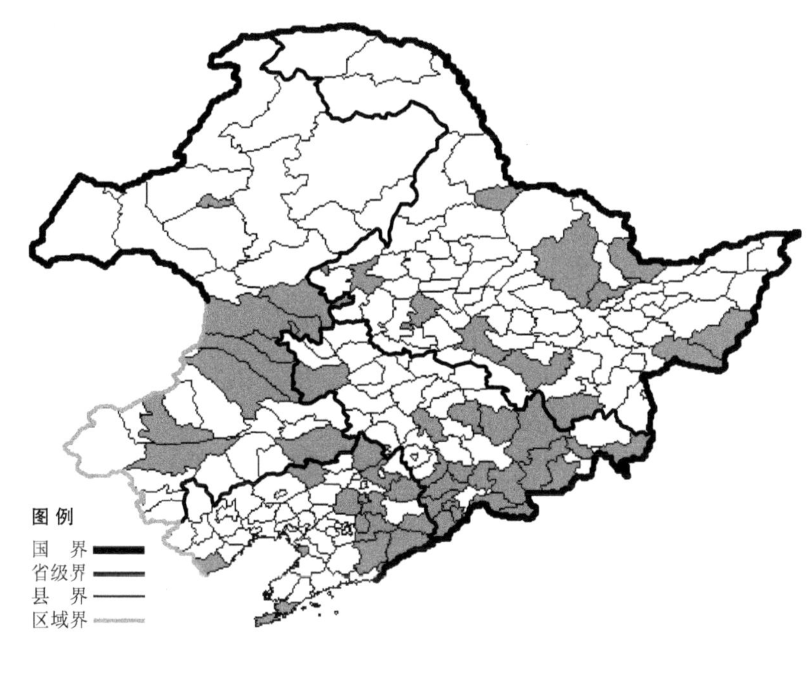

生境：河边，荒地，林下，林缘，路旁，田间，海拔 1100 米以下。

产地：黑龙江省安达、齐齐哈尔、哈尔滨、尚志、宁安、汤原、虎林、密山、孙吴、伊春、萝北，吉林省临江、通化、柳河、梅河口、长春、九台、吉林、通榆、辉南、集安、抚松、靖宇、长白、安图、和龙、敦化、延吉、珲春、蛟河，辽宁省本溪、凤城、宽甸、桓仁、清原、昌图、彰武、绥中、开原、营口、沈阳、丹东、大连、抚顺，内蒙古科尔沁右翼前旗、扎赉特旗、突泉、乌兰浩特、科尔沁左翼后旗、海拉尔、扎鲁特旗、翁牛特旗、巴林右旗。

分布：中国（全国各地），朝鲜半岛，日本，蒙古，俄罗斯（欧洲部分、西伯利亚、远东地区），克什米尔地区，欧洲。

白花大刺儿菜 Cirsium setosum (Willd.) Bieb. f. **albiflorum** (Kitag.) Kitag. 生于荒地、林下、林缘、田间，产于吉林省敦化，分布于中国（吉林）。

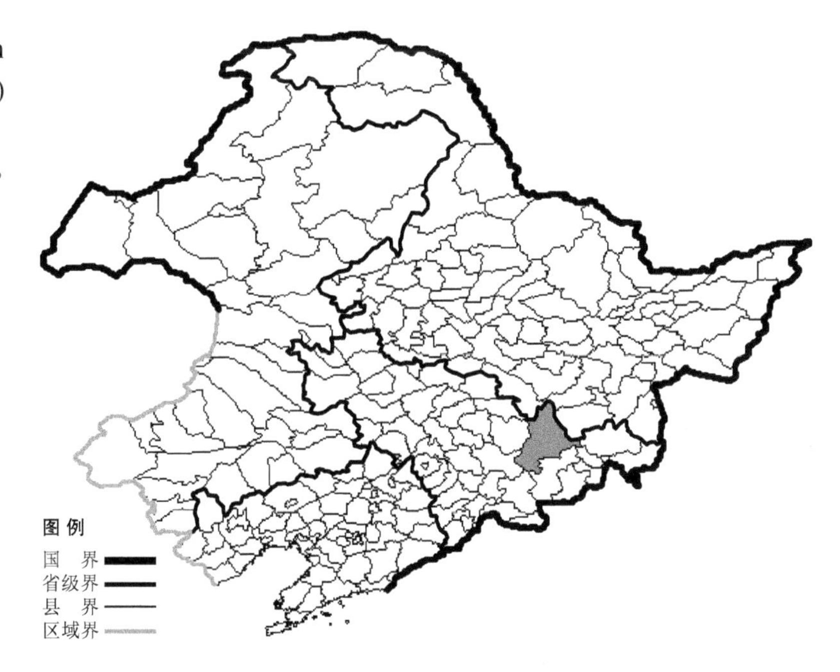

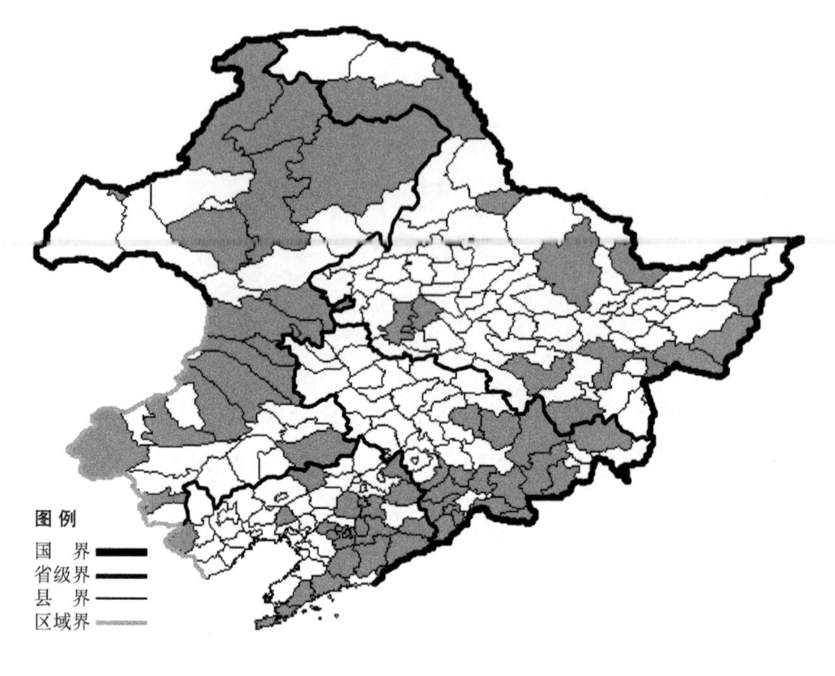

绒背蓟

Cirsium vlassonianum Fisch. ex DC.

生境：荒地，林下，林间草地，林缘，海拔 1400 米以下。

产地：黑龙江省安达、尚志、密山、萝北、虎林、大庆、鸡东、呼玛、林口、宁安、饶河、孙吴、伊春，吉林省蛟河、吉林、梅河口、敦化、安图、汪清、和龙、临江、通化、柳河、辉南、集安、抚松、靖宇、长白，辽宁省西丰、清原、抚顺、鞍山、庄河、普兰店、沈阳、北镇、岫岩、彰武、凌源、凤城、本溪、桓仁、宽甸、辽阳、大连、丹东，内蒙古额尔古纳、根河、鄂伦春旗、鄂温克旗、满洲里、牙克石、科尔沁右翼前旗、科尔沁右翼中旗、突泉、扎鲁特旗、科尔沁左翼后旗、克什克腾旗、巴林右旗、喀喇沁旗、扎赉特旗、乌兰浩特、阿鲁科尔沁旗。

分布：中国（黑龙江、吉林、辽宁、内蒙古、河北、山西），朝鲜半岛，蒙古，俄罗斯（东部西伯利亚、远东地区）。

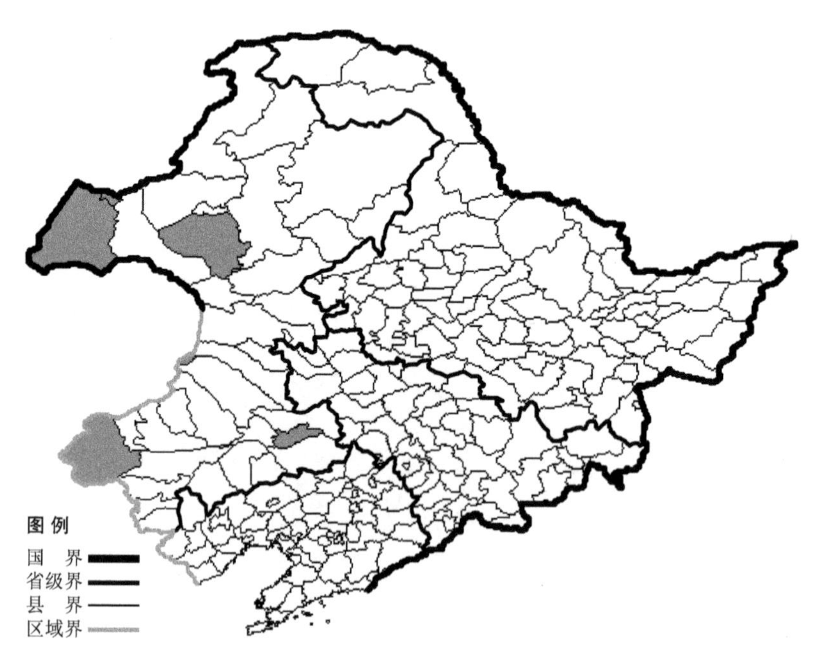

北方还阳参

Crepis crocea (Lam.) Babc.

生境：石砾质山坡，草甸，海拔 900 米以下。

产地：内蒙古满洲里、新巴尔虎右旗、通辽、鄂温克旗、霍林郭勒、克什克腾旗。

分布：中国（内蒙古、河北、山西、陕西、甘肃），蒙古，俄罗斯（西伯利亚）。

西伯利亚还阳参

Crepis sibirica L.

生境：林下，林缘，灌丛。

产地：内蒙古阿尔山、赤峰、巴林右旗、克什克腾旗。

分布：中国（内蒙古、新疆），蒙古，俄罗斯（北极带、欧洲部分、高加索、西伯利亚），中亚，欧洲。

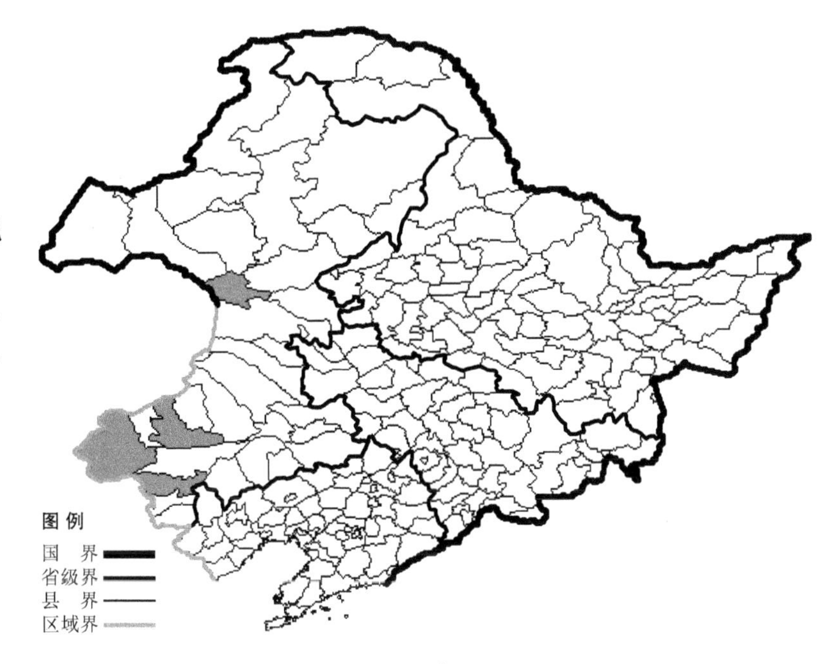

屋根草

Crepis tectorum L.

生境：山坡草地，耕地旁，荒地，海拔 1000 米以下。

产地：黑龙江省密山、虎林、五大连池、尚志、萝北、孙吴、黑河、集贤、哈尔滨、伊春、呼玛，吉林省通化、临江、抚松，内蒙古根河、额尔古纳、海拉尔、牙克石、阿尔山、科尔沁右翼前旗、科尔沁右翼中旗、克什克腾旗。

分布：原产欧洲，现我国黑龙江、吉林、内蒙古、新疆有分布。

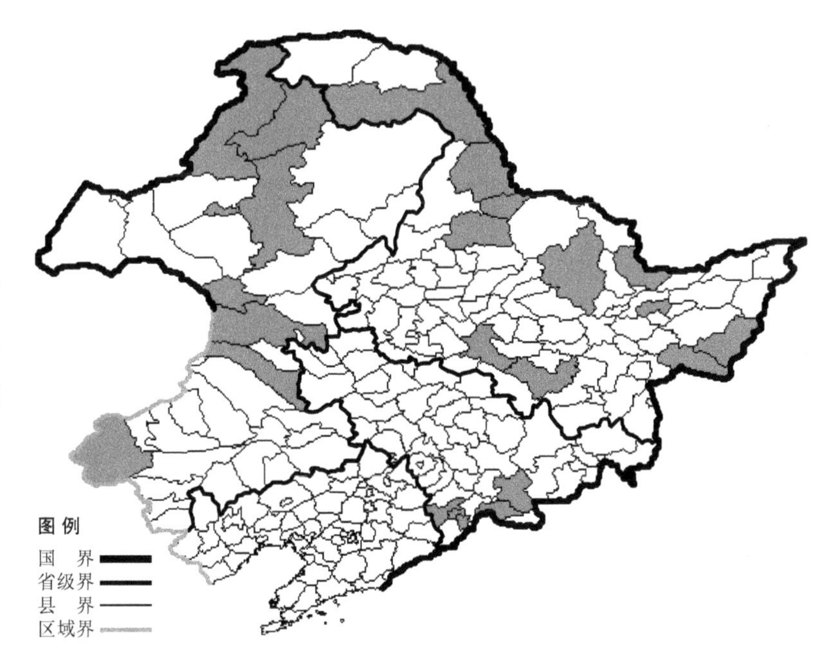

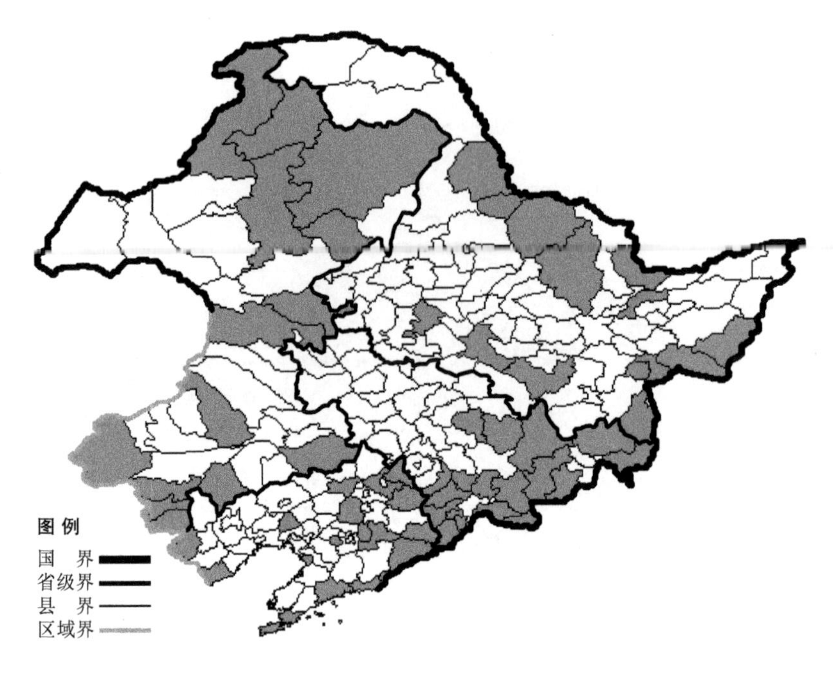

东风菜

Doellingeria scaber (Thunb.) Nees

生境：林下，路旁，山坡草地，海拔 1400 米以下。

产地：黑龙江省伊春、尚志、密山、哈尔滨、东宁、鸡东、鸡西、虎林、黑河、桦川、萝北、逊克、孙吴、安达，吉林省抚松、吉林、安图、临江、蛟河、通化、和龙、汪清、梅河口、敦化、柳河、辉南、集安、靖宇、长白、珲春，辽宁省西丰、开原、沈阳、鞍山、营口、庄河、绥中、东港、法库、凌源、北镇、本溪、宽甸、桓仁、丹东、清原、大连，内蒙古鄂伦春旗、牙克石、根河、阿荣旗、宁城、额尔古纳、科尔沁右翼前旗、扎赉特旗、科尔沁左翼后旗、赤峰、克什克腾旗、阿鲁科尔沁旗、敖汉旗、喀喇沁旗。

分布：中国（黑龙江、吉林、辽宁、内蒙古、河北、山西、陕西、甘肃、安徽、浙江、福建、河南、湖北、江西、湖南、广西、贵州），朝鲜半岛，日本，俄罗斯（远东地区）。

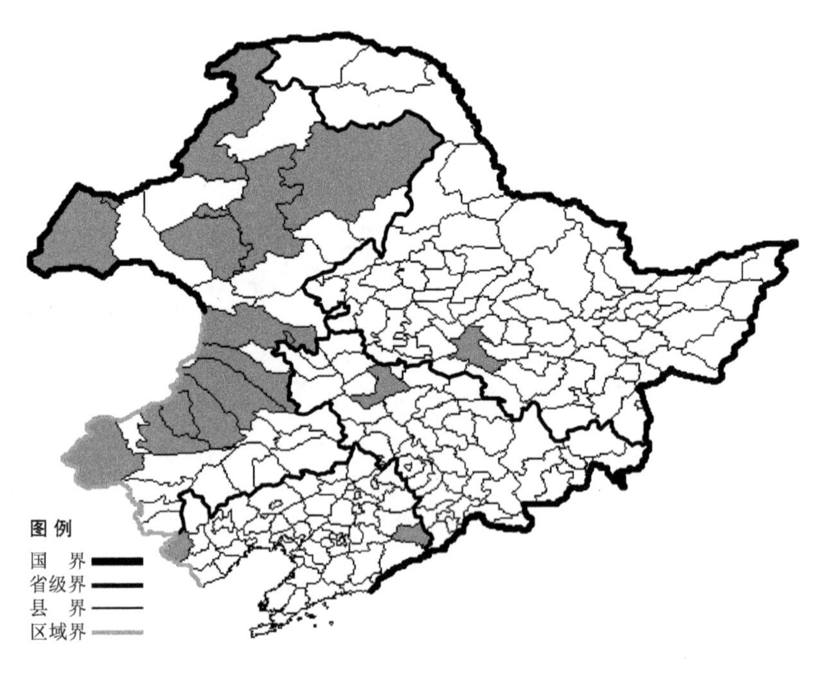

褐毛蓝刺头

Echinops dissectus Kitag.

生境：山坡草地，林缘，河边。

产地：黑龙江省哈尔滨，吉林省前郭尔罗斯，辽宁省凌源、桓仁，内蒙古额尔古纳、海拉尔、牙克石、巴林右旗、满洲里、巴林左旗、克什克腾旗、阿鲁科尔沁旗、新巴尔虎右旗、乌兰浩特、扎鲁特旗、鄂温克旗、科尔沁右翼前旗、科尔沁右翼中旗、鄂伦春旗。

分布：中国（黑龙江、吉林、辽宁、内蒙古、河北、山东），朝鲜半岛，日本，俄罗斯（远东地区）。

砂蓝刺头

Echinops gmelinii Turcz.

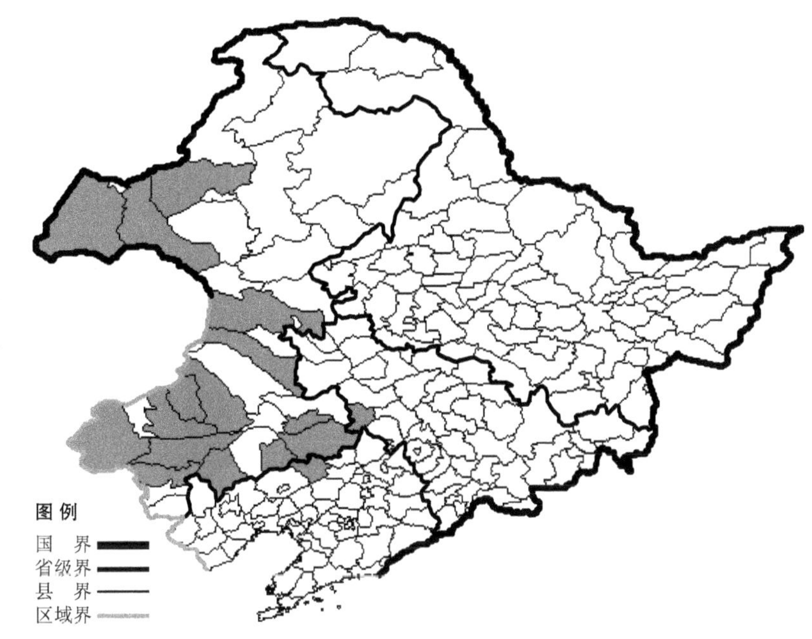

生境：沙地，海拔约 600 米。

产地：吉林省双辽，辽宁省彰武，内蒙古陈巴尔虎旗、新巴尔虎右旗、新巴尔虎左旗、科尔沁右翼前旗、科尔沁右翼中旗、阿鲁科尔沁旗、巴林右旗、巴林左旗、克什克腾旗、通辽、敖汉旗、翁牛特旗、科尔沁左翼后旗、赤峰、库伦旗。

分布：中国（吉林、辽宁、内蒙古、山西、陕西、甘肃、宁夏、青海、新疆），蒙古，俄罗斯（西部西伯利亚）。

宽叶蓝刺头

Echinops latifolius Tausch

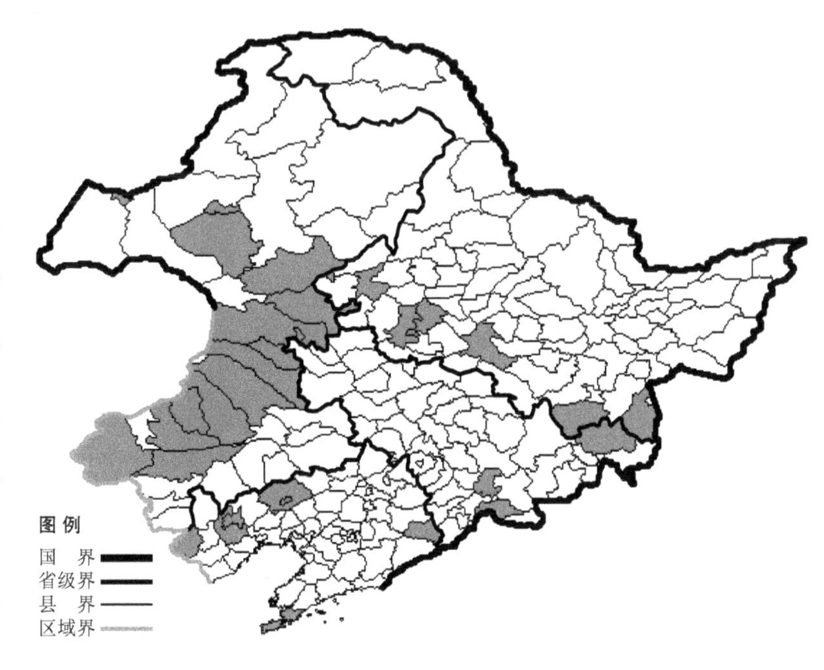

生境：疏林下，沙地。

产地：黑龙江省大庆、东宁、宁安、安达、哈尔滨、齐齐哈尔，吉林省汪清、临江、靖宇，辽宁省凌源、桓仁、朝阳、阜新、大连，内蒙古满洲里、海拉尔、扎兰屯、克什克腾旗、鄂温克旗、巴林右旗、巴林左旗、阿鲁科尔沁旗、翁牛特旗、科尔沁右翼前旗、科尔沁右翼中旗、扎赉特旗、扎鲁特旗、突泉、乌兰浩特。

分布：中国（黑龙江、吉林、辽宁、内蒙古、河北、山西、陕西、甘肃、宁夏），蒙古，俄罗斯（东部西伯利亚）。

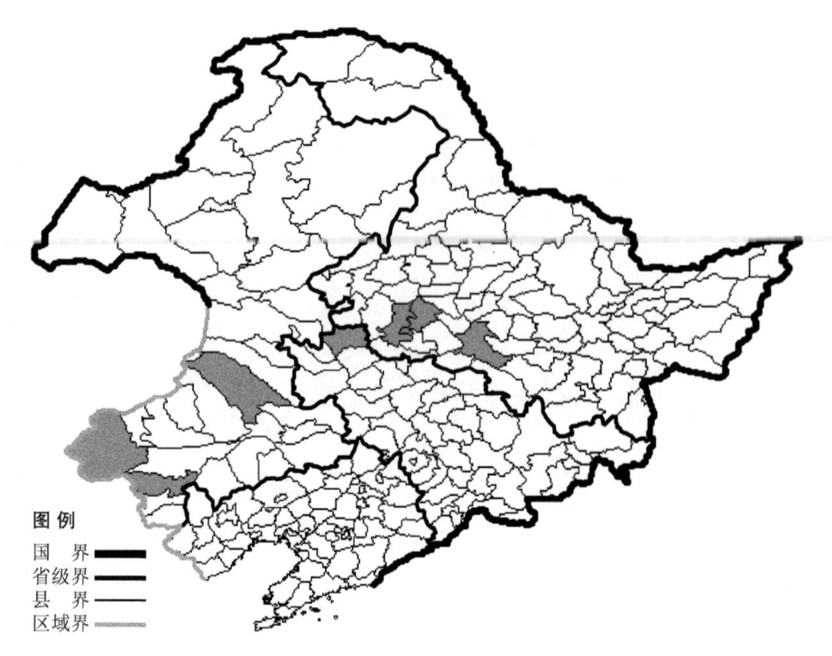

东北宽叶蓝刺头 Echinops latifolius Tausch var. **manshuricus** (Kitag.) C. Y. Li 生于山坡，产于黑龙江省哈尔滨、安达，吉林省镇赉，内蒙古赤峰、克什克腾旗、扎鲁特旗，分布于中国（黑龙江、吉林、内蒙古）。

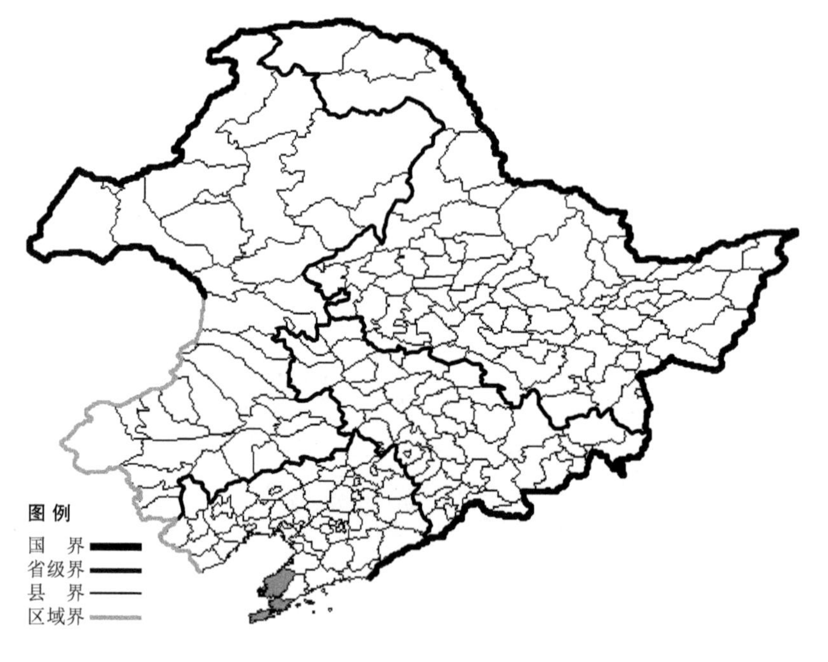

华东蓝刺头

Echinops grijsii Hance

生境：山坡草地。

产地：辽宁省大连、瓦房店。

分布：中国（辽宁、山东、安徽、江苏、福建、河南、广西、台湾）。

鳢肠

Eclipta prostrata (L.) L.

生境：田间，河边，沟边。

产地：辽宁省普兰店、大连、东港、长海。

分布：中国（辽宁、河北、山西、陕西、甘肃、山东、江苏、安徽、浙江、福建、河南、湖北、江西、湖南、广西、四川、贵州、云南、台湾），遍布于世界热带及亚热带地区。

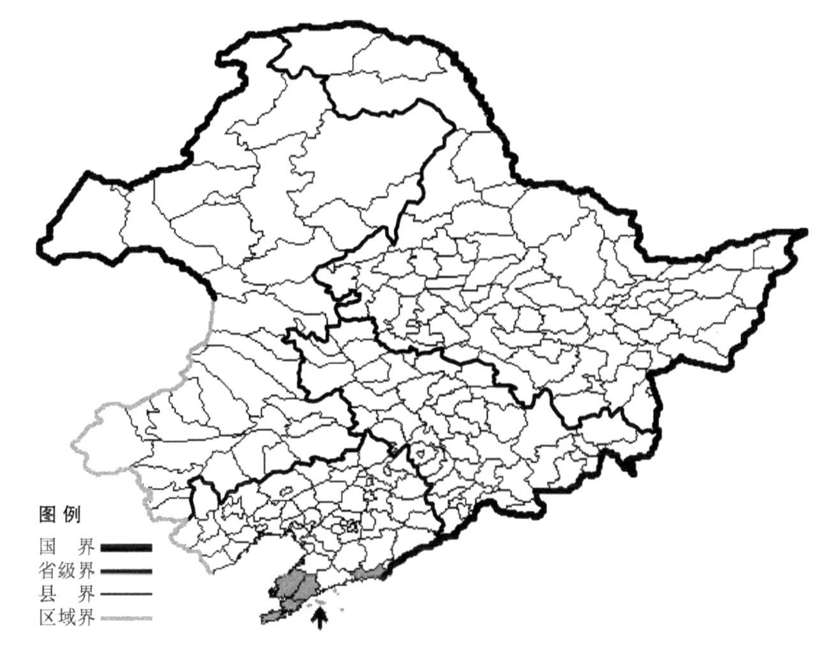

山飞蓬

Erigeron alpicola Makino

生境：高山冻原，海拔 1700-2500 米。

产地：吉林省安图、抚松、通化、靖宇、长白。

分布：中国（吉林），俄罗斯（北极带、欧洲部分、东部西伯利亚、远东地区）。

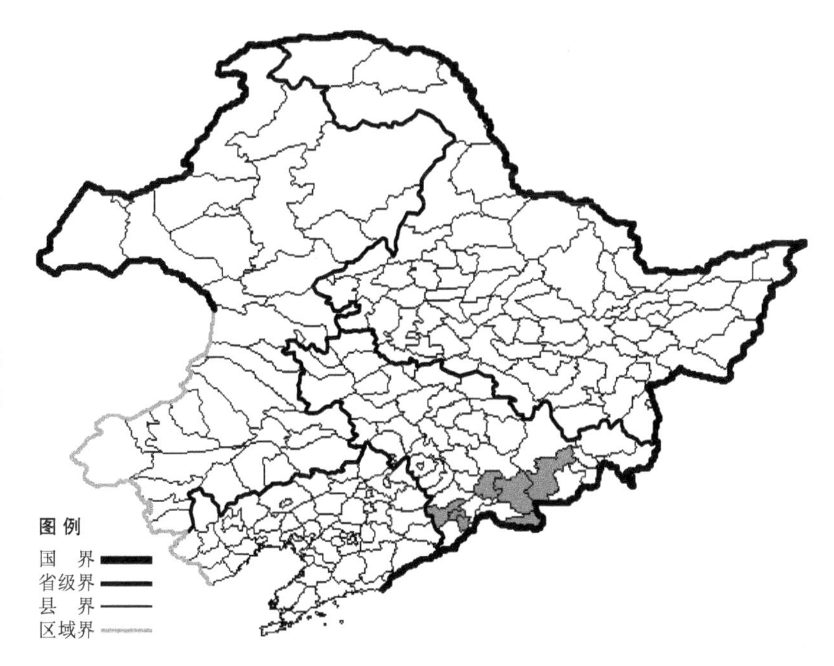

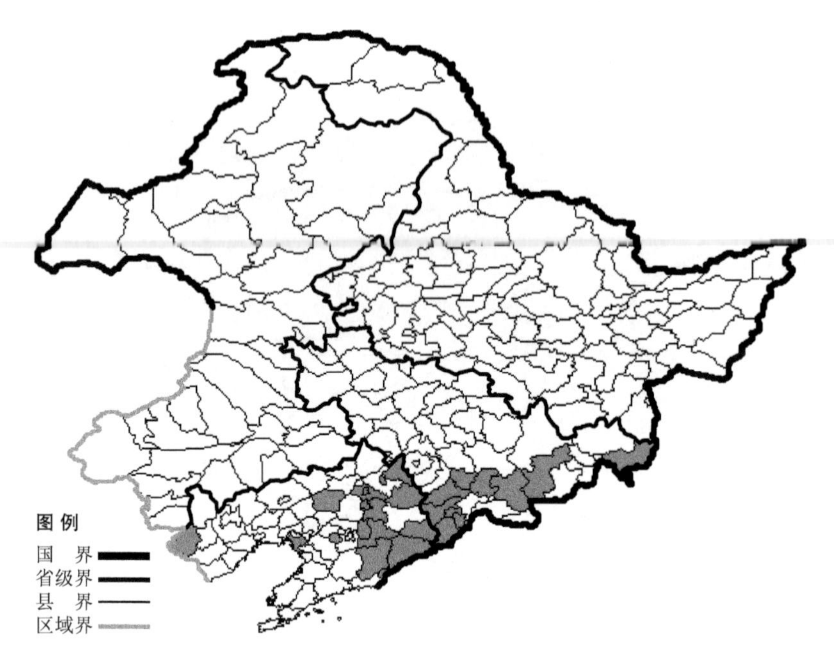

一年蓬

Erigeron annuus (L.) Pers.

生境：林下，林缘，路旁，山坡草地，耕地旁，海拔 800 米以下。

产地：吉林省抚松、安图、通化、靖宇、柳河、珲春、辉南、集安，辽宁省清原、西丰、鞍山、抚顺、新民、桓仁、凤城、宽甸、本溪、大洼、丹东、凌源、铁岭。

分布：原产北美洲，现我国吉林、辽宁、河北、山东、江苏、安徽、福建、河南、湖北、江西、湖南、四川、西藏有分布。

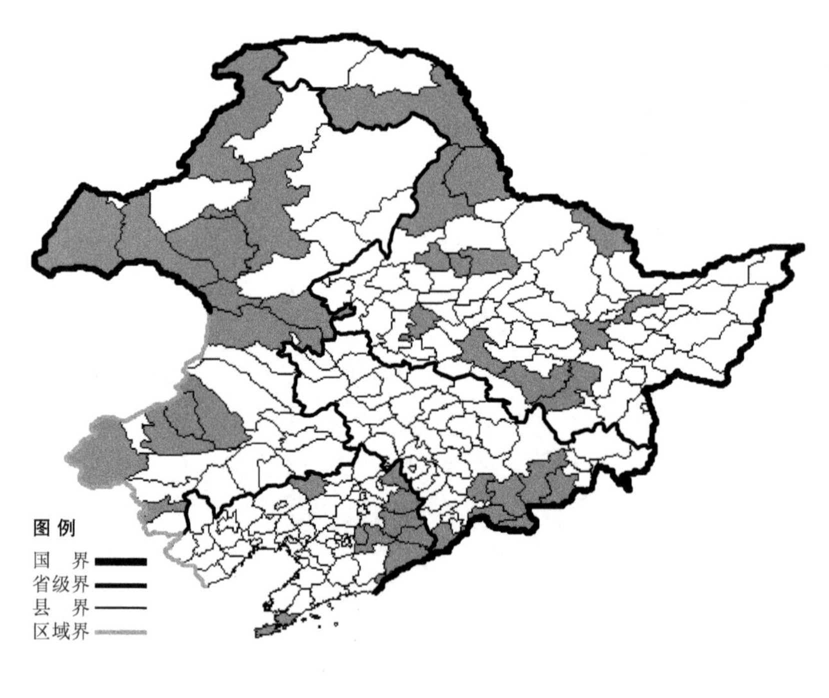

飞蓬

Erigeron acer L.

生境：碎石山坡，林缘，耕地旁，海拔 800 米以下。

产地：黑龙江省呼玛、嘉荫、克山、北安、哈尔滨、海林、克东、嫩江、桦川、依兰、尚志、安达、黑河，吉林省安图、集安、抚松、靖宇、临江、长白、和龙，辽宁省西丰、新宾、本溪、宽甸、清原、彰武、桓仁、大连、丹东，内蒙古新巴尔虎右旗、牙克石、海拉尔、鄂温克旗、额尔古纳、阿尔山、新巴尔虎左旗、科尔沁右翼前旗、扎赉特旗、克什克腾旗、阿鲁科尔沁旗、巴林右旗、巴林左旗、喀喇沁旗。

分布：中国（黑龙江、吉林、辽宁、内蒙古、河北、山西、陕西、甘肃、宁夏、青海、新疆、山东、河南、湖北、四川、西藏），日本，蒙古，俄罗斯（欧洲部分、高加索、西伯利亚、远东地区），中亚，土耳其，克什米尔地区，欧洲，北美洲。

东北飞蓬 Erigeron acer L. var. **manshuricus** Kom. 生于林下、林缘，海拔1700米以下，产于黑龙江省饶河、嫩江、五常、密山、五大连池、黑河、萝北，吉林省珲春、汪清、和龙、安图、抚松、长白、敦化，内蒙古额尔古纳、新巴尔虎右旗、巴林右旗、科尔沁右翼前旗，分布于中国（黑龙江、吉林、内蒙古、河北、山西、陕西、河南），朝鲜半岛，日本，蒙古，俄罗斯（北极带、西部西伯利亚、远东地区）。

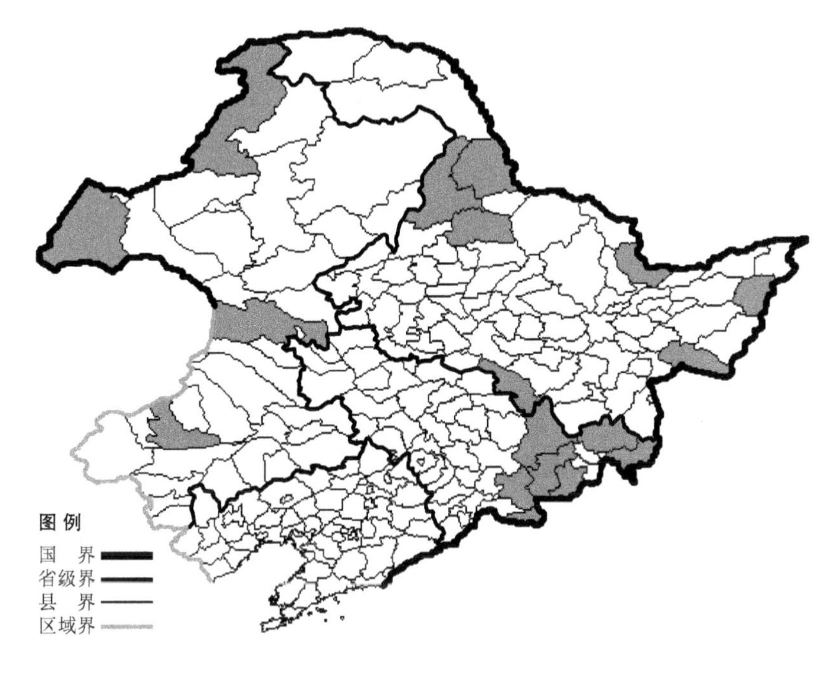

小飞蓬

Erigeron cannadensis L.

生境：荒地，耕地旁，路旁，海拔900米以下。

产地：黑龙江省哈尔滨、尚志、虎林、密山、伊春、鸡东、鸡西，吉林省九台、延吉、吉林、抚松、永吉、临江、通化、集安、长白、安图、和龙、珲春，辽宁省抚顺、本溪、长海、清原、大连、沈阳、鞍山、宽甸、桓仁、彰武、葫芦岛、丹东、西丰、北镇、普兰店、开原、营口，内蒙古海拉尔、牙克石、额尔古纳、鄂温克旗、新巴尔虎左旗、新巴尔虎右旗、科尔沁右翼前旗、扎赉特旗、克什克腾旗、巴林左旗、阿鲁科尔沁旗、喀喇沁旗、科尔沁左翼后旗。

分布：原产北美洲，现我国各地有分布。

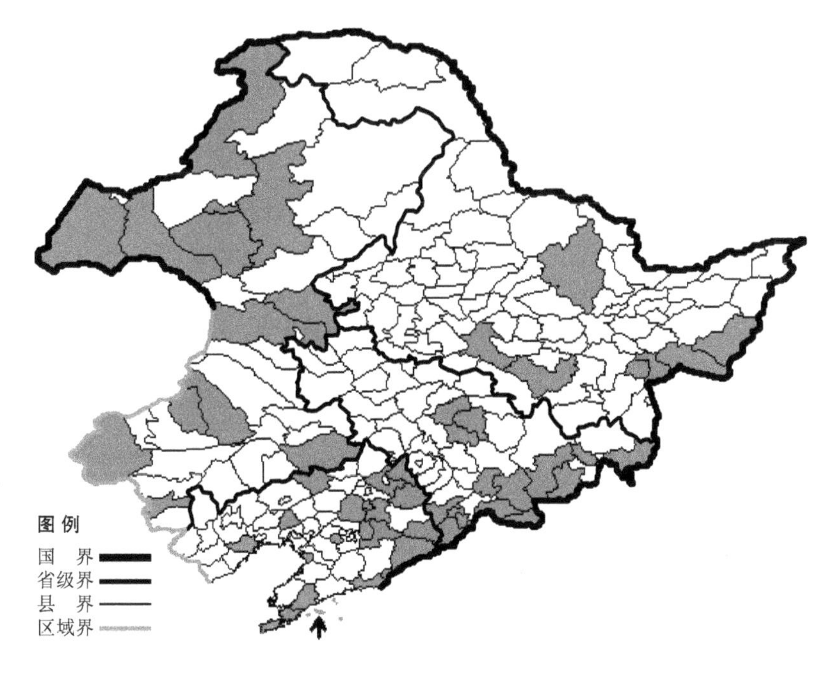

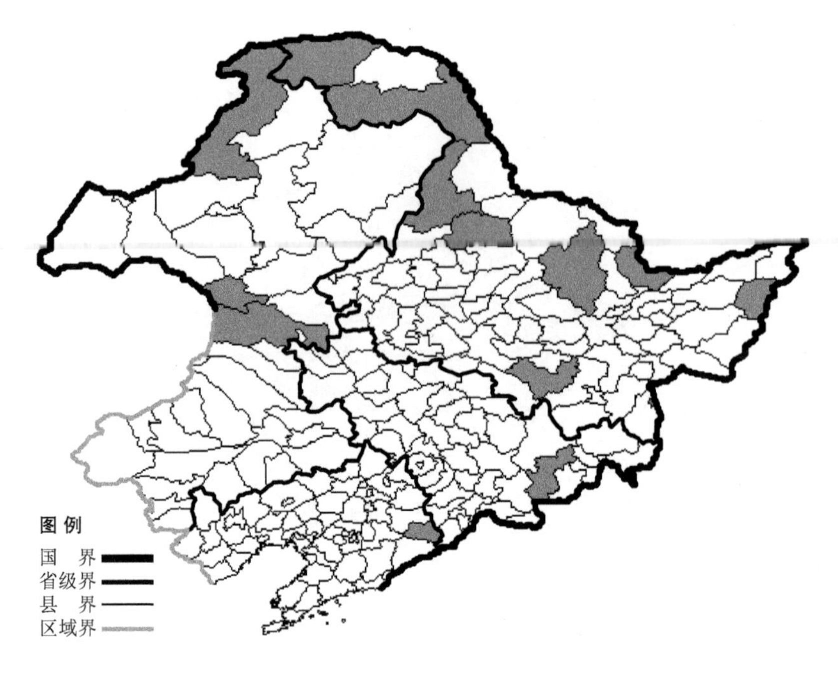

紫苞飞蓬

Erigeron elongatus Ledeb.

生境：草原，草甸。

产地：黑龙江省绥芬河、呼玛、漠河、五大连池、嫩江、萝北、饶河、尚志、伊春，吉林省安图，辽宁省桓仁，内蒙古阿尔山、科尔沁右翼前旗、额尔古纳。

分布：中国（黑龙江、吉林、辽宁、内蒙古、河北、山西、甘肃、新疆、四川、西藏），朝鲜半岛，蒙古，俄罗斯（北极带、欧洲部分、西伯利亚、远东地区），中亚，欧洲，北美洲。

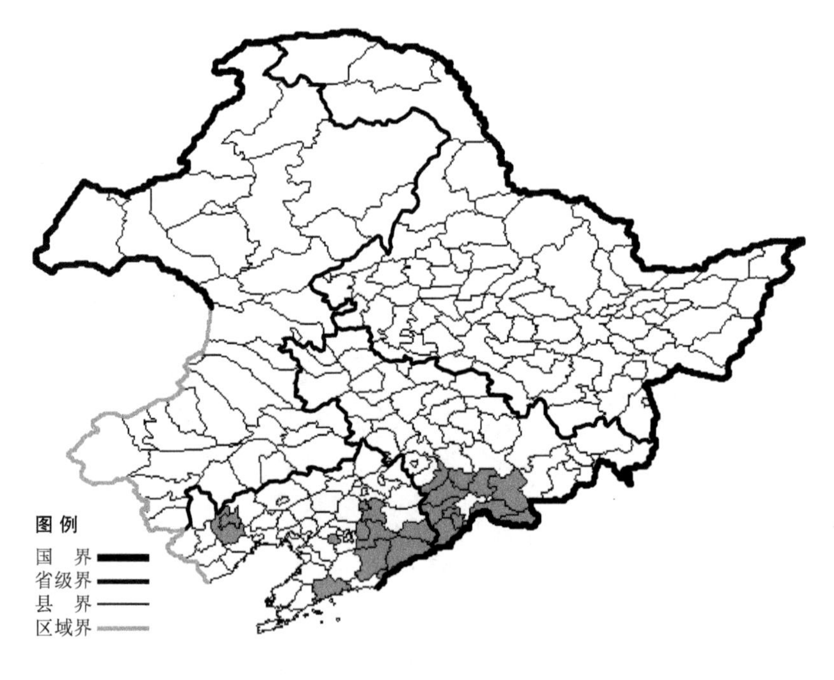

泽兰

Eupatorium japonicum Thunb.

生境：山坡草地，路旁，林下，灌丛，海拔 900 米以下。

产地：吉林省临江、通化、柳河、梅河口、辉南、集安、抚松、靖宇、长白，辽宁省鞍山、桓仁、宽甸、凤城、本溪、抚顺、丹东、朝阳、庄河。

分布：中国（吉林、辽宁、山西、陕西、山东、江苏、安徽、浙江、河南、湖北、江西、湖南、广东、四川、贵州、云南），朝鲜半岛，日本。

林泽兰

Eupatorium lindleyanum DC.

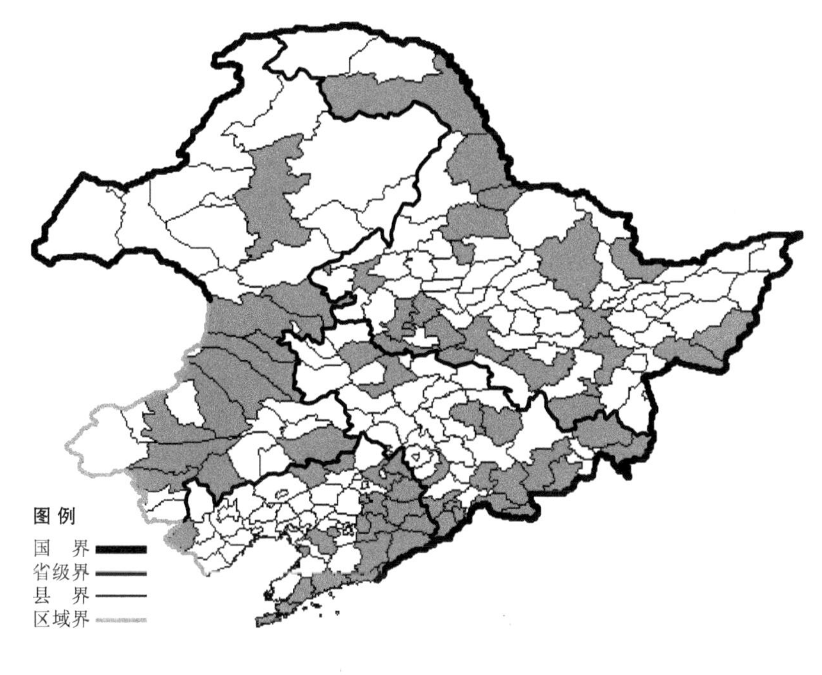

生境：沟边，林缘，湿草地，山坡草地，海拔 1100 米以下。

产地：黑龙江省虎林、大庆、黑河、萝北、密山、伊春、克东、牡丹江、宁安、林口、双城、五大连池、尚志、依兰、孙吴、呼玛、哈尔滨、肇东、肇源、安达、齐齐哈尔，吉林省抚松、大安、和龙、安图、汪清、珲春、临江、蛟河、吉林、梅河口、通化、靖宇、集安、长白、前郭尔罗斯，辽宁省西丰、开原、鞍山、康平、清原、东港、凤城、新宾、抚顺、庄河、营口、大连、凌源、彰武、本溪、丹东、桓仁、普兰店、海城、宽甸，内蒙古牙克石、扎鲁特旗、赤峰、科尔沁右翼前旗、科尔沁右翼中旗、突泉、扎赉特旗、巴林右旗、阿鲁科尔沁旗、翁牛特旗、科尔沁左翼后旗、敖汉旗。

分布：中国（全国各地），朝鲜半岛，日本，俄罗斯（远东地区），菲律宾，越南，印度。

线叶菊

Filifolium sibiricum (L.) Kitam.

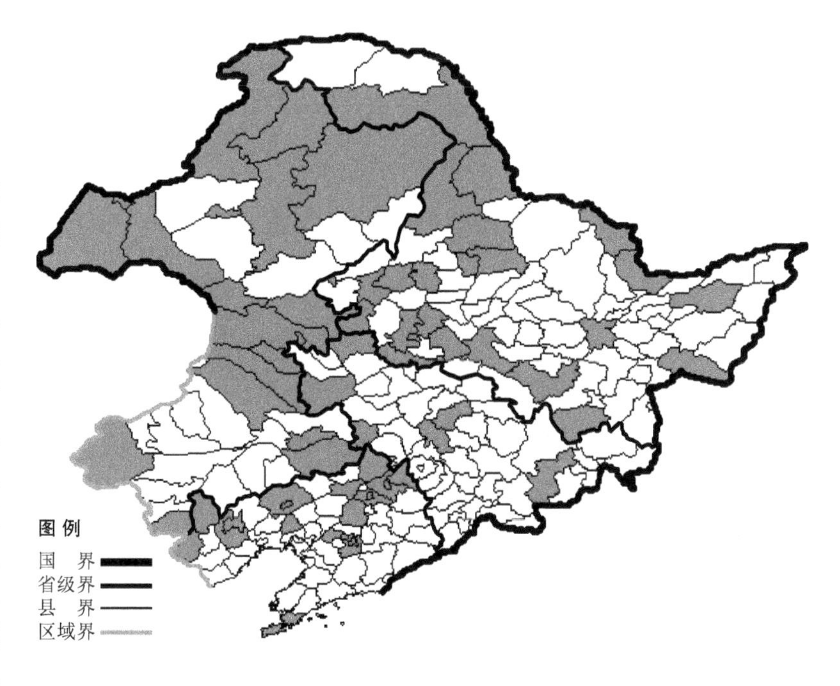

生境：干山坡，石质砾山坡，草原，固定沙丘，盐碱地区，海拔 900 米以下。

产地：黑龙江省呼玛、五大连池、密山、克东、泰来、尚志、富裕、肇东、肇源、嫩江、依安、北安、萝北、富锦、依兰、宁安、嘉荫、哈尔滨、大庆、安达、齐齐哈尔、黑河，吉林省九台、双辽、安图、长春、通榆、镇赉，辽宁省法库、西丰、昌图、凌源、建平、阜新、朝阳、沈阳、开原、大连、铁岭、北镇、辽阳，内蒙古额尔古纳、牙克石、满洲里、海拉尔、新巴尔虎右旗、科尔沁右翼前旗、科尔沁右翼中旗、阿尔山、扎赉特旗、突泉、乌兰浩特、扎鲁特旗、克什克腾旗、宁城、鄂伦春旗、根河、通辽、新巴尔虎左旗、科尔沁左翼后旗。

分布：中国（黑龙江、吉林、辽宁、内蒙古、河北、山西），朝鲜半岛，蒙古，俄罗斯（东部西伯利亚、远东地区）。

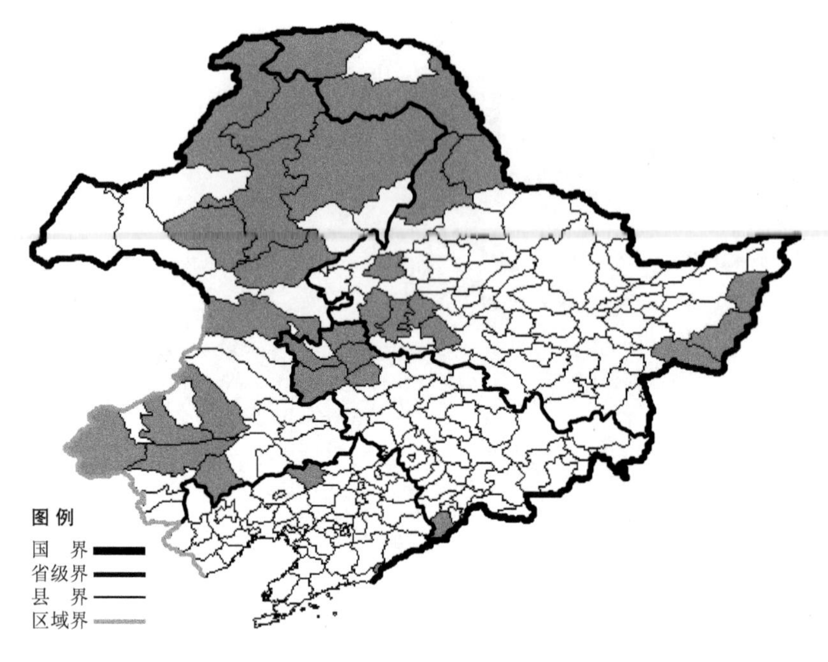

乳菀

Galatella dahurica DC.

生境：草原，山坡草地，沙质地，灌丛，林下，林缘，海拔 1000 米以下。

产地：黑龙江省大庆、呼玛、安达、密山、虎林、富裕、杜尔伯特、肇东、饶河、黑河、漠河、嫩江、青岗，吉林省通榆、集安、乾安、大安、洮南、镇赉，辽宁省彰武、丹东，内蒙古根河、额尔古纳、阿鲁科尔沁旗、海拉尔、牙克石、扎兰屯、鄂温克旗、鄂伦春旗、科尔沁右翼前旗、翁牛特旗、巴林右旗、敖汉旗、克什克腾旗。

分布：中国（黑龙江、吉林、辽宁、内蒙古），蒙古，俄罗斯（东部西伯利亚、远东地区）。

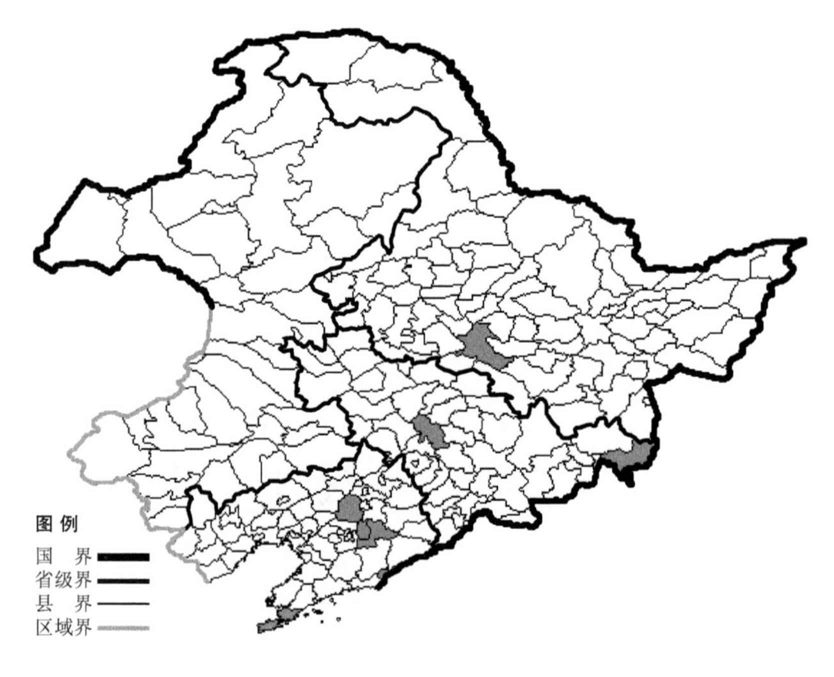

牛膝菊

Galinsoga parviflora Cav.

生境：杂草地，山坡草地，路旁，海边。

产地：黑龙江省哈尔滨，吉林省珲春、长春，辽宁省沈阳、大连、本溪、丹东。

分布：原产南美洲，中国（黑龙江、吉林、辽宁、浙江、江西、四川、贵州、云南、西藏）。

贝加尔鼠麴草

Gnaphalium baicalense Kirp.

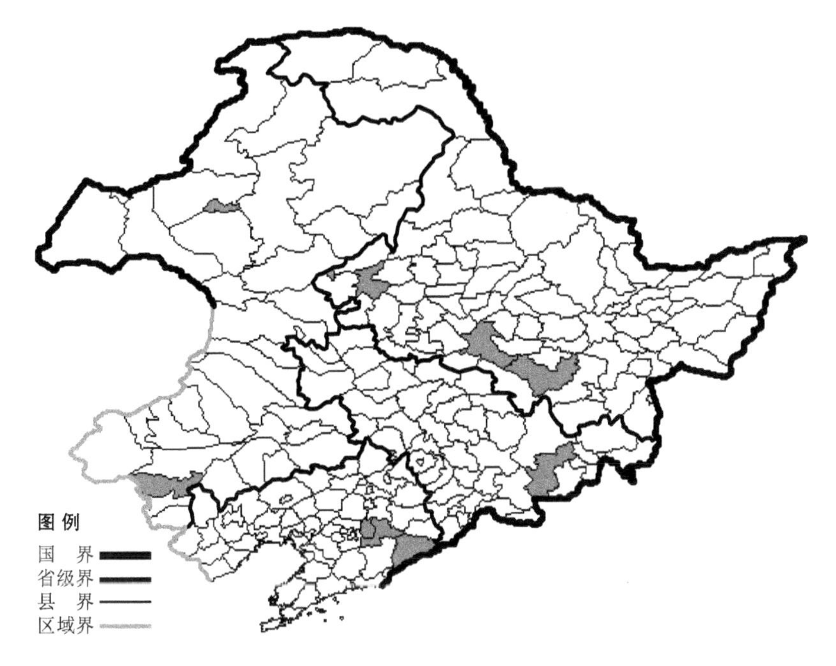

生境：河边，沼泽，海拔 600 米以下。

产地：黑龙江省尚志、哈尔滨、齐齐哈尔，吉林省安图，辽宁省本溪、宽甸，内蒙古海拉尔、赤峰。

分布：中国（黑龙江、吉林、辽宁、内蒙古、河北），蒙古，俄罗斯（东部西伯利亚）。

东北鼠麴草

Gnaphalium mandshuricum Kirp.

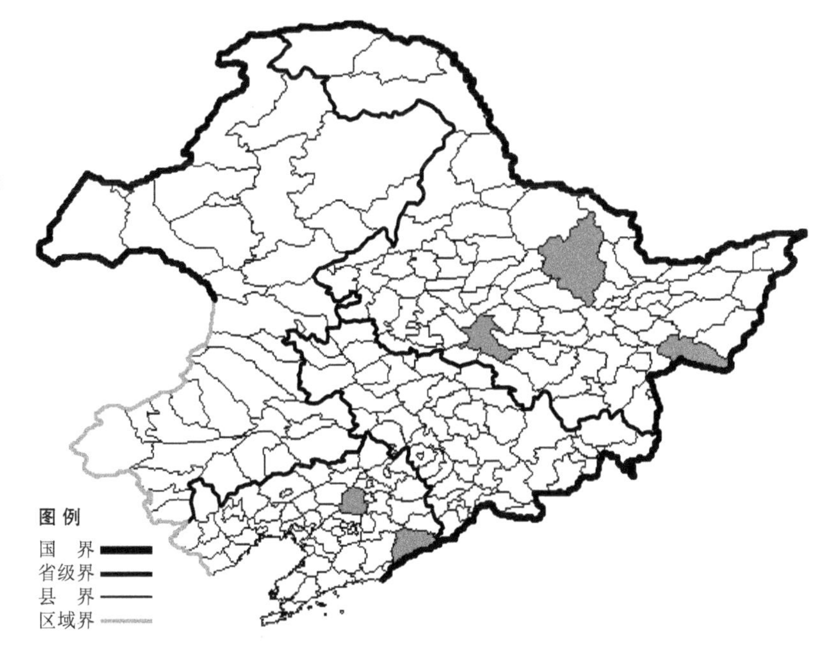

生境：河边，湿草地，海拔 500 米以下。

产地：黑龙江省哈尔滨、伊春、密山，辽宁省沈阳、宽甸。

分布：中国（黑龙江、辽宁），朝鲜半岛，俄罗斯（远东地区）。

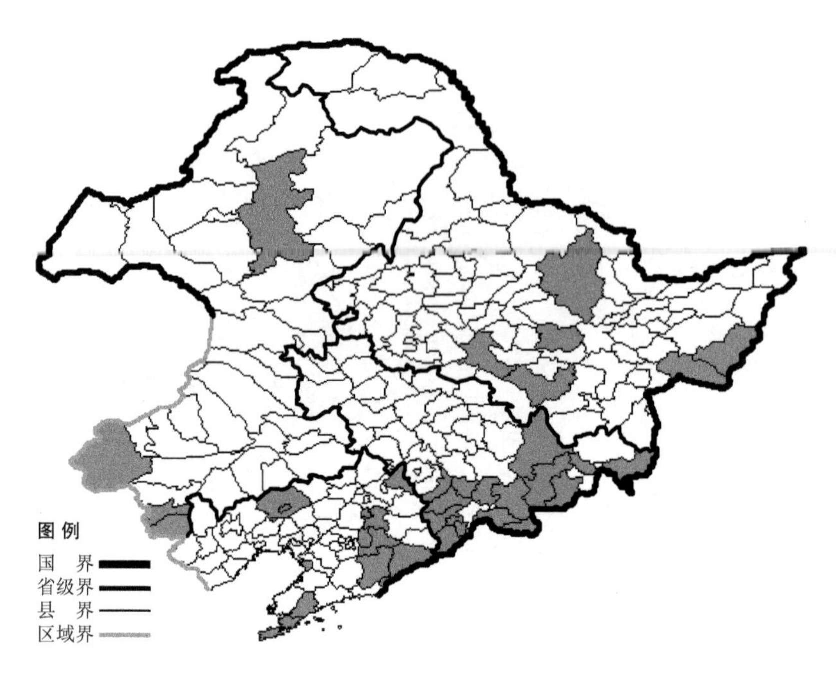

湿生鼠麴草

Gnaphalium tranzschelii Kirp.

生境：河边，湿草地。

产地：黑龙江省哈尔滨、伊春、密山、虎林、尚志、通河，吉林省安图、通化、珲春、敦化、延吉、临江、柳河、梅河口、辉南、集安、抚松、靖宇、长白、和龙，辽宁省西丰、大连、营口、本溪、普兰店、凤城、宽甸、抚顺、阜新、丹东，内蒙古牙克石、克什克腾旗、喀喇沁旗、宁城。

分布：中国（黑龙江、吉林、辽宁、内蒙古），朝鲜半岛，日本，俄罗斯（远东地区）。

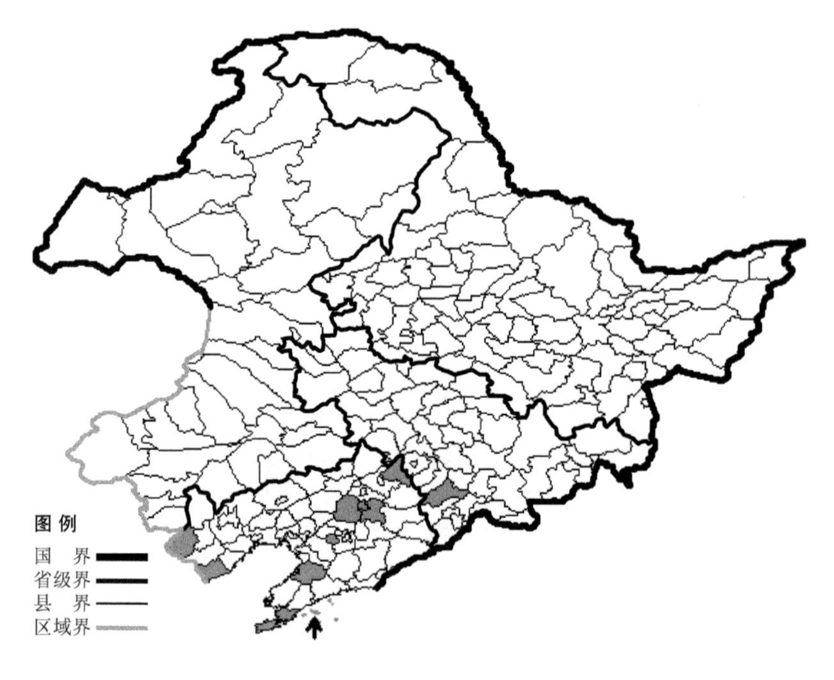

泥胡菜

Hemistepta lyrata (Bunge) Bunge

生境：路旁，林下，林缘，耕地旁，荒地，河边，田间，海拔 700 米以下。

产地：吉林省柳河，辽宁省大连、长海、沈阳、抚顺、盖州、凌源、西丰、鞍山、绥中。

分布：中国（全国各地），朝鲜半岛，日本，越南，老挝，印度，澳大利亚。

阿尔泰狗娃花

Heteropappus altaicus (Willd.) Novop.

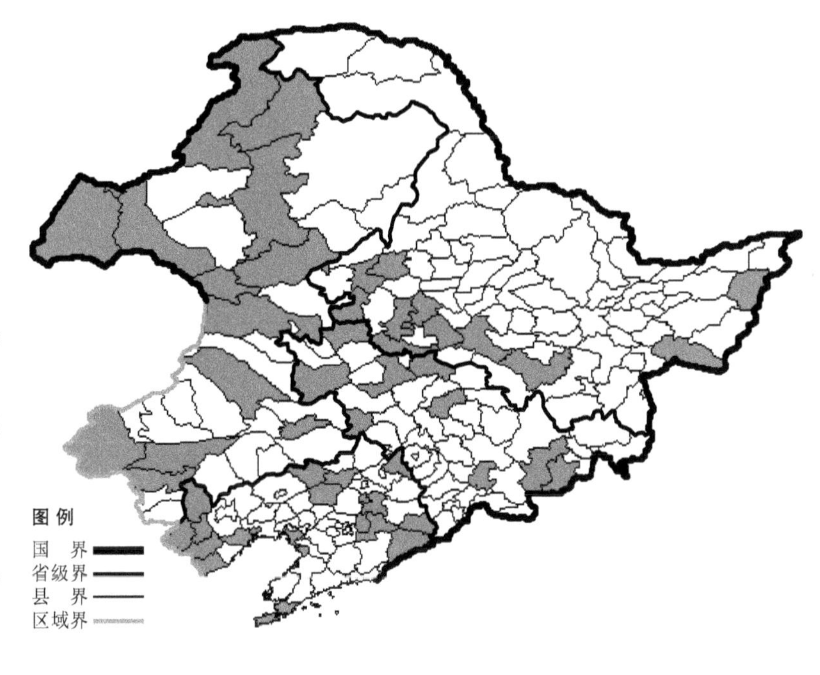

生境：山坡草地，林缘，路旁，海拔 1100 米以下。

产地：黑龙江省哈尔滨、饶河、安达、泰来、富裕、齐齐哈尔、大庆、肇东、肇源、密山、尚志，吉林省靖宇、通榆、九台、镇赉、前郭尔罗斯、双辽、和龙、安图、扶余，辽宁省绥中、凌源、建平、建昌、彰武、葫芦岛、锦州、新民、桓仁、大洼、喀左、西丰、抚顺、法库、本溪、宽甸、营口、大连，内蒙古根河、扎兰屯、额尔古纳、新巴尔虎左旗、新巴尔虎右旗、海拉尔、满洲里、翁牛特旗、扎鲁特旗、牙克石、通辽、阿尔山、科尔沁右翼前旗、克什克腾旗、赤峰。

分布：中国（黑龙江、吉林、辽宁、内蒙古、河北、山西、陕西、甘肃、青海、新疆、湖北、四川），蒙古，俄罗斯（西伯利亚），中亚。

狗娃花

Heteropappus hispidus (Thunb.) Less.

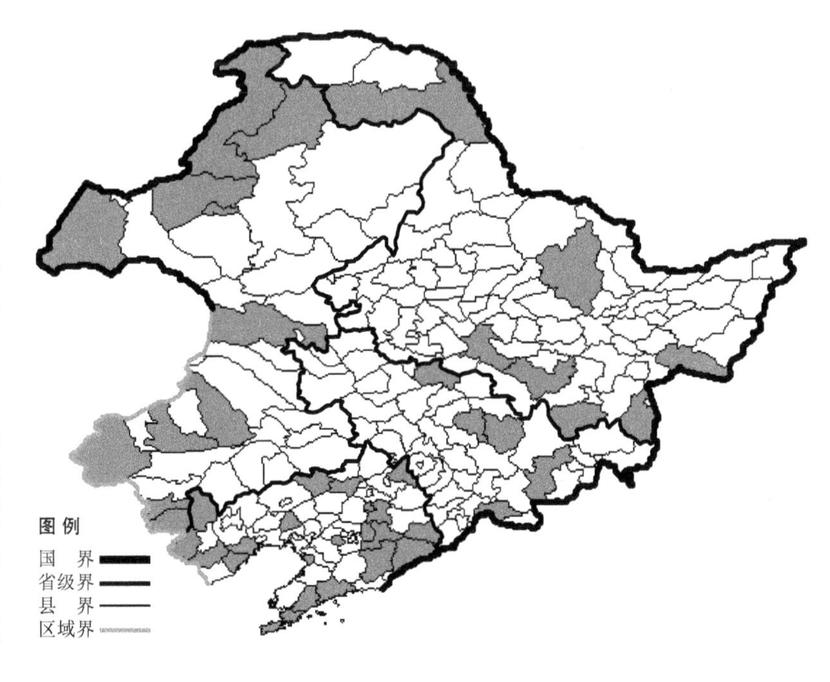

生境：河边，林下，林缘，山坡草地，海拔 800 米以下。

产地：黑龙江省尚志、东宁、哈尔滨、密山、呼玛、伊春、宁安，吉林省蛟河、安图、扶余、吉林、临江，辽宁省建昌、建平、彰武、葫芦岛、抚顺、西丰、本溪、凤城、桓仁、宽甸、普兰店、法库、凌源、鞍山、北镇、兴城、营口、庄河、大连，内蒙古额尔古纳、根河、海拉尔、科尔沁右翼前旗、陈巴尔虎旗、克什克腾旗、阿鲁科尔沁旗、宁城、喀喇沁旗、巴林右旗、新巴尔虎右旗。

分布：中国（黑龙江、吉林、辽宁、内蒙古、河北、山西、陕西、宁夏、甘肃、新疆、安徽、浙江、福建、河南、湖北、江西、四川、台湾），朝鲜半岛，日本，蒙古，俄罗斯（远东地区）。

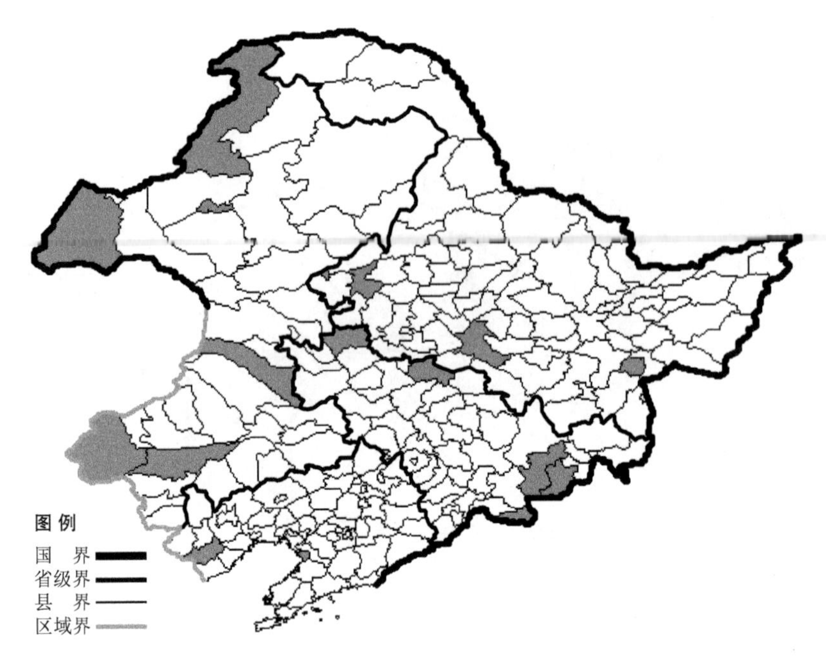

砂狗娃花

Heteropappus meyendorffii (Regel et Maack) Kom. et Alis.

生境：林缘，路旁，山坡草地，海拔 1300 米以下。

产地：黑龙江省哈尔滨、鸡西、齐齐哈尔，吉林省安图、和龙、扶余、镇赉、长白，辽宁省建昌、营口，内蒙古额尔古纳、海拉尔、新巴尔虎右旗、科尔沁右翼中旗、翁牛特旗、克什克腾旗。

分布：中国（黑龙江、吉林、辽宁、内蒙古、河北、山西、陕西、甘肃），朝鲜半岛，日本，俄罗斯（远东地区）。

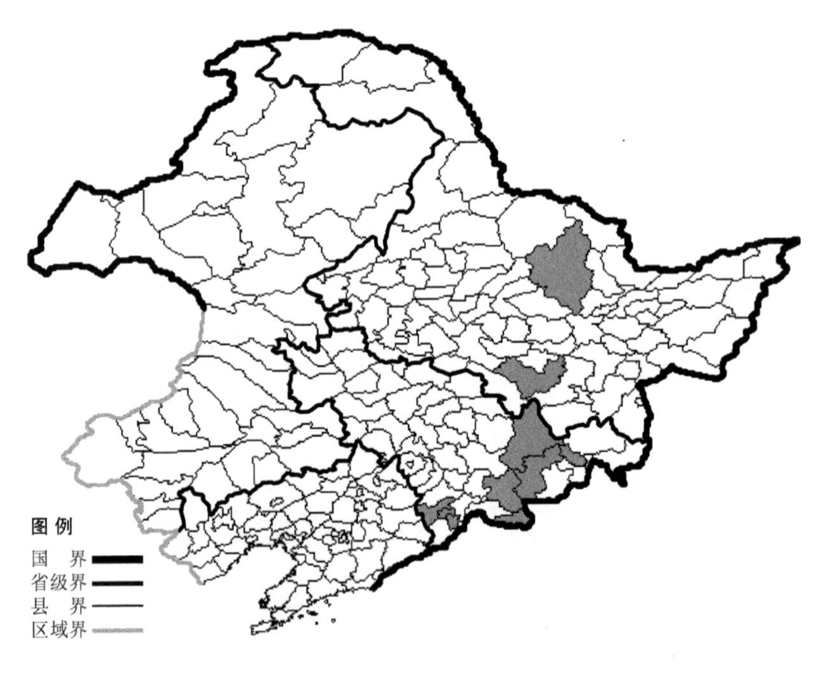

宽叶山柳菊

Hieracium coreanum Nakai

生境：高山岩石边苔藓地，林下，林缘，河边湿草地，海拔 2400 米以下。

产地：黑龙江省尚志、伊春，吉林省安图、通化、延吉、抚松、长白、敦化。

分布：中国（黑龙江、吉林），朝鲜半岛。

全缘叶山柳菊

Hieracium hololeion Maxim.

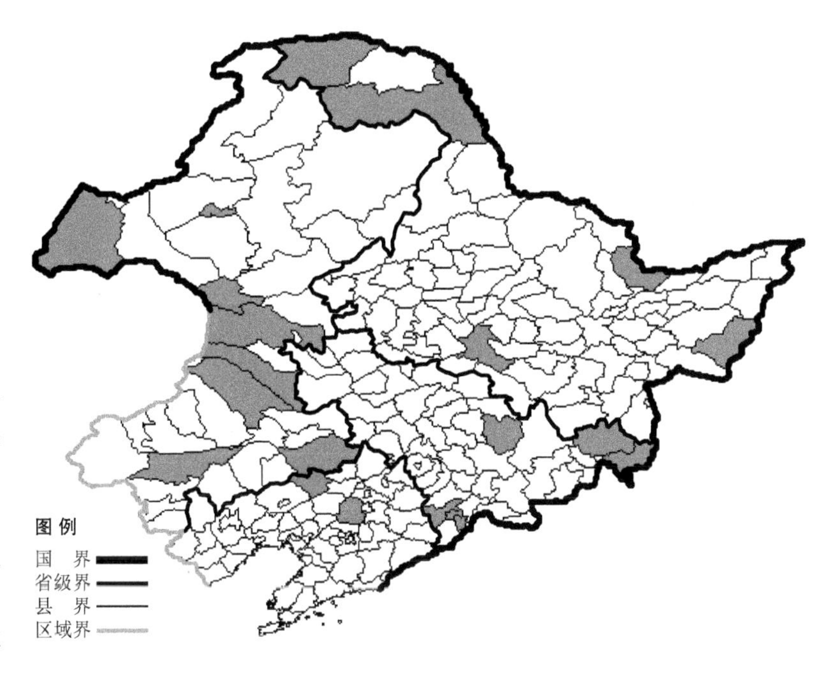

生境：山顶，山坡草地，溪流旁，海拔 700 米以下。

产地：黑龙江省哈尔滨、呼玛、漠河、虎林、萝北，吉林省珲春、汪清、通化、蛟河，辽宁省彰武、沈阳，内蒙古扎鲁特旗、新巴尔虎右旗、科尔沁右翼前旗、科尔沁右翼中旗、海拉尔、翁牛特旗、阿尔山、科尔沁左翼后旗。

分布：中国（黑龙江、吉林、辽宁、内蒙古、山东、江苏、安徽、浙江、福建、江西、台湾），日本，俄罗斯（远东地区）。

伞花山柳菊

Hieracium umbellatum L.

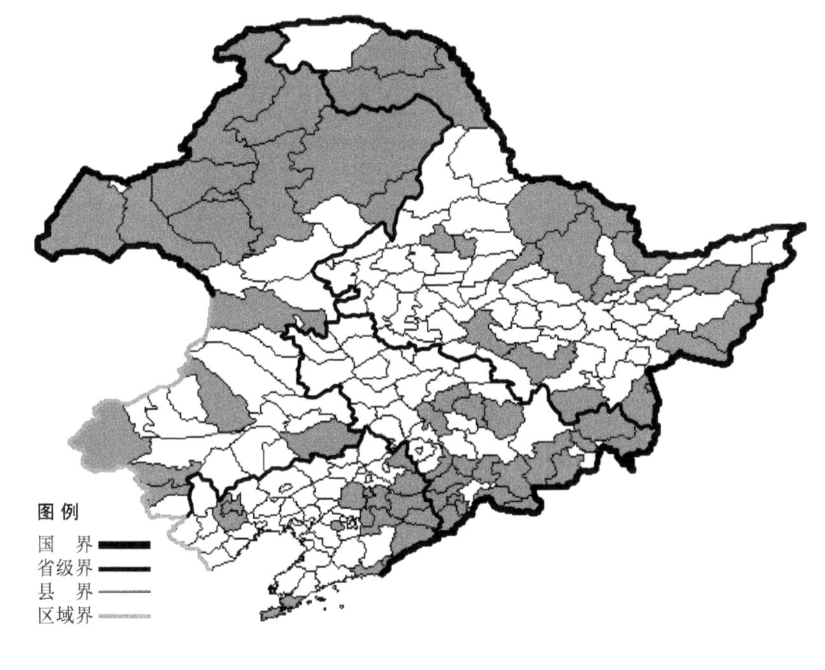

生境：林下，林缘，山坡草地，海拔 1900 米以下。

产地：黑龙江省塔河、集贤、富锦、克山、克东、绥棱、绥芬河、哈尔滨、汤原、东宁、宁安、尚志、密山、虎林、萝北、逊克、饶河、嘉荫、呼玛、伊春，吉林省长春、延吉、珲春、和龙、安图、蛟河、汪清、临江、通化、柳河、梅河口、辉南、集安、抚松、靖宇、九台、吉林、长白，辽宁省东港、清原、新宾、西丰、鞍山、丹东、本溪、宽甸、沈阳、朝阳、大连、桓仁、抚顺，内蒙古海拉尔、额尔古纳、根河、莫力达瓦达斡尔旗、牙克石、阿鲁科尔沁旗、克什克腾旗、科尔沁右翼前旗、鄂伦春旗、科尔沁左翼后旗、喀喇沁旗、赤峰、鄂温克旗、陈巴尔虎旗、新巴尔虎右旗、新巴尔虎左旗。

分布：中国（黑龙江、吉林、辽宁、内蒙古、河北、山西、陕西、甘肃、宁夏、新疆、山东、河南、湖北、湖南、四川、贵州、云南、西藏），朝鲜半岛，日本，蒙古，俄罗斯（欧洲部分、高加索、西伯利亚、远东地区），中亚，土耳其，伊朗，印度，巴基斯坦，欧洲，非洲，北美洲。

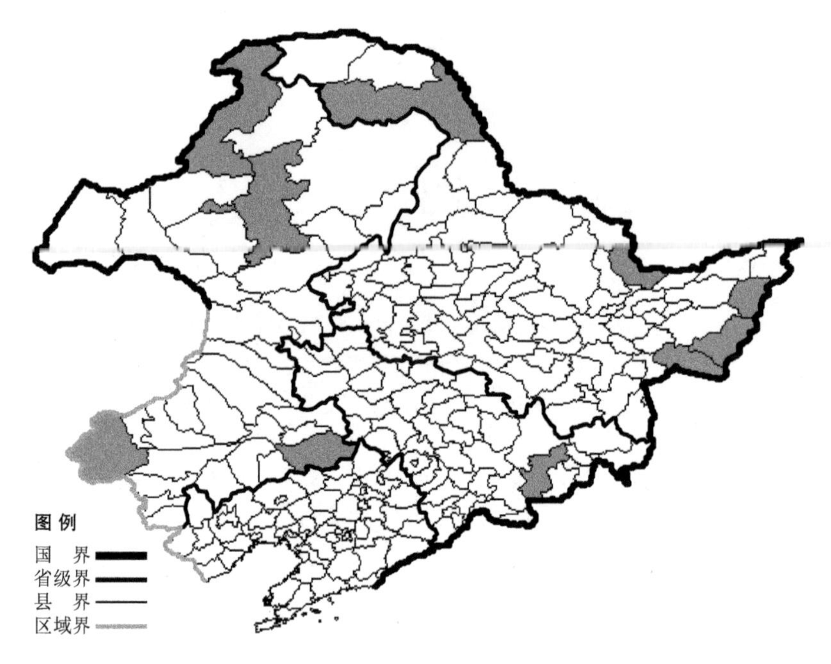

粗毛山柳菊

Hieracium virosum Pall.

生境：林下，沙质湿草地，海拔约 600 米。

产地：黑龙江省呼玛、虎林、萝北、密山、饶河，吉林省安图，内蒙古海拉尔、额尔古纳、牙克石、科尔沁左翼后旗、克什克腾旗。

分布：中国（黑龙江、吉林、内蒙古、陕西、新疆），日本，蒙古，俄罗斯（欧洲部分、高加索、西伯利亚、远东地区），中亚，土耳其，伊朗，欧洲。

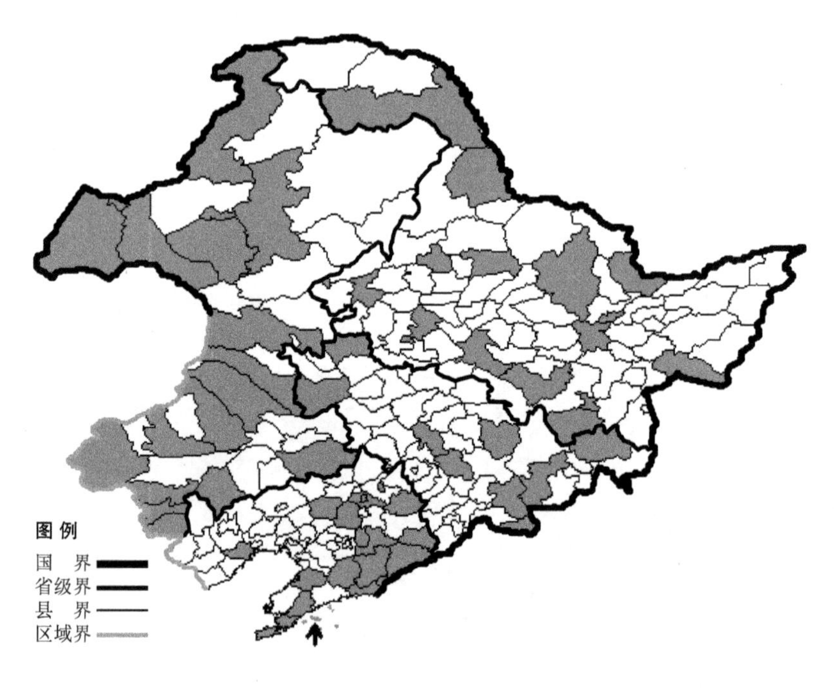

欧亚旋覆花

Inula britannica L.

生境：河滩，林缘，路旁，沟边，湿草甸，耕地旁，海拔 900 米以下。

产地：黑龙江省呼玛、伊春、萝北、哈尔滨、依兰、佳木斯、牡丹江、宁安、尚志、北安、黑河、克山、齐齐哈尔、密山、安达，吉林省长白、通榆、长春、镇赉、安图、抚松、汪清、蛟河、磐石，辽宁省新民、沈阳、铁岭、盖州、岫岩、普兰店、东港、长海、葫芦岛、丹东、清原、凤城、本溪、宽甸、桓仁、大连，内蒙古海拉尔、敖汉旗、宁城、赤峰、喀喇沁旗、阿鲁科尔沁旗、巴林右旗、额尔古纳、克什克腾旗、鄂温克旗、新巴尔虎右旗、满洲里、扎鲁特旗、牙克石、新巴尔虎左旗、科尔沁右翼前旗、科尔沁右翼中旗、科尔沁左翼后旗。

分布：中国（黑龙江、吉林、辽宁、内蒙古、河北、山西、新疆），朝鲜半岛，日本，蒙古，俄罗斯（欧洲部分、高加索、西伯利亚、远东地区），中亚，土耳其，伊朗，欧洲。

线叶旋覆花

Inula linariaefolia Turcz.

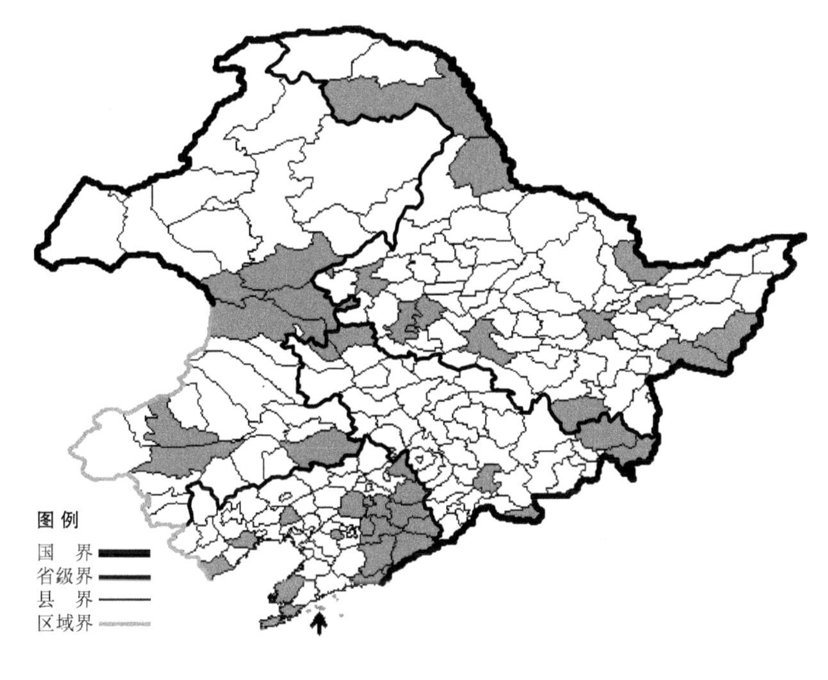

生境：草甸，林缘湿草地，路旁，沟谷。

产地：黑龙江省密山、虎林、依兰、集贤、萝北、哈尔滨、黑河、呼玛、大庆、宁安、安达、齐齐哈尔，吉林省汪清、珲春、白城、镇赉、靖宇、长白，辽宁省西丰、清原、沈阳、鞍山、抚顺、大连、长海、绥中、葫芦岛、北镇、本溪、凤城、宽甸、新宾、桓仁、东港、丹东、瓦房店，内蒙古扎兰屯、阿尔山、科尔沁右翼前旗、扎赉特旗、翁牛特旗、科尔沁左翼后旗、巴林右旗。

分布：中国（黑龙江、吉林、辽宁、内蒙古、河北、山西、陕西、宁夏、甘肃、新疆、山东、江苏、安徽、浙江、福建、河南、湖北、江西、湖南、台湾），朝鲜半岛，日本，蒙古，俄罗斯（远东地区）。

柳叶旋覆花

Inula salicina L.

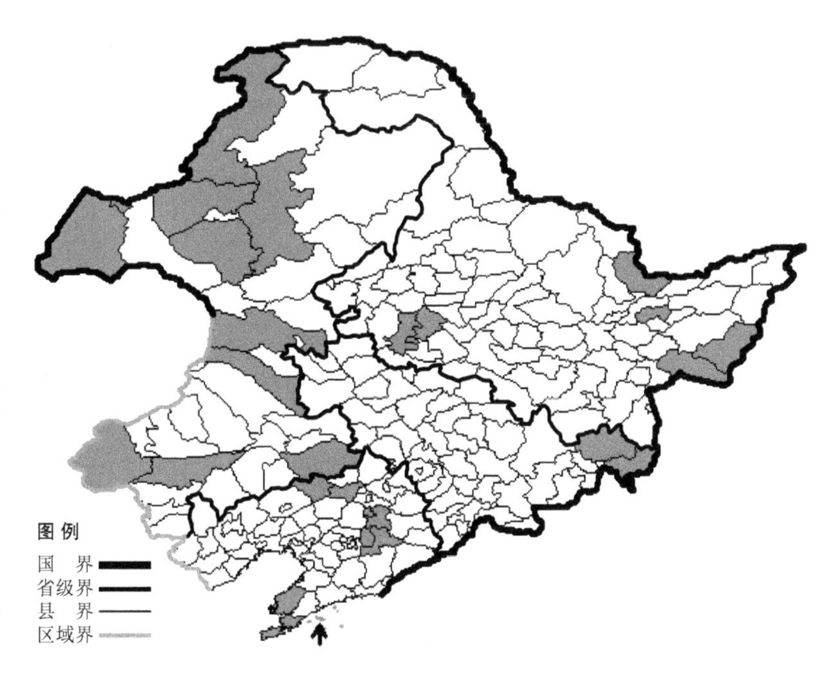

生境：湿草地，山坡草地，海拔700米以下。

产地：黑龙江省集贤、萝北、虎林、大庆、密山、安达，吉林省汪清、珲春，辽宁省彰武、抚顺、瓦房店、法库、长海、大连、本溪，内蒙古额尔古纳、陈巴尔虎旗、新巴尔虎右旗、牙克石、满洲里、鄂温克旗、科尔沁左翼后旗、科尔沁右翼前旗、科尔沁右翼中旗、翁牛特旗、克什克腾旗。

分布：中国（黑龙江、吉林、辽宁、内蒙古、山东、河南），朝鲜半岛，日本，俄罗斯（欧洲部分、西伯利亚、远东地区），中亚，伊朗，欧洲。

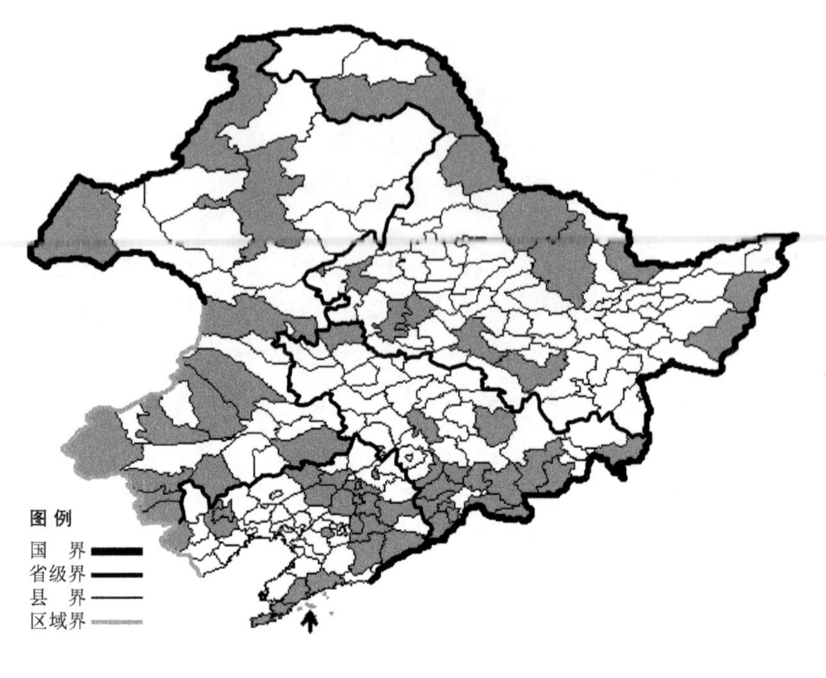

旋覆花

Inula japonica Thunb.

生境：路旁，河边，林缘，沼泽边，海拔1000米以下。

产地：黑龙江省萝北、伊春、尚志、呼玛、安达、黑河、虎林、饶河、大庆、哈尔滨、齐齐哈尔、逊克，吉林省通化、临江、柳河、梅河口、辉南、集安、抚松、靖宇、长白、蛟河、长春、珲春、和龙、镇赉、安图，辽宁省法库、新宾、沈阳、鞍山、铁岭、新民、长海、庄河、普兰店、凌源、彰武、本溪、凤城、宽甸、朝阳、大连、抚顺，内蒙古扎鲁特旗、宁城、克什克腾旗、阿鲁科尔沁旗、巴林右旗、敖汉旗、喀喇沁旗、赤峰、额尔古纳、海拉尔、新巴尔虎右旗、牙克石、科尔沁左翼后旗、科尔沁右翼前旗。

分布：中国（黑龙江、吉林、辽宁、内蒙古、河北、山西、陕西、宁夏、甘肃、青海、江苏、安徽、浙江、福建、河南、湖南、广西、四川、贵州），朝鲜半岛，日本，蒙古，俄罗斯（远东地区）。

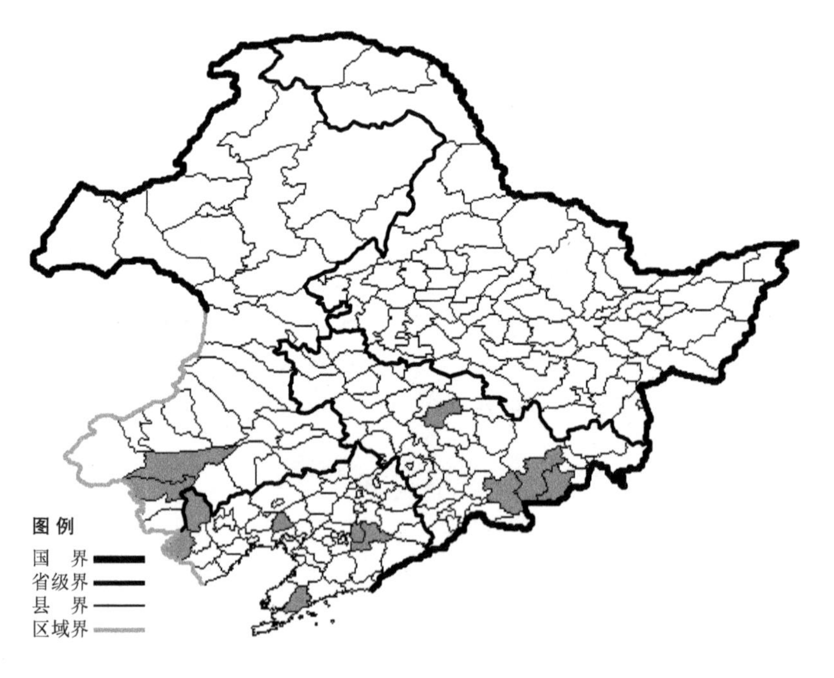

卵叶旋覆花 Inula japonica Thunb. var. **ovata** C. Y. Li 生于耕地旁、湿草地、河边，产于吉林省九台、抚松、安图、和龙，辽宁省北镇、凌源、建平、本溪、普兰店，内蒙古翁牛特旗、赤峰，分布于中国（吉林、辽宁、内蒙古）。

多枝旋覆花 Inula japonica Thunb. var. **ramosa** (Kom.) C. Y. Li 生于林下、山坡草地、溪流边，海拔 800 米以下，产于黑龙江省尚志、伊春、齐齐哈尔、萝北、虎林、哈尔滨、杜尔伯特、饶河、密山、克山、肇源、肇东，吉林省抚松、吉林、和龙、安图，辽宁省法库、新民、岫岩、新宾、鞍山、凌源，内蒙古克什克腾旗、新巴尔虎右旗，分布于中国（黑龙江、吉林、辽宁、内蒙古、华北、西北、华东），朝鲜半岛，日本。

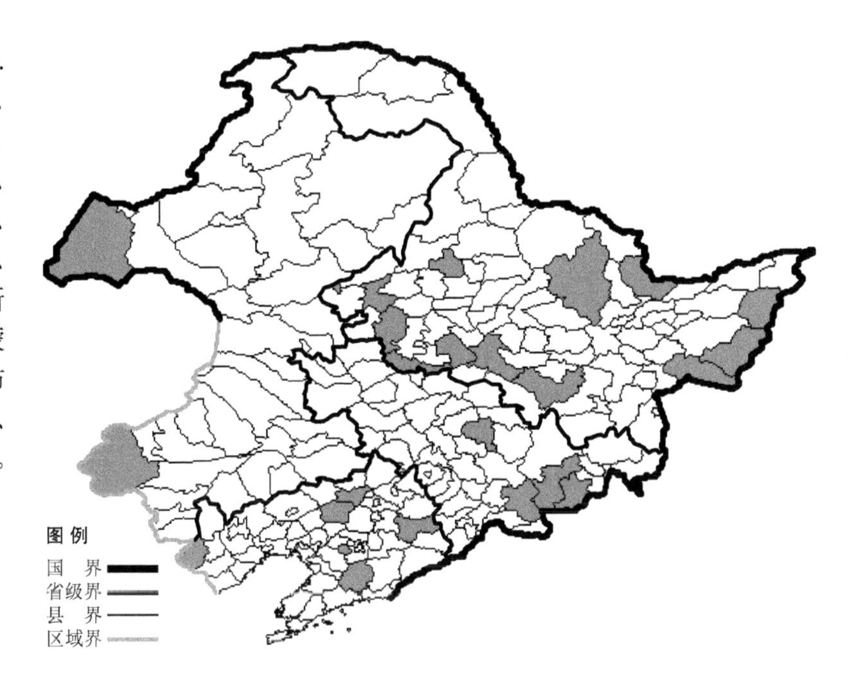

蓼子朴

Inula salsoloides (Turcz.) Ostenf.

生境：流动沙丘，固定沙丘。

产地：内蒙古翁牛特旗。

分布：中国（内蒙古、河北、山西、陕西、甘肃、青海、新疆），蒙古，中亚。

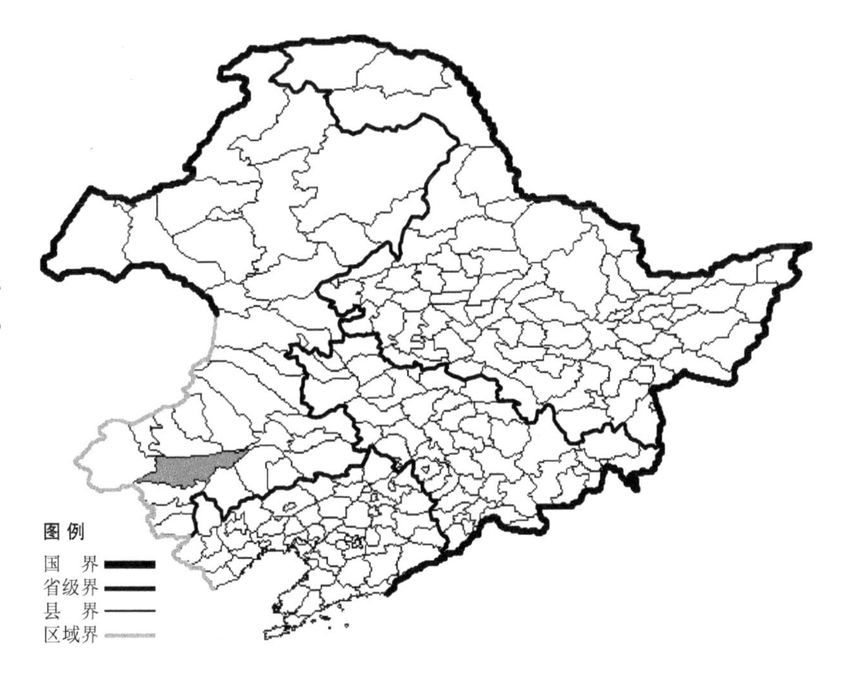

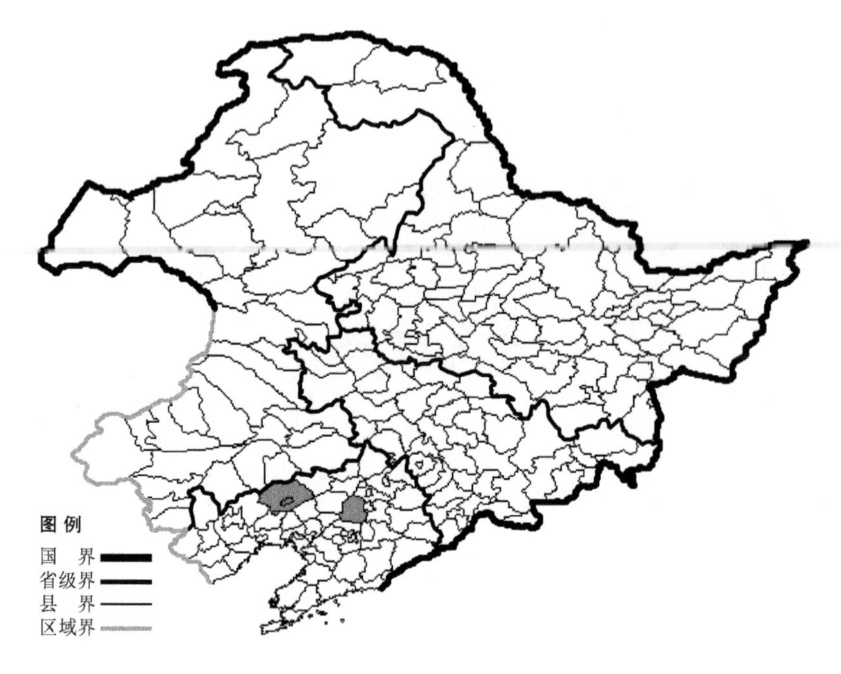

假苍耳

Iva xanthifolia Nutt.

生境：路旁，草地。

产地：辽宁省沈阳、阜新。

分布：原产美洲，现我国辽宁有分布。

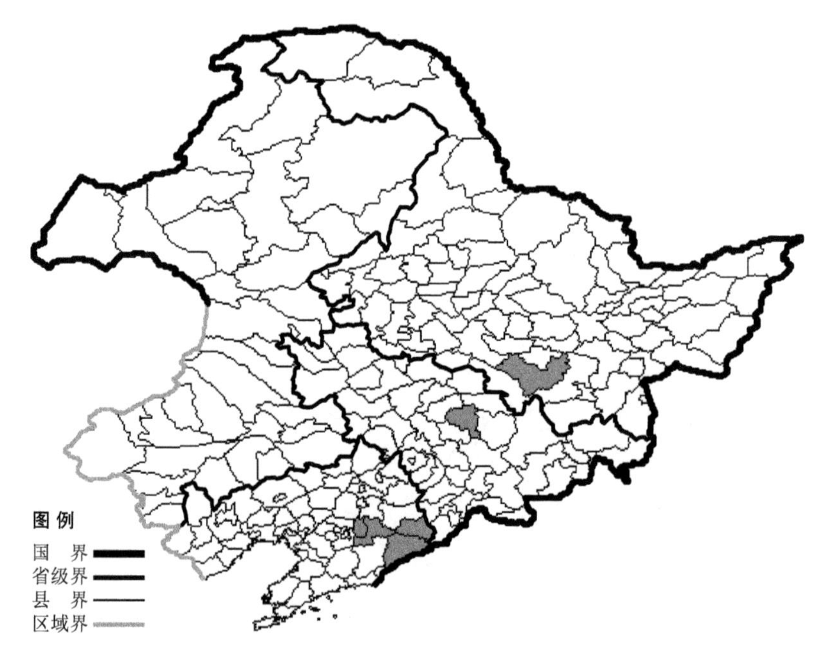

岩苦荬菜

Ixeris chelidonifolia (Makino) Stebb.

生境：山顶岩石壁上，林下石砾质地，海拔1300米以下。

产地：黑龙江省尚志，吉林省吉林，辽宁省本溪、宽甸、桓仁。

分布：中国（黑龙江、吉林、辽宁、河北），朝鲜半岛，日本，俄罗斯（远东地区）。

山苦菜

Ixeris chinensis (Thunb.) Nakai

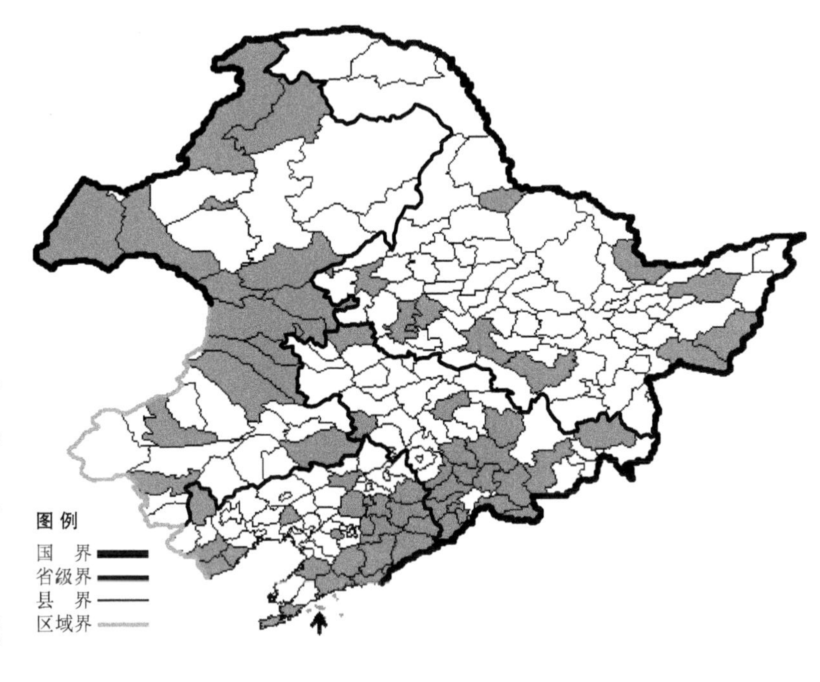

生境：山坡草地，河滩，路旁，耕地旁，海拔 900 米以下。

产地：黑龙江省安达、萝北、富锦、孙吴、哈尔滨、虎林、大庆、尚志、密山、齐齐哈尔，吉林省临江、通化、柳河、辉南、集安、抚松、靖宇、长白、镇赉、梅河口、双辽、九台、汪清、桦甸、安图、蛟河、磐石，辽宁省本溪、宽甸、桓仁、大连、丹东、沈阳、兴城、绥中、法库、庄河、新宾、建昌、建平、长海、凤城、鞍山、东港、岫岩、北镇、盖州、清原、抚顺，内蒙古科尔沁右翼前旗、阿尔山、科尔沁右翼中旗、扎赉特旗、突泉、乌兰浩特、额尔古纳、根河、新巴尔虎右旗、海拉尔、扎兰屯、赤峰、科尔沁左翼后旗、新巴尔虎左旗、巴林右旗、扎鲁特旗。

分布：中国（黑龙江、吉林、辽宁、内蒙古、河北、山西、陕西、山东、江苏、安徽、浙江、福建、河南、江西、湖南、广西、四川、贵州、云南、西藏、台湾），朝鲜半岛，日本，俄罗斯（东部西伯利亚、远东地区），越南。

丝叶山苦菜 Ixeris chinensis (Thunb.) Nakai var. **graminifolia** (Lebeb.) H. C. Fu 生于山坡草地、沙质地，产于黑龙江安达、哈尔滨，吉林省白城、双辽、洮南、镇赉、通榆，辽宁省彰武、新民，内蒙古海拉尔、满州里、新巴尔虎左旗、赤峰、翁牛特旗、科尔沁右翼前旗、克什克腾旗、新巴尔虎右旗、牙克石、科尔沁左翼后旗，分布于中国（黑龙江、吉林、辽宁、内蒙古），蒙古，俄罗斯（远东地区）。

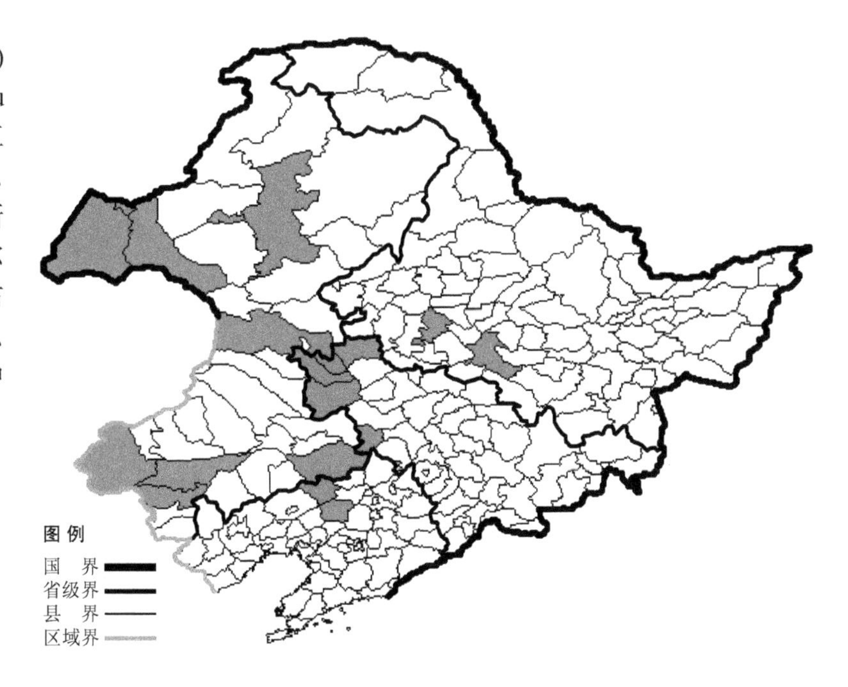

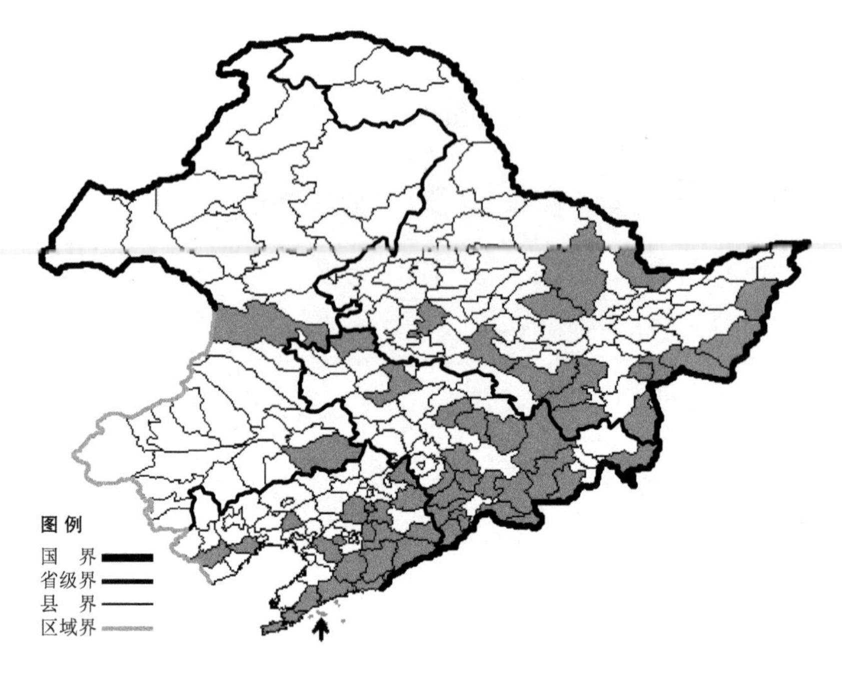

苦荬菜

Ixeris denticulata Stebb.

生境：林下，林缘，干山坡，海拔 800 米以下。

产地：黑龙江省尚志、铁力、饶河、密山、海林、东宁、宁安、鸡东、哈尔滨、虎林、鸡西、萝北、伊春、安达，吉林省抚松、和龙、安图、九台、蛟河、梅河口、前郭尔罗斯、吉林、敦化、珲春、临江、通化、柳河、辉南、集安、靖宇、长白、磐石、镇赉，辽宁省西丰、鞍山、海城、大连、普兰店、长海、丹东、葫芦岛、清原、沈阳、建昌、北镇、本溪、庄河、凤城、宽甸、桓仁、东港、岫岩、抚顺，内蒙古科尔沁右翼前旗、科尔沁左翼后旗。

分布：中国（黑龙江、吉林、辽宁、内蒙古、河北、山西、陕西、甘肃、青海、山东、江苏、安徽、浙江、河南、湖北、江西、湖南、广东、广西、四川、贵州），蒙古，朝鲜半岛，日本，俄罗斯（远东地区）。

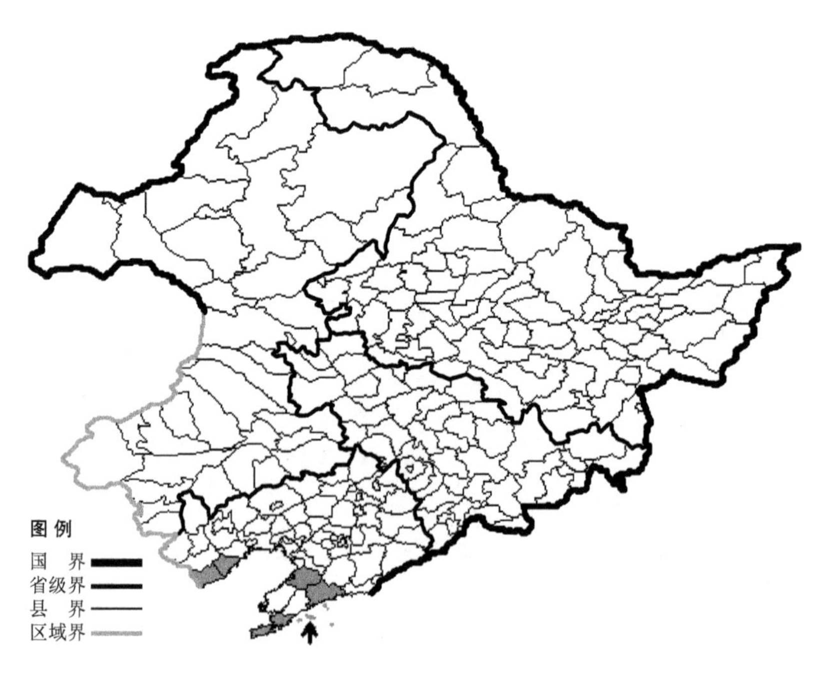

沙苦荬菜

Ixeris repens (L.) A. Gray

生境：海边沙地。

产地：辽宁省绥中、盖州、大连、庄河、兴城、长海。

分布：中国（辽宁、山东、浙江、福建、广东、台湾），朝鲜半岛，日本，俄罗斯（远东地区），越南。

抱茎苦荬菜

Ixeris sonchifolia (Bunge) Hance

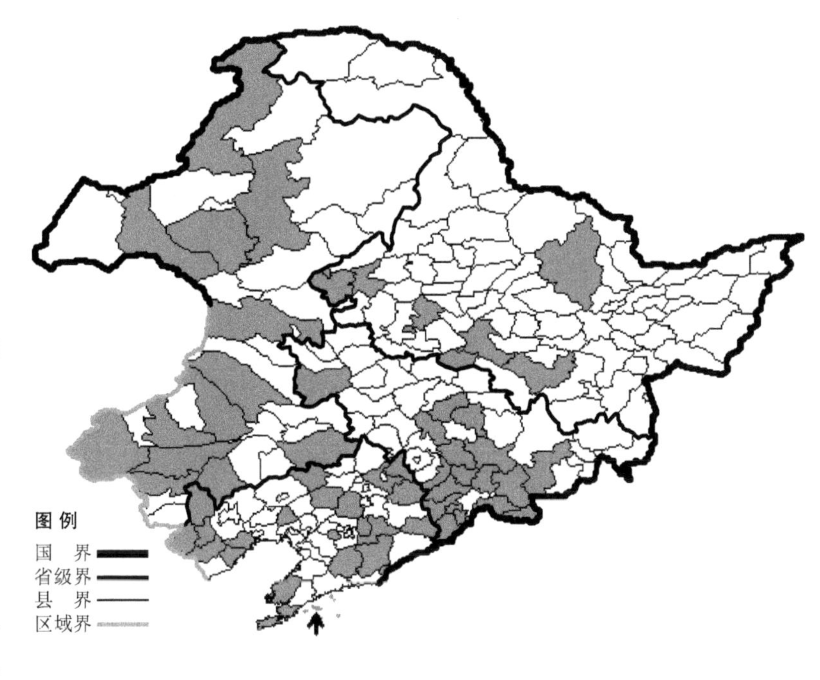

生境：山坡草地，疏林下，荒地，海拔 900 米以下。

产地：黑龙江省尚志、哈尔滨、龙江、双城、安达、伊春、齐齐哈尔，吉林省磐石、桦甸、临江、通化、柳河、梅河口、辉南、集安、抚松、靖宇、长白、通榆、长春、吉林、九台、安图，辽宁省沈阳、建昌、彰武、长海、大连、葫芦岛、开原、瓦房店、凤城、北镇、岫岩、大连、鞍山、新民、清原、丹东、建平、西丰、凌源、桓仁、兴城、本溪、喀左，内蒙古赤峰、扎鲁特旗、克什克腾旗、巴林右旗、翁牛特旗、阿鲁科尔沁旗、敖汉旗、额尔古纳、牙克石、鄂温克旗、新巴尔虎左旗、科尔沁左翼后旗、科尔沁右翼前旗。

分布：中国（黑龙江、吉林、辽宁、内蒙古、河北、山西），朝鲜半岛，俄罗斯（远东地区）。

裂叶马兰

Kalimeris incisa (Fisch.) DC.

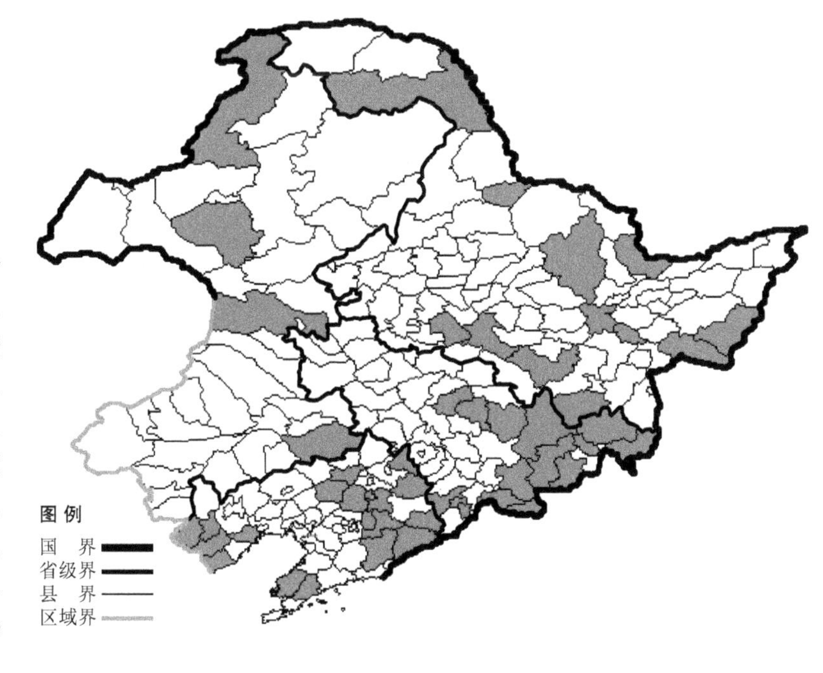

生境：河边，路旁，山坡草地，灌丛，林缘，海拔 900 米以下。

产地：黑龙江省呼玛、肇东、哈尔滨、尚志、虎林、勃利、宁安、萝北、密山、伊春、伊兰、孙吴，吉林省安图、抚松、蛟河、九台、吉林、和龙、敦化、延吉、汪清、珲春、临江、长白、通化，辽宁省西丰、新民、法库、宽甸、凌源、清原、绥中、瓦房店、建昌、喀左、葫芦岛、沈阳、普兰店、本溪、桓仁、凤城、抚顺，内蒙古额尔古纳、鄂温克旗、科尔沁右翼前旗、科尔沁左翼后旗。

分布：中国（黑龙江、吉林、辽宁、内蒙古），朝鲜半岛，日本，俄罗斯（东部西伯利亚、远东地区）。

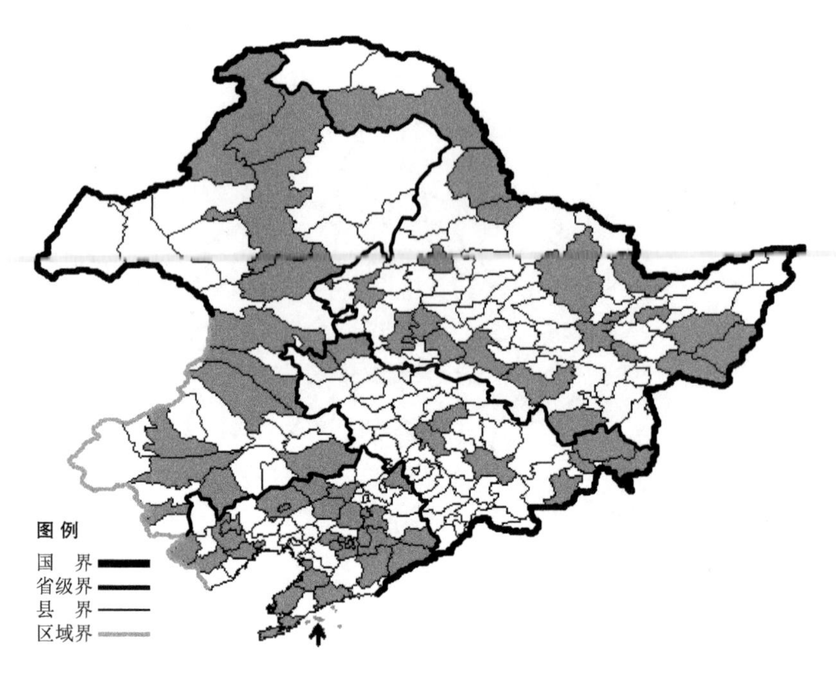

全叶马兰

Kalimeris integrifolia Turcz. ex DC.

生境：河边，沙质地，山坡石质砾地，林缘，海拔 700 米以下。

产地：黑龙江省佳木斯、哈尔滨、伊春、大庆、集贤、宝清、萝北、依兰、齐齐哈尔、克山、黑河、孙吴、尚志、肇东、勃利、虎林、宁安、呼玛、密山、安达，吉林省白城、桦甸、珲春、汪清、和龙、长春、镇赉、九台、延吉，辽宁省鞍山、法库、西丰、新民、凌源、建昌、彰武、阜新、葫芦岛、锦州、沈阳、抚顺、辽阳、盖州、本溪、凤城、庄河、长海、瓦房店、大连、营口、宽甸、桓仁、朝阳，内蒙古牙克石、额尔古纳、海拉尔、根河、科尔沁右翼前旗、科尔沁右翼中旗、喀喇沁旗、科尔沁左翼后旗、扎鲁特旗、翁牛特旗、扎兰屯、巴林右旗、敖汉旗。

分布：中国（黑龙江、吉林、辽宁、内蒙古、河北、山西、陕西、山东、江苏、安徽、浙江、河南、湖北、湖南、四川），朝鲜半岛，日本，俄罗斯（东部西伯利亚）。

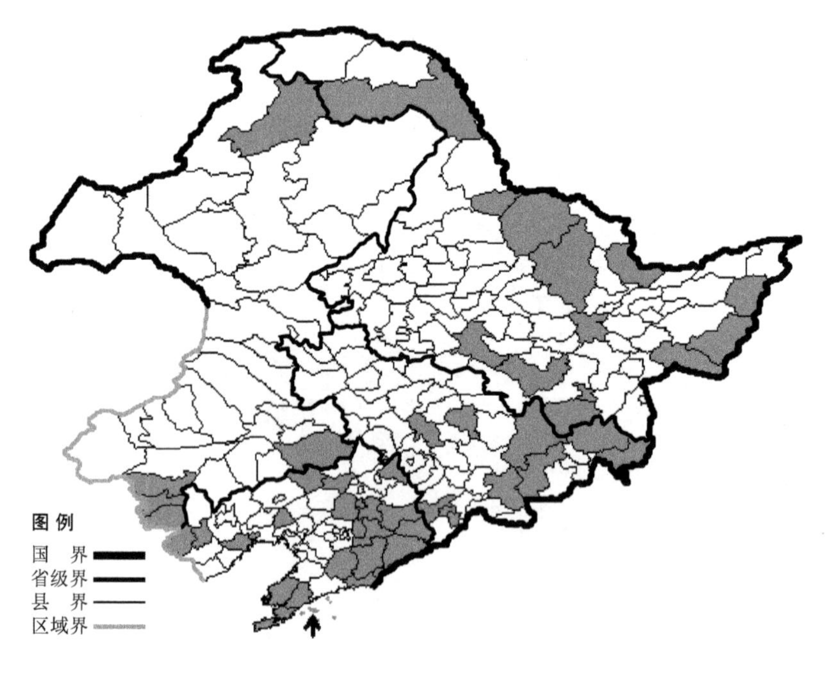

山马兰

Kalimeris lautureana (Debex.) Kitam.

生境：湿草地，沟边，荒地，林缘，向阳山坡，海拔 800 米以下。

产地：黑龙江省萝北、密山、虎林、宁安、哈尔滨、牡丹江、伊春、逊克、呼玛、孙吴、尚志、依兰、饶河，吉林省长春、通化、抚松、安图、吉林、敦化、汪清、珲春，辽宁省西丰、新宾、法库、沈阳、抚顺、岫岩、普兰店、瓦房店、大连、凌源、彰武、喀左、葫芦岛、锦州、北镇、桓仁、东港、长海、丹东、本溪、宽甸、凤城，内蒙古根河、科尔沁左翼后旗、赤峰、喀喇沁旗、宁城。

分布：中国（黑龙江、吉林、辽宁、内蒙古、河北、山西、陕西、山东、江苏、河南）。

蒙古马兰

Kalimeris mongolica (Franch.) Kitam.

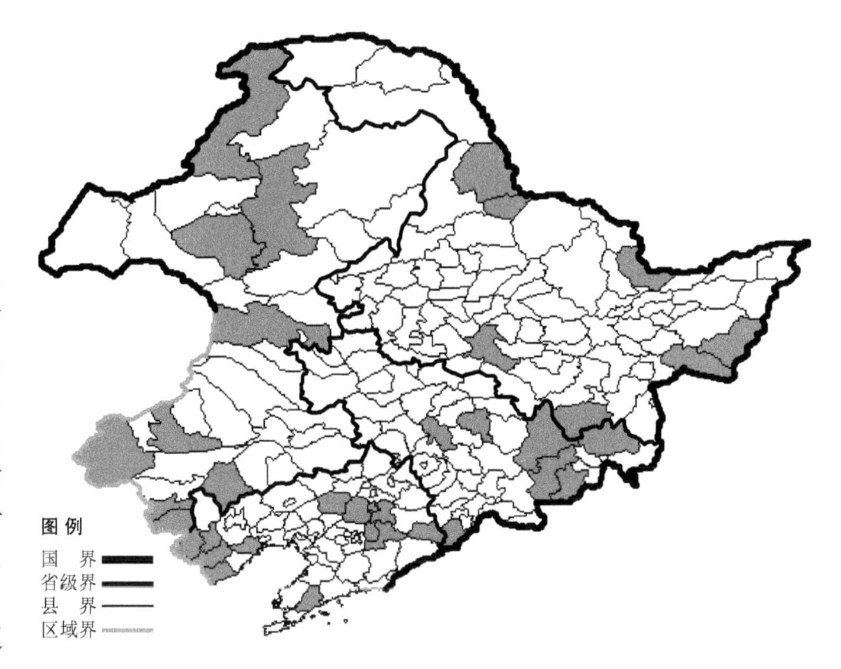

生境：山坡草地，灌丛，河边，疏林下，海拔 1500 米以下。

产地：黑龙江省哈尔滨、密山、宁安、虎林、黑河、孙吴、萝北，吉林省敦化、汪清、吉林、长春、安图、和龙、集安，辽宁省凌源、葫芦岛、喀左、建昌、绥中、新民、沈阳、抚顺、普兰店、本溪、桓仁，内蒙古额尔古纳、鄂温克旗、牙克石、宁城、克什克腾旗、巴林右旗、科尔沁右翼前旗、喀喇沁旗、敖汉旗。

分布：中国（黑龙江、吉林、辽宁、内蒙古、河北、山西、陕西、宁夏、甘肃、山东、河南、四川）。

山莴苣

Lactuca indica L.

生境：路旁，林缘，山坡草地，海拔 1200 米以下。

产地：黑龙江省依兰、大庆、宁安、黑河、逊克、双城、哈尔滨、尚志、萝北、安达、密山、孙吴、虎林、伊春、五大连池、齐齐哈尔，吉林省长春、大安、镇赉、和龙、吉林、珲春、抚松、临江、通化、柳河、梅河口、九台、前郭尔罗斯、辉南、集安、靖宇、长白、安图、延吉，辽宁省西丰、沈阳、抚顺、桓仁、宽甸、锦州、盖州、凌源、彰武、葫芦岛、北镇、庄河、东港、大连、本溪，内蒙古喀喇沁旗、科尔沁左翼后旗、科尔沁右翼中旗、通辽。

分布：中国（黑龙江、吉林、辽宁、内蒙古、河北、陕西、甘肃、山东、江苏、安徽、浙江、河南、湖北、江西、湖南、广东、广西、海南、四川、贵州、云南、西藏、台湾），朝鲜半岛，日本，蒙古，俄罗斯（东部西伯利亚、远东地区），印度，印度尼西亚。

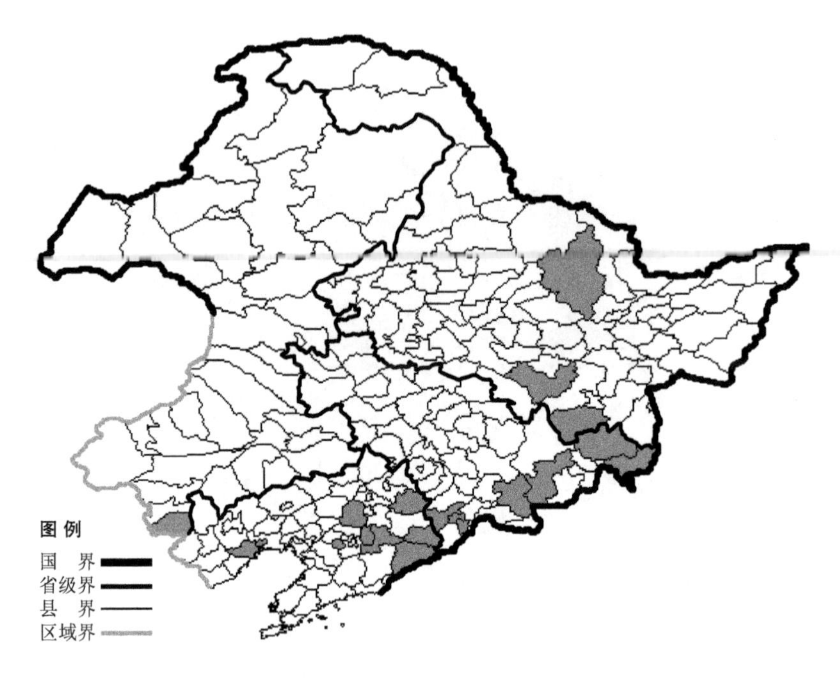

毛脉山莴苣

Lactuca raddeana Maxim.

生境：灌丛，林下，路旁，山坡草地，海拔1000米以下。

产地：黑龙江省尚志、宁安、伊春，吉林省抚松、汪清、珲春、安图、通化，辽宁省清原、沈阳、葫芦岛、锦州、鞍山、本溪、宽甸、桓仁，内蒙古宁城。

分布：中国（黑龙江、吉林、辽宁、内蒙古、河北、山西、陕西、甘肃、山东、安徽、福建、河南、江西、四川），朝鲜半岛，日本，俄罗斯（远东地区）。

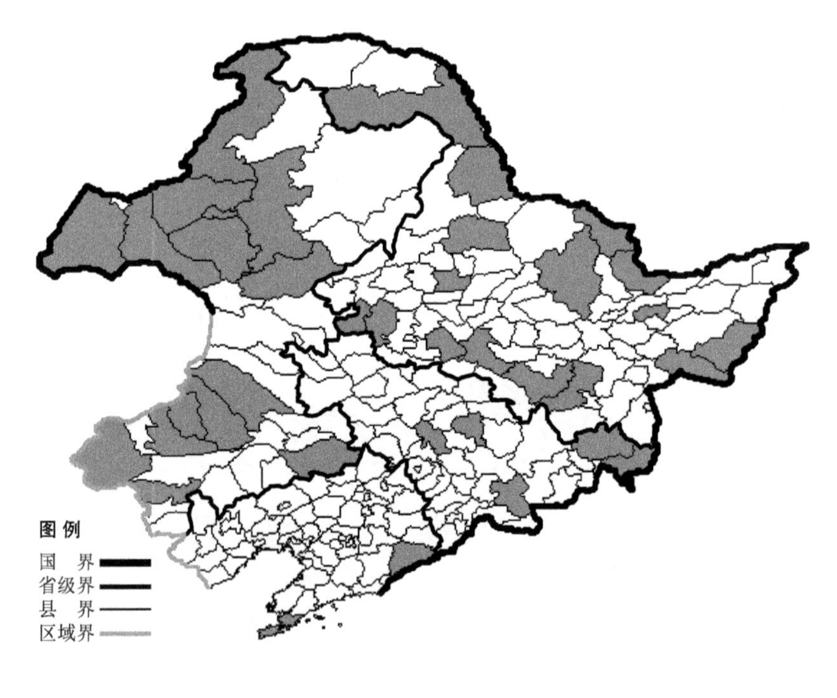

北山莴苣

Lactuca sibirica (L.) Benth. ex Maxim.

生境：灌丛，林下，林缘，荒地，海拔800米以下。

产地：黑龙江省哈尔滨、伊春、密山、五大连池、拜泉、尚志、肇东、虎林、萝北、泰来、嘉荫、集贤、海林、黑河、杜尔伯特、呼玛，吉林省长春、吉林、抚松、汪清、珲春，辽宁省宽甸、大连、辽阳，内蒙古海拉尔、牙克石、新巴尔虎右旗、新巴尔虎左旗、扎兰屯、陈巴尔虎旗、阿尔山、通辽、额尔古纳、鄂温克旗、扎鲁特旗、赤峰、克什克腾旗、阿鲁科尔沁旗、巴林右旗、巴林左旗、科尔沁左翼后旗。

分布：中国（黑龙江、吉林、辽宁、内蒙古、河北、山西、陕西、甘肃、青海），朝鲜半岛，日本，蒙古，俄罗斯（北极带、欧洲部分、西伯利亚、远东地区），欧洲。

蒙山莴苣

Lactuca tatarica (L.) C. A. Mey.

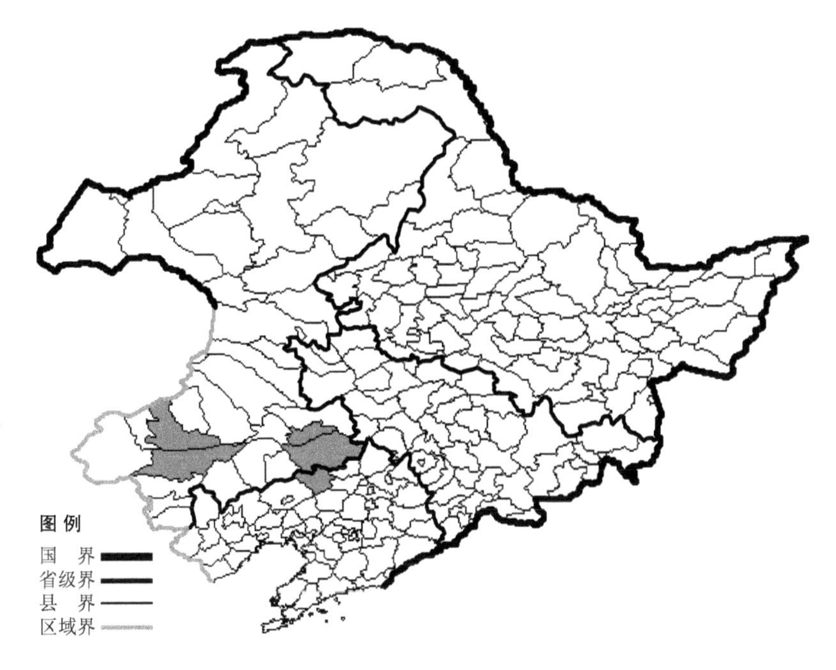

生境：河边，沟边，路旁沙质地，耕地旁，固定沙丘。

产地：辽宁省彰武，内蒙古翁牛特旗、巴林右旗、通辽、科尔沁左翼后旗。

分布：中国（辽宁、内蒙古、河北、山西、陕西、甘肃、青海、新疆、河南、西藏），蒙古，俄罗斯（欧洲部分、高加索、西伯利亚），哈萨克斯坦，乌兹别克斯坦，伊朗，阿富汗，印度，欧洲。

翼柄山莴苣

Lactuca triangulata Maxim.

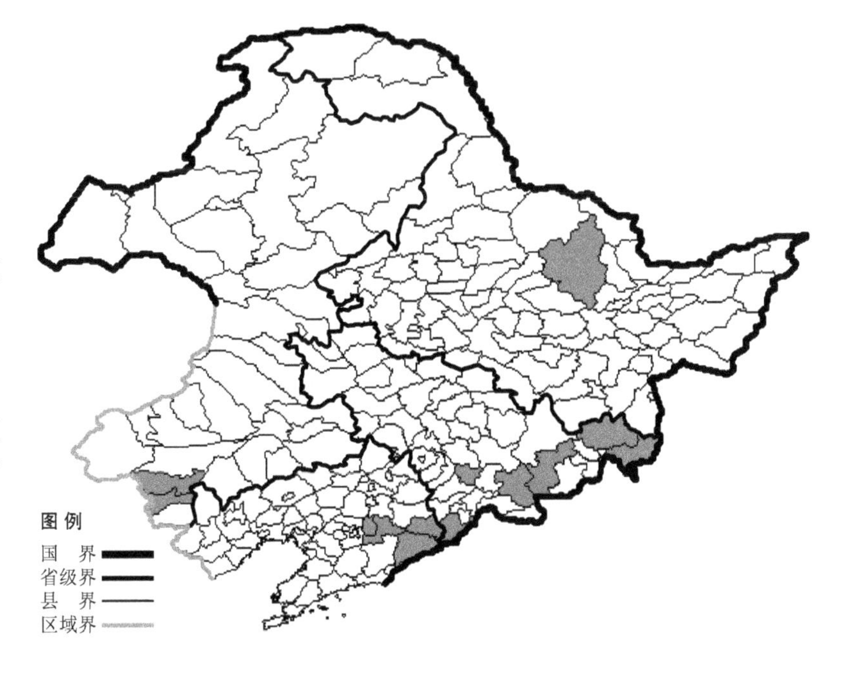

生境：林下，林缘，山坡草地，海拔 1300 米以下。

产地：黑龙江省伊春，吉林省汪清、安图、抚松、辉南、集安、珲春，辽宁省本溪、宽甸、桓仁，内蒙古赤峰、喀喇沁旗。

分布：中国（黑龙江、吉林、辽宁、内蒙古、河北、山西、陕西、宁夏、甘肃、河南），朝鲜半岛，日本，俄罗斯（远东地区）。

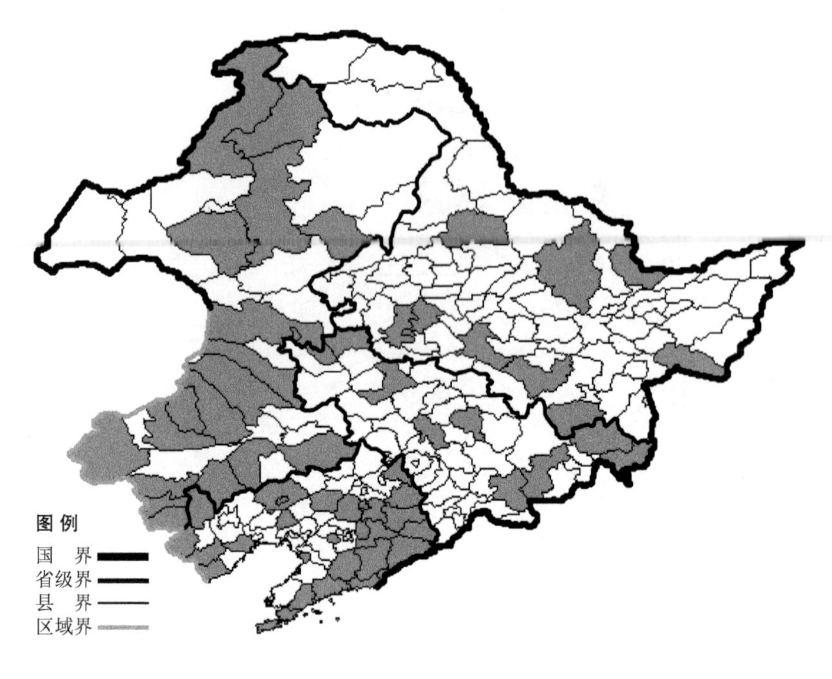

大丁草

Leibnitzia anandria (L.) Turcz.

生境：林缘，山坡草地，沟边，海拔 1100 米以下。

产地：黑龙江省五大连池、尚志、宁安、安达、萝北、伊春、密山、哈尔滨、大庆，吉林省白城、长春、吉林、前郭尔罗斯、镇赉、抚松、安图、汪清、珲春，辽宁省本溪、大连、鞍山、丹东、东港、建昌、建平、葫芦岛、凌源、清原、沈阳、绥中、新宾、普兰店、岫岩、营口、庄河、新民、凤城、桓仁、宽甸、西丰、北镇、抚顺、阜新，内蒙古牙克石、鄂温克旗、阿荣旗、科尔沁右翼前旗、科尔沁右翼中旗、克什克腾旗、额尔古纳、根河、乌兰浩特、喀喇沁旗、扎鲁特旗、科尔沁左翼后旗、奈曼旗、阿鲁科尔沁旗、巴林右旗、巴林左旗、赤峰、敖汉旗、宁城。

分布：中国（黑龙江、吉林、辽宁、内蒙古、河北、山西、陕西、宁夏、甘肃、青海、山东、江苏、安徽、浙江、福建、河南、湖北、江西、湖南、广西、四川、贵州、云南、台湾），朝鲜半岛，日本，蒙古，俄罗斯（东部西伯利亚、远东地区）。

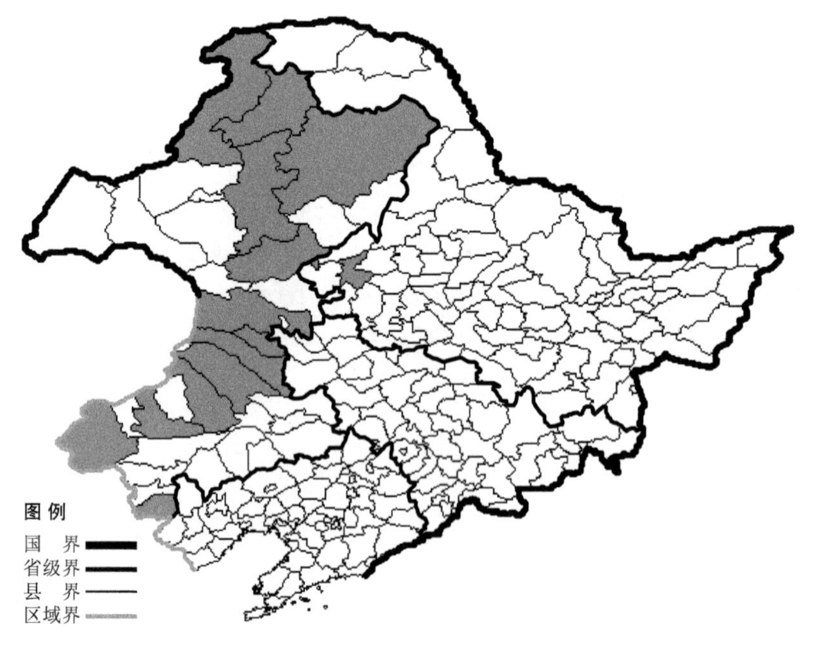

团球火绒草

Leontopodium conglobatum (Turcz.) Hand.-Mazz.

生境：山坡草地，海拔 800 米以下。

产地：黑龙江省齐齐哈尔，内蒙古扎鲁特旗、额尔古纳、牙克石、扎兰屯、根河、鄂伦春旗、科尔沁右翼中旗、科尔沁右翼前旗、克什克腾旗、阿鲁科尔沁旗、巴林右旗、突泉、宁城。

分布：中国（黑龙江、内蒙古），蒙古，俄罗斯（西伯利亚、远东地区）。

火绒草

Leontopodium leontopodioides (Willd.) Beauv.

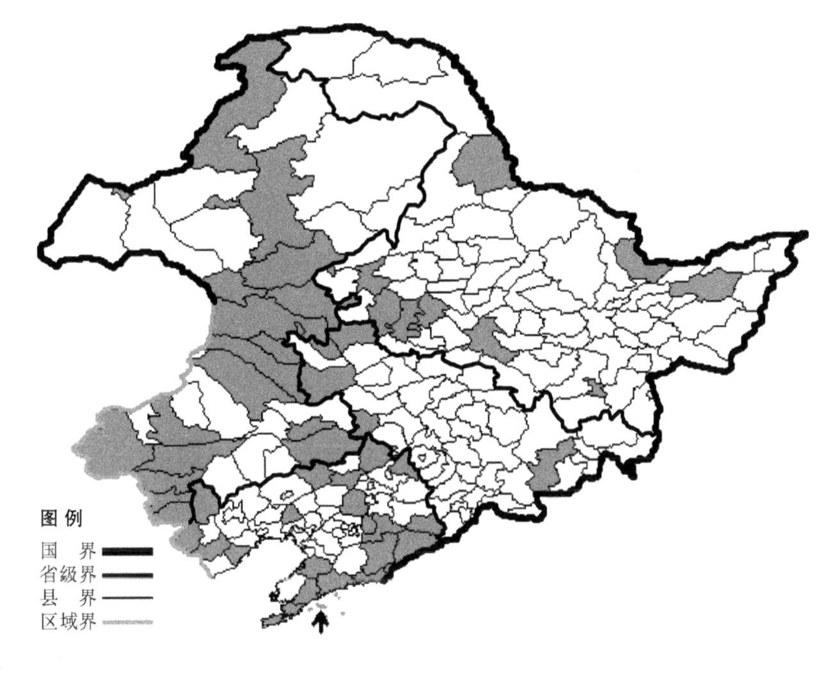

生境：河边，林缘，干草原，石砾质山坡，海拔 800 米以下。

产地：黑龙江省哈尔滨、萝北、杜尔伯特、富锦、黑河、大庆、牡丹江、安达、齐齐哈尔，吉林省双辽、通榆、镇赉、白城、安图，辽宁省西丰、昌图、沈阳、盖州、普兰店、大连、东港、庄河、凤城、本溪、宽甸、丹东、凌源、法库、建昌、兴城、建平、彰武、北镇、长海、桓仁，内蒙古额尔古纳、牙克石、满洲里、扎兰屯、海拉尔、科尔沁左翼后旗、喀喇沁旗、阿尔山、科尔沁右翼前旗、科尔沁右翼中旗、通辽、巴林右旗、赤峰、克什克腾旗、扎赉特旗、突泉、乌兰浩特、扎鲁特旗、宁城、翁牛特旗。

分布：中国（黑龙江、吉林、辽宁、内蒙古、河北、山西、陕西、甘肃、青海、新疆、山东），朝鲜半岛，日本，蒙古，俄罗斯（东部西伯利亚、远东地区）。

长叶火绒草

Leontopodium longifolium Ling

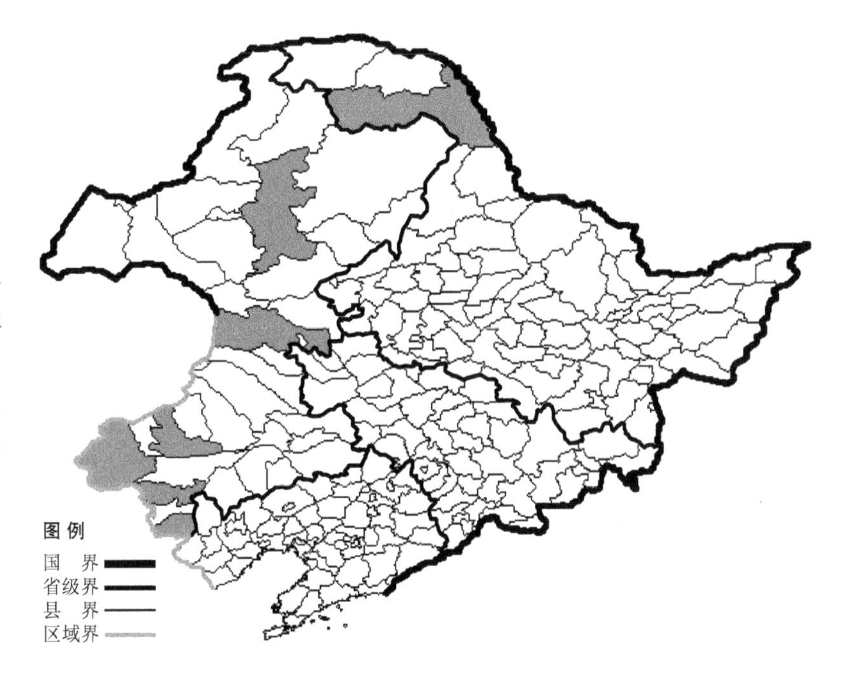

生境：山坡草地，灌丛，草甸，海拔约 400 米。

产地：黑龙江省呼玛，内蒙古科尔沁右翼前旗、牙克石、赤峰、巴林右旗、克什克腾旗、宁城。

分布：中国（黑龙江、内蒙古、河北、山西、陕西、宁夏、甘肃、青海、河南、四川、西藏）。

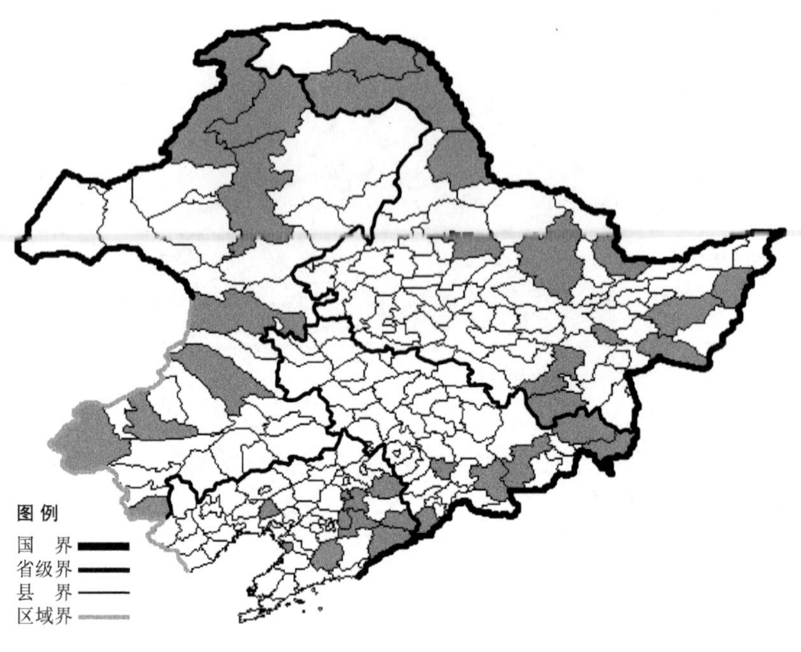

蹄叶橐吾

Ligularia fischeri (Ledeb.) Turcz.

生境：林下，林缘，山坡草地，灌丛，湿草地，河边，海拔 1000 米以下。

产地：黑龙江省呼玛、黑河、伊春、塔河、海林、宝清、饶河、勃利、宁安、北安、密山、萝北，吉林省抚松、安图、汪清、珲春，辽宁省抚顺、清原、宽甸、桓仁、岫岩、北镇、营口、本溪，内蒙古牙克石、额尔古纳、根河、科尔沁右翼前旗、扎鲁特旗、克什克腾旗、巴林右旗、宁城。

分布：中国（黑龙江、吉林、辽宁、内蒙古、河北、山西、陕西、甘肃、安徽、浙江、河南、湖北、湖南、四川、贵州、西藏），朝鲜半岛，日本，蒙古，俄罗斯（东部西伯利亚、远东地区），尼泊尔，不丹。

图例
国 界
省级界
县 界
区域界

狭苞橐吾

Ligularia intermedia Nakai

生境：林缘，草甸，沟边，溪流旁，海拔 2100 米以下。

产地：黑龙江省尚志、宁安、海林，吉林省安图、抚松、延吉、长白、珲春，辽宁省北镇、凌源、本溪、桓仁，内蒙古宁城。

分布：中国（黑龙江、吉林、辽宁、内蒙古、河北、山西、陕西、甘肃、安徽、浙江、河南、湖北、湖南、四川、贵州、云南），朝鲜半岛，日本。

复序橐吾

Ligularia jaluensis Kom.

生境：湿草地，草甸，林间空地，林缘，海拔 900 米以下。

产地：黑龙江省尚志，吉林省抚松、安图、敦化、临江、通化、柳河、梅河口、辉南、靖宇、长白、珲春。

分布：中国（黑龙江、吉林），朝鲜半岛，俄罗斯（远东地区）。

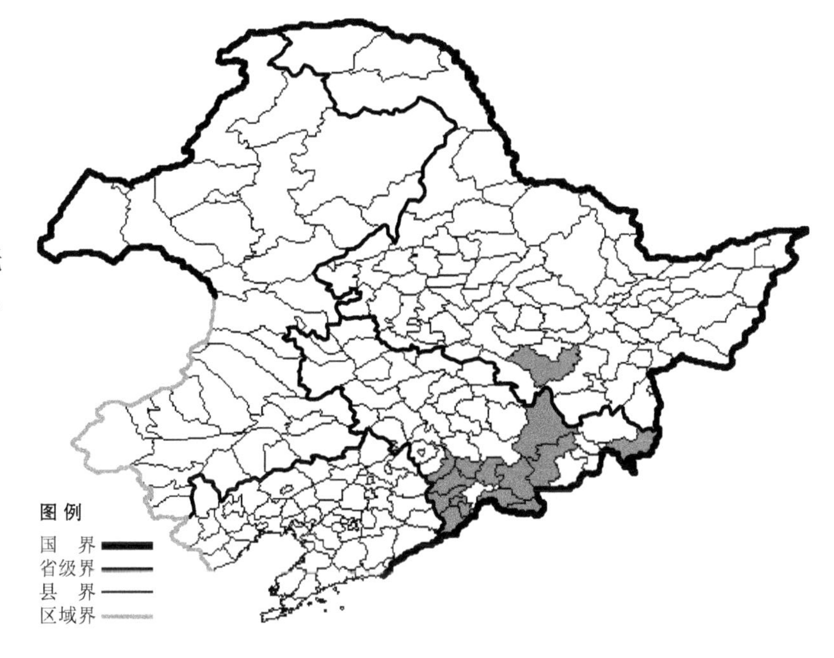

单花橐吾

Ligularia jamesii (Hemsl.) Kom.

生境：高山冻原，岳桦林及针叶林下，海拔 1400-2500 米（长白山）。

产地：吉林省安图、抚松、长白，内蒙古根河、额尔古纳。

分布：中国（吉林、内蒙古），朝鲜半岛。

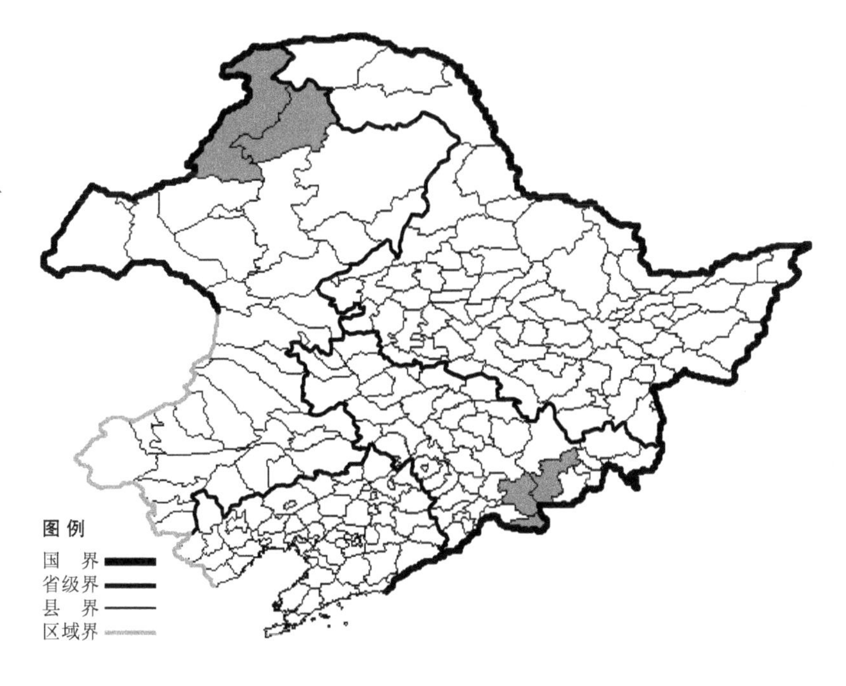

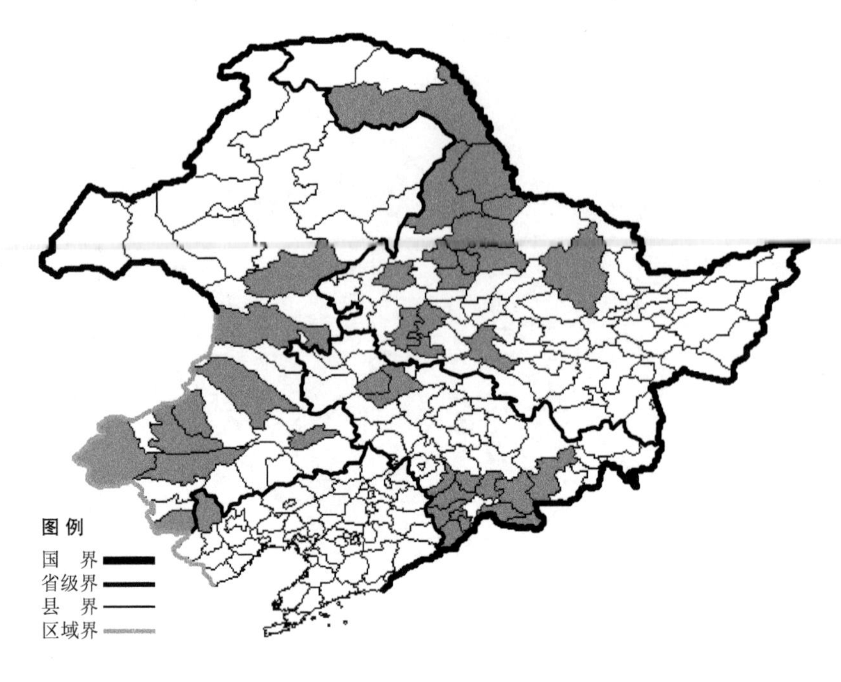

全缘橐吾

Ligularia mongolica (Turcz.) DC.

生境：灌丛，路旁，山坡湿草地，海拔 900 米以下。

产地：黑龙江省哈尔滨、五大连池、克山、拜泉、克东、肇州、呼玛、孙吴、嫩江、伊春、北安、大庆、黑河、富裕、安达，吉林省前郭尔罗斯、临江、乾安、通化、柳河、梅河口、辉南、集安、安图、抚松、靖宇、长白，辽宁省建平，内蒙古扎兰屯、通辽、扎鲁特旗、克什克腾旗、宁城、科尔沁右翼前旗、巴林右旗、巴林左旗、翁牛特旗。

分布：中国（黑龙江、吉林、辽宁、内蒙古、河北、山西），俄罗斯（远东地区）。

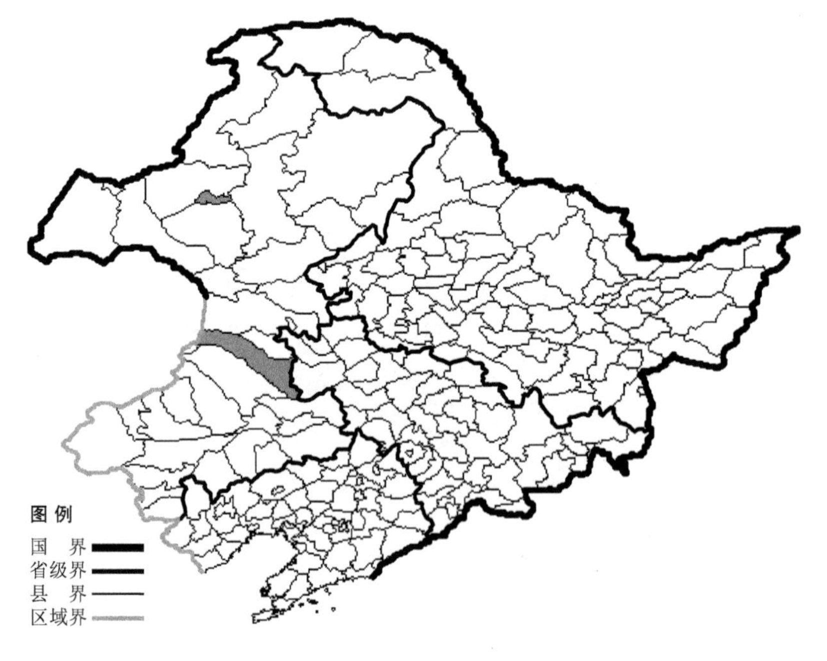

兴安橐吾

Ligularia ovato-oblonga (Kitam.) Kitam.

生境：沼泽，海拔约 700 米。

产地：内蒙古海拉尔、科尔沁右翼中旗。

分布：中国（内蒙古），蒙古。

橐吾

Ligularia sibirica (L.) Cass.

生境：林下，河边灌丛，湿草地，沼泽，海拔 900 米以下。

产地：黑龙江省伊春、海林、呼玛，吉林省抚松、珲春、通化、梅河口、集安、靖宇，内蒙古额尔古纳、根河、牙克石、鄂温克旗、阿尔山、科尔沁右翼前旗、扎鲁特旗、翁牛特旗。

分布：中国（黑龙江、吉林、内蒙古、河北、山西、陕西、甘肃、安徽、湖北、湖南、四川、贵州、云南），朝鲜半岛，俄罗斯（欧洲部分、西伯利亚、远东地区），哈萨克斯坦。

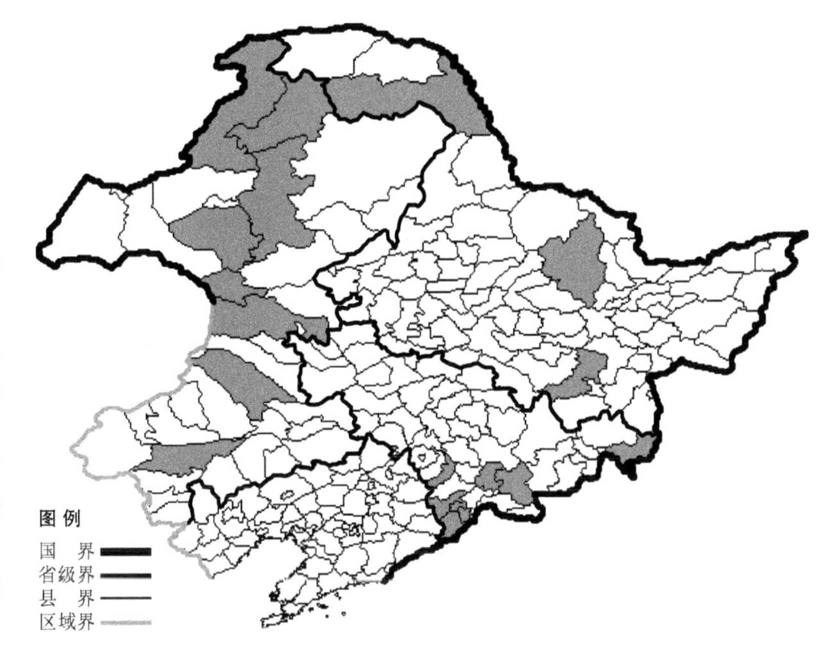

同花母菊

Matricaria matricarioides (Less.) Porter ex Britton

生境：林缘，田间，人家附近，海拔 500 米以下。

产地：黑龙江省尚志、密山、虎林，吉林省珲春、安图，辽宁省宽甸、桓仁，内蒙古牙克石。

分布：中国（黑龙江、吉林、辽宁、内蒙古），朝鲜半岛，日本，俄罗斯（北极带、欧洲部分、高加索、西伯利亚、远东地区），中亚，欧洲，北美洲。

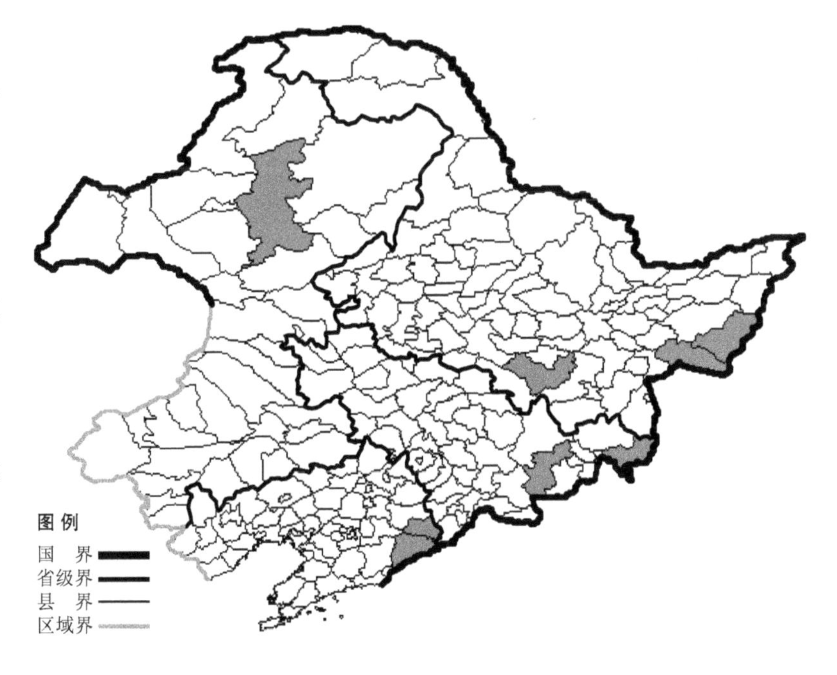

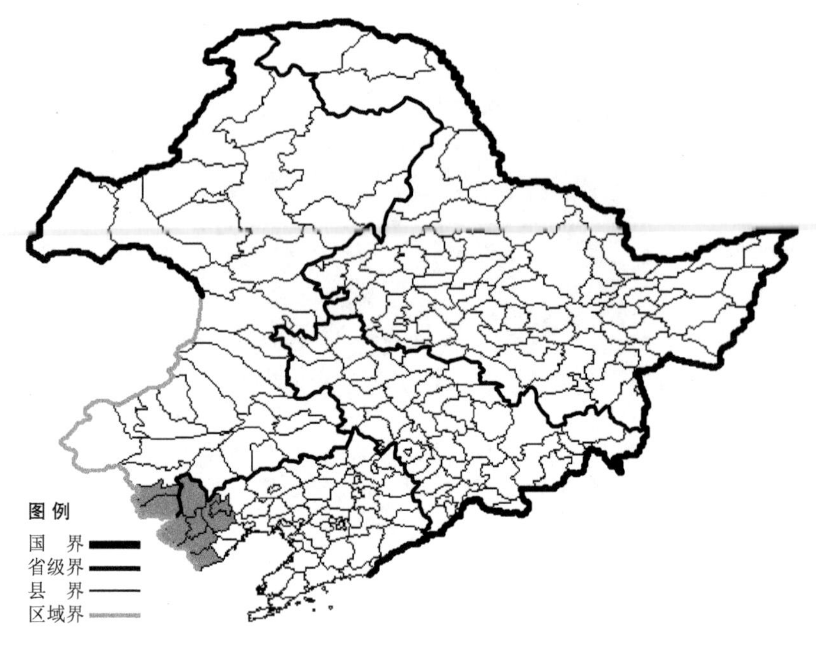

蚂蚱腿子

Myripnois dioica Bunge

生境：丘陵、山坡岩石缝中。

产地：辽宁省凌源、建平、朝阳、建昌、绥中、喀左，内蒙古喀喇沁旗、宁城。

分布：中国（辽宁、内蒙古、河北、山西、陕西、湖北）。

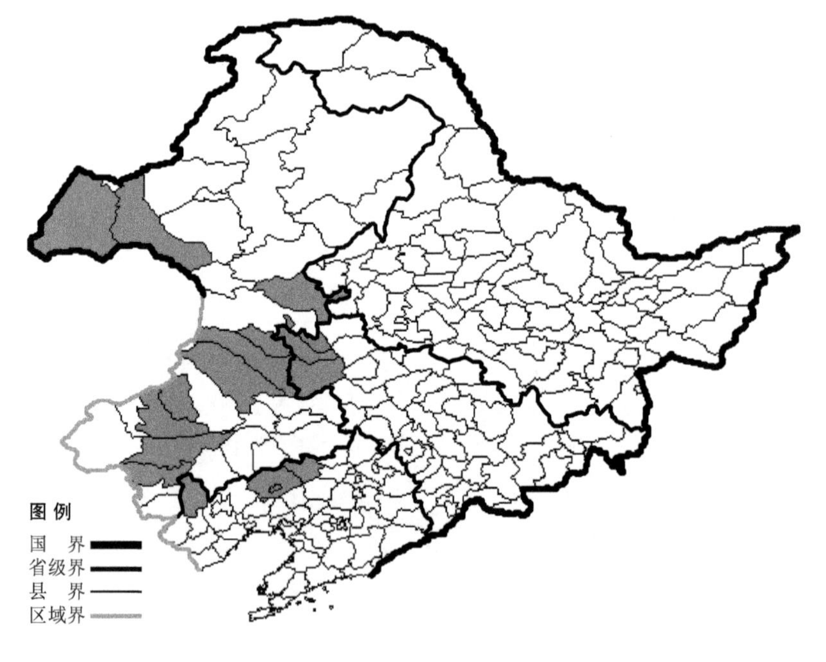

栉叶蒿

Neopallasia pectinata (Pall.) Pojark.

生境：固定沙丘，沙质草原，林缘，海拔 600 米以下。

产地：吉林省洮南、通榆、白城，辽宁省彰武、建平、阜新，内蒙古赤峰、翁牛特旗、扎鲁特旗、新巴尔虎左旗、新巴尔虎右旗、科尔沁右翼中旗、巴林左旗、巴林右旗、突泉、乌兰浩特、扎赉特旗。

分布：中国（吉林、辽宁、内蒙古、河北、山西、陕西、宁夏、甘肃、青海、新疆、四川、云南、西藏），蒙古，俄罗斯（东部西伯利亚），中亚。

鳍蓟

Olgaea leucophylla (Turcz.) Iljin

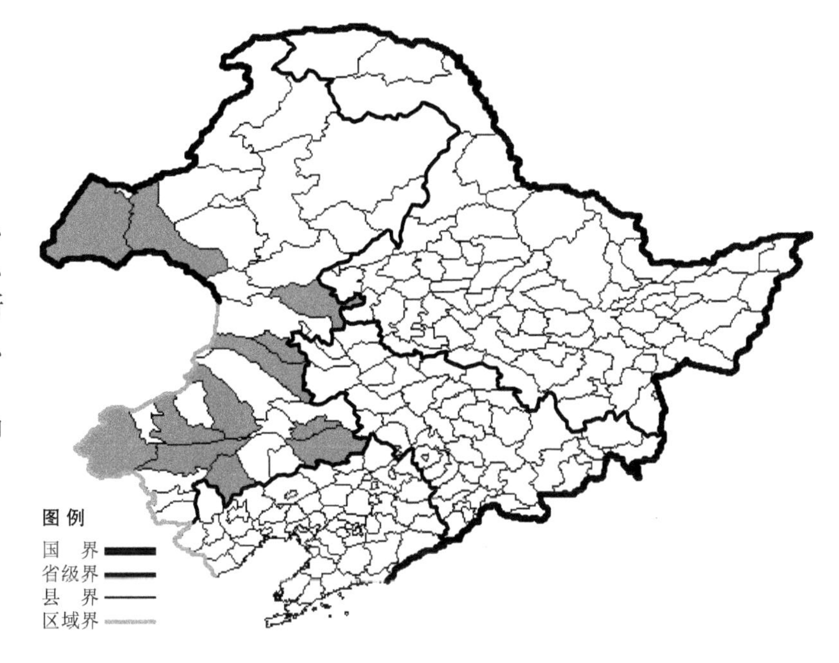

生境： 干草地，沙地，干山坡。

产地： 内蒙古通辽、翁牛特旗、科尔沁右翼中旗、突泉、扎赉特旗、科尔沁左翼后旗、新巴尔虎左旗、新巴尔虎右旗、巴林右旗、克什克腾旗、阿鲁科尔沁旗、敖汉旗。

分布： 中国（内蒙古、河北、山西、陕西、宁夏、甘肃），蒙古。

蝟菊

Olgaea lomonossowii Trautv.

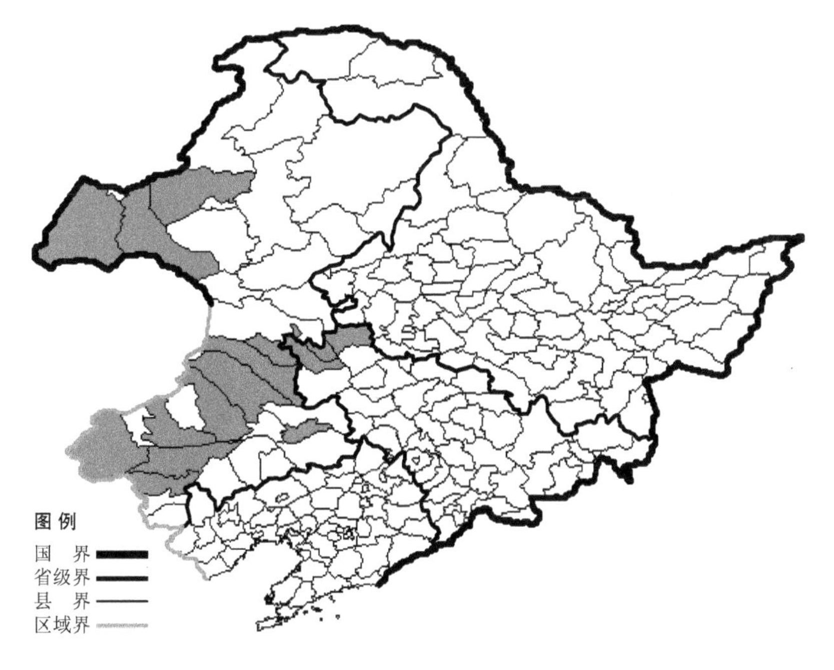

生境： 草原草甸，向阳山坡，草原。

产地： 吉林省洮南、白城、镇赉，内蒙古突泉、扎鲁特旗、陈巴尔虎旗、通辽、乌兰浩特、新巴尔虎左旗、新巴尔虎右旗、赤峰、科尔沁右翼中旗、巴林右旗、克什克腾旗、翁牛特旗、阿鲁科尔沁旗。

分布： 中国（吉林、内蒙古、河北、山西、甘肃、宁夏），蒙古。

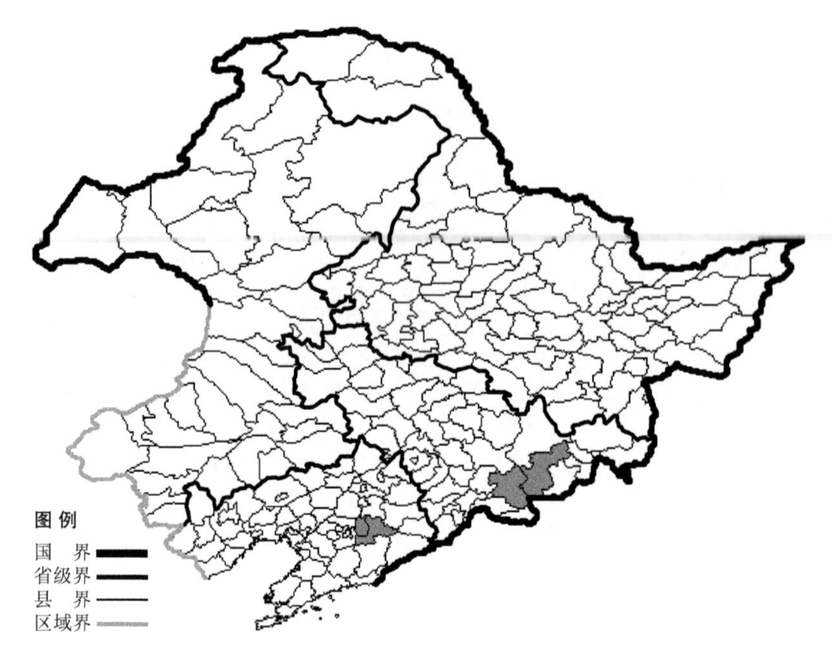

长白蜂斗菜

Petasites rubellus (J. F. Gmel.) Toman.

生境：沙地，高山冻原，针叶林下，岳桦林下，海拔1300-2400米。

产地：吉林省安图、抚松，辽宁省本溪。

分布：中国（吉林、辽宁），朝鲜半岛，蒙古，俄罗斯（西伯利亚、远东地区）。

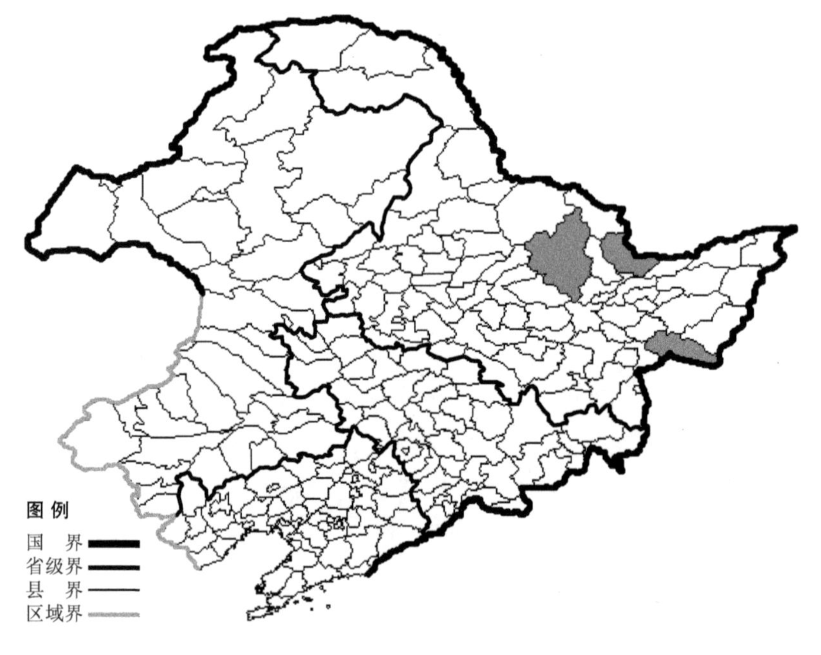

掌叶蜂斗菜

Petasites tetewakianus Kitam.

生境：浅水滩，河边，低洼地。

产地：黑龙江省密山、萝北、伊春。

分布：中国（黑龙江），俄罗斯（远东地区），北美洲。

兴安毛连菜

Picris dahurica Fisch. ex Hornem.

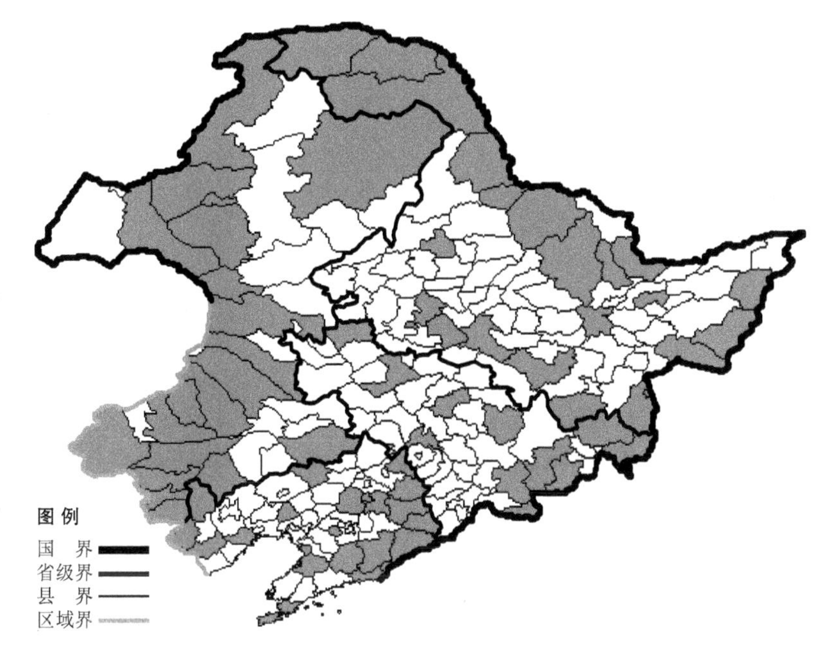

生境：草甸，沟边，灌丛，林缘，海拔 1800 米以下。

产地：黑龙江省哈尔滨、克山、伊春、鹤岗、密山、虎林、萝北、肇东、逊克、安达、饶河、依兰、集贤、宁安、绥芬河、东宁、尚志、孙吴、漠河、黑河、塔河、呼玛、宁安，吉林省珲春、和龙、九台、汪清、安图、前郭尔罗斯、抚松、长白、伊通、镇赉、蛟河，辽宁省西丰、新宾、抚顺、沈阳、鞍山、盖州、营口、凌源、北镇、大连、凤城、清原、丹东、岫岩、东港、建平、建昌、彰武、葫芦岛、宽甸、桓仁，内蒙古陈巴尔虎旗、鄂温克旗、鄂伦春旗、新巴尔虎左旗、阿鲁科尔沁旗、巴林右旗、巴林左旗、克什克腾旗、敖汉旗、喀喇沁旗、宁城、翁牛特旗、赤峰、额尔古纳、海拉尔、科尔沁右翼前旗、科尔沁右翼中旗、阿尔山、扎鲁特旗、科尔沁左翼后旗。

分布：中国（黑龙江、吉林、辽宁、内蒙古、河北、山西、陕西、宁夏、甘肃、青海、新疆、山东、江苏、安徽、浙江、福建、河南、湖北、江西、湖南、四川、贵州、云南、西藏、台湾），朝鲜半岛，日本，俄罗斯（西伯利亚、远东地区）。

槭叶福王草

Prenanthes acerifolia (Maxim.) Matsum.

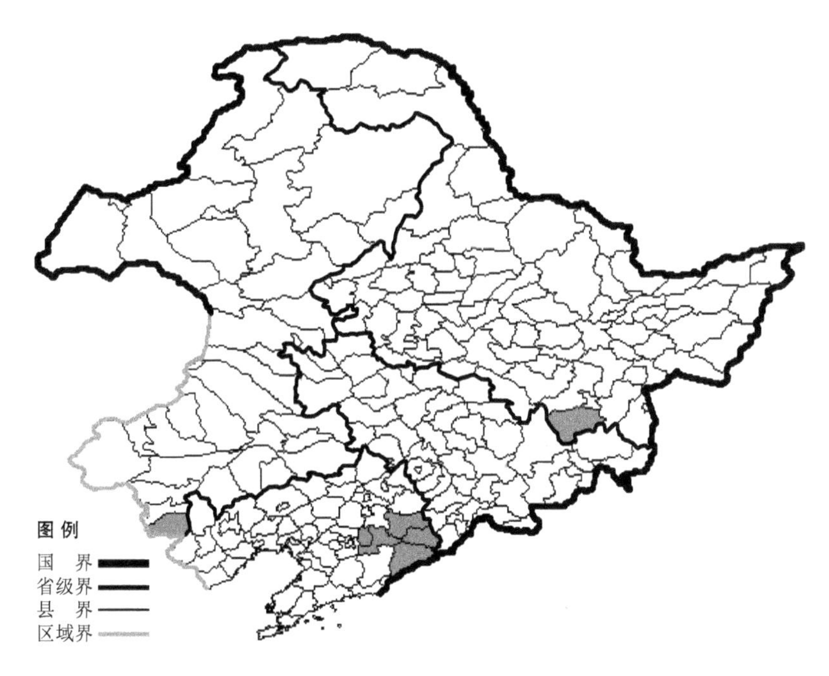

生境：林下，沟谷，海拔 800 米以下。

产地：黑龙江省宁安，辽宁省新宾、本溪、桓仁、宽甸，内蒙古宁城。

分布：中国（黑龙江、辽宁、内蒙古、河北），日本。

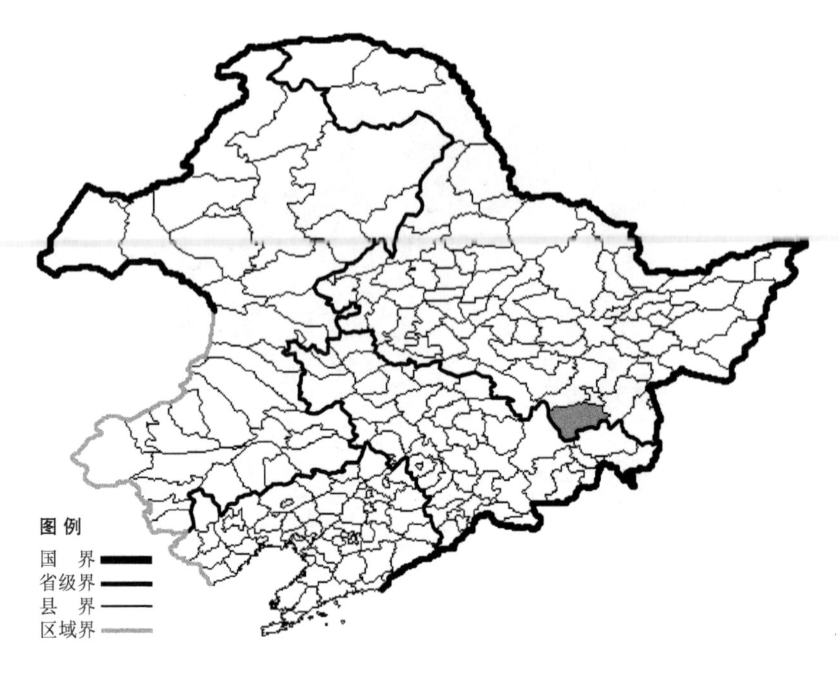

琴叶福王草

Prenanthes blinii (Levl.) Kitag.

生境：湖边。

产地：黑龙江省宁安。

分布：中国（黑龙江），朝鲜半岛，日本，俄罗斯（远东地区）。

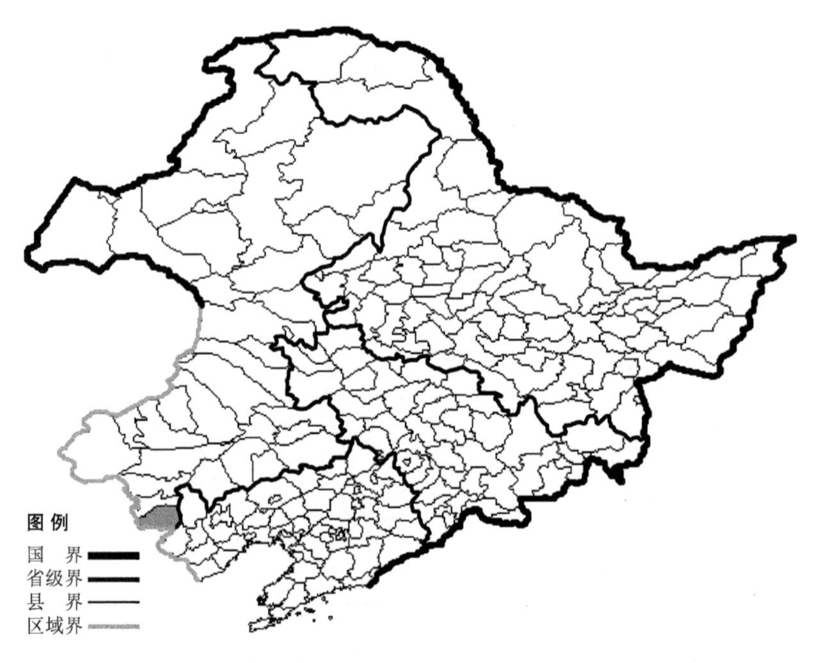

多裂福王草

Prenanthes macrophylla Franch.

生境：沟谷，山坡草地，路旁。

产地：内蒙古宁城。

分布：中国（内蒙古、河北、山西、陕西、甘肃、河南、四川）。

福王草

Prenanthes tatarinowii Maxim.

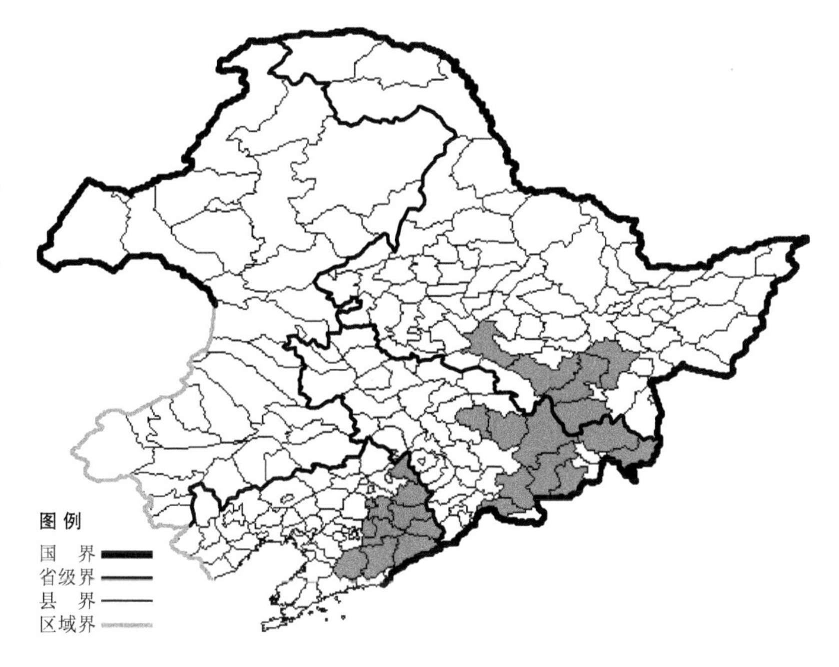

生境：林下，林缘，溪流旁，海拔 1100 米以下。

产地：黑龙江省尚志、宁安、林口、海林、哈尔滨，吉林省吉林、安图、抚松、蛟河、敦化、珲春、临江、和龙、汪清，辽宁西丰、新宾、抚顺、宽甸、清原、本溪、凤城、岫岩、桓仁。

分布：中国（黑龙江、吉林、辽宁、河北、山西、陕西、甘肃、山东、河南、湖北、四川、云南），朝鲜半岛，俄罗斯（远东地区）。

祁州漏芦

Rhaponticum uniflorum (L.) DC.

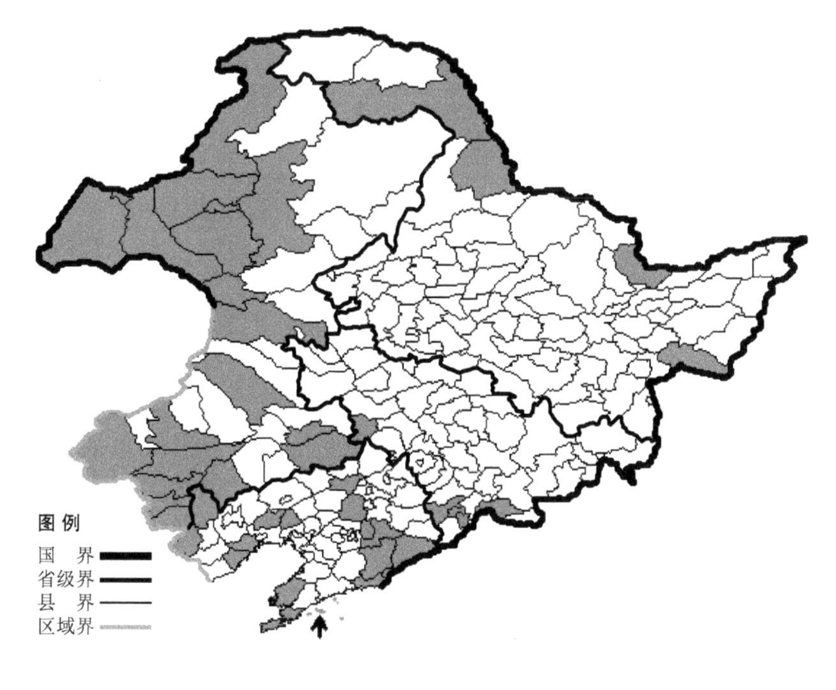

生境：林下，石砾质地，沙质地，海拔 900 米以下。

产地：黑龙江省黑河、呼玛、萝北、密山，吉林省通化、临江、双辽，辽宁省沈阳、建平、丹东、大连、长海、法库、义县、东港、凤城、凌源、北镇、葫芦岛、兴城、瓦房店、宽甸、本溪，内蒙古满洲里、新巴尔虎左旗、赤峰、科尔沁右翼前旗、海拉尔、敖汉旗、新巴尔虎右旗、翁牛特旗、通辽、喀喇沁旗、牙克石、宁城、扎鲁特旗、科尔沁左翼后旗、克什克腾旗、额尔古纳、阿尔山、陈巴尔虎旗、鄂温克旗、巴林右旗。

分布：中国（黑龙江、吉林、辽宁、内蒙古、河北、山西），朝鲜半岛，蒙古，俄罗斯（东部西伯利亚、远东地区）。

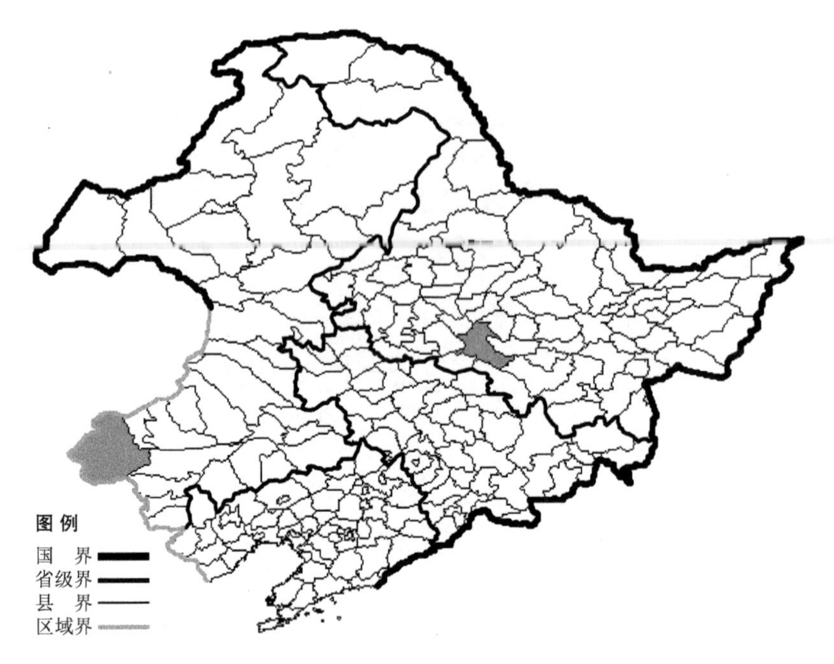

密花风毛菊

Saussurea acuminata Turcz. ex Fisch.

生境：湿地，河谷。

产地：黑龙江省哈尔滨，内蒙古克什克腾旗。

分布：中国（黑龙江、内蒙古），俄罗斯（东部西伯利亚）。

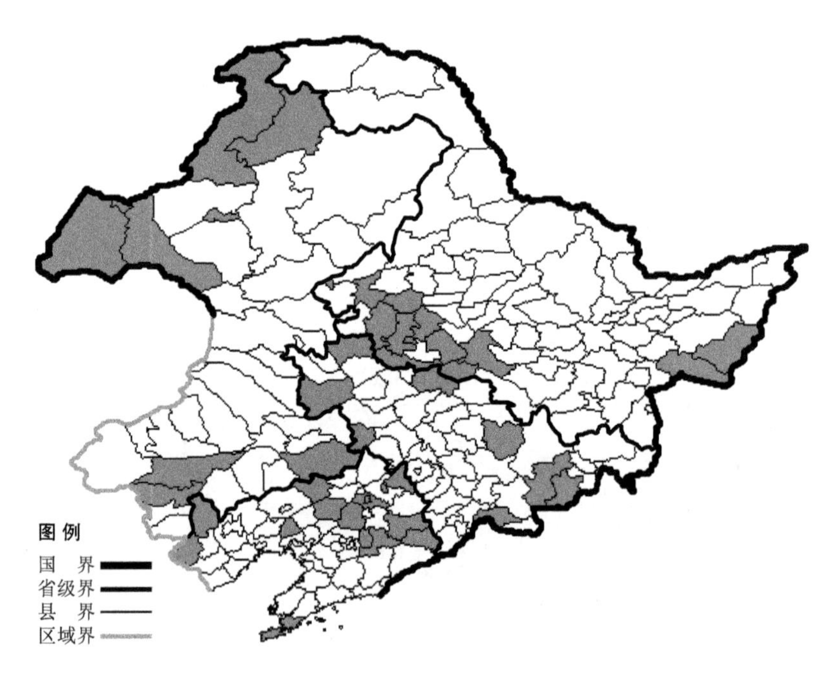

草地风毛菊

Saussurea amara DC.

生境：山坡草地，林缘，耕地旁，荒地，沙质地，湿草地，海拔 700 米以下。

产地：黑龙江省齐齐哈尔、大庆、林甸、双城、密山、虎林、肇源、肇东、哈尔滨、安达、杜尔伯特，吉林省蛟河、临江、安图、和龙、双辽、通榆、扶余、镇赉，辽宁省凌源、建平、新民、沈阳、铁岭、西丰、大连、本溪、桓仁、新宾、北镇、彰武，内蒙古额尔古纳、根河、新巴尔虎右旗、新巴尔虎左旗、海拉尔、满洲里、赤峰、翁牛特旗、科尔沁左翼后旗。

分布：中国（黑龙江、吉林、辽宁、内蒙古、河北、山西、陕西、宁夏、甘肃、青海、新疆），蒙古，俄罗斯（欧洲部分、西伯利亚），中亚。

龙江风毛菊

Saussurea amurensis Turcz. ex DC.

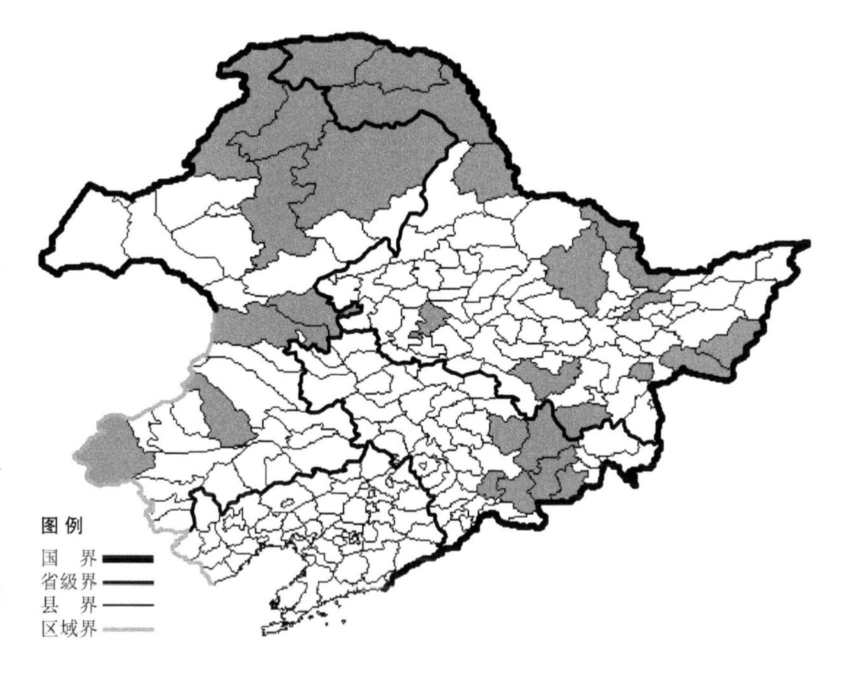

生境：林缘，林下，沟边，湿草地，海拔 1500 米以下。

产地：黑龙江省塔河、鸡西、宁安、尚志、密山、黑河、漠河、嘉荫、呼玛、安达、伊春、萝北、虎林、桦川，吉林省和龙、安图、抚松、蛟河、敦化、靖宇，内蒙古根河、额尔古纳、牙克石、扎赉特旗、鄂伦春旗、科尔沁右翼前旗、阿鲁科尔沁旗、克什克腾旗。

分布：中国（黑龙江、吉林、内蒙古），朝鲜半岛，俄罗斯（东部西伯利亚、远东地区）。

京风毛菊

Saussurea chinnampoensis Levl. et Vant.

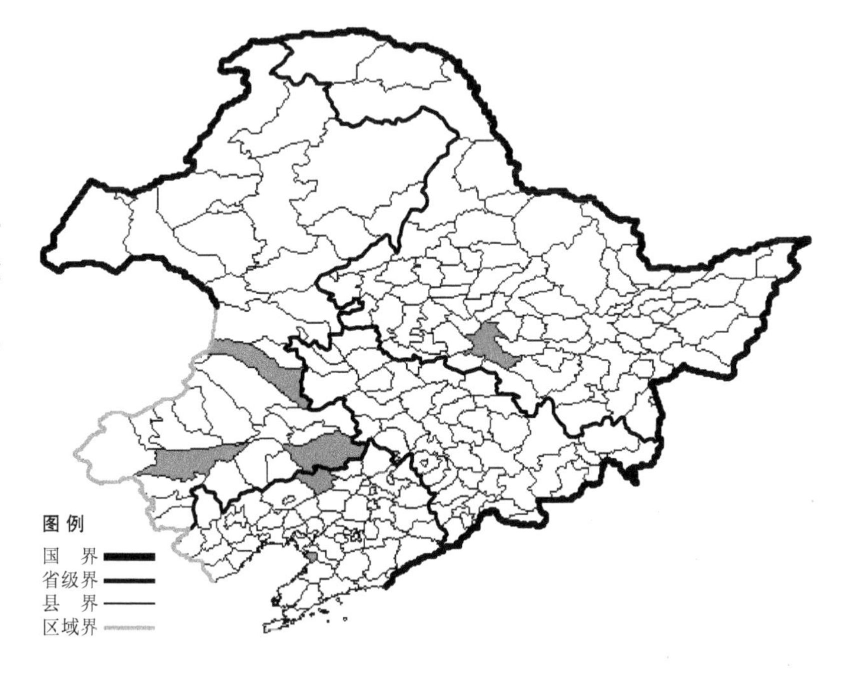

生境：湿草地。

产地：黑龙江省哈尔滨，辽宁省彰武、营口，内蒙古翁牛特旗、科尔沁右翼中旗、科尔沁左翼后旗。

分布：中国（黑龙江、辽宁、内蒙古、河北），朝鲜半岛。

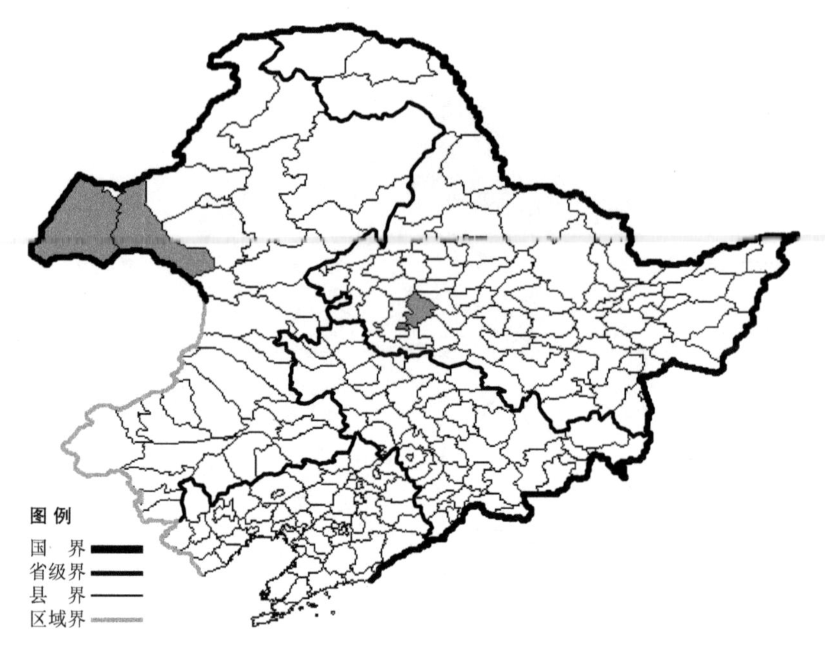

达乌里风毛菊

Saussurea daurica Adams

生境：水边碱地，盐碱地，海拔约 600 米。

产地：黑龙江省安达，内蒙古新巴尔虎右旗、新巴尔虎左旗。

分布：中国（黑龙江、内蒙古、宁夏、甘肃、青海、新疆），蒙古，俄罗斯（西伯利亚）。

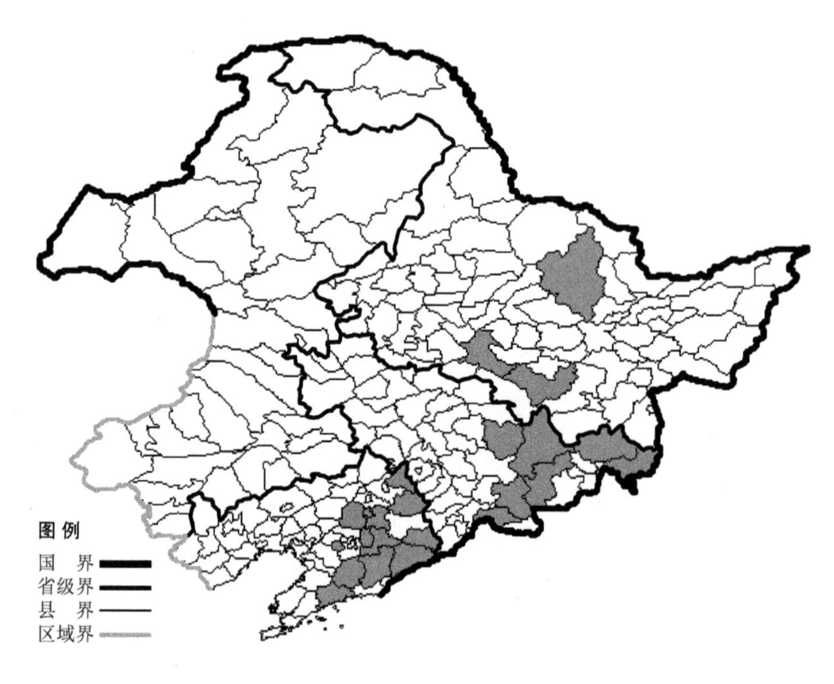

卵叶风毛菊

Saussurea grandifolia Maxim.

生境：林下，林缘，山坡草地，海拔 1600 米以下。

产地：黑龙江省尚志、伊春、哈尔滨，吉林省安图、抚松、珲春、敦化、汪清、蛟河、临江，辽宁省西丰、抚顺、鞍山、庄河、岫岩、本溪、桓仁、宽甸、凤城、清原、沈阳。

分布：中国（黑龙江、吉林、辽宁），朝鲜半岛，俄罗斯（远东地区）。

紫苞风毛菊

Saussurea iodostegia Hance

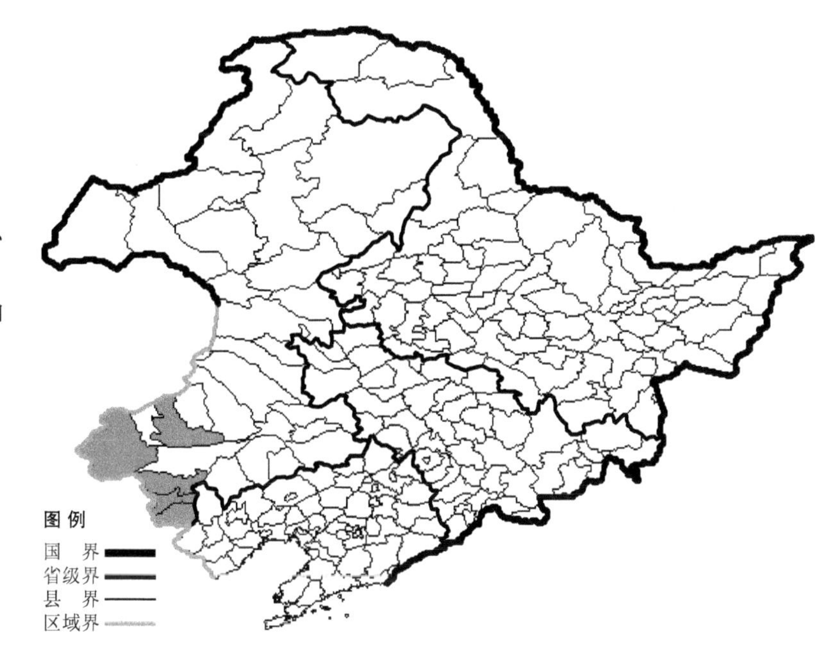

生境：山坡草地。

产地：内蒙古赤峰、巴林右旗、宁城、克什克腾旗、喀喇沁旗。

分布：中国（内蒙古、河北、山西、陕西、宁夏、甘肃、河南）。

风毛菊

Saussurea japonica (Thunb.) DC.

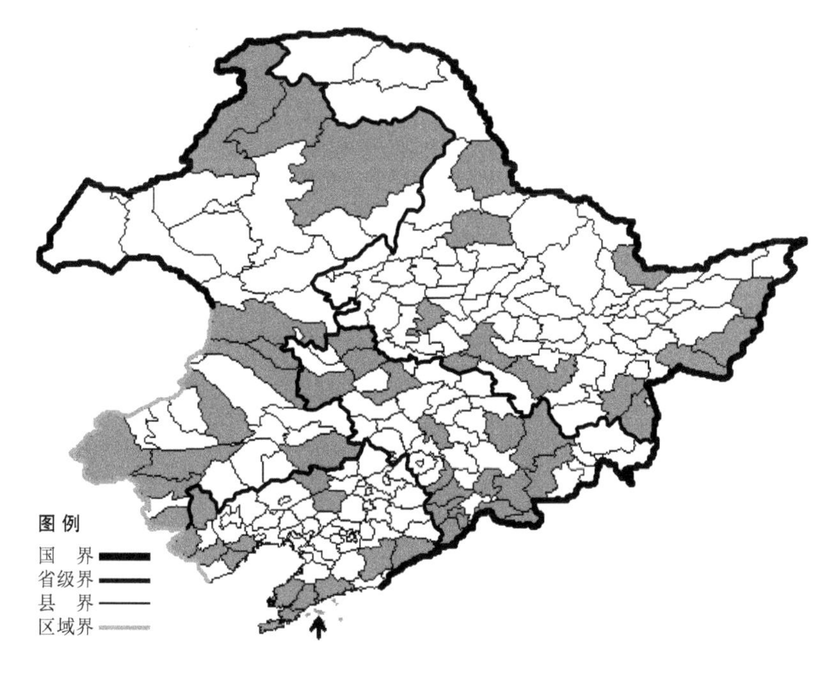

生境：山坡草地灌丛，林下，沙质地，沟边。

产地：黑龙江省哈尔滨、双城、安达、黑河、五大连池、虎林、饶河、穆棱、东宁、萝北、尚志、密山，吉林省长春、敦化、蛟河、抚松、安图、临江、通化、柳河、梅河口、大安、前郭尔罗斯、通榆、镇赉、集安、靖宇、长白，辽宁省凌源、建平、建昌、彰武、葫芦岛、新民、普兰店、大连、宽甸、凤城、瓦房店、兴城、庄河、长海，内蒙古突泉、根河、额尔古纳、科尔沁右翼中旗、鄂伦春旗、翁牛特旗、克什克腾旗、阿鲁科尔沁旗、科尔沁左翼后旗、科尔沁右翼前旗、赤峰、宁城。

分布：中国（黑龙江、吉林、辽宁、内蒙古、河北、山西、陕西、宁夏、甘肃、青海、新疆、山东、江苏、安徽、浙江、福建、江西、湖南、广东、广西、四川、贵州、云南、台湾），朝鲜半岛，日本。

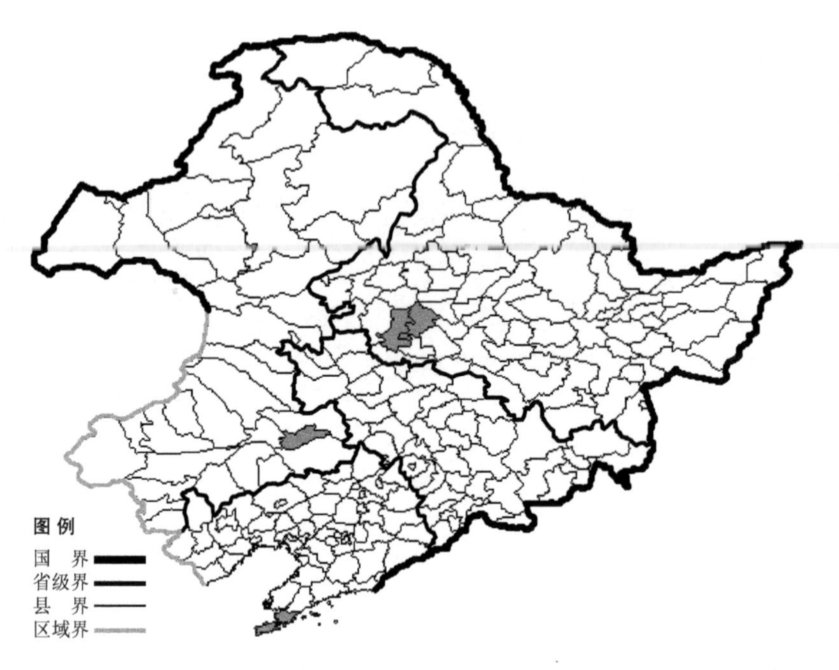

白花风毛菊 Saussurea japonica (Thunb.) DC. f. **leucocephala** (Nakai et Kitag.) Nakai et Kitag. 生于山坡草地、碱性草原沟边，产于黑龙江省大庆、安达，辽宁省大连，内蒙古通辽，分布于中国（黑龙江、辽宁、内蒙古）。

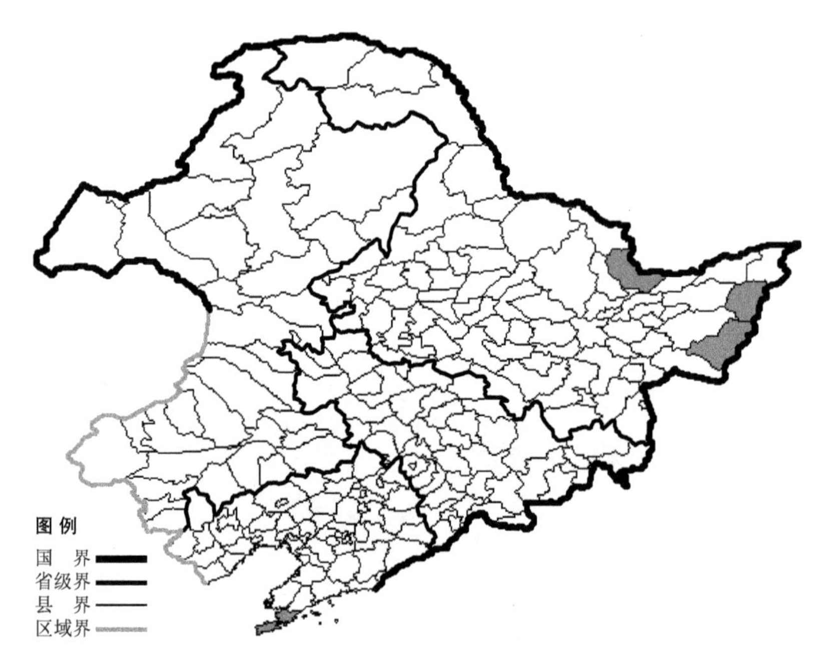

翼茎风毛菊 Saussurea japonica (Thunb.) DC. var. **alata** Regel ex Kom. 生于山坡草地，产于黑龙江省虎林、萝北、饶河，辽宁省大连，分布于中国（黑龙江、辽宁）。

东北风毛菊

Saussurea manshurica Kom.

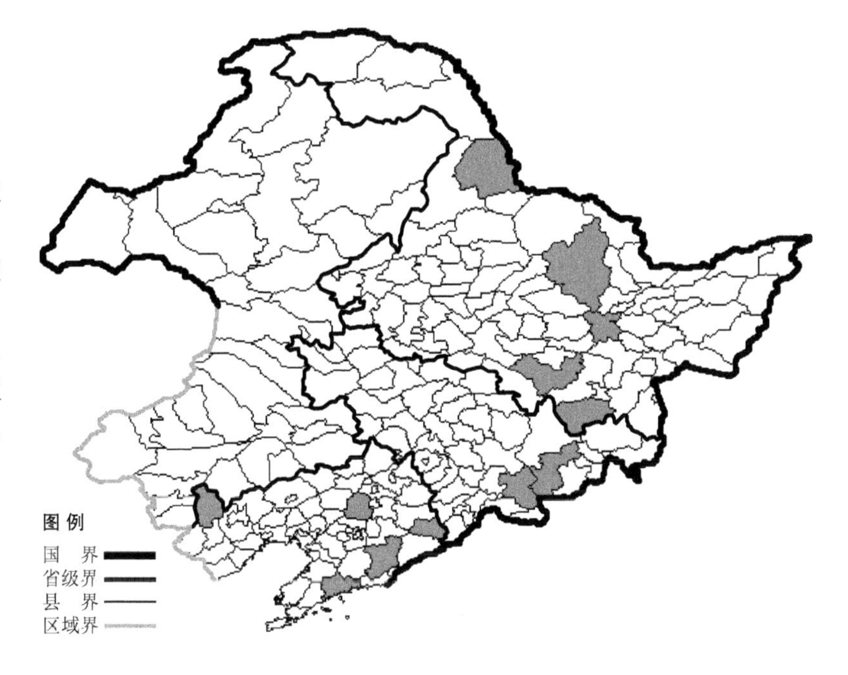

生境：山坡草地，林下，海拔1500米以下。

产地：黑龙江省伊春、尚志、依兰、宁安、黑河，吉林省抚松、安图，辽宁省桓仁、庄河、凤城、沈阳、建平。

分布：中国（黑龙江、吉林、辽宁），朝鲜半岛，俄罗斯（远东地区）。

羽叶风毛菊

Saussurea maximowiczii Herd.

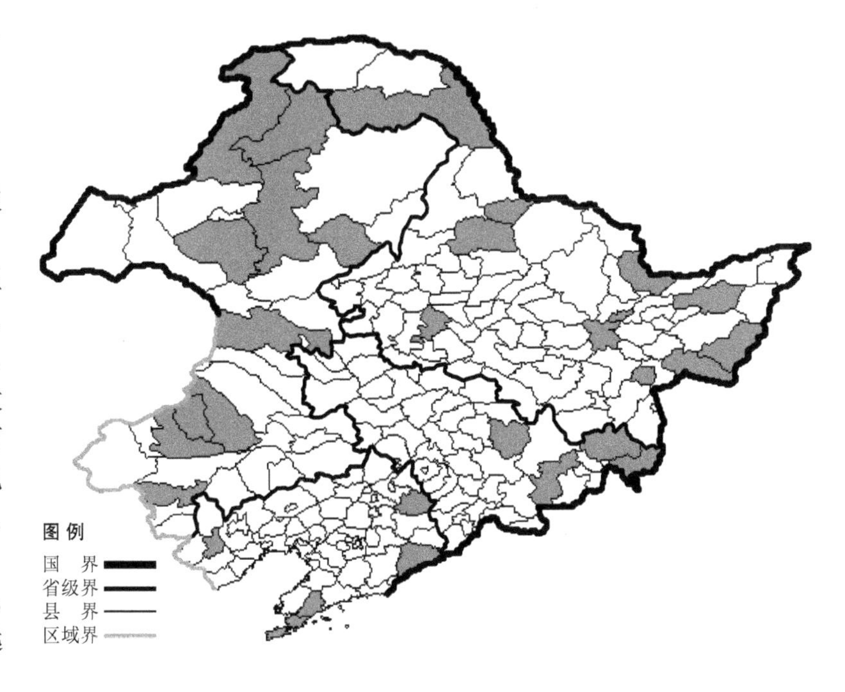

生境：林缘，草甸，灌丛，海拔800米以下。

产地：黑龙江省呼玛、孙吴、五大莲池、虎林、富锦、佳木斯、鸡西、密山、伊兰、萝北、安达，吉林省安图、珲春、汪清、蛟河，辽宁省宽甸、大连、喀左、清原、普兰店，内蒙古阿荣旗、阿鲁科尔沁旗、巴林左旗、巴林右旗、科尔沁右翼前旗、鄂温克旗、赤峰、根河、额尔古纳、牙克石。

分布：中国（黑龙江、吉林、辽宁、内蒙古），朝鲜半岛，日本，俄罗斯（远东地区）。

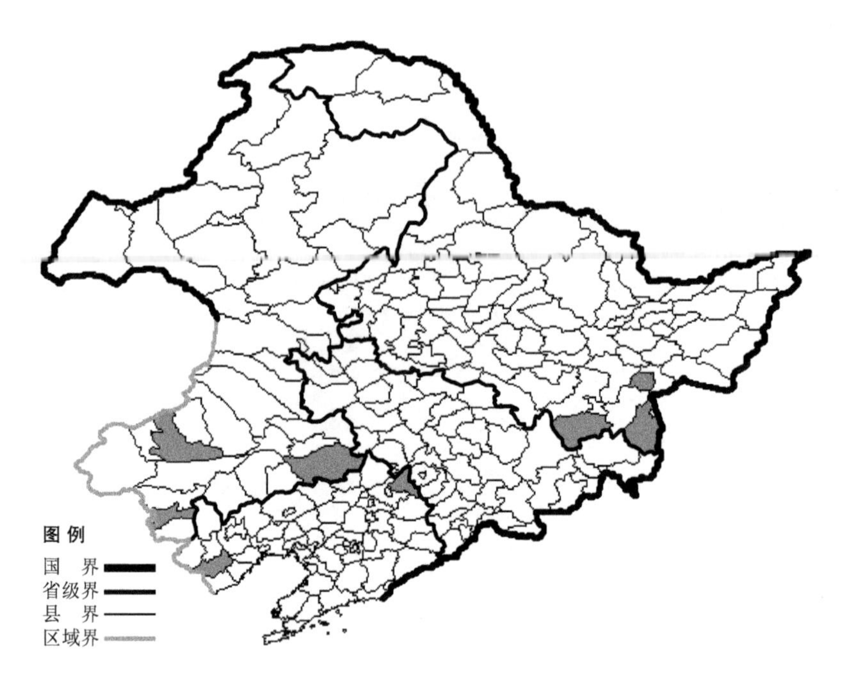

华北风毛菊

Saussurea mongolica (Franch.) Franch.

生境：山坡草地。

产地：黑龙江省东宁、鸡西、宁安，辽宁省建昌、西丰，内蒙古巴林右旗、喀喇沁旗、科尔沁左翼后旗。

分布：中国（黑龙江、辽宁、内蒙古、河北、山西、陕西、甘肃、青海、山东），朝鲜半岛。

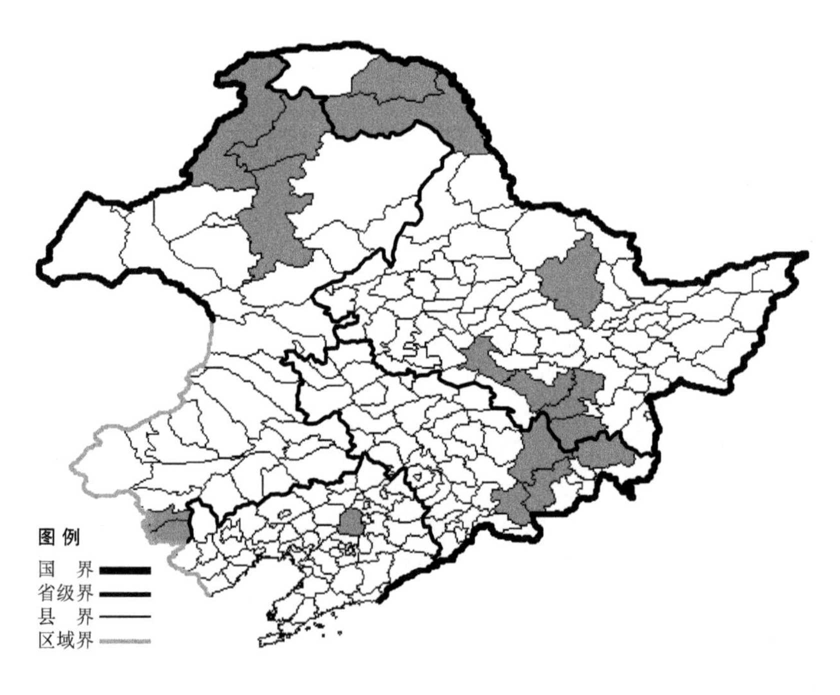

齿叶风毛菊

Saussurea neo-serrata Nakai

生境：林缘，林间草地，海拔1400米以下。

产地：黑龙江省呼玛、塔河、尚志、伊春、海林、宁安、哈尔滨，吉林省敦化、抚松、安图、汪清，辽宁省沈阳，内蒙古额尔古纳、根河、牙克石、宁城、喀喇沁旗。

分布：中国（黑龙江、吉林、辽宁、内蒙古），朝鲜半岛，俄罗斯（东部西伯利亚、远东地区）。

银背风毛菊

Saussurea nivea Turcz.

生境：林下，灌丛，海拔 800 米以下。

产地：辽宁省凌源、北镇，内蒙古克什克腾旗、宁城、喀喇沁旗。

分布：中国（辽宁、内蒙古、河北、山西、陕西、宁夏、甘肃、河南），朝鲜半岛。

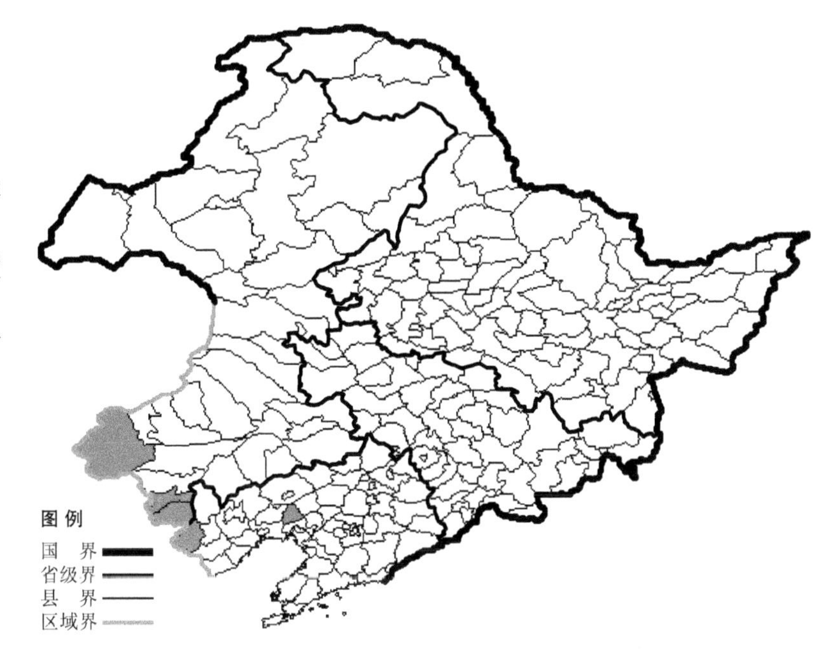

齿苞风毛菊

Saussurea odontolepis (Herd.) Sch.-Bip. ex Herd.

生境：灌丛，路旁，林下，山坡草地，海拔 700 米以下。

产地：黑龙江省齐齐哈尔、哈尔滨、杜尔伯特、肇东、肇州、穆棱、富锦、呼玛、黑河、伊春，吉林省吉林、蛟河、长春、桦甸、九台，辽宁省西丰、沈阳、抚顺、鞍山、大连、普兰店、法库、清原、丹东、岫岩、庄河、葫芦岛、北镇、东港，内蒙古海拉尔、科尔沁左翼后旗、根河、额尔古纳、阿鲁科尔沁旗、鄂伦春旗、牙克石、满洲里、宁城、克什克腾旗。

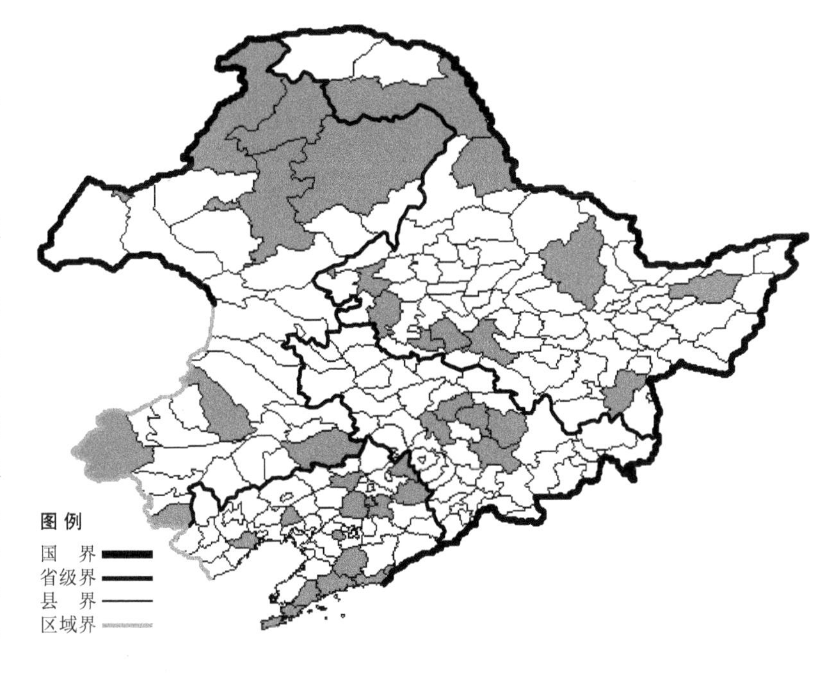

分布：中国（黑龙江、吉林、辽宁、内蒙古），朝鲜半岛，俄罗斯（远东地区）。

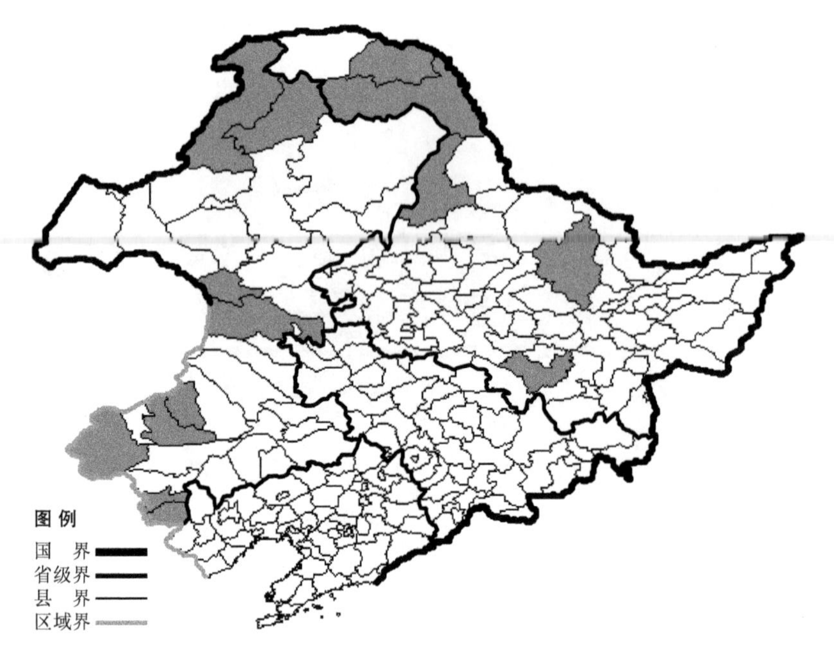

小花风毛菊

Saussurea parviflora (Poiret) DC.

生境：林间草地。

产地：黑龙江省呼玛、塔河、尚志、嫩江、伊春，内蒙古阿尔山、根河、额尔古纳、巴林右旗、巴林左旗、宁城、克什克腾旗、喀喇沁旗、科尔沁右翼前旗。

分布：中国（黑龙江、内蒙古、河北、山西、宁夏、甘肃、青海、新疆、四川），蒙古，俄罗斯（欧洲部分、西伯利亚）。

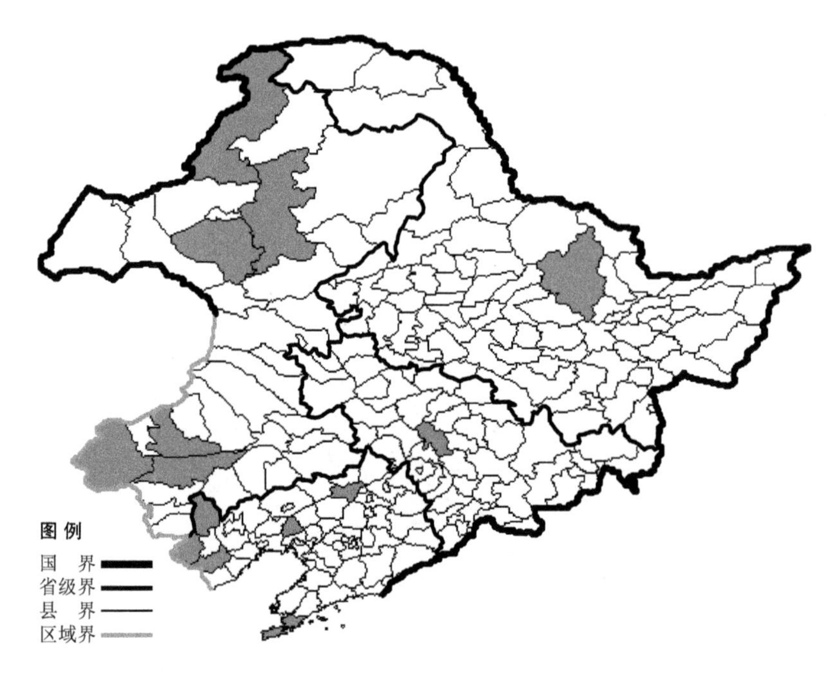

羽苞风毛菊

Saussurea pectinata Bunge ex DC.

生境：山坡草地，路旁，砾石地，人家附近，海拔约 400 米。

产地：黑龙江省伊春，吉林省长春，辽宁省凌源、建昌、建平、法库、大连、北镇，内蒙古额尔古纳、鄂温克旗、翁牛特旗、巴林右旗、克什克腾旗、牙克石。

分布：中国（黑龙江、吉林、辽宁、内蒙古、河北、山西、陕西、甘肃、山东、河南）。

球花风毛菊

Saussurea pulchella Fisch. Ex DC.

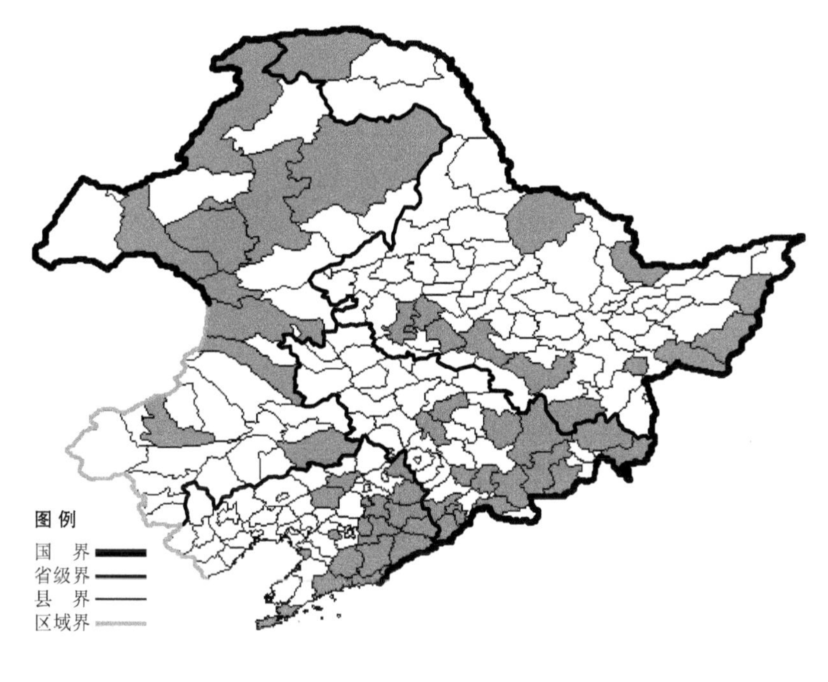

生境：林下，林缘，草甸，沟边，河边，山坡草地，灌丛，海拔 1700 米以下。

产地：黑龙江省密山、虎林、逊克、萝北、饶河、宁安、哈尔滨、肇东、大庆、鸡西、安达、尚志、漠河，吉林省前郭尔罗斯、辉南、抚松、和龙、安图、集安、九台、长春、靖宇、敦化、汪清、珲春、蛟河、临江、通化，辽宁省西丰、法库、鞍山、丹东、新宾、清原、新民、岫岩、庄河、大连、营口、东港、凤城、抚顺、宽甸、桓仁、本溪，内蒙古牙克石、额尔古纳、海拉尔、阿尔山、巴林右旗、鄂伦春旗、新巴尔虎左旗、鄂温克旗、科尔沁右翼前旗、科尔沁右翼中旗、科尔沁左翼后旗。

分布：中国（黑龙江、吉林、辽宁、内蒙古、河北、山西），朝鲜半岛，日本，蒙古，俄罗斯（东部西伯利亚、远东地区）。

毛球花风毛菊 Saussurea pulchella Fisch. ex DC. f. **subtomentosa** (Kom.) Kitag. 草原、草甸、湖岗沙地，海拔 700 米以下，产于黑龙江省萝北、密山、虎林、大庆、安达，辽宁省抚顺、葫芦岛，内蒙古额尔古纳、根河、鄂温克旗、牙克石、莫力达瓦达斡尔旗、扎鲁特旗、海拉尔，分布于中国（黑龙江、辽宁、内蒙古）。

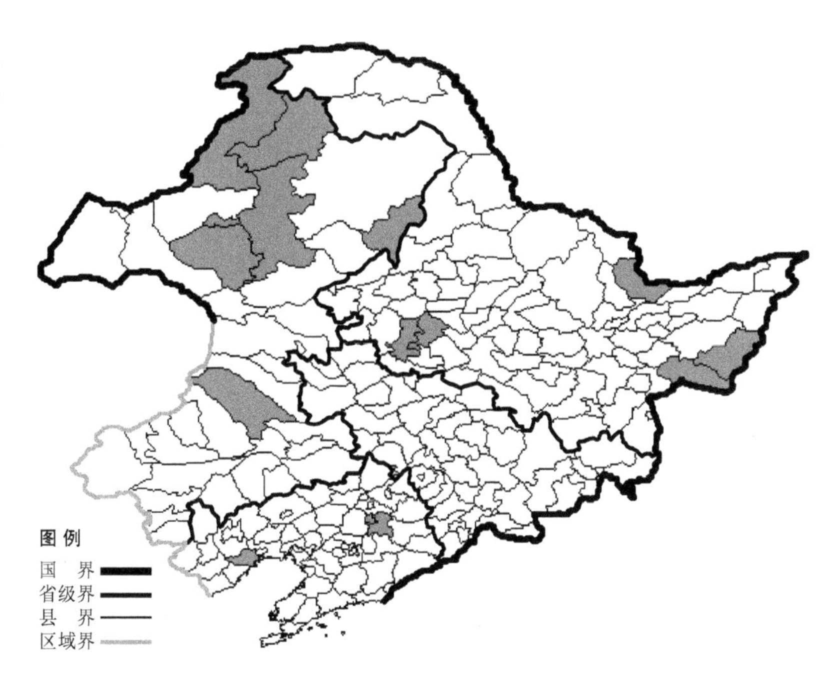

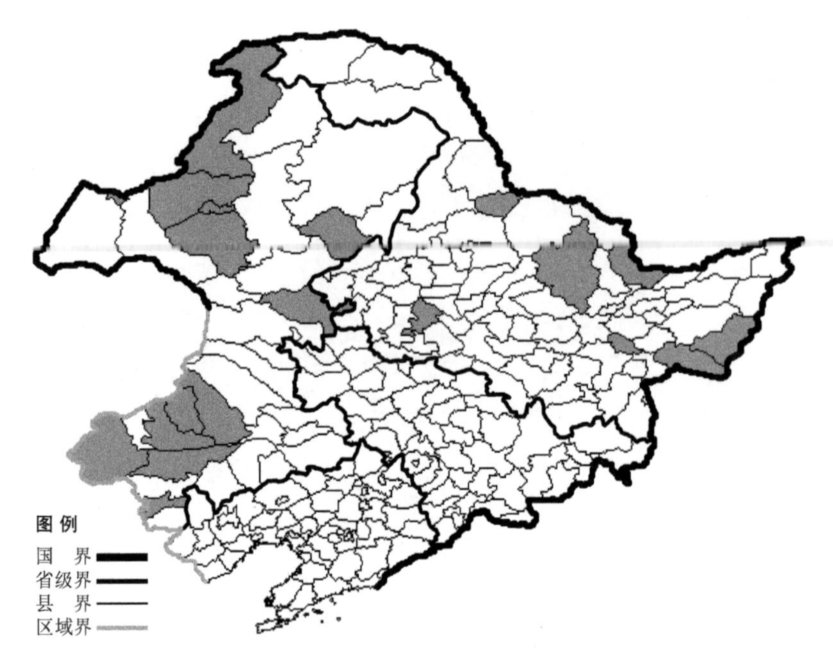

折苞风毛菊

Saussurea recurvata (Maxim.) Lipsch.

生境：林缘，灌丛，海拔 700 米以下。

产地：黑龙江省勃利、安达、密山、孙吴、萝北、伊春、虎林，内蒙古额尔古纳、海拉尔、满洲里、翁牛特旗、阿荣旗、巴林左旗、巴林右旗、阿鲁科尔沁旗、陈巴尔虎旗、扎赉特旗、鄂温克旗、喀喇沁旗、克什克腾旗。

分布：中国（黑龙江、内蒙古、陕西、宁夏、甘肃、青海），朝鲜半岛，俄罗斯（远东地区）。

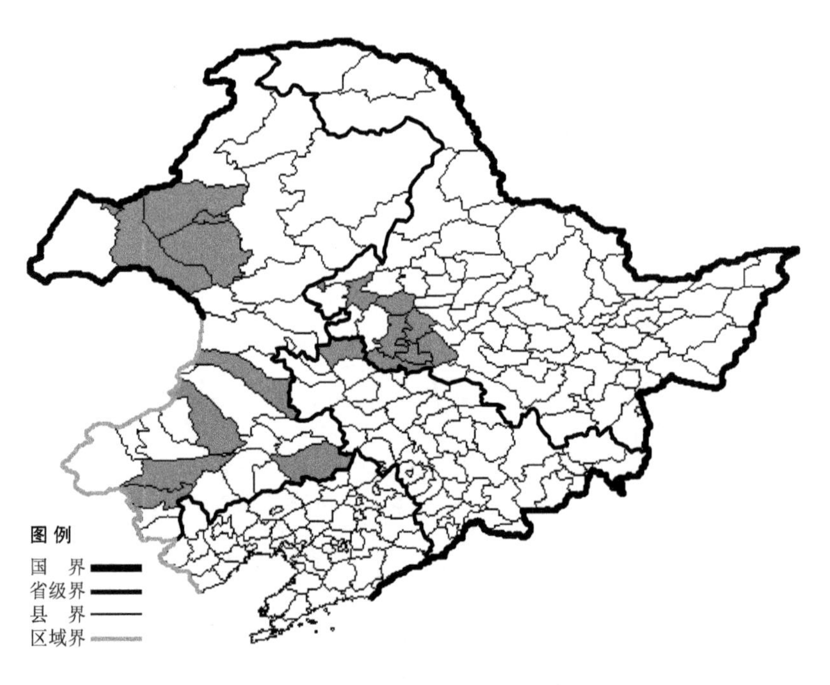

碱地风毛菊

Saussurea runcinata DC.

生境：盐碱地。

产地：黑龙江省肇东、肇源、肇州、大庆、林甸、安达、齐齐哈尔，吉林省镇赉，内蒙古海拉尔、满洲里、赤峰、鄂温克旗、陈巴尔虎旗、科尔沁右翼中旗、新巴尔虎左旗、阿鲁科尔沁旗、翁牛特旗、科尔沁左翼后旗。

分布：中国（黑龙江、内蒙古、河北、山西、陕西、宁夏），蒙古，俄罗斯（东部西伯利亚）。

柳叶风毛菊

Saussurea salicifolia (L.) DC

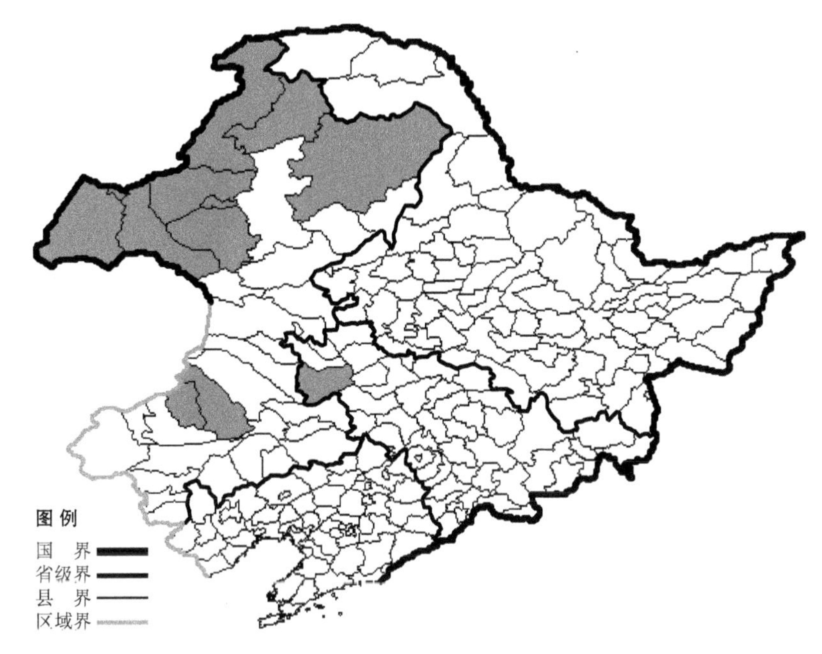

生境：干山坡，石砾质山坡，海拔约 800 米。

产地：吉林省通榆，内蒙古海拉尔、新巴尔虎左旗、新巴尔虎右旗、根河、额尔古纳、鄂伦春旗、鄂温克旗、陈巴尔虎旗、满洲里、阿鲁科尔沁旗、巴林左旗、新巴尔虎左旗。

分布：中国（吉林、内蒙古、河北、甘肃、新疆、四川），蒙古，俄罗斯（西伯利亚）。

卷苞风毛菊

Saussurea sclerolepis Nakai et Kitag.

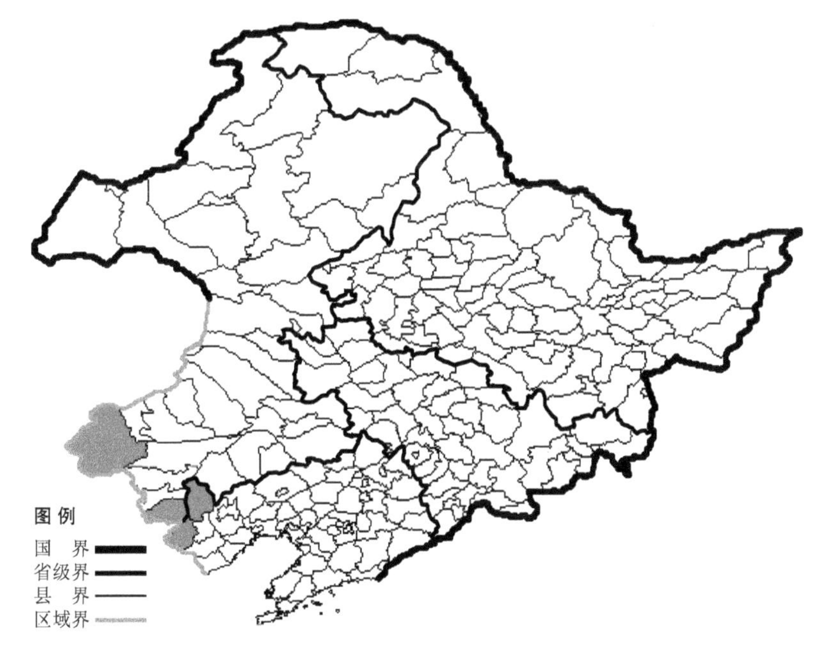

生境：山坡草地。

产地：辽宁省凌源、建平，内蒙古克什克腾旗、宁城。

分布：中国（辽宁、内蒙古、河北）。

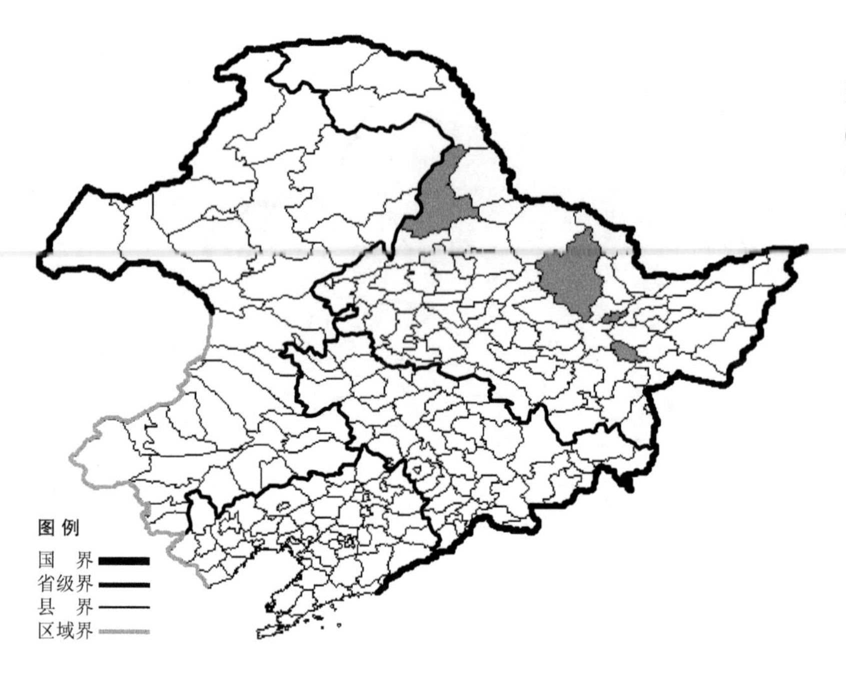

亚卷苞风毛菊 Saussurea sclerolepis Nakai et Kitag. var. **parasclerolepis** (Bar. et Skv.) C. Y. Li 生于干草甸，产于黑龙江省伊春、勃利、嫩江、佳木斯，分布于中国（黑龙江）。

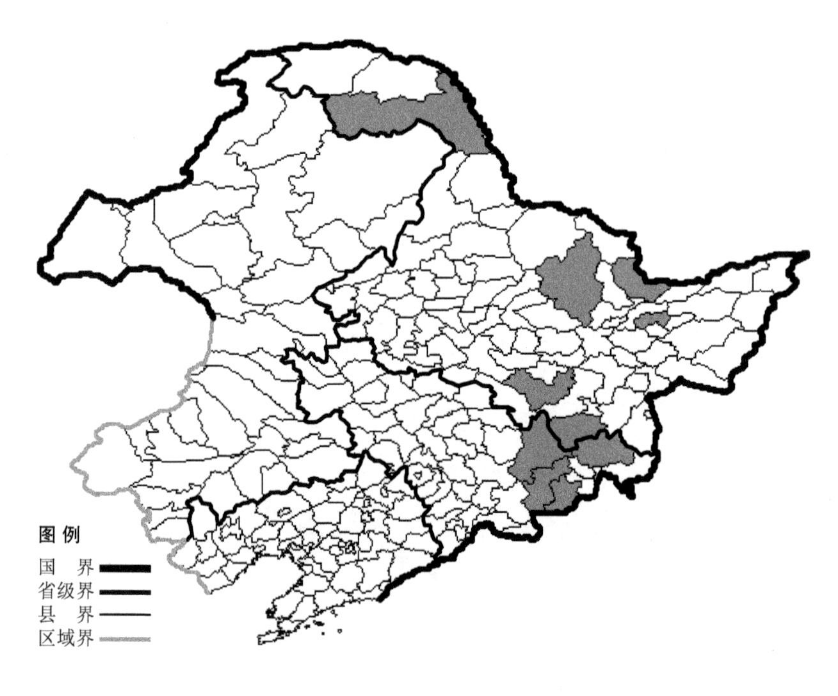

林风毛菊

Saussurea sinuata Kom.

生境：林间湿地，海拔 900 米以下。

产地：黑龙江省呼玛、集贤、萝北、尚志、宁安、伊春，吉林省汪清、安图、和龙、敦化。

分布：中国（黑龙江、吉林），朝鲜半岛，俄罗斯（远东地区）。

亚毛苞风毛菊

Saussurea subtriangulata Kom.

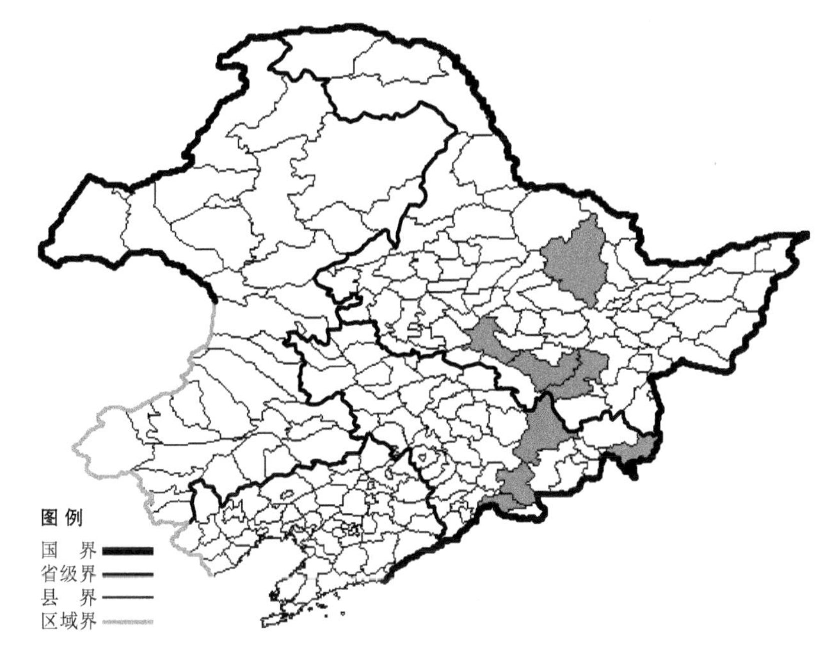

生境：林缘，林下，海拔 1100 米以下。

产地：黑龙江省尚志、哈尔滨、海林、伊春，吉林省敦化、临江、珲春、抚松。

分布：中国（黑龙江、吉林），朝鲜半岛，俄罗斯（远东地区）。

长白风毛菊

Saussurea tenerifolia Kitag.

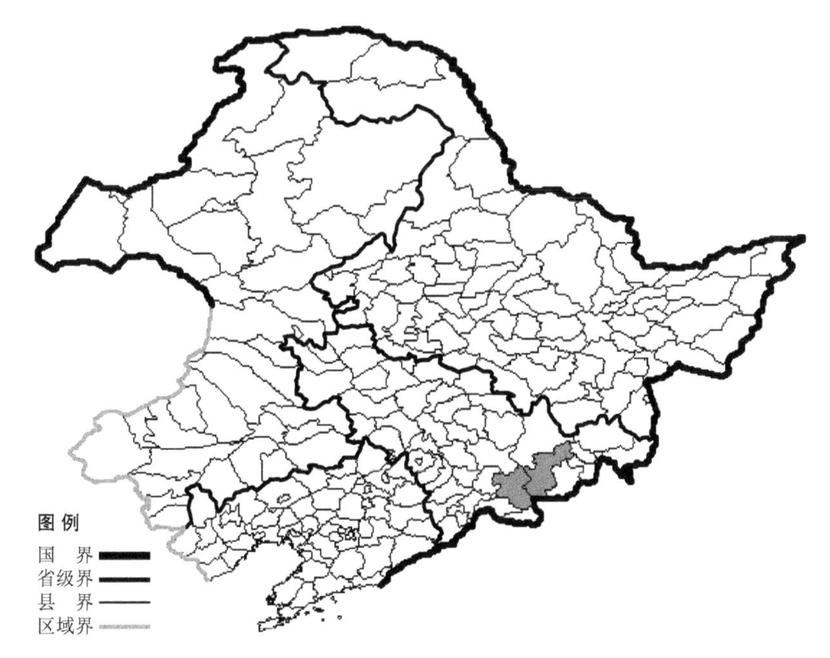

生境：林缘，林下，耕地旁，海拔 1100-1700 米。

产地：吉林省抚松、安图。

分布：中国（吉林）。

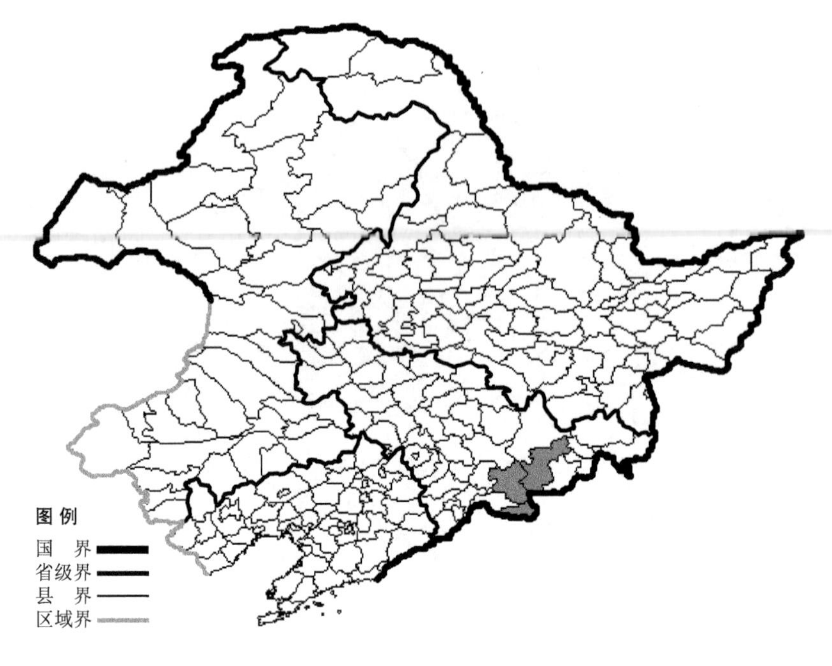

高岭风毛菊

Saussurea tomentosa Kom.

生境：高山冻原，岳桦林下，海拔 1500-2500 米。

产地：吉林省安图、抚松、长白。

分布：中国（吉林），朝鲜半岛。

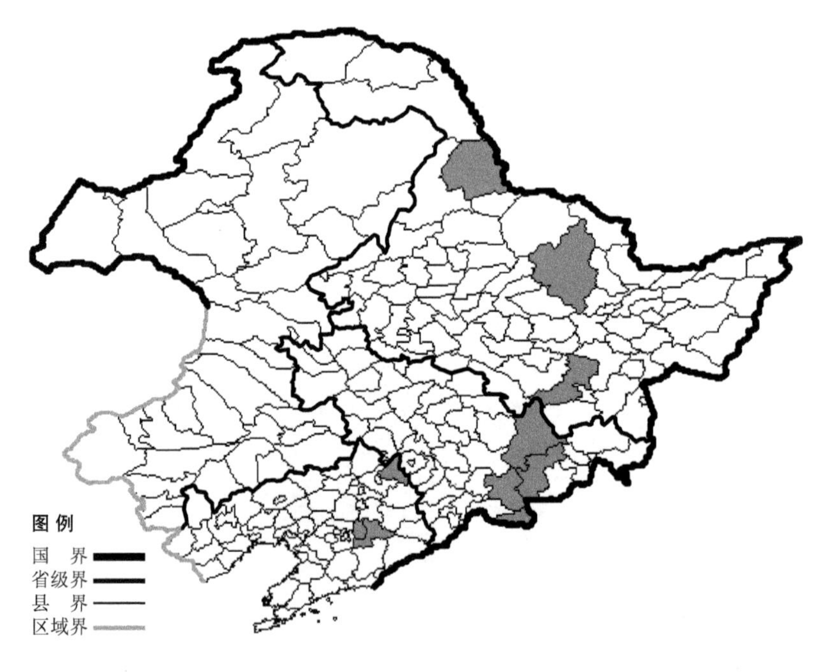

毛苞风毛菊

Saussurea triangulata Trautv. et C. A. Mey.

生境：林缘，林下，沟边，海拔 2000 米以下。

产地：黑龙江省黑河、伊春、海林，吉林省安图、抚松、敦化、长白，辽宁省本溪、西丰。

分布：中国（黑龙江、吉林、辽宁），朝鲜半岛。

山风毛菊

Saussurea umbrosa Kom.

生境：林下，海拔 900 米以下。

产地：黑龙江省伊春、呼玛，吉林省汪清、和龙、抚松，内蒙古额尔古纳。

分布：中国（黑龙江、吉林、内蒙古），朝鲜半岛，俄罗斯（东部西伯利亚、远东地区）。

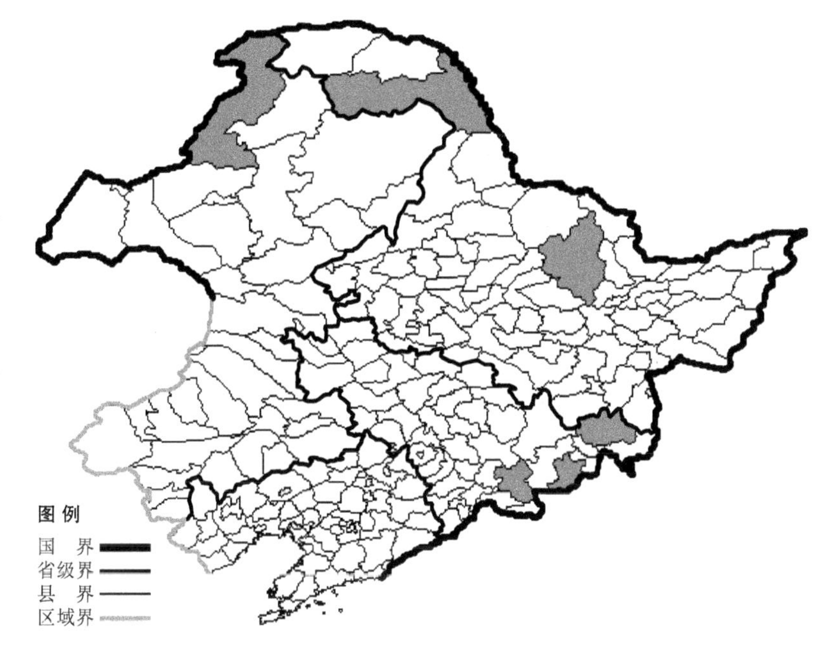

乌苏里风毛菊

Saussurea ussuriensis Maxim.

生境：山坡，林缘，海拔 900 米以下。

产地：黑龙江省鸡西、宁安、萝北、密山、虎林、尚志，吉林省汪清，辽宁省宽甸、东港、丹东、桓仁、西丰、凤城，内蒙古科尔沁右翼中旗、突泉、额尔古纳、牙克石、扎兰屯、阿荣旗、鄂温克旗、扎鲁特旗、鄂伦春旗、新巴尔虎右旗、克什克腾旗。

分布：中国（黑龙江、吉林、辽宁、内蒙古、河北、山西、陕西、宁夏、甘肃、青海），朝鲜半岛，日本，俄罗斯（远东地区）。

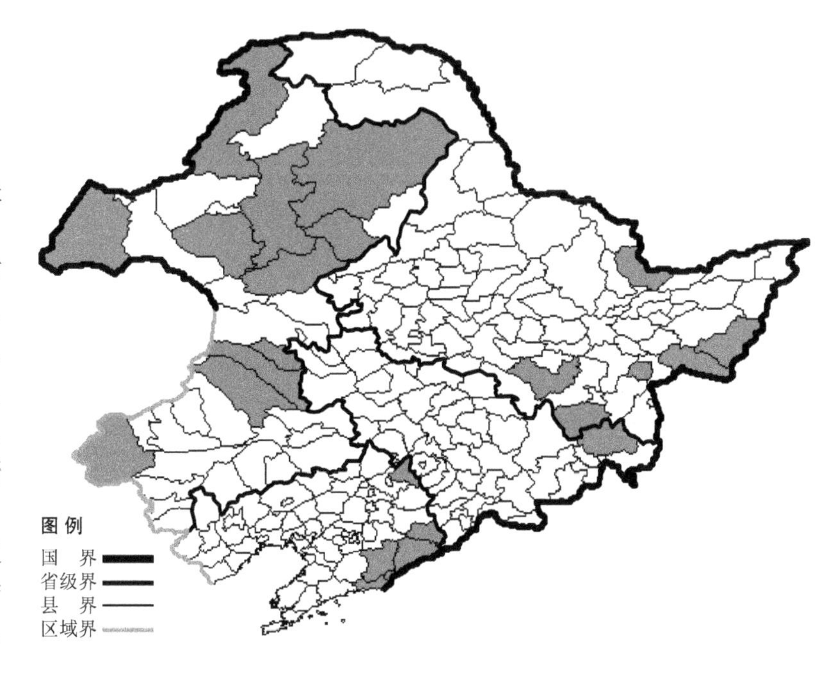

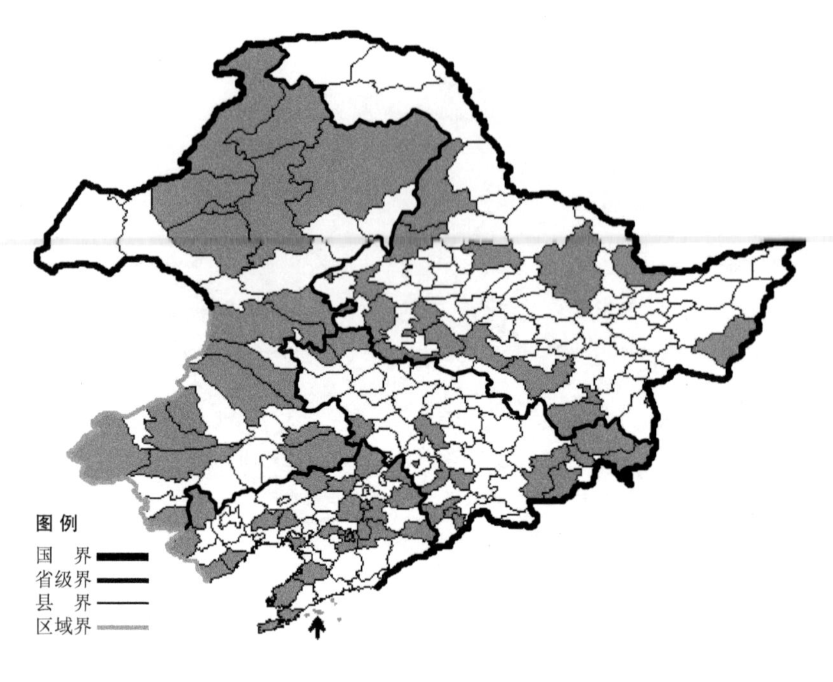

笔管草

Scorzonera albicaulis Bunge

生境：干山坡，灌丛，林缘，路旁，沙质地，海拔 2100 米以下。

产地：黑龙江省哈尔滨、尚志、北安、萝北、虎林、嫩江、讷河、肇东、肇源、安达、绥芬河、牡丹江、宁安、杜尔伯特、齐齐哈尔、伊春，吉林省安图、通化、白城、辽源、双辽、长春、梅河口、辉南、镇赉、和龙、延吉、汪清、珲春，辽宁省西丰、沈阳、辽阳、盖州、大连、长海、建平、法库、昌图、兴城、凌源、清原、彰武、绥中、北镇、义县、大洼、本溪、桓仁、瓦房店、抚顺，内蒙古额尔古纳、牙克石、根河、陈巴尔虎旗、克什克腾旗、鄂温克旗、海拉尔、科尔沁右翼中旗、通辽、鄂伦春旗、扎赉特旗、科尔沁右翼前旗、科尔沁左翼后旗、巴林右旗、巴林左旗、翁牛特旗、扎鲁特旗、宁城。

分布：中国（黑龙江、吉林、辽宁、内蒙古、河北、山西、陕西、甘肃、山东、江苏、安徽、浙江、河南、湖北、四川、贵州），朝鲜半岛，蒙古，俄罗斯（东部西伯利亚、远东地区）。

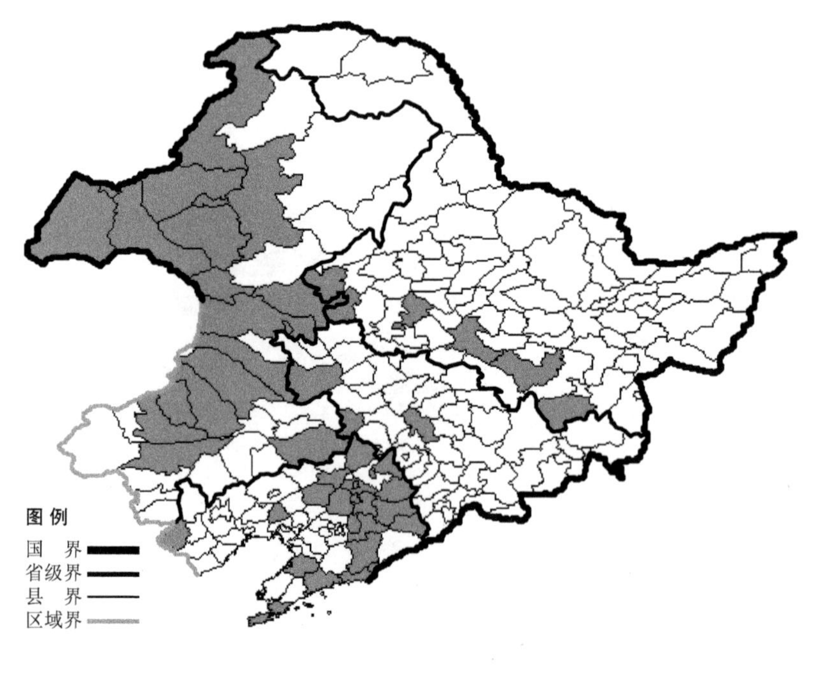

鸦葱

Scorzonera austriaca Willd.

生境：石砾质山坡，林下，路旁，海拔 900 米以下。

产地：黑龙江省哈尔滨、尚志、安达、宁安、泰来、龙江，吉林省长春、双辽、通榆，辽宁省本溪、大连、沈阳、凤城、新宾、新民、丹东、北镇、西丰、昌图、法库、东港、盖州、铁岭、凌源、桓仁、清原、庄河、抚顺，内蒙古海拉尔、满洲里、阿尔山、扎赉特旗、牙克石、陈巴尔虎旗、新巴尔虎左旗、新巴尔虎右旗、额尔古纳、鄂温克旗、扎鲁特旗、科尔沁右翼前旗、科尔沁右翼中旗、乌兰浩特、阿鲁科尔沁旗、巴林左旗、巴林右旗、翁牛特旗、科尔沁左翼后旗。

分布：中国（黑龙江、吉林、辽宁、内蒙古、河北、山西、陕西、宁夏、甘肃、新疆、山东、安徽、河南），朝鲜半岛，蒙古，俄罗斯（欧洲部分、西伯利亚），哈萨克斯坦，土耳其，欧洲。

丝叶鸦葱

Scorzonera curvata (Popl.) Lipsch.

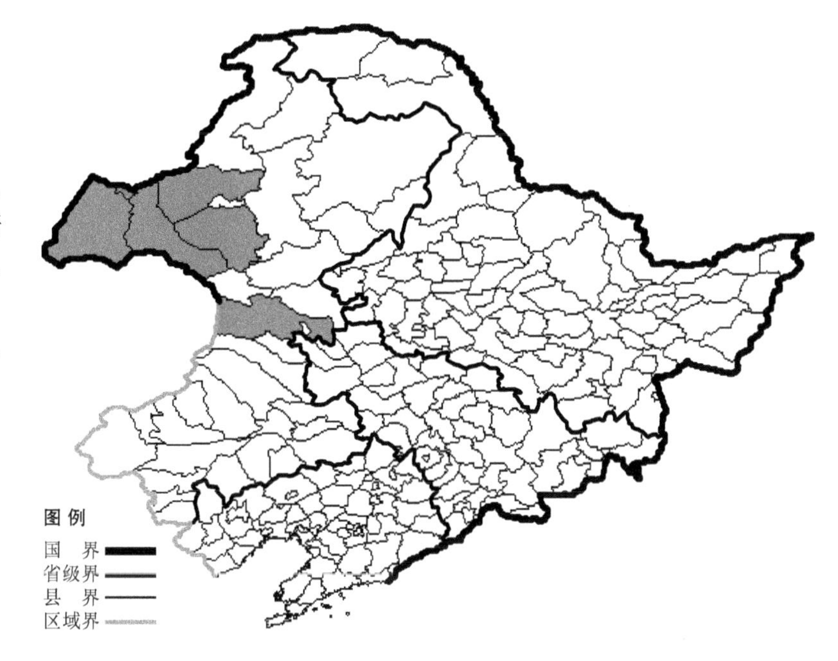

生境：草原带的丘陵地，干山坡。

产地：内蒙古新巴尔虎左旗、新巴尔虎右旗、满洲里、陈巴尔虎旗、鄂温克旗、科尔沁右翼前旗。

分布：中国（内蒙古、青海），蒙古，俄罗斯（东部西伯利亚）。

东北鸦葱

Scorzonera manshurica Nakai

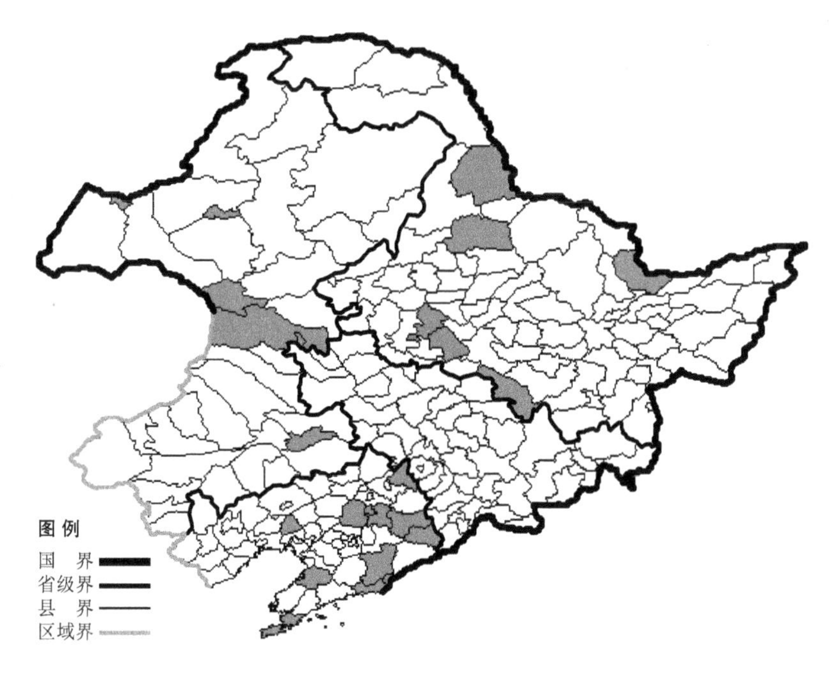

生境：干山坡，石砾地，沙丘，草原，海拔 900 米以下。

产地：黑龙江省安达、肇东、黑河、五大连池、萝北、五常，辽宁省新宾、抚顺、沈阳、盖州、东港、北镇、桓仁、西丰、大连、凤城、丹东，内蒙古满洲里、海拉尔、科尔沁右翼前旗、阿尔山、乌兰浩特、通辽。

分布：中国（黑龙江、辽宁、内蒙古）。

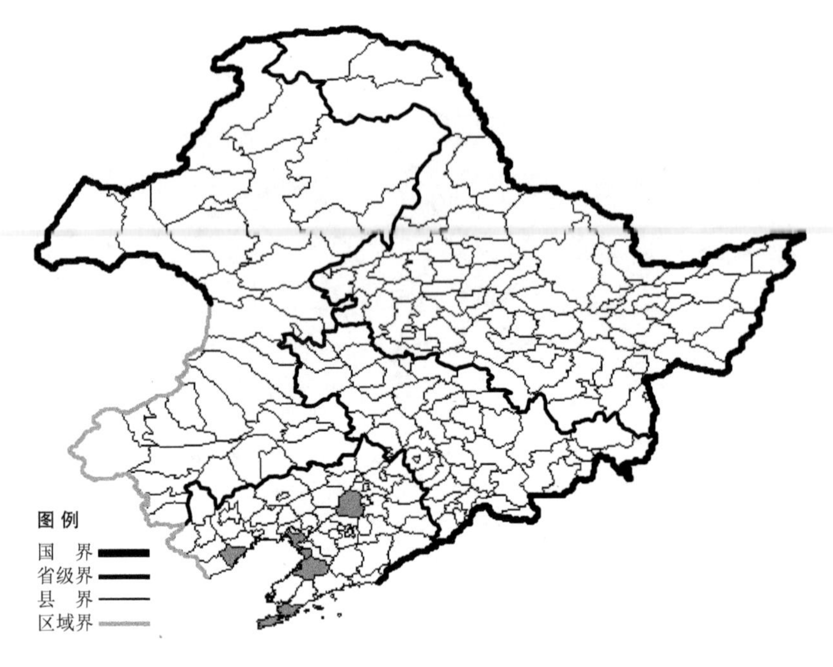

蒙古鸦葱

Scorzonera mongolica Maxim.

生境：盐碱地，海边，沙质地。

产地：辽宁省营口、大连、兴城、大洼、盖州、沈阳。

分布：中国（辽宁、河北、山西、青海、新疆、陕西、宁夏、甘肃、山东、河南），蒙古，哈萨克斯坦。

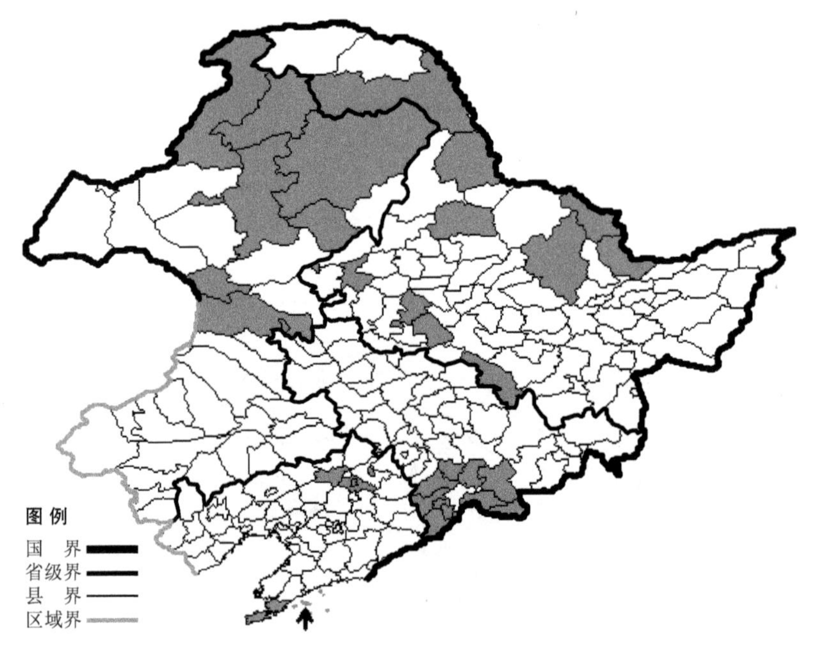

狭叶鸦葱

Scorzonera radiata Fisch. ex Ledeb.

生境：草甸，干山坡，河边石砾地，林缘，海拔 800 米以下。

产地：黑龙江省伊春、呼玛、五大莲池、五常、肇东、萝北、嘉荫、黑河、安达、齐齐哈尔，吉林省临江、通化、柳河、辉南、集安、抚松、靖宇、长白，辽宁省大连、长海、法库、铁岭，内蒙古海拉尔、根河、牙克石、阿荣旗、阿尔山、鄂伦春旗、额尔古纳、科尔沁右翼前旗、乌兰浩特。

分布：中国（黑龙江、吉林、辽宁、内蒙古、新疆），蒙古，俄罗斯（北极带、西伯利亚、远东地区）。

桃叶鸦葱

Scorzonera sinensis Lipsch. et Krasch. ex Lipsch.

生境：干山坡，灌丛。

产地：辽宁省凌源、建平、建昌、抚顺、绥中、大连、凤城、北镇、法库、沈阳，内蒙古科尔沁右翼前旗、赤峰。

分布：中国（辽宁、内蒙古、河北、山西、陕西、宁夏、甘肃、山东、江苏、安徽、河南）。

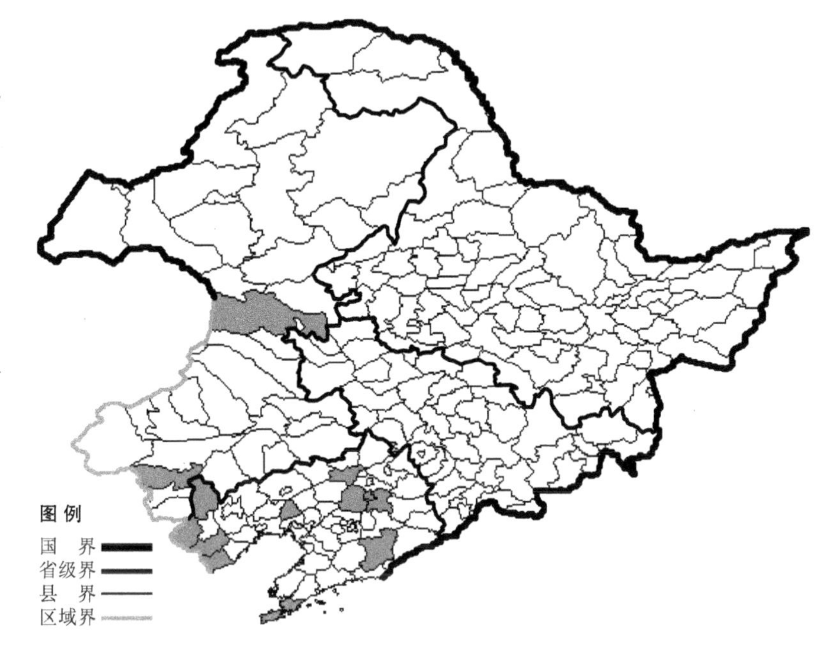

黄苑

Senecio nemorensis L.

生境：林下，林缘，沟谷，湿草地，溪流旁，沟边，海拔2100米以下。

产地：黑龙江省呼玛、五大连池、伊春、海林，吉林省安图、抚松、长白、靖宇，内蒙古根河、克什克腾旗、巴林右旗、宁城、敖汉旗、翁牛特旗、喀喇沁旗、阿鲁科尔沁旗、额尔古纳、赤峰、鄂伦春旗、巴林右旗、科尔沁右翼前旗、牙克石、阿尔山、扎赉特旗、突泉。

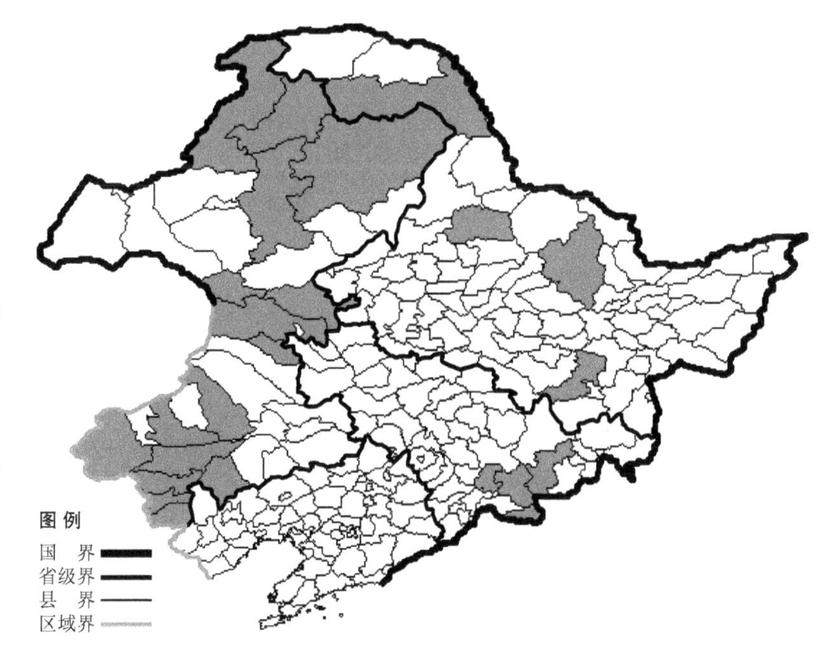

分布：中国（黑龙江、吉林、内蒙古、河北、山西、陕西、甘肃、新疆、山东、安徽、浙江、福建、湖北、江西、湖南、四川、贵州、台湾），朝鲜半岛，日本，蒙古，俄罗斯（北极带、西伯利亚、远东地区），哈萨克斯坦，欧洲。

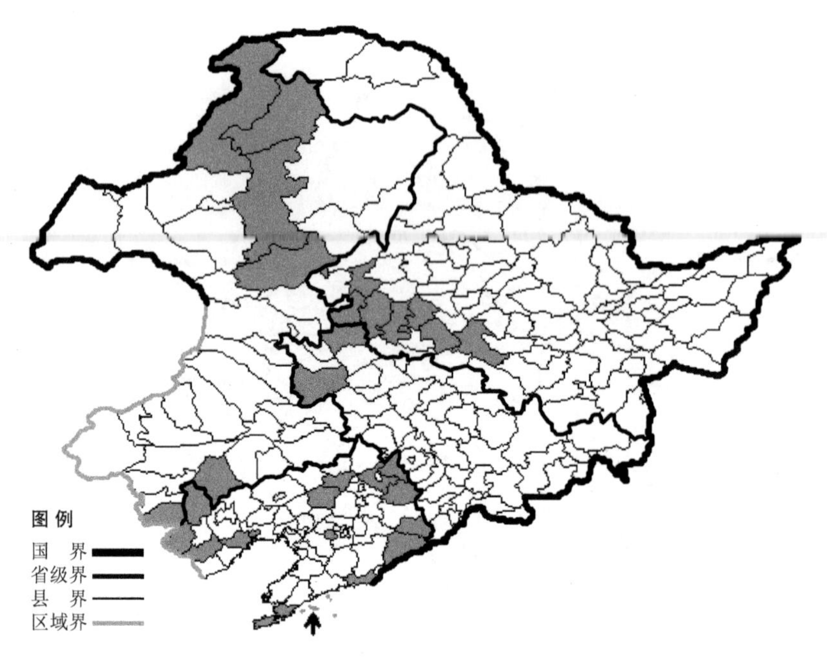

大花千里光

Senecio ambraceus Turcz. ex DC.

生境：山坡草地，林缘，河边。

产地：黑龙江省杜尔伯特、肇东、泰来、安达、大庆、哈尔滨、齐齐哈尔，吉林省通榆、镇赉，辽宁省新民、西丰、清原、开原、法库、鞍山、长海、大连、凌源、建平、建昌、葫芦岛、锦州、桓仁、东港、宽甸，内蒙古额尔古纳、牙克石、根河、扎兰屯、宁城、敖汉旗。

分布：中国（黑龙江、吉林、辽宁、内蒙古、河北、陕西、甘肃、山东、河南），蒙古，俄罗斯（西伯利亚、远东地区）。

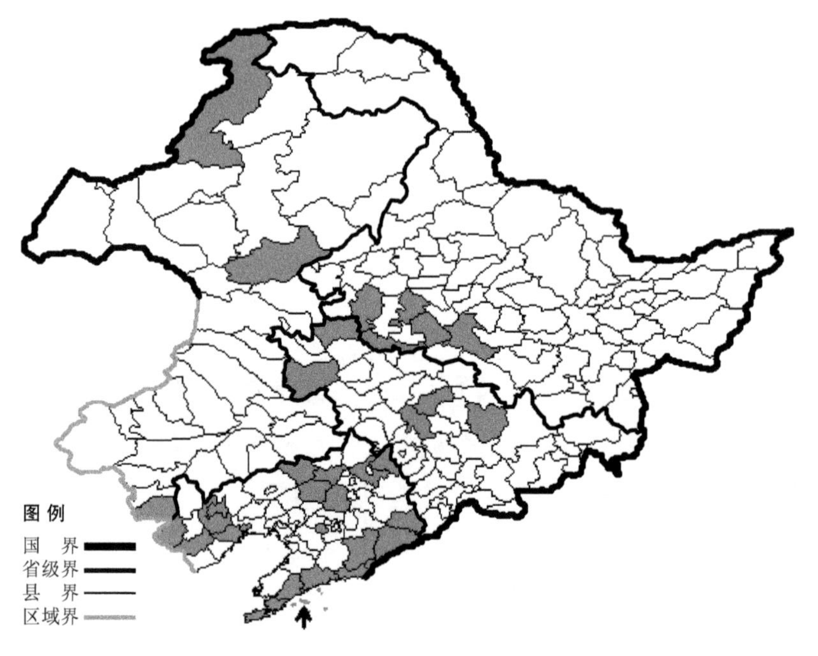

东北大花千里光 Senecio ambraceus Turcz. ex DC. var. **glaber** Kitam. 生于林缘、路旁、山坡草地，海拔 300 米以下，产于黑龙江省安达、哈尔滨、肇东、肇源、杜尔伯特，吉林省通榆、镇赉、长春、九台、蛟河，辽宁省桓仁、宽甸、法库、凌源、建昌、锦州、长海、彰武、丹东、鞍山、大连、东港、凤城、葫芦岛、开原、沈阳、西丰、普兰店、新民、庄河、朝阳，内蒙古宁城、额尔古纳、扎兰屯，分布于中国（黑龙江、吉林、辽宁、内蒙古、河北、山东）。

羽叶千里光

Senecio argunensis Turcz.

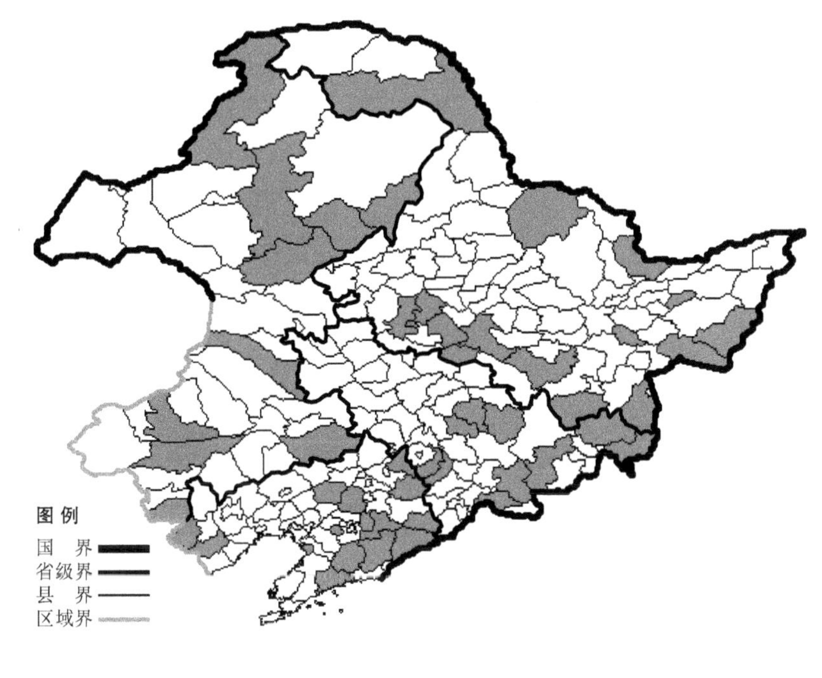

生境：灌丛，林缘，山坡草地，海拔 1100 米以下。

产地：黑龙江省尚志、宁安、密山、虎林、萝北、呼玛、勃利、逊克、友谊、东宁、大庆、肇东、双城、哈尔滨、安达，吉林省抚松、蛟河、安图、吉林、临江、梅河口、永吉、东丰、汪清、珲春，辽宁省新民、清原、沈阳、凤城、桓仁、宽甸、本溪、鞍山、庄河、西丰、营口、建昌、凌源、岫岩，内蒙古巴林右旗、翁牛特旗、宁城、阿荣旗、科尔沁右翼中旗、科尔沁左翼后旗、额尔古纳、扎兰屯、牙克石、莫力达瓦达斡尔旗。

分布：中国（黑龙江、吉林、辽宁、内蒙古、河北、山西、陕西、甘肃、青海、湖北、四川），朝鲜半岛，日本，蒙古，俄罗斯（东部西伯利亚、远东地区）。

狭羽叶千里光 Senecio argunensis Turcz. f. **angustifolius** Kom. 生于碱地、沙砾地、干草原，海拔约 300 米，产于黑龙江省肇东、安达、哈尔滨、萝北，辽宁省彰武、法库，分布于中国（黑龙江、辽宁），俄罗斯（东部西伯利亚、远东地区）。

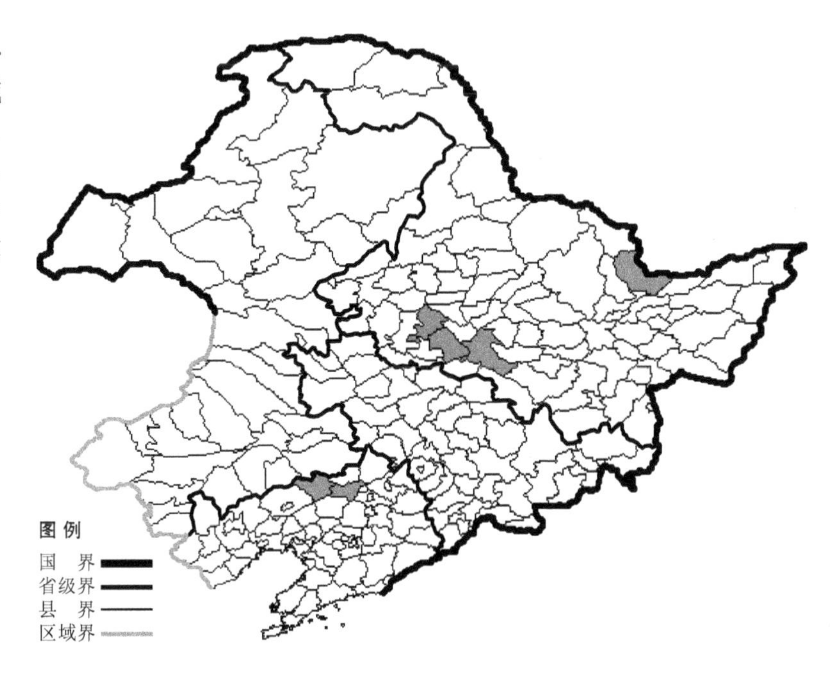

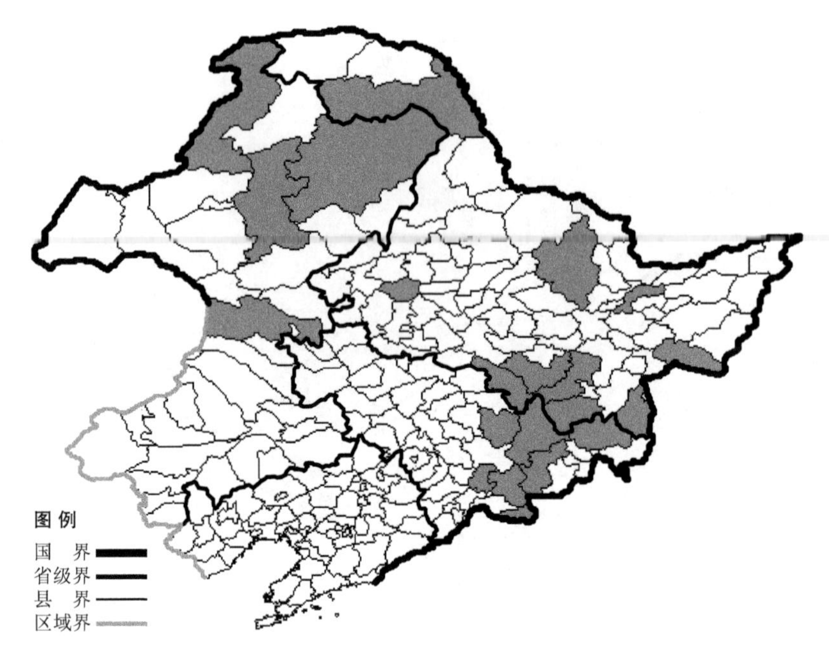

麻叶千里光

Senecio cannabifolius Less.

生境：林下，林缘，路旁，沟谷，湿草地，海拔1700米以下。

产地：黑龙江省伊春、尚志、呼玛、东宁、宁安、海林、五常、密山、林甸、桦川，吉林省安图、蛟河、抚松、敦化、靖宇、长白、汪清，内蒙古额尔古纳、牙克石、鄂伦春旗、科尔沁右翼前旗。

分布：中国（黑龙江、吉林、内蒙古），朝鲜半岛，日本，俄罗斯（东部西伯利亚、远东地区）。

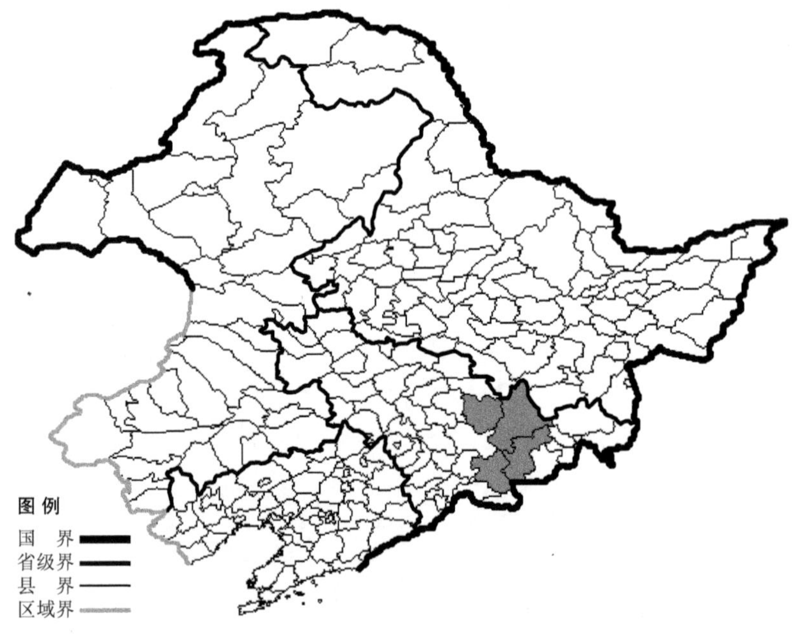

单麻叶千里光 Senecio cannabifolius Less. var. **integrifolius**（Koidz.）Kitam. 生于林缘、疏林下，海拔1000米以下，产于吉林抚松、安图、敦化、蛟河，分布于中国（吉林），日本，俄罗斯（远东地区）。

欧洲千里光

Senecio vulgaris L.

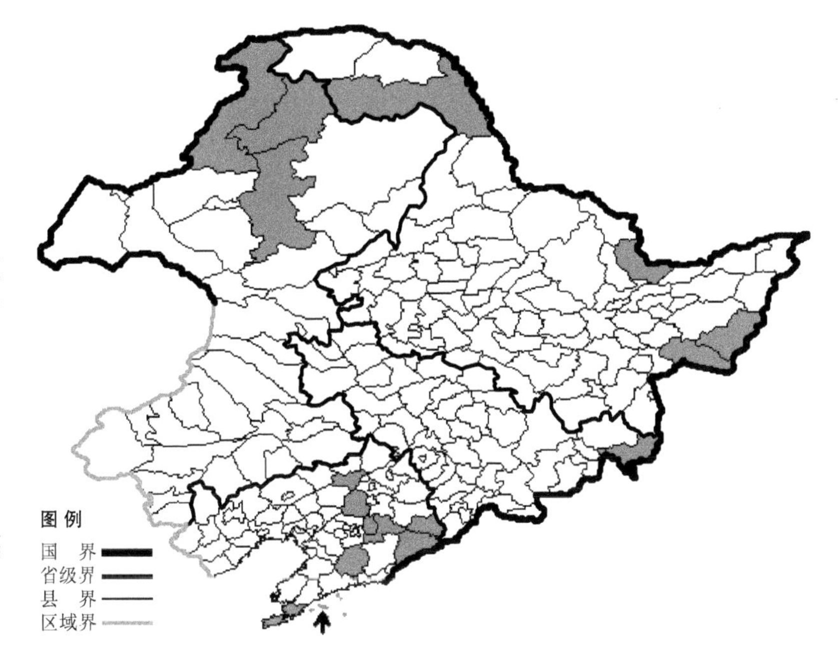

生境：山坡草地，林缘，田间，人家附近，海拔 400 米以下。

产地：黑龙江省呼玛、密山、虎林、萝北，吉林省珲春、图们，辽宁省本溪、宽甸、桓仁、大连、法库、岫岩、长海、沈阳，内蒙古牙克石、根河、额尔古纳。

分布：原产欧洲，现我国黑龙江、吉林、辽宁、内蒙古、河北、山西、陕西、新疆、山东、江苏、浙江、福建、湖北、湖南、四川、贵州、云南、西藏、台湾有分布。

东北蛔蒿

Seriphidium finitum (Kitag.) Ling et Y. R. Ling

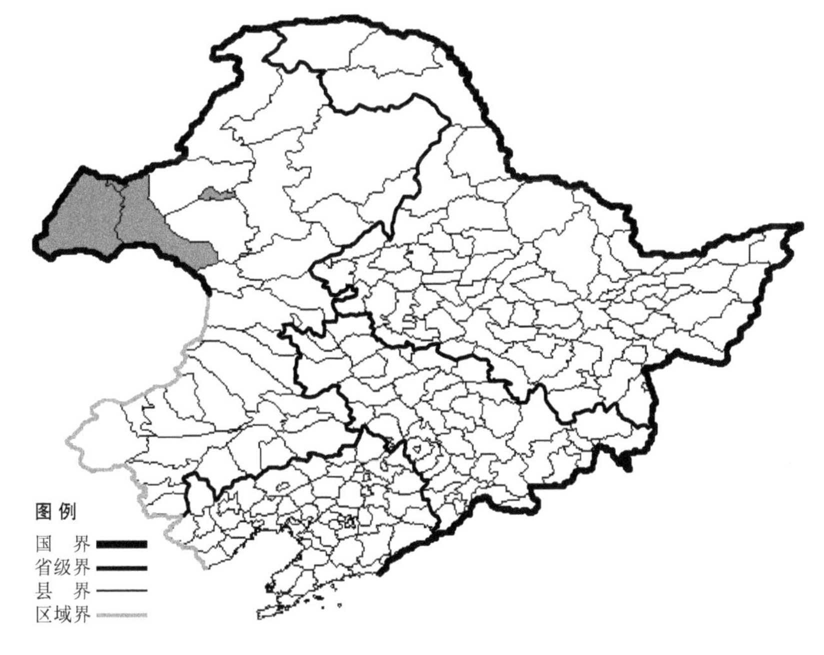

生境：多石砾干草原，碱湖边草甸，草原。

产地：内蒙古新巴尔虎左旗、新巴尔虎右旗、满洲里、海拉尔。

分布：中国（内蒙古）。

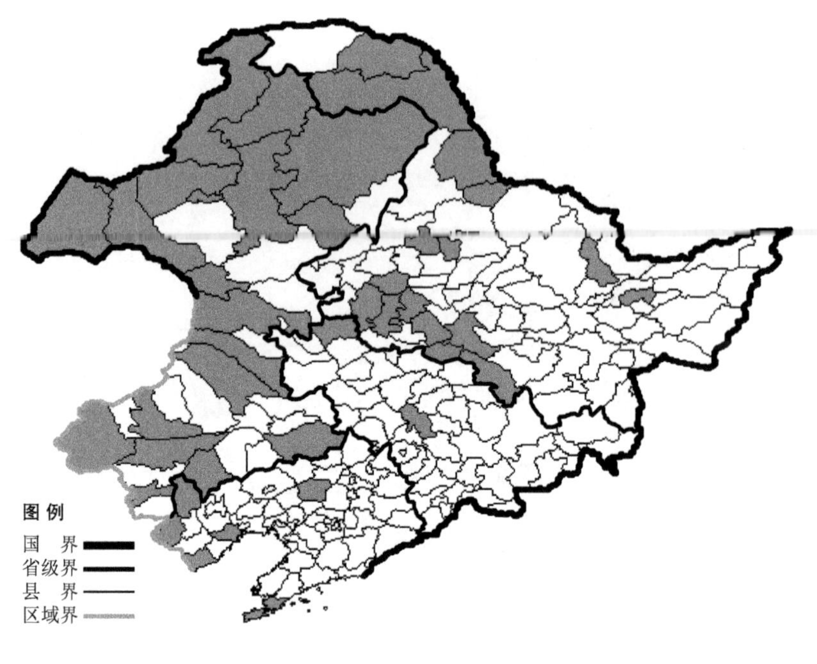

麻花头

Serratula centauroides L.

生境：山坡草地，灌丛，草甸，石砾质山坡，林下，河边，耕地旁，海拔 800 米以下。

产地：黑龙江省呼玛、黑河、集贤、林甸、大庆、杜尔伯特、肇东、五常、双城、克东、塔河、克山、孙吴、安达、哈尔滨、鹤岗，吉林省镇赉、长春，辽宁省凌源、葫芦岛、新民、建平、大连、绥中，内蒙古科尔沁右翼前旗、海拉尔、新巴尔虎右旗、新巴尔虎左旗、满洲里、阿荣旗、陈巴尔虎旗、科尔沁右翼中旗、额尔古纳、根河、牙克石、鄂伦春旗、敖汉旗、喀喇沁旗、巴林右旗、克什克腾旗、翁牛特旗、科尔沁左翼后旗、扎鲁特旗、阿尔山。

分布：中国（黑龙江、吉林、辽宁、内蒙古、河北、山西、陕西、宁夏、山东、安徽、河南、湖北），蒙古、俄罗斯（东部西伯利亚）。

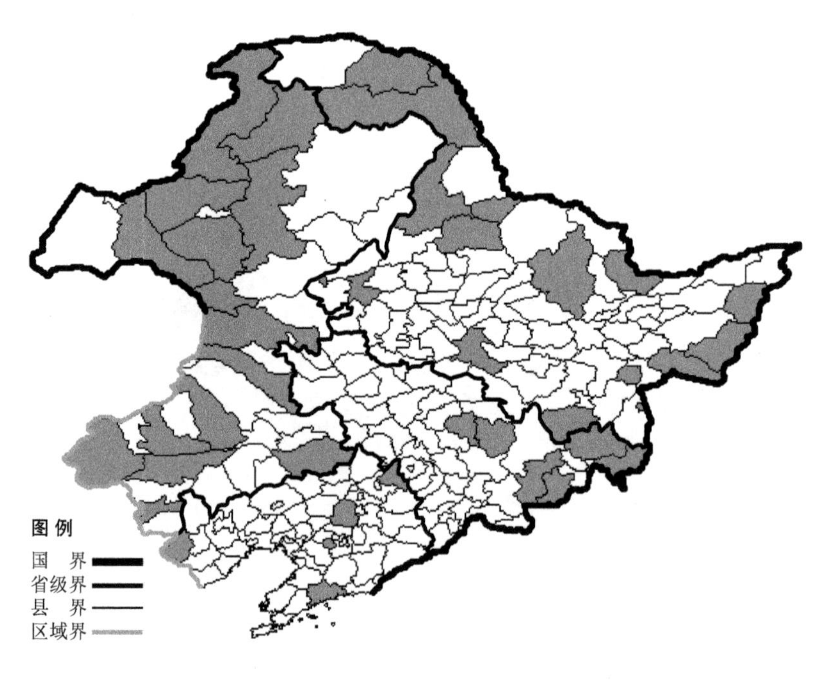

伪泥胡菜

Serratula coronata L.

生境：草甸，林下，林缘，路旁，山坡草地，海拔 1000 米以下。

产地：黑龙江省塔河、五大连池、饶河、嫩江、密山、虎林、萝北、伊春、宁安、哈尔滨、呼玛、绥芬河、鸡西、孙吴、齐齐哈尔，吉林省和龙、安图、汪清、珲春、吉林、蛟河，辽宁省西丰、鞍山、凌源、庄河、沈阳，内蒙古根河、牙克石、额尔古纳、陈巴尔虎旗、科尔沁右翼中旗、科尔沁右翼前旗、阿尔山、翁牛特旗、科尔沁左翼后旗、鄂温克旗、阿鲁科尔沁旗、巴林右旗、克什克腾旗、喀喇沁旗、新巴尔虎左旗。

分布：中国（黑龙江、吉林、辽宁、内蒙古、河北、山西、陕西、甘肃、新疆、山东、江苏、安徽、湖北、贵州），日本，蒙古，俄罗斯（欧洲部分、高加索、西伯利亚、远东地区），中亚，欧洲。

钟苞麻花头

Serratula cupuliformis Nakai et Kitag.

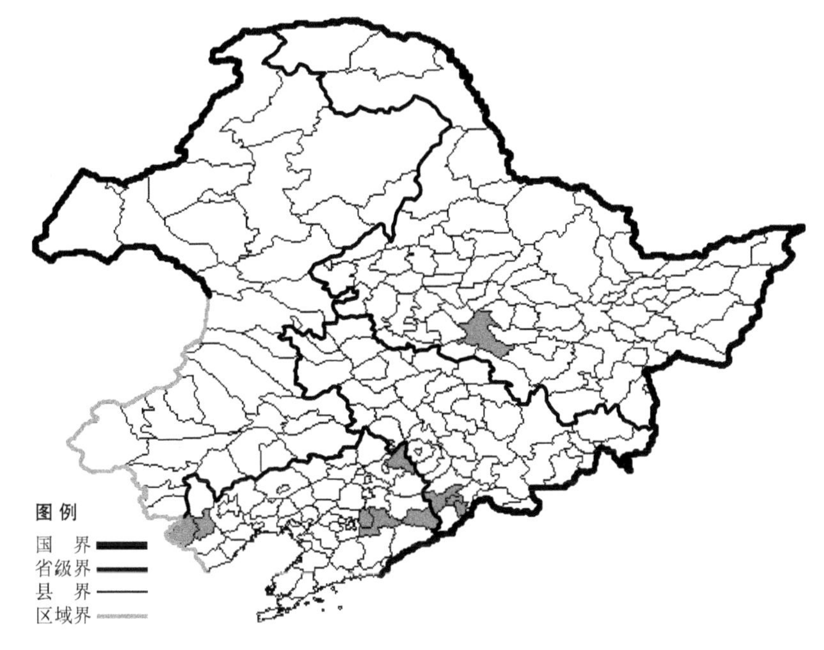

生境：山坡草地，林下，路旁，河边，海拔约500米。

产地：黑龙江省哈尔滨，吉林省通化，辽宁省西丰、凌源、本溪、桓仁、喀左。

分布：中国（黑龙江、吉林、辽宁、河北、山西、陕西）。

薄叶麻花头

Serratula marginata Tausch.

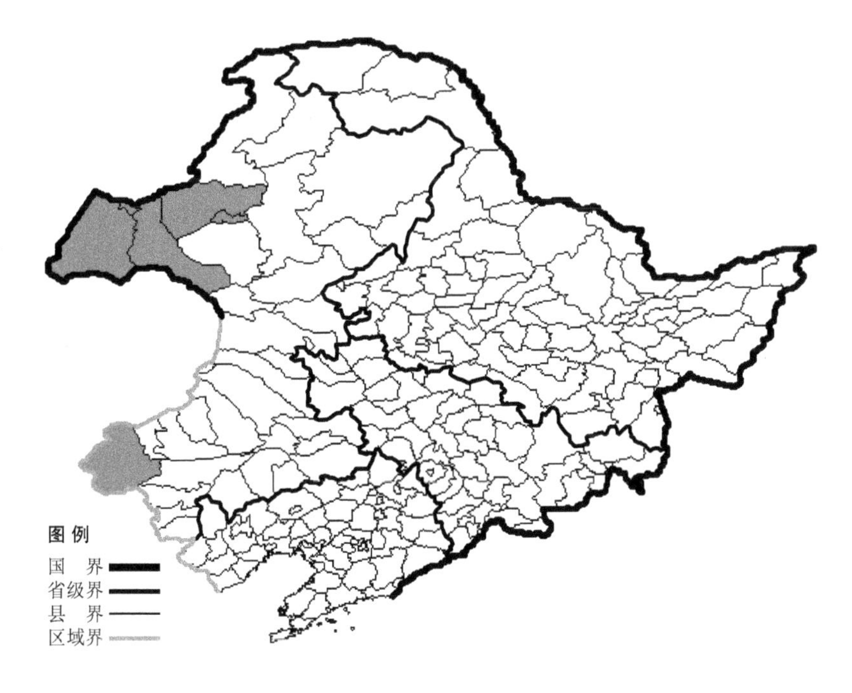

生境：山坡草地，林缘，山沟阴湿处，海拔900米以下。

产地：内蒙古海拉尔、满洲里、新巴尔虎左旗、新巴尔虎右旗、陈巴尔虎旗、克什克腾旗。

分布：中国（内蒙古、新疆），蒙古，俄罗斯（西伯利亚），中亚。

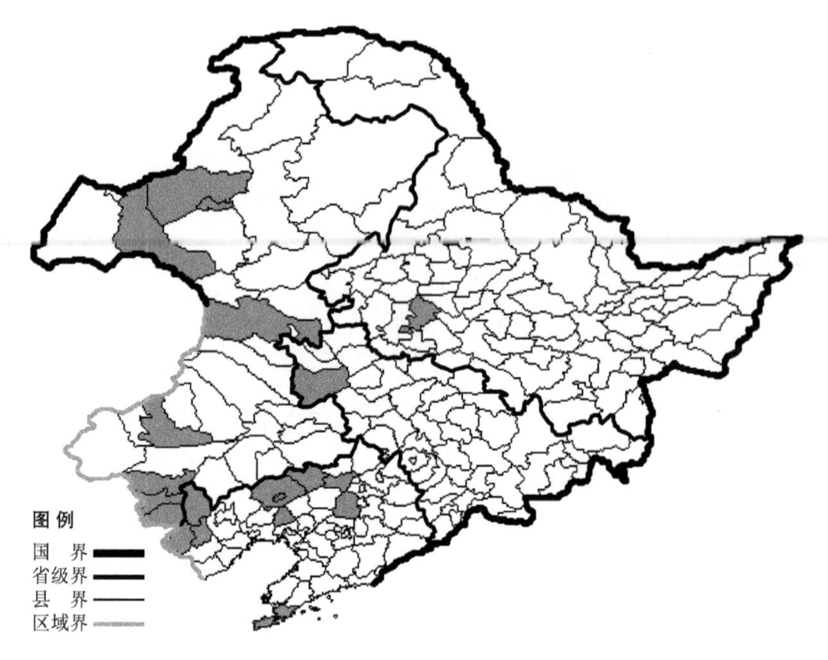

多花麻花头

Serratula polycephala Iljin

生境：路旁，干草地，田间，荒地，海拔 600 米以下。

产地：黑龙江省安达，吉林省通榆，辽宁省凌源、建平、喀左、阜新、北镇、沈阳、法库、大连、彰武，内蒙古宁城、赤峰、陈巴尔虎旗、新巴尔虎左旗、海拉尔、科尔沁右翼前旗、巴林右旗、喀喇沁旗。

分布：中国（黑龙江、吉林、辽宁、内蒙古、河北、山西）。

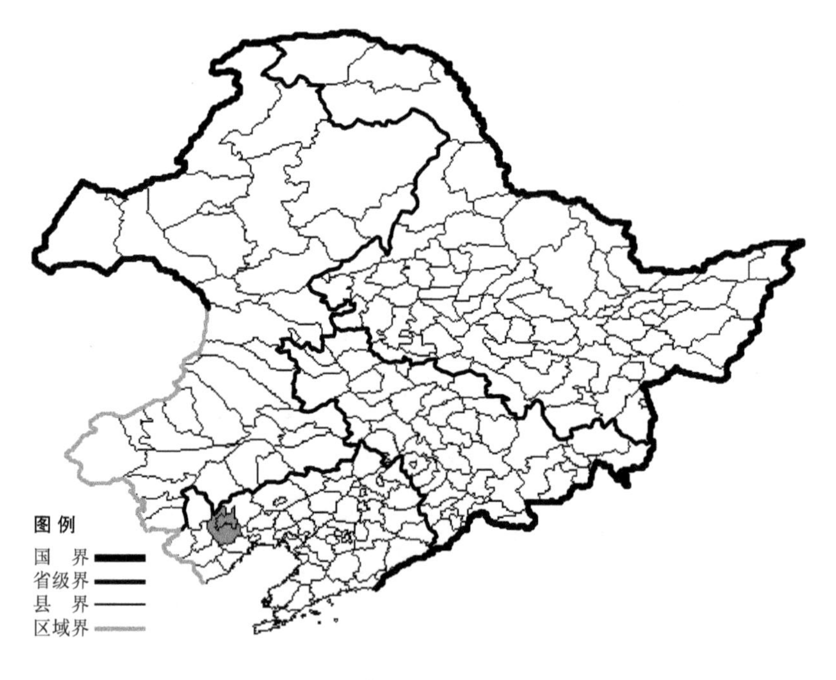

白花多花麻花头 Serratula polycephala Iljin f. **leucantha** Kitag. 生于沙质地，产于辽宁省朝阳，分布于中国（辽宁）。

草地麻花头

Serratula yamatsutana Kitag.

生境：山坡草地，灌丛，干山坡，草原，路旁，半固定沙丘，海拔 800 米以下。

产地：黑龙江省大庆、哈尔滨、安达、齐齐哈尔，吉林省通榆、长春，辽宁省彰武、新民、大连、普兰店，内蒙古海拉尔、赤峰、科尔沁右翼前旗、牙克石、满洲里、科尔沁右翼中旗、扎鲁特旗。

分布：中国（黑龙江、吉林、辽宁、内蒙古）。

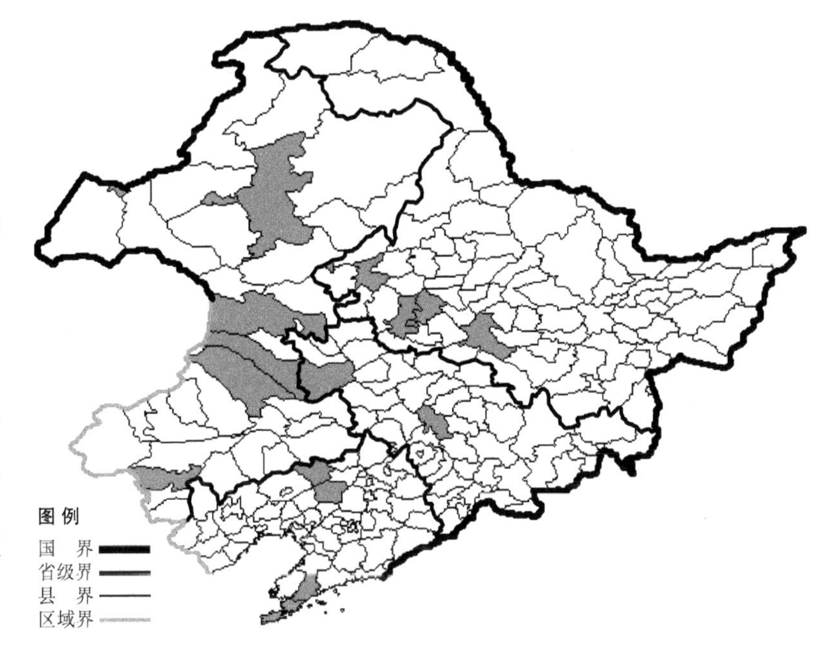

光豨莶

Siegesbeckia glabreccens (Makino) Makino

生境：田间，路旁，灌丛，林缘，林下，荒地。

产地：吉林省通化、辉南，辽宁省庄河、岫岩、本溪、桓仁、宽甸、凤城、大连、长海、沈阳、新宾。

分布：中国（吉林、辽宁、安徽、浙江、福建、河南、湖北、江西、湖南、广东、四川、云南、台湾），朝鲜半岛，日本，俄罗斯（远东地区）。

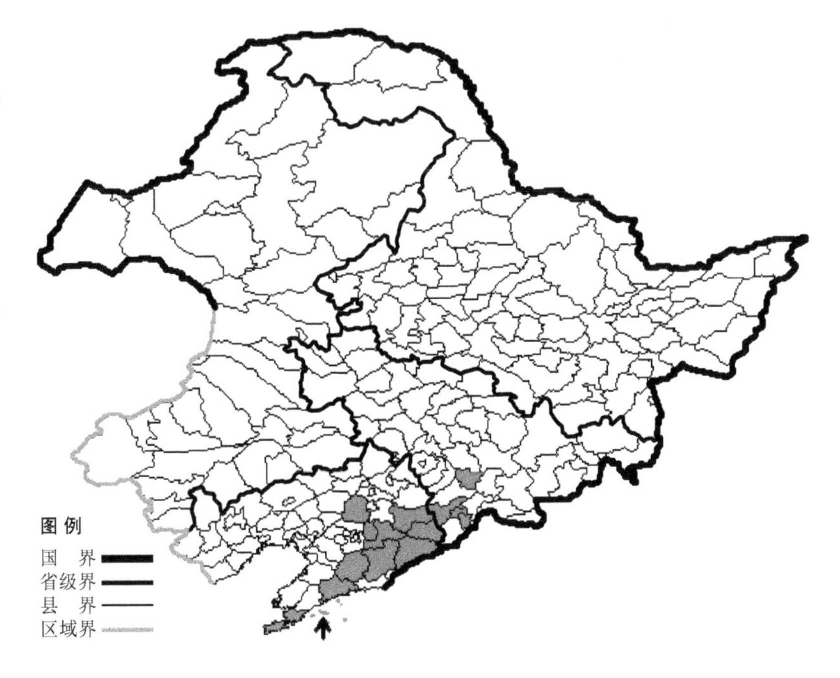

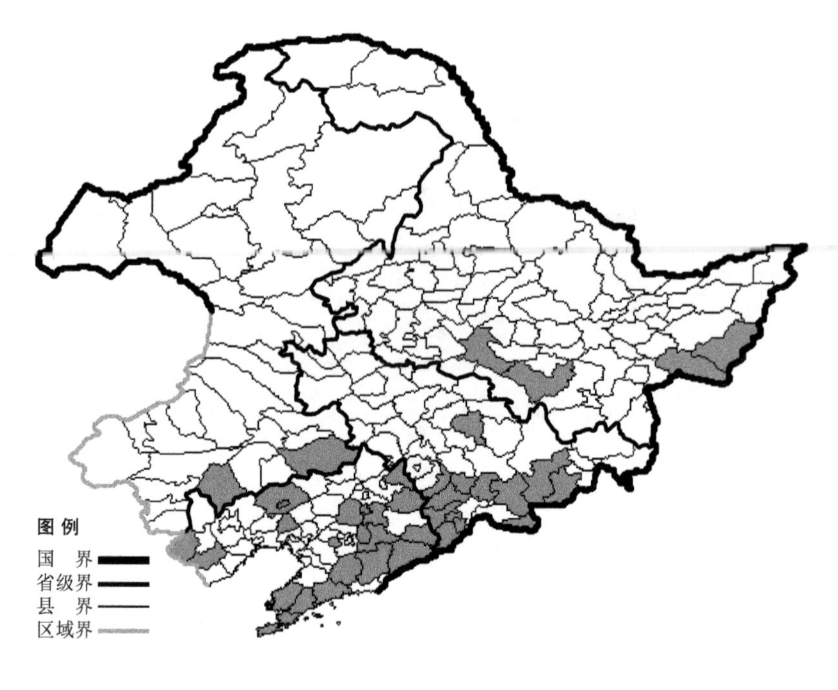

毛豨莶

Siegesbeckia pubescens (Makino) Makino

生境：山坡草地，路旁，耕地旁，沟边，海拔 700 米以下。

产地：黑龙江省虎林、尚志、密山、哈尔滨，吉林省安图、抚松、和龙、吉林、通化、柳河、梅河口、辉南、集安、靖宇、长白，辽宁省西丰、清原、沈阳、鞍山、抚顺、庄河、瓦房店、大连、普兰店、北镇、岫岩、宽甸、本溪、桓仁、凤城、阜新、建昌、凌源，内蒙古科尔沁左翼后旗、敖汉旗。

分布：中国（黑龙江、吉林、辽宁、内蒙古、河北、山西、陕西、甘肃、青海、山东、江苏、安徽、浙江、福建、河南、湖北、江西、湖南、广西、四川、云南、西藏），朝鲜半岛，日本，俄罗斯（远东地区）。

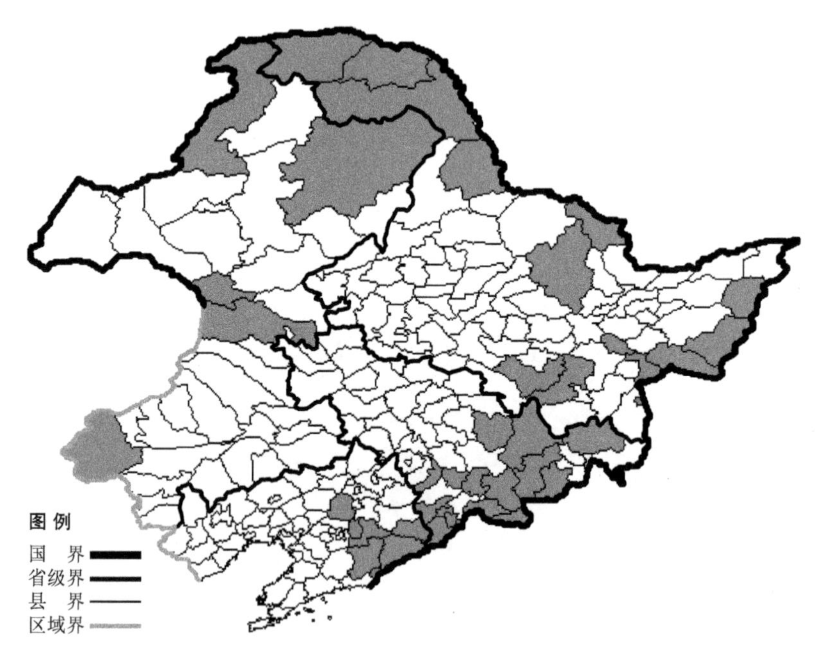

兴安一枝黄花

Solidago virgaurea L. var. **dahurica** Kitag.

生境：林下，林缘，灌丛，山坡草地，海拔 2100 米以下。

产地：黑龙江省伊春、饶河、勃利、漠河、海林、黑河、呼玛、鸡东、嘉荫、绥芬河、塔河、尚志、虎林、密山，吉林省敦化、临江、通化、梅河口、长白、辉南、蛟河、和龙、安图、抚松、靖宇、集安、长白、汪清，辽宁省本溪、凤城、沈阳、宽甸、桓仁、丹东，内蒙古科尔沁右翼前旗、克什克腾旗、额尔古纳、鄂伦春旗、阿尔山。

分布：中国（黑龙江、吉林、辽宁、内蒙古、河北、山西、新疆），蒙古，俄罗斯（西伯利亚），中亚。

朝鲜一枝黄花 Solidago virgaurea L. var. **coreana** Nakai. 生于林缘、林下、灌丛，海拔1100米以下，产于黑龙江省呼玛、黑河、富锦、鸡东、海林、宁安、虎林、尚志、伊春、密山、勃利，吉林省安图、蛟河、汪清、和龙，辽宁省本溪、凤城、丹东、宽甸、桓仁、凌源，分布于中国（黑龙江、吉林、辽宁、河北），朝鲜半岛，日本，俄罗斯（远东地区）。

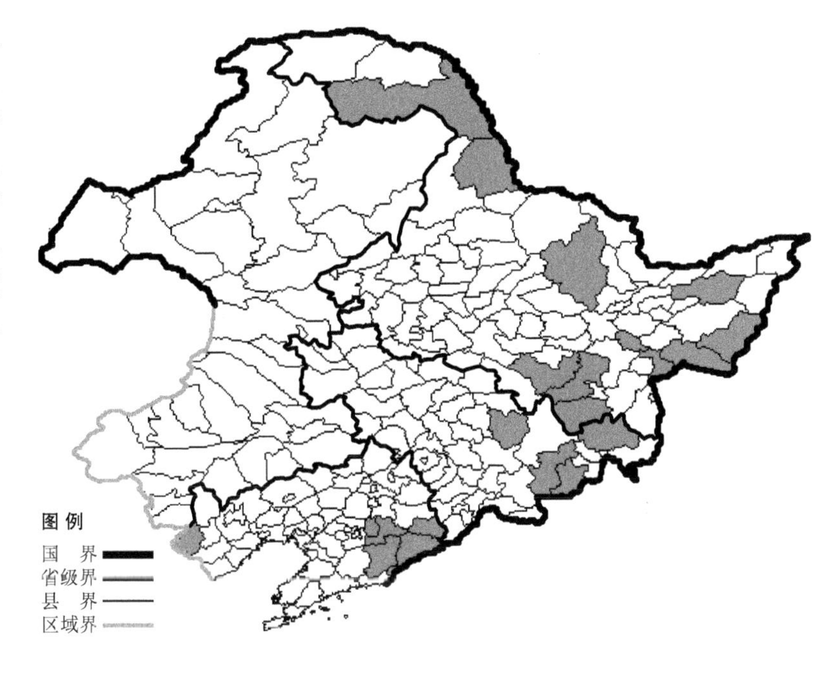

朝鲜华千里光

Sinosenecio koreanus (Kom.) B. Nord.

生境：林下。
产地：辽宁省桓仁。
分布：中国（辽宁），朝鲜半岛。

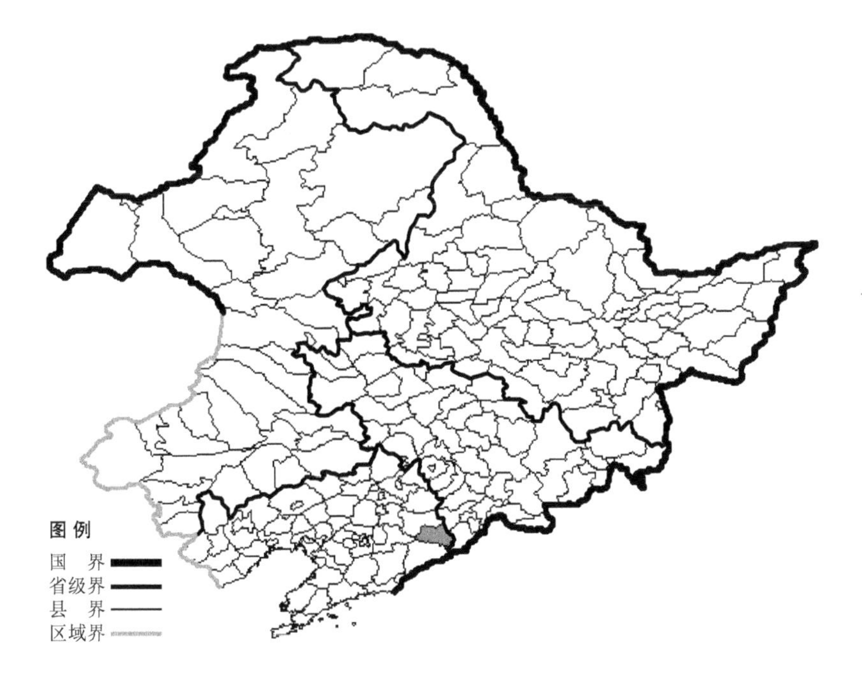

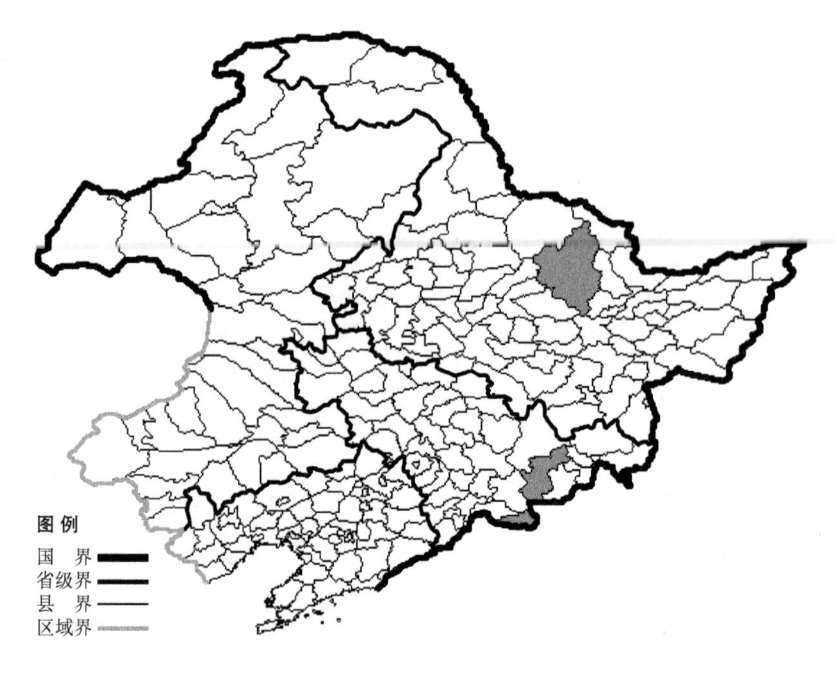

续断菊

Sonchus asper (L.) Hill.

生境：山坡草地，耕地旁，河边，林间草地。

产地：黑龙江省伊春，吉林省安图、长白。

分布：原产欧洲和地中海地区，现我国黑龙江、吉林、河北、山西、陕西、青海、宁夏、新疆、山东、江苏、安徽、浙江、福建、湖北、江西、湖南、海南、贵州、云南、西藏有分布。

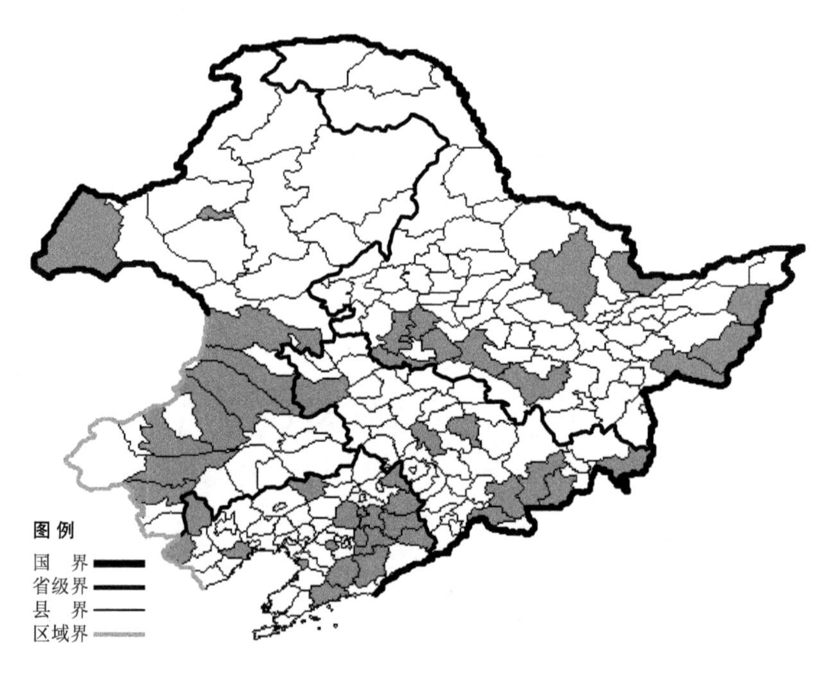

苣荬菜

Sonchus brachyotus DC.

生境：田间，荒地，路旁，河滩，湿草地，山坡草地，海拔 800 米以下。

产地：黑龙江省哈尔滨、尚志、饶河、密山、萝北、虎林、伊春、安达、肇东、肇源、大庆，吉林省吉林、长春、通榆、珲春、安图、和龙、临江、抚松，辽宁省西丰、清原、凌源、新宾、彰武、葫芦岛、抚顺、沈阳、鞍山、凤城、庄河、岫岩、营口、建平、本溪、桓仁，内蒙古赤峰、阿鲁科尔沁旗、巴林右旗、海拉尔、扎鲁特旗、翁牛特旗、新巴尔虎右旗、科尔沁右翼前旗、科尔沁右翼中旗。

分布：中国（黑龙江、吉林、辽宁、内蒙古、河北、山西、陕西、山东），朝鲜半岛，日本，蒙古，俄罗斯（远东地区）。

苦苣菜

Sonchus oleraceus L.

生境：田间，沙质地，杂草地，海拔 1300 米以下。

产地：黑龙江省伊春，吉林省抚松，辽宁省大连、长海、锦州、葫芦岛，内蒙古科尔沁右翼中旗、克什克腾旗。

分布：原产欧洲，现我国黑龙江、吉林、辽宁、内蒙古、河北、陕西、甘肃、青海、新疆、江苏、河南、湖北、广东、四川有分布。

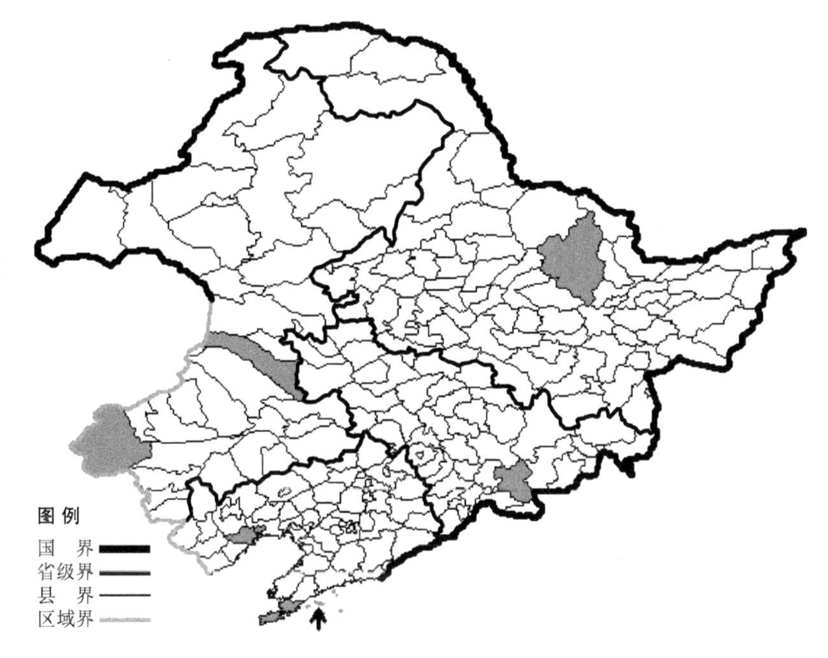

含苞草

Symphyllocarpus exilis Maxim.

生境：浅滩，河边。

产地：黑龙江省哈尔滨。

分布：中国（黑龙江），朝鲜半岛，俄罗斯（远东地区）。

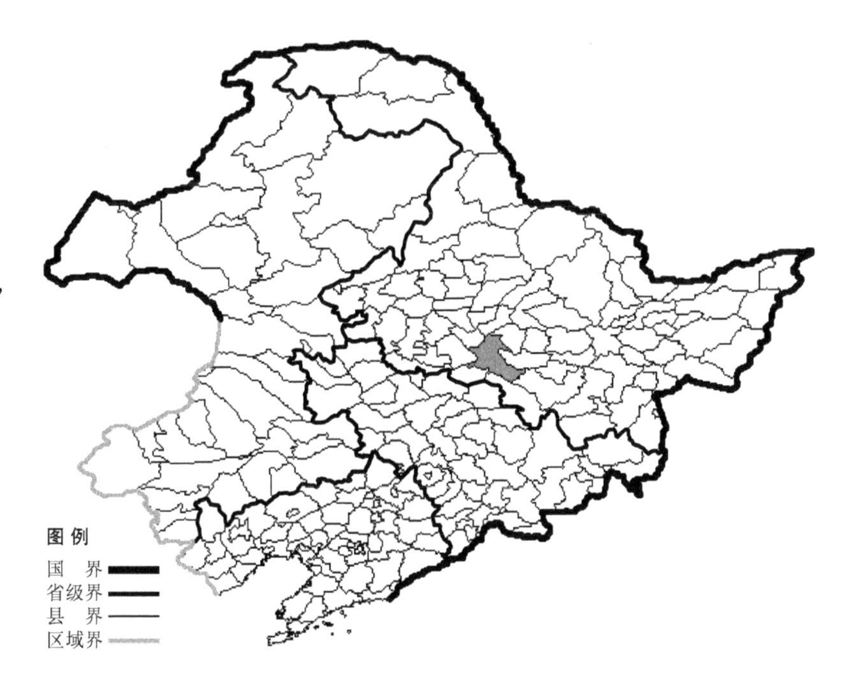

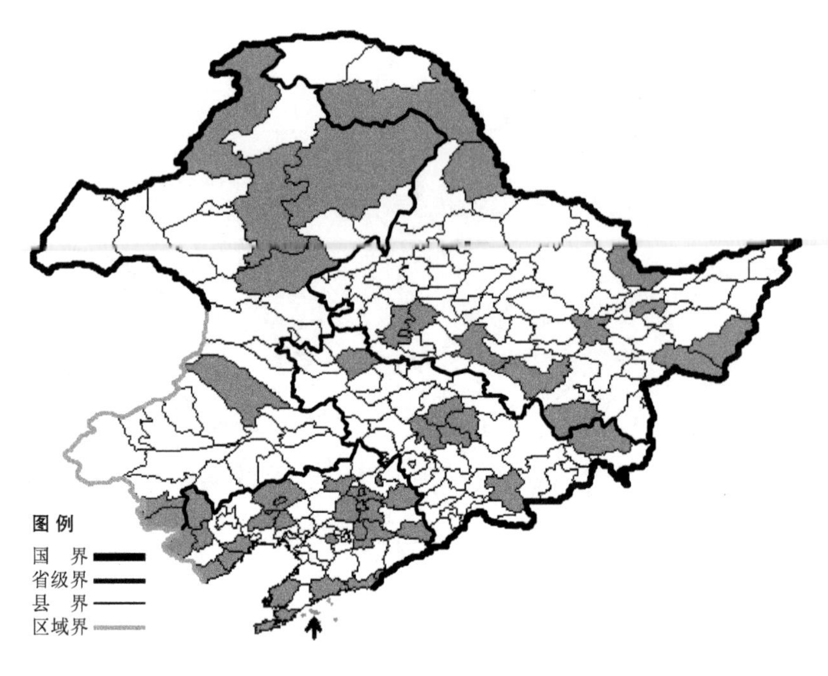

兔儿伞

Syneilesis aconitifolia (Bunge) Maxim.

生境：干山坡，灌丛，林缘，林间草地，海拔 800 米以下。

产地：黑龙江省萝北、密山、尚志、黑河、依兰、集贤、哈尔滨、大庆、宁安、呼玛、虎林、依兰、安达，吉林省汪清、永吉、长春、大安、九台、吉林、抚松，辽宁省本溪、抚顺、东港、义县、葫芦岛、北镇、法库、建平、喀左、清原、兴城、丹东、桓仁、大连、庄河、瓦房店、长海、鞍山、绥中、凌源、阜新、沈阳、铁岭，内蒙古牙克石、扎兰屯、鄂伦春旗、喀喇沁旗、额尔古纳、宁城、扎鲁特旗。

分布：中国（黑龙江、吉林、辽宁、内蒙古、河北、山西、陕西、甘肃、山东、江苏、安徽、浙江、福建、河南、湖北、江西、湖南、贵州、台湾），朝鲜半岛，俄罗斯（远东地区）。

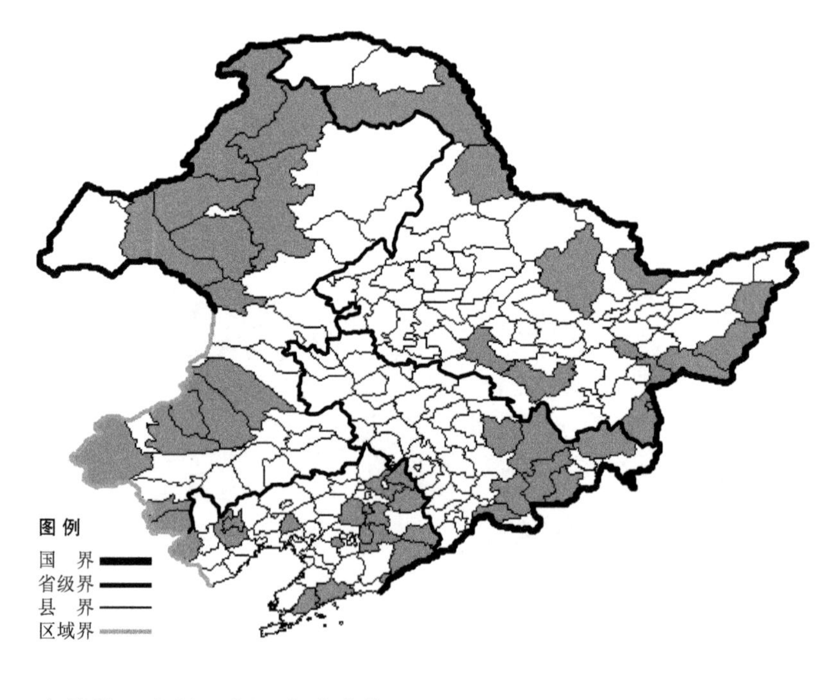

山牛蒡

Synurus deltoides (Ait.) Nakai

生境：林下，林缘，山坡草地，海拔 2100 米以下。

产地：黑龙江省哈尔滨、鸡东、东宁、呼玛、虎林、饶河、伊春、萝北、密山、尚志、勃利、黑河、绥芬河，吉林省临江、抚松、安图、和龙、敦化、汪清、蛟河，辽宁省沈阳、西丰、凌源、清原、桓仁、本溪、宽甸、抚顺、北镇、鞍山、开原、朝阳、丹东、普兰店、庄河，内蒙古阿尔山、阿鲁科尔沁旗、克什克腾旗、巴林左旗、巴林右旗、喀喇沁旗、根河、额尔古纳、牙克石、陈巴尔虎旗、鄂温克旗、扎鲁特旗、宁城、新巴尔虎左旗。

分布：中国（黑龙江、吉林、辽宁、内蒙古、河北、陕西、甘肃、山东、安徽、浙江、河南、湖北、江西、湖南、四川、云南），朝鲜半岛，日本，蒙古，俄罗斯（东部西伯利亚、远东地区）。

菊蒿

Tanacetum vulgare L.

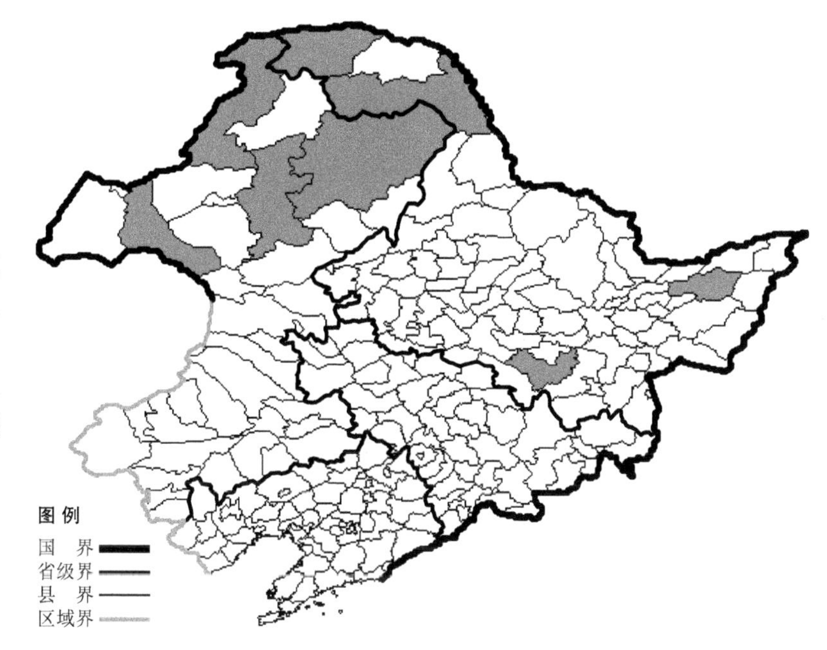

生境：草甸，耕地旁，荒地，灌丛，海拔约 300 米。

产地：黑龙江省尚志、富锦、漠河、呼玛，内蒙古鄂伦春旗、额尔古纳、新巴尔虎左旗、牙克石。

分布：中国（黑龙江、内蒙古、新疆），朝鲜半岛，日本，蒙古，俄罗斯（欧洲部分、高加索、西伯利亚），中亚，土耳其，非洲，欧洲。

丹东蒲公英

Taraxacum antungense Kitag.

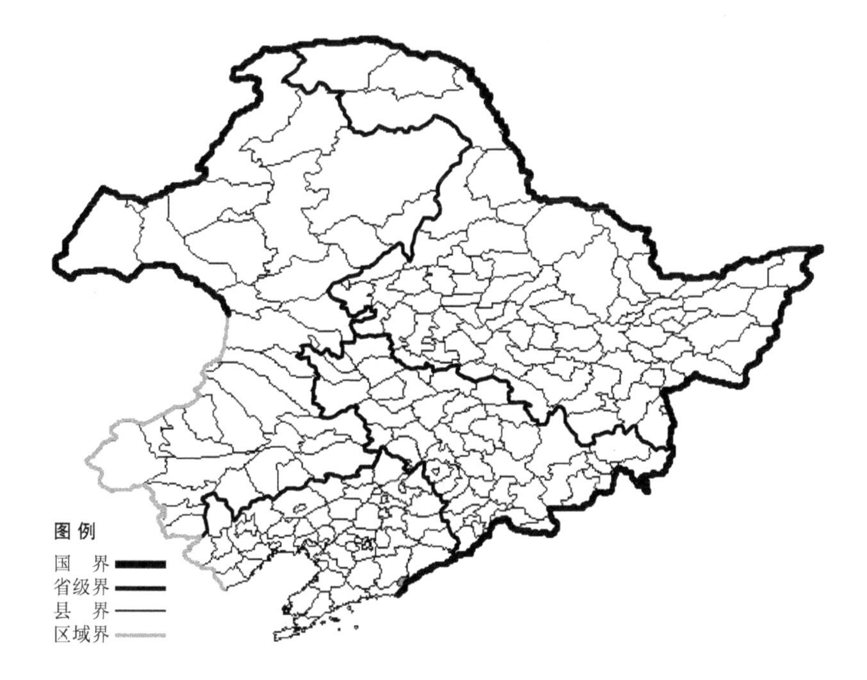

生境：山坡草地。

产地：辽宁省丹东。

分布：中国（辽宁）。

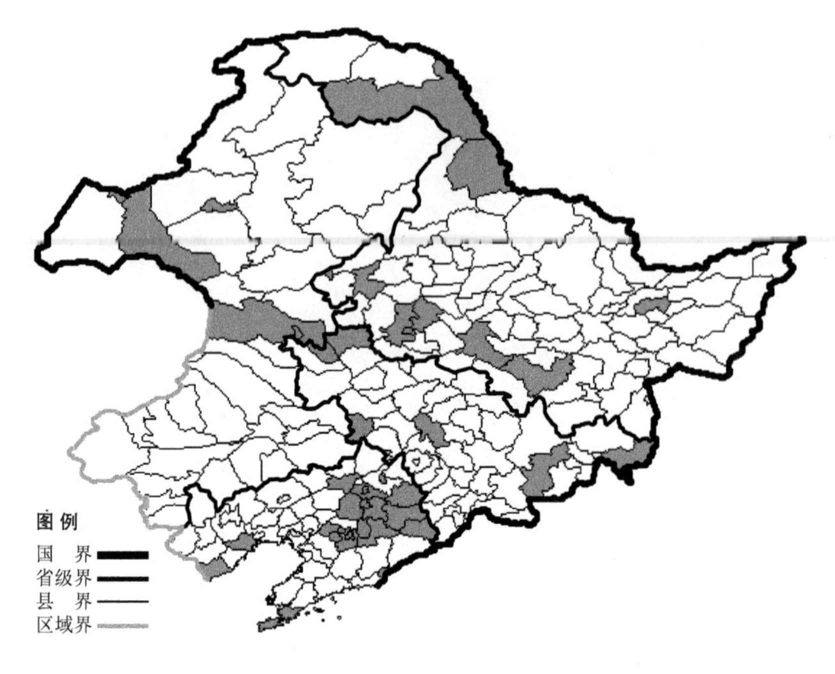

戟片蒲公英

Taraxacum asiaticum Dahl.

生境：林下，路旁，湿草地，人家附近，海拔 1200 米以下。

产地：黑龙江省呼玛、尚志、安达、黑河、哈尔滨、集贤、大庆、齐齐哈尔，吉林省长春、双辽、镇赉、珲春、安图、白城，辽宁省法库、鞍山、沈阳、大连、桓仁、葫芦岛、新宾、清原、丹东、绥中、铁岭、抚顺、本溪、辽阳，内蒙古新巴尔虎左旗、海拉尔、乌兰浩特、科尔沁右翼前旗、满洲里。

分布：中国（黑龙江、吉林、辽宁、内蒙古、河北、山西、陕西、宁夏、甘肃、青海、湖北、四川），朝鲜半岛。

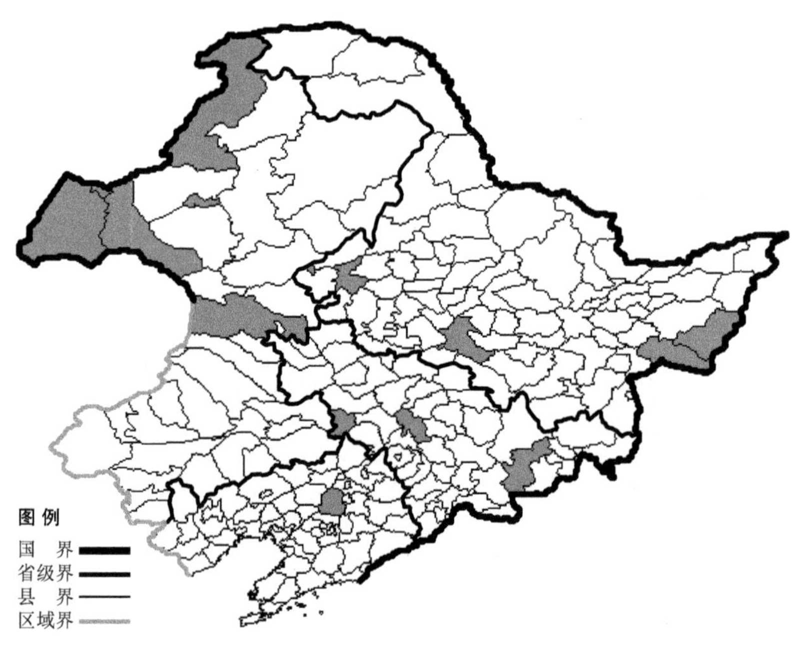

狭戟片蒲公英 Taraxacum asiaticum Dahl. var. **lonchophyllum** Kitag. 生于河滩、草甸、人家附近，海拔 700 米以下，产于黑龙江省哈尔滨、虎林、密山、齐齐哈尔，吉林省双辽、长春、安图，辽宁省沈阳，内蒙古额尔古纳、科尔沁右翼前旗、海拉尔、新巴尔虎左旗、新巴尔虎右旗、满洲里，分布于中国（黑龙江、吉林、辽宁、内蒙古）。

华蒲公英

Taraxacum borealisinense Kitam.

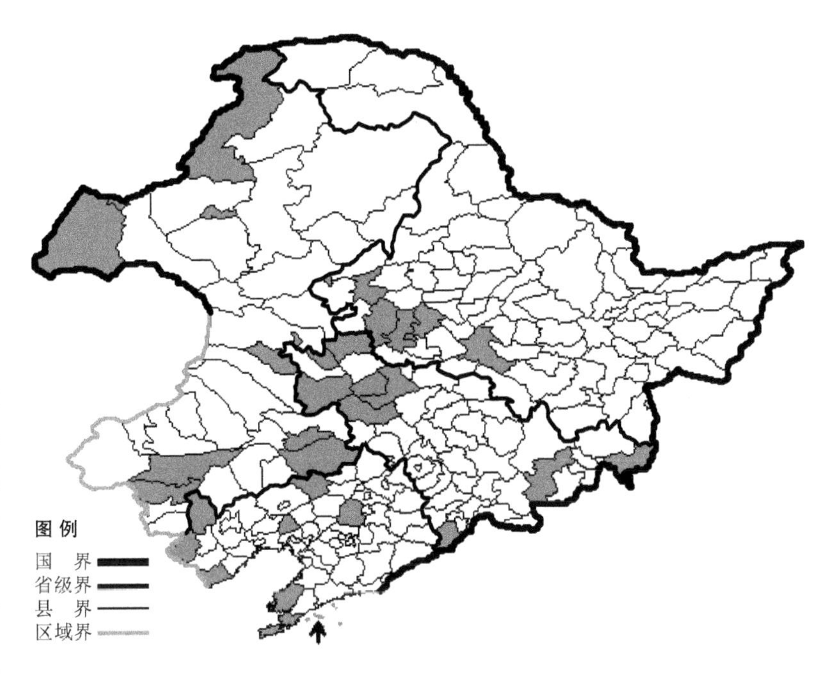

生境：河边沙质地，山坡草地。

产地：黑龙江省哈尔滨、大庆、齐齐哈尔、杜尔伯特、安达，吉林省集安、通榆、镇赉、前郭尔罗斯、白城、长岭、乾安、安图、珲春，辽宁省凌源、建平、绥中、北镇、彰武、沈阳、大连、瓦房店、长海，内蒙古突泉、海拉尔、额尔古纳、满洲里、新巴尔虎右旗、翁牛特旗、乌兰浩特、科尔沁左翼后旗、通辽、赤峰。

分布：中国（黑龙江、吉林、辽宁、内蒙古、河北、山西、陕西、甘肃、青海、湖北、湖南、四川、贵州、云南），蒙古，俄罗斯（东部西伯利亚）。

白花华蒲公英 Taraxacum borealisinense Kitag. f. **alba** (Sato) C. Y. Li 生于草甸湿地，产于内蒙古满洲里，分布于中国（内蒙古）。

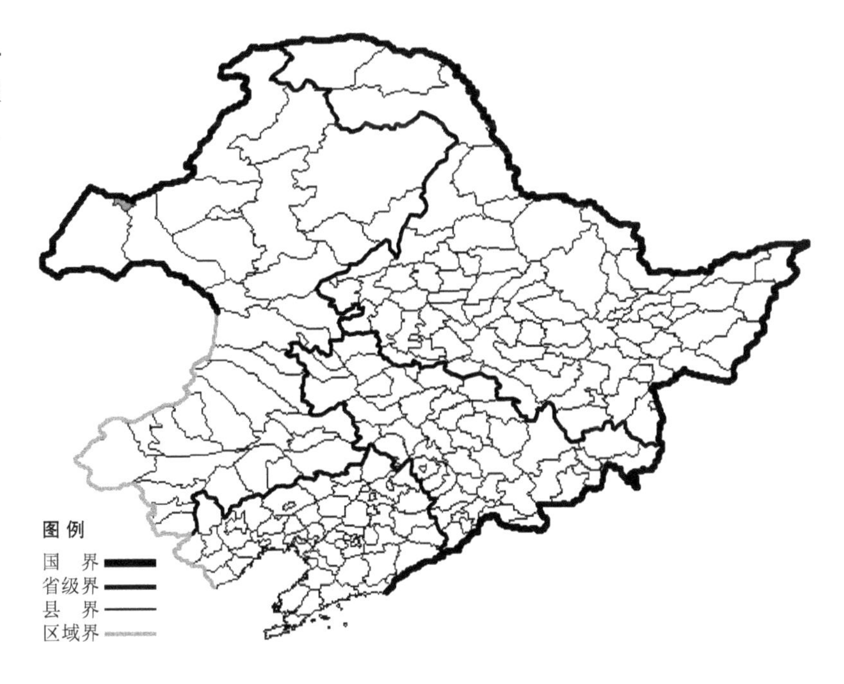

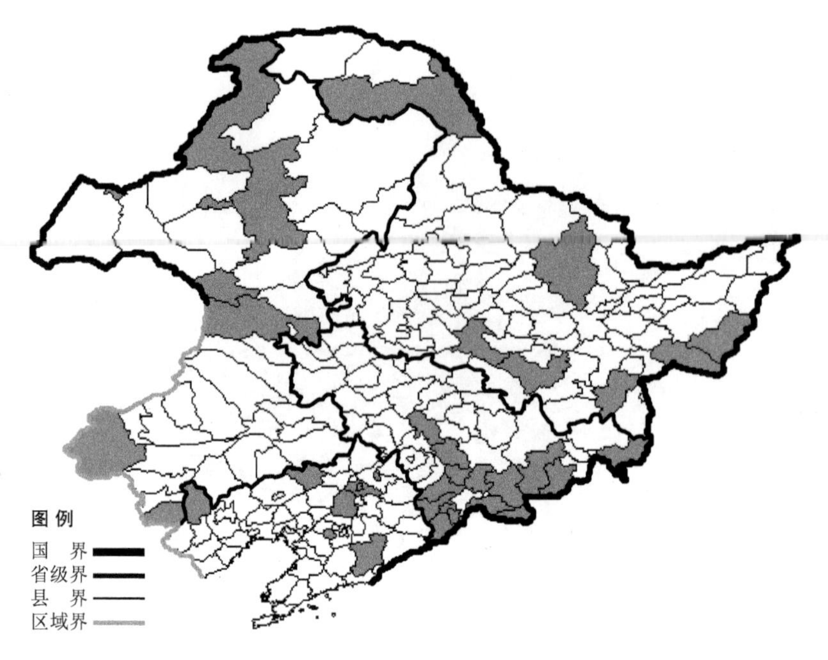

芥叶蒲公英

Taraxacum brassicaefolium Kitag.

生境：湿草地，林缘，草甸，杂草地，海拔 1700 米以下。

产地：黑龙江省穆棱、哈尔滨、虎林、尚志、呼玛、密山、伊春，吉林省临江、通化、柳河、辉南、集安、抚松、长春、靖宇、长白、珲春、磐石、安图、和龙，辽宁省彰武、沈阳、建平、凤城、鞍山、铁岭，内蒙古海拉尔、牙克石、科尔沁右翼前旗、阿尔山、额尔古纳、满洲里、克什克腾旗、宁城。

分布：中国（黑龙江、吉林、辽宁、内蒙古、河北），俄罗斯（远东地区）。

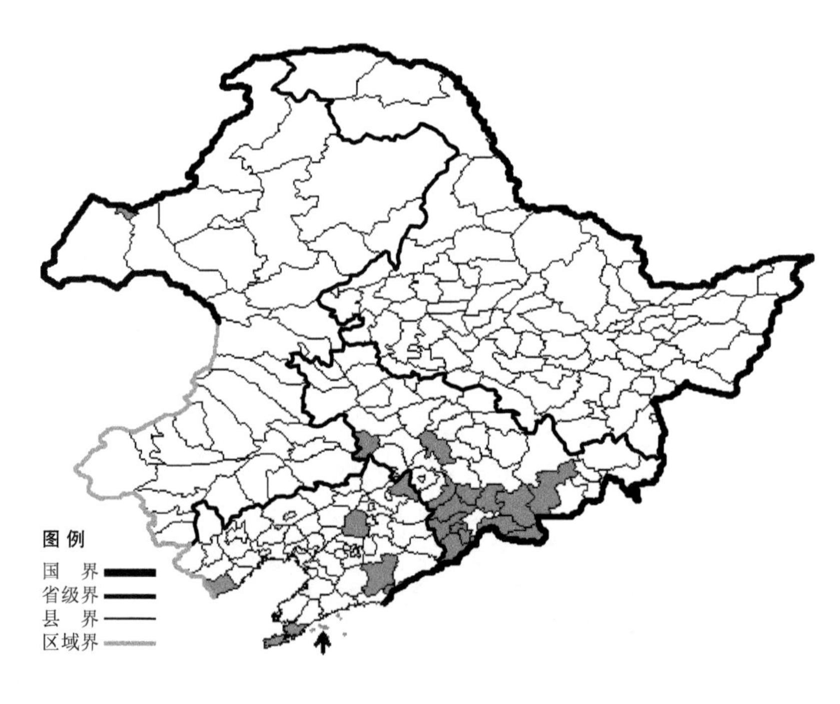

朝鲜蒲公英

Taraxacum coreanum Nakai

生境：向阳山坡草地，海拔 1200 米以下。

产地：吉林省双辽、长春、安图、临江、通化、柳河、梅河口、辉南、集安、抚松、靖宇、长白，辽宁省丹东、绥中、凤城、沈阳、西丰、大连、长海，内蒙古满洲里。

分布：中国（吉林、辽宁），朝鲜半岛，俄罗斯（远东地区）。

红梗蒲公英

Taraxacum erythopodium Kitag.

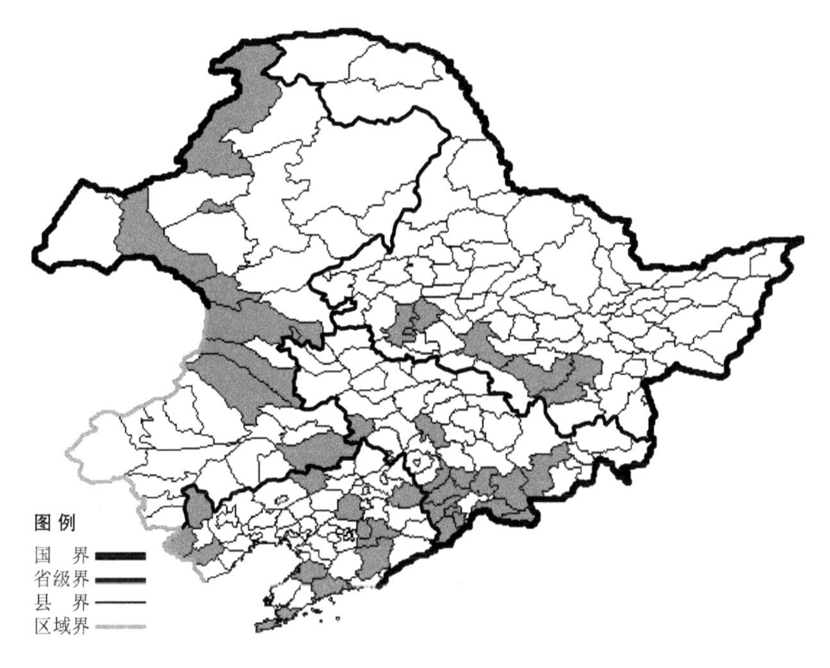

生境：杂草地，路旁，海拔 2000 米以下。

产地：黑龙江省尚志、安达、哈尔滨、海林、大庆，吉林省临江、通化、柳河、梅河口、辉南、集安、抚松、靖宇、长白、安图、长春、双辽，辽宁省大连、本溪、凤城、盖州、建平、凌源、庄河、沈阳、清原、建昌、彰武，内蒙古阿尔山、乌兰浩特、额尔古纳、海拉尔、扎鲁特旗、科尔沁左翼后旗、科尔沁右翼前旗、科尔沁右翼中旗、新巴尔虎左旗。

分布：中国（黑龙江、吉林、辽宁、内蒙古、河北）。

兴安蒲公英

Taraxacum falcilobum Kitag.

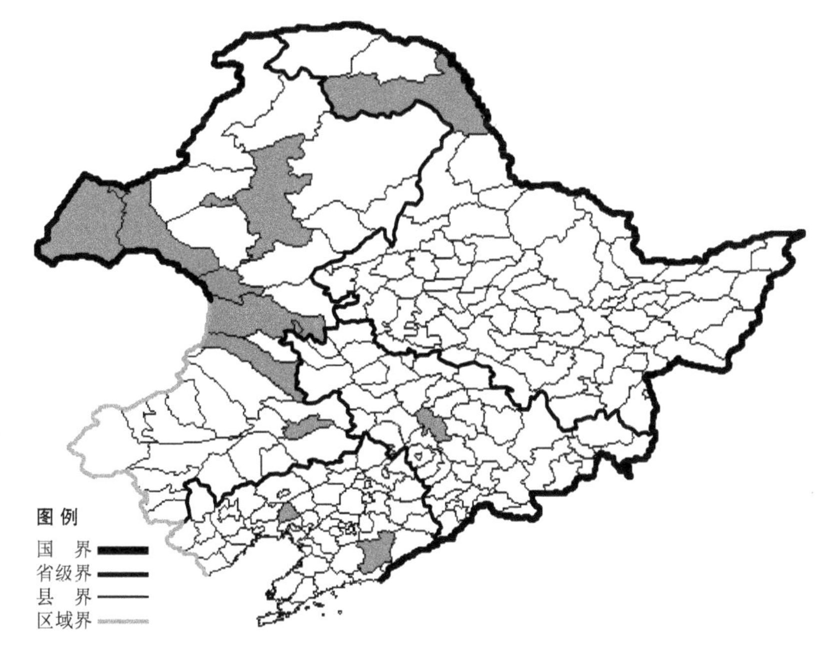

生境：沙地，海拔约 600 米。

产地：黑龙江省呼玛，吉林省长春，辽宁省北镇、凤城，内蒙古海拉尔、阿尔山、乌兰浩特、科尔沁右翼前旗、科尔沁右翼中旗、新巴尔虎右旗、新巴尔虎左旗、满洲里、通辽、牙克石。

分布：中国（黑龙江、吉林、辽宁、内蒙古）。

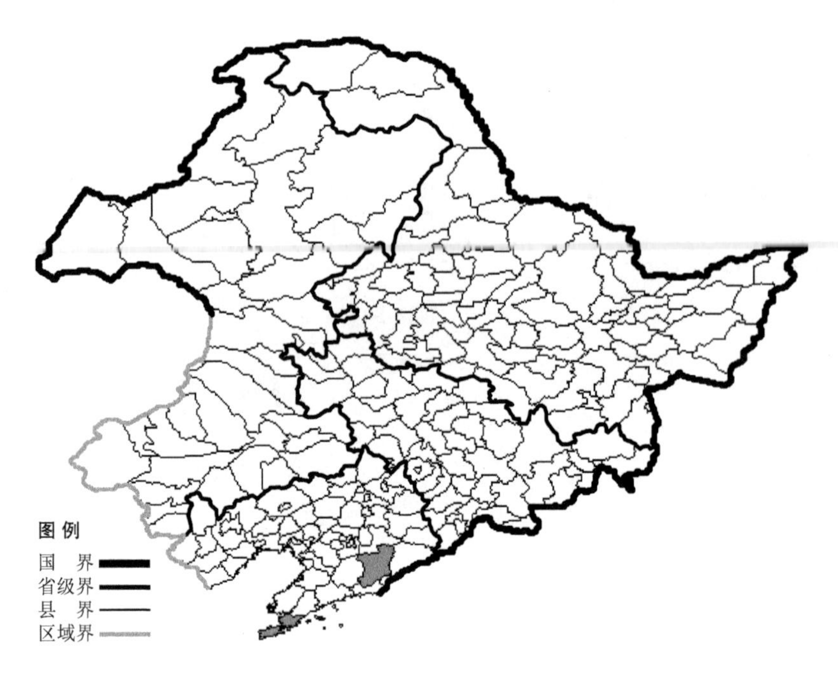

台湾蒲公英

Taraxacum formosanum Kitam.

生境：路旁，荒地，海拔 400 米以下。

产地：辽宁省大连、凤城。

分布：中国（辽宁、台湾）。

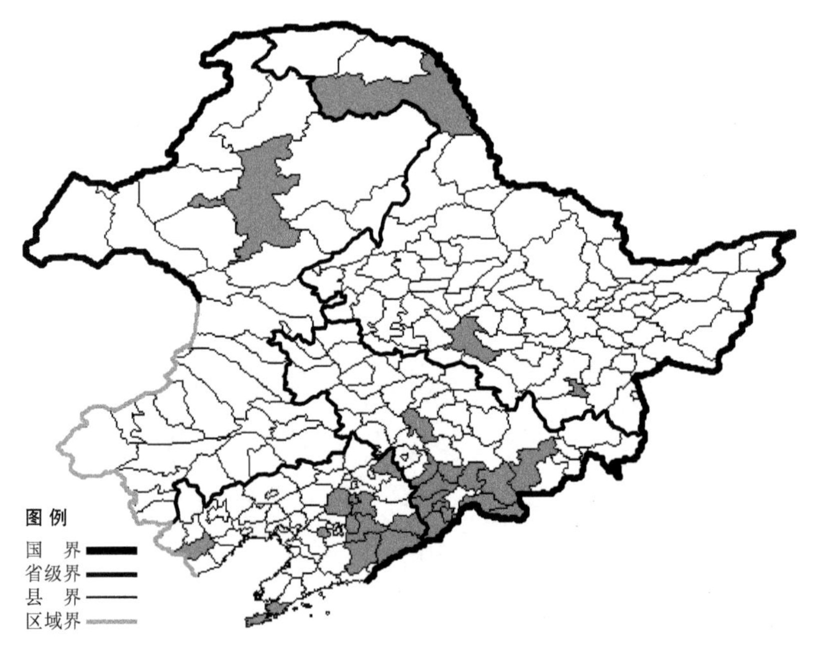

异苞蒲公英

Taraxacum heterolepis Nakai et Koidz.

生境：山坡草地，路旁，湿草地，林缘，海拔 900 米以下。

产地：黑龙江省哈尔滨、呼玛、牡丹江，吉林省临江、通化、柳河、梅河口、辉南、集安、抚松、靖宇、长白、安图、长春，辽宁省西丰、大连、抚顺、沈阳、鞍山、建昌、本溪、凤城、桓仁、宽甸，内蒙古牙克石、海拉尔。

分布：中国（黑龙江、吉林、辽宁、内蒙古、河北）。

长春蒲公英

Tarxacum junpeianum Kitam.

生境：河边沙地。

产地：吉林省长春，辽宁省凤城，内蒙古阿尔山。

分布：中国（吉林、辽宁、内蒙古）。

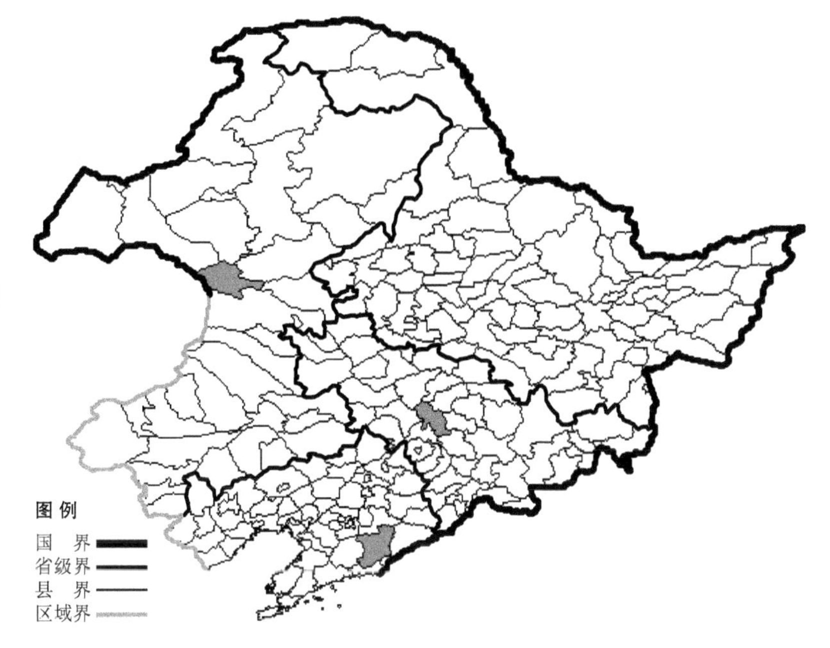

光苞蒲公英

Taraxacum lamprolepis Kitag.

生境：林缘，向阳山坡草地，海拔 900 米以下。

产地：黑龙江省哈尔滨、黑河，吉林省临江、柳河、安图，辽宁省沈阳，内蒙古科尔沁右翼前旗。

分布：中国（黑龙江、吉林、辽宁、内蒙古）。

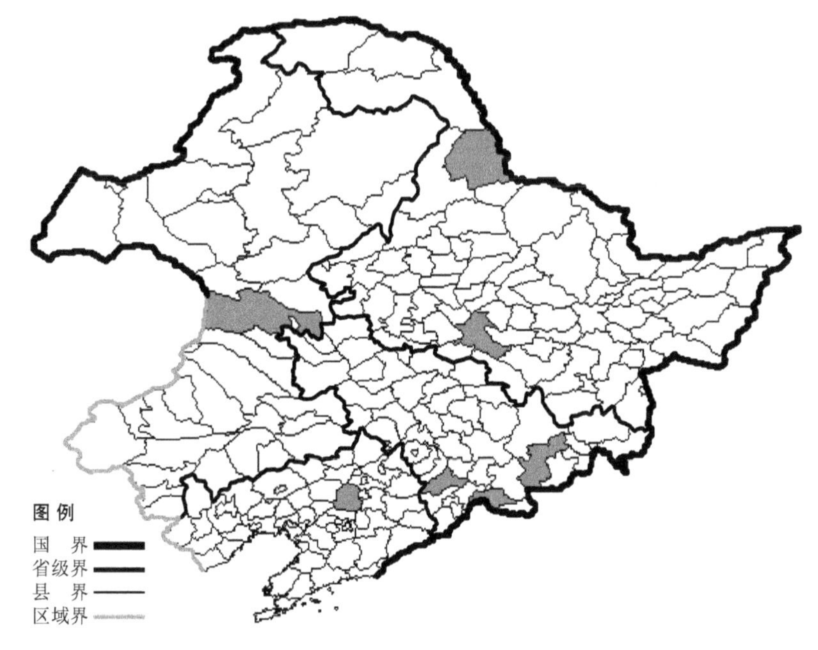

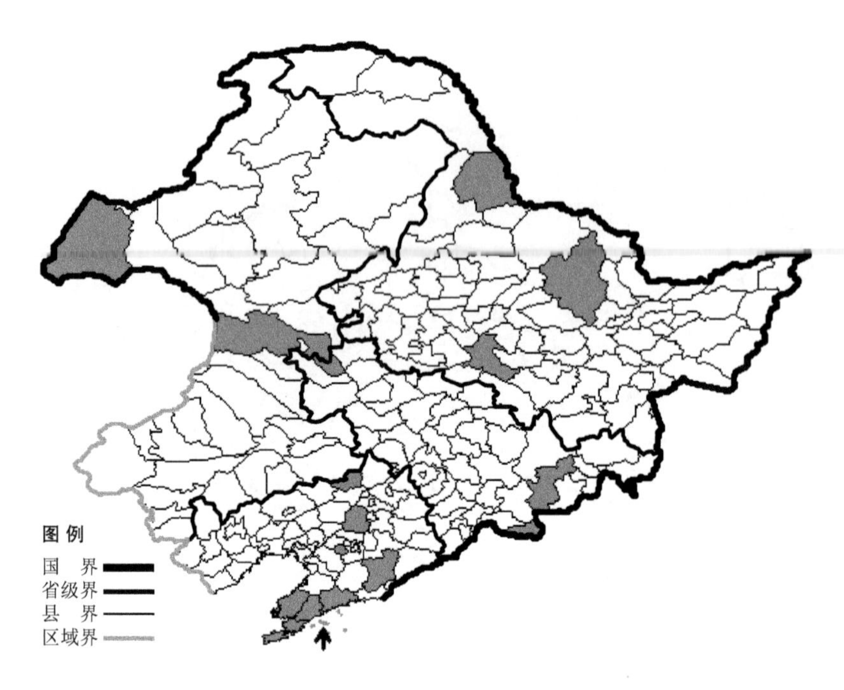

辽东蒲公英

Taraxacum liaotungense Kitag.

生境：山坡草地，杂草地，路旁，海拔 750 米以下。

产地：黑龙江省哈尔滨、伊春、黑河，吉林省白城、长白、安图，辽宁省鞍山、凤城、康平、沈阳、大连、瓦房店、普兰店、庄河、长海，内蒙古科尔沁右翼前旗、新巴尔虎右旗。

分布：中国（黑龙江、吉林、辽宁、内蒙古）。

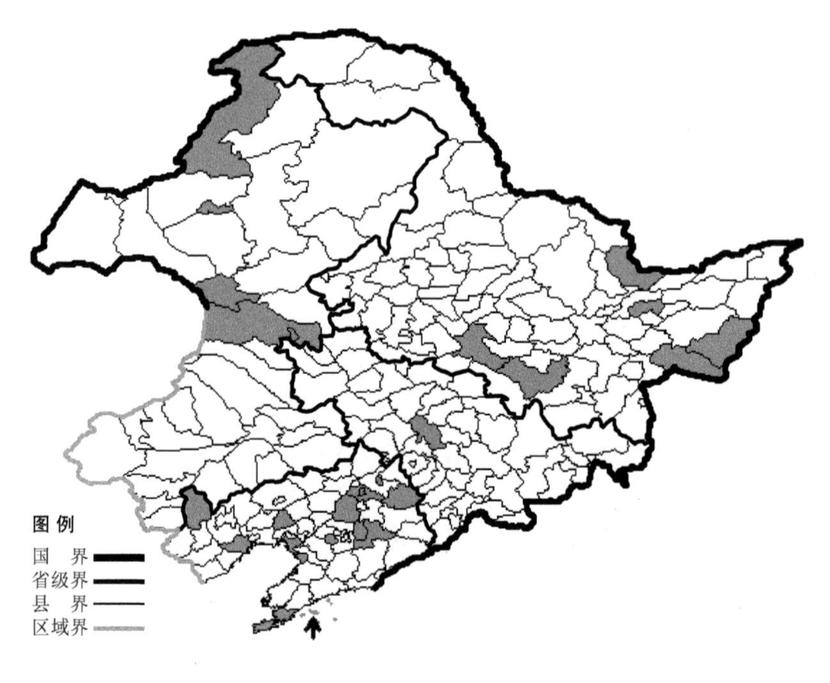

蒙古蒲公英

Taraxacum mongolicum Hand.-Mazz.

生境：路旁，山坡草地，杂草地，海拔约 700 米以下。

产地：黑龙江省哈尔滨、萝北、尚志、密山、虎林、集贤，吉林省长春，辽宁省沈阳、清原、建平、葫芦岛、北镇、大洼、营口、大连、鞍山、长海、铁岭、本溪，内蒙古额尔古纳、科尔沁右翼前旗、乌兰浩特、海拉尔、阿尔山。

分布：中国（黑龙江、吉林、辽宁、内蒙古、河北、山西、陕西、甘肃、青海、山东、江苏、安徽、浙江、福建、河南、湖北、江西、湖南、广东、广西、四川、贵州、云南、台湾），蒙古，俄罗斯（东部西伯利亚、远东地区）。

东北蒲公英

Taraxacum ohwianum Kitam.

生境：路旁，荒地，湿草地，河边，海拔 500 米以下。

产地：黑龙江省哈尔滨、大庆、安达、齐齐哈尔、伊春，吉林省长春、临江、延吉、通化、柳河、梅河口、辉南、集安、抚松、靖宇、长白、安图，辽宁省西丰、新宾、沈阳、鞍山、建平、凌源、义县、抚顺、凤城、桓仁、丹东、大连、铁岭、本溪，内蒙古阿尔山、科尔沁右翼前旗、科尔沁右翼中旗、额尔古纳、海拉尔。

分布：中国（黑龙江、吉林、辽宁、内蒙古），朝鲜半岛，俄罗斯（远东地区）。

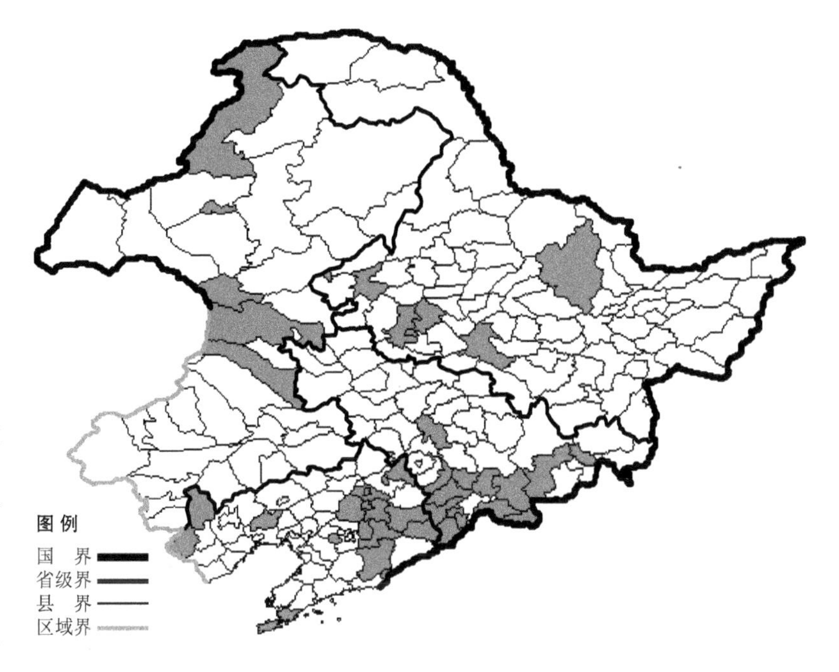

白缘蒲公英

Taraxacum platypecidum Diels

生境：林缘，疏林下，海拔 500 米以下。

产地：黑龙江省嘉荫、密山，吉林省安图、长春，辽宁省沈阳、凤城、丹东、大连、绥中、鞍山、本溪、北镇、义县，内蒙古科尔沁右翼前旗。

分布：中国（黑龙江、吉林、辽宁、内蒙古、河北、山西、陕西、宁夏、甘肃、青海、河南、湖北、四川），朝鲜半岛，日本，俄罗斯（远东地区）。

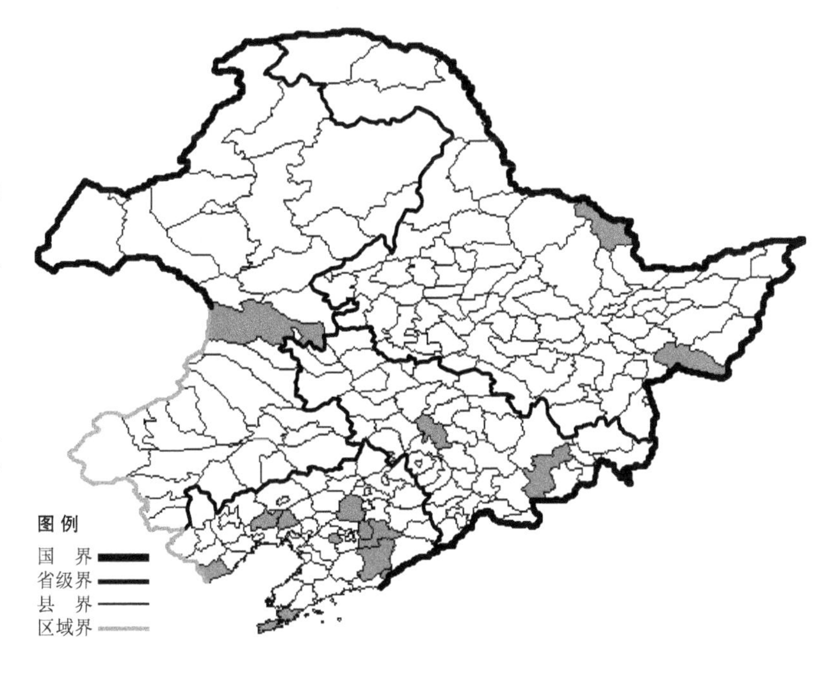

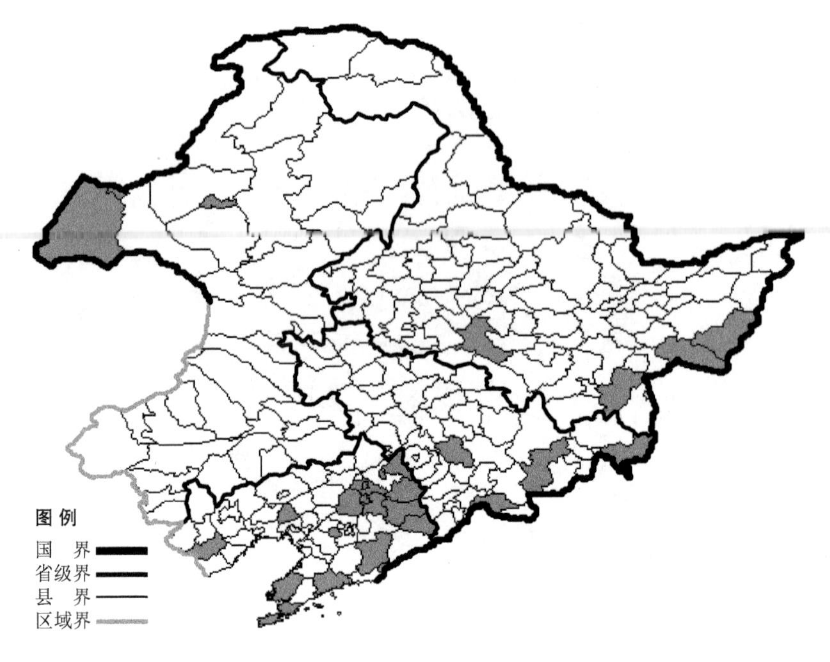

白花蒲公英

Taraxacum pseudo-albidum Kitag.

生境：林缘，向阳山坡草地，海拔 700 米以下。

产地：黑龙江省虎林、密山、穆棱、哈尔滨，吉林省长春、磐石、安图、珲春、临江，辽宁省西丰、清原、沈阳、鞍山、大连、北镇、建昌、庄河、凤城、丹东、瓦房店、抚顺、新宾、桓仁、铁岭，内蒙古满洲里、海拉尔、新巴尔虎右旗。

分布：中国（黑龙江、吉林、辽宁、内蒙古、河北）。

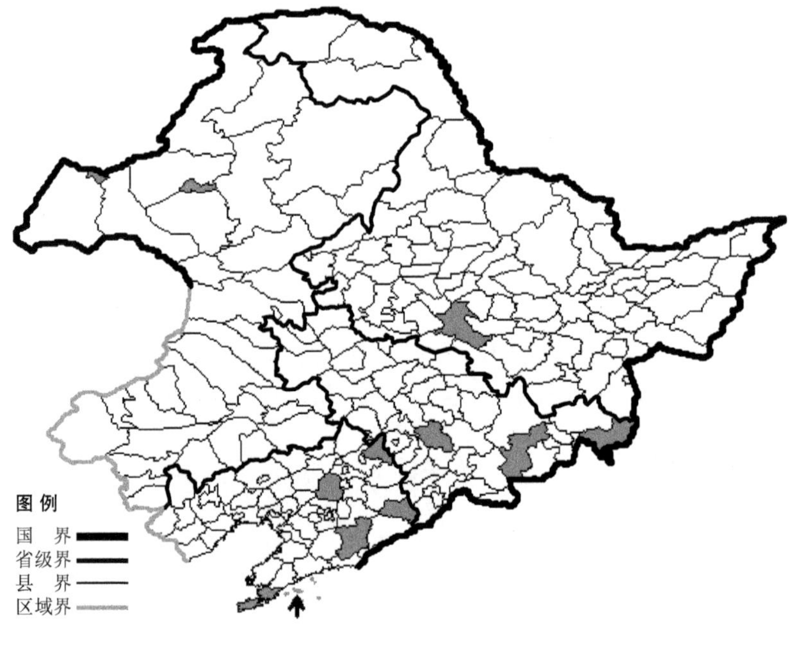

淡花蒲公英 Taraxacum pseudo-albidum Kitag. f. **lutescens** (Kitag.) Kitag. 生于向阳山坡，产于黑龙江省哈尔滨，吉林省安图、珲春、磐石，辽宁省沈阳、凤城、桓仁、西丰、大连、长海，内蒙古海拉尔、满洲里，分布于中国（黑龙江、吉林、辽宁、内蒙古）。

凸尖蒲公英

Taraxacum sinomongolicum Kitag.

生境：河边，碱性草地，海拔约700米。

产地：黑龙江省哈尔滨，吉林省安图，辽宁省大连、建平、彰武，内蒙古海拉尔、额尔古纳、乌兰浩特、新巴尔虎右旗、科尔沁右翼中旗、巴林右旗。

分布：中国（黑龙江、吉林、辽宁、内蒙古），蒙古。

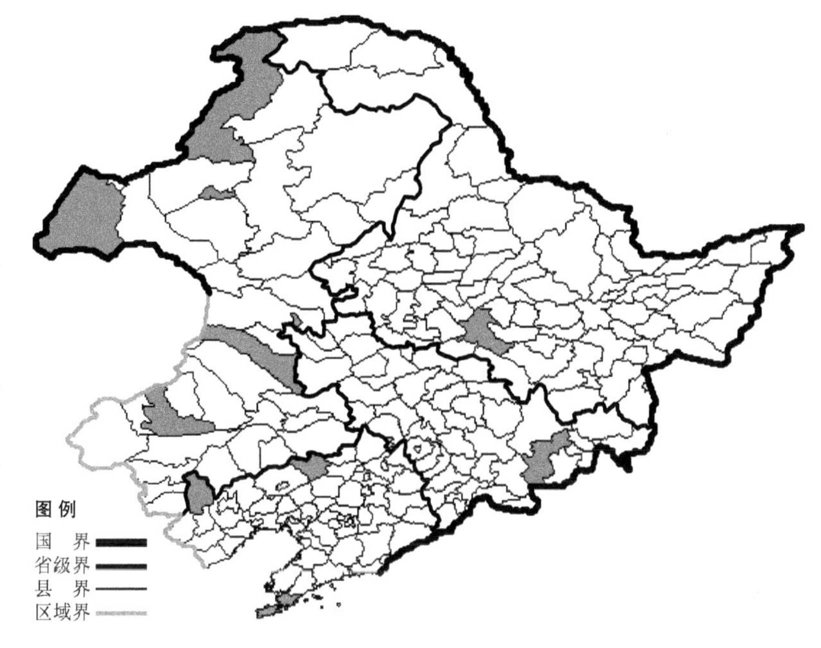

卷苞蒲公英

Taraxacum urbanum Kitag.

生境：草地。

产地：辽宁省丹东。

分布：中国（辽宁）。

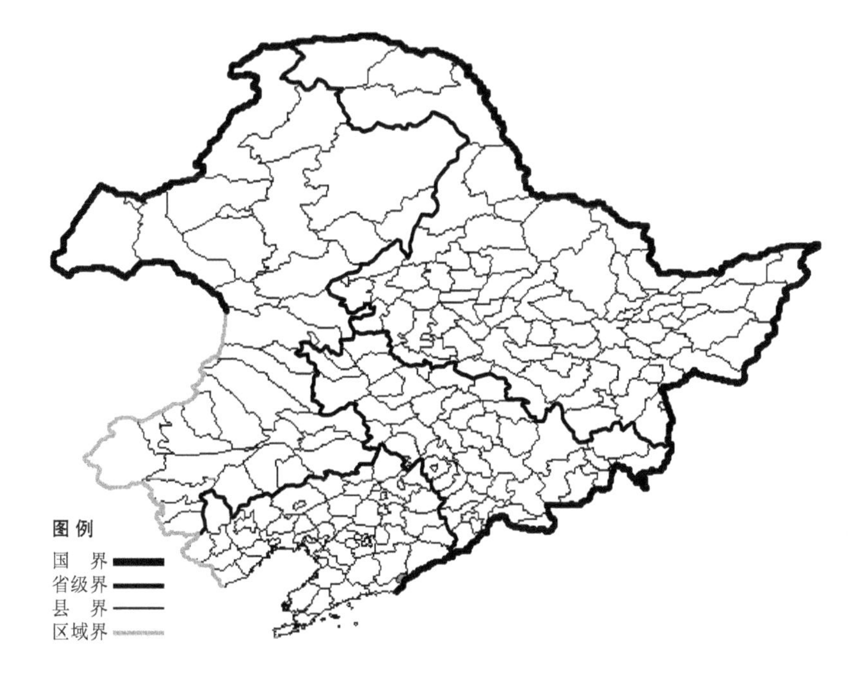

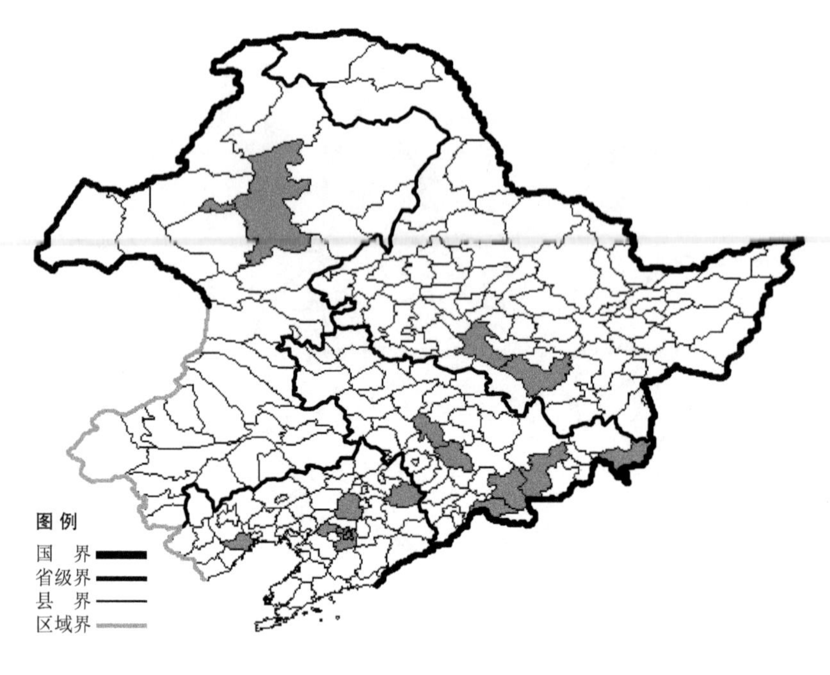

斑叶蒲公英

Taraxacum variegatum Kitag.

生境：向阳草地，海拔 600 米以下。

产地：黑龙江省哈尔滨、尚志，吉林省长春、磐石、安图、抚松、临江、珲春，辽宁省沈阳、清原、辽阳、葫芦岛，内蒙古海拉尔、牙克石。

分布：中国（黑龙江、吉林、辽宁、内蒙古、河北），俄罗斯（远东地区）。

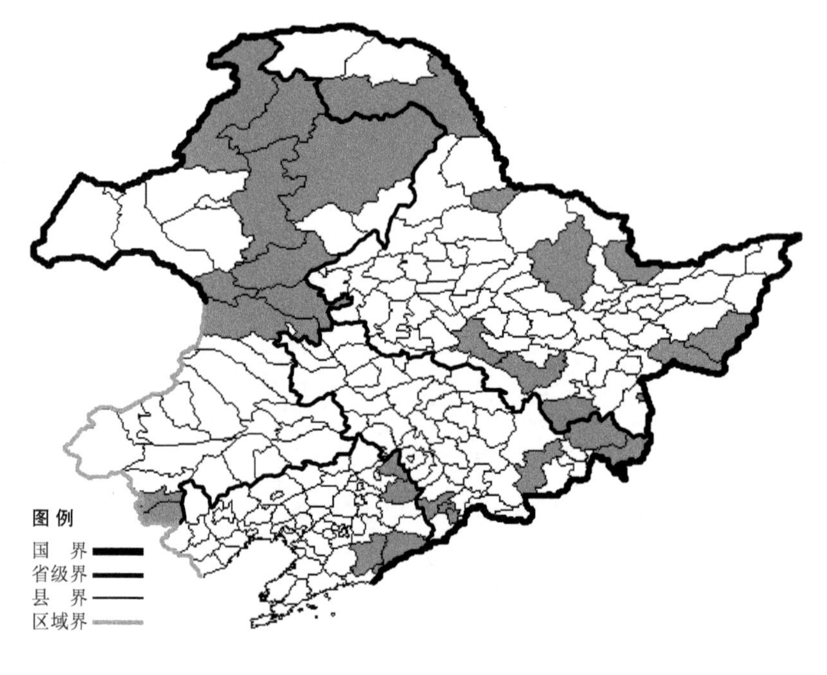

红轮狗舌草

Tephroseris flammea (Turcz. ex DC.) Holub.

生境：林缘，山坡草地，海拔 800 米以下。

产地：黑龙江省哈尔滨、密山、虎林、萝北、尚志、呼玛、孙吴、伊春、宁安、绥芬河，吉林省珲春、汪清、安图、通化，辽宁省宽甸、丹东、西丰、清原、凤城，内蒙古额尔古纳、根河、扎兰屯、鄂伦春旗、牙克石、宁城、喀喇沁旗、阿尔山、科尔沁右翼前旗、扎赉特旗。

分布：中国（黑龙江、吉林、辽宁、内蒙古、山西、陕西、宁夏、甘肃），朝鲜半岛，日本，蒙古，俄罗斯（东部西伯利亚、远东地区）。

狗舌草

Tephroseris campestris (Rutz.) Rchb.

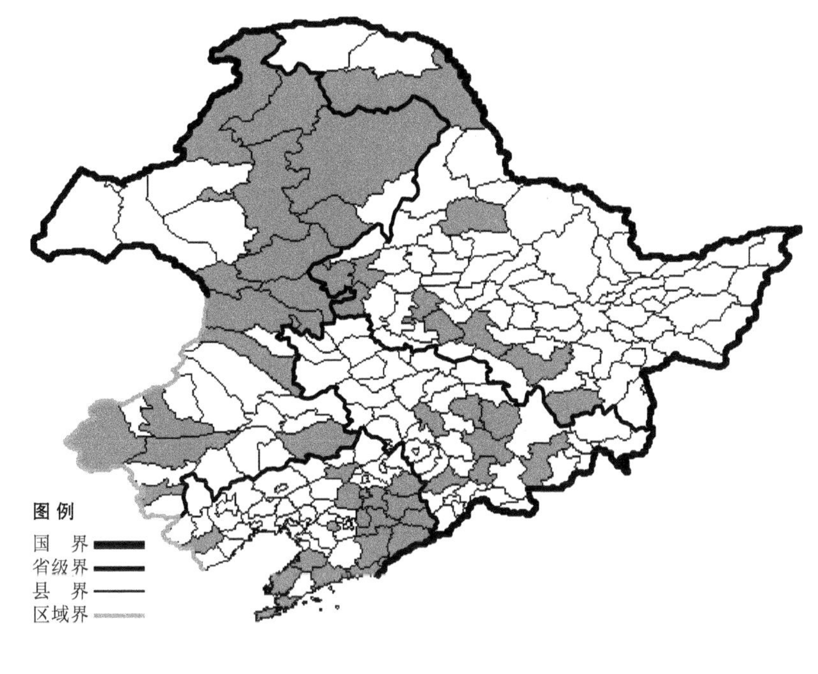

生境：向阳山坡草地，灌丛，路旁，海拔 800 米以下。

产地：黑龙江省呼玛、尚志、泰来、肇东、安达、哈尔滨、龙江、五大连池、宁安、齐齐哈尔，吉林省安图、吉林、长春、蛟河、靖宇、柳河、桦甸，辽宁省凤城、东港、桓仁、本溪、鞍山、法库、抚顺、盖州、建昌、宽甸、清原、新宾、庄河、瓦房店、大连、沈阳、丹东，内蒙古海拉尔、根河、乌兰浩特、扎兰屯、鄂伦春旗、阿荣旗、科尔沁左翼后旗、阿尔山、科尔沁右翼前旗、科尔沁右翼中旗、扎赉特旗、牙克石、额尔古纳、科尔沁左翼后旗、巴林右旗、克什克腾旗、翁牛特旗、喀喇沁旗。

分布：中国（黑龙江、吉林、辽宁、内蒙古、河北、山西、陕西、甘肃、青海、山东、江苏、安徽、浙江、福建、河南、湖北、江西、湖南、广东、四川、贵州、台湾），朝鲜半岛，日本，俄罗斯（北极带、欧洲部分、西伯利亚），欧洲。

湿生狗舌草

Tephroseris palustris (L.) Four.

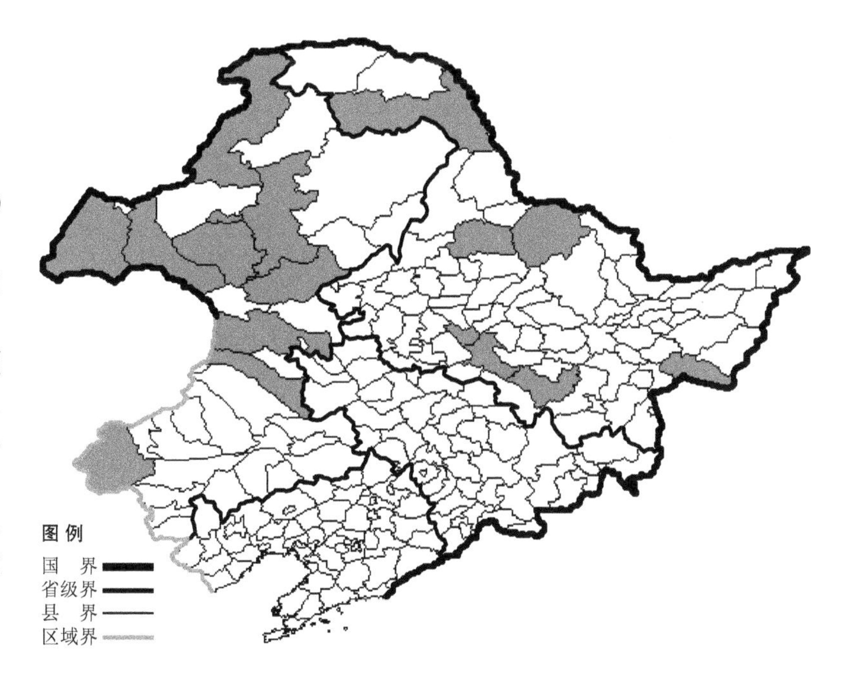

生境：湿草甸，河边，海拔 700 米以下。

产地：黑龙江省密山、逊克、尚志、五大连池、哈尔滨、兰西、呼玛，内蒙古海拉尔、牙克石、扎兰屯、额尔古纳、鄂温克旗、新巴尔虎右旗、新巴尔虎左旗、科尔沁右翼前旗、科尔沁右翼中旗、克什克腾旗。

分布：中国（黑龙江、内蒙古、河北），蒙古，俄罗斯（北极带、欧洲部分、西伯利亚、远东地区），中亚，欧洲。

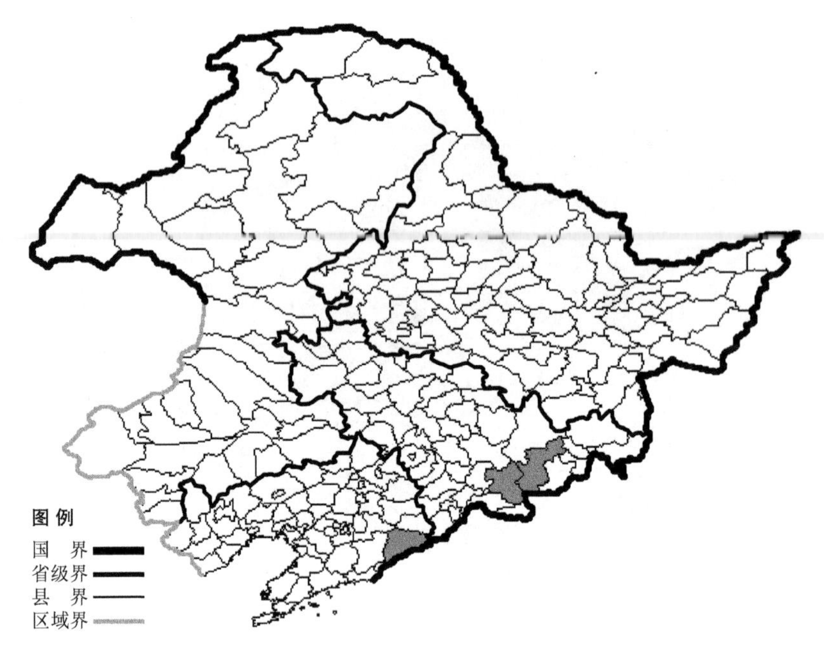

长白狗舌草

Tephroseris phaeantha (Nakai) C. Jeffrey

生境：高山冻原，高山草地，海拔 1200-2500 米。

产地：吉林省安图、抚松，辽宁省宽甸。

分布：中国（吉林、辽宁），朝鲜半岛。

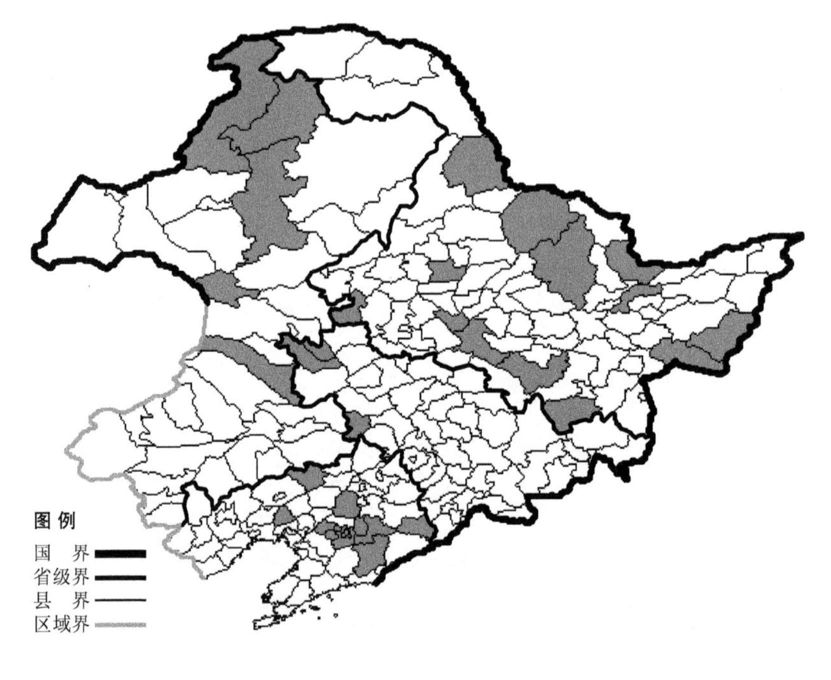

尖齿狗舌草

Tephroseris subdentata (Bunge) Holub

生境：沼泽，湿草地，河边，海拔 700 米以下。

产地：黑龙江省虎林、密山、萝北、哈尔滨、逊克、兰西、桦川、拜泉、泰来、尚志、伊春、宁安、黑河，吉林省白城、洮南、双辽，辽宁省沈阳、辽阳、桓仁、凤城、彰武、北镇、鞍山、本溪，内蒙古额尔古纳、阿尔山、根河、牙克石、科尔沁右翼中旗。

分布：中国（黑龙江、吉林、辽宁、内蒙古、河北），朝鲜半岛，蒙古，俄罗斯（西伯利亚），中亚。

长喙婆罗门参

Tragopogon dubius Scop.

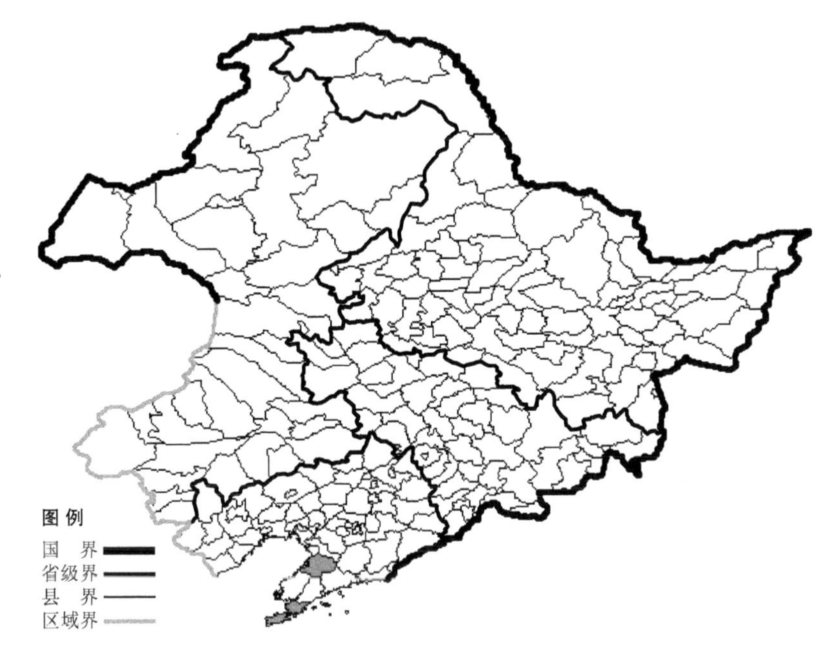

生境：沙质地，干山坡。

产地：辽宁省盖州、大连。

分布：原产欧洲，现我国辽宁、河北、新疆、山东、浙江有分布。

远东婆罗门参

Tragopogon orientalis L.

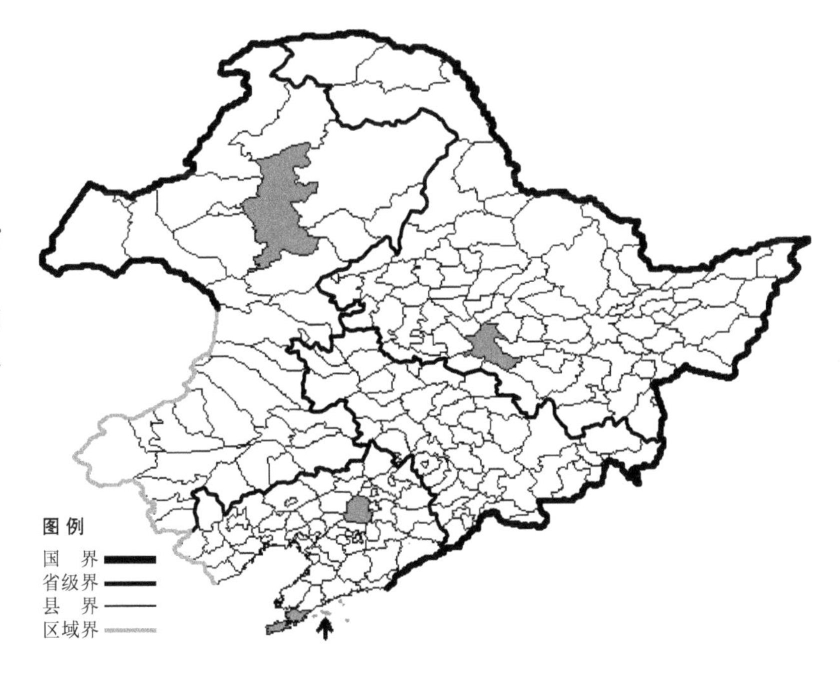

生境：山坡草地。

产地：黑龙江省哈尔滨，辽宁省沈阳、大连、长海，内蒙古牙克石。

分布：中国（黑龙江、辽宁、内蒙古、新疆），俄罗斯（欧洲部分、西伯利亚），中亚，欧洲。

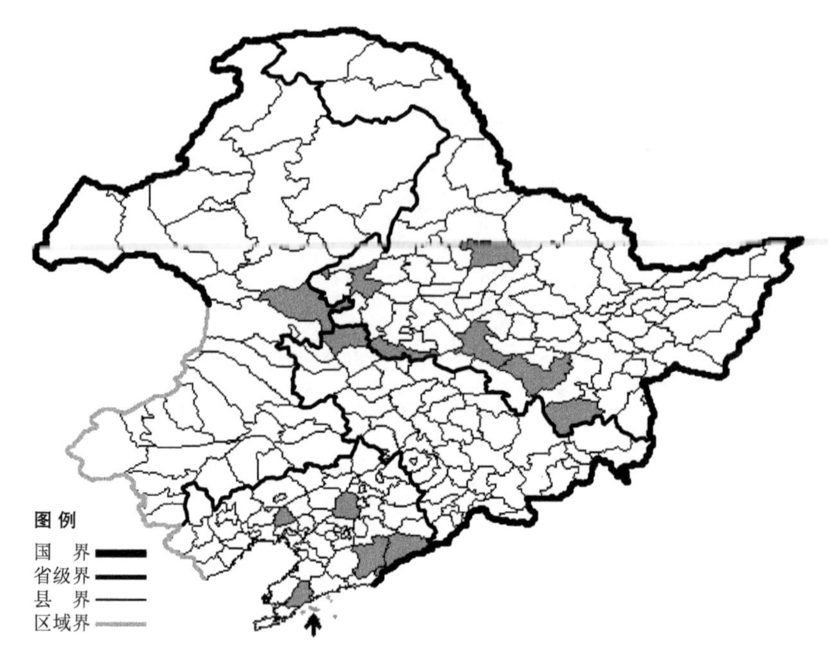

三肋果

Tripleurospermum limosum (Maxim) Pobed.

生境：湖边，江边，海边沙地，水湿地，盐碱地。

产地：黑龙江省北安、尚志、宁安、肇源、哈尔滨、齐齐哈尔，吉林省镇赉，辽宁省北镇、沈阳、长海、宽甸、丹东、普兰店、凤城，内蒙古扎赉特旗。

分布：中国（黑龙江、吉林、辽宁、内蒙古、河北），朝鲜半岛，日本，俄罗斯（远东地区）。

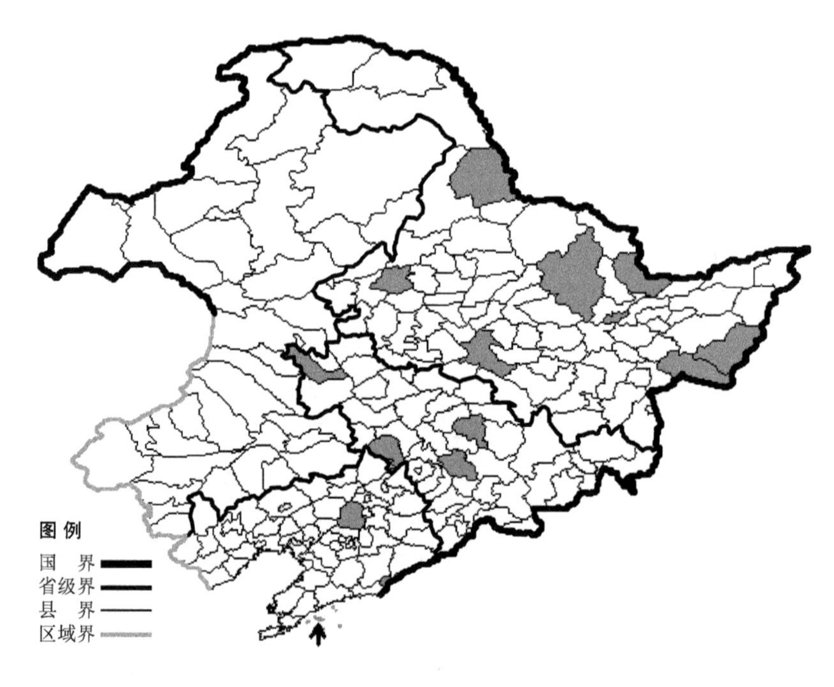

东北三肋果

Tripleurospermum tetragonospermum (Fr. Schmidt) Pobed.

生境：河边沙地，路旁，海拔400米以下。

产地：黑龙江省密山、萝北、虎林、哈尔滨、伊春、富裕、佳木斯、黑河，吉林省磐石、梨树、洮南、吉林，辽宁省沈阳、丹东、长海。

分布：中国（黑龙江、吉林、辽宁），日本，俄罗斯（北极带、远东地区）。

碱菀

Tripolium vulgare Nees

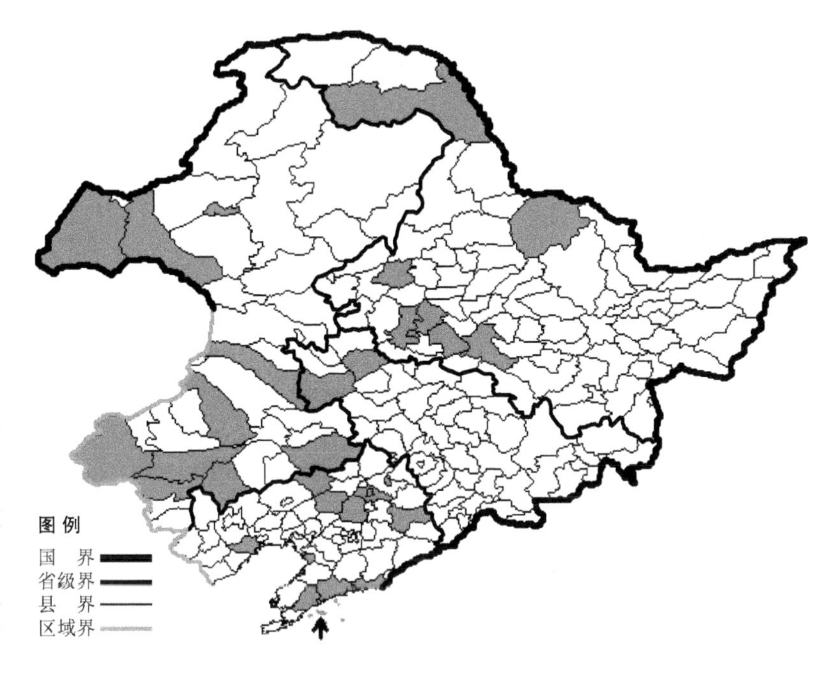

生境：草甸，海拔 600 米以下。

产地：黑龙江省肇东、安达、大庆、哈尔滨、富裕、呼玛、逊克，吉林省通榆、大安，辽宁省彰武、葫芦岛、新民、沈阳、铁岭、新宾、营口、普兰店、东港、庄河、长海，内蒙古海拉尔、新巴尔虎左旗、新巴尔虎右旗、科尔沁右翼中旗、科尔沁左翼后旗、阿鲁科尔沁旗、克什克腾旗、敖汉旗、赤峰、翁牛特旗。

分布：中国（黑龙江、吉林、辽宁、内蒙古、河北、山西、陕西、宁夏、甘肃、山东、江苏、浙江、福建），朝鲜半岛，日本，俄罗斯（欧洲部分、高加索、西伯利亚、远东地区），中亚，西亚，欧洲，非洲，北美洲。

女菀

Turczaninowia fastigiata (Fisch.) DC.

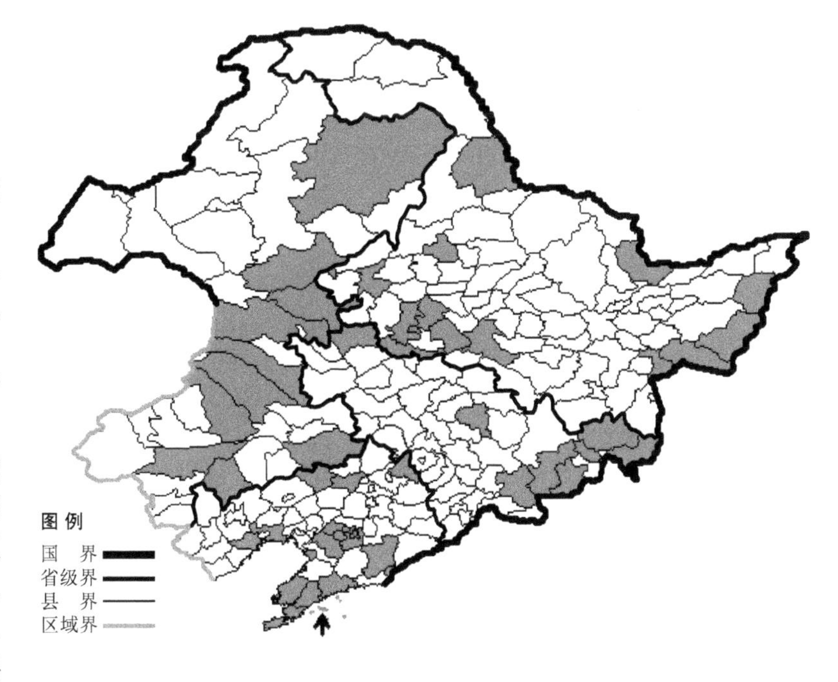

生境：河边，沟谷，林缘，海拔 1000 米以下。

产地：黑龙江省哈尔滨、饶河、密山、虎林、克山、肇东、肇源、萝北、大庆、黑河、齐齐哈尔、鸡东、安达，吉林省抚松、吉林、安图、前郭尔罗斯、镇赉、和龙、延吉、汪清、珲春，辽宁省法库、西丰、辽阳、海城、鞍山、营口、普兰店、彰武、凌海、葫芦岛、丹东、凤城、庄河、长海、瓦房店、大连，内蒙古科尔沁右翼前旗、科尔沁右翼中旗、扎赉特旗、扎兰屯、扎鲁特旗、科尔沁左翼后旗、阿鲁科尔沁旗、鄂伦春旗、敖汉旗、翁牛特旗。

分布：中国（黑龙江、吉林、辽宁、内蒙古、河北、山西、陕西、山东、江苏、安徽、浙江、河南、湖北、江西、湖南），朝鲜半岛，日本，俄罗斯（东部西伯利亚、远东地区）。

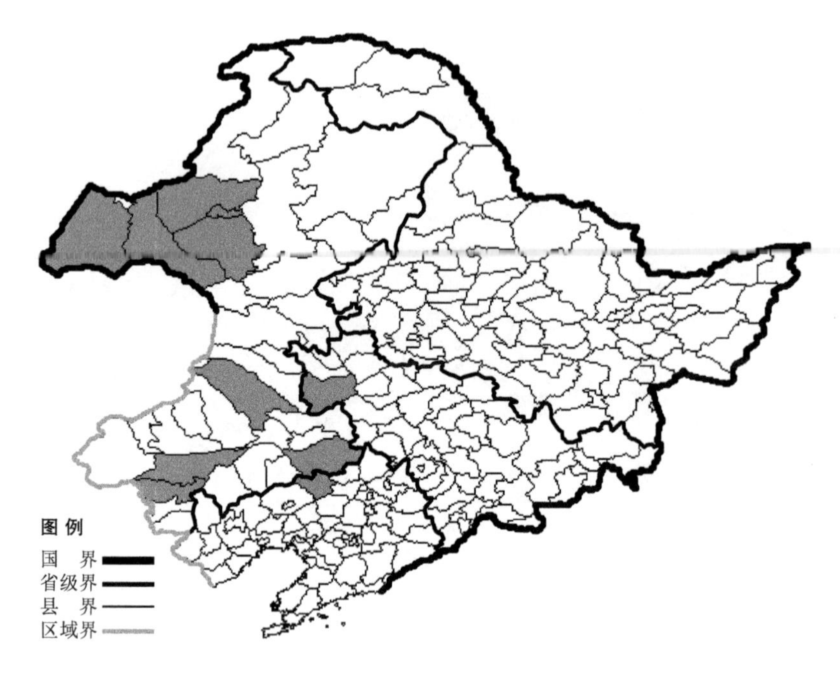

蒙古苍耳

Xanthium mongolicum Kitag.

生境：干山坡，沙质地，海拔600米以下。

产地：吉林省通榆，辽宁省彰武，内蒙古翁牛特旗、海拉尔、科尔沁左翼后旗、新巴尔虎左旗、新巴尔虎右旗、陈巴尔虎旗、鄂温克旗、扎鲁特旗、赤峰。

分布：中国（吉林、辽宁、内蒙古、河北、甘肃、山东、湖北）。

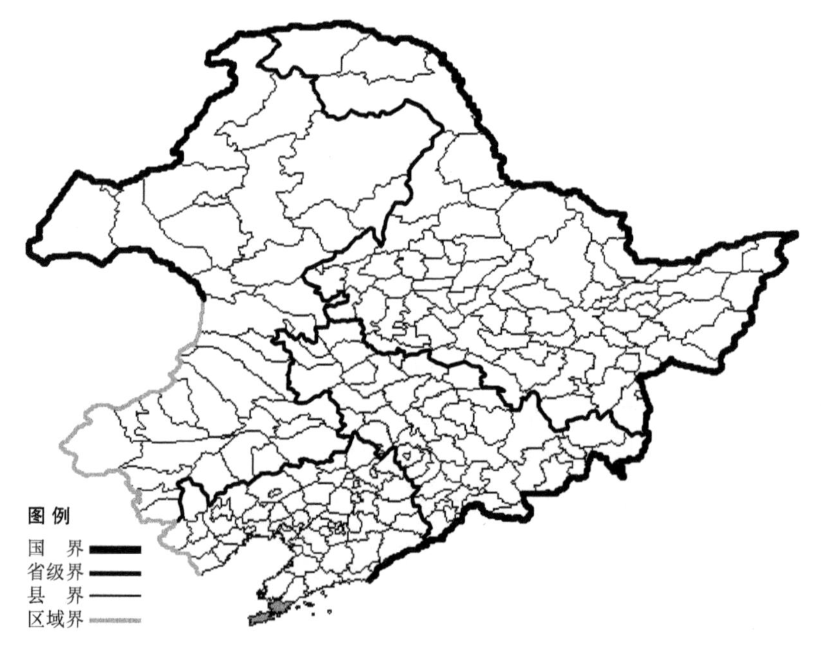

刺苍耳

Xanthium spinosum L.

生境：路边。

产地：辽宁省大连。

分布：原产南美洲，现我国辽宁、河北、宁夏、新疆、河南、湖南、海南、贵州、云南有分布。

苍耳

Xanthium sibiricum Patin ex Willd.

生境：耕地旁，荒地，路旁，人家附近，海拔 1000 米以下。

产地：黑龙江省哈尔滨、杜尔伯特、安达、富裕、尚志、齐齐哈尔、密山，吉林省临江、抚松、安图、和龙，辽宁省抚顺、沈阳、清原、西丰、庄河、营口、普兰店、宽甸、桓仁、彰武、葫芦岛，内蒙古科尔沁右翼前旗、海拉尔、扎鲁特旗、赤峰。

分布：中国（全国各地），朝鲜半岛，日本，俄罗斯（高加索、西伯利亚、远东地区），中亚，伊朗，印度。

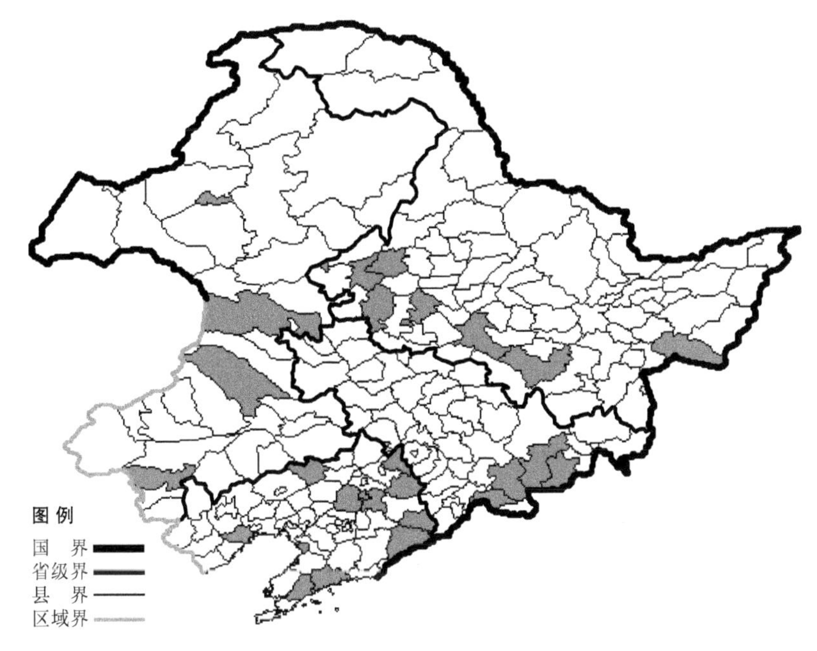

碱黄鹌菜

Youngia stenoma (Turcz.) Ledeb.

生境：碱性草地。

产地：吉林省镇赉，内蒙古新巴尔虎左旗、新巴尔虎右旗、根河、陈巴尔虎旗、阿鲁科尔沁旗、巴林右旗、克什克腾旗、敖汉旗。

分布：中国（吉林、内蒙古、宁夏、甘肃、西藏），蒙古，俄罗斯（东部西伯利亚）。

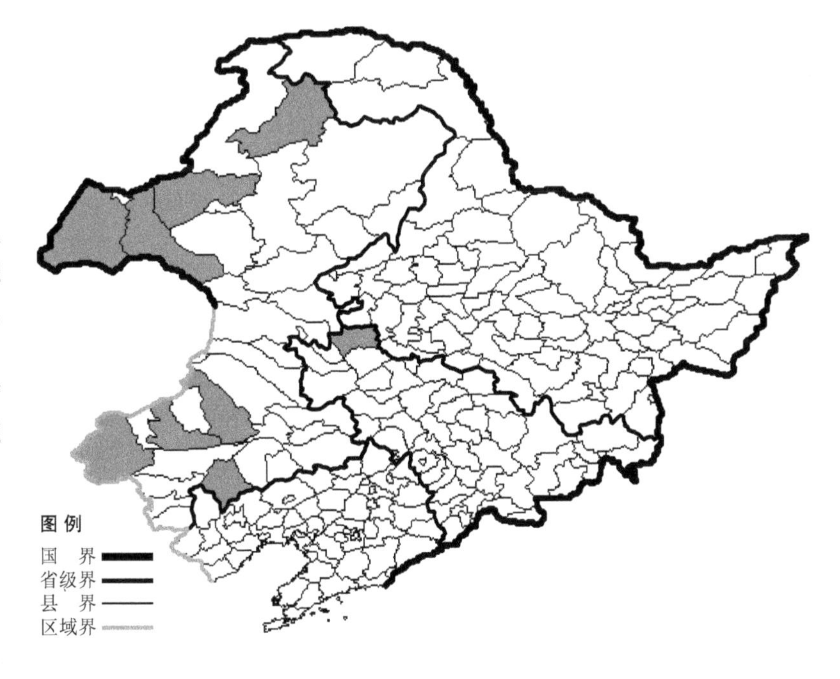

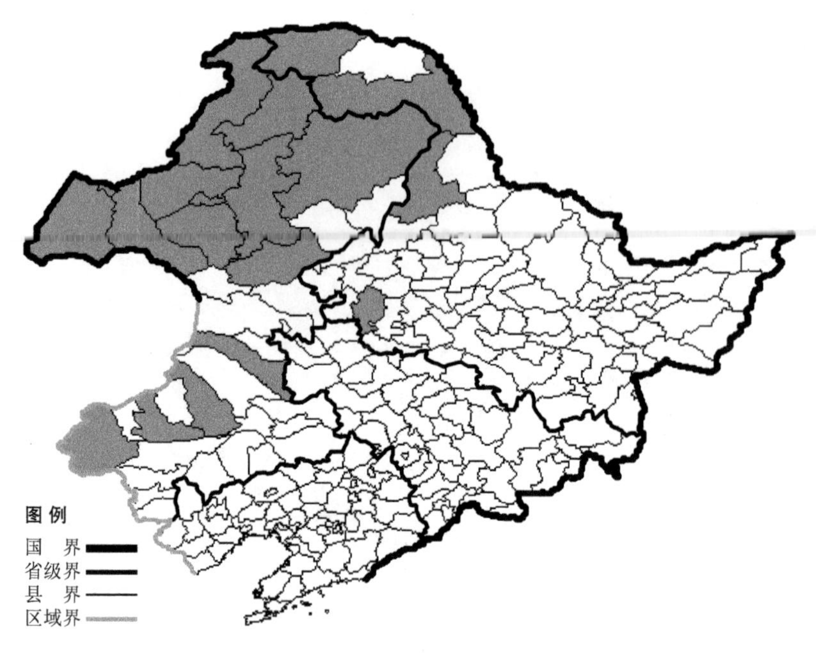

细叶黄鹌菜

Youngia tenuifolia (Willd.) Babc. et Stebb.

生境：干山坡，石砾质地，林下，海拔 1000 米以下。

产地：黑龙江省嫩江、漠河、呼玛、杜尔伯特，内蒙古根河、牙克石、扎兰屯、海拉尔、满洲里、陈巴尔虎旗、新巴尔虎右旗、新巴尔虎左旗、克什克腾旗、鄂伦春旗、额尔古纳、科尔沁右翼中旗、巴林右旗、鄂温克旗、阿鲁科尔沁旗。

分布：中国（黑龙江、内蒙古、河北、山西、宁夏、青海、新疆、西藏），蒙古，俄罗斯（西伯利亚、远东地区）。

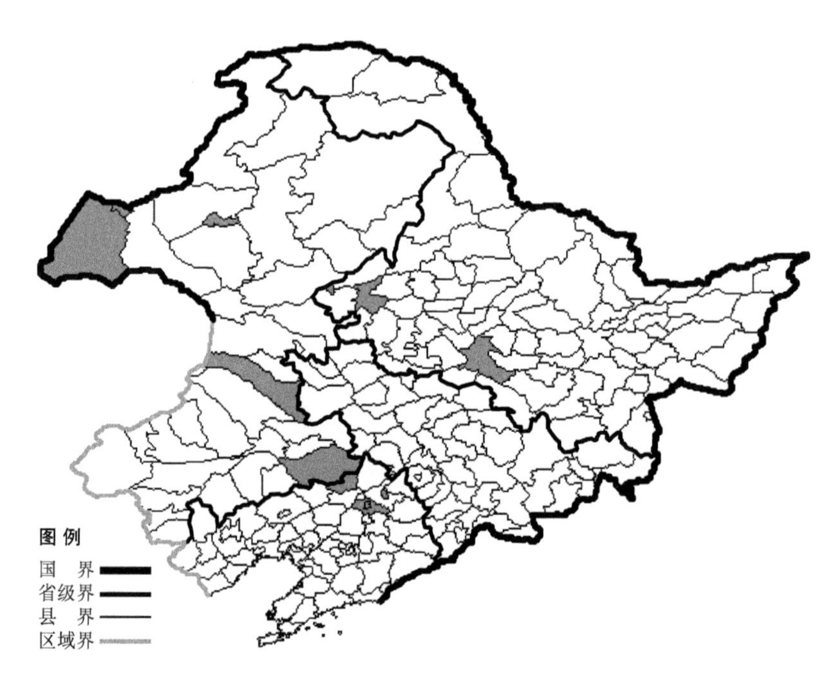

泽泻科 Alismataceae

草泽泻

Alisma gramineum Lej.

生境：沟谷，水边湿草地，沼泽，海拔 700 米以下。

产地：黑龙江省哈尔滨、齐齐哈尔，辽宁省康平、铁岭，内蒙古满洲里、科尔沁右翼中旗、新巴尔虎右旗、海拉尔、科尔沁左翼后旗。

分布：中国（黑龙江、辽宁、内蒙古、河北、山西、宁夏、甘肃、青海、新疆），蒙古，俄罗斯（欧洲部分、高加索、西伯利亚），中亚，土耳其，非洲，欧洲。

泽泻

Alisma orientale (Sam.) Juz.

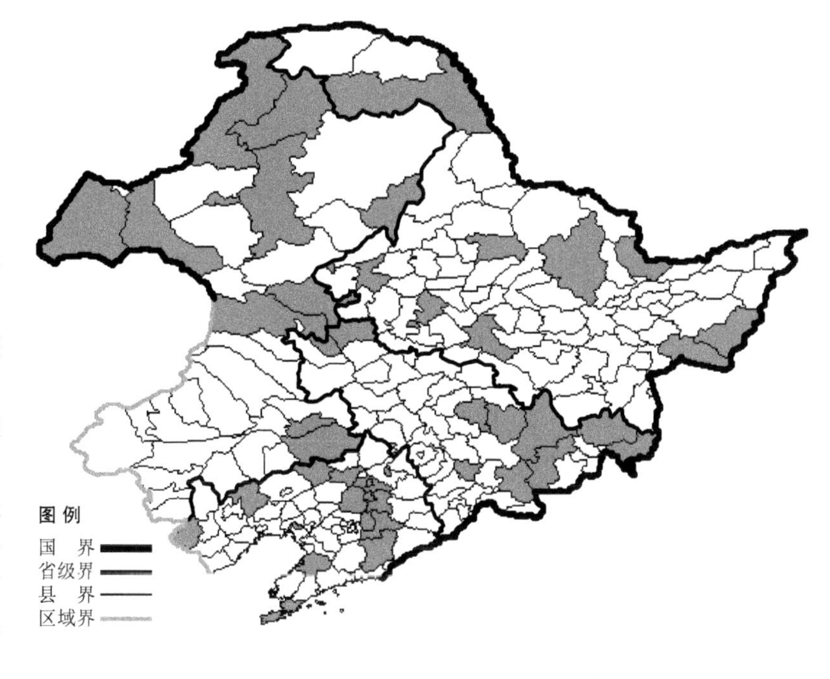

生境：沟谷，水边湿草地，沼泽，海拔 1000 米以下。

产地：黑龙江省北安、呼玛、齐齐哈尔、安达、伊春、哈尔滨、虎林、密山、萝北，吉林省白城、吉林、蛟河、敦化、镇赉、汪清、珲春、安图、抚松、辉南，辽宁省铁岭、法库、凌源、本溪、北票、彰武、沈阳、盘锦、盖州、凤城、大连、抚顺，内蒙古根河、海拉尔、新巴尔虎左旗、科尔沁左翼后旗、额尔古纳、科尔沁右翼前旗、莫力达瓦达斡尔旗、通辽、新巴尔虎右旗、牙克石、扎赉特旗。

分布：中国（黑龙江、吉林、辽宁、内蒙古、河北、山西、陕西、甘肃、青海、宁夏、新疆、山东、江苏、安徽、浙江、福建、河南、湖北、江西、湖南、广东、广西、四川、贵州、云南），朝鲜半岛，日本，俄罗斯（远东地区）。

北泽苔草

Caldesia parnassifolia (Bassi ex L.) Parl.

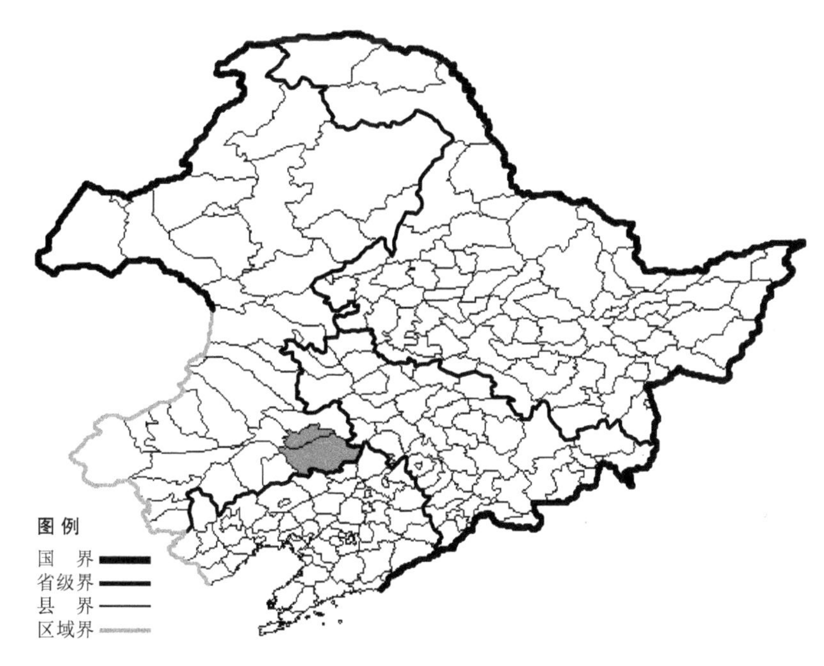

生境：池沼。

产地：内蒙古通辽、科尔沁左翼后旗。

分布：中国（内蒙古、江苏、云南），日本，俄罗斯（欧洲部分、远东地区），印度，欧洲，非洲，大洋洲。

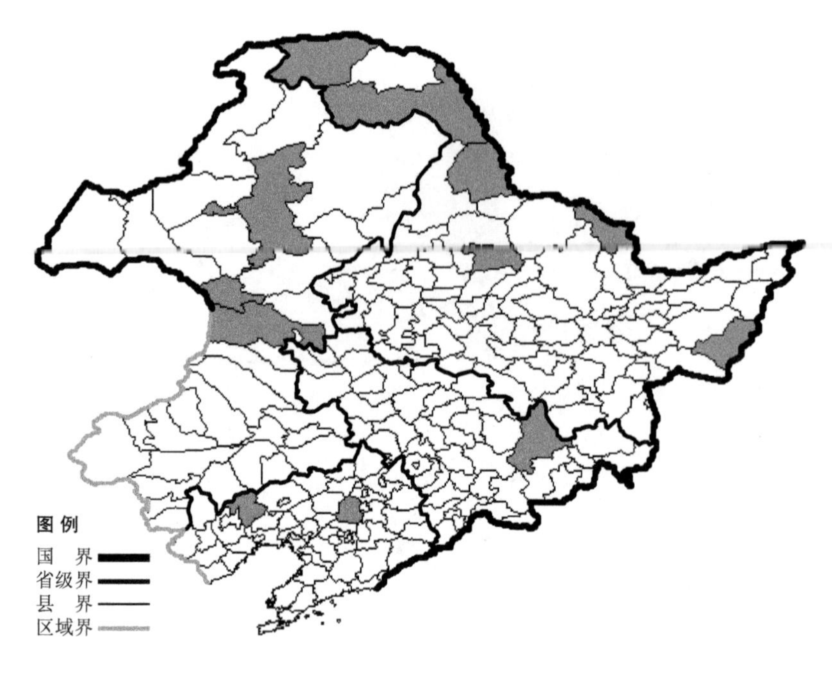

小慈菇

Sagittaria natans Pall.

生境：池沼，沟边。

产地：黑龙江省漠河、呼玛、北安、黑河、虎林、嘉荫，吉林省敦化，辽宁省北票、沈阳，内蒙古牙克石、海拉尔、科尔沁右翼前旗、阿尔山。

分布：中国（黑龙江、吉林、辽宁、内蒙古、新疆），朝鲜半岛，俄罗斯（欧洲部分、西伯利亚、远东地区），欧洲。

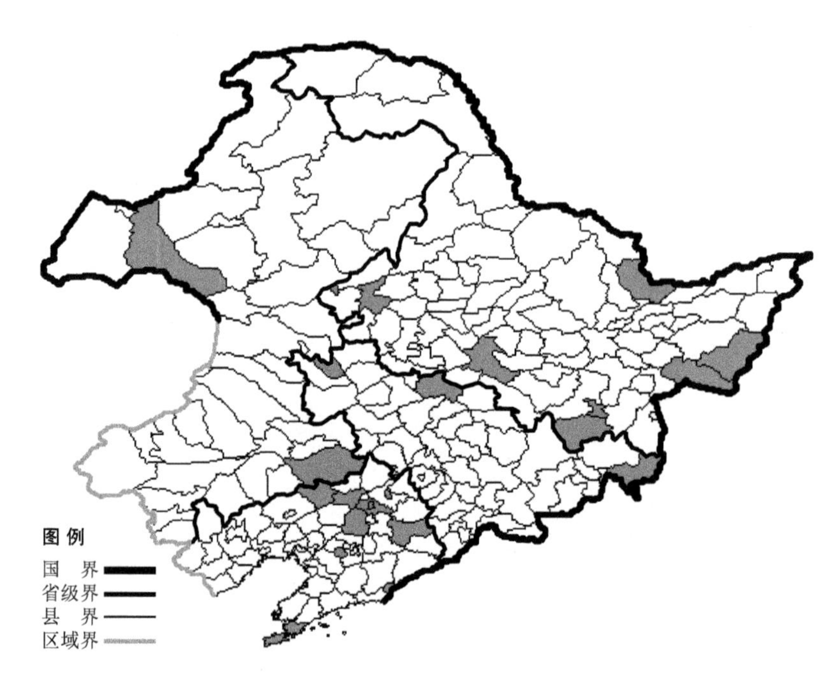

三裂慈菇

Sagittaria trifolia L.

生境：沟边，河边，池沼，沼泽，海拔 1000 米以下。

产地：黑龙江省虎林、宁安、哈尔滨、齐齐哈尔、牡丹江、萝北、密山，吉林省扶余、白城、珲春，辽宁省铁岭、新宾、彰武、法库、沈阳、鞍山、丹东、大连，内蒙古新巴尔虎左旗、科尔沁左翼后旗。

分布：中国（全国各地），朝鲜半岛，日本，俄罗斯（欧洲部分、高加索、西伯利亚、远东地区），中亚，土耳其，伊朗，南亚。

狭叶慈菇 Sagittaria trifolia L. var. **angustifolia** (Sieb.) Kitag. 生于沟渠、河边、沼泽，产于黑龙江省萝北、哈尔滨、北安、密山、宁安、齐齐哈尔，吉林省前郭尔罗斯、蛟河、敦化、珲春、和龙，辽宁省康平、铁岭、北票、彰武、新民，内蒙古海拉尔、额尔古纳、新巴尔虎右旗、新巴尔虎左旗、科尔沁左翼后旗、乌兰浩特，分布于中国（黑龙江、吉林、辽宁、内蒙古、河北），朝鲜半岛，日本，俄罗斯。

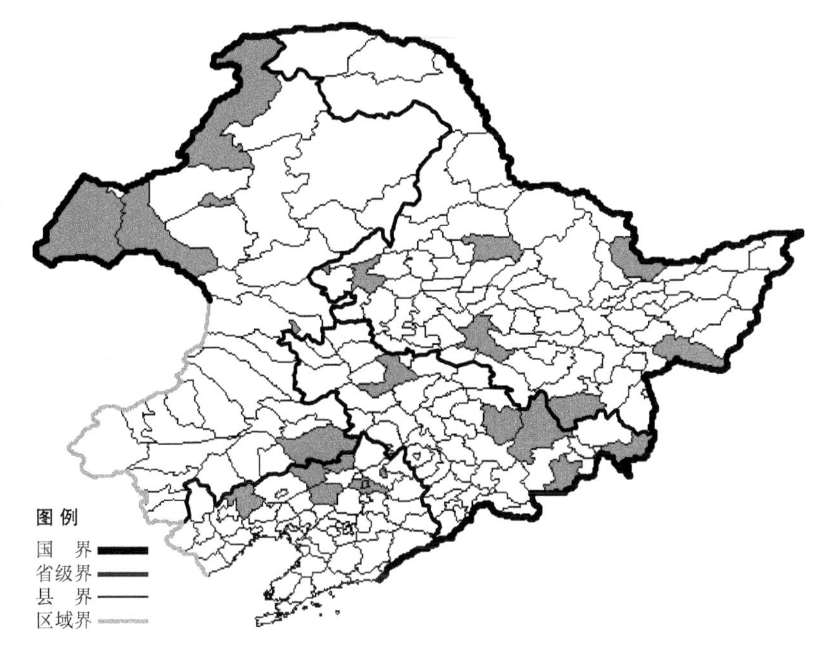

花蔺科 Butomaceae

花蔺

Butomus umbellatus L.

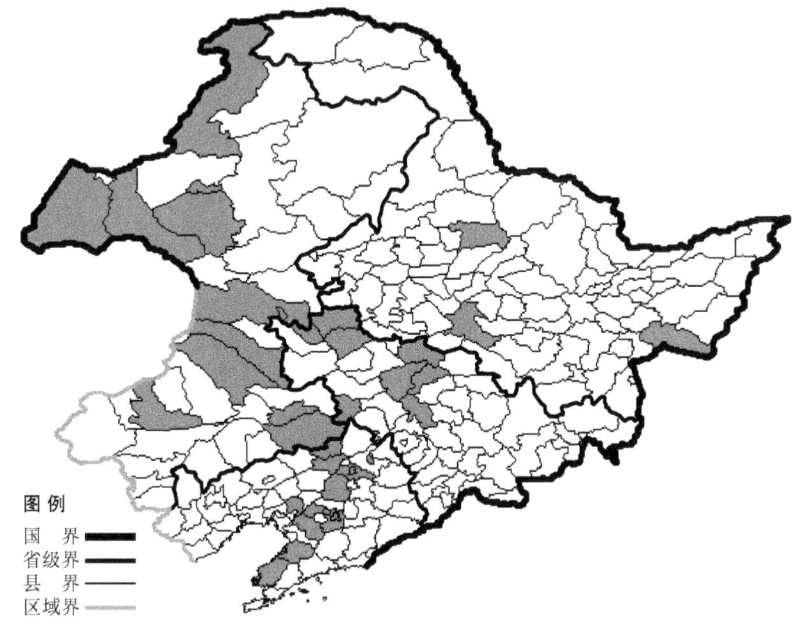

生境：河边，海拔 700 米以下。

产地：黑龙江省哈尔滨、密山、北安，吉林省镇赉、大安、德惠、农安、双辽、白城、扶余、长春，辽宁省法库、康平、铁岭、沈阳、台安、海城、辽阳、盖州、瓦房店，内蒙古新巴尔虎左旗、海拉尔、额尔古纳、鄂温克旗、科尔沁右翼中旗、巴林右旗、新巴尔虎右旗、通辽、扎鲁特旗、科尔沁右翼前旗、乌兰浩特、科尔沁左翼后旗。

分布：中国（黑龙江、吉林、辽宁、内蒙古、河北、山西、陕西、新疆、山东、江苏、河南），俄罗斯（欧洲部分、高加索、西伯利亚、远东地区），中亚，土耳其，伊朗，欧洲。

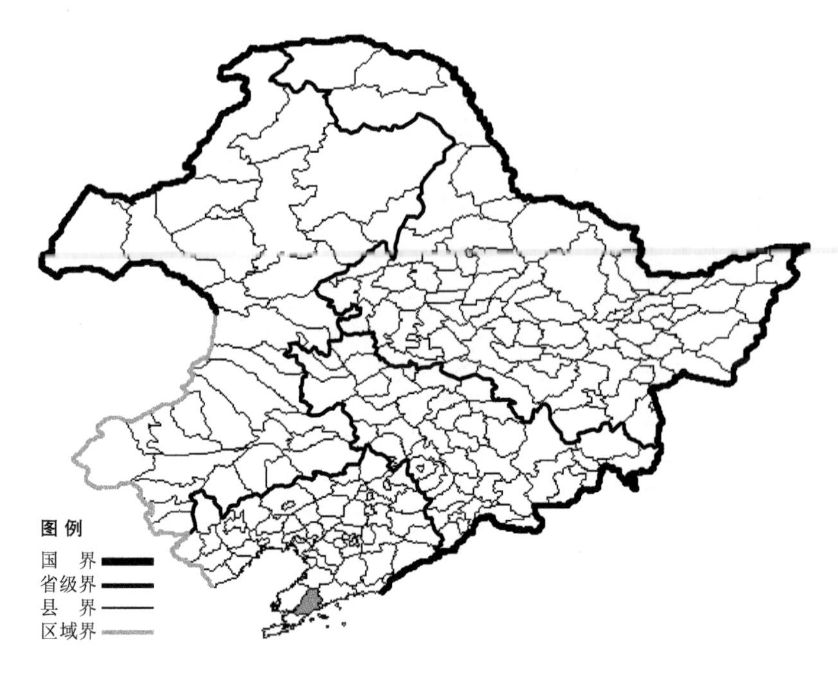

水鳖科 Hydrocharitaceae

水筛

Blyxa japonica (Miq.) Maxim. ex Aschers. et Gürke.

生境：池沼。

产地：辽宁省普兰店。

分布：中国（辽宁、江苏、安徽、浙江、福建、湖北、江西、湖南、广东、海南、四川），朝鲜半岛，日本，印度，孟加拉，尼泊尔，马来西亚，欧洲。

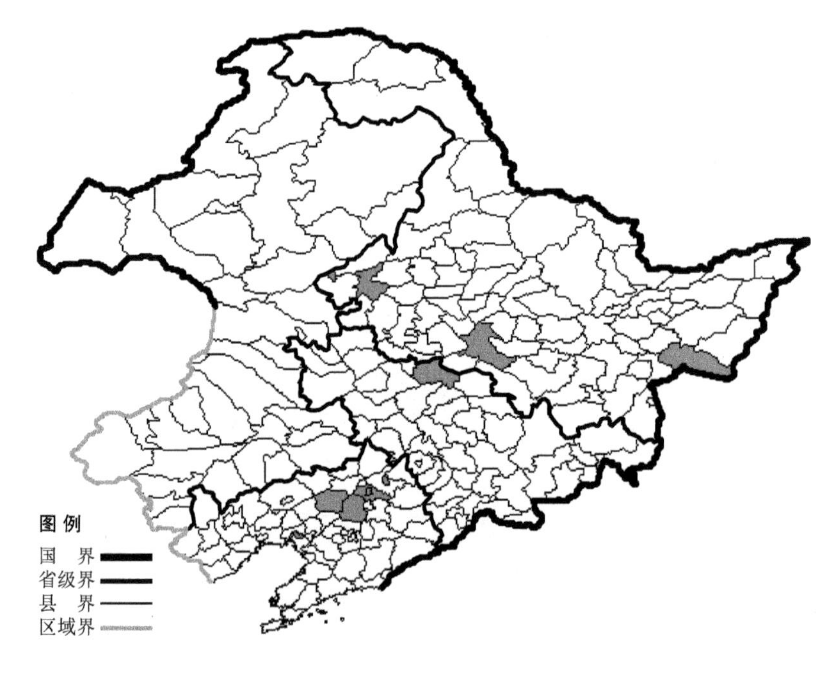

黑藻

Hydrilla verticillata (L. f.) Royle

生境：池沼，湖泊，河流，海拔1000米以下。

产地：黑龙江省哈尔滨、齐齐哈尔、密山，吉林省扶余，辽宁省铁岭、新民、沈阳、盘锦。

分布：中国（黑龙江、吉林、辽宁、河北、陕西、山东、江苏、安徽、浙江、福建、河南、湖北、江西、湖南、广东、广西、四川、贵州、云南、台湾），朝鲜半岛，日本，俄罗斯（欧洲部分、西部西伯利亚、远东地区），南亚，欧洲，非洲。

水鳖

Hydrocharis dubia (Blume) Back.

生境：池沼。

产地：黑龙江省虎林，辽宁省新民。

分布：中国（黑龙江、辽宁、河北、陕西、山东、江苏、安徽、浙江、福建、河南、湖北、江西、湖南、广东、广西、海南、四川、云南、台湾），俄罗斯（远东地区），南亚，大洋洲。

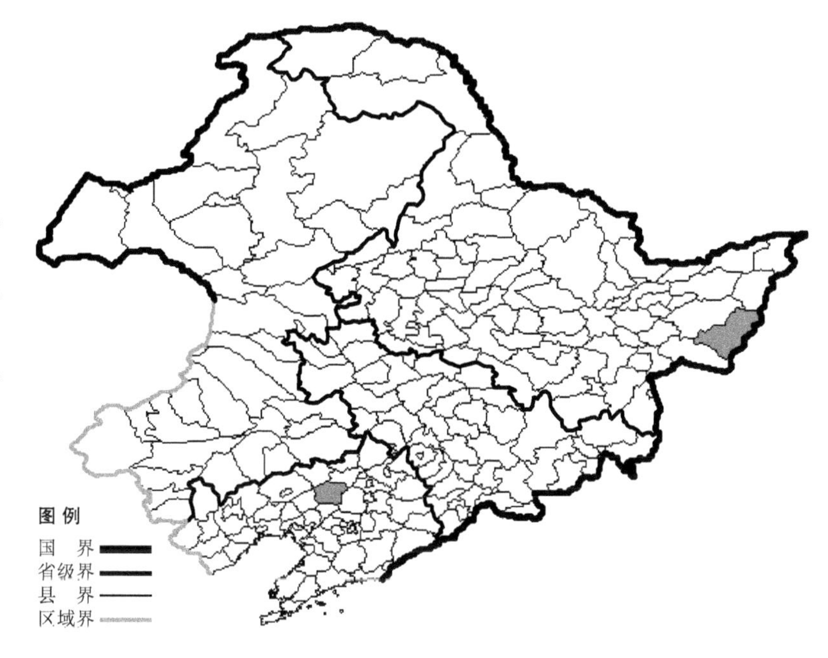

水车前

Ottelia alismoides (L.) Pers.

生境：池沼。

产地：黑龙江省虎林、密山。

分布：中国（黑龙江、江苏、安徽、浙江、福建、河南、湖北、江西、湖南、广东、广西、海南、四川、贵州、云南），朝鲜半岛，日本，俄罗斯（远东地区），南亚，非洲，大洋洲。

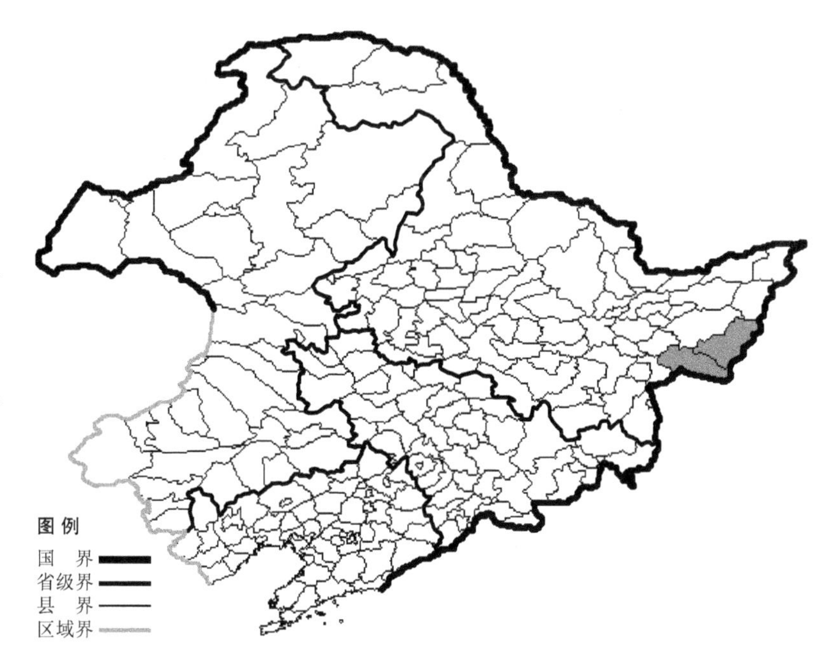

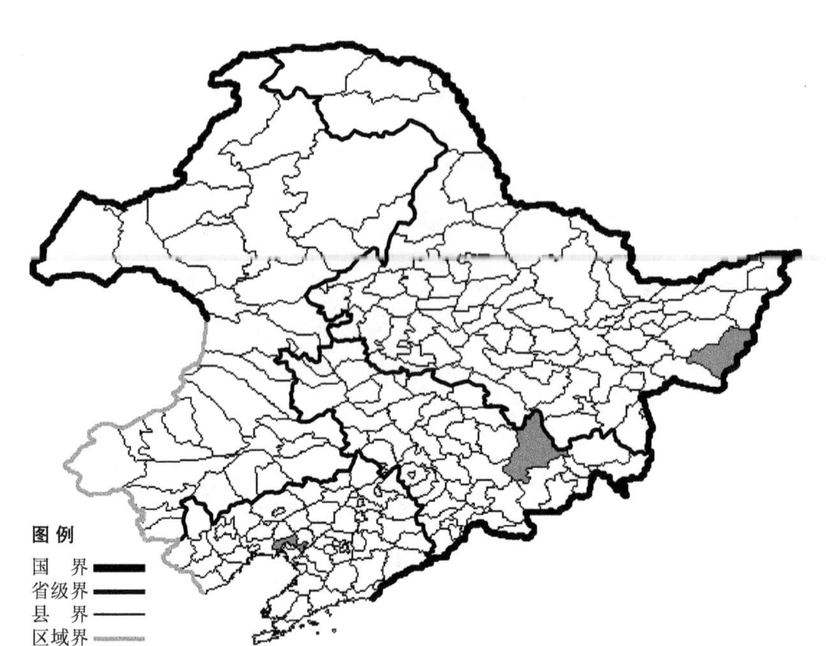

苦草

Vallisneria spiralis L.

生境：池沼。

产地：黑龙江省虎林，吉林省敦化，辽宁省盘山。

分布：中国（黑龙江、吉林、辽宁、河北、山东、江苏、安徽、浙江、福建、湖北、江西、湖南、广东、广西、四川、贵州、云南），朝鲜半岛，日本，俄罗斯（欧洲部分、高加索、远东地区），伊拉克，印度，中南半岛，马来西亚，澳大利亚。

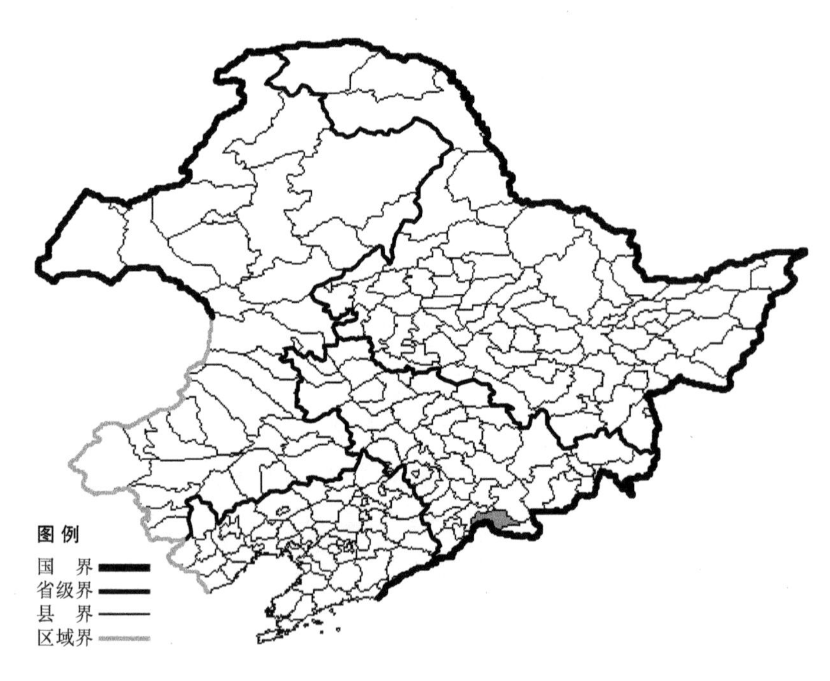

芝菜科 Scheuchzeriaceae

芝菜

Scheuchzeria palustris L.

生境：水湿地，沼泽。

产地：吉林省临江。

分布：中国（吉林、青海、四川），朝鲜半岛，日本，蒙古，俄罗斯（欧洲部分、高加索、西伯利亚、远东地区），欧洲，北美洲。

水麦冬科 Juncaginaceae

亚洲海韭菜

Triglochin asiaticum (Kitag.) Löve et Löve

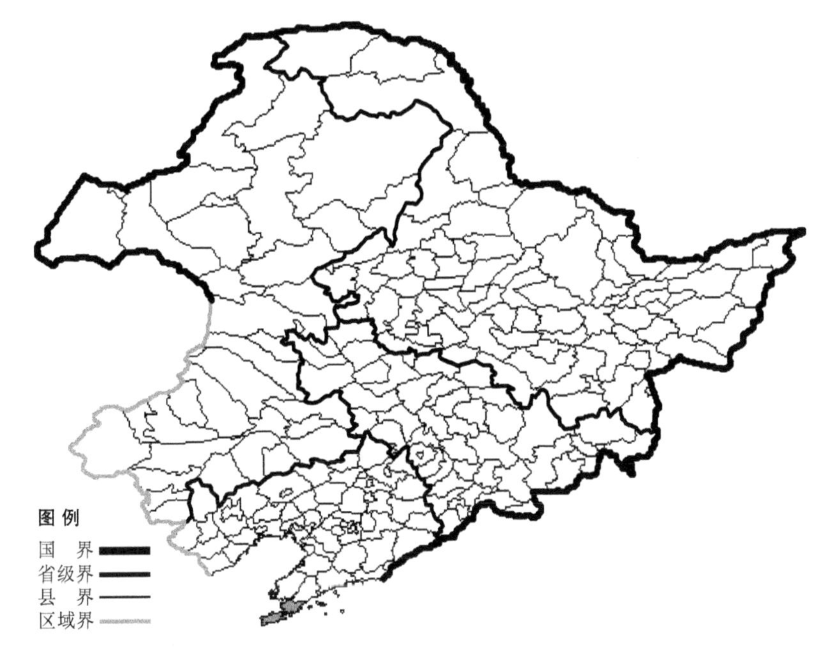

生境：海边湿地。
产地：辽宁省大连。
分布：中国（辽宁），朝鲜半岛，日本，俄罗斯（远东地区）。

海韭菜

Triglochin maritimum L.

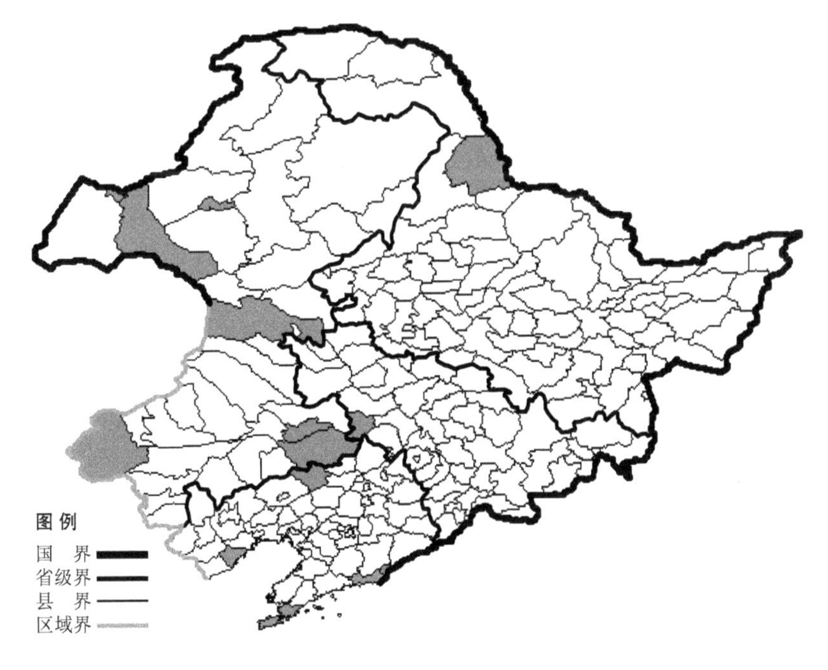

生境：湿润沙地，海边，海拔900米以下。
产地：黑龙江省黑河，吉林省双辽，辽宁省彰武、大连、兴城、丹东、东港，内蒙古满洲里、海拉尔、新巴尔虎左旗、科尔沁左翼后旗、克什克腾旗、科尔沁右翼前旗、通辽。
分布：中国（全国各地），朝鲜半岛，日本，蒙古，俄罗斯（北极带、欧洲部分、高加索、西伯利亚、远东地区），中亚，土耳其，伊朗，欧洲，北美洲，南美洲。

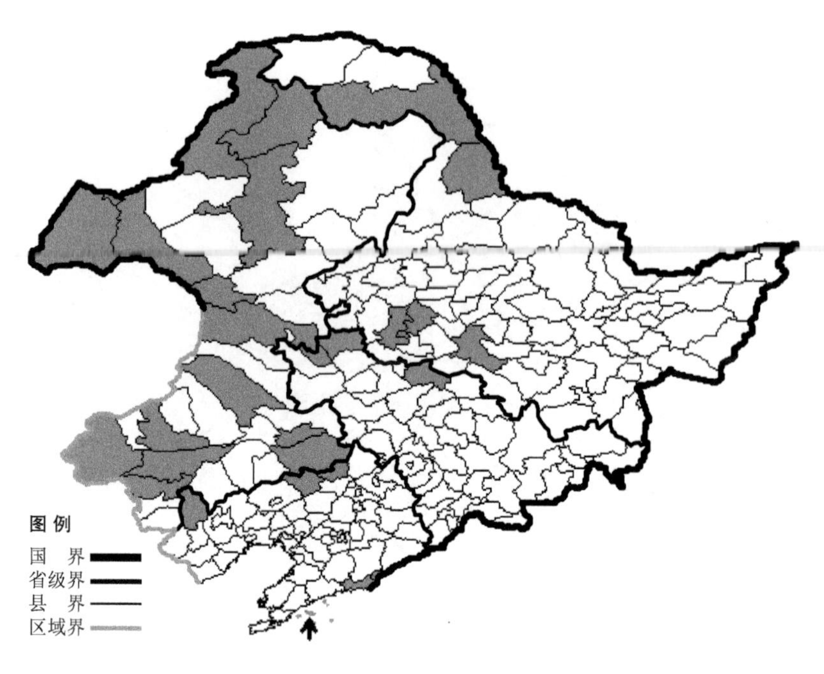

水麦冬

Triglochin palustre L.

生境：湿草地，沼泽，海拔 900 米以下。

产地：黑龙江省黑河、安达、大庆、呼玛、哈尔滨，吉林省白城、扶余、镇赉，辽宁省建平、康平、丹东、东港、彰武、长海，内蒙古根河、满洲里、新巴尔虎右旗、海拉尔、牙克石、科尔沁右翼前旗、科尔沁左翼后旗、克什克腾旗、赤峰、阿尔山、巴林右旗、通辽、翁牛特旗、新巴尔虎左旗、额尔古纳、扎鲁特旗。

分布：中国（黑龙江、吉林、辽宁、内蒙古、河北、山西、陕西、甘肃、新疆、西藏），朝鲜半岛，日本，蒙古，俄罗斯（欧洲部分、高加索、西伯利亚、远东地区），中亚，土耳其，伊朗，欧洲，北美洲，南美洲。

图 例
国 界
省级界
县 界
区域界

眼子菜科 Potamogetonaceae

柳叶眼子菜

Potamogeton compressus L.

生境：池沼，河水中，海拔 900 米以下。

产地：黑龙江省尚志、哈尔滨、北安、齐齐哈尔、肇源、集贤，吉林省安图，辽宁省北票，内蒙古海拉尔、扎兰屯。

分布：中国（黑龙江、吉林、辽宁、内蒙古），日本，俄罗斯（西伯利亚、远东地区），欧洲，北美洲。

菹草

Potamogeton crispus L.

生境：池沼，水田，海拔 300 米以下。

产地：黑龙江省哈尔滨、牡丹江、齐齐哈尔，吉林省长白、临江、汪清，辽宁省沈阳、新民、黑山、建昌、普兰店、大连、庄河、长海、抚顺、本溪，内蒙古科尔沁右翼中旗、克什克腾旗、通辽、阿鲁科尔沁旗。

分布：中国（全国各地），遍布世界各地。

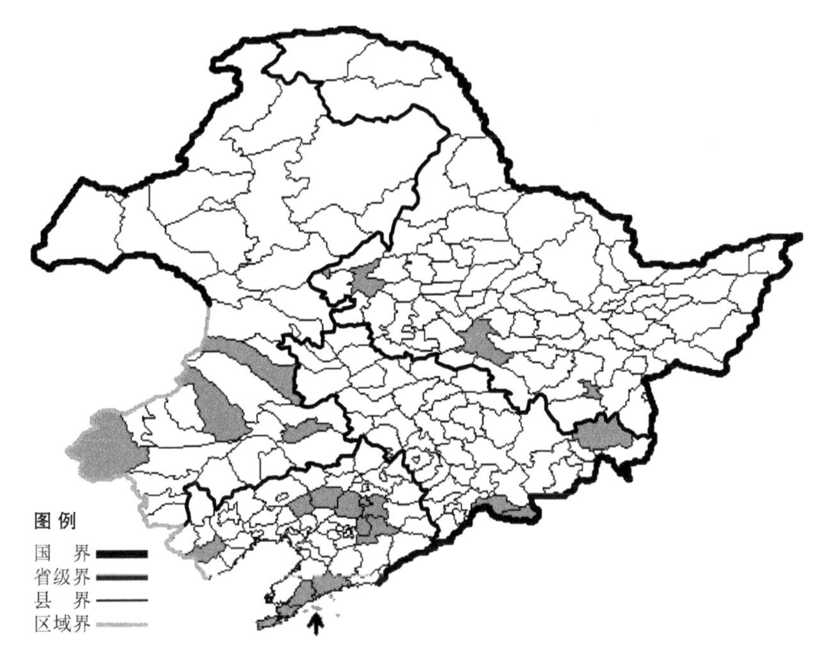

突果眼子菜

Potamogeton cristatus Regel et Maack

生境：池沼，水边。

产地：黑龙江省齐齐哈尔，辽宁省沈阳，内蒙古海拉尔。

分布：中国（黑龙江、辽宁、内蒙古、河北、江苏、浙江、福建、河南、湖北、江西、湖南、四川、台湾），朝鲜半岛，日本，俄罗斯（远东地区）。

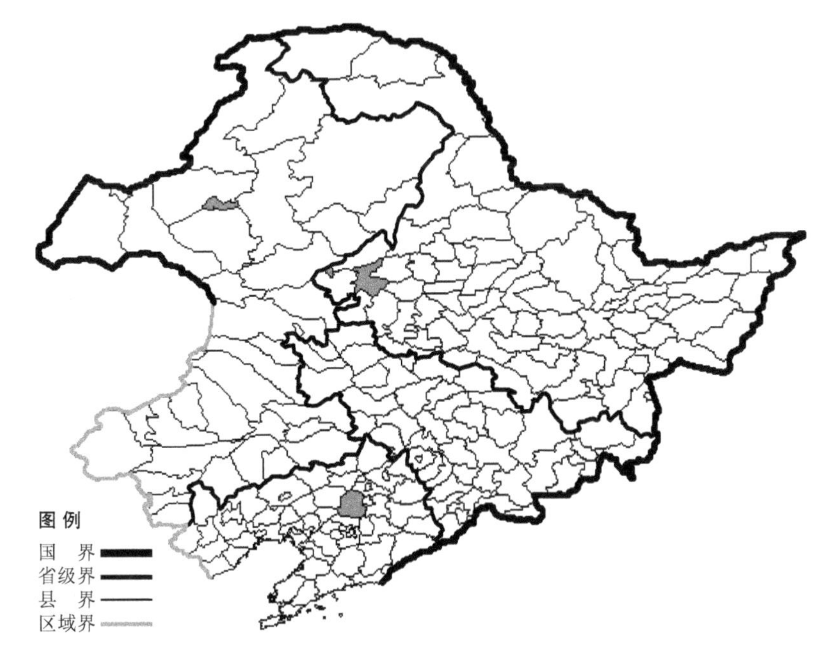

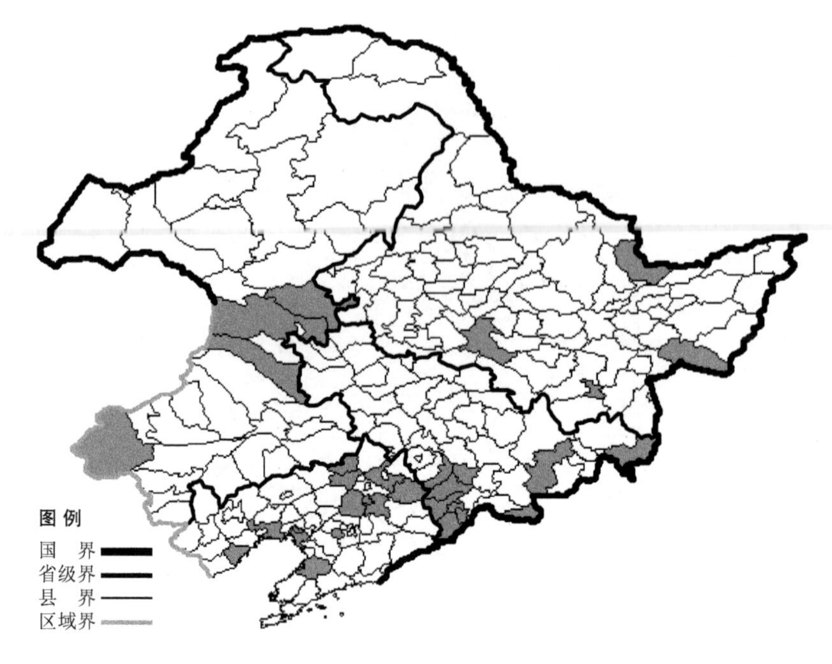

眼子菜

Potamogeton distinctus A. Benn.

生境：池沼，河水中，水田，海拔 300 米以下。

产地：黑龙江省密山、萝北、牡丹江、哈尔滨，吉林省珲春、安图、长白、柳河、梅河口、通化、集安、辉南，辽宁省开原、康平、大洼、凌海、抚顺、兴城、鞍山、盘锦、清原、法库、盖州、沈阳，内蒙古扎赉特旗、科尔沁右翼前旗、科尔沁右翼中旗、克什克腾旗。

分布：中国（全国各地），朝鲜半岛，日本，俄罗斯（远东地区）。

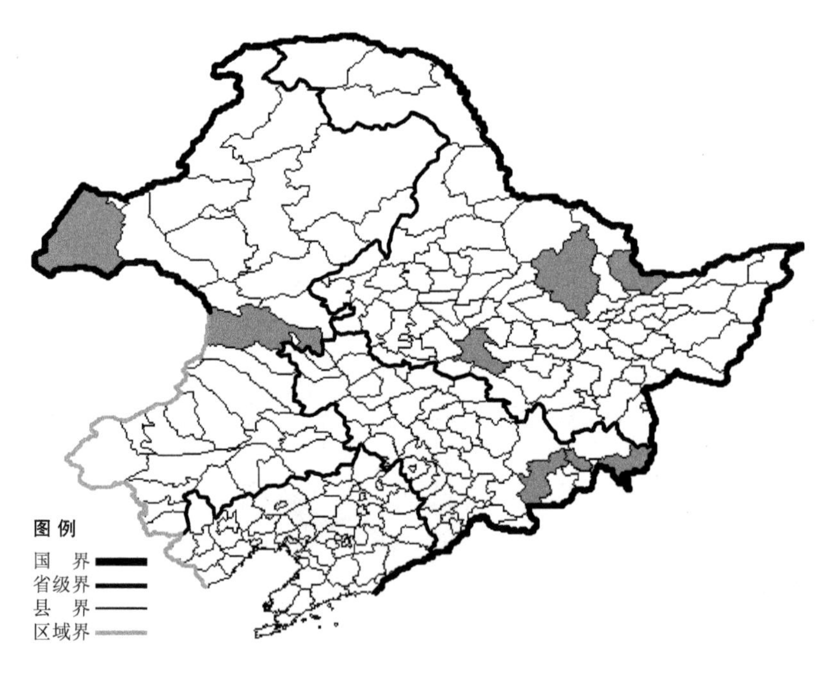

异叶眼子菜

Potamogeton gramineus L.

生境：池沼，河水中，海拔 700 米以下。

产地：黑龙江省伊春、哈尔滨、萝北，吉林省延吉、安图、珲春，内蒙古新巴尔虎右旗、科尔沁右翼前旗。

分布：中国（黑龙江、吉林、内蒙古、陕西），朝鲜半岛，日本，俄罗斯（欧洲部分、西伯利亚、远东地区），中亚，欧洲，北美洲。

光叶眼子菜

Potamogeton lucens L.

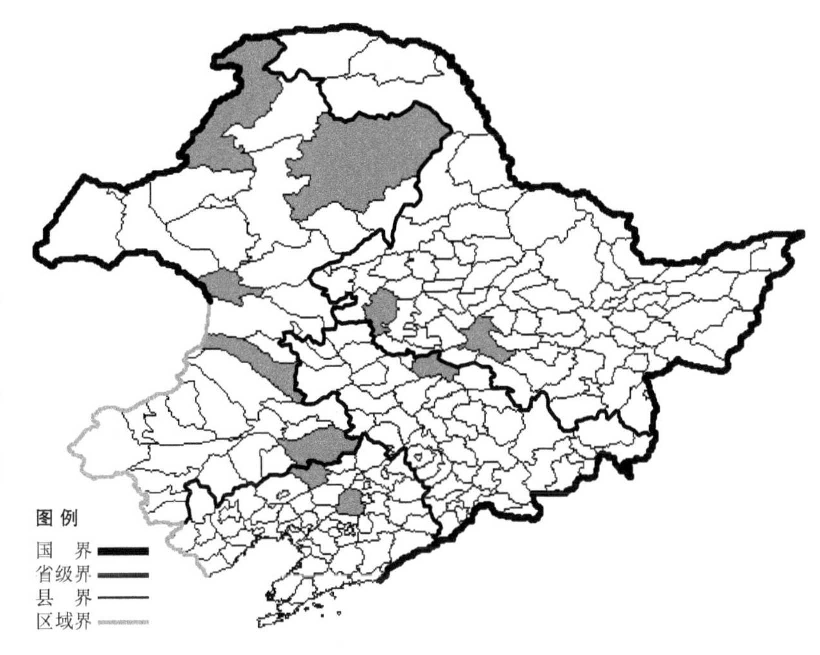

生境：池沼，河水中。

产地：黑龙江省哈尔滨、杜尔伯特，吉林省扶余，辽宁省沈阳、彰武，内蒙古阿尔山、额尔古纳、科尔沁右翼中旗、科尔沁左翼后旗、鄂伦春旗。

分布：中国（黑龙江、吉林、辽宁、内蒙古、河北、华东、华南、西南），俄罗斯（欧洲部分、高加索、西伯利亚），中亚，西亚，欧洲，非洲，北美洲。

微齿眼子菜

Potamogeton maackianus A. Benn.

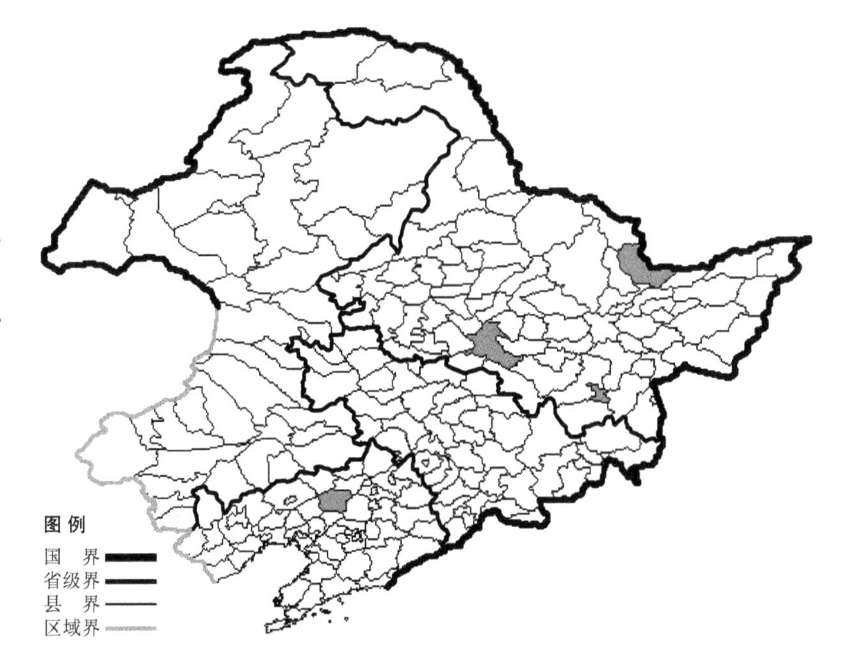

生境：池沼，水中。

产地：黑龙江省萝北、哈尔滨、牡丹江，辽宁省新民。

分布：中国（黑龙江、辽宁、华北、华东、华中、西南），朝鲜半岛，日本，俄罗斯（东部西伯利亚、远东地区）。

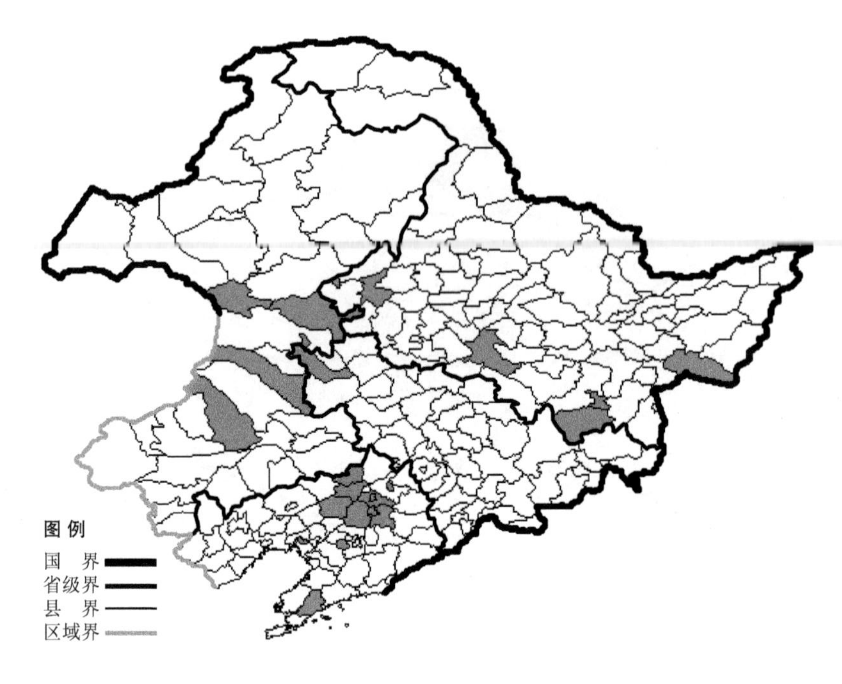

竹叶眼子菜

Potamogeton malaianus Miq.

生境：沼泽，海拔 200 米以下。

产地：黑龙江省哈尔滨、牡丹江、密山、宁安、齐齐哈尔，吉林省洮南，辽宁省铁岭、沈阳、新民、法库、康平、鞍山、盘锦、普兰店、抚顺，内蒙古阿尔山、科尔沁右翼中旗、阿鲁科尔沁旗、扎赉特旗、乌兰浩特。

分布：中国（黑龙江、吉林、辽宁、内蒙古、河北、山西、新疆、山东、江苏、安徽、浙江、福建、河南、湖北、湖南、广东、四川、云南、西藏、台湾），朝鲜半岛，日本，俄罗斯（远东地区），东南亚，印度。

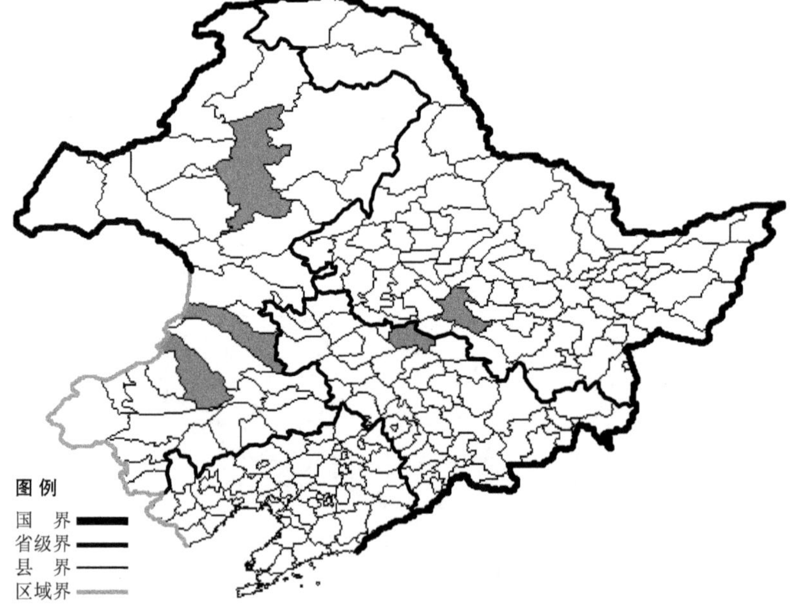

东北眼子菜

Potamogeton mandshuriensis A. Benn.

生境：池沼。

产地：黑龙江省哈尔滨，吉林省扶余，内蒙古牙克石、科尔沁右翼中旗、阿鲁科尔沁旗。

分布：中国（黑龙江、吉林、内蒙古），俄罗斯（远东地区）。

小浮叶眼子菜

Potamogeton mizuhikimo Makino

生境：池沼，水中，海拔 700 米以下。

产地：黑龙江省虎林、齐齐哈尔、北安、哈尔滨、密山、富锦，吉林省珲春，辽宁省开原、新民、北票、新宾，内蒙古海拉尔。

分布：中国（黑龙江、吉林、辽宁、内蒙古、陕西、江苏、湖北、广西），日本，朝鲜半岛，俄罗斯（远东地区）。

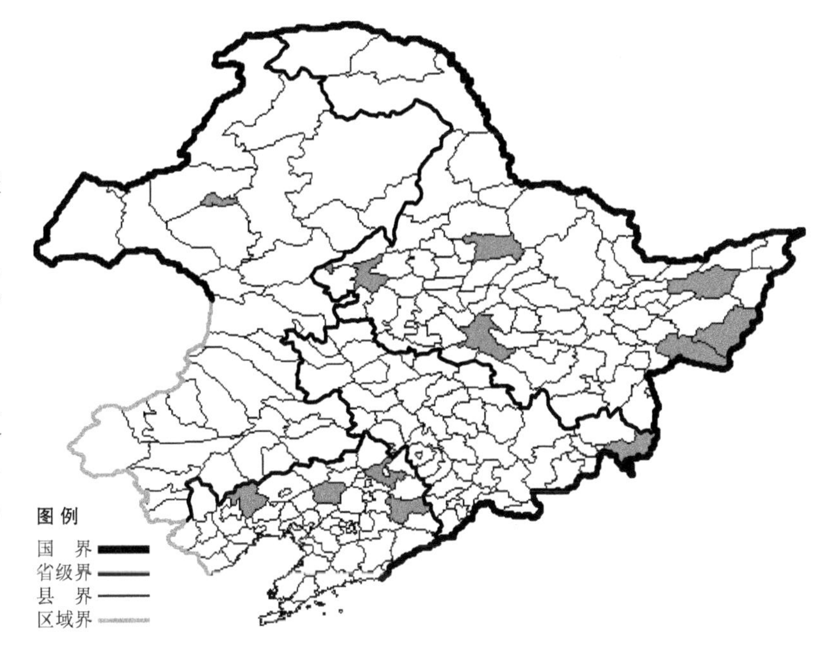

浮叶眼子菜

Potamogeton natans L.

生境：池沼，河水中。

产地：黑龙江省哈尔滨、伊春、密山、尚志、宁安，辽宁省抚顺、新民、普兰店、沈阳。

分布：中国（全国各地），朝鲜半岛，日本，俄罗斯（欧洲部分、高加索、西伯利亚、远东地区），中亚，欧洲，非洲，北美洲。

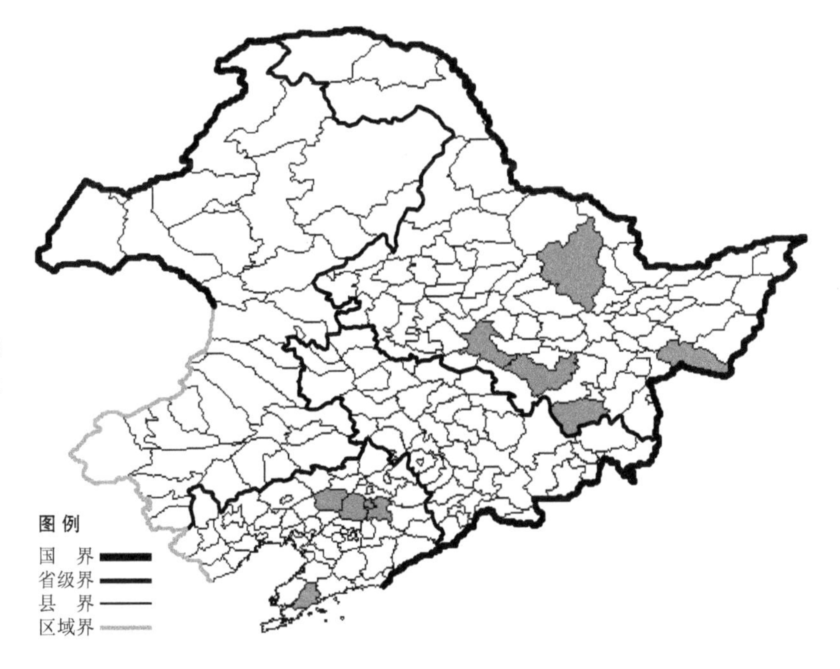

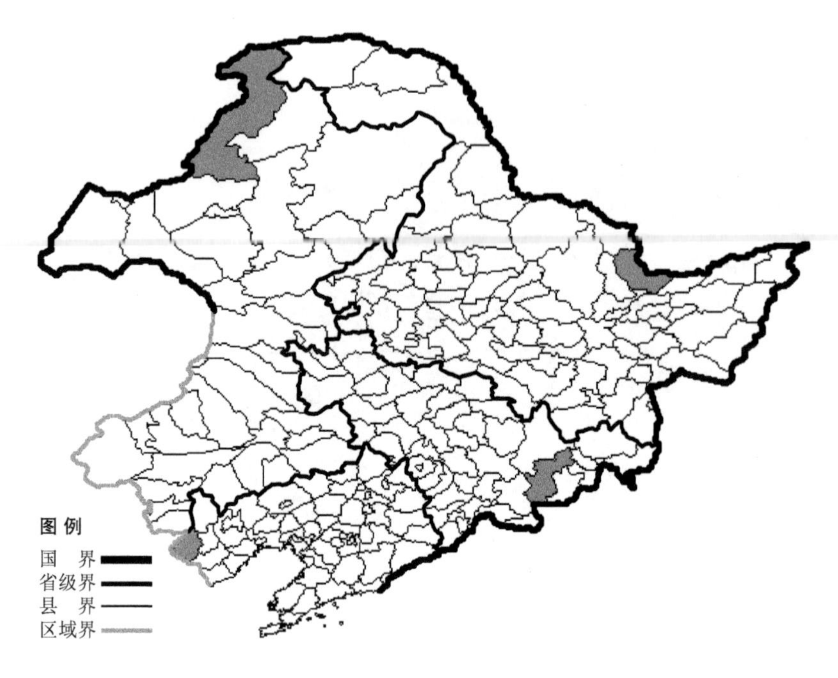

钝头眼子菜

Potamogeton obtusifolius Mert. et Koch

生境：池沼，河水中，海拔700米以下。

产地：黑龙江省萝北，吉林省安图，辽宁省凌源，内蒙古额尔古纳。

分布：中国（黑龙江、吉林、辽宁、内蒙古、陕西、甘肃、新疆），蒙古，俄罗斯（欧洲部分、高加索、西伯利亚），中亚，欧洲，北美洲。

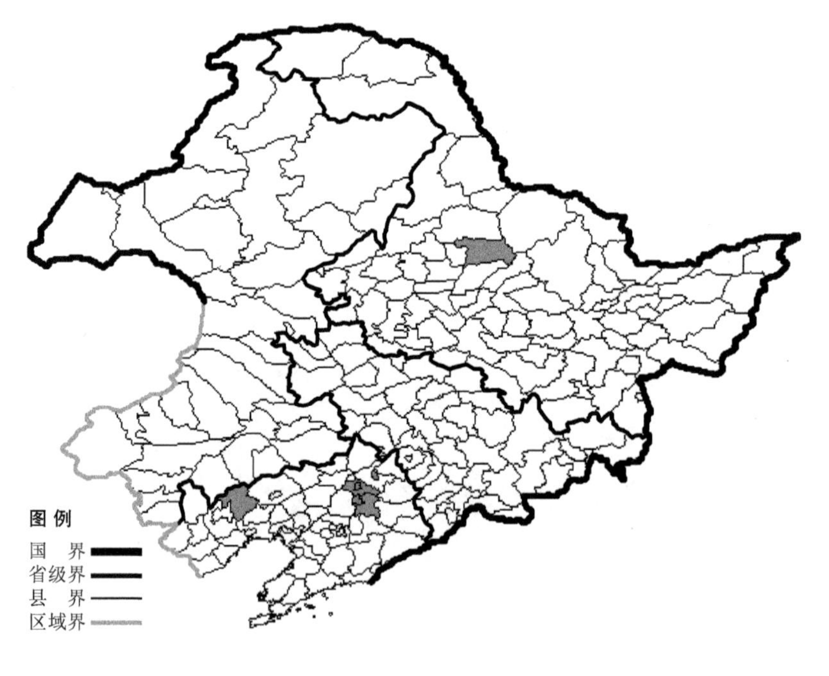

尖叶眼子菜

Potamogeton oxyphyllus Miq.

生境：池沼。

产地：黑龙江省北安，辽宁省抚顺、铁岭、北票。

分布：中国（黑龙江、辽宁、陕西、安徽、浙江、福建、湖北、江西、云南、台湾），朝鲜半岛，日本，俄罗斯（远东地区）。

蓖齿眼子菜

Potamogeton pectinatus L.

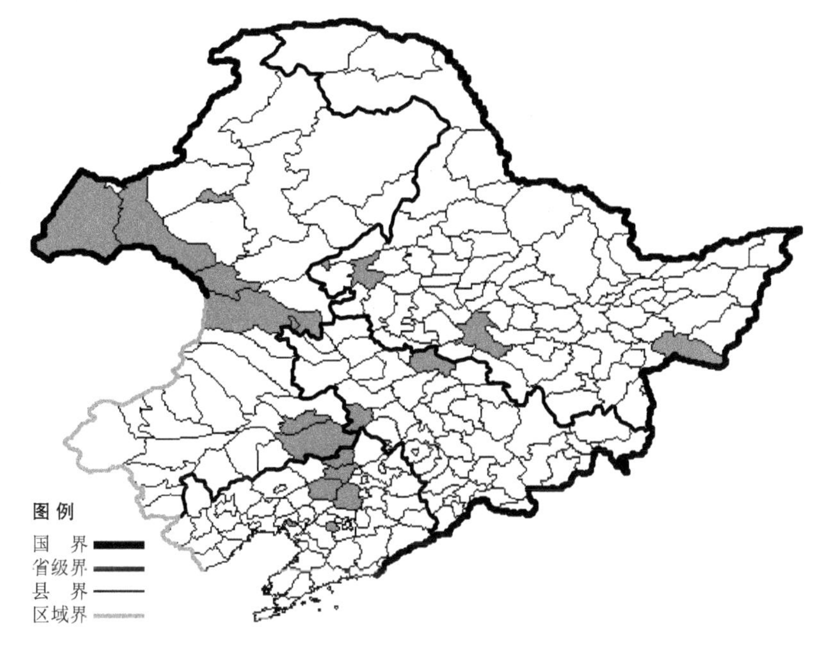

生境：池沼，河水中，海拔 700 米以下。

产地：黑龙江省哈尔滨、密山、齐齐哈尔，吉林省扶余、双辽，辽宁省盘锦、鞍山、沈阳、新民、法库、康平，内蒙古海拉尔、科尔沁右翼前旗、科尔沁左翼后旗、新巴尔虎左旗、新巴尔虎右旗、乌兰浩特、通辽、阿尔山。

分布：中国（全国各地），遍布世界各地。

穿叶眼子菜

Potamogeton perfoliatus L.

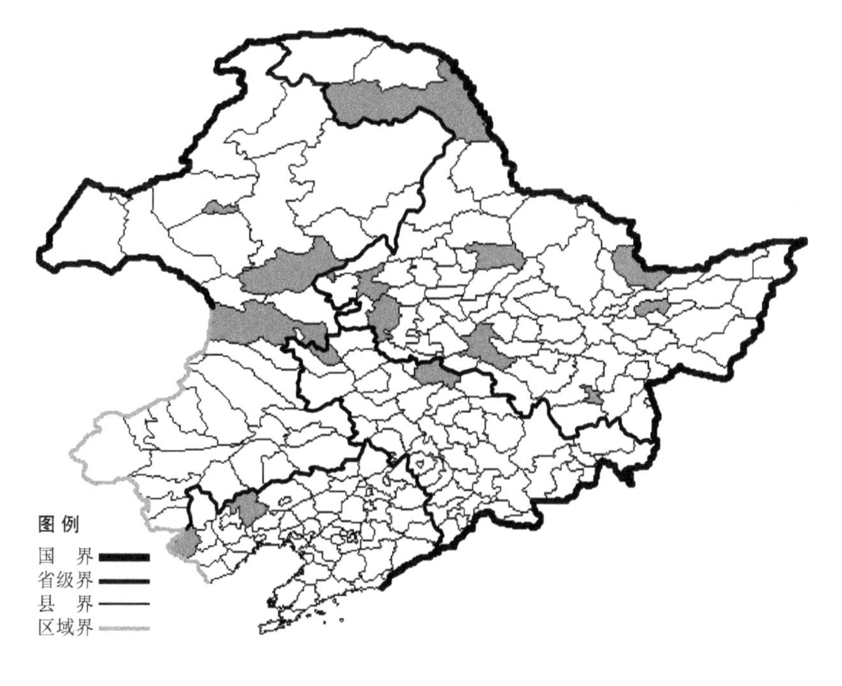

生境：池沼，河水中，海拔 700 米以下。

产地：黑龙江省集贤、萝北、北安、杜尔伯特、呼玛、牡丹江、哈尔滨、齐齐哈尔，吉林省白城、扶余，辽宁省北票、凌源，内蒙古扎兰屯、科尔沁右翼前旗、海拉尔。

分布：中国（黑龙江、吉林、辽宁、内蒙古、河北、山西、陕西、甘肃、宁夏、青海、新疆、山东、河南、湖北、湖南、贵州、云南），朝鲜半岛，日本，俄罗斯（欧洲部分、高加索、西伯利亚、远东地区），欧洲，非洲，大洋洲，北美洲，南美洲。

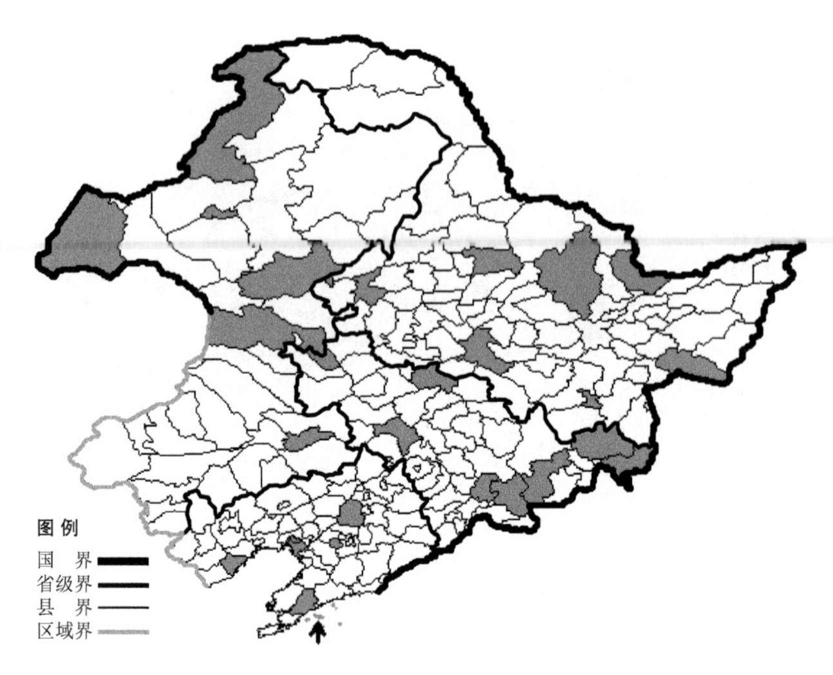

小眼子菜

Potamogeton pussillus L.

生境：池沼，溪流中，海拔 1000 米以下。

产地：黑龙江省伊春、哈尔滨、北安、牡丹江、萝北、密山、齐齐哈尔，吉林省扶余、珲春、靖宇、汪清、白城、公主岭、抚松、安图，辽宁省沈阳、长海、鞍山、兴城、盘锦、普兰店、大洼，内蒙古额尔古纳、新巴尔虎右旗、海拉尔、通辽、扎兰屯、科尔沁右翼前旗。

分布：中国（全国各地），遍布世界各地。

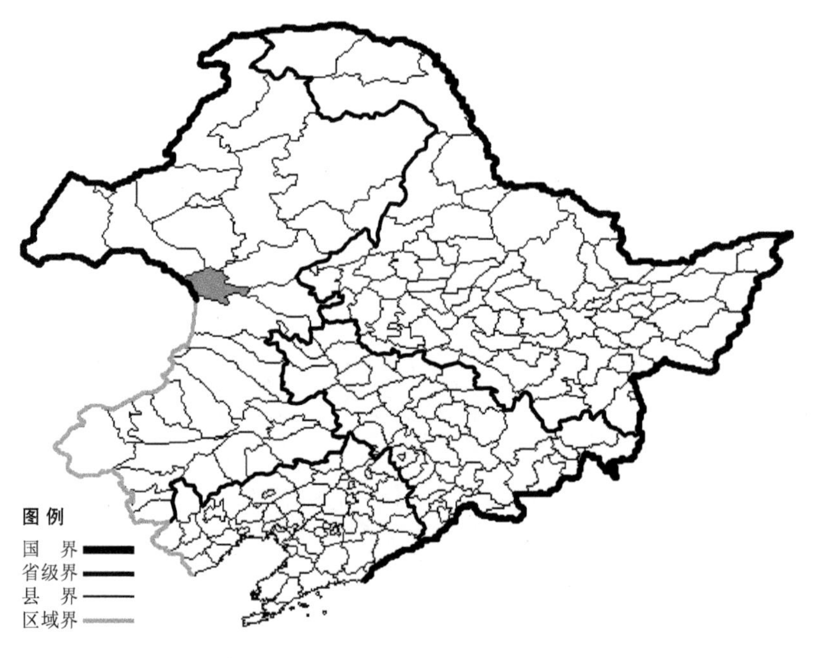

兴安眼子菜

Potamogeton xinganensis Ma

生境：池沼。

产地：内蒙古阿尔山。

分布：中国（内蒙古）。

川蔓藻

Ruppia maritima L.

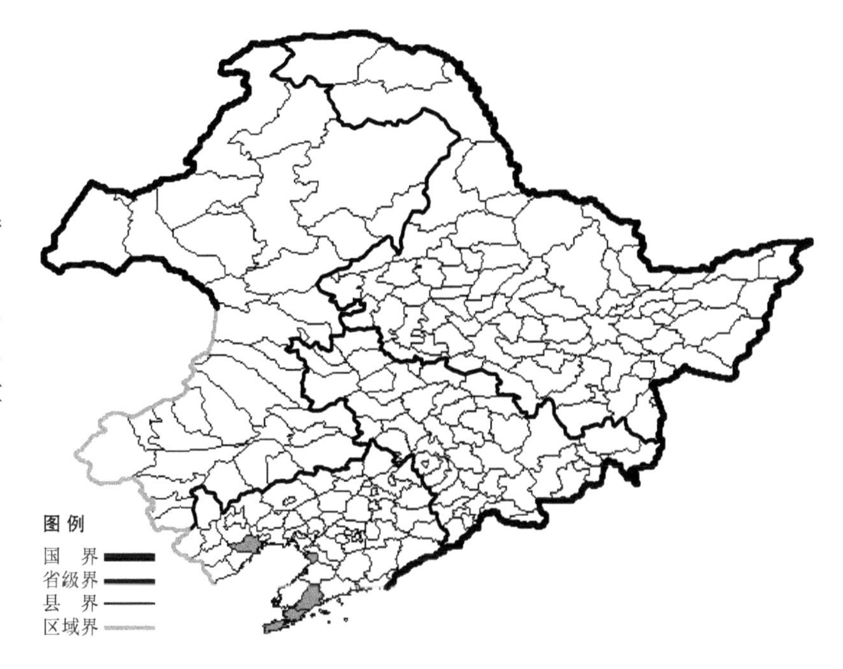

生境：海滩，水中。

产地：辽宁省葫芦岛、大连、营口、普兰店。

分布：中国（辽宁、河北、甘肃、青海、新疆、山东、江苏、浙江、福建、广东、广西、海南、台湾），遍布世界温带、亚热带海域及盐湖。

卷须川蔓藻 Ruppia maritima L. var. **spiralis** Moris. 生于海滩，海水中，产于辽宁省大连，分布于中国（沿海地区），朝鲜半岛，俄罗斯（欧洲部分、高加索、西伯利亚、远东地区），北美洲。

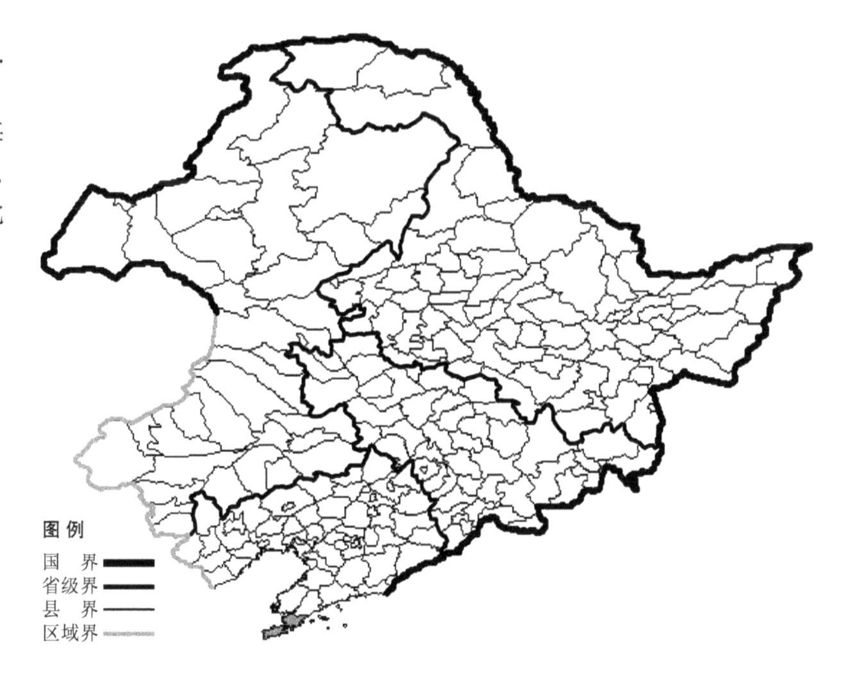

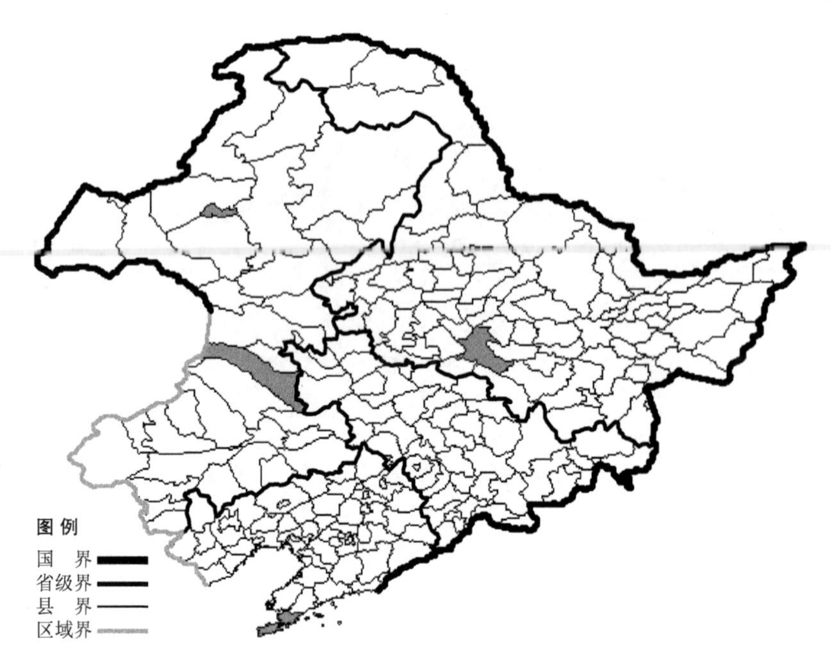

角果藻

Zannichellia palustris L.

生境：淡水池沼，海边，内陆咸水中，海拔 600 米以下。

产地：黑龙江省哈尔滨，辽宁省大连，内蒙古海拉尔、科尔沁右翼中旗。

分布：中国（沿海地区广布），蒙古，俄罗斯（欧洲部分、高加索、西伯利亚、远东地区），中亚，伊朗，北美洲。

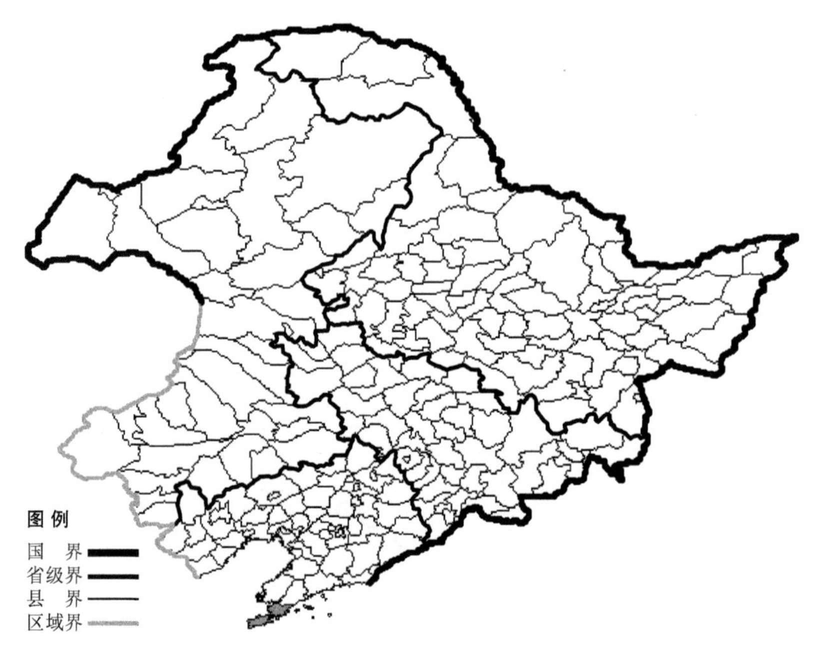

大叶藻科 Zosteraceae

虾海藻

Phyllospadix japonicus Makino

生境：海中石砾质地或岩石缝。

产地：辽宁省大连。

分布：中国（辽宁、山东），朝鲜半岛，日本。

宽叶大叶藻

Zostera asiatica Miki

生境：海水中。

产地：辽宁省普兰店、大连、庄河。

分布：中国（辽宁），朝鲜半岛，日本，俄罗斯（远东地区）。

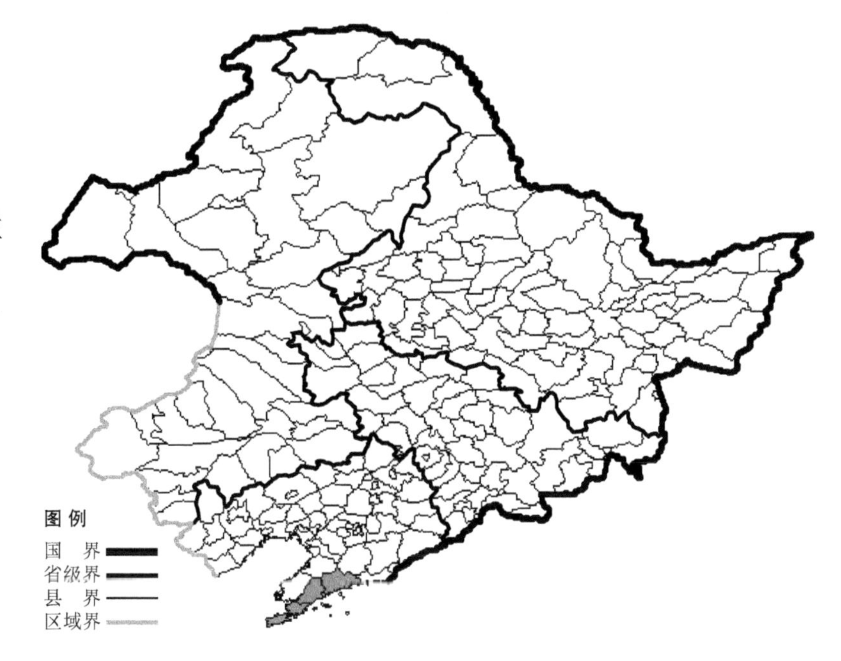

丛生大叶藻

Zostera caespitosa Miki

生境：海水中。

产地：辽宁省绥中、大连。

分布：中国（辽宁），朝鲜半岛，日本，俄罗斯（远东地区）。

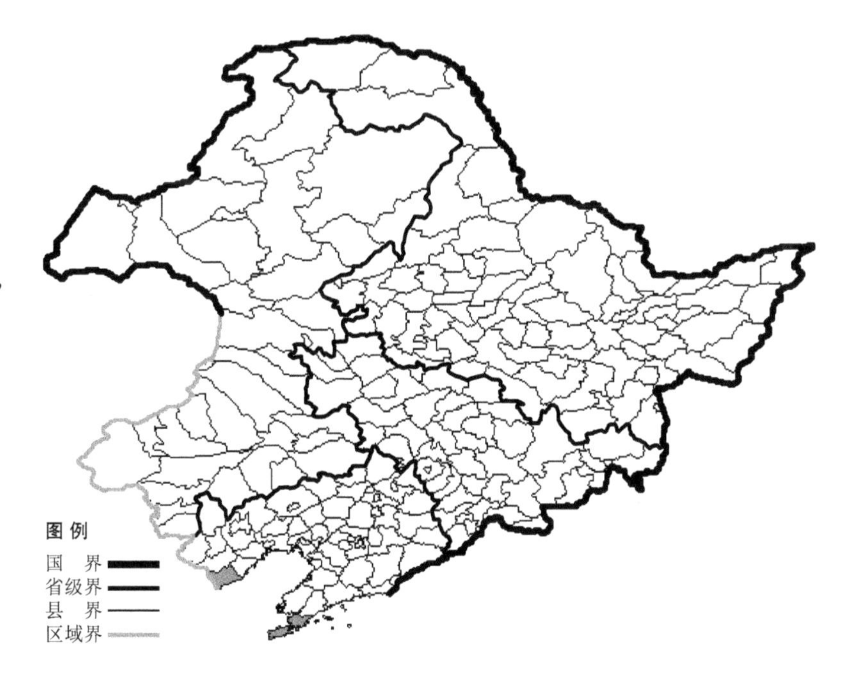

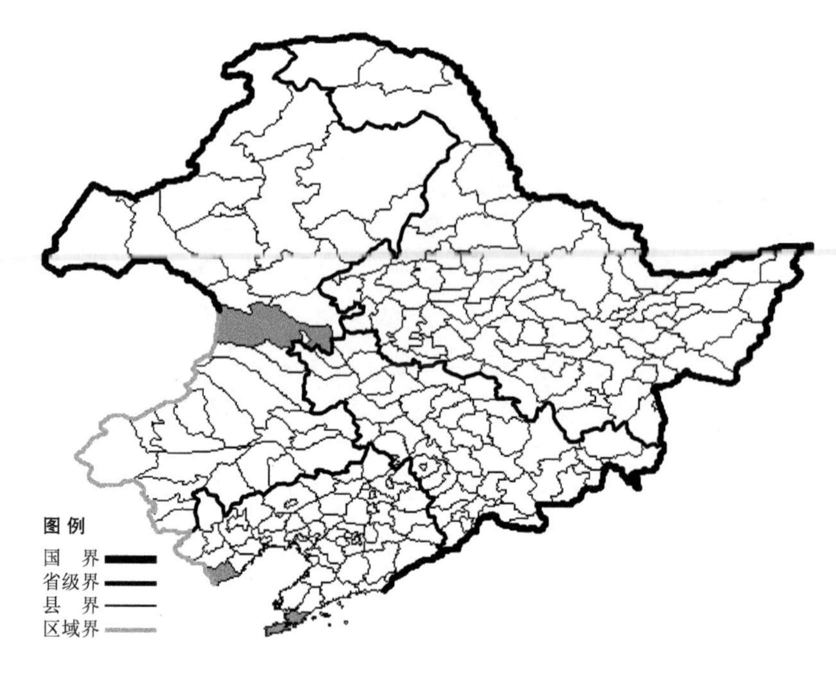

矮大叶藻

Zostera japonica Aschers. et Graebn.

生境：池沼。

产地：辽宁省大连、绥中，内蒙古科尔沁右翼前旗。

分布：中国（辽宁、内蒙古、河北、山东），朝鲜半岛，日本，俄罗斯（远东地区），南亚，北美洲。

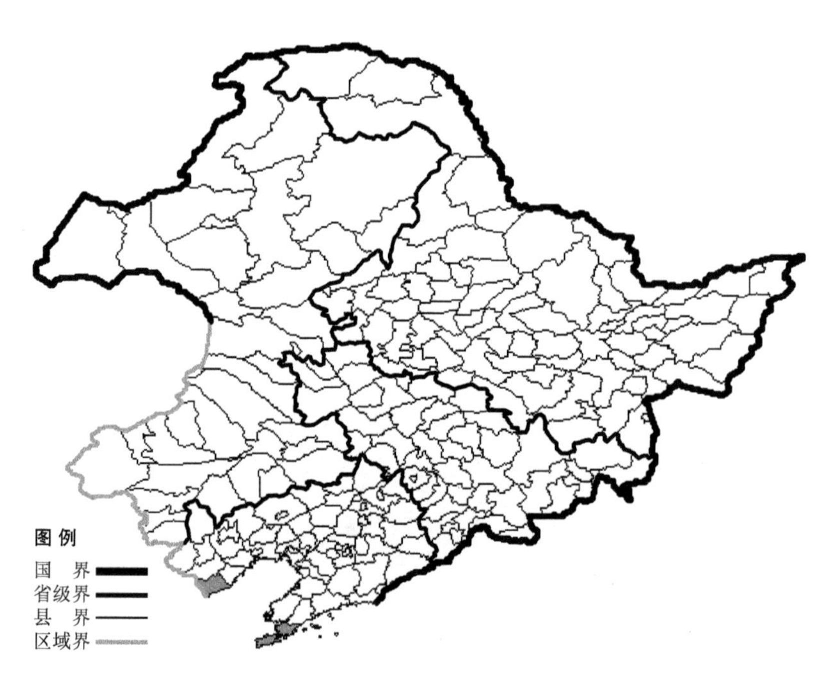

大叶藻

Zostera marina L.

生境：浅海中。

产地：辽宁省大连、绥中。

分布：中国（辽宁、河北、山东），朝鲜半岛，日本，俄罗斯（欧洲部分、高加索、远东地区），欧洲，北美洲，土耳其。

茨藻科 Najadaceae

细叶茨藻

Najas graminea Del.

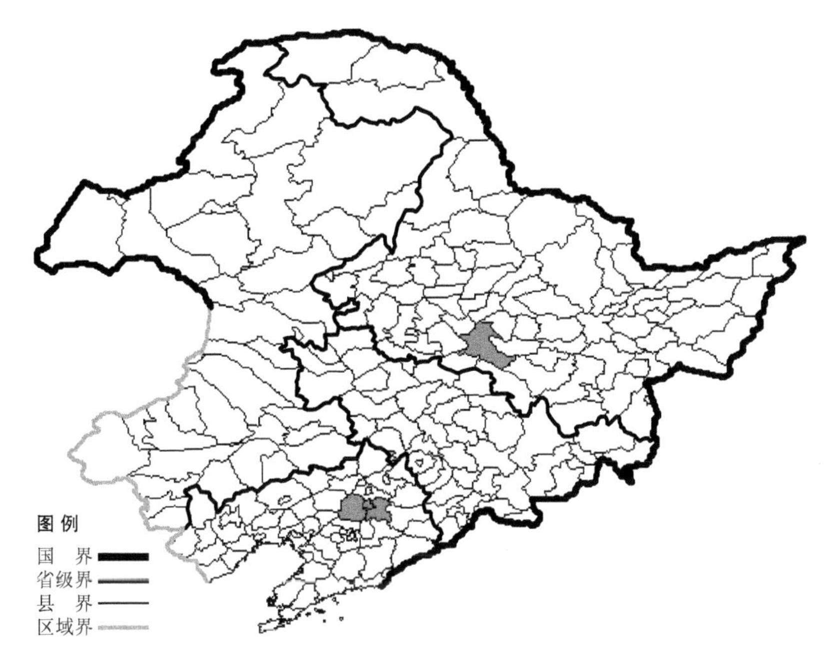

生境：池沼，海拔 200 米以下。

产地：黑龙江省哈尔滨，辽宁省沈阳、抚顺。

分布：中国（黑龙江、辽宁、河北、安徽、福建、河南、湖北、广东、广西、海南、云南、台湾），朝鲜半岛，日本，中亚，印度，马来西亚，欧洲，非洲，大洋洲。

丝叶茨藻

Najas japonica Nakai

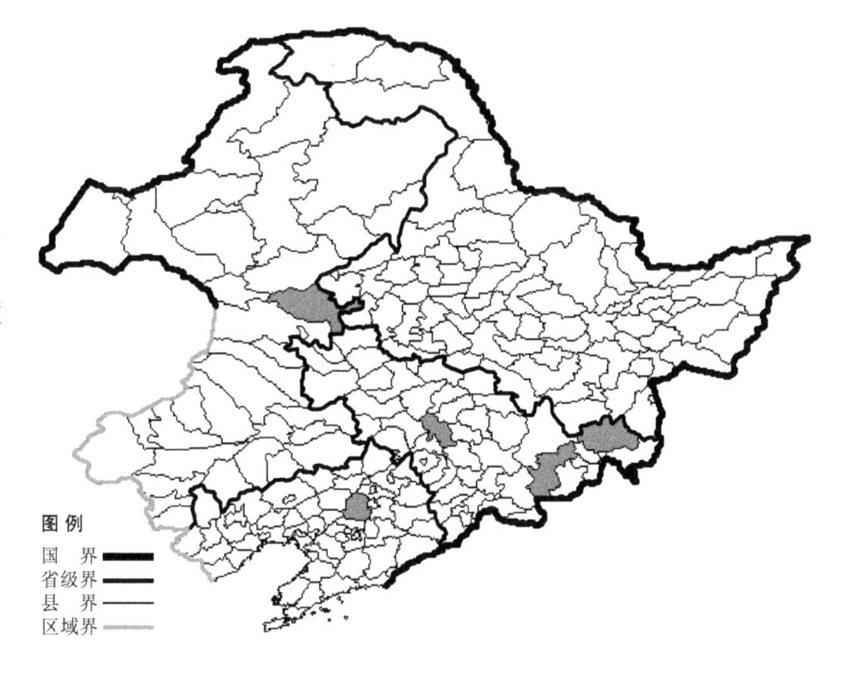

生境：池沼。

产地：吉林省长春、汪清、安图，辽宁省沈阳，内蒙古扎赉特旗。

分布：中国（吉林、辽宁、内蒙古），日本，俄罗斯（远东地区）。

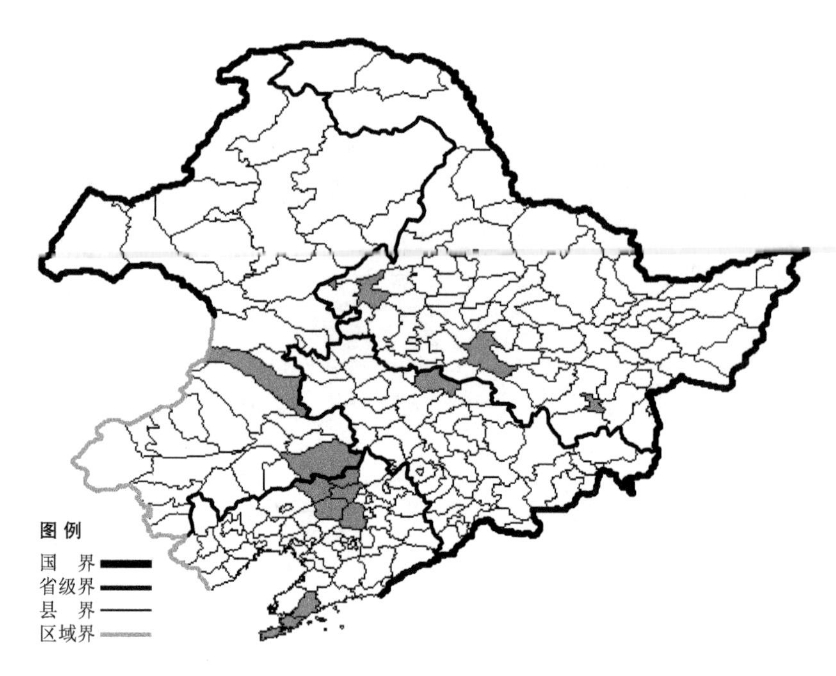

茨藻

Najas marina L.

生境：池沼，湖泊，海拔 700 米以下。

产地：黑龙江省齐齐哈尔、哈尔滨、牡丹江，吉林省扶余，辽宁省法库、康平、普兰店、新民、沈阳、彰武、大连，内蒙古科尔沁右翼中旗、科尔沁左翼后旗。

分布：中国（黑龙江、吉林、辽宁、内蒙古、河北、山西、新疆、江苏、浙江、河南、湖北、江西、湖南、云南、台湾），朝鲜半岛，日本，俄罗斯（欧洲部分、高加索、西伯利亚、远东地区），中亚，马来西亚，印度，欧洲，非洲，大洋洲，北美洲，南美洲。

图例
国　界
省级界
县　界
区域界

小茨藻

Najas minor All.

生境：湖中，池沼，海拔 500 米以下。

产地：黑龙江省齐齐哈尔、萝北、哈尔滨，吉林省扶余，辽宁省康平、沈阳、抚顺、大洼、鞍山、普兰店、彰武、盘锦、大连，内蒙古扎赉特旗。

分布：中国（黑龙江、吉林、辽宁、内蒙古、河北、新疆、山东、江苏、浙江、福建、河南、湖北、江西、湖南、广东、广西、海南、台湾），朝鲜半岛，日本，俄罗斯（欧洲部分、高加索、远东地区），中亚，欧洲，非洲，大洋洲。

百合科 Liliaceae

阿尔泰葱

Allium altaicum Pall.

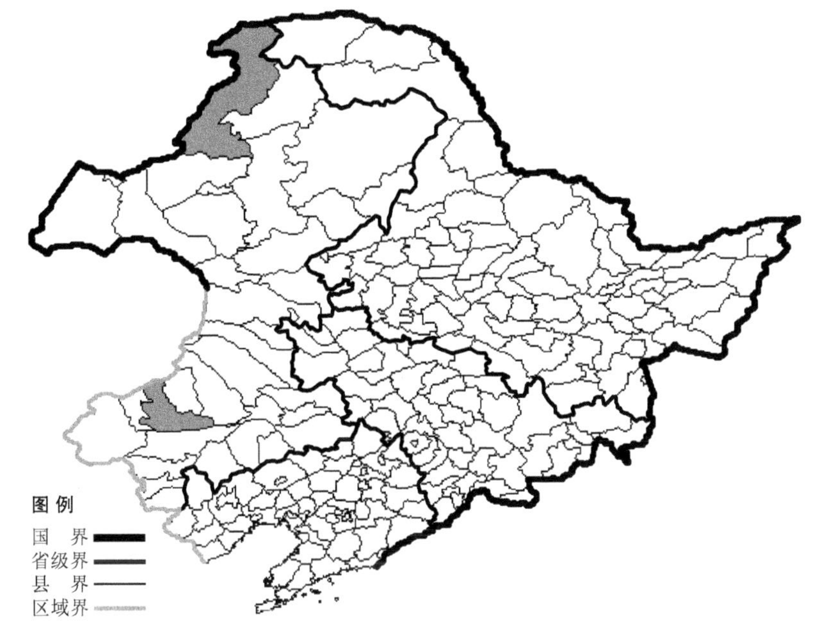

生境：石砾质山坡，海拔约 450 米。

产地：内蒙古额尔古纳、巴林右旗。

分布：中国（内蒙古），蒙古，俄罗斯（西伯利亚），中亚。

砂韭

Allium bidentatum Fisch. ex Prokh.

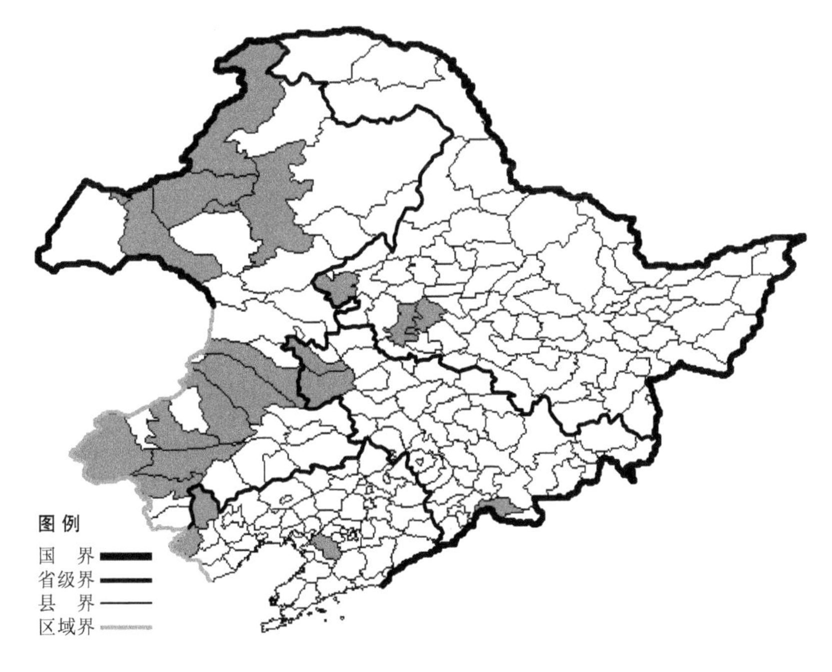

生境：岩石壁上，向阳山坡草地，海拔 1500 米以下。

产地：黑龙江省安达、龙江、大庆，吉林省临江、洮南、通榆，辽宁省建平、海城、凌源，内蒙古海拉尔、克什克腾旗、阿鲁科尔沁旗、满洲里、额尔古纳、牙克石、赤峰、扎鲁特旗、科尔沁右翼中旗、巴林右旗、翁牛特旗、陈巴尔虎旗、新巴尔虎左旗。

分布：中国（黑龙江、吉林、辽宁、内蒙古、河北、山西、新疆），蒙古，俄罗斯（西伯利亚），中亚。

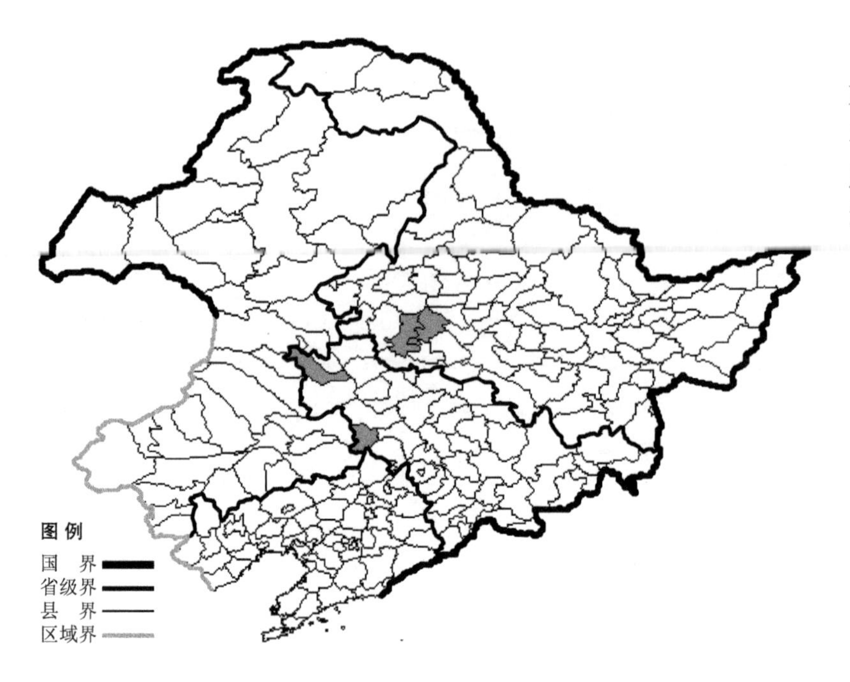

丝韭 Allium bidentatum Fisch. ex Prokh. var. **andanense** Q. S. Sun 生于草甸、碱性草地，海拔 300 米以下，产于黑龙江省安达、大庆，吉林省双辽、洮南，分布于中国（黑龙江、吉林）。

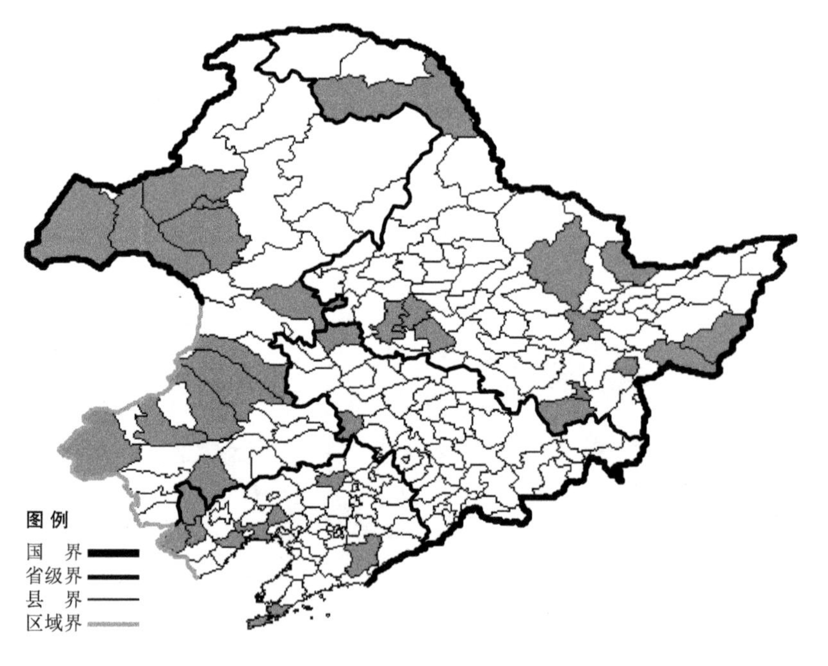

黄花葱

Allium condensatum Turcz.

生境：山坡草地，海拔 800 米以下。

产地：黑龙江省大庆、伊春、牡丹江、鸡西、肇东、呼玛、虎林、密山、宁安、萝北、依兰、安达，吉林蛟河、镇赉、双辽，辽宁省大连、凤城、葫芦岛、北镇、法库、凌海、凌源、喀左、建平，内蒙古海拉尔、陈巴尔虎旗、鄂温克旗、扎赉特旗、克什克腾旗、阿鲁科尔沁旗、敖汉旗、新巴尔虎左旗、新巴尔虎右旗、科尔沁右翼中旗、巴林右旗、扎鲁特旗。

分布：中国（黑龙江、吉林、辽宁、内蒙古、河北、山西、山东），朝鲜半岛，蒙古，俄罗斯（东部西伯利亚、远东地区）。

硬皮葱

Allium ledebourianum Roem.

生境：杂草地，沟谷，海拔 1700 米以下。

产地：黑龙江省海林、大庆、北安、黑河、逊克、尚志，吉林省抚松、安图，内蒙古海拉尔、额尔古纳、牙克石、鄂伦春旗、阿尔山、科尔沁右翼中旗、巴林右旗、克什克腾旗。

分布：中国（黑龙江、吉林、内蒙古），蒙古，俄罗斯（西伯利亚、远东地区）。

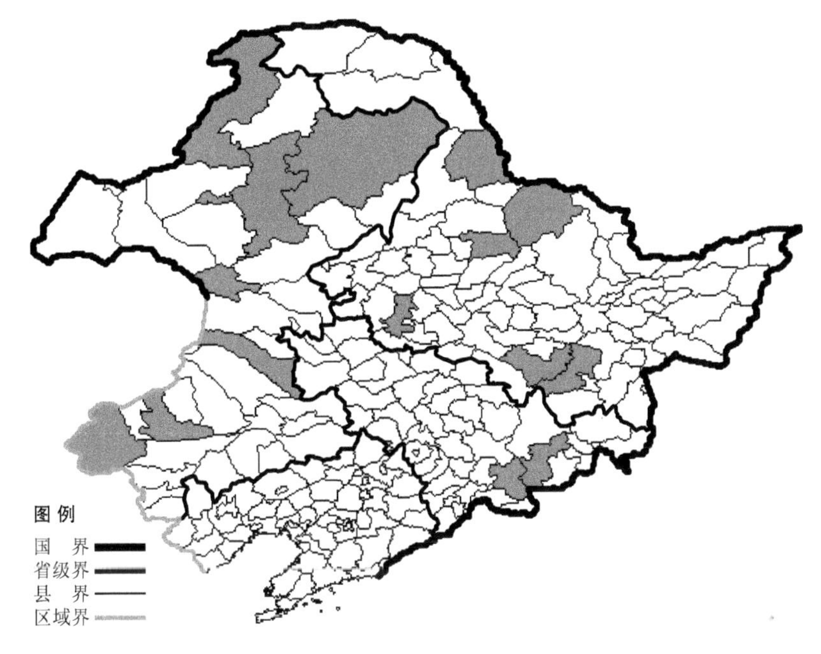

姜葱 Allium ledebourianum Roem. var. **maximowiczii** (Regel) Q. S. Sun 生于干山坡草地，海拔 150-300 米，产于黑龙江省呼玛，分布于中国（黑龙江），朝鲜半岛，日本，俄罗斯（东部西伯利亚、远东地区）。

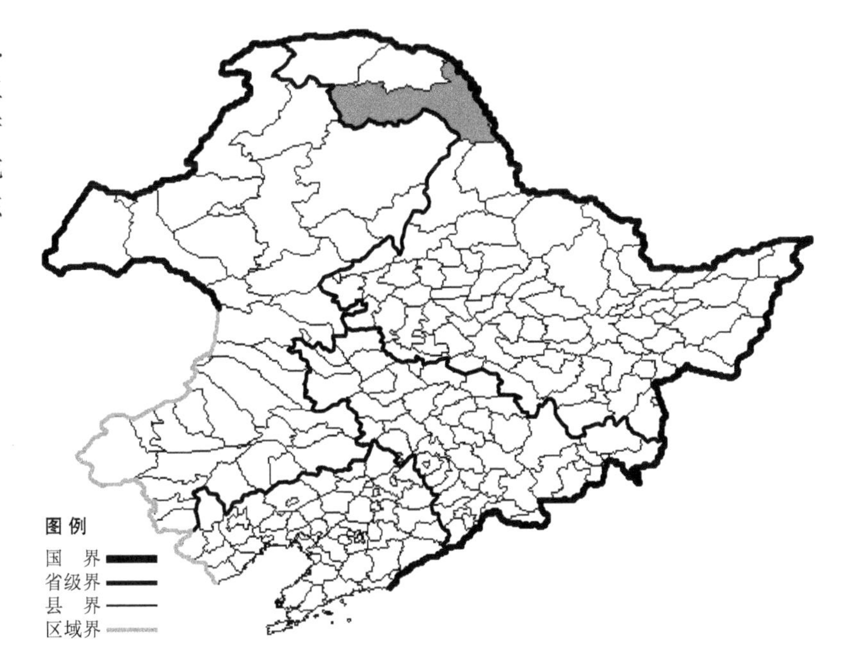

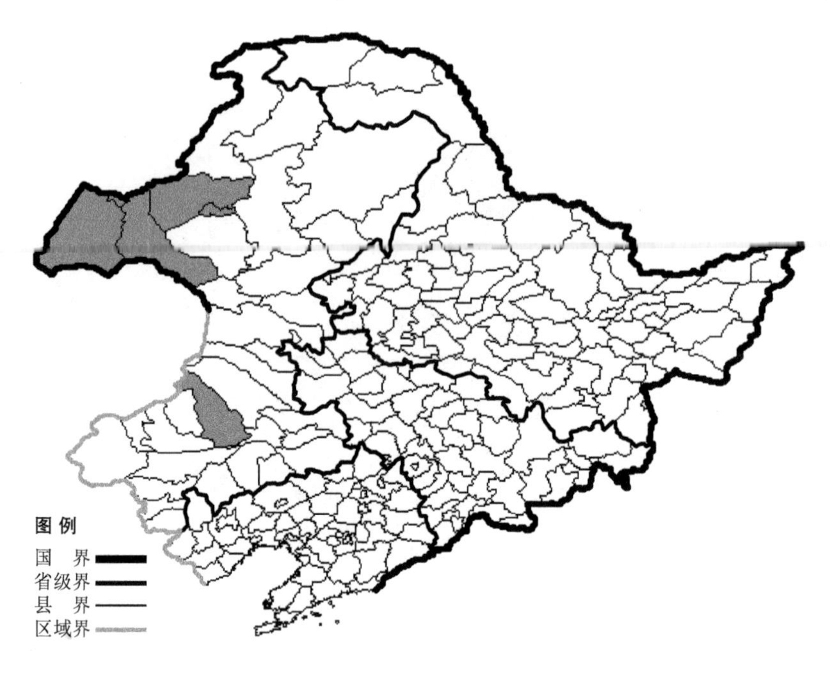

白头韭

Allium leucocephalum Turcz.

生境：山坡草地，沙地，海拔约700米。

产地：内蒙古海拉尔、满洲里、陈巴尔虎旗、新巴尔虎左旗、新巴尔虎右旗、阿鲁科尔沁旗。

分布：中国（内蒙古、甘肃），蒙古，俄罗斯（东部西伯利亚）。

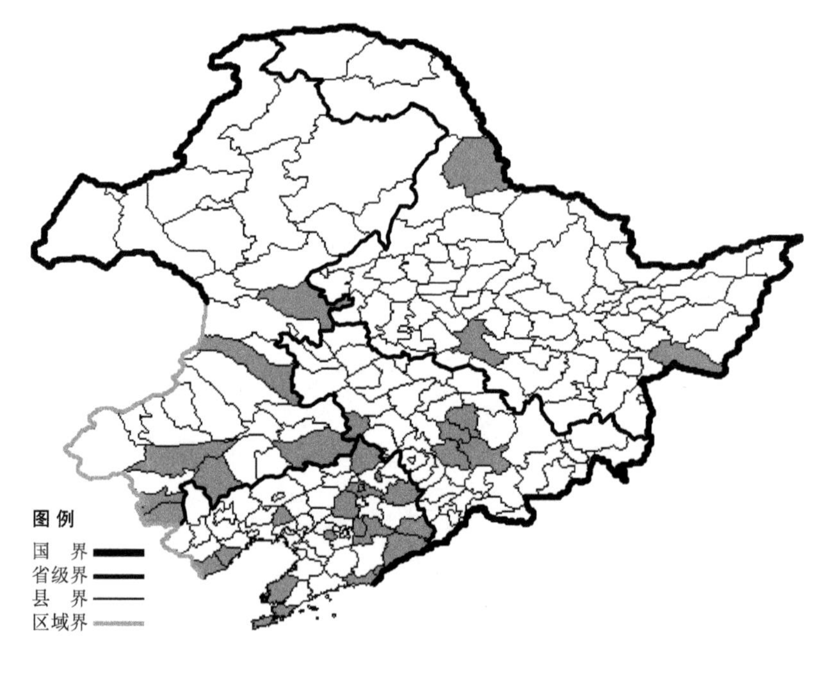

薤白

Allium macrostemon Bunge

生境：向阳山坡草地，耕地旁，海拔800米以下。

产地：黑龙江省哈尔滨、密山、黑河，吉林省永吉、桦甸、磐石、双辽、吉林，辽宁省沈阳、大连、鞍山、昌图、清原、丹东、鞍山、北镇、东港、兴城、绥中、宽甸、桓仁、大连、瓦房店、本溪、铁岭，内蒙古宁城、喀喇沁旗、敖汉旗、翁牛特旗、科尔沁右翼中旗、扎赉特旗、科尔沁左翼后旗。

分布：中国（全国各地），朝鲜半岛，日本，俄罗斯（远东地区）。

单花韭

Allium monanthum Maxim.

生境：山坡草地，林下，海拔900米以下。

产地：黑龙江省尚志、宁安、虎林、伊春，吉林省九台，辽宁省鞍山、本溪、西丰、凤城、宽甸、桓仁。

分布：中国（黑龙江、吉林、辽宁、河北），朝鲜半岛，日本，俄罗斯（远东地区）。

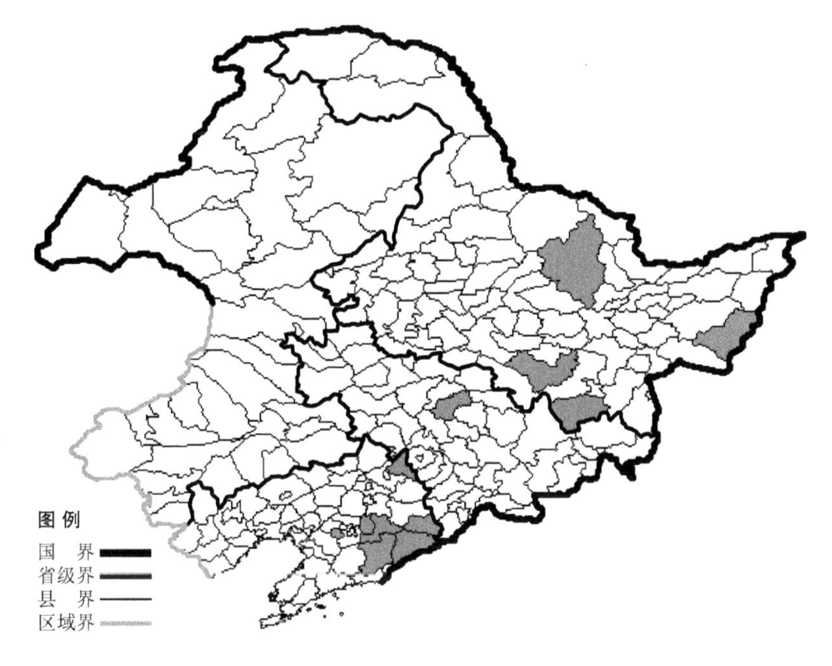

蒙古韭

Allium mongolicum Regel

生境：沙地，干山坡。

产地：内蒙古新巴尔虎右旗、科尔沁右翼前旗、乌兰浩特、克什克腾旗。

分布：中国（内蒙古、陕西、宁夏、甘肃、青海、新疆），蒙古。

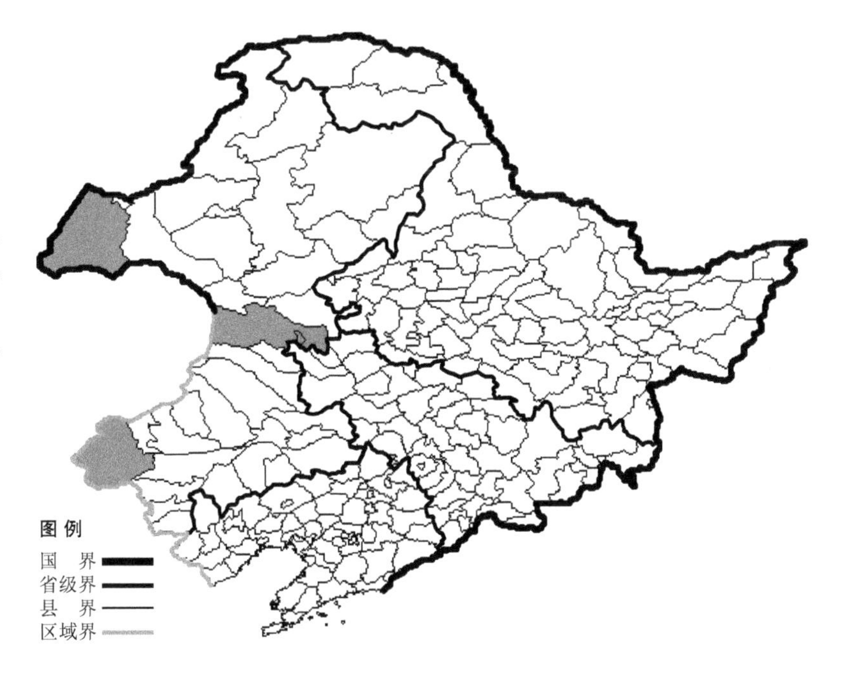

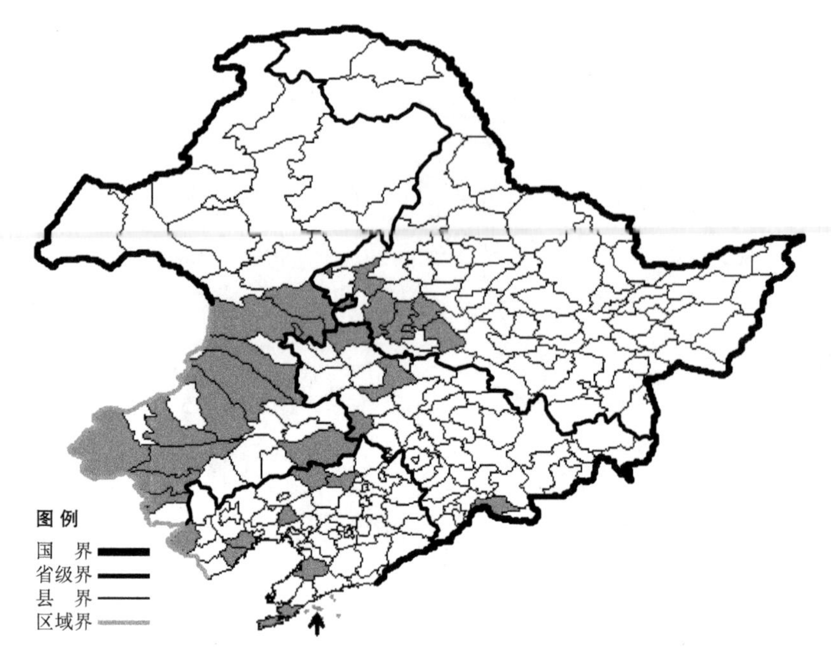

长梗韭

Allium neriniflorum (Herb.) Baker

生境：山坡草地，沙地，海拔800米以下。

产地：黑龙江省安达、齐齐哈尔、大庆、肇东、杜尔伯特，吉林省临江、镇赉、双辽、前郭尔罗斯，辽宁省大连、北镇、兴城、盖州、彰武、凌源、法库、葫芦岛、长海，内蒙古扎赉特旗、赤峰、克什克腾旗、巴林右旗、阿鲁科尔沁旗、翁牛特旗、喀喇沁旗、乌兰浩特、科尔沁右翼前旗、科尔沁右翼中旗、科尔沁左翼后旗、扎鲁特旗。

分布：中国（黑龙江、吉林、辽宁、内蒙古、河北），蒙古，俄罗斯（东部西伯利亚）。

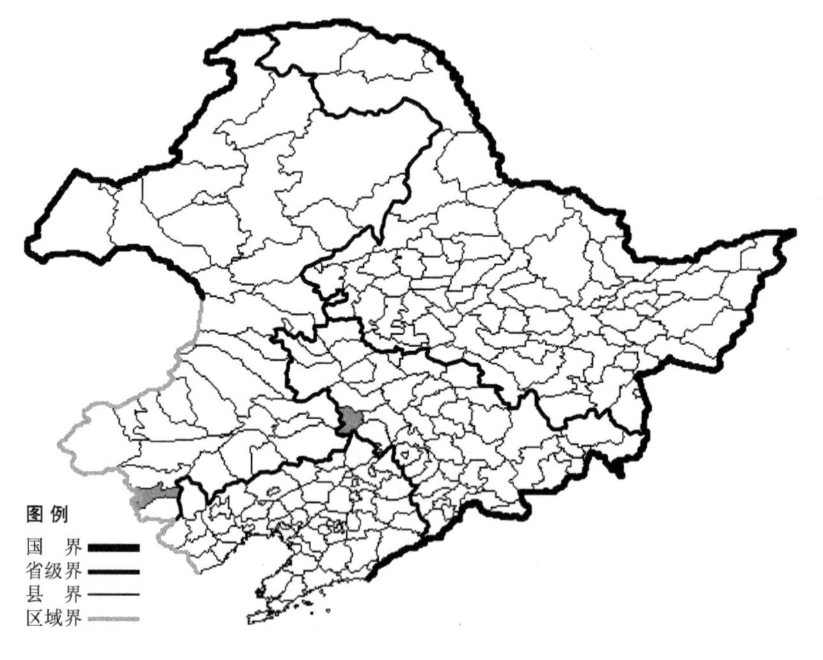

白花长梗韭 Allium neriniflorum (Herb.) Baker f. **albiflorum** (Kitag.) Q. S. Sun 生于山坡草地，产于吉林省双辽，内蒙古喀喇沁旗，分布于中国（吉林、内蒙古）。

碱韭

Allium polyrhizum Turcz. ex Regel

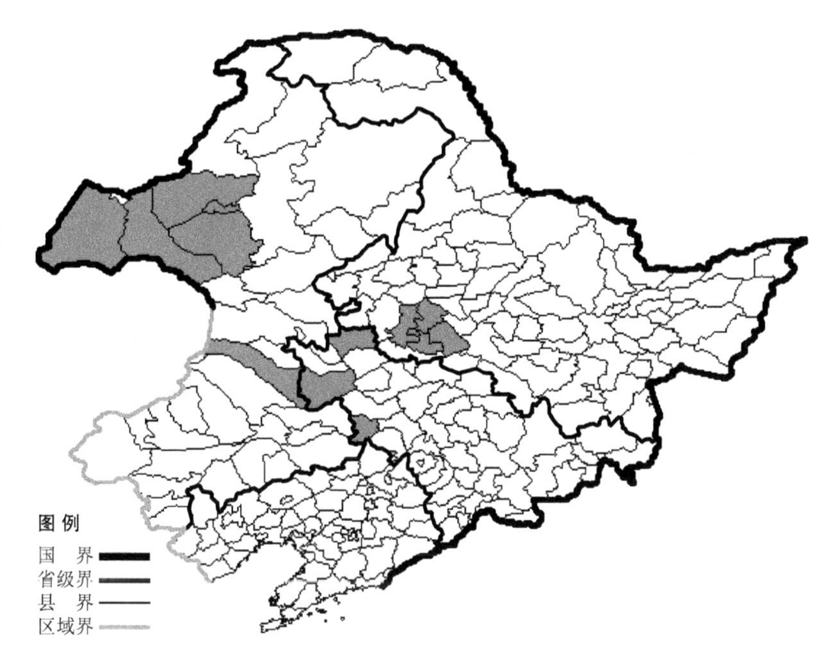

生境：碱性草地，山坡草地。

产地：黑龙江省肇东、肇州、大庆、安达，吉林省通榆、双辽、镇赉，内蒙古海拉尔、陈巴尔虎旗、鄂温克旗、科尔沁右翼中旗、新巴尔虎左旗、新巴尔虎右旗。

分布：中国（黑龙江、吉林、内蒙古、河北、山西、宁夏、甘肃、青海、新疆），蒙古，俄罗斯（东部西伯利亚），中亚。

蒙古野韭

Allium prostratum Trev.

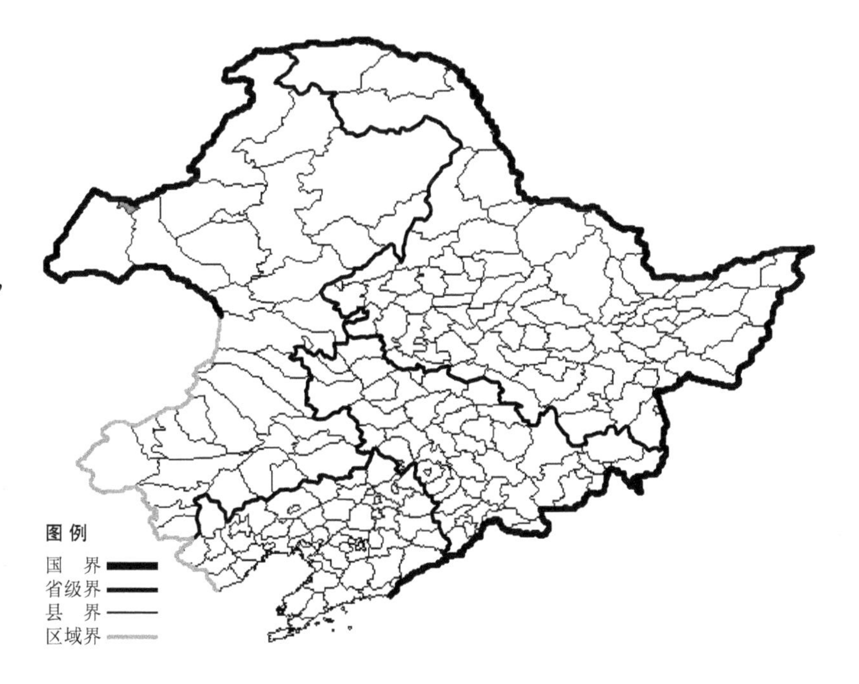

生境：石砾质山坡。

产地：内蒙古满洲里。

分布：中国（内蒙古、新疆），蒙古，俄罗斯（东部西伯利亚）。

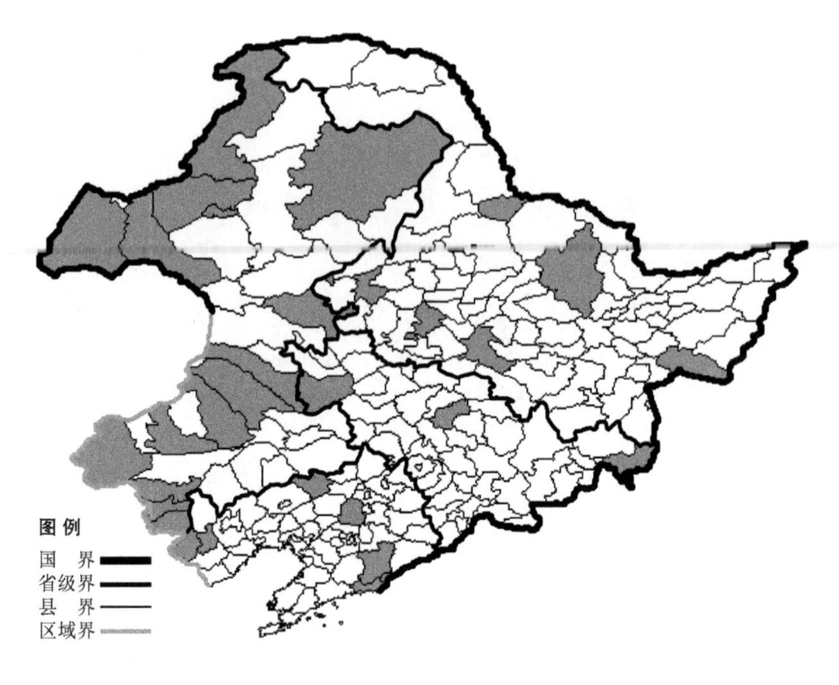

野韭

Allium ramosum L.

生境：向阳山坡草地，海拔 800 米以下。

产地：黑龙江省哈尔滨、伊春、密山、齐齐哈尔、孙吴、安达，吉林省珲春、九台、通榆，辽宁省沈阳、丹东、凤城、彰武、东港、喀左、凌源，内蒙古鄂伦春旗、海拉尔、陈巴尔虎旗、额尔古纳、新巴尔虎左旗、新巴尔虎右旗、扎赉特旗、宁城、赤峰、喀喇沁旗、科尔沁右翼中旗、克什克腾旗、阿鲁科尔沁旗、巴林右旗、扎鲁特旗。

分布：中国（黑龙江、吉林、辽宁、内蒙古、河北、山西、陕西、宁夏、甘肃、青海、新疆、山东），蒙古，俄罗斯（西伯利亚、远东地区）。

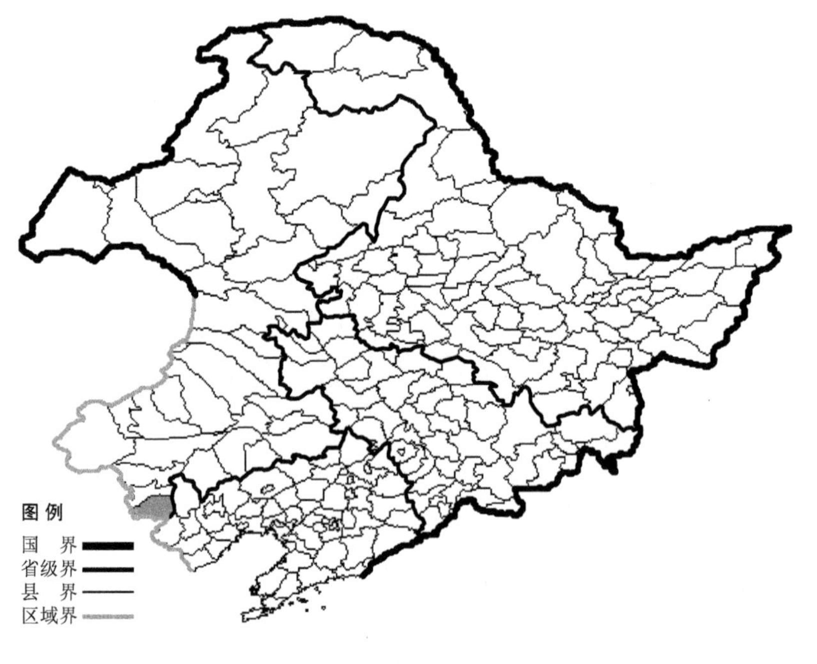

北葱

Allium schoenoprasum L.

生境：山坡草地。

产地：内蒙古宁城。

分布：中国（内蒙古、新疆），朝鲜半岛，蒙古，俄罗斯（北极带、欧洲部分、高加索、西伯利亚、远东地区），中亚，伊朗，欧洲，北美洲。

山韭

Allium senescens L.

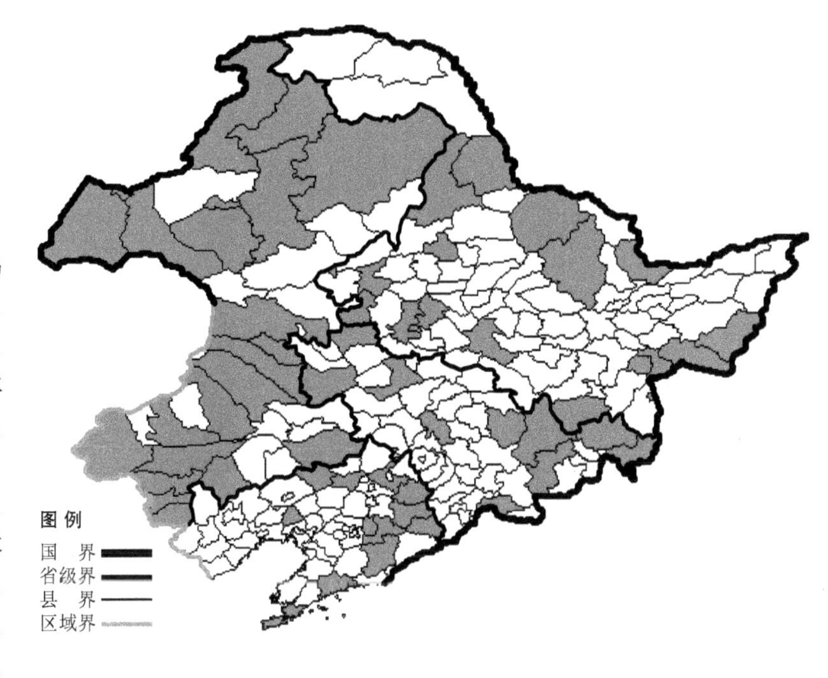

生境： 草甸，草原，山坡草地，海拔 1400 米以下。

产地： 黑龙江省嫩江、鸡西、鸡东、大庆、绥芬河、哈尔滨、伊春、黑河、萝北、泰来、克山、虎林、密山、安达、齐齐哈尔、逊克、宁安，吉林省长春、临江、蛟河、汪清、敦化、安图、前郭尔罗斯、镇赉、通榆、珲春，辽宁省大连、开原、北镇、庄河、彰武、法库、新宾、清原、凤城、桓仁、本溪，内蒙古海拉尔、满洲里、鄂温克旗、额尔古纳、科尔沁右翼中旗、牙克石、新巴尔虎右旗、根河、新巴尔虎左旗、鄂伦春旗、突泉、科尔沁右翼前旗、科尔沁左翼后旗、翁牛特旗、巴林右旗、阿鲁科尔沁旗、克什克腾旗、喀喇沁旗、宁城、敖汉旗、赤峰、扎鲁特旗。

分布： 中国（黑龙江、吉林、辽宁、内蒙古、河北、山西、甘肃、新疆、河南），朝鲜半岛，蒙古，俄罗斯（欧洲部分、西伯利亚、远东地区），中亚，欧洲。

白花山韭 Allium senescens L. f. **albiflorum** Q. S. Sun 生于林下、山坡草地，海拔 700 米以下，产于黑龙江省桦川，内蒙古突泉，分布于中国（黑龙江、内蒙古）。

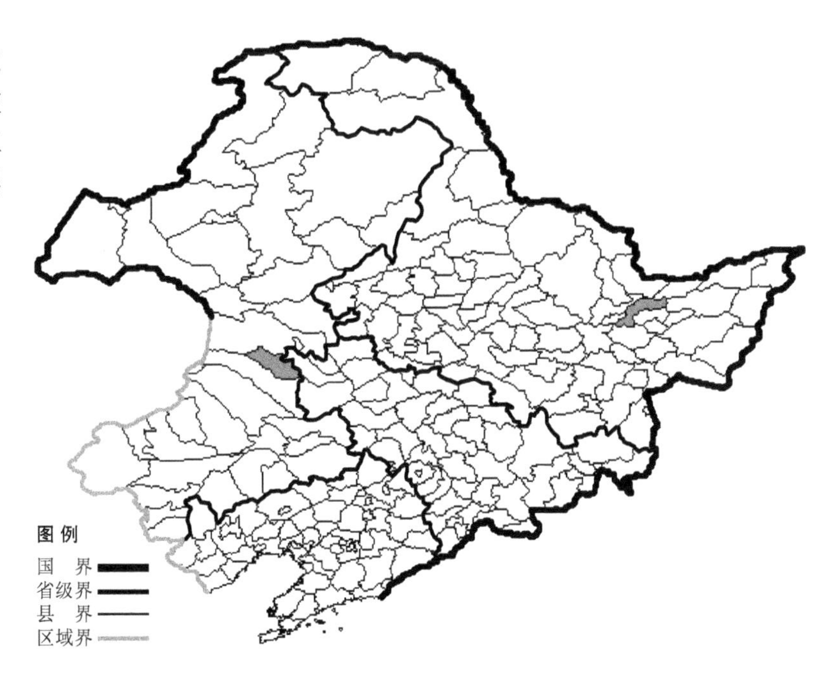

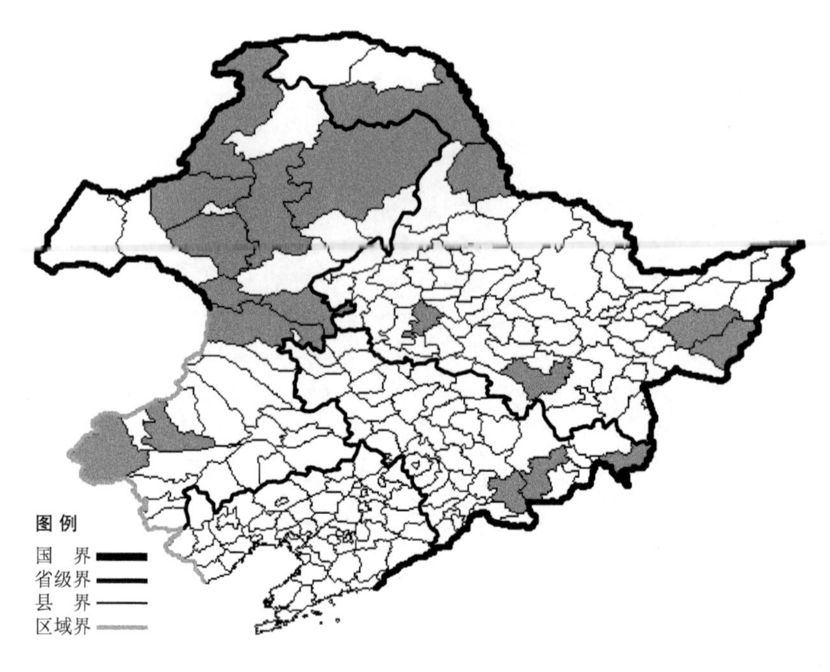

辉韭

Allium strictum Schrad.

生境：林下，向阳山坡草地，海拔 1700 米以下。

产地：黑龙江省呼玛、尚志、宝清、虎林、安达、黑河，吉林省抚松、珲春、安图，内蒙古额尔古纳、牙克石、克什克腾旗、阿尔山、科尔沁右翼前旗、鄂伦春旗、鄂温克旗、扎赉特旗、陈巴尔虎旗、巴林右旗。

分布：中国（黑龙江、吉林、内蒙古、甘肃、宁夏、新疆），蒙古，俄罗斯（欧洲部分、西伯利亚、远东地区），中亚，欧洲。

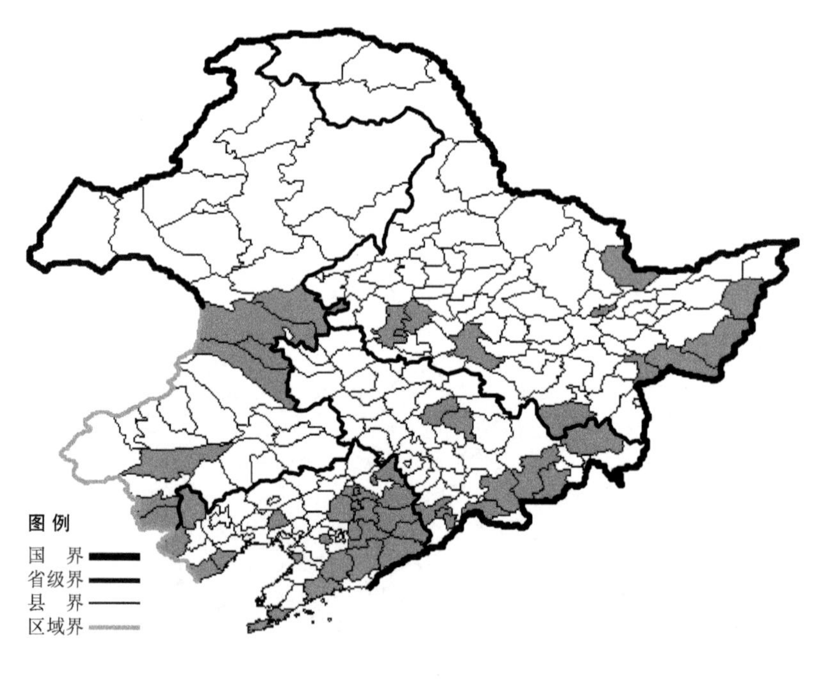

球序韭

Allium thunbergii G. Don

生境：林下，湿草地，山坡草地，海拔 900 米以下。

产地：黑龙江省大庆、饶河、宁安、鸡东、哈尔滨、佳木斯、虎林、安达、萝北、密山，吉林省吉林、临江、抚松、通化、安图、九台、和龙、汪清，辽宁省沈阳、鞍山、大连、西丰、铁岭、新宾、桓仁、庄河、宽甸、岫岩、凤城、营口、绥中、北镇、建平、凌源、本溪、兴城、清原、抚顺，内蒙古扎赉特旗、科尔沁右翼前旗、科尔沁右翼中旗、翁牛特旗、喀喇沁旗、宁城。

分布：中国（黑龙江、吉林、辽宁、内蒙古、河北、山西、陕西、江苏、河南、湖北、台湾），朝鲜半岛，日本，蒙古，俄罗斯（远东地区）。

细叶韭

Allium tenuissimum L.

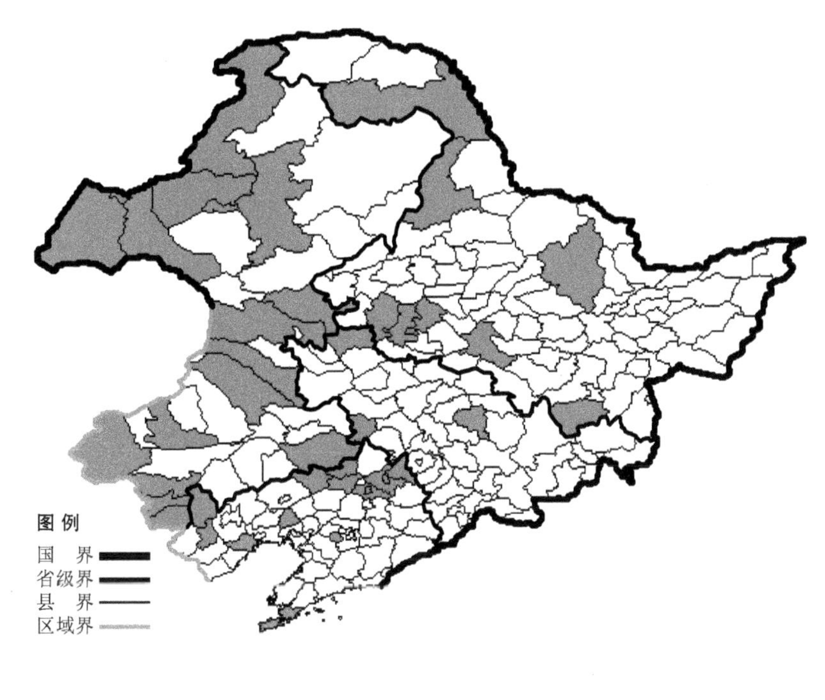

生境：山坡草地，沙丘，海拔900米以下。

产地：黑龙江省大庆、安达、杜尔伯特、宁安、呼玛、嫩江、哈尔滨、伊春，吉林省吉林、镇赉、双辽，辽宁省西丰、铁岭、彰武、大连、鞍山、开原、康平、葫芦岛、北镇、法库、喀左、建平，内蒙古额尔古纳、海拉尔、满洲里、陈巴尔虎旗、新巴尔虎左旗、新巴尔虎右旗、科尔沁右翼前旗、科尔沁右翼中旗、牙克石、赤峰、巴林右旗、扎赉特旗、扎鲁特旗、克什克腾旗、科尔沁左翼后旗、宁城、喀喇沁旗。

分布：中国（黑龙江、吉林、辽宁、内蒙古、河北、山西、陕西、宁夏、甘肃、江苏、浙江、河南），蒙古，俄罗斯（西伯利亚）。

矮韭 Allium tenuissimum L. var. **anisopodium** (Ledeb.) Regel 生于山坡草地、沙地，海拔1000米以下，产于黑龙江省安达、黑河、嫩江、伊春、宁安、大庆、杜尔伯特、呼玛，吉林省吉林、镇赉、双辽，辽宁省大连、北镇、凌源、义县、西丰、康平、法库、绥中、兴城、建平、彰武，内蒙古满洲里、海拉尔、额尔古纳、牙克石、科尔沁右翼前旗、科尔沁右翼中旗、扎赉特旗、喀喇沁旗、通辽、新巴尔虎左旗、巴林右旗、克什克腾旗、扎鲁特旗，分布于中国（黑龙江、吉林、辽宁、内蒙古、河北、新疆、山东），朝鲜半岛，蒙古，俄罗斯（远东地区、西伯利亚）。

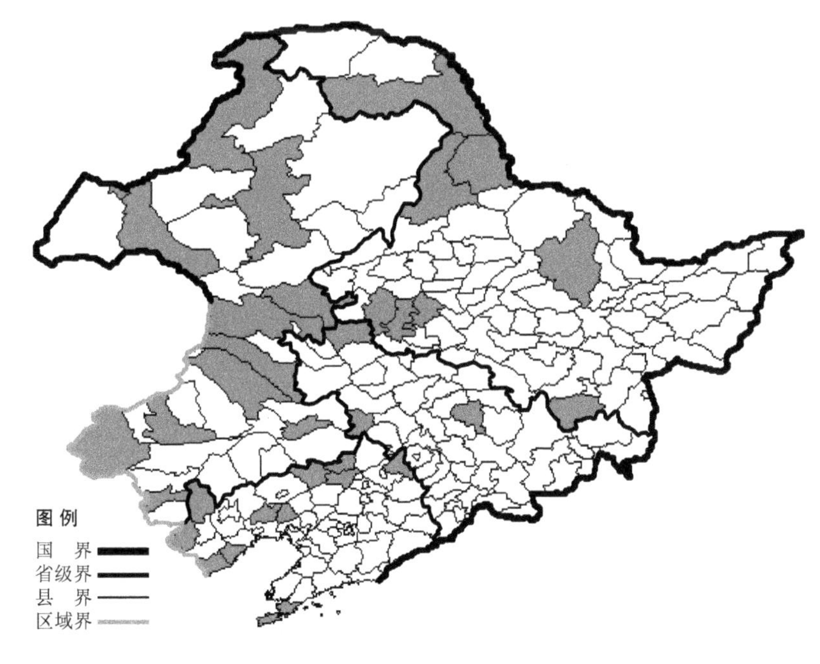

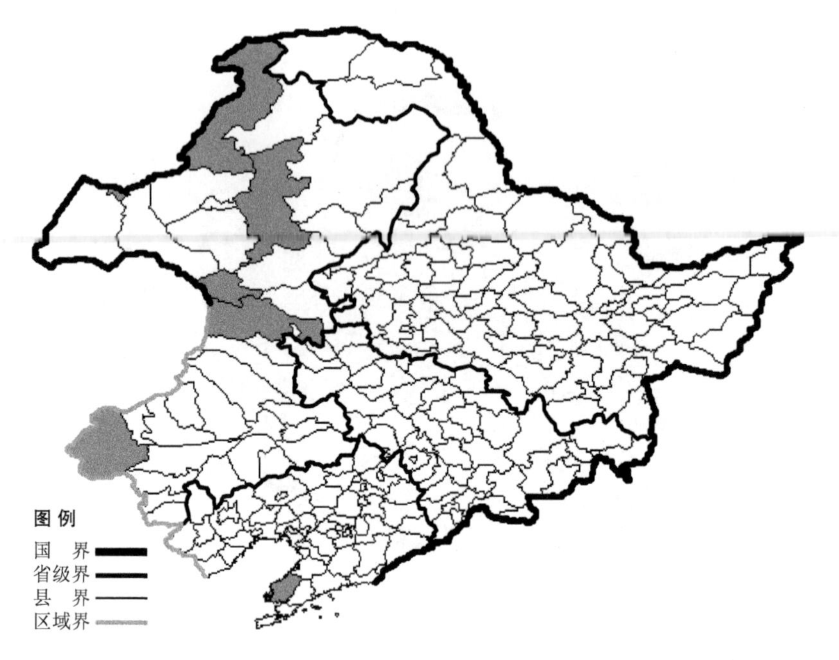

糙 葶 韭 Allium tenuissimum L. var. **anisopodium** (Ledeb.) Regel f. **zimmermannianum** (Gilg) Fu et Sun 生于山坡草地、沙地，海拔800米以下，产于辽宁省瓦房店，内蒙古额尔古纳、牙克石、满洲里、科尔沁右翼前旗、阿尔山、克什克腾旗，分布于中国（辽宁、内蒙古、河北、山西、陕西、甘肃、山东），朝鲜半岛。

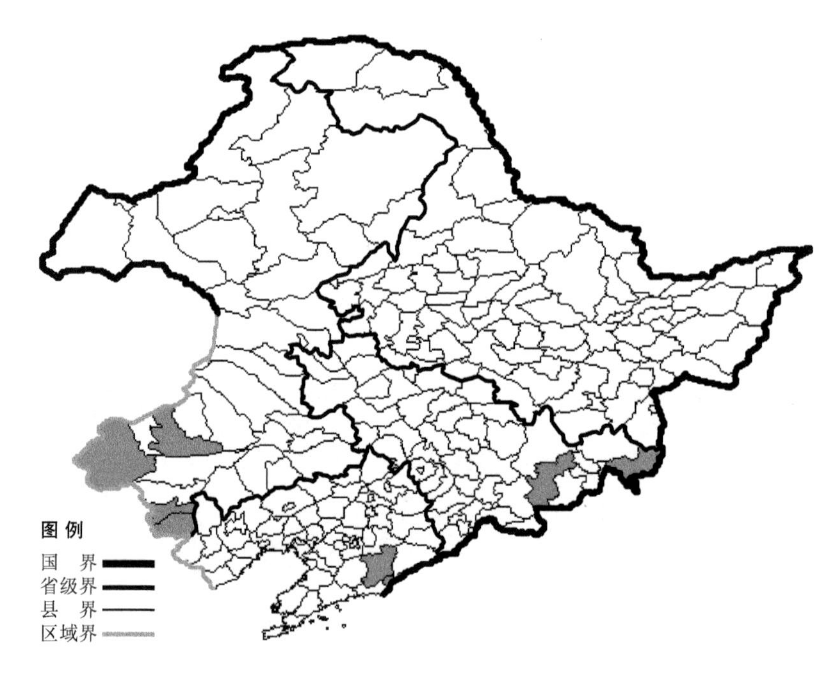

茖葱

Allium victorialis L.

生境：林下，草甸，海拔1000米以下。

产地：吉林省安图、珲春，辽宁省凤城、丹东，内蒙古宁城、巴林右旗、克什克腾旗、喀喇沁旗。

分布：中国（吉林、辽宁、内蒙古、河北、山西、陕西、甘肃、浙江、河南、湖北、四川），朝鲜半岛，日本，蒙古，俄罗斯（欧洲部分、高加索、西伯利亚、远东地区），土耳其，印度，巴基斯坦，孟加拉国，欧洲，北美洲。

对叶韭 Allium victorialis L. var. **listera** (Stearn) J. M. Xu 生于山坡草地、林下，产于吉林省东丰、东辽，辽宁省凌源，分布于中国（吉林、辽宁、河北、山西、陕西、安徽、河南）。

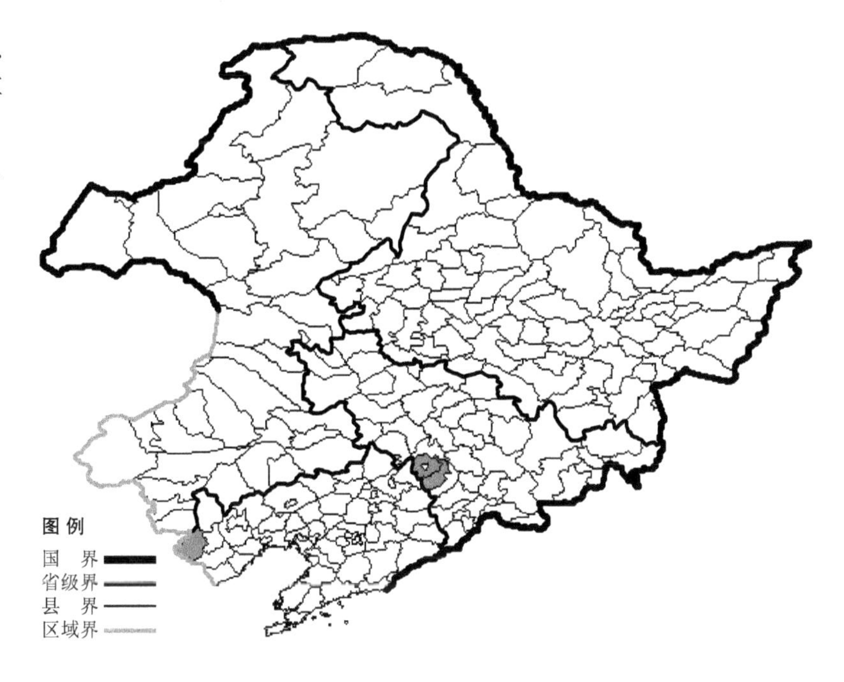

知母

Anemarrhena asphodeloides Bunge

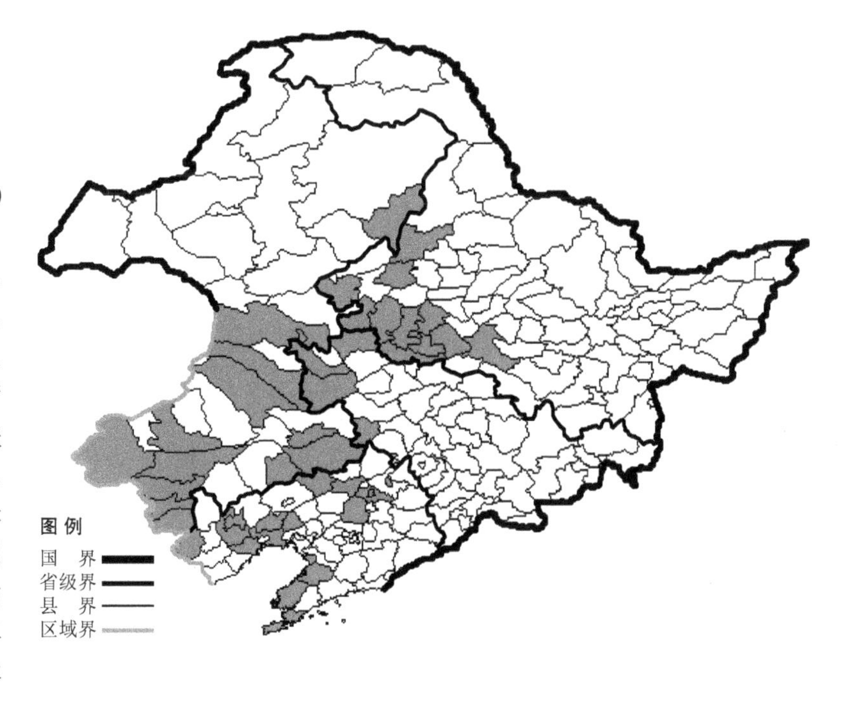

生境：向阳山坡草地，海拔 700 米以下。

产地：黑龙江省哈尔滨、大庆、肇东、肇源、肇州、杜尔伯特、安达、泰来、龙江、富裕、讷河，吉林省镇赉、通榆、洮南、双辽，辽宁省大连、营口、北镇、彰武、葫芦岛、盖州、铁岭、凌海、朝阳、沈阳、凌源、义县、法库、瓦房店，内蒙古莫力达瓦达斡尔旗、科尔沁右翼前旗、科尔沁右翼中旗、通辽、扎鲁特旗、库伦旗、翁牛特旗、巴林右旗、克什克腾旗、科尔沁左翼后旗、乌兰浩特、宁城、喀喇沁旗、赤峰。

分布：中国（黑龙江、吉林、辽宁、内蒙古、河北、山西、陕西、甘肃、山东），朝鲜半岛，蒙古。

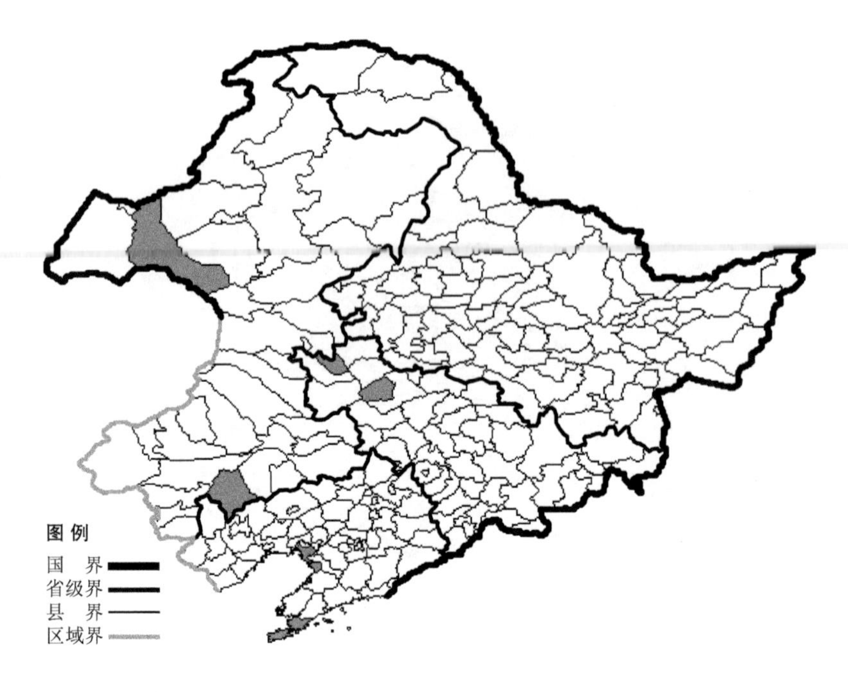

攀援天门冬

Asparagus brachyphyllus Turcz.

生境：山坡草地，灌丛。

产地：吉林省白城、乾安，辽宁省大连、大洼、营口，内蒙古敖汉旗、新巴尔虎左旗。

分布：中国（吉林、辽宁、内蒙古、河北、山西、陕西、宁夏、新疆），朝鲜半岛，蒙古，俄罗斯（欧洲部分、西伯利亚），中亚。

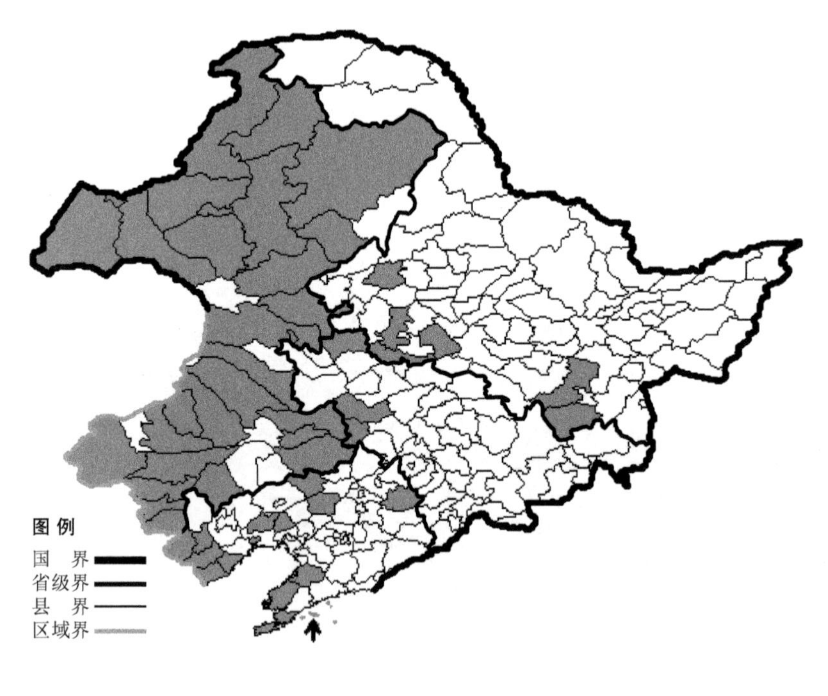

兴安天门冬

Asparagus dauricus Fisch. ex Link

生境：沙质地，沙丘，干山坡，海拔 900 米以下。

产地：黑龙江省大庆、肇源、肇东、宁安、海林、富裕、哈尔滨，吉林省镇赉、双辽、长岭，辽宁省瓦房店、绥中、兴城、新民、喀左、清原、彰武、大连、锦州、长海、北镇、建昌、凌源、盖州、义县，内蒙古海拉尔、额尔古纳、满洲里、根河、牙克石、扎兰屯、鄂伦春旗、阿荣旗、陈巴尔虎旗、鄂温克旗、新巴尔虎左旗、新巴尔虎右旗、科尔沁左翼中旗、扎鲁特旗、科尔沁右翼中旗、科尔沁右翼前旗、通辽、扎赉特旗、乌兰浩特、翁牛特旗、科尔沁左翼后旗、巴林左旗、巴林右旗、阿鲁科尔沁旗、喀喇沁旗、敖汉旗、宁城、赤峰、克什克腾旗。

分布：中国（黑龙江、吉林、辽宁、内蒙古、河北、山西、陕西、山东、江苏），朝鲜半岛，蒙古，俄罗斯（东部西伯利亚、远东地区）。

长花天门冬

Asparagus longiflorus Franch.

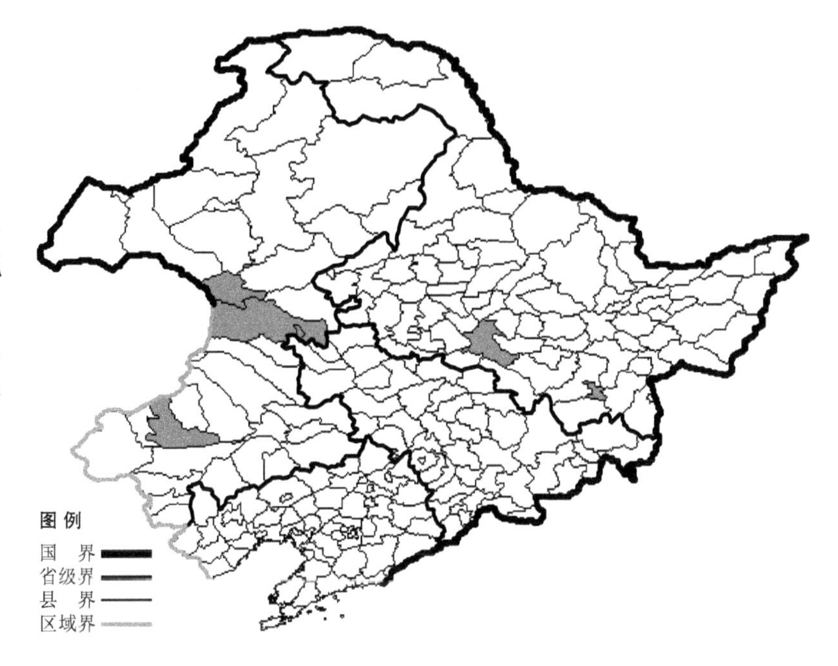

生境：山坡草地，灌丛。

产地：黑龙江省哈尔滨、牡丹江，内蒙古阿尔山、科尔沁右翼前旗、巴林右旗、乌兰浩特。

分布：中国（黑龙江、内蒙古、河北、山西、陕西、甘肃、青海、山东、河南）。

南玉带

Asparagus oligoclonos Maxim.

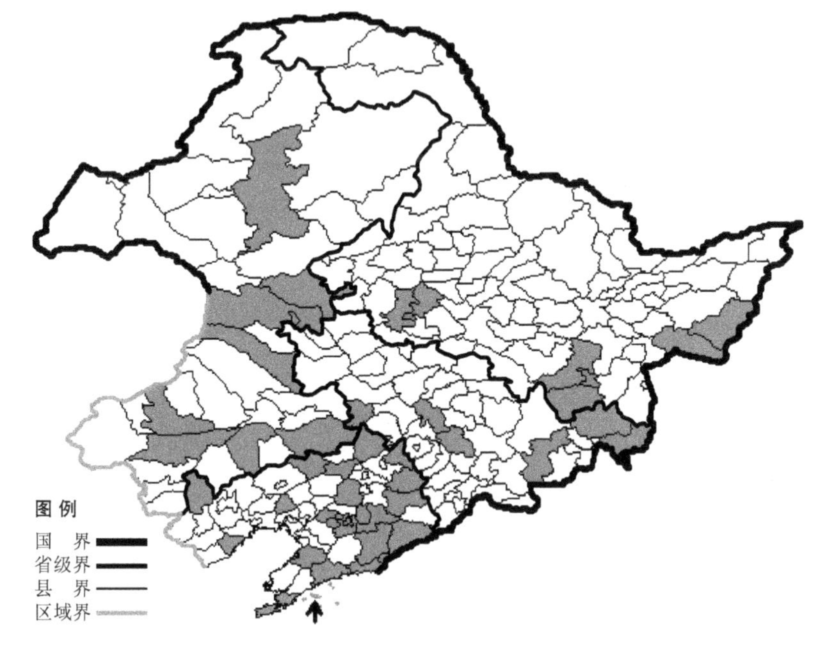

生境：山坡草地，林下，海拔800米以下。

产地：黑龙江省密山、牡丹江、宁安、海林、虎林、大庆、安达，吉林省长春、双辽、安图、汪清、珲春、磐石，辽宁省沈阳、本溪、鞍山、昌图、东港、兴城、法库、新宾、丹东、大连、清原、西丰、北镇、建平、凤城、盖州、彰武、宽甸、庄河、长海、辽阳，内蒙古科尔沁右翼前旗、科尔沁右翼中旗、扎赉特旗、科尔沁左翼后旗、奈曼旗、乌兰浩特、巴林右旗、牙克石、翁牛特旗。

分布：中国（黑龙江、吉林、辽宁、内蒙古、河北、山东、河南），朝鲜半岛，日本，俄罗斯（东部西伯利亚、远东地区）。

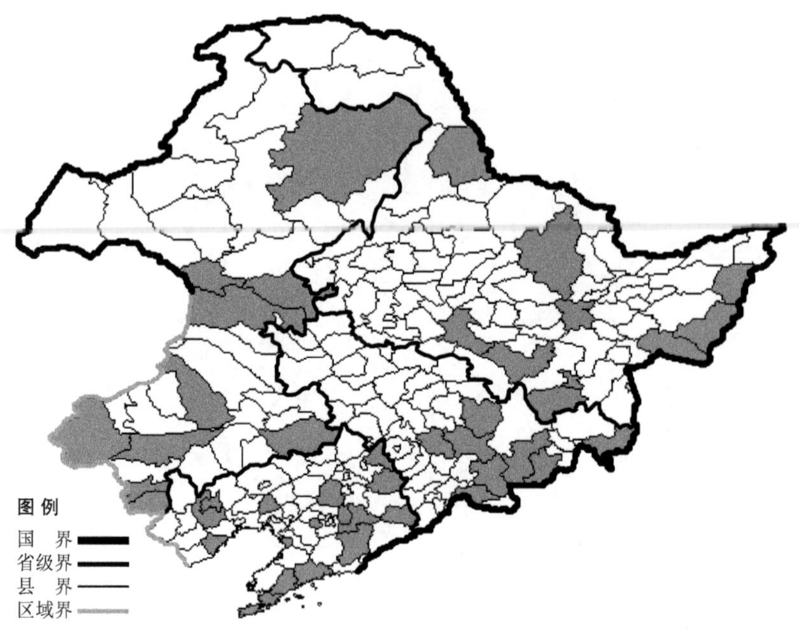

龙须菜

Asparagus schoberioides Kunth

生境：山坡草地，林下，林缘，海拔 900 米以下。

产地：黑龙江省哈尔滨、伊春、黑河、牡丹江、虎林、尚志、饶河、密山、宁安、依兰，吉林省临江、珲春、安图、和龙、抚松、桦甸、蛟河、磐石，辽宁省沈阳、鞍山、本溪、清原、北镇、凤城、普兰店、大连、桓仁、朝阳、庄河、营口、兴城、西丰，内蒙古宁城、翁牛特旗、克什克腾旗、阿鲁科尔沁旗、喀喇沁旗、科尔沁右翼前旗、科尔沁左翼后旗、阿尔山、鄂伦春旗、扎赉特旗。

分布：中国（黑龙江、吉林、辽宁、内蒙古、河北、山西、陕西、甘肃、山东、河南），朝鲜半岛，日本，俄罗斯（东部西伯利亚、远东地区）。

曲枝天门冬

Asparagus trichophyllus Bunge

生境：山坡草地，灌丛。

产地：辽宁省凌源、建平、大连，内蒙古巴林右旗、翁牛特旗。

分布：中国（辽宁、内蒙古、河北、山西）。

图例
国　界
省级界
县　界
区域界

七筋姑

Clintonia udensis Trautv. et C. A. Mey.

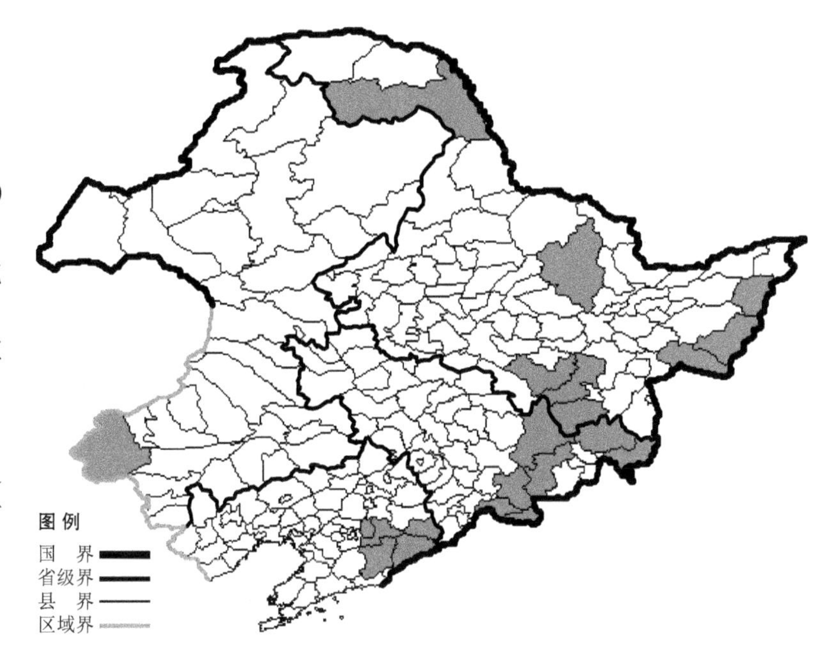

生境：林下，林缘，海拔 1500 米以下。

产地：黑龙江省伊春、密山、虎林、宁安、饶河、海林、尚志、呼玛，吉林省抚松、安图、敦化、汪清、珲春、临江、长白，辽宁省本溪、凤城、桓仁、宽甸，内蒙古克什克腾旗。

分布：中国（黑龙江、吉林、辽宁、内蒙古、河北、山西、陕西、甘肃、河南、湖北、四川、云南、西藏），朝鲜半岛，日本，俄罗斯（远东地区），印度，不丹。

铃兰

Convallaria keiskei Miq.

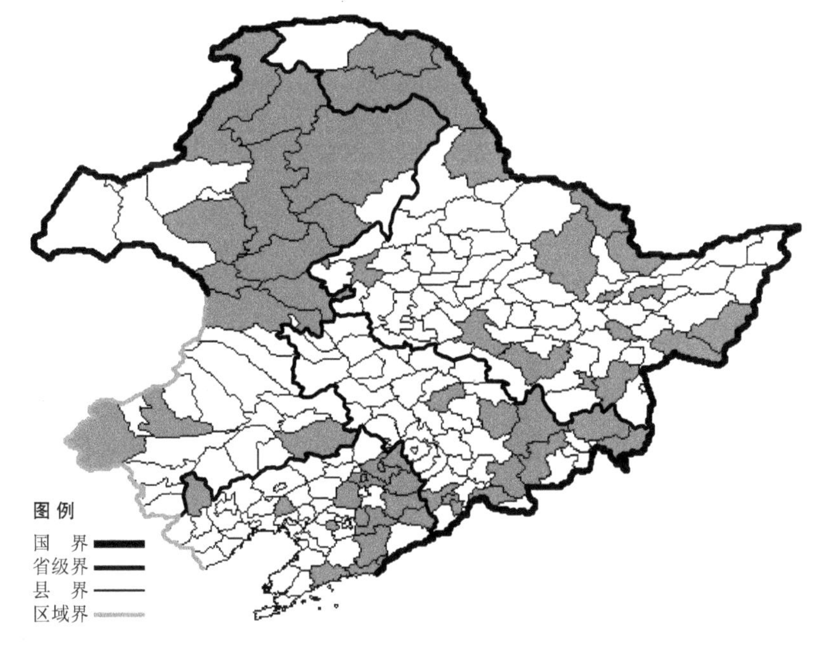

生境：林下，林缘灌丛，海拔 1200 米以下。

产地：黑龙江省齐齐哈尔、哈尔滨、塔河、尚志、虎林、呼玛、佳木斯、集贤、勃利、伊春、牡丹江、密山、黑河、穆棱、嘉荫、萝北，吉林省通化、临江、安图、抚松、九台、蛟河、敦化、汪清、珲春，辽宁省丹东、本溪、鞍山、凤城、新宾、西丰、桓仁、北镇、开原、清原、铁岭、建平、庄河、东港、沈阳，内蒙古科尔沁右翼前旗、牙克石、扎兰屯、鄂伦春旗、额尔古纳、阿荣旗、鄂温克旗、根河、科尔沁左翼后旗、巴林右旗、阿尔山、克什克腾旗、扎赉特旗。

分布：中国（黑龙江、吉林、辽宁、内蒙古、河北、山西、陕西、宁夏、甘肃、山东、浙江、河南、湖南），朝鲜半岛，日本，俄罗斯（东部西伯利亚、远东地区）。

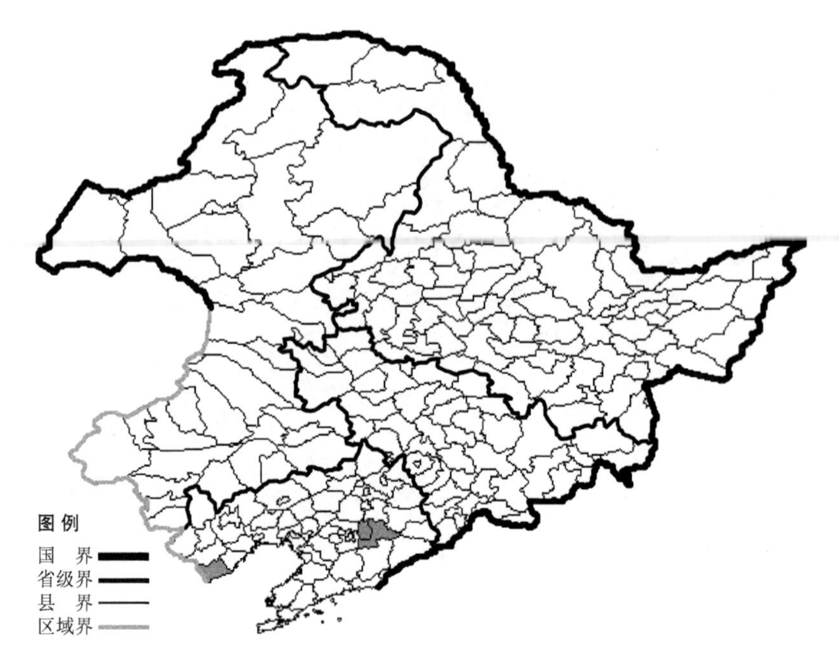

黄花宝铎草

Disporum flavens Kitag.

生境：林下阴湿处，灌丛。

产地：辽宁省本溪、绥中。

分布：中国（辽宁、河北），朝鲜半岛。

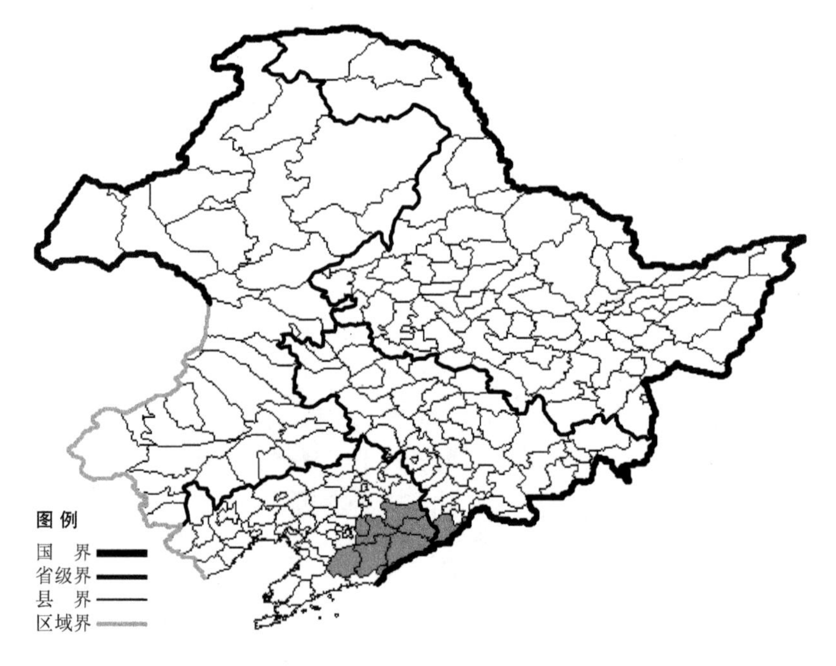

金钢草

Disporum ovale Ohwi

生境：林下，林缘，灌丛，海拔1200米以下。

产地：吉林省集安，辽宁省本溪、凤城、岫岩、桓仁、新宾、宽甸、丹东。

分布：中国（吉林、辽宁），朝鲜半岛。

宝珠草

Disporum viridescens (Maxim.) Nakai

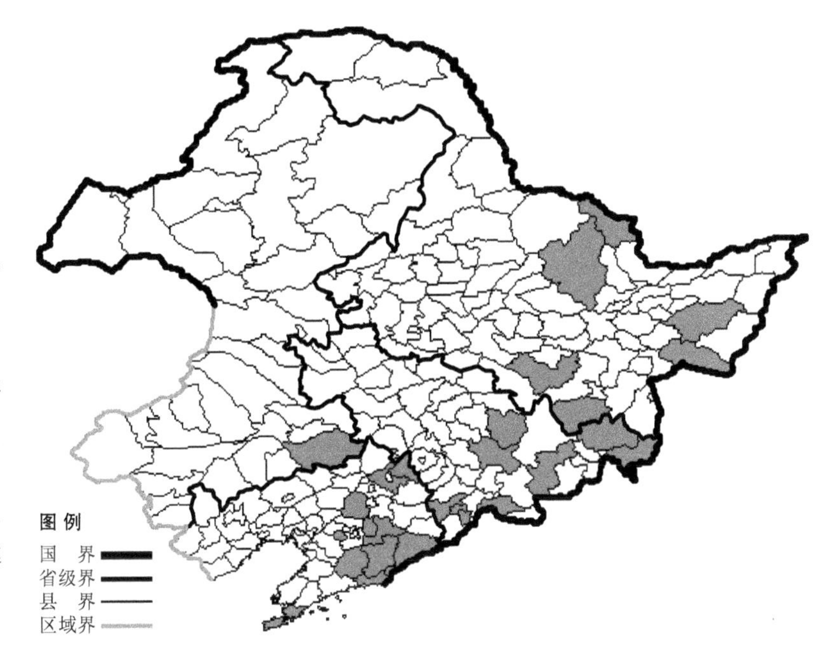

生境：林下，林缘，山坡草地，海拔 700 米以下。

产地：黑龙江省密山、伊春、宁安、宝清、尚志、嘉荫，吉林省临江、珲春、蛟河、桦甸、汪清、安图、通化，辽宁省沈阳、大连、本溪、丹东、开原、东港、鞍山、凤城、宽甸、岫岩、西丰，内蒙古科尔沁左翼后旗。

分布：中国（黑龙江、吉林、辽宁、内蒙古），朝鲜半岛，日本，俄罗斯（远东地区）。

猪牙花

Erythronium japonicum Decne.

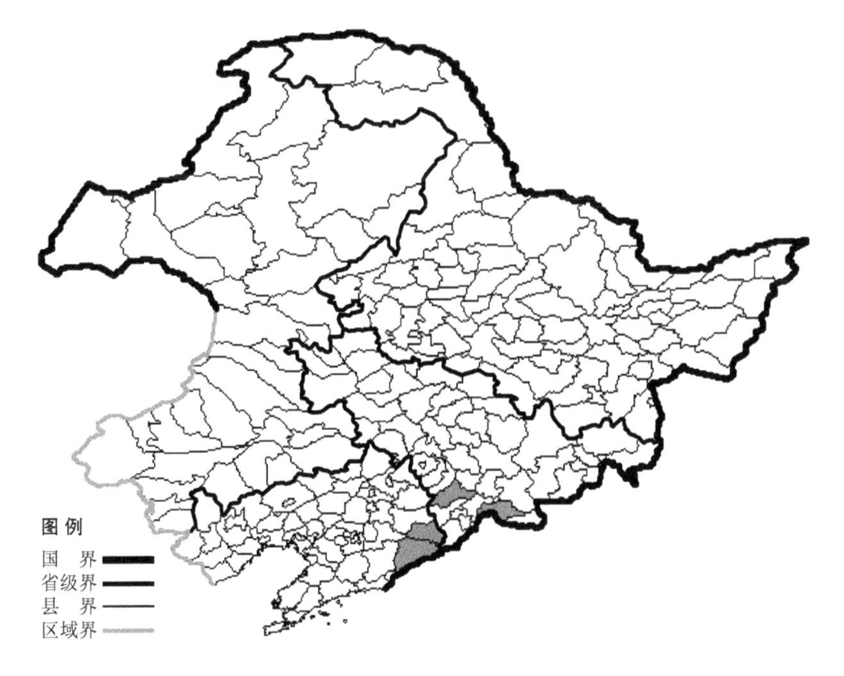

生境：林下。

产地：吉林省临江、柳河，辽宁省宽甸、桓仁。

分布：中国（吉林、辽宁），朝鲜半岛，日本。

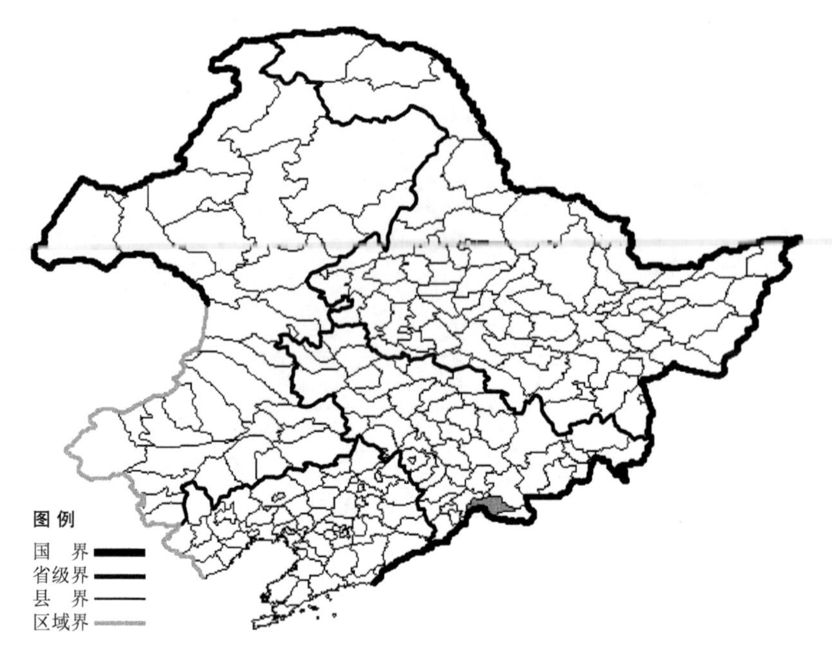

白花猪牙花 Erythronium japonicum Decne. f. **album** Fang et Qin生于林下，产于吉林省临江，分布于中国（吉林）。

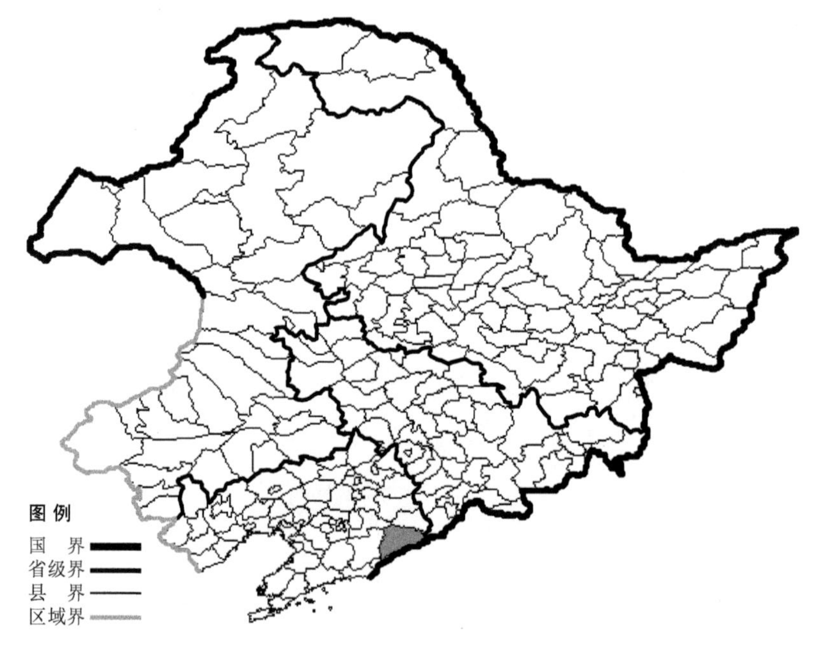

无斑叶猪牙花 Erythronium japonicum Decne. f. **immaculatum** Q. S. Sun 生于林下，海拔1100米以下，产于辽宁省宽甸，分布于中国（辽宁）。

轮叶贝母

Fritillaria maximowiczii Freyn

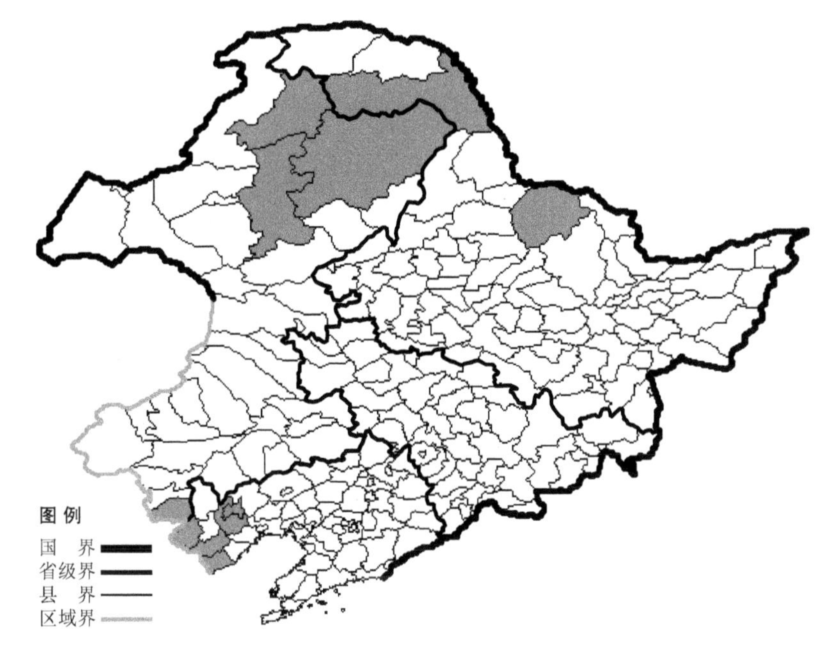

生境：山坡草地，溪流旁，海拔约 500 米。

产地：黑龙江省逊克、呼玛，辽宁省绥中、建昌、朝阳、凌源，内蒙古鄂伦春旗、牙克石、根河、宁城。

分布：中国（黑龙江、辽宁、内蒙古、河北），朝鲜半岛，俄罗斯（东部西伯利亚、远东地区）。

黄花轮叶贝母 Fritillaria maximowiczii Freyn f. **flaviflora** Q. S. Sun et H. Ch. Luo 生于山坡草地、灌丛，产于辽宁省建昌，分布于中国（辽宁）。

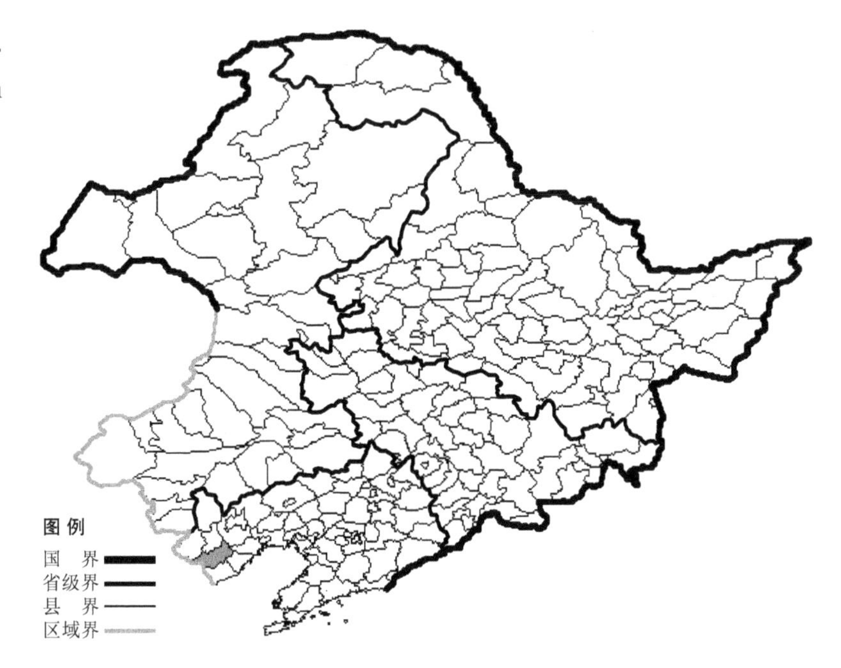

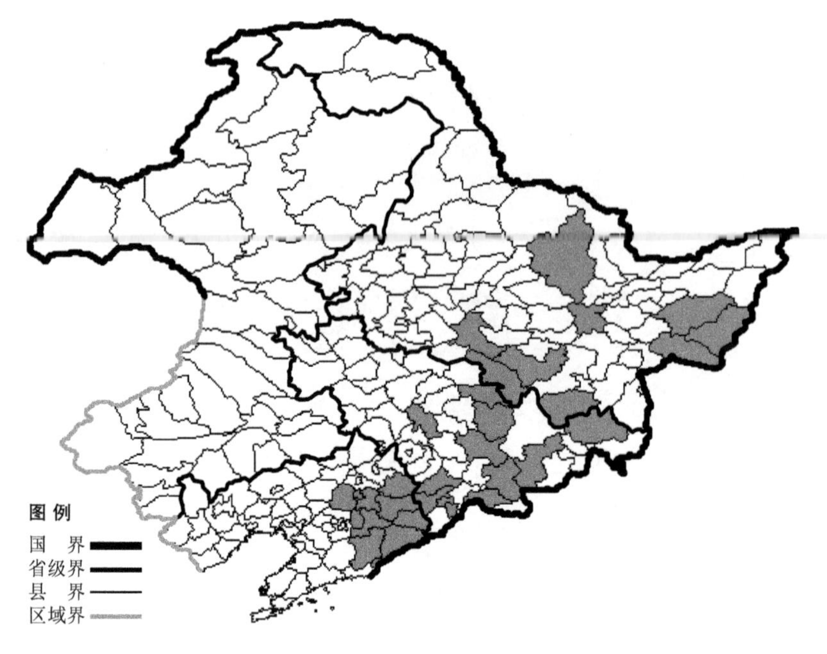

平贝母

Fritillaria ussuriensis Maxim.

生境：林下，林缘，草甸，河谷，海拔900米以下。

产地：黑龙江省伊春、宝清、依兰、密山、宁安、虎林、尚志、五常、哈尔滨，吉林省通化、抚松、柳河、安图、临江、蛟河、桦甸、汪清、舒兰、长春，辽宁省丹东、本溪、桓仁、新宾、宽甸、凤城、清原、抚顺、沈阳。

分布：中国（黑龙江、吉林、辽宁），朝鲜半岛，俄罗斯（远东地区）。

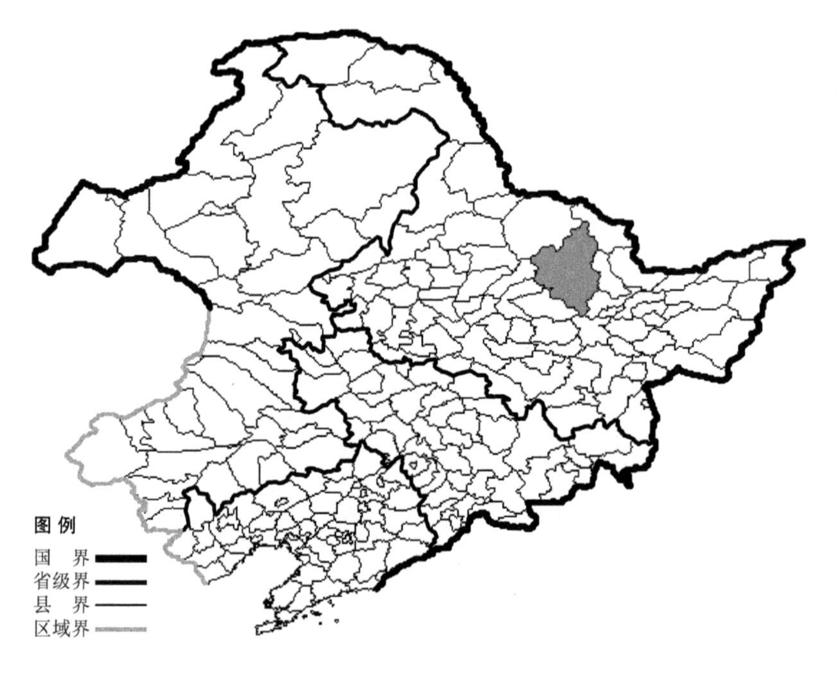

黄花平贝母 Fritillaria ussuriensis Maxim. f. **lutosa** Ding et Fang 生于河滩地，产于黑龙江省伊春，分布于中国（黑龙江）。

小顶冰花

Gagea hiensis Pasch.

生境：沟谷，河边，林缘。

产地：黑龙江省伊春、宁安、海林、哈尔滨，辽宁省大连、瓦房店、凤城、凌源、桓仁、东港、普兰店、彰武，内蒙古阿荣旗。

分布：中国（黑龙江、辽宁、内蒙古、河北、山西、陕西、甘肃、青海），朝鲜半岛，俄罗斯（东部西伯利亚、远东地区）。

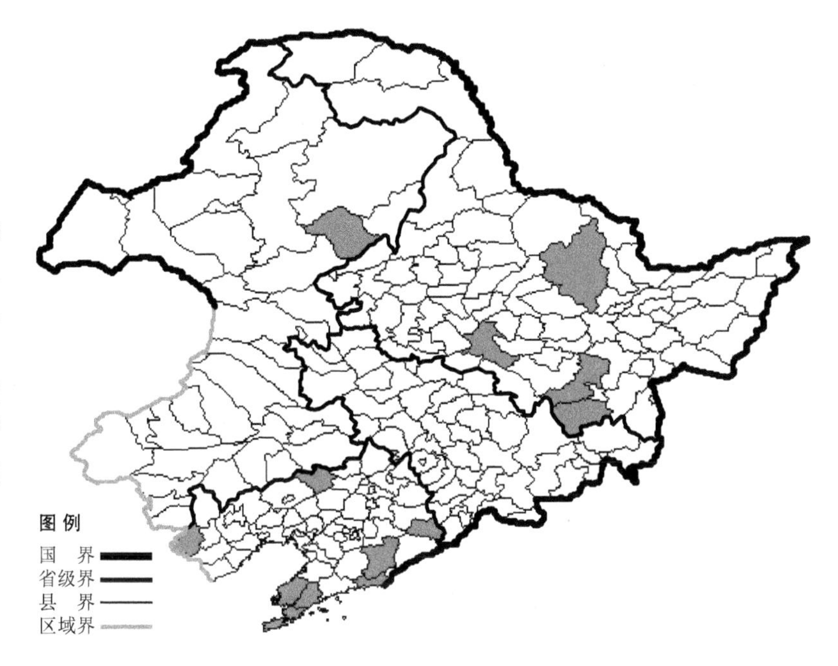

朝鲜顶冰花

Gagea lutea (L.) Ker-Gawl.var. **nakaiana** (Kitag.) Q. S. Sun

生境：山坡草地，林下，海拔 800 米以下。

产地：黑龙江省伊春、宁安、哈尔滨、尚志、铁力，吉林省安图、临江、舒兰，辽宁省沈阳、凤城、桓仁、宽甸、鞍山、新宾、本溪。

分布：中国（黑龙江、吉林、辽宁），朝鲜半岛，俄罗斯（远东地区）。

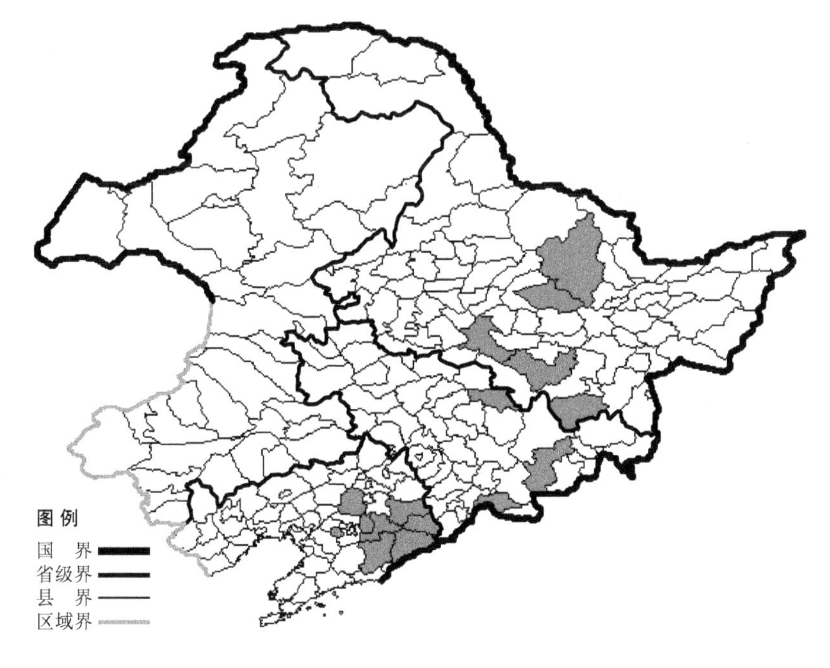

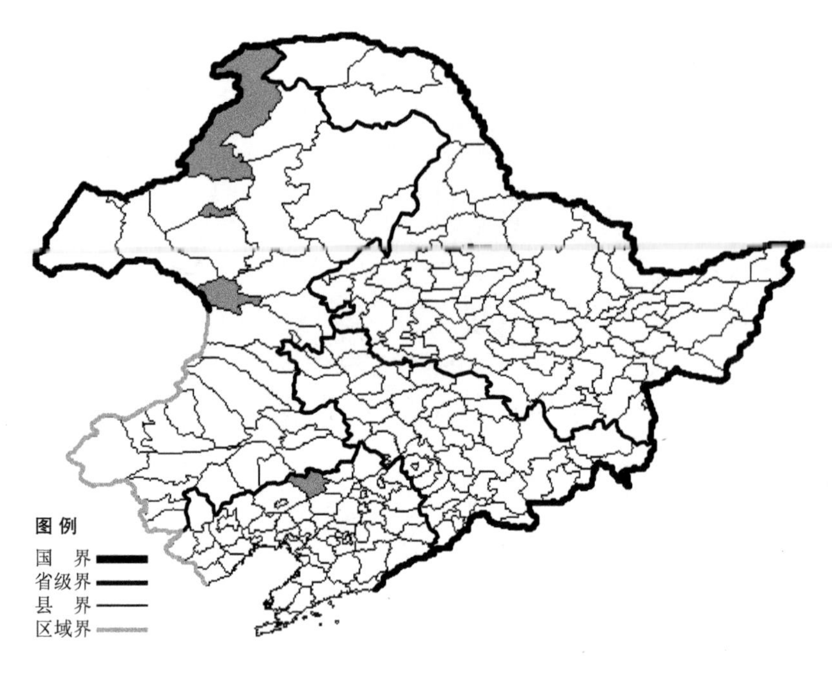

少花顶冰花

Gagea pauciflora Turcz.

生境：沙质地，海拔 700 米以下。

产地：辽宁省彰武，内蒙古海拉尔、额尔古纳、阿尔山。

分布：中国（辽宁、内蒙古、河北、陕西、甘肃、青海、西藏），俄罗斯（东部西伯利亚、远东地区）。

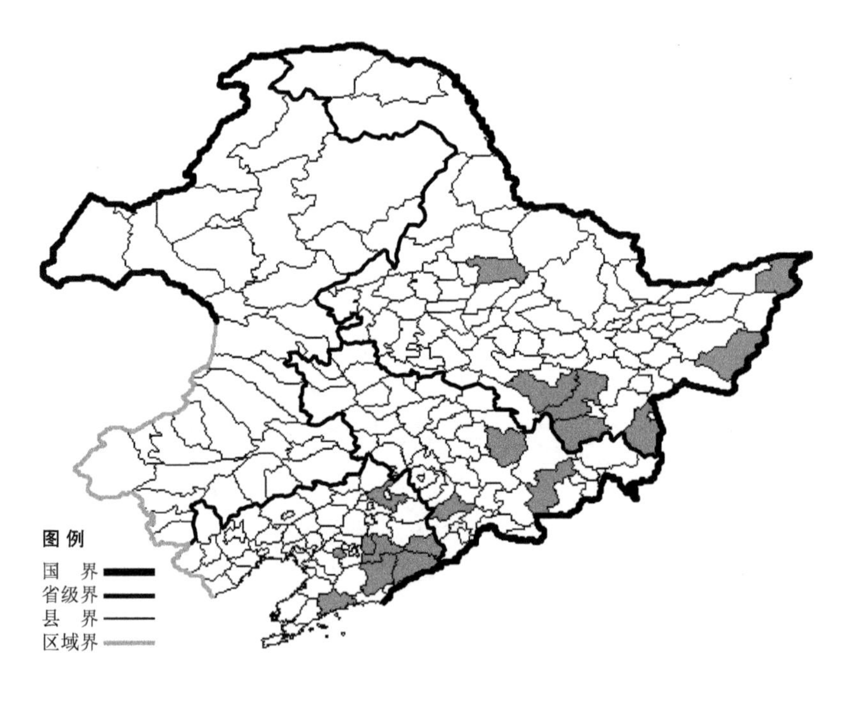

三花顶冰花

Gagea triflora (Ledeb.) Roem. et Schult.

生境：山坡草地，灌丛，海拔 2000 米以下。

产地：黑龙江省宁安、海林、虎林、东宁、抚远、北安、尚志，吉林省安图、柳河、蛟河，辽宁省开原、本溪、凤城、宽甸、庄河、桓仁、鞍山。

分布：中国（黑龙江、吉林、辽宁、河北、山西），朝鲜半岛，日本，俄罗斯（远东地区）。

朝鲜萱草

Hemerocallis coreana Nakai

生境：山坡草地。

产地：辽宁省大连、长海、瓦房店。

分布：中国（辽宁），朝鲜半岛。

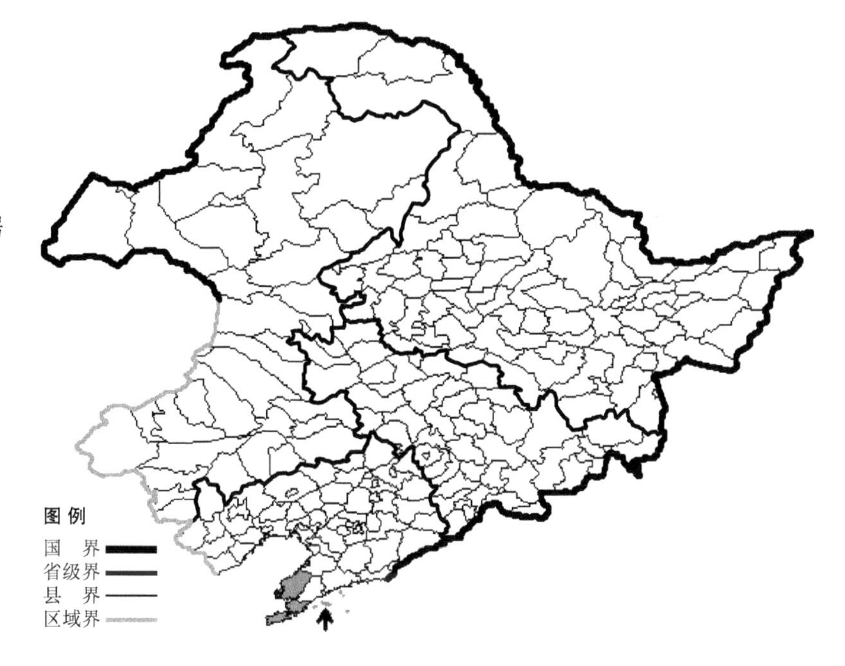

北黄花菜

Hemerocallis lilio-asphodelus L.

生境：山坡草地，海拔 600 米以下。

产地：黑龙江省伊春、大庆、萝北、虎林、安达、集贤、密山、宁安、黑河、呼玛、嘉荫，吉林省汪清、珲春、安图、前郭尔罗斯，辽宁省西丰、北镇、法库、兴城、彰武、大连、铁岭，内蒙古额尔古纳、阿尔山、牙克石、科尔沁右翼前旗、克什克腾旗、科尔沁左翼后旗、扎鲁特旗。

分布：中国（黑龙江、吉林、辽宁、内蒙古、河北、山西、陕西、甘肃），朝鲜半岛，俄罗斯（欧洲部分、高加索、西伯利亚、远东地区），欧洲。

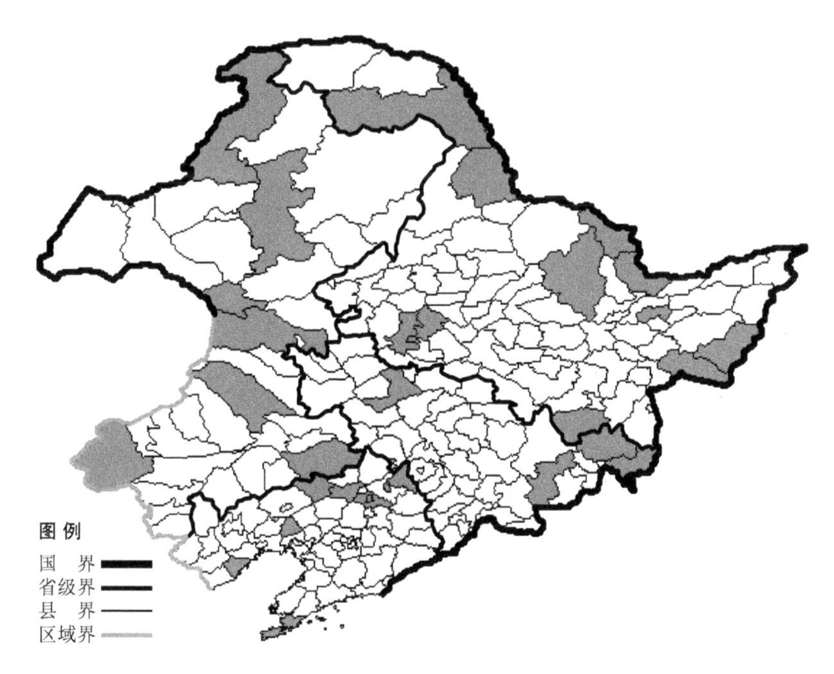

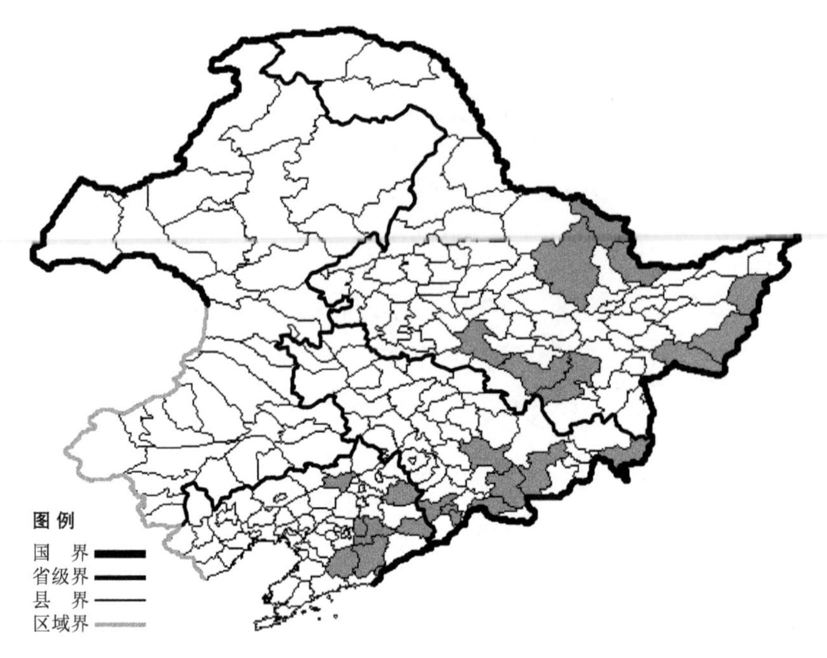

大苞萱草

Hemerocallis middendorfii Trautv. et C. A. Mey.

生境：林缘，草甸，山坡草地，海拔 1800 米以下。

产地：黑龙江省伊春、密山、海林、虎林、哈尔滨、饶河、尚志、嘉荫、萝北，吉林省临江、抚松、安图、珲春、桦甸、通化，辽宁省本溪、凤城、岫岩、丹东、法库、桓仁、清原。

分布：中国（黑龙江、吉林、辽宁），朝鲜半岛，日本，俄罗斯（远东地区）。

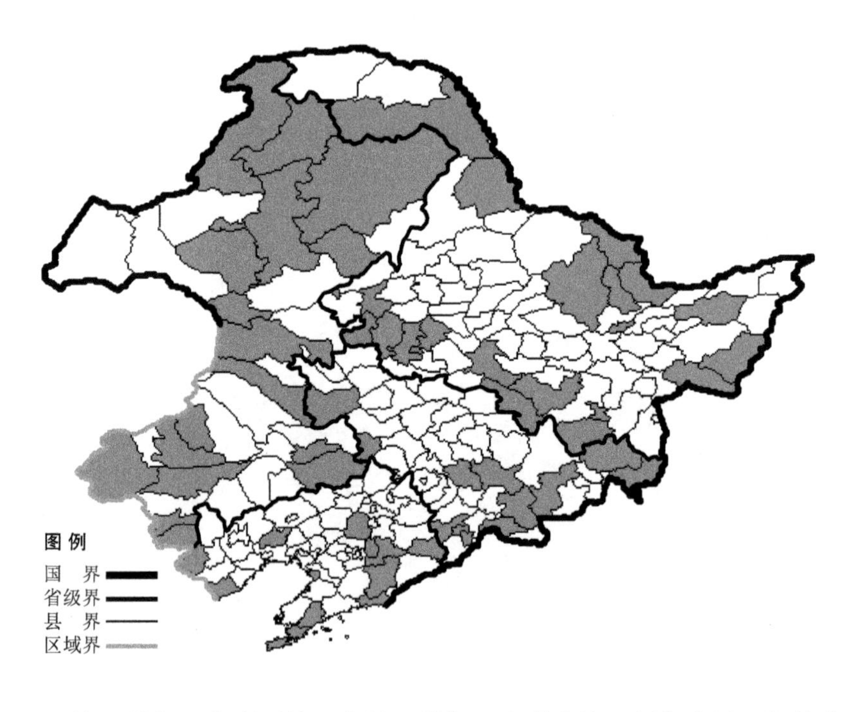

小黄花菜

Hemerocallis minor Mill.

生境：草甸，湿草地，林下，海拔 900 米以下。

产地：黑龙江省鹤岗、伊春、萝北、牡丹江、密山、黑河、富锦、哈尔滨、大庆、嘉荫、呼玛、齐齐哈尔、安达、杜尔伯特、泰来、佳木斯、尚志、宁安、五常、虎林，吉林省桦甸、磐石、抚松、安图、汪清、通化、临江、双辽、通榆、珲春，辽宁省大连、普兰店、桓仁、义县、凤城、东港、沈阳、绥中、凌源、营口、本溪，内蒙古阿荣旗、海拉尔、牙克石、科尔沁右翼前旗、翁牛特旗、克什克腾旗、喀喇沁旗、科尔沁左翼后旗、宁城、科尔沁右翼中旗、额尔古纳、鄂伦春旗、鄂温克旗、巴林左旗、巴林右旗、阿尔山、根河、通辽。

分布：中国（黑龙江、吉林、辽宁、内蒙古、河北、山西、陕西、甘肃、山东），朝鲜半岛，蒙古，俄罗斯（西伯利亚、远东地区）。

东北玉簪

Hosta ensata F. Maekawa

生境：林缘，灌丛，湿草地，海拔 700 米以下。

产地：黑龙江省依兰、海林，吉林省临江、集安、抚松、桦甸、安图、通化，辽宁省本溪、凤城、桓仁、清原、北镇、宽甸、辽阳。

分布：中国（黑龙江、吉林、辽宁），朝鲜半岛，俄罗斯（远东地区）。

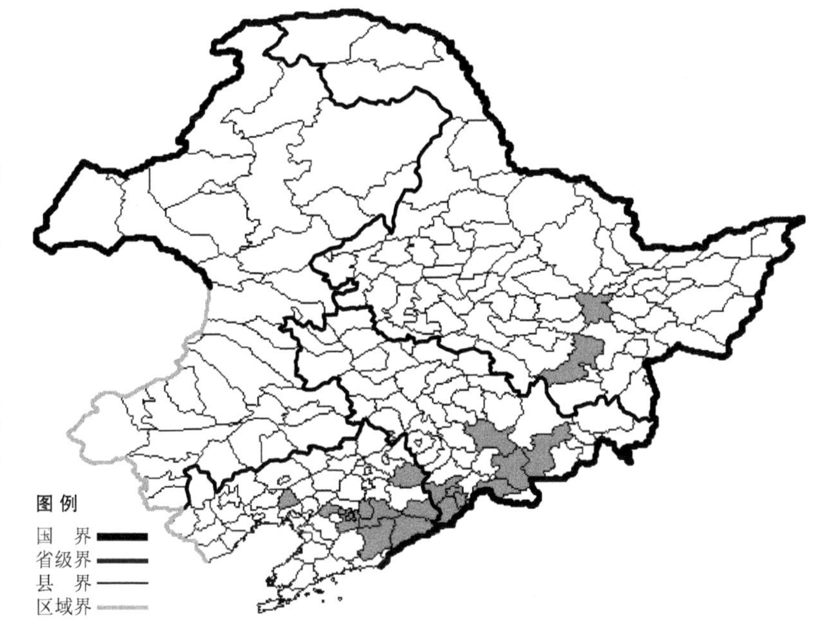

安图玉簪 **Hosta ensata** F. Maekawa var. **foliata** Q. S. Sun 生于路旁湿地、灌丛，分产于吉林省安图，辽宁省桓仁，分布于中国（吉林、辽宁）。

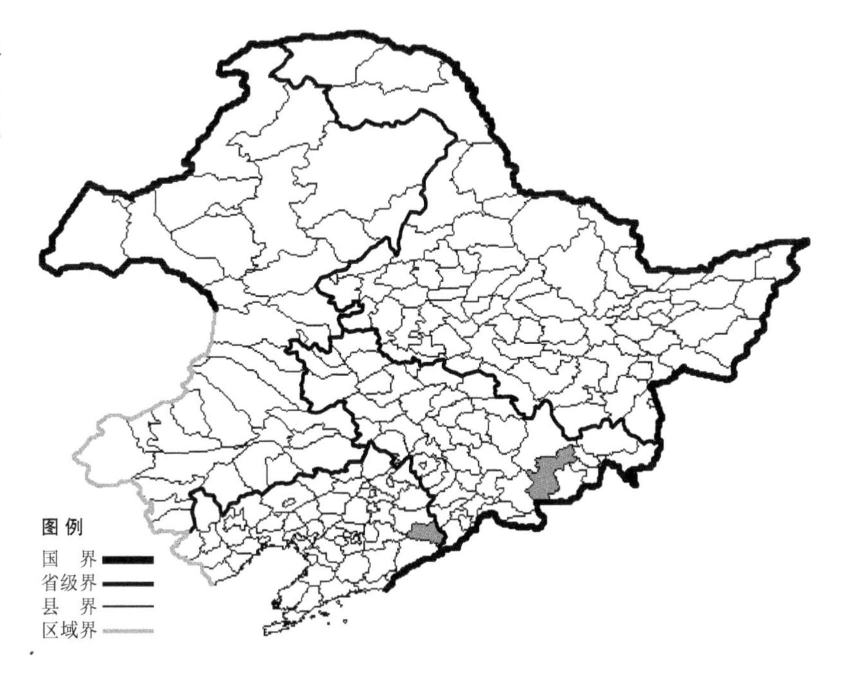

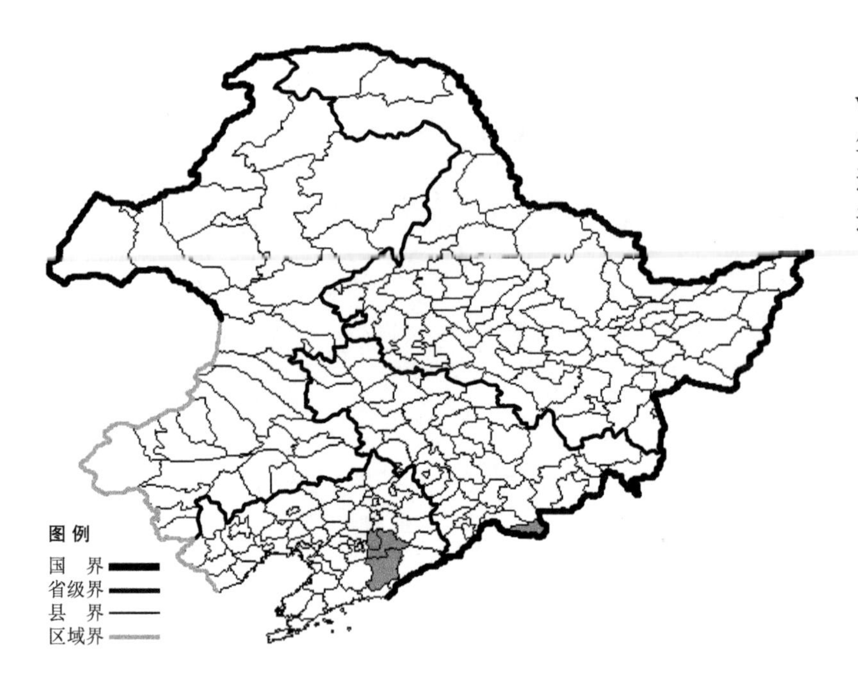

卵叶玉簪 Hosta ensata F. Maekawa var. **normalis** (F. Maekawa) Q. S. Sun 生于林缘、疏林下，产于吉林省长白，辽宁省凤城、本溪，分布于中国（吉林、辽宁），朝鲜半岛。

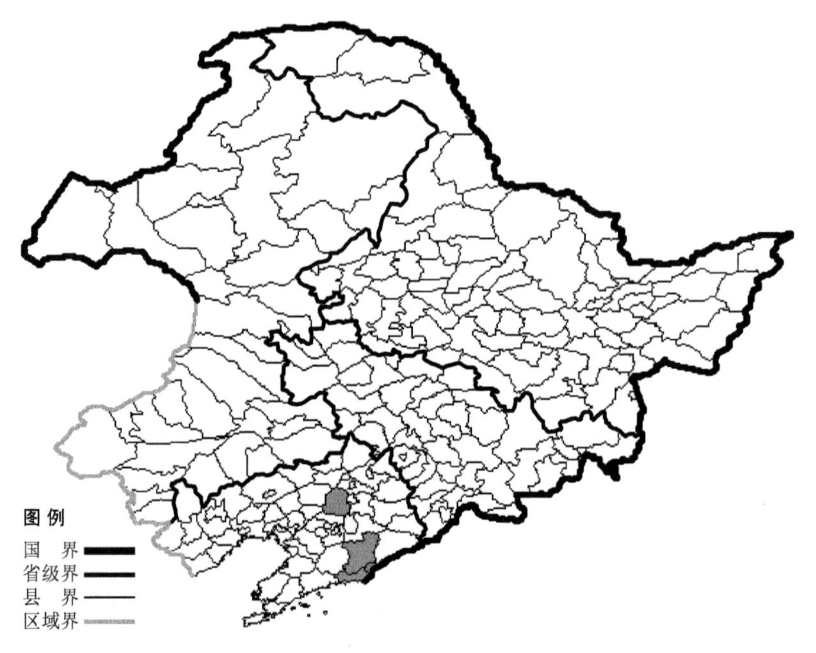

朝鲜百合

Lilium amabile Palibin

生境：山坡草地，灌丛，柞林下，海拔 500 米以下。

产地：辽宁省丹东、凤城、东港、沈阳。

分布：中国（辽宁），朝鲜半岛。

条叶百合

Lilium callosum Sieb. et Zucc.

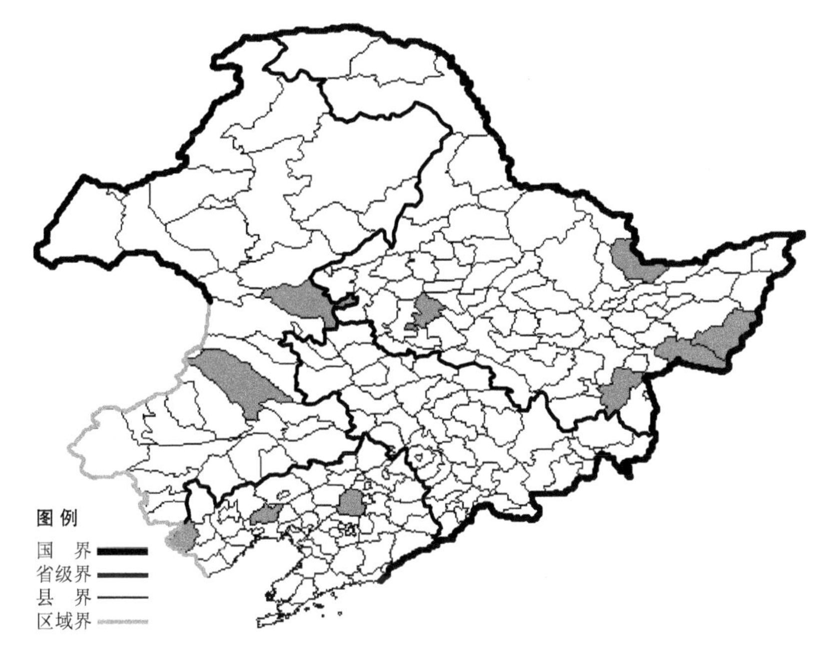

生境：草甸，湿草地，山坡草地，林缘。

产地：黑龙江省密山、萝北、虎林、安达、穆棱，辽宁省沈阳、凌源、义县，内蒙古扎鲁特旗、扎赉特旗。

分布：中国（黑龙江、辽宁、内蒙古、江苏、安徽、浙江、河南、广东、台湾），朝鲜半岛，日本，俄罗斯（远东地区）。

垂花百合

Lilium cernum Kom.

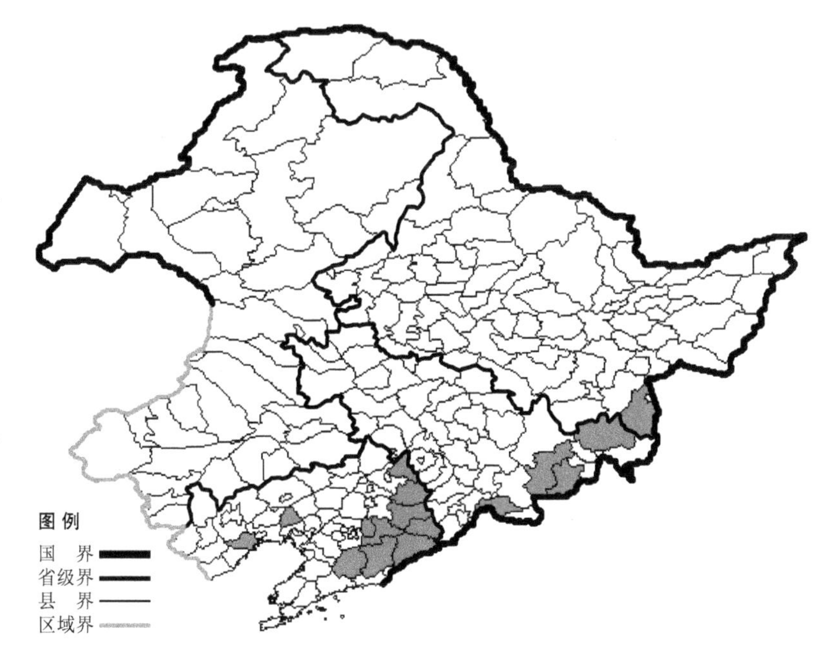

生境：灌丛，山坡草地，海拔 900 米以下。

产地：黑龙江省东宁，吉林省临江、汪清、安图、和龙，辽宁省凤城、岫岩、本溪、北镇、桓仁、宽甸、西丰、新宾、葫芦岛、清原。

分布：中国（黑龙江、吉林、辽宁），朝鲜半岛，俄罗斯（远东地区）。

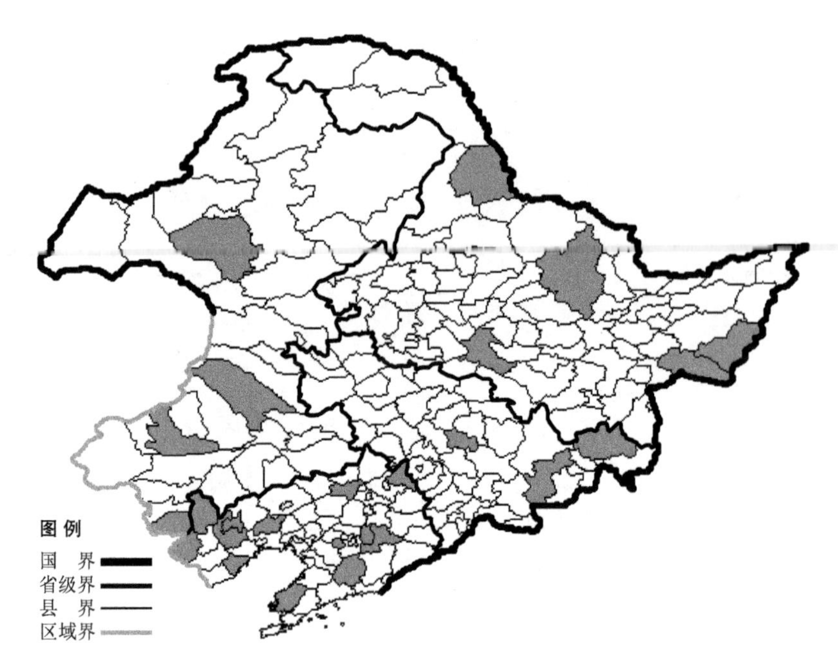

渥丹

Lilium concolor Salisb.

生境：山坡草地，灌丛，海拔约400米。

产地：黑龙江省哈尔滨、黑河、虎林、密山、伊春，吉林省安图、汪清、永吉，辽宁省兴城、义县、法库、朝阳、鞍山、建平、凌源、瓦房店、西丰、岫岩、本溪，内蒙古巴林右旗、鄂温克旗、宁城、扎鲁特旗。

分布：中国（黑龙江、吉林、辽宁、内蒙古、河北、山西、陕西、山东、河南）。

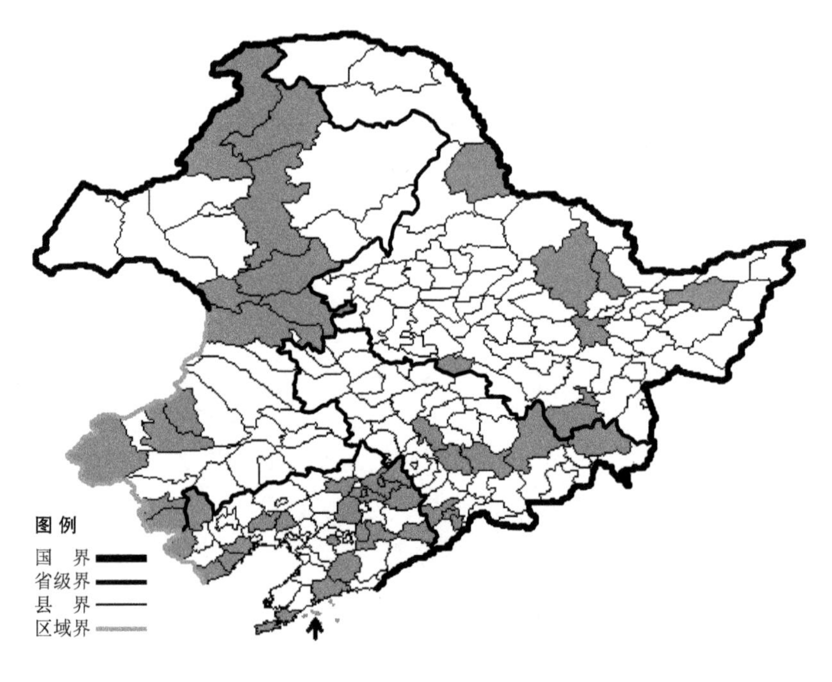

有斑百合 Lilium concolor Salisb. var. **buschianum** (Lodd.) Baker 生于草甸、湿草地、灌丛、林下、山坡，海拔900米以下，产于黑龙江省伊春、鹤岗、富锦、黑河、双城、宁安、牡丹江、依兰，吉林省长春、通化、桦甸、汪清、敦化、磐石，辽宁省沈阳、鞍山、岫岩、凌源、清原、建平、北镇、西丰、庄河、法库、兴城、葫芦岛、长海、桓仁、大连、本溪、铁岭、义县、绥中，内蒙古牙克石、扎兰屯、根河、科尔沁右翼前旗、额尔古纳、阿尔山、扎赉特旗、克什克腾旗、喀喇沁旗、宁城、巴林右旗、巴林左旗，分布于中国（黑龙江、吉林、辽宁、内蒙古、河北、山西、山东），朝鲜半岛，蒙古，俄罗斯（东部西伯利亚、远东地区）。

渥金 Lilium concolor Salisb. var. **coridion** (Sieb. et Vreis) Baker 生于山坡草地，海拔 900 米以下，产于辽宁省义县、铁岭、本溪，内蒙古通辽，分布于中国（辽宁、内蒙古），朝鲜半岛，日本，蒙古。

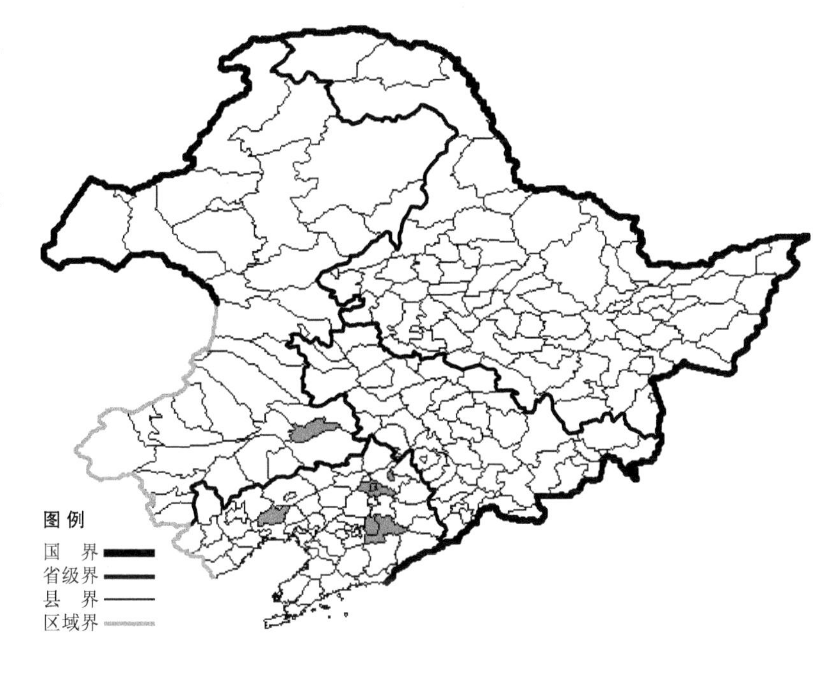

毛百合

Lilium dauricum Ker-Gawl.

生境：草甸，灌丛，林缘，山坡草地，海拔 1400 米以下。

产地：黑龙江省伊春、尚志、呼玛、宝清、宁安、黑河、穆棱、密山、萝北，吉林省临江、珲春、和龙、抚松、安图、靖宇、桦甸、长白、通化，辽宁省本溪、桓仁、沈阳、清原、西丰，内蒙古科尔沁右翼前旗、鄂伦春旗、鄂温克旗、扎赉特旗、根河、额尔古纳、牙克石、海拉尔、阿尔山、扎兰屯。

分布：中国（黑龙江、吉林、辽宁、内蒙古、河北），朝鲜半岛，日本，蒙古，俄罗斯（东部西伯利亚、远东地区）。

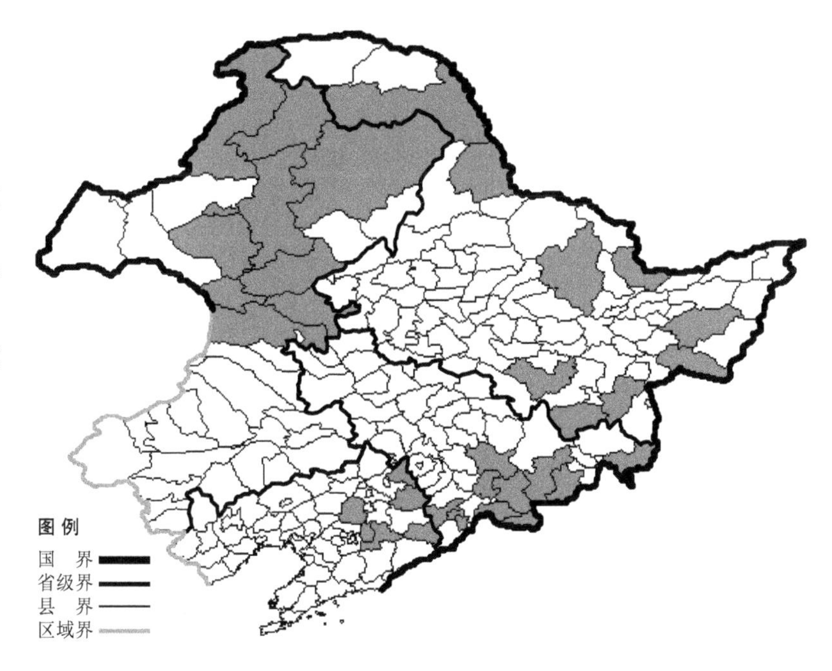

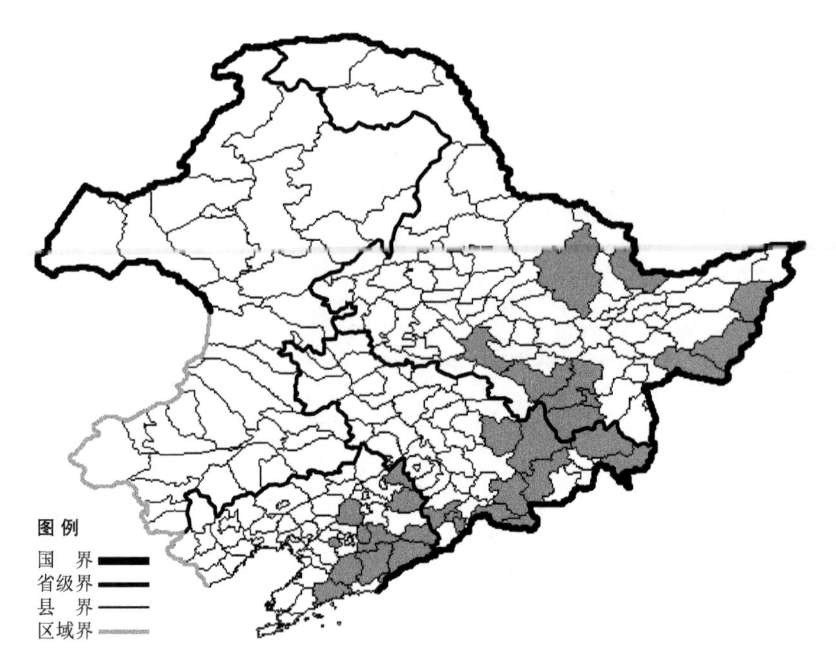

东北百合

Lilium distichum Nakai

生境：林下，林缘，灌丛，海拔1400米以下。

产地：黑龙江省萝北、虎林、哈尔滨、饶河、宁安、牡丹江、海林、密山、尚志、伊春，吉林省通化、临江、抚松、安图、珲春、敦化、蛟河、汪清、长白，辽宁省鞍山、西丰、宽甸、凤城、本溪、桓仁、丹东、庄河、岫岩、清原、沈阳。

分布：中国（黑龙江、吉林、辽宁），朝鲜半岛，俄罗斯（远东地区）。

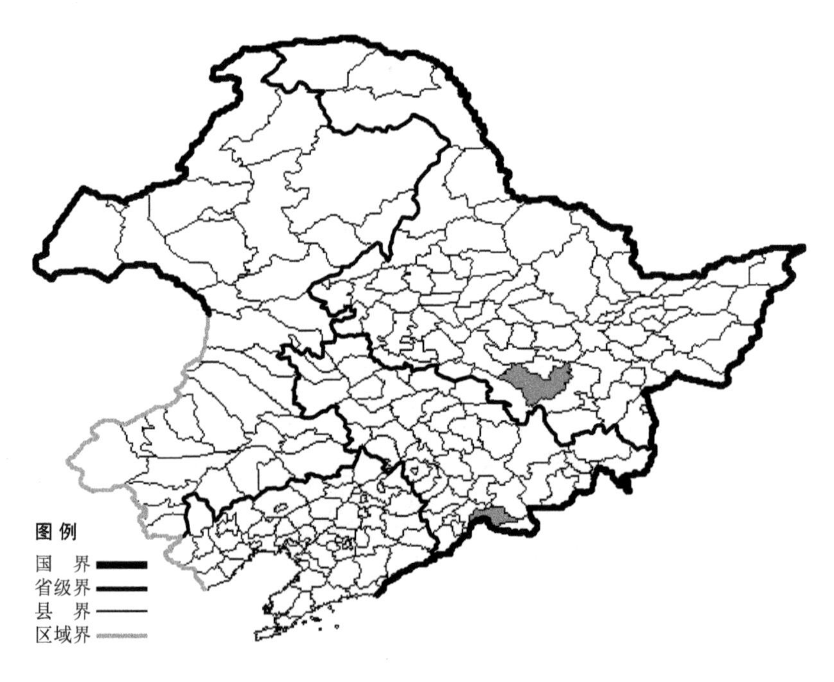

竹叶百合

Lilium hansonii Leichtlin ex Baker

生境：林缘，林下，海拔800米以下。

产地：黑龙江省尚志，吉林省临江。

分布：中国（黑龙江、吉林），朝鲜半岛。

卷丹

Lilium lancifolium Thunb.

生境：林缘，山坡草地，亦有栽培。

产地：黑龙江省宁安，吉林省通化、安图，辽宁省凤城、北镇、鞍山、沈阳、义县。

分布：中国（黑龙江、吉林、辽宁、河北、山西、陕西、甘肃、青海、山东、江苏、安徽、浙江、河南、湖北、江西、湖南、广西、四川），朝鲜半岛，日本，俄罗斯（欧洲部分、远东地区）。

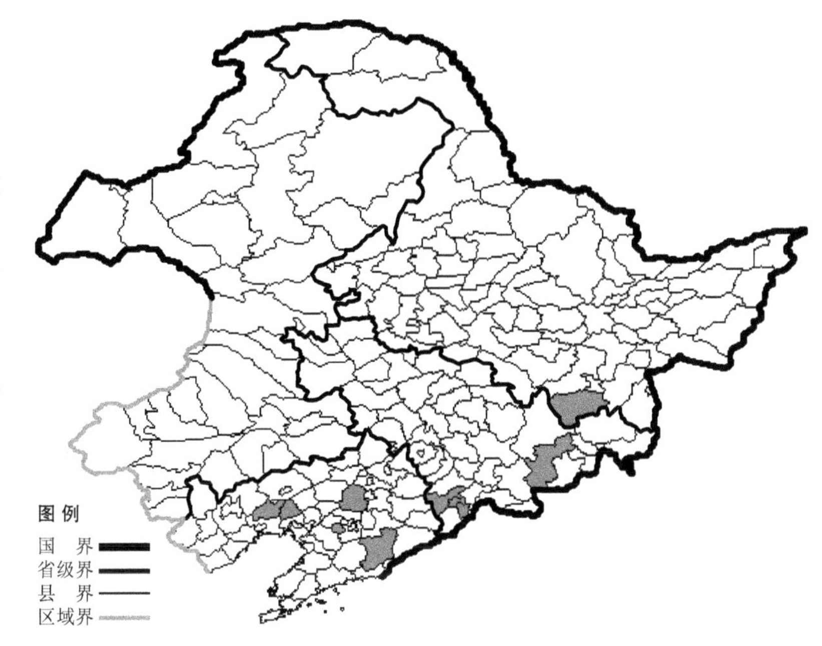

大花卷丹

Lilium leichtlinii Hook. f. var. **maximowiczii** (Regel) Baker

生境：草甸，林缘，沟谷沙质地，海拔 700 米以下。

产地：黑龙江省宁安，吉林省珲春、安图，辽宁省凤城、桓仁、宽甸、鞍山。

分布：中国（黑龙江、吉林、辽宁），日本，俄罗斯（远东地区）。

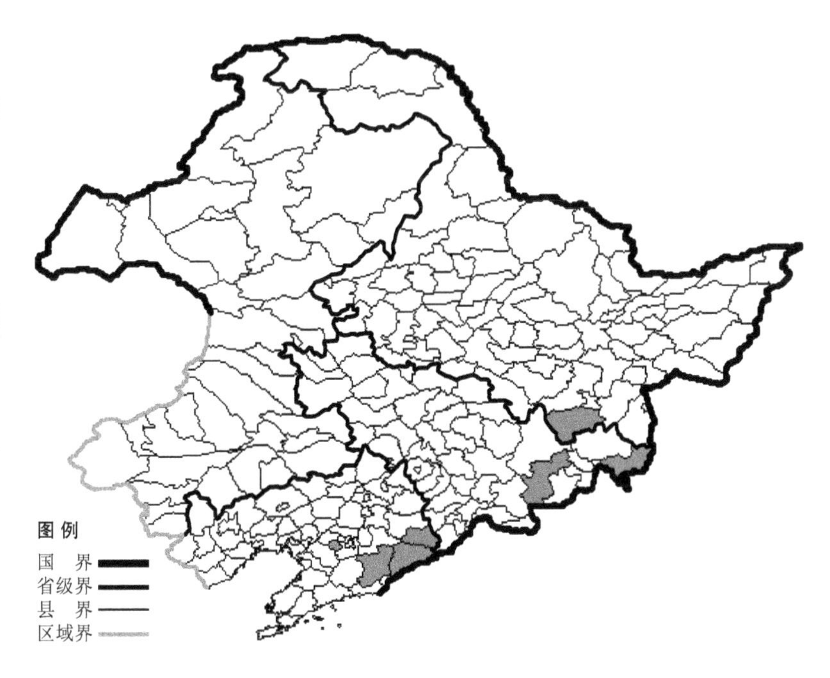

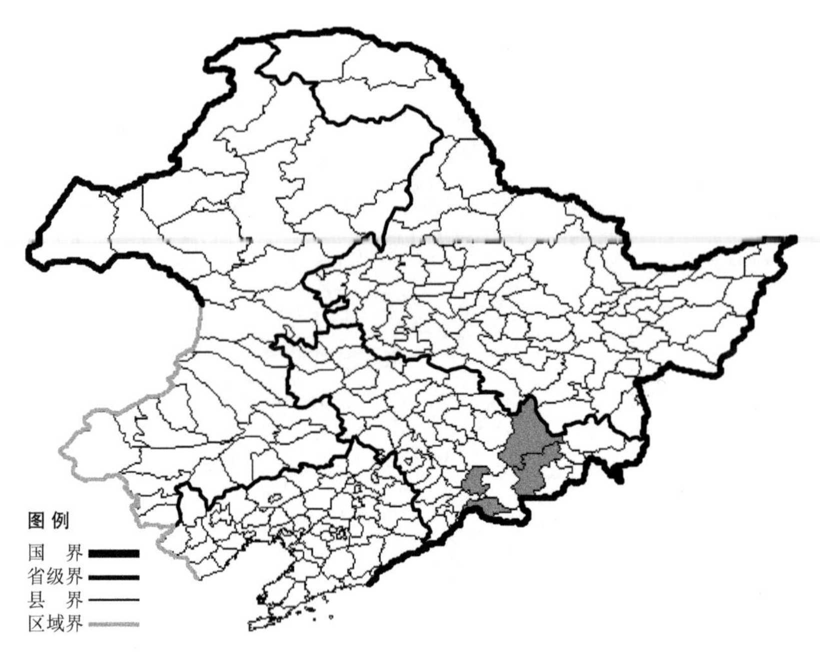

大花百合

Lilium megalanthum (Wang et Tang) Q. S. Sun

生境：湿草甸，山坡草地，海拔600米以下。

产地：吉林省临江、敦化、安图、靖宇。

分布：中国（吉林）。

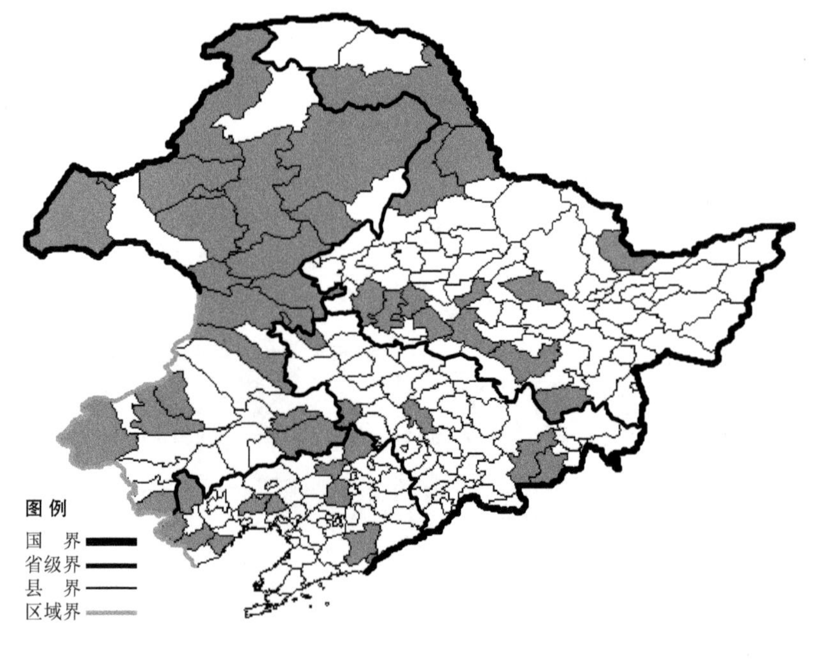

山丹

Lilium pumilum DC.

生境：草甸，林缘，山坡草地，海拔1000米以下。

产地：黑龙江省哈尔滨、杜尔伯特、嫩江、尚志、呼玛、肇东、大庆、铁力、安达、黑河、绥化、萝北、宁安，吉林省白城、双辽、和龙、安图、长春，辽宁省建平、沈阳、昌图、法库、凤城、丹东、义县、北镇、兴城、凌源、建昌，内蒙古海拉尔、满洲里、额尔古纳、阿荣旗、新巴尔虎右旗、牙克石、科尔沁右翼前旗、宁城、巴林右旗、鄂温克旗、扎兰屯、克什克腾旗、阿尔山、通辽、科尔沁左翼后旗、科尔沁右翼中旗、扎赉特旗、乌兰浩特、鄂伦春旗、陈巴尔虎旗、巴林左旗。

分布：中国（黑龙江、吉林、辽宁、内蒙古、河北、山西、陕西、甘肃、宁夏、青海、山东、河南），朝鲜半岛，蒙古，俄罗斯（东部西伯利亚、远东地区）。

矮小山麦冬

Liriope minor (Maxim.) Makino

生境：山坡草地。
产地：辽宁省长海。
分布：中国（辽宁、陕西、浙江、广西），日本。

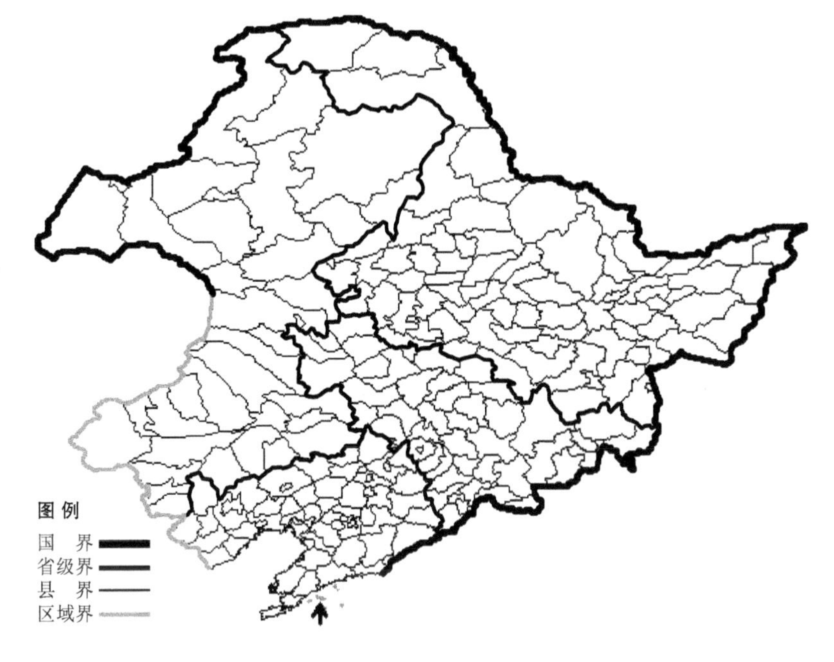

山麦冬

Liriope spicata (Thunb.) Lour.

生境：山坡草地。
产地：辽宁省长海、大连。
分布：中国（全国各地），日本，越南。

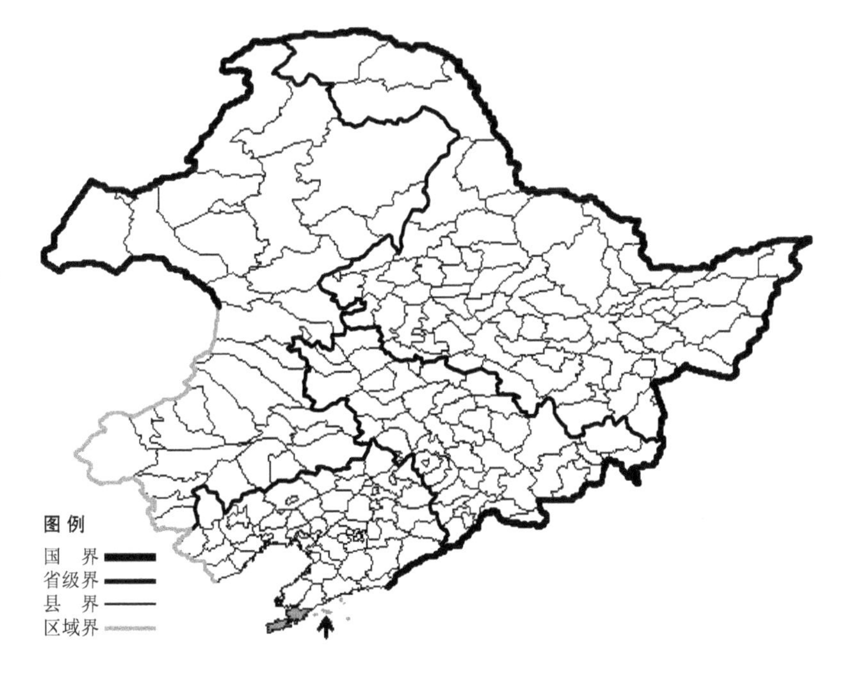

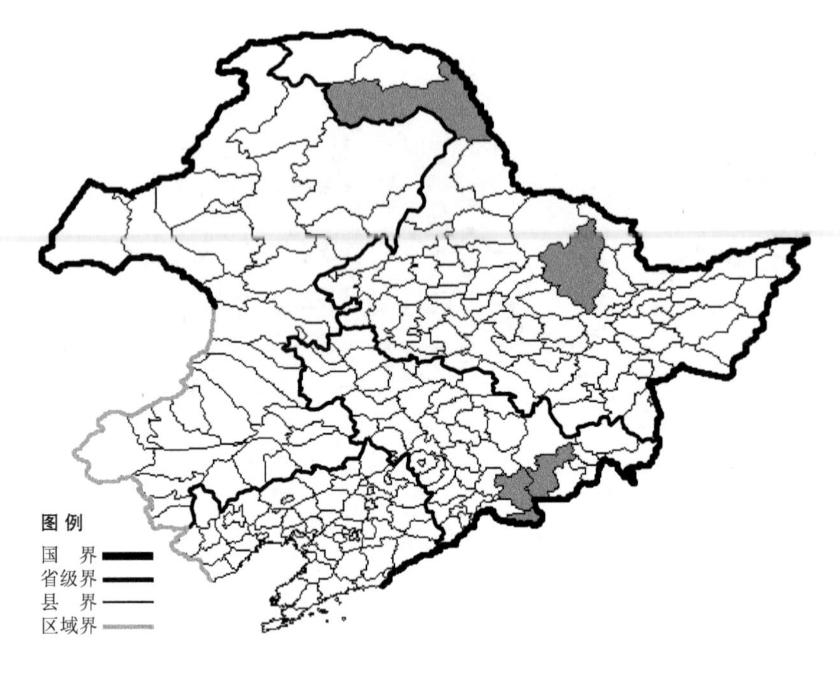

洼瓣花

Lloydia serotina (L.) Rchb.

生境：高山冻原，林下，海拔1200-2600米。

产地：黑龙江省呼玛、伊春，吉林省抚松、安图、长白。

分布：中国（黑龙江、吉林、河北、山西、新疆、西藏），朝鲜半岛，日本，蒙古，俄罗斯（北极带、欧洲部分、高加索、西伯利亚、远东地区），中亚，不丹，印度，欧洲，北美洲。

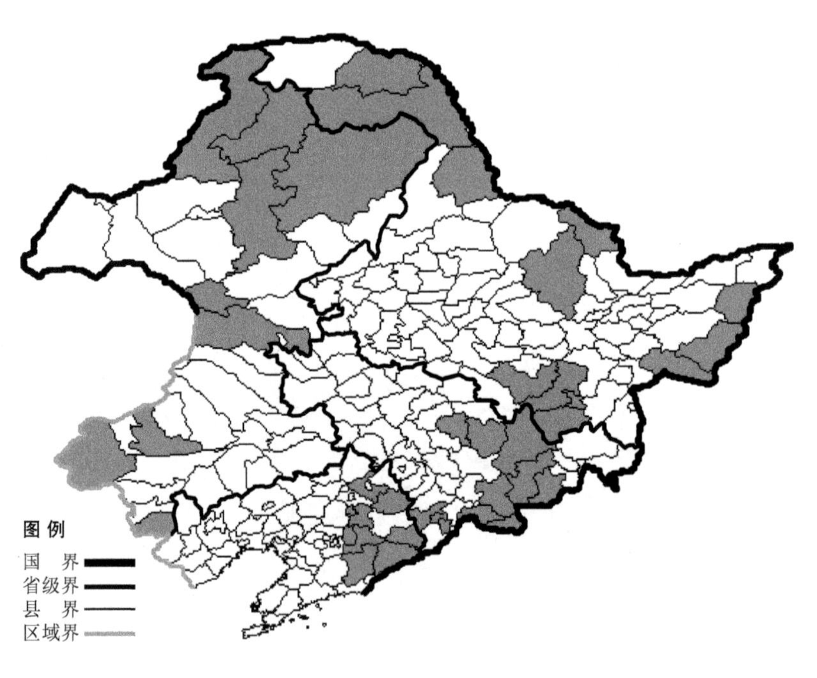

二叶舞鹤草

Maianthemum bifolium (L.) F. W. Schmidt

生境：林下，海拔1500米以下。

产地：黑龙江省伊春、饶河、密山、塔河、虎林、牡丹江、海林、尚志、宁安、黑河、呼玛、嘉荫，吉林省临江、和龙、安图、敦化、通化、吉林、蛟河、抚松、长白，辽宁省本溪、凤城、开原、桓仁、宽甸、清原、抚顺，内蒙古额尔古纳、根河、牙克石、鄂伦春旗、阿尔山、科尔沁右翼前旗、宁城、巴林右旗、克什克腾旗。

分布：中国（黑龙江、吉林、辽宁、内蒙古、河北、山西、陕西、甘肃、青海、四川），朝鲜半岛，日本，蒙古，俄罗斯（欧洲部分、西伯利亚、远东地区），欧洲。

舞鹤草

Maianthemum dilatatum (Wodd.) Nelson et Macbr.

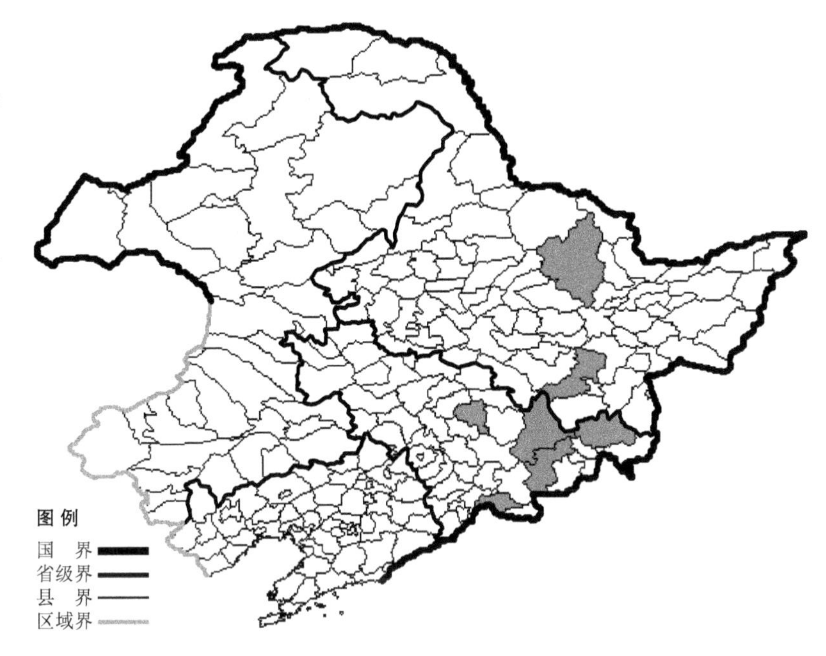

生境：林下，海拔 1800 米以下。

产地：黑龙江省伊春、海林，吉林省临江、汪清、敦化、安图、吉林。

分布：中国（黑龙江、吉林），朝鲜半岛，日本，俄罗斯（远东地区），北美洲。

四叶重楼

Paris quadrifolia L.

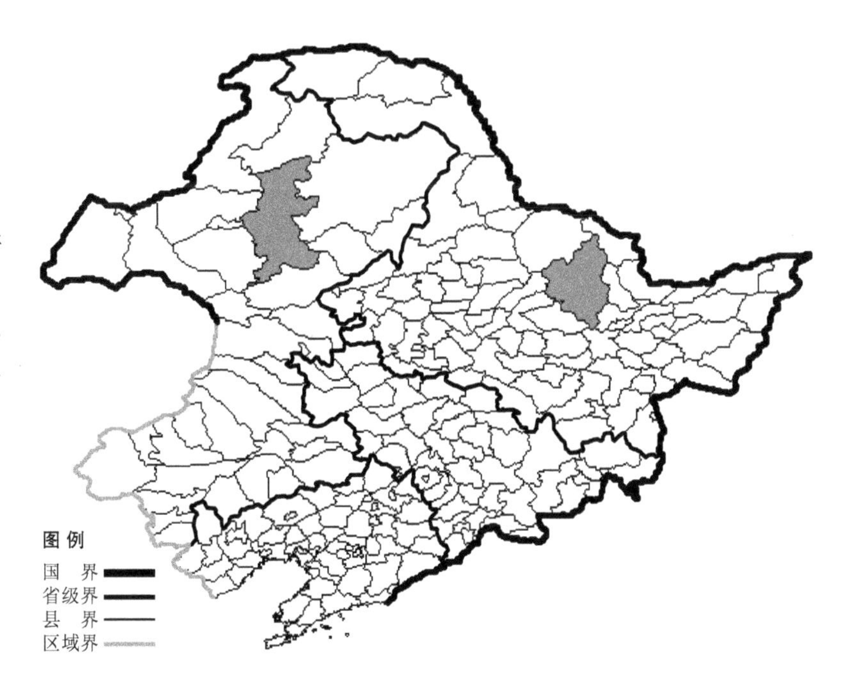

生境：林下，海拔 600 米以下。

产地：黑龙江省伊春，内蒙古牙克石。

分布：中国（黑龙江、内蒙古、新疆），俄罗斯（欧洲部分、高加索、西伯利亚），欧洲。

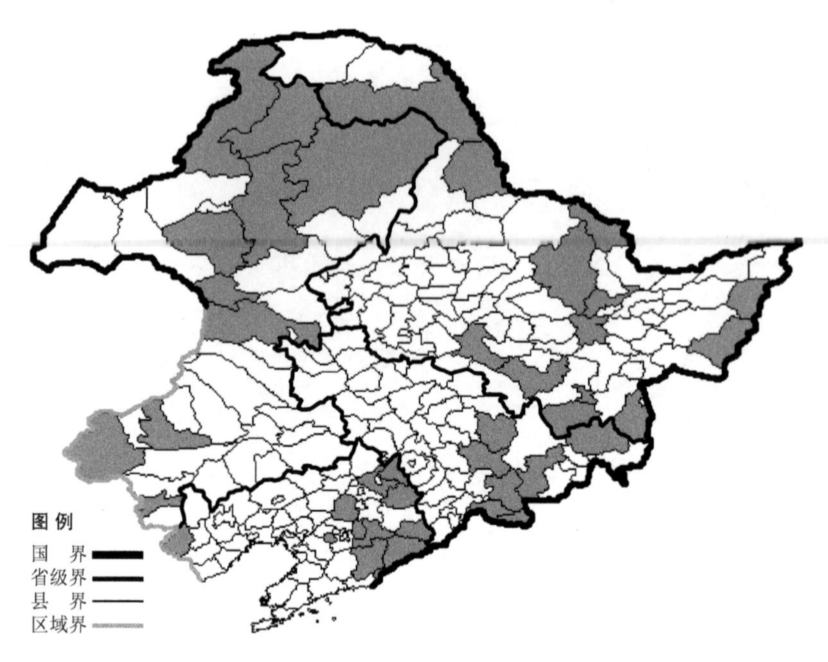

北重楼

Paris verticillata M.-Bieb.

生境：林下，林缘，沟旁，山坡草地，海拔1500米以下。

产地：黑龙江省哈尔滨、伊春、汤原、依兰、牡丹江、东宁、虎林、饶河、宁安、尚志、呼玛、黑河、嘉荫，吉林省临江、安图、蛟河、抚松、汪清、桦甸、长白，辽宁省本溪、鞍山、丹东、开原、西丰、凤城、桓仁、清原、凌源、宽甸、沈阳，内蒙古阿尔山、牙克石、根河、额尔古纳、科尔沁右翼前旗、克什克腾旗、巴林右旗、喀喇沁旗、鄂伦春旗、鄂温克旗。

分布：中国（黑龙江、吉林、辽宁、内蒙古、河北、山西、陕西、甘肃、安徽、浙江、四川），朝鲜半岛，日本，俄罗斯（远东地区）。

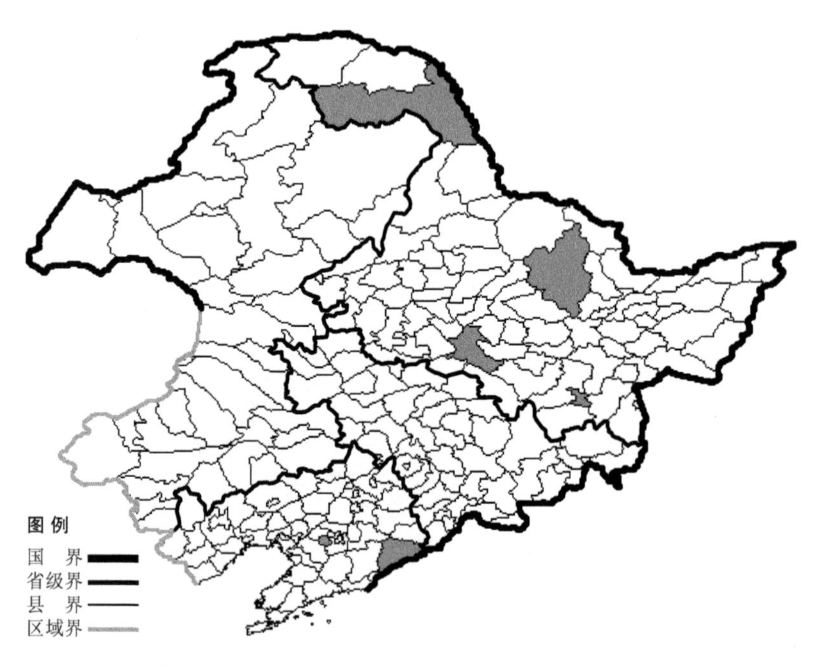

倒卵叶重楼 Paris verticillata M.-Bieb. var. **obovata** (Ledeb.) Hara 生于山坡草地，海拔600米以下，产于黑龙江省哈尔滨、伊春、牡丹江、呼玛，辽宁省鞍山、宽甸，分布于中国（黑龙江、辽宁），俄罗斯（西伯利亚）。

五叶黄精

Polygonatum acuminatifolium Kom.

生境：林下，海拔 900 米以下。

产地：黑龙江省尚志、五常，吉林省临江、蛟河，辽宁省西丰、清原。

分布：中国（黑龙江、吉林、辽宁、河北），俄罗斯（远东地区）。

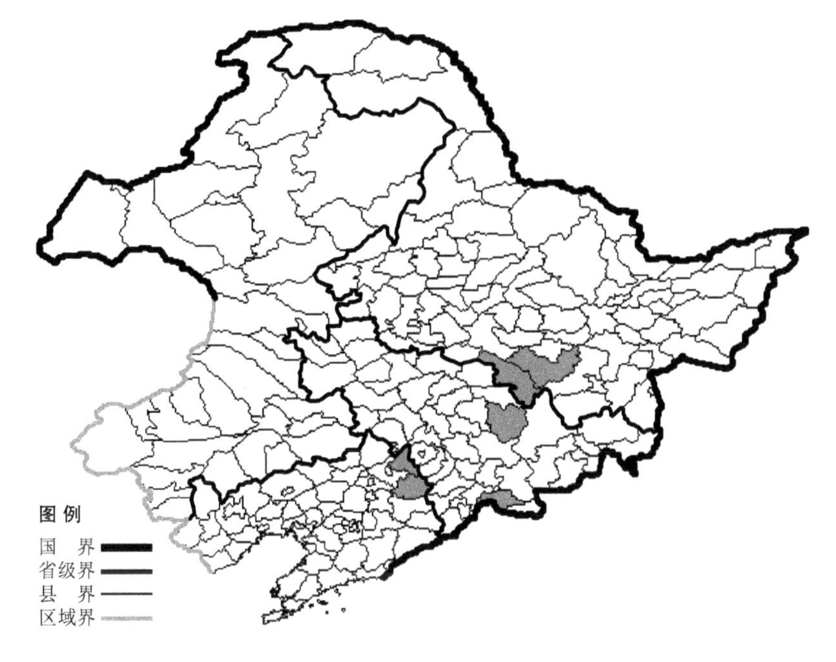

长苞黄精

Polygonatum desoulavyi Kom.

生境：林下。

产地：黑龙江省伊春、尚志，辽宁省本溪。

分布：中国（黑龙江、辽宁），朝鲜半岛，日本，俄罗斯（远东地区）。

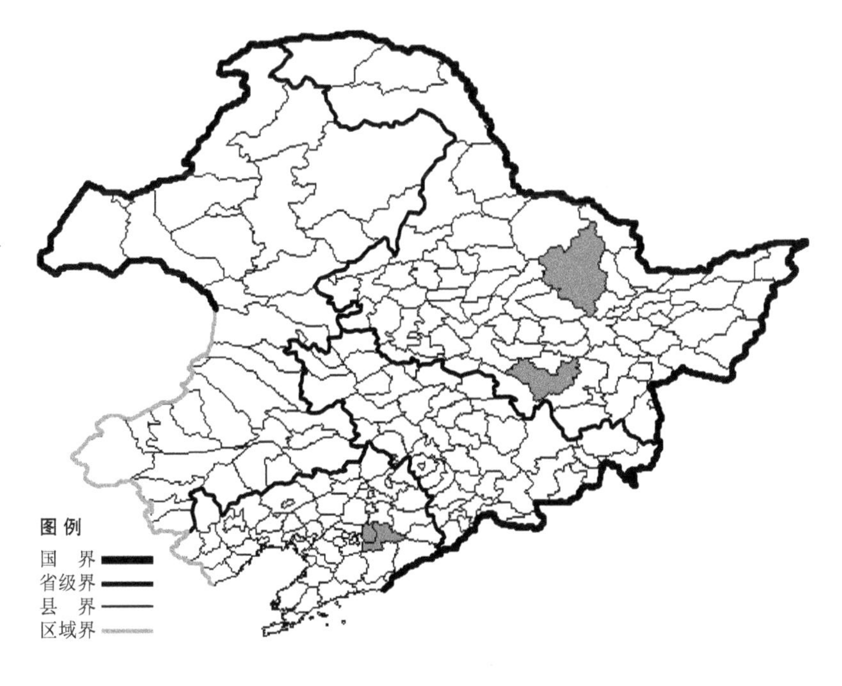

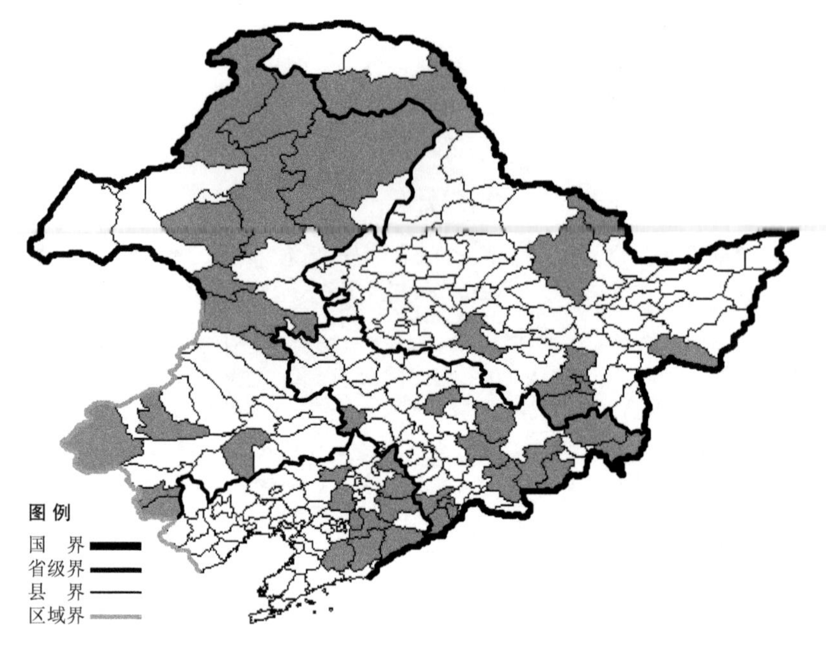

小玉竹

Polygonatum humile Fisch. ex Maxim.

生境：林下，林缘，山坡草地，海拔 1300 米以下。

产地：黑龙江省伊春、哈尔滨、牡丹江、宁安、海林、呼玛、密山、嘉荫，吉林省珲春、汪清、蛟河、九台、通化、安图、和龙、桦甸、抚松、双辽、集安，辽宁省凤城、宽甸、本溪、清原、法库、沈阳、新宾、岫岩、西丰，内蒙古额尔古纳、鄂伦春旗、鄂温克旗、阿荣旗、牙克石、阿尔山、根河、科尔沁右翼前旗、突泉、宁城、巴林右旗、奈曼旗、克什克腾旗、喀喇沁旗。

分布：中国（黑龙江、吉林、辽宁、内蒙古、河北、山西），朝鲜半岛，日本，蒙古，俄罗斯（西伯利亚、远东地区）。

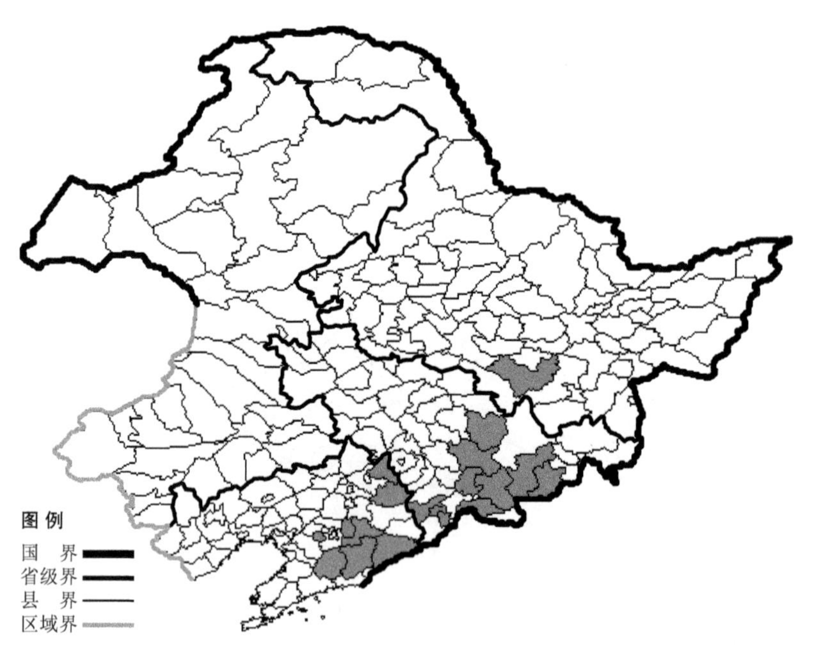

毛筒玉竹

Polygonatum inflatum Kom.

生境：林下，林缘，海拔 900 米以下。

产地：黑龙江省尚志，吉林省临江、通化、桦甸、蛟河、安图、抚松、靖宇、和龙，辽宁省鞍山、本溪、凤城、宽甸、岫岩、清原、西丰。

分布：中国（黑龙江、吉林、辽宁），朝鲜半岛，日本，俄罗斯（远东地区）。

二苞黄精

Polygonatum involucratum Maxim.

生境：林下，山坡阴湿处，海拔1100米以下。

产地：黑龙江省牡丹江、宁安、海林、尚志，吉林省靖宇、珲春、安图、蛟河、通化，辽宁省本溪、鞍山、凤城、庄河、桓仁、清原、凌海、绥中、义县、西丰、宽甸，内蒙古宁城、喀喇沁旗。

分布：中国（黑龙江、吉林、辽宁、内蒙古、河北、山西、河南），朝鲜半岛，日本，俄罗斯（远东地区）。

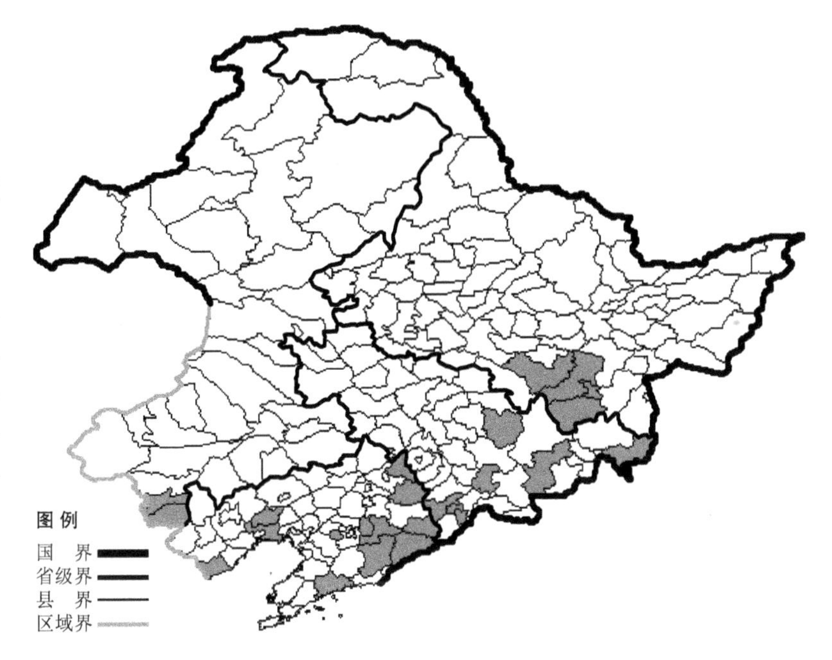

热河黄精

Polygonatum macropodium Turcz.

生境：林下，林缘，海拔1300米以下。

产地：辽宁省大连、鞍山、瓦房店、阜新、桓仁、建昌、凌源、义县、建平、绥中、本溪、朝阳、北镇，内蒙古翁牛特旗、赤峰、喀喇沁旗。

分布：中国（辽宁、内蒙古、河北、山西、山东）。

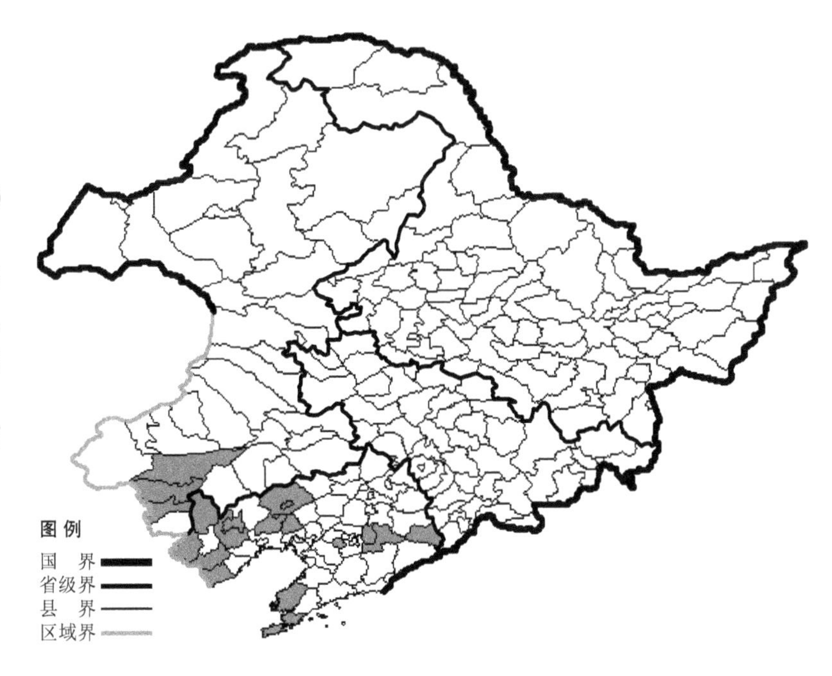

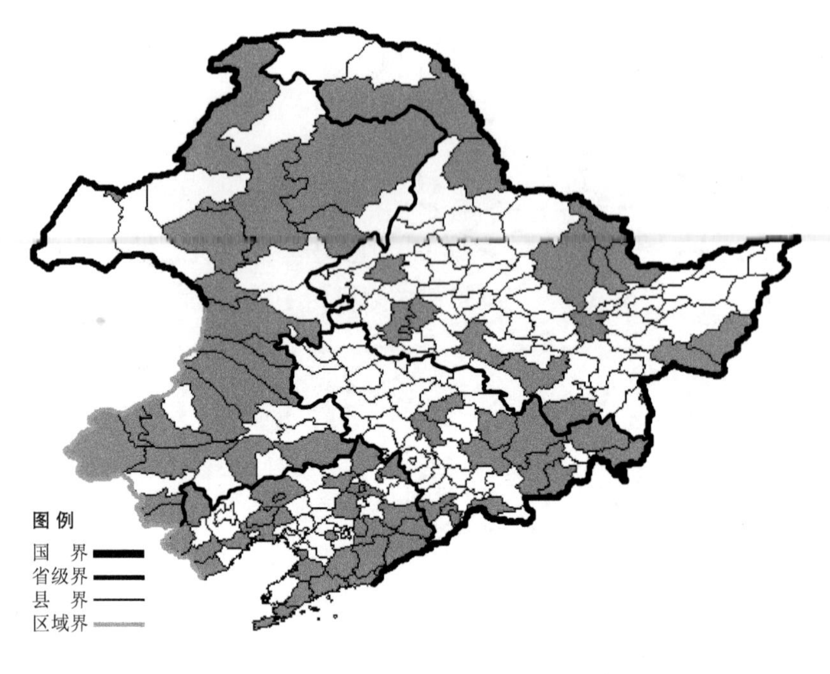

玉竹

Polygonatum odoratum (Mill.) Druce

生境：灌丛，林下，林缘，海拔900米以下。

产地：黑龙江省哈尔滨、鹤岗、呼玛、富裕、尚志、虎林、萝北、绥芬河、嘉荫、安达、依兰、密山、大庆、宁安、黑河、伊春，吉林省临江、珲春、长春、通化、安图、和龙、汪清、珲春、敦化、蛟河、九台、桦甸，辽宁省沈阳、鞍山、本溪、东港、大连、丹东、昌图、西丰、普兰店、凤城、宽甸、庄河、岫岩、葫芦岛、绥中、凌海、营口、北镇、建平、阜新、义县、盖州、桓仁、新宾、铁岭、法库、建昌、凌源，内蒙古满洲里、海拉尔、牙克石、科尔沁右翼前旗、翁牛特旗、克什克腾旗、科尔沁左翼后旗、科尔沁右翼中旗、巴林右旗、喀喇沁旗、宁城、扎鲁特旗、突泉、额尔古纳、鄂伦春旗、奈曼旗、阿荣旗、鄂温克旗、阿鲁科尔沁旗、林西、阿尔山。

分布：中国（黑龙江、吉林、辽宁、内蒙古、河北、山西、甘肃、青海、山东、江苏、安徽、河南、湖北、江西、湖南、台湾），朝鲜半岛，日本，蒙古，俄罗斯（欧洲部分、高加索、西伯利亚、远东地区），欧洲。

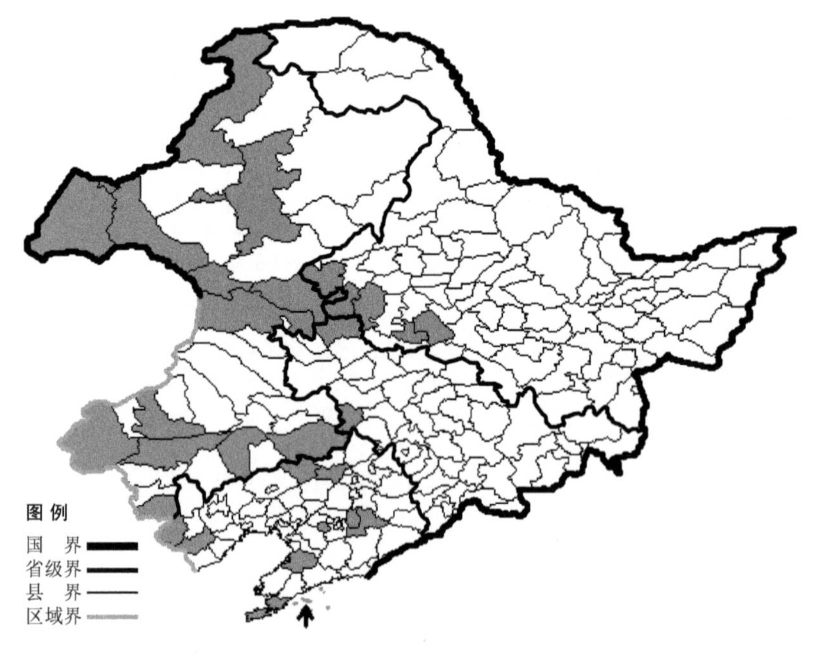

黄精

Polygonatum sibiricum Redoute

生境：灌丛，林下，向阳山坡草地，海拔1000米以下。

产地：黑龙江省龙江、泰来、杜尔伯特、肇东、肇州，吉林省双辽、镇赉，辽宁省大连、鞍山、本溪、彰武、盖州、凌源、建昌、法库、长海，内蒙古满洲里、海拉尔、额尔古纳、新巴尔虎左旗、新巴尔虎右旗、牙克石、扎赉特旗、阿尔山、科尔沁右翼前旗、宁城、克什克腾旗、巴林右旗、翁牛特旗、科尔沁左翼后旗、奈曼旗。

分布：中国（黑龙江、吉林、辽宁、内蒙古、河北、山西、陕西、甘肃、宁夏、山东、安徽、浙江、河南），朝鲜半岛，蒙古，俄罗斯（东部西伯利亚）。

狭叶黄精

Polygonatum stenophyllum Maxim.

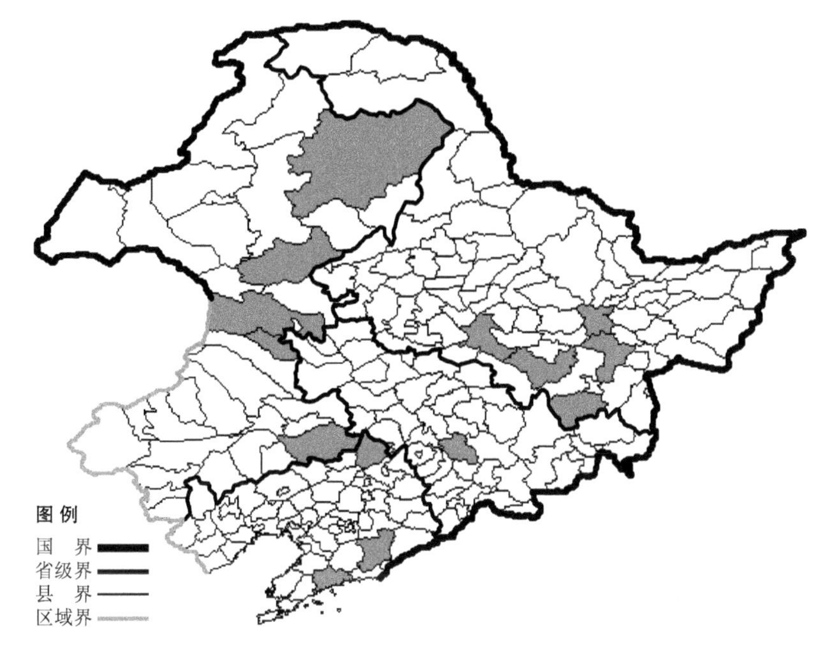

生境：林下，林缘，草甸，灌丛，海拔约 300 米。

产地：黑龙江省哈尔滨、依兰、尚志、宁安、林口，吉林省磐石，辽宁省昌图、凤城、庄河，内蒙古扎兰屯、科尔沁右翼前旗、突泉、科尔沁左翼后旗、鄂伦春旗。

分布：中国（黑龙江、吉林、辽宁、内蒙古），朝鲜半岛，俄罗斯（远东地区）。

绵枣儿

Scilla sinensis (Lour.) Merr.

生境：山坡草地，林缘，海拔 500 米以下。

产地：黑龙江省大庆、杜尔伯特、林甸、龙江、齐齐哈尔、安达、牡丹江，吉林省镇赉、双辽，辽宁省大连、瓦房店、庄河、凌海、长海、丹东、东港、凌源、葫芦岛、义县、彰武、法库、盖州、开原、绥中、西丰、北镇，内蒙古科尔沁左翼中旗、科尔沁右翼中旗、敖汉旗、突泉、扎兰屯、鄂伦春旗、翁牛特旗。

分布：中国（黑龙江、吉林、辽宁、内蒙古、河北、山西、江苏、浙江、江西、广东、四川、云南、台湾），朝鲜半岛，日本，俄罗斯（远东地区）。

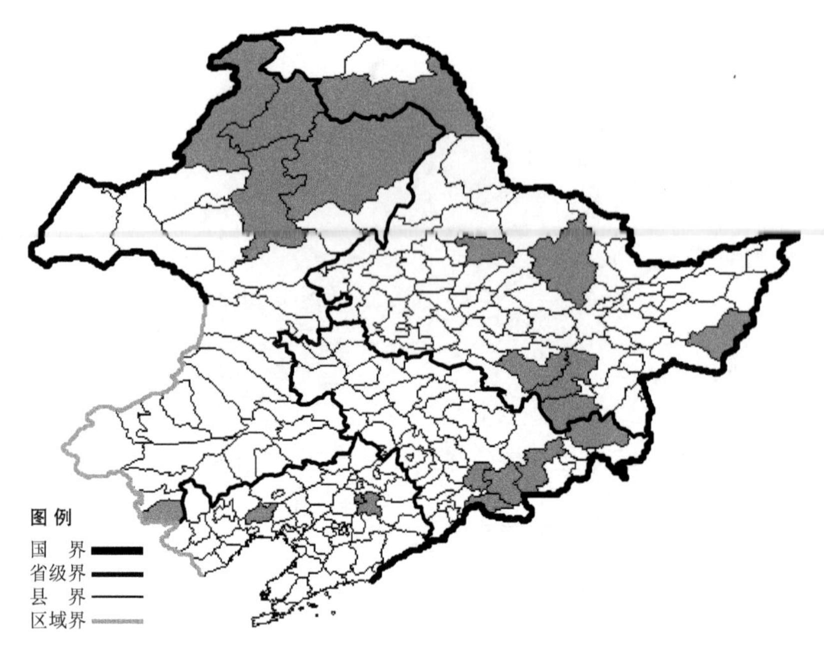

兴安鹿药

Smilacina davurica Turcz. ex Fisch. et C. A. Mey.

生境：林下，山坡阴湿处，海拔1400米以下。

产地：黑龙江省伊春、虎林、宁安、海林、尚志、北安、呼玛，吉林省临江、抚松、靖宇、安图、汪清，辽宁省义县、抚顺，内蒙古牙克石、额尔古纳、根河、鄂伦春旗、宁城。

分布：中国（黑龙江、吉林、辽宁、内蒙古），朝鲜半岛，俄罗斯（东部西伯利亚、远东地区）。

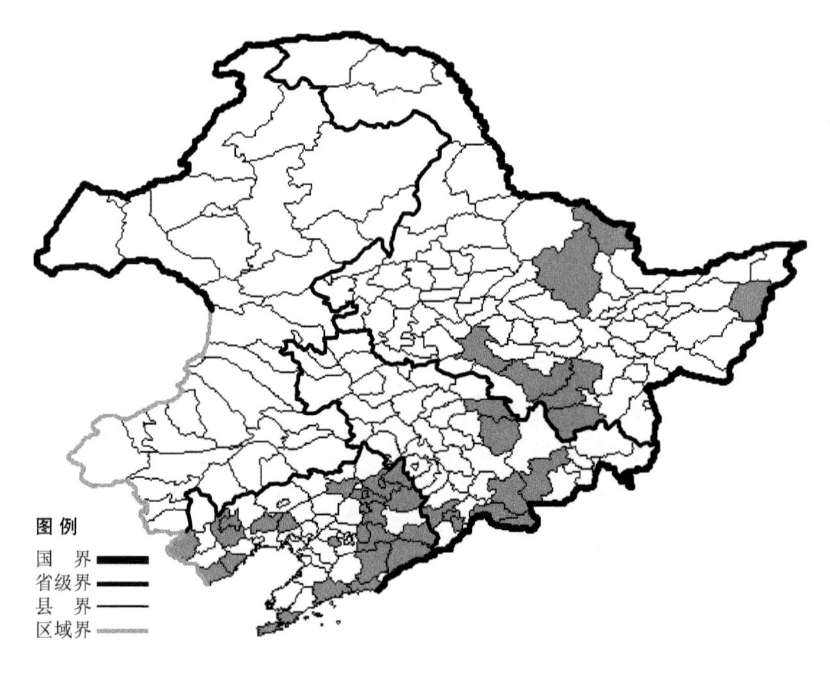

鹿药

Smilacina japonica A. Gray

生境：林下，林缘，海拔1600米以下。

产地：黑龙江省哈尔滨、伊春、尚志、海林、宁安、饶河、嘉荫，吉林省临江、安图、蛟河、抚松、舒兰、通化、长白，辽宁省本溪、大连、鞍山、开原、桓仁、凤城、宽甸、义县、凌源、法库、朝阳、清原、北镇、兴城、绥中、西丰、东港、庄河、抚顺、铁岭。

分布：中国（黑龙江、吉林、辽宁、河北、山西、陕西、甘肃、山东、江苏、安徽、浙江、河南、湖北、江西、湖南、四川、贵州、台湾），朝鲜半岛，日本，俄罗斯（远东地区）。

三叶鹿药

Smilacina trifolia Desf.

生境：湿草地，林下，林缘，海拔 900 米以下。

产地：黑龙江省伊春、呼玛，吉林省靖宇、长白，内蒙古牙克石、额尔古纳、根河。

分布：中国（黑龙江、吉林、内蒙古），朝鲜半岛，俄罗斯（西伯利亚、远东地区）。

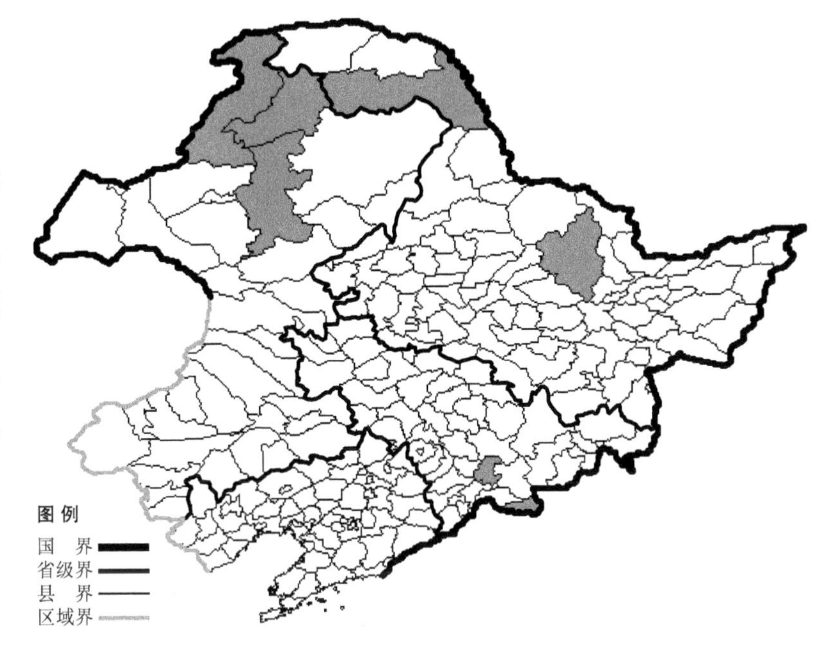

菝葜

Smilax china L.

生境：林下，山坡灌丛。

产地：辽宁省长海、庄河。

分布：中国（辽宁、山东、江苏、安徽、浙江、福建、河南、湖北、江西、湖南、广东、广西、四川、贵州、云南、台湾），朝鲜半岛，日本，缅甸，越南，泰国，菲律宾。

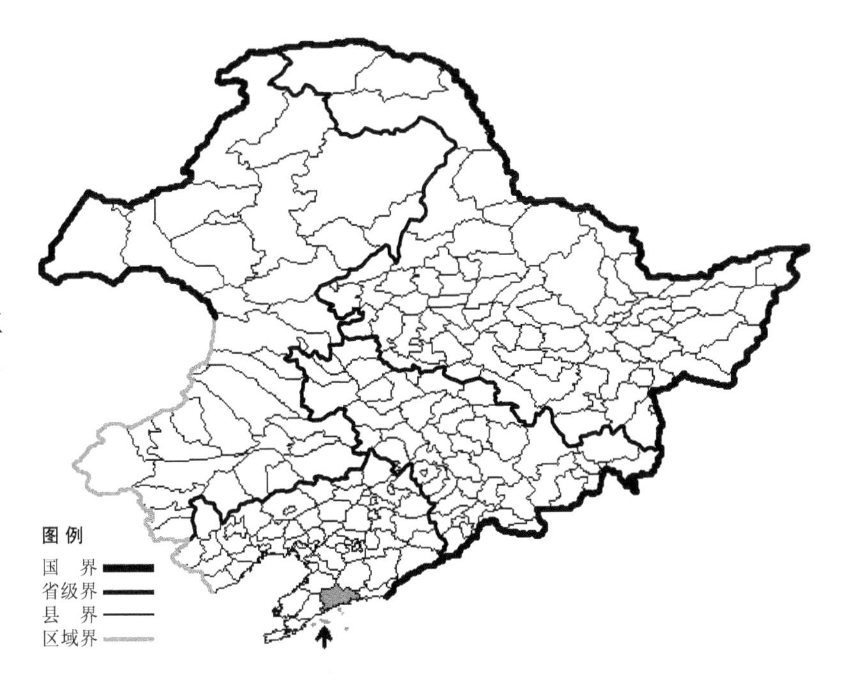

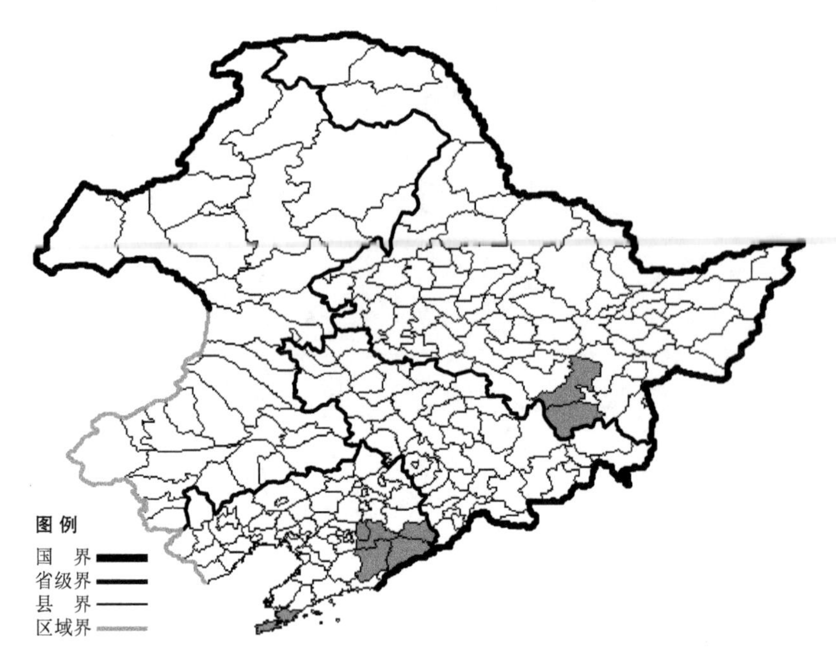

白背牛尾菜

Smilax nipponica Miq.

生境：林下，林缘，山坡草地，海拔 700 米以下。

产地：黑龙江省海林、宁安，辽宁省大连、凤城、宽甸、桓仁、本溪。

分布：中国（黑龙江、辽宁、山东、安徽、浙江、福建、河南、江西、湖南、广东、四川、贵州、台湾），朝鲜半岛，日本。

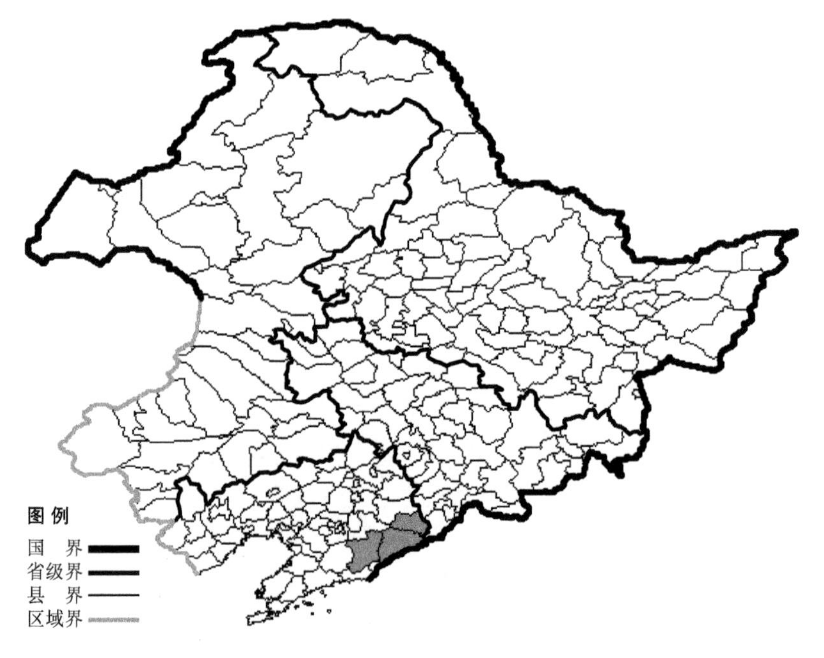

东北牛尾菜 Smilax nipponica Miq. var. **manshurica** (Kitag.) Kitag. 生于林下、灌丛，海拔 500 米以下，产于辽宁省凤城、宽甸、桓仁，分布于中国（辽宁）。

牛尾菜

Smilax riparia A. DC.

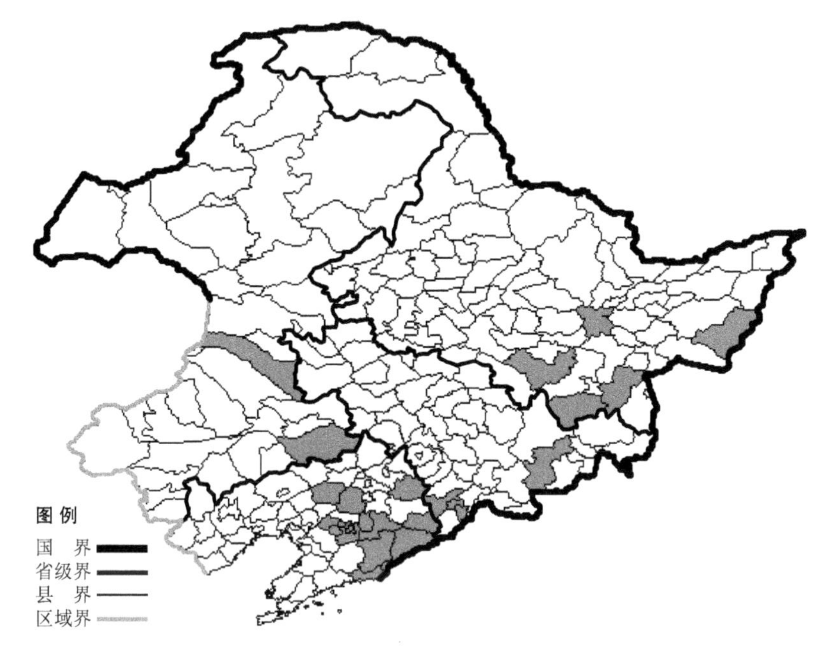

生境：林下，灌丛，山坡草地，海拔约 300 米。

产地：黑龙江省虎林、尚志、宁安、穆棱、依兰，吉林省通化、安图，辽宁省沈阳、辽阳、鞍山、本溪、东港、丹东、清原、新民、凤城、宽甸、桓仁，内蒙古科尔沁右翼中旗、科尔沁左翼后旗。

分布：中国（黑龙江、吉林、辽宁、内蒙古、河北、陕西、甘肃、江苏、浙江、福建、河南、湖北、江西、湖南、广东、四川、云南），朝鲜半岛，日本，俄罗斯（远东地区）。

华东菝葜

Smilax sieboldii Miq.

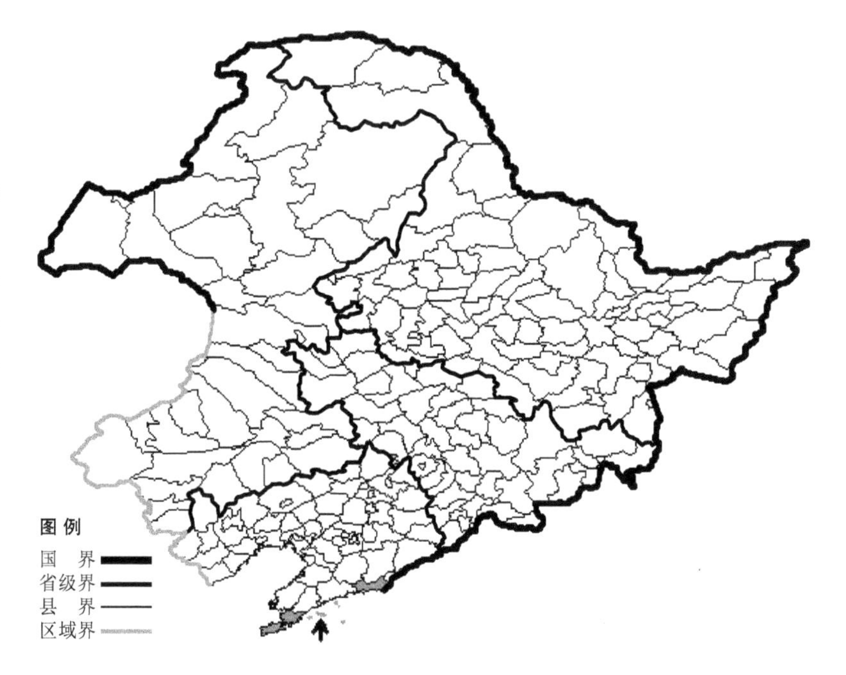

生境：灌丛，山坡草地，海拔约 200 米。

产地：辽宁省大连、长海、东港。

分布：中国（辽宁、山东、江苏、安徽、浙江、福建、台湾），朝鲜半岛，日本。

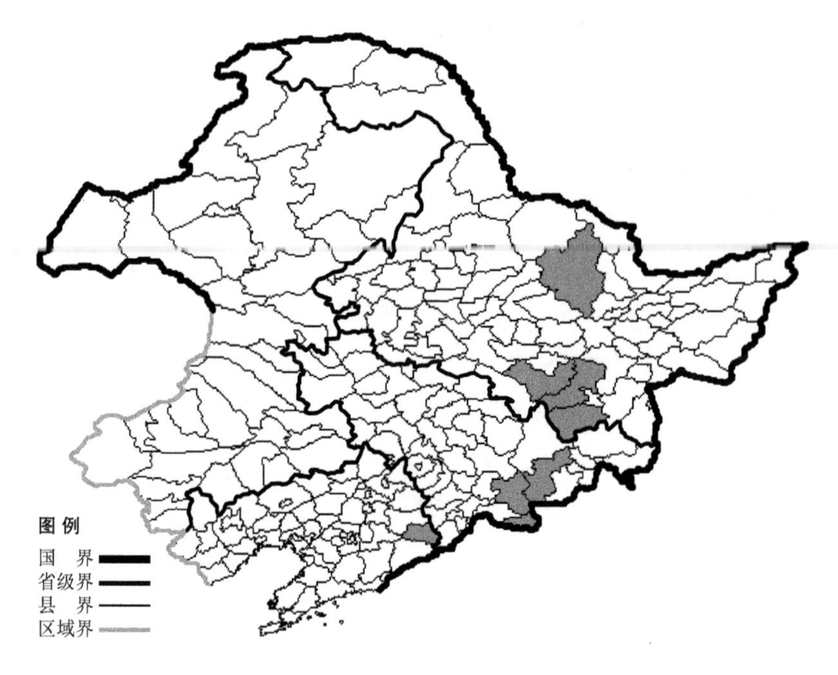

丝梗扭柄花

Streptopus streptopoides (Ledeb.) Frye et Rigg var. **koreanus** (Kom.) Kitam.

生境：林下，海拔 2200 米以下。

产地：黑龙江省伊春、宁安、尚志、海林，吉林省安图、抚松、长白，辽宁省桓仁。

分布：中国（黑龙江、吉林、辽宁），朝鲜半岛。

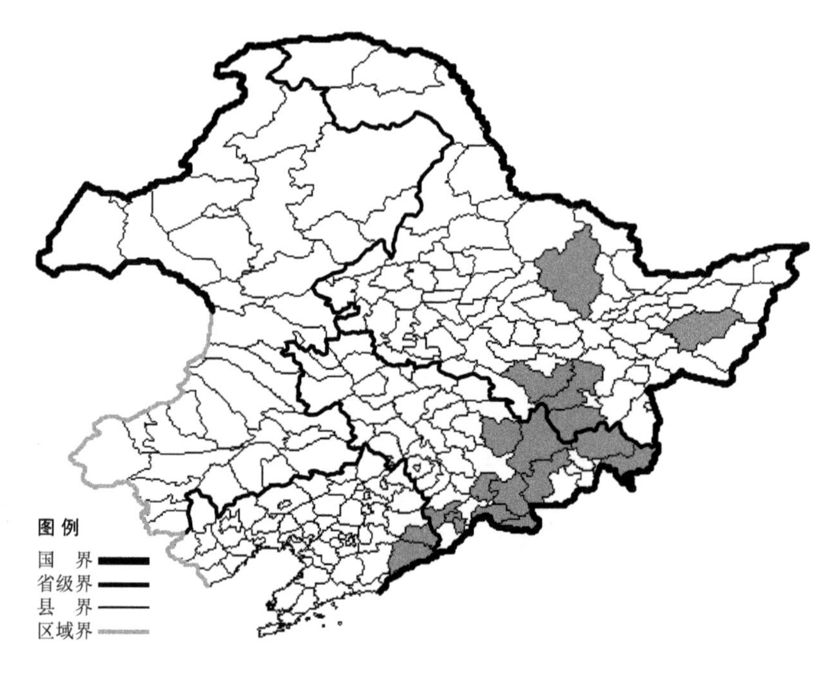

吉林延龄草

Trillium camschatcens Ker-Gawl.

生境：林下，阴湿处，海拔 1400 米以下。

产地：黑龙江省宝清、宁安、海林、伊春、尚志，吉林省临江、珲春、汪清、安图、敦化、抚松、蛟河、通化、靖宇、长白，辽宁省宽甸、桓仁。

分布：中国（黑龙江、吉林、辽宁），朝鲜半岛，日本，俄罗斯（远东地区）。

长白岩菖蒲

Tofieldia coccinea Richards.

生境：高山冻原，海拔 1600-2500 米。

产地：吉林省安图、长白、抚松。

分布：中国（吉林、安徽），朝鲜半岛，日本，俄罗斯（北极带、欧洲部分、东部西伯利亚、远东地区），欧洲，北美洲。

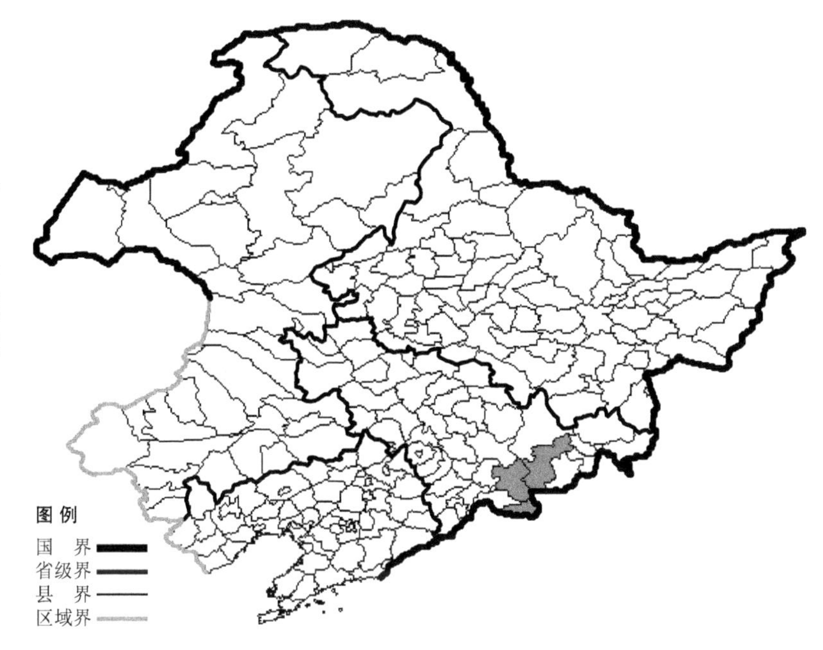

红被岩菖蒲 Tofieldia coccinea Richards. f. **fusca** (Miyabe et Kudo) Q. S. Sun 生于高山冻原，海拔 1800-2500 米，产于吉林省安图，分布于中国（吉林），朝鲜半岛，日本。

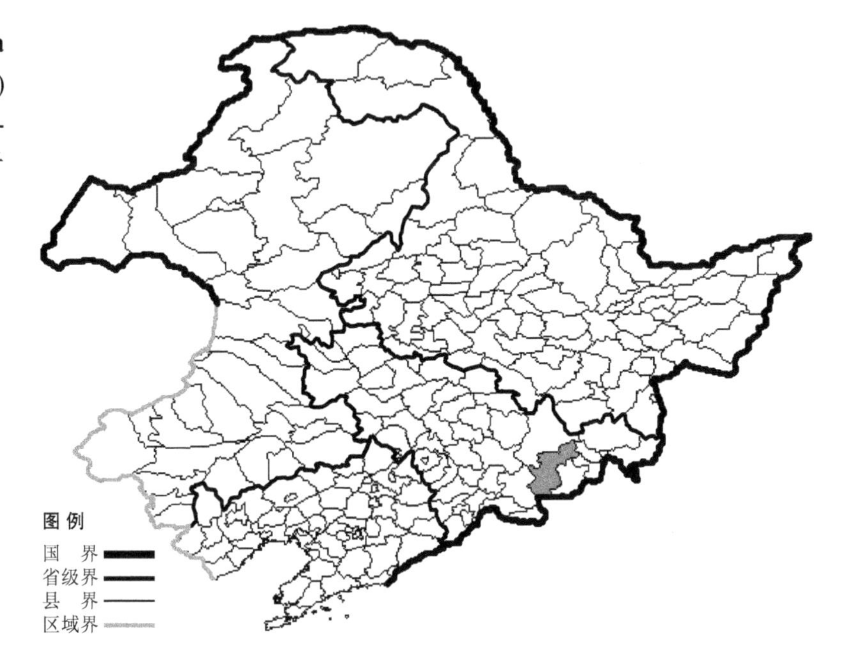

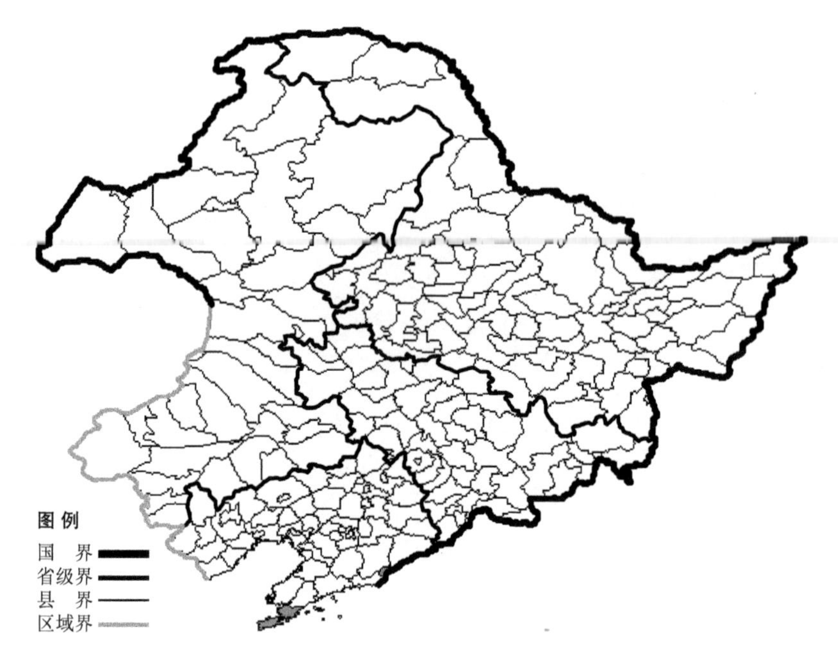

老鸦瓣

Tulipa edulils (Miq.) Baker

生境：向阳山坡草地。

产地：辽宁省丹东、大连。

分布：中国（辽宁、陕西、山东、江苏、安徽、浙江、湖北、江西、湖南），朝鲜半岛，日本。

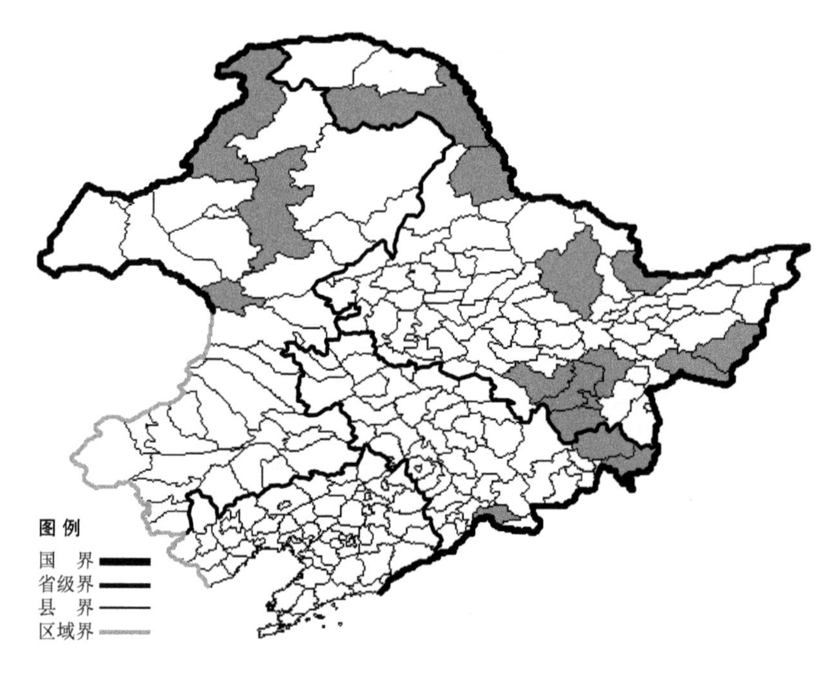

兴安藜芦

Veratrum dahuricum (Turcz.) Loes. f.

生境：草甸，林下，湿草地，海拔 700 米以下。

产地：黑龙江省伊春、密山、尚志、宁安、牡丹江、海林、林口、虎林、呼玛、黑河、萝北，吉林省临江、汪清、珲春，内蒙古牙克石、阿尔山、额尔古纳。

分布：中国（黑龙江、吉林、内蒙古），俄罗斯（东部西伯利亚、远东地区）。

毛穗藜芦

Veratrum maackii Regel

生境：草甸，灌丛，林下，山坡草地，海拔 1700 米以下。

产地：黑龙江省伊春、黑河、密山、牡丹江、汤原、虎林、尚志、宁安、萝北、依兰、嘉荫，吉林省安图、临江、抚松、汪清、珲春、靖宇、敦化，辽宁省本溪、西丰、清原、桓仁、岫岩、宽甸、庄河，内蒙古鄂伦春旗。

分布：中国（黑龙江、吉林、辽宁、内蒙古、山东），朝鲜半岛，日本，俄罗斯（远东地区）。

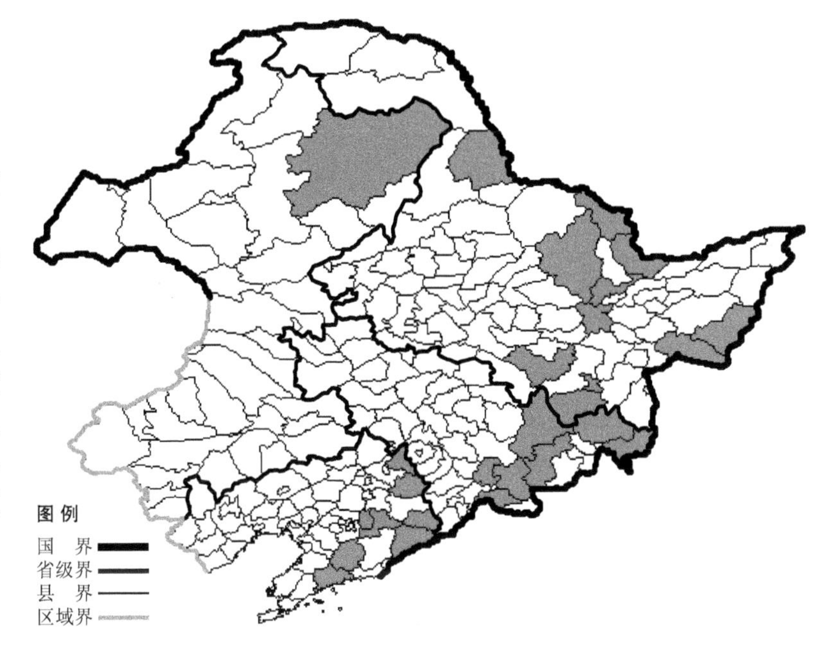

大花藜芦 Veratrum maackii Regel f. **macranthum**（Loes. f.）T. Schimizu 生于山顶坡地，产于辽宁省桓仁，分布于中国（辽宁），朝鲜半岛，日本。

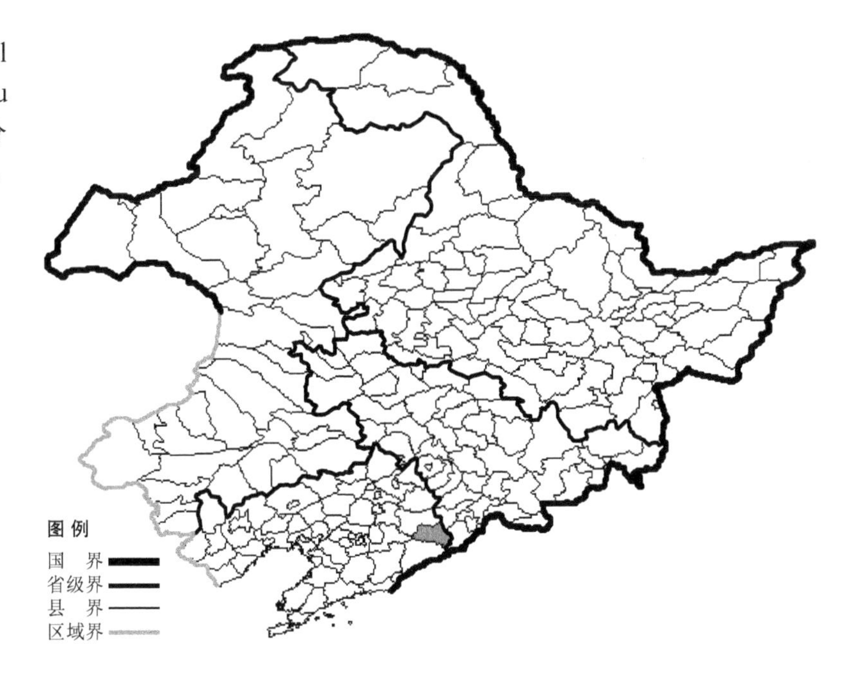

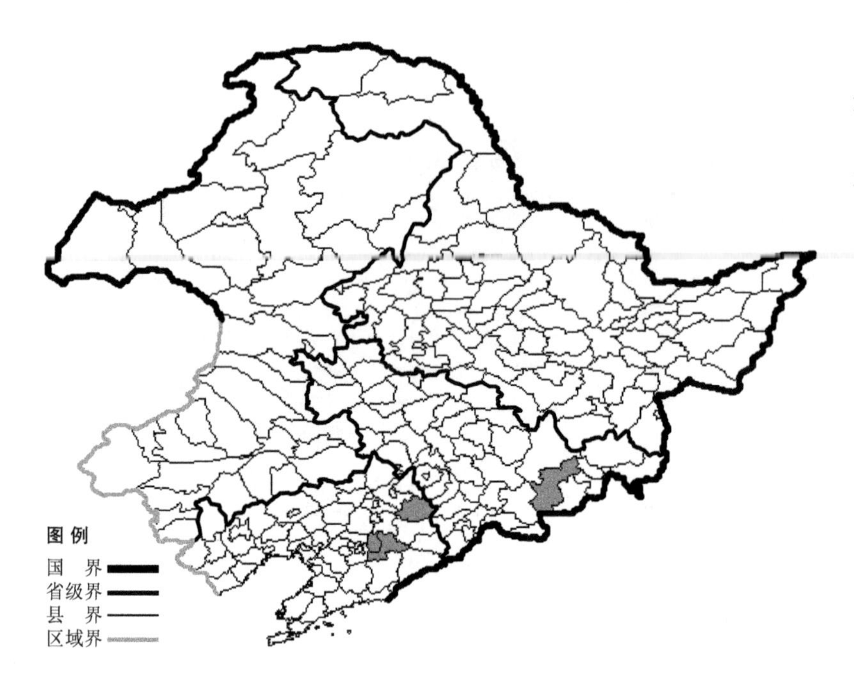

绿花藜芦 Veratrum maackii Regel f. **viridiflorum** Nakai 生于林下，产于吉林省安图，辽宁省清原、本溪，分布于中国（吉林、辽宁）。

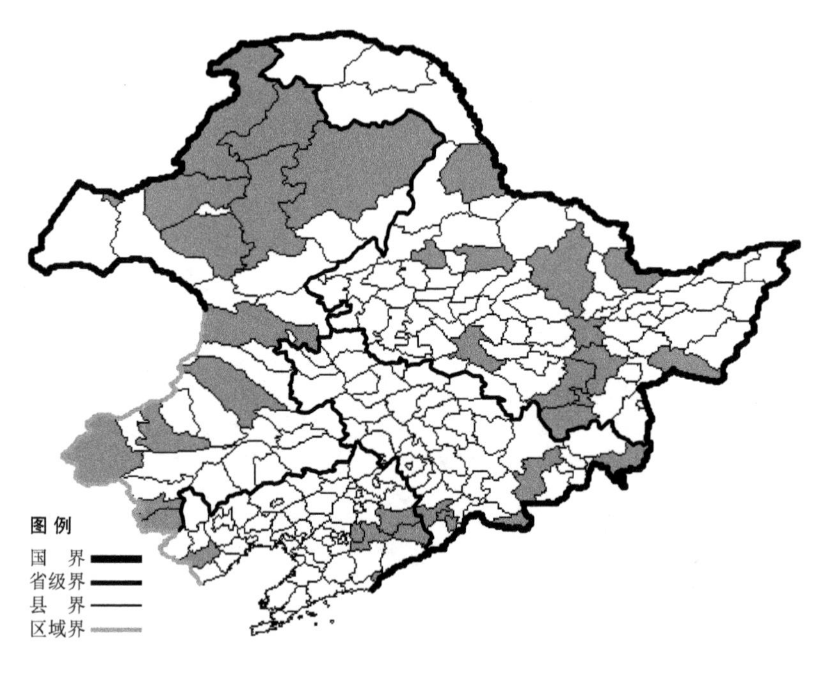

藜芦

Veratrum nigrum L.

生境：林缘，林下，海拔 1000 米以下。

产地：黑龙江省萝北、依兰、牡丹江、海林、林口、密山、宁安、哈尔滨、克山、北安、黑河、伊春，吉林省安图、长白、珲春、通化，辽宁省丹东、桓仁、本溪、建昌、新宾，内蒙古根河、额尔古纳、满洲里、牙克石、克什克腾旗、巴林右旗、喀喇沁旗、宁城、科尔沁右翼前旗、扎鲁特旗、陈巴尔虎旗、鄂伦春旗、鄂温克旗。

分布：中国（黑龙江、吉林、辽宁、内蒙古、河北、山西、陕西、甘肃、山东、河南、湖北、四川、贵州），俄罗斯（欧洲部分、西伯利亚、远东地区），中亚，欧洲。

尖被藜芦

Veratrum oxysepalum Turcz.

生境：高山冻原，湿草地，林缘，林下，海拔 2300 米以下。

产地：黑龙江省伊春，吉林省安图、临江、抚松、靖宇，辽宁省本溪、桓仁、宽甸、凌源、西丰。

分布：中国（黑龙江、吉林、辽宁），朝鲜半岛，日本，俄罗斯（东部西伯利亚、远东地区）。

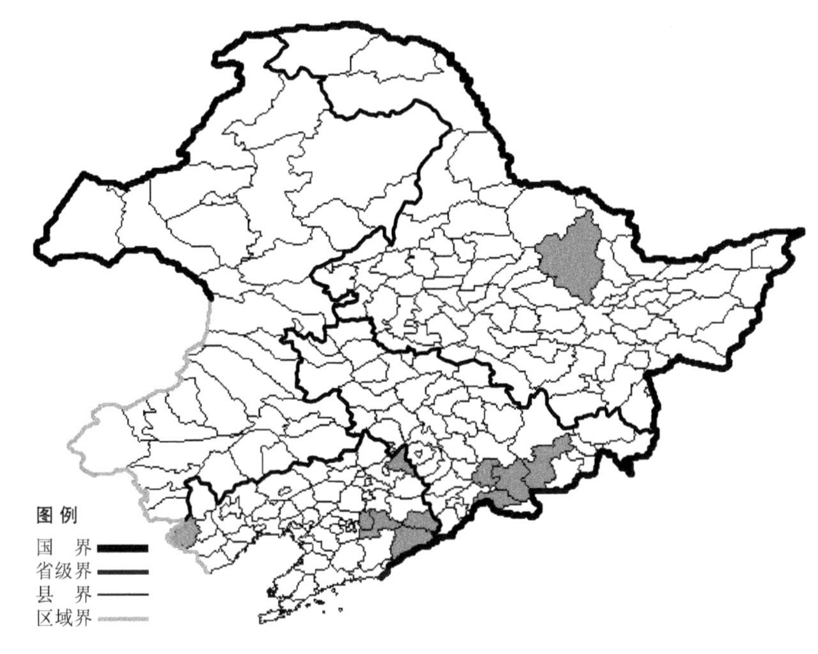

棋盘花

Zygadenus sibiricus (L.) A. Gray

生境：林下，山坡草地，海拔约 300 米。

产地：黑龙江省呼玛、海林、嫩江，吉林省安图，内蒙古宁城、牙克石、额尔古纳、鄂伦春旗、喀喇沁旗。

分布：中国（黑龙江、吉林、内蒙古、河北、山西、湖北、四川），朝鲜半岛，日本，蒙古，俄罗斯（欧洲部分、西伯利亚、远东地区）。

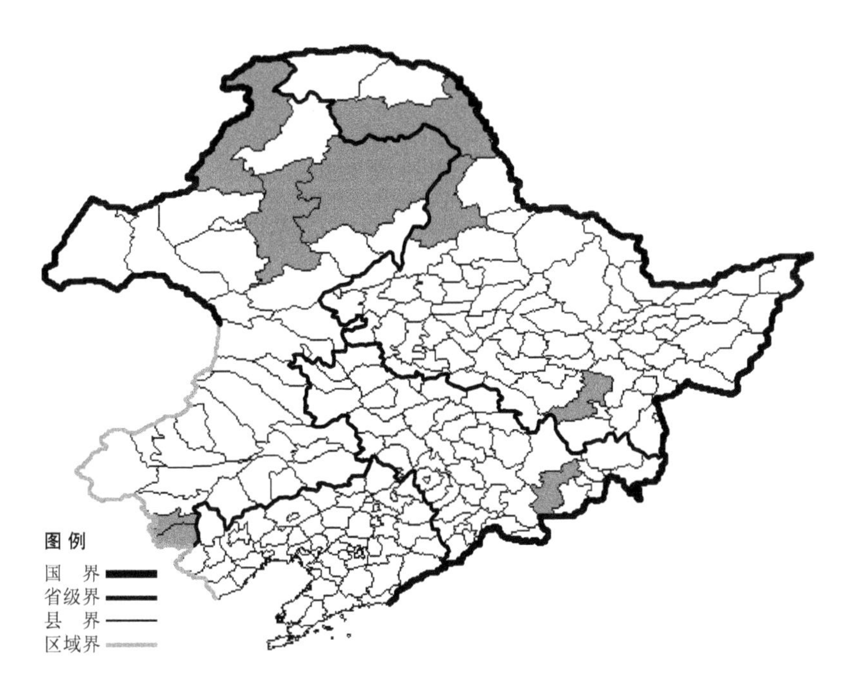

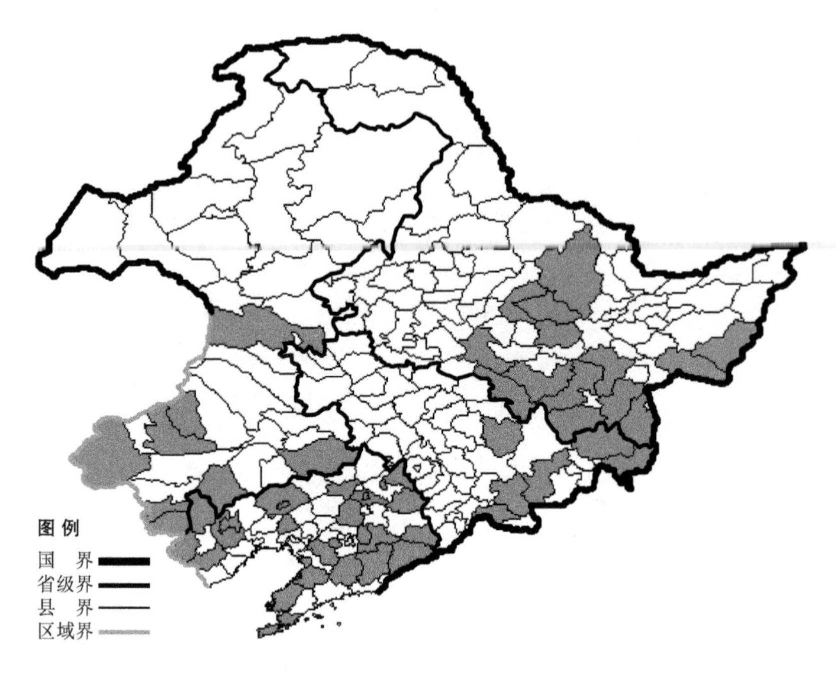

薯蓣科 Dioscoreaceae

穿龙薯蓣

Dioscorea nipponica Makino

生境：疏林下，林缘，灌丛，海拔 900 米以下。

产地：黑龙江省虎林、密山、宁安、伊春、尚志、哈尔滨、五常、海林、东宁、林口、穆棱、通河、铁力、庆安，吉林省临江、抚松、安图、汪清、珲春、蛟河，辽宁省西丰、法库、沈阳、本溪、清原、桓仁、宽甸、凤城、岫岩、建昌、建平、凌源、北镇、鞍山、营口、海城、盖州、大连、瓦房店、朝阳、铁岭、阜新，内蒙古科尔沁右翼前旗、宁城、科尔沁左翼后旗，巴林左旗、巴林右旗、克什克腾旗、敖汉旗、喀喇沁旗。

分布：中国（黑龙江、吉林、辽宁、内蒙古、河北、山西、陕西、宁夏、甘肃、青海、山东、安徽、浙江、江西、河南、四川），朝鲜半岛，日本，俄罗斯（远东地区）。

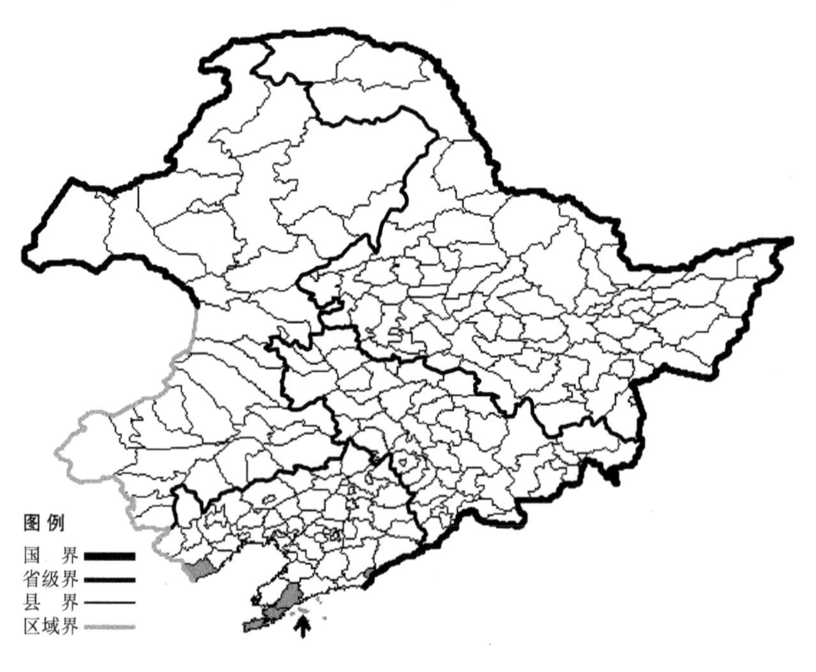

薯蓣

Dioscorea opposita Thunb.

生境：沟谷，山坡灌丛。

产地：辽宁省大连、绥中、丹东、普兰店、长海。

分布：中国（辽宁、河北、陕西、甘肃、山东、江苏、安徽、浙江、福建、河南、湖北、江西、湖南、广西、四川、贵州、云南、台湾），朝鲜半岛，日本。

雨久花科 Pontederiaceae

雨久花

Monochoria korsakowii Regel et Maack

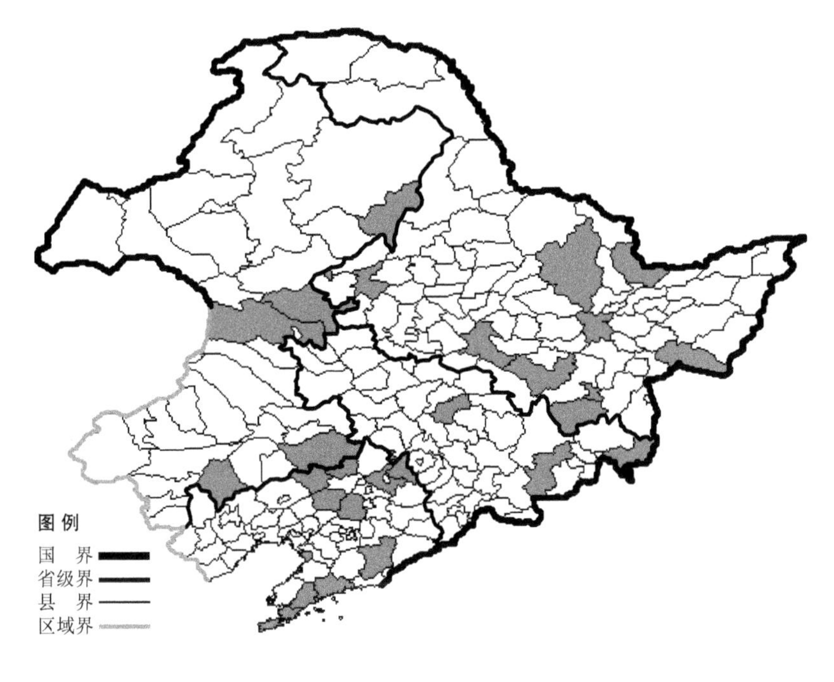

生境：池沼，沟旁，稻田，浅水中，海拔约 300 米。

产地：黑龙江省齐齐哈尔、哈尔滨、尚志、依兰、牡丹江、伊春、宁安、密山、萝北，吉林省四平、九台、安图、珲春，辽宁省新民、彰武、康平、开原、西丰、沈阳、凤城、营口、庄河、普兰店、大连，内蒙古莫力达瓦达斡尔旗、科尔沁左翼后旗、敖汉旗、扎赉特旗、科尔沁右翼前旗。

分布：中国（黑龙江、吉林、辽宁、内蒙古、河北、山西、陕西、山东、江苏、安徽、河南），朝鲜半岛，日本，俄罗斯（远东地区）。

鸭舌草

Monochoria vaginalis (Burm. f.) Presl

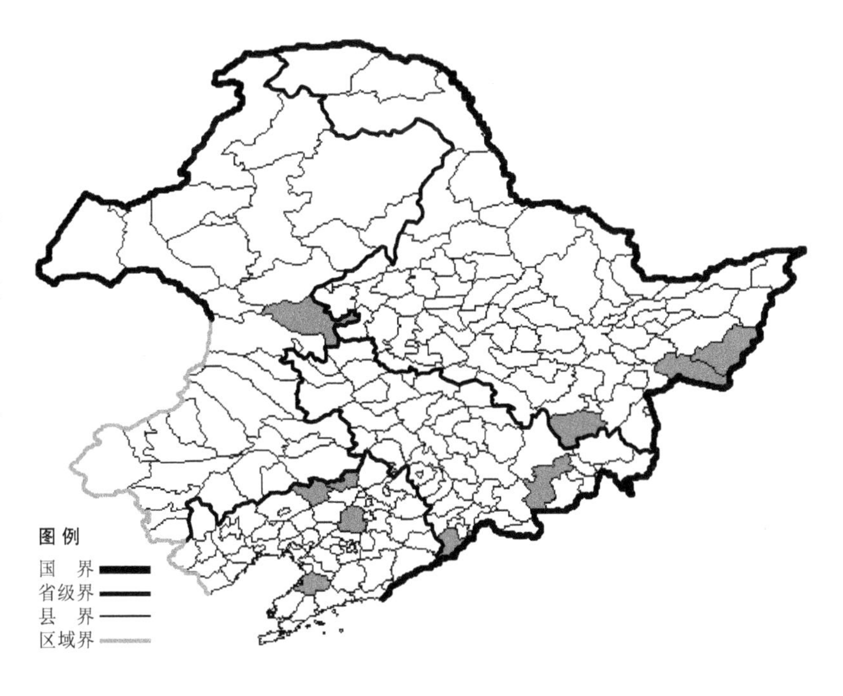

生境：稻田，池沼，水沟，海拔 900 米以下。

产地：黑龙江省密山、宁安、虎林，吉林省安图、集安，辽宁省康平、沈阳、盖州、彰武，内蒙古扎赉特旗。

分布：中国（黑龙江、吉林、辽宁、内蒙古、河北、陕西、甘肃、河南、江苏、湖北、广西、西南），朝鲜半岛，日本，俄罗斯（远东地区），尼泊尔，不丹，印度，马来西亚，菲律宾，非洲。

鸢尾科 Iridaceae

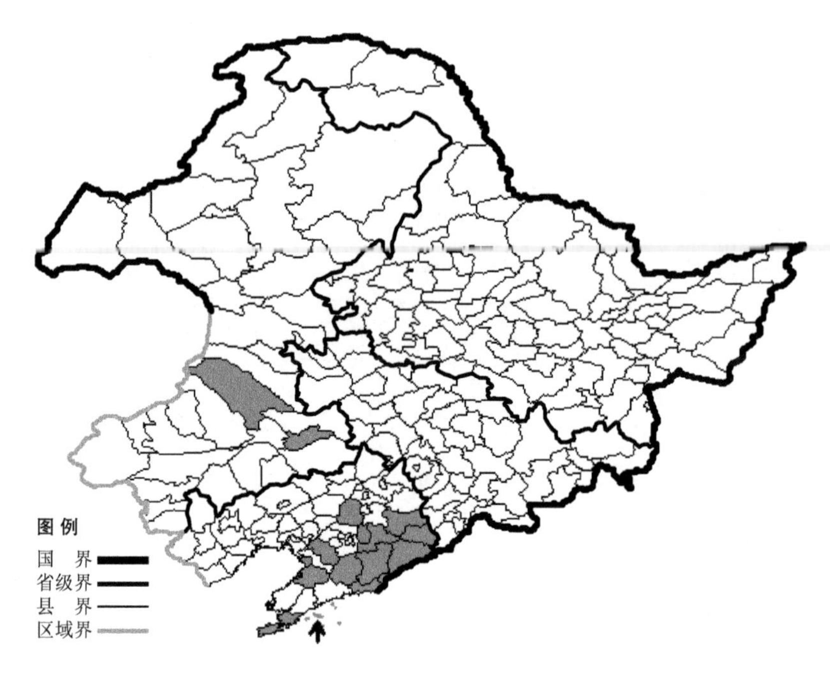

射干

Belamcanda chinensis (L.) DC.

生境：向阳山坡草地，海拔500米以下。

产地：辽宁省沈阳、本溪、桓仁、宽甸、新宾、凤城、岫岩、丹东、营口、海城、盖州、东港、大连、长海，内蒙古扎鲁特旗、通辽。

分布：中国（辽宁、内蒙古、河北、山西、陕西、甘肃、山东、河南、安徽、江苏、浙江、福建、台湾、湖北、湖南、广东、广西、四川、贵州、云南、西藏），朝鲜半岛，日本，俄罗斯（远东地区），印度，越南。

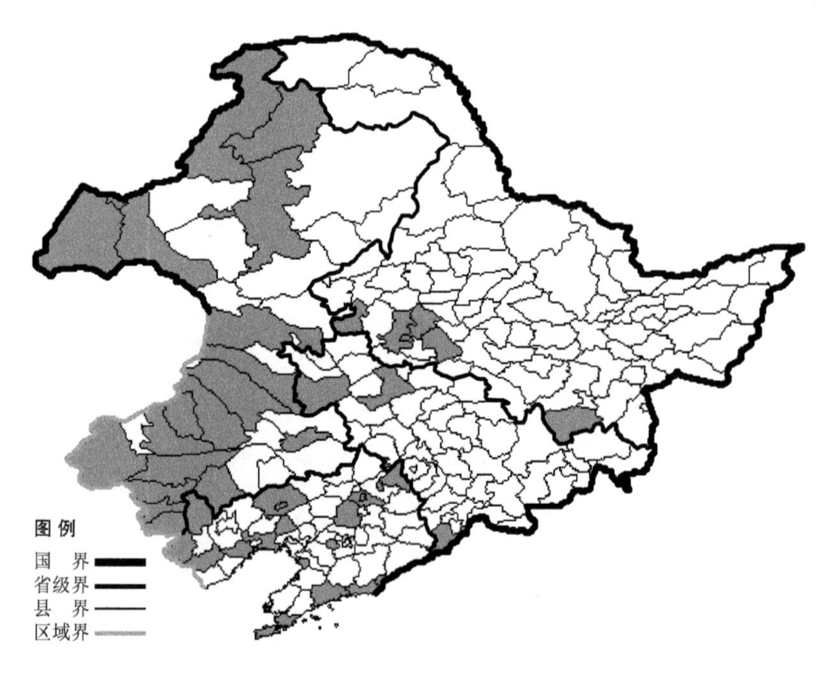

野鸢尾

Iris dichotoma Pall.

生境：向阳山坡草地，海拔900米以下。

产地：黑龙江省大庆、安达、肇东、泰来、宁安，吉林省四平、通榆、集安、前郭尔罗斯，辽宁省凌源、建昌、建平、葫芦岛、北镇、凌海、东港、阜新、铁岭、沈阳、丹东、鞍山、营口、庄河、西丰、大连，内蒙古满洲里、海拉尔、根河、额尔古纳、牙克石、科尔沁右翼前旗、科尔沁右翼中旗、扎鲁特旗、新巴尔虎左旗、新巴尔虎右旗、通辽、宁城、巴林左旗、巴林右旗、喀喇沁旗、敖汉旗、赤峰、翁牛特旗、克什克腾旗、阿鲁科尔沁旗。

分布：中国（黑龙江、吉林、辽宁、内蒙古、河北、山西、陕西、甘肃、宁夏、青海、山东、江苏、安徽、河南、江西），朝鲜半岛，蒙古，俄罗斯（东部西伯利亚、远东地区）。

玉蝉花

Iris ensata Thunb.

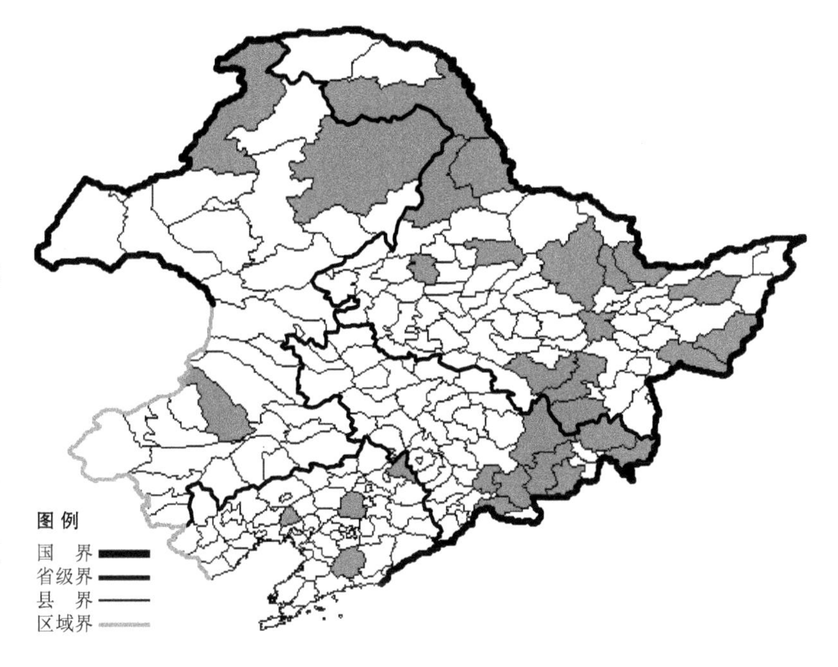

生境：草甸，湿草地，沼泽，林缘，海拔 1200 米以下。

产地：黑龙江省黑河、嫩江、北安、呼玛、密山、虎林、宁安、萝北、依安、富锦、海林、依兰、伊春、尚志、鹤岗，吉林省抚松、安图、靖宇、珲春、汪清、敦化、临江、和龙，辽宁省西丰、岫岩、北镇、沈阳，内蒙古额尔古纳、鄂伦春旗、阿鲁科尔沁旗。

分布：中国（黑龙江、吉林、辽宁、内蒙古、山东、浙江），朝鲜半岛，日本，俄罗斯（远东地区）。

黄金鸢尾

Iris flavissima Pall.

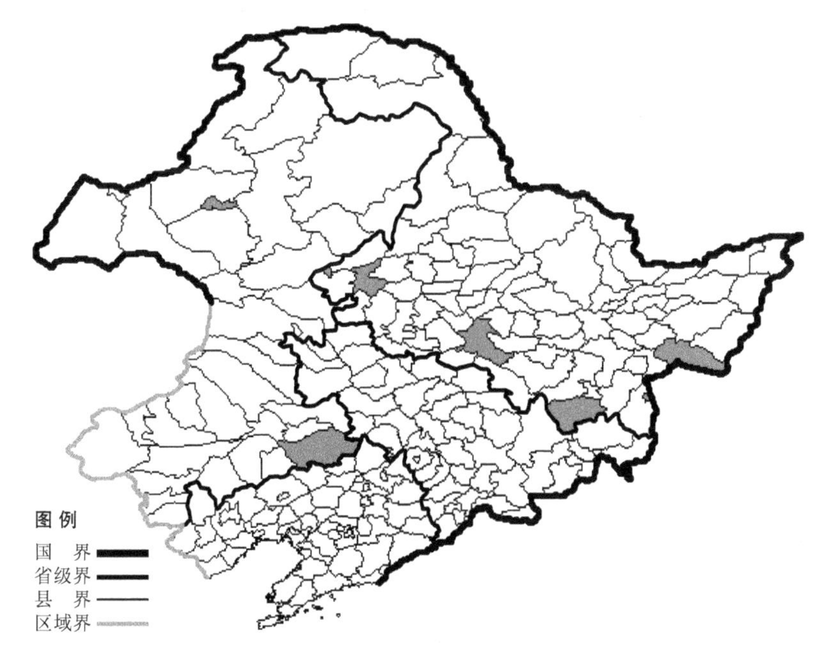

生境：干山坡，沙地。

产地：黑龙江省哈尔滨、密山、宁安、绥芬河、齐齐哈尔，内蒙古科尔沁左翼后旗、海拉尔。

分布：中国（黑龙江、内蒙古、宁夏、新疆），蒙古，俄罗斯（欧洲部分、西伯利亚、远东地区），欧洲。

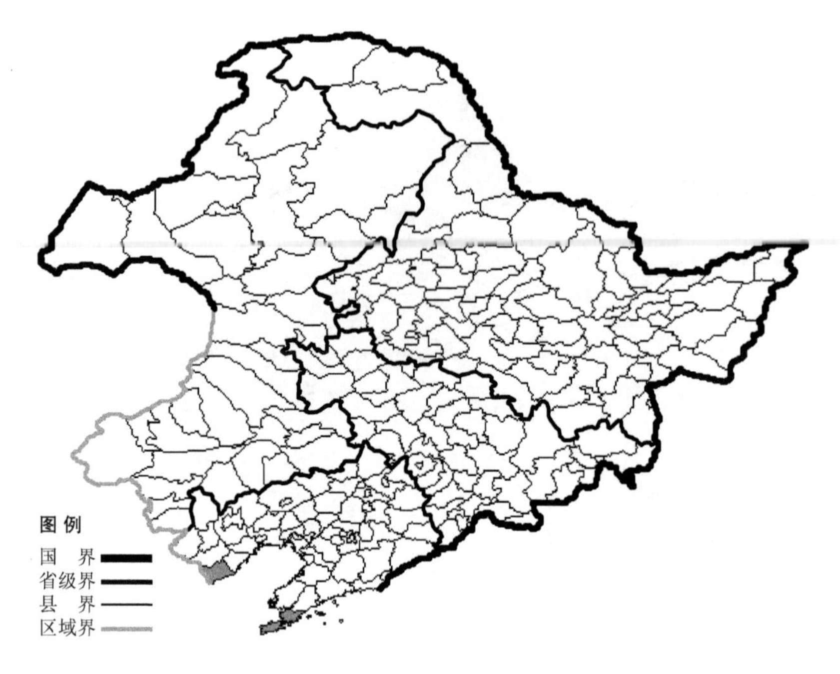

矮鸢尾

Iris kobayashii Kitag.

生境：干燥的丘陵地。

产地：辽宁省大连、绥中。

分布：中国（辽宁）。

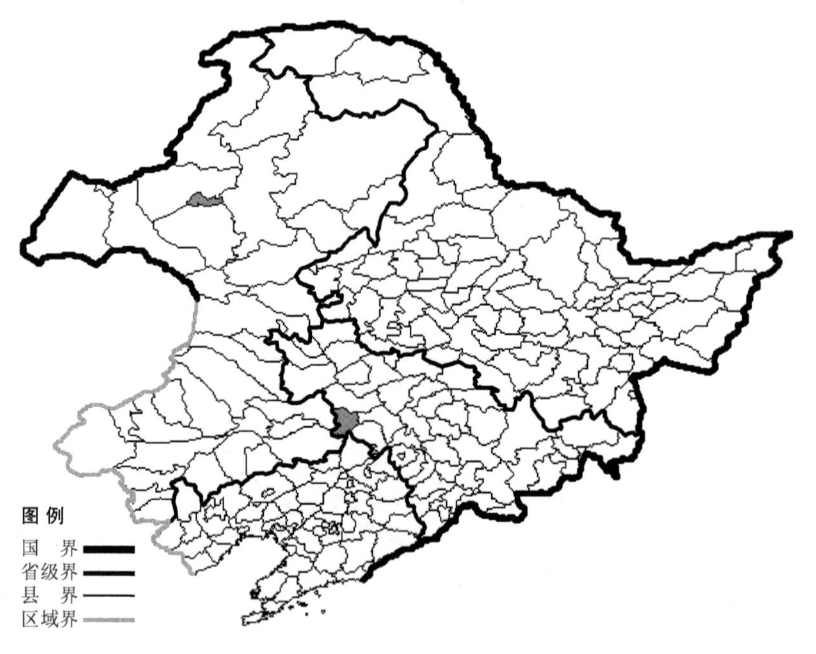

白花马蔺

Iris lactea Pall.

生境：沙质地，荒地，路旁，山坡草地。

产地：吉林省双辽，内蒙古海拉尔。

分布：中国（吉林、内蒙古、青海、新疆、西藏），蒙古。

马蔺 Iris lactea Pall. var. **chinensis** (Fisch.) Koidz. 生于向阳山坡草地、草甸、路旁，海拔 700 米以下，产于黑龙江省哈尔滨、宁安、富锦、安达、肇东、北安，吉林省长春、双辽、磐石，辽宁省凌源、葫芦岛、北镇、阜新、彰武、沈阳、本溪、凤城、宽甸、丹东、鞍山、庄河、兴城、大连、长海、桓仁、海城，内蒙古海拉尔、满洲里、新巴尔虎左旗、新巴尔虎右旗、扎鲁特旗、翁牛特旗、阿鲁科尔沁旗、科尔沁右翼前旗，分布于中国（黑龙江、吉林、辽宁、内蒙古、河北、山西、陕西、甘肃、宁夏、青海、新疆、河南、山东、江苏、安徽、浙江、湖北、湖南、四川、西藏），蒙古，朝鲜半岛，俄罗斯（西伯利亚、远东地区），印度，阿富汗。

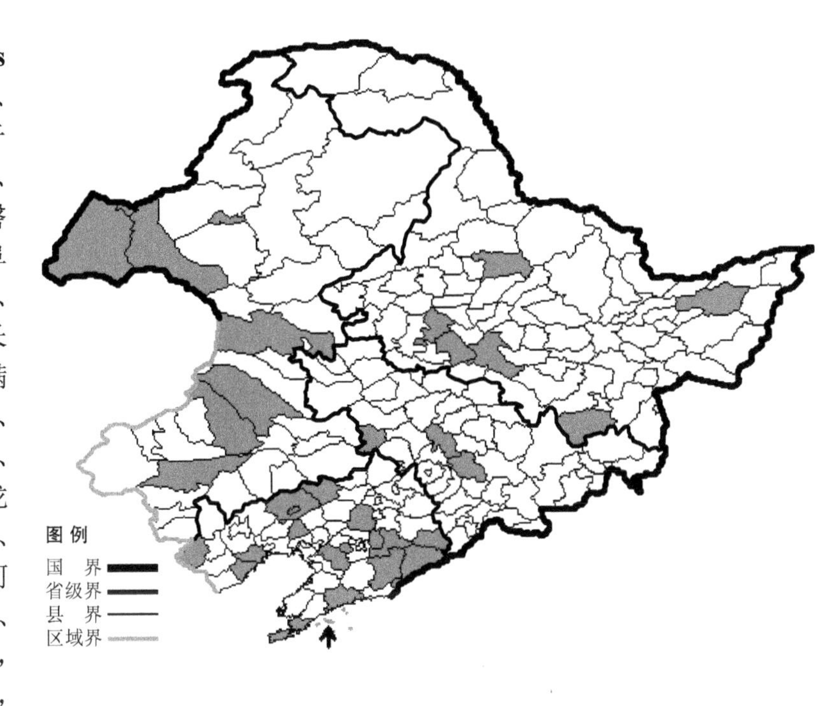

燕子花

Iris laevigata Fisch. et C. A. Mey.

生境：湿草地，沼泽，海拔 700 米以下。

产地：黑龙江省伊春、密山、虎林、宁安、富锦，吉林省磐石、安图、靖宇，内蒙古牙克石、科尔沁右翼前旗、科尔沁左翼后旗。

分布：中国（黑龙江、吉林、内蒙古、云南），朝鲜半岛，日本，俄罗斯（东部西伯利亚、远东地区）。

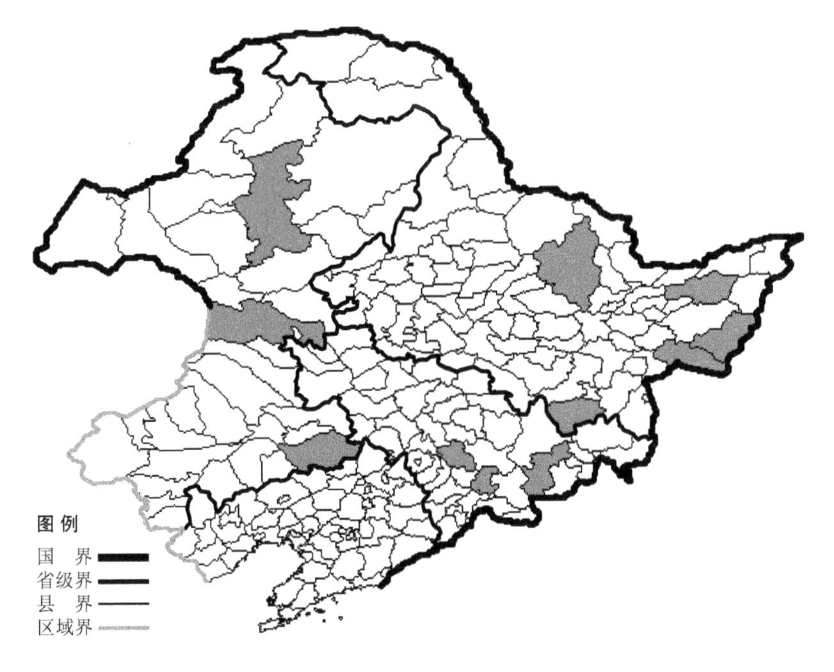

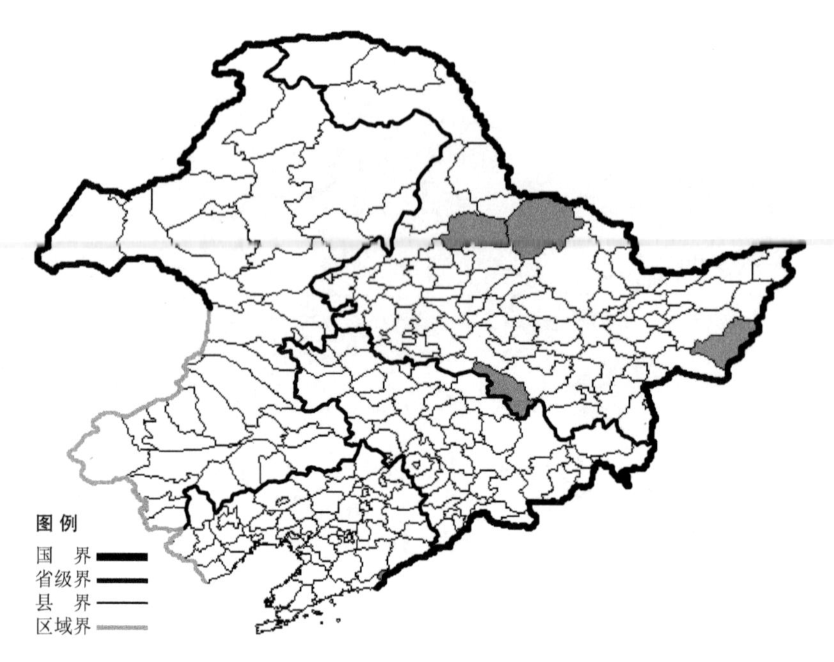

乌苏里鸢尾

Iris maackii Maxim.

生境：沼泽，水边湿地。

产地：黑龙江省虎林、逊克、五常、五大连池，辽宁省丹东。

分布：中国（黑龙江、辽宁），俄罗斯（远东地区）。

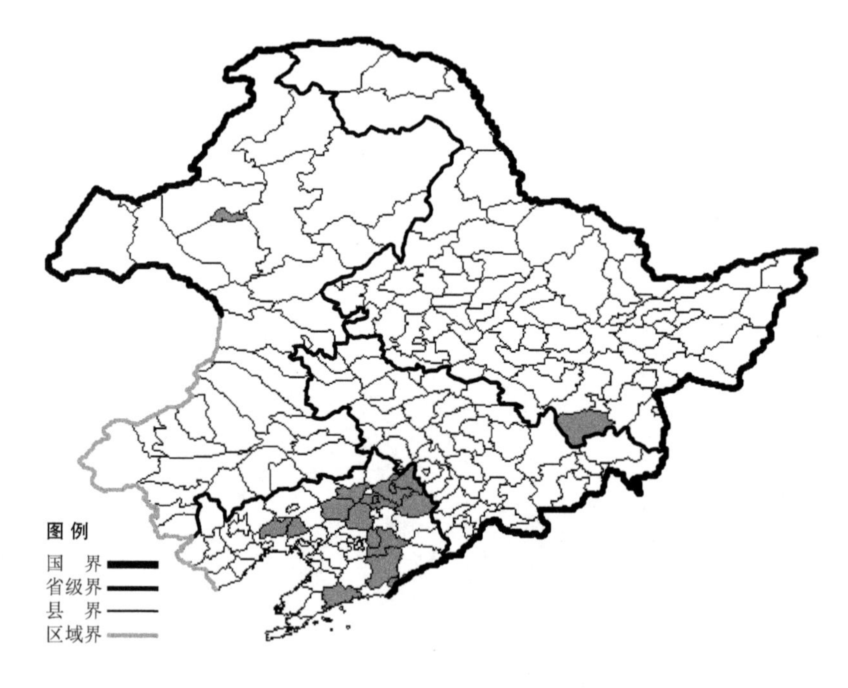

长白鸢尾

Iris mandshurica Maxim.

生境：向阳山坡草地，疏林下，灌丛，海拔 600 米以下。

产地：黑龙江省宁安，辽宁省义县、北镇、法库、铁岭、开原、西丰、沈阳、新民、本溪、清原、凤城、丹东、庄河，内蒙古海拉尔。

分布：中国（黑龙江、辽宁、内蒙古），朝鲜半岛，俄罗斯（远东地区）。

小黄花鸢尾

Iris minutoaurea Makino

生境：山坡草地，灌丛，林缘，疏林下，海拔 500 米以下。

产地：辽宁省盖州、凤城、丹东。

分布：中国（辽宁）。

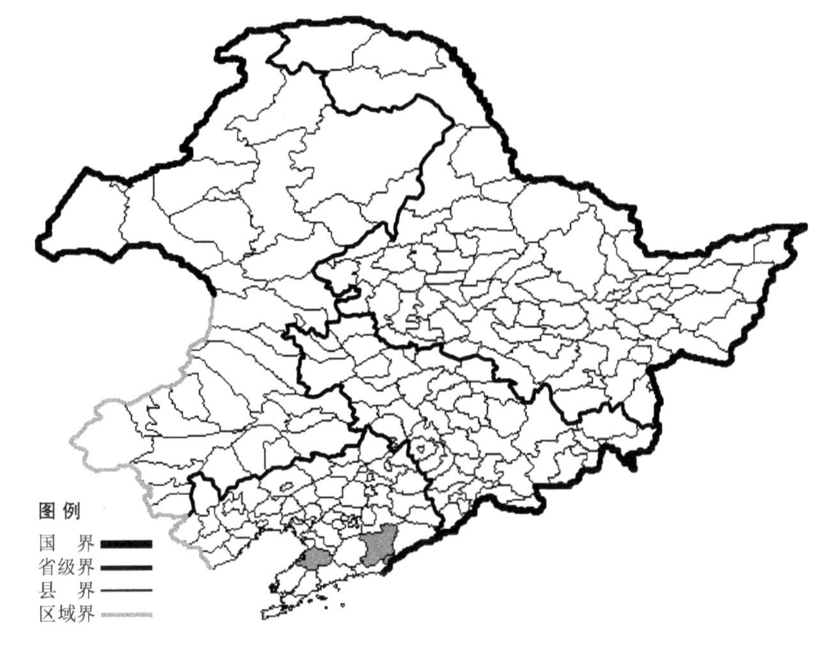

长尾鸢尾

Iris rossii Baker

生境：向阳山坡草地，林缘，海拔约 200 米。

产地：辽宁省新宾、宽甸、凤城、丹东。

分布：中国（辽宁），朝鲜半岛，日本。

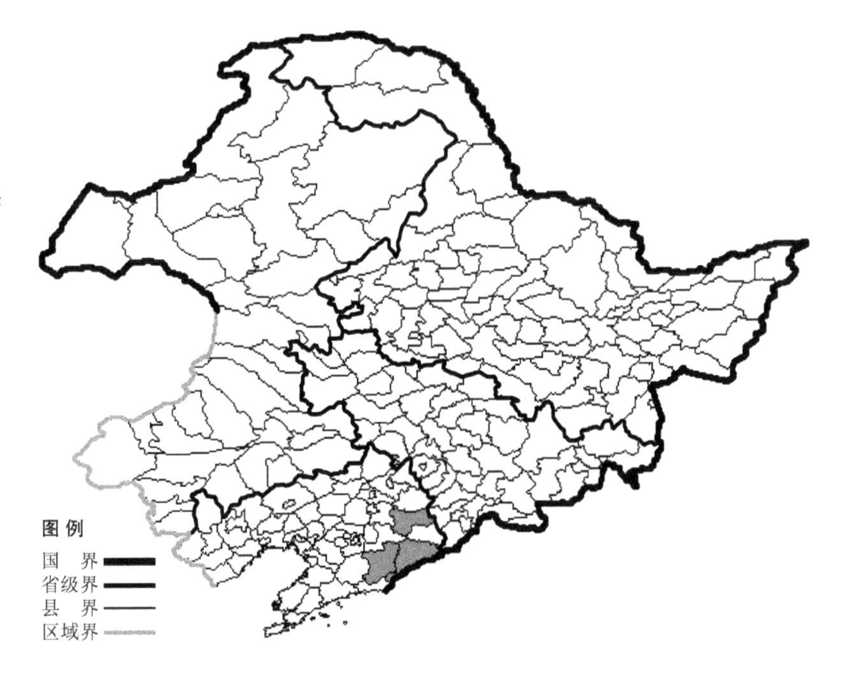

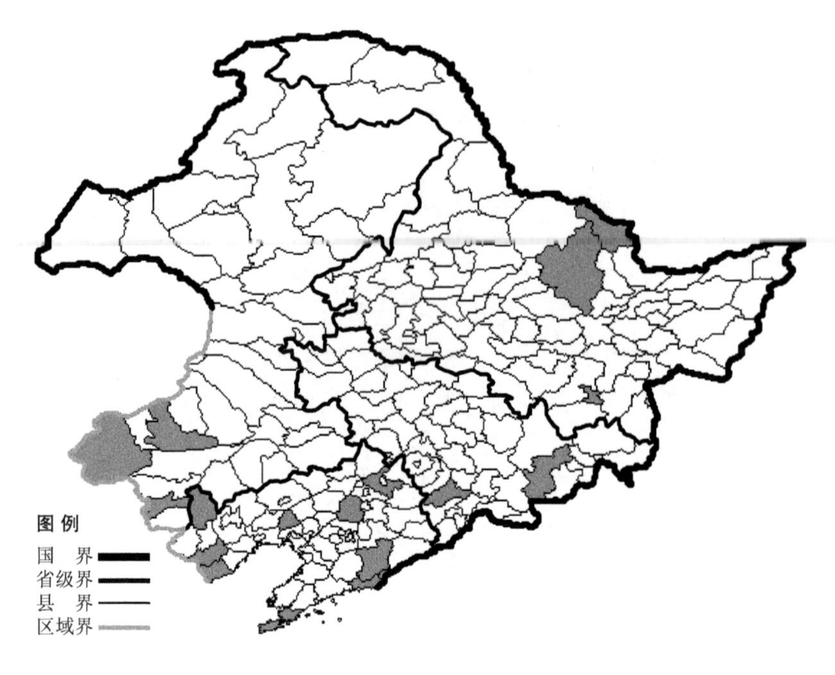

紫苞鸢尾

Iris ruthenica Ker-Gawl.

生境：向阳山坡草地，海拔约400米。

产地：黑龙江省伊春、牡丹江、嘉荫，吉林省安图、柳河，辽宁省绥中、建昌、建平、北镇、开原、沈阳、凤城、丹东、东港、大连，内蒙古喀喇沁旗、巴林右旗、克什克腾旗。

分布：中国（黑龙江、吉林、辽宁、内蒙古、河北、山西、陕西、宁夏、甘肃、新疆、江苏、浙江、河南、四川、云南、西藏），朝鲜半岛，蒙古，俄罗斯（西伯利亚、远东地区），中亚。

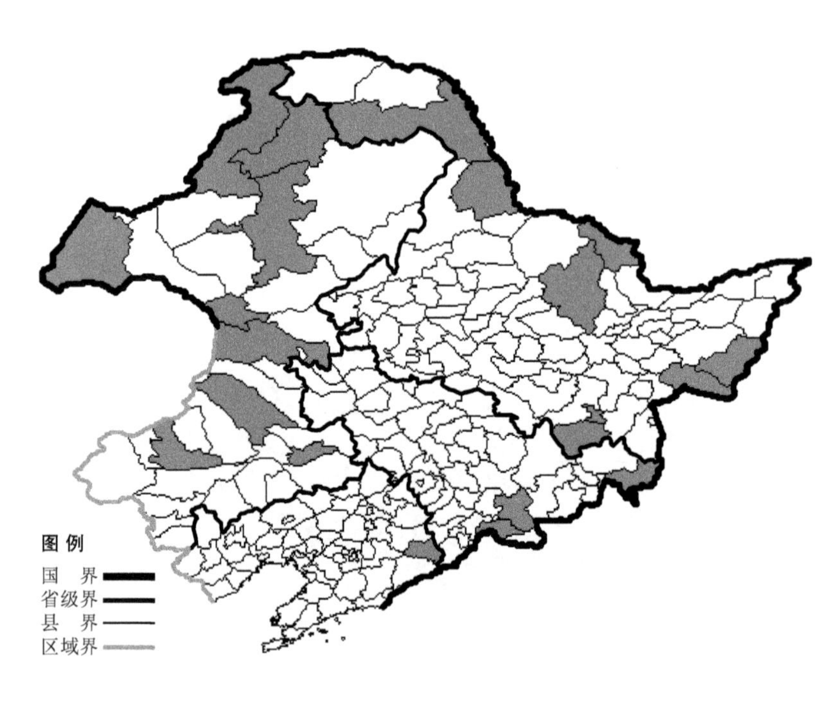

溪荪

Iris sanguinea Donn ex Horn.

生境：草甸，湿草地，沼泽，林缘，山坡，海拔1700米以下。

产地：黑龙江省黑河、伊春、嘉荫、牡丹江、宁安、虎林、密山、呼玛，吉林省抚松、临江、珲春，辽宁省桓仁，内蒙古海拉尔、根河、额尔古纳、阿尔山、牙克石、科尔沁右翼前旗、扎鲁特旗、巴林右旗、新巴尔虎右旗、通辽。

分布：中国（黑龙江、吉林、辽宁、内蒙古），朝鲜半岛，日本，俄罗斯（东部西伯利亚、远东地区）。

山鸢尾

Iris setosa Pall. ex Link

生境：草甸，林缘，海拔 700-1800 米。

产地：吉林省安图、抚松、长白、临江、和龙。

分布：中国（吉林），朝鲜半岛，日本，俄罗斯（东部西伯利亚、远东地区）。

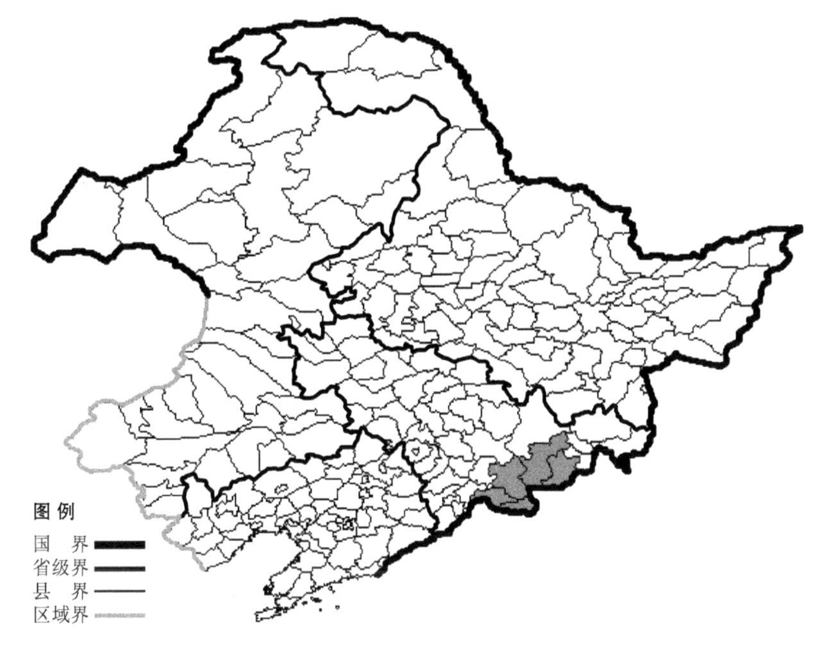

细叶鸢尾

Iris tenuifolia Pall.

生境：固定沙丘，沙质地，干山坡，海拔约 600 米。

产地：黑龙江省杜尔伯特、肇源，吉林省双辽，辽宁省彰武、沈阳，内蒙古海拉尔、新巴尔虎左旗、新巴尔虎右旗、扎鲁特旗、翁牛特旗、通辽、巴林右旗、科尔沁右翼中旗、克什克腾旗、阿鲁科尔沁旗。

分布：中国（黑龙江、吉林、辽宁、内蒙古、河北、山西、陕西、甘肃、宁夏、青海、新疆、西藏），蒙古，阿富汗，土耳其，俄罗斯（欧洲部分、西伯利亚），中亚。

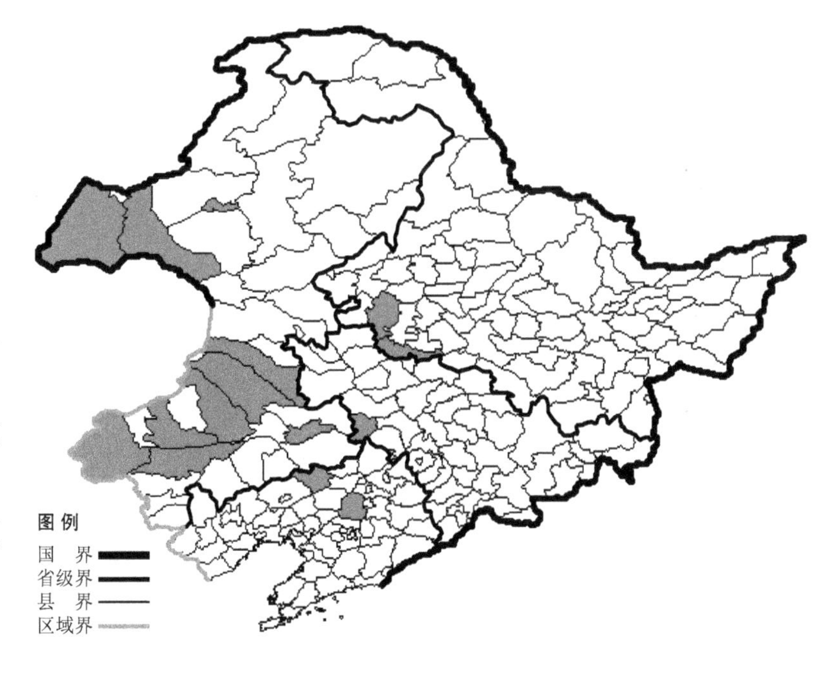

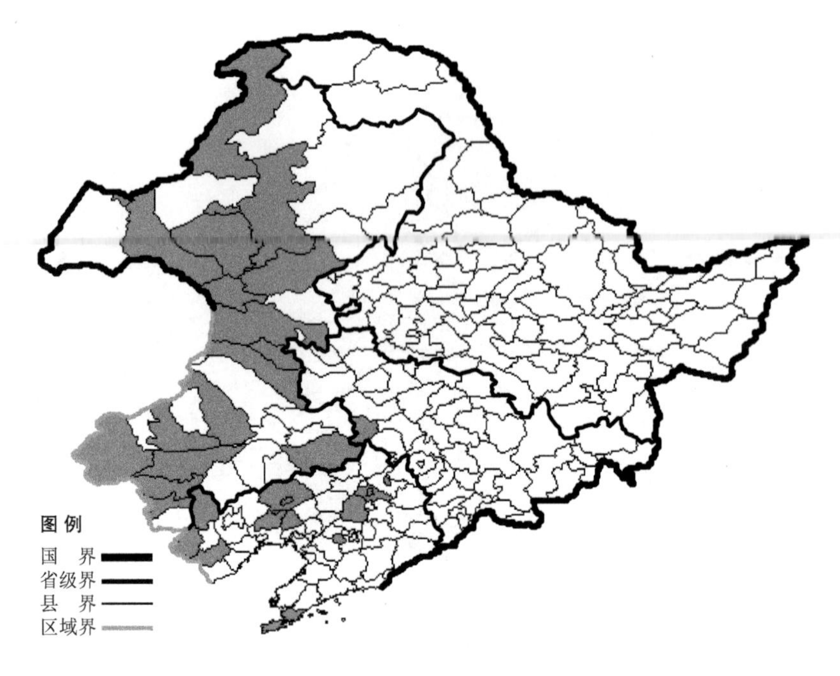

粗根鸢尾

Iris tigridia Bunge

生境：干山坡，灌丛，沙质地，海拔 800 米以下。

产地：吉林省双辽，辽宁省凌源、北镇、建昌、建平、义县、阜新、沈阳、铁岭、鞍山、大连，内蒙古海拉尔、扎兰屯、满洲里、牙克石、额尔古纳、鄂温克旗、新巴尔虎左旗、科尔沁右翼前旗、科尔沁右翼中旗、突泉、翁牛特旗、喀喇沁旗、阿尔山、阿鲁科尔沁旗、克什克腾旗、赤峰、科尔沁左翼后旗、巴林右旗。

分布：中国（吉林、辽宁、内蒙古、山西），蒙古，俄罗斯（西伯利亚）。

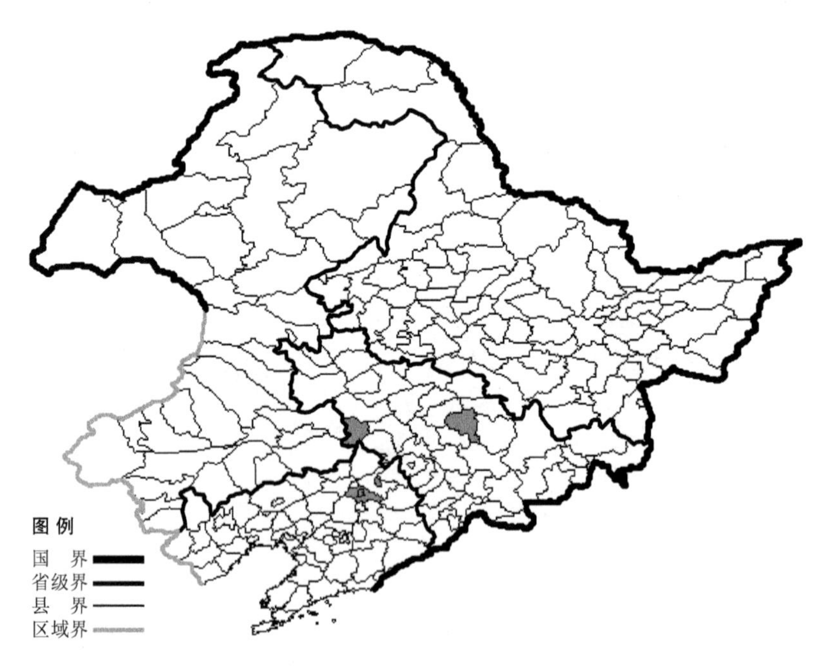

大粗根鸢尾 Iris tigridia Bunge var. **fortis** Y. T. Zhao 生于向阳山坡、林缘，产于吉林省双辽、吉林，辽宁省铁岭，分布于中国（吉林、内蒙古、山西）。

北陵鸢尾

Iris typhifolia Kitag.

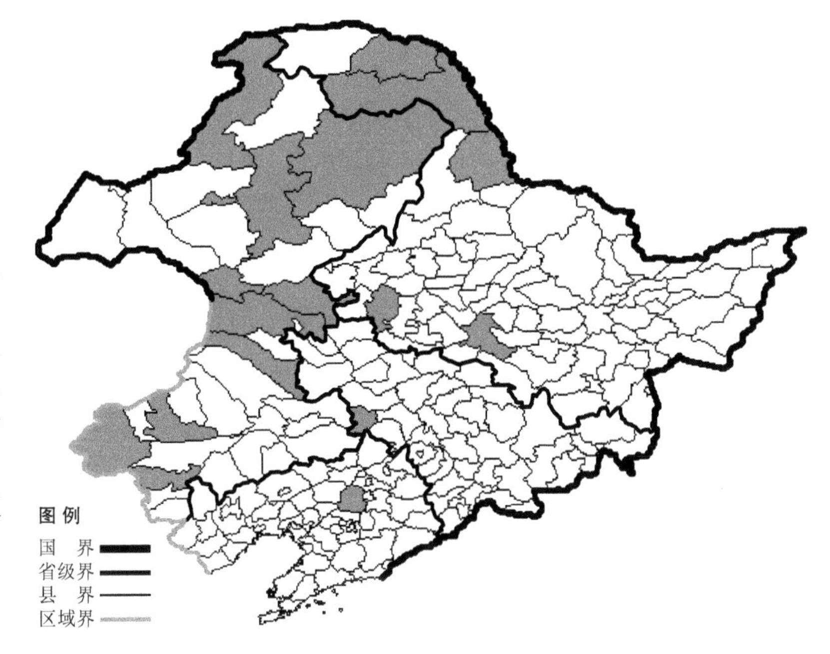

生境：沼泽，水边湿地，草甸，海拔 600 米以下。

产地：黑龙江省哈尔滨、塔河、呼玛、黑河、杜尔伯特，吉林省双辽，辽宁省沈阳，内蒙古牙克石、海拉尔、阿尔山、科尔沁右翼前旗、额尔古纳、鄂伦春旗、科尔沁右翼中旗、巴林右旗、克什克腾旗、扎赉特旗、赤峰。

分布：中国（黑龙江、吉林、辽宁、内蒙古）。

囊花鸢尾

Iris ventricosa Pall.

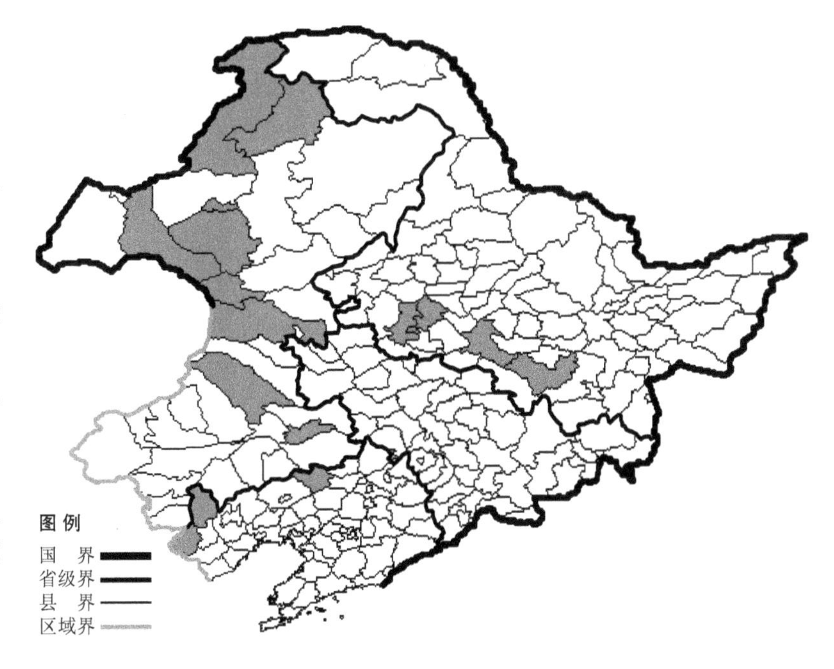

生境：沙质草甸，草原，固定沙丘，山坡草地，海拔 800 米以下。

产地：黑龙江省哈尔滨、尚志、大庆、安达，吉林省四平，辽宁省凌源、建平、彰武，内蒙古额尔古纳、新巴尔虎左旗、科尔沁右翼前旗、扎鲁特旗、根河、海拉尔、阿尔山、通辽、鄂温克旗。

分布：中国（黑龙江、吉林、辽宁、内蒙古、河北），蒙古，俄罗斯（东部西伯利亚、远东地区）。

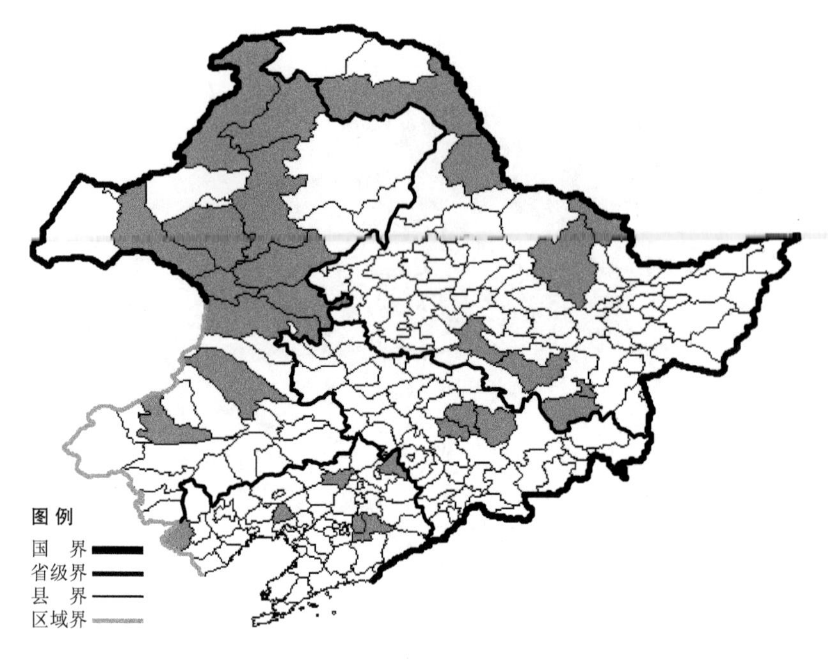

单花鸢尾

Iris uniflora Pall. ex Link

生境：山坡草地，林缘，林间草地，疏林下，海拔1000米以下。

产地：黑龙江省哈尔滨、宁安、牡丹江、黑河、伊春、嘉荫、尚志、呼玛，吉林省四平、吉林、永吉、蛟河，辽宁省北镇、西丰、法库、凌源、本溪，内蒙古额尔古纳、根河、牙克石、新巴尔虎左旗、扎兰屯、科尔沁右翼前旗、扎鲁特旗、巴林右旗、阿尔山、鄂温克旗、扎赉特旗。

分布：中国（黑龙江、吉林、辽宁、内蒙古），朝鲜半岛，蒙古，俄罗斯（东部西伯利亚、远东地区）。

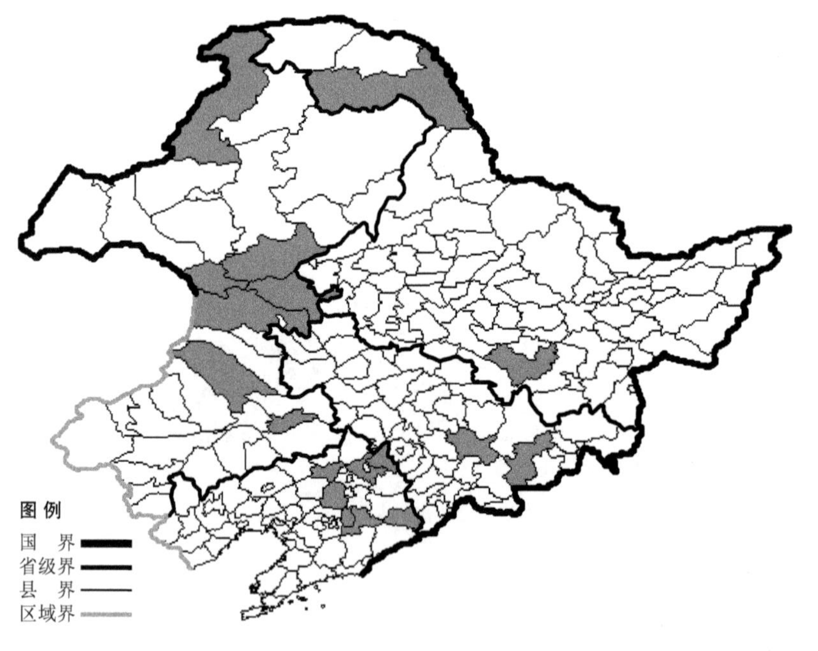

窄叶单花鸢尾 Iris uniflora Pall. ex Link f. **caricina** (Kitag.) P. Y. Fu et Y. A. Chen 生于向阳山坡草地、草甸，海拔800米以下，产于黑龙江省尚志、呼玛，吉林省安图、桦甸，辽宁省西丰、开原、法库、沈阳、本溪、桓仁，内蒙古扎兰屯、阿尔山、额尔古纳、通辽、扎赉特旗、扎鲁特旗、科尔沁右翼前旗，分布于中国（黑龙江、吉林、辽宁、内蒙古）。

灯心草科 Juncaceae

长苞灯心草

Juncus brachyspathus Maxim.

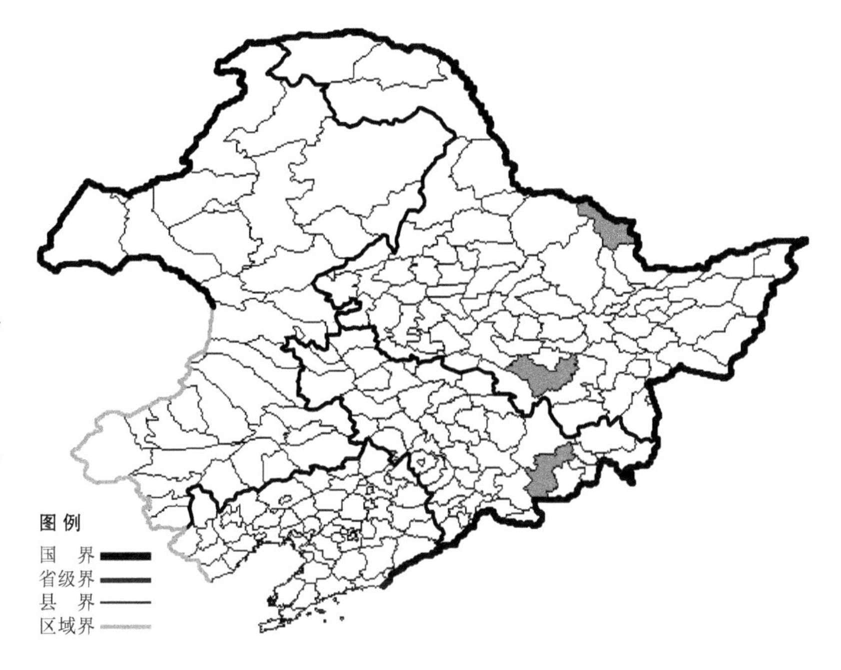

生境：河边，浅滩，湿草地。

产地：黑龙江省尚志、嘉荫，吉林省安图。

分布：中国（黑龙江、吉林），朝鲜半岛，蒙古，俄罗斯（欧洲部分、西伯利亚、远东地区）。

小灯心草

Juncus bufonius L.

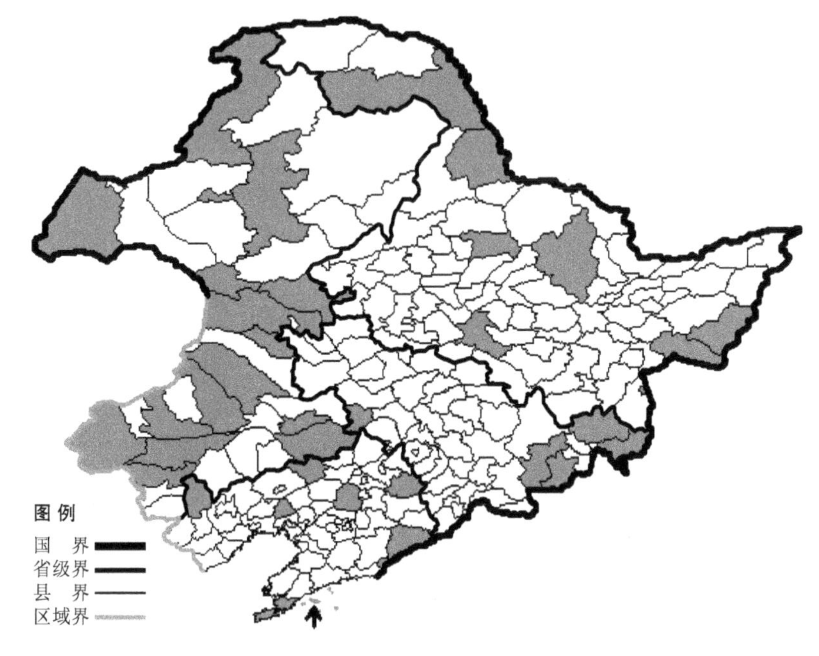

生境：沟旁，山坡，湿草地，海拔 800 米以下。

产地：黑龙江省黑河、密山、虎林、伊春、北安、哈尔滨、呼玛、绥芬河，吉林省双辽、珲春、和龙、安图、汪清，辽宁省沈阳、清原、宽甸、丹东、建平、北镇、彰武、大连、长海，内蒙古牙克石、海拉尔、新巴尔虎右旗、阿尔山、额尔古纳、科尔沁右翼前旗、突泉、扎鲁特旗、翁牛特旗、巴林右旗、科尔沁左翼后旗、克什克腾旗、扎赉特旗、阿鲁科尔沁旗、通辽、赤峰。

分布：中国（黑龙江、吉林、辽宁、内蒙古、陕西、甘肃、新疆、四川、云南、西藏），朝鲜半岛，日本，蒙古，俄罗斯（欧洲部分、高加索、西伯利亚、远东地区），中亚，土耳其，欧洲，北美洲。

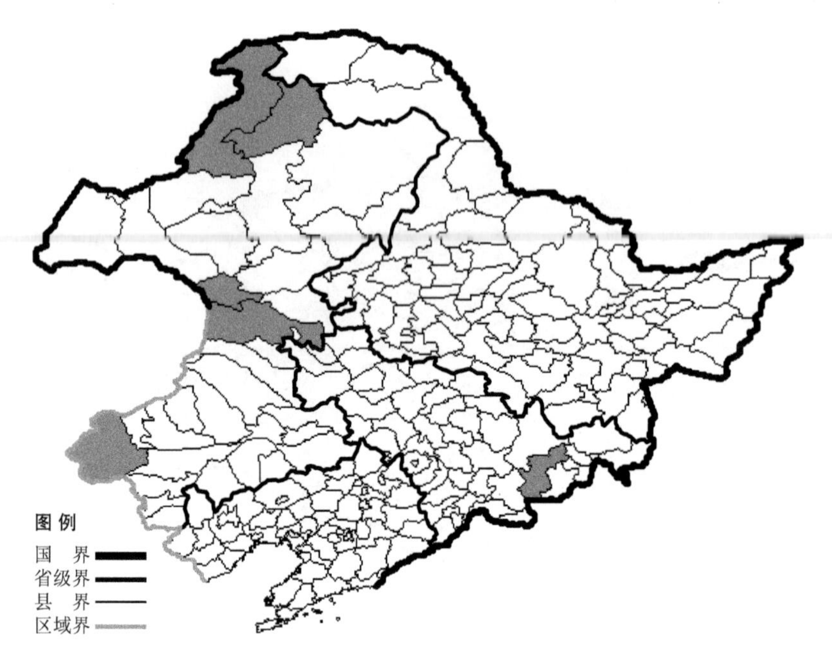

栗花灯心草

Juncus castaneus Smith

生境：高山山坡，林缘，湿草地，海拔 2600 米以下。

产地：吉林省安图，内蒙古根河、额尔古纳、克什克腾旗、科尔沁右翼前旗、阿尔山。

分布：中国（吉林、内蒙古、陕西、甘肃、青海、四川），朝鲜半岛，日本，蒙古，俄罗斯（北极带、欧洲部分、西伯利亚、远东地区），欧洲，北美洲。

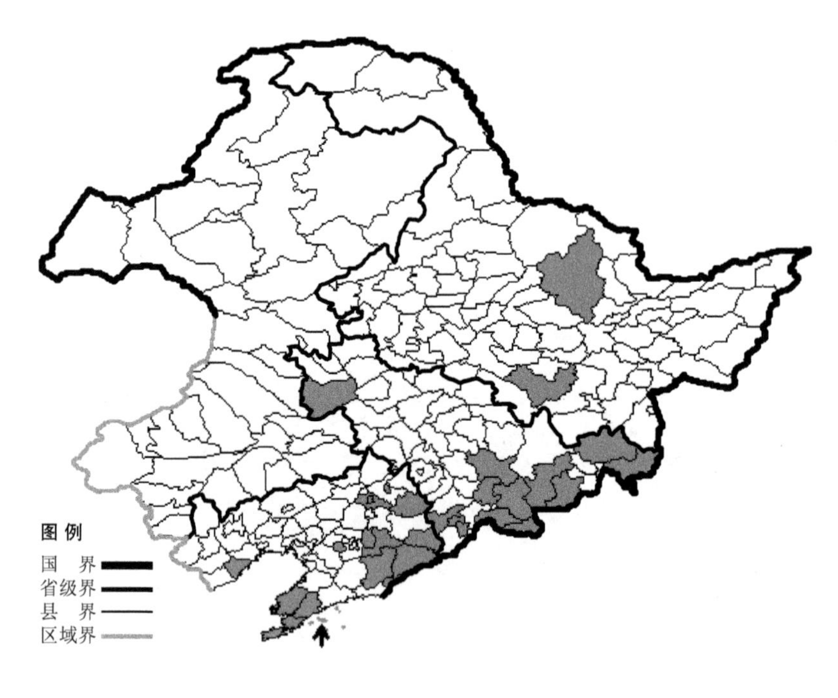

灯心草

Juncus effusus L.

生境：河边湿地，湿草甸，海拔 1700 米以下。

产地：黑龙江省尚志、伊春，吉林省通化、临江、靖宇、抚松、安图、长白、和龙、珲春、汪清、桦甸、通榆，辽宁省本溪、清原、桓仁、宽甸、丹东、鞍山、兴城、瓦房店、普兰店、大连、长海、凤城、铁岭。

分布：中国（黑龙江、吉林、辽宁、河北、陕西、甘肃、山东、江苏、安徽、浙江、福建、河南、湖北、江西、湖南、广东、广西、四川、贵州、云南、西藏、台湾），朝鲜半岛，日本，俄罗斯（欧洲部分、西伯利亚、远东地区），欧洲，北美洲。

细灯心草

Juncus gracillimus V. Krecz. et Gontsch.

生境：湿草地，水边，海边湿地，海拔 800 米以下。

产地：黑龙江省黑河、伊春、尚志、海林、牡丹江、哈尔滨、安达，吉林省双辽、白城、安图，辽宁省北镇、彰武、沈阳、清原、辽阳、盖州、大连、长海、建平、绥中，内蒙古额尔古纳、牙克石、海拉尔、满洲里、新巴尔虎右旗、科尔沁右翼前旗、科尔沁右翼中旗、扎鲁特旗、克什克腾旗、巴林右旗、新巴尔虎左旗、科尔沁左翼后旗、阿尔山、通辽。

分布：中国（黑龙江、吉林、辽宁、内蒙古、陕西、江苏、四川），朝鲜半岛，日本，俄罗斯（远东地区）。

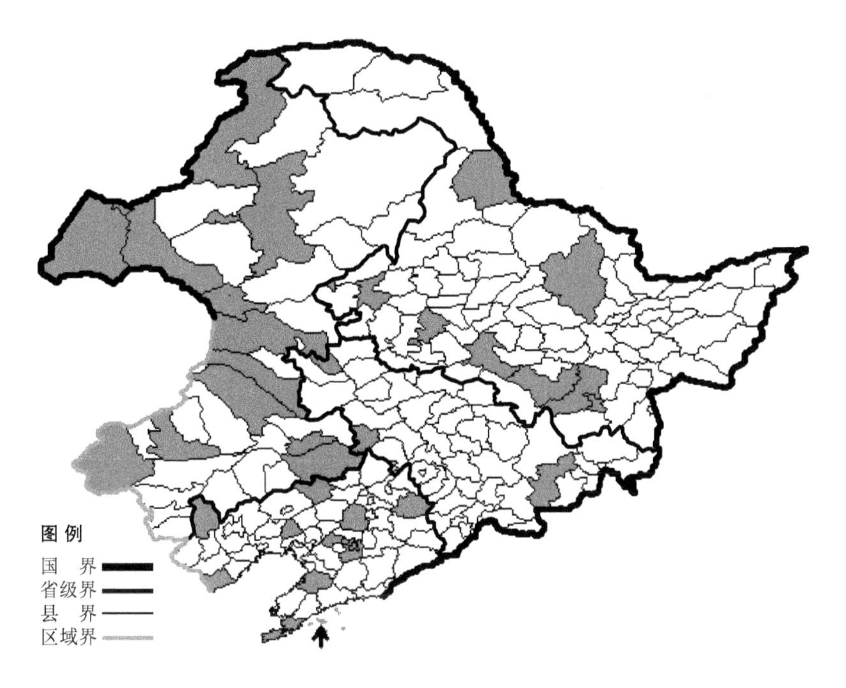

滨灯心草

Juncus haenkei E. Mey.

生境：湿草地，亚高山草地，湖边湿地。

产地：黑龙江省密山，吉林省安图。

分布：中国（黑龙江、吉林），朝鲜半岛，日本，俄罗斯（北极带、东部西伯利亚、远东地区），北美洲。

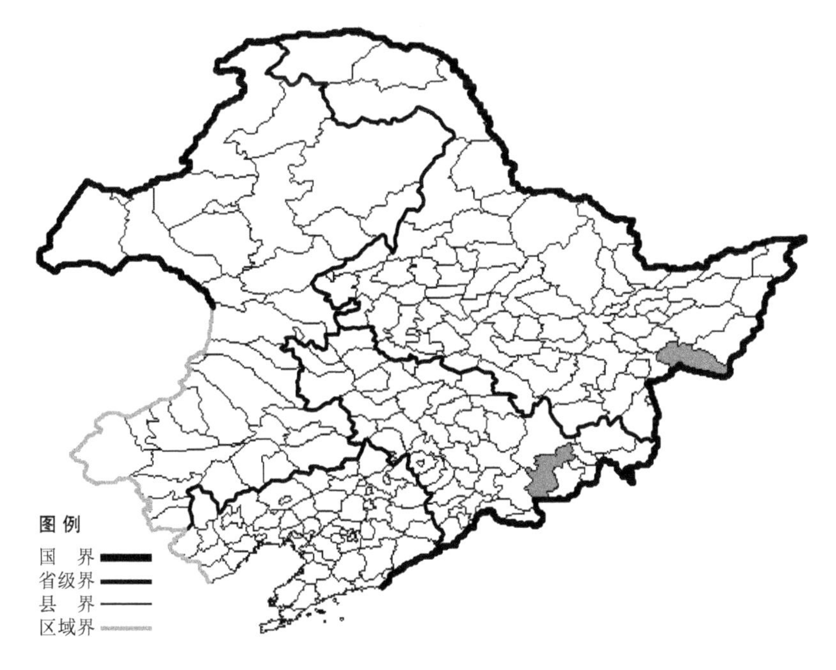

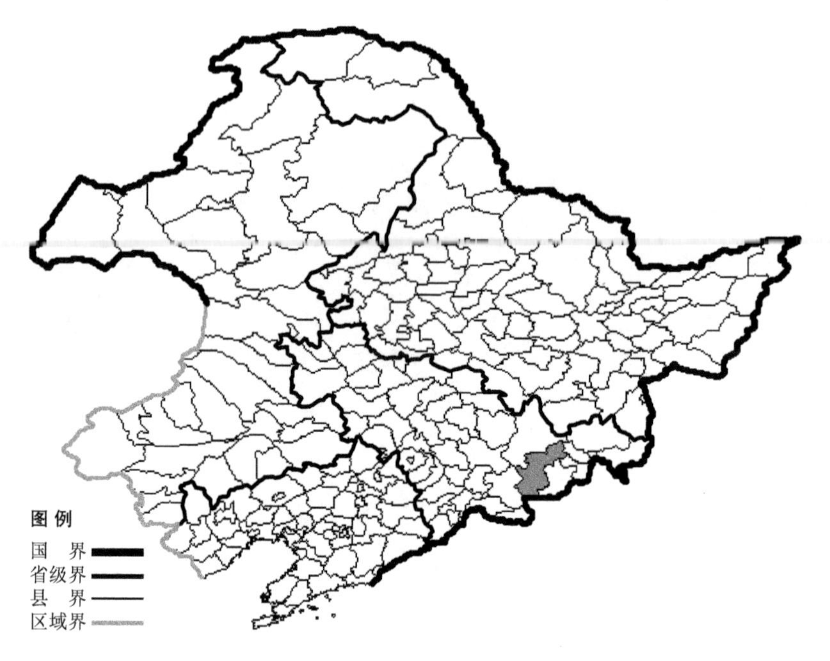

长白灯心草

Juncus maximowiczii Buch.

生境：高山冻原，海拔 1700-2200 米。

产地：吉林省安图。

分布：中国（吉林），朝鲜半岛，日本。

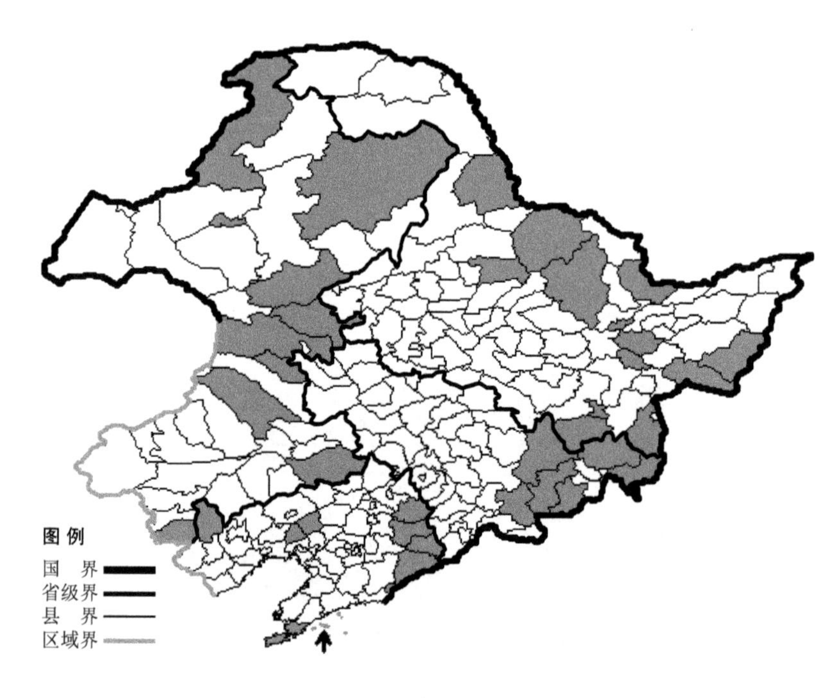

乳头灯心草

Juncus papillosus Franch. et Sav.

生境：湿草地，水边，沼泽，海拔 1700 米以下。

产地：黑龙江省黑河、逊克、勃利、桦南、北安、伊春、萝北、牡丹江、密山、虎林、东宁、佳木斯、宁安，吉林省安图、抚松、敦化、汪清、珲春、和龙，辽宁省北镇、新宾、桓仁、宽甸、大连、清原、长海、建平、黑山、丹东，内蒙古额尔古纳、扎赉特旗、扎兰屯、鄂伦春旗、科尔沁右翼前旗、突泉、科尔沁左翼后旗、扎鲁特旗、宁城、海拉尔。

分布：中国（黑龙江、吉林、辽宁、内蒙古），朝鲜半岛，日本，俄罗斯（远东地区）。

洮南灯心草

Juncus taonanensis Satake et Kitag.

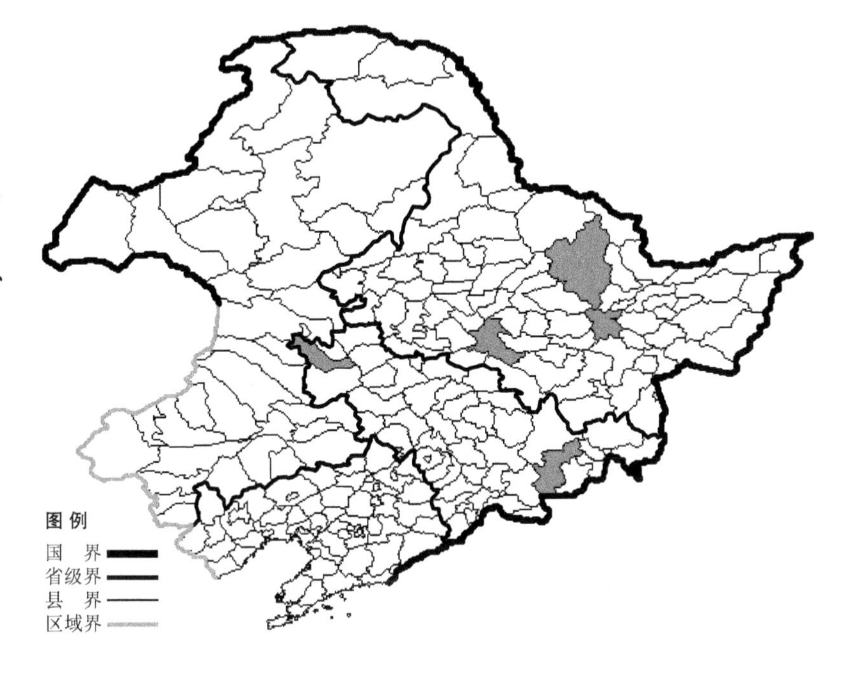

生境：溪流旁水湿地，湿草甸，浅滩。

产地：黑龙江省哈尔滨、伊春、依兰，吉林省洮南、安图。

分布：中国（黑龙江，吉林）。

尖被灯心草

Juncus turczaninowii (Buch.) Freyn

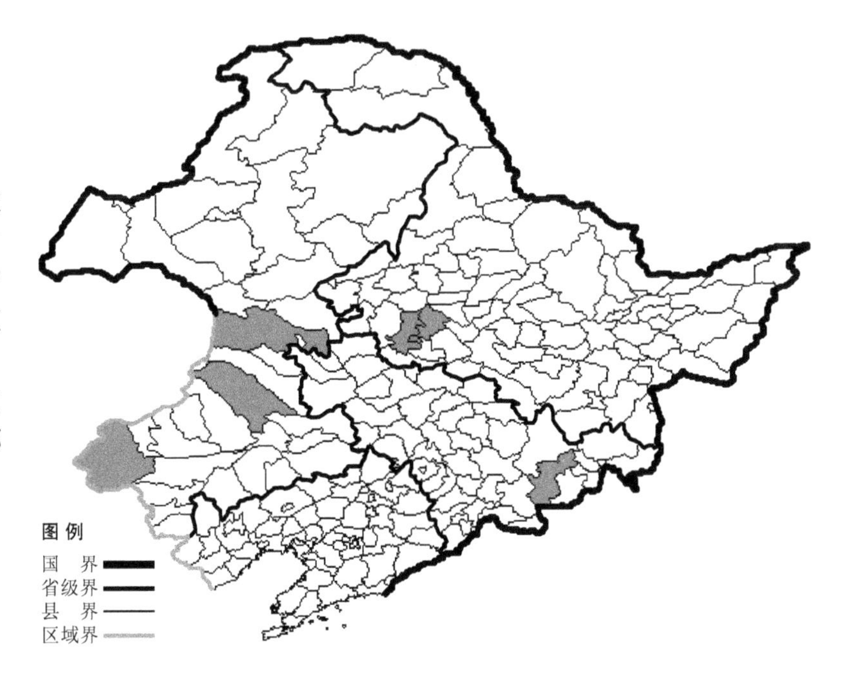

生境：湿草地，水湿地，海拔800米以下。

产地：黑龙江省安达、大庆，吉林省安图，内蒙古扎鲁特旗、克什克腾旗、科尔沁右翼前旗。

分布：中国（黑龙江、吉林、内蒙古、河北），蒙古，俄罗斯（东部西伯利亚、远东地区）。

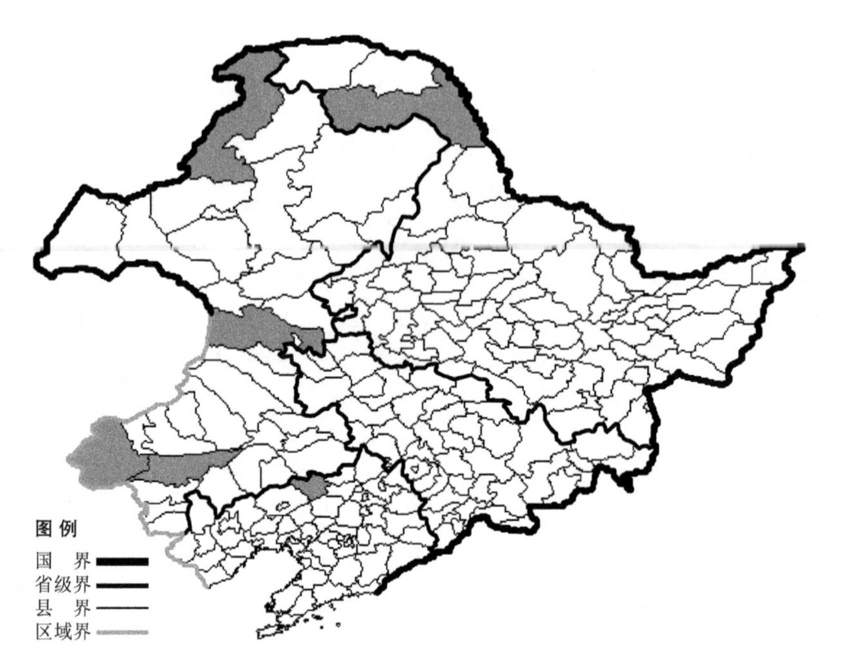

热河灯心草 Juncus turczaninowii (Buch.) Freyn var. **jeholensis** (Satake) K. F. Wu et Ma 生于湿草地、沟边，海拔约 500 米，产于黑龙江省呼玛，辽宁省彰武，内蒙古额尔古纳、科尔沁右翼前旗、克什克腾旗、翁牛特旗，分布于中国（黑龙江、辽宁、内蒙古）。

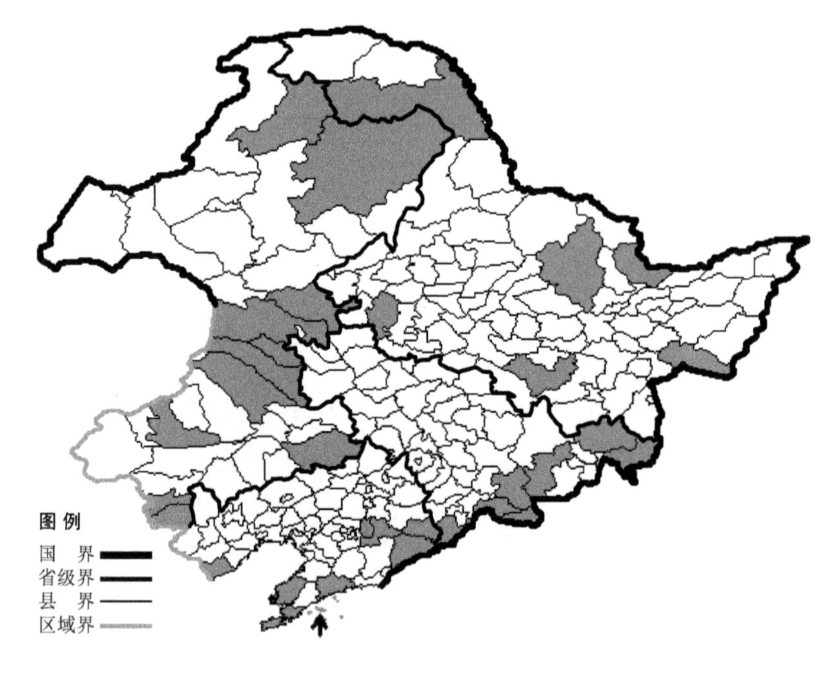

针灯心草

Juncus wallichianus Laharpe

生境：河边，溪流旁，湿草地，沼泽，海拔 1400 米以下。

产地：黑龙江省伊春、萝北、尚志、密山、杜尔伯特、呼玛，吉林省安图、汪清、珲春、抚松、长白、临江、集安，辽宁省本溪、桓仁、大连、长海、庄河、绥中、瓦房店、宽甸，内蒙古鄂伦春旗、科尔沁右翼前旗、突泉、科尔沁左翼后旗、巴林右旗、扎鲁特旗、根河、科尔沁右翼中旗、扎赉特旗、喀喇沁旗、宁城。

分布：中国（黑龙江、吉林、辽宁、内蒙古），朝鲜半岛，日本，俄罗斯（远东地区）。

地杨梅

Luzula capitata (Miq.) Nakai

生境：草甸，山坡草地。
产地：吉林省临江。
分布：中国（吉林），朝鲜半岛，日本，俄罗斯（远东地区）。

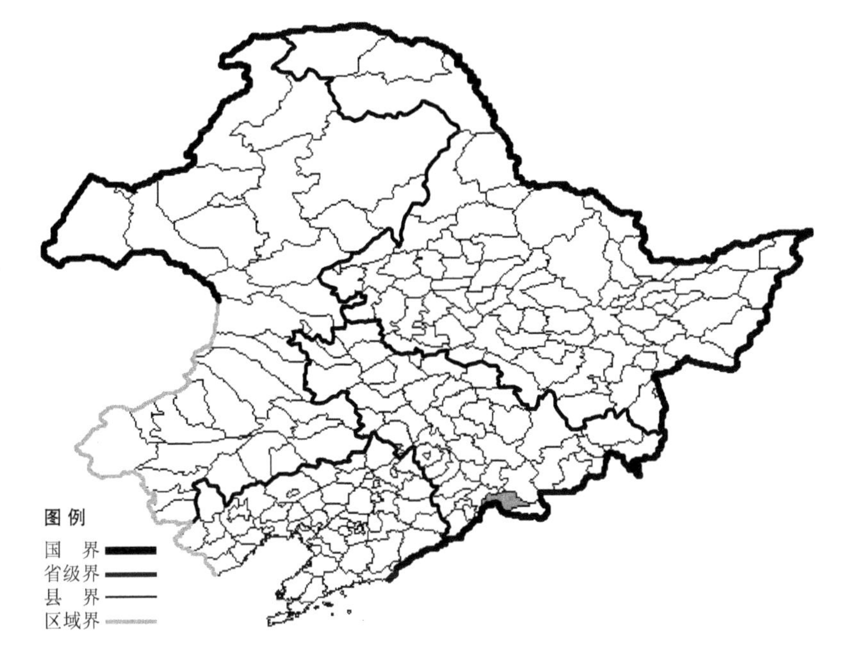

淡花地杨梅

Luzula pallescens Swartz

生境：草甸，湿草地，疏林下。
产地：黑龙江省哈尔滨、黑河、嫩江、嘉荫、穆棱、虎林、宝清、密山、东宁，吉林省汪清、安图、珲春，辽宁省本溪、清原、桓仁、新宾，内蒙古额尔古纳、根河、阿尔山、科尔沁右翼前旗、牙克石、克什克腾旗。
分布：中国（黑龙江、吉林、辽宁、内蒙古、河北、山西、四川），朝鲜半岛，日本，俄罗斯（欧洲部分、高加索、西伯利亚、远东地区），土耳其，欧洲，北美洲。

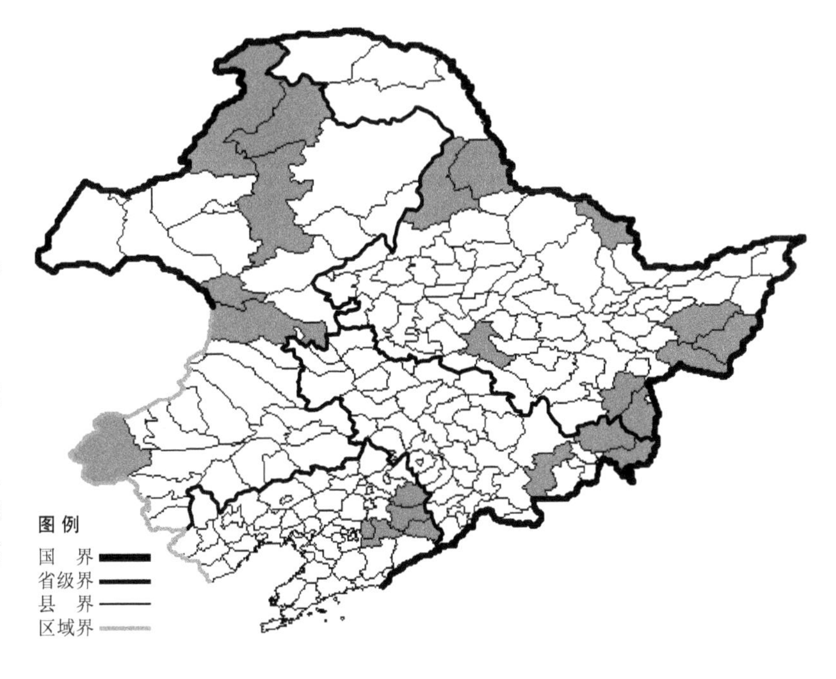

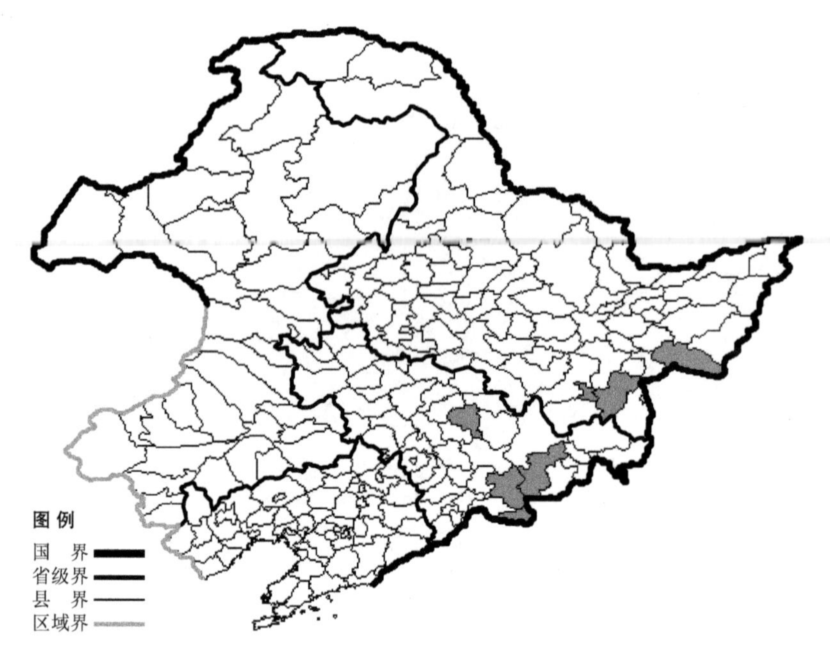

长白地杨梅

Luzula oligantha Sam.

生境：高山冻原，亚高山草地，草甸，海拔 1200-2600 米（长白山）。

产地：黑龙江省牡丹江、密山、穆棱，吉林省安图、抚松、长白、吉林。

分布：中国（黑龙江、吉林、河北、山西、陕西、山东、江苏），朝鲜半岛，日本，俄罗斯（远东地区）。

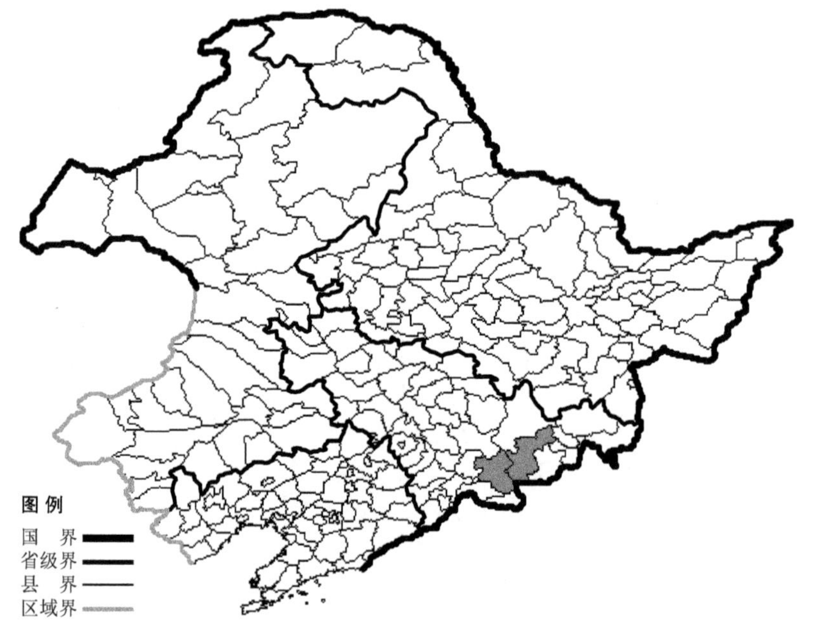

短序长白地杨梅 Luzula oligantha Sam. var. **sudeticoides** P. Y. Fu 生于高山冻原下缘，海拔 1200-2500 米，产于吉林省安图、抚松，分布于中国（吉林）。

火红地杨梅

Luzula rufescens Fisch. ex E. Mey.

生境：湿草地，沼泽，林下，林缘，海拔 800 米以下。

产地：黑龙江省黑河、伊春、尚志、呼玛，吉林省安图、临江、通榆，辽宁省本溪、凤城，内蒙古牙克石、阿尔山、根河、额尔古纳、科尔沁右翼前旗。

分布：中国（黑龙江、吉林、辽宁、内蒙古），朝鲜半岛，日本，蒙古，俄罗斯（东部西伯利亚、远东地区）。

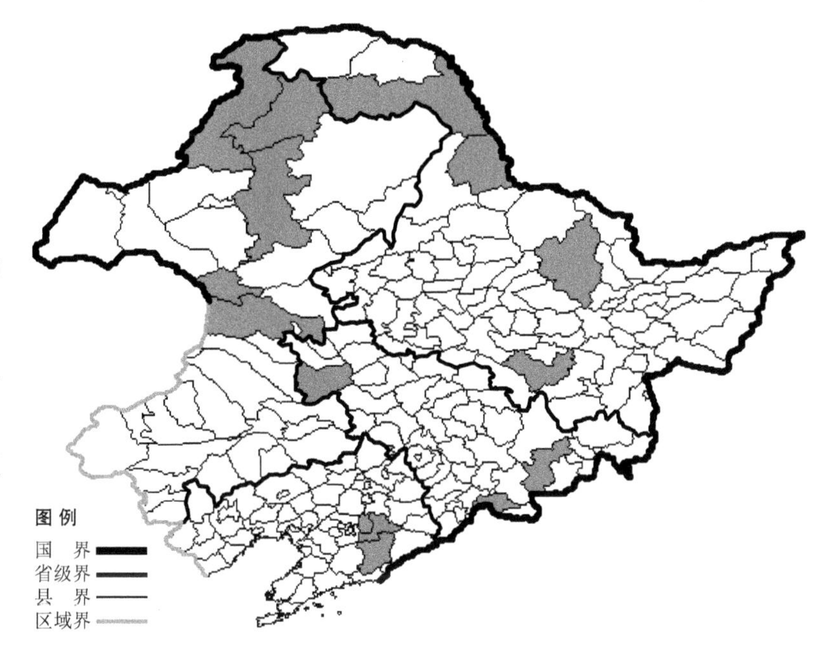

大果地杨梅 Luzula rufescens Fisch. ex E. Mey. var. **macrocarpa** Buch. 生于林下，产于吉林省临江，辽宁省本溪，分布于中国（吉林、辽宁），朝鲜半岛，日本，俄罗斯（远东地区）。

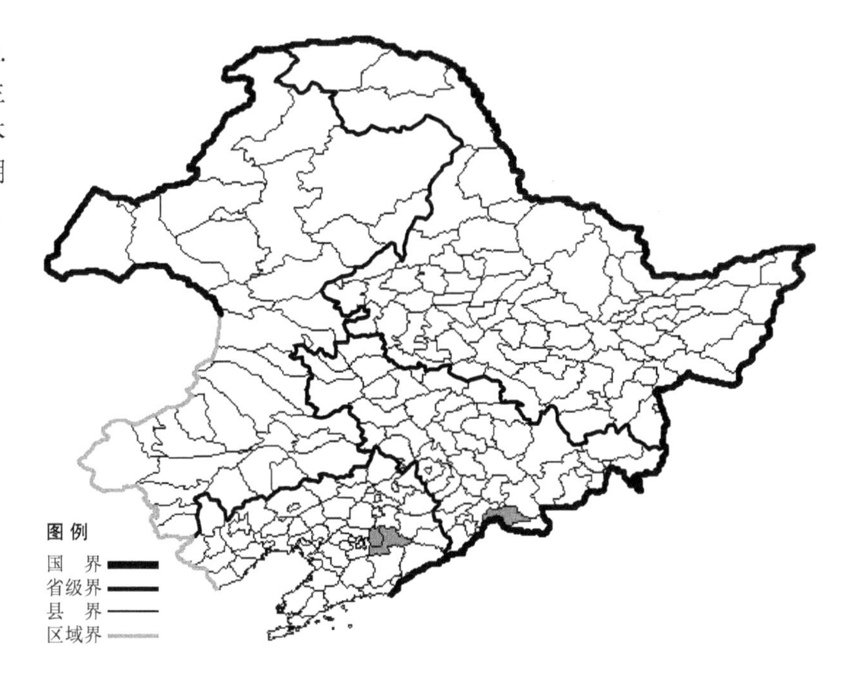

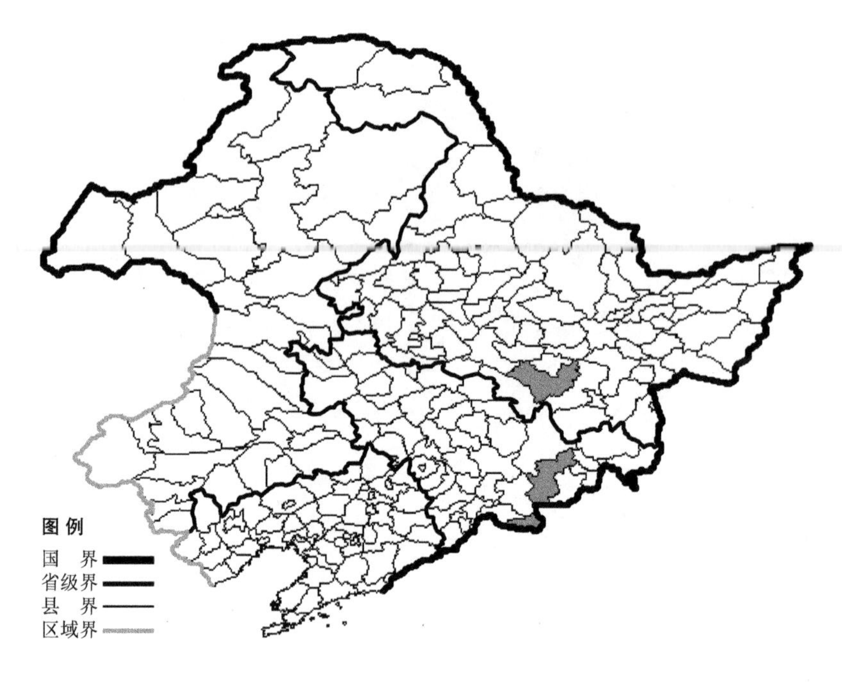

云间地杨梅

Luzula wahlenbergii Rupr.

生境：高山冻原，海拔 2100-2500 米（长白山）。

产地：黑龙江省尚志，吉林省安图、长白。

分布：中国（黑龙江、吉林），朝鲜半岛，日本，俄罗斯（北极带、欧洲部分、远东地区），欧洲。

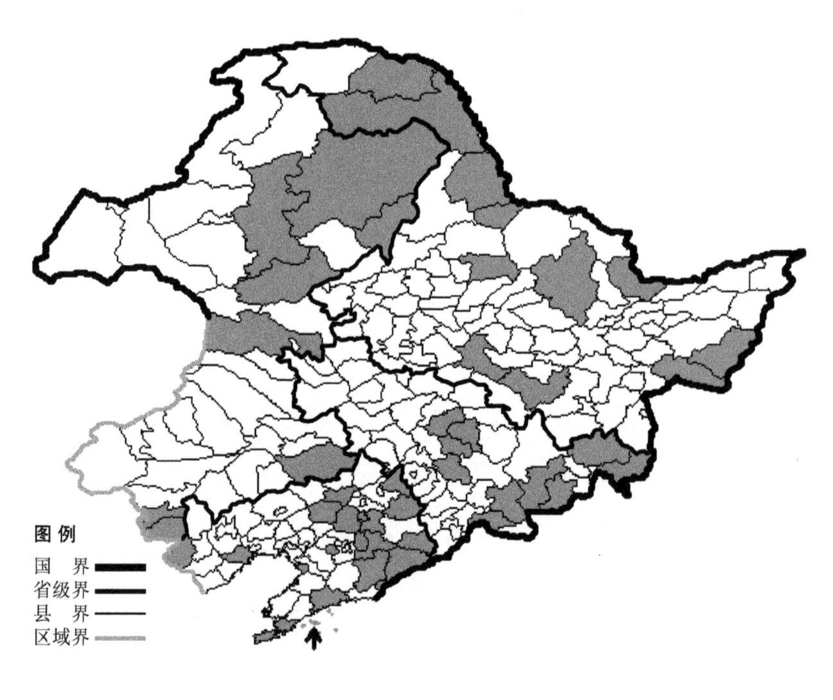

鸭跖草科 Commelinaceae

鸭跖草

Commelina communis L.

生境：耕地旁，山坡阴湿处，草甸，沟边，海拔 1100 米以下。

产地：黑龙江省黑河、孙吴、萝北、密山、北安、尚志、呼玛、伊春、哈尔滨、虎林、塔河，吉林省安图、抚松、和龙、九台、吉林、永吉、汪清、珲春、磐石、临江，辽宁省清原、桓仁、西丰、庄河、凤城、沈阳、葫芦岛、长海、新民、凌源、法库、丹东、营口、宽甸、大连、本溪、鞍山、抚顺，内蒙古鄂伦春旗、莫力达瓦达斡尔旗、扎兰屯、宁城、喀喇沁旗、牙克石、科尔沁左翼后旗、科尔沁右翼前旗。

分布：中国（黑龙江、吉林、辽宁、内蒙古、河北、山西、甘肃、江苏、河南、湖北、江西、广东、四川、云南），朝鲜半岛，日本，俄罗斯（远东地区）。

疣草

Murdannia keisak (Hassk.) Hand.-Mazz.

生境：水边，湿地。

产地：黑龙江省尚志，吉林省珲春，辽宁省沈阳、本溪、普兰店，内蒙古扎赉特旗。

分布：中国（黑龙江、吉林、辽宁、内蒙古、浙江、江西），朝鲜半岛，日本，俄罗斯（远东地区）。

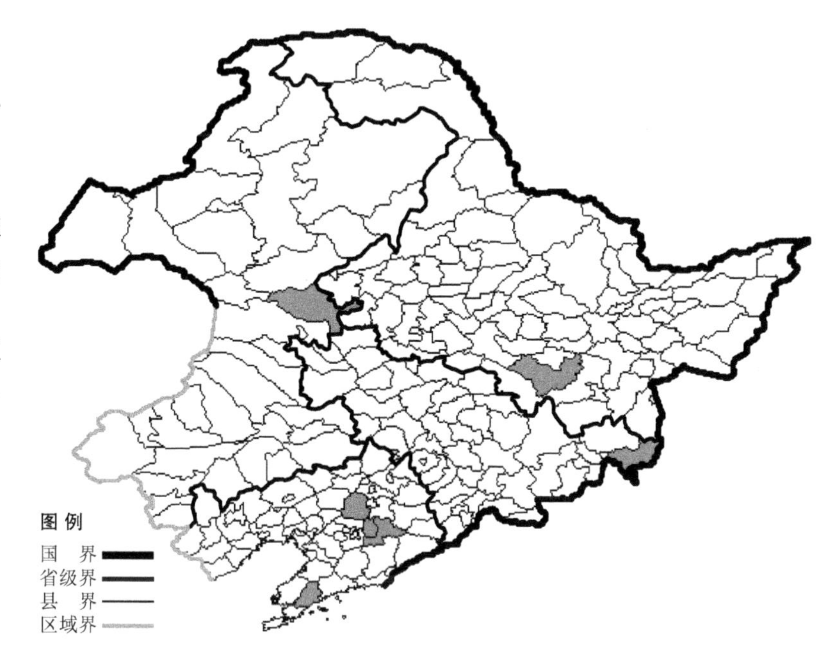

竹叶子

Streptolirion volubile Edgew.

生境：林缘，林下，溪流旁，海拔约 500 米。

产地：吉林省集安、长白，辽宁省宽甸、桓仁、鞍山、岫岩、庄河，内蒙古科尔沁右翼中旗、科尔沁左翼后旗。

分布：中国（吉林、辽宁、内蒙古、河北、山西、陕西、甘肃、浙江、河南、湖北、湖南、四川、贵州、云南、西藏），朝鲜半岛，日本，不丹，印度。

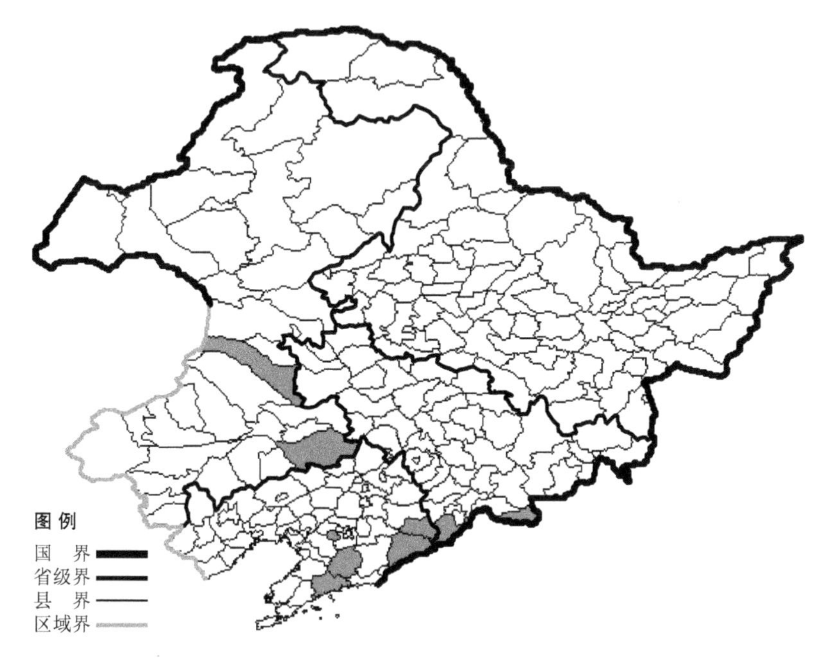

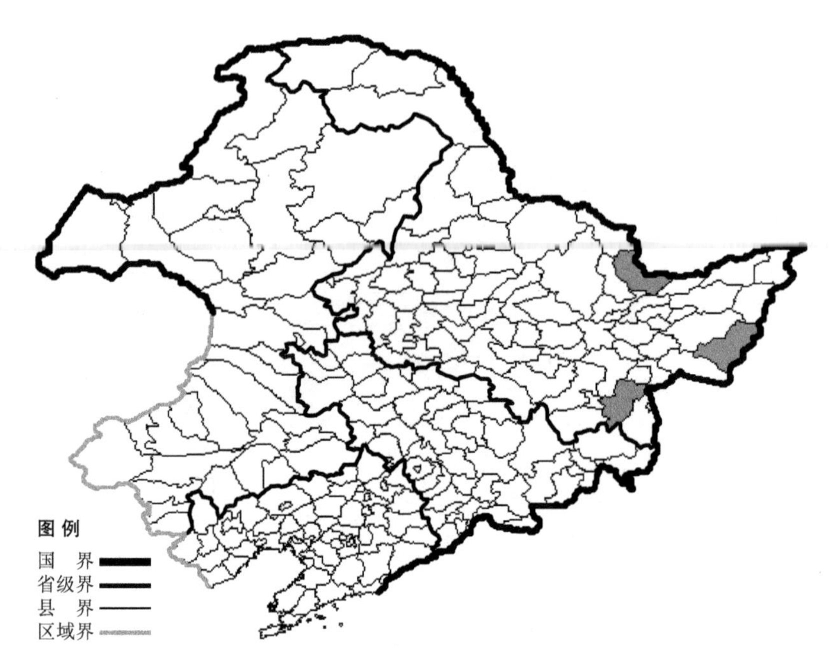

谷精草科 Eriocaulaceae

黑谷精草

Eriocaulon atrum Nakai

生境：湿地。

产地：黑龙江省虎林、萝北、穆棱。

分布：中国（黑龙江），朝鲜半岛，日本，俄罗斯（远东地区）。

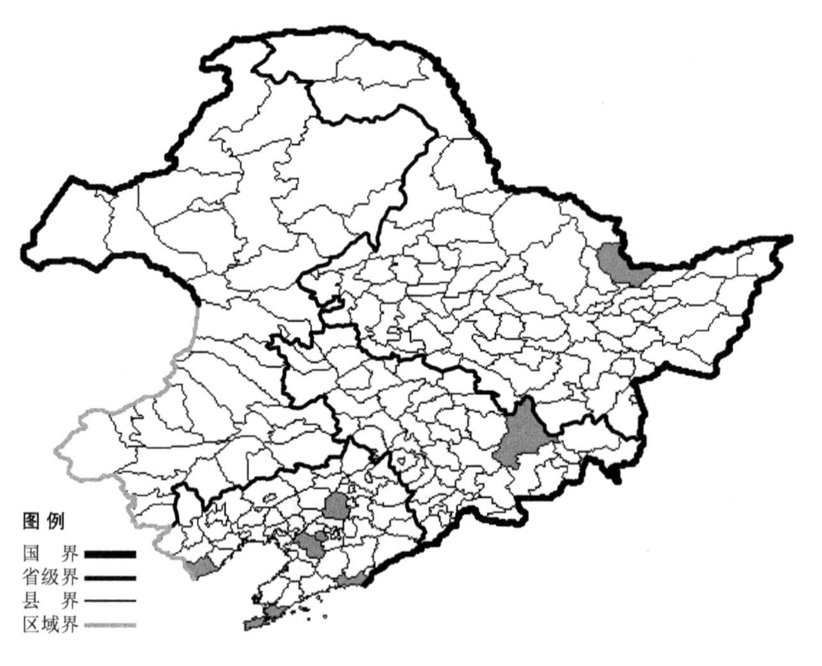

长苞谷精草

Eriocaulon decemflorum Maxim.

生境：湿地，海拔约 100 米。

产地：黑龙江省萝北，吉林省敦化，辽宁省鞍山、海城、东港、沈阳、绥中、大连。

分布：中国（黑龙江、吉林、辽宁），朝鲜半岛，日本，俄罗斯（远东地区）。

宽叶谷精草

Eriocaulon robustius (Maxim.) Makino

生境：湿地。

产地：黑龙江省虎林、萝北，辽宁省丹东，内蒙古扎兰屯、扎赉特旗。

分布：中国（黑龙江、辽宁、内蒙古、河北），朝鲜半岛，日本，俄罗斯（远东地区）。

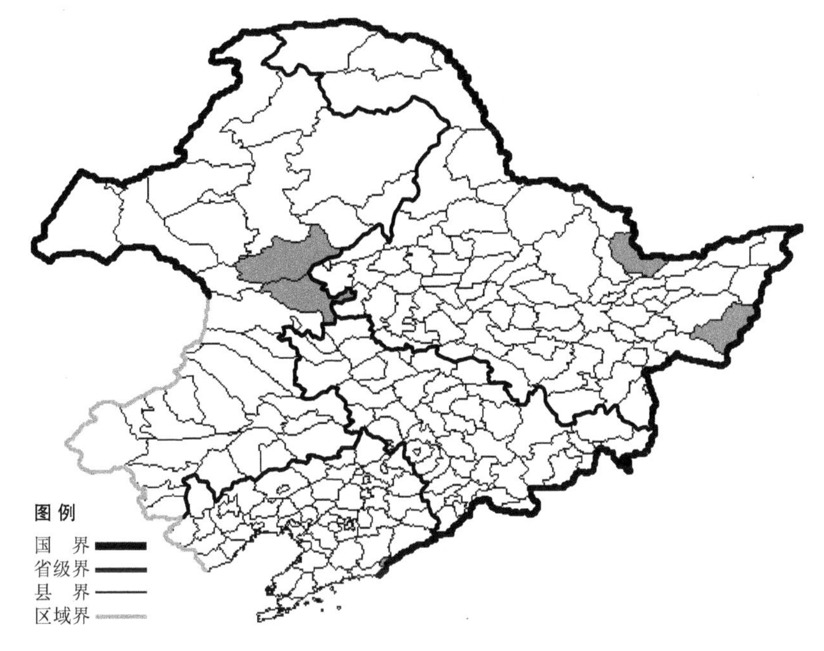

乌苏里谷精草

Eriocaulon ussuriensis Koern. ex Regel

生境：湿地。

产地：黑龙江省密山。

分布：中国（黑龙江），俄罗斯（远东地区）。

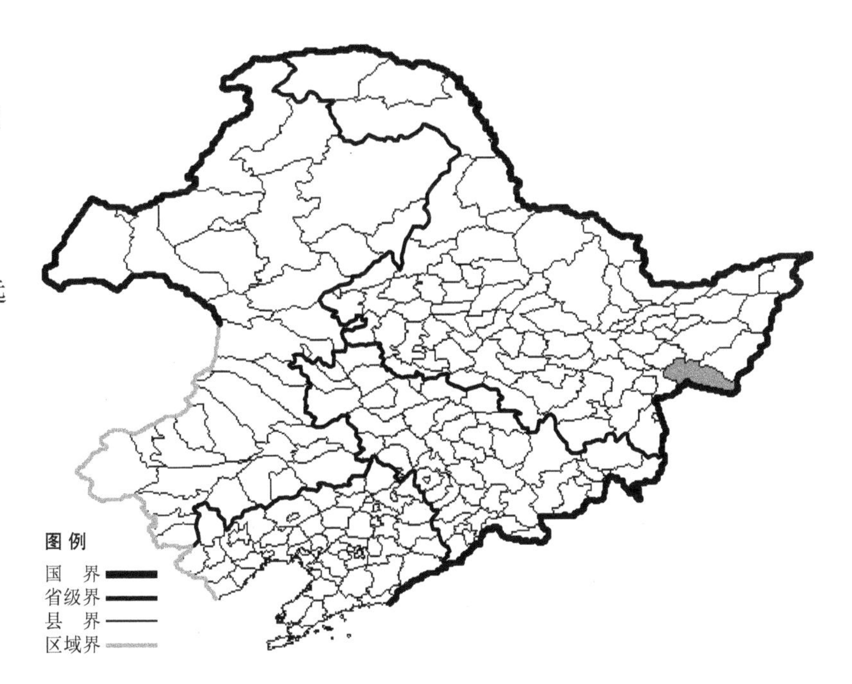

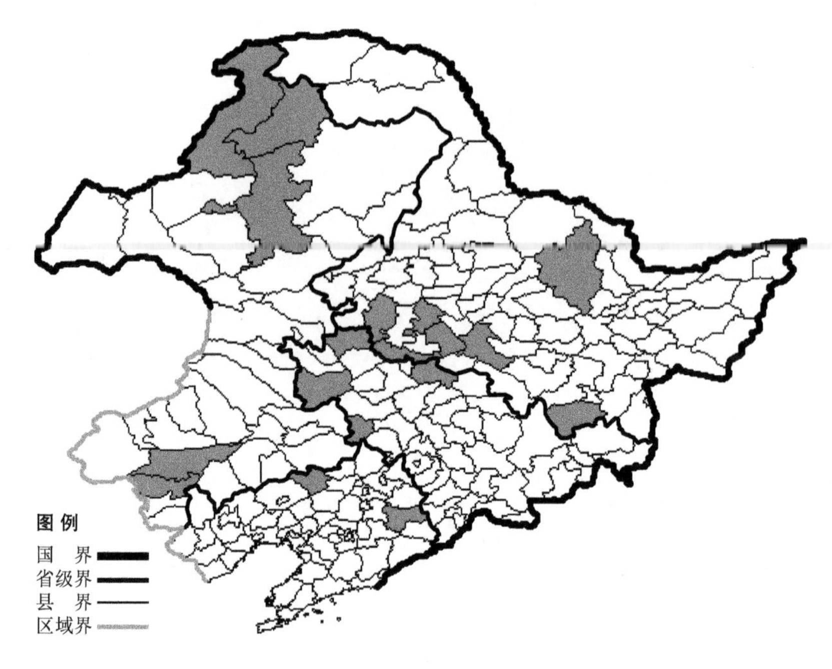

禾本科 Gramineae

燕麦芨芨草

Achnatherum avenoides (Honda) Chang

生境：山坡草地，海拔 800 米以下。

产地：黑龙江省伊春、哈尔滨、安达、杜尔伯特、肇源、肇东、宁安，吉林省通榆、扶余、双辽、镇赉，辽宁省彰武、新宾，内蒙古根河、赤峰、额尔古纳、海拉尔、牙克石、翁牛特旗。

分布：中国（黑龙江、吉林、辽宁、内蒙古）。

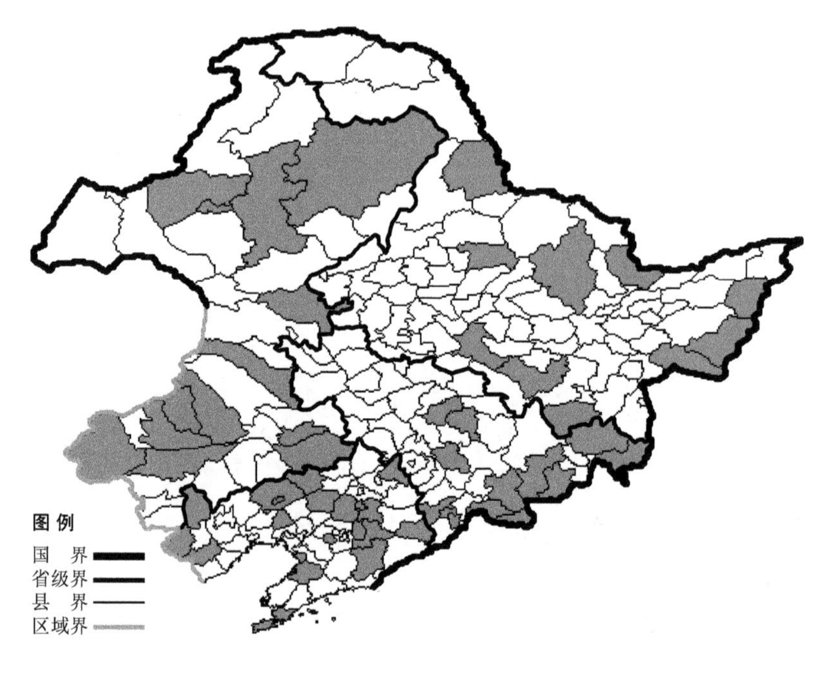

远东芨芨草

Achnatherum extremiorientale (Hara) Keng

生境：山坡草地，海拔 900 米以下。

产地：黑龙江省黑河、北安、虎林、伊春、哈尔滨、尚志、密山、宁安、饶河、萝北，吉林省珲春、汪清、九台、磐石、抚松、吉林、长白、安图、和龙、临江、通化，辽宁省彰武、西丰、新民、北镇、建平、凌源、建昌、阜新、凤城、沈阳、抚顺、本溪、桓仁、营口、盖州、鞍山、大连，内蒙古科尔沁左翼后旗、科尔沁右翼中旗、阿鲁科尔沁旗、巴林左旗、巴林右旗、克什克腾旗、陈巴尔虎旗、鄂伦春旗、牙克石、扎赉特旗、海拉尔、通辽、翁牛特旗。

分布：中国（黑龙江、吉林、辽宁、内蒙古、河北、山西、陕西、甘肃、安徽），朝鲜半岛，日本，俄罗斯（东部西伯利亚、远东地区）。

朝阳芨芨草

Achnatherum nakai (Honda) Tateoka

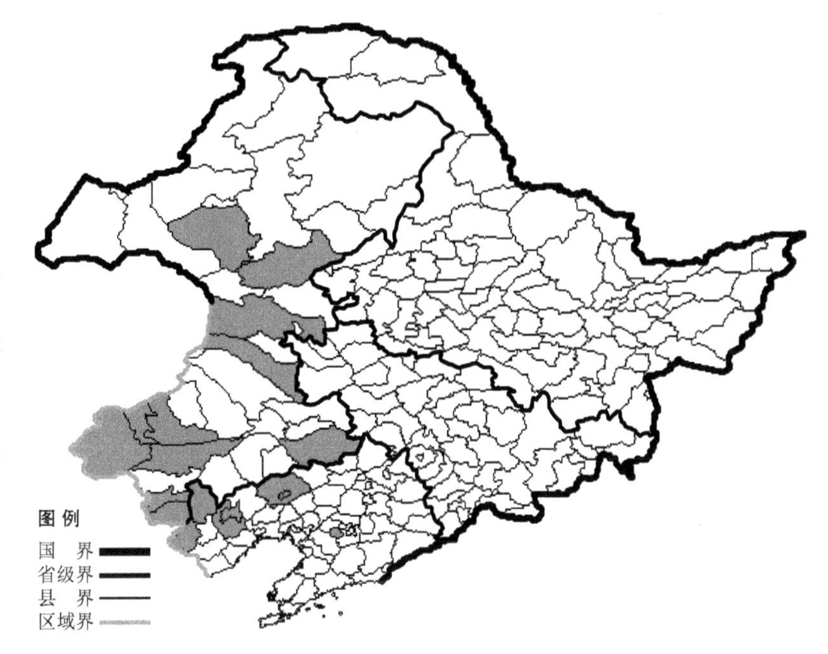

生境：山坡草地。

产地：辽宁省朝阳、鞍山、阜新、凌源、建平，内蒙古鄂温克旗、扎兰屯、科尔沁右翼前旗、科尔沁右翼中旗、科尔沁左翼后旗、巴林右旗、林西、克什克腾旗、翁牛特旗、喀喇沁旗、宁城。

分布：中国（辽宁、内蒙古、河北、山西）。

京芒草

Achnatherum pekinense (Hance) Ohwi

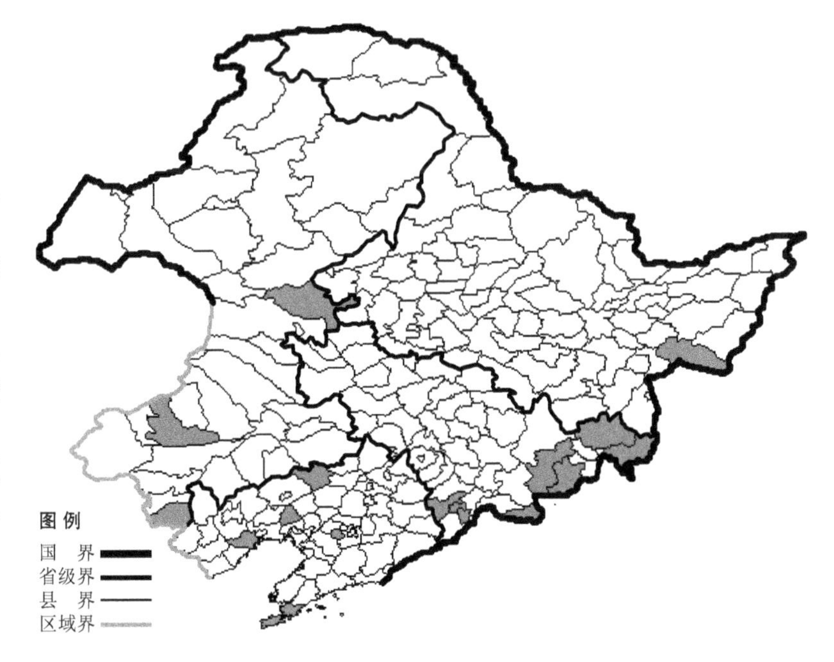

生境：山坡草地，海拔 800 米以下。

产地：黑龙江省密山，吉林省珲春、汪清、和龙、通化、安图、长白，辽宁省彰武、北镇、葫芦岛、鞍山、大连，内蒙古宁城、巴林右旗、扎赉特旗。

分布：中国（黑龙江、吉林、辽宁、内蒙古、河北、山西、江苏、安徽、浙江），朝鲜，日本。

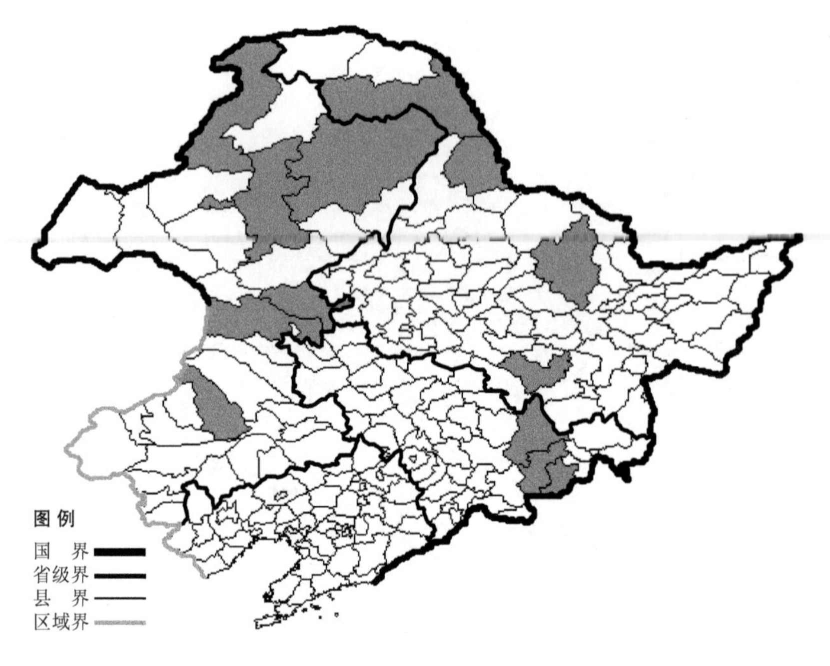

毛颖芨芨草

Achnatherum pubicalyx (Ohwi) Keng

生境： 山坡草地，草甸，海拔800米以下。

产地： 黑龙江省尚志、伊春、黑河、呼玛，吉林省安图、和龙、敦化，内蒙古牙克石、鄂伦春旗、海拉尔、额尔古纳、科尔沁右翼前旗、扎赉特旗、阿鲁科尔沁旗。

分布： 中国（黑龙江、吉林、内蒙古、河北、山西、陕西、青海），朝鲜半岛。

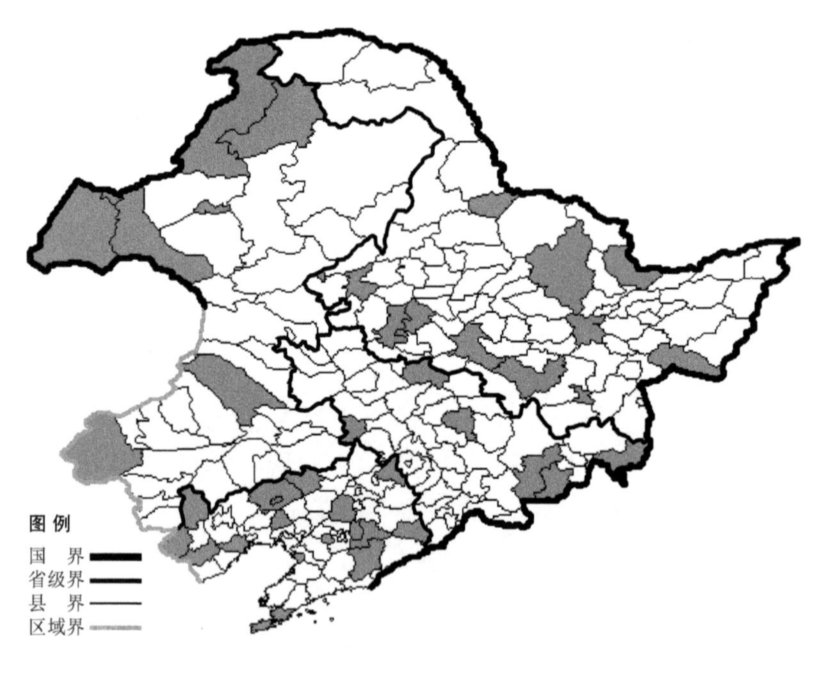

羽茅

Achnatherum sibiricum (L.) Keng

生境： 山坡草地，海拔800米以下。

产地： 黑龙江省依兰、萝北、孙吴、密山、尚志、牡丹江、大庆、哈尔滨、伊春、安达、齐齐哈尔，吉林省珲春、安图、和龙、扶余、吉林、双辽，辽宁省凤城、大连、桓仁、彰武、西丰、北镇、阜新、葫芦岛、建平、凌源、建昌、沈阳、鞍山、营口、本溪，内蒙古额尔古纳、根河、新巴尔虎右旗、新巴尔虎左旗、海拉尔、扎鲁特旗、克什克腾旗、满洲里。

分布： 中国（黑龙江、吉林、辽宁、内蒙古、河北、山西、河南、西藏、西北），朝鲜半岛，蒙古，俄罗斯（高加索、西伯利亚、远东地区），印度。

芨芨草

Achnatherum splendens (Trin.) Nevski

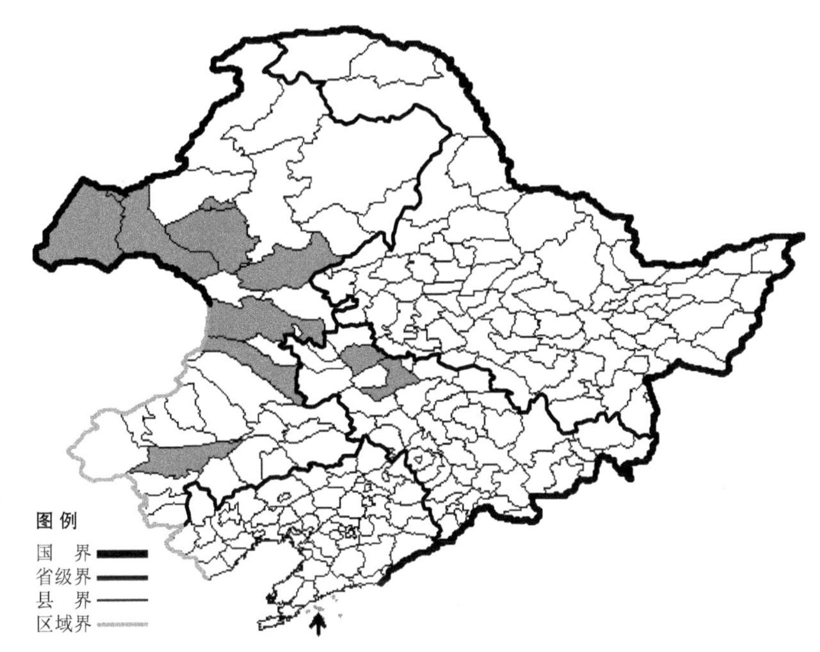

生境：草滩上，海拔 700 米以下。

产地：吉林省大安、前郭尔罗斯，辽宁省长海，内蒙古新巴尔虎左旗、新巴尔虎右旗、满洲里、科尔沁右翼前旗、科尔沁右翼中旗、扎兰屯、鄂温克旗、海拉尔、翁牛特旗。

分布：中国（吉林、内蒙古、陕西、宁夏、甘肃、青海、新疆、西藏），日本，蒙古，俄罗斯（欧洲部分、西伯利亚），中亚，伊朗。

獐毛

Aeluropus litthoralis Parl. var. **sinensis** Debeaux

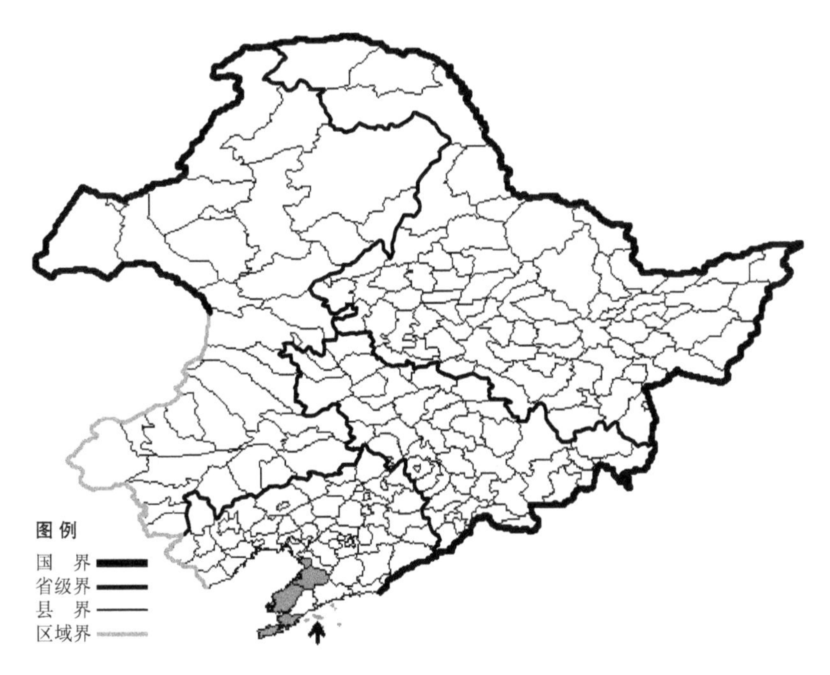

生境：海边沙地。

产地：辽宁省营口、盖州、瓦房店、长海、大连。

分布：中国（辽宁、河北、山西、陕西、宁夏、甘肃、新疆、山东、江苏）。

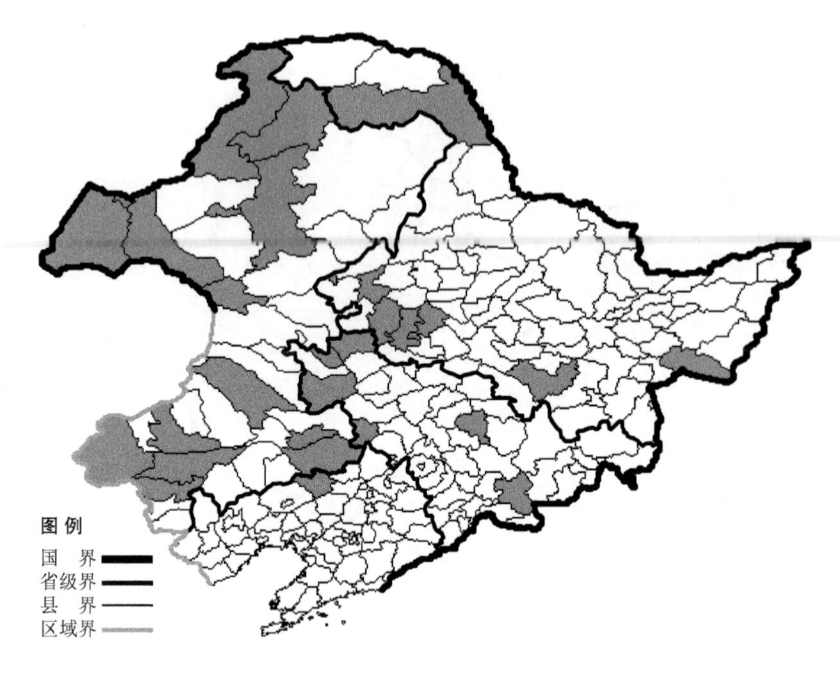

冰草

Agropyron cristatum (L.) Gaertn.

生境：沙地，山坡草地，海拔1000米以下。

产地：黑龙江省尚志、大庆、齐齐哈尔、呼玛、安达、密山、杜尔伯特，吉林省白城、通榆、吉林、抚松、镇赉、双辽，辽宁省彰武，内蒙古额尔古纳、海拉尔、满洲里、牙克石、翁牛特旗、巴林右旗、克什克腾旗、阿尔山、新巴尔虎左旗、新巴尔虎右旗、扎鲁特旗、赤峰、根河、通辽、额尔古纳、科尔沁左翼后旗。

分布：中国（黑龙江、吉林、辽宁、内蒙古、河北、山西、陕西、宁夏、甘肃、青海、新疆），蒙古，俄罗斯（欧洲部分、高加索、西伯利亚、远东地区），中亚，土耳其，伊朗，欧洲。

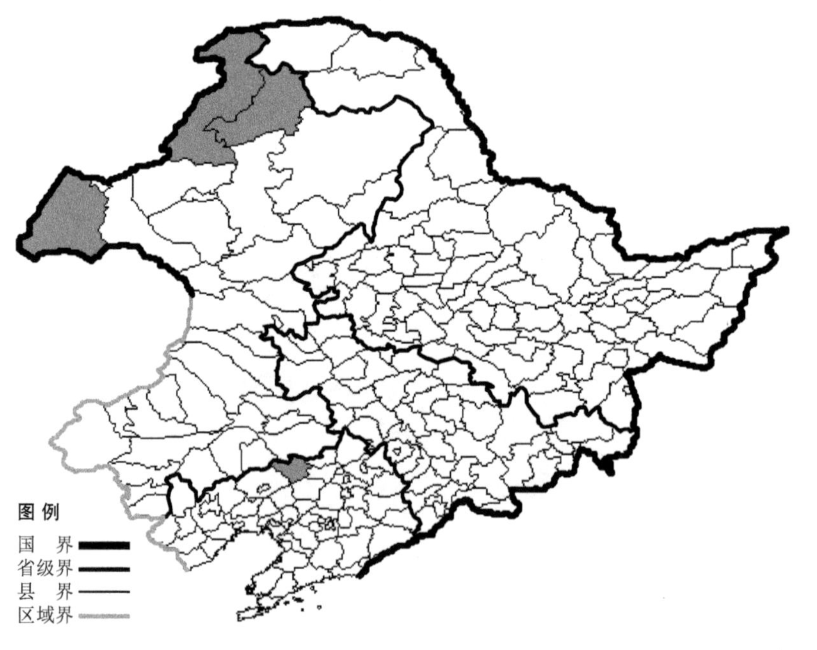

光穗冰草 Agropyron cristatum (L.) Gaertn. var. **pectiniforme** (Roem. et Schult.) H. L. Yang 生于路边、山坡草地，海拔800米以下，产于辽宁省彰武，内蒙古额尔古纳、根河、新巴尔虎右旗，分布于中国（辽宁、内蒙古、河北、青海、新疆），俄罗斯（欧洲部分、高加索、西伯利亚），中亚，土耳其，伊朗，欧洲，非洲。

根茎冰草

Agropyron michnoi Rosh.

生境：沙地，山坡草地。

产地：内蒙古海拉尔、陈巴尔虎旗、新巴尔虎左旗、巴林右旗、克什克腾旗、扎赉特旗、科尔沁右翼中旗、科尔沁左翼后旗。

分布：中国（内蒙古），蒙古，俄罗斯（东部西伯利亚）。

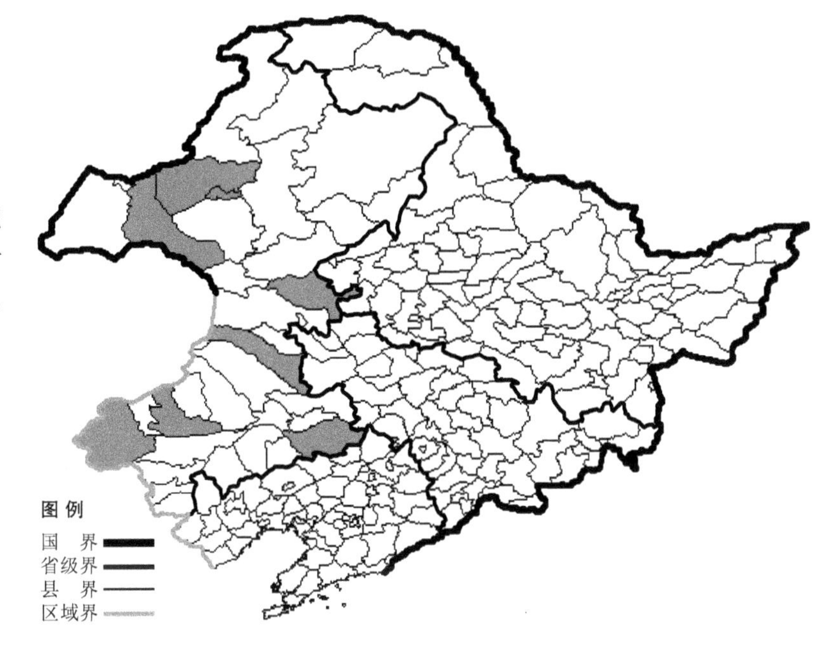

沙芦草

Agropyron mongolicum Keng

生境：草原。

产地：黑龙江省呼玛，内蒙古科尔沁右翼前旗、科尔沁左翼后旗、阿鲁科尔沁旗、翁牛特旗。

分布：中国（黑龙江、内蒙古、山西、陕西、甘肃）。

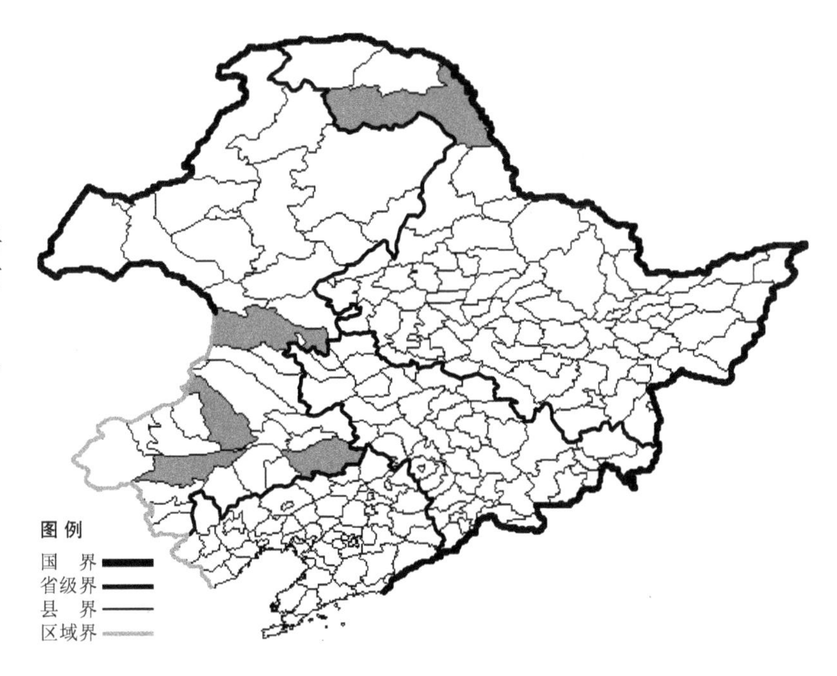

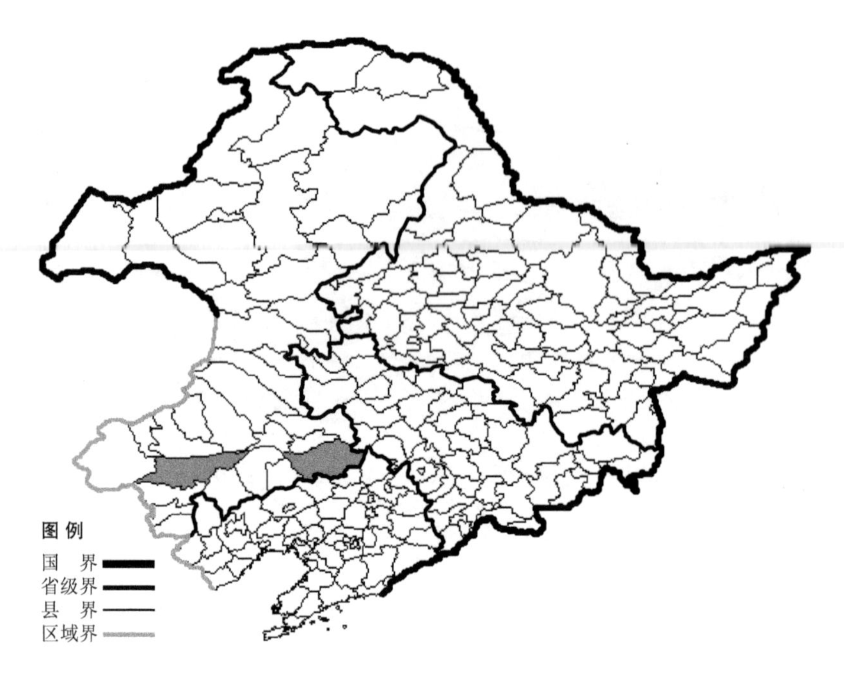

毛沙芦草 Agropyron mongolicum Keng var. **villosum** H. L. Yang 生于沙地，产于内蒙古科尔沁左翼后旗、翁牛特旗，分布于中国（内蒙古）。

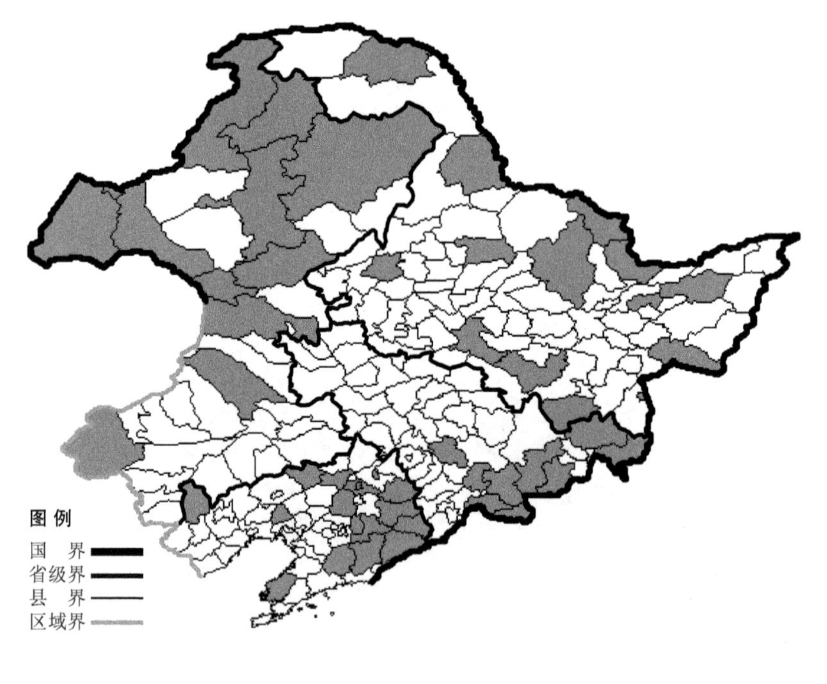

华北剪股颖

Agrostis clavata Trin.

生境：林缘，河边，湿草地，海拔 1900 米以下。

产地：黑龙江省伊春、哈尔滨、尚志、密山、绥芬河、宁安、富裕、集贤、嘉荫、富锦、萝北、塔河、北安、黑河，吉林省珲春、汪清、和龙、安图、抚松、临江、磐石、靖宇、长白，辽宁省沈阳、桓仁、本溪、凤城、清原、建平、新宾、法库、彰武、北镇、岫岩、宽甸、瓦房店、铁岭，内蒙古根河、新巴尔虎左旗、新巴尔虎右旗、海拉尔、牙克石、扎鲁特旗、鄂伦春旗、阿尔山、克什克腾旗、满洲里、科尔沁右翼前旗、扎兰屯、额尔古纳、赤峰。

分布：中国（黑龙江、吉林、辽宁、内蒙古、河北、山西、陕西、山东），朝鲜半岛，日本，俄罗斯（欧洲部分、高加索、西伯利亚、远东地区），欧洲，北美洲。

多枝剪股颖

Agrostis divaricatissima Mez

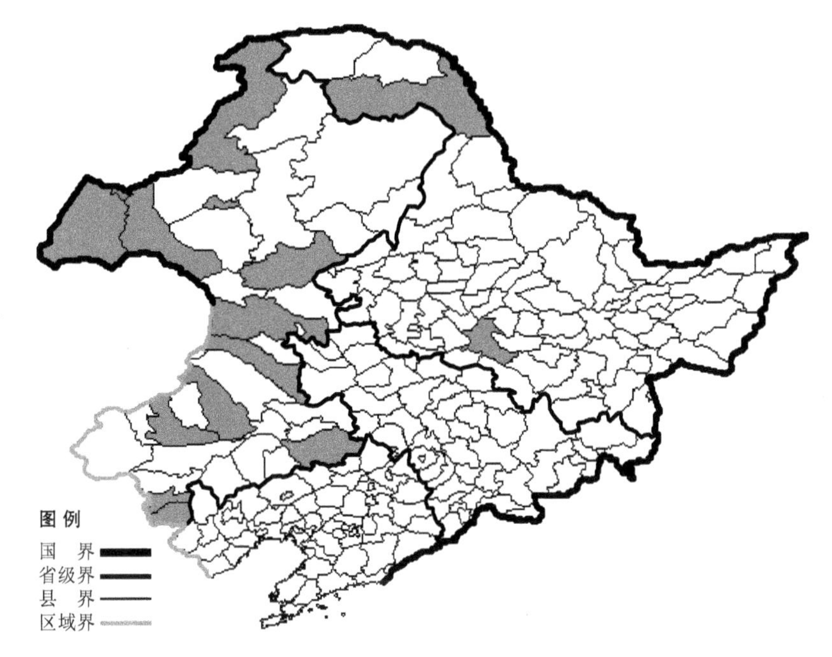

生境：湿草地，海拔约 700 米。

产地：黑龙江省哈尔滨、呼玛，内蒙古额尔古纳、海拉尔、满洲里、新巴尔虎左旗、新巴尔虎右旗、巴林右旗、宁城、科尔沁左翼后旗、科尔沁右翼前旗、扎兰屯、科尔沁右翼中旗、喀喇沁旗、阿鲁科尔沁旗。

分布：中国（黑龙江、内蒙古、河北），蒙古，俄罗斯（西伯利亚）。

小糠草

Agrostis gigantea Roth

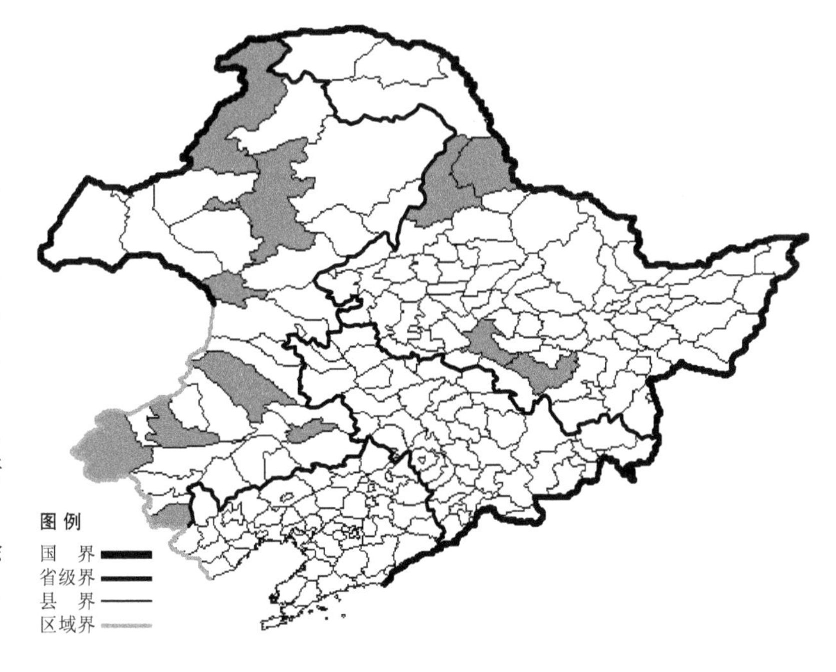

生境：林下阴湿处，林缘沟谷，海拔 700 米以下。

产地：黑龙江省哈尔滨、尚志、黑河、嫩江，内蒙古额尔古纳、海拉尔、牙克石、扎鲁特旗、巴林右旗、阿尔山、通辽、宁城、克什克腾旗。

分布：中国（黑龙江、内蒙古、河北、山西、陕西、甘肃、青海、新疆、山东、江苏、安徽、云南、西藏），朝鲜半岛，日本，蒙古，俄罗斯（除北极带及高山地区），土耳其，伊朗，欧洲。

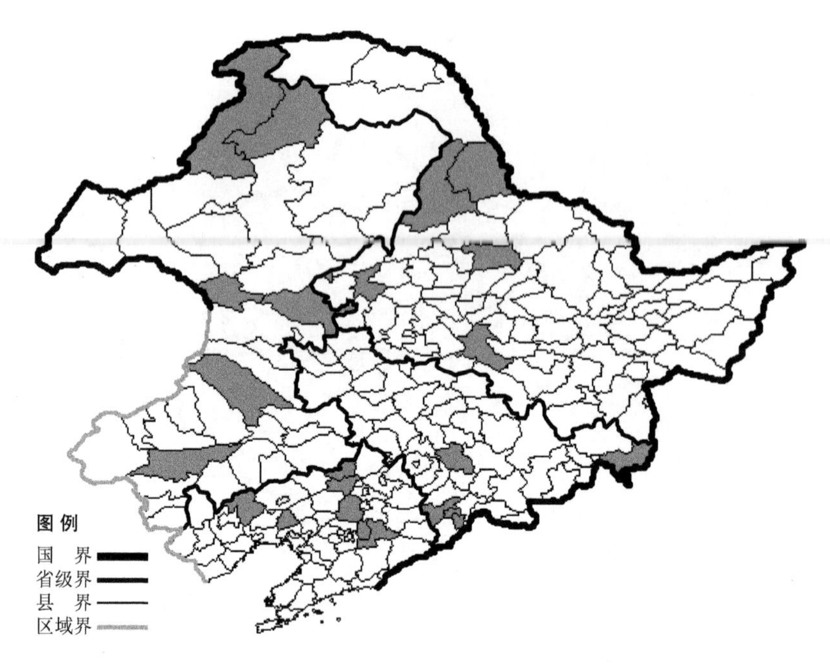

巨药剪股颖

Agrostis macranthera Chang et Skv.

生境：湿草地、路旁，海拔 700 米以下。

产地：黑龙江省哈尔滨、北安、黑河、嫩江、齐齐哈尔，吉林省珲春、磐石、通化，辽宁省康平、北镇、北票、沈阳、本溪、法库，内蒙古额尔古纳、阿尔山、扎赉特旗、翁牛特旗、根河、扎鲁特旗。

分布：中国（黑龙江、吉林、辽宁、内蒙古）。

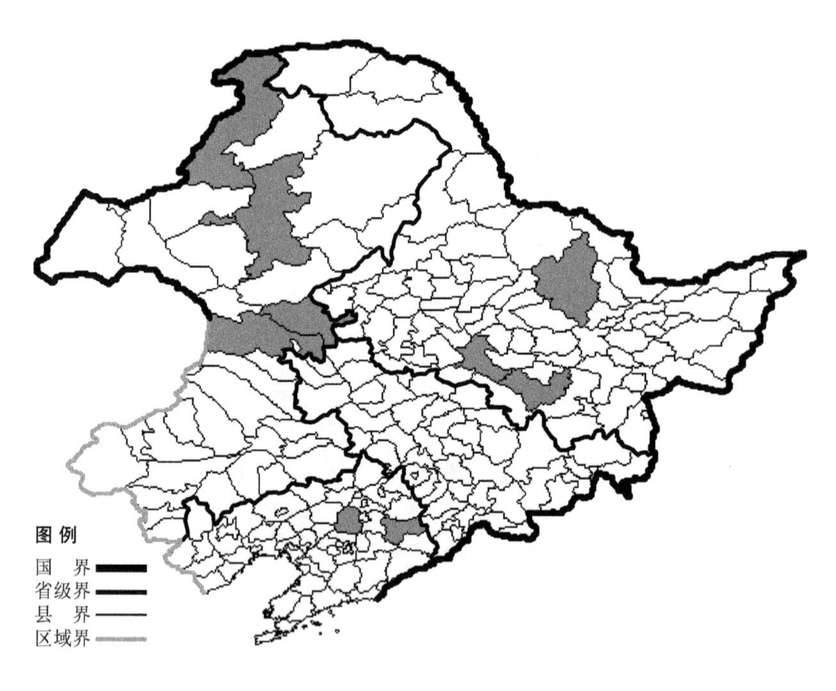

西伯利亚剪股颖

Agrostis sibirica V. Petr.

生境：路旁湿地。

产地：黑龙江省哈尔滨、尚志、伊春，辽宁省沈阳、新宾，内蒙古额尔古纳、海拉尔、牙克石、扎赉特旗、科尔沁右翼前旗。

分布：中国（黑龙江、辽宁、内蒙古），俄罗斯（东部西伯利亚）。

匍茎剪股颖

Agrostis stolonifera L.

生境：湿草地，海拔 700 米以下。

产地：黑龙江省伊春、哈尔滨、安达，辽宁省彰武、建平、宽甸，内蒙古额尔古纳、海拉尔、扎赉特旗、科尔沁右翼中旗、牙克石、赤峰、克什克腾旗。

分布：中国（黑龙江、辽宁、内蒙古、河北、山西、西北），俄罗斯（除北极带外大部分地区），欧洲，北美洲。

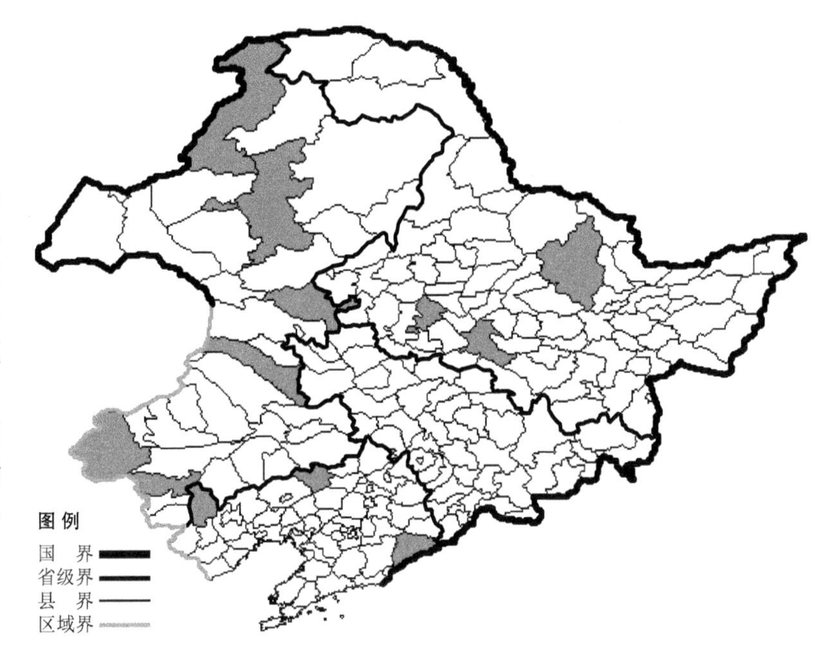

细弱剪股颖

Agrostis tenuis Sibth.

生境：山坡草地。

产地：内蒙古扎赉特旗、科尔沁右翼前旗。

分布：中国（内蒙古、山西），俄罗斯（欧洲部分、高加索、西伯利亚），中亚，土耳其，伊朗，欧洲。

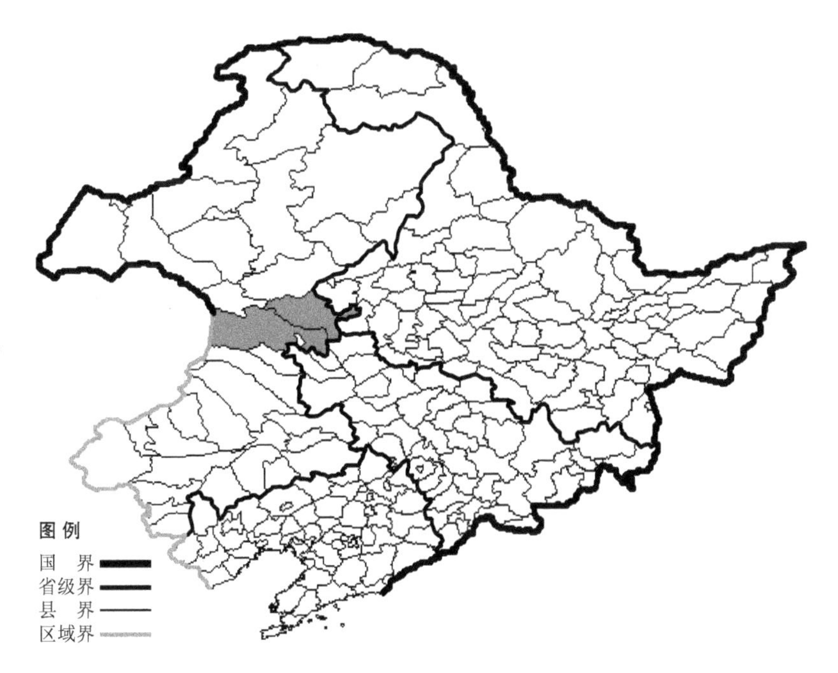

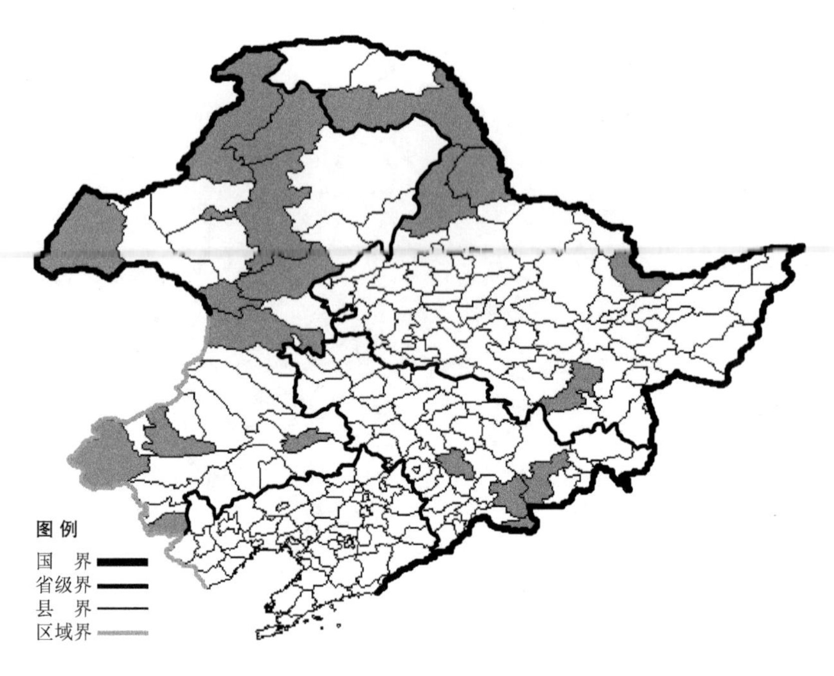

芒剪股颖

Agrostis trinii Turcz.

生境：高山山坡，草甸，沟谷，海拔 2400 米以下。

产地：黑龙江省海林、萝北、黑河、呼玛、嫩江，吉林省安图、抚松、磐石、长白，内蒙古额尔古纳、通辽、海拉尔、根河、阿尔山、新巴尔虎右旗、牙克石、扎兰屯、巴林右旗、科尔沁右翼前旗、克什克腾旗、宁城。

分布：中国（黑龙江、吉林、内蒙古），俄罗斯（东部西伯利亚、远东地区）。

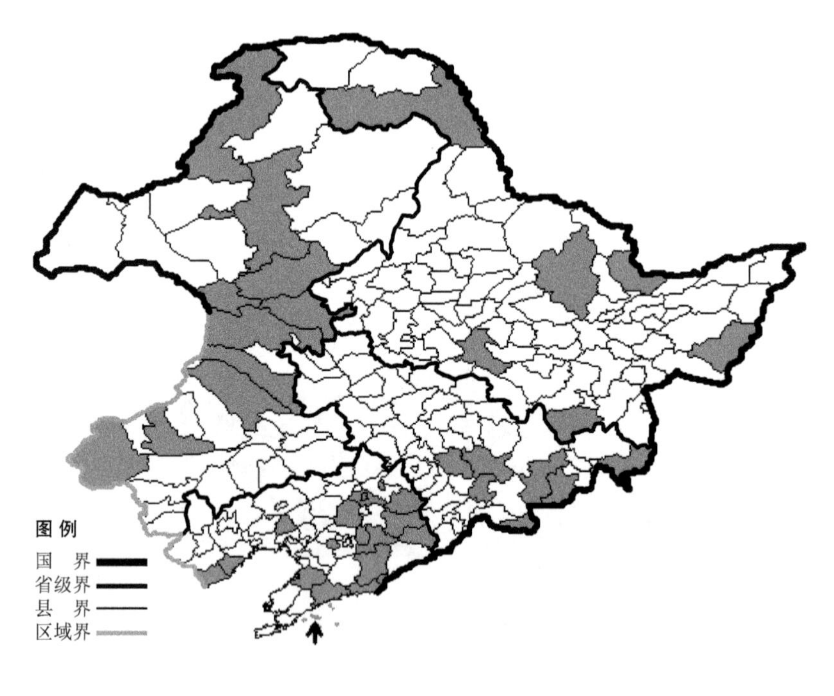

看麦娘

Alopecurus aequalis Sobol.

生境：湿草地，耕地旁，海拔 800 米以下。

产地：黑龙江省哈尔滨、伊春、虎林、宁安、呼玛、萝北，吉林省珲春、安图、磐石、桦甸、和龙、靖宇、长白，辽宁省北镇、兴城、绥中、沈阳、凤城、桓仁、盖州、长海、庄河、清原、新宾、丹东、东港、鞍山、铁岭、本溪，内蒙古海拉尔、扎兰屯、扎赉特旗、科尔沁右翼前旗、额尔古纳、巴林右旗、克什克腾旗、牙克石、阿尔山、科尔沁右翼中旗、扎鲁特旗。

分布：中国（全国各地），遍布北半球温带地区。

苇状看麦娘

Alopecurus arundinaceus Poiret

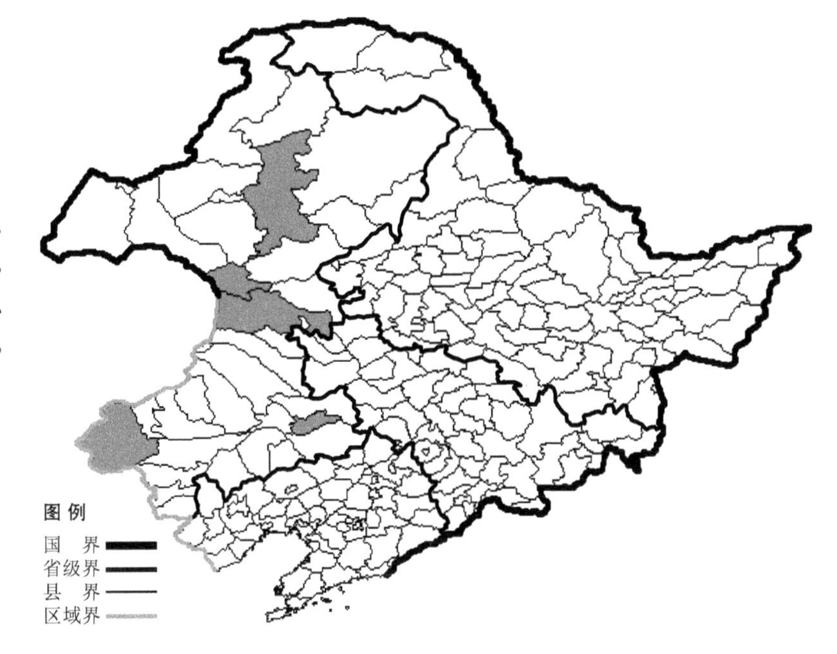

生境：湿草地。

产地：内蒙古科尔沁右翼前旗、牙克石、克什克腾旗、阿尔山、通辽。

分布：中国（内蒙古、甘肃、青海、新疆），俄罗斯（北极带至南部），欧洲。

短穗看麦娘

Alopecurus brachystachys Bieb.

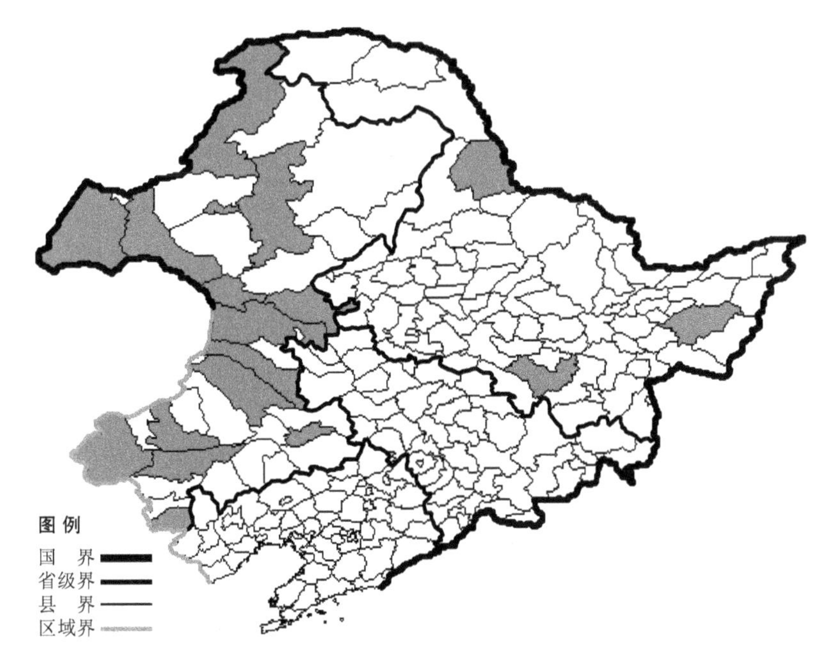

生境：潮湿草原，沟边湿地，海拔 800 米以下。

产地：黑龙江省宝清、尚志、黑河，内蒙古牙克石、海拉尔、宁城、额尔古纳、通辽、新巴尔虎左旗、巴林右旗、新巴尔虎右旗、阿尔山、扎赉特旗、科尔沁右翼前旗、科尔沁右翼中旗、扎鲁特旗、克什克腾旗、翁牛特旗。

分布：中国（黑龙江、内蒙古、河北、青海），俄罗斯（东部西伯利亚、远东地区）。

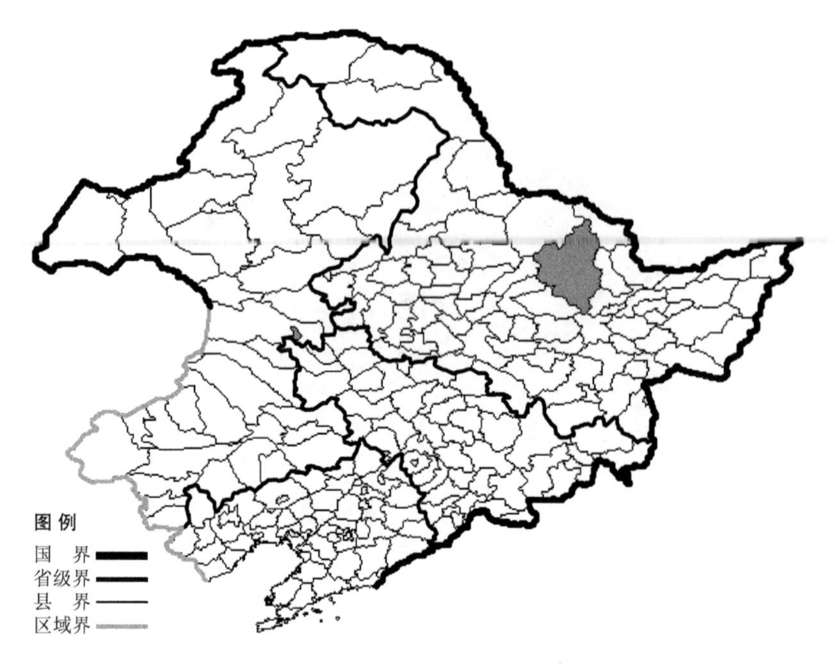

长芒看麦娘

Alopecurus longiaristatus Maxim.

生境：河边，湿草甸子。

产地：黑龙江伊春，内蒙古乌兰浩特。

分布：中国（黑龙江、内蒙古），俄罗斯（远东地区）。

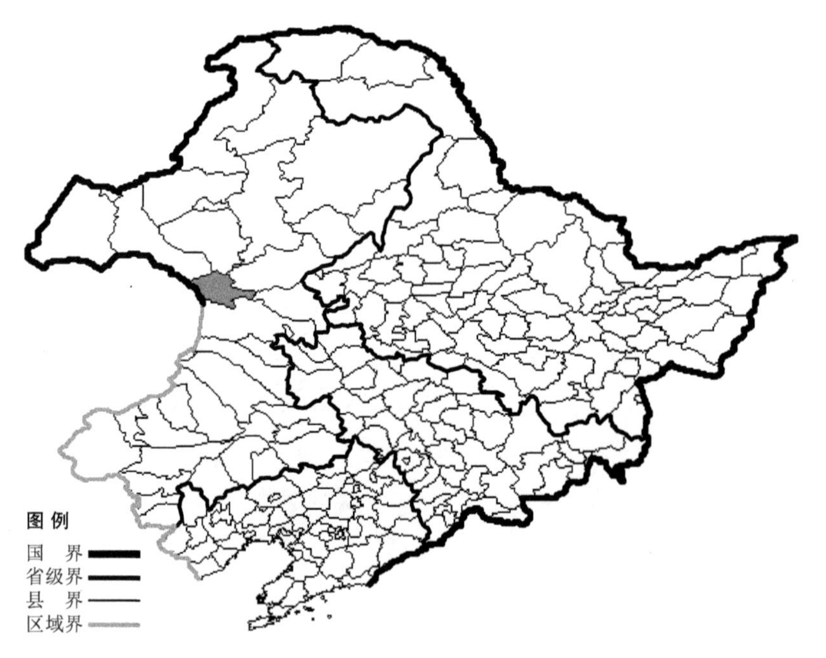

大看麦娘

Alopecurus pratensis L.

生境：水边湿地。

产地：内蒙古阿尔山。

分布：中国（内蒙古、甘肃、新疆），俄罗斯（北极带、欧洲部分、高加索、东部西伯利亚），中亚，土耳其，伊朗，欧洲。

日本黄花茅

Anthoxanthum nipponicum Honda

生境：高山冻原，岳桦林下，海拔 1700-2500 米。

产地：吉林省安图、抚松、长白。

分布：中国（吉林），朝鲜半岛，日本，俄罗斯（远东地区）。

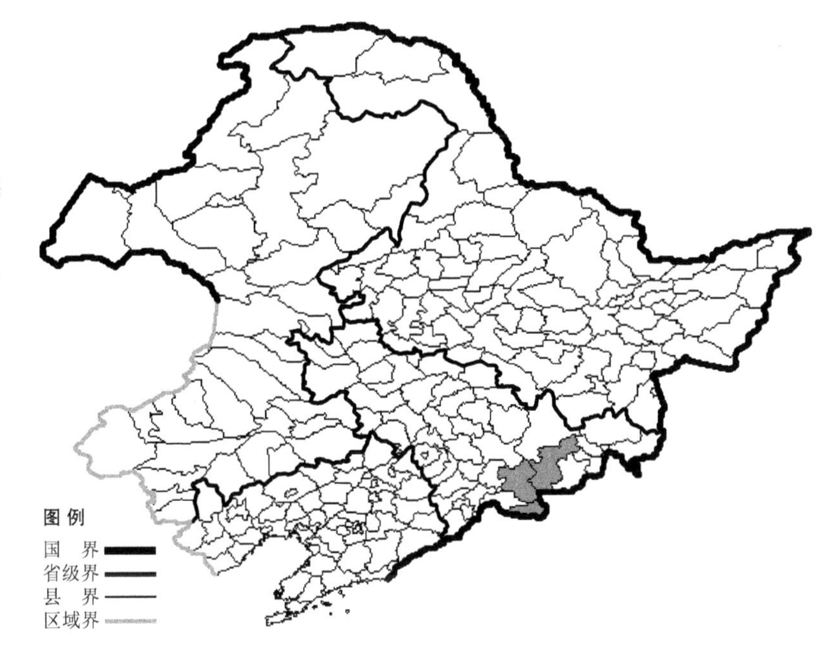

三芒草

Aristida adscensionis L.

生境：干山坡，路旁，海拔约 600 米。

产地：吉林省通榆，辽宁省沈阳、锦州、凌源，内蒙古赤峰。

分布：中国（吉林、辽宁、内蒙古、陕西、新疆、山东、江苏、河南），日本，蒙古，俄罗斯（高加索），中亚，土耳其，伊朗，南亚，非洲。

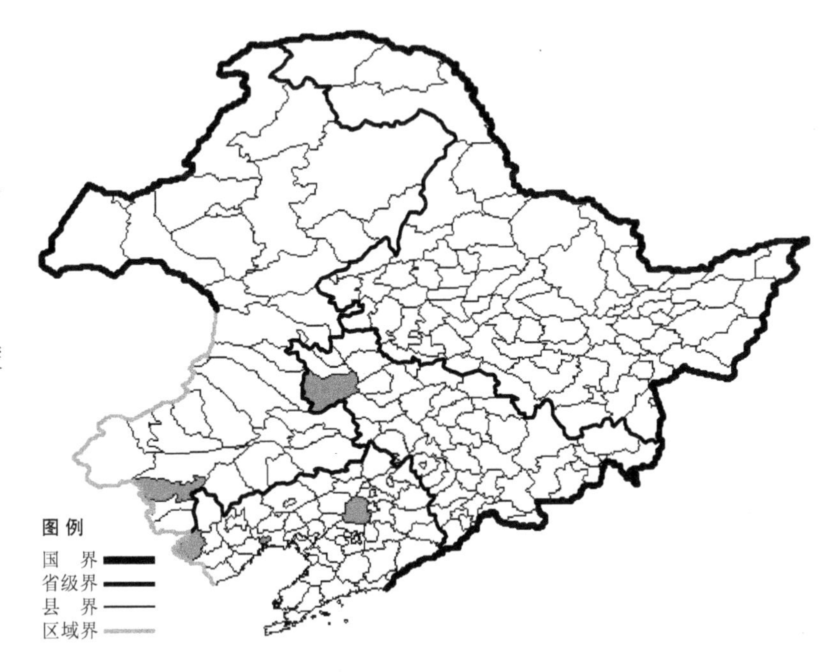

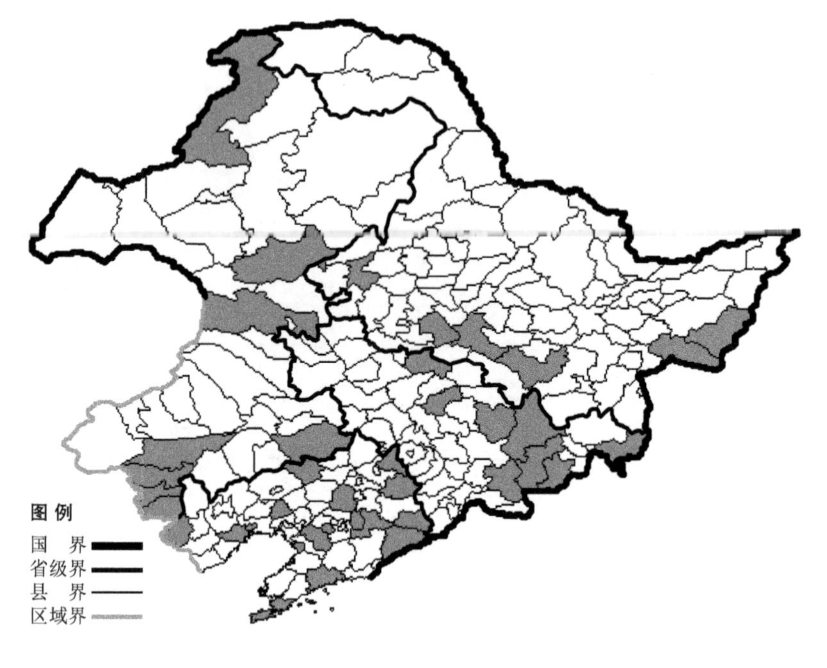

荩草

Arthraxon hispidus (Thunb.) Makino

生境：山坡草地，湿草地，海拔900米以下。

产地：黑龙江省哈尔滨、密山、肇东、尚志、虎林、齐齐哈尔，吉林省蛟河、扶余、和龙、珲春、抚松、敦化、九台、安图，辽宁省彰武、西丰、鞍山、本溪、锦州、海城、大连、北镇、庄河、清原、凌源、葫芦岛、营口、桓仁、沈阳、宽甸，内蒙古科尔沁左翼后旗、扎兰屯、额尔古纳、喀喇沁旗、宁城、科尔沁右翼前旗、赤峰、翁牛特旗。

分布：中国（全国各地），朝鲜半岛，日本，蒙古，俄罗斯（高加索、远东地区）。

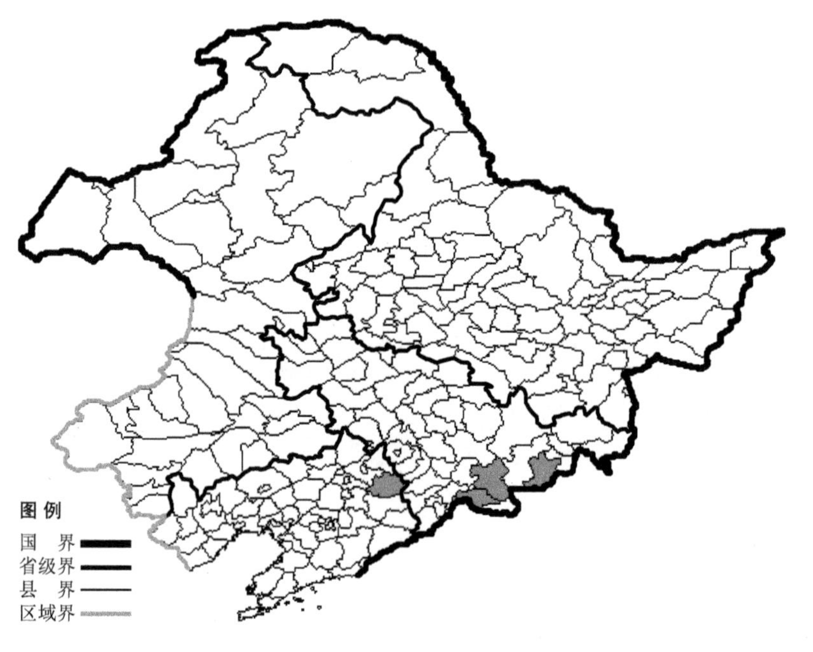

中亚荩草 Arthraxon hispidus (Thunb.) Makino var. **centrasiaticus** (Griseb.) Honda 生于湿草地、路旁湿地、山坡湿草地，海拔800米以下，产于吉林省和龙、临江、抚松，辽宁省清原，分布于中国（吉林、辽宁、新疆、河南、湖北），中亚。

虎氏荩草 Arthraxon hispidus (Thunb.) Makino var. **hookeri** (Hack.) Honda 生于山坡草地、湿草地，辽宁省锦州、本溪、鞍山、海城，分布于中国（辽宁、河南、华北、西南），尼泊尔。

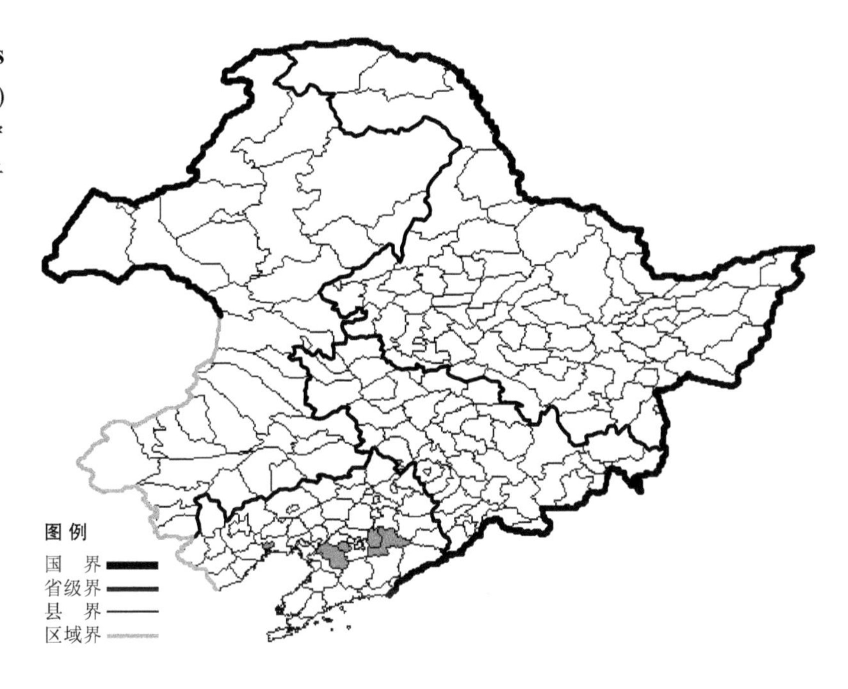

野古草

Arundinella hirta (Thunb.) Tanaka

生境：林下，山坡，草甸，海拔900米以下。

产地：黑龙江省黑河、萝北、安达、大庆、呼玛、虎林、肇东、依兰、尚志、宁安、密山、杜尔伯特、肇源，吉林省汪清、安图、和龙、前郭尔罗斯、临江、通化、镇赉、九台、长春、通榆、靖宇、珲春，辽宁省彰武、西丰、北镇、葫芦岛、抚顺、新民、清原、兴城、东港、建昌、凌源、建平、绥中、锦州、沈阳、本溪、桓仁、凤城、丹东、庄河、营口、瓦房店、大连、长海，内蒙古陈巴尔虎旗、海拉尔、扎兰屯、扎赉特旗、科尔沁右翼前旗、科尔沁右翼中旗、科尔沁左翼后旗、巴林右旗、扎鲁特旗、翁牛特旗、通辽、鄂温克旗、宁城、霍林郭勒。

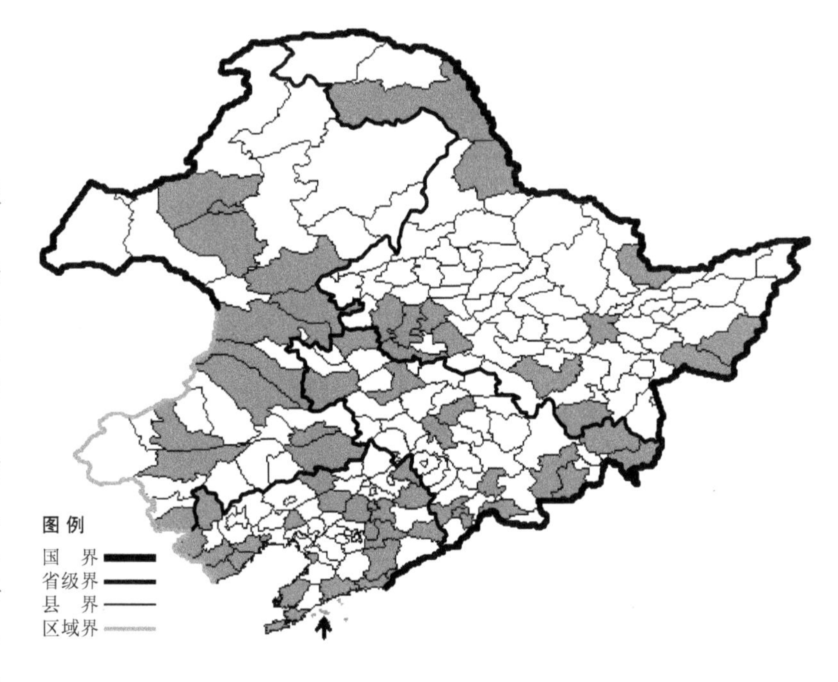

分布：中国（黑龙江、吉林、辽宁、内蒙古），朝鲜半岛，日本，蒙古，俄罗斯（东部西伯利亚、远东地区）。

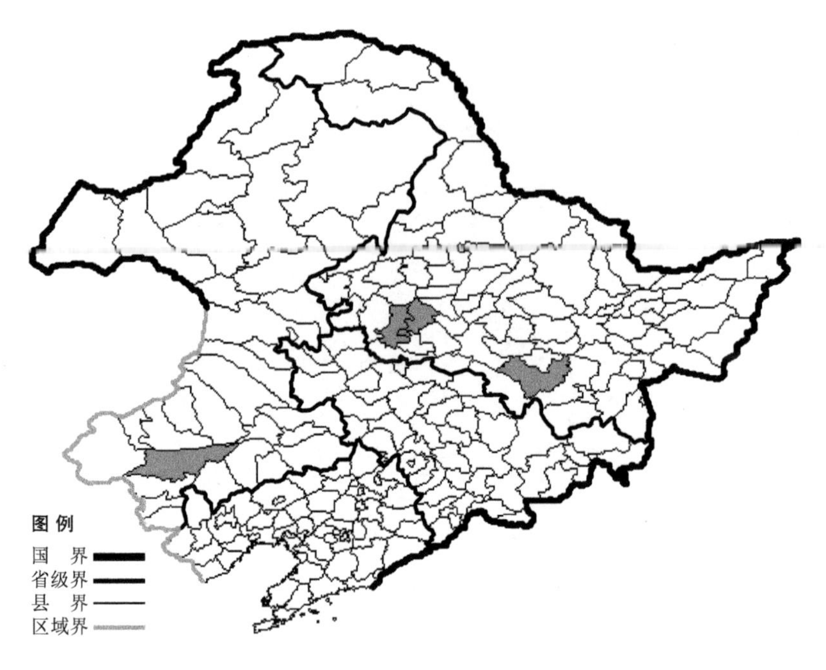

野燕麦

Avena fatua L.

生境：荒地。

产地：黑龙江省大庆、尚志、安达，内蒙古翁牛特旗。

分布：原产欧洲，现我国黑龙江、内蒙古、陕西、青海、江苏、安徽、浙江、四川、广东、云南有分布。

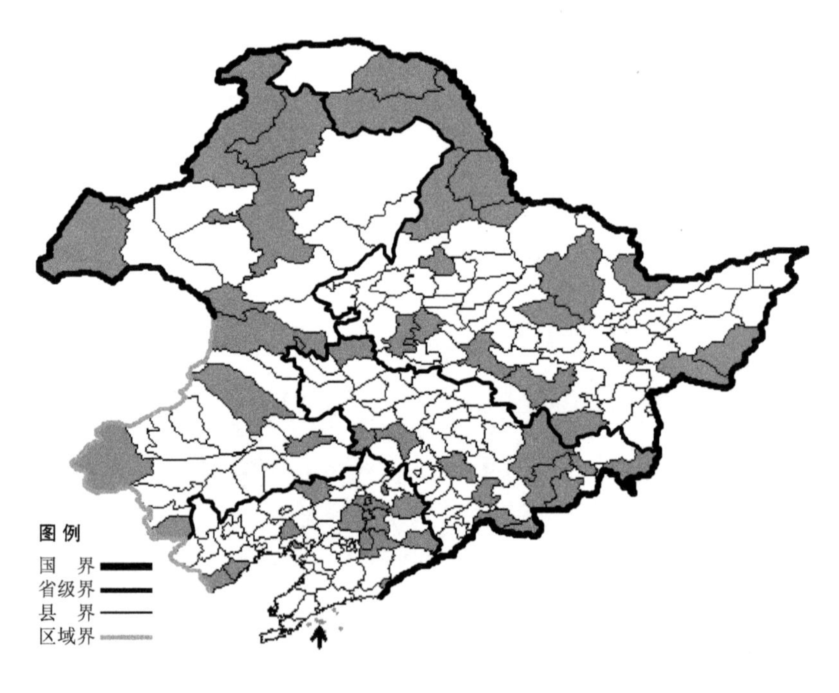

菵草

Beckmannia syzigachne (Steud.) Fern.

生境：河边，海拔1700米以下。

产地：黑龙江省伊春、哈尔滨、塔河、密山、宁安、克山、大庆、呼玛、嫩江、铁力、尚志、虎林、勃利、萝北、安达、黑河、孙吴，吉林省珲春、靖宇、安图、长白、磐石、敦化、临江、镇赉、双辽、公主岭、延吉、和龙，辽宁省彰武、绥中、兴城、沈阳、本溪、抚顺、铁岭、丹东、长海、清原、北镇、桓仁、盘锦，内蒙古海拉尔、牙克石、额尔古纳、满洲里、新巴尔虎右旗、根河、阿尔山、乌兰浩特、科尔沁右翼前旗、扎鲁特旗、宁城、克什克腾旗、通辽。

分布：中国（全国各地），朝鲜半岛，日本，蒙古，俄罗斯（西伯利亚、远东地区），中亚，北美洲。

毛颖茵草 Beckmannia syzigachne (Steud.) Fern. var. **hirsutiflora** Rosh. 生于河边，海拔 600 米以下，产于黑龙江省牡丹江、哈尔滨，内蒙古新巴尔虎左旗、新巴尔虎右旗、牙克石，分布于中国（黑龙江、内蒙古），俄罗斯（东部西伯利亚、远东地区）。

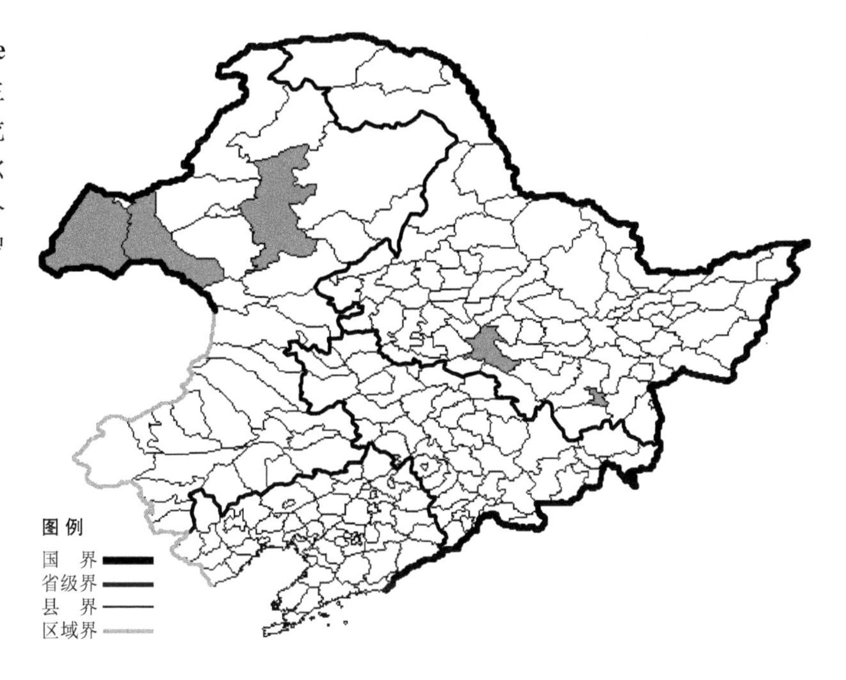

白羊草

Bothriochloa ischaemum (L.) Keng

生境：山坡草地、路旁，海拔 700 米以下。

产地：辽宁省北镇、阜新、建平、凌源、建昌、葫芦岛、绥中、兴城、喀左、长海、大连。

分布：中国（全国各地），朝鲜半岛，蒙古，俄罗斯（欧洲部分、高加索、西部西伯利亚），中亚，土耳其，伊朗，阿富汗，巴基斯坦，不丹，尼泊尔，印度，欧洲，非洲。

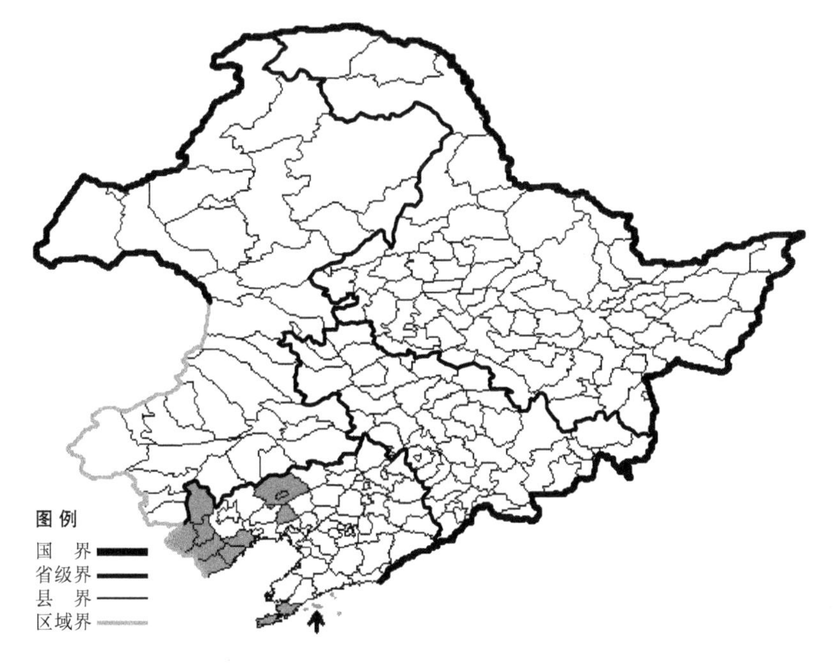

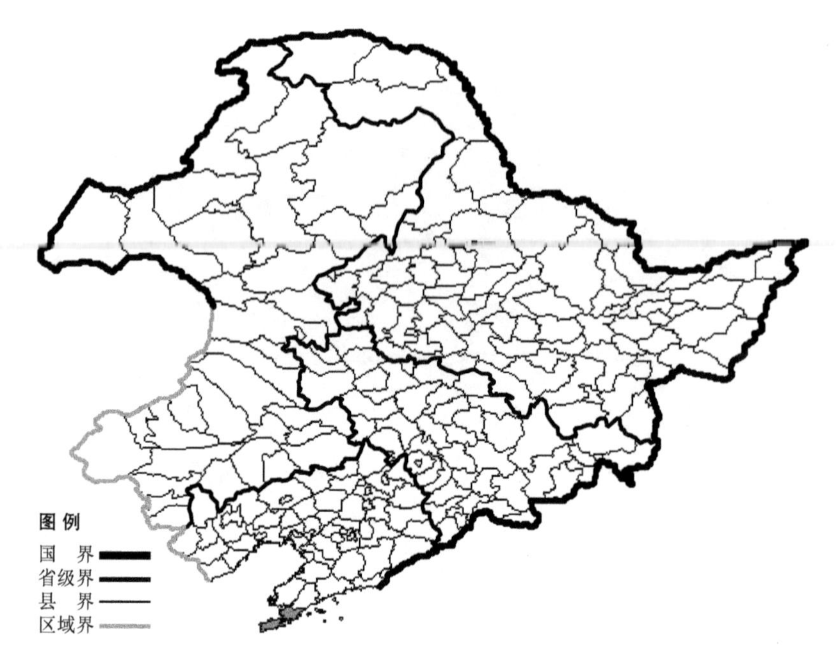

东北短柄草

Brachypodium manshuricum Kitag.

生境：山坡草地。
产地：辽宁省大连。
分布：中国（辽宁）。

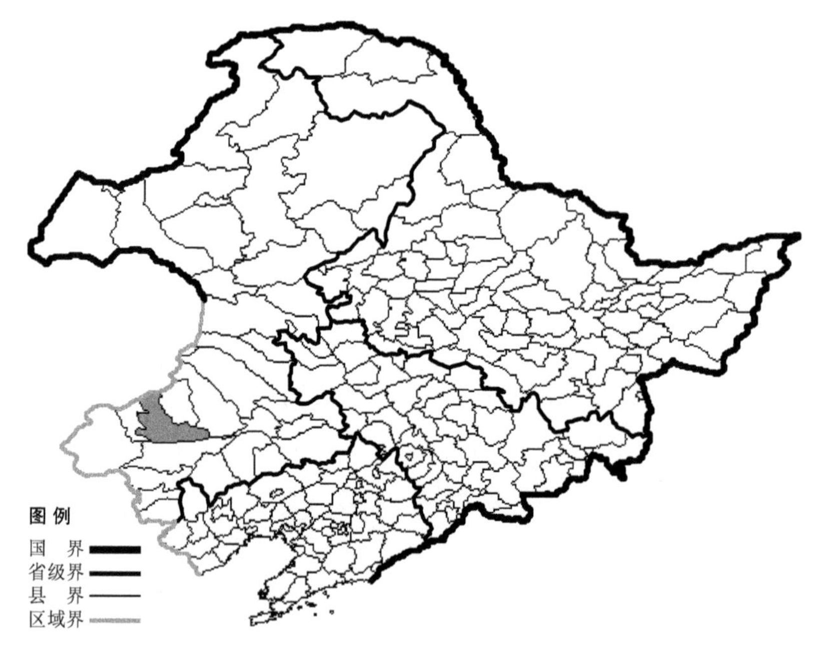

兴安短柄草

Brachypodium pinnatum (L.) Beauv.

生境：草地，林下。
产地：内蒙古巴林右旗。
分布：中国（内蒙古），俄罗斯（欧洲部分、高加索、西伯利亚），中亚，土耳其，伊朗，欧洲。

无芒雀麦

Bromus inermis Leyss.

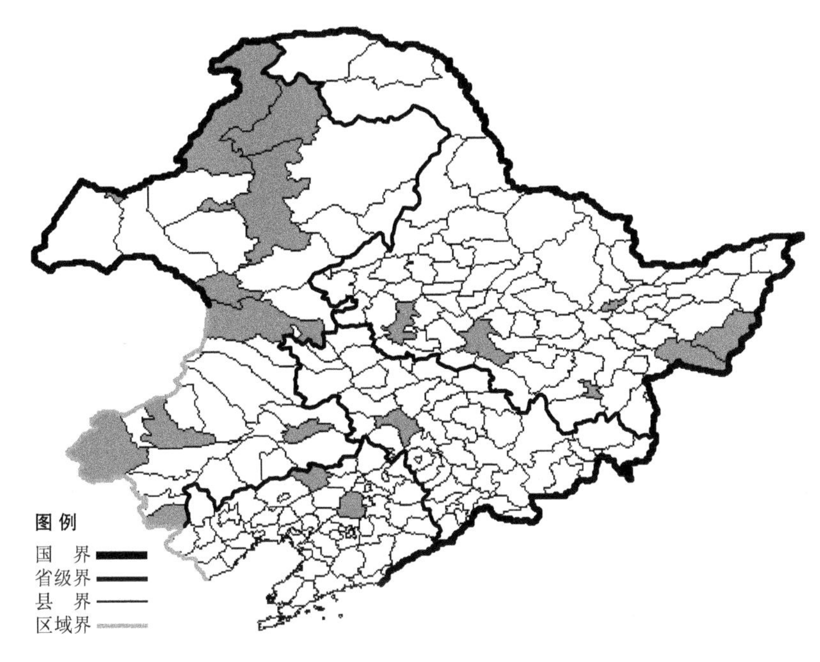

生境：山坡，路旁，沙地，海拔1000米以下。

产地：黑龙江省哈尔滨、大庆、牡丹江、虎林、佳木斯、密山，吉林省公主岭，辽宁省彰武、沈阳，内蒙古满洲里、海拉尔、根河、牙克石、科尔沁右翼前旗、克什克腾旗、宁城、阿尔山、通辽、额尔古纳、巴林右旗。

分布：中国（黑龙江、辽宁、内蒙古、河北、山西、陕西、甘肃、青海、新疆、山东、江苏、四川、贵州、云南、西藏），日本，蒙古，俄罗斯（欧洲部分、西伯利亚），中亚，欧洲。

沙地雀麦

Bromus ircutensis Rom.

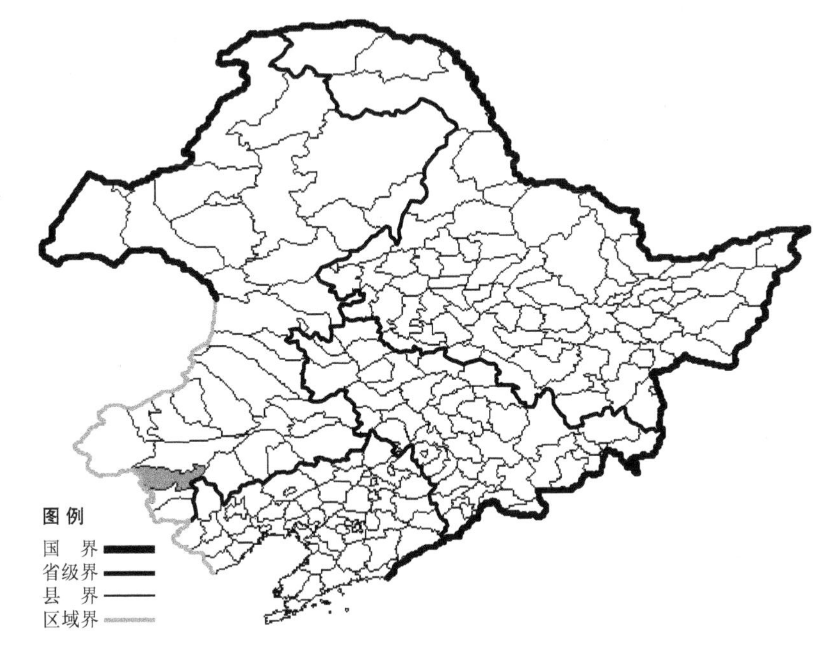

生境：固定、半固定沙丘及其边缘，流动沙丘。

产地：内蒙古赤峰。

分布：中国（内蒙古），蒙古，俄罗斯（东部西伯利亚）。

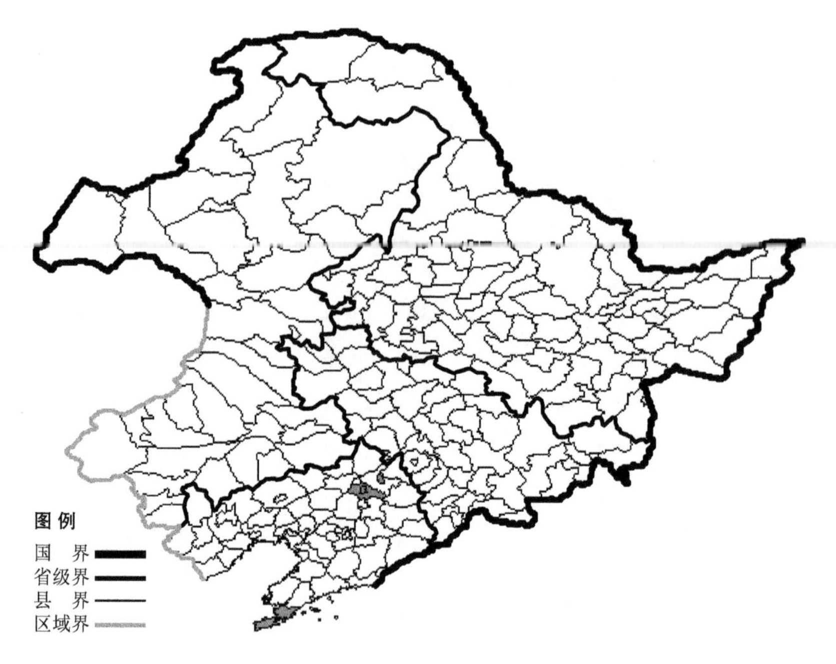

雀麦

Bromus japonicus Thunb.

生境：山坡草地，路旁。

产地：辽宁省大连、铁岭。

分布：中国（辽宁、山西、陕西、甘肃、新疆、山东、江苏、安徽、河南、湖北、江西、湖南、四川、云南、西藏、台湾），朝鲜半岛，日本，蒙古，俄罗斯（欧洲部分、高加索、西部西伯利亚、远东地区），中亚，土耳其，伊朗，非洲，欧洲。

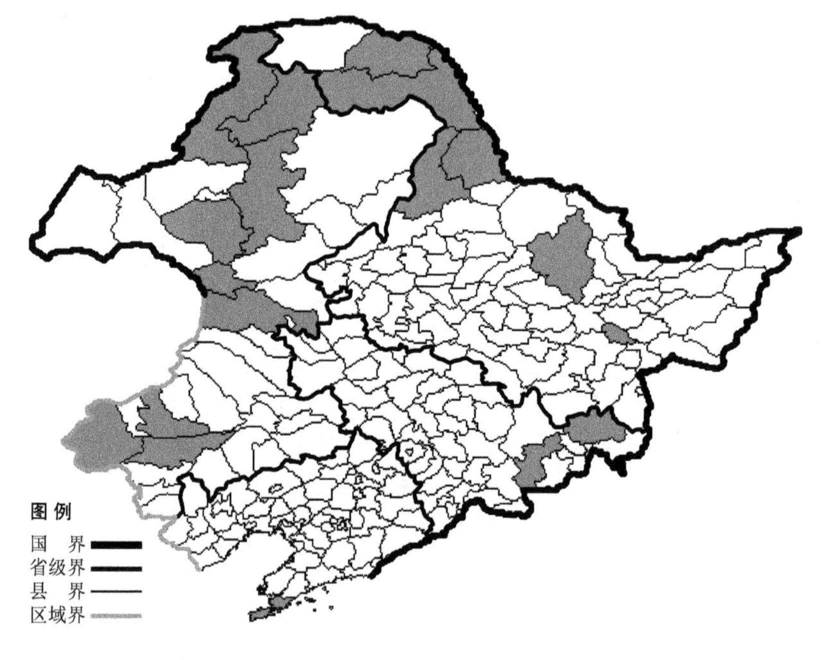

紧穗雀麦

Bromus pumpellianus Scribn.

生境：沟旁，林缘，海拔 1000 米以下。

产地：黑龙江省伊春、塔河、呼玛、勃利、嫩江、黑河，吉林省安图、汪清，辽宁省大连，内蒙古根河、额尔古纳、牙克石、翁牛特旗、科尔沁右翼前旗、克什克腾旗、阿尔山、鄂温克旗、巴林右旗。

分布：中国（黑龙江、吉林、辽宁、内蒙古），俄罗斯（北极带、欧洲部分、西伯利亚、远东地区），北美洲。

旱雀麦

Bromus tectorum L.

生境：路旁。

产地：辽宁省大连。

分布：中国（辽宁、陕西、宁夏、甘肃、青海、新疆、四川、云南、西藏），俄罗斯（欧洲部分、高加索），中亚，土耳其，伊朗，欧洲，北美洲。

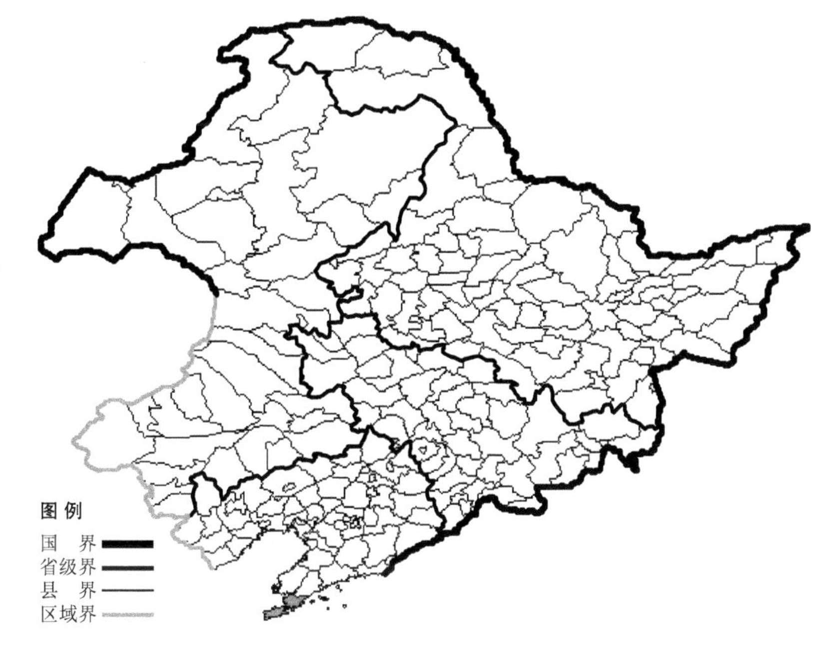

扁穗草

Brylkinia caudata (Munro) Fr. Schmidt

生境：疏林下，海拔 1000 米以下。

产地：吉林省安图。

分布：中国（吉林、四川），日本，俄罗斯（远东地区）。

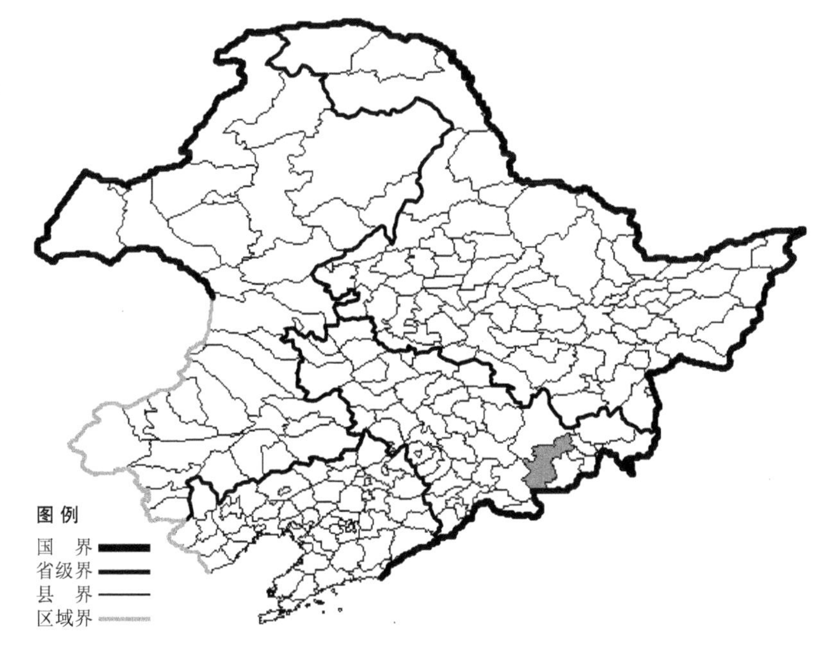

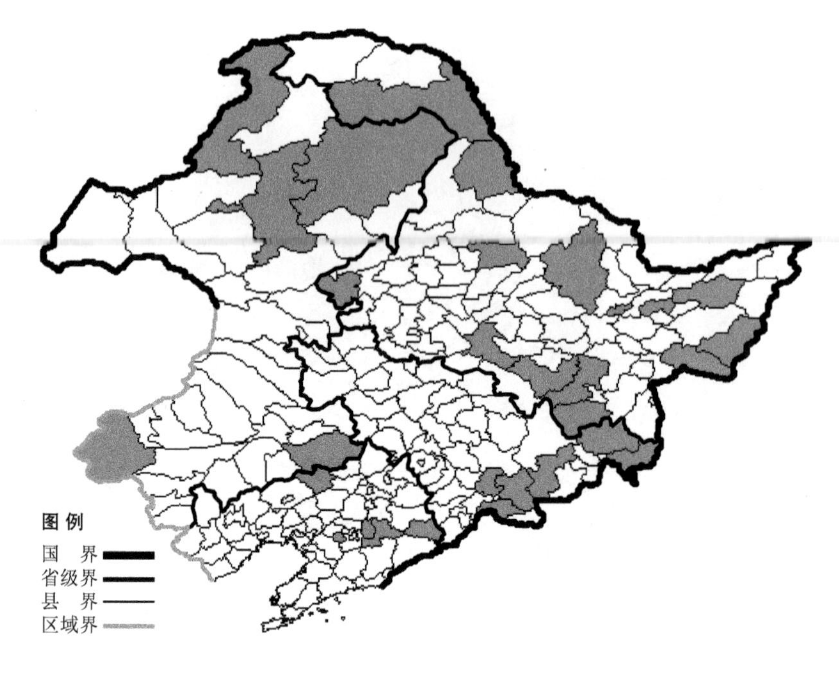

小叶章

Calamagrostis angustifolia Kom.

生境：湿地，踏头甸子，海拔2100米以下。

产地：黑龙江省佳木斯、伊春、虎林、密山、富锦、集贤、龙江、海林、尚志、哈尔滨、北安、呼玛、宁安、黑河，吉林省珲春、汪清、靖宇、安图、临江、抚松，辽宁省彰武、鞍山、桓仁、本溪，内蒙古额尔古纳、海拉尔、牙克石、鄂伦春旗、克什克腾旗、科尔沁左翼后旗。

分布：中国（黑龙江、吉林、辽宁、内蒙古），朝鲜半岛，俄罗斯（远东地区）。

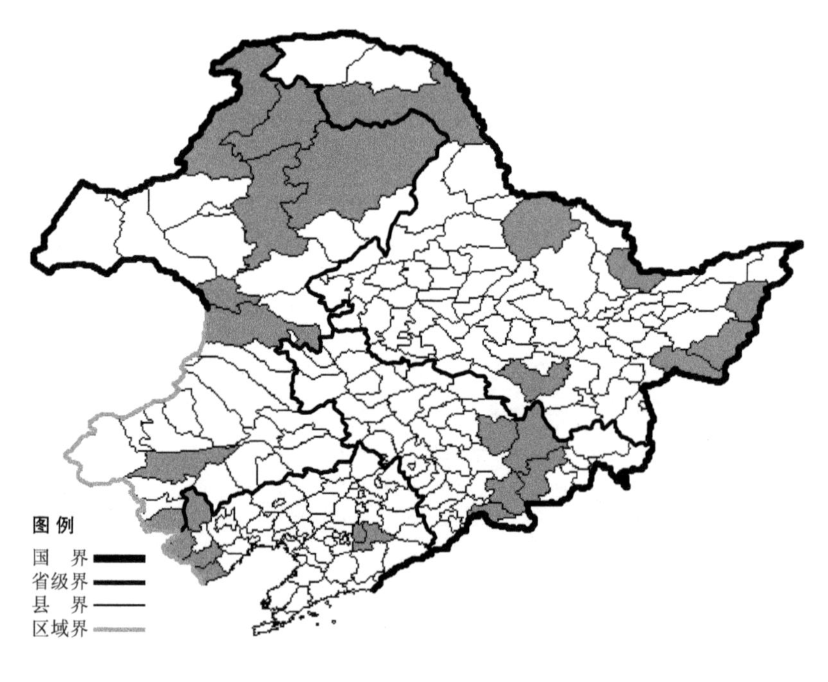

野青茅

Calamagrostis arundinacea (L.) Roth

生境：山坡草地，湿草地，海拔800米以下。

产地：黑龙江省逊克、萝北、尚志、密山、虎林、饶河，吉林省安图、临江、蛟河、抚松、敦化，辽宁省建平、凌源、绥中、建昌、本溪，内蒙古宁城、额尔古纳、鄂伦春旗、牙克石、科尔沁右翼前旗、根河、翁牛特旗、阿尔山。

分布：中国（黑龙江、吉林、辽宁、内蒙古、河北、陕西、甘肃、江苏、浙江、湖北、江西、湖南、广西、四川、贵州、云南、台湾），朝鲜半岛，日本，俄罗斯（欧洲部分、高加索、西伯利亚），土耳其，欧洲。

短毛野青茅 Calamagrostis arundinacea (L.) Roth var. **brachytricha** (Steud.) Hack. 生于山坡草地、湿草地，海拔 800 米以下，产于黑龙江省虎林、密山、尚志、萝北、呼玛、伊春，吉林省集安、安图、敦化、和龙、长春、汪清，辽宁省西丰、沈阳、葫芦岛、建昌、建平、本溪、桓仁、凤城、鞍山、宽甸、营口、普兰店、阜新、岫岩、开原、大连、法库，内蒙古根河、科尔沁右翼前旗、翁牛特旗、巴林右旗、克什克腾旗，分布于中国（黑龙江、吉林、辽宁、内蒙古、河北、山西），朝鲜半岛，日本，俄罗斯（东部西伯利亚、远东地区）。

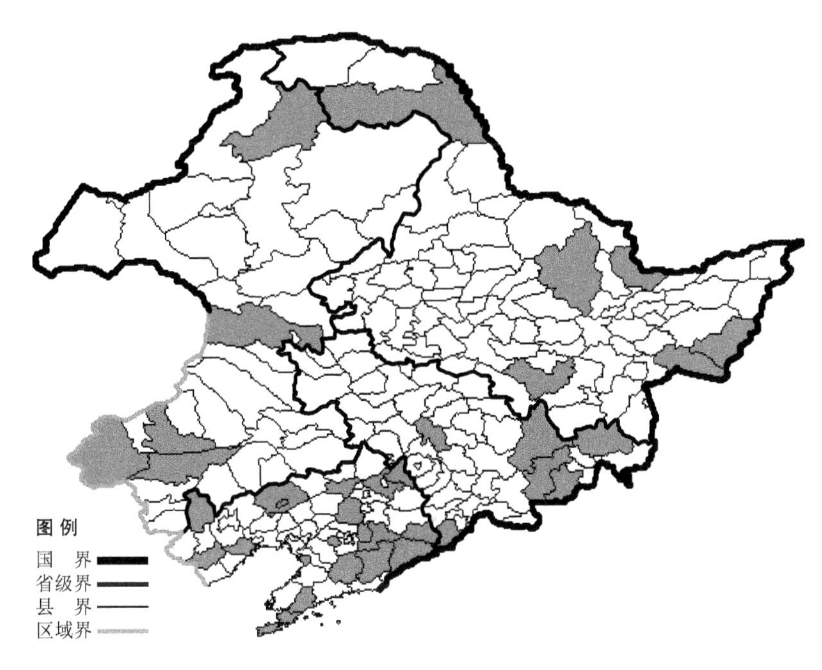

糙毛野青茅 Calamagrostis arundinacea (L.) Roth var. **hirsuta** Hack. 生于山坡草地，海拔 800 米以下，产于黑龙江省尚志、哈尔滨、伊春、宁安、萝北、汤原，吉林省吉林、磐石，辽宁省北镇、锦州、凌源、本溪、大连，内蒙古翁牛特旗，分布于中国（黑龙江、吉林、辽宁、内蒙古、山西），朝鲜半岛。

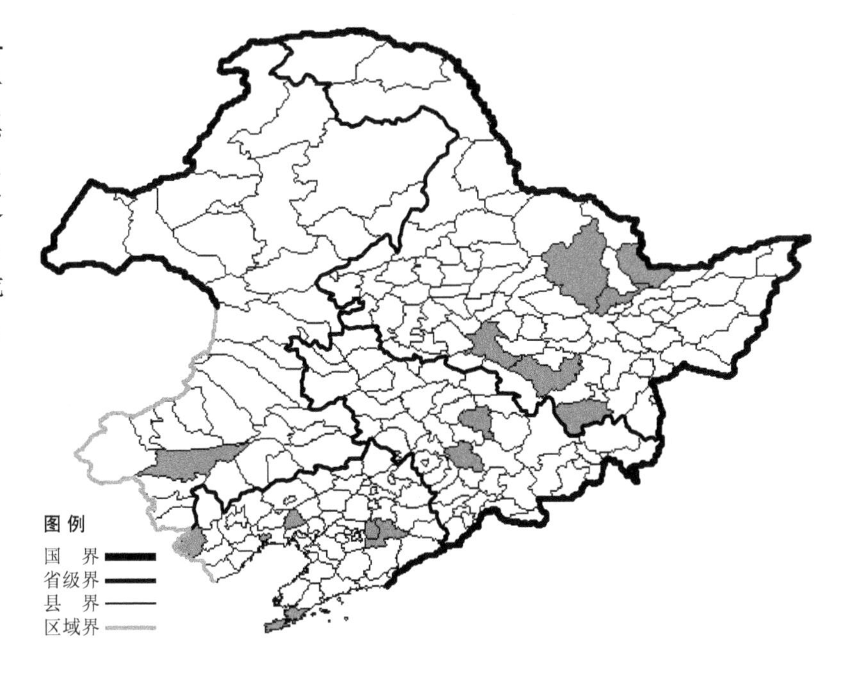

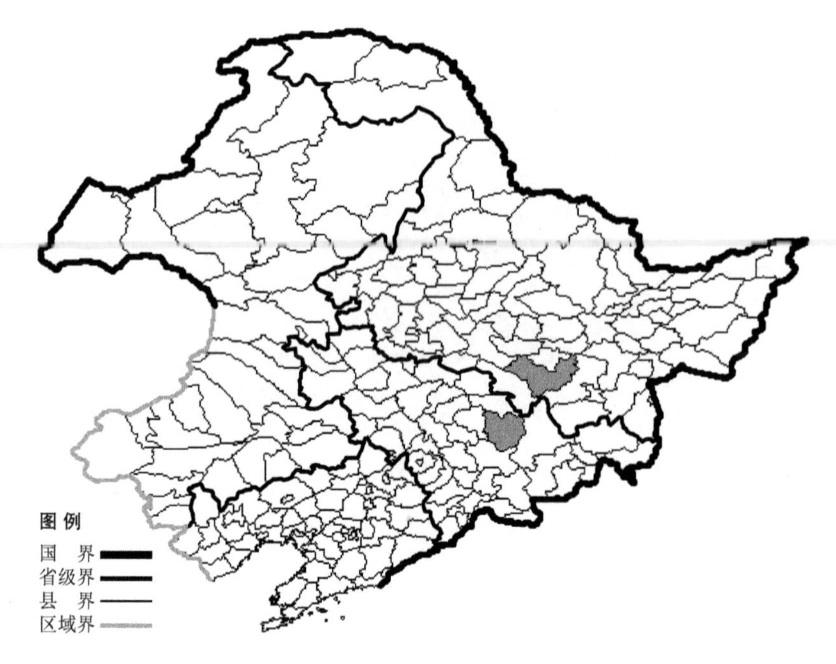

疏穗野青茅

Calamagrostis distantiflora Lucz.

生境：山坡草地。

产地：黑龙江省尚志，吉林省蛟河。

分布：中国（黑龙江、吉林），俄罗斯（远东地区）。

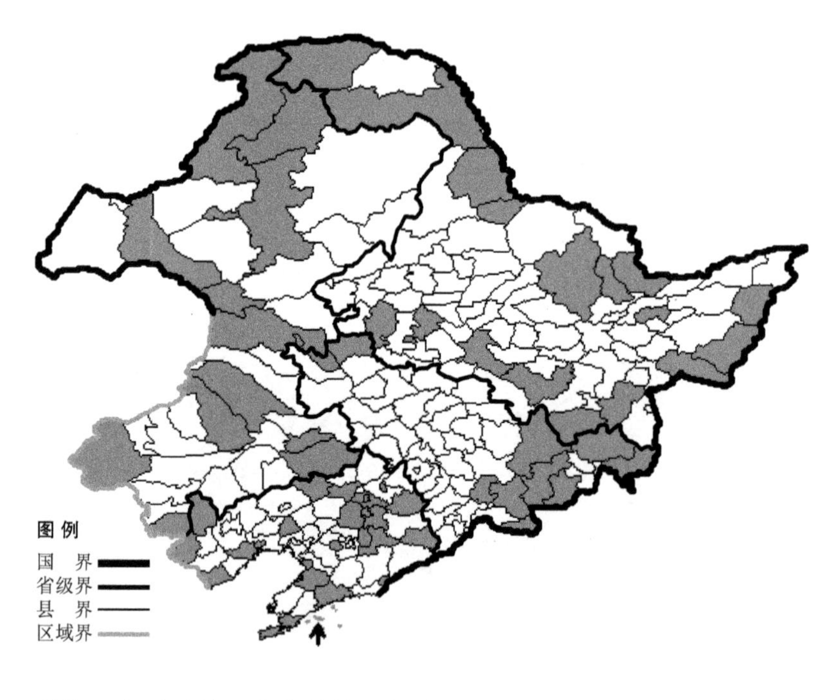

拂子茅

Calamagrostis epigejos (L.) Roth

生境：湿草地，林下，林缘，海拔1700米以下。

产地：黑龙江省哈尔滨、杜尔伯特、集贤、穆棱、漠河、呼玛、密山、安达、尚志、宁安、虎林、饶河、黑河、孙吴、伊春、鹤岗、萝北，吉林省镇赉、安图、抚松、靖宇、长白、和龙、敦化、汪清、珲春、白城，辽宁省法库、绥中、彰武、建平、葫芦岛、锦州、北镇、庄河、长海、盖州、丹东、凤城、凌源、营口、大连、沈阳、鞍山、桓仁、清原、铁岭、本溪、抚顺，内蒙古额尔古纳、牙克石、科尔沁右翼前旗、乌兰浩特、扎鲁特旗、宁城、通辽、阿尔山、根河、扎鲁特旗、克什克腾旗、阿鲁克尔沁旗、赤峰、鄂温克旗、新巴尔虎左旗、海拉尔、科尔沁左翼后旗。

分布：中国（全国各地），朝鲜半岛，日本，蒙古，俄罗斯（欧洲部分、高加索、西伯利亚、远东地区），中亚，伊朗，印度，欧洲。

远东拂子茅 Calamagrostis epigejos (L.) Roth var. **extremiorientalis** (Tzvel.) Kitag. 生于湿草地、林下、林缘，海拔 600 米以下，产于黑龙江省哈尔滨、密山、尚志，吉林省汪清、靖宇、安图、通榆、敦化、珲春、抚松、长白，内蒙古海拉尔、新巴尔虎右旗，分布于中国（黑龙江、吉林、内蒙古），俄罗斯（东部西伯利亚、远东地区）。

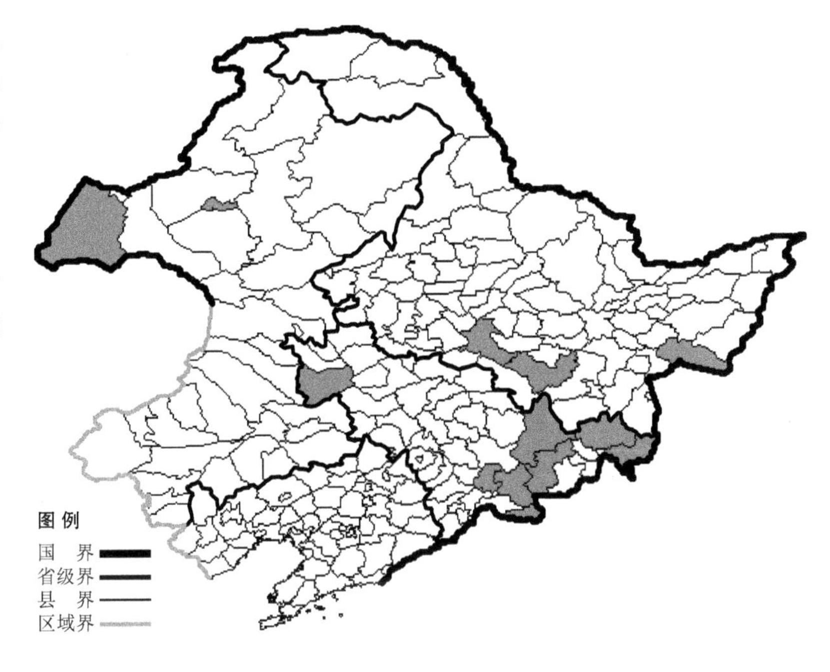

耿氏拂子茅

Calamagrostis kengii T. F. Wang

生境：湿草地，林下，林缘。

产地：黑龙江省哈尔滨、尚志、宁安、安达、肇东、齐齐哈尔，吉林省安图、抚松。

分布：中国（黑龙江、吉林）。

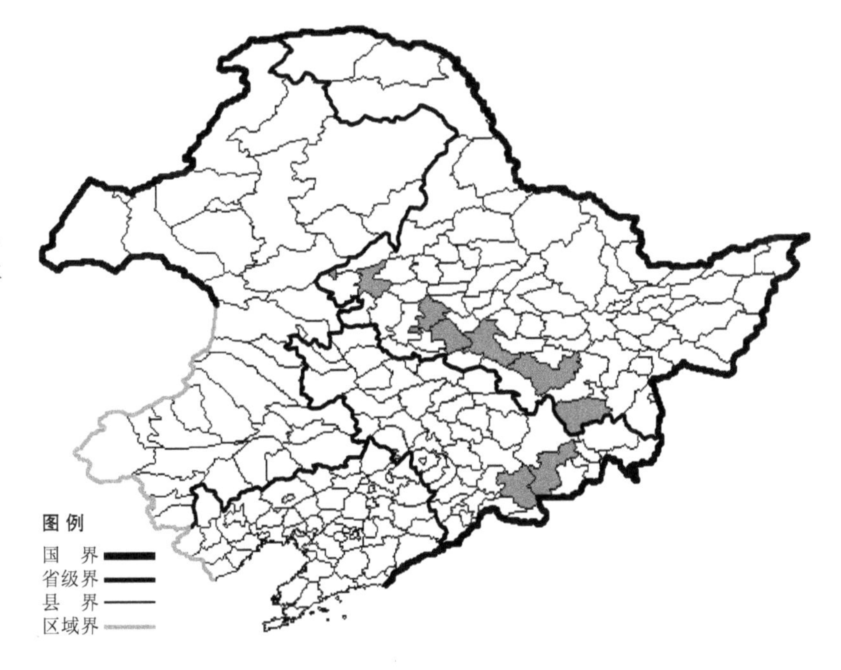

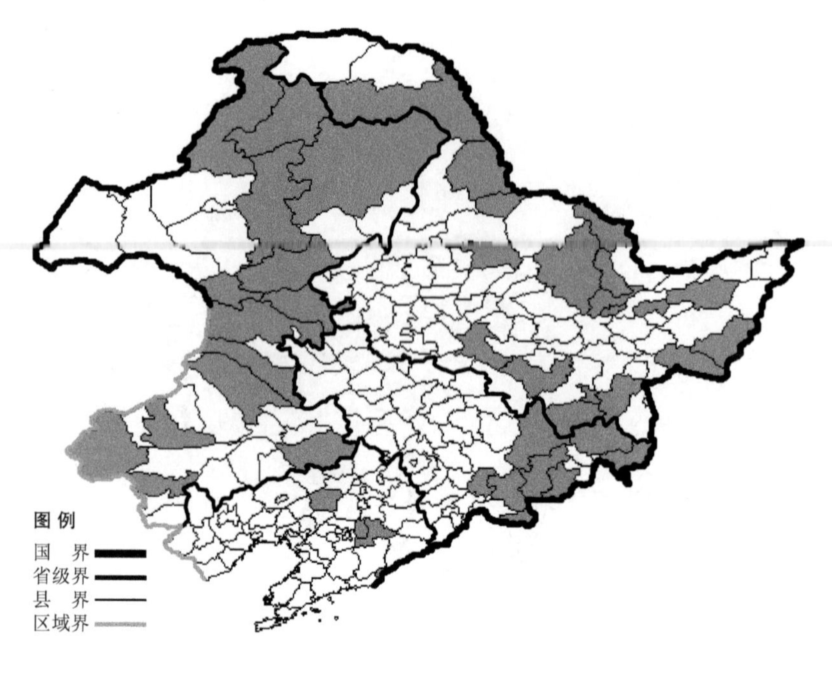

大叶章

Calamagrostis langsdorffii (Link) Trin.

生境：河边，路旁，沟谷，海拔2400米以下。

产地：黑龙江省哈尔滨、牡丹江、宁安、虎林、佳木斯、穆棱、汤原、伊春、鹤岗、富锦、尚志、北安、孙吴、集贤、呼玛、密山、嘉荫、黑河，吉林省珲春、汪清、靖宇、和龙、安图、抚松、敦化、长白，辽宁省丹东、新民、本溪，内蒙古额尔古纳、牙克石、鄂伦春旗、扎赉特旗、扎兰屯、扎鲁特旗、科尔沁右翼前旗、科尔沁右翼中旗、科尔沁左翼后旗、巴林右旗、克什克腾旗、根河、阿尔山、赤峰。

分布：中国（黑龙江、吉林、辽宁、内蒙古、河北、山西、陕西、新疆、湖北、四川），朝鲜半岛，日本，蒙古，俄罗斯（北极带、欧洲部分、西伯利亚、远东地区），中亚，欧洲，北美洲。

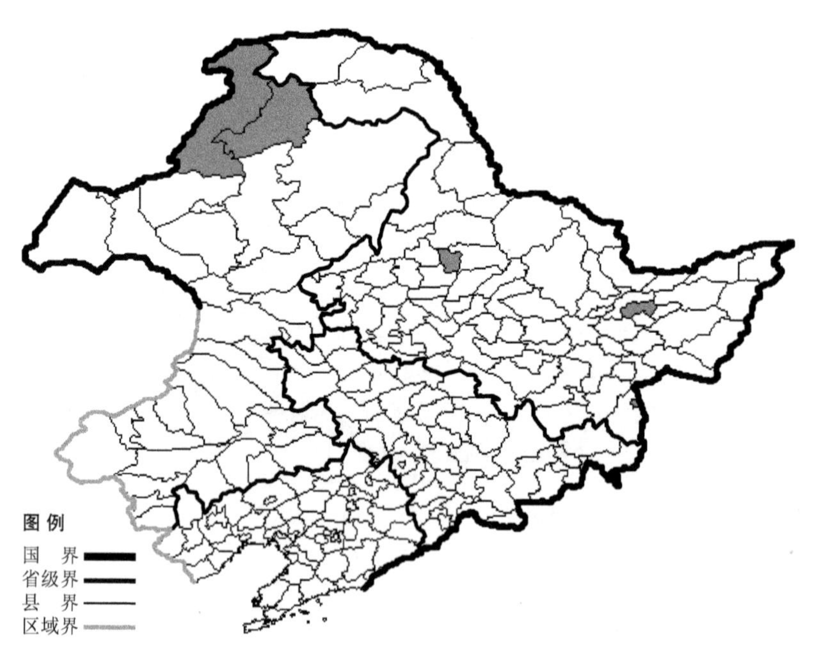

西伯利亚野青茅

Calamagrostis lapponica (Wahl.) Hartm.

生境：湿草地，海拔800米以下。

产地：黑龙江省绥芬河、集贤、克东，内蒙古额尔古纳、根河。

分布：中国（黑龙江、内蒙古、甘肃、新疆），俄罗斯（北极带、欧洲部分、西伯利亚、远东地区），欧洲，北美洲。

大拂子茅

Calamagrostis macrolepis Litv.

生境：河边沙地，湿草地，海拔800米以下。

产地：黑龙江省大庆，吉林省长春、安图，辽宁省沈阳、彰武、瓦房店、盖州、长海，内蒙古科尔沁右翼前旗、科尔沁右翼中旗、巴林右旗、克什克腾旗。

分布：中国（黑龙江、吉林、辽宁、内蒙古、河北、山西、青海、新疆），蒙古，俄罗斯（欧洲部分、高加索、西伯利亚），中亚，伊朗。

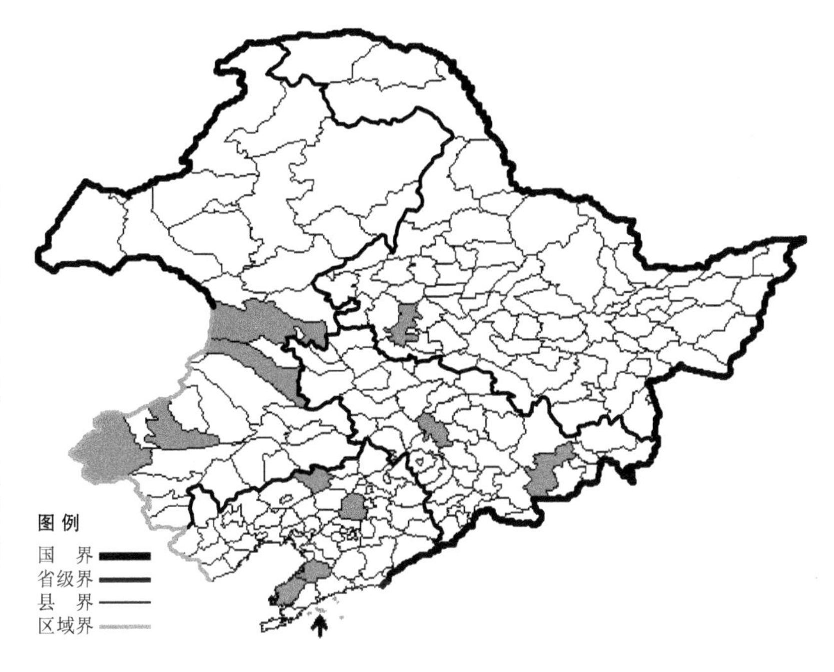

硬拂子茅 Calamagrostis macrolepis Litv. var. **rigidula** T. F. Wang 生于山坡草地，海拔800米以下，产于黑龙江省哈尔滨、安达、泰来、肇东、杜尔伯特，吉林省安图，辽宁省清原，分布于中国（黑龙江、吉林、辽宁）。

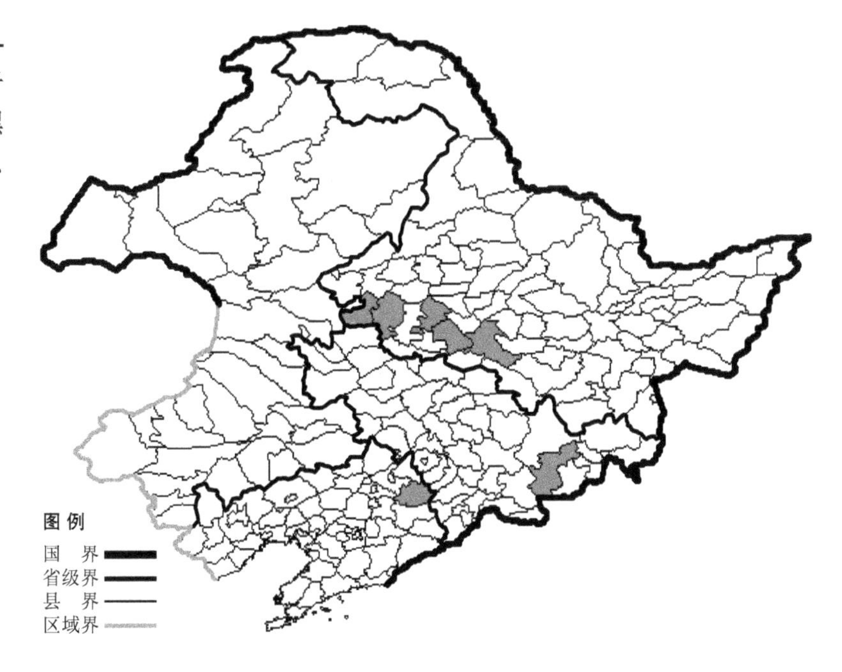

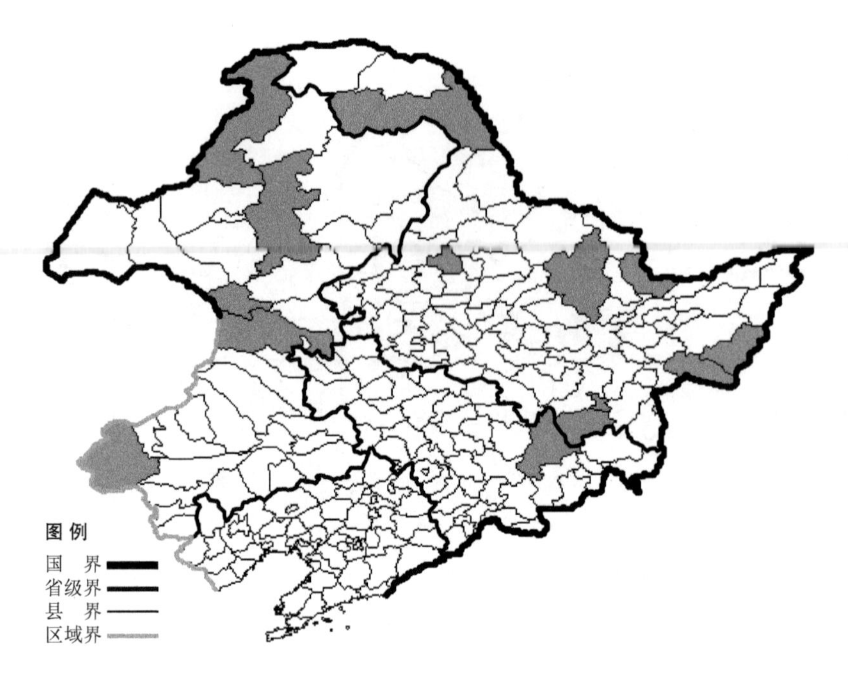

忽略野青茅

Calamagrostis neglecta (Ehrh.) Gaertn., Mey. et Schreb.

生境：湿草地，海拔 800 米以下。

产地：黑龙江省伊春、呼玛、虎林、萝北、密山、牡丹江、宁安、克山，吉林省敦化，内蒙古额尔古纳、牙克石、科尔沁右翼前旗、克什克腾旗、阿尔山。

分布：中国（黑龙江、吉林、内蒙古、甘肃、新疆、四川），朝鲜半岛，日本，蒙古，俄罗斯（北极带、欧洲部分、高加索、西伯利亚、远东地区），中亚，欧洲，北美洲。

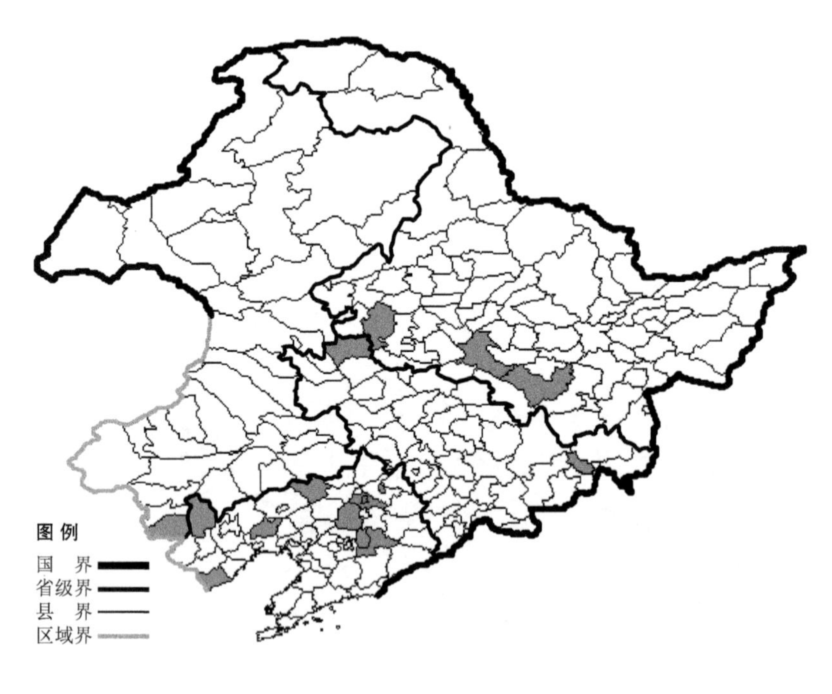

假苇拂子茅

Calamagrostis pseudophragmitis (Hall. f.) Koel.

生境：山坡，路旁湿地，海拔 800 米以下。

产地：黑龙江省哈尔滨、杜尔伯特、尚志，吉林省延吉、镇赉，辽宁省彰武、铁岭、沈阳、绥中、建平、义县、本溪，内蒙古宁城。

分布：中国（黑龙江、吉林、辽宁、内蒙古、河北、山西、陕西、甘肃、新疆、河南、湖北、四川、贵州、云南、西藏），朝鲜半岛，日本，蒙古，俄罗斯（欧洲部分、高加索、西伯利亚、远东地区），中亚，伊朗，印度，巴基斯坦，欧洲。

兴安野青茅

Calamagrostis turczaninowii Litv.

生境：林缘，山坡，水边湿地，海拔 1500 米以下。

产地：黑龙江省黑河、呼玛、伊春、铁力，内蒙古根河、额尔古纳、鄂伦春旗、牙克石、阿尔山、科尔沁右翼前旗。

分布：中国（黑龙江、内蒙古、新疆），朝鲜半岛，日本，蒙古，俄罗斯（东部西伯利亚、远东地区）。

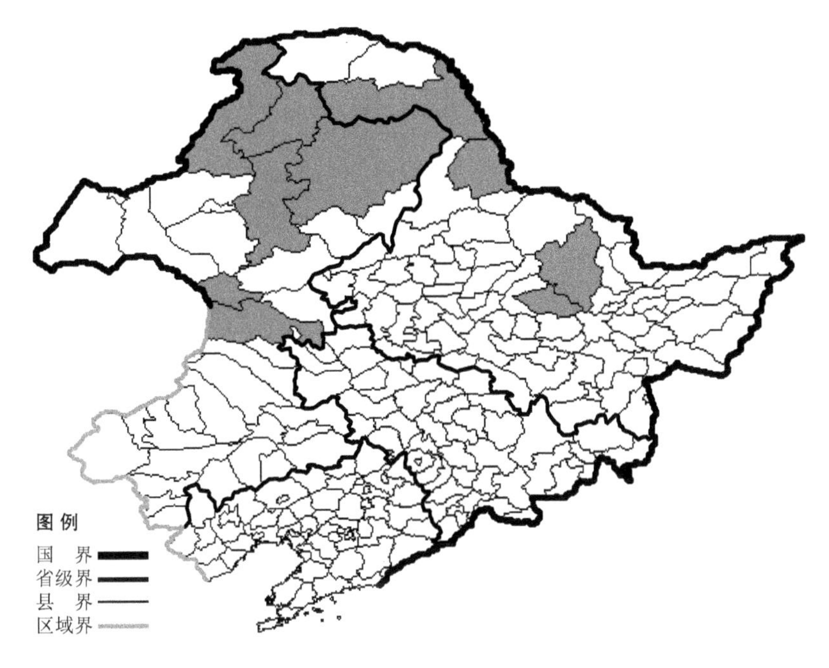

细柄草

Capillipedium parviflorum (R. Br.) Stapf

生境：山坡草地。

产地：辽宁省锦州、葫芦岛、建昌、大连。

分布：中国（辽宁、河北、陕西、山东、安徽、浙江、福建、河南、湖北、广东、广西、海南、四川、贵州、云南、西藏、台湾），日本，巴基斯坦，印度，印度尼西亚，菲律宾，缅甸，泰国，非洲，大洋洲。

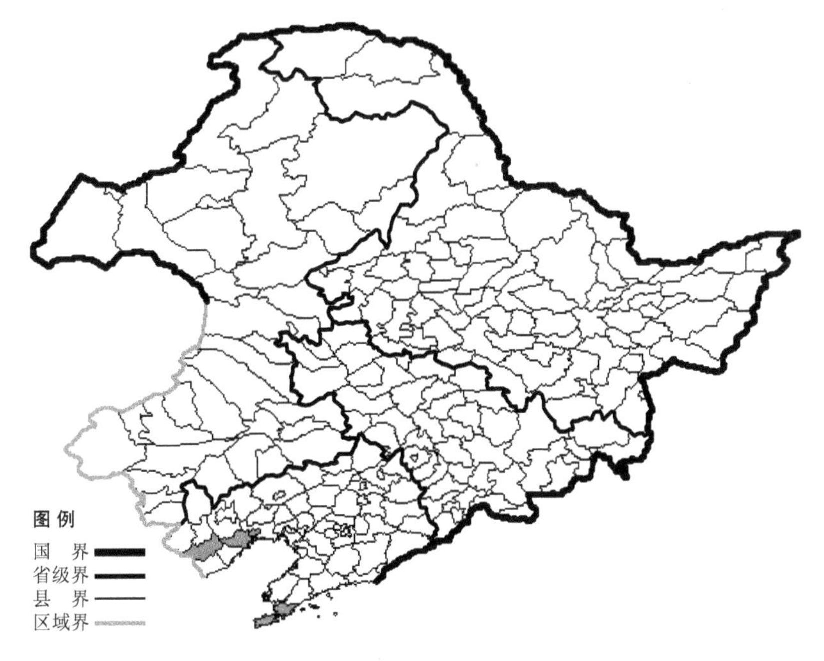

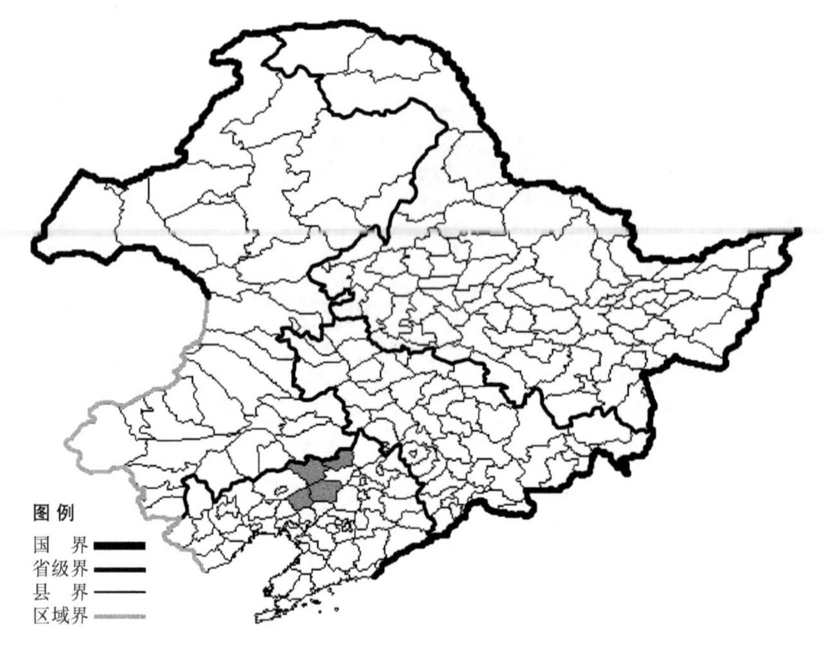

蒺藜草

Cenchrus calyculatus Cavan

生境：荒地、耕地旁，海边沙质土，海拔 500 米以下。

产地：辽宁省新民、康平、黑山、彰武。

分布：原产南美洲，现我国辽宁有分布。

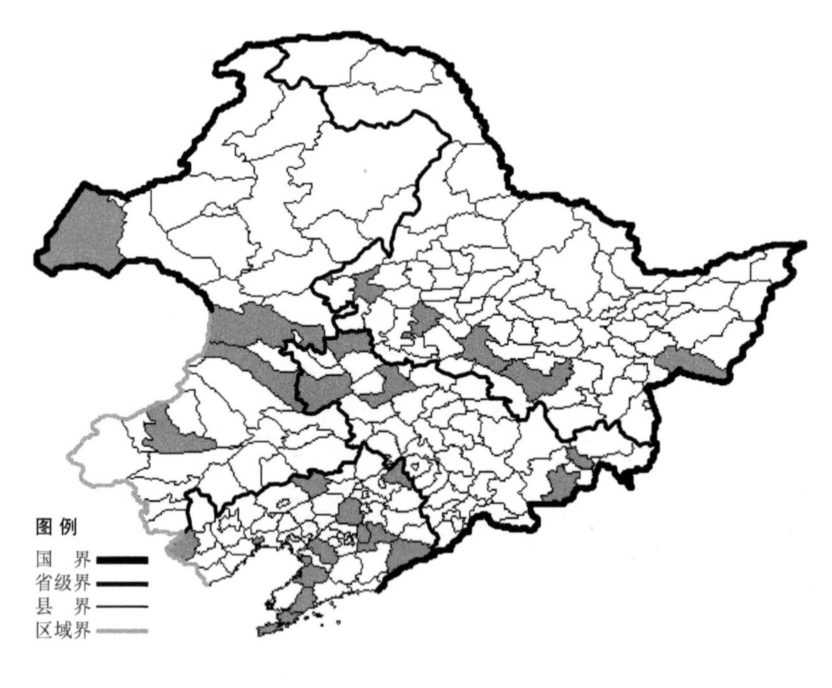

虎尾草

Chloris virgata Swartz

生境：路旁，屋顶上，撩荒地，海拔 600 米以下。

产地：黑龙江省密山、尚志、安达、齐齐哈尔、哈尔滨，吉林省通榆、和龙、前郭尔罗斯、延吉、镇赉，辽宁省沈阳、锦州、彰武、凌源、营口、海城、普兰店、盖州、大连、宽甸、西丰、本溪，内蒙古新巴尔虎右旗、科尔沁右翼前旗、科尔沁右翼中旗、巴林右旗。

分布：中国（全国各地），遍布世界温带至热带地区。

单蕊草

Cinna latifolia (Trev.) Griseb.

生境：林下，林缘，海拔 2000 米以下。

产地：黑龙江省饶河、尚志、呼玛、海林、伊春、汤原，吉林省安图、抚松、长白、和龙、敦化，辽宁省本溪、桓仁、宽甸，内蒙古巴林右旗、克什克腾旗。

分布：中国（黑龙江、吉林、辽宁、内蒙古），朝鲜半岛，日本，蒙古，俄罗斯（欧洲部分、高加索、西伯利亚、远东地区），欧洲，北美洲。

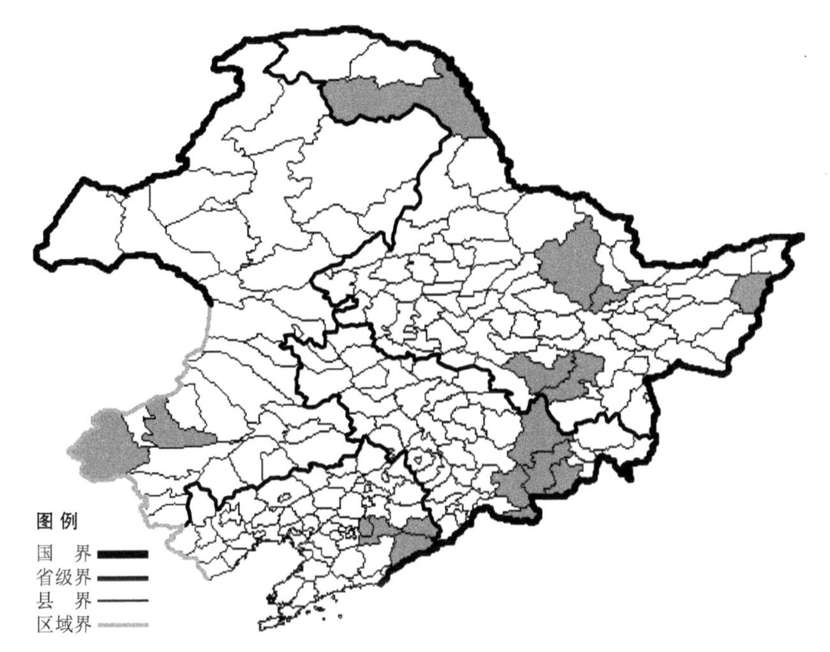

丛生隐子草

Cleistogenes caespitosa Keng

生境：干山坡，海拔 700 米以下。

产地：黑龙江省萝北，吉林省双辽，辽宁省锦州、桓仁、法库、北镇，内蒙古阿鲁科尔沁旗、巴林右旗、赤峰。

分布：中国（黑龙江、吉林、辽宁、内蒙古、河北、陕西、山西、宁夏、甘肃）。

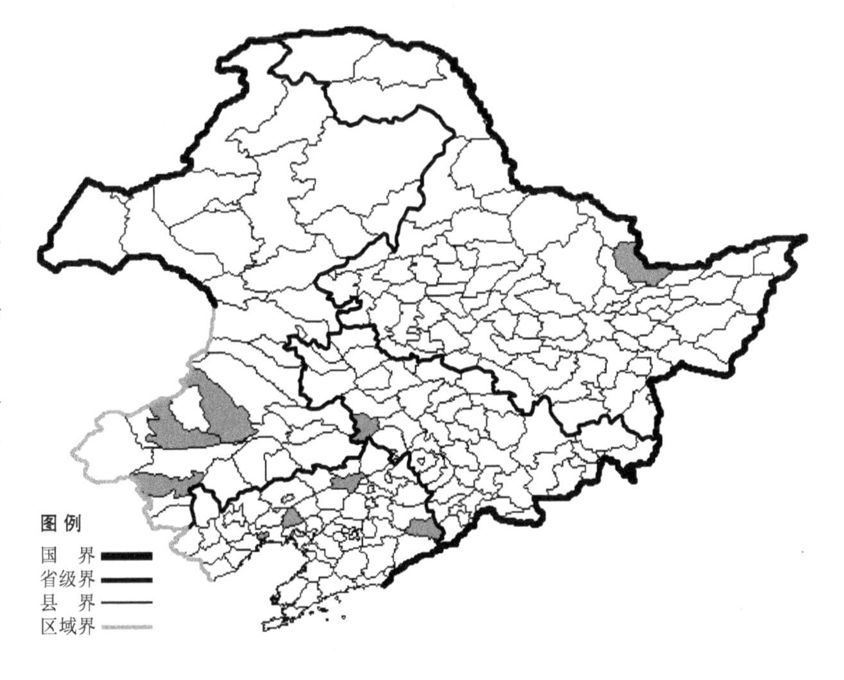

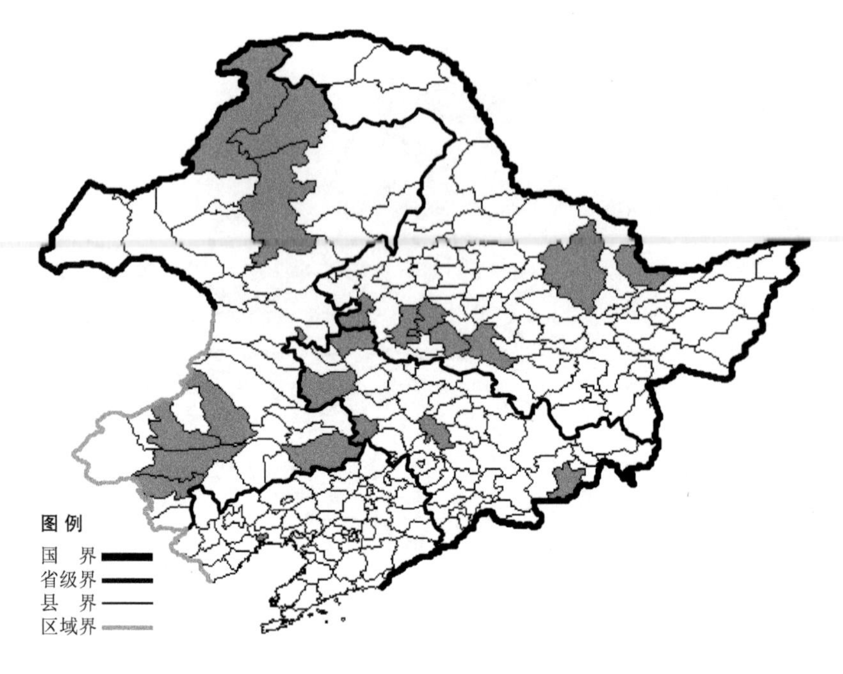

中华隐子草

Cleistogenes chinensis (Maxim.) Keng

生境：山坡草地，路旁，海拔约700米。

产地：黑龙江省哈尔滨、萝北、安达、伊春、大庆、肇东、泰来，吉林省和龙、长春、双辽、通榆、镇赉，辽宁省锦州，内蒙古根河、乌兰浩特、阿鲁科尔沁旗、赤峰、科尔沁左翼后旗、额尔古纳、牙克石、巴林右旗、翁牛特旗。

分布：中国（黑龙江、吉林、辽宁、内蒙古、河北、山西、陕西、宁夏、青海）。

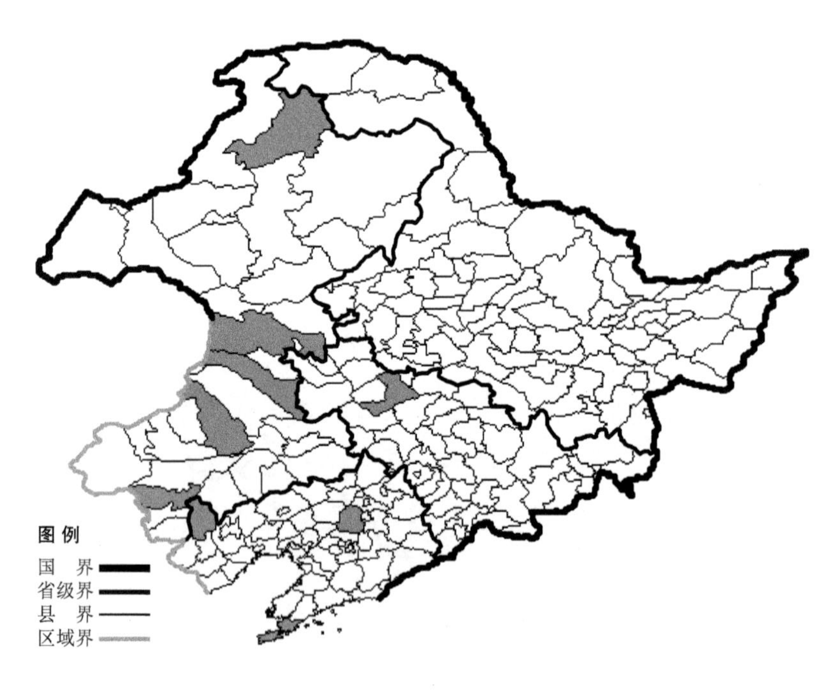

北京隐子草

Cleistogenes hancei Keng

生境：山坡草地、路旁。

产地：吉林省前郭尔罗斯，辽宁省建平、大连，沈阳，内蒙古科尔沁右翼前旗、科尔沁右翼中旗、阿鲁科尔沁旗、赤峰、根河。

分布：中国（吉林、辽宁、内蒙古、河北、陕西、山西、山东、江苏、安徽、福建、河南、江西）。

宽叶隐子草

Cleistogenes nakai (Keng) Honda

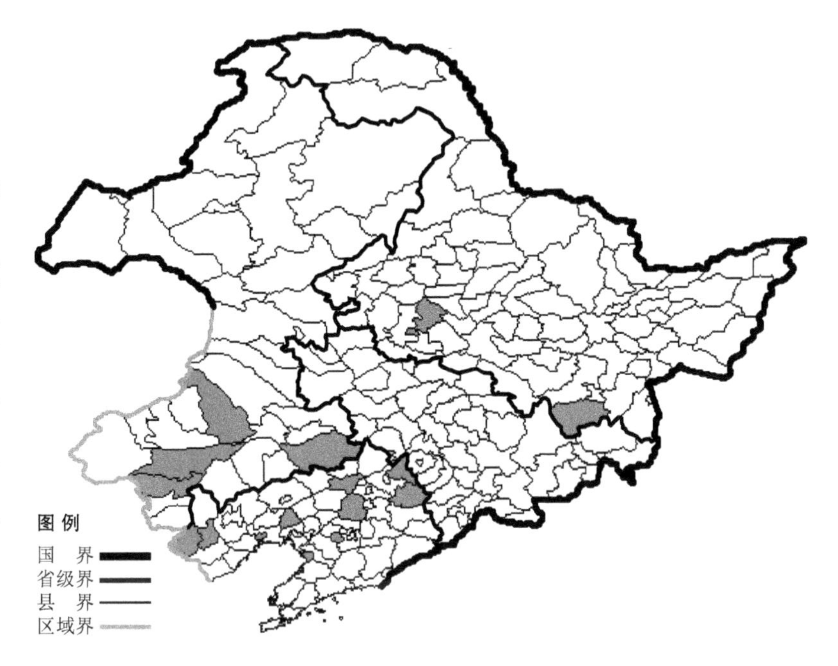

生境：林缘，干山坡，海拔约200米。

产地：黑龙江省安达、宁安，辽宁省西丰、沈阳、锦州、鞍山、喀左、北镇、凌源、法库、清原、营口，内蒙古翁牛特旗、阿鲁科尔沁旗、赤峰、科尔沁左翼后旗。

分布：中国（黑龙江、辽宁、内蒙古、河北、山西、陕西、甘肃、山东、江苏、河南、湖北），朝鲜半岛。

多叶隐子草

Cleistogenes polyphylla Keng

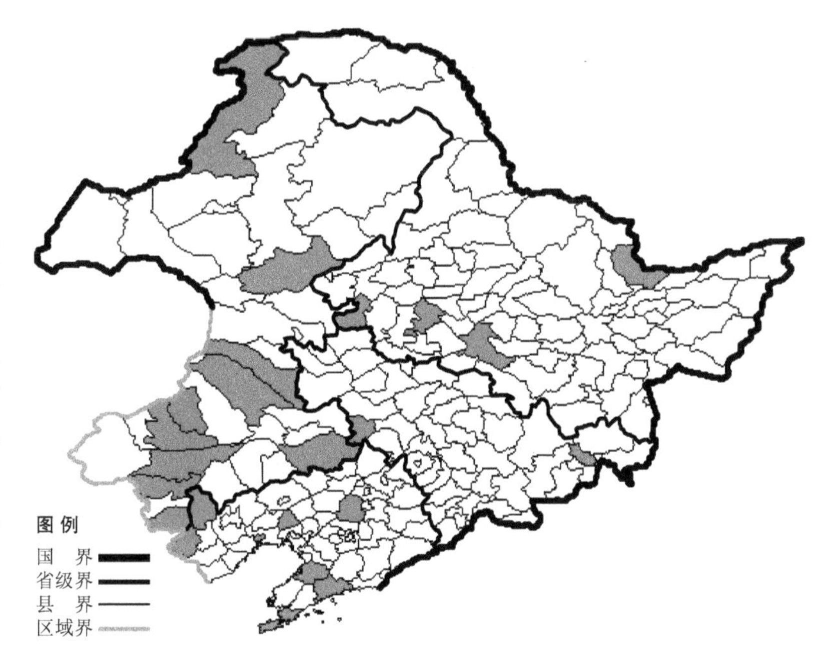

生境：向阳山坡草地。

产地：黑龙江省萝北、哈尔滨、安达、泰来，吉林省双辽、延吉，辽宁省凌源、建平、锦州、盖州、沈阳、大连、北镇、庄河，内蒙古翁牛特旗、扎兰屯、额尔古纳、宁城、科尔沁右翼中旗、科尔沁左翼后旗、扎鲁特旗、赤峰、巴林左旗、巴林右旗。

分布：中国（黑龙江、吉林、辽宁、内蒙古、河北、山西、陕西、山东）。

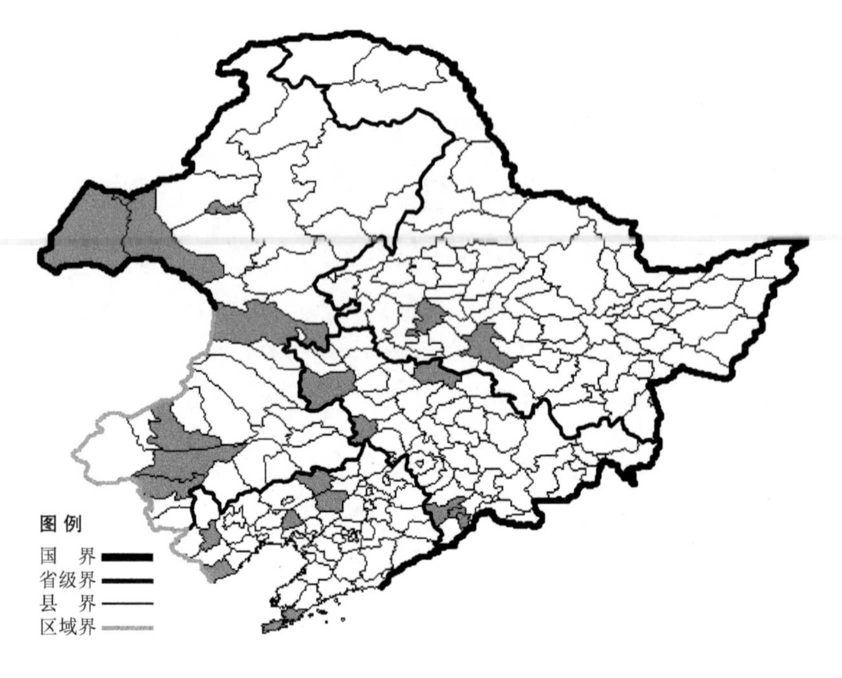

糙隐子草

Cleistogenes squarrosa (Trin.) Keng

生境：干山坡，海拔 800 米以下。

产地：黑龙江省哈尔滨、安达，吉林省双辽、通榆、扶余、通化，辽宁省彰武、新民、喀左、绥中、北镇、大连，内蒙古满洲里、海拉尔、新巴尔虎左旗、新巴尔虎右旗、赤峰、科尔沁右翼前旗、巴林右旗、翁牛特旗。

分布：中国（黑龙江、吉林、辽宁、内蒙古、河北、山西、陕西、甘肃、新疆、山东），蒙古，俄罗斯（欧洲部分、高加索、西伯利亚、远东地区），中亚。

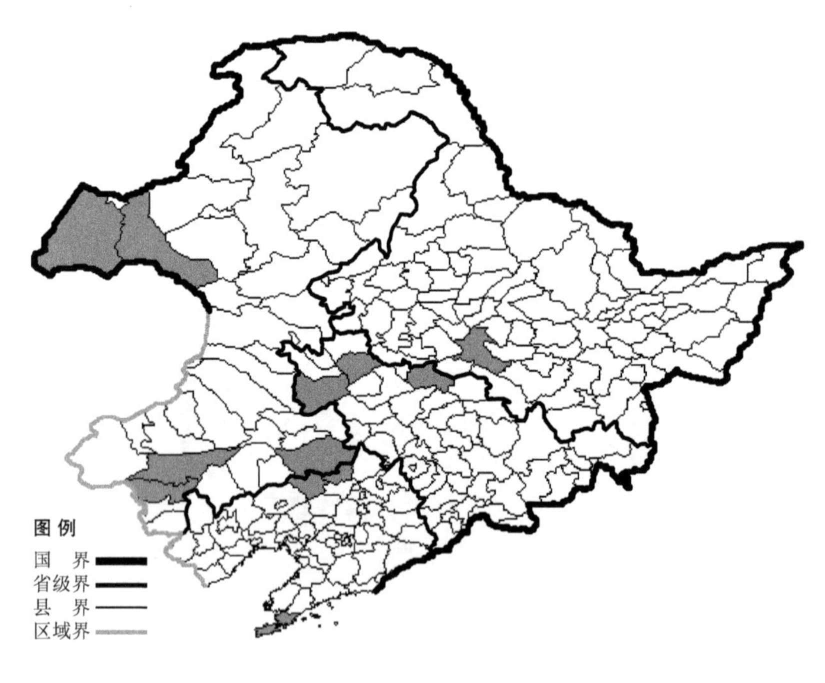

隐花草

Crypsis aculeata (L.) Aiton

生境：河边，沟边，盐碱地，海拔 600 米以下。

产地：黑龙江省哈尔滨，吉林省大安、通榆、扶余，辽宁省彰武、康平、大连，内蒙古新巴尔虎左旗、翁牛特旗、赤峰、科尔沁左翼后旗、新巴尔虎右旗。

分布：中国（黑龙江、吉林、辽宁、内蒙古、河北、山西、陕西、甘肃、新疆、山东、江苏、安徽），蒙古，俄罗斯（欧洲部分、高加索、西部西伯利亚），中亚，土耳其，伊朗，欧洲。

橘草

Cymbopogon goeringii (Steud.) A. Camus

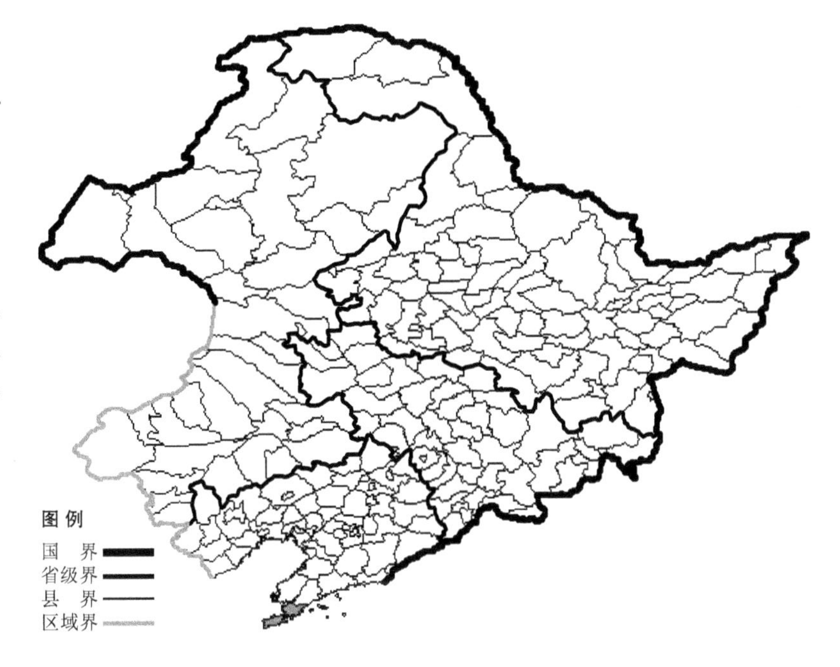

生境：山坡草地。

产地：辽宁省大连。

分布：中国（辽宁、河北、山东、江苏、安徽、浙江、福建、河南、湖北、江西、湖南、台湾），朝鲜半岛，日本。

发草

Deschampsia caespitosa (L.) Beauv.

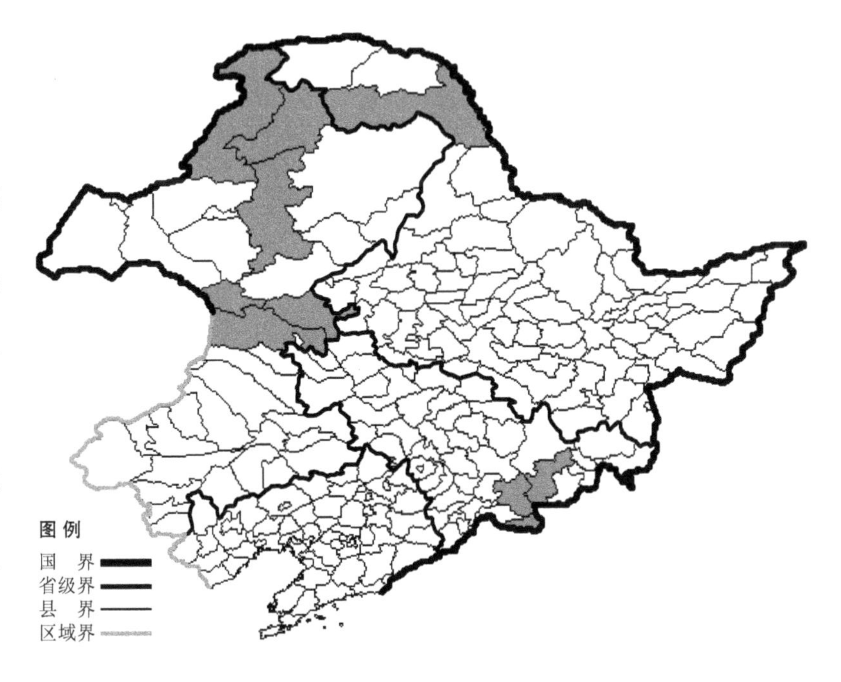

生境：山坡草地，高山冻原，海拔 600-2600 米。

产地：黑龙江省呼玛，吉林省长白、安图、抚松，内蒙古根河、牙克石、科尔沁右翼前旗、扎赉特旗、额尔古纳、阿尔山。

分布：中国（黑龙江、吉林、内蒙古、西北、西南），蒙古，俄罗斯（北极带、欧洲部分、高加索、西伯利亚），中亚，土耳其，伊朗，欧洲，北美洲。

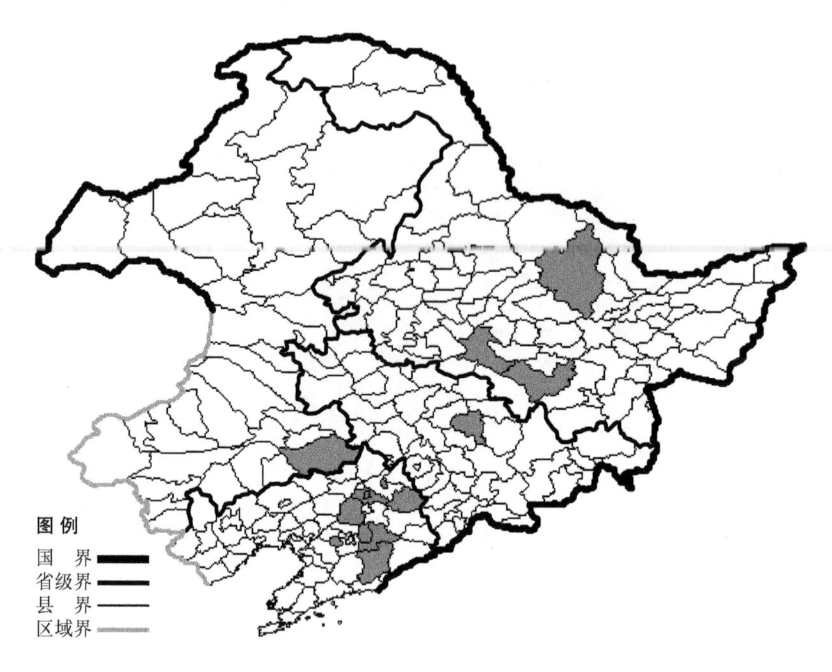

小果龙常草

Diarrhena fauriei (Hack.) Ohwi

生境：林下，路旁，海拔约 500 米。

产地：黑龙江省哈尔滨、尚志、伊春，吉林省吉林，辽宁省沈阳、凤城、鞍山、铁岭、清原、本溪，内蒙古科尔沁左翼后旗。

分布：中国（黑龙江、吉林、辽宁、内蒙古），朝鲜半岛，日本，俄罗斯（远东地区）。

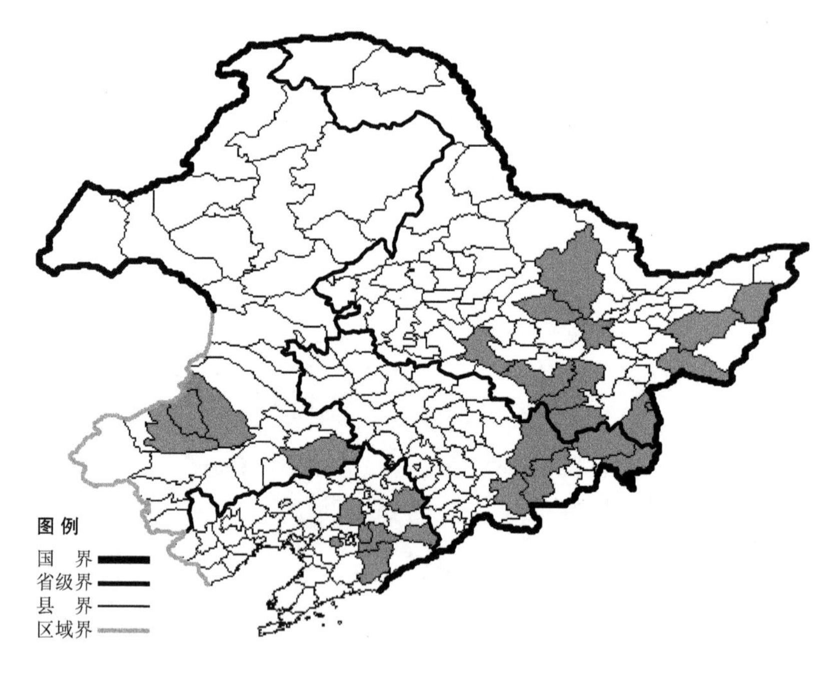

龙常草

Diarrhena manshurica Maxim.

生境：林下，荒地，海拔 1500 米以下。

产地：黑龙江省伊春、饶河、宝清、铁力、海林、绥芬河、依兰、密山、宁安、东宁、尚志、哈尔滨，吉林省珲春、汪清、抚松、敦化、安图，辽宁省沈阳、清原、桓仁、本溪、凤城、鞍山，内蒙古科尔沁左翼后旗、阿鲁科尔沁旗、巴林左旗、巴林右旗。

分布：中国（黑龙江、吉林、辽宁、内蒙古、河北、山西），朝鲜半岛，俄罗斯（远东地区）。

毛马唐

Digitaria ciliaris (Retz.) Koel.

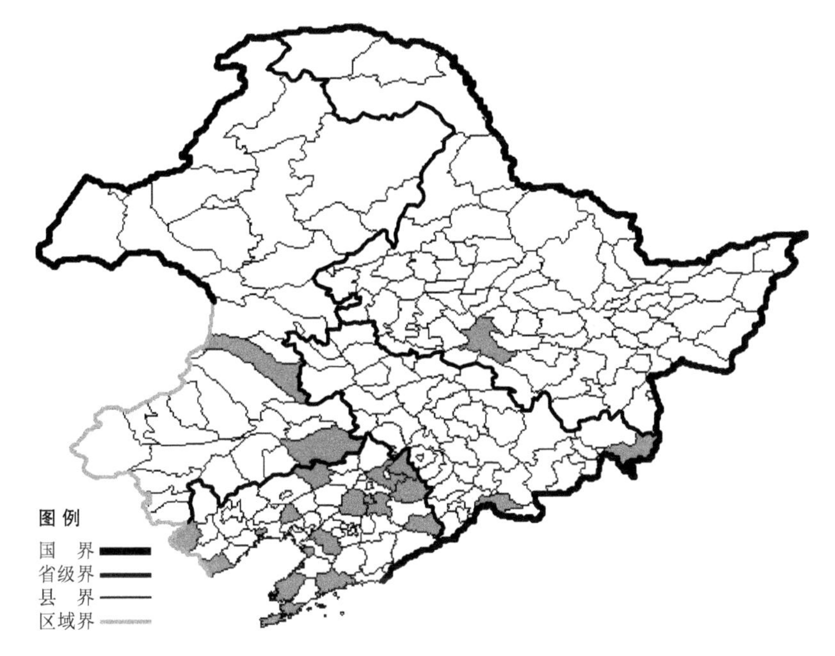

生境：荒地，路旁，海拔约 300 米。

产地：黑龙江省哈尔滨，吉林省珲春、临江，辽宁省锦州、西丰、瓦房店、清原、彰武、桓仁、北镇、绥中、开原、凌源、沈阳、抚顺、营口、海城、庄河、大连，内蒙古科尔沁左翼后旗、科尔沁右翼中旗。

分布：中国（全国各地），遍布世界各地。

止血马唐

Digitaria ischaemum (Schreb.) Schreb.

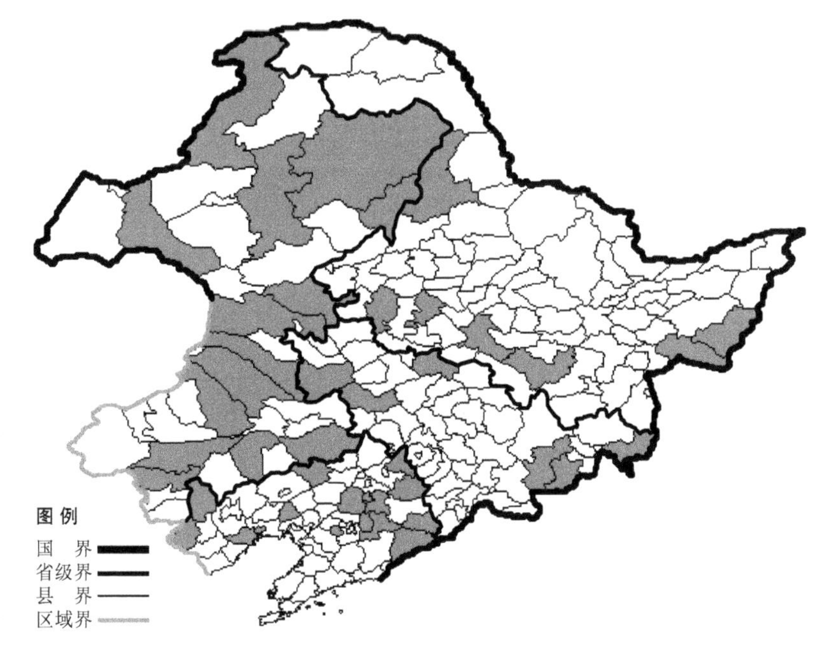

生境：河边湿地，荒地，海拔约 300 米。

产地：黑龙江省哈尔滨、嫩江、杜尔伯特、密山、安达、尚志、虎林，吉林省珲春、安图、和龙、通榆、长岭、扶余，辽宁省彰武、沈阳、锦州、葫芦岛、建平、清原、宽甸、抚顺、本溪、鞍山、凌源、西丰、北镇、桓仁，内蒙古鄂伦春旗、牙克石、额尔古纳、新巴尔虎左旗、科尔沁右翼中旗、翁牛特旗、赤峰、莫力达瓦达斡尔旗、阿鲁科尔沁旗、扎赉特旗、科尔沁右翼前旗、扎鲁特旗、科尔沁左翼后旗、奈曼旗。

分布：中国（黑龙江、吉林、辽宁、内蒙古、河北、山西、陕西、甘肃、新疆、四川、西藏、台湾），日本，俄罗斯（欧洲部分、高加索、西伯利亚），中亚，土耳其，伊朗，北美洲。

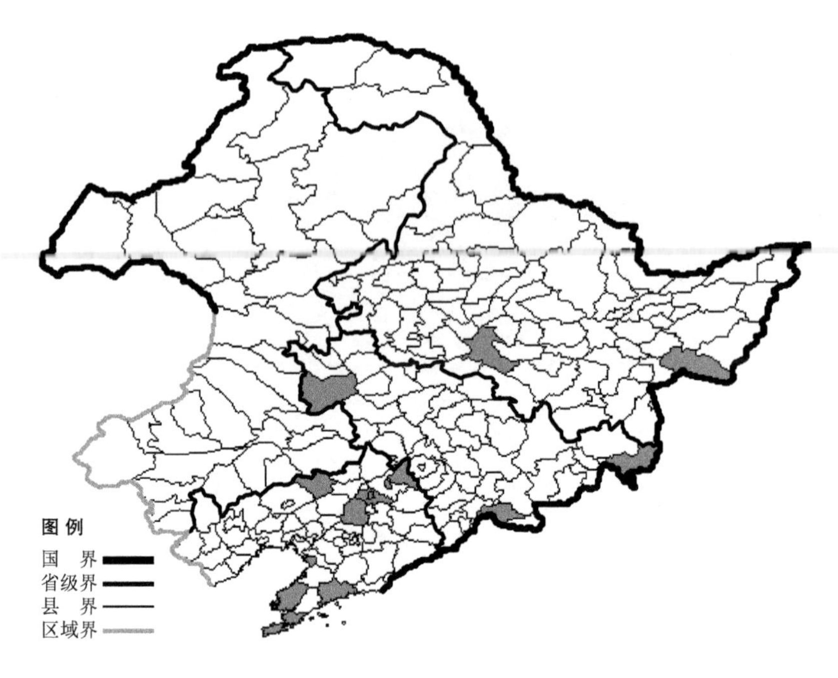

马唐

Digitaria sanguinalis (L.) Scop.

生境：荒地、路旁，海拔约 200 米。

产地：黑龙江省密山、哈尔滨，吉林省珲春、临江、通榆，辽宁省彰武、西丰、铁岭、沈阳、营口、庄河、大连、瓦房店。

分布：中国（黑龙江、吉林、辽宁、河北、山西、陕西、甘肃、新疆、安徽、河南、四川、西藏），遍布世界热带、亚热带和温带地区。

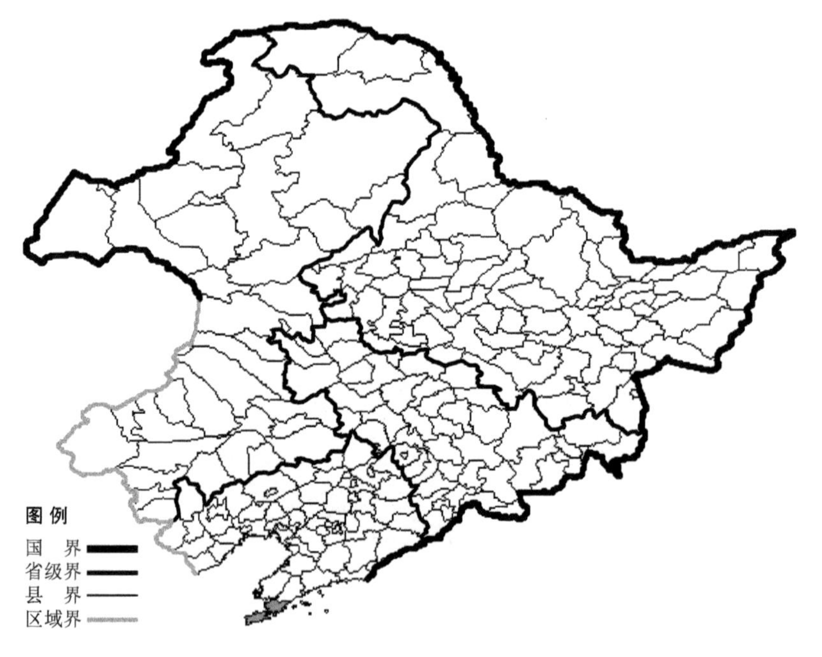

双稃草

Diplachne fusca (L.) Beauv.

生境：湿地。

产地：辽宁省大连。

分布：中国（辽宁、河北、山东、江苏、安徽、浙江、福建、河南、湖北、广东、台湾），东南亚，非洲，大洋洲。

牛筋草

Eleusine indica (L.) Gaertn.

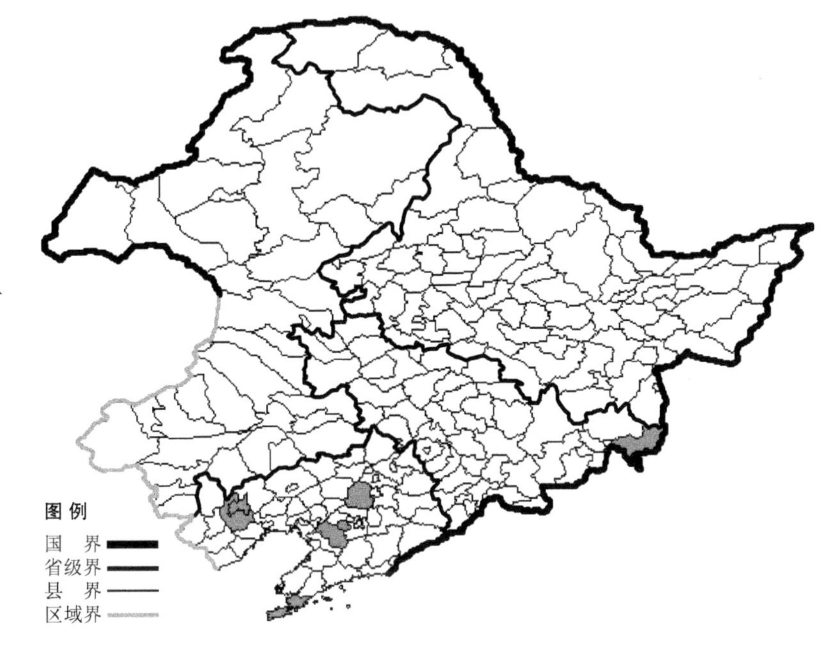

生境：路旁、荒地。

产地：吉林省珲春，辽宁省沈阳、朝阳、鞍山、海城、大连。

分布：中国（全国各地），遍布世界温带、亚热带和热带地区。

野稗

Echinochloa crusgalli (L.) Beauv.

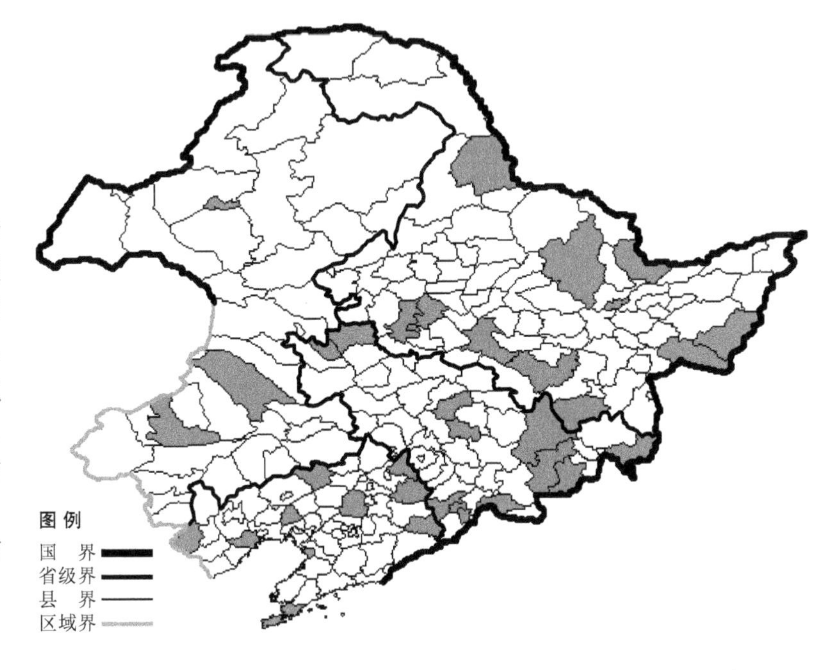

生境：湿地，沼泽。

产地：黑龙江省黑河、萝北、伊春、尚志、哈尔滨、密山、大庆、虎林、安达、佳木斯、宁安，吉林省和龙、安图、敦化、珲春、临江、通化、镇赉、九台、永吉、白城，辽宁省沈阳、大连、营口、彰武、西丰、清原、凌源、葫芦岛、北镇、桓仁，内蒙古扎鲁特旗、海拉尔、巴林右旗。

分布：中国（全国各地），遍布世界温带、亚热带和热带地区。

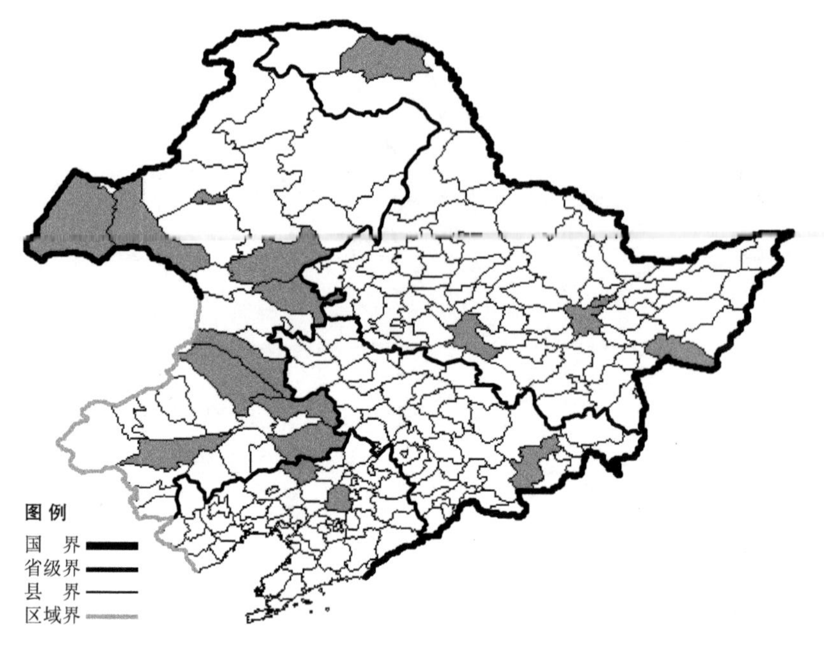

长芒野稗 Echinochloa crusgalli (L.) Beauv. var. **caudata** (Rosh.) Kitag. 生于河边水中，海拔 600 米以下，产于黑龙江省哈尔滨、佳木斯、依兰、密山、塔河，吉林省安图，辽宁省沈阳、彰武，内蒙古海拉尔、扎兰屯、扎鲁特旗、新巴尔虎左旗、新巴尔虎右旗、扎赉特旗、科尔沁右翼中旗、科尔沁左翼后旗、科尔沁左翼中旗、翁牛特旗，分布于中国（黑龙江、吉林、辽宁、内蒙古、河北、山西、新疆、江苏、安徽、浙江、江西、湖南、四川、贵州、云南），朝鲜半岛，日本，蒙古，俄罗斯（东部西伯利亚、远东地区）。

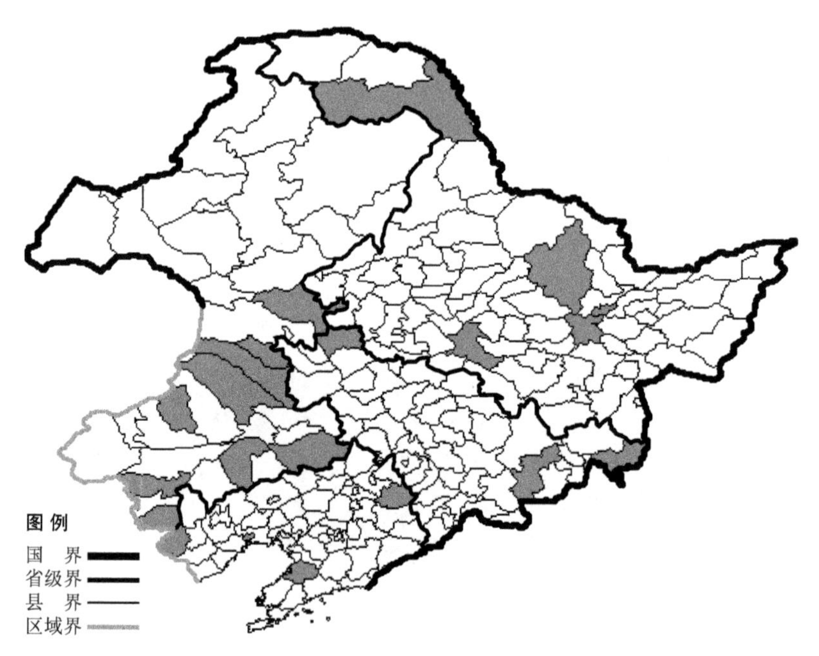

水田稗 Echinochloa crusgalli (L.) Beauv. var. **oryzicola** (Vasing.) Ohwi 生于稻田、湿草地，产于黑龙江省佳木斯、哈尔滨、依兰、呼玛、伊春，吉林省珲春、安图、镇赉，辽宁省清原、凌源、锦州、盖州，内蒙古科尔沁右翼中旗、突泉、扎赉特旗、扎鲁特旗、科尔沁左翼后旗、奈曼旗、赤峰、宁城、巴林左旗，分布于中国（黑龙江、吉林、辽宁、内蒙古、河北、山西、甘肃、新疆、山东、江苏、安徽、浙江、湖北、江西、湖南、广东、四川、贵州、云南、台湾），朝鲜半岛，日本，蒙古，俄罗斯（欧洲部分、高加索、远东地区），中亚，伊朗，南亚，欧洲。

无芒野稗 Echinochloa crusgalli (L.) Beauv. var. **submutica** (Mey.) Kitag. 生于路旁、荒地，产于黑龙江省哈尔滨、尚志，吉林省珲春、和龙、临江，辽宁省彰武、西丰、开原、铁岭、沈阳、建平、凌源、葫芦岛、长海、桓仁、锦州、新宾、本溪、营口、大连，内蒙古翁牛特旗，分布于中国（黑龙江、吉林、辽宁、内蒙古），朝鲜半岛。

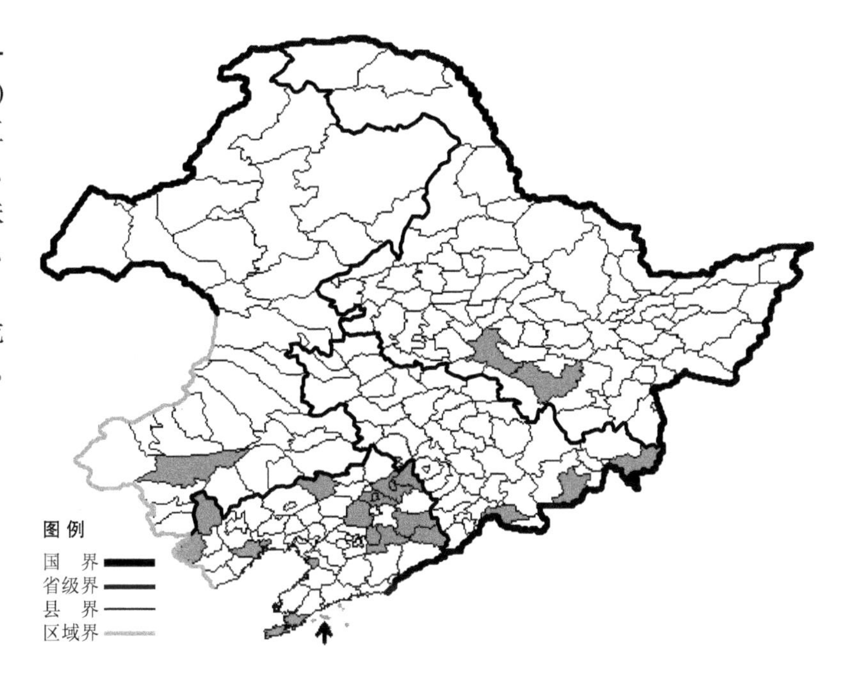

披碱草

Elymus dahuricus Turcz.

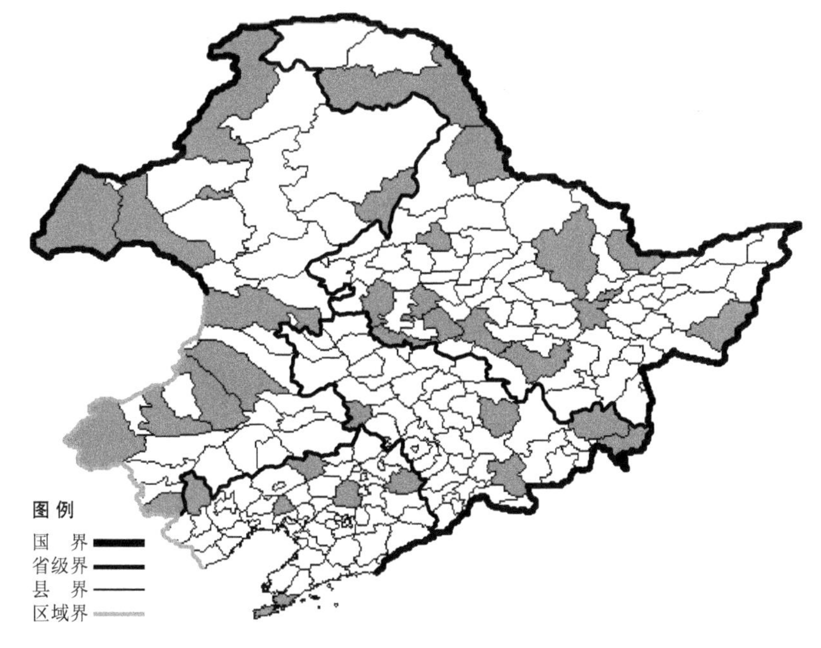

生境：山坡草地，河边，路旁，海拔 900 米以下。

产地：黑龙江省哈尔滨、伊春、呼玛、安达、杜尔伯特、肇东、萝北、黑河、虎林、克山、依兰、尚志、佳木斯，吉林省双辽、抚松、蛟河、汪清、珲春，辽宁省彰武、建平、沈阳、大连、北镇、清原，内蒙古宁城、额尔古纳、海拉尔、新巴尔虎左旗、新巴尔虎右旗、科尔沁右翼前旗、扎鲁特旗、克什克腾旗、阿鲁科尔沁旗、巴林右旗、莫力达瓦达斡尔旗。

分布：中国（黑龙江、吉林、辽宁、内蒙古、河北、山西、陕西、青海、新疆、河南、四川、西藏），朝鲜半岛，日本，蒙古，俄罗斯（西伯利亚、远东地区），中亚，伊朗。

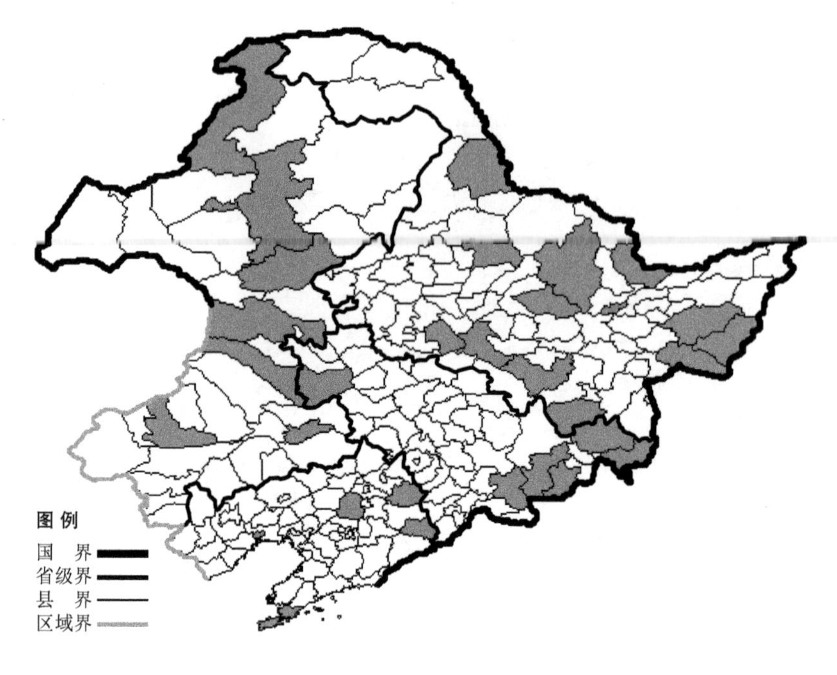

肥披碱草

Elymus excelsus Turcz.

生境：山坡草地，河边，路旁，海拔 900 米以下。

产地：黑龙江省哈尔滨、伊春、佳木斯、黑河、宝清、密山、萝北、肇东、虎林、宁安、尚志、北安、铁力，吉林省汪清、珲春、和龙、抚松、安图、通榆，辽宁省锦州、清原、桓仁、大连、沈阳，内蒙古额尔古纳、海拉尔、扎兰屯、科尔沁右翼前旗、科尔沁右翼中旗、通辽、巴林右旗、牙克石。

分布：中国（黑龙江、吉林、辽宁、内蒙古、河北、山西、陕西、甘肃、青海、新疆、河南、四川），朝鲜半岛，日本，俄罗斯（东部西伯利亚、远东地区）。

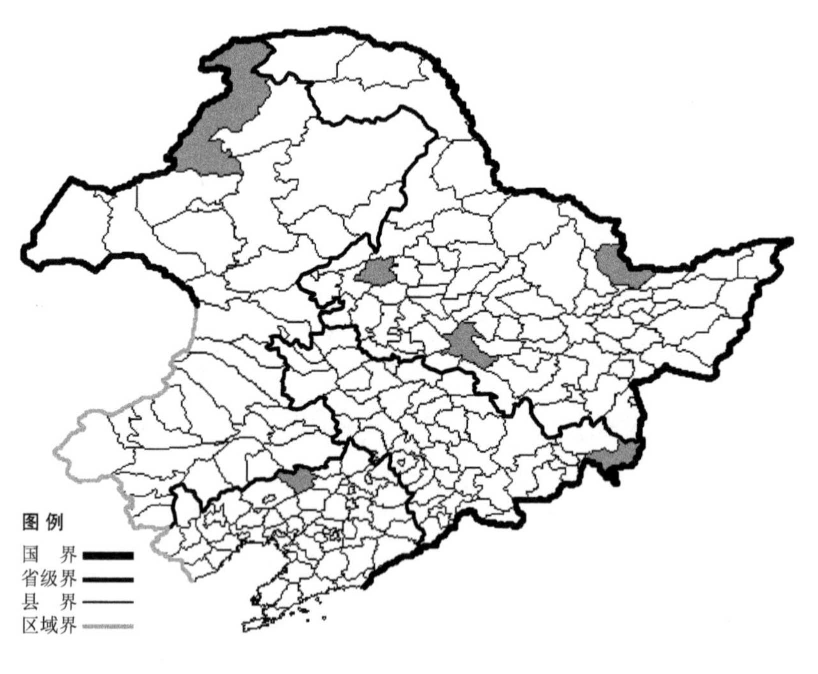

圆柱披碱草

Elymus franchetii Kitag.

生境：草原，山坡草地、路旁。

产地：黑龙江省哈尔滨、萝北、富裕，吉林省珲春，辽宁省彰武，内蒙古额尔古纳。

分布：中国（黑龙江、吉林、辽宁、内蒙古、河北、青海、新疆、四川）。

老芒麦

Elymus sibiricus L.

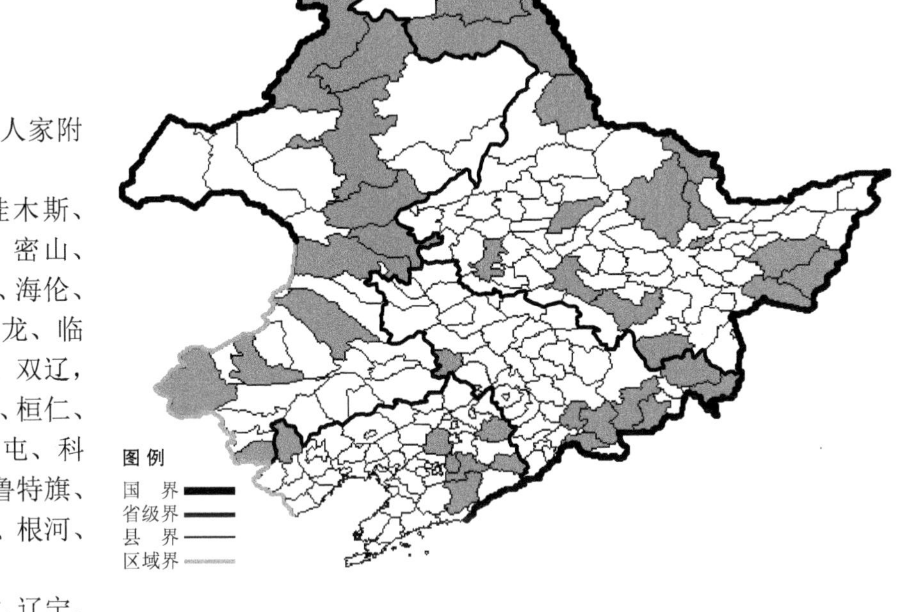

生境：河边，山坡草地，人家附近，海拔 1300 米以下。

产地：黑龙江省伊春、佳木斯、哈尔滨、鹤岗、黑河、宝清、密山、尚志、虎林、宁安、塔河、呼玛、海伦、大庆、嘉荫，吉林省珲春、和龙、临江、靖宇、安图、汪清、抚松、双辽，辽宁省沈阳、建平、清原、凤城、桓仁、本溪，内蒙古额尔古纳、扎兰屯、科尔沁右翼前旗、扎赉特旗、扎鲁特旗、克什克腾旗、巴林右旗、宁城、根河、海拉尔、牙克石。

分布：中国（黑龙江、吉林、辽宁、内蒙古、河北、山西、陕西、宁夏、甘肃、青海、新疆、四川、西藏），朝鲜半岛，日本，蒙古，俄罗斯（欧洲部分、西伯利亚、远东地区），中亚，北美洲。

偃麦草

Elytrigia repens (L.) Desv. ex Nevski

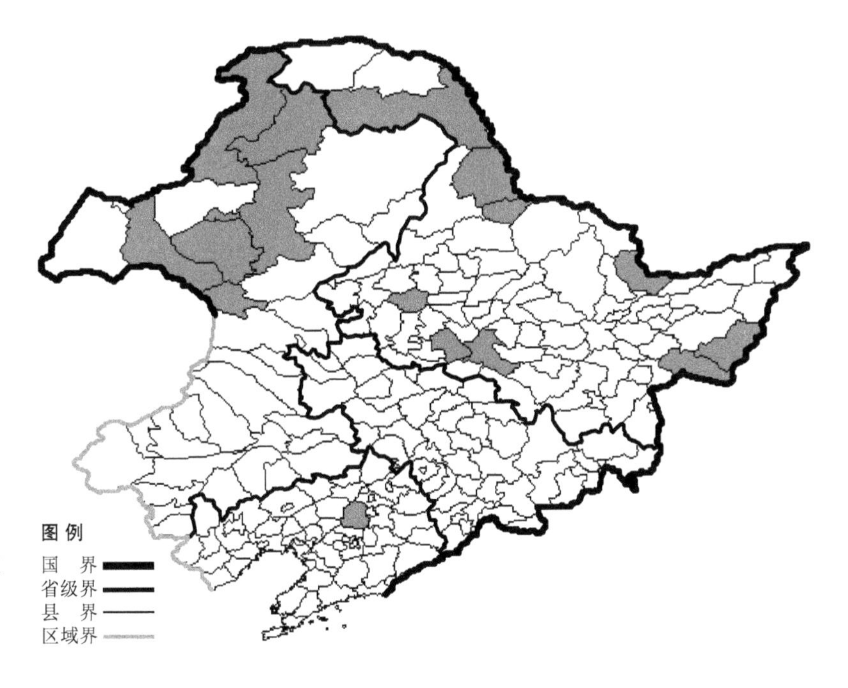

生境：沟谷，草甸，河边，滩地，海拔 700 米以下。

产地：黑龙江省呼玛、肇东、林甸、密山、哈尔滨、萝北、虎林、黑河、孙吴，辽宁省沈阳，内蒙古额尔古纳、鄂温克旗、新巴尔虎左旗、根河、牙克石、海拉尔、阿尔山。

分布：中国（黑龙江、辽宁、内蒙古、甘肃、青海、新疆、西藏），朝鲜半岛，日本，蒙古，俄罗斯（欧洲部分、西伯利亚、远东地区），中亚，欧洲，北美洲。

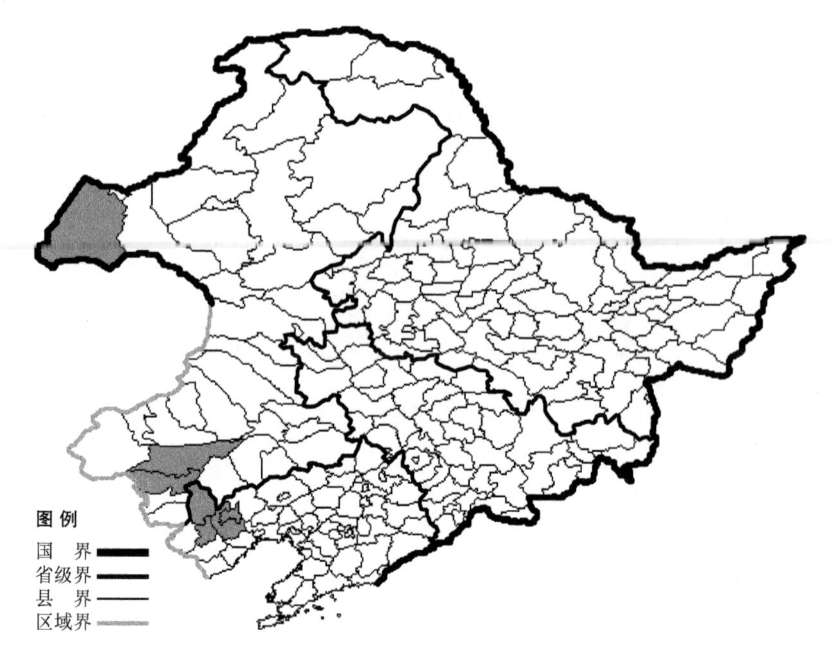

冠芒草

Enneapogon borealis (Griseb.) Honda

生境：山坡草地、岩石缝间，海拔约600米。

产地：辽宁省朝阳、建平、喀左，内蒙古赤峰、新巴尔虎右旗、翁牛特旗。

分布：中国（辽宁、内蒙古、河北、山西、宁夏、青海、新疆、安徽），蒙古，俄罗斯（东部西伯利亚），中亚。

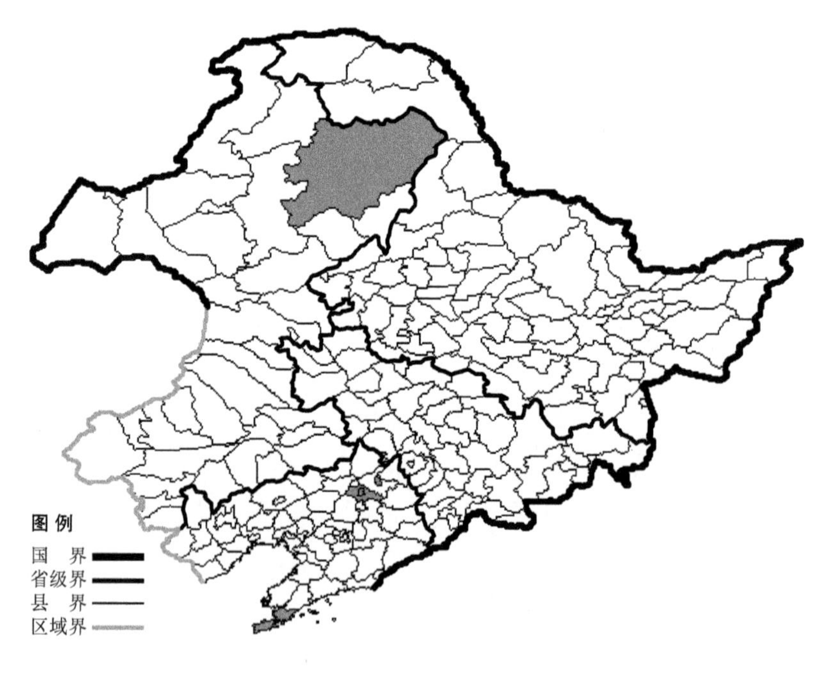

秋画眉草

Eragrostis autumnalis Keng

生境：路旁。

产地：辽宁省大连、铁岭，内蒙古鄂伦春旗。

分布：中国（辽宁、内蒙古、河北、山东、江苏、安徽、福建、江西）。

大画眉草

Eragrostis cilianensis (All.) Link

生境：山坡，路旁，荒地，海拔约 200 米。

产地：黑龙江省哈尔滨，吉林省和龙，辽宁省沈阳、新民、葫芦岛、朝阳、凌源、海城、营口、普兰店、大连、西丰、彰武、盖州、岫岩，内蒙古海拉尔、满洲里、新巴尔虎左旗、新巴尔虎右旗。

分布：中国（全国各地），遍布世界温带、亚热带和热带地区。

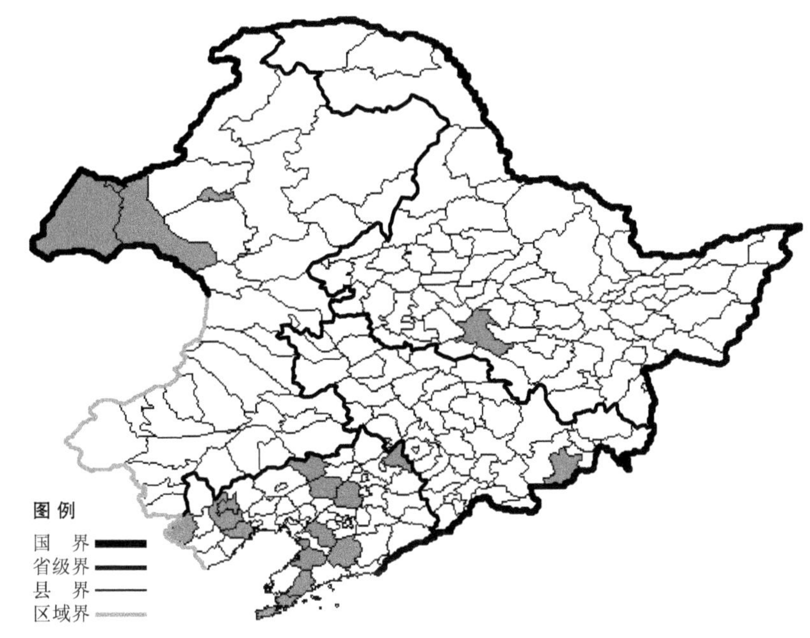

知风草

Eragrostis ferruginea (Thunb.) Beauv.

生境：山坡草地、路旁。

产地：辽宁省大连、长海。

分布：中国（全国各地），朝鲜半岛，日本，不丹，尼泊尔，印度，老挝，越南。

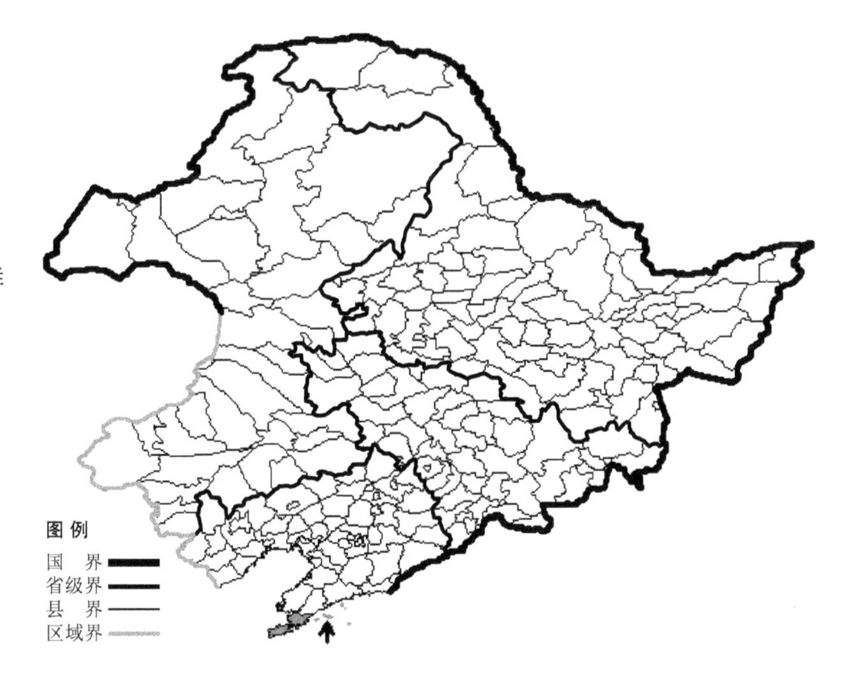

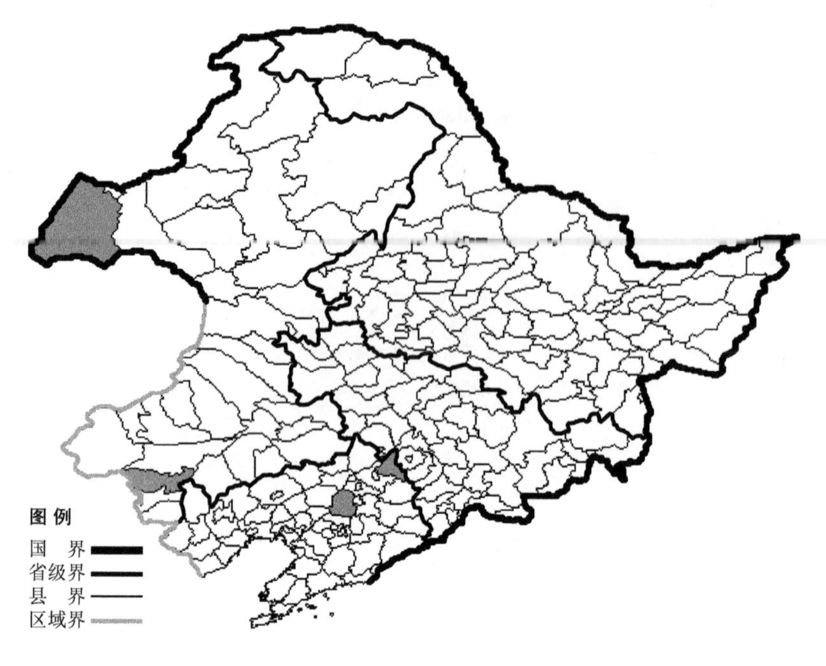

无毛画眉草

Eragrostis jeholensis Honda

生境：荒地，路旁，海拔 600 米以下。

产地：辽宁省沈阳、西丰，内蒙古赤峰、新巴尔虎右旗。

分布：中国（辽宁、内蒙古、华北、华东、华南），日本。

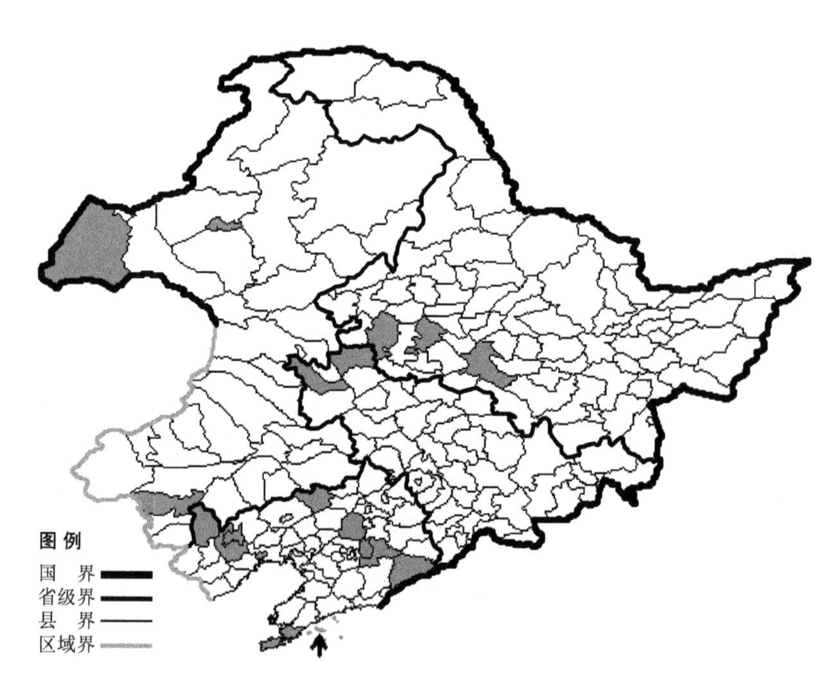

小画眉草

Eragrostis minor Host

生境：山坡草地，路旁，荒地，海拔 600 米以下。

产地：黑龙江省哈尔滨、安达、杜尔伯特，吉林省洮南、镇赉，辽宁省彰武、沈阳、锦州、建平、朝阳、大连、本溪、宽甸、长海，内蒙古赤峰、海拉尔、新巴尔虎右旗。

分布：中国（全国各地），遍布世界温带至热带地区。

画眉草

Eragrostis pilosa (L.) Beauv.

生境：荒地，海拔约 1400 米以下。

产地：黑龙江省伊春、孙吴、萝北、哈尔滨、宁安、尚志、安达、虎林、嫩江、呼玛、依兰、密山、肇东，吉林省珲春、汪清、安图、通榆、临江、延吉、和龙、永吉，辽宁省彰武、沈阳、桓仁、本溪、锦州、鞍山、庄河、盖州、大连、长海、铁岭、清原、凌源、葫芦岛、西丰、普兰店，内蒙古鄂伦春旗、海拉尔、赤峰、新巴尔虎右旗、额尔古纳、莫力达瓦达斡尔旗、宁城。

分布：中国（全国各地），遍布北半球温带地区。

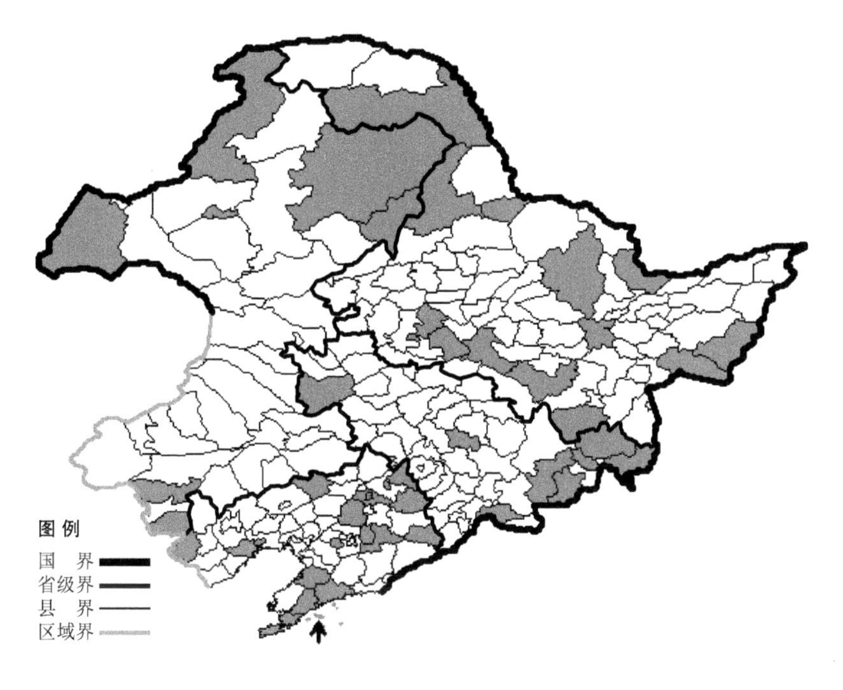

野黍

Eriochloa villosa (Thunb.) Kunth

生境：荒地，山坡草地、湿草地，海拔约 300 米。

产地：黑龙江省、肇东、齐齐哈尔、哈尔滨，吉林省汪清、蛟河、延吉、珲春，辽宁省彰武、西丰、开原、桓仁、清原、本溪、大连、北镇，内蒙古海拉尔、扎兰屯、莫力达瓦达斡尔旗、科尔沁右翼前旗、科尔沁右翼中旗、扎赉特旗、鄂伦春旗、科尔沁左翼后旗、通辽。

分布：中国（黑龙江、吉林、辽宁、内蒙古、河北、陕西、甘肃、华东、华中、西南），朝鲜半岛，日本，俄罗斯（远东地区），伊朗。

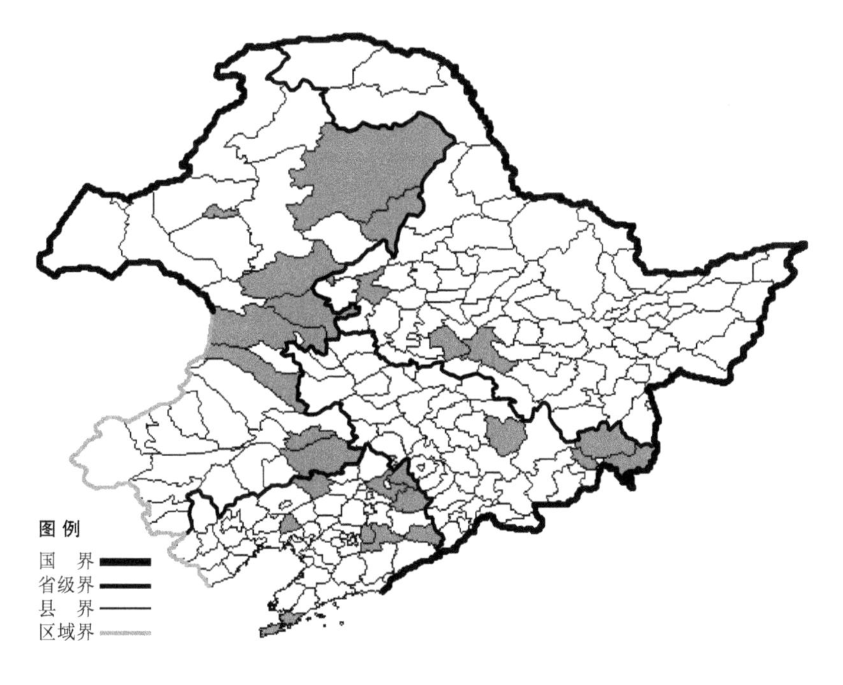

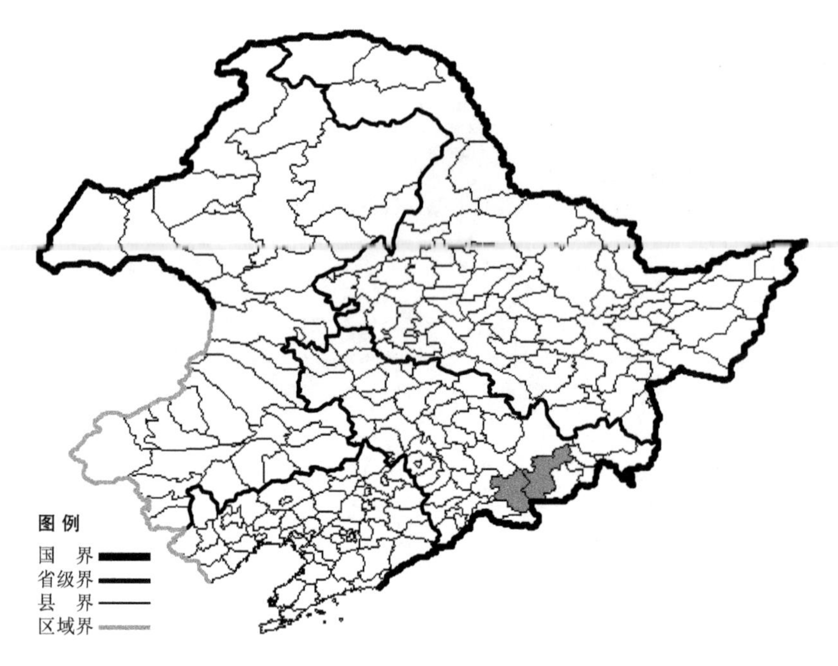

矮羊茅

Festuca airoides Lam.

生境：高山冻原，林缘，灌丛，海拔 1400-2100 米。

产地：吉林省安图、抚松。

分布：中国（吉林），蒙古，俄罗斯（北极带、欧洲部分、高加索、西伯利亚、远东地区），欧洲，北美洲。

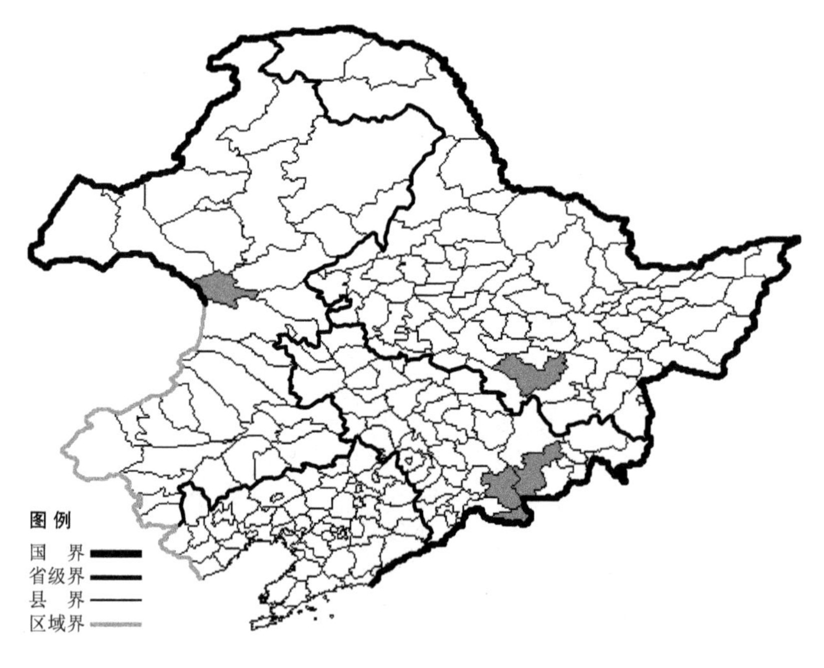

高山羊茅

Festuca auriculata Drob.

生境：高山冻原，岳桦林下，林缘，海拔 2600 米以下。

产地：黑龙江省尚志，吉林省抚松、安图、长白，内蒙古阿尔山。

分布：中国（黑龙江、吉林、内蒙古），俄罗斯（北极带、东部西伯利亚、远东地区），北美洲。

达乌里羊茅

Festuca dahurica (St.-Yves) V. Krecz. et Bobr.

生境：草原，沙丘，海拔 500-1200 米。

产地：黑龙江省大庆、安达、黑河，吉林省双辽、安图，辽宁省彰武，内蒙古满洲里、海拉尔、扎兰屯、鄂温克旗、科尔沁左翼后旗、扎赉特旗、科尔沁右翼中旗、巴林右旗、克什克腾旗、新巴尔虎左旗、新巴尔虎右旗、乌兰浩特、科尔沁右翼前旗、通辽、扎鲁特旗、阿尔山。

分布：中国（黑龙江、吉林、辽宁、内蒙古、河北、甘肃），蒙古，俄罗斯（东部西伯利亚）。

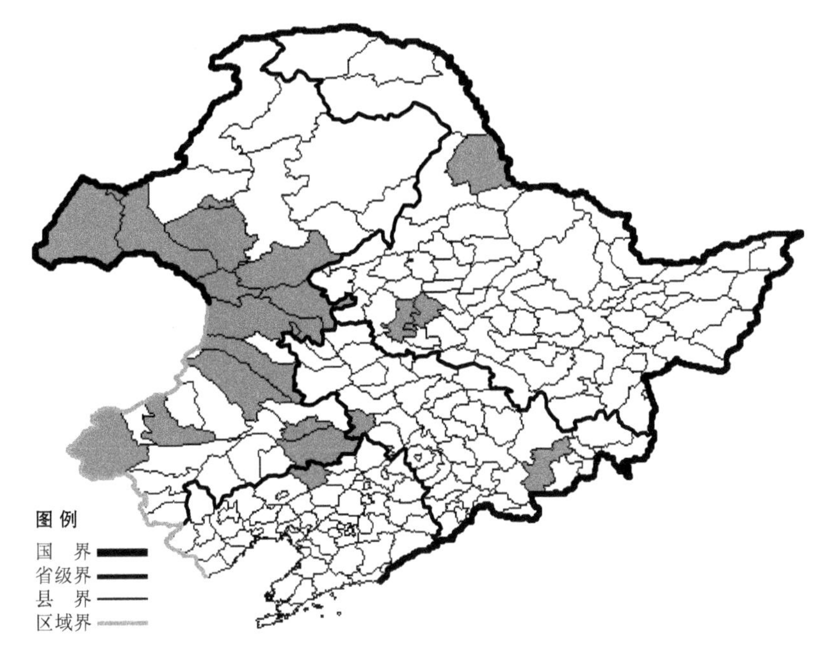

远东羊茅

Festuca extremiorientalis Ohwi

生境：林下，路旁，山坡草地，海拔 1300 米以下。

产地：黑龙江省哈尔滨、伊春、尚志、肇州、牡丹江、密山、汤原，吉林省临江、磐石、抚松、靖宇、吉林、安图、汪清、长白，辽宁省沈阳、本溪、凤城、宽甸、桓仁、清原，内蒙古科尔沁右翼前旗、科尔沁左翼后旗、阿尔山、巴林右旗、牙克石。

分布：中国（黑龙江、吉林、辽宁、内蒙古、河北、山西、陕西、甘肃、青海、四川），朝鲜半岛，日本，俄罗斯（西伯利亚、远东地区）。

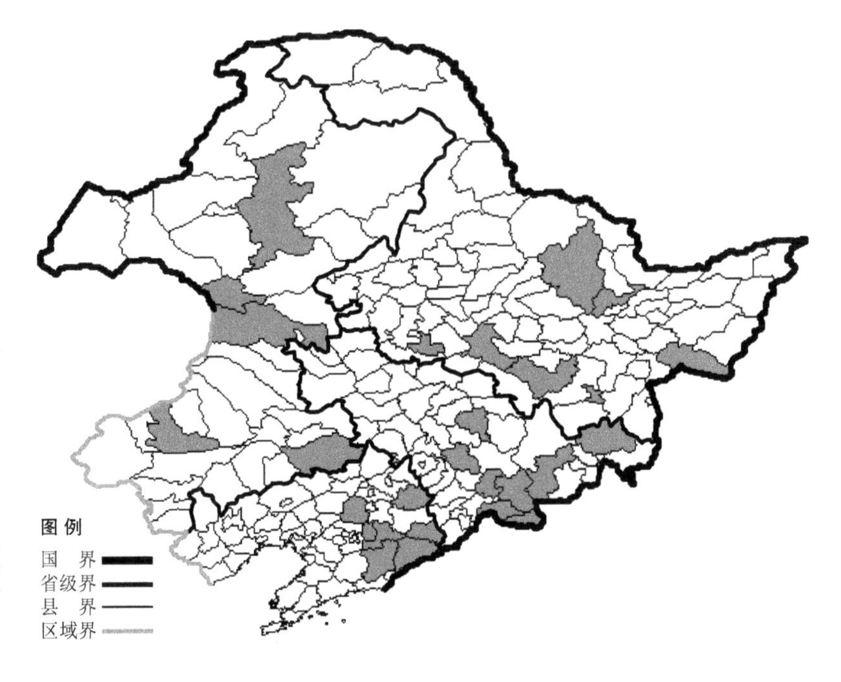

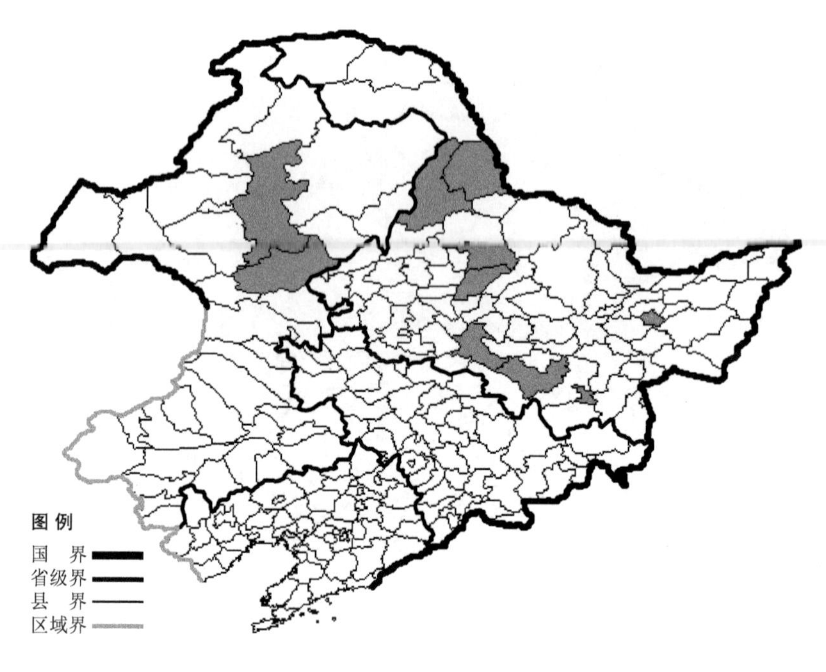

雅库羊茅

Festuca jacutica Drob.

生境：林下，林缘，草甸。

产地：黑龙江省黑河、牡丹江、嫩江、海伦、北安、哈尔滨、双鸭山、尚志，内蒙古扎兰屯、牙克石。

分布：中国（黑龙江、内蒙古），俄罗斯（东部西伯利亚、远东地区）。

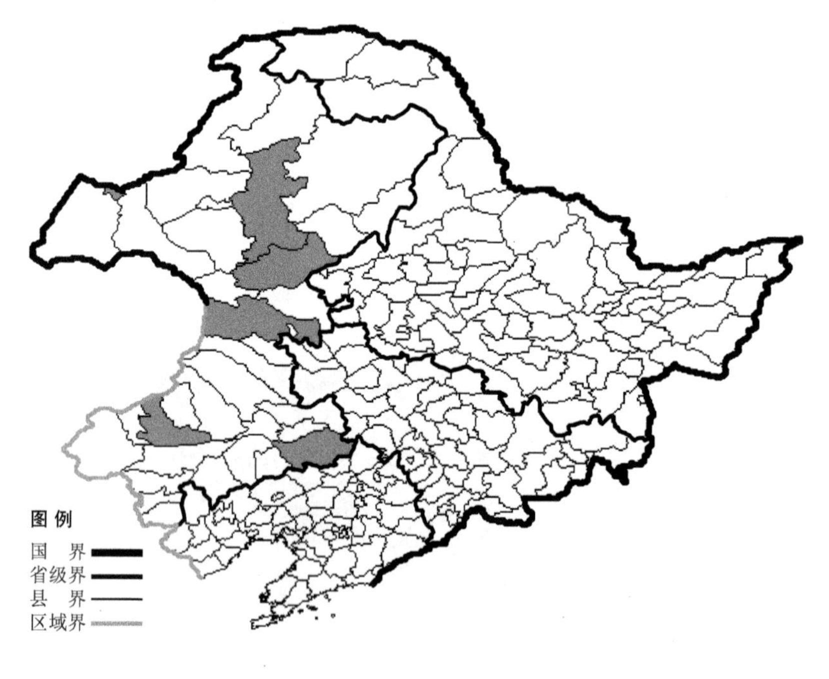

东亚羊茅

Festuca litvinovii (Tzvel.) E. Alexeev

生境：草原，草甸。

产地：内蒙古扎兰屯、牙克石、科尔沁右翼前旗、满洲里、巴林右旗、科尔沁左翼后旗。

分布：中国（内蒙古、河北、山西、甘肃、青海、新疆），朝鲜半岛，蒙古，俄罗斯（东部西伯利亚、远东地区）。

假沟羊茅

Festuca mollissima V. Krecz.

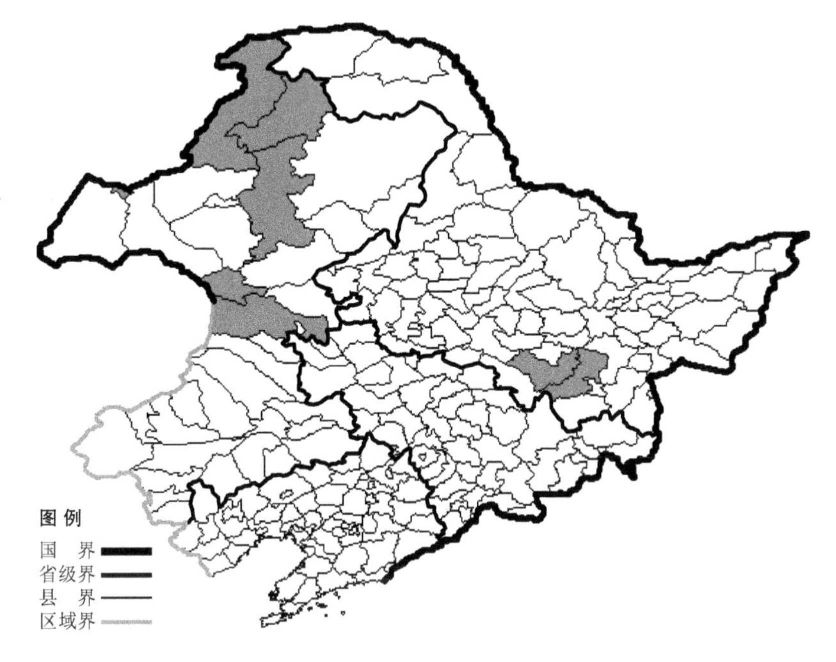

生境：干山坡岩石缝间，海拔1600米以下。

产地：黑龙江省尚志、海林，内蒙古满洲里、科尔沁右翼前旗、根河、阿尔山、额尔古纳、牙克石。

分布：中国（黑龙江、内蒙古），俄罗斯（远东地区）。

羊茅

Festuca ovina L.

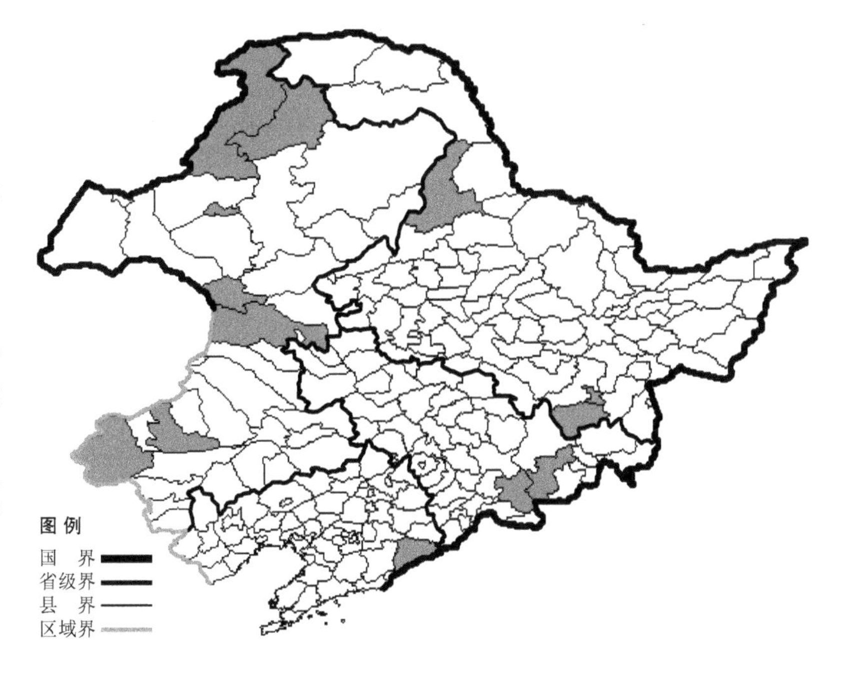

生境：山坡草地，高山冻原，海拔2500米以下。

产地：黑龙江省嫩江、牡丹江、宁安，吉林省安图、抚松，辽宁省宽甸，内蒙古阿尔山、根河、海拉尔、克什克腾旗、巴林右旗、额尔古纳、科尔沁右翼前旗。

分布：中国（黑龙江、吉林、辽宁、内蒙古、陕西、宁夏、甘肃、新疆、山东、安徽、四川、云南、西藏），俄罗斯（北极带、欧洲部分、高加索、西伯利亚、远东地区），朝鲜半岛，日本，蒙古，欧洲，北美洲。

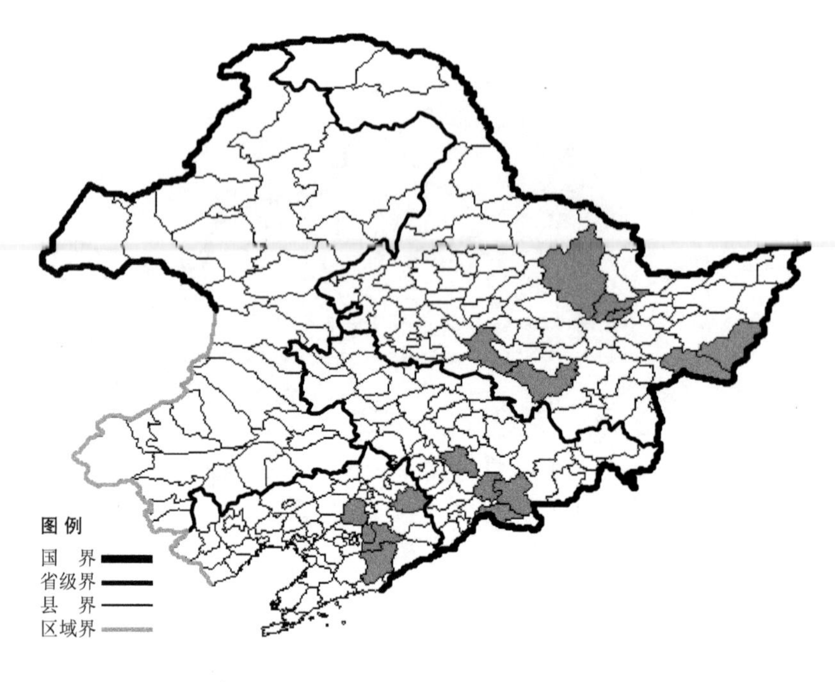

草甸羊茅

Festuca pratensis Huds.

生境：草甸。

产地：黑龙江省哈尔滨、佳木斯、伊春、尚志、虎林、密山、汤原，吉林省磐石、靖宇、抚松、临江，辽宁省沈阳、清原、本溪、凤城。

分布：中国（黑龙江、吉林、辽宁、新疆），俄罗斯（欧洲部分、高加索、西伯利亚），中亚，土耳其，欧洲。

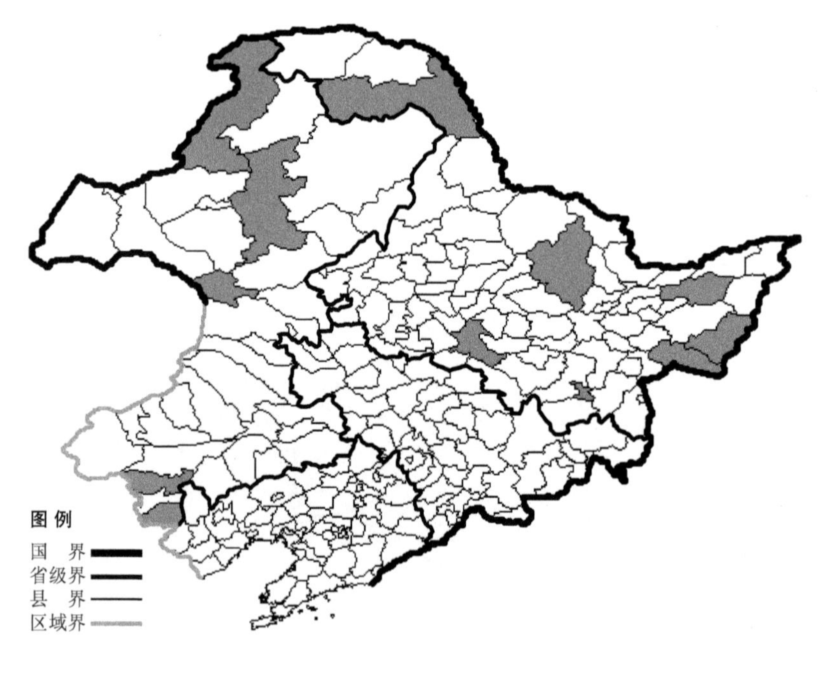

紫羊茅

Festuca rubra L.

生境：山坡草地，林缘，灌丛。

产地：黑龙江省富锦、伊春、密山、哈尔滨、牡丹江、呼玛、虎林，内蒙古额尔古纳、牙克石、赤峰、阿尔山、宁城。

分布：中国（黑龙江、内蒙古、河北、山西、陕西、甘肃、青海、新疆、华中、西南），朝鲜半岛，日本，蒙古，俄罗斯（北极带、欧洲部分、高加索、西伯利亚、远东地区），中亚，土耳其，伊朗，欧洲，北美洲。

珠芽羊茅

Festuca vivipara (L.) Smith

生境：高山冻原，海拔 1700-2600 米。

产地：吉林省安图、长白。

分布：中国（吉林），俄罗斯（北极带、西伯利亚、远东地区），欧洲，北美洲。

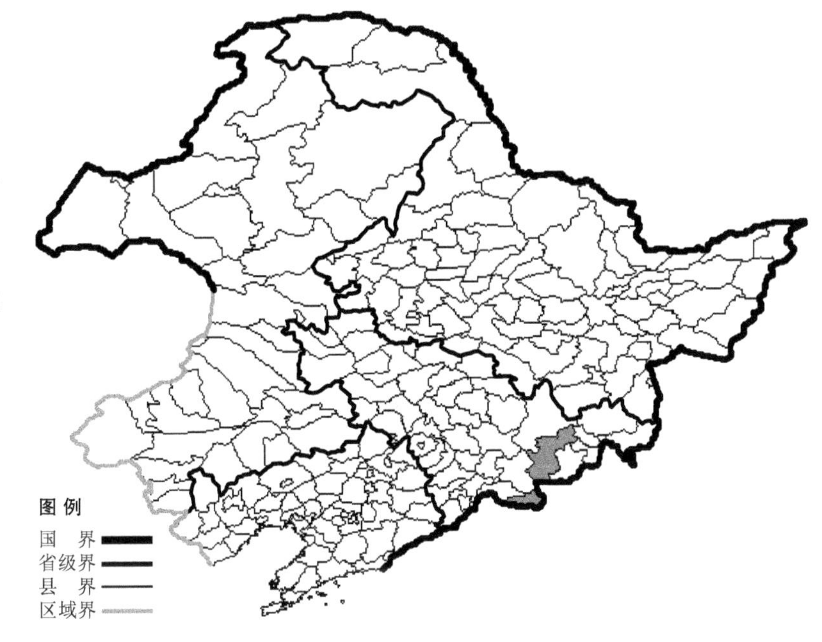

散穗甜茅

Glyceria effusa Kitag.

生境：水边湿地，沼泽，海拔约 300 米。

产地：黑龙江省依安、黑河、哈尔滨、呼玛、大庆、北安，内蒙古牙克石。

分布：中国（黑龙江、内蒙古），朝鲜半岛。

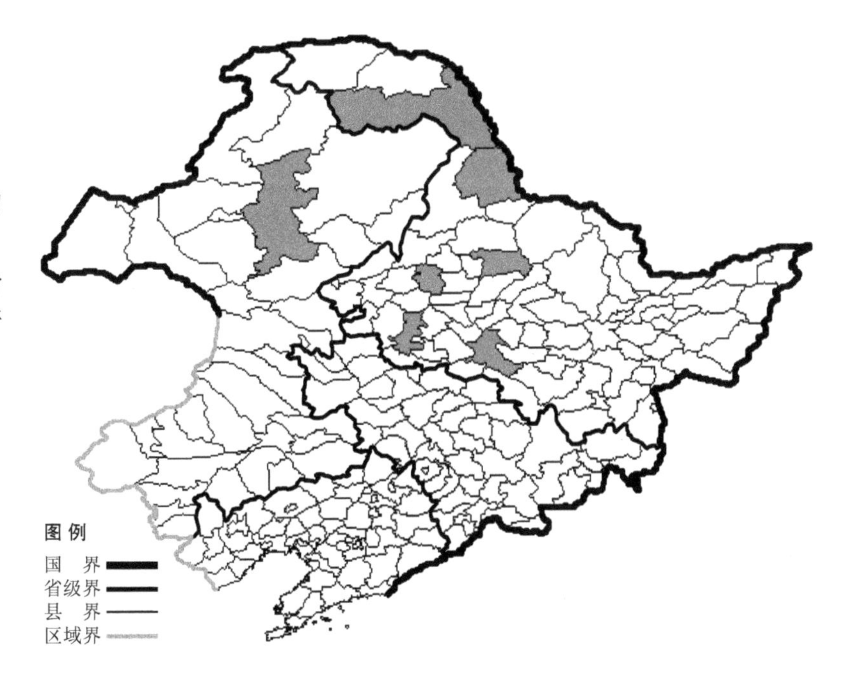

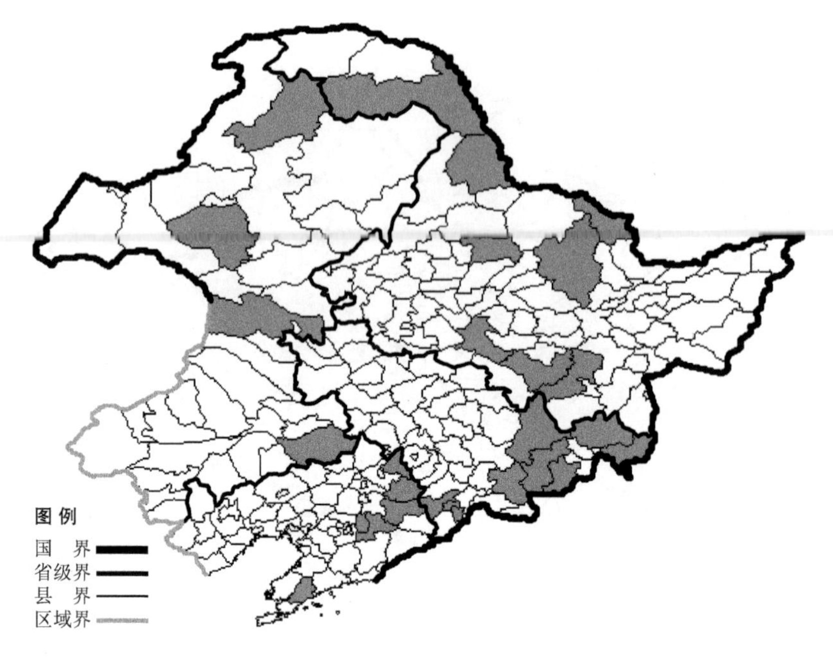

假鼠妇草

Glyceria leptolepis Ohwi

生境： 湿草地，沼泽，海拔约900米以下。

产地： 黑龙江省伊春、海林、北安、尚志、呼玛、哈尔滨、黑河、嘉荫，吉林省通化、和龙、珲春、汪清、敦化、安图、抚松，辽宁省西丰、新宾、清原、普兰店、本溪，内蒙古根河、鄂温克旗、科尔沁右翼前旗。

分布： 中国（黑龙江、吉林、辽宁、内蒙古、陕西、甘肃、安徽、浙江、河南、江西、台湾），朝鲜半岛，日本，俄罗斯（远东地区）。

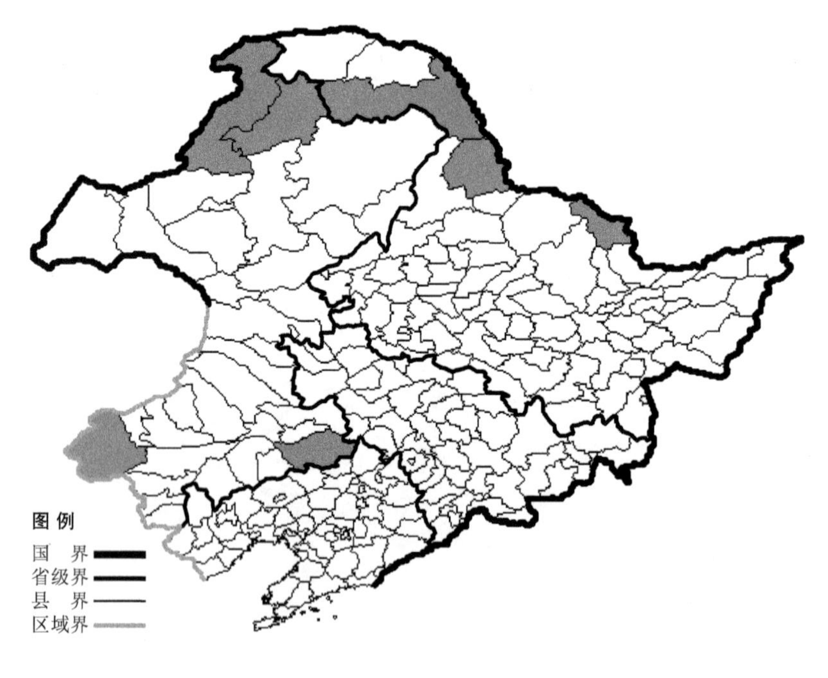

小甜茅

Glyceria leptorhiza (Maxim.) Kom.

生境： 湿草地。

产地： 黑龙江省嘉荫、黑河、呼玛，内蒙古根河、科尔沁左翼后旗、额尔古纳、克什克腾旗。

分布： 中国（黑龙江、内蒙古），俄罗斯（远东地区）。

细弱甜茅

Glyceria lithouanica (Gorski) Gorski

生境：水湿地，海拔 900 米以下。

产地：黑龙江省哈尔滨、海林、尚志，吉林省临江。

分布：中国（黑龙江、吉林），朝鲜半岛，日本，俄罗斯（欧洲部分、高加索、西伯利亚、远东地区），欧洲。

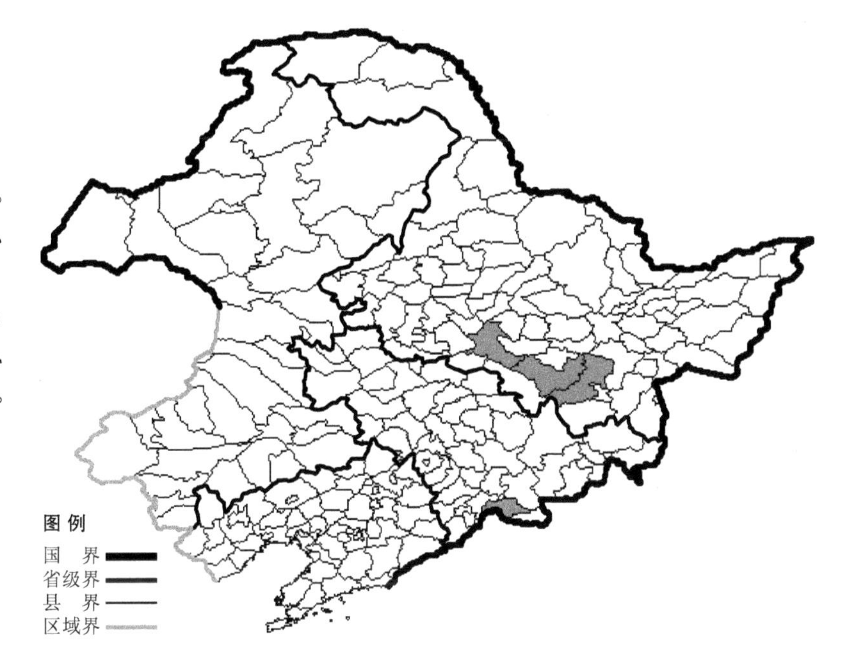

狭叶甜茅

Glyceria spiculosa (Fr. Schmidt) Rosh.

生境：水边湿地，沼泽，海拔 800 米以下。

产地：黑龙江省哈尔滨、嫩江、黑河、富锦、虎林，辽宁省彰武、清原，内蒙古海拉尔、额尔古纳、根河、扎赉特旗、科尔沁右翼前旗、科尔沁左翼后旗。

分布：中国（黑龙江、辽宁、内蒙古），朝鲜半岛，俄罗斯（西伯利亚、远东地区）。

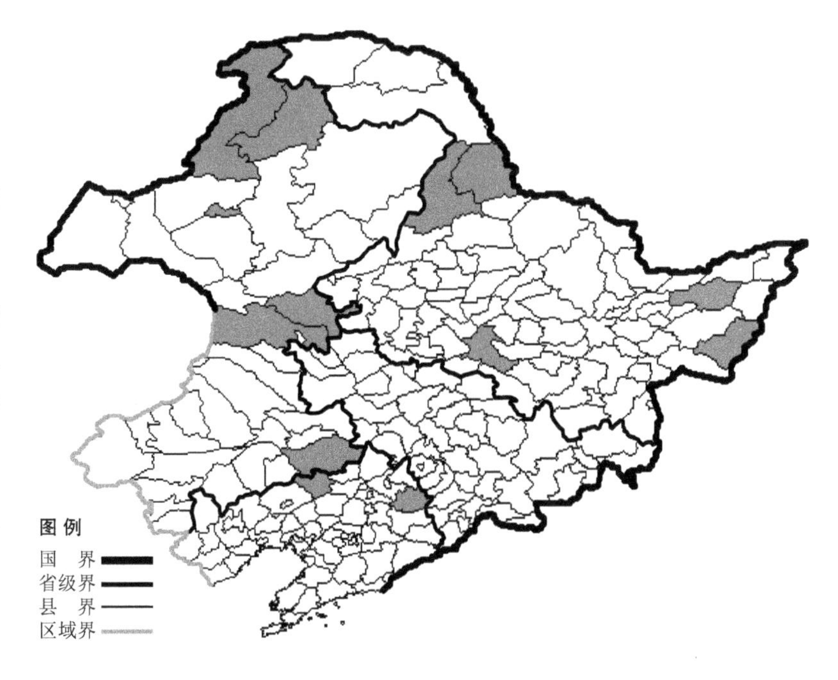

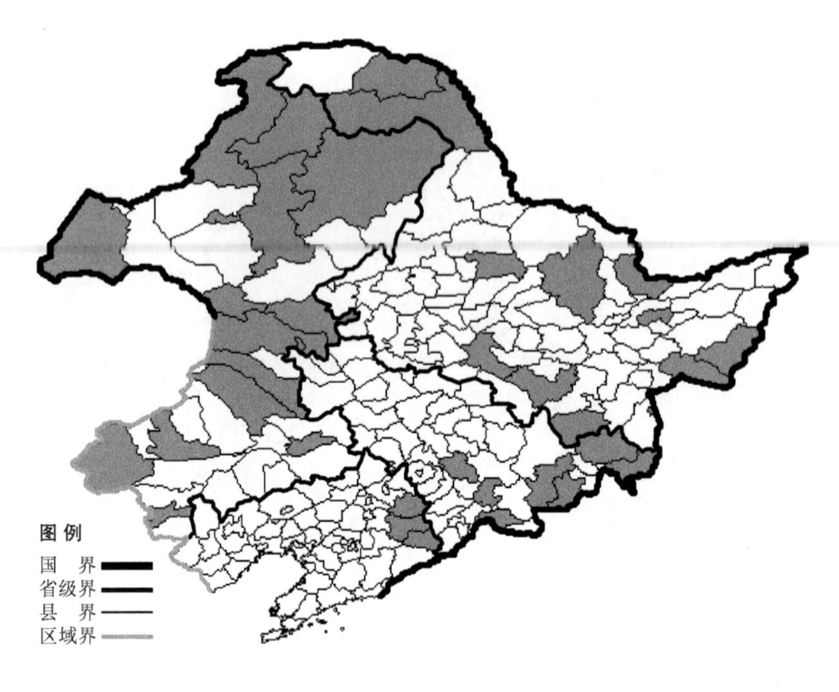

东北甜茅

Glyceria triflora (Korsh.) Kom.

生境：河边浅水中，沼泽，海拔900米以下。

产地：黑龙江省呼玛、集贤、尚志、密山、绥芬河、伊春、萝北、哈尔滨、宁安、虎林、塔河、北安，吉林省汪清、靖宇、临江、珲春、磐石、安图、和龙，辽宁省新宾、清原、桓仁，内蒙古牙克石、海拉尔、额尔古纳、通辽、乌兰浩特、科尔沁右翼前旗、克什克腾旗、新巴尔虎右旗、科尔沁右翼中旗、鄂伦春旗、扎鲁特旗、根河、喀喇沁旗、扎赉特旗、巴林右旗、阿尔山。

分布：中国（黑龙江、吉林、辽宁、内蒙古、河北、陕西、四川、云南），蒙古，俄罗斯（欧洲部分、西伯利亚、远东地区）。

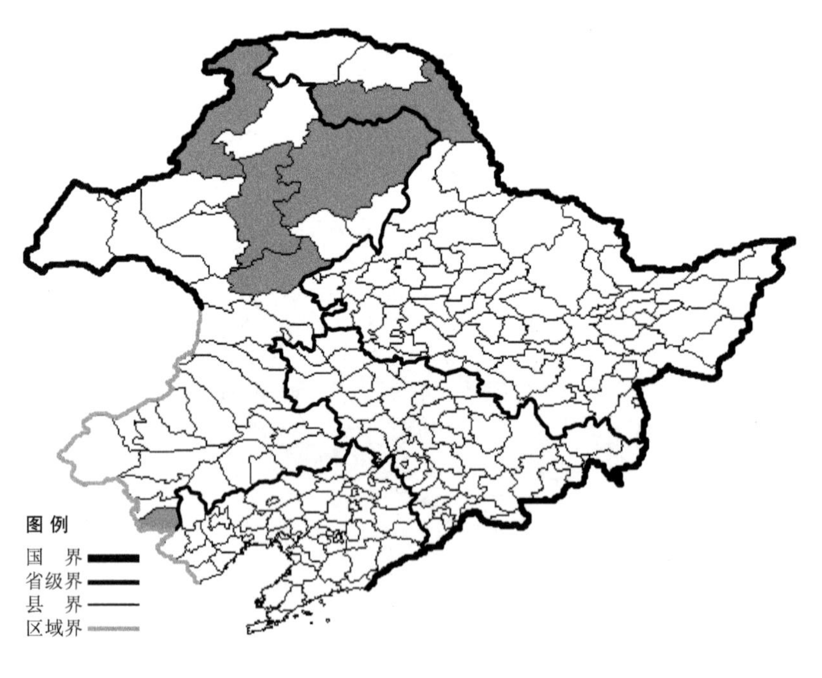

大穗异燕麦

Helictotrichon dahuricum (Kom.) Kitag.

生境：山坡草地，林缘，海拔800米以下。

产地：黑龙江省呼玛，内蒙古额尔古纳、鄂伦春旗、扎兰屯、宁城、牙克石。

分布：中国（黑龙江、内蒙古），朝鲜半岛，蒙古，俄罗斯（北极带、东部西伯利亚、远东地区）。

异燕麦

Helictotrichon schellianum (Hack.) Kitag.

生境： 山坡草地，林下，海拔1000米以下。

产地： 黑龙江省哈尔滨、鹤岗、黑河、牡丹江、五大连池、富锦、安达、大庆、萝北，内蒙古克什克腾旗、通辽、额尔古纳、鄂温克旗、科尔沁右翼前旗、科尔沁右翼中旗、扎兰屯、海拉尔、牙克石、根河、喀喇沁旗、巴林右旗、巴林左旗、宁城。

分布： 中国（黑龙江、内蒙古、河北、山西、甘肃、青海、新疆、四川、云南），蒙古，俄罗斯（欧洲部分、东部西伯利亚、远东地区），中亚。

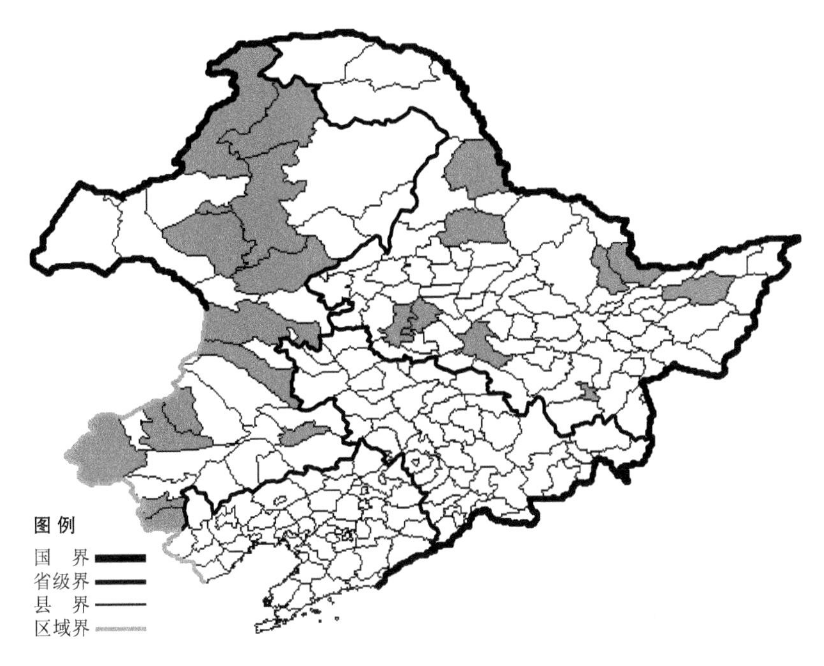

北异燕麦

Helictotrichon trisetoides (Kitag.) Kitag.

生境： 山坡草地，林下。

产地： 黑龙江省嫩江、北安，吉林省镇赉。

分布： 中国（黑龙江、吉林）。

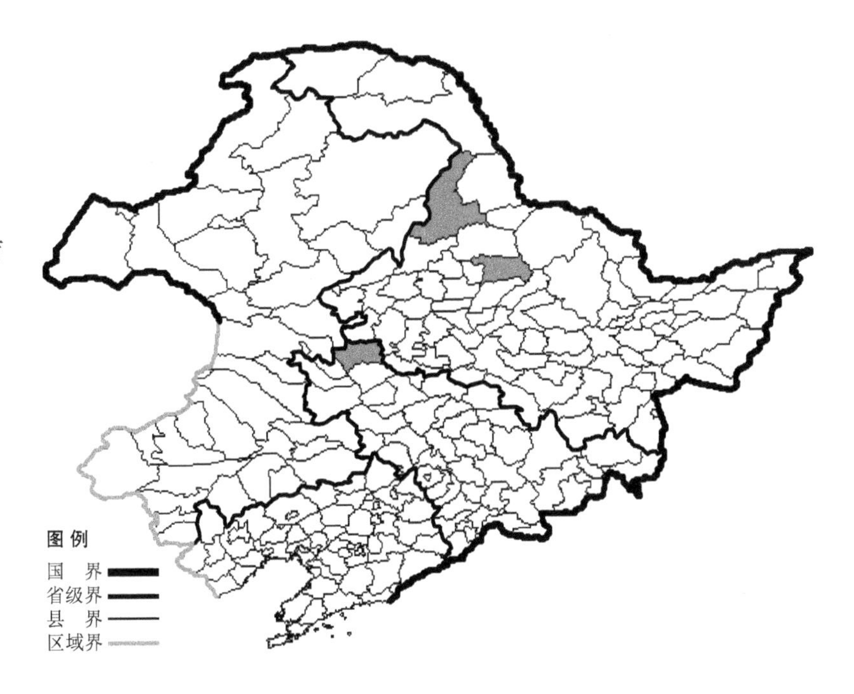

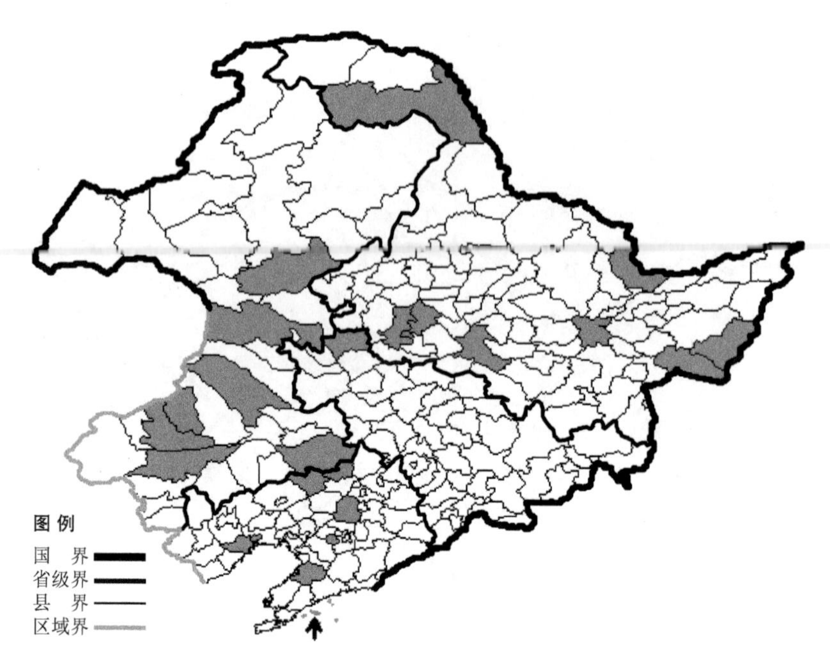

牛鞭草

Hemarthria altissima (Poir.) Stapf. et C. E. Hubb.

生境：河滩，耕地旁。

产地：黑龙江省哈尔滨、依兰、安达、大庆、萝北、密山、虎林、呼玛，吉林省镇赉，辽宁省康平、彰武、锦州、葫芦岛、沈阳、鞍山、盖州、长海，内蒙古扎兰屯、科尔沁右翼前旗、科尔沁左翼后旗、巴林右旗、巴林左旗、扎鲁特旗、翁牛特旗。

分布：中国（黑龙江、吉林、辽宁、内蒙古、华北、华中、华南、西南），朝鲜半岛，日本，俄罗斯（远东地区）。

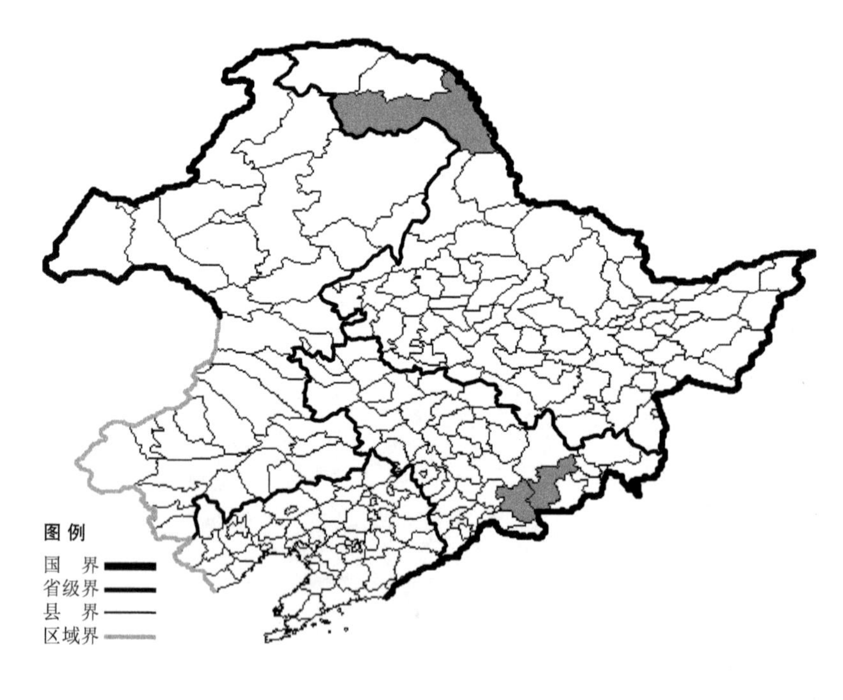

高山茅香

Hierochloe alpina (Swartz.) Roem. et Schult.

生境：高山冻原，山坡草地，海拔 2400 米以下。

产地：黑龙江省呼玛，吉林省安图、抚松。

分布：中国（黑龙江、吉林），朝鲜半岛，日本，蒙古，俄罗斯（北极带、欧洲部分、高加索、西伯利亚、远东地区），欧洲，北美洲。

光稃茅香

Hierochloe glabra Trin.

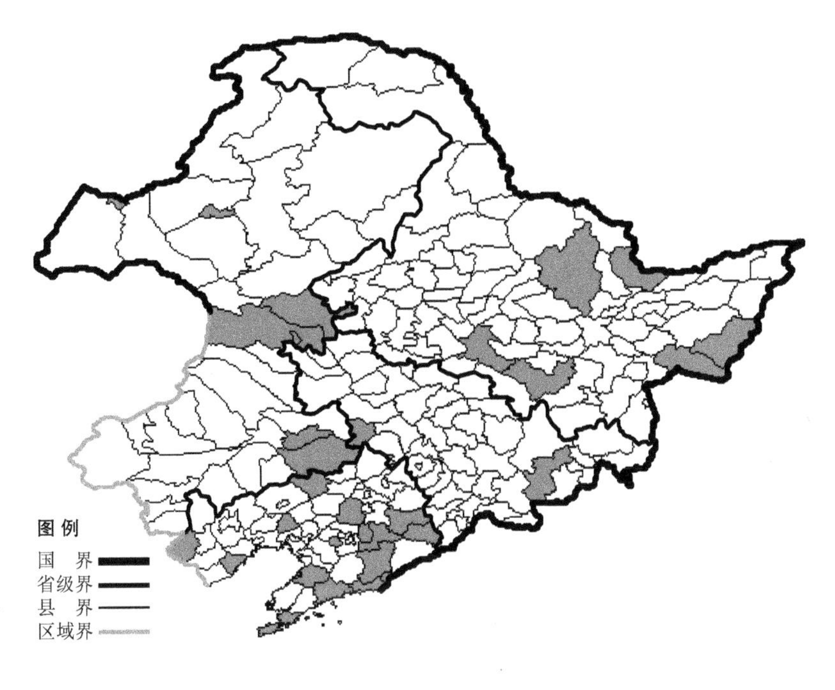

生境：山坡湿草地，沙地，海拔800米以下。

产地：黑龙江省伊春、哈尔滨、虎林、尚志、密山、萝北，吉林省安图、双辽，辽宁省彰武、兴城、沈阳、鞍山、丹东、凤城、新宾、庄河、盖州、本溪、北镇、大连、凌源、桓仁、东港，内蒙古满洲里、海拉尔、乌兰浩特、科尔沁右翼前旗、扎赉特旗、科尔沁左翼后旗、通辽。

分布：中国（黑龙江、吉林、辽宁、内蒙古、河北、山西、青海、新疆），蒙古，俄罗斯（西伯利亚、远东地区）。

茅香

Hierochloe odorata (L.) Beauv.

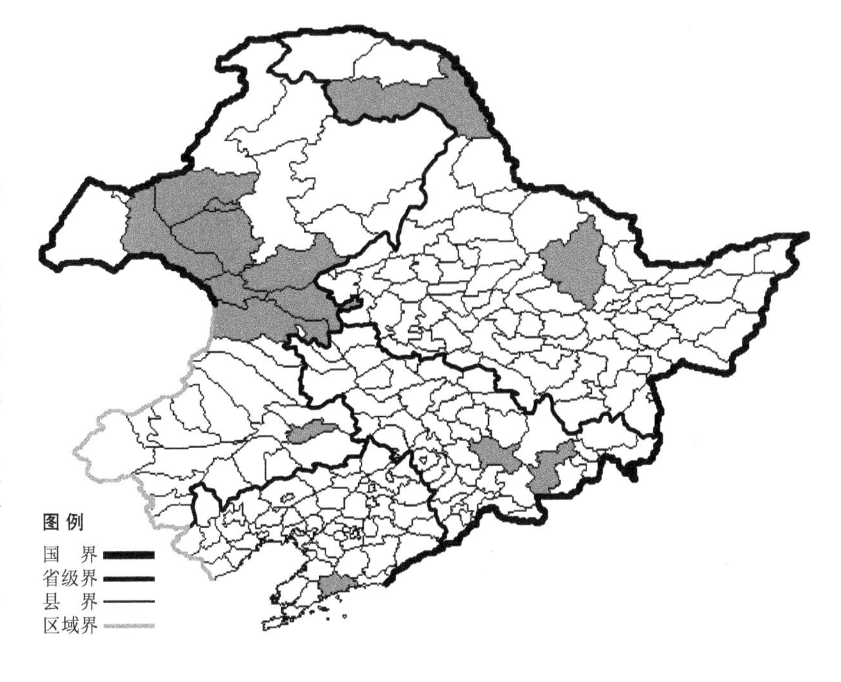

生境：山坡草地，海拔1900米以下。

产地：黑龙江省呼玛、伊春，吉林省桦甸、安图，辽宁省庄河，内蒙古海拉尔、科尔沁右翼前旗、新巴尔虎左旗、鄂温克旗、陈巴尔虎旗、扎兰屯、扎赉特旗、通辽、阿尔山。

分布：中国（黑龙江、吉林、辽宁、内蒙古、河北、山西、陕西、甘肃、青海、新疆、山东、云南），蒙古，俄罗斯（北极带、欧洲部分、高加索、西伯利亚、远东地区），中亚，欧洲，北美洲。

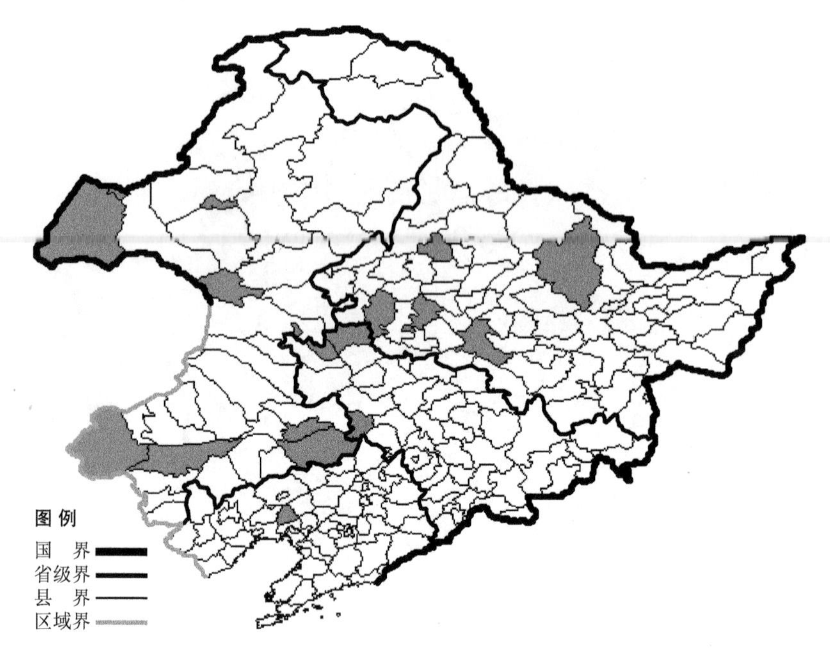

短芒大麦草

Hordeum brevisubulatum (Trin.) Link

生境：草地，耕地旁，路旁，湿草地，海拔 700 米以下。

产地：黑龙江省哈尔滨、伊春、杜尔伯特、克山、安达，吉林省白城、双辽、镇赉，辽宁省北镇，内蒙古新巴尔虎右旗、海拉尔、科尔沁左翼后旗、翁牛特旗、通辽、阿尔山、满洲里、新巴尔虎左旗、科尔沁右翼前旗、乌兰浩特、克什克腾旗。

分布：中国（黑龙江、吉林、辽宁、内蒙古、陕西、宁夏、甘肃、青海、新疆、西藏），蒙古，俄罗斯（欧洲部分、西伯利亚、远东地区），中亚。

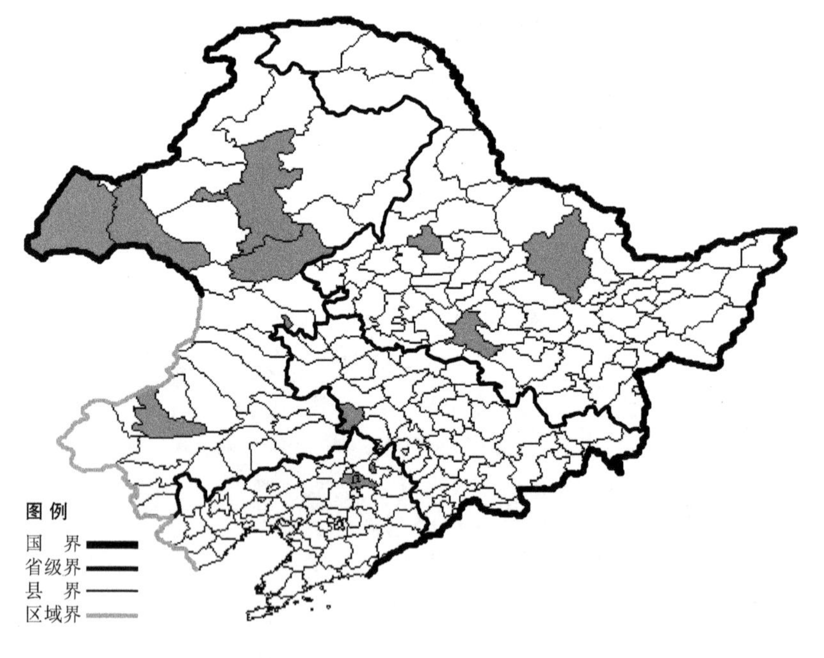

刺稃大麦草 Hordeum brevisubulatum (Trin.) Link var. **hirtellum** Chang et Skv. 生于田边、路旁、湿草地，海拔 700 米以下，产于黑龙江省哈尔滨、伊春、克山，吉林省双辽，辽宁省铁岭，内蒙古新巴尔虎右旗、新巴尔虎左旗、牙克石、扎兰屯、巴林右旗、海拉尔、乌兰浩特，分布于中国（黑龙江、吉林、辽宁、内蒙古）。

芒颖大麦草

Hordeum jubatum L.

生境：荒地，路旁。

产地：黑龙江省密山、哈尔滨，辽宁省营口、北镇、大连。

分布：原产北美洲，现我国黑龙江、辽宁、内蒙古有分布。

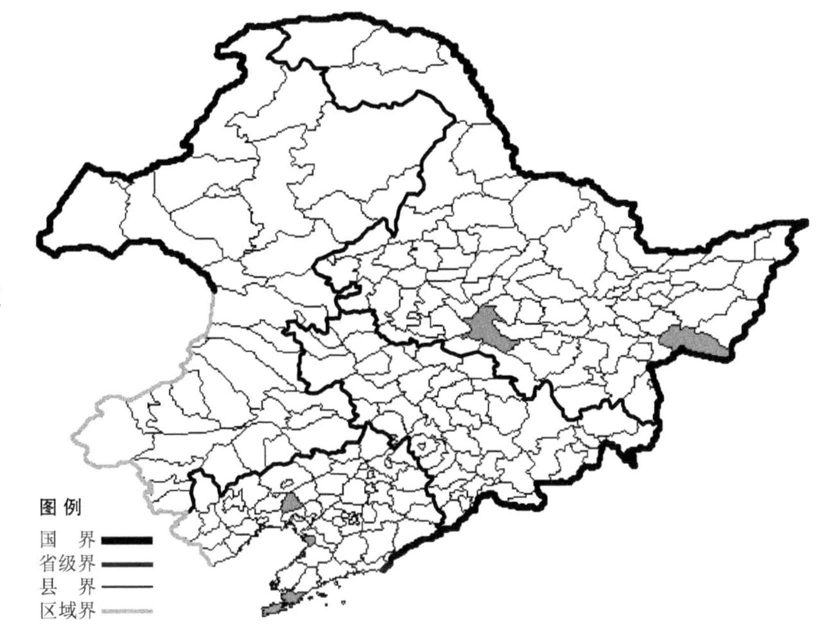

西伯利亚大麦

Hordeum roshevitzii Bowd.

生境：草原，河边湿地，海拔700米以下。

产地：内蒙古科尔沁右翼中旗、额尔古纳、陈巴尔虎旗、鄂温克旗、扎赉特旗、科尔沁右翼中旗、巴林右旗、科尔沁左翼后旗、霍林郭勒、克什克腾旗、翁牛特旗、敖汉旗、宁城、扎鲁特旗。

分布：中国（内蒙古、陕西、青海、甘肃），蒙古，俄罗斯（西伯利亚、远东地区）。

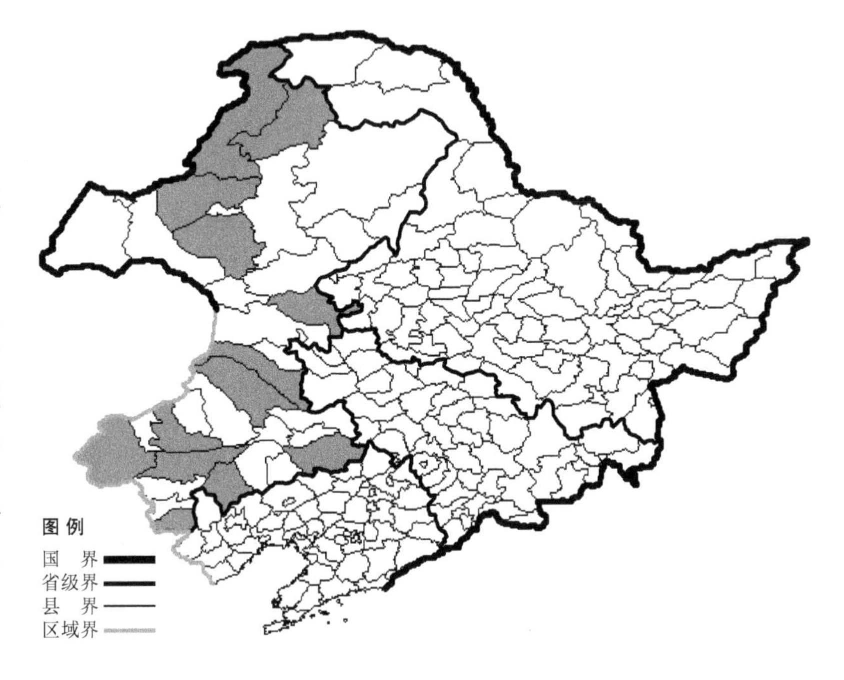

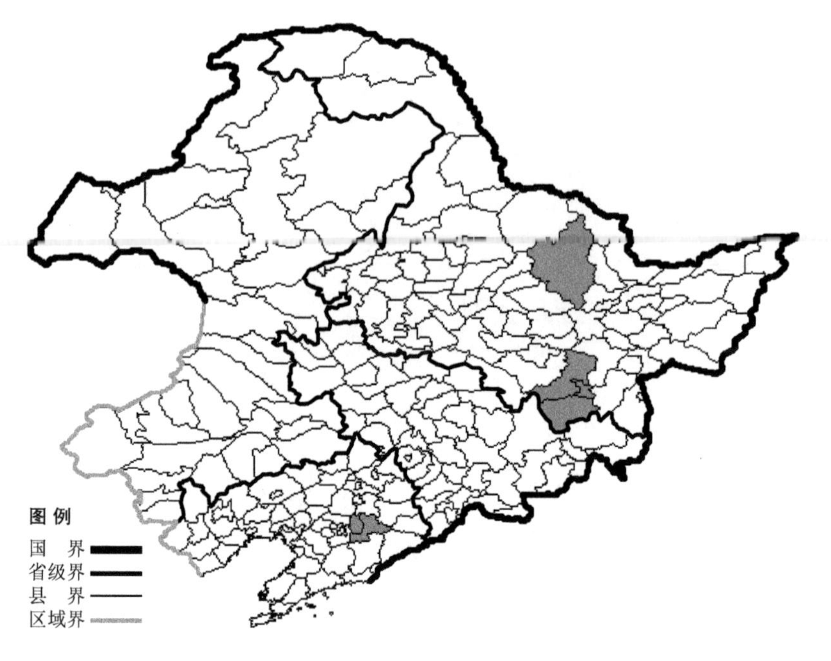

柯马猬草

Hystrix komarovii (Rosh.) Ohwi

生境：林下，海拔 800 米以下。

产地：黑龙江省伊春、牡丹江、宁安、海林，辽宁省本溪。

分布：中国（黑龙江、辽宁、河北、陕西），俄罗斯（远东地区）。

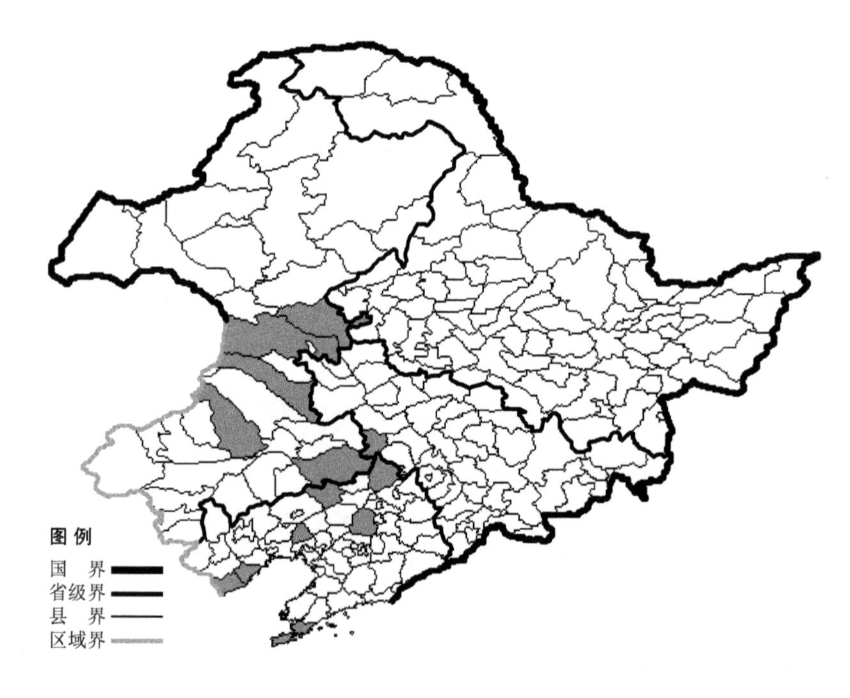

白茅

Imperata cylindrica (L.) Beauv.

生境：山坡草地，路旁，沙地。

产地：吉林省双辽，辽宁省昌图、彰武、沈阳、大连、绥中、北镇、兴城，内蒙古科尔沁左翼后旗、扎赉特旗、科尔沁右翼前旗、科尔沁右翼中旗、阿鲁科尔沁旗。

分布：中国（吉林、辽宁、内蒙古、河北、山西、陕西、山东），俄罗斯（高加索），中亚，土耳其，伊拉克，伊朗，非洲，欧洲，大洋洲。

柳叶箬

Isachne globosa (Thunb.) Kuntze

生境：低湿地。

产地：辽宁省大连、长海。

分布：中国（辽宁、河北、陕西、山东、江苏、安徽、浙江、福建、河南、湖北、江西、湖南、广东、广西、四川、贵州、云南、台湾），日本，印度，马来西亚，菲律宾，太平洋诸岛，大洋洲。

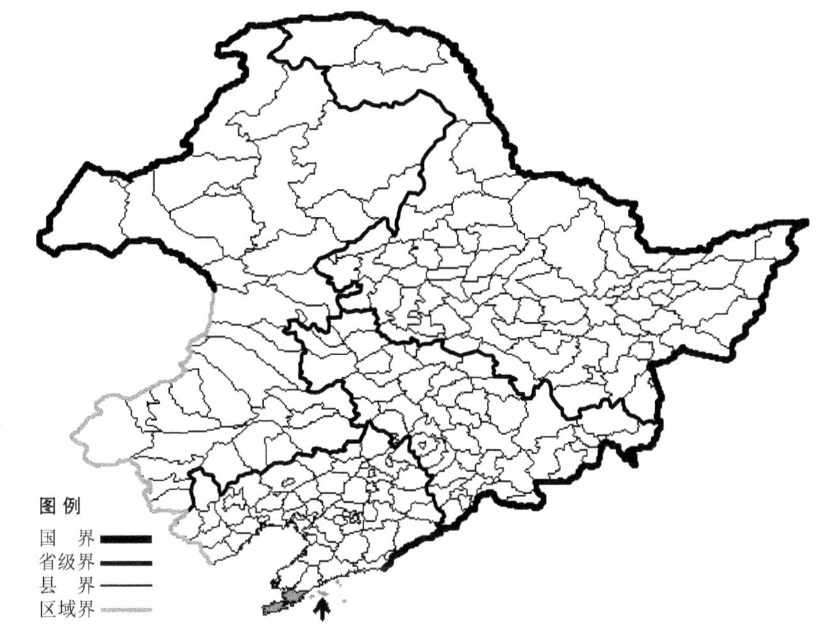

鸭嘴草

Ischaemum aristatum L. var. **glaucum** (Honda) Koyama

生境：沿海沙地，沟边。

产地：辽宁省大连，长海。

分布：中国（辽宁、江苏、浙江、台湾），日本。

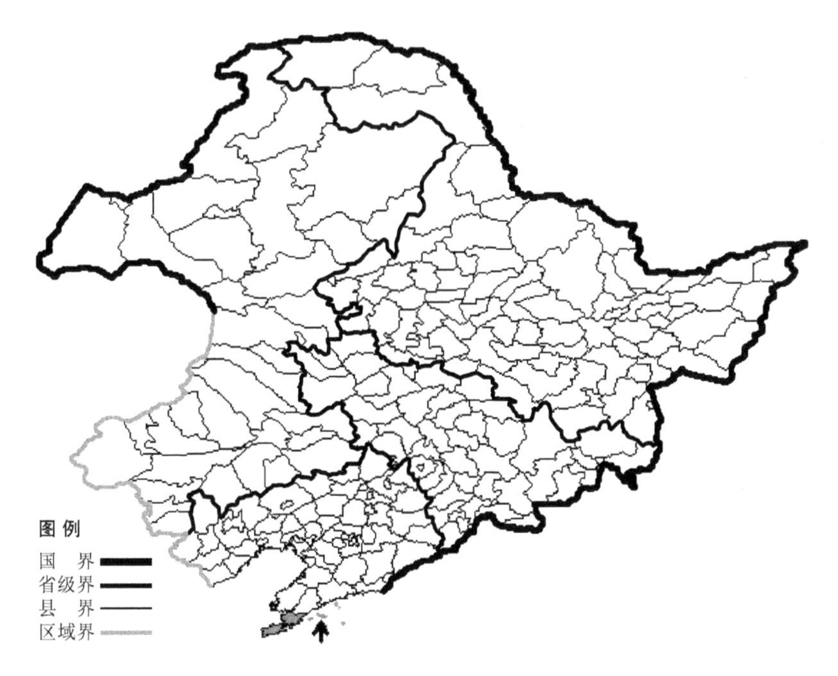

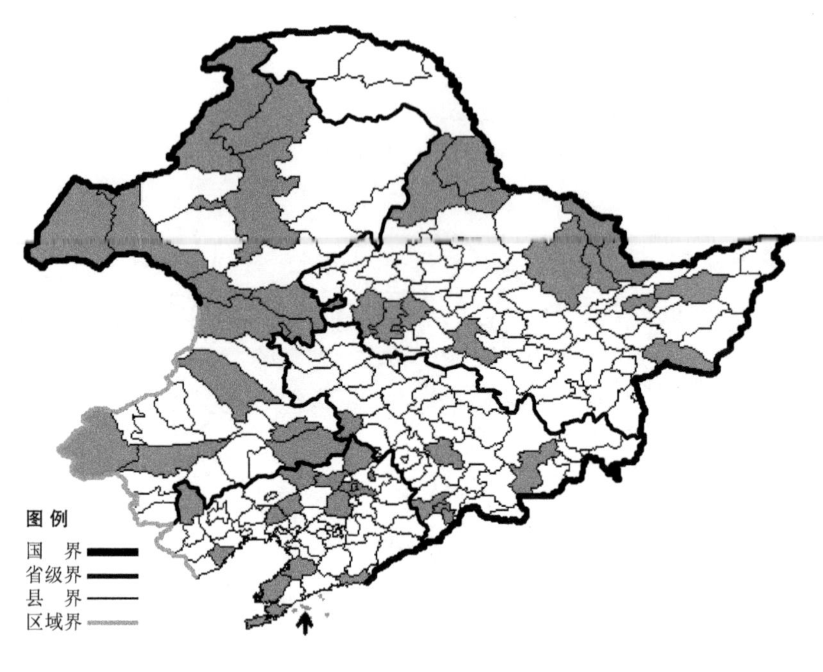

落草

Koeleria cristata (L.) Pers.

生境：林缘，路旁，山坡草地，海拔 800 米以下。

产地：黑龙江省哈尔滨、鹤岗、嫩江、集贤、大庆、伊春、安达、黑河、孙吴、萝北、富锦、嘉荫、哈尔滨、密山、杜尔伯特，吉林省安图、通化、双辽、磐石，辽宁省彰武、昌图、北镇、黑山、建平、沈阳、盖州、瓦房店、大连、兴城、法库、东港、长海、铁岭，内蒙古新巴尔虎右旗、满洲里、根河、海拉尔、牙克石、翁牛特旗、克什克腾旗、科尔沁左翼后旗、扎赉特旗、扎鲁特旗、科尔沁右翼前旗、新巴尔虎左旗、乌兰浩特、阿尔山、通辽、额尔古纳。

分布：中国（黑龙江、吉林、辽宁、内蒙古、河北、山西、青海、新疆、西藏），朝鲜半岛，日本，蒙古，俄罗斯（欧洲部分、西伯利亚、远东地区），中亚，土耳其，伊朗。

图例
国 界
省级界
县 界
区域界

假稻

Leersia oryzoides (L.) Swartz

生境：湿地，海拔 700 米以下。

产地：黑龙江省哈尔滨、绥化，辽宁省沈阳、大连、北镇，内蒙古敖汉旗、科尔沁左翼后旗。

分布：中国（黑龙江、辽宁、内蒙古），朝鲜半岛，日本，俄罗斯（欧洲部分、高加索、西部西伯利亚、远东地区），中亚，土耳其，欧洲，北美洲。

银穗草

Leucopoa albida (Turcz. ex Trin.) Krecz. et Bobr.

生境：山坡草地，海拔 900 米以下。

产地：内蒙古满洲里、额尔古纳、扎兰屯、科尔沁右翼前旗、突泉、阿鲁科尔沁旗、巴林右旗、巴林左旗、克什克腾旗、翁牛特旗、阿尔山、通辽。

分布：中国（内蒙古、河北、山西），蒙古，俄罗斯（东部西伯利亚）。

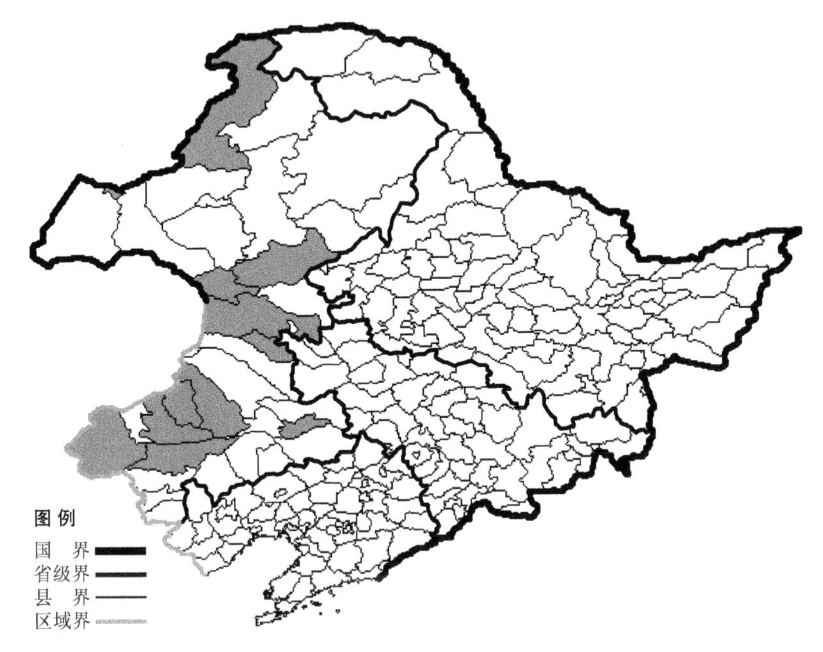

羊草

Leymus chinensis (Trin.) Tzvel.

生境：盐碱地，沙质地，山坡草地，河边，路旁，海拔 800 米以下。

产地：黑龙江省密山、龙江、呼玛、齐齐哈尔、安达、哈尔滨、黑河、虎林、佳木斯，吉林省镇赉、白城、梨树、双辽、通榆，辽宁省彰武、沈阳、长海、盖州、北镇、桓仁、建平、黑山、盘锦、宽甸、大连、兴城、铁岭、葫芦岛、昌图、大洼、凤城，内蒙古额尔古纳、海拉尔、满洲里、科尔沁左翼后旗、新巴尔虎左旗、新巴尔虎右旗、鄂伦春旗、乌兰浩特、扎赉特旗、扎鲁特旗、牙克石、巴林右旗、翁牛特旗、克什克腾旗、阿尔山、科尔沁右翼前旗、通辽、赤峰。

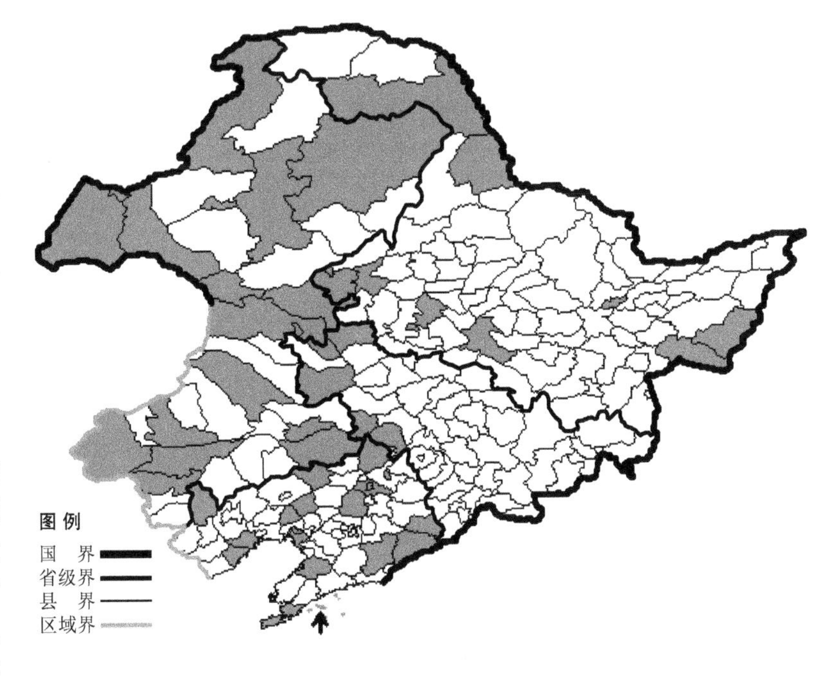

分布：中国（黑龙江、吉林、辽宁、内蒙古、河北、山西、陕西、新疆），朝鲜半岛，蒙古，俄罗斯（西伯利亚、远东地区）。

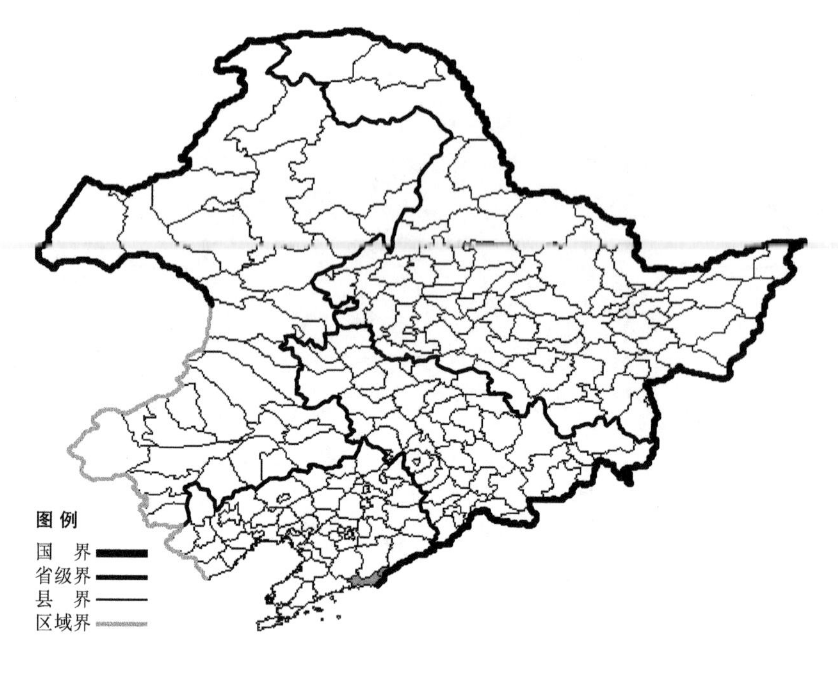

滨麦

Leymus mollis (Trin.) Hara

生境：海岸沙地，海拔 200 米以下。

产地：辽宁省东港、丹东。

分布：中国（辽宁），俄罗斯（远东地区），朝鲜半岛，日本，北美洲。

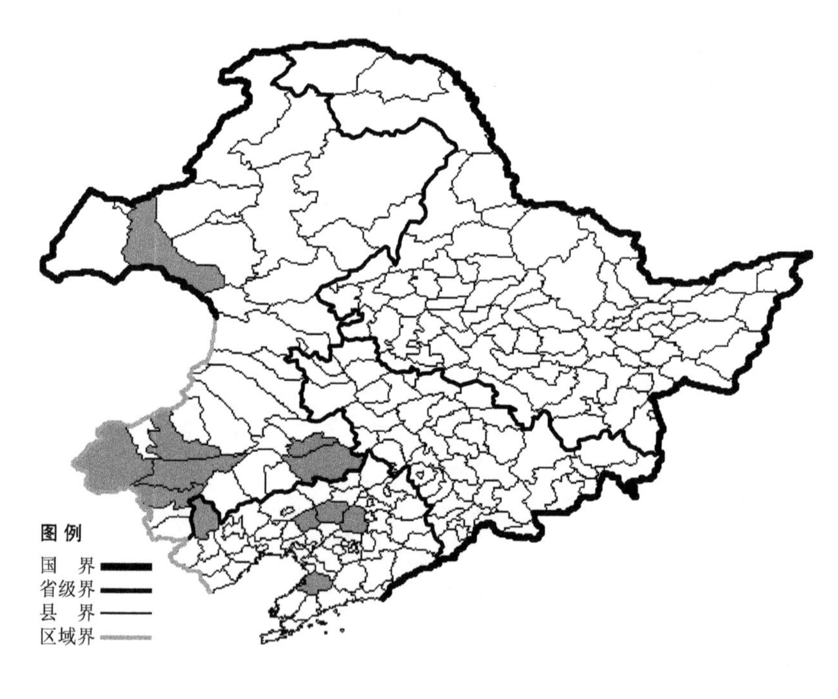

赖草

Leymus secalinus (Georgi) Tzvel.

生境：盐碱地，沙质地，河边，路旁，海拔 700 米以下。

产地：辽宁省沈阳、黑山、建平、盖州、新民，内蒙古赤峰、翁牛特旗、新巴尔虎左旗、克什克腾旗、巴林右旗、通辽、科尔沁左翼后旗。

分布：中国（辽宁、内蒙古、河北、山西、陕西、甘肃、青海、新疆、四川、西藏），朝鲜半岛，日本，蒙古，俄罗斯（西伯利亚），中亚。

大花臭草

Melica nutans L.

生境：林下，海拔 1800 米以下。

产地：黑龙江省伊春、尚志、嘉荫，吉林省桦甸、安图，辽宁省沈阳、绥中、凤城、桓仁、西丰、清原、本溪，内蒙古科尔沁右翼前旗。

分布：中国（黑龙江、吉林、辽宁、内蒙古、新疆），日本，俄罗斯（欧洲部分、高加索、西伯利亚、远东地区），中亚，欧洲。

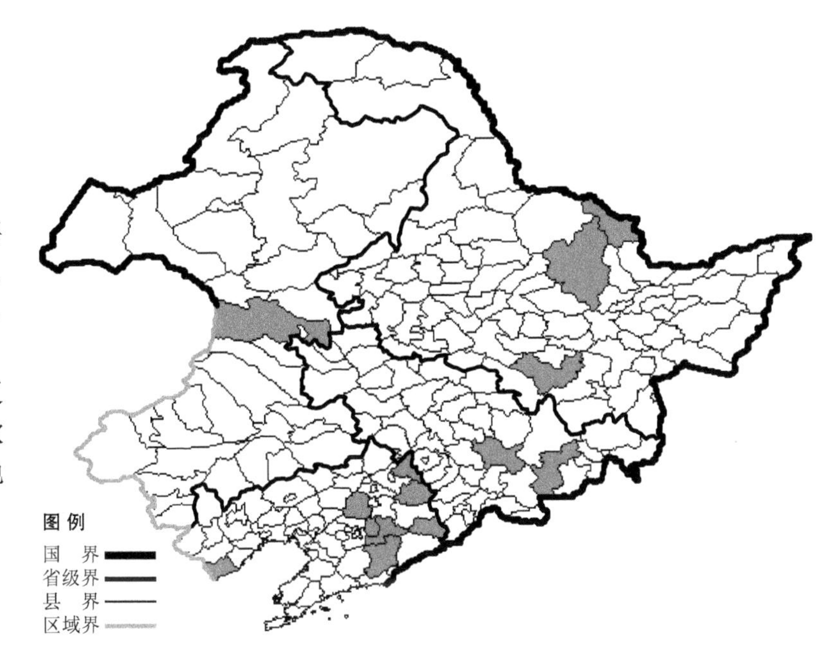

直穗臭草 Melica nutans L. var. **argyrolepis** Kom. 生于林下、路旁，海拔 1800 米以下，产于黑龙江省哈尔滨、虎林、伊春、牡丹江、尚志，吉林省桦甸、抚松、集安、敦化、安图、临江，辽宁省本溪、鞍山、北镇、沈阳、绥中、盖州、开原、凤城，内蒙古阿尔山，分布于中国（黑龙江、吉林、辽宁、内蒙古），朝鲜半岛。

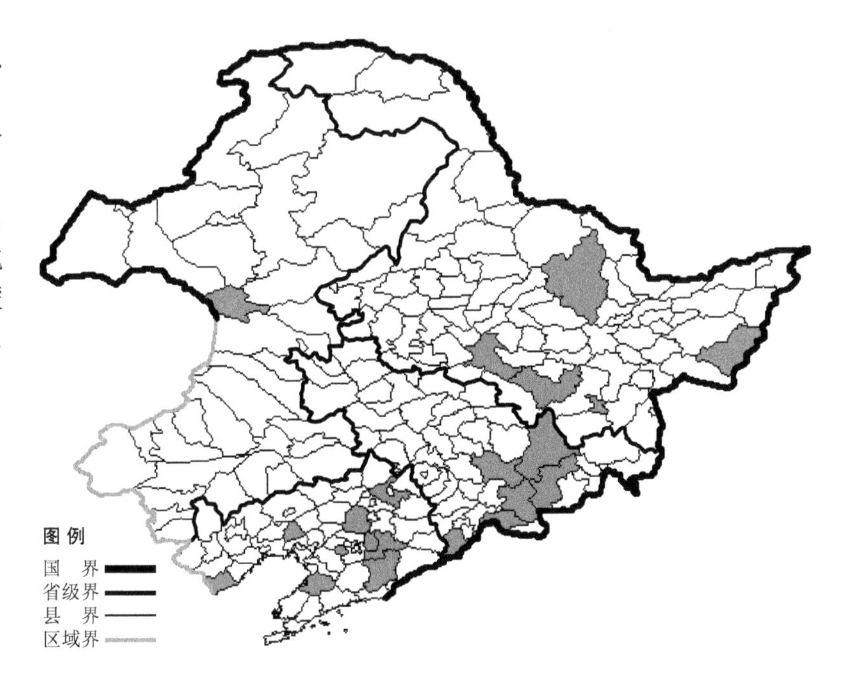

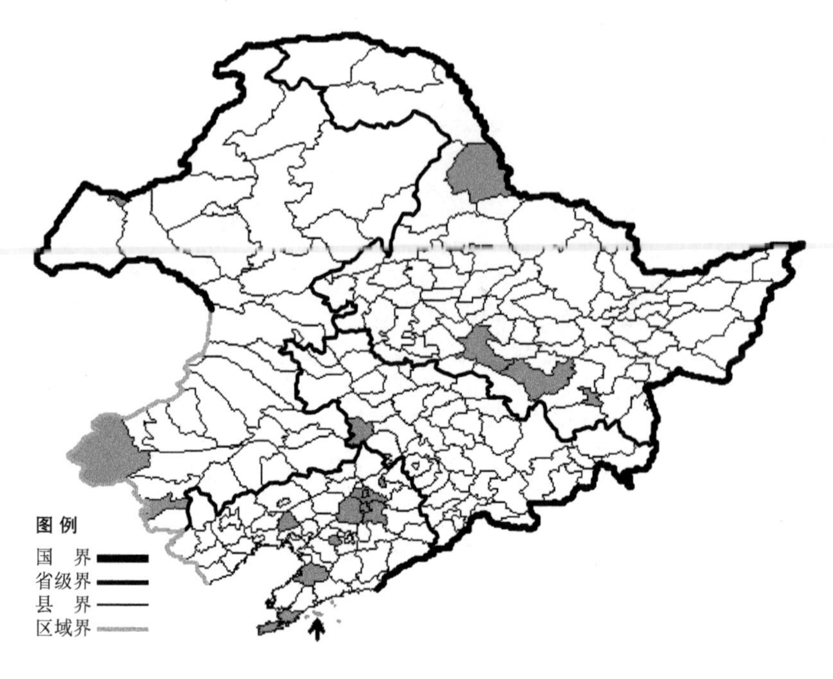

臭草

Melica scabrosa Trin.

生境：山坡草地、路旁，海拔约400米。

产地：黑龙江省黑河、尚志、哈尔滨、牡丹江，吉林省双辽，辽宁省沈阳、北镇、鞍山、盖州、大连、长海、铁岭、抚顺，内蒙古满洲里、克什克腾旗、喀喇沁旗。

分布：中国（黑龙江、吉林、辽宁、内蒙古、河北、山西、陕西、甘肃、宁夏、青海、山东、江苏、安徽、河南、湖北、四川、云南、西藏），朝鲜半岛。

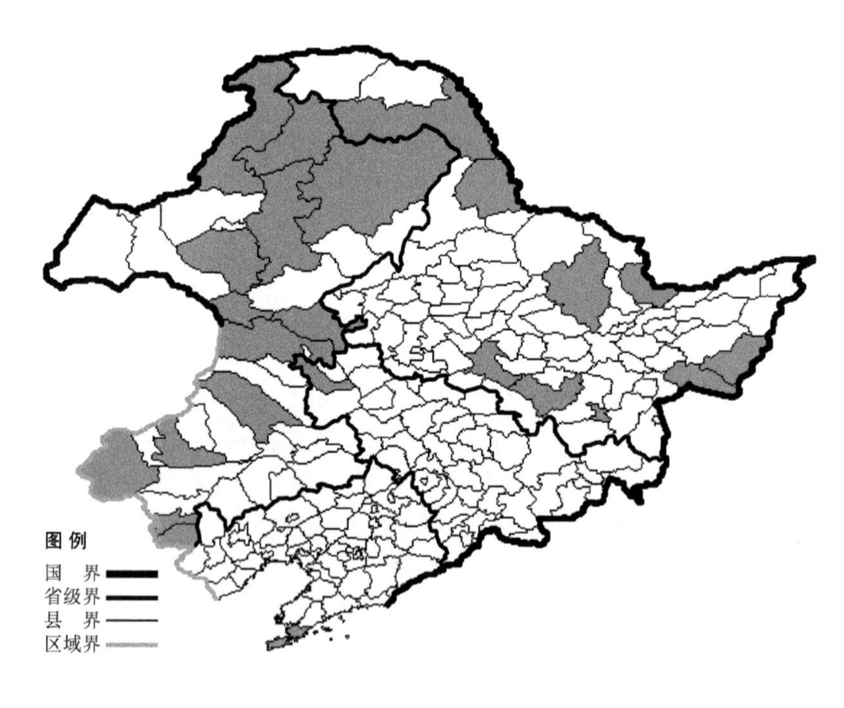

大臭草

Melica turczaninoviana Ohwi

生境：山坡灌丛，林缘，海拔800米以下。

产地：黑龙江省哈尔滨、牡丹江、伊春、尚志、呼玛、虎林、黑河、萝北、密山，吉林省洮南，辽宁省大连，内蒙古根河、牙克石、鄂温克旗、科尔沁右翼前旗、扎赉特旗、克什克腾旗、喀喇沁旗、鄂伦春旗、扎鲁特旗、额尔古纳、巴林右旗、阿尔山、宁城。

分布：中国（黑龙江、吉林、辽宁、内蒙古、河北、山西），朝鲜半岛，蒙古，俄罗斯（东部西伯利亚、远东地区）。

抱草

Melica virgata Turcz. ex Trin.

生境：山坡草地。

产地：内蒙古阿鲁科尔沁旗、克什克腾旗、巴林右旗、翁牛特旗、喀喇沁旗。

分布：中国（内蒙古、宁夏、甘肃、青海、江苏、四川、西藏），蒙古，俄罗斯（东部西伯利亚）。

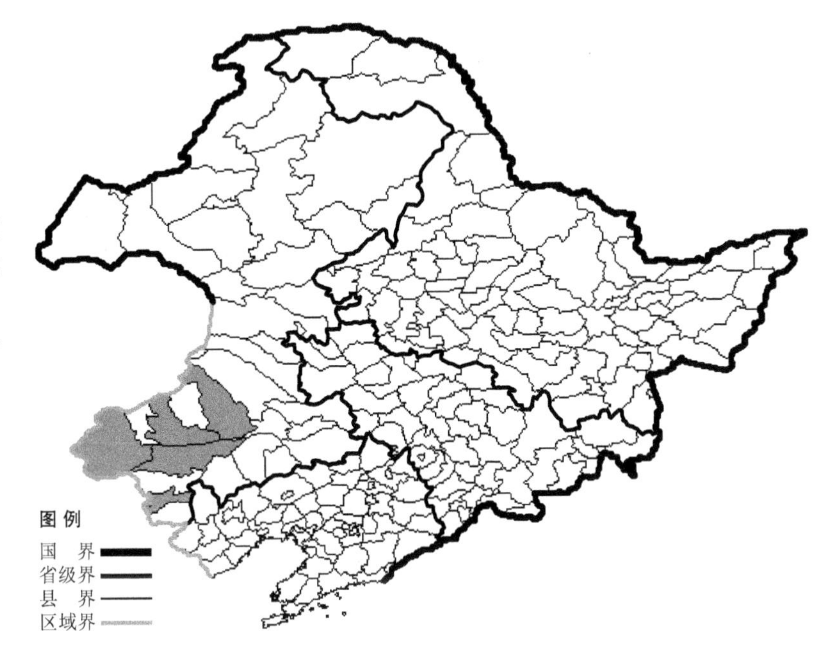

莠竹

Microstegium vimineum (Trin.) A. Camus var. **imberbe** (Nees) Honda

生境：湿草地，海拔约 200 米。

产地：吉林省蛟河，辽宁省本溪、鞍山、大连、清原、营口、桓仁。

分布：中国（吉林、辽宁、山西、陕西、江苏、广东、四川、云南），朝鲜半岛，日本，俄罗斯（远东地区），印度，尼泊尔。

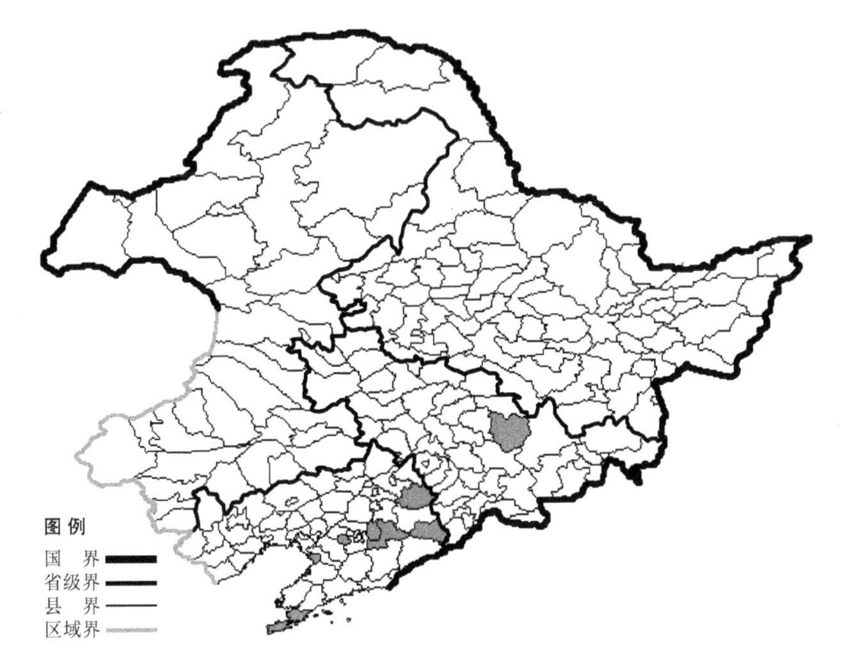

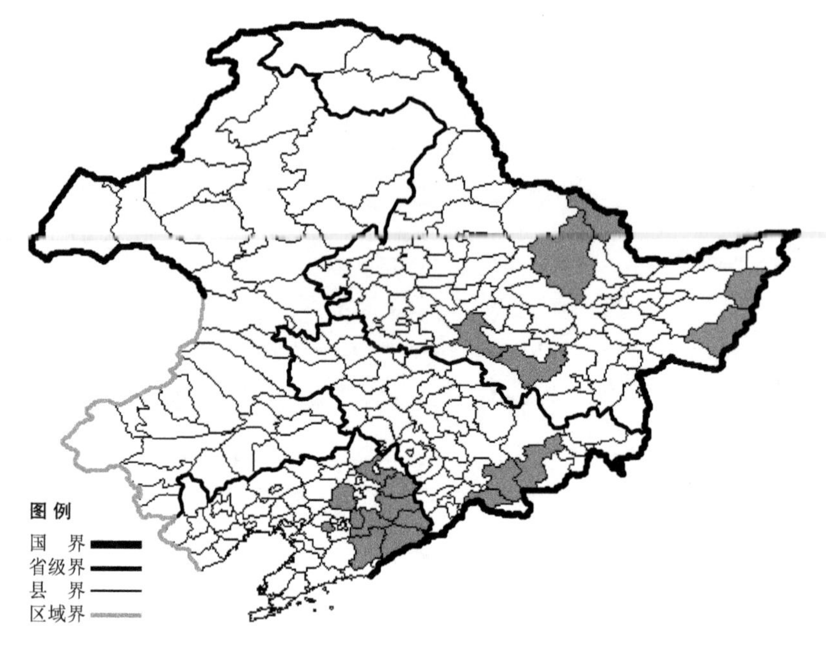

粟草

Millium effusum L.

生境：林下，海拔 1800 米以下。

产地：黑龙江省伊春、饶河、虎林、尚志、哈尔滨、嘉荫，吉林省安图、抚松、临江，辽宁省新宾、凤城、本溪、清原、沈阳、宽甸、桓仁、开原、鞍山。

分布：中国（黑龙江、吉林、辽宁、河北、陕西、甘肃、青海、新疆、西藏、长江流域各省区），朝鲜半岛，日本，俄罗斯（欧洲部分、高加索、西伯利亚、远东地区），中亚，伊朗，欧洲，北美洲。

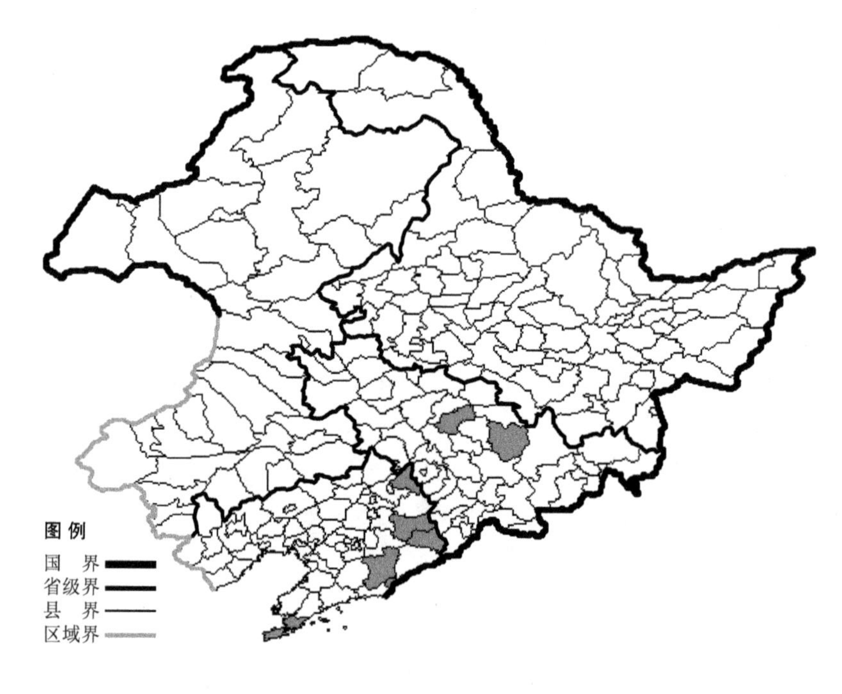

紫芒

Miscanthus purpurascens Anderss.

生境：山坡草地，荒地，海拔 300 米以下。

产地：吉林省蛟河、九台，辽宁省新宾、桓仁、丹东、西丰、大连、凤城。

分布：中国（吉林、辽宁、河北、陕西、山东、江西），朝鲜半岛，日本，俄罗斯（远东地区）。

荻

Miscanthus sacchariflorus (Maxim.) Benth.

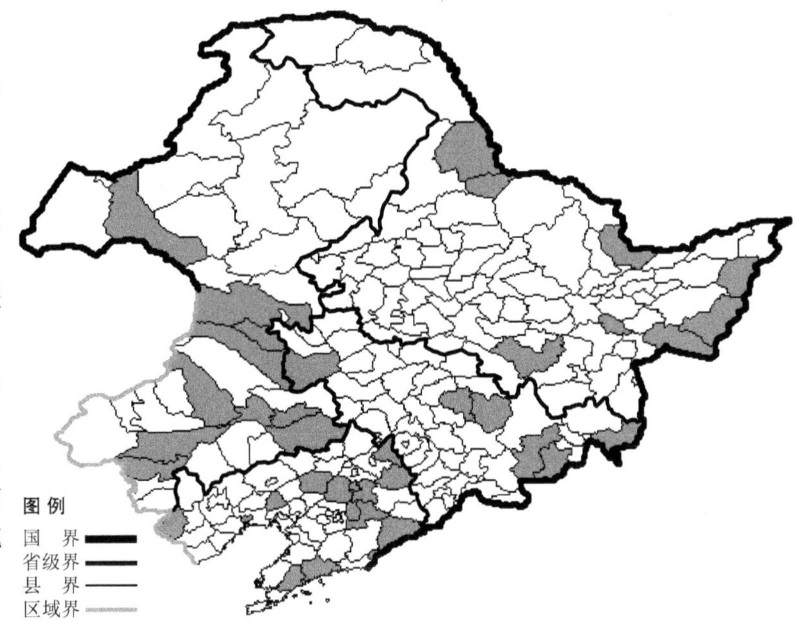

生境：山坡草地，河边，海拔1100米以下。

产地：黑龙江省黑河、萝北、饶河、孙吴、勃利、密山、尚志、虎林，吉林省珲春、吉林、安图、和龙、蛟河、通榆，辽宁省西丰、新民、沈阳、锦州、抚顺、丹东、宽甸、庄河、普兰店、本溪、北镇、清原、凌源，内蒙古科尔沁右翼前旗、科尔沁右翼中旗、新巴尔虎左旗、翁牛特旗、阿鲁科尔沁旗、突泉、科尔沁左翼后旗、通辽、开鲁、赤峰。

分布：中国（黑龙江、吉林、辽宁、内蒙古、河北、山西、陕西、甘肃、山东、河南），朝鲜半岛，日本，俄罗斯（远东地区）。

芒

Miscanthus sinensis Anderss.

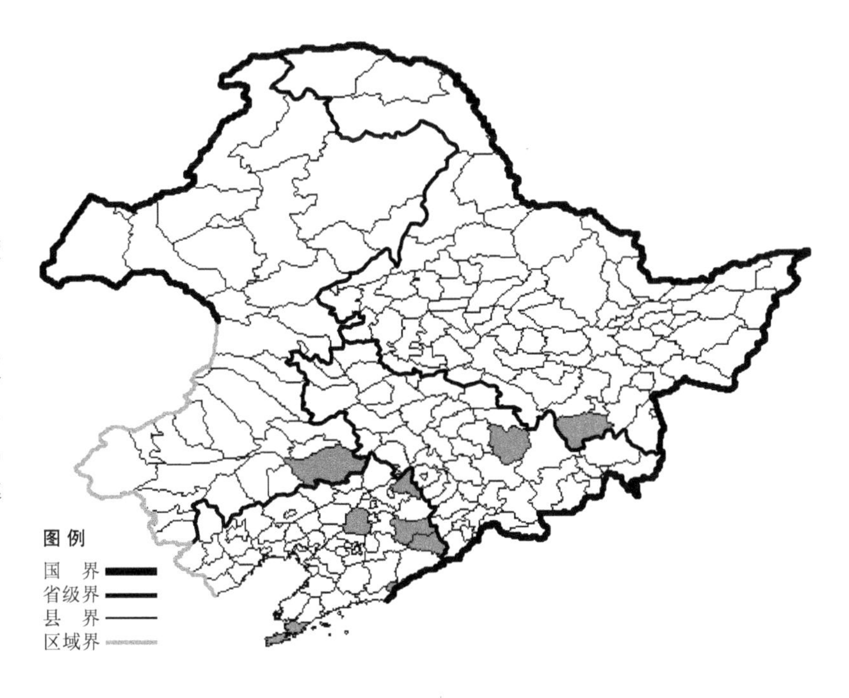

生境：山坡草地。

产地：黑龙江省宁安，吉林省蛟河，辽宁省西丰、桓仁、丹东、大连、新宾、沈阳，内蒙古科尔沁左翼后旗。

分布：中国（黑龙江、吉林、辽宁、内蒙古、江苏、浙江、福建、江西、湖南、广东、广西、海南、四川、贵州、云南），日本，朝鲜半岛，俄罗斯（远东地区）。

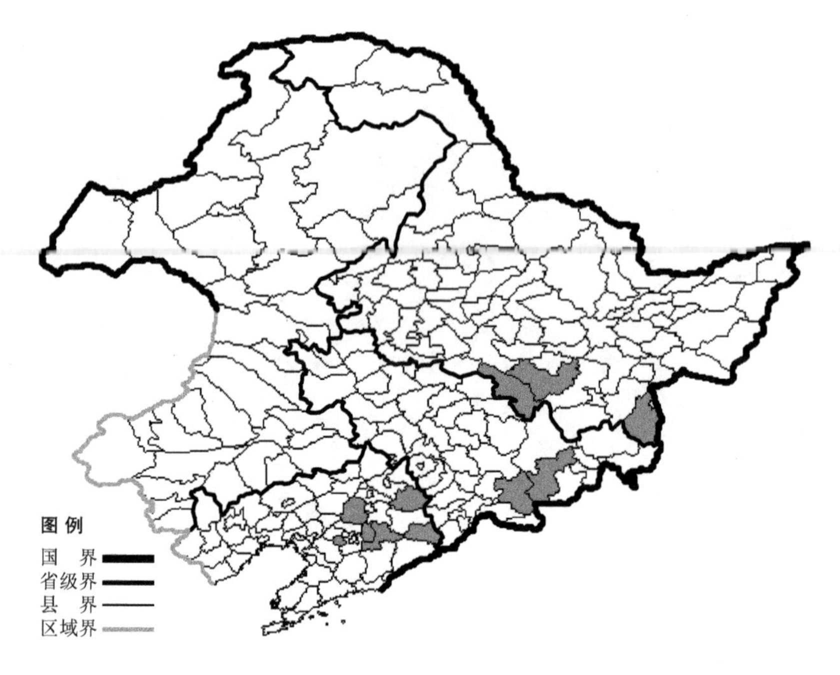

乱子草

Muhlenbergia hugelii Trin.

生境：林下，沟谷，河边，海拔1000米以下。

产地：黑龙江省五常、东宁、尚志，吉林省安图、抚松，辽宁省鞍山、桓仁、清原、沈阳、本溪。

分布：中国（黑龙江、吉林、辽宁、华北、西北、华东、西南），朝鲜半岛，日本，俄罗斯（远东地区），中亚。

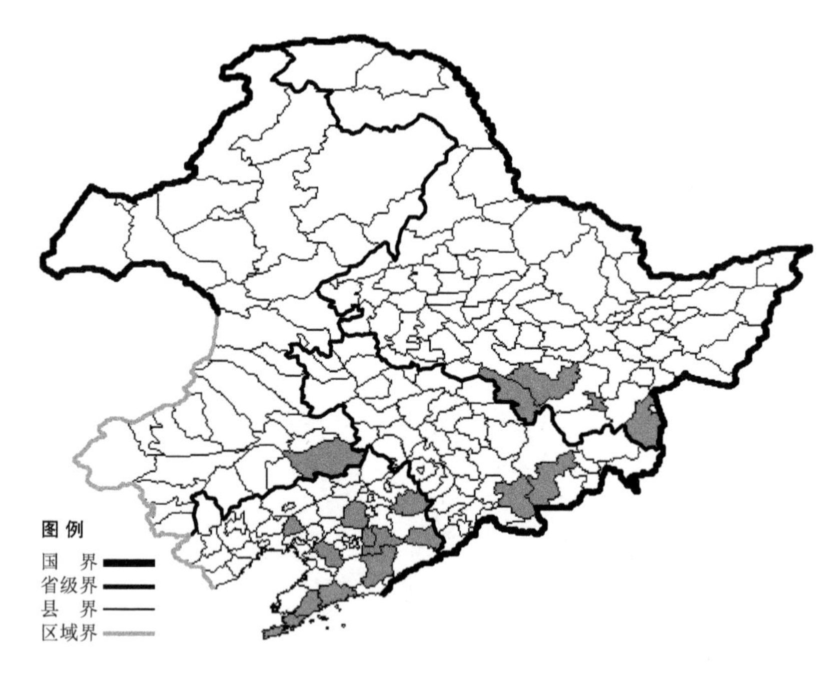

日本乱子草

Muhlenbergia japonica Steud.

生境：山坡草地，路旁，海拔1800米以下。

产地：黑龙江省尚志、牡丹江、五常、东宁，吉林省安图、抚松，辽宁省沈阳、本溪、海城、大连、普兰店、凤城、北镇、桓仁、庄河、清原，内蒙古科尔沁左翼后旗。

分布：中国（黑龙江、吉林、辽宁、内蒙古、河北、山西、陕西、华东、华中、西南），朝鲜半岛，日本，俄罗斯（远东地区）。

求米草

Oplismenus undulatifolius (Arduino) Beauv.

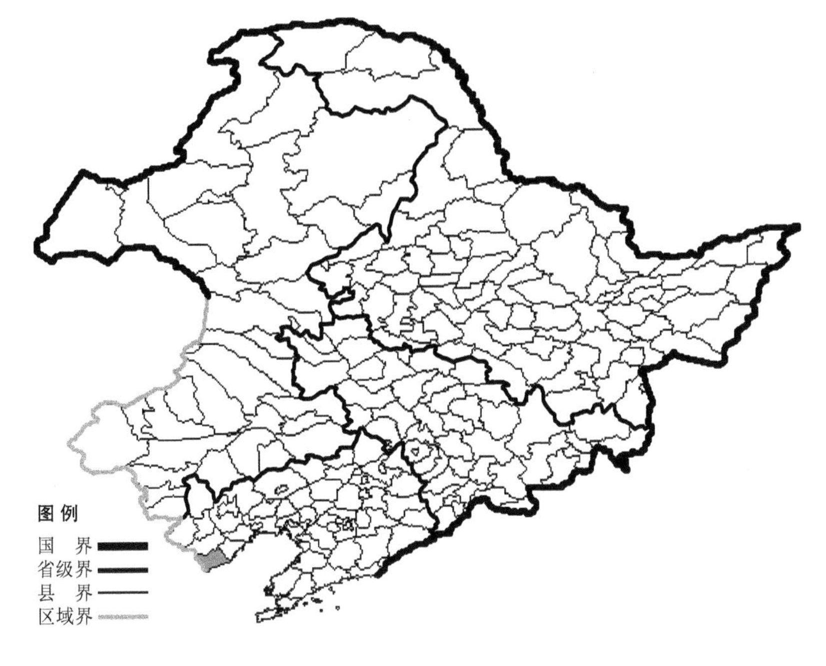

生境：林下，湿草地。

产地：辽宁省绥中。

分布：中国（全国各地），遍布世界温带、亚热带地区。

穇稷

Panicum bisulcatum Thunb.

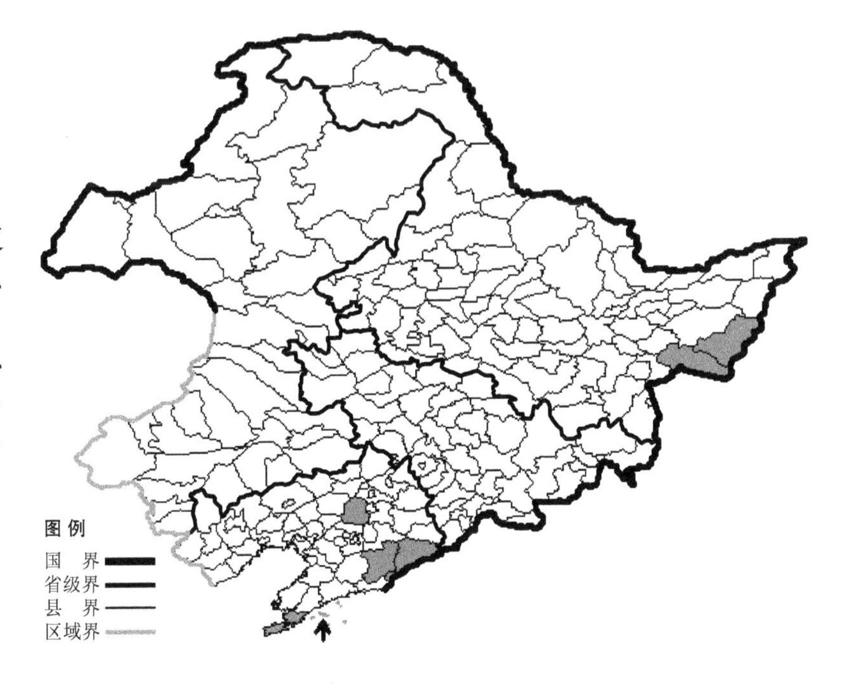

生境：荒地潮湿处。

产地：黑龙江省虎林、密山，辽宁省沈阳、凤城、宽甸、丹东、大连、长海。

分布：中国（黑龙江、辽宁、江苏、浙江、河南、湖北），朝鲜半岛，日本，俄罗斯（远东地区），印度，菲律宾，大洋洲。

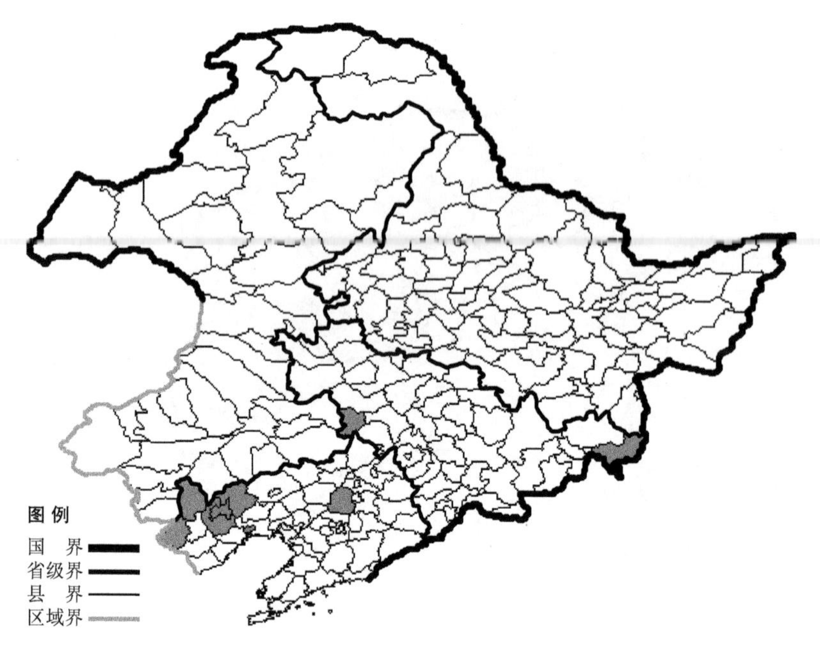

野稷

Panicum miliaceum L. var. **ruderale** Kitag.

生境：沙丘，海拔 600 米以下。

产地：吉林省珲春、双辽，辽宁省彰武、朝阳、北票、建平、凌源、锦州、沈阳，内蒙古赤峰。

分布：中国（吉林、辽宁、内蒙古、华北），朝鲜半岛，日本，蒙古，俄罗斯（西伯利亚、远东地区），中亚，伊朗。

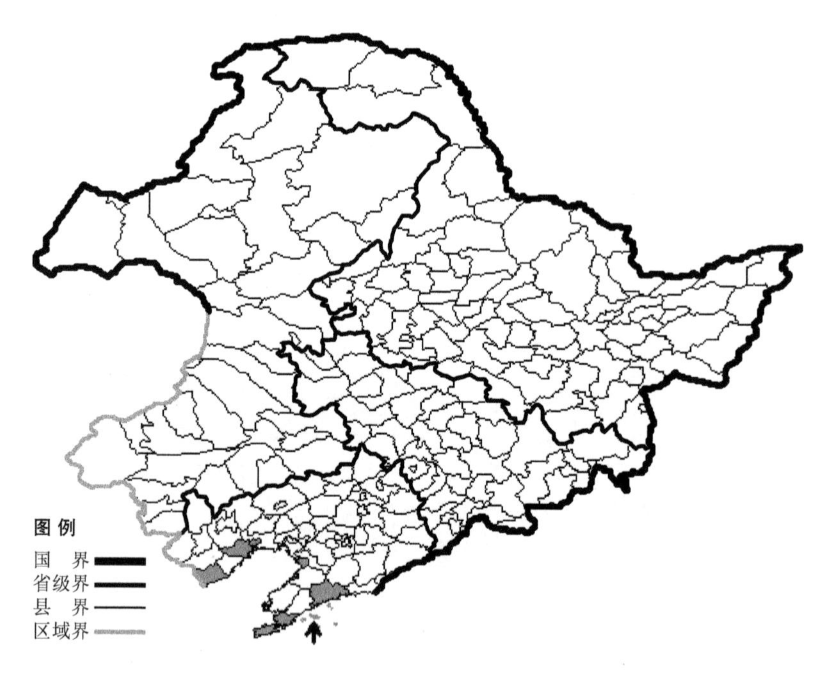

狼尾草

Pennisetum alopecuroides (L.) Spreng.

生境：耕地旁，路旁，山坡草地。

产地：辽宁省葫芦岛、绥中、营口、大连、长海、锦州、庄河。

分布：中国（全国各地），朝鲜半岛，日本，俄罗斯（高加索），巴基斯坦，印度，缅甸，越南，菲律宾，马来西亚，非洲，大洋洲。

白草

Pennisetum centrasiaticum Tzvel.

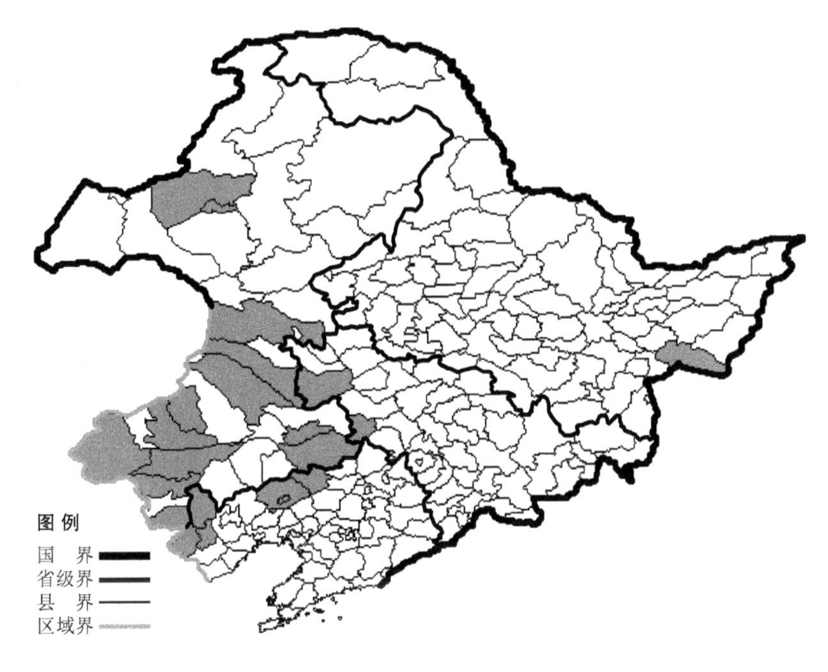

生境：山坡草地，海拔 700 米以下。

产地：黑龙江省密山，吉林省通榆、双辽，辽宁省建平、喀左、彰武、阜新、建平、凌源，内蒙古陈巴尔虎旗、海拉尔、科尔沁右翼前旗、科尔沁右翼中旗、科尔沁左翼后旗、通辽、巴林右旗、翁牛特旗、巴林左旗、赤峰、宁城、克什克腾旗、突泉、扎鲁特旗。

分布：中国（黑龙江、吉林、辽宁、内蒙古、河北、山西、陕西、甘肃、青海、新疆、四川、云南、西藏），日本，蒙古，中亚，印度，伊朗。

狭叶束尾草

Phacelurus latifolius (Steud.) Ohwi var. **angustifolius** (Debeaux) Kitag.

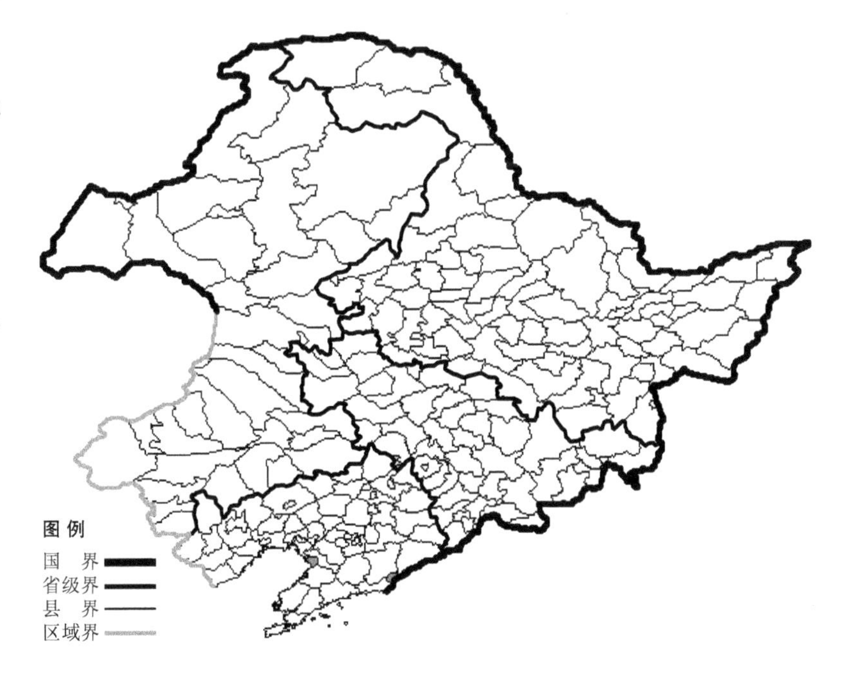

生境：海边，河边。

产地：辽宁省丹东、营口。

分布：中国（辽宁、山东、江苏、浙江），朝鲜半岛。

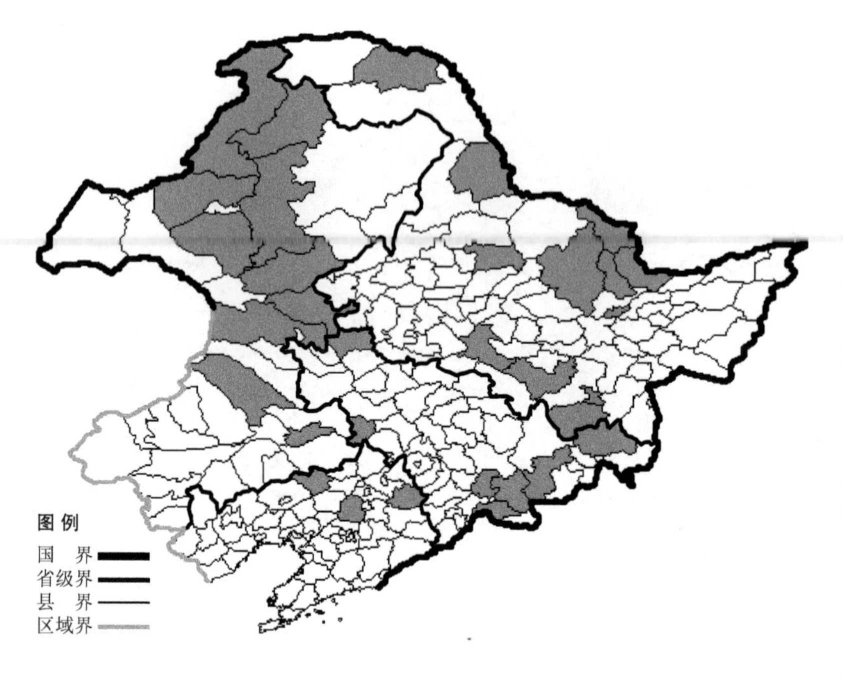

虉草

Phalaris arundinacea L.

生境：湿草地，海拔 1800 米以下。

产地：黑龙江省哈尔滨、伊春、塔河、萝北、牡丹江、佳木斯、鹤岗、北安、宁安、尚志、黑河、嘉荫，吉林省临江、安图、抚松、汪清、靖宇、双辽、镇赉，辽宁省彰武、清原、沈阳，内蒙古陈巴尔虎旗、鄂温克旗、扎赉特旗、牙克石、扎鲁特旗、额尔古纳、扎兰屯、根河、科尔沁右翼前旗、通辽。

分布：中国（黑龙江、吉林、辽宁、内蒙古、河北、山西、陕西、甘肃、新疆、山东、江苏、浙江、江西、湖南、四川），朝鲜半岛，日本，蒙古，俄罗斯（欧洲部分、高加索、西伯利亚、远东地区），中亚，土耳其，阿富汗，伊朗，欧洲，北美洲。

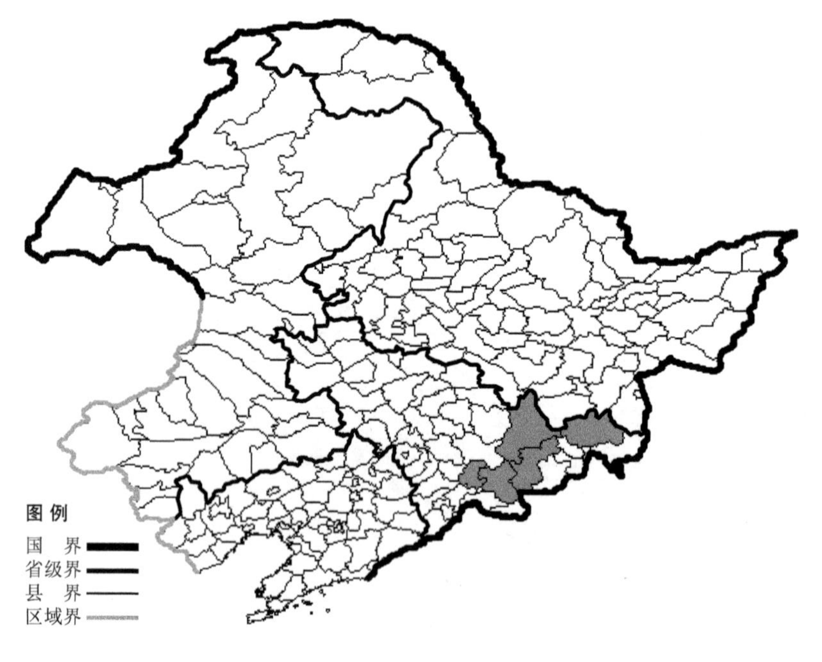

高山梯牧草

Phleum alpinum L.

生境：高山草地，水边，海拔 1700-2500 米。

产地：吉林省安图、抚松、靖宇、敦化、汪清。

分布：中国（吉林、陕西、甘肃、新疆、四川、西藏、台湾），朝鲜半岛，日本，俄罗斯（北极带、欧洲部分、高加索、西伯利亚、远东地区），中亚，欧洲，北美洲。

假梯牧草

Phleum phleoides (L.) Karsten

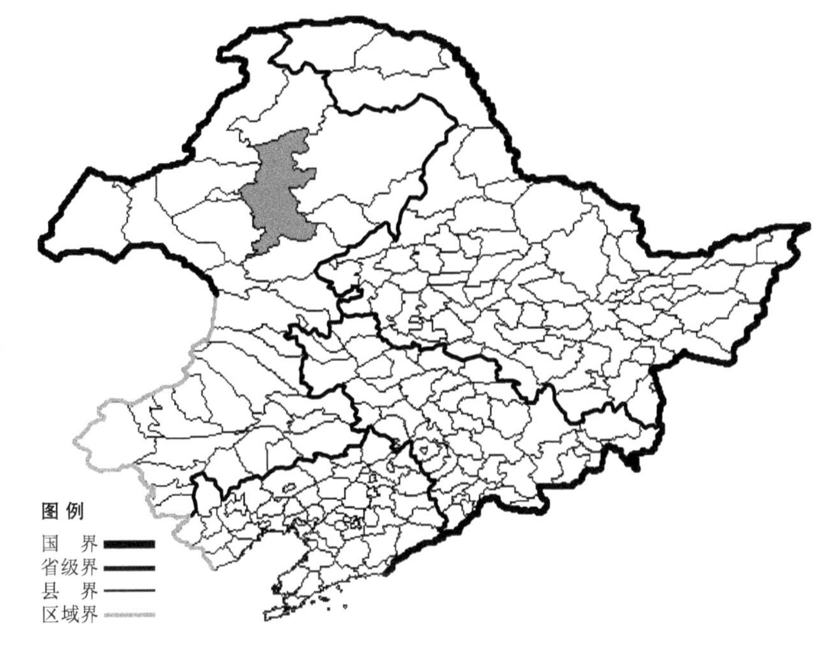

生境：林间草地。

产地：内蒙古牙克石。

分布：中国（内蒙古、新疆），蒙古，俄罗斯（欧洲部分、高加索、西伯利亚），中亚，土耳其，伊朗，欧洲。

芦苇

Phragmites australis (Clav.) Trin.

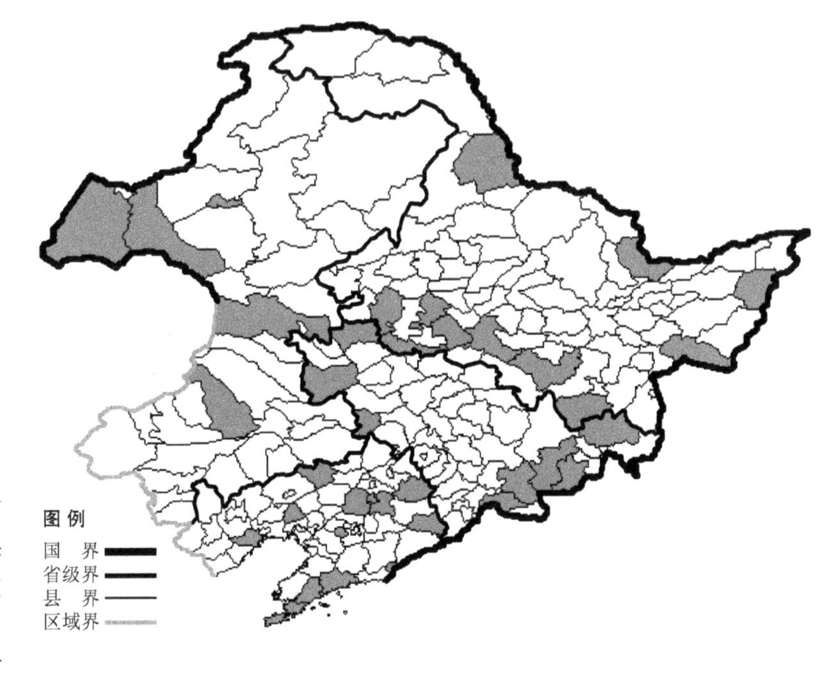

生境：池沼，湖泊，沼泽，海拔1300米以下。

产地：黑龙江省安达、杜尔伯特、肇东、肇源、哈尔滨、密山、饶河、宁安、尚志、黑河、萝北，吉林省双辽、安图、抚松、和龙、汪清、临江、通榆、镇赉，辽宁省沈阳、桓仁、葫芦岛、彰武、大连、普兰店、清原、北镇、抚顺、丹东、庄河、鞍山，内蒙古新巴尔虎左旗、新巴尔虎右旗、海拉尔、科尔沁右翼前旗、阿鲁科尔沁旗、赤峰。

分布：中国（全国各地），遍布世界温带地区。

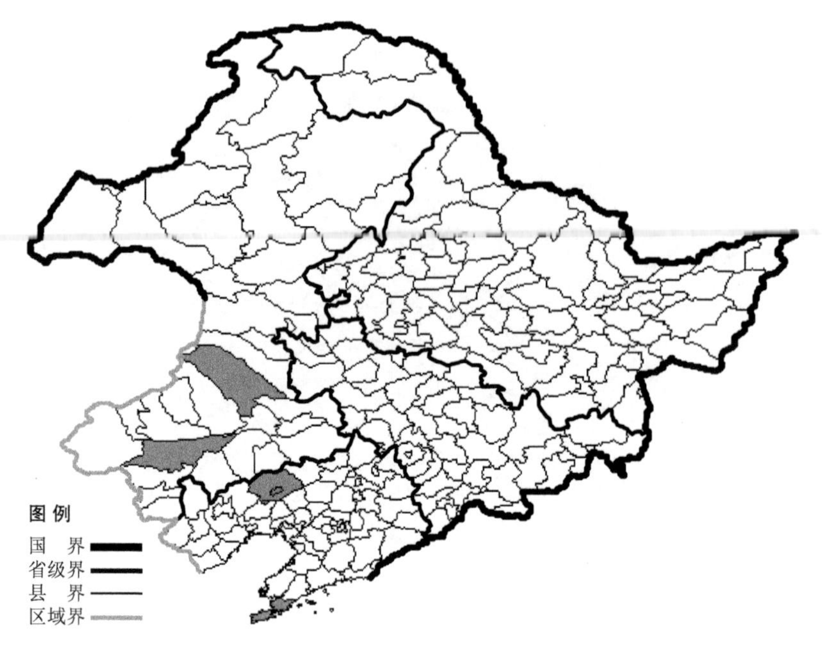

毛芦苇

Phragmites hirsuta Kitag.

生境：沙地。

产地：辽宁省阜新、大连，内蒙古扎鲁特旗、翁牛特旗。

分布：中国（辽宁、内蒙古）。

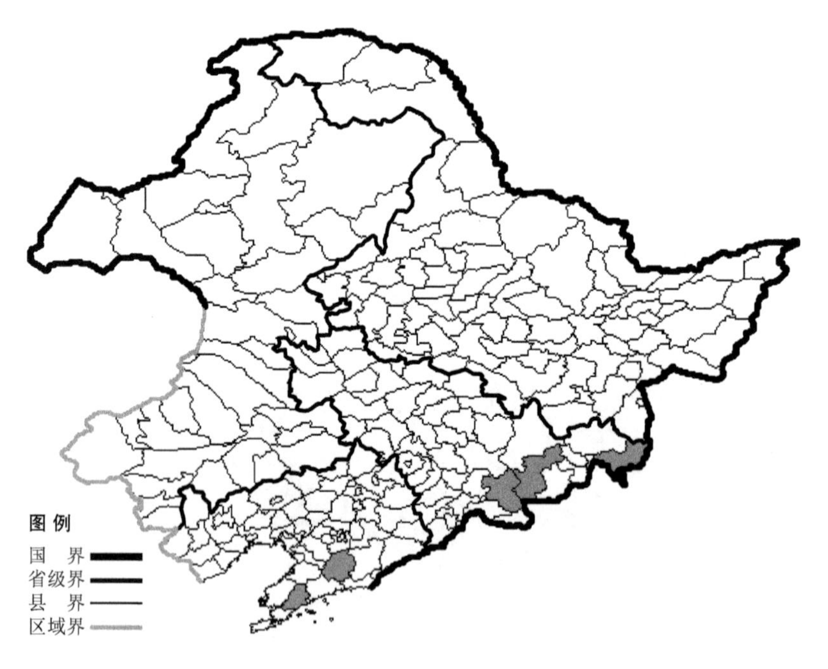

日本芦苇

Phragmites japonica Steud.

生境：池沼、湖泊、沼泽。

产地：吉林省珲春、安图、抚松，辽宁省岫岩、普兰店。

分布：中国（吉林、辽宁），朝鲜半岛，日本，俄罗斯（远东地区）。

热河芦苇

Phragmites jeholensis Honda

生境：沟边湿地，海拔 1000 米以下。

产地：黑龙江省安达、宁安，吉林省抚松、珲春，辽宁省朝阳、北镇、鞍山，内蒙古科尔沁右翼前旗、阿鲁科尔沁旗、巴林右旗。

分布：中国（黑龙江、吉林、辽宁、内蒙古、河北）。

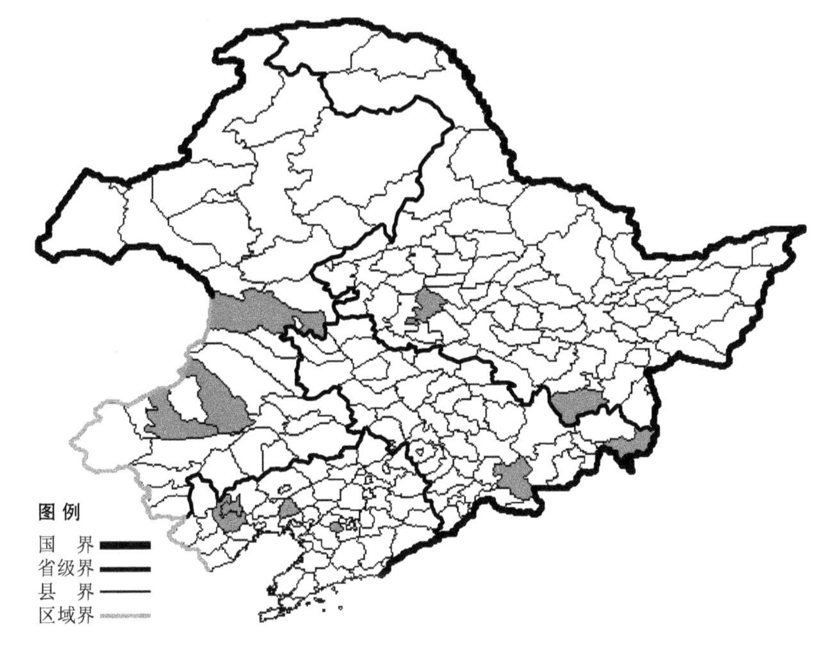

白顶早熟禾

Poa acroleuca Steud.

生境：林缘阴湿处，海拔 500 米以下。

产地：吉林省临江、安图、抚松，辽宁省大连。

分布：中国（吉林、辽宁、河北、陕西、山东、江苏、安徽、浙江、福建、河南、湖北、江西、湖南、广东、广西、四川、贵州、云南、西藏、台湾），朝鲜半岛，日本，俄罗斯（远东地区）。

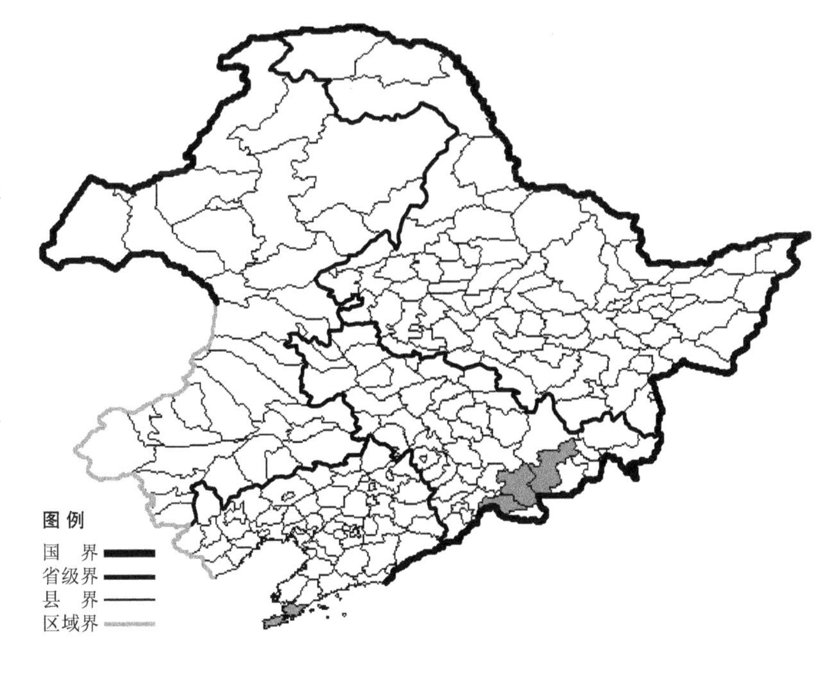

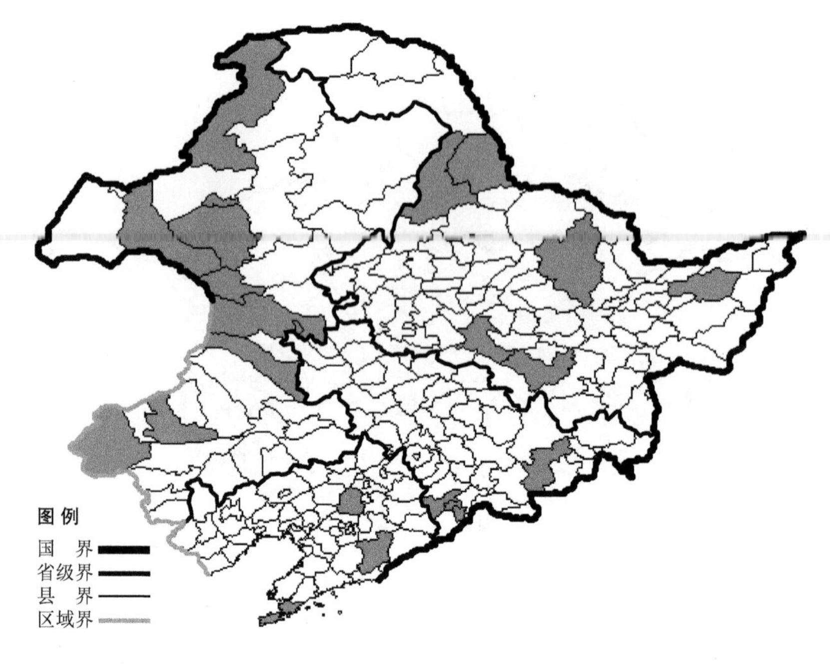

细叶早熟禾

Poa angustifolia L.

生境：山坡草地，干草原，海拔900米以下。

产地：黑龙江省哈尔滨、尚志、嫩江、富锦、黑河、伊春，吉林省通化、安图，辽宁省沈阳、大连、凤城，内蒙古阿尔山、额尔古纳、鄂温克旗、新巴尔虎左旗、乌兰浩特、巴林右旗、海拉尔、科尔沁右翼前旗、科尔沁右翼中旗、克什克腾旗。

分布：中国（黑龙江、吉林、辽宁、内蒙古、河北、山西、陕西、宁夏、甘肃、青海、新疆、四川、贵州、云南、西藏），日本，蒙古，俄罗斯（欧洲部分、高加索、西伯利亚、远东地区），中亚，欧洲。

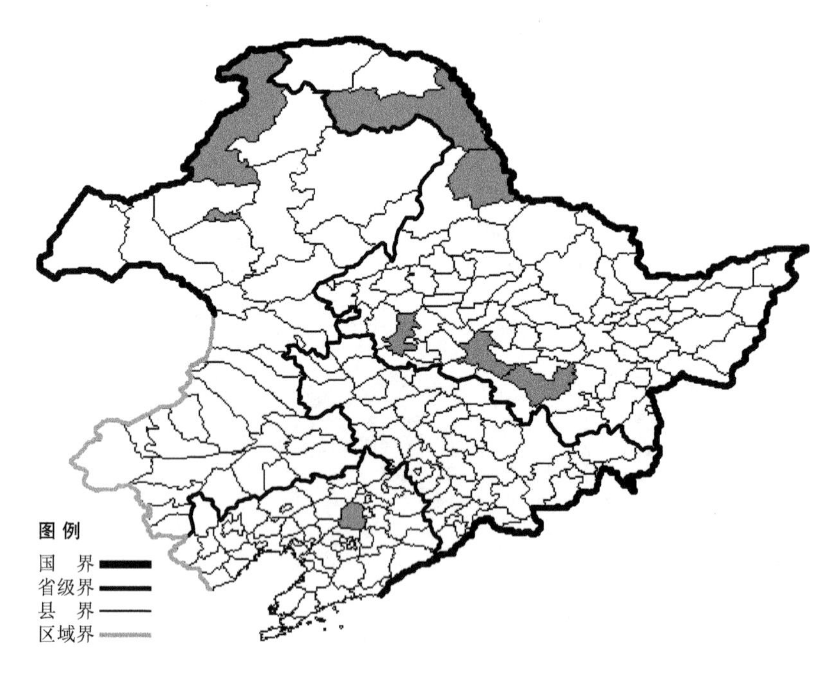

早熟禾

Poa annua L.

生境：路旁，湿草地，海拔约600米。

产地：黑龙江省哈尔滨、尚志、大庆、呼玛、黑河，辽宁省沈阳，内蒙古额尔古纳、海拉尔。

分布：中国（黑龙江、辽宁、内蒙古、河北、山西、甘肃、青海、新疆、山东、江苏、安徽、福建、河南、湖北、江西、湖南、广东、广西、海南、四川、贵州、云南、台湾），俄罗斯（欧洲部分、高加索、西伯利亚、远东地区），中亚，欧洲，北美洲。

极地早熟禾

Poa arctica R. Br.

生境：高山冻原，海拔约 2000 米。

产地：吉林省安图。

分布：中国（吉林、河北、山西、甘肃、青海、新疆），俄罗斯（北极带、欧洲部分、西伯利亚、远东地区），欧洲，北美洲。

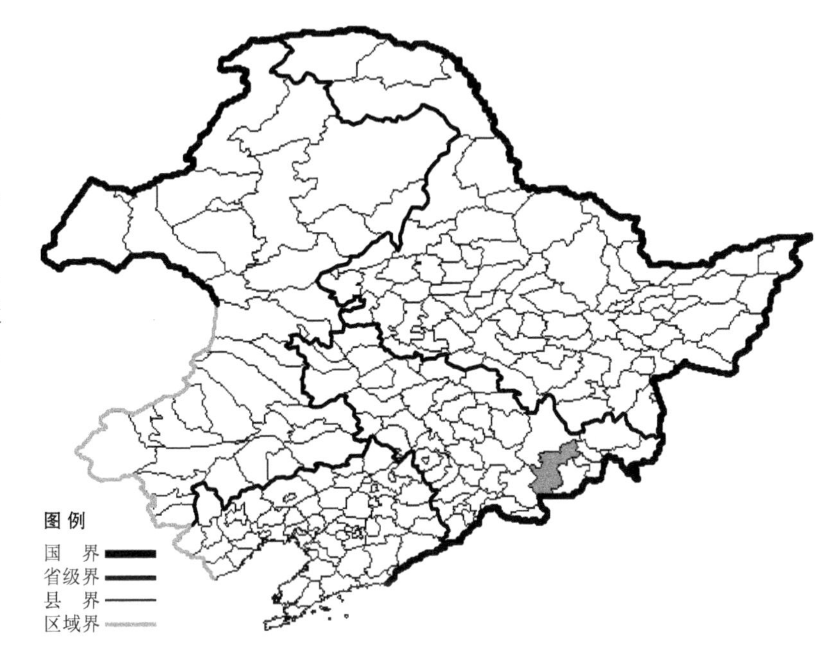

额尔古纳早熟禾

Poa argunensis Rosh.

生境：沙地，海拔约 700 米。

产地：辽宁省本溪、大连，内蒙古额尔古纳、根河、海拉尔、牙克石、扎赉特旗、满洲里、新巴尔虎右旗、新巴尔虎左旗、科尔沁右翼前旗、通辽、翁牛特旗。

分布：中国（辽宁、内蒙古、新疆），蒙古，俄罗斯（东部西伯利亚）。

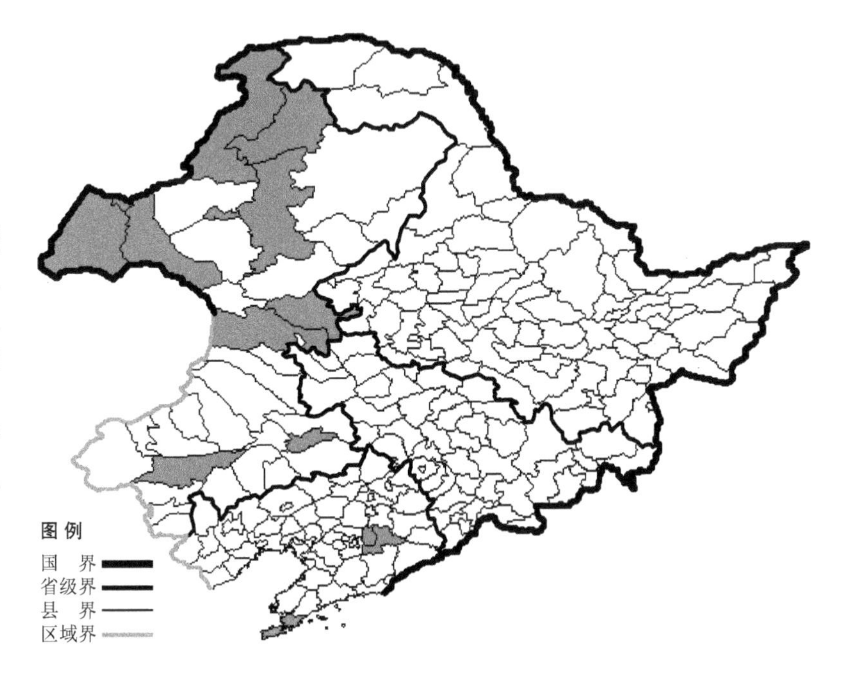

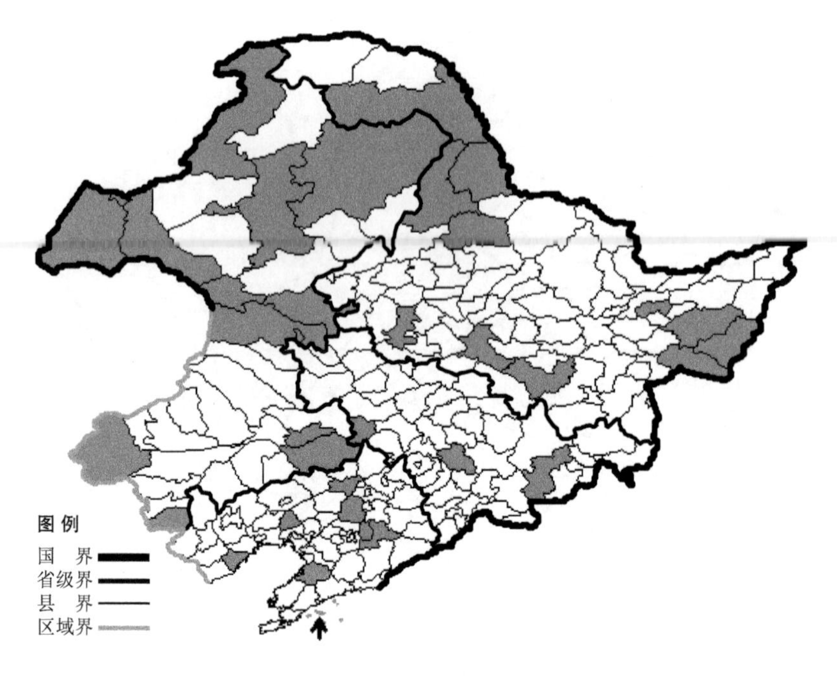

华灰早熟禾

Poa botryoides (Trin. ex Griseb.) Kom.

生境：草原，河边，石砾质山坡，海拔 1000 米以下。

产地：黑龙江省呼玛、嫩江、五大莲池、大庆、尚志、密山、虎林、集贤、宝清、哈尔滨、黑河，吉林省安图、双辽、磐石，辽宁省沈阳、北镇、兴城、长海、法库、盖州、本溪，内蒙古满洲里、海拉尔、新巴尔虎右旗、新巴尔虎左旗、牙克石、科尔沁右翼前旗、阿尔山、乌兰浩特、通辽、科尔沁左翼后旗、鄂伦春旗、额尔古纳、扎赉特旗、克什克腾旗、宁城。

分布：中国（黑龙江、吉林、辽宁、内蒙古），蒙古，俄罗斯（东部西伯利亚、远东地区）。

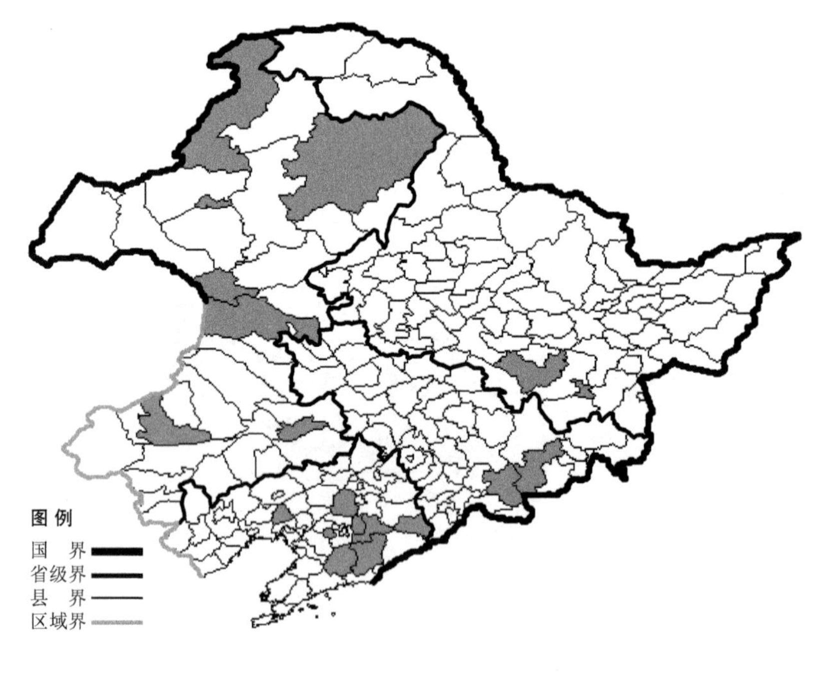

孪枝早熟禾

Poa mongolica (Rendle.) Keng

生境：林缘，山坡草地，海拔 1900 米以下。

产地：黑龙江省尚志、牡丹江，吉林省抚松、安图，辽宁省沈阳、北镇、本溪、岫岩、凤城、桓仁、鞍山，内蒙古通辽、阿尔山、科尔沁右翼前旗、巴林右旗、额尔古纳、鄂伦春旗、海拉尔。

分布：中国（黑龙江、吉林、辽宁、内蒙古）。

林地早熟禾

Poa nemoralis L.

生境：林下，林缘，海拔 2400 米以下。

产地：黑龙江省伊春、海林、哈尔滨、宁安、集贤、呼玛、富锦、黑河、尚志、密山、嘉荫、萝北，吉林省抚松、安图、临江、蛟河、汪清、珲春、吉林、桦甸、磐石、长白，辽宁省沈阳、凤城、本溪、桓仁、岫岩、丹东、清原、宽甸，内蒙古海拉尔、科尔沁左翼后旗、额尔古纳、鄂伦春旗、阿荣旗、根河、阿尔山、牙克石、巴林右旗、科尔沁右翼前旗、克什克腾旗。

分布：中国（黑龙江、吉林、辽宁、内蒙古、河北、山西、新疆），朝鲜半岛，日本，俄罗斯（欧洲部分、高加索、西伯利亚、远东地区），中亚，土耳其，伊朗，欧洲，北美洲。

泽地早熟禾

Poa palustris L.

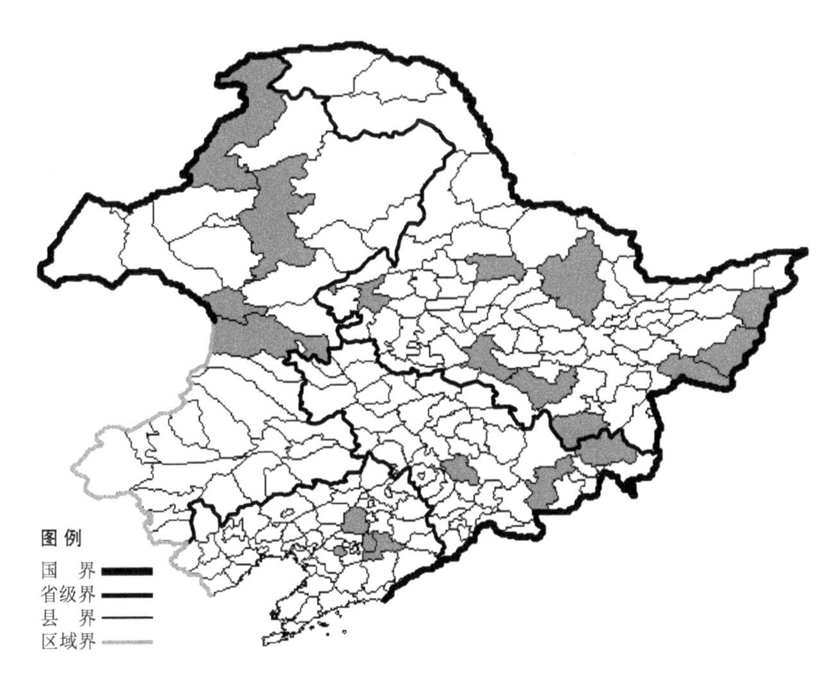

生境：山坡草地，林缘，沼泽，海拔 900 米以下。

产地：黑龙江省伊春、宁安、北安、齐齐哈尔、哈尔滨、尚志、密山、虎林、饶河，吉林省安图、汪清、磐石，辽宁省沈阳、本溪、鞍山，内蒙古额尔古纳、牙克石、阿尔山、科尔沁右翼前旗。

分布：中国（黑龙江、吉林、辽宁、内蒙古、新疆、四川、西藏），朝鲜半岛，日本，蒙古，俄罗斯（欧洲部分、高加索、西伯利亚、远东地区），中亚，土耳其，伊朗，欧洲，北美洲。

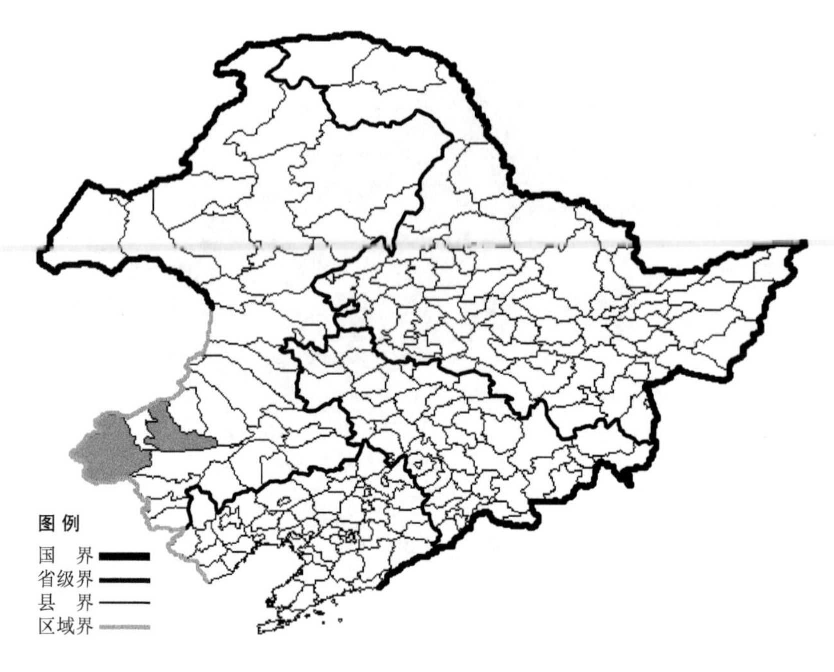

毛轴早熟禾

Poa pilipes Keng

生境：山坡草地，草甸。

产地：内蒙古巴林右旗、克什克腾旗。

分布：中国（内蒙古、河北、四川）。

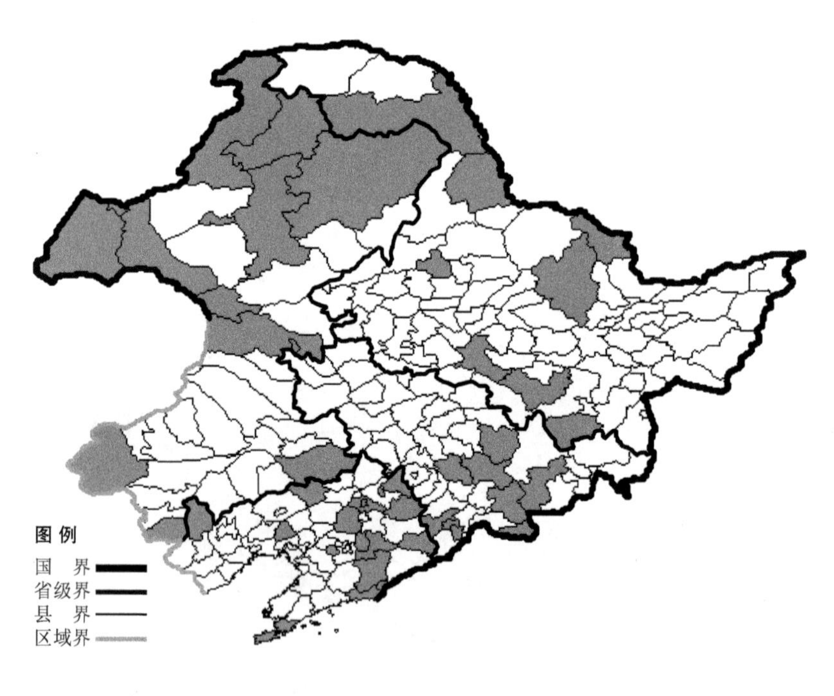

草地早熟禾

Poa pratensis L.

生境：山坡草地，林缘灌丛，海拔 2000 米以下。

产地：黑龙江省呼玛、宁安、克山、伊春、哈尔滨、嘉荫、尚志、黑河，吉林省长白、通化、安图、抚松、蛟河、桦甸、磐石，辽宁省彰武、铁岭、沈阳、本溪、北镇、鞍山、西丰、建平、清原、桓仁、凤城、丹东、东港、大连，内蒙古根河、海拉尔、科尔沁右翼前旗、鄂伦春旗、额尔古纳、新巴尔虎右旗、新巴尔虎左旗、阿尔山、满洲里、牙克石、乌兰浩特、科尔沁左翼后旗、克什克腾旗、宁城。

分布：中国（黑龙江、吉林、辽宁、内蒙古、河北、山西、陕西、甘肃、青海、新疆、山东、江苏、安徽、河南、湖北、江西、四川、贵州、云南、西藏），朝鲜半岛，日本，蒙古，俄罗斯（北极带、欧洲部分、高加索、西伯利亚、远东地区），中亚，土耳其，伊朗。

假泽早熟禾

Poa pseudo-palustris Keng

生境：林缘，草甸，山坡草地，高山冻原下缘，海拔 2200 米以下。

产地：黑龙江省嘉荫、虎林、密山、伊春、哈尔滨、尚志、海林、绥芬河、黑河、鹤岗，吉林省桦甸、磐石、抚松、临江、安图、集安、蛟河，辽宁省西丰、宽甸、桓仁、岫岩、丹东、昌图、北镇、沈阳、凤城、鞍山、铁岭、本溪，内蒙古根河、额尔古纳、巴林右旗、海拉尔、科尔沁右翼前旗、阿尔山、扎鲁特旗、克什克腾旗、宁城、牙克石。

分布：中国（黑龙江、吉林、辽宁、内蒙古）。

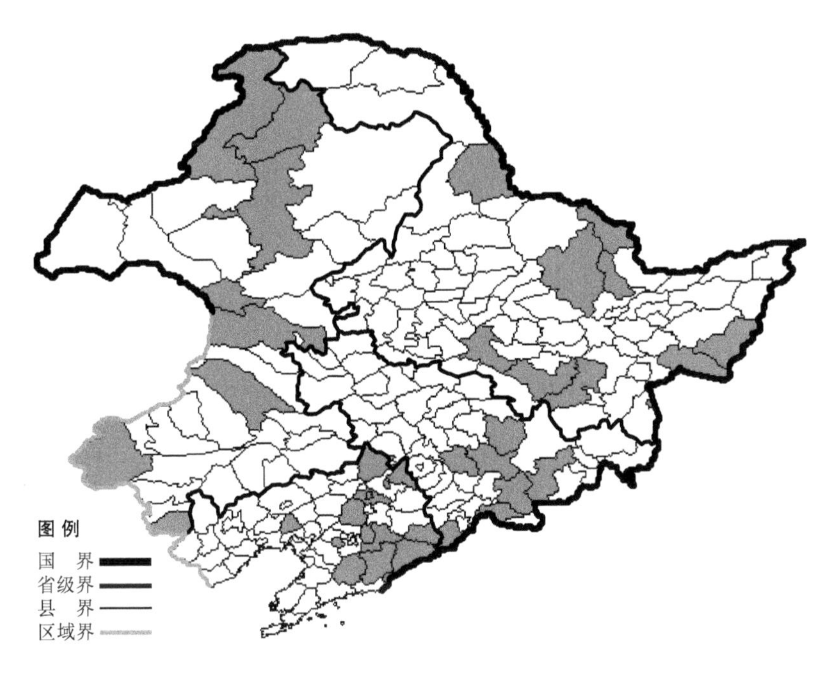

西伯利亚早熟禾

Poa sibirica Rosh.

生境：林缘，山坡草地，海拔 1700 米以下。

产地：黑龙江省尚志、海林、伊春，吉林省抚松，内蒙古牙克石、根河、阿尔山、巴林右旗、科尔沁右翼前旗、鄂伦春旗、额尔古纳、克什克腾旗。

分布：中国（黑龙江、吉林、内蒙古、河北、山西、新疆），朝鲜半岛，日本，蒙古，俄罗斯（北极带、欧洲部分、西伯利亚、远东地区），中亚。

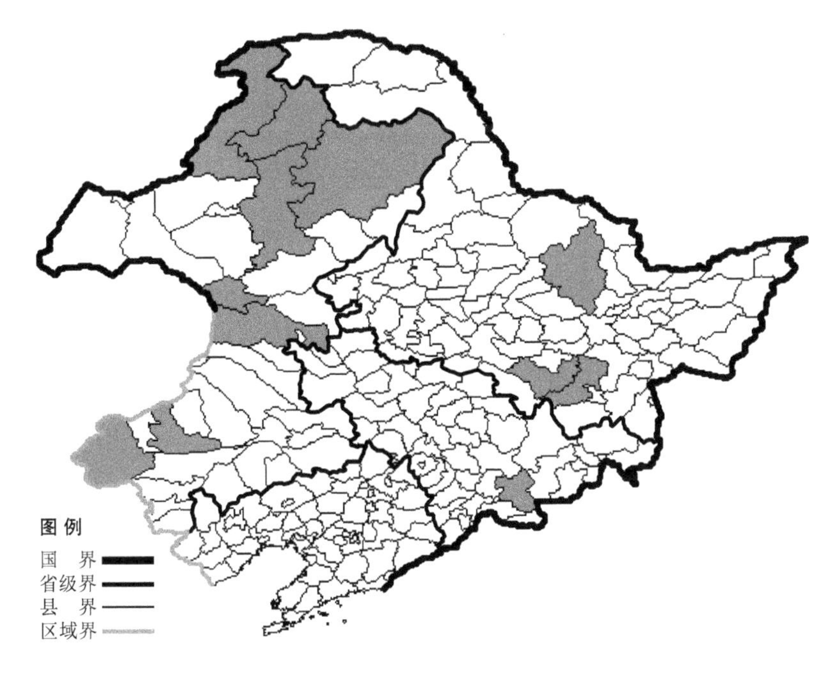

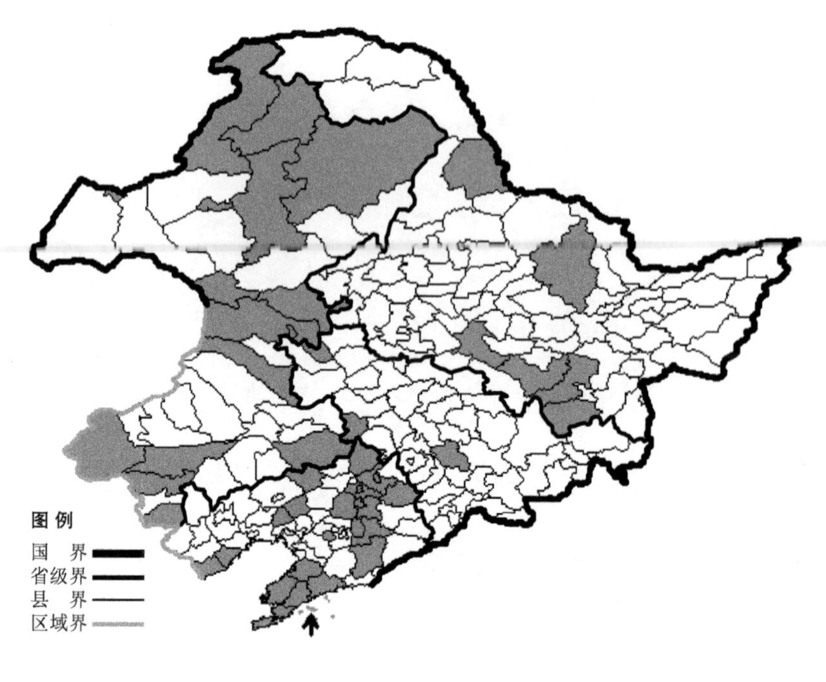

硬质早熟禾

Poa sphondylodes Trin.

生境：山坡草地、路旁，海拔1000米以下。

产地：黑龙江省海林、哈尔滨、尚志、宁安、伊春、黑河，吉林省白城、双辽、磐石，辽宁省瓦房店、昌图、抚顺、绥中、庄河、丹东、兴城、清原、开原、铁岭、彰武、沈阳、北镇、黑山、凤城、鞍山、盖州、普兰店、大连、长海、本溪，内蒙古海拉尔、满洲里、根河、额尔古纳、阿尔山、鄂伦春旗、科尔沁右翼前旗、科尔沁右翼中旗、克什克腾旗、宁城、科尔沁左翼后旗、扎赉特旗、牙克石、乌兰浩特、赤峰、翁牛特旗。

分布：中国（黑龙江、吉林、辽宁、内蒙古、河北、山西、山东、江苏），朝鲜半岛，日本，蒙古，俄罗斯（远东地区）。

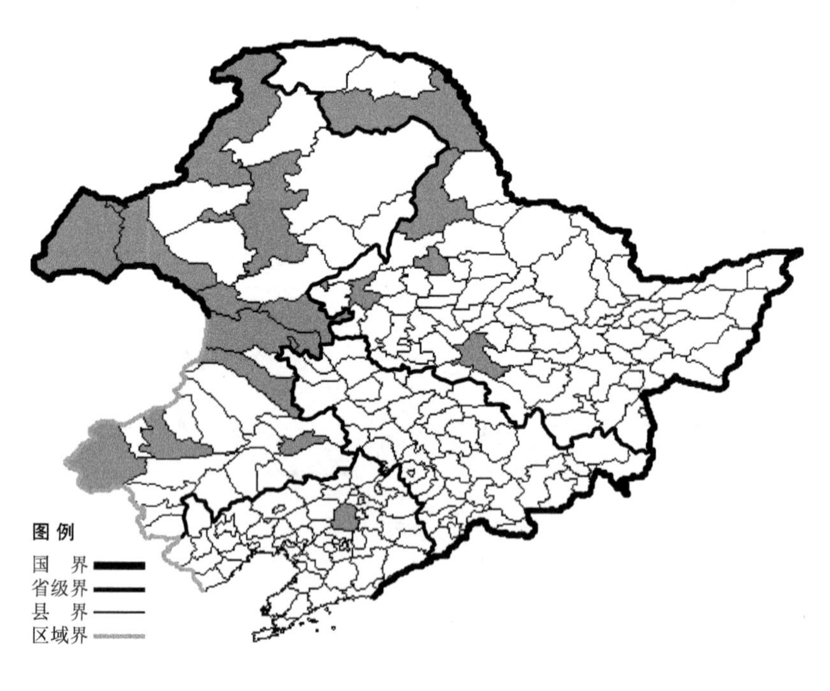

散穗早熟禾

Poa subfastigiata Trin.

生境：河边湿地，湿草甸，海拔800米以下。

产地：黑龙江省呼玛、克山、哈尔滨、嫩江、齐齐哈尔，辽宁省沈阳，内蒙古满洲里、额尔古纳、扎赉特旗、乌兰浩特、海拉尔、科尔沁右翼前旗、科尔沁右翼中旗、克什克腾旗、牙克石、新巴尔虎右旗、阿尔山、通辽、新巴尔虎左旗、巴林右旗。

分布：中国（黑龙江、辽宁、内蒙古），蒙古，俄罗斯（西伯利亚、远东地区）。

乌苏里早熟禾

Poa ussuriensis Rosh.

生境：林缘、林下，海拔900米以下。

产地：黑龙江省尚志、牡丹江，吉林省长白、抚松，辽宁省本溪、宽甸。

分布：中国（黑龙江、吉林、辽宁），朝鲜半岛，俄罗斯（远东地区）。

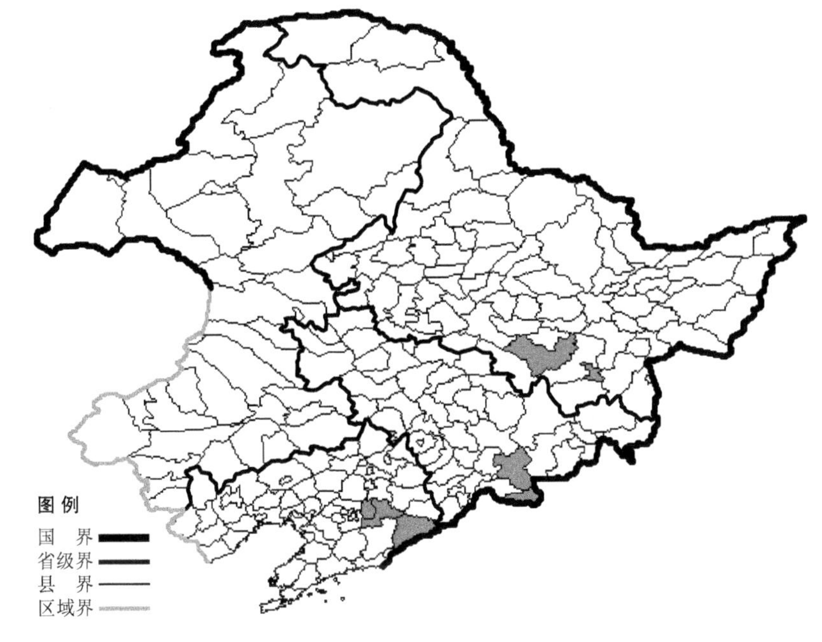

绿早熟禾

Poa viridula Palib.

生境：山坡草地，海拔约1200米以下。

产地：黑龙江省尚志，吉林省安图，辽宁省沈阳、本溪、鞍山、大连、桓仁，内蒙古科尔沁右翼前旗、克什克腾旗。

分布：中国（黑龙江、吉林、辽宁、内蒙古），朝鲜半岛，日本。

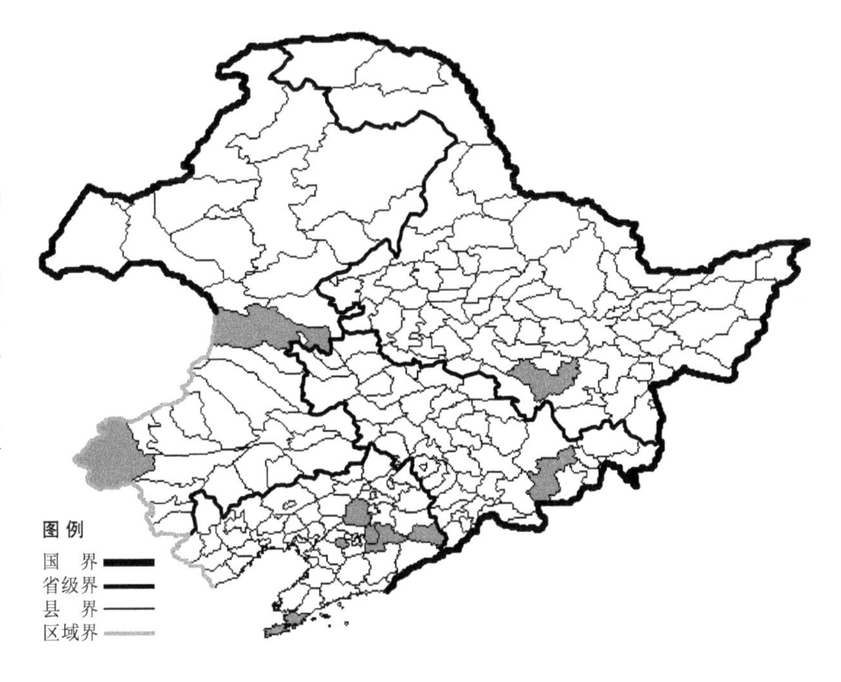

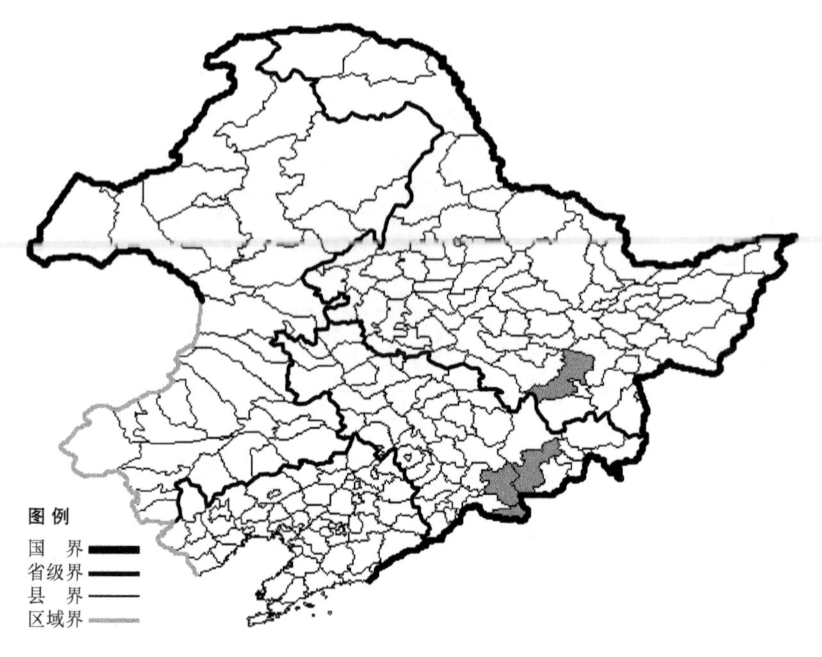

毫毛细柄茅

Ptiagrostis mongolica (Turcz. ex Trin.) Griseb. var. **barbellata** (Rosh.) Rosh.

生境：高山草甸，海拔 1700 米以上。

产地：黑龙江省海林，吉林省安图、抚松、长白。

分布：中国（黑龙江、吉林）。

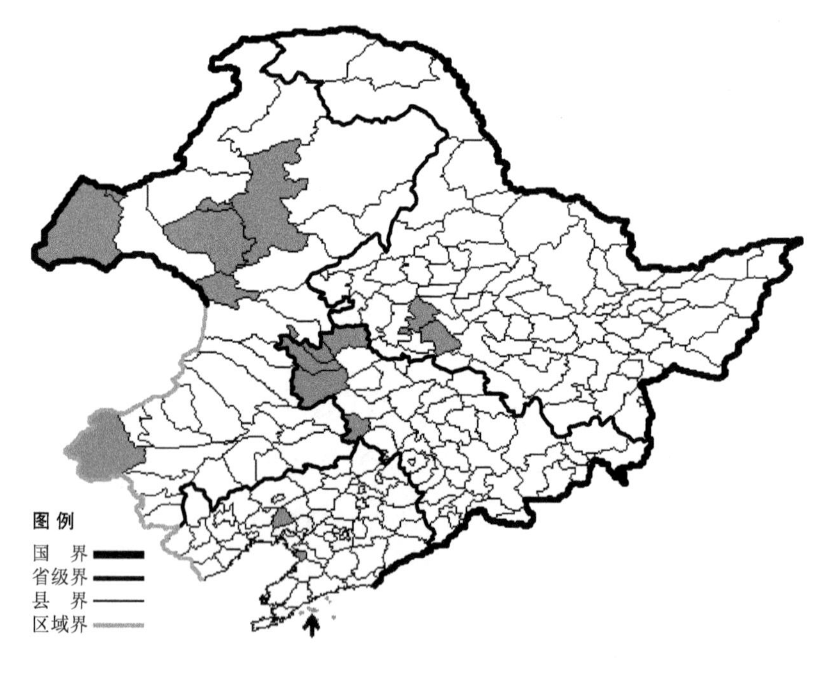

朝鲜碱茅

Puccinellia chinampoensis Ohwi

生境：草甸，海拔 700 米以下。

产地：黑龙江省肇东、安达，吉林省双辽、白城、通榆、镇赉、洮南，辽宁省北镇、长海、营口，内蒙古满洲里、鄂温克旗、克什克腾旗、海拉尔、阿尔山、牙克石、乌兰浩特、新巴尔虎右旗。

分布：中国（黑龙江、吉林、辽宁、内蒙古、河北、山西、甘肃、青海、宁夏、新疆、山东、江苏、安徽），朝鲜半岛。

鹤甫碱茅

Puccinellia hauptiana (V. Krecz.) V. Krecz.

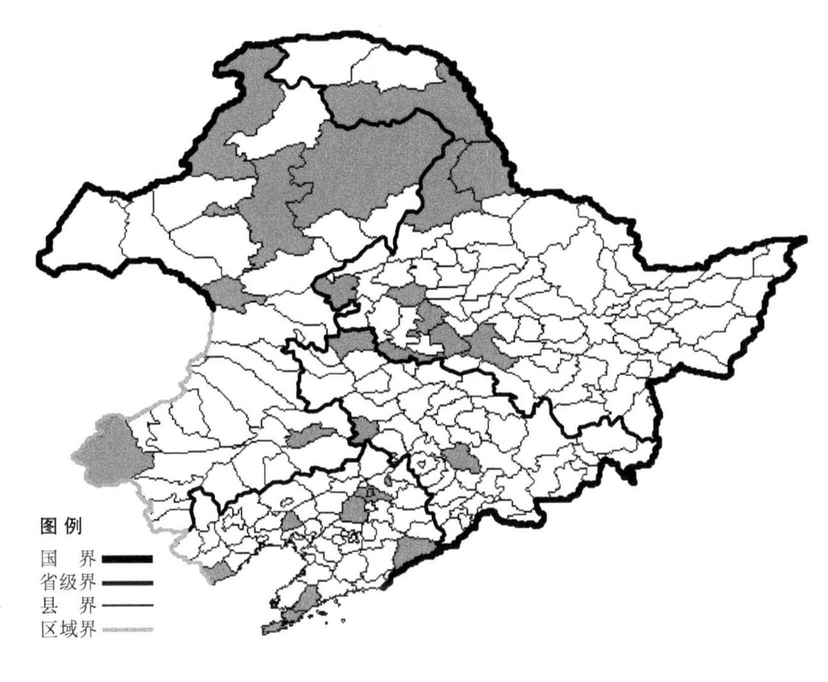

生境：水边，盐碱地，海拔 800 米以下。

产地：黑龙江省哈尔滨、黑河、呼玛、安达、肇东、肇源、林甸、龙江、嫩江，吉林省磐石、镇赉、双辽，辽宁省铁岭、沈阳、北镇、大连、普兰店、宽甸、绥中，内蒙古额尔古纳、鄂伦春旗、牙克石、通辽、海拉尔、阿尔山、克什克腾旗。

分布：中国（黑龙江、吉林、辽宁、内蒙古、河北、山西、陕西、甘肃、青海、新疆、山东、江苏），朝鲜半岛，日本，蒙古，俄罗斯（北极带、欧洲部分、西伯利亚、远东地区），中亚，北美洲。

长稃碱茅

Puccinellia jeholensis Kitag.

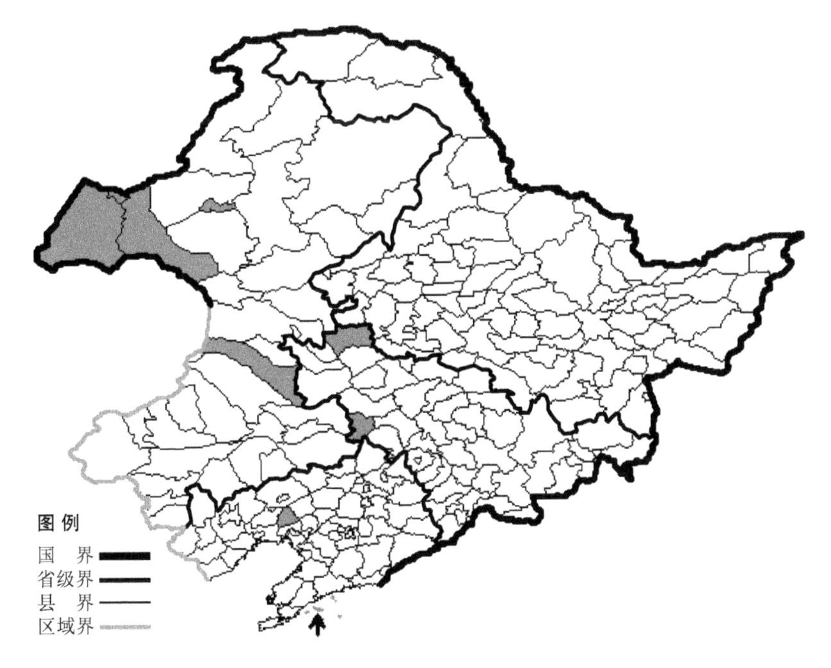

生境：湿草地，海拔 700 米以下。

产地：吉林省双辽、镇赉，辽宁省北镇、长海，内蒙古满洲里、海拉尔、科尔沁右翼中旗、新巴尔虎右旗、新巴尔虎左旗。

分布：中国（吉林、辽宁、内蒙古、河北、江苏）。

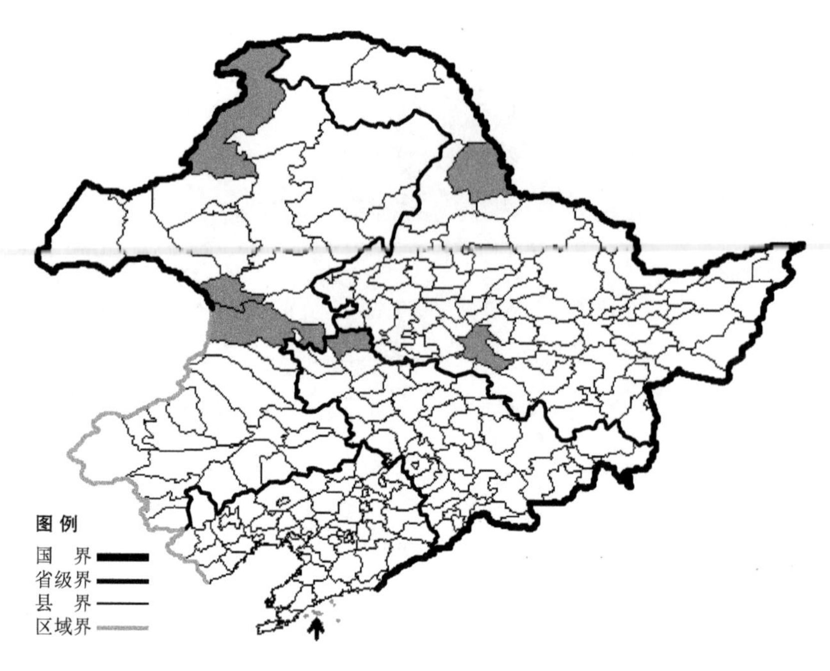

微药碱茅

Puccinellia micrandra (Keng) Keng

生境：路旁，水边湿草地，海拔700米以下。

产地：黑龙江省哈尔滨、黑河，吉林省镇赉，辽宁省长海，内蒙古科尔沁右翼前旗、额尔古纳、阿尔山。

分布：中国（黑龙江、吉林、辽宁、内蒙古、河北、甘肃、青海、江苏）。

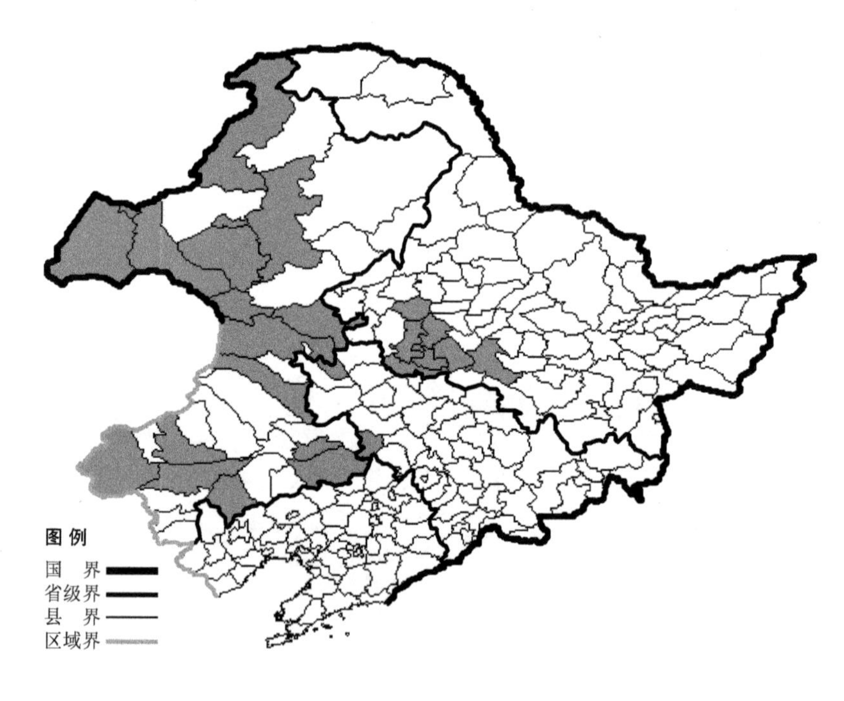

星星草

Puccinellia tenuiflora (Griseb.) Scrib. et Merr.

生境：草甸，海拔约700米。

产地：黑龙江省哈尔滨、安达、大庆、肇州、林甸、肇东、肇源，吉林省白城、双辽，内蒙古满洲里、海拉尔、科尔沁左翼后旗、额尔古纳、鄂温克旗、科尔沁右翼前旗、科尔沁右翼中旗、扎赉特旗、通辽、巴林右旗、翁牛特旗、敖汉旗、牙克石、新巴尔虎右旗、新巴尔虎左旗、满洲里、克什克腾旗、阿尔山。

分布：中国（黑龙江、吉林、内蒙古、河北、山西、甘肃、青海、新疆、安徽），蒙古，俄罗斯（西伯利亚），中亚。

毛叶鹅观草

Roegneria amurensis (Ledeb.) Nevski

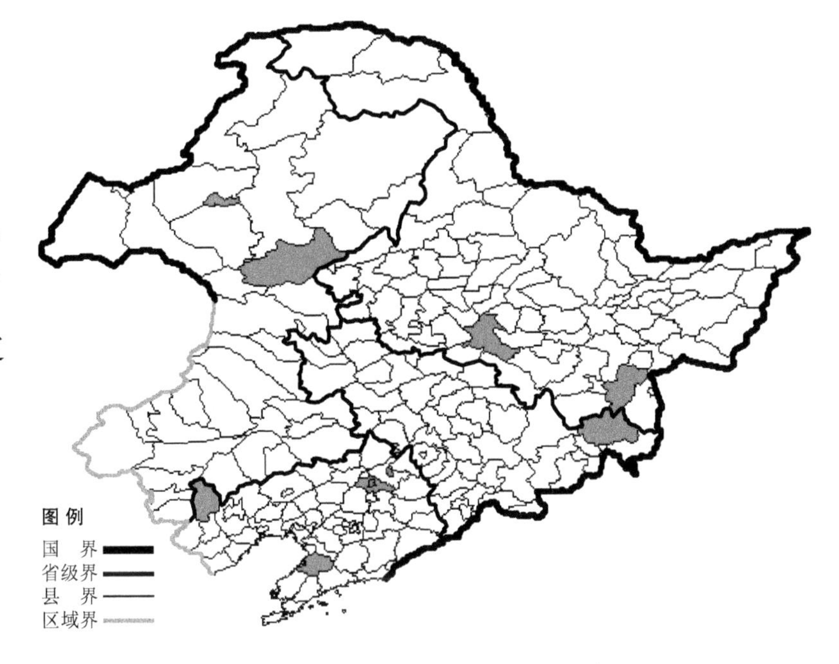

生境：山坡草地、河边。

产地：黑龙江省哈尔滨、穆棱，吉林省汪清，辽宁省建平、盖州、铁岭，内蒙古海拉尔、扎兰屯。

分布：中国（黑龙江、吉林、辽宁、内蒙古），俄罗斯（远东地区）。

纤毛鹅观草

Roegneria ciliaris (Trin.) Nevski

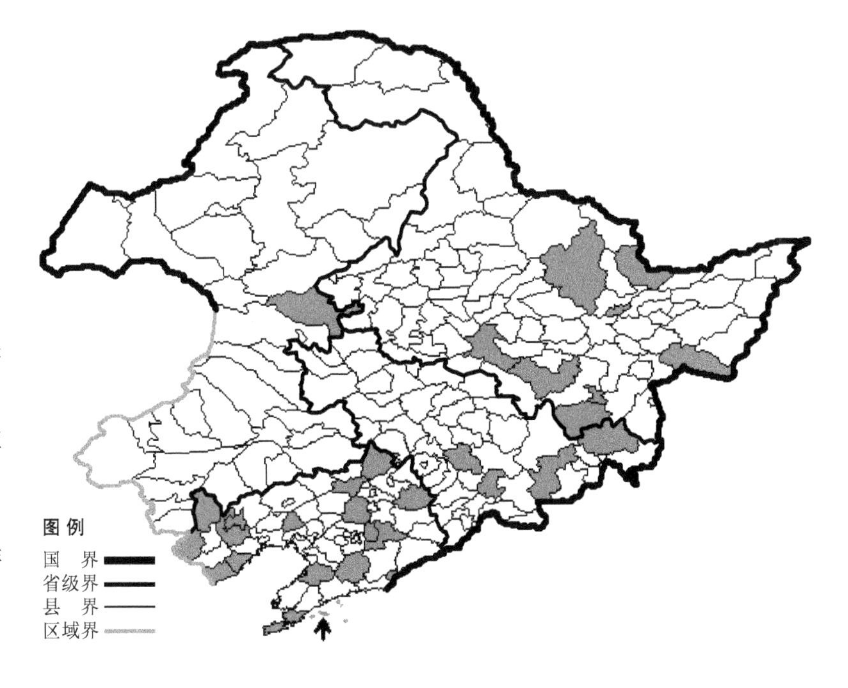

生境：山坡草地，河边，林下，路旁，海拔 800 米以下。

产地：黑龙江省哈尔滨、尚志、佳木斯、密山、宁安、牡丹江、伊春、萝北，吉林省靖宇、安图、汪清、磐石，辽宁省沈阳、清原、昌图、长海、丹东、大连、兴城、绥中、北镇、凌源、法库、岫岩、盖州、建平、朝阳、本溪，内蒙古扎赉特旗。

分布：中国（全国各地），朝鲜半岛，日本，俄罗斯（远东地区）。

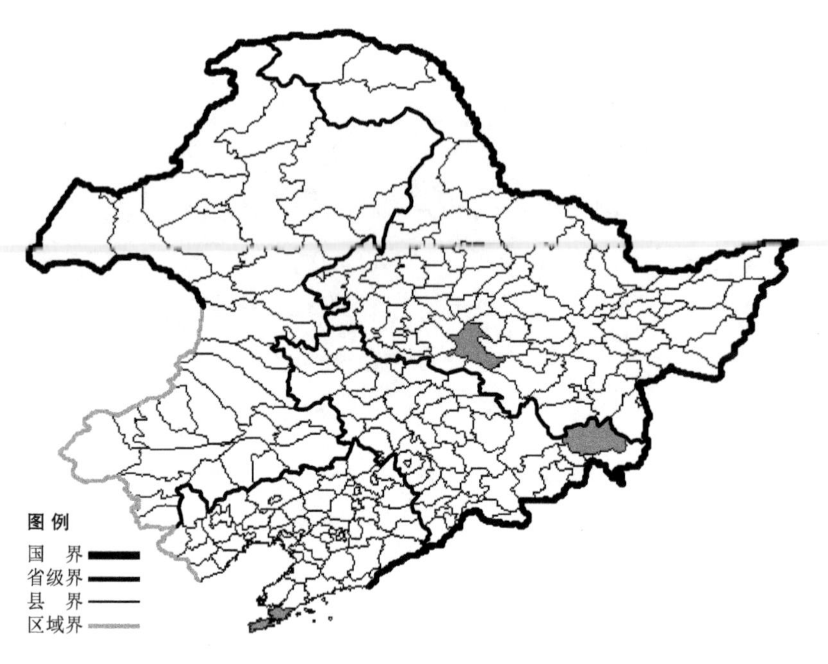

毛节鹅观草 Roegneria ciliaris (Trin.) Nevski f. **eriocaulis** Kitag. 生于山坡草地、路旁，产于黑龙江省哈尔滨，吉林省汪清，辽宁省大连，分布于中国（黑龙江、吉林、辽宁、华北）。

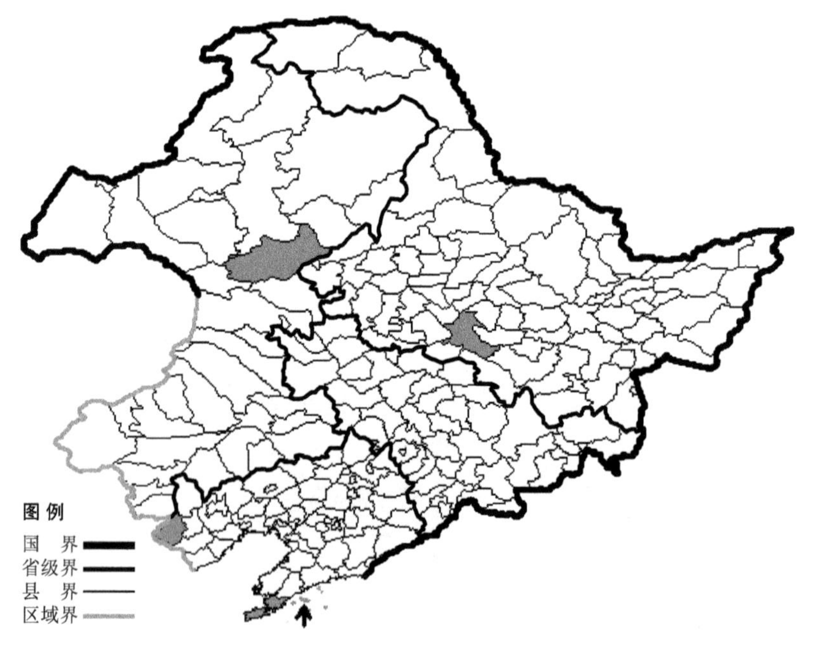

粗毛鹅观草 Roegneria ciliaris (Trin.) Nevski var. **lasiophylla** (Kitag.) Kitag. 生于山坡草地，产于黑龙江省哈尔滨，辽宁省凌源、大连、长海，内蒙古扎兰屯，分布于中国（黑龙江、辽宁、内蒙古、河北、山西、陕西、宁夏、甘肃、山东）。

直穗鹅观草

Roegneria gmelini (Griseb.) Nevski

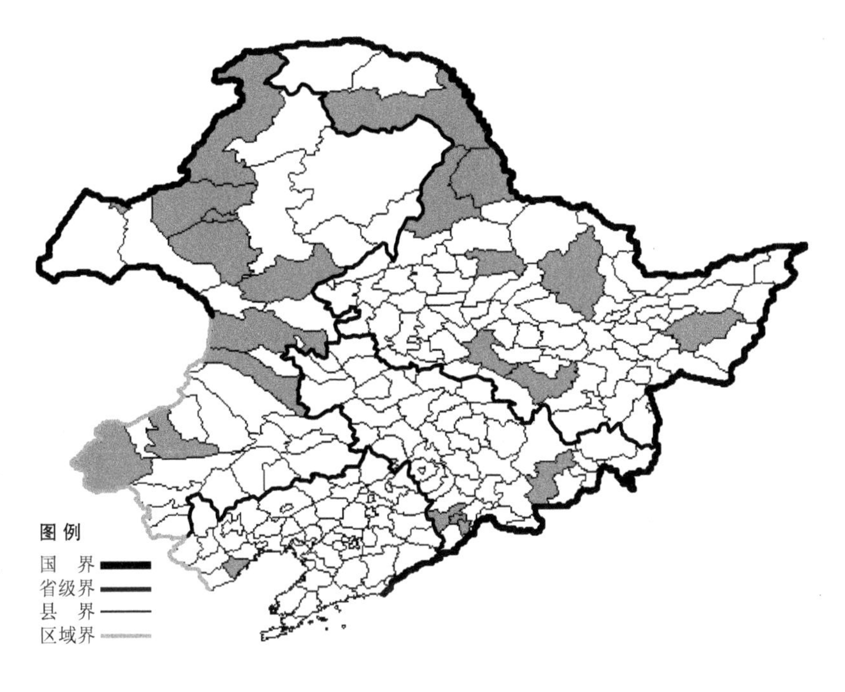

生境：山坡草地，海拔 700 米以下。

产地：黑龙江省哈尔滨、伊春、宝清、尚志、北安、呼玛、黑河、嫩江，吉林省安图、通化，辽宁省兴城，内蒙古额尔古纳、满洲里、克什克腾旗、巴林右旗、海拉尔、鄂温克旗、扎兰屯、陈巴尔虎旗、科尔沁右翼前旗、科尔沁右翼中旗。

分布：中国（黑龙江、吉林、辽宁、内蒙古、河北、山西、陕西、新疆），蒙古，俄罗斯（西伯利亚、远东地区），中亚。

河北鹅观草

Roegneria hondai Kitag.

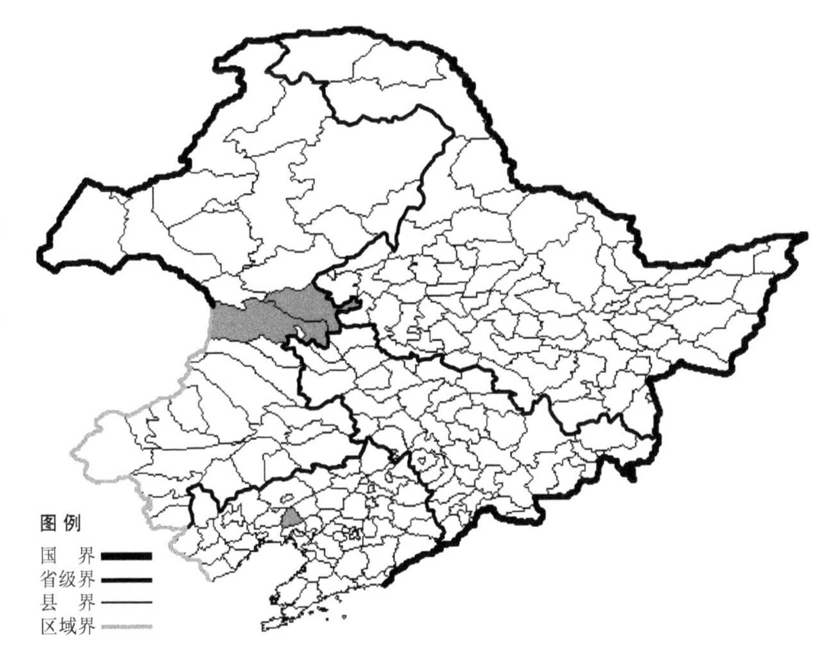

生境：林缘，沟谷草甸。

产地：辽宁省北镇，内蒙古科尔沁右翼前旗、扎赉特旗。

分布：中国(辽宁、内蒙古、河北)。

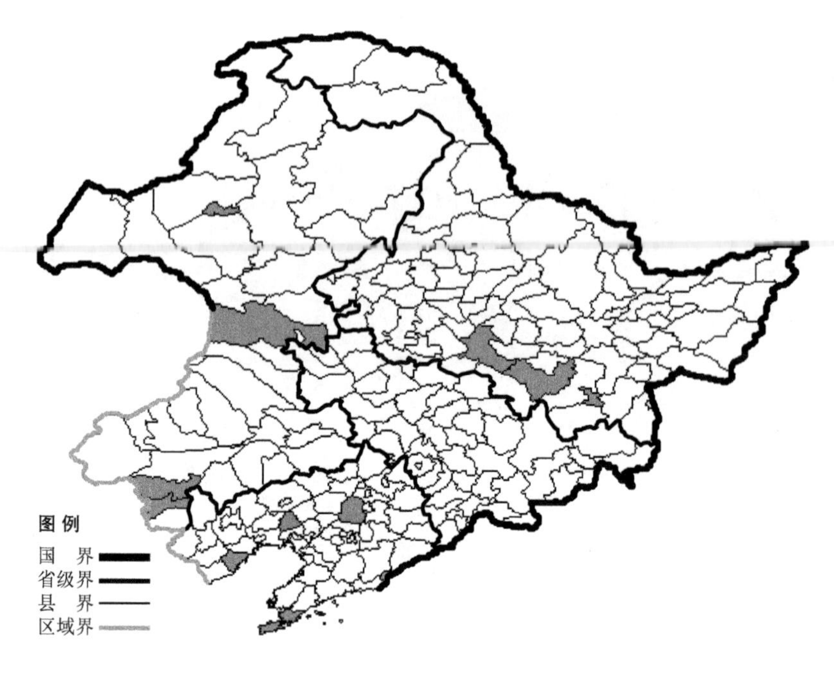

鹅观草

Roegneria kamoji (Ohwi) Ohwi

生境：山坡草地，海拔 700 米以下。

产地：黑龙江省尚志、牡丹江、哈尔滨，辽宁省北镇、沈阳、丹东、大连、兴城，内蒙古喀喇沁旗、科尔沁右翼前旗、赤峰、海拉尔。

分布：中国（全国各地），朝鲜半岛，日本。

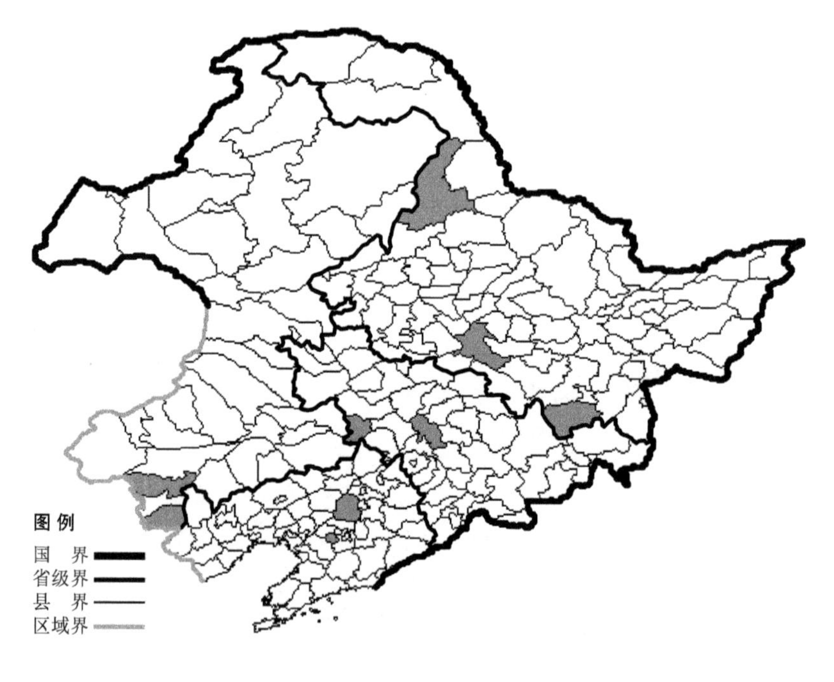

多杆鹅观草

Roegneria multiculmis Kitag.

生境：山坡草地。

产地：黑龙江省哈尔滨、嫩江、宁安，吉林省长春、双辽，辽宁省鞍山、沈阳，内蒙古宁城、赤峰。

分布：中国（黑龙江、吉林、辽宁、内蒙古、山西、陕西、甘肃、青海）。

中井鹅观草

Roegneria nakai Kitag.

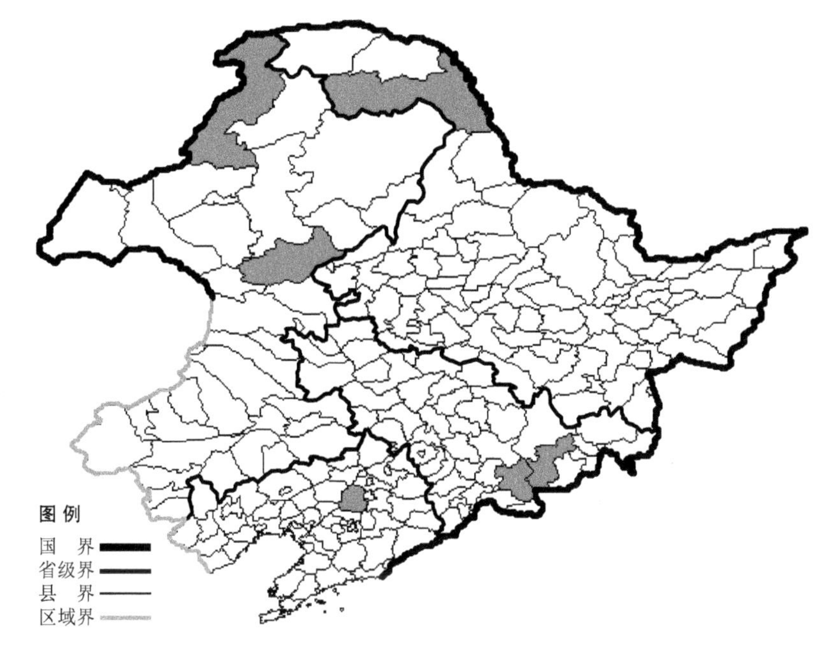

生境：山坡草地，海拔1700米以下。

产地：黑龙江省呼玛，吉林省安图、抚松，辽宁省沈阳，内蒙古额尔古纳、扎兰屯。

分布：中国（黑龙江、吉林、辽宁、内蒙古、河北），朝鲜半岛。

缘毛鹅观草

Roegneria pendulina Nevski

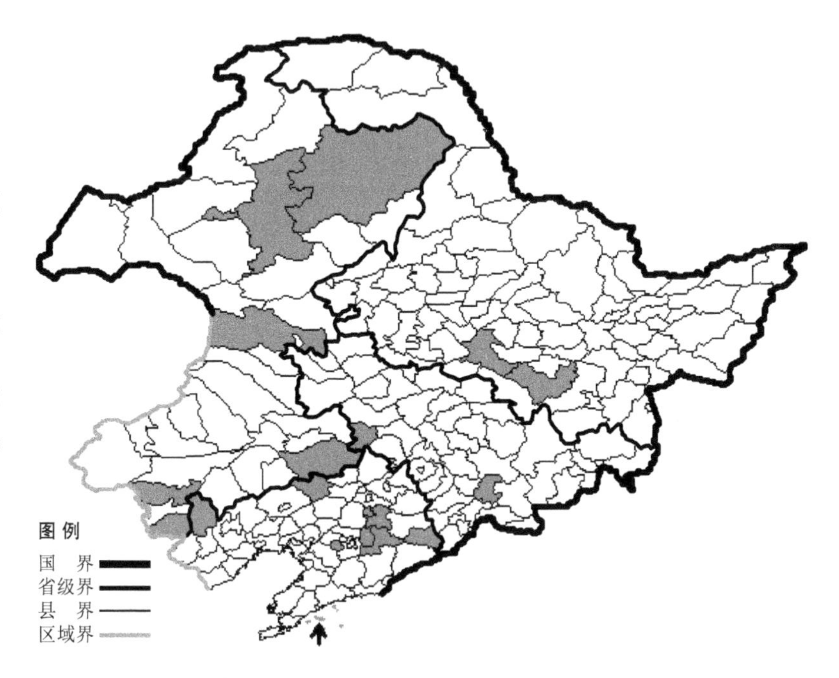

生境：河边，路旁，林下，山坡草地，海拔700米以下。

产地：黑龙江省哈尔滨、尚志，吉林省双辽、靖宇，辽宁省彰武、建平、鞍山、长海、抚顺、桓仁、本溪，内蒙古牙克石、科尔沁右翼前旗、鄂伦春旗、科尔沁左翼后旗、宁城、海拉尔、赤峰。

分布：中国（黑龙江、吉林、辽宁、内蒙古、河北、山西、甘肃），日本，俄罗斯（远东地区）。

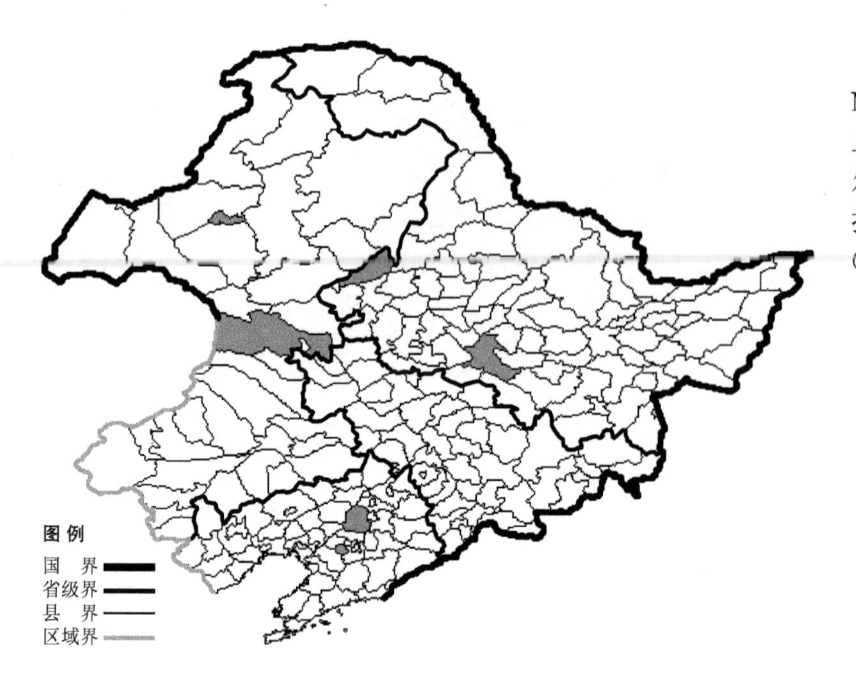

毛节缘毛草 Roegneria pendulina Nevski var. **pudinodis** Keng 生于山坡、丘陵、沙地，产于黑龙江省甘南、哈尔滨，辽宁省沈阳、鞍山，内蒙古海拉尔、科尔沁右翼前旗，分布于中国（黑龙江、辽宁、内蒙古、陕西）。

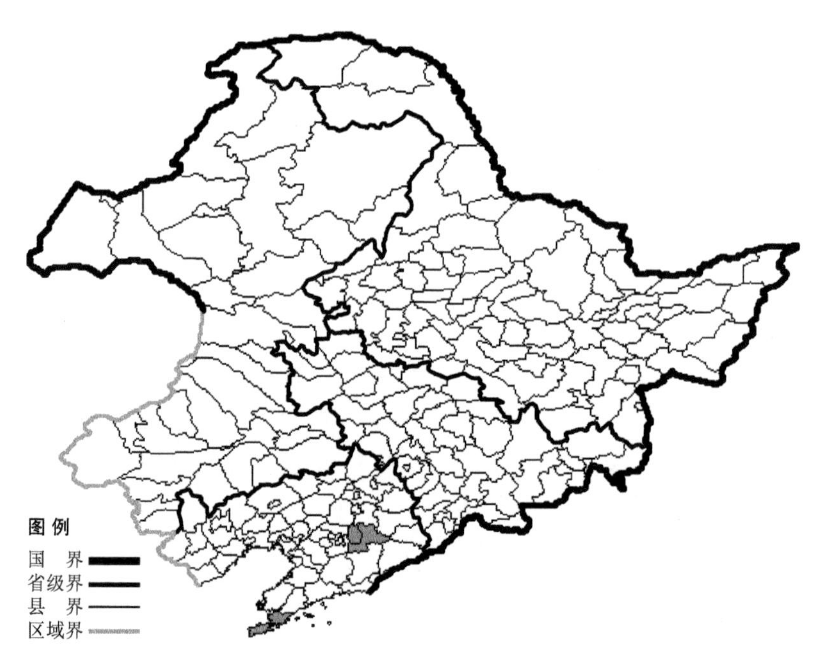

囊颖草

Sacciolepis indica (L.) Chase

生境：水田、湿草地。

产地：辽宁省大连、本溪。

分布：中国（辽宁、江苏、浙江、台湾、华南、西南），朝鲜半岛，日本，印度，马来西亚，大洋洲。

裂稃草

Schizachyrium brevifolium (Sw.) Nees

生境：湿草地，山坡草地。

产地：辽宁省丹东、普兰店。

分布：中国（辽宁、陕西、华东、华中、华南、西南），遍布世界温暖地区。

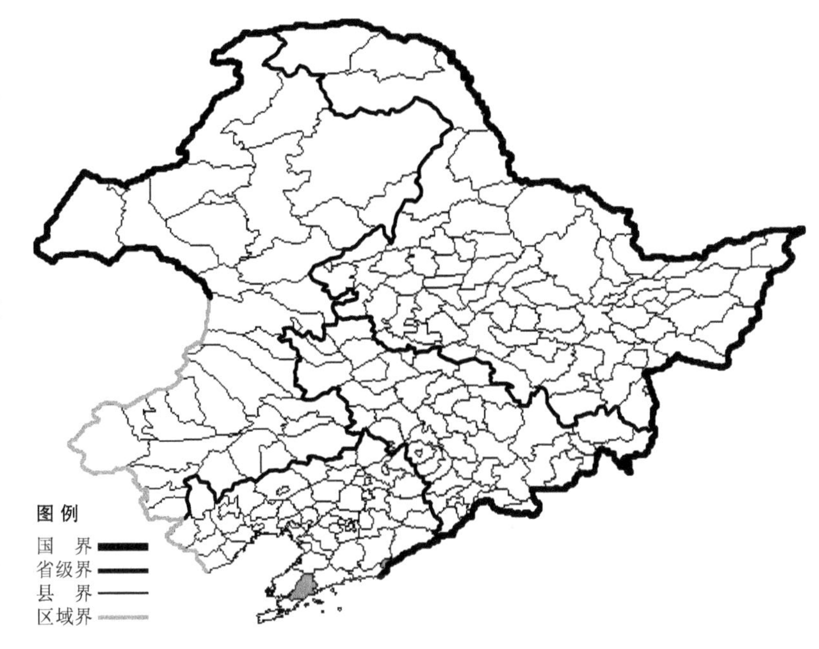

裂稃茅

Schizachne callosa (Turcz. ex Griseb.) Ohwi

生境：林下，湿草地，山坡草地，海拔 1300 米以下。

产地：黑龙江省哈尔滨、伊春、尚志、宁安，吉林省临江、抚松、安图，内蒙古巴林右旗、克什克腾旗、牙克石、阿尔山、科尔沁右翼前旗。

分布：中国（黑龙江、吉林、内蒙古、河北、山西），朝鲜半岛，日本，俄罗斯（欧洲部分、西伯利亚、远东地区）。

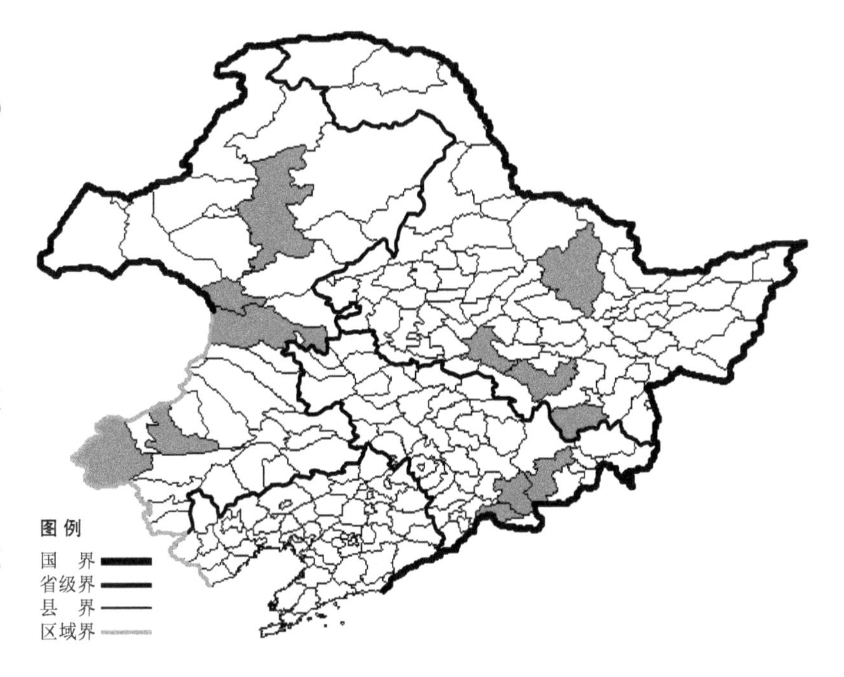

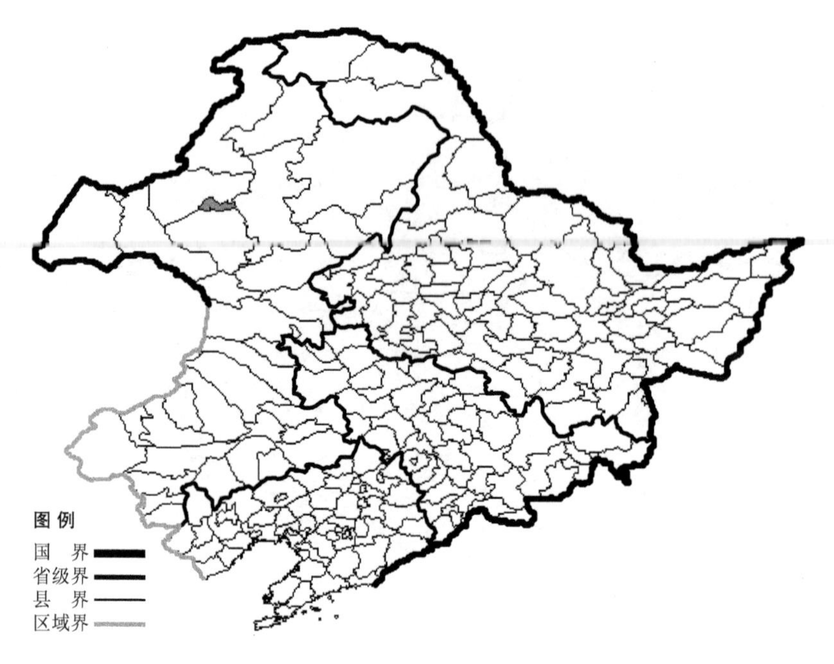

水茅

Scolochloa festucacea (Willd.) Link

生境：沼池，河边，海拔约600米。

产地：内蒙古海拉尔。

分布：中国（内蒙古），俄罗斯（欧洲部分、高加索、西伯利亚），蒙古，欧洲，北美洲。

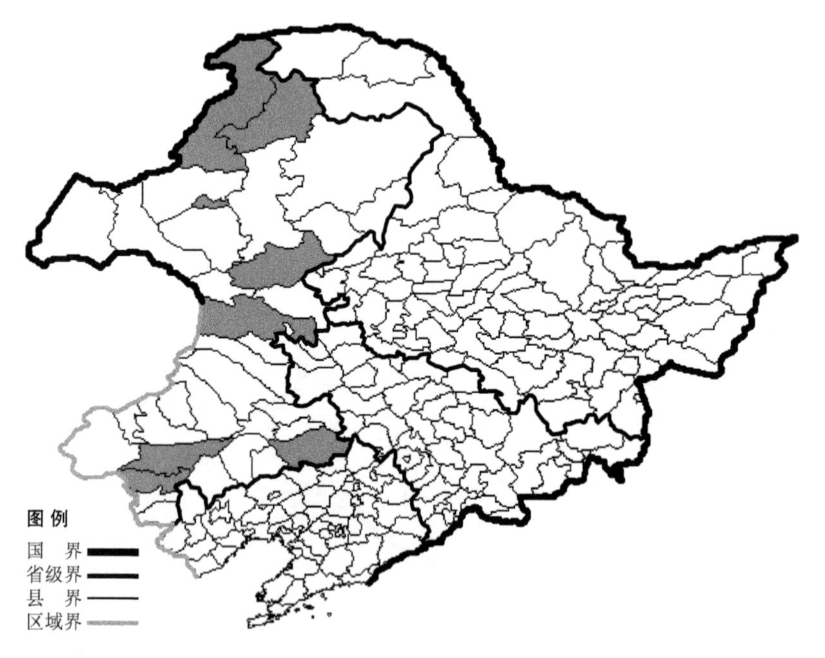

断穗狗尾草

Setaria arenaria Kitag.

生境：山坡草地，路旁沙质地，海拔800米以下。

产地：内蒙古额尔古纳、根河、海拉尔、赤峰、扎兰屯、科尔沁右翼前旗、科尔沁左翼后旗、翁牛特旗。

分布：中国（内蒙古、山西）。

大狗尾草

Setaria faberii Herm.

生境：荒地，山坡草地，河边。

产地：黑龙江省黑河、嫩江、尚志、密山、虎林，辽宁省清原、长海、桓仁，内蒙古阿鲁科尔沁旗、翁牛特旗。

分布：中国（黑龙江、辽宁、内蒙古、江苏、安徽、浙江、湖北、江西、湖南、广西、四川、贵州、台湾），日本，俄罗斯（远东地区）。

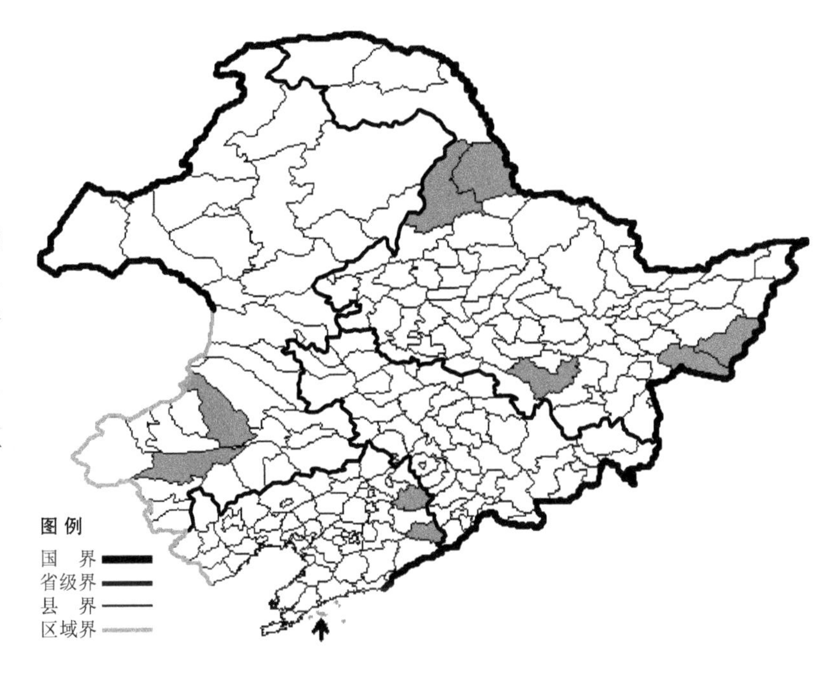

金色狗尾草

Setaria glauca (L.) Beauv.

生境：荒地，路旁，田间，海拔1200米以下。

产地：黑龙江省哈尔滨、黑河、肇东、肇源、尚志、宁安、密山、萝北，吉林省通榆、安图、抚松、和龙、临江、敦化、珲春，辽宁省本溪、葫芦岛、长海、西丰、彰武、沈阳、北镇、清原、锦州、大连、鞍山、庄河、海城、桓仁，内蒙古科尔沁右翼前旗、巴林右旗、扎鲁特旗。

分布：中国（黑龙江、吉林、辽宁、内蒙古、河北、新疆、江苏、广东、海南、云南、西藏），俄罗斯（欧洲部分、高加索、西伯利亚、远东地区），中亚。

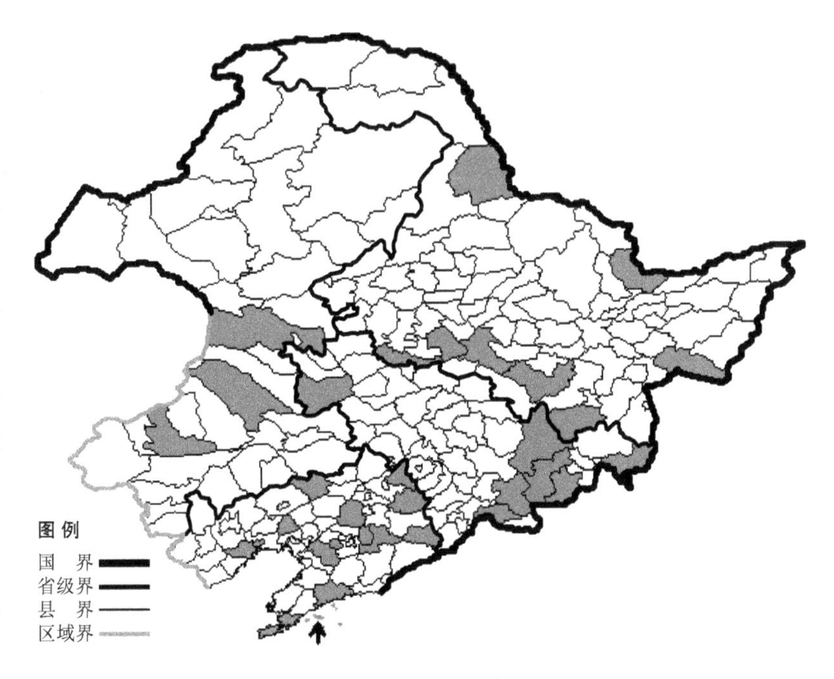

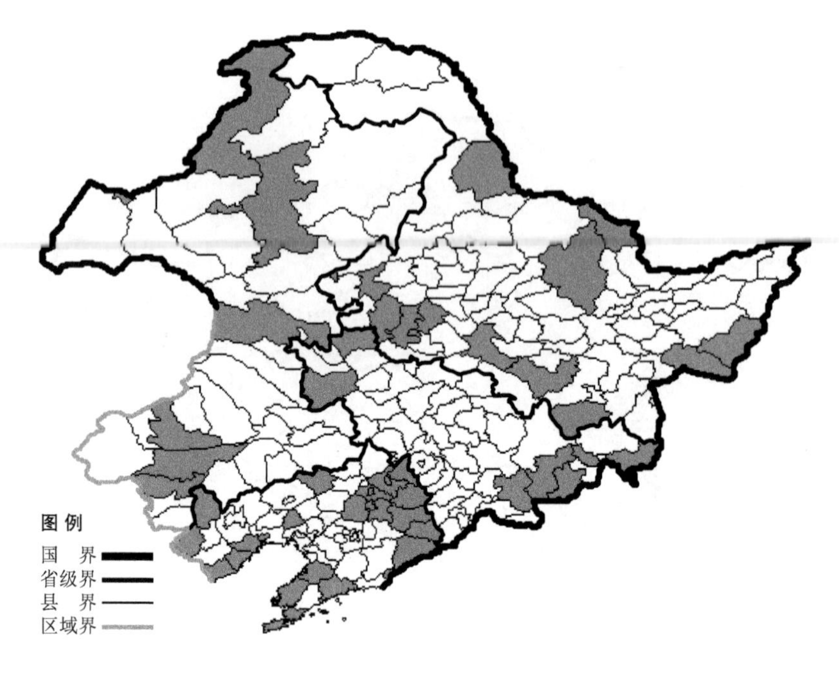

狗尾草

Setaria viridis (L.) Beauv.

生境：荒地、路旁、田间，海拔2000米以下。

产地：黑龙江省黑河、伊春、宁安、哈尔滨、虎林、尚志、密山、齐齐哈尔、杜尔伯特、安达、大庆、五大连池、嘉荫，吉林省安图、抚松、和龙、延吉、珲春、通榆、镇赉，辽宁省清原、开原、西丰、新宾、沈阳、宽甸、桓仁、庄河、瓦房店、盖州、丹东、大连、绥中、兴城、锦州、北镇、葫芦岛、建平、凌源、彰武、抚顺、铁岭，内蒙古牙克石、满洲里、海拉尔、额尔古纳、科尔沁右翼前旗、赤峰、翁牛特旗、巴林右旗。

分布：中国（全国各地），世界温带至热带地区。

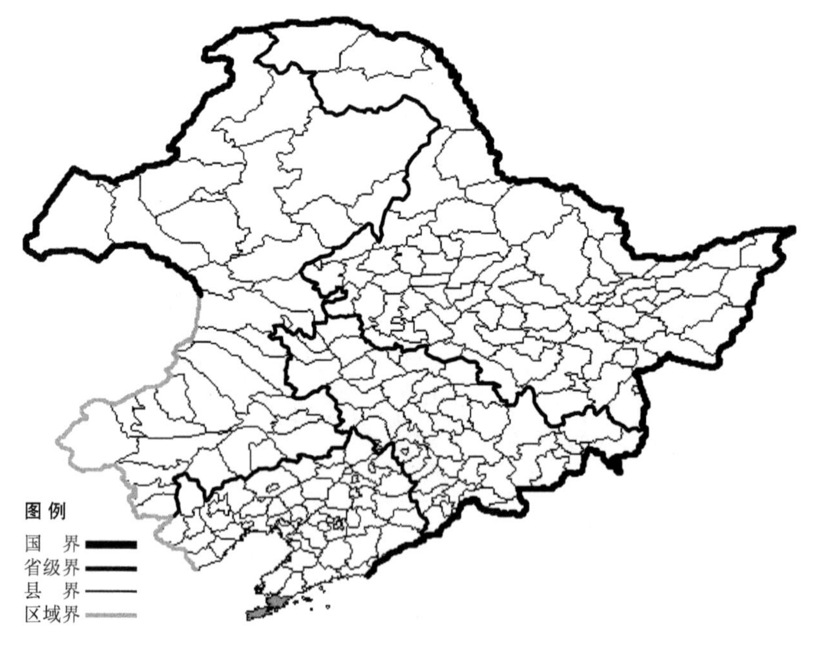

宿根高粱

Sorghum halepense (L.) Pers.

生境：荒地，路旁。

产地：辽宁省大连。

分布：原产地中海地区，现我国辽宁、广东、海南、台湾有分布。

大油芒

Spodiopogon sibiricus Trin.

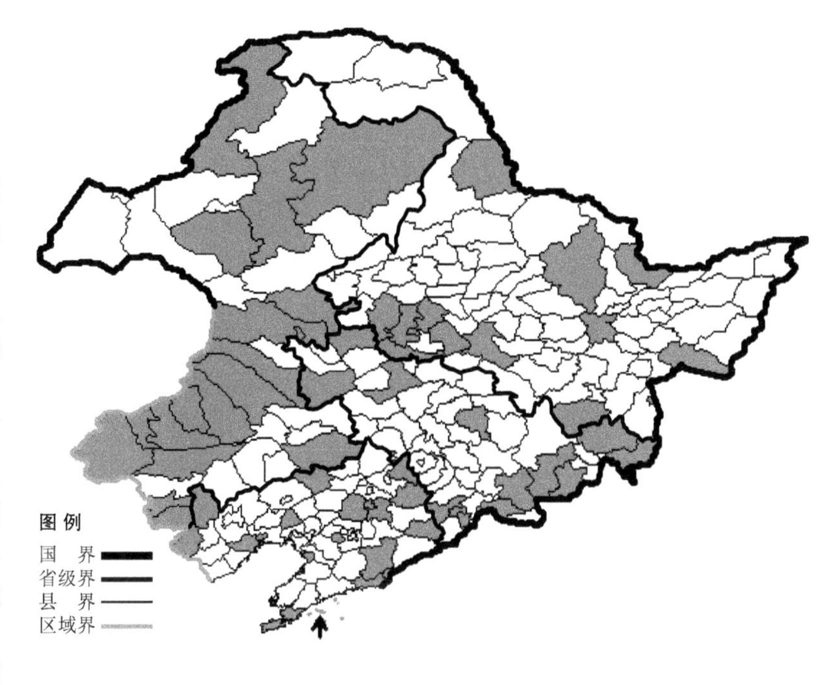

生境：路旁，山坡草地，草甸草原，林下，石砾质地，海拔 1000 米以下。

产地：黑龙江省绥芬河、依兰、哈尔滨、杜尔伯特、大庆、肇东、肇源、密山、宁安、安达、黑河、伊春、萝北，吉林省镇赉、吉林、前郭尔罗斯、安图、和龙、汪清、珲春、临江、抚松、通榆、通化，辽宁省沈阳、西丰、清原、鞍山、桓仁、彰武、长海、东港、丹东、营口、大连、凤城、凌源、建平、锦州、葫芦岛、北镇、抚顺，内蒙古科尔沁左翼后旗、牙克石、额尔古纳、鄂伦春旗、阿鲁科尔沁旗、林西、巴林左旗、乌兰浩特、鄂温克旗、扎赉特旗、科尔沁右翼前旗、科尔沁右翼中旗、扎鲁特旗、霍林郭勒、宁城、翁牛特旗、喀喇沁旗、巴林右旗、克什克腾旗。

分布：中国（黑龙江、吉林、辽宁、内蒙古、河北、山西、陕西、甘肃、山东、江苏、安徽、浙江、河南、湖北、江西、湖南），朝鲜半岛，日本，蒙古，俄罗斯（东部西伯利亚、远东地区）。

狼针草

Stipa baicalensis Rosh.

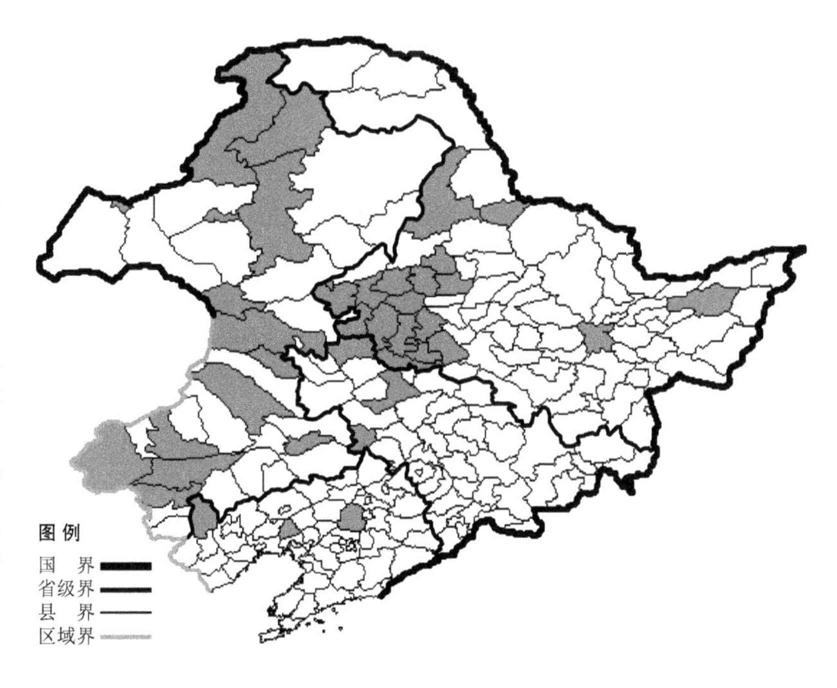

生境：草地，干山坡，海拔 900 米以下。

产地：黑龙江省嫩江、富锦、富裕、孙吴、大庆、依兰、安达、肇东、齐齐哈尔、肇源、肇州、杜尔伯特、林甸、龙江、依安、泰来、克山、拜泉，吉林省镇赉、双辽、前郭尔罗斯，辽宁省沈阳、北镇、建平，内蒙古满洲里、海拉尔、突泉、牙克石、科尔沁右翼前旗、根河、通辽、克什克腾旗、赤峰、额尔古纳、扎鲁特旗、巴林右旗、翁牛特旗、阿尔山。

分布：中国（黑龙江、吉林、辽宁、内蒙古、河北、山西、陕西、甘肃、青海、西藏），蒙古，俄罗斯（东部西伯利亚、远东地区）。

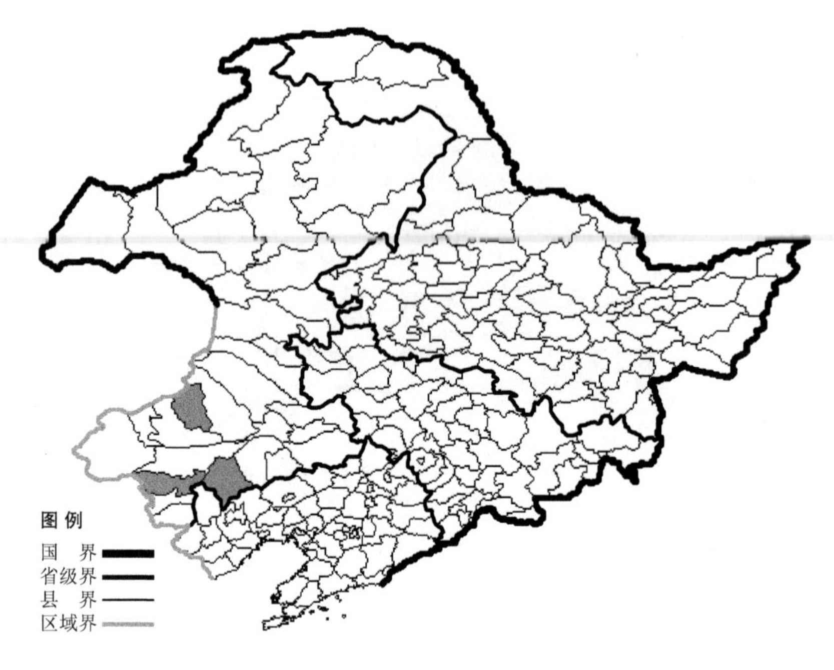

短花针茅

Stipa breviflora Griseb.

生境：干草原，海拔约 700 米。

产地：内蒙古赤峰、巴林左旗、敖汉旗。

分布：中国（内蒙古、河北、山西、陕西、宁夏、甘肃、青海、新疆、四川、西藏），蒙古，中亚，尼泊尔。

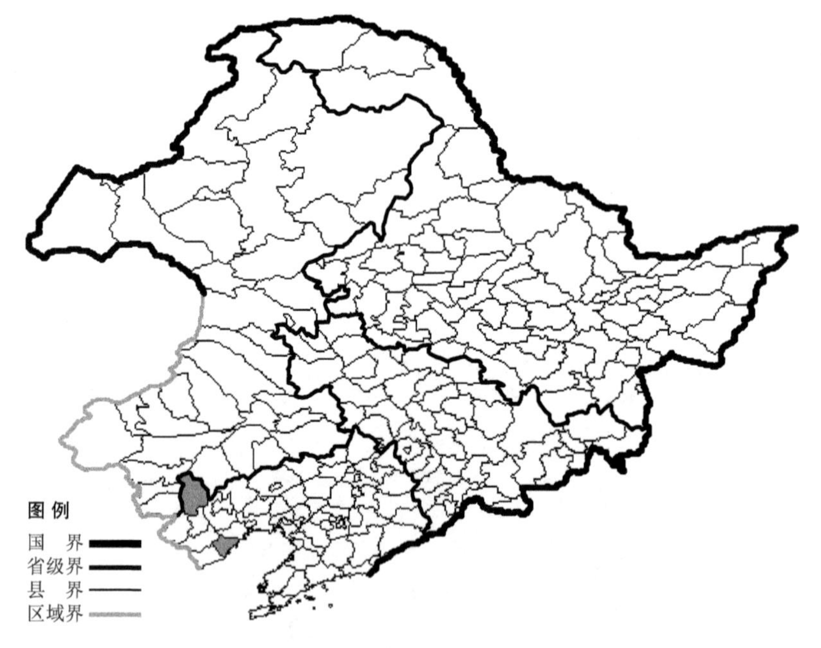

长芒草

Stipa bungeana Trin.

生境：路旁草地、干山坡。

产地：辽宁省建平、兴城。

分布：中国（辽宁、河北、山西、甘肃、青海、新疆、江苏、安徽、河南、西藏），蒙古，中亚。

大针茅

Stipa grandis P. Smirn.

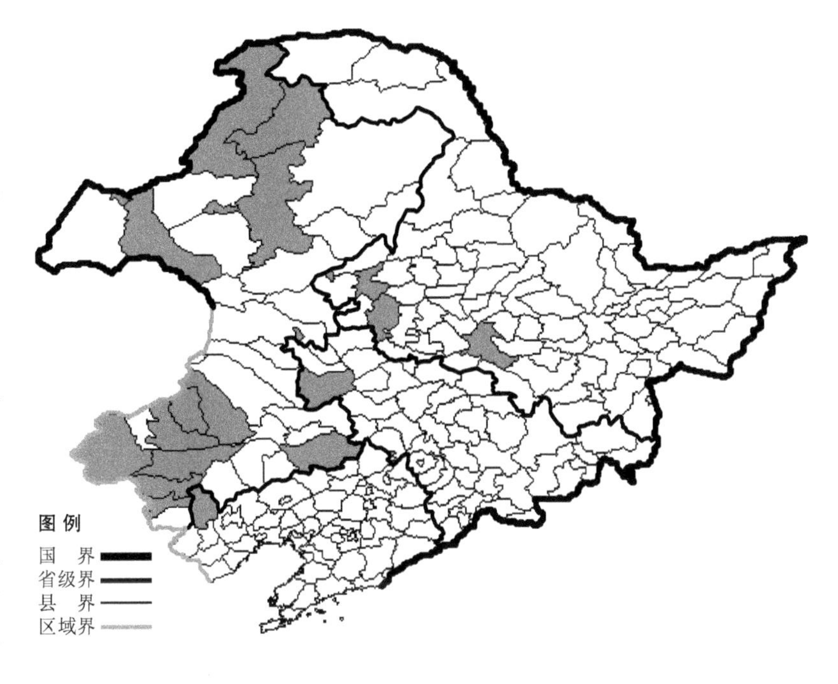

生境：干山坡，草原，海拔 900 米以下。

产地：黑龙江省哈尔滨、齐齐哈尔、杜尔伯特，吉林省通榆，辽宁省建平，内蒙古满洲里、科尔沁左翼后旗、阿鲁科尔沁旗、巴林右旗、巴林左旗、翁牛特旗、克什克腾旗、喀喇沁旗、新巴尔虎左旗、根河、额尔古纳、海拉尔、赤峰、牙克石、乌兰浩特。

分布：中国（黑龙江、吉林、辽宁、内蒙古、河北、山西、陕西、宁夏、甘肃、青海），蒙古，俄罗斯（东部西伯利亚）。

阿尔泰针茅

Stipa krylovii Rosh.

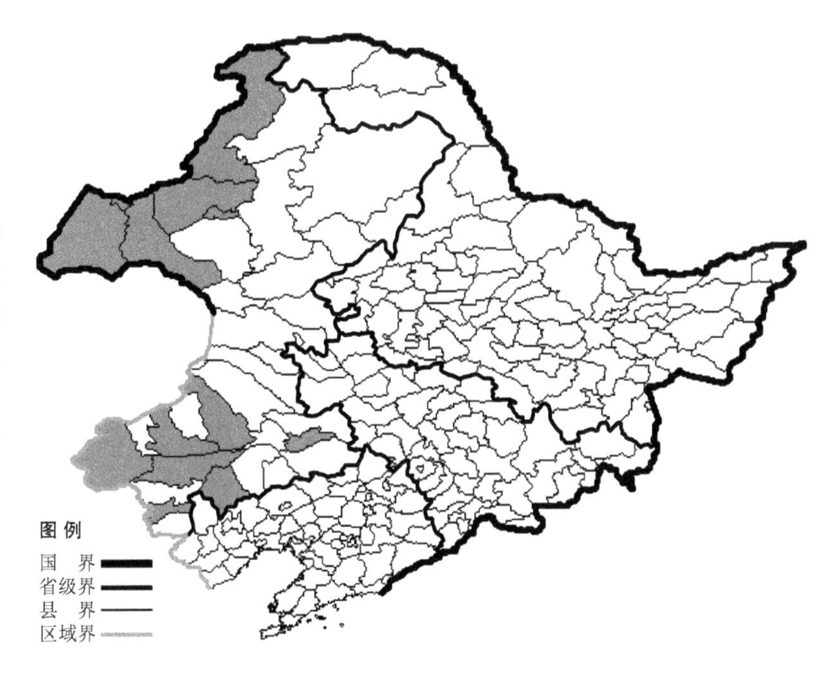

生境：干山坡，草原。

产地：内蒙古新巴尔虎右旗、新巴尔虎左旗、满洲里、海拉尔、额尔古纳、陈巴尔虎旗、通辽、阿鲁科尔沁旗、巴林右旗、翁牛特旗、敖汉旗、克什克腾旗、喀喇沁旗。

分布：中国（内蒙古、河北、山西、宁夏、甘肃、青海、新疆、西藏），蒙古，俄罗斯（西伯利亚）。

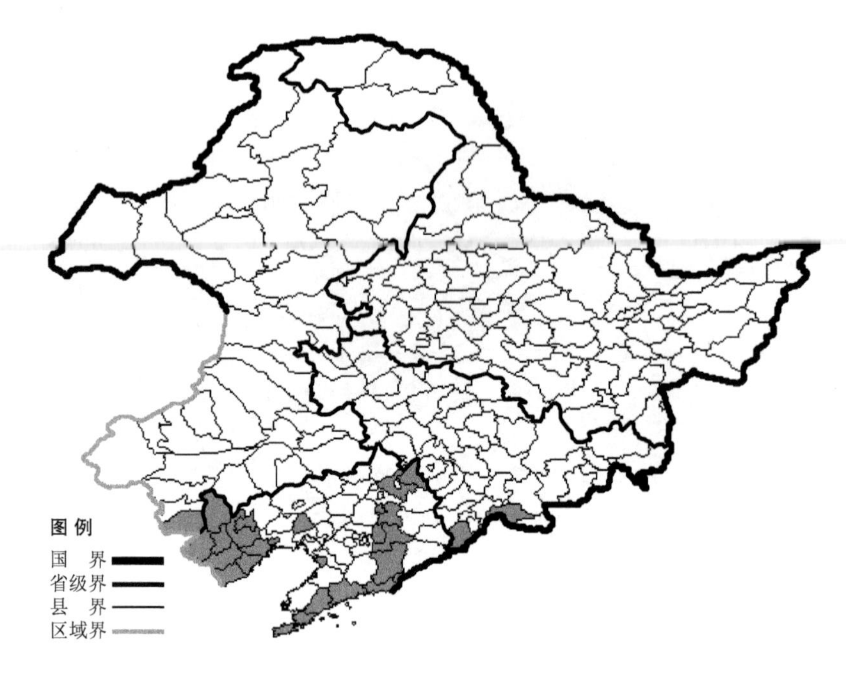

黄背草

Themeda japonica (Willd.) C. Tanaka

生境：干山坡，路旁，海拔 800 米以下。

产地：吉林省集安、临江，辽宁省西丰、开原、北镇、锦州、葫芦岛、建平、凌源、建昌、抚顺、本溪、东港、绥中、兴城、喀左、营口、朝阳、丹东、凤城、庄河、大连、普兰店，内蒙古宁城。

分布：中国（全国各地），朝鲜半岛，日本。

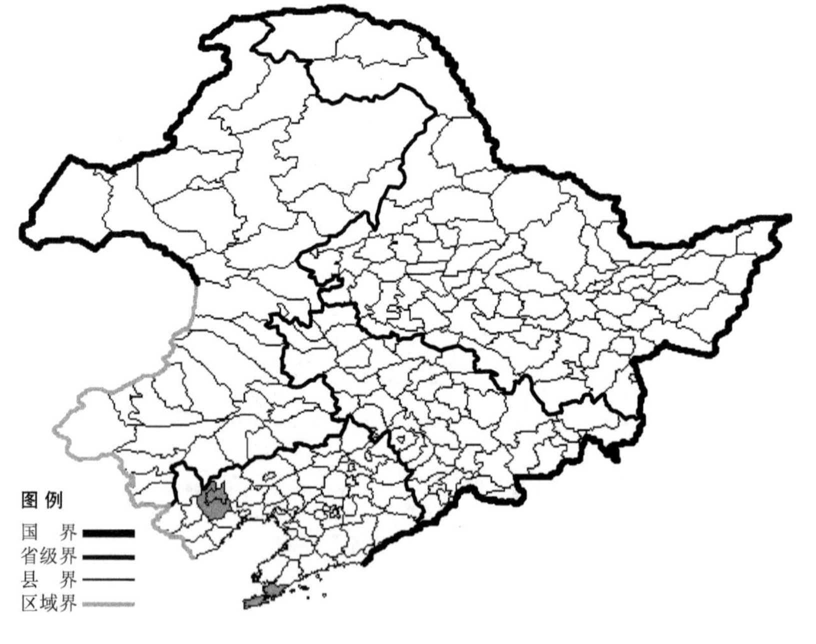

虱子草

Tragus berteronianus Schult.

生境：山坡、荒地。

产地：辽宁省朝阳、大连。

分布：中国（辽宁、河北、山西、陕西、甘肃、江苏、安徽、四川），遍布世界温带至热带地区。

锋芒草

Tragus racemosus (L.) All.

生境：荒地，路旁。

产地：内蒙古科尔沁右翼中旗、巴林右旗、翁牛特旗、科尔沁左翼后旗。

分布：中国（内蒙古、河北、山西、宁夏、甘肃、青海、四川、云南），俄罗斯（欧洲部分、高加索），中亚，土耳其，伊朗，欧洲。

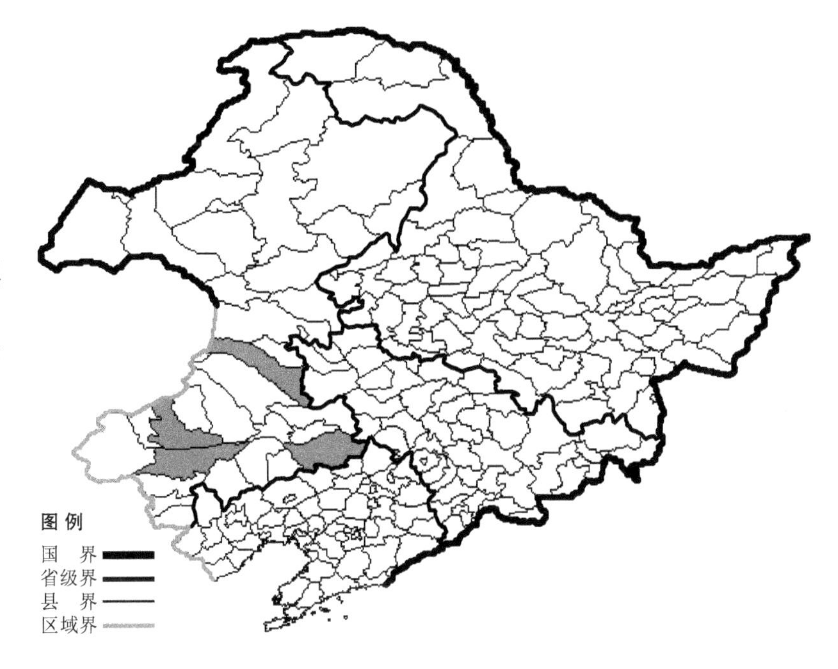

中华草沙蚕

Tripogon chinensis (Franch.) Hack.

生境：干山坡，岩石上，墙壁上，海拔 700 米以下。

产地：辽宁省北镇、大连、长海，内蒙古扎兰屯、科尔沁右翼前旗、阿鲁科尔沁旗、赤峰、宁城、巴林右旗、巴林左旗。

分布：中国（辽宁、内蒙古、河北、山西、陕西、甘肃、新疆、山东、江苏、安徽、河南、江西、四川、西藏、台湾），朝鲜半岛，蒙古，俄罗斯（东部西伯利亚、远东地区）。

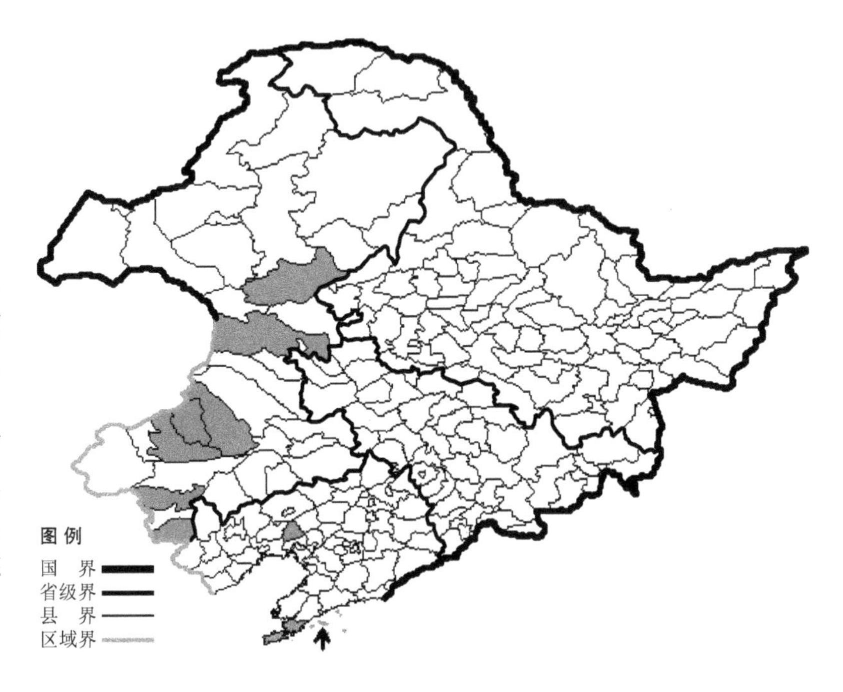

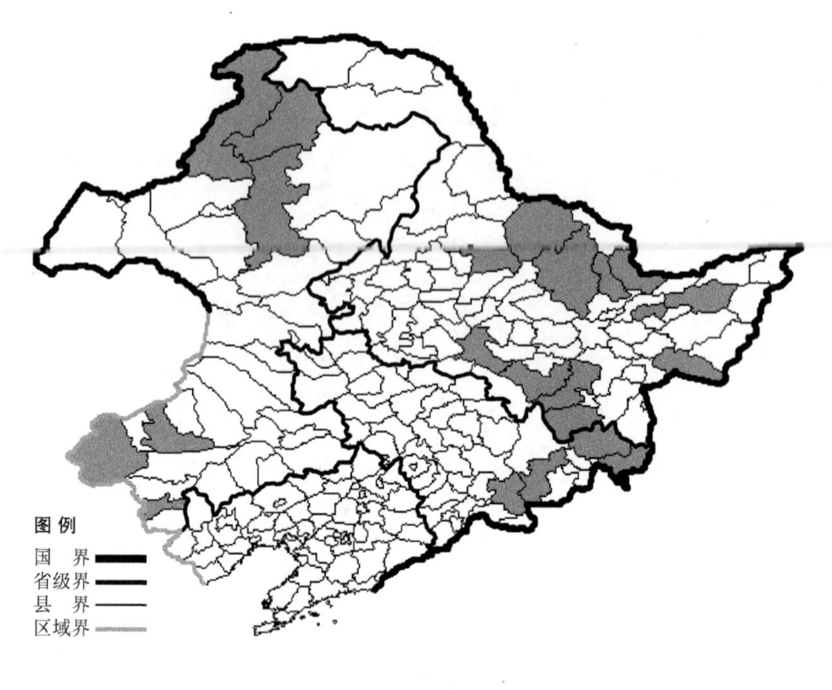

西伯利亚三毛草

Trisetum sibiricum Rupr.

生境：山坡草地，海拔 2000 米以下。

产地：黑龙江省富锦、北安、鹤岗、伊春、海林、萝北、逊克、哈尔滨、尚志、宁安、密山、集贤，吉林省安图、珲春、抚松、汪清，内蒙古根河、牙克石、额尔古纳、巴林右旗、克什克腾旗、喀喇沁旗。

分布：中国（黑龙江、吉林、内蒙古、河北、山西、陕西、甘肃、青海、新疆、湖北、四川、云南、西藏），朝鲜半岛，日本，蒙古，俄罗斯（北极带、欧洲部分、高加索、西伯利亚、远东地区），中亚，土耳其，欧洲，北美洲。

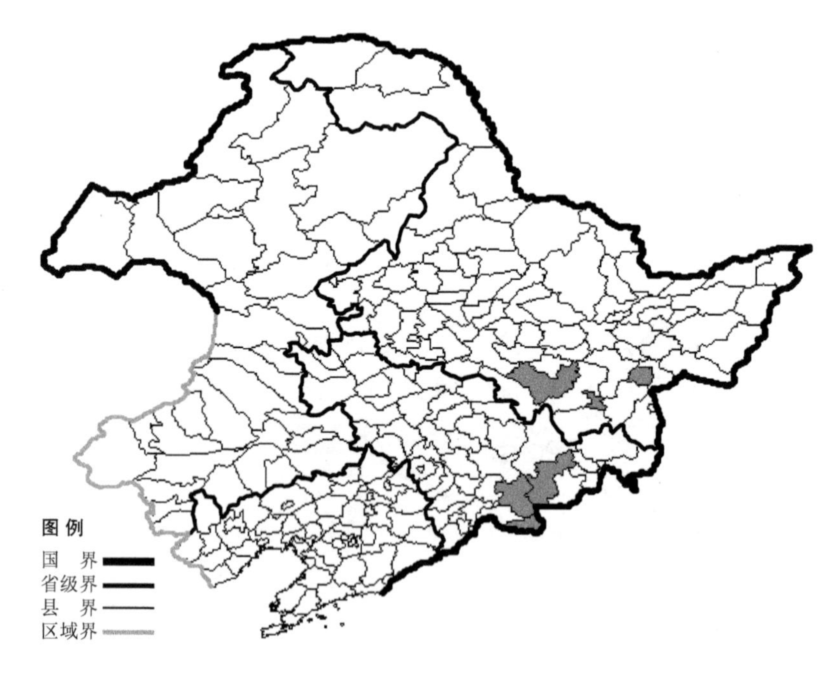

穗三毛

Trisetum spicatum (L.) Richt.

生境：高山草地，海拔 2200-2500 米（长白山）。

产地：黑龙江省牡丹江、尚志、鸡西，吉林省安图、抚松、长白。

分布：中国（黑龙江、吉林、河北、山西、陕西、宁夏、甘肃、青海、新疆、湖北、四川、云南、西藏），朝鲜半岛，日本，蒙古，俄罗斯（北极带、欧洲部分、高加索、西伯利亚、远东地区），中亚，欧洲，北美洲。

绿穗三毛草

Trisetum umbratile (Kitag.) Kitag.

生境：林下阴湿处，海拔 1700 米以下。

产地：吉林省长春、抚松，内蒙古额尔古纳、牙克石。

分布：中国（吉林、内蒙古），朝鲜半岛，俄罗斯（远东地区）。

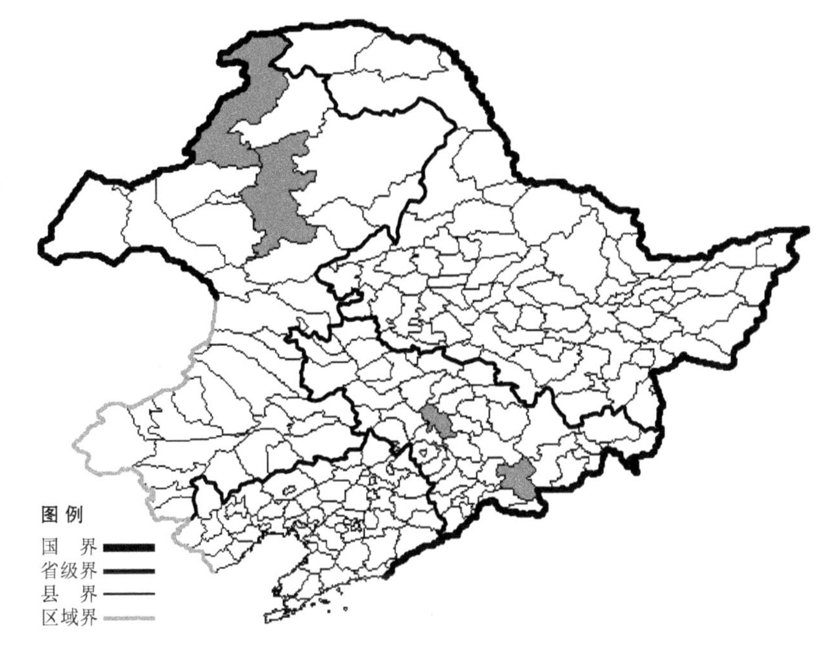

菰

Zizania latifolia (Griseb.) Stapf

生境：湖边，沼泽，海拔 700 米以下。

产地：黑龙江省伊春、虎林、哈尔滨、密山，吉林省安图，辽宁省沈阳、新民，内蒙古根河、科尔沁右翼前旗、海拉尔、科尔沁左翼后旗、额尔古纳、扎赉特旗。

分布：中国（黑龙江、吉林、辽宁、内蒙古、河北、陕西、甘肃、福建、湖北、江西、湖南、广东、四川、台湾），朝鲜半岛，日本，俄罗斯（东部西伯利亚、远东地区），东南亚。

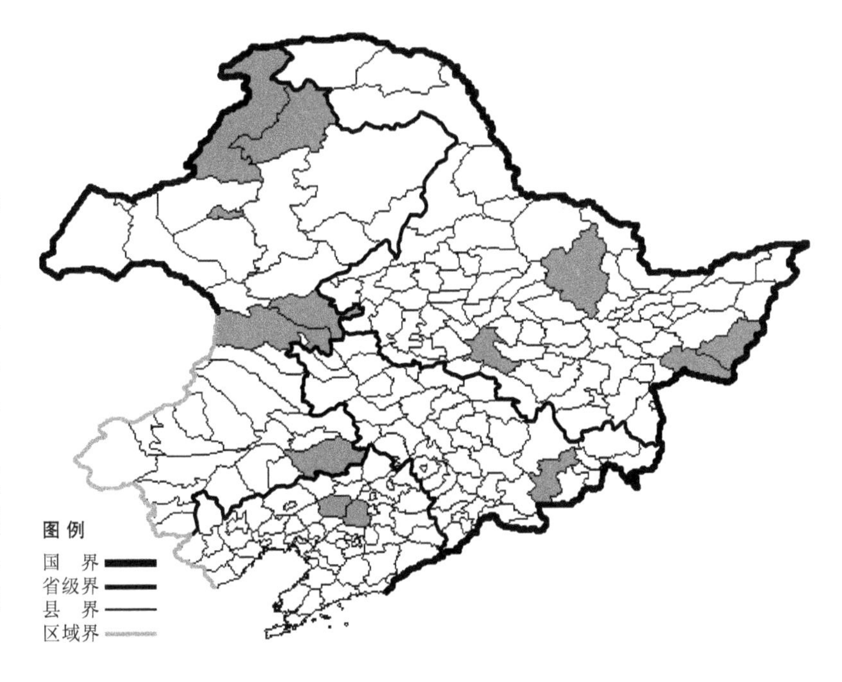

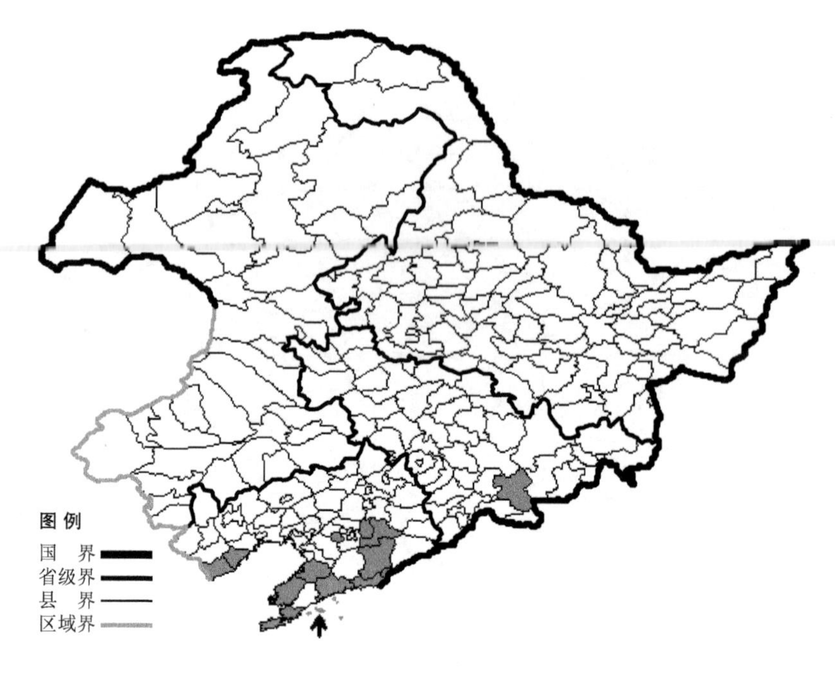

结缕草

Zoysia japonica Steud.

生境：路旁，山坡草地，海拔500米以下。

产地：吉林省抚松，辽宁省丹东、东港、凤城、鞍山、兴城、绥中、盖州、瓦房店、庄河、大连、长海、本溪。

分布：中国（吉林、辽宁、山东、河北、江苏、安徽、浙江、福建、台湾），日本，朝鲜半岛，俄罗斯（远东地区）。

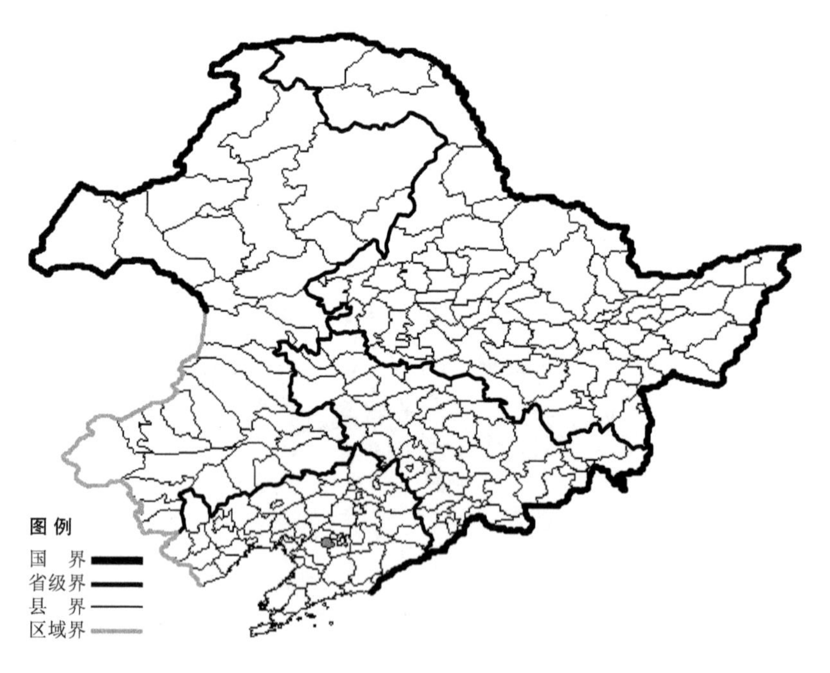

青结缕草 Zoysia japonica Steud. var. **pallida** Nakai ex Honda 生于路旁、山坡草地，产于辽宁省鞍山，分布于中国（辽宁），朝鲜半岛。

中华结缕草

Zoysia sinica Hance

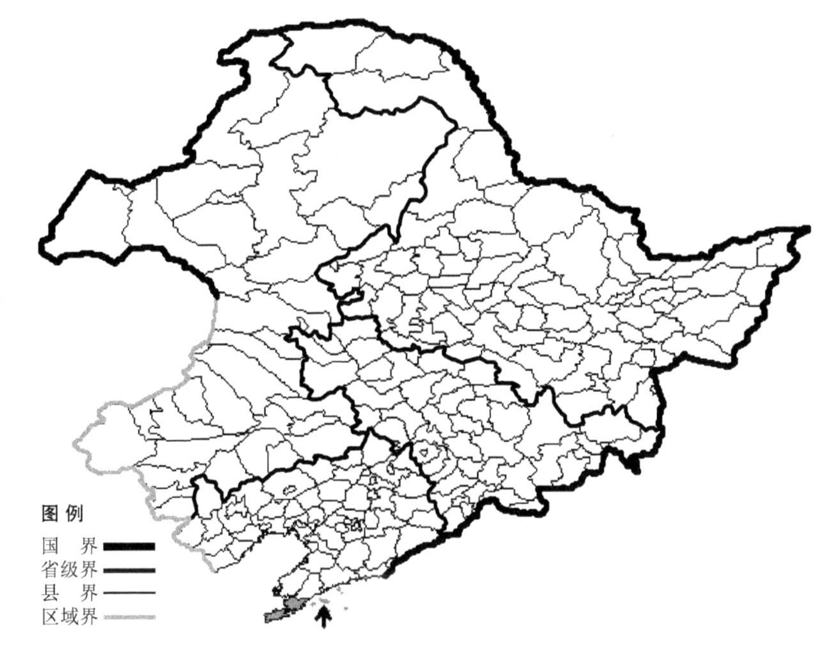

生境：河边，路旁，山坡草地。

产地：辽宁省大连、长海。

分布：中国（辽宁、河北、山东、江苏、安徽、浙江、福建、广东、台湾），朝鲜半岛，日本。

天南星科 Araceae

菖蒲

Acorus calamus L.

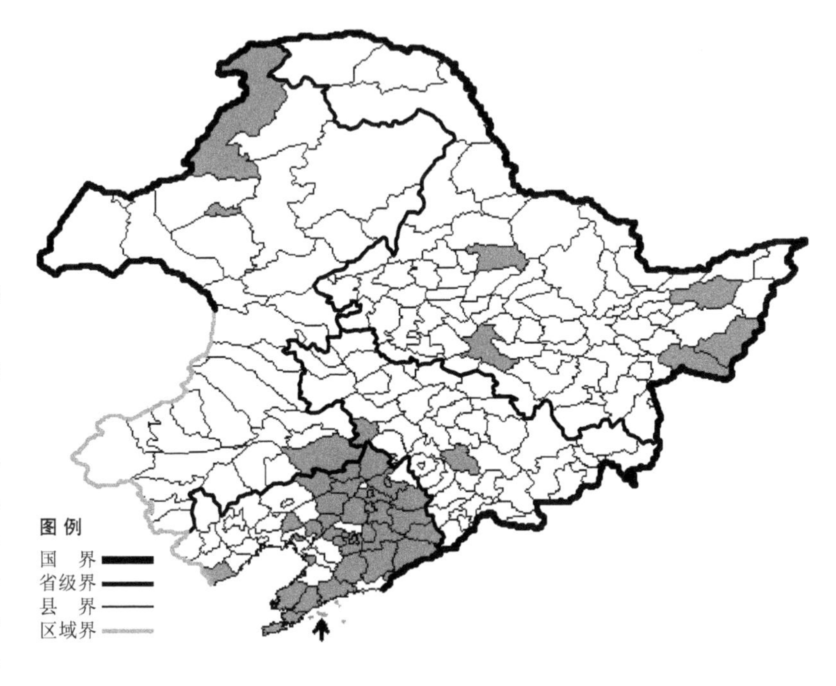

生境：溪流旁，沼泽，海拔 800 米以下。

产地：黑龙江省富锦、虎林、密山、哈尔滨、北安，吉林省双辽、磐石，辽宁省康平、法库、昌图、开原、铁岭、沈阳、新民、辽中、辽阳、盘锦、营口、瓦房店、普兰店、岫岩、庄河、抚顺、清原、绥中、新宾、桓仁、宽甸、凤城、丹东、彰武、大连、鞍山、本溪、台安、开原、长海、北镇，内蒙古额尔古纳、科尔沁左翼后旗、海拉尔。

分布：中国（全国各地），遍布北半球温带至热带地区。

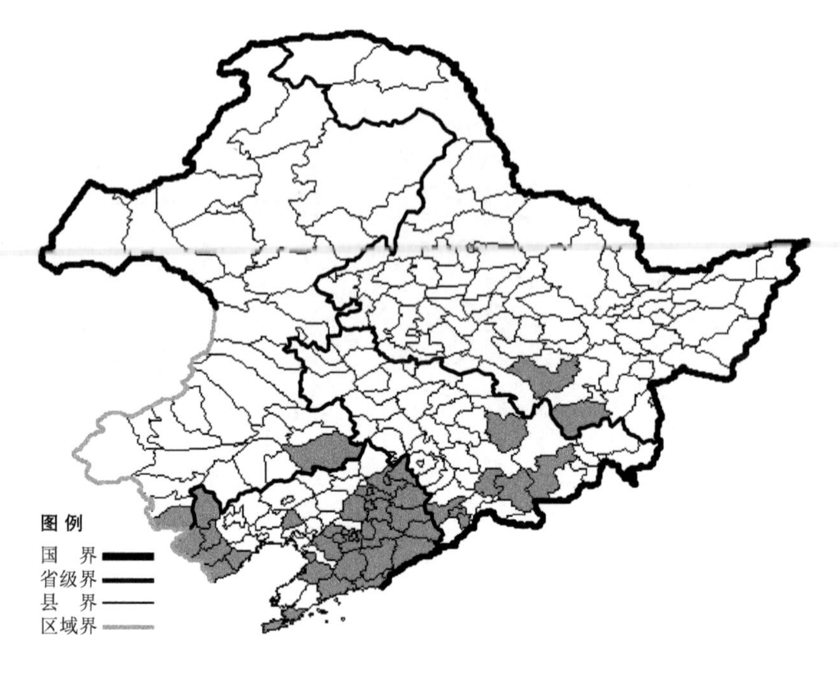

东北天南星

Arisaema amurense Maxim.

生境：林缘，林下，灌丛，沟边，山坡草地，海拔 1000 米以下。

产地：黑龙江省尚志、宁安，吉林省抚松、通化、蛟河、安图、靖宇，辽宁省西丰、桓仁、本溪、凤城、丹东、鞍山、营口、大连、北镇、凌源、宽甸、辽阳、岫岩、新宾、清原、沈阳、抚顺、盖州、海城、营口、开原、兴城、东港、庄河、铁岭、绥中、建昌、建平、喀左，内蒙古科尔沁左翼后旗、宁城。

分布：中国（黑龙江、吉林、辽宁、内蒙古、河北、山西、陕西、宁夏、山东、河南），朝鲜半岛，日本，俄罗斯（远东地区）。

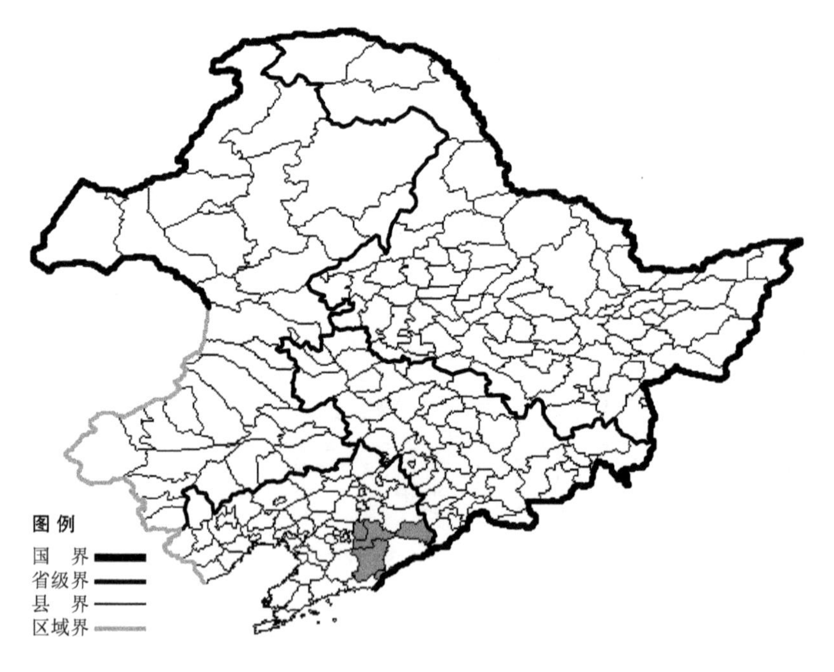

齿叶紫苞东北天南星 Arisaema amurense Maxim. f. **purpureum** (Nakai) Kitag. 生于林下、林缘、沟边，产于辽宁省桓仁、本溪、凤城、丹东，分布于中国（辽宁）。

齿叶东北天南星 Arisaema amurense Maxim. f. **serratum** (Nakai) Kitag. 生于林缘、林下、林间湿草地，产于吉林省长春，辽宁省北镇、盖州、鞍山、铁岭、本溪、凤城、丹东、东港、宽甸，分布于中国（吉林、辽宁、华北、西北、华东）。

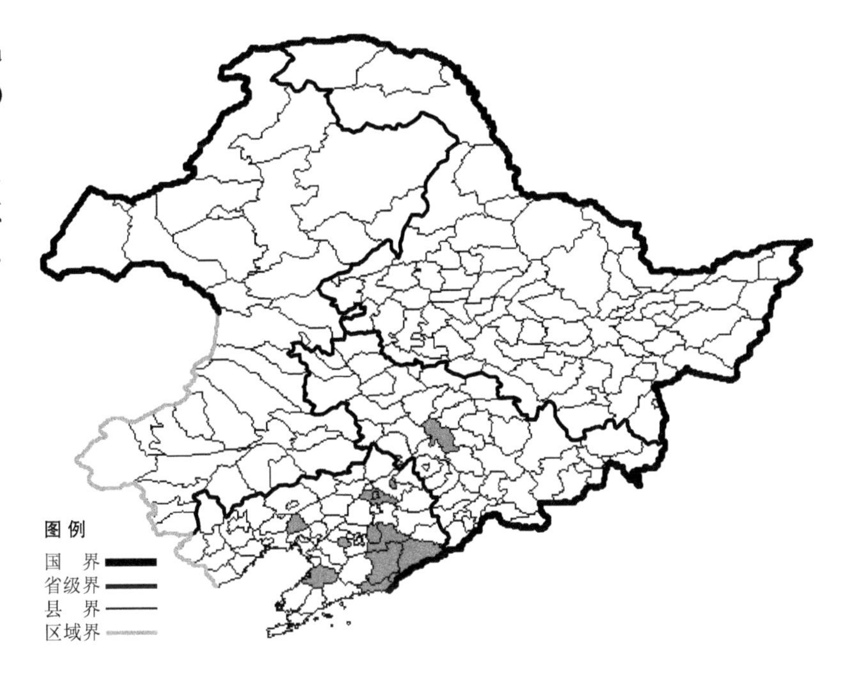

紫苞东北天南星 Arisaema amurense Maxim. f. **violaceum** (Engler) Kitag. 生于林缘、林下、灌丛、沟边、山坡草地，产于吉林省临江，辽宁省西丰、开原、桓仁、宽甸、凤城、丹东、鞍山、庄河、大连、北镇、东港、本溪，分布于中国（吉林、辽宁、华北、西北），朝鲜半岛。

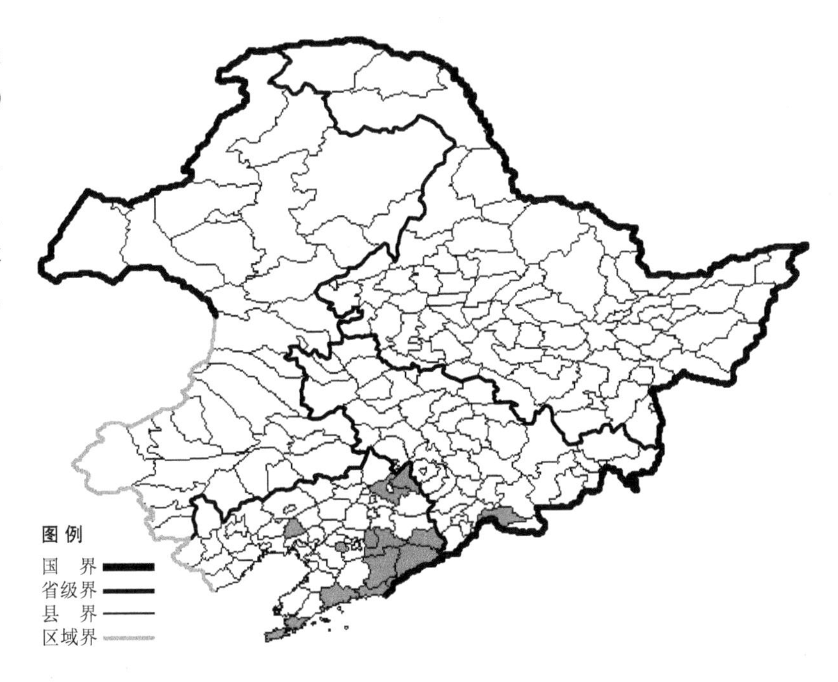

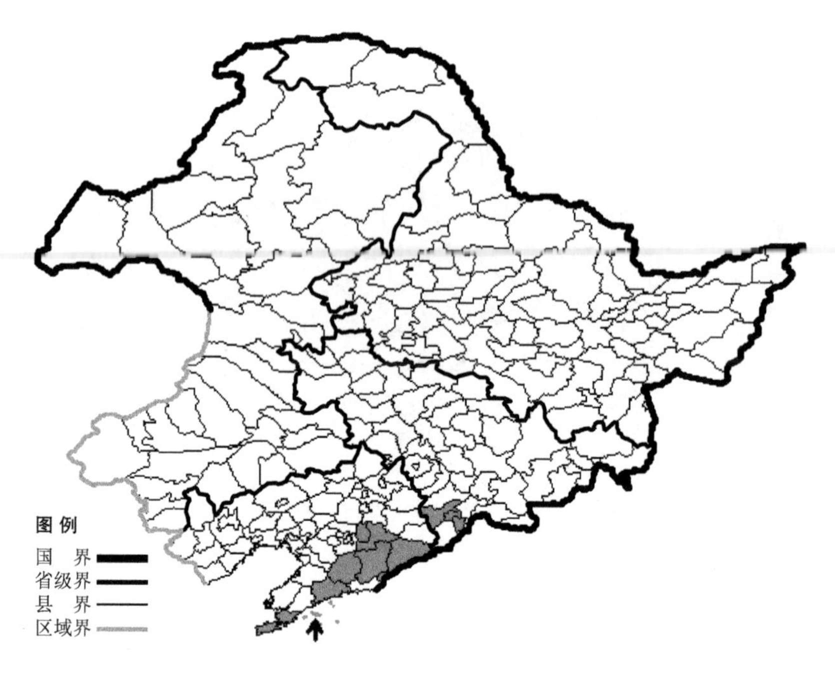

天南星

Arisaema heterophyllum Blume

生境：林缘，林下，沟谷阴湿处。

产地：吉林省通化，辽宁省宽甸、岫岩、凤城、丹东、庄河、大连、长海、本溪。

分布：中国（吉林、辽宁、河北、山东、江苏、安徽、浙江、福建、河南、湖北、江西、湖南、广西、四川、贵州、台湾），朝鲜半岛，日本。

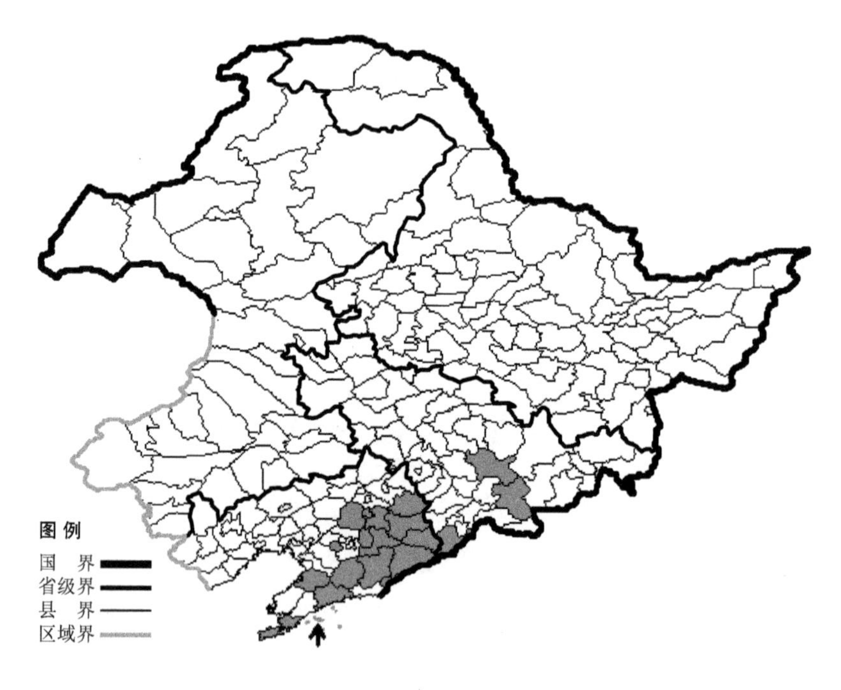

朝鲜天南星

Arisaema peninsulae Nakai

生境：林下，沟边，灌丛，海拔1000米以下。

产地：吉林省桦甸、集安、抚松，辽宁省抚顺、长海、大连、沈阳、本溪、清原、新宾、桓仁、宽甸、岫岩、凤城、丹东、鞍山、盖州、庄河。

分布：中国（吉林、辽宁、河南），朝鲜半岛，俄罗斯（远东地区）。

紫苞朝鲜天南星 Arisaema peninsulae Nakai f. **atropurpureum** Y. C. Chu et D. C. Wu生于山坡，林下，灌丛，产于辽宁省凤城，分布于中国（辽宁）。

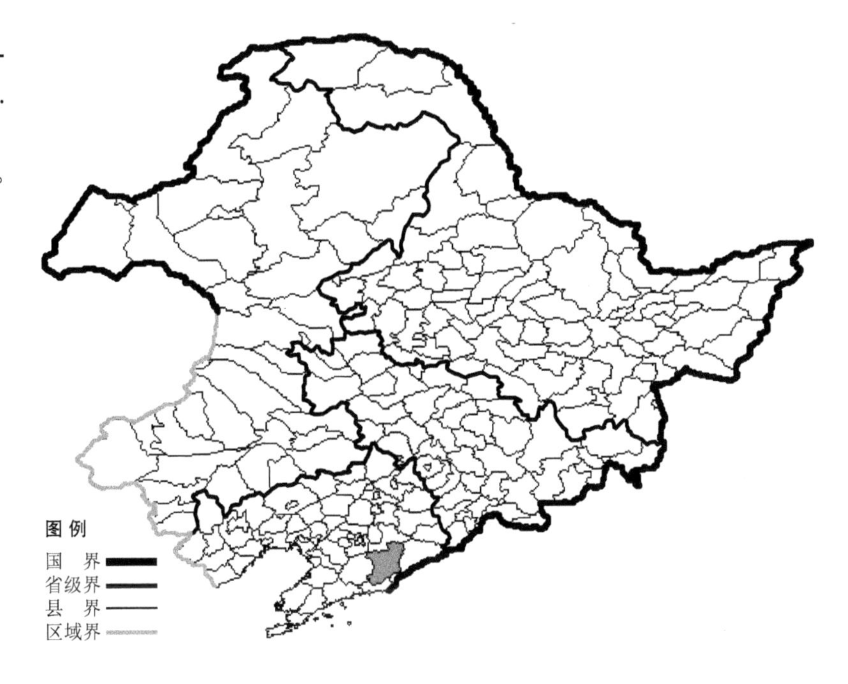

齿叶紫苞朝鲜天南星 Arisaema peninsulae Nakai f. **serratum** T. K. Zheng et X. S. Wan 生于山坡，林下，阴湿地，海拔约 100 米，产于辽宁省凤城，分布于中国（辽宁）。

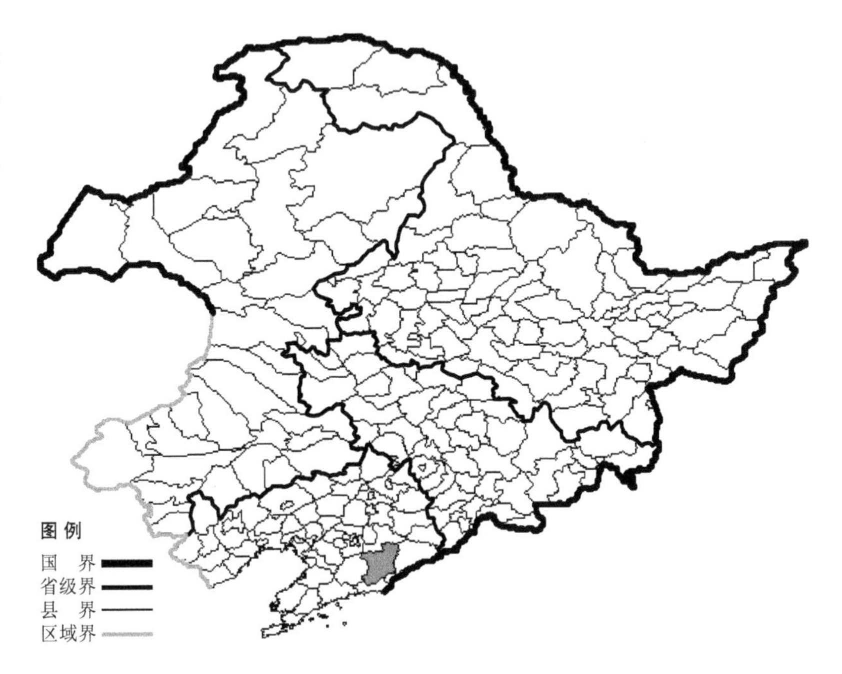

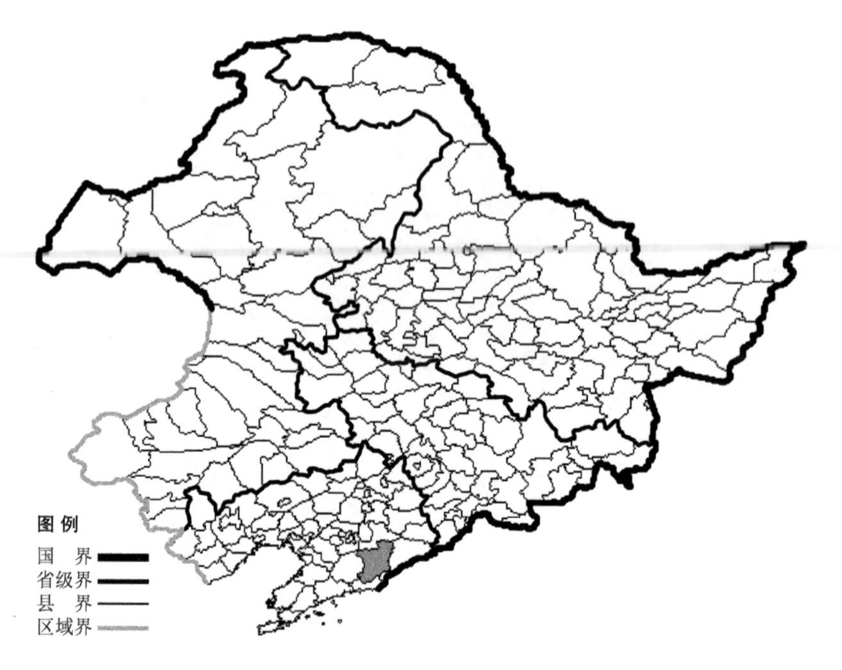

单叶朝鲜天南星 Arisaema peninsulae Nakai var. **manshuricum** (Nakai) Y.C. Chu et T. L. Zheng 生于林下阴湿地，产于辽宁凤城，分布于中国（辽宁）。

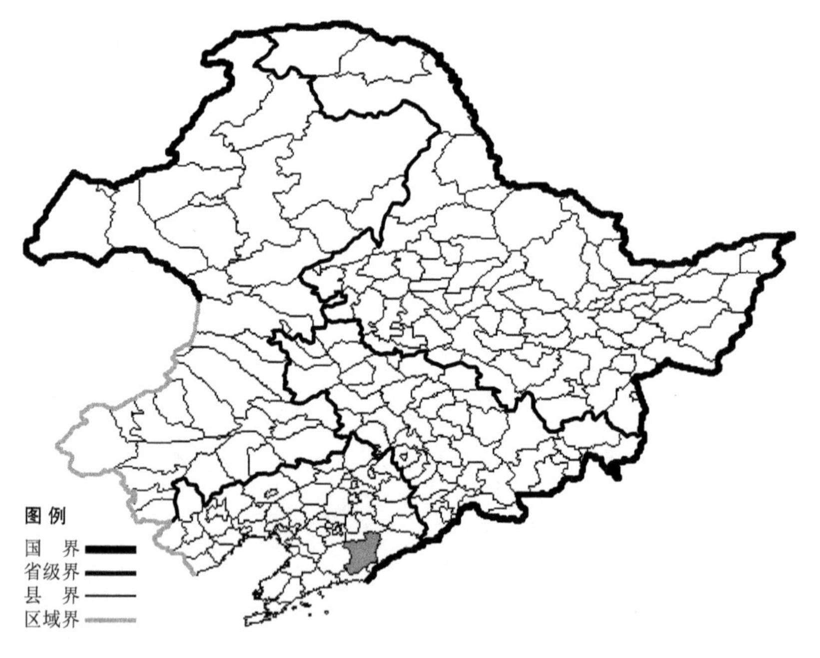

多裂朝鲜天南星 Arisaema peninsulae Nakai var. **polyschistum** T. K. Zheng et X. S. Wan 生于林下阴湿地，产于辽宁省凤城，分布于中国（辽宁）。

水芋

Calla palustris L.

生境：沟边，湿草地，水中，沼泽，海拔 1800 米以下。

产地：黑龙江省哈尔滨、尚志、密山、虎林、嘉荫、黑河、东宁，吉林省抚松、敦化、汪清，辽宁省清原、新宾、彰武，内蒙古科尔沁左翼后旗、额尔古纳、牙克石。

分布：中国（黑龙江、吉林、辽宁、内蒙古），日本，俄罗斯（欧洲部分、西伯利亚、远东地区），欧洲，北美洲。

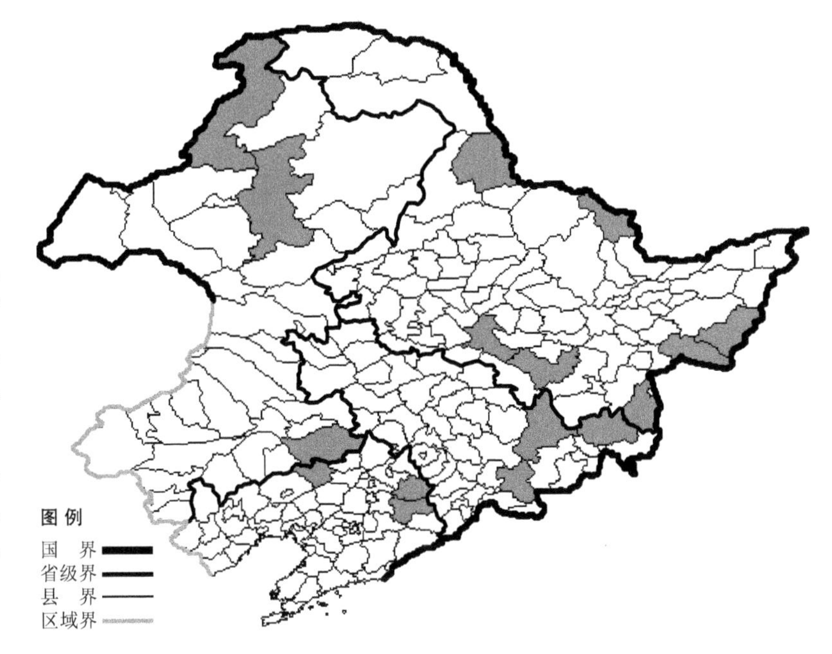

半夏

Pinellia ternata (Thunb.) Breit.

生境：沟边，岩石缝间，田间，耕地旁，林缘，林下。

产地：吉林省安图、长白、珲春，辽宁省桓仁、宽甸、岫岩、凤城、丹东、彰武、绥中、凌源、建昌、沈阳、鞍山、海城、营口、庄河、普兰店、大连、长海。

分布：中国（全国各地），朝鲜半岛，日本。

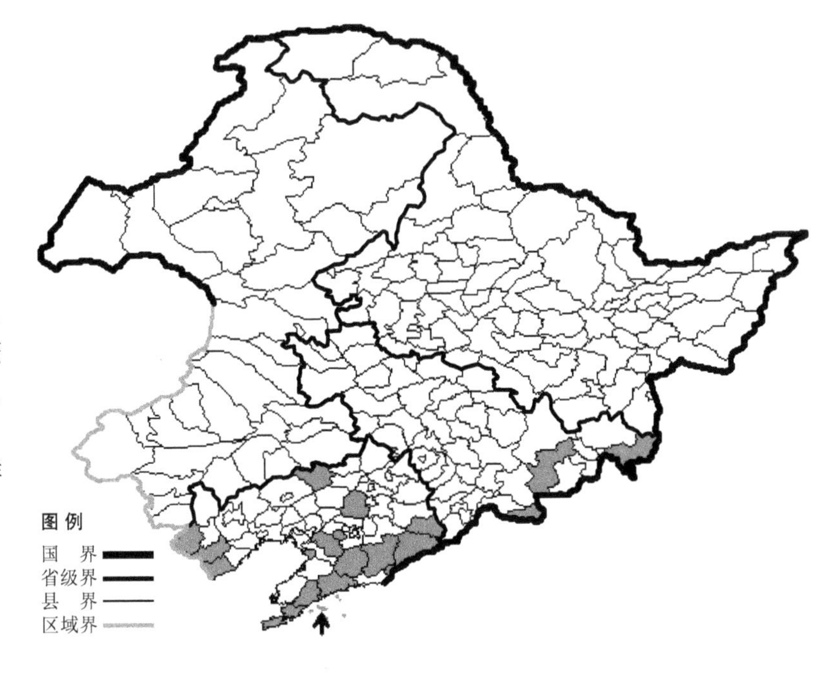

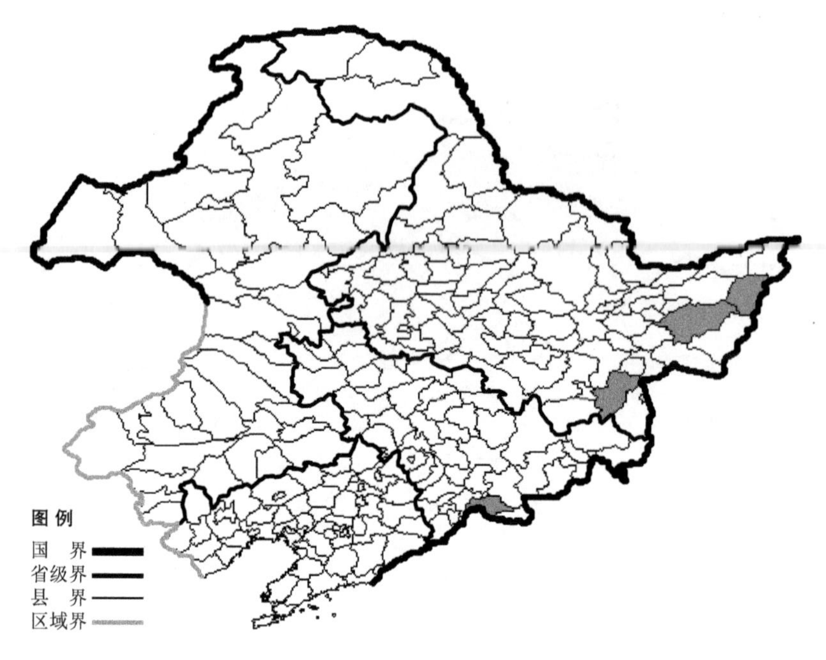

臭菘

Symplocarpus foetidus (L.) Sieb. ex Nutt.

生境：湿草地，林内湿地。

产地：黑龙江省饶河、穆棱、宝清，吉林省临江。

分布：中国（黑龙江、吉林），朝鲜半岛，日本，俄罗斯（远东地区），北美洲。

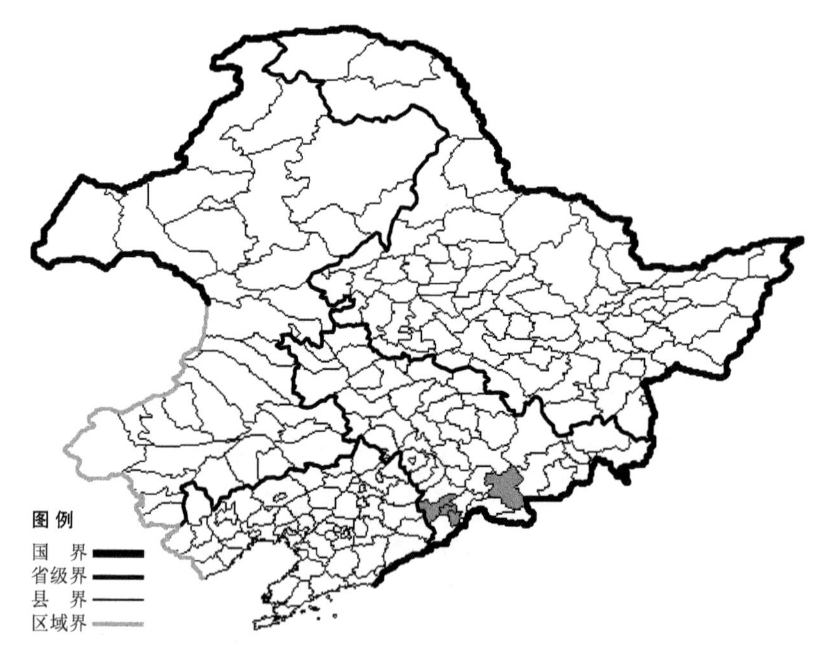

日本臭菘

Symplocarpus nipponicus Makino

生境：针阔混交林下。

产地：吉林省抚松、通化。

分布：中国（吉林），朝鲜半岛，日本。

浮萍科 Lemnaceae

浮萍

Lemna minor L.

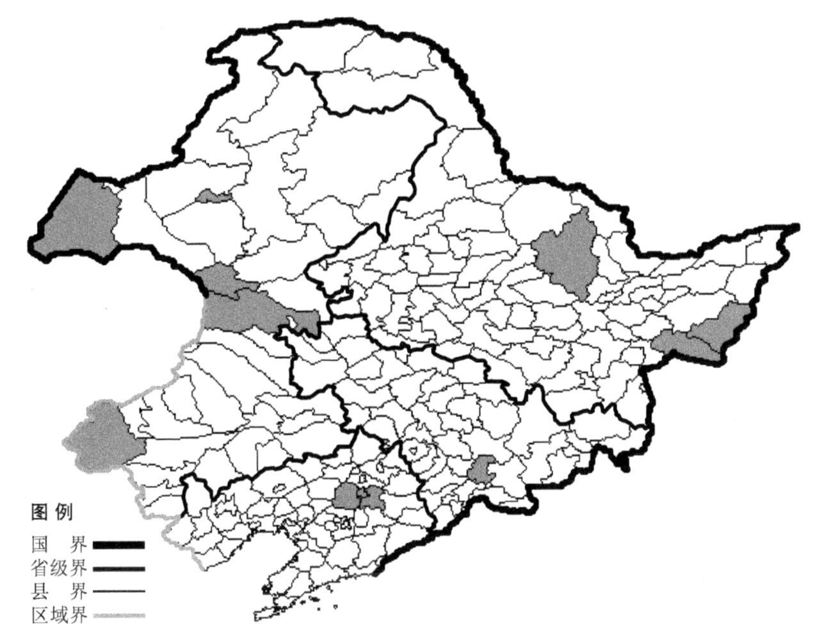

生境：池沼，河湖边缘静水中，海拔 700 米以下。

产地：黑龙江省虎林、密山、伊春，吉林省靖宇，辽宁省抚顺、沈阳，内蒙古新巴尔虎右旗、克什克腾旗、阿尔山、海拉尔、科尔沁右翼前旗。

分布：中国（全国各地），遍布世界温带地区。

品藻

Lemna trisulca L.

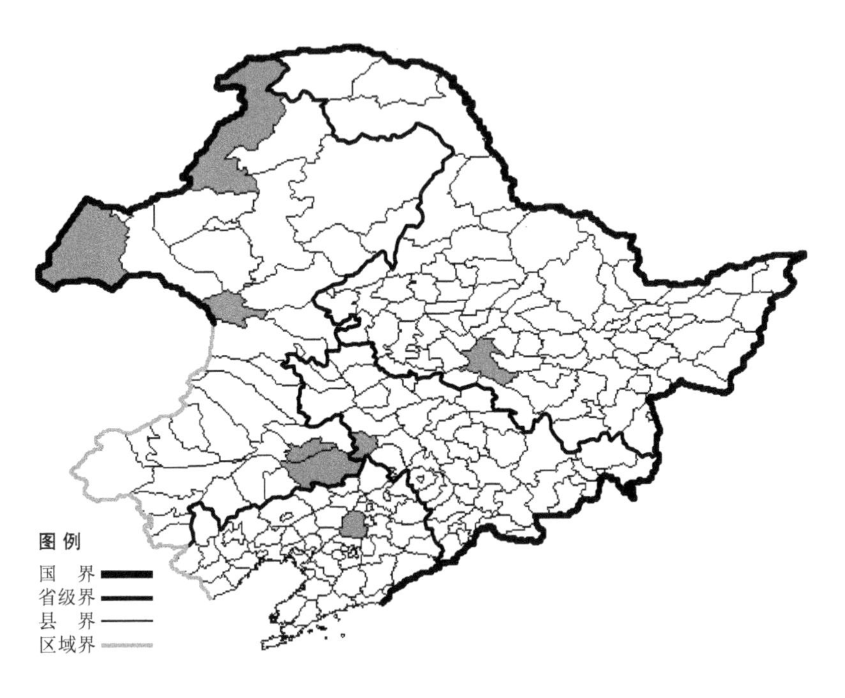

生境：池沼，河湖边缘静水中，海拔约 700 米。

产地：黑龙江省哈尔滨，吉林省双辽，辽宁省沈阳，内蒙古阿尔山、额尔古纳、新巴尔虎右旗、通辽、科尔沁左翼后旗。

分布：中国（全国各地），遍布世界温带地区。

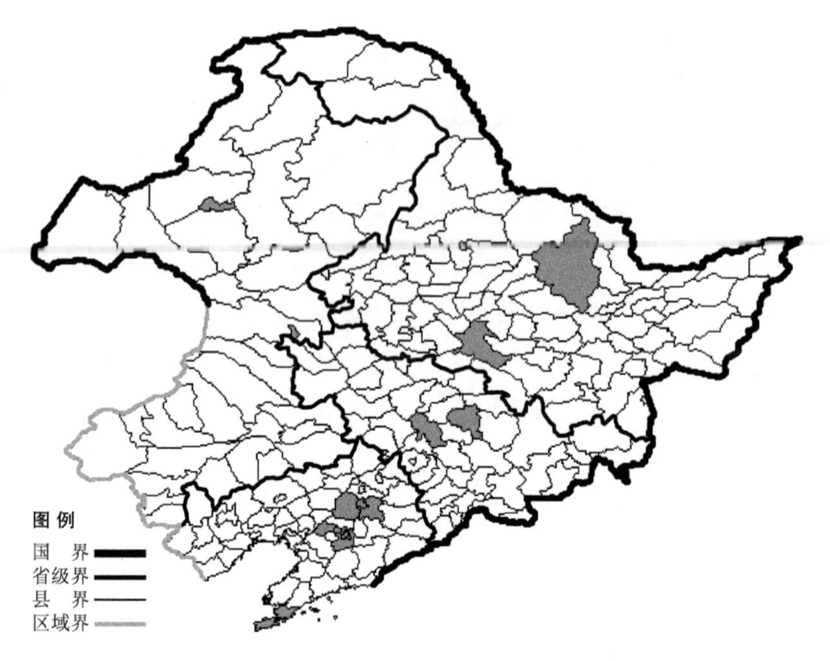

紫萍

Spirodela polyrrhiza (L.) Schleid.

生境：池沼，河湖边缘静水中，稻田，海拔 800 米以下。

产地：黑龙江省哈尔滨、伊春，吉林省吉林、长春，辽宁省沈阳、抚顺、大连、辽阳，内蒙古海拉尔、乌兰浩特。

分布：中国（全国各地），遍布世界温带至热带地区。

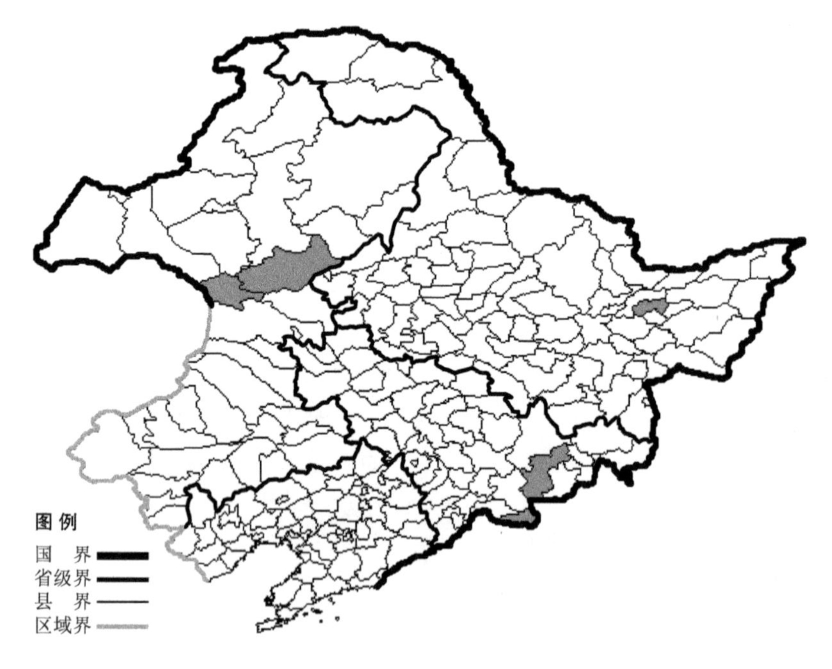

黑三棱科 Sparganiaceae

线叶黑三棱

Sparganium angustifolium Michaux

生境：池沼，溪流中，海拔约 1200 米。

产地：黑龙江省集贤，吉林省长白、安图，内蒙古扎兰屯、阿尔山。

分布：中国（黑龙江、吉林、内蒙古、新疆），日本，俄罗斯（远东地区），欧洲，北美洲。

黑三棱

Sparganium coreanum Levl.

生境：池沼，沼泽，水沟边，海拔约 200 米。

产地：黑龙江省富裕、齐齐哈尔、依兰、萝北、集贤、哈尔滨，吉林省扶余，辽宁省康平、铁岭、开原、凌源、彰武、新民、桓仁、抚顺、宽甸、丹东、辽阳、大连，内蒙古新巴尔虎左旗、新巴尔虎右旗、科尔沁右翼前旗、科尔沁右翼中旗、扎赉特旗、阿鲁科尔沁旗、巴林右旗、额尔古纳、科尔沁左翼后旗。

分布：中国（黑龙江、吉林、辽宁、内蒙古、河北、山西、陕西、甘肃、新疆、江苏、河南、湖北、江西、云南、西藏），朝鲜半岛，日本，俄罗斯（西伯利亚、远东地区），中亚，阿富汗。

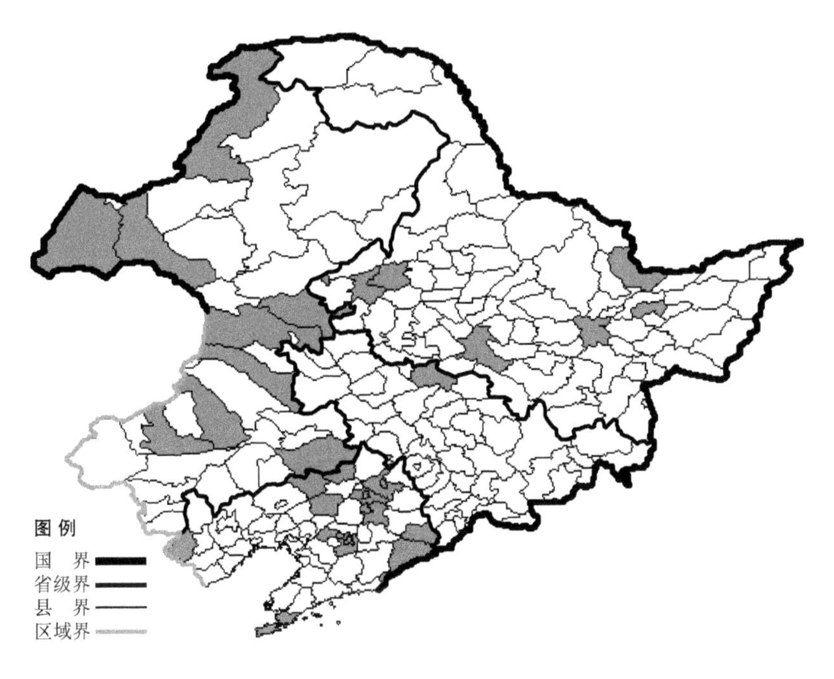

小黑三棱

Sparganium emersum Rehm.

生境：沼泽，水沟，池沼，缓流河边。

产地：黑龙江省北安、呼玛、黑河、伊春、萝北、虎林、哈尔滨，吉林省吉林，辽宁省大连、北票、桓仁、宽甸、本溪、丹东，内蒙古科尔沁右翼前旗、额尔古纳、鄂温克旗、通辽、扎兰屯、扎赉特旗、海拉尔。

分布：中国（黑龙江、吉林、辽宁、内蒙古、甘肃、新疆），蒙古，俄罗斯（欧洲部分、高加索、西伯利亚、远东地区），土耳其，伊朗，欧洲，北美洲。

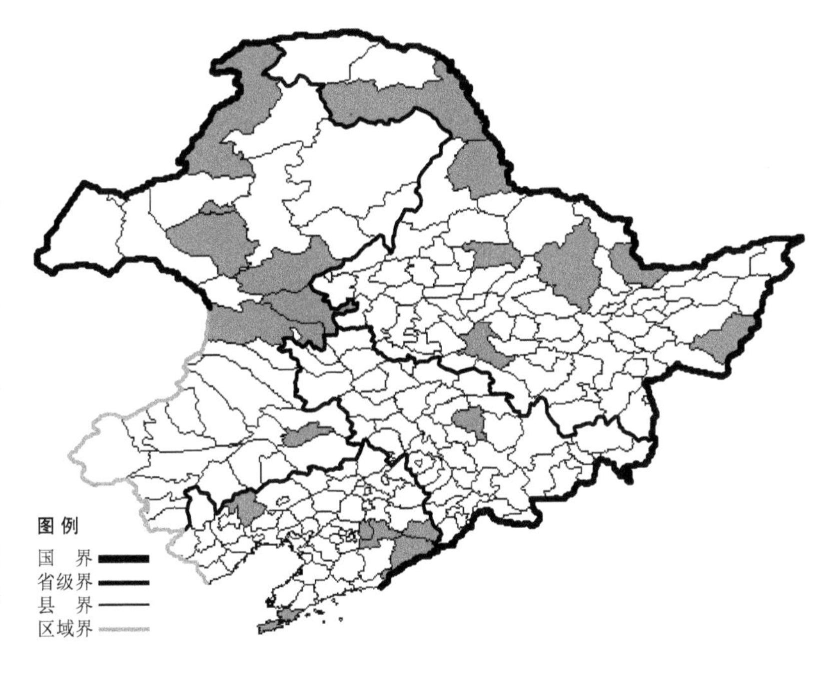

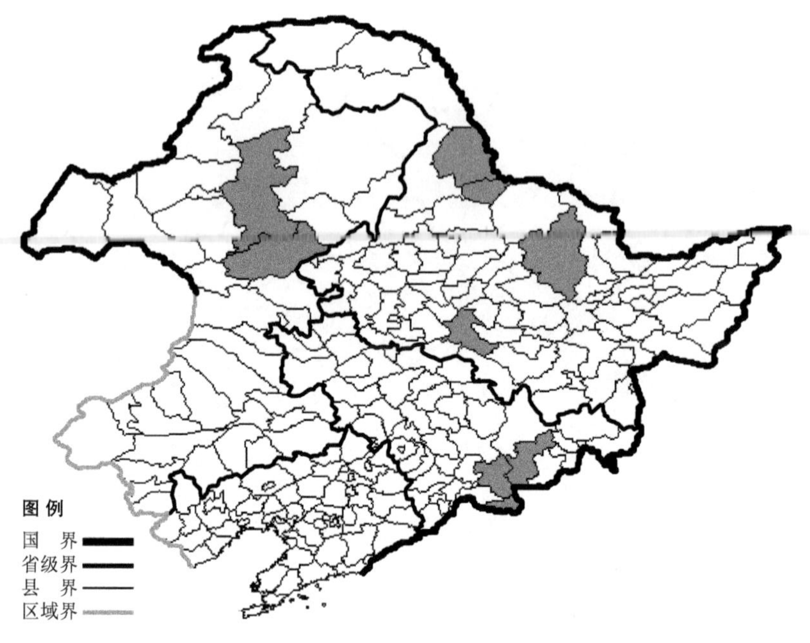

密序黑三棱

Sparganium glomeratum Least. ex Beurl.

生境：湿草地，沼泽，海拔 900 米以下。

产地：黑龙江省黑河、伊春、哈尔滨、孙吴，吉林省抚松、安图、长白，内蒙古牙克石、扎兰屯。

分布：中国（黑龙江、吉林、内蒙古、云南、西藏），日本，俄罗斯（欧洲部分、西伯利亚、远东地区），欧洲，北美洲。

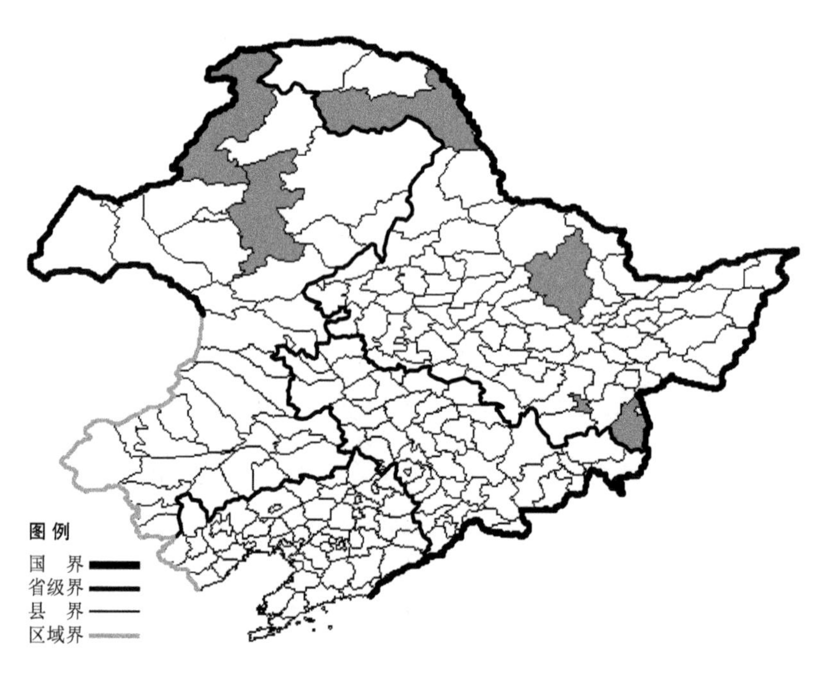

矮黑三棱

Sparganium minimum Wallr.

生境：池沼，缓流河中。

产地：黑龙江省东宁、呼玛、伊春、牡丹江，内蒙古牙克石、额尔古纳。

分布：中国（黑龙江、内蒙古），俄罗斯（欧洲部分、西伯利亚、远东地区），欧洲，北美洲。

阿穆尔黑三棱

Sparganium rothertii Tzvel.

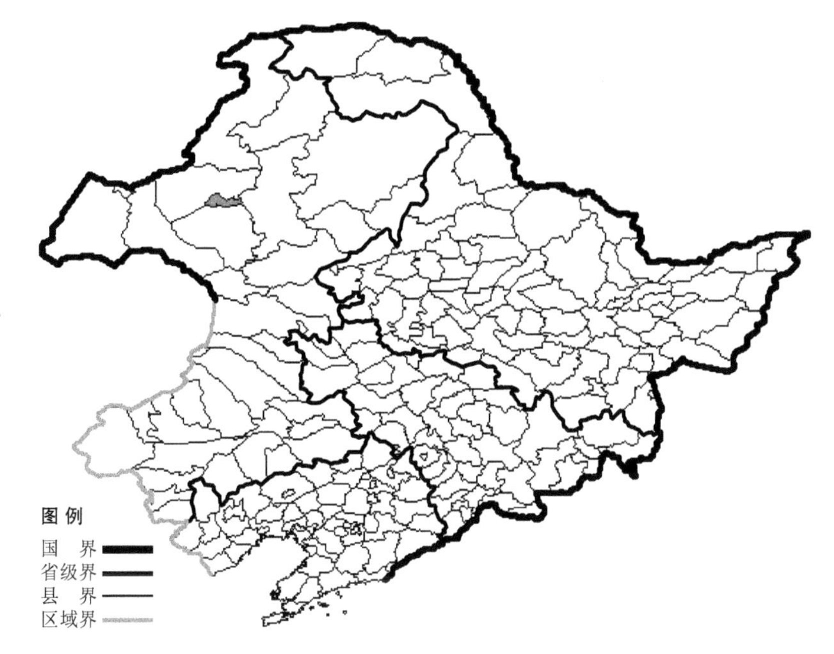

生境：湖边浅水中。

产地：内蒙古海拉尔。

分布：中国（内蒙古），日本，朝鲜半岛，俄罗斯（东部西伯利亚、远东地区）。

狭叶黑三棱

Sparganium stenophyllum Maxim. ex Meinsh.

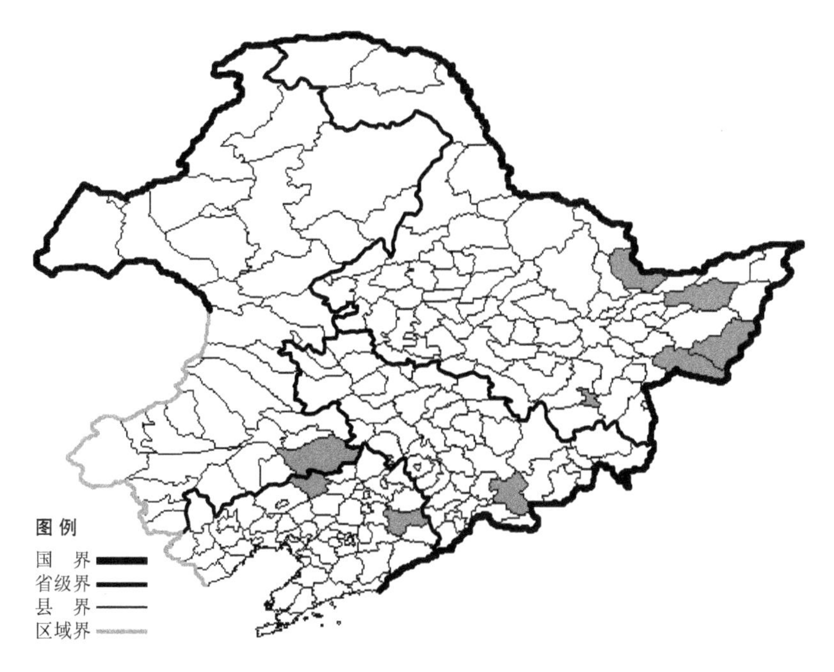

生境：沼泽，海拔 900 米以下。

产地：黑龙江省富锦、萝北、密山、虎林、牡丹江，吉林省抚松，辽宁省彰武、新宾，内蒙古科尔沁左翼后旗。

分布：中国（黑龙江、吉林、辽宁、内蒙古、河北），朝鲜半岛，日本，俄罗斯（远东地区）。

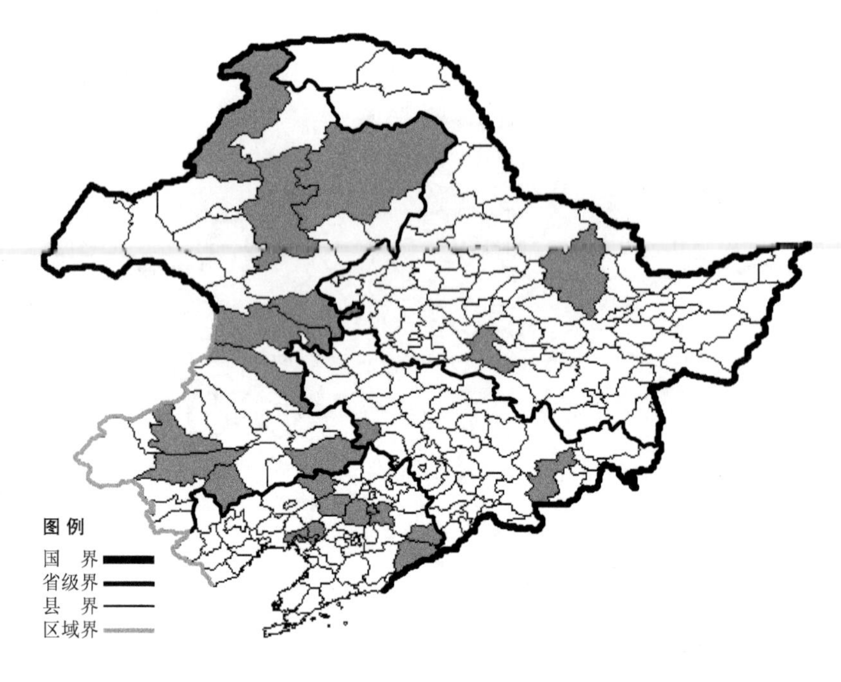

香蒲科 Typhaceae

狭叶香蒲

Typha angustifolia L.

生境：河，湖，池沼，沼泽，海拔 500 米以下。

产地：黑龙江省伊春、哈尔滨，吉林省双辽、安图，辽宁省彰武、沈阳、盘山、新民、台安、抚顺、桓仁、宽甸、盘锦，内蒙古鄂伦春旗、牙克石、额尔古纳、科尔沁右翼前旗、科尔沁右翼中旗、科尔沁左翼后旗、扎赉特旗、敖汉旗、翁牛特旗、巴林右旗。

分布：中国（全国各地），日本，俄罗斯，尼泊尔，印度，巴基斯坦，欧洲，大洋洲，北美洲。

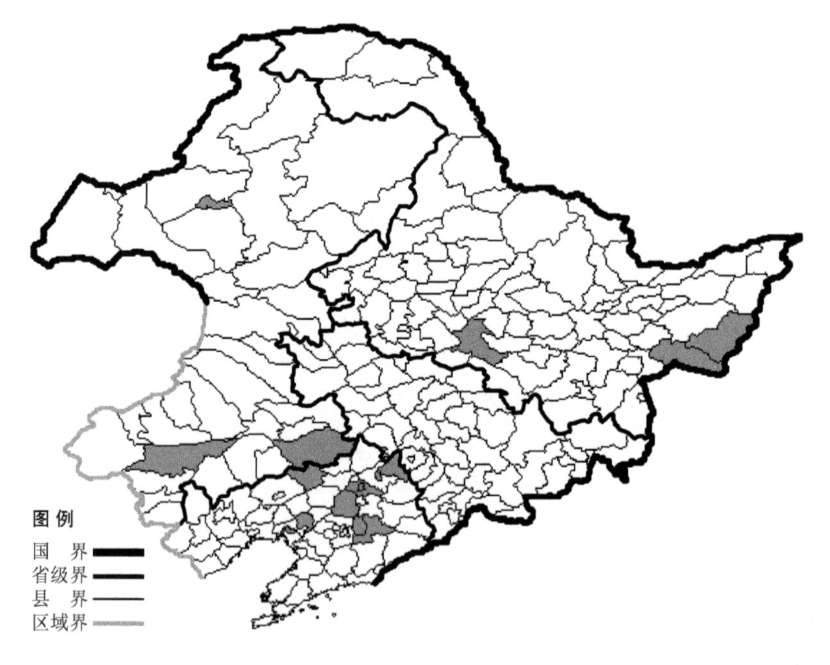

大苞香蒲 Typha angustifolia L. var. **angustata** (Bory et Chaub.) Jord. 生于水边及水甸中，海拔约 300 米，产于黑龙江省哈尔滨、虎林、密山，辽宁省西丰、彰武、铁岭、沈阳、台安、本溪、盘锦，内蒙古海拉尔、科尔沁左翼后旗、翁牛特旗，分布于中国（黑龙江、辽宁、内蒙古、河北、山西、陕西、甘肃、新疆、山东、江苏、河南、江西、贵州、云南、台湾），朝鲜半岛，日本，蒙古，俄罗斯（欧洲部分、高加索、远东地区），中亚，土耳其，伊朗，南亚，非洲，欧洲，大洋洲，北美洲，南美洲。

宽叶香蒲

Typha latifolia L.

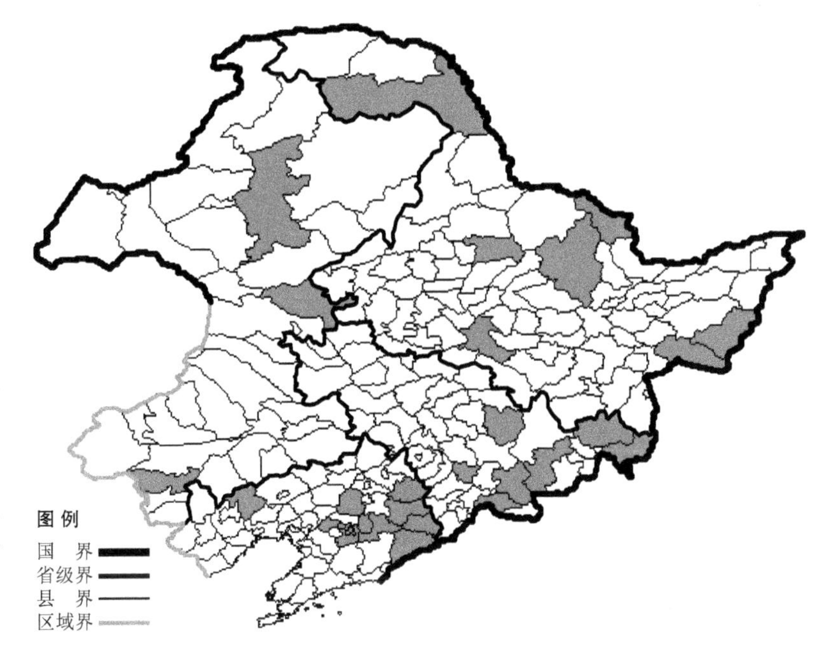

生境：河，湖，池沼，沼泽，海拔 1100 米以下。

产地：黑龙江省密山、虎林、嘉荫、哈尔滨、伊春、呼玛、北安，吉林省汪清、珲春、安图、蛟河、辉南、临江、抚松，辽宁省桓仁、宽甸、清原、新宾、北票、沈阳、辽阳、本溪，内蒙古牙克石、扎赉特旗、赤峰。

分布：中国（黑龙江、吉林、辽宁、内蒙古、河北、陕西、甘肃、新疆、浙江、河南、四川、贵州、西藏），遍布北半球温带至寒带地区。

短穗香蒲

Typha laxmanni Lepech.

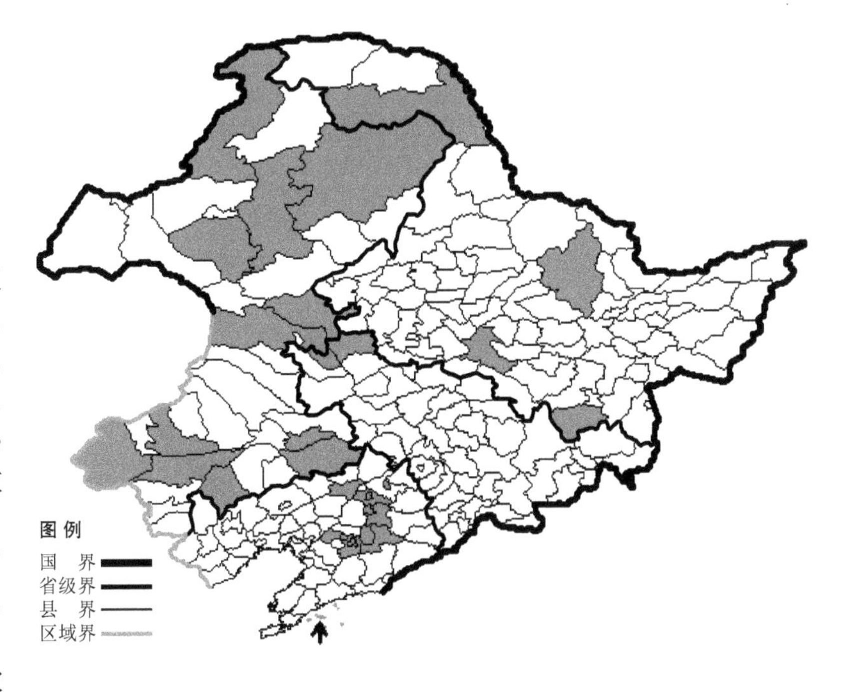

生境：河，湖，池沼，沼泽。

产地：黑龙江省呼玛、哈尔滨、伊春、宁安，吉林省白城、镇赉、辽宁省长海、铁岭、法库、本溪、抚顺、辽阳，内蒙古鄂温克旗、克什克腾旗、通辽、牙克石、鄂伦春旗、额尔古纳、扎赉特旗、科尔沁右翼前旗、科尔沁左翼后旗、巴林右旗、翁牛特旗、敖汉旗。

分布：中国（黑龙江、辽宁、内蒙古、河北、山西、陕西、宁夏、甘肃、青海、新疆、山东、江苏、河南、四川），朝鲜半岛，日本，蒙古，俄罗斯（欧洲部分、高加索、西伯利亚、远东地区），中亚，巴基斯坦，欧洲。

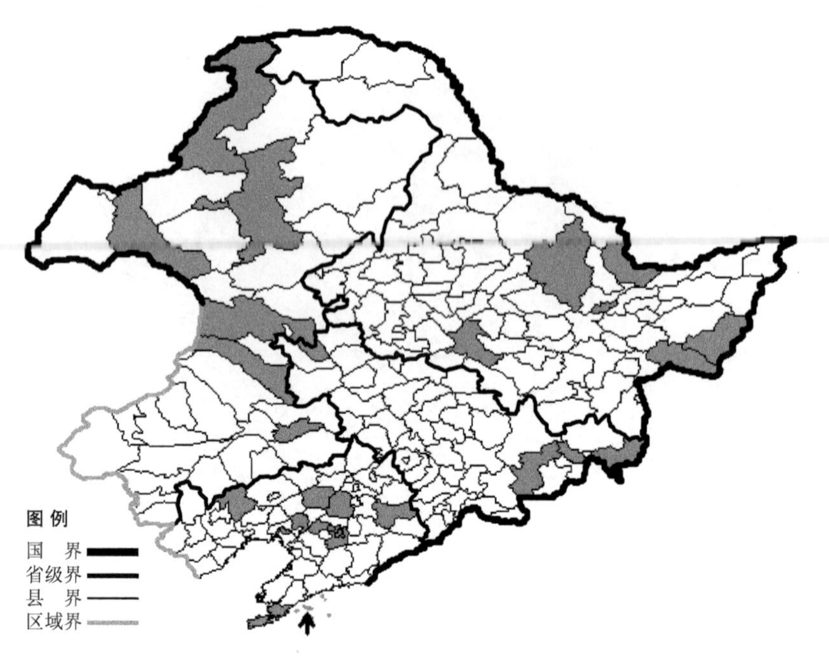

达香蒲 Typha laxmanni Lepech. var. **davidiana** (Kronf.) Hand.-Mazz. 生于河、湖、池沼、沼泽，海拔 600 米以下，产于黑龙江省伊春、佳木斯、萝北、哈尔滨、密山、虎林，吉林省白城、珲春、延吉、安图，辽宁省北票、新宾、辽阳、台安、盘锦、新民、沈阳、大连、长海，内蒙古新巴尔虎左旗、海拉尔、牙克石、额尔古纳、科尔沁右翼前旗、科尔沁右翼中旗、通辽，分布于中国（黑龙江、吉林、辽宁、内蒙古、河北、青海），蒙古。

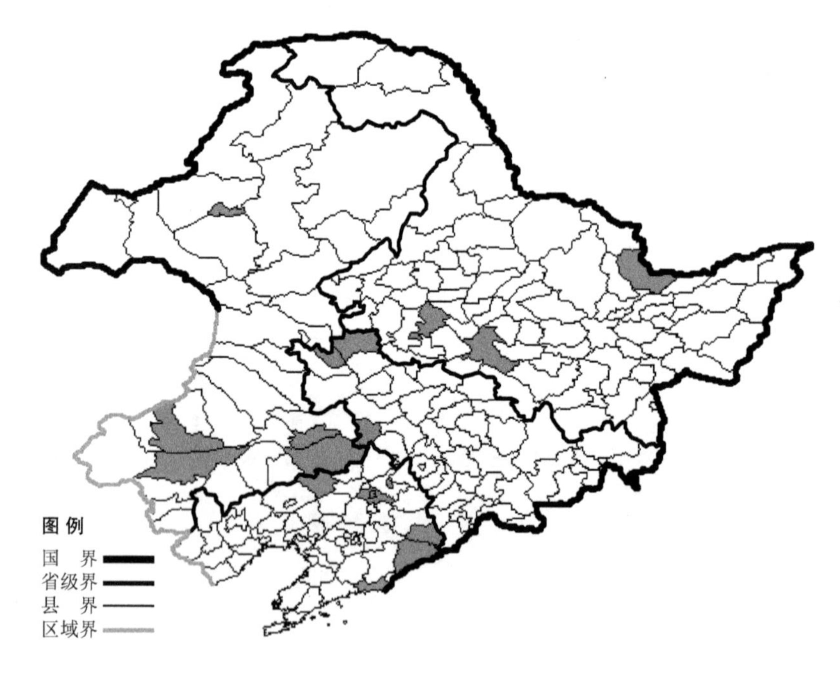

小香蒲

Typha minima Funk

生境：沙丘间湿地，河滩低湿地，耐盐碱。

产地：黑龙江省哈尔滨、安达、萝北，吉林省白城、镇赉、双辽，辽宁省彰武、铁岭、桓仁、宽甸、东港，内蒙古海拉尔、通辽、科尔沁左翼后旗、翁牛特旗、巴林右旗。

分布：中国（黑龙江、吉林、辽宁、内蒙古、河北、山西、陕西、甘肃、新疆、山东、河南、湖北、四川），蒙古，俄罗斯，伊朗，巴基斯坦，中亚，欧洲。

香蒲

Typha orientalis Presl.

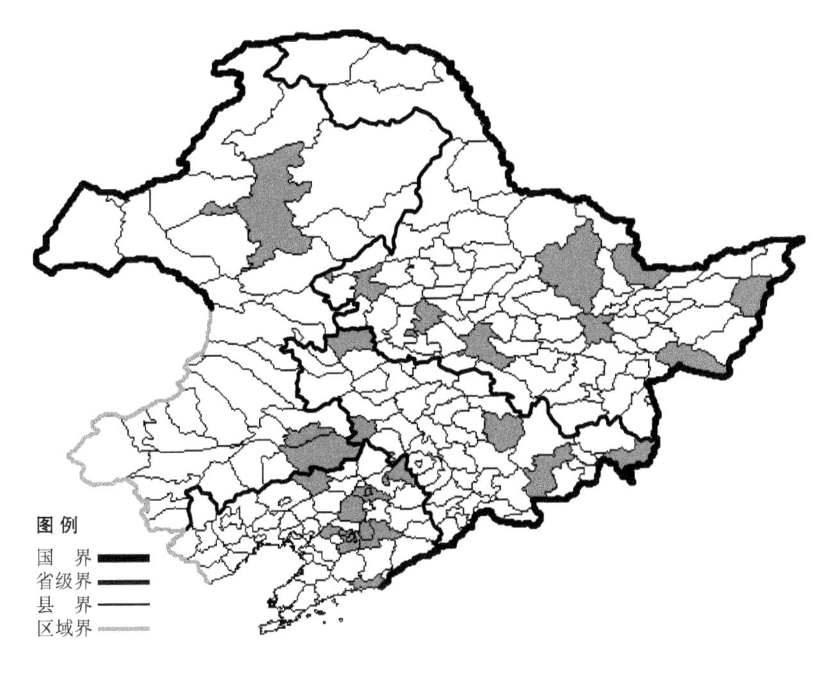

生境：池沼，沼泽，海拔 700 米以下。

产地：黑龙江省伊春、安达、依兰、饶河、哈尔滨、密山、齐齐哈尔、萝北，吉林省蛟河、安图、双辽、镇赉、珲春，辽宁省沈阳、西丰、本溪、彰武、辽阳、东港、铁岭，内蒙古海拉尔、通辽、科尔沁左翼后旗、牙克石。

分布：中国（黑龙江、吉林、辽宁、内蒙古、河北、山西、陕西、甘肃、新疆、江苏、安徽、浙江、河南、江西、广东、云南、台湾），朝鲜半岛，日本，俄罗斯（远东地区），菲律宾。

莎草科 Cyperaceae

内蒙古扁穗草

Blysmus rufus (Huds.) Link

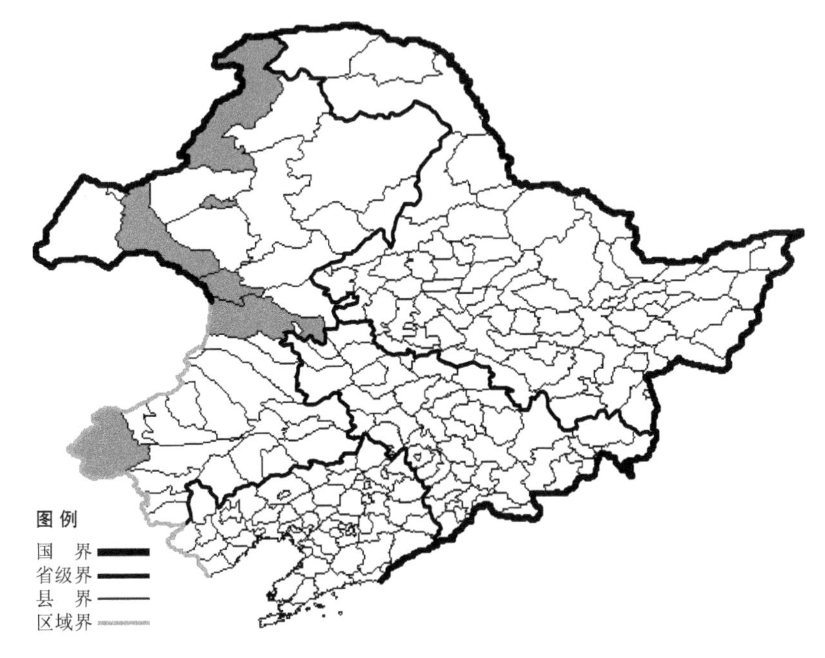

生境：盐碱地附近的草甸，湿沙地，海拔 600 米以下。

产地：内蒙古海拉尔、科尔沁右翼前旗、新巴尔虎左旗、额尔古纳、阿尔山、克什克腾旗。

分布：中国（内蒙古），蒙古，俄罗斯（欧洲部分、东部西伯利亚），中亚，欧洲。

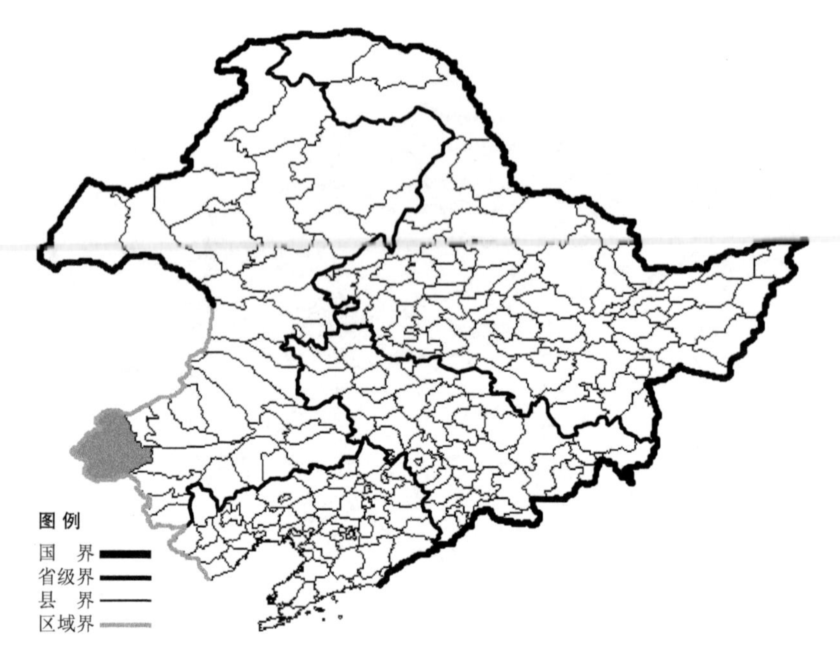

华扁穗草

Blysmus sinocompressus Tang et Wang

生境：沙丘，云杉林缘溪流草地。
产地：内蒙古克什克腾旗。
分布：中国（内蒙古、河北、山西、陕西、甘肃、青海、新疆、四川、云南、西藏）。

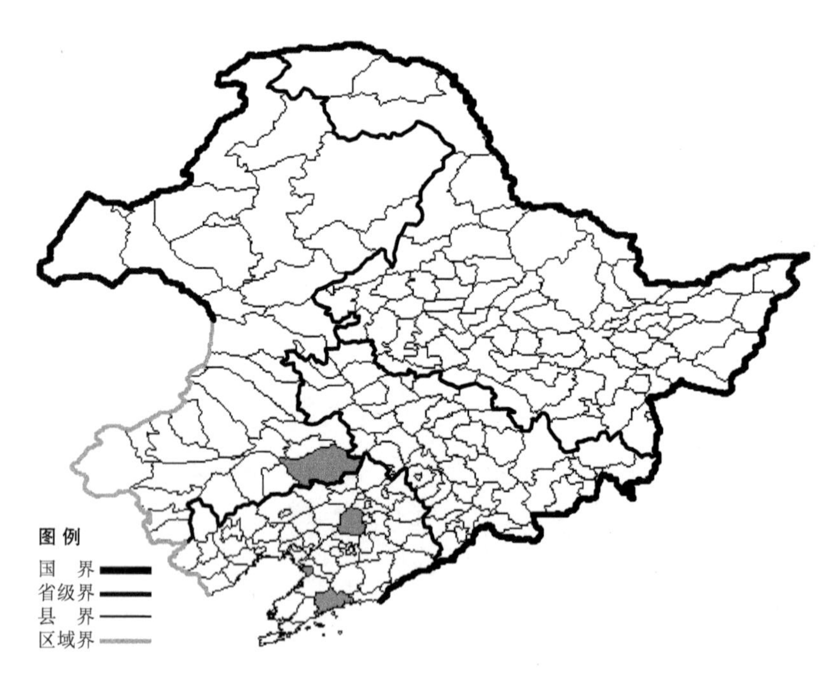

球柱草

Bulbostylis barbata (Rottb.) C. B. Clarke

生境：河边沙地，海边沙地。
产地：辽宁省庄河、营口、沈阳，内蒙古科尔沁左翼后旗。
分布：中国（辽宁、内蒙古、河北、山东、安徽、浙江、福建、河南、湖北、江西、广东、海南、广西、台湾），朝鲜半岛，日本，印度，泰国，菲律宾，非洲，大洋洲。

丝叶球柱草

Bulbostylis densa (Wall.) Hand. -Mazz.

生境：湿沙地，河边。

产地：辽宁省东港、丹东。

分布：中国（辽宁、河北、山东、江苏、安徽、浙江、福建、湖北、江西、湖南、广东、广西、四川、贵州、云南），朝鲜半岛，日本，俄罗斯（远东地区），印度。

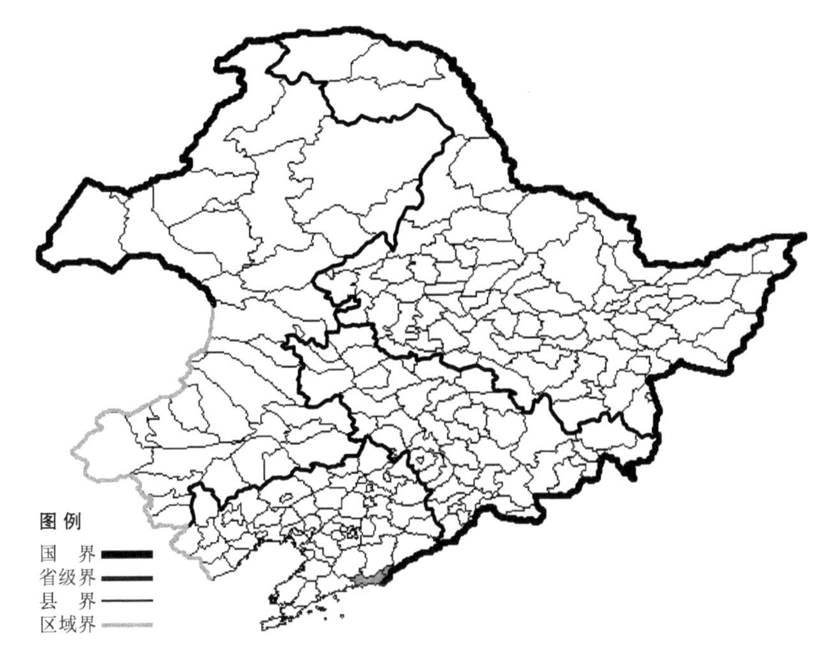

小星穗薹草

Carex angustior Mackenzie

生境：草甸，溪流旁，海拔约1700米。

产地：吉林省抚松、安图。

分布：中国（吉林），朝鲜半岛，日本，俄罗斯（远东地区），北美洲。

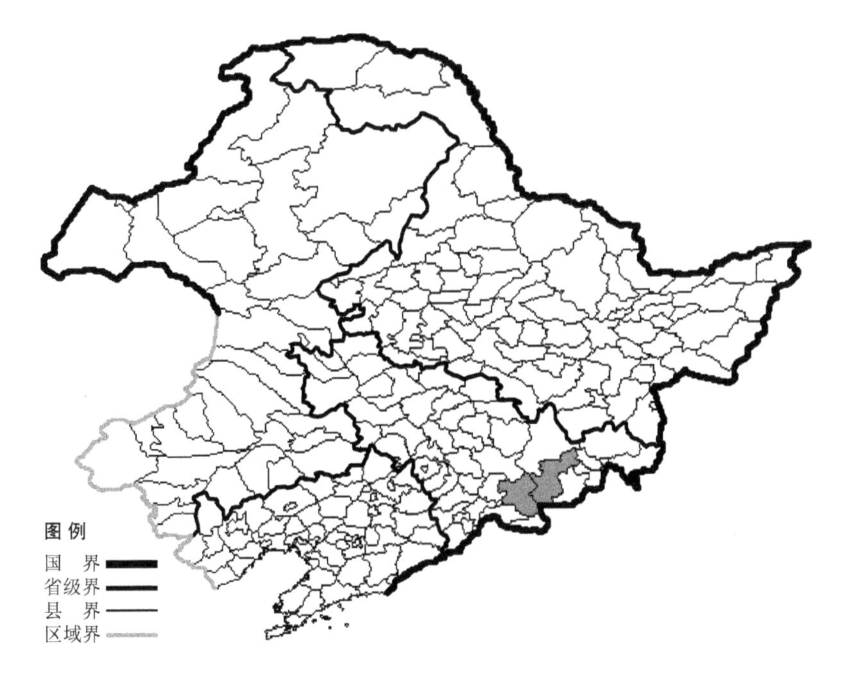

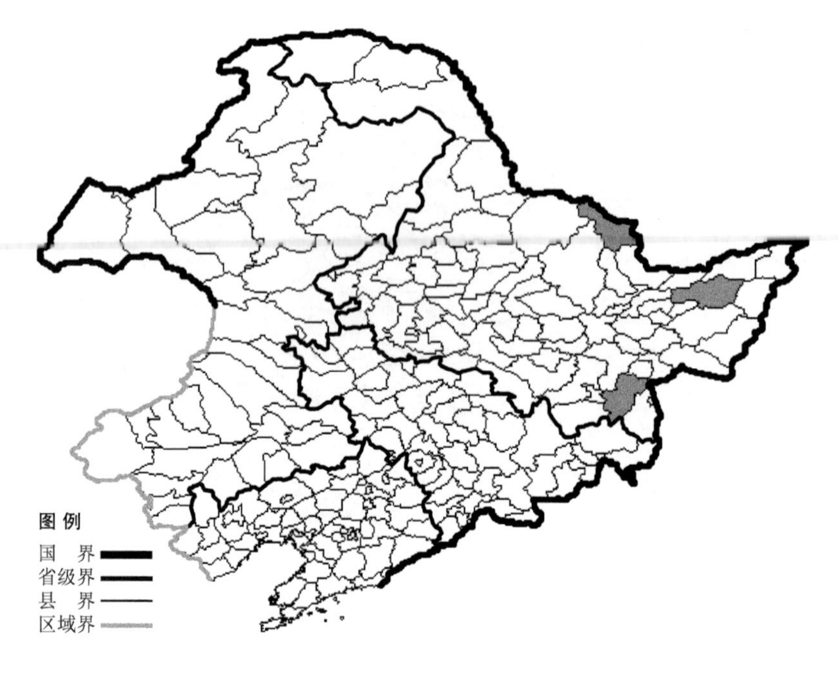

亚美薹草

Carex aperata Boott

生境：草甸。

产地：黑龙江省富锦、嘉荫、穆棱。

分布：中国（黑龙江），北美洲。

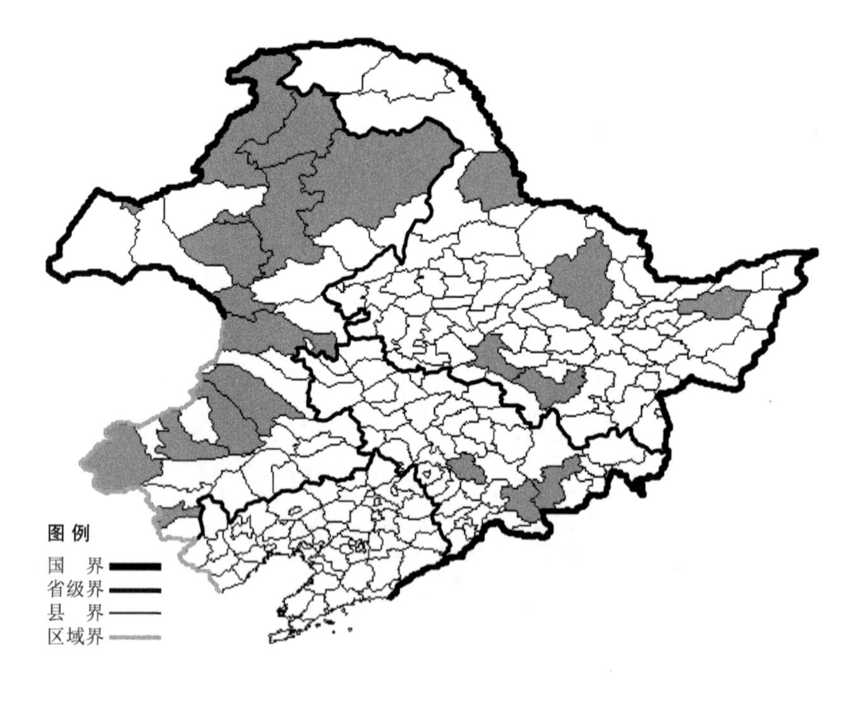

灰脉薹草

Carex appendiculata (Trautv.) Kukenth.

生境：河边，沼泽，灌丛，海拔800米以下。

产地：黑龙江省黑河、伊春、尚志、哈尔滨、富锦，吉林省抚松、安图、磐石，内蒙古海拉尔、额尔古纳、科尔沁右翼前旗、鄂温克旗、牙克石、根河、扎鲁特旗、克什克腾旗、阿尔山、喀喇沁旗、鄂伦春旗、满洲里、阿鲁科尔沁旗、巴林右旗。

分布：中国（黑龙江、吉林、内蒙古），朝鲜半岛，蒙古，俄罗斯（北极带、东部西伯利亚、远东地区）。

少囊灰脉薹草 Carex appendiculata (Trautv.) Kukenth. var. **sacculiformis** Y. L. Chang et Y. L. Yang 生于沼泽、湿地，产于内蒙古牙克石、阿尔山、科尔沁右翼前旗、新巴尔虎左旗、鄂伦春旗，分布于中国（内蒙古）。

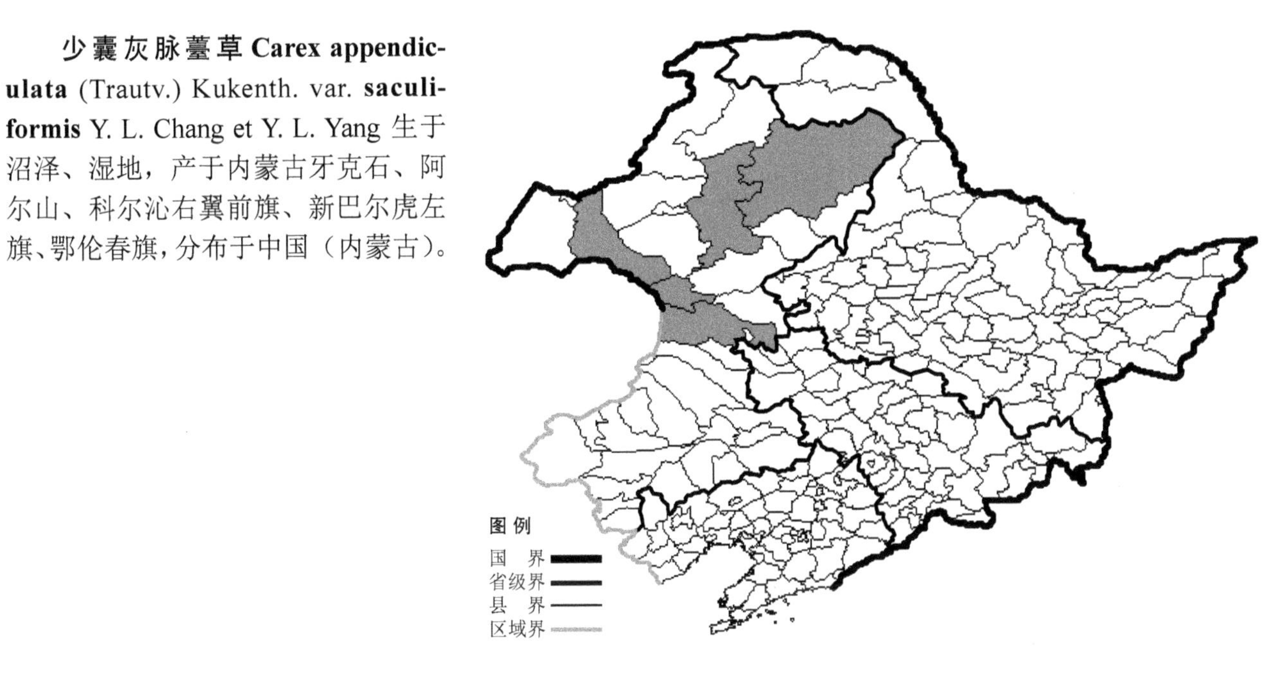

额尔古纳薹草

Carex argunensis Turcz. ex Trev.

生境：草原沙地，沙丘松林中，海拔 700 米以下。

产地：内蒙古海拉尔、额尔古纳、克什克腾旗。

分布：中国（内蒙古），蒙古，俄罗斯（东部西伯利亚）。

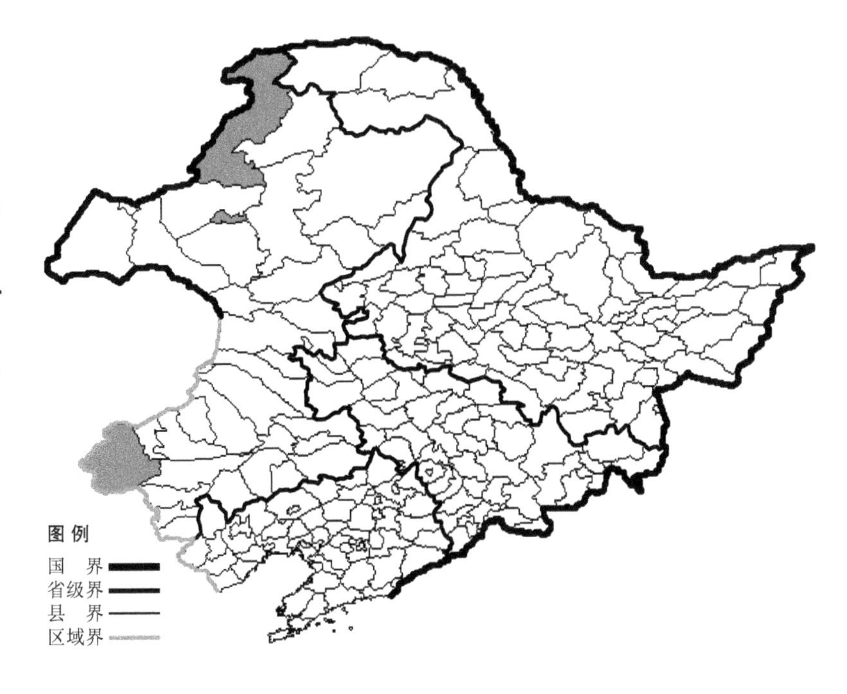

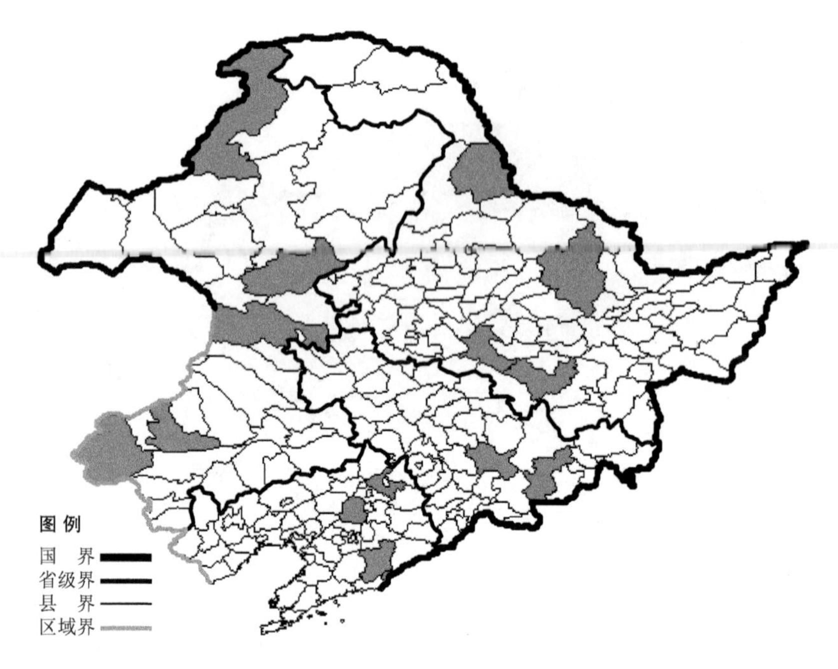

麻根薹草

Carex arnellii Christ ex Scheutz

生境：林下，海拔 900 米以下。

产地：黑龙江省哈尔滨、伊春、尚志、黑河，吉林省安图、桦甸，辽宁省沈阳、开原、凤城、丹东，内蒙古额尔古纳、扎兰屯、科尔沁右翼前旗、巴林右旗、克什克腾旗。

分布：中国（黑龙江、吉林、辽宁、内蒙古、河北、山西），朝鲜半岛，日本，蒙古，俄罗斯（西伯利亚、远东地区）。

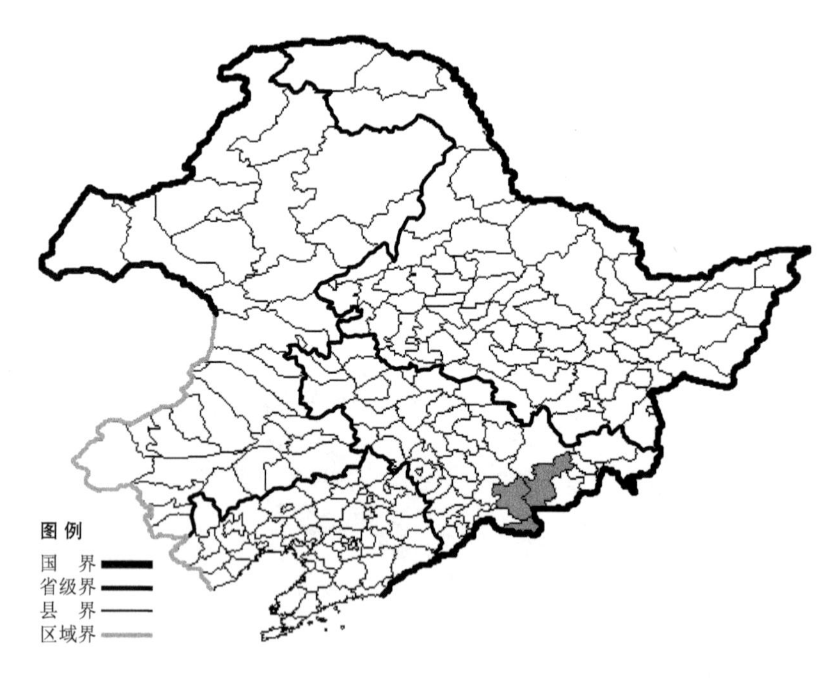

黑穗薹草

Carex atrata L.

生境：高山冻原，山坡草地，海拔 1400-2600 米。

产地：吉林省安图、长白、抚松。

分布：中国（吉林），朝鲜半岛，日本，俄罗斯（北极带、欧洲部分），欧洲。

短鳞薹草

Carex augustinowiczii Meinsh. ex Korsh.

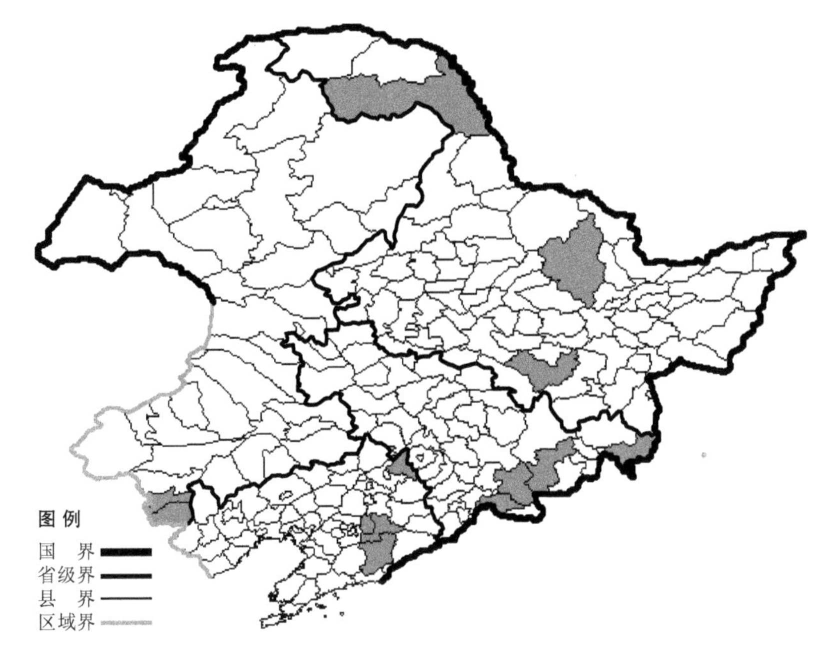

生境：林下，河边，海拔 1800 米以下。

产地：黑龙江省呼玛、伊春、尚志，吉林省临江、抚松、珲春、安图，辽宁省凤城、本溪、西丰，内蒙古喀喇沁旗、宁城。

分布：中国（黑龙江、吉林、辽宁、内蒙古、河北、山西），朝鲜半岛，日本，俄罗斯（远东地区）。

二裂薹草

Carex bipartida All.

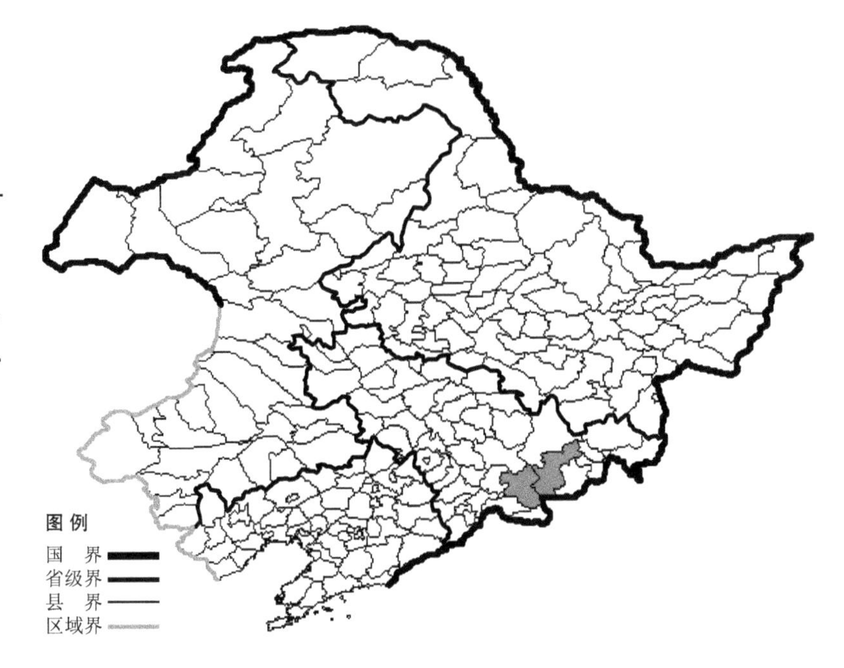

生境：高山冻原，海拔 2200-2600 米。

产地：吉林省抚松、安图。

分布：中国（吉林），朝鲜半岛，日本，俄罗斯（北极带、西伯利亚、远东地区），欧洲，北美洲。

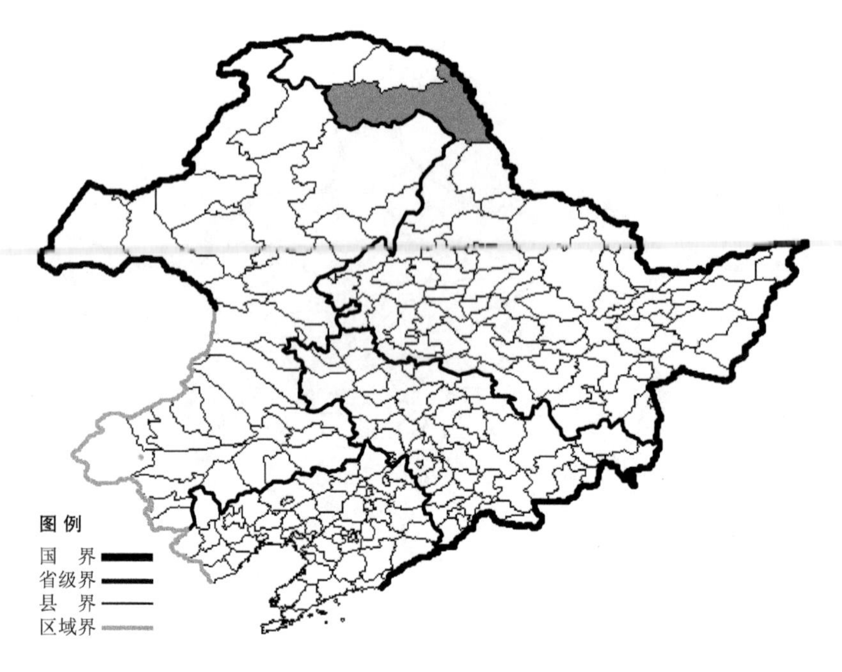

北兴安薹草

Carex borealihiganica Y. L. Chang

生境：山坡草地，海拔约 1400 米。

产地：黑龙江省呼玛。

分布：中国（黑龙江）。

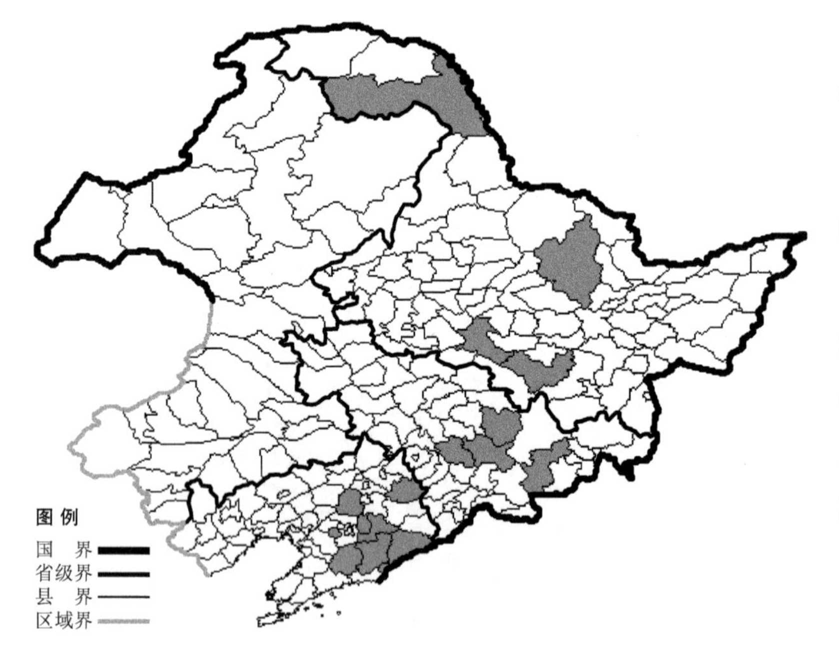

柔薹草

Carex bostrichostigma Maxim.

生境：林中湿地，林间草地，海拔 800 米以下。

产地：黑龙江省呼玛、哈尔滨、尚志、伊春，吉林省蛟河、桦甸、磐石、安图，辽宁省沈阳、岫岩、鞍山、凤城、本溪、丹东、宽甸、清原。

分布：中国（黑龙江、吉林、辽宁），朝鲜半岛，日本，俄罗斯（远东地区）。

海洋薹草

Carex brownii Turkerm.

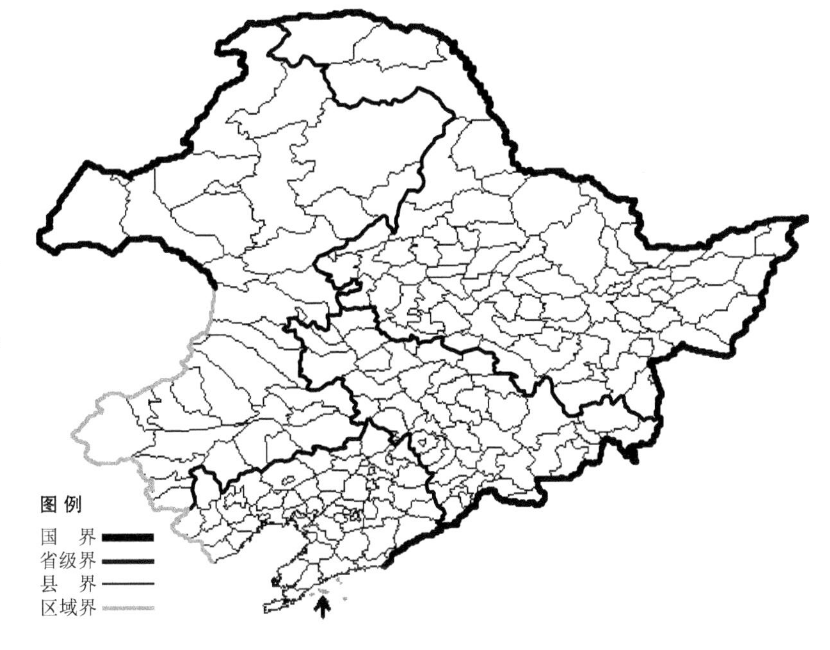

生境：海岛湿地。

产地：辽宁省长海。

分布：中国（辽宁、陕西、甘肃、江苏、安徽、浙江、河南、四川、台湾），日本，朝鲜半岛，印度尼西亚，大洋洲。

丛薹草

Carex caespitosa L.

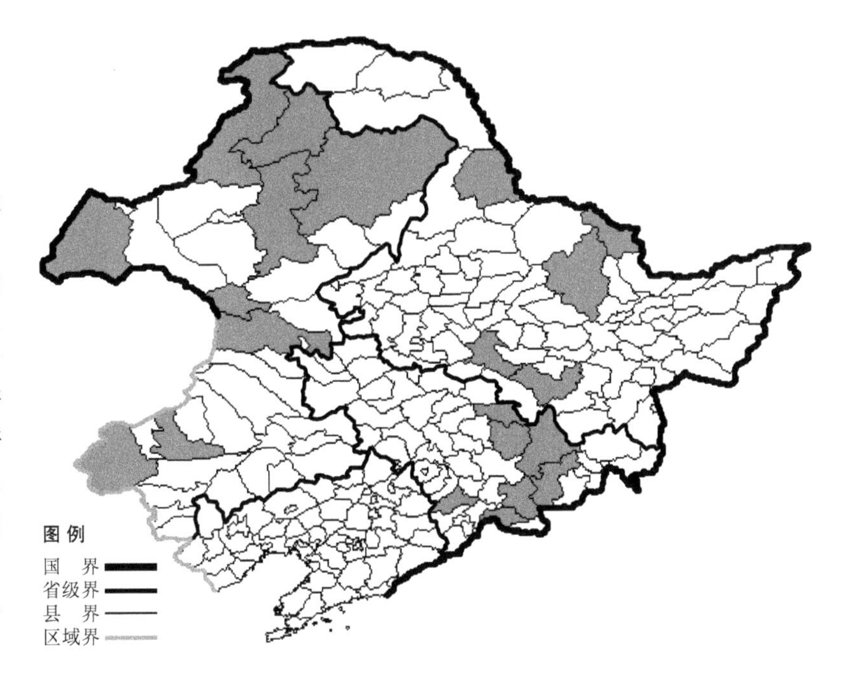

生境：沟谷，沼泽，海拔 900 米以下。

产地：黑龙江省伊春、黑河、尚志、哈尔滨、嘉荫，吉林省临江、蛟河、敦化、安图、舒兰、柳河、抚松，内蒙古额尔古纳、科尔沁右翼前旗、牙克石、根河、阿尔山、鄂伦春旗、新巴尔虎右旗、巴林右旗、克什克腾旗。

分布：中国（黑龙江、吉林、内蒙古、陕西、青海、新疆），朝鲜半岛，日本，俄罗斯（北极带、欧洲部分、高加索、西伯利亚），中亚，欧洲。

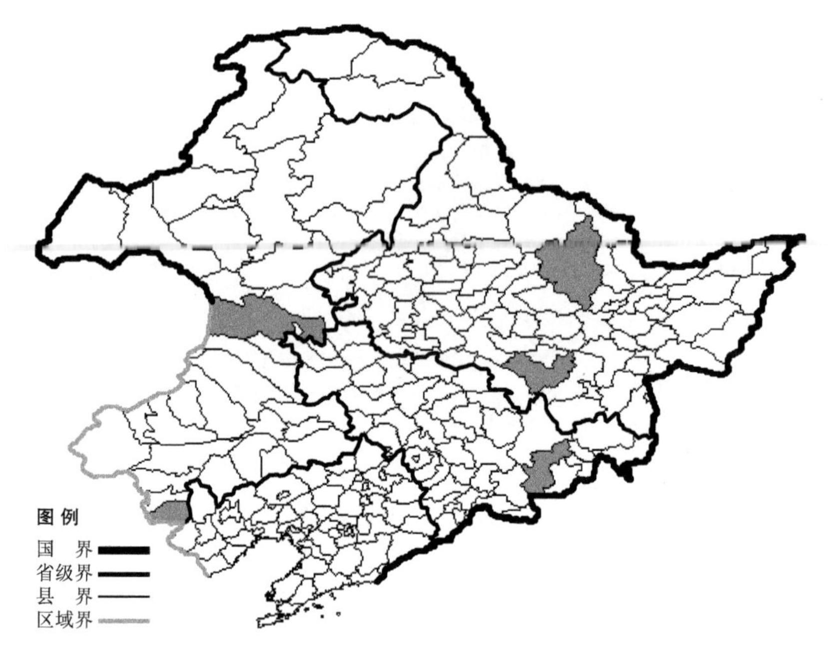

羊胡子薹草

Carex callitrichos V. Krecz.

生境：阔叶红松林下，海拔 1200 米以下。

产地：黑龙江省伊春、尚志，吉林省安图，内蒙古科尔沁右翼前旗、宁城。

分布：中国（黑龙江、吉林、内蒙古），俄罗斯（远东地区）。

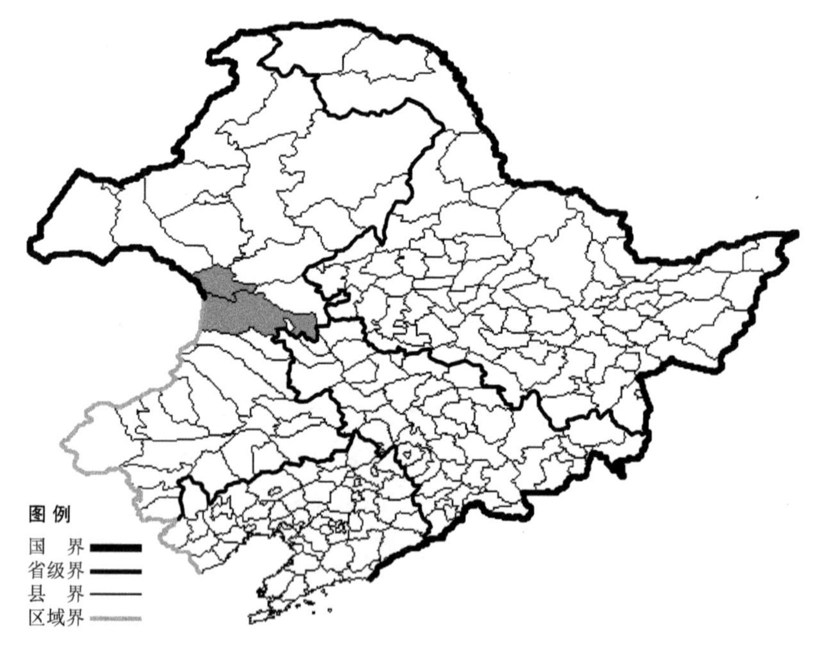

兴安羊胡子薹草 Carex callitrichos V. Krecz. var. **austrohinganica** Y. L. Chang 生于落叶松林下，产于内蒙古阿尔山、科尔沁右翼前旗，分布于中国（内蒙古）。

单穗薹草

Carex capillacea Boott

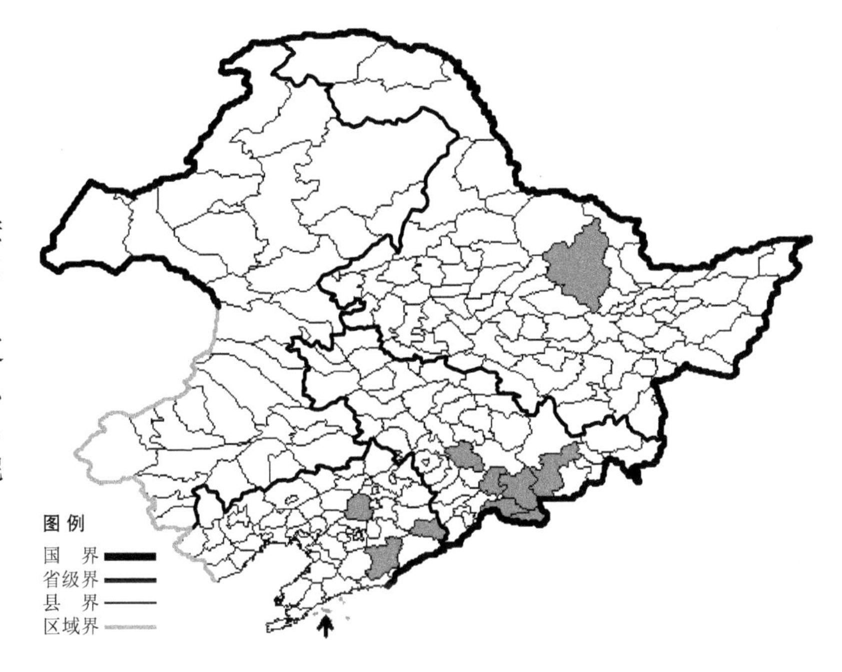

生境：林下，海拔 800 米以下。

产地：黑龙江省伊春，吉林省安图、抚松、靖宇、长白、临江、磐石，辽宁省凤城、桓仁、沈阳、长海。

分布：中国（黑龙江、吉林、辽宁、安徽、浙江、福建、江西、四川、云南、西藏、台湾），朝鲜半岛，日本，俄罗斯（远东地区），不丹，印度尼西亚，缅甸，泰国，菲律宾。

纤弱薹草

Carex capillaris L.

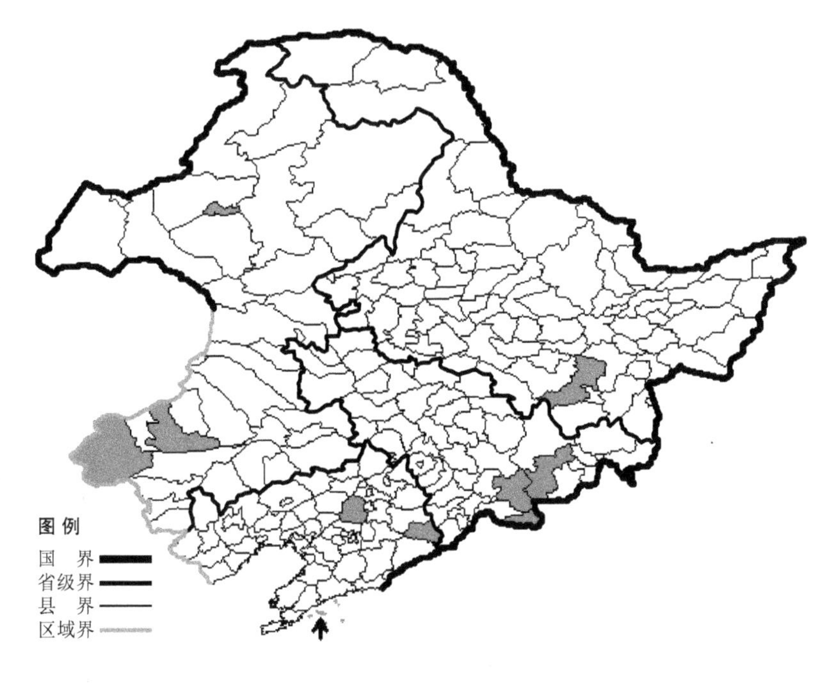

生境：山坡草地，海拔 1800 米以下。

产地：黑龙江省海林，吉林省长白、安图、抚松，辽宁省沈阳、长海、桓仁，内蒙古海拉尔、巴林右旗、克什克腾旗。

分布：中国（黑龙江、吉林、辽宁、内蒙古），朝鲜半岛，日本，俄罗斯（北极带、远东地区），欧洲，北美洲。

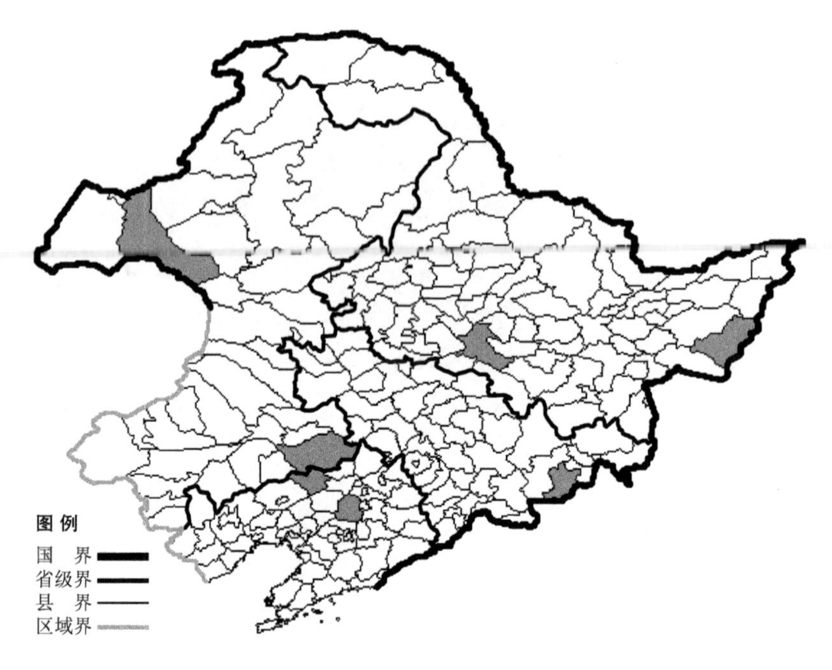

弓嘴薹草

Carex capricornis Meinsh. ex Maxim.

生境：河边、湖边、沼泽旁湿地。

产地：黑龙江省哈尔滨、虎林，吉林省和龙，辽宁省沈阳、彰武，内蒙古新巴尔虎左旗、科尔沁左翼后旗。

分布：中国（黑龙江、吉林、辽宁、内蒙古、江苏），朝鲜半岛，日本，俄罗斯（远东地区）。

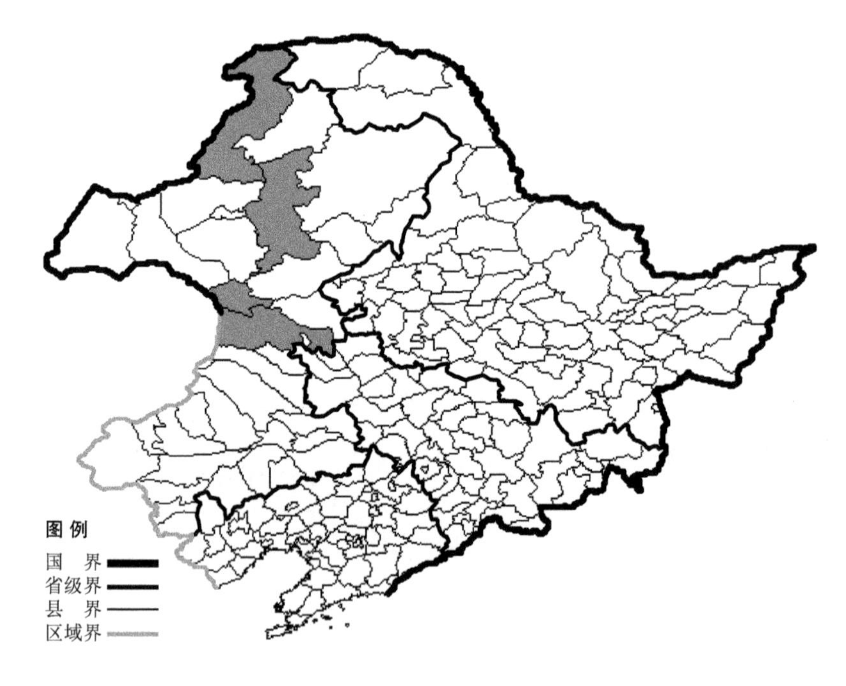

兴安薹草

Carex chinganensis Litv.

生境：山坡草地，海拔约 1500 米以下。

产地：内蒙古额尔古纳、牙克石、科尔沁右翼前旗、阿尔山。

分布：中国(内蒙古),俄罗斯(远东地区)。

毛缘宽叶薹草

Carex ciliato-marginata Nakai

生境：干燥草地，林下。

产地：辽宁省凤城、丹东。

分布：中国（辽宁、江苏、安徽、浙江），朝鲜半岛，日本。

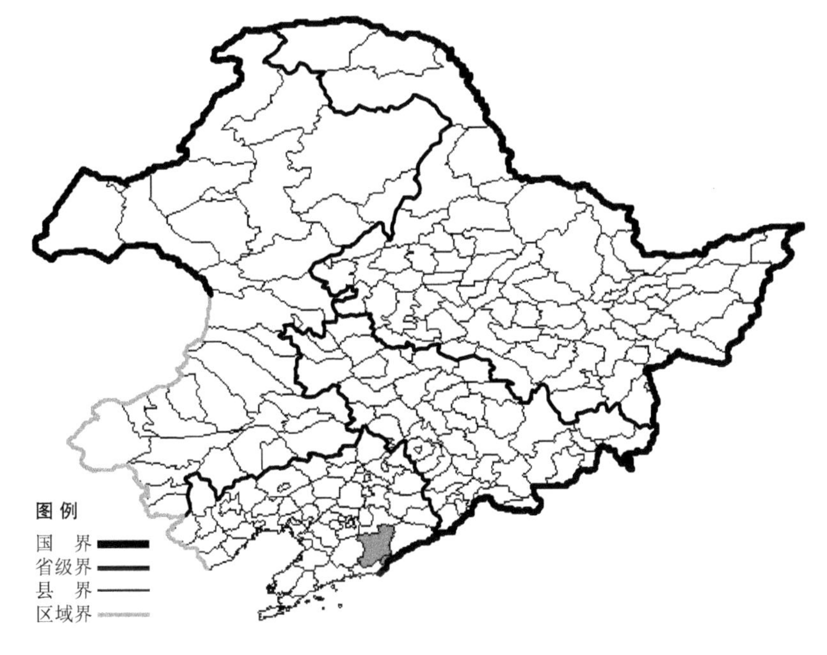

匍枝薹草

Carex cinerascens Kukenth.

生境：水边草甸，沼泽。

产地：黑龙江省哈尔滨、黑河、伊春、嘉荫，辽宁省沈阳、彰武、东港，内蒙古额尔古纳、扎兰屯、扎赉特旗、科尔沁右翼前旗。

分布：中国（黑龙江、辽宁、内蒙古、河北、山西、陕西、江苏、安徽、浙江、湖北、湖南），日本。

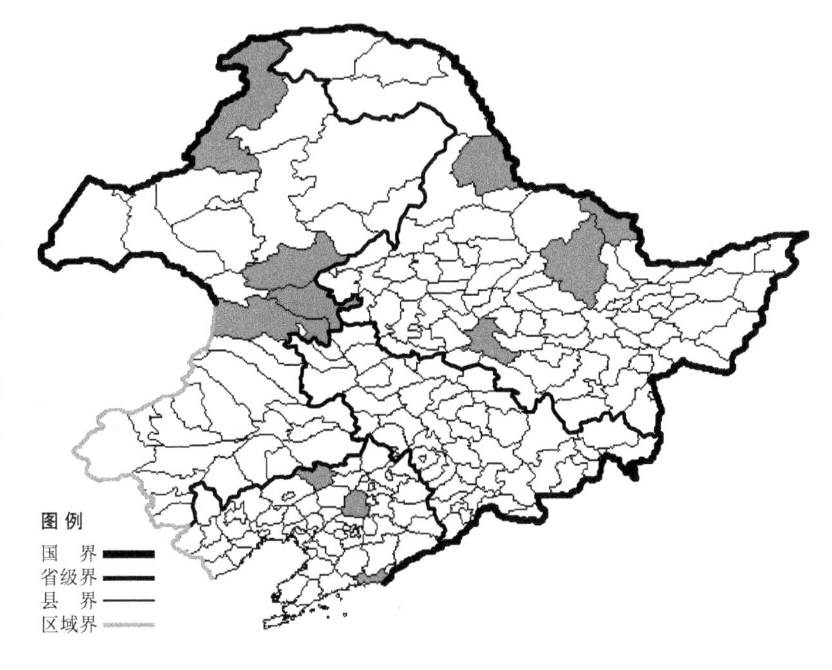

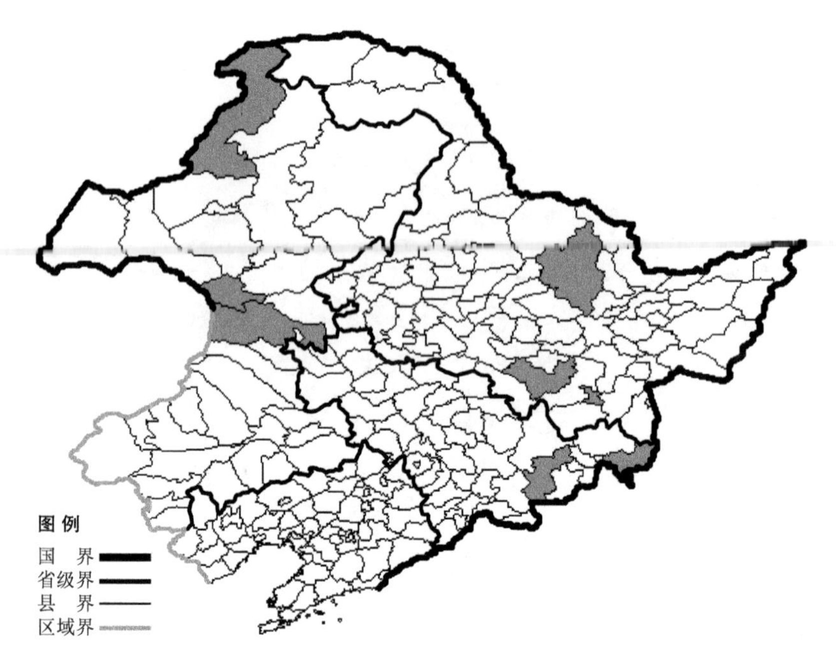

白山薹草

Carex cinerea Poll.

生境：沼泽，溪流旁，林缘。

产地：黑龙江省牡丹江、伊春、尚志，吉林省安图、珲春，内蒙古阿尔山、科尔沁右翼前旗、额尔古纳。

分布：中国（黑龙江、吉林、内蒙古、新疆），朝鲜半岛，日本，俄罗斯（欧洲部分、西伯利亚、远东地区），中亚，欧洲，北美洲，南美洲。

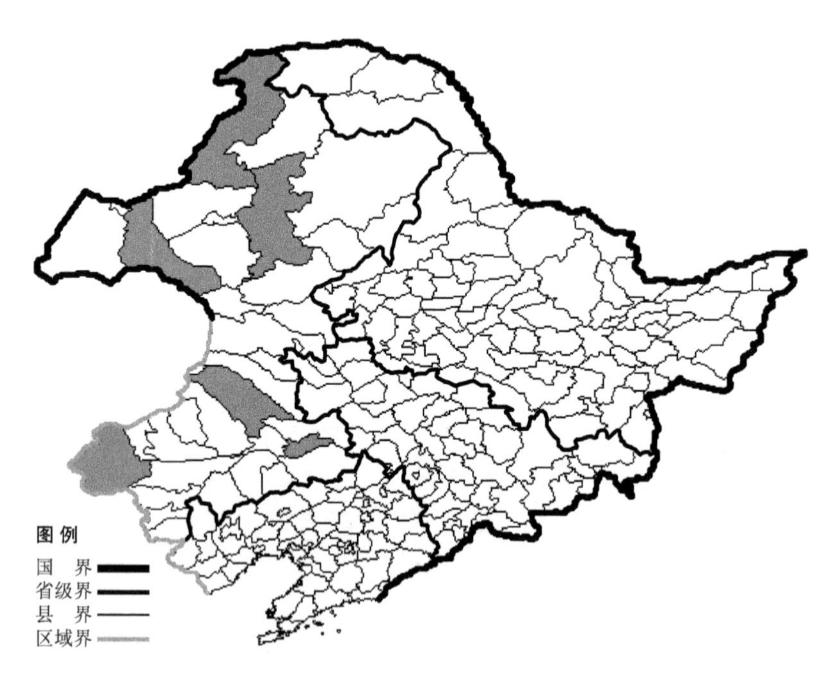

扁囊薹草

Carex coriophora Fisch. et C. A. Mey. ex Kunth

生境：河边，沼泽，海拔约 900 米以下。

产地：内蒙古额尔古纳、克什克腾旗、通辽、牙克石、新巴尔虎左旗、扎鲁特旗。

分布：中国（内蒙古、河北、山西、甘肃、青海、新疆），蒙古，俄罗斯（西伯利亚）。

莎薹草

Carex cyperoides Murr.

生境：河边沙地，湿草地，沼泽，海拔 800 米以下。

产地：黑龙江省密山、依兰、宁安、哈尔滨、呼玛、萝北、齐齐哈尔、伊春，吉林省吉林，内蒙古根河、海拉尔、额尔古纳、鄂伦春旗、科尔沁左翼后旗。

分布：中国（黑龙江、吉林、内蒙古、新疆），朝鲜半岛，日本，俄罗斯（欧洲部分、西伯利亚、远东地区），中亚，欧洲。

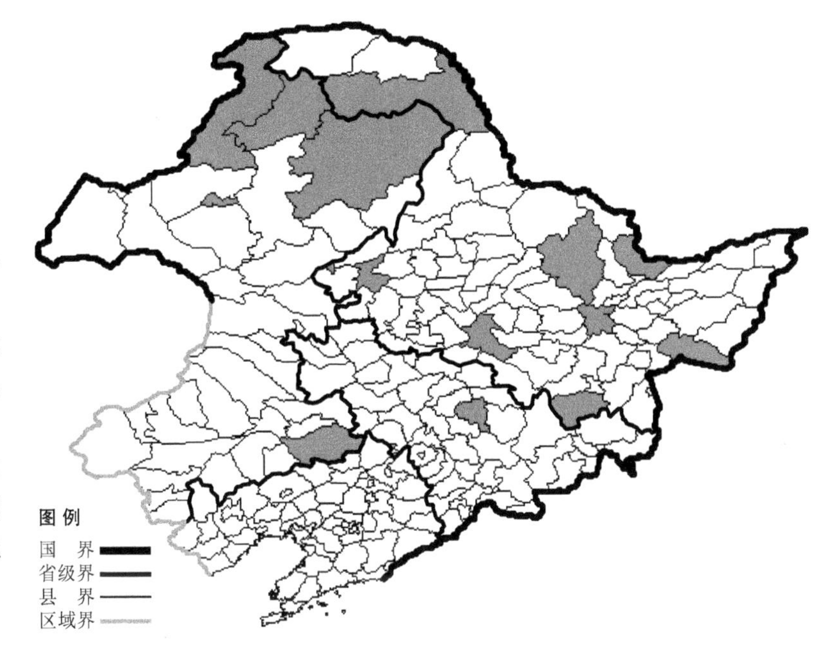

针薹草

Carex dahurica Kukenth.

生境：泥炭藓沼泽地。

产地：黑龙江省伊春，内蒙古满洲里、科尔沁右翼前旗、阿尔山、克什克腾旗。

分布：中国（黑龙江、内蒙古），蒙古，俄罗斯（东部西伯利亚、远东地区）。

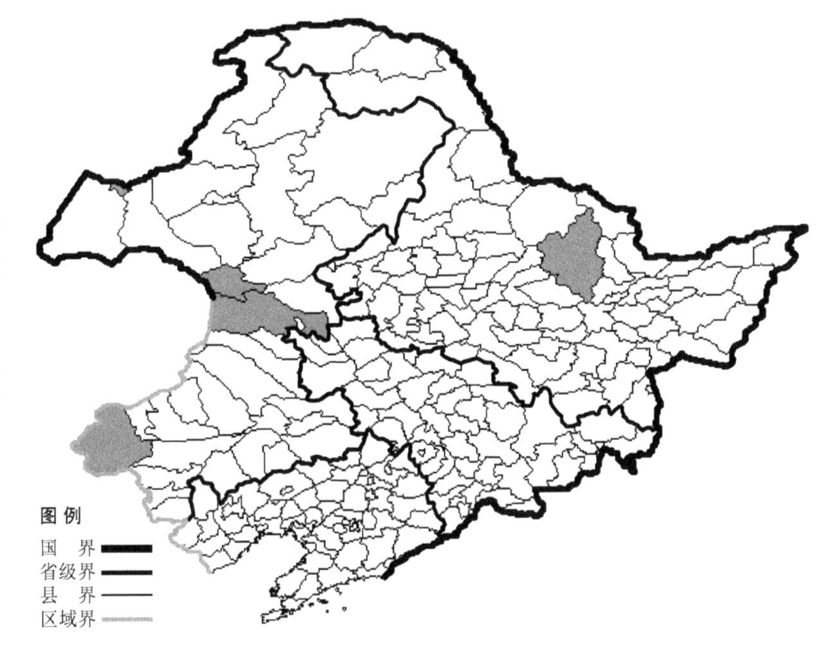

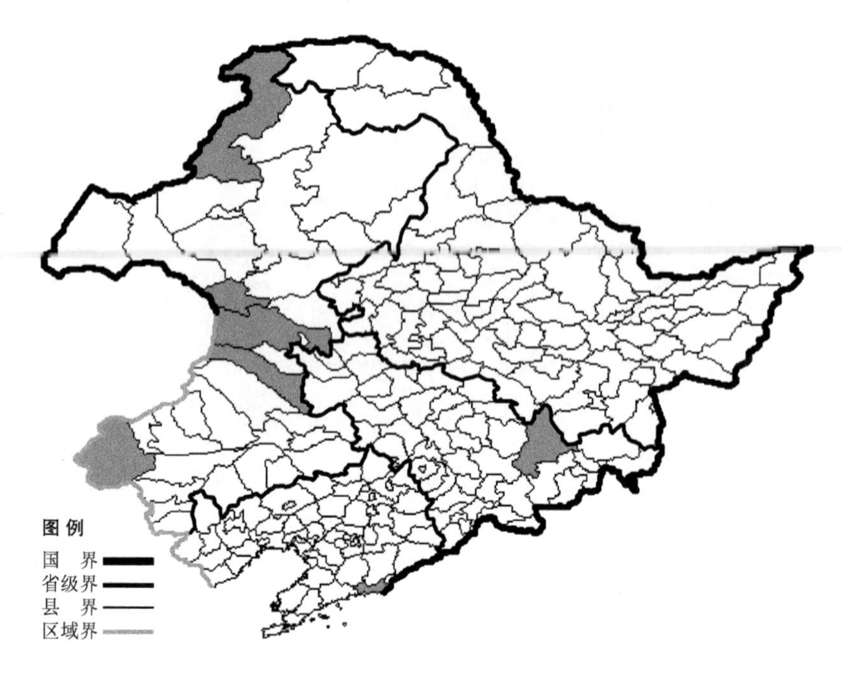

圆锥薹草

Carex diandra Schrank

生境：高山湖泊，沼泽。

产地：吉林省敦化，辽宁东港，内蒙古阿尔山、额尔古纳、科尔沁右翼前旗、科尔沁右翼中旗、克什克腾旗。

分布：中国（吉林、内蒙古），日本，俄罗斯（北极带、欧洲部分、高加索、西伯利亚、远东地区），中亚，欧洲，北美洲。

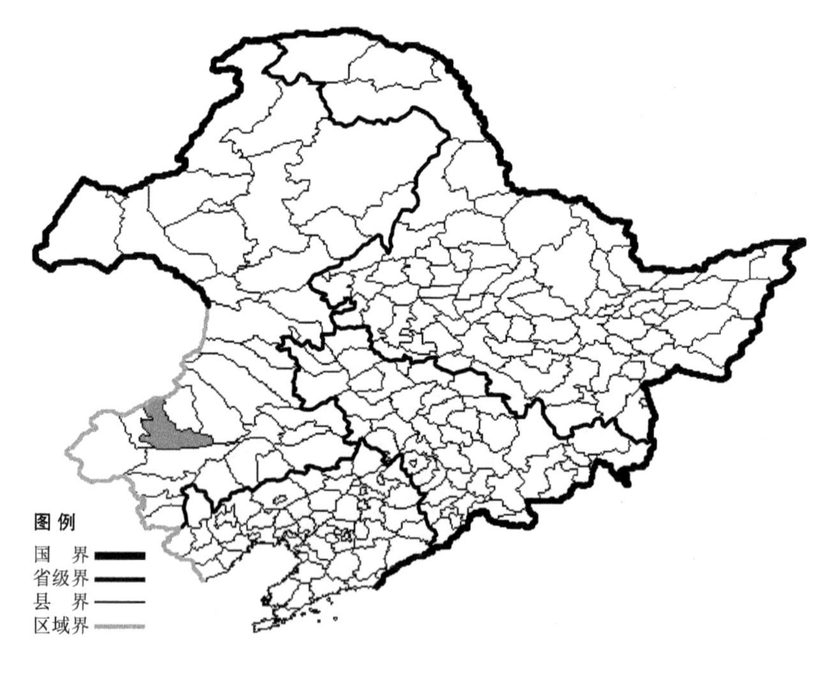

二色薹草

Carex dichroa Freyn

生境：河边草甸。

产地：内蒙古巴林右旗。

分布：中国（内蒙古、新疆），蒙古，俄罗斯（西伯利亚），中亚。

二形薹草

Carex dimorpholepis Steud.

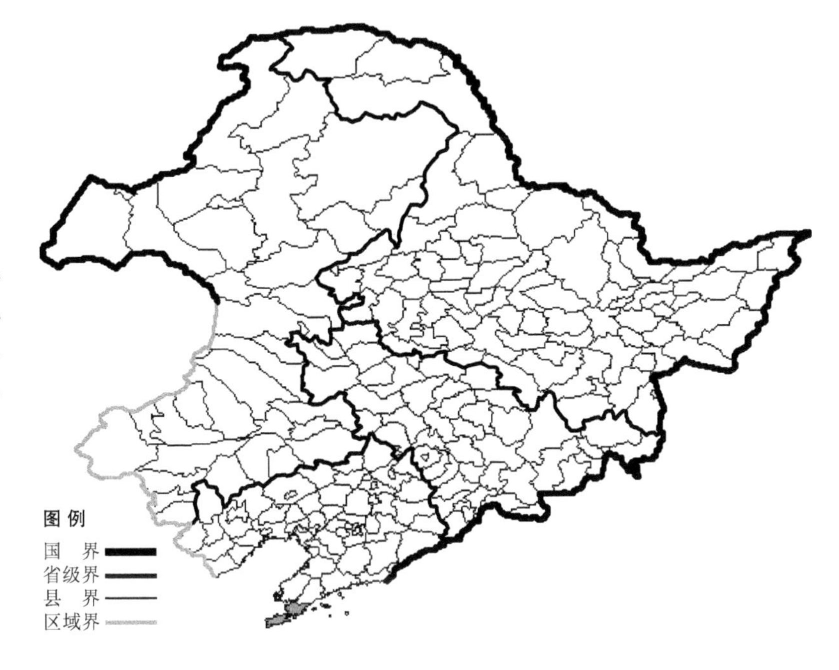

生境：河边，湖边湿地。

产地：辽宁省大连。

分布：中国（辽宁、陕西、甘肃、山东、江苏、安徽、浙江、河南、湖北、江西、广东、四川），朝鲜半岛，日本，越南，尼泊尔，印度，斯里兰卡，缅甸，马来西亚。

狭囊薹草

Carex diplasiocarpa V. Krecz.

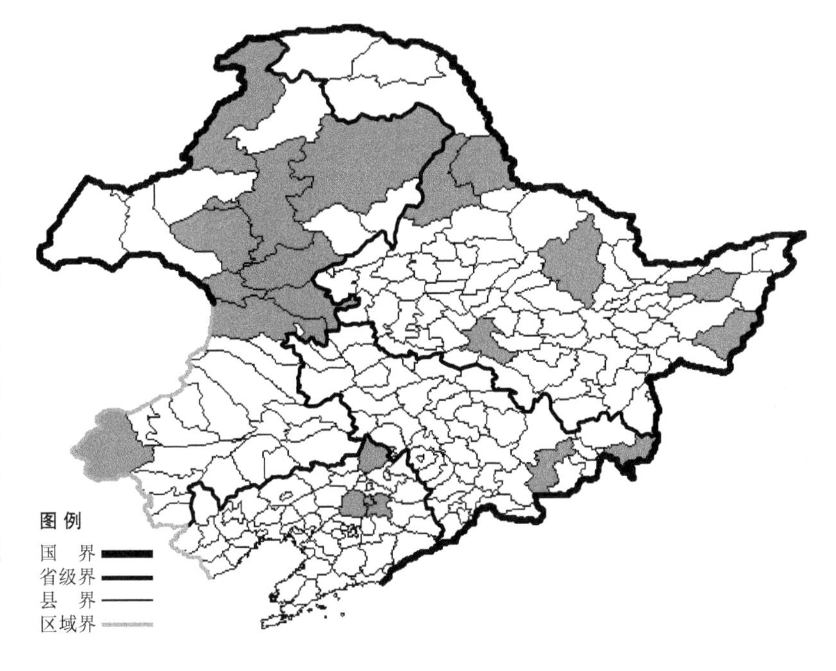

生境：草甸，干燥草地，海拔约300米。

产地：黑龙江省虎林、嫩江、黑河、富锦、哈尔滨、伊春，吉林省珲春、安图，辽宁省昌图、沈阳、抚顺，内蒙古额尔古纳、海拉尔、科尔沁右翼前旗、阿尔山、扎赉特旗、克什克腾旗、扎兰屯、牙克石、鄂伦春旗、鄂温克旗。

分布：中国（黑龙江、吉林、辽宁、内蒙古），朝鲜半岛，蒙古，俄罗斯（远东地区）。

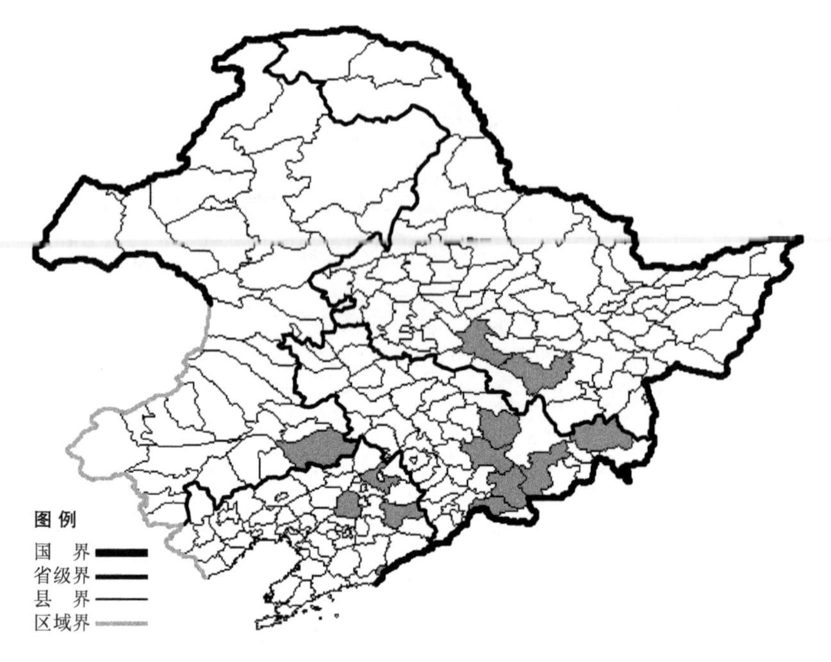

薹草

Carex dispalata Boott ex A. Gray

生境：沼泽，河边，海拔 900 米以下。

产地：黑龙江省尚志、哈尔滨，吉林省临江、抚松、桦甸、汪清、蛟河、安图，辽宁省沈阳、丹东、新宾、开原，内蒙古科尔沁左翼后旗。

分布：中国（黑龙江、吉林、辽宁、内蒙古、陕西、江苏、安徽、浙江），朝鲜半岛，日本，俄罗斯（远东地区）。

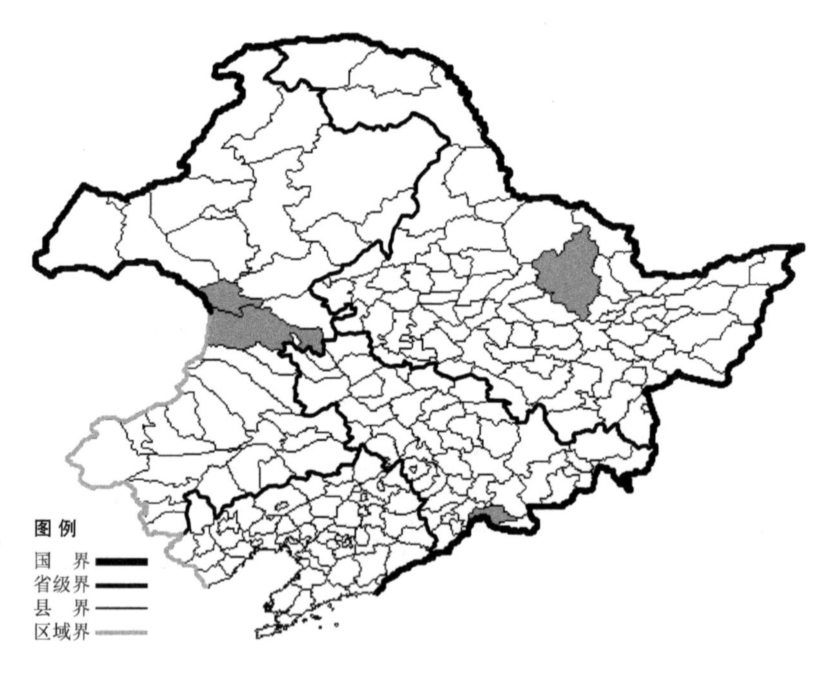

二籽薹草

Carex disperma Dew.

生境：沼泽，林下，海拔 900 米以下。

产地：黑龙江省伊春，吉林省临江，内蒙古科尔沁右翼前旗、阿尔山。

分布：中国（黑龙江、吉林、内蒙古），朝鲜半岛，日本，俄罗斯（欧洲部分、西伯利亚、远东地区），欧洲，北美洲。

野笠薹草

Carex drymophila Turcz. ex Steud.

生境：河边，草甸，沼泽。

产地：黑龙江省伊春、萝北、呼玛、哈尔滨、虎林、黑河，吉林省安图、珲春，内蒙古牙克石、额尔古纳、科尔沁右翼前旗。

分布：中国（黑龙江、吉林、内蒙古），朝鲜半岛，蒙古，俄罗斯（东部西伯利亚、远东地区）。

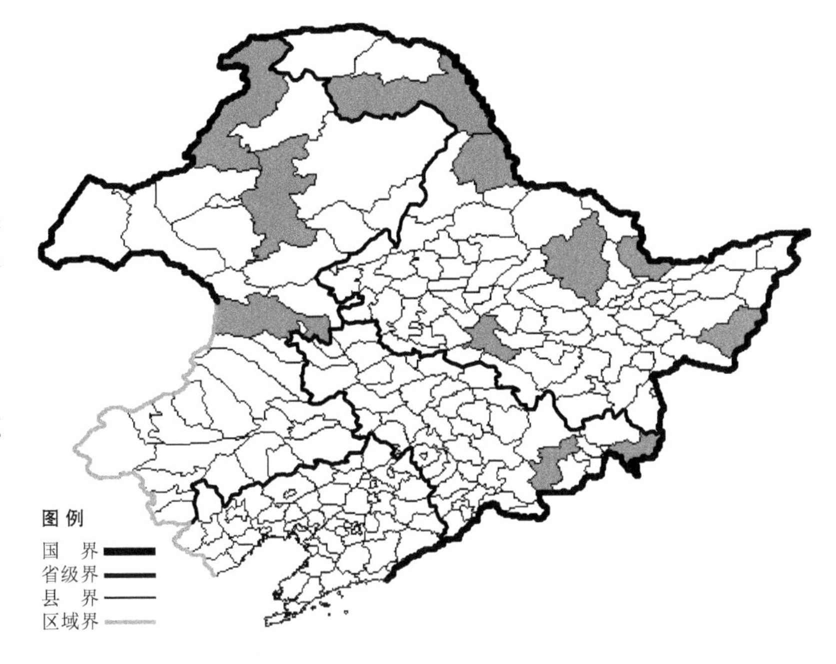

黑水薹草 Carex drymophila Turcz. ex Steud. var. **abbreviata** (Kukenth.) Ohwi 生于沼泽、河边、草甸，产于黑龙江省哈尔滨、海林、呼玛、虎林、嘉荫、黑河、尚志、伊春，吉林省安图、汪清、珲春，辽宁省彰武，内蒙古额尔古纳、牙克石、根河、鄂伦春旗、科尔沁右翼前旗、扎赉特旗，分布于中国（黑龙江、吉林、辽宁、内蒙古），朝鲜半岛，日本，蒙古，俄罗斯（东部西伯利亚、远东地区）。

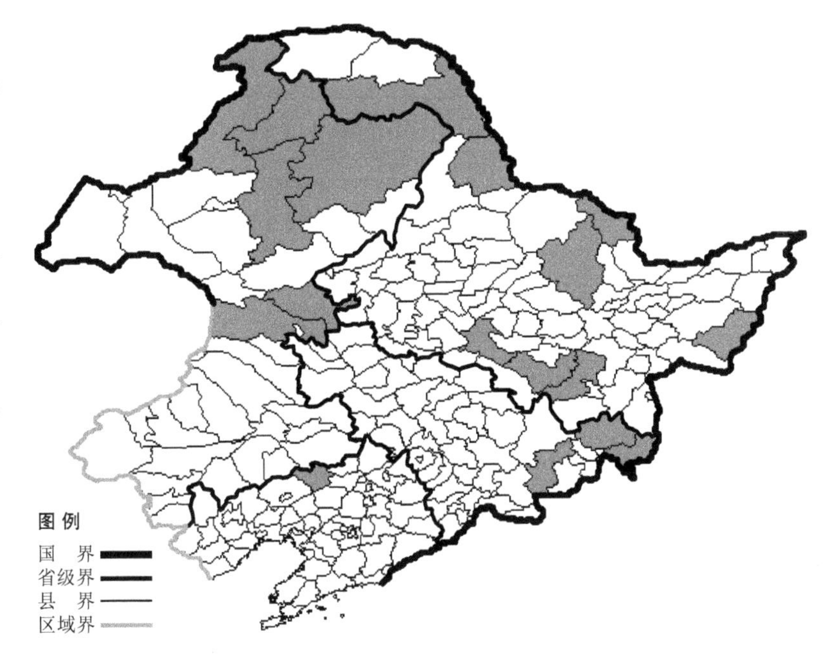

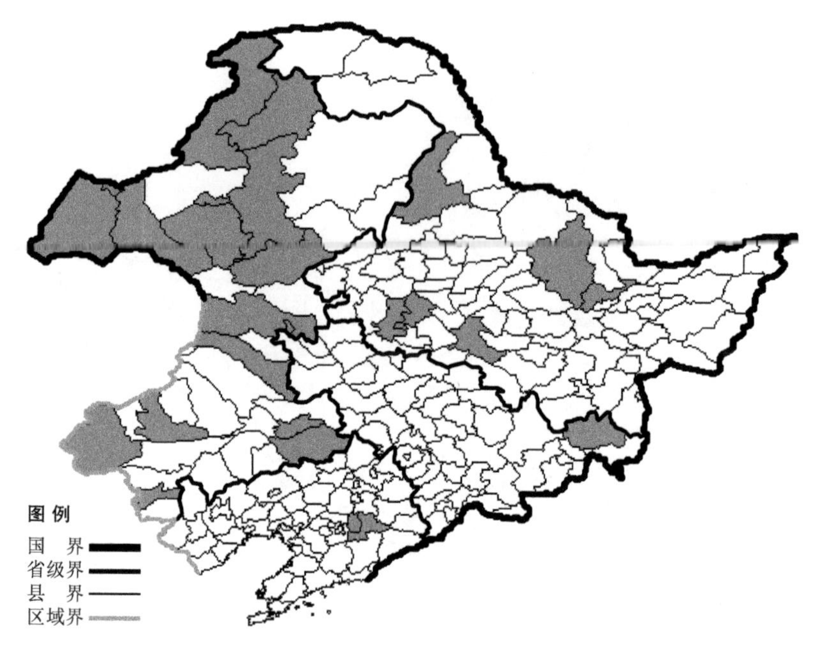

寸草

Carex duriuscula C. A. Mey.

生境：干山坡，海拔800米以下。

产地：黑龙江省伊春、汤原、大庆、嫩江、哈尔滨、安达，吉林省汪清，辽宁省本溪，内蒙古鄂温克旗、满洲里、通辽、扎兰屯、科尔沁右翼前旗、科尔沁右翼中旗、海拉尔、新巴尔虎右旗、新巴尔虎左旗、乌兰浩特、牙克石、根河、额尔古纳、科尔沁左翼后旗、克什克腾旗、喀喇沁旗、巴林右旗。

分布：中国（黑龙江、吉林、辽宁、内蒙古），朝鲜半岛，蒙古，俄罗斯（西伯利亚、远东地区），中亚。

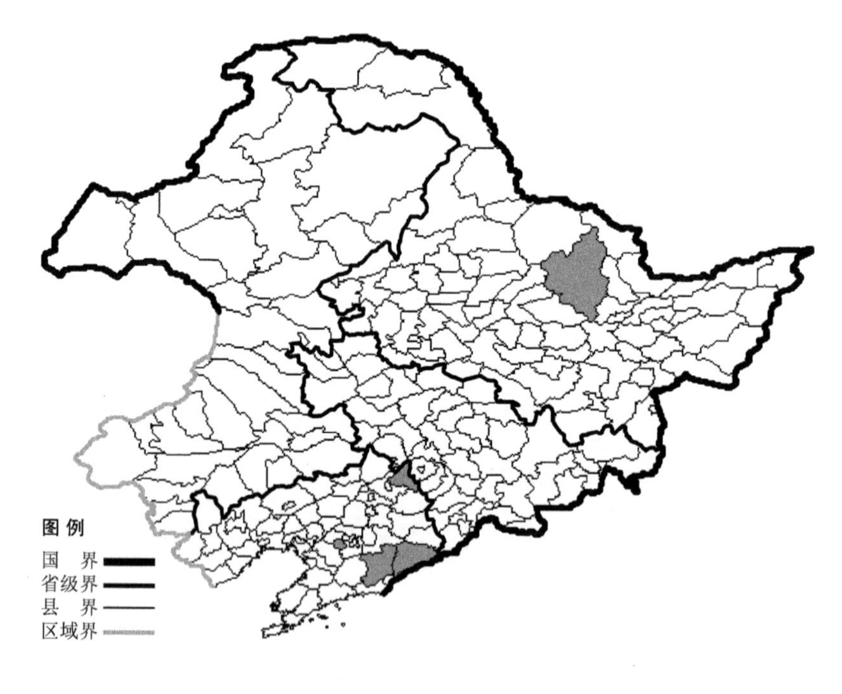

少囊薹草

Carex egena Levl. et Vant.

生境：林下。

产地：黑龙江省伊春，辽宁省鞍山、凤城、西丰、宽甸。

分布：中国（黑龙江、辽宁、河北），朝鲜半岛，俄罗斯（远东地区）。

蟋蟀薹草

Carex eleusinoides Turcz. ex Kunth

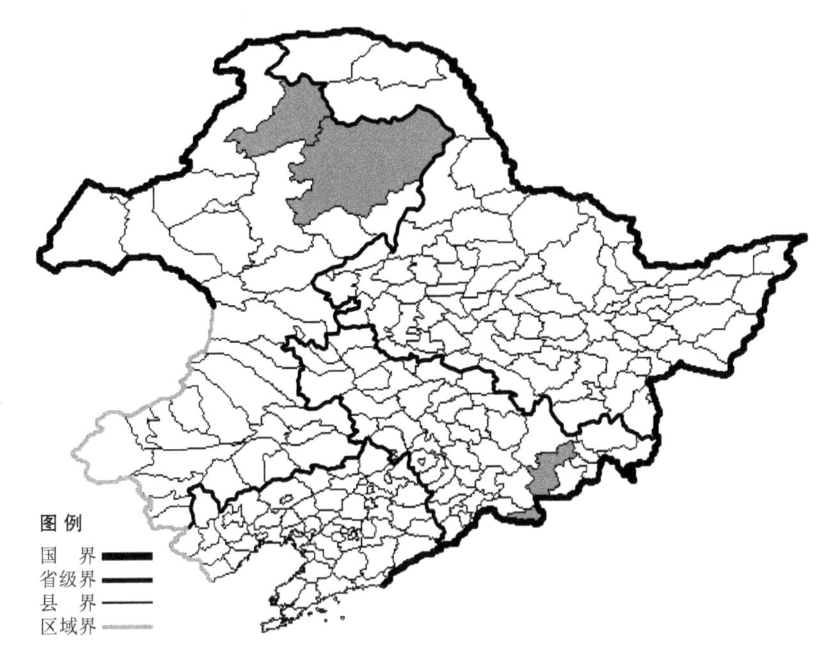

生境：高山冻原，林下，林缘，海拔 1700-2600 米（长白山）。

产地：吉林省安图、长白，内蒙古根河、鄂伦春旗。

分布：中国（吉林、内蒙古），朝鲜半岛，日本，蒙古，俄罗斯（北极带、东部西伯利亚、远东地区）。

无脉薹草

Carex enervis C. A. Mey.

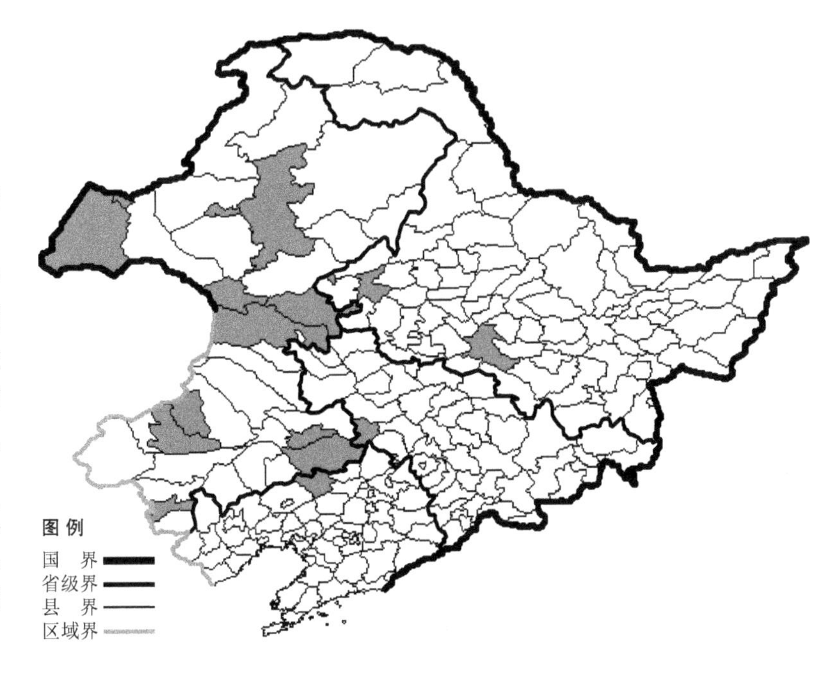

生境：湿地，草甸，沼泽，海拔 700 米以下。

产地：黑龙江省哈尔滨、齐齐哈尔，吉林省双辽，辽宁省彰武，内蒙古新巴尔右旗、通辽、阿尔山、海拉尔、满洲里、牙克石、科尔沁右翼前旗、扎赉特旗、巴林左旗、巴林右旗、喀喇沁旗、科尔沁左翼后旗。

分布：中国（黑龙江、吉林、辽宁、内蒙古、山西、甘肃、青海、新疆、四川、云南、西藏），蒙古，俄罗斯（西伯利亚），中亚。

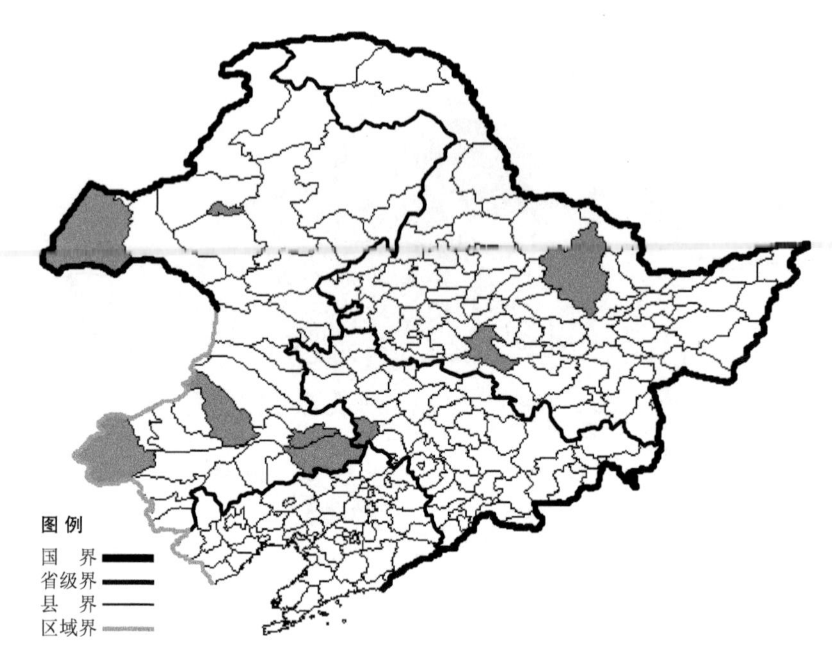

离穗薹草

Carex eremopyroides V. Krecz.

生境：湖边湿地，海拔 700 米以下。

产地：黑龙江省哈尔滨、伊春，吉林省双辽，内蒙古新巴尔虎右旗、海拉尔、科尔沁左翼后旗、克什克腾旗、阿鲁科尔沁旗、通辽。

分布：中国（黑龙江、吉林、内蒙古），蒙古，俄罗斯（东部西伯利亚）。

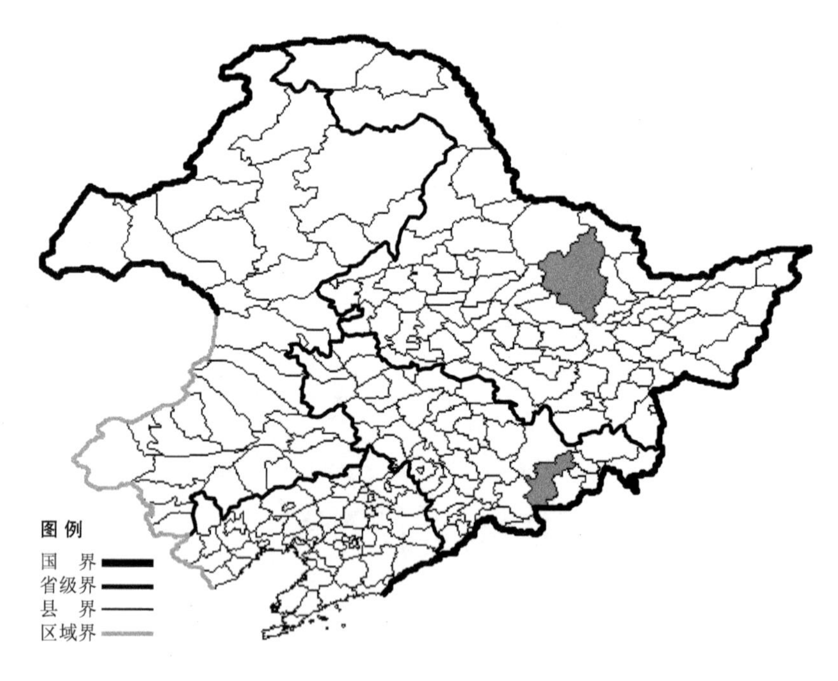

红鞘薹草

Carex erythrobasis Levl. et Vant.

生境：林下，海拔 1100-1300 米以下。

产地：黑龙江省伊春，吉林省安图。

分布：中国（黑龙江、吉林），朝鲜半岛，俄罗斯（远东地区）。

镰薹草

Carex falcata Turcz.

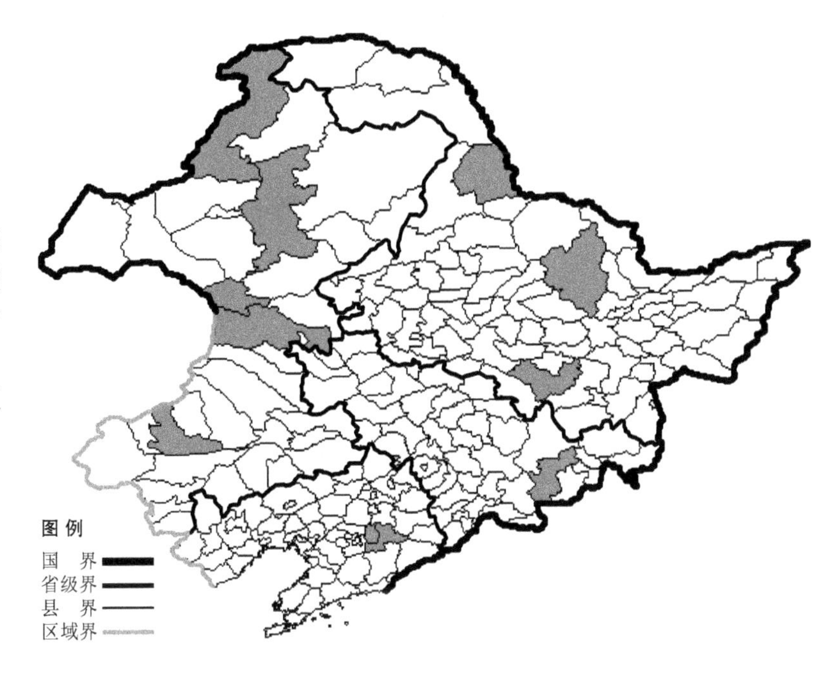

生境：灌丛，海拔 1500 米以下。

产地：黑龙江省伊春、尚志、黑河，吉林省安图，辽宁省本溪，内蒙古额尔古纳、牙克石、科尔沁右翼前旗、阿尔山、巴林右旗。

分布：中国（黑龙江、吉林、辽宁、内蒙古），朝鲜半岛，日本，蒙古，俄罗斯（东部西伯利亚、远东地区）。

溪水薹草

Carex forficula Franch. et Sav.

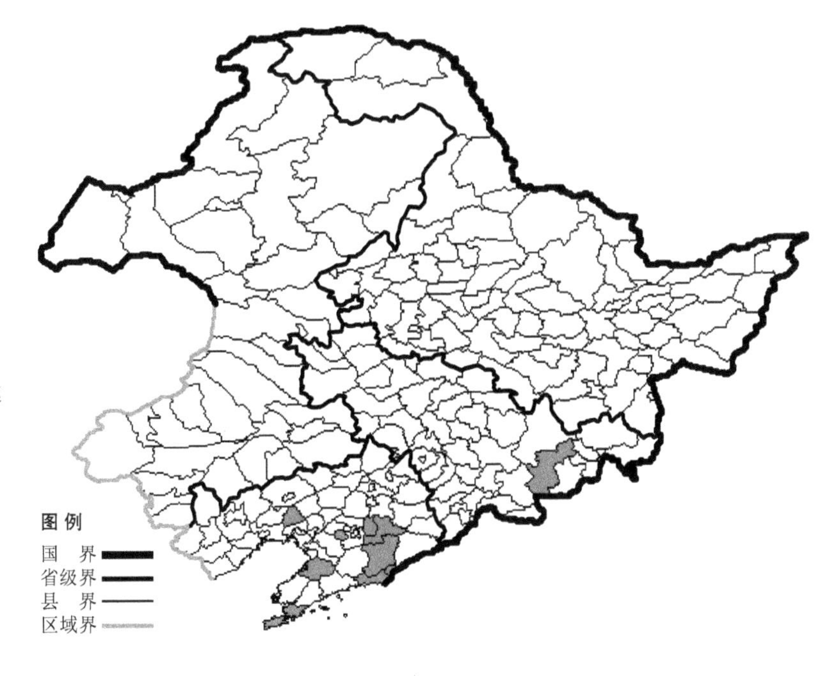

生境：溪流旁，湿草地。

产地：吉林省安图，辽宁省凤城、鞍山、盖州、丹东、北镇、本溪、东港、大连。

分布：中国（吉林、辽宁、河北、安徽），朝鲜半岛，日本，俄罗斯（远东地区）。

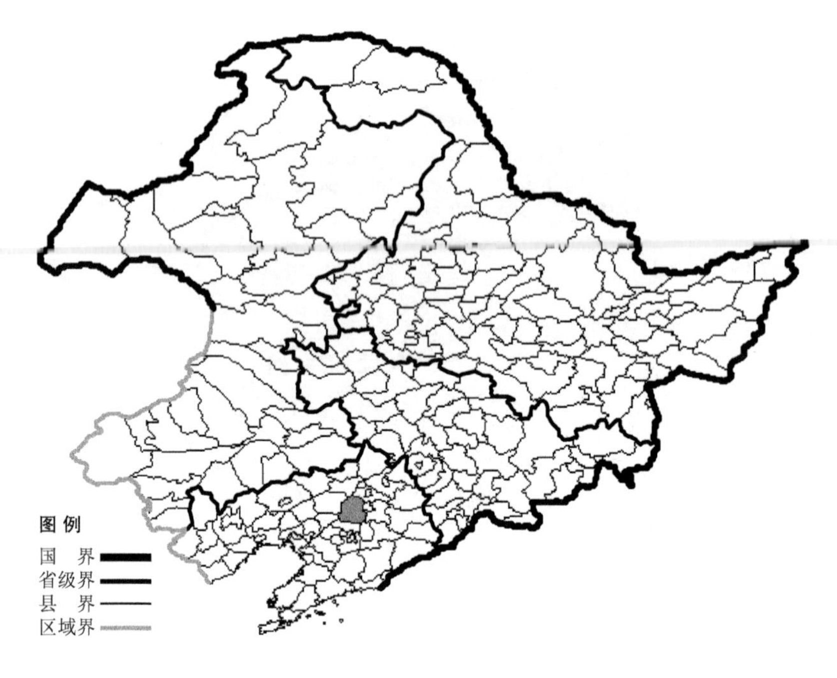

穹窿薹草

Carex gibba Wahlenb.

生境：草地，阔叶林下。

产地：辽宁省沈阳。

分布：中国（辽宁、山西、陕西、甘肃、江苏、安徽、浙江、福建、河南、湖北、江西、湖南、广东、广西、四川、贵州），朝鲜半岛，日本。

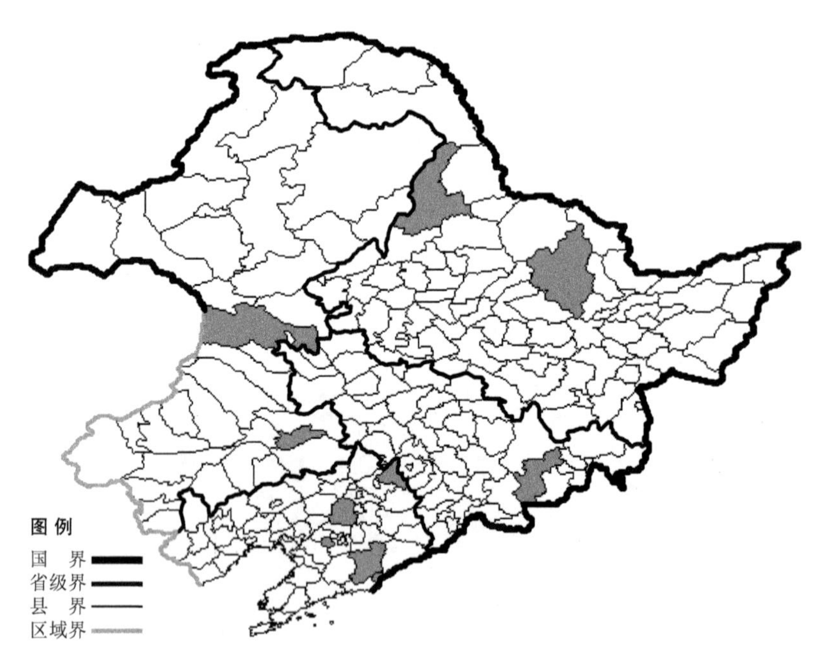

辽东薹草

Carex glabrescens (Kukenth.) Ohwi

生境：阔叶林缘，山坡湿草地，海拔 800 米以下。

产地：黑龙江省伊春、嫩江，吉林省安图，辽宁省凤城、丹东、鞍山、沈阳、西丰，内蒙古科尔沁右翼前旗、通辽。

分布：中国（黑龙江、吉林、辽宁、内蒙古），朝鲜半岛。

米柱薹草

Carex glaucaeformis Meinsh.

生境：草甸，沼泽旁湿地。

产地：黑龙江省伊春、富锦、嫩江，吉林省前郭尔罗斯，辽宁省沈阳、丹东、西丰、鞍山、凤城，内蒙古通辽、阿尔山、科尔沁右翼前旗、额尔古纳、新巴尔虎左旗、扎赉特旗、巴林右旗、科尔沁左翼后旗。

分布：中国（黑龙江、吉林、辽宁、内蒙古），朝鲜半岛，俄罗斯（东部西伯利亚、远东地区）。

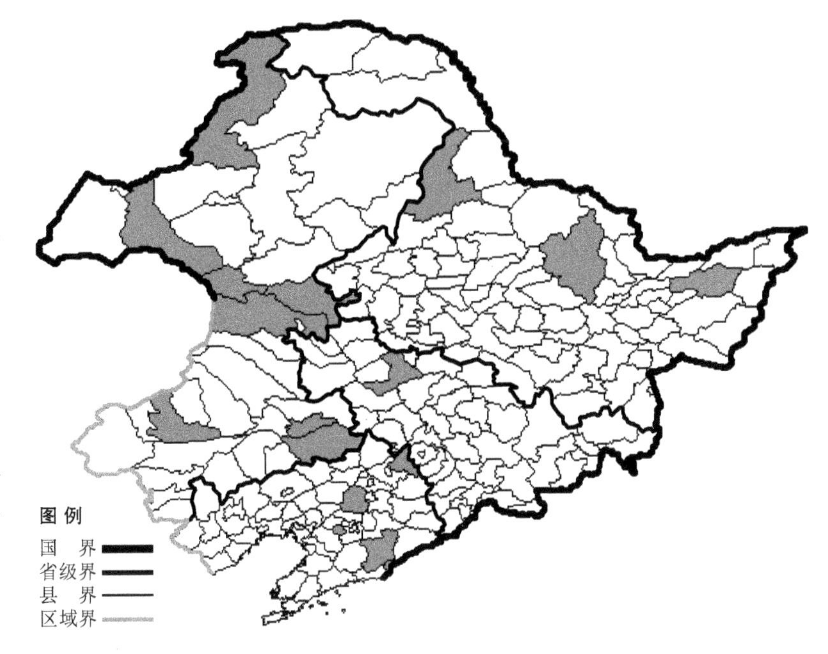

玉簪薹草

Carex globularis L.

生境：沟谷，林下湿地，海拔1300米以下。

产地：黑龙江省呼玛、伊春、嘉荫，内蒙古额尔古纳、根河、阿尔山、牙克石、科尔沁右翼前旗、鄂伦春旗、扎赉特旗。

分布：中国（黑龙江、内蒙古），朝鲜半岛，日本，俄罗斯（欧洲部分、西伯利亚、远东地区），欧洲。

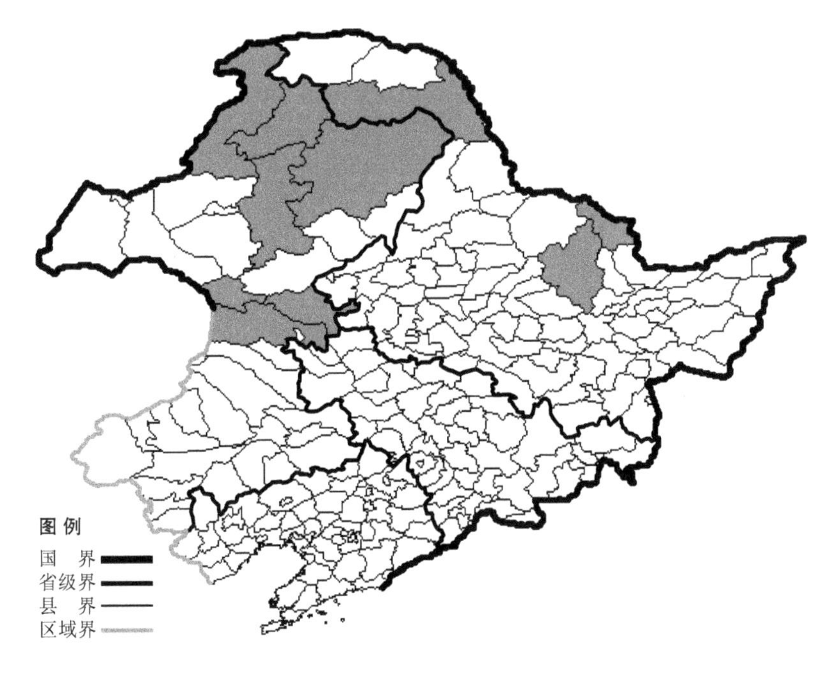

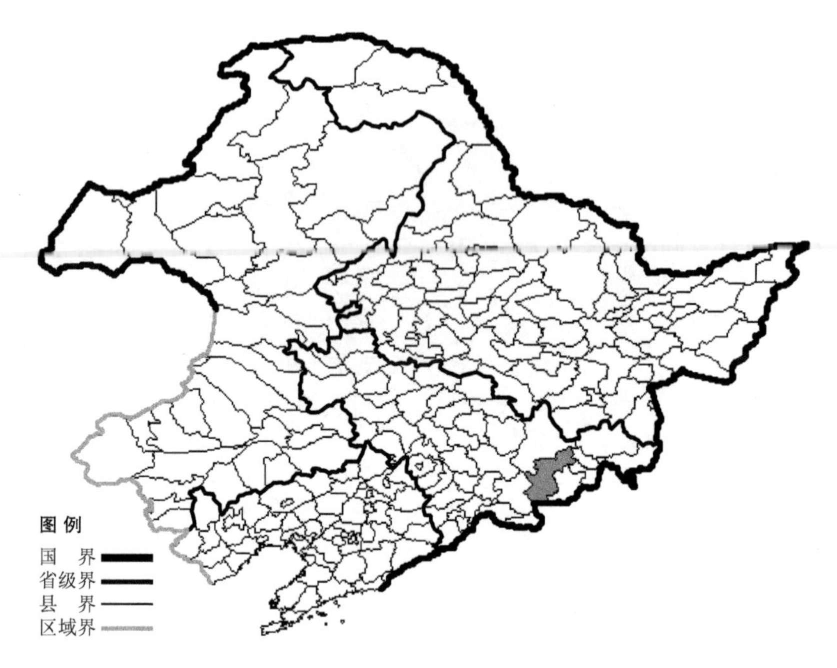

长芒薹草

Carex gmelinii Hook. et Arn.

生境：山坡草地。

产地：吉林省安图。

分布：中国（吉林），朝鲜半岛，日本，俄罗斯（北极带、远东地区），北美洲。

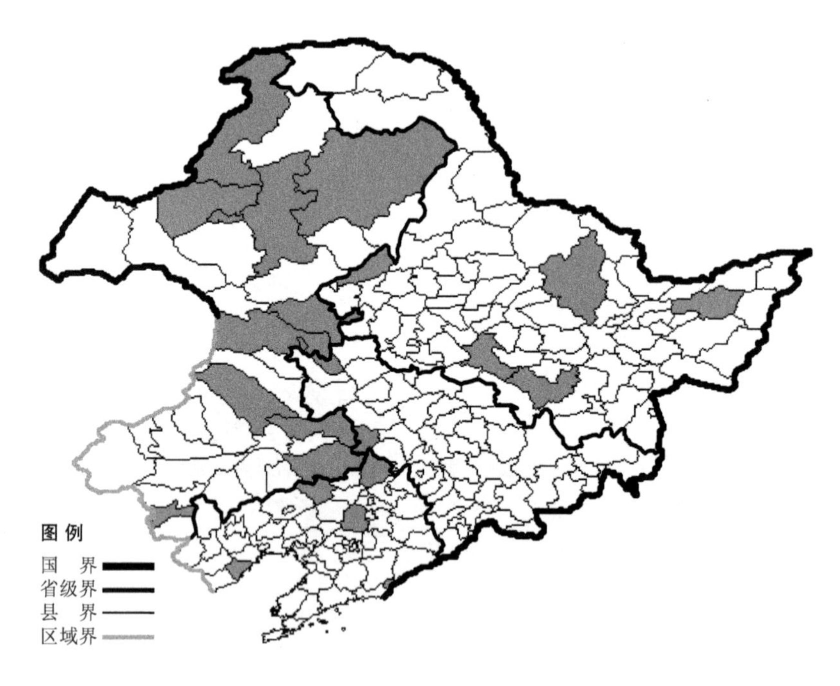

红穗薹草

Carex gotoi Ohwi

生境：草甸，低湿地。

产地：黑龙江省哈尔滨、尚志、伊春、甘南、富锦，吉林省双辽、白城，辽宁省昌图、兴城、丹东、彰武、沈阳，内蒙古牙克石、海拉尔、陈巴尔虎旗、鄂伦春旗、扎赉特旗、扎鲁特旗、额尔古纳、科尔沁右翼前旗、科尔沁左翼后旗、科尔沁左翼中旗、喀喇沁旗、乌兰浩特。

分布：中国（黑龙江、吉林、辽宁、内蒙古、河北、陕西、甘肃），朝鲜半岛，蒙古，俄罗斯（东部西伯利亚）。

异株薹草

Carex gynocrates Wormskj. ex Drejer

生境：沼泽，海拔约 900 米。

产地：吉林省抚松，内蒙古通辽。

分布：中国（吉林、内蒙古），日本，俄罗斯（北极带、东部西伯利亚、远东地区），北美洲。

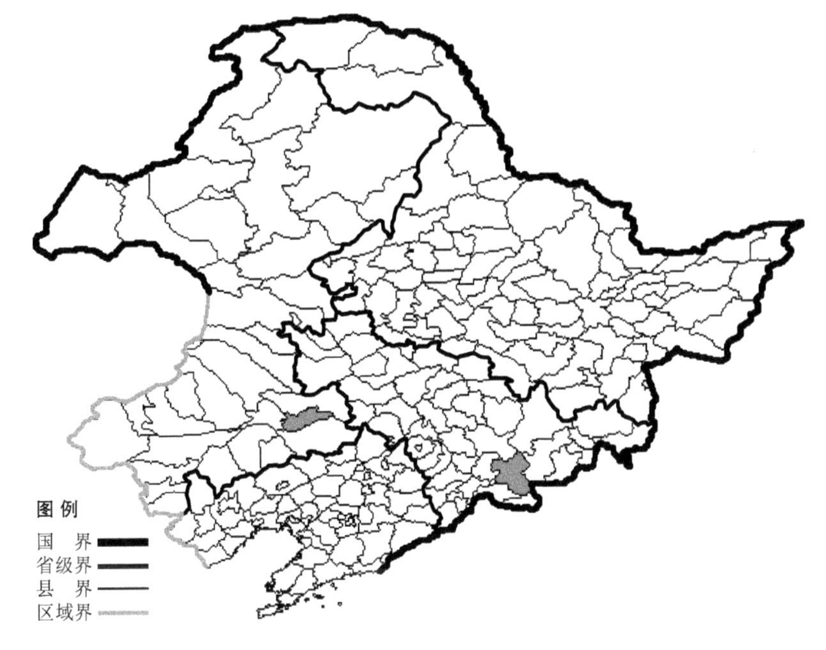

华北薹草

Carex hancockiana Maxim.

生境：林中湿地，山坡草地。

产地：内蒙古巴林右旗、宁城、喀喇沁旗。

分布：中国（内蒙古、陕西、甘肃、四川、新疆），俄罗斯（西伯利亚），蒙古，朝鲜半岛。

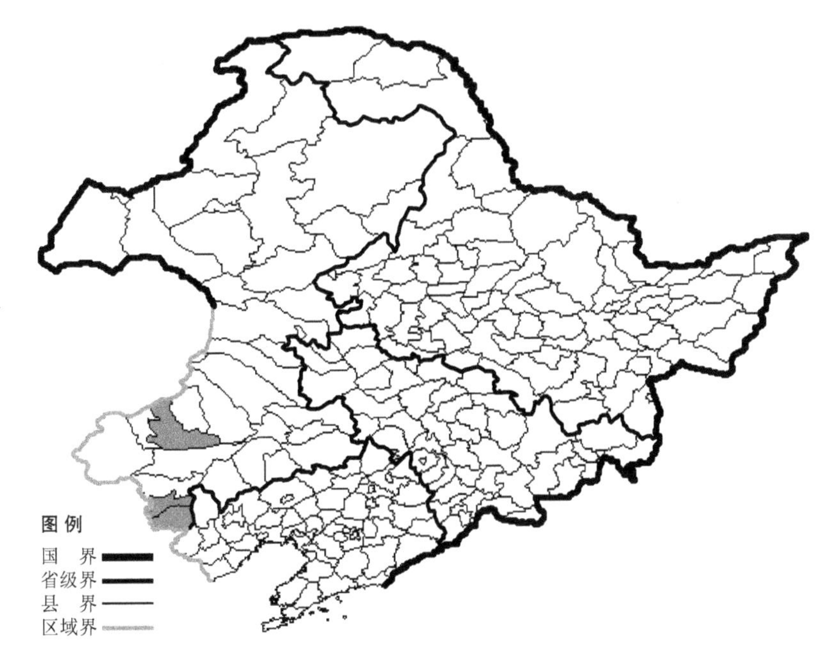

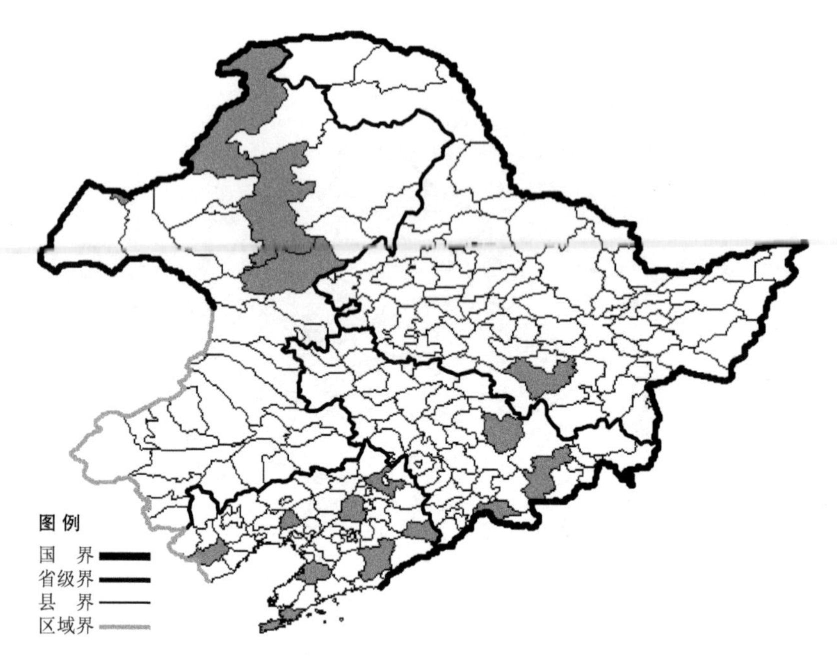

异鳞薹草

Carex heterolepis Bunge

生境：河边砾石地，沟谷，海拔500米以下。

产地：黑龙江省尚志，吉林省临江、蛟河、安图，辽宁省大连、建昌、开原、沈阳、盖州、北镇、桓仁、凤城，内蒙古额尔古纳、牙克石、满洲里、扎兰屯。

分布：中国（黑龙江、吉林、辽宁、内蒙古、河北、山西、陕西、山东），朝鲜半岛，日本。

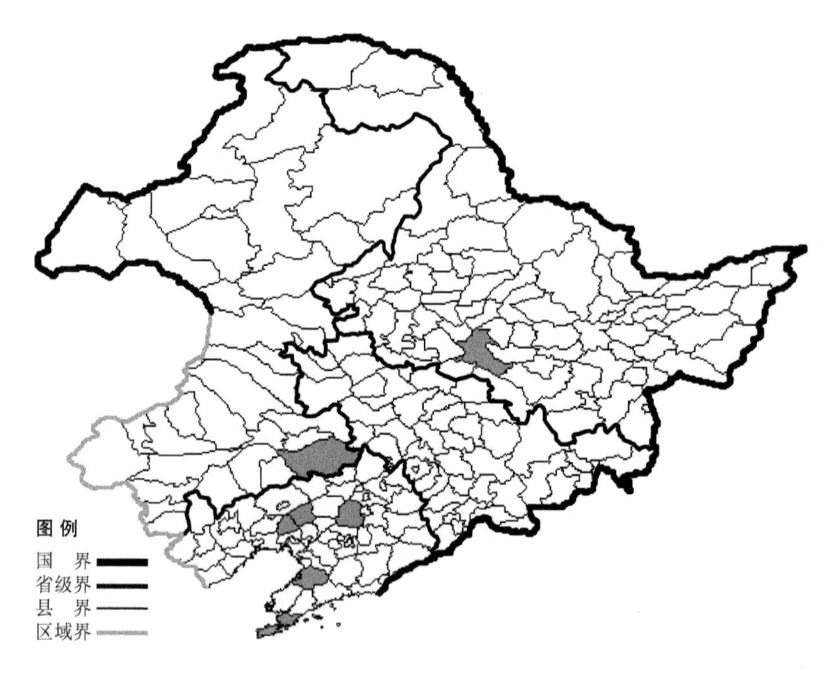

异穗薹草

Carex heterostachya Bunge

生境：向阳山坡草地。

产地：黑龙江省哈尔滨，辽宁省沈阳、大连、北镇、盖州、黑山，内蒙古科尔沁左翼后旗。

分布：中国（黑龙江、辽宁、内蒙古、河北、山西、陕西、甘肃、山东、河南），朝鲜半岛。

湿薹草

Carex humida Y. L. Chang et Y. L. Yang

生境：沼泽旁，湿地，海拔约700米。

产地：黑龙江省哈尔滨、呼玛，内蒙古额尔古纳、牙克石、扎兰屯、扎鲁特旗、鄂温克旗、新巴尔虎左旗、科尔沁右翼前旗、扎赉特旗、巴林右旗、克什克腾旗。

分布：中国（黑龙江、内蒙古）。

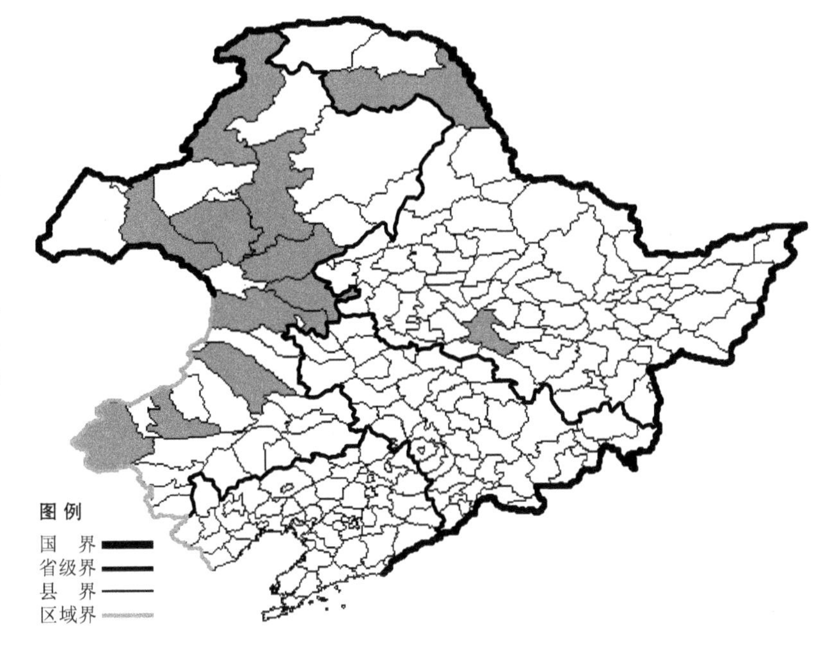

低薹草

Carex humilis Leyss.

生境：山坡草地，松栎林下，海拔700米以下。

产地：黑龙江省呼玛，辽宁省大连、丹东、瓦房店、凤城、铁岭、兴城、北镇、宽甸、绥中、清原、东港。

分布：中国（黑龙江、辽宁），日本，俄罗斯（欧洲部分、高加索、西部西伯利亚），欧洲。

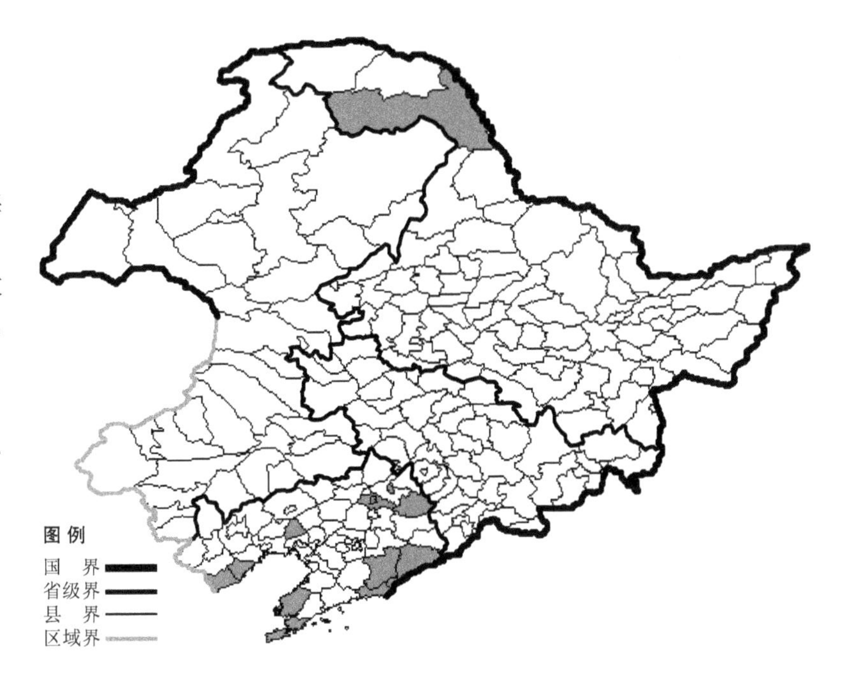

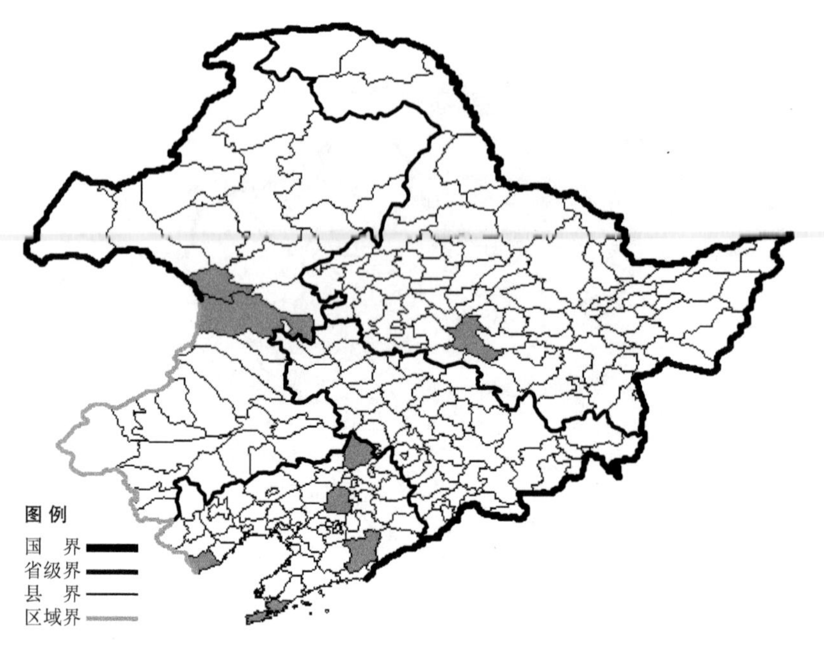

矮丛薹草 Carex humilis Leyss. var. **nana** (Levl. et Vant.) Ohwi 生于荒山、山坡草地、松栎林下，海拔 700 米以下，产于黑龙江省哈尔滨，辽宁省绥中、大连、昌图、凤城、沈阳，内蒙古阿尔山、科尔沁右翼前旗，分布于中国（黑龙江、辽宁、内蒙古），朝鲜半岛，日本。

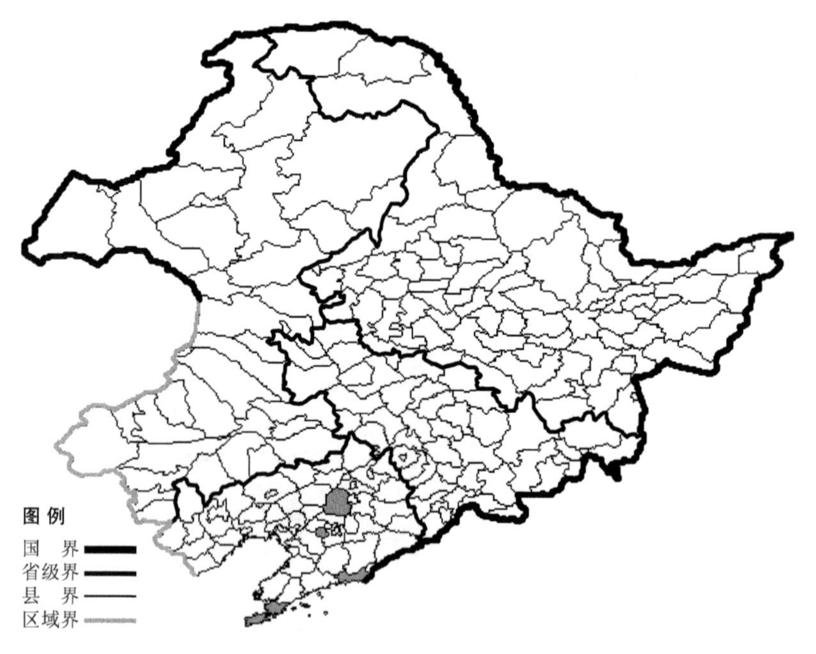

雏田薹草 Carex humilis Leyss. var. **scirrobasis** (Kitag.) Y. L. Chang 生于荒山、山坡草地、松栎林下，产于辽宁省沈阳、鞍山、大连、东港，分布于中国（辽宁）。

绿囊薹草

Carex hypochlora Freyn

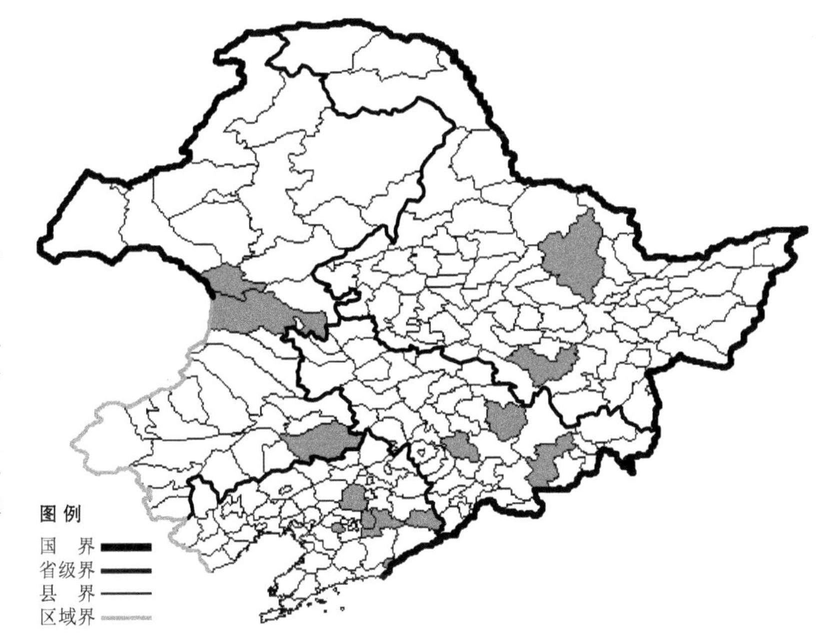

生境：干山坡，草甸，疏林下，海拔 700 米以下。

产地：黑龙江省尚志、伊春，吉林省磐石、蛟河、安图，辽宁省沈阳、丹东、桓仁、鞍山、本溪，内蒙古科尔沁右翼前旗、科尔沁左翼后旗、阿尔山。

分布：中国（黑龙江、吉林、辽宁、内蒙古），朝鲜半岛，俄罗斯（远东地区）。

鸭绿薹草

Carex jaluensis Kom.

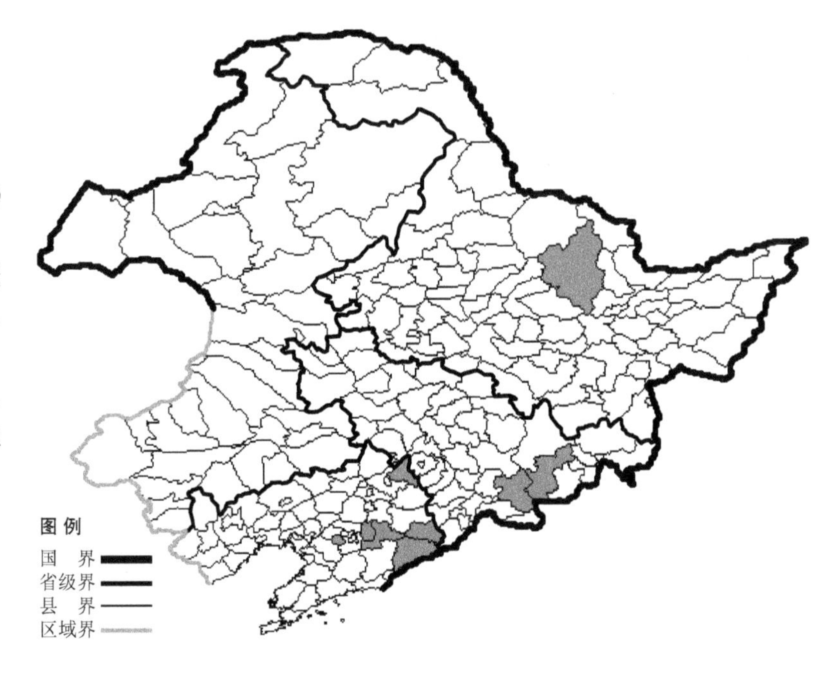

生境：湿草地，沟旁，海拔 1400 米以下。

产地：黑龙江省伊春，吉林省抚松、安图，辽宁省宽甸、桓仁、西丰、鞍山、本溪。

分布：中国（黑龙江、吉林、辽宁、河北、山西），朝鲜半岛，俄罗斯（远东地区）。

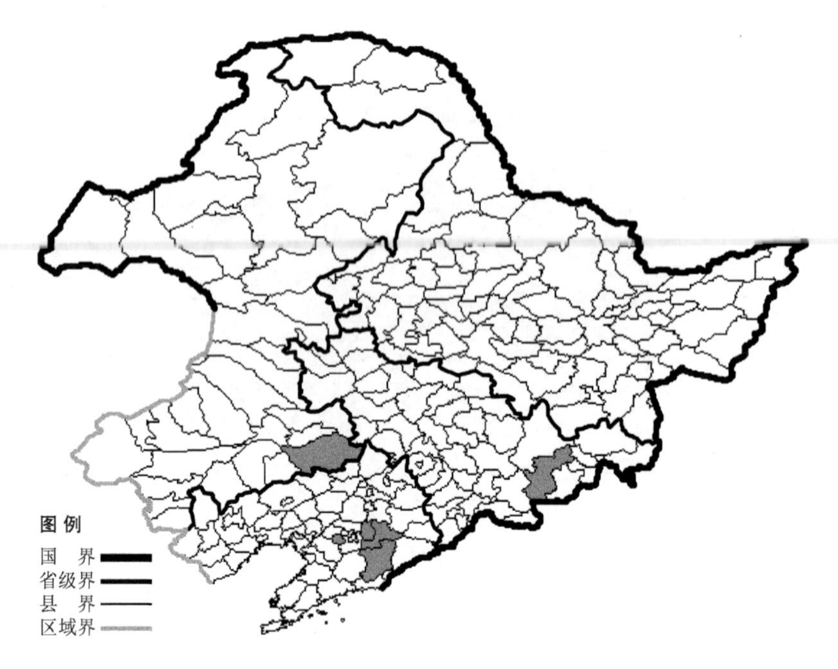

软薹草

Carex japonica Thunb.

生境：林缘，山坡草地，沟边，海拔500米以下。

产地：吉林省安图，辽宁省鞍山、凤城、本溪，内蒙古科尔沁左翼后旗。

分布：中国（吉林、辽宁、内蒙古、河北、山西、陕西、江苏、河南、湖北、四川、云南），朝鲜半岛，日本，俄罗斯（远东地区）。

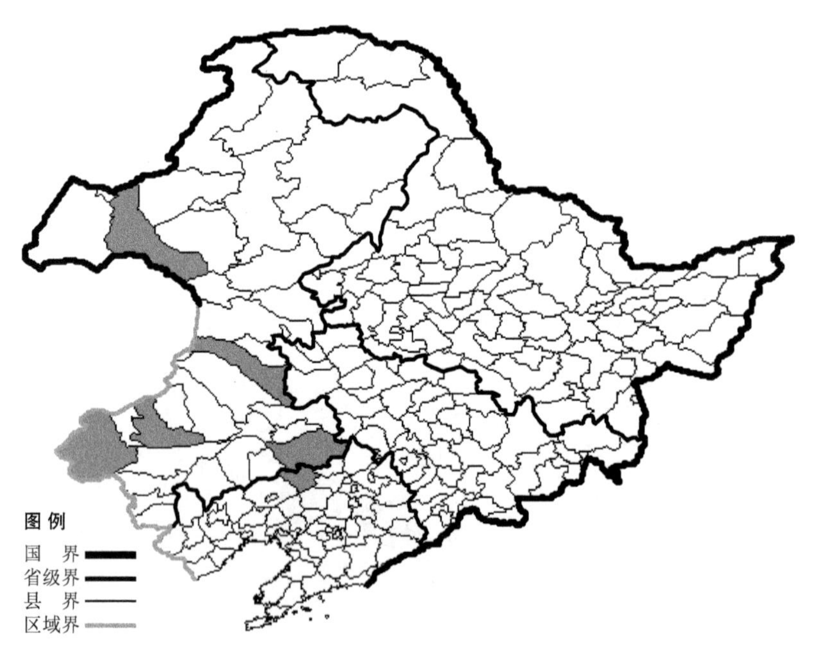

小粒薹草

Carex karoi (Freyn) Freyn

生境：沙丘旁湿地，草甸。

产地：辽宁省彰武，内蒙古新巴尔虎左旗、科尔沁右翼中旗、巴林右旗、克什克腾旗、科尔沁左翼后旗。

分布：中国（辽宁、内蒙古、河北、山西、新疆），蒙古，俄罗斯（西伯利亚、远东地区），中亚。

长秆薹草

Carex kirganica Kom.

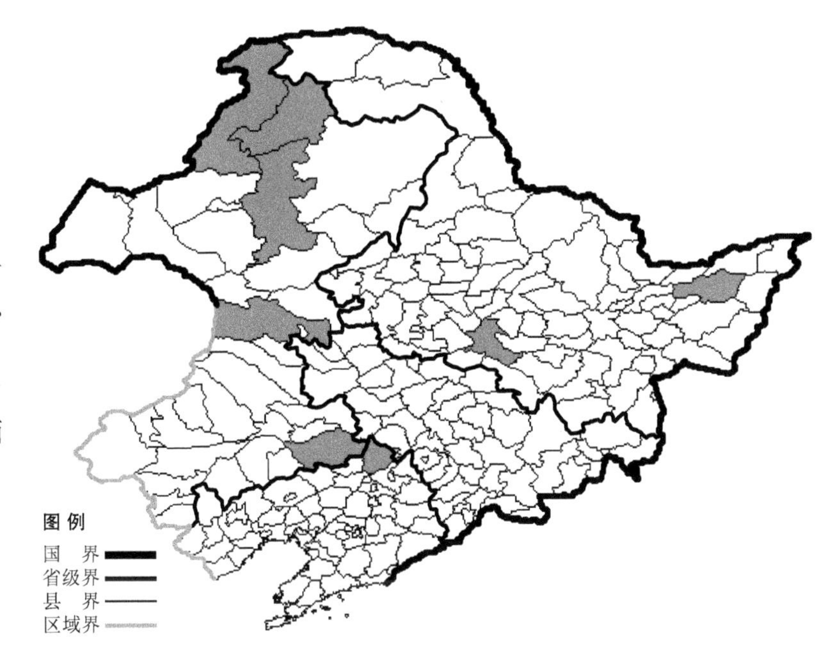

生境：沼泽。

产地：黑龙江省哈尔滨、富锦，辽宁省昌图，内蒙古牙克石、额尔古纳、根河、科尔沁右翼前旗、科尔沁左翼后旗。

分布：中国（黑龙江、辽宁、内蒙古），朝鲜半岛，俄罗斯（东部西伯利亚、远东地区）。

吉林薹草

Carex kirinensis Wang et Y. L. Chang

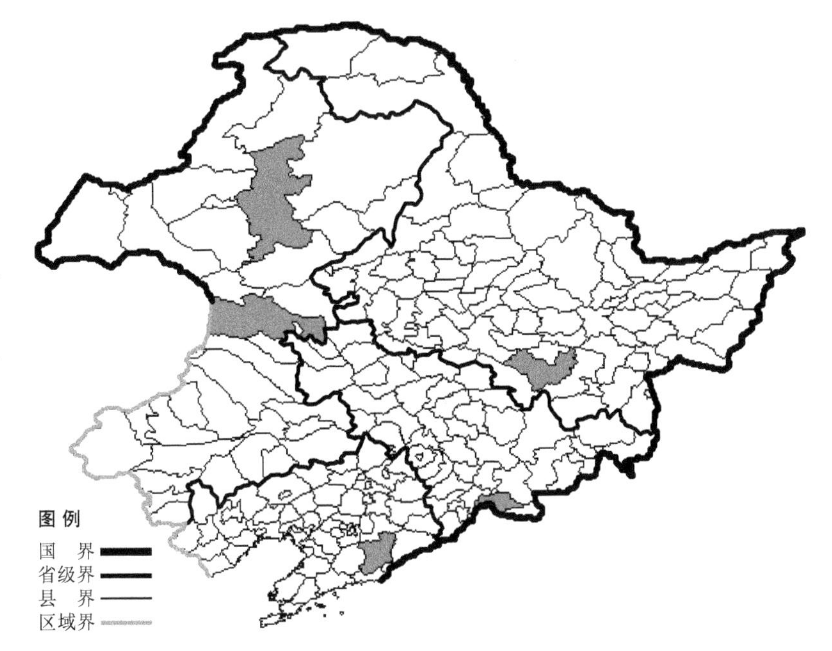

生境：林下，海拔 1000 米以下。

产地：黑龙江省尚志，吉林省临江，辽宁省凤城，内蒙古科尔沁右翼前旗、牙克石。

分布：中国（黑龙江、吉林、辽宁、内蒙古）。

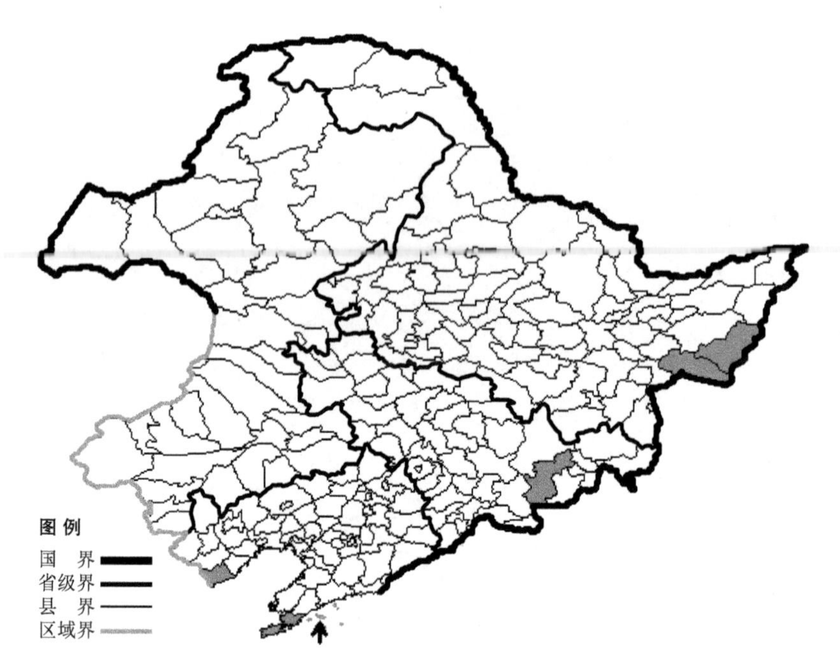

砂砧薹草

Carex kobomugi Ohwi

生境：海边，湖边，沙地，海拔700米以下。

产地：黑龙江省密山、虎林，吉林省安图，辽宁省绥中、长海、大连。

分布：中国（黑龙江、吉林、辽宁、河北、山东、江苏、浙江、台湾），朝鲜半岛，日本，俄罗斯（远东地区）。

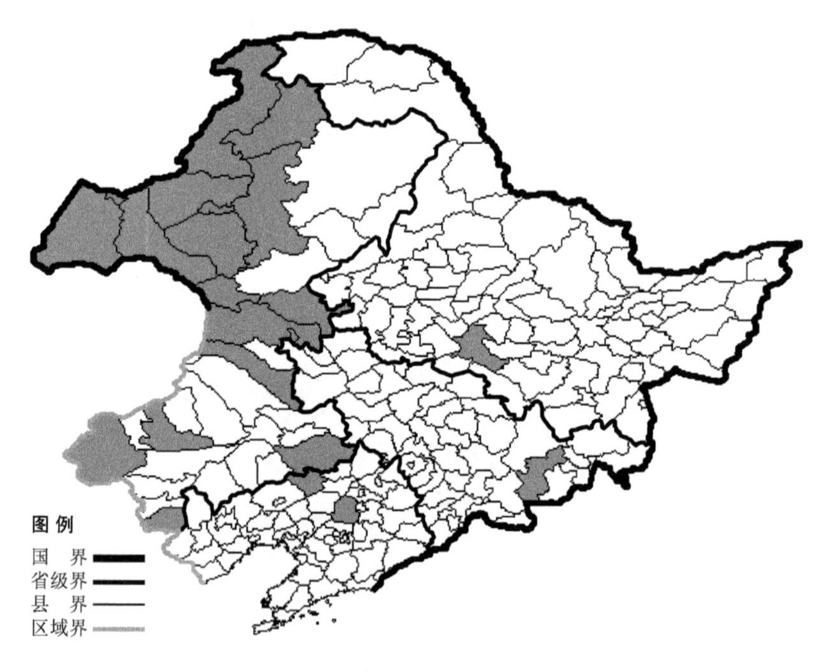

黄囊薹草

Carex korshinckyi Kom.

生境：山坡草地，沙质地，海拔1300米以下。

产地：黑龙江省哈尔滨，吉林省安图，辽宁省沈阳、彰武，内蒙古额尔古纳、海拉尔、牙克石、满洲里、鄂温克旗、新巴尔虎左旗、陈巴尔虎旗、扎赉特旗、科尔沁左翼后旗、新巴尔虎右旗、科尔沁右翼前旗、阿尔山、科尔沁右翼中旗、巴林右旗、乌兰浩特、根河、克什克腾旗、宁城。

分布：中国（黑龙江、吉林、辽宁、内蒙古、新疆），朝鲜半岛，蒙古，俄罗斯（东部西伯利亚、远东地区）。

假尖嘴薹草

Carex laevissima Nakai

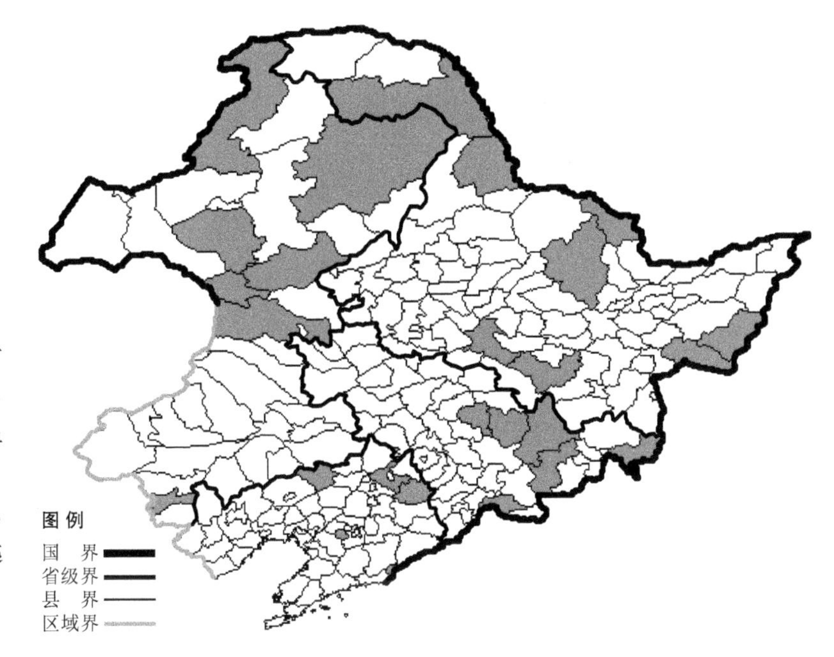

生境：草甸，林缘，海拔约 400 米。

产地：黑龙江省哈尔滨、伊春、呼玛、尚志、密山、虎林、齐齐哈尔、黑河、嘉荫，吉林省吉林、临江、蛟河、安图、珲春、敦化，辽宁省开原、丹东、彰武、清原、鞍山，内蒙古扎兰屯、额尔古纳、鄂伦春旗、阿尔山、鄂温克旗、科尔沁右翼前旗、喀喇沁旗。

分布：中国（黑龙江、吉林、辽宁、内蒙古），朝鲜半岛，日本，俄罗斯（远东地区）。

凸脉薹草

Carex lanceolata Boott

生境：林缘，林下，海拔约 1200 米以下。

产地：黑龙江省尚志、哈尔滨、伊春、黑河、嘉荫，吉林省安图、桦甸、蛟河、长白，辽宁省鞍山、本溪、凤城、桓仁、丹东、新宾、宽甸、沈阳、瓦房店、大连、清原、东港，内蒙古阿荣旗、额尔古纳、满洲里、阿尔山、克什克腾旗、科尔沁右翼前旗、牙克石、海拉尔、根河。

分布：中国（黑龙江、吉林、辽宁、内蒙古、河北、山西、陕西、甘肃、山东、江苏、安徽、浙江、河南、江西、四川、贵州、云南），朝鲜半岛，日本，蒙古，俄罗斯（东部西伯利亚、远东地区）。

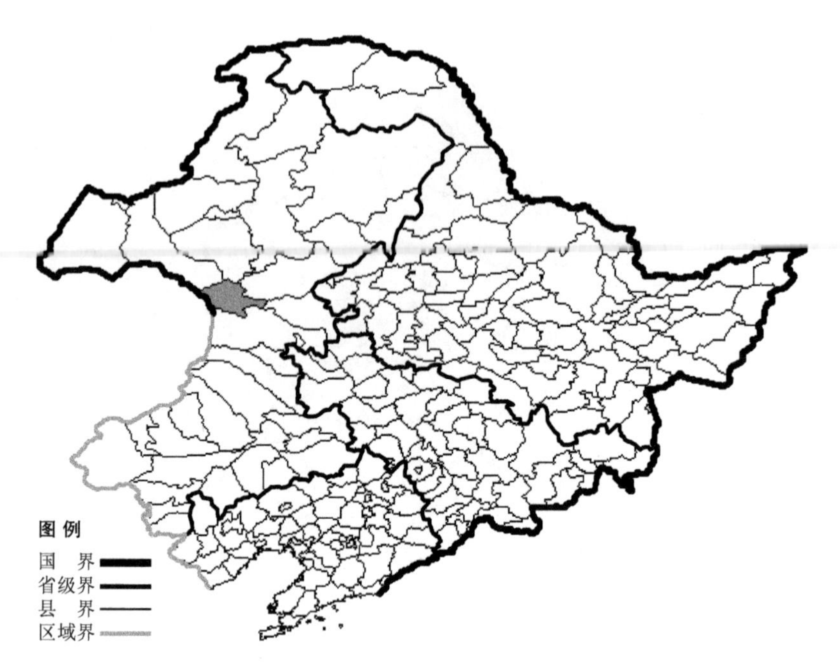

少囊凸脉薹草 Carex lanceolata Boott var. **laxa** Ohwi 生于火山岩上，产于内蒙古阿尔山，分布于中国（内蒙古），俄罗斯（西伯利亚、远东地区）。

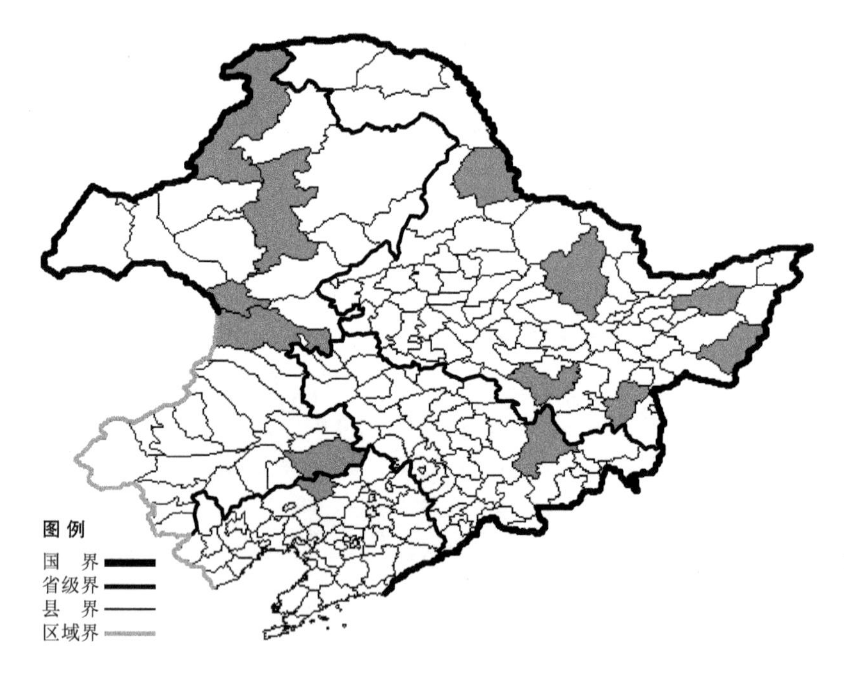

毛薹草

Carex lasiocarpa Ehrh.

生境：踏头甸子，沼泽，海拔500米以下。

产地：黑龙江省伊春、尚志、富锦、虎林、穆棱、黑河，吉林省敦化，辽宁省彰武，内蒙古牙克石、阿尔山、额尔古纳、科尔沁左翼后旗、科尔沁右翼前旗。

分布：中国（黑龙江、吉林、辽宁、内蒙古），朝鲜半岛，蒙古，俄罗斯（欧洲部分、高加索、西伯利亚、远东地区），中亚，欧洲。

宽鳞薹草

Carex latisquamea Kom.

生境：疏林下湿草地、林中草甸，海拔约 400 米。

产地：黑龙江省伊春，吉林省长春、桦甸、安图，辽宁省沈阳。

分布：中国（黑龙江、吉林、辽宁），朝鲜半岛，日本，俄罗斯（远东地区）。

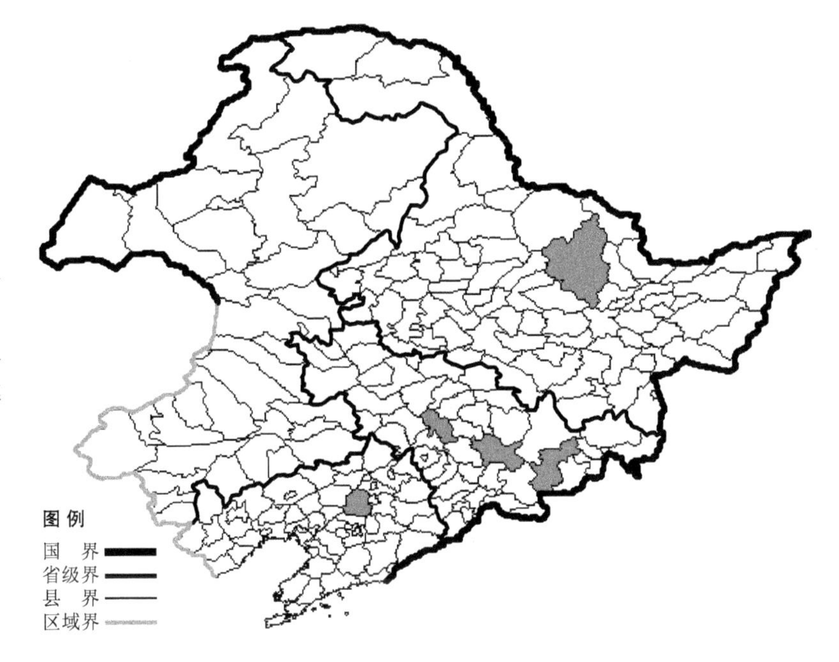

疏薹草

Carex laxa Wahlenb.

生境：沼泽，湖边。

产地：吉林省安图，内蒙古阿尔山。

分布：中国（吉林、内蒙古），朝鲜半岛，日本，俄罗斯（欧洲部分、西伯利亚、远东地区），欧洲。

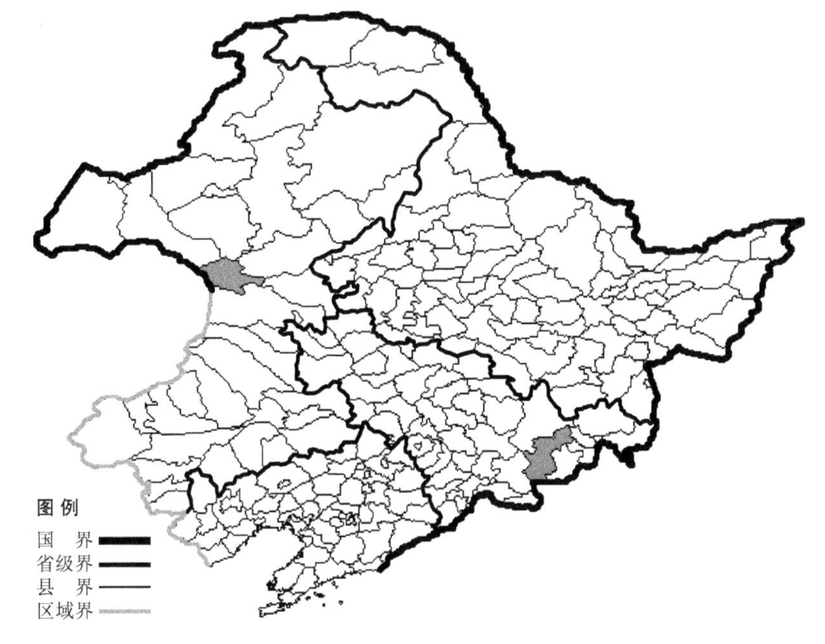

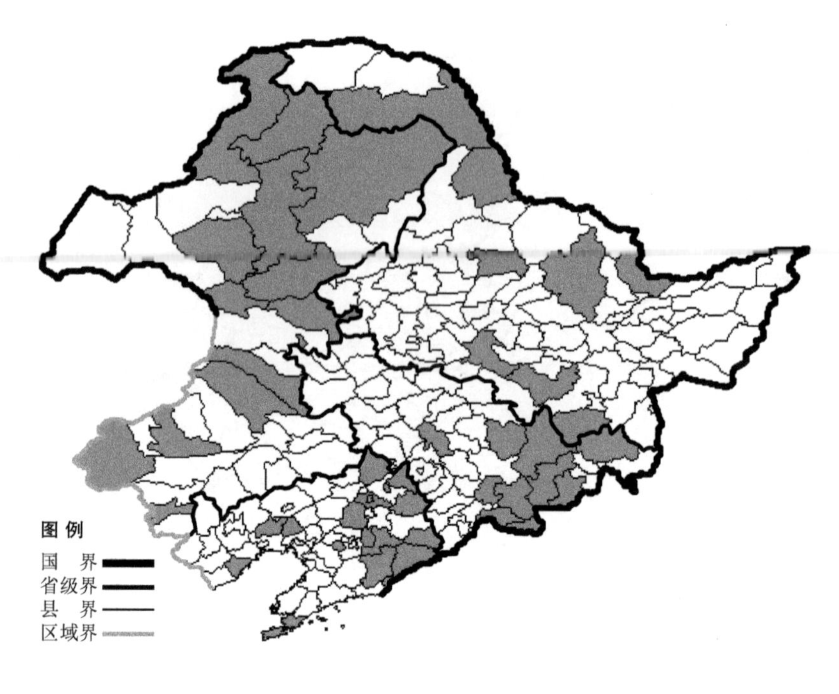

尖嘴薹草

Carex leiorhyncha C. A. Mey.

生境：草甸，湿草地，海拔 1400 米以下。

产地：黑龙江省哈尔滨、伊春、北安、尚志、宁安、黑河、呼玛、萝北，吉林省临江、长春、汪清、靖宇、抚松、安图、和龙、敦化、蛟河、长白，辽宁省西丰、丹东、兴城、宽甸、桓仁、清原、昌图、铁岭、沈阳、义县、北镇、鞍山、本溪、凤城、大连，内蒙古根河、鄂温克旗、鄂伦春旗、扎兰屯、牙克石、科尔沁右翼中旗、扎赉特旗、额尔古纳、扎鲁特旗、巴林右旗、克什克腾旗、牙克石、喀喇沁旗、乌兰浩特、阿尔山。

分布：中国（黑龙江、吉林、辽宁、内蒙古、河北、山西、陕西、甘肃、山东、河南），朝鲜半岛，俄罗斯（东部西伯利亚、远东地区）。

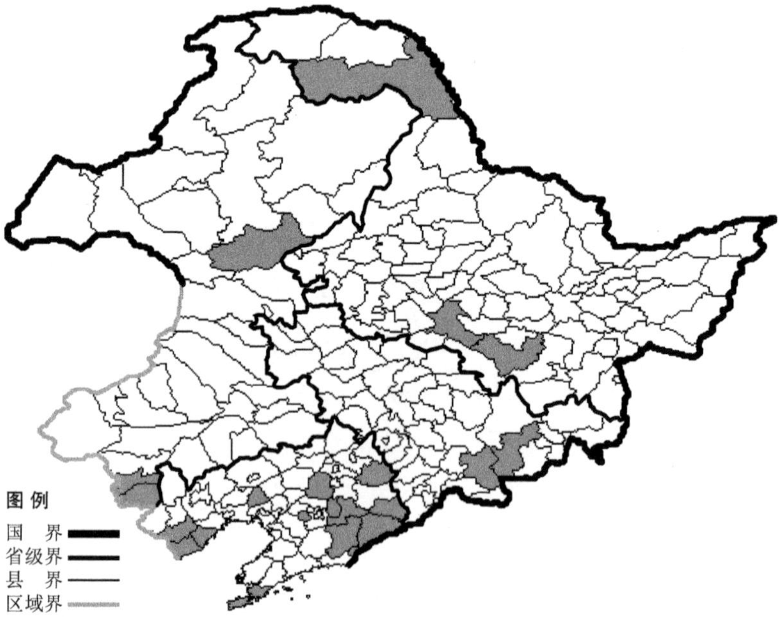

等穗薹草

Carex leucochlora Bunge

生境：山坡草地、草甸，海拔 800 米以下。

产地：黑龙江省尚志、呼玛、哈尔滨，吉林省安图、抚松，辽宁省沈阳、北镇、绥中、建昌、桓仁、丹东、鞍山、兴城、宽甸、清原、凤城、大连、本溪，内蒙古扎兰屯、喀喇沁旗、宁城。

分布：中国（黑龙江、吉林、辽宁、内蒙古、辽宁、河北、山西、陕西、甘肃、山东、江苏、安徽、浙江、福建、河南、湖北、江西、湖南、广东、四川、贵州、云南、西藏、台湾），朝鲜半岛，日本，俄罗斯（远东地区），印度，缅甸。

沼薹草

Carex limosa L.

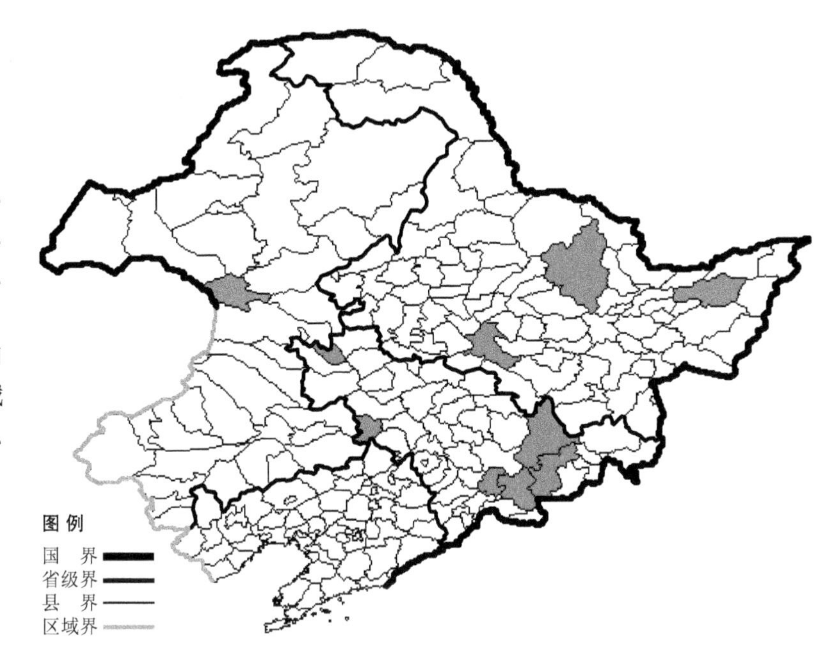

生境：沼泽、湖边，海拔约600米。

产地：黑龙江省伊春、哈尔滨、富锦，吉林省抚松、靖宇、双辽、安图、敦化、白城，内蒙古阿尔山。

分布：中国（黑龙江、吉林、内蒙古），朝鲜半岛，日本，蒙古，俄罗斯（欧洲部分、高加索、西伯利亚、远东地区），欧洲，北美洲。

二柱薹草

Carex lithophila Turcz.

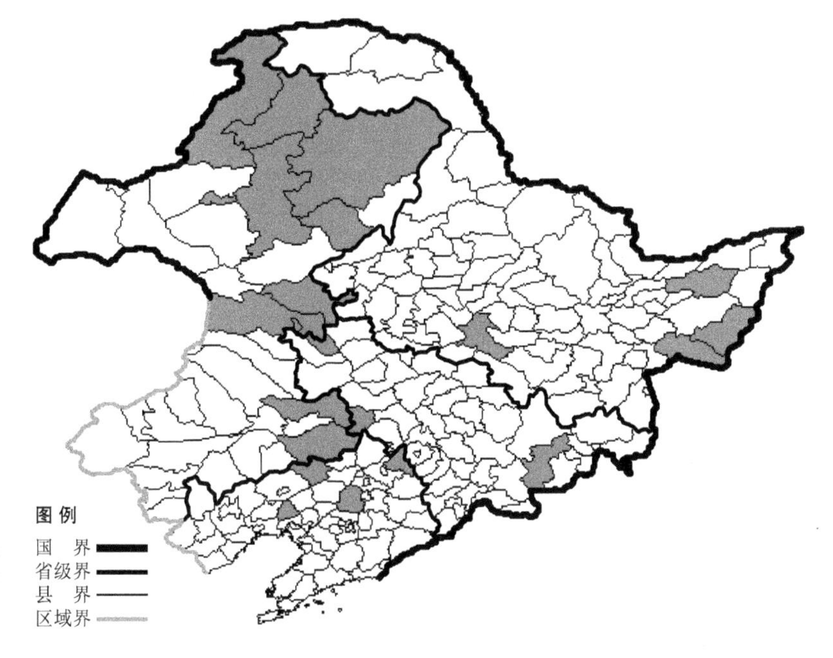

生境：河边湿地、草甸，海拔800米以下。

产地：黑龙江省哈尔滨、虎林、富锦、密山，吉林省双辽、白城、安图，辽宁省沈阳、西丰、北镇、彰武，内蒙古额尔古纳、根河、海拉尔、科尔沁右翼前旗、牙克石、科尔沁左翼后旗、科尔沁左翼中旗、鄂伦春旗、阿荣旗、扎赉特旗、乌兰浩特。

分布：中国（黑龙江、吉林、辽宁、内蒙古、河北、山西、陕西、甘肃、山东），朝鲜半岛，日本，蒙古，俄罗斯（东部西伯利亚、远东地区）。

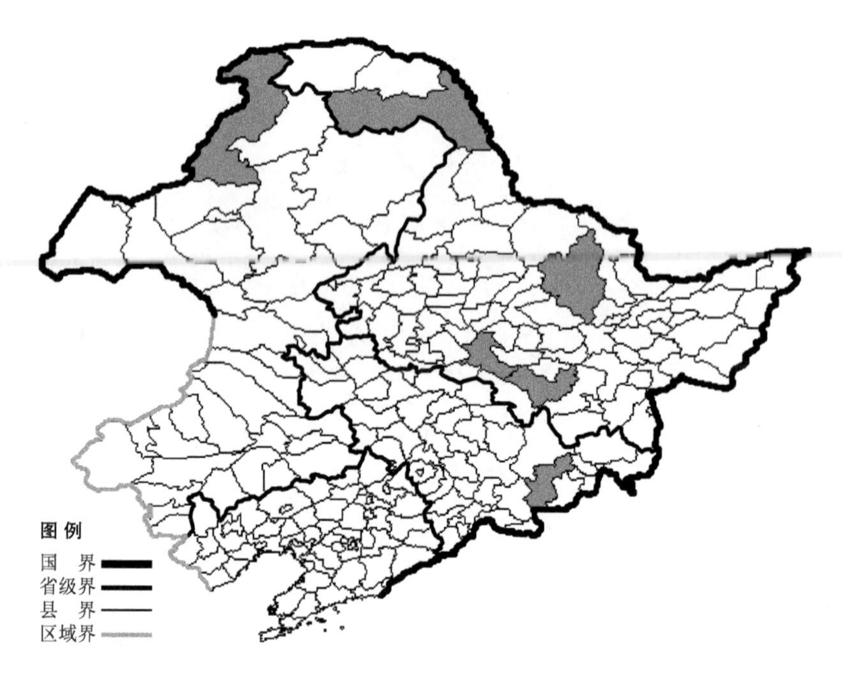

间穗薹草

Carex loliacea L.

生境：沟谷苔藓落叶松林下。

产地：黑龙江省哈尔滨、伊春、尚志、呼玛，吉林省安图，内蒙古额尔古纳。

分布：中国（黑龙江、吉林、内蒙古），朝鲜半岛，日本，俄罗斯（欧洲部分、西伯利亚、远东地区），中亚，欧洲。

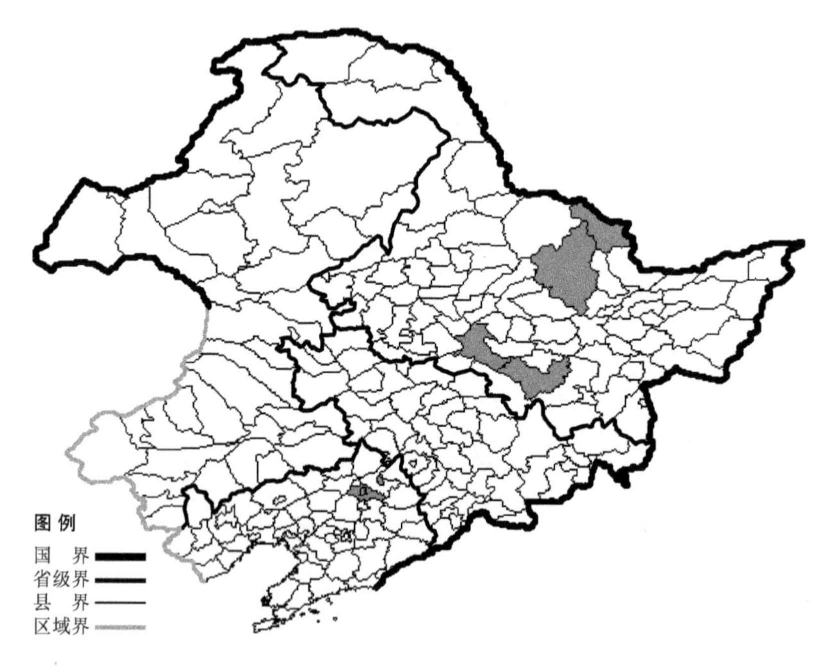

长嘴薹草

Carex longerostrata C. A. Mey.

生境：山坡灌丛，林下。

产地：黑龙江省尚志、哈尔滨、伊春、嘉荫，辽宁省铁岭。

分布：中国（黑龙江、辽宁、河北、山西、陕西），朝鲜半岛，日本，俄罗斯（远东地区）。

小苞叶薹草

Carex lucidula Franch.

生境：林中湿草地，草甸。

产地：黑龙江省伊春，内蒙古阿尔山、科尔沁右翼前旗。

分布：中国（黑龙江、内蒙古），朝鲜半岛，日本，俄罗斯（东部西伯利亚、远东地区）。

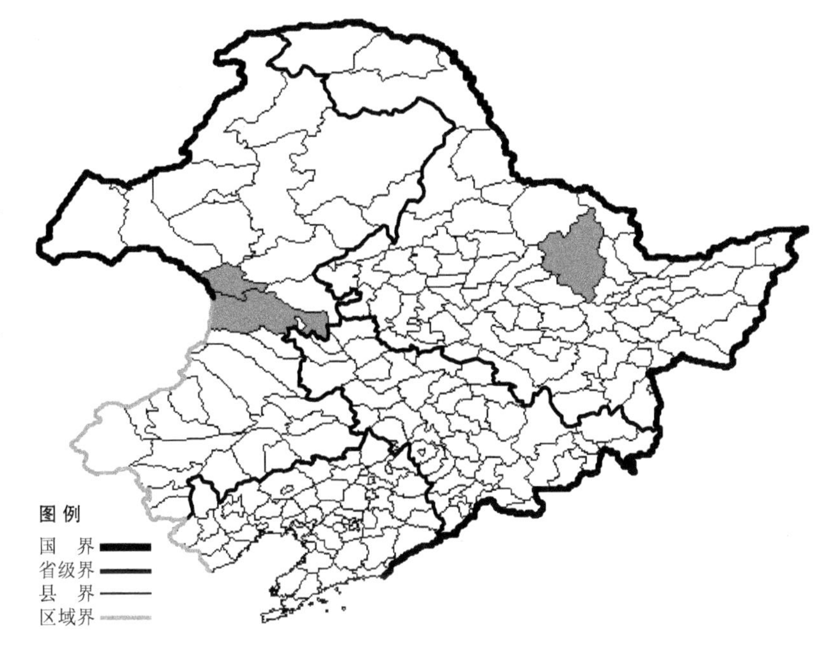

卵果薹草

Carex maackii Maxim.

生境：河边，湿地，海拔约 300 米。

产地：黑龙江省尚志、哈尔滨、嘉荫、伊春，吉林省磐石、安图，辽宁省沈阳。

分布：中国（黑龙江、吉林、辽宁、江苏、安徽、浙江、河南），朝鲜半岛，日本，俄罗斯（远东地区）。

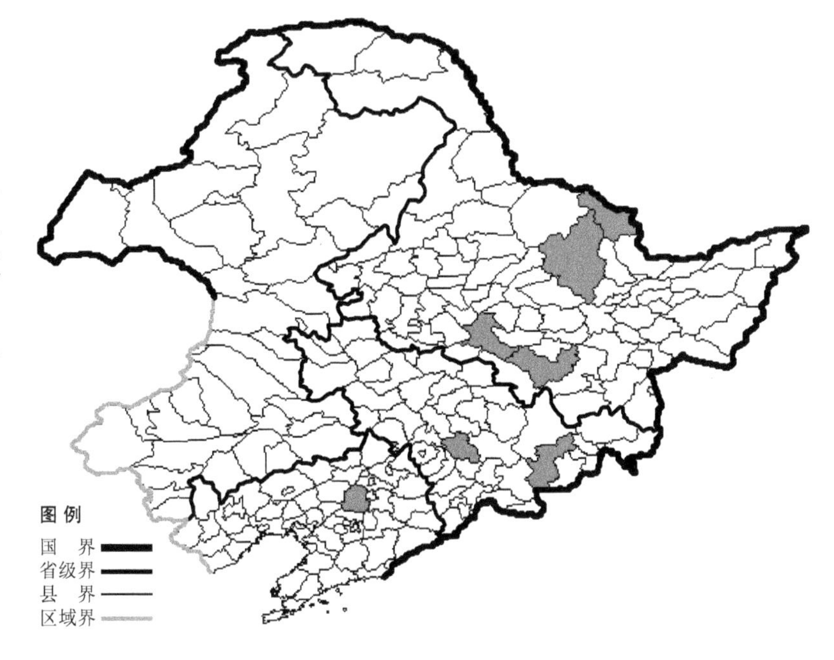

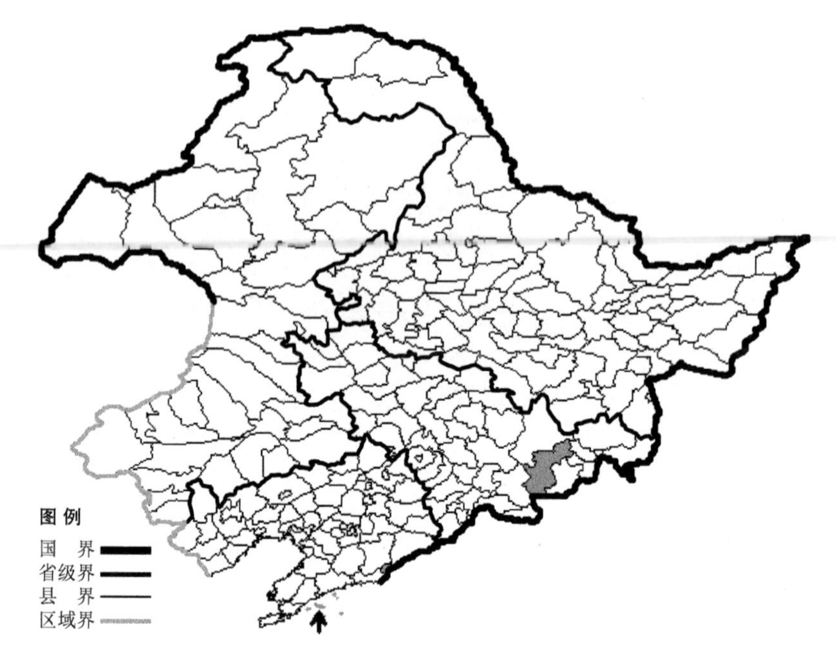

麦薹草

Carex maximowiczii Miq.

生境：湿草地。

产地：吉林省安图，辽宁省丹东、长海。

分布：中国（吉林、辽宁、山东），朝鲜半岛，日本，俄罗斯（远东地区）。

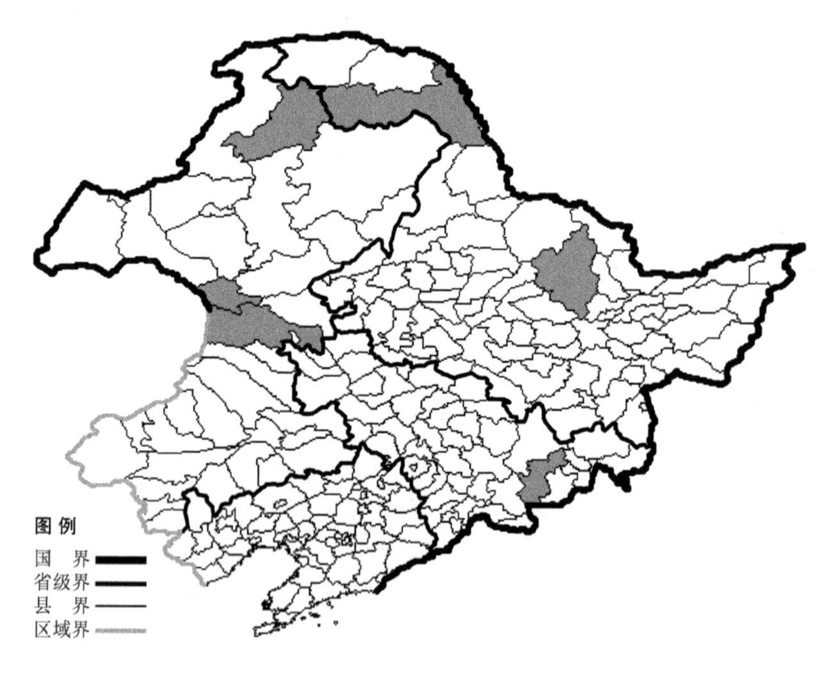

紫鳞薹草

Carex media R. Br.

生境：林下，林缘，海拔约 700 米。

产地：黑龙江省伊春、呼玛，吉林省安图，内蒙古科尔沁右翼前旗、根河、阿尔山。

分布：中国（黑龙江、吉林、内蒙古），俄罗斯（北极带、欧洲部分、西伯利亚、远东地区），中亚，欧洲，北美洲。

乌拉草

Carex meyeriana Kunth

生境：林下，沼泽，海拔 1300 米以下。

产地：黑龙江省伊春、集贤、富锦，吉林省抚松、临江、安图，内蒙古额尔古纳、根河、牙克石、阿尔山、科尔沁右翼前旗。

分布：中国（黑龙江、吉林、内蒙古），朝鲜半岛，日本，蒙古，俄罗斯（西伯利亚、远东地区）。

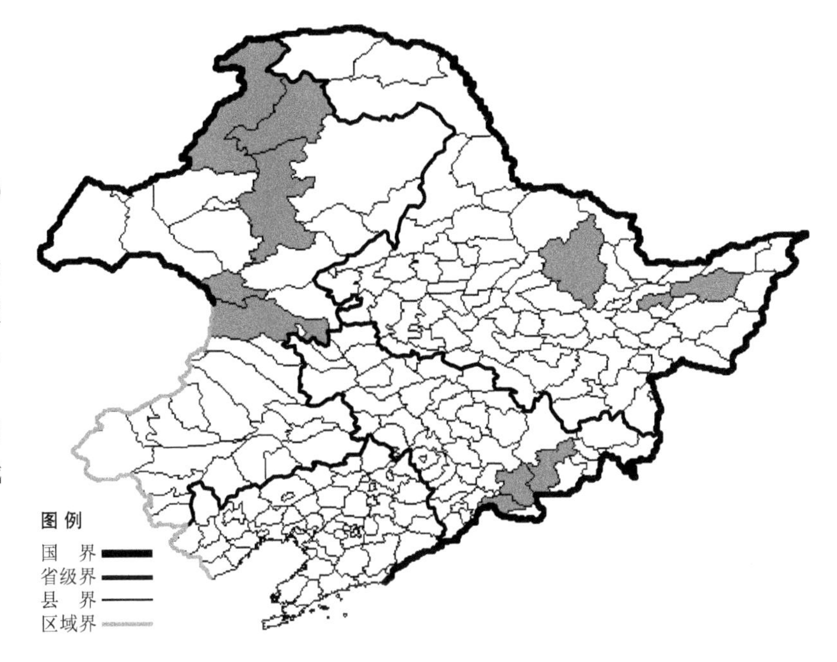

滑茎薹草

Carex micrantha Kukenth.

生境：河边，沼泽。

产地：黑龙江省哈尔滨、富裕，吉林省安图。

分布：中国（黑龙江、吉林）。

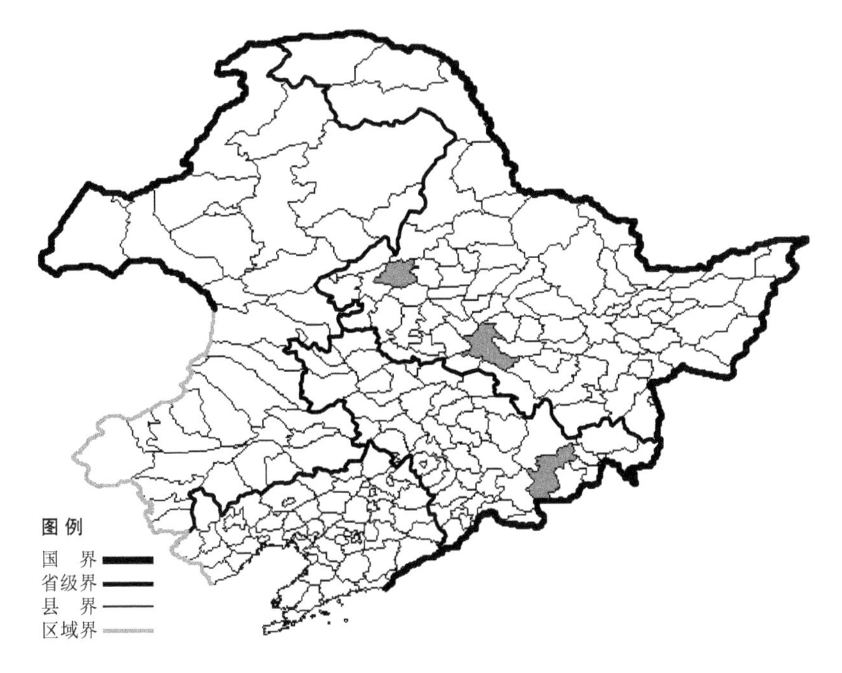

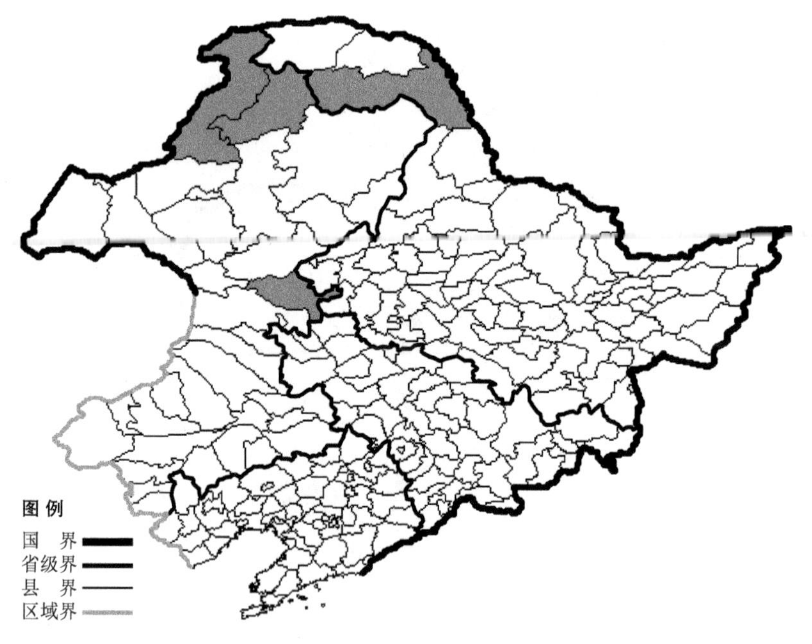

柄薹草

Carex mollissima Christ ex Scheutz

生境：沼泽，海拔 1000 米以下。

产地：黑龙江省呼玛，内蒙古额尔古纳、根河、扎赉特旗。

分布：中国（黑龙江、内蒙古），朝鲜半岛，俄罗斯（西伯利亚、远东地区）。

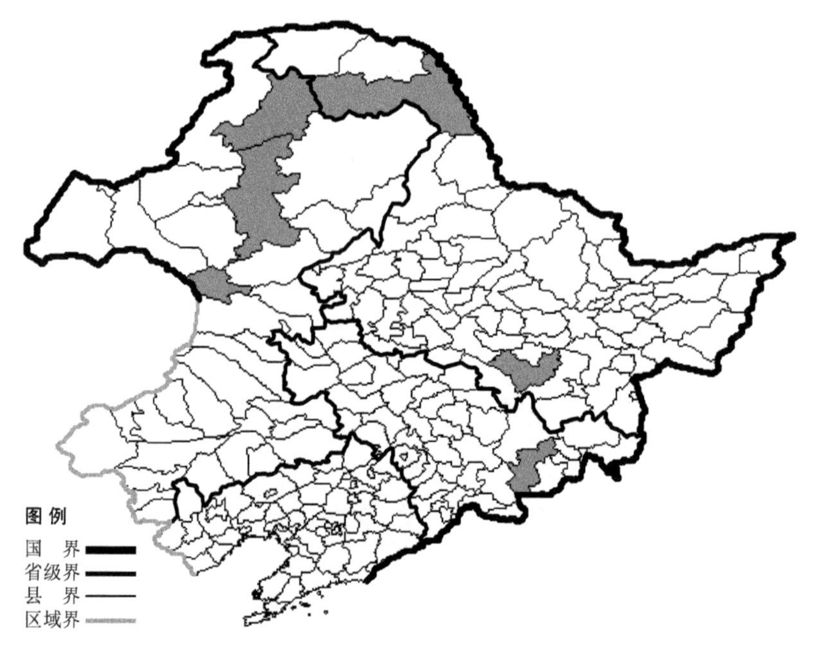

截嘴薹草

Carex nervata Franch. et Sav.

生境：林下，海拔 800 米以下。

产地：黑龙江省尚志、呼玛，吉林省安图，内蒙古根河、阿尔山、牙克石。

分布：中国（黑龙江、吉林、内蒙古），朝鲜半岛，日本，俄罗斯（远东地区）。

翼果薹草

Carex neurocarpa Maxim.

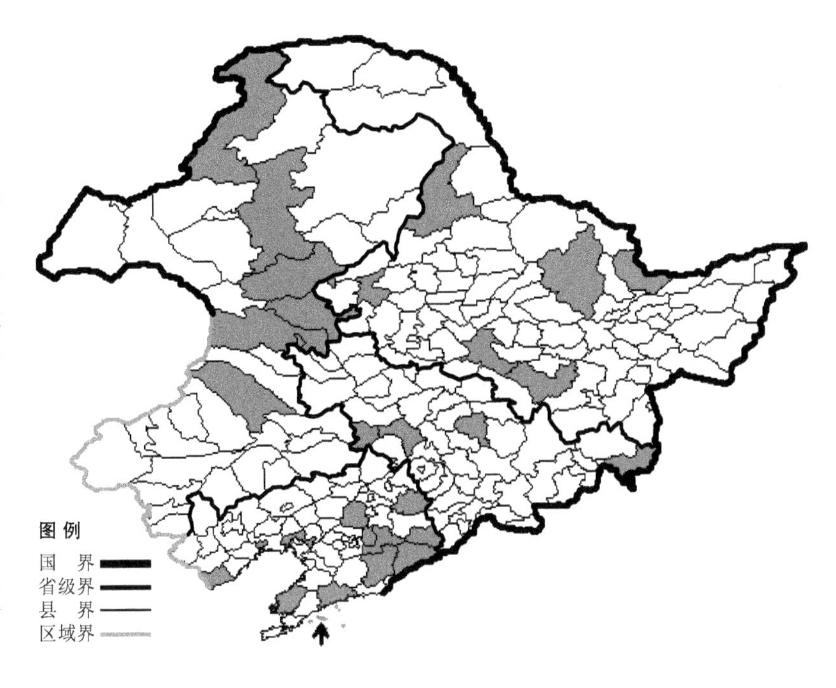

生境：湿草地，草甸，海拔 800 米以下。

产地：黑龙江省哈尔滨、齐齐哈尔、嫩江、伊春、尚志、萝北，吉林省珲春、双辽、公主岭、吉林，辽宁省沈阳、锦州、凤城、庄河、本溪、桓仁、绥中、瓦房店、长海、宽甸、盘山、清原，内蒙古额尔古纳、牙克石、扎兰屯、科尔沁右翼前旗、扎赉特旗、乌兰浩特、扎鲁特旗。

分布：中国（黑龙江、吉林、辽宁、内蒙古、河北、山西、陕西、甘肃、山东、江苏、安徽、河南），朝鲜半岛，日本，俄罗斯（远东地区）。

北薹草

Carex obtusata Lijebl.

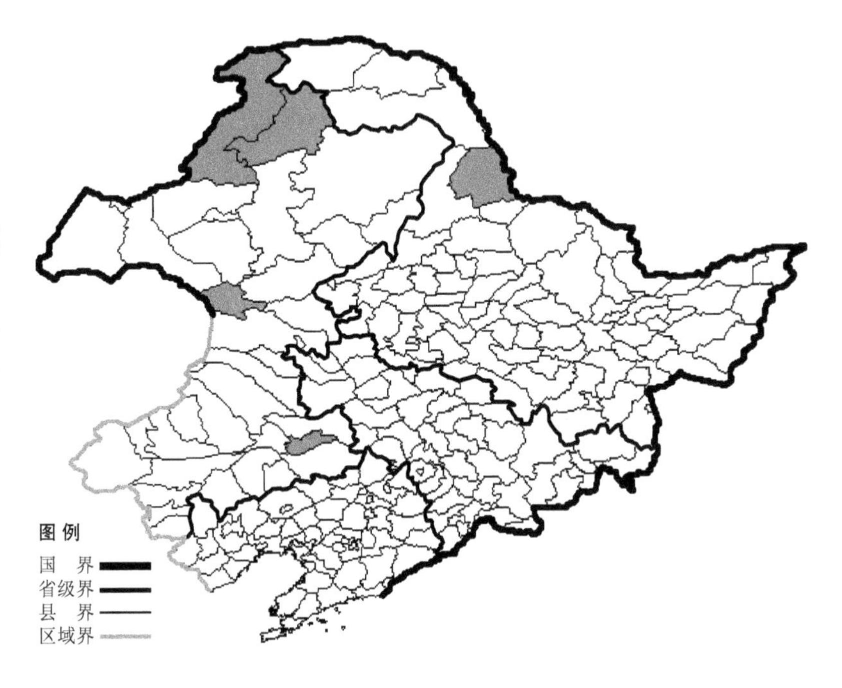

生境：林下，林缘。

产地：黑龙江省黑河，内蒙古额尔古纳、根河、阿尔山、通辽。

分布：中国（黑龙江、内蒙古、新疆），俄罗斯（欧洲部分、高加索、西伯利亚、远东地区），中亚，欧洲，北美洲。

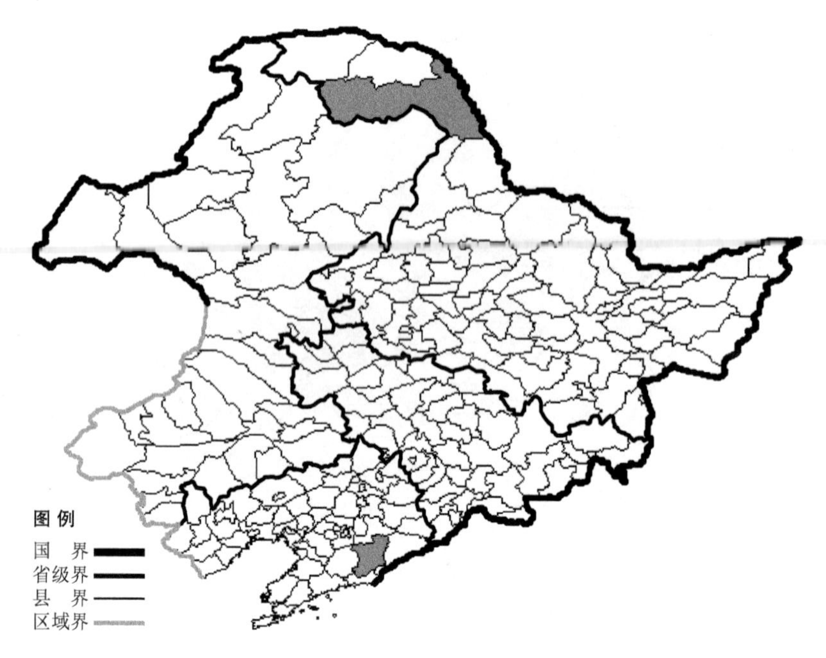

星穗薹草

Carex omiana Franch. et Sav.

生境：湿地。

产地：黑龙江省呼玛，辽宁省凤城。

分布：中国（黑龙江、辽宁），日本。

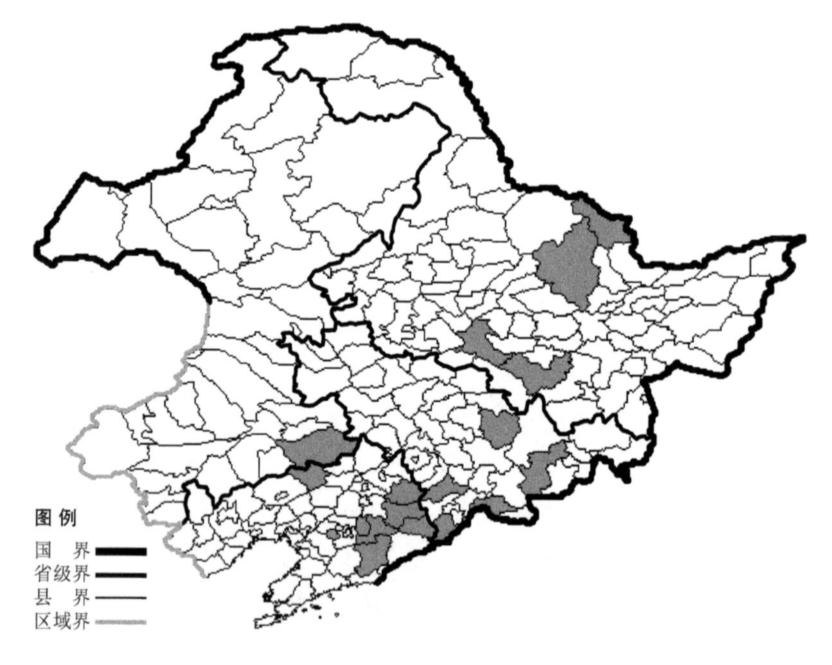

阴地针薹草

Carex onoei Franch. et Sav.

生境：林下，湿草地，海拔900米以下。

产地：黑龙江省哈尔滨、伊春、尚志、嘉荫，吉林省临江、安图、蛟河、柳河、集安，辽宁省清原、彰武、新宾、桓仁、鞍山、凤城、本溪，内蒙古科尔沁左翼后旗。

分布：中国（黑龙江、吉林、辽宁、内蒙古、河北、陕西、四川、云南），朝鲜半岛，日本，俄罗斯（远东地区）。

直穗薹草

Carex orthostachys C. A. Mey.

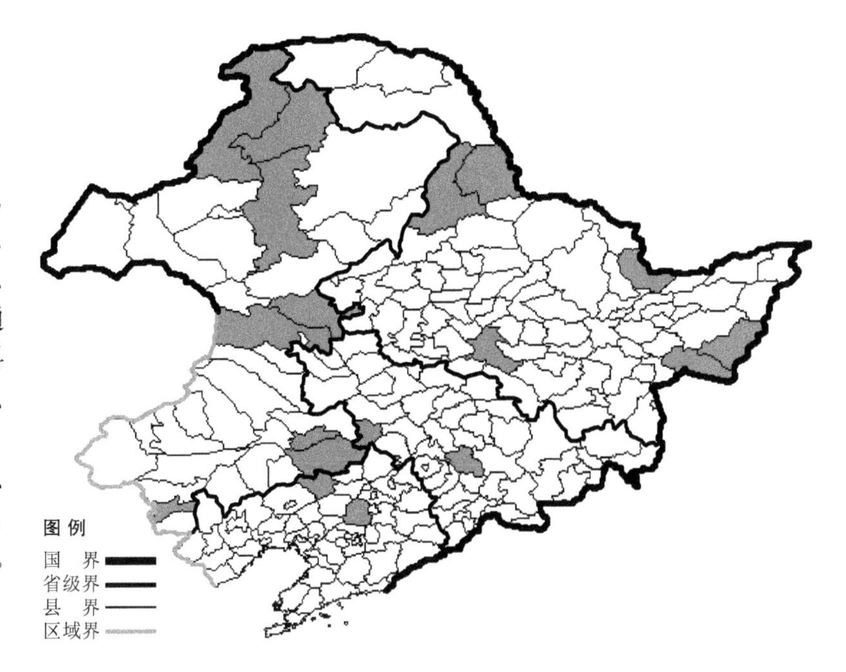

生境：沼泽，河边，海拔约300米。

产地：黑龙江省嫩江、哈尔滨、密山、萝北、虎林、黑河，吉林省磐石、双辽，辽宁省沈阳、彰武，内蒙古通辽、扎赉特旗、科尔沁右翼前旗、科尔沁左翼后旗、喀喇沁旗、额尔古纳、根河、牙克石。

分布：中国（黑龙江、吉林、辽宁、内蒙古、河北、山西、新疆），朝鲜半岛，蒙古，俄罗斯（欧洲部分、西伯利亚）。

疑直穗薹草 Carex orthostachys C. A. Mey. var. **spuria** Y. L. Chang 生于河边沙地，产于黑龙江省伊春、哈尔滨，分布于中国（黑龙江）。

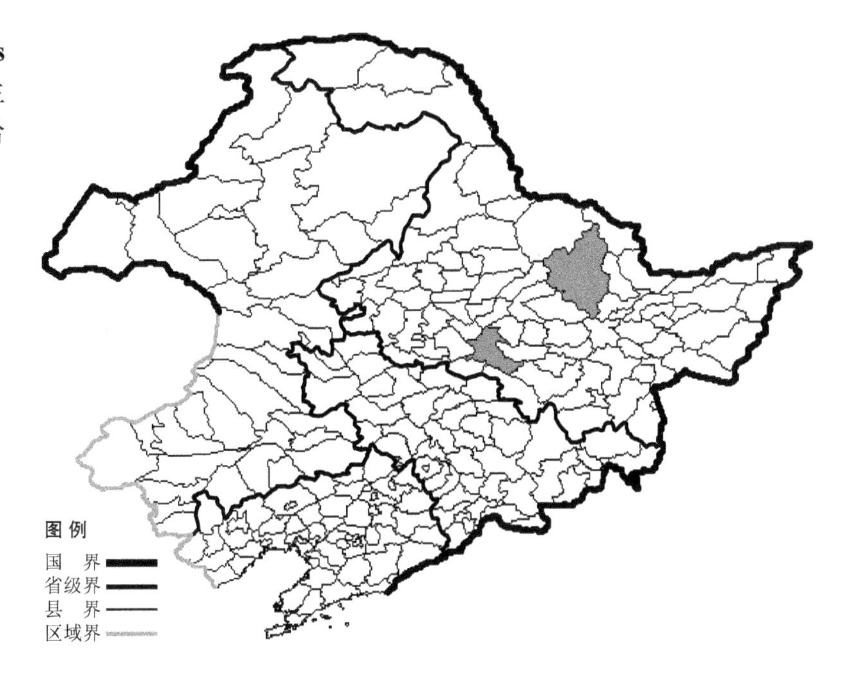

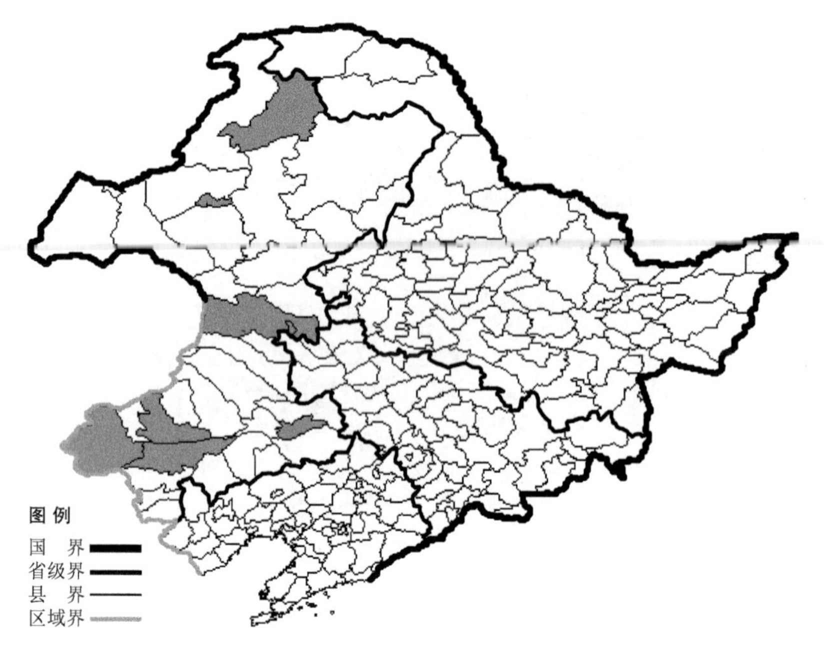

肋脉薹草

Carex pachyneura Kitag.

生境：山顶石缝间，河滩草甸，海拔 900 米以下。

产地：内蒙古根河、科尔沁右翼前旗、翁牛特旗、巴林右旗、海拉尔、通辽、克什克腾旗、乌兰浩特。

分布：中国（内蒙古）。

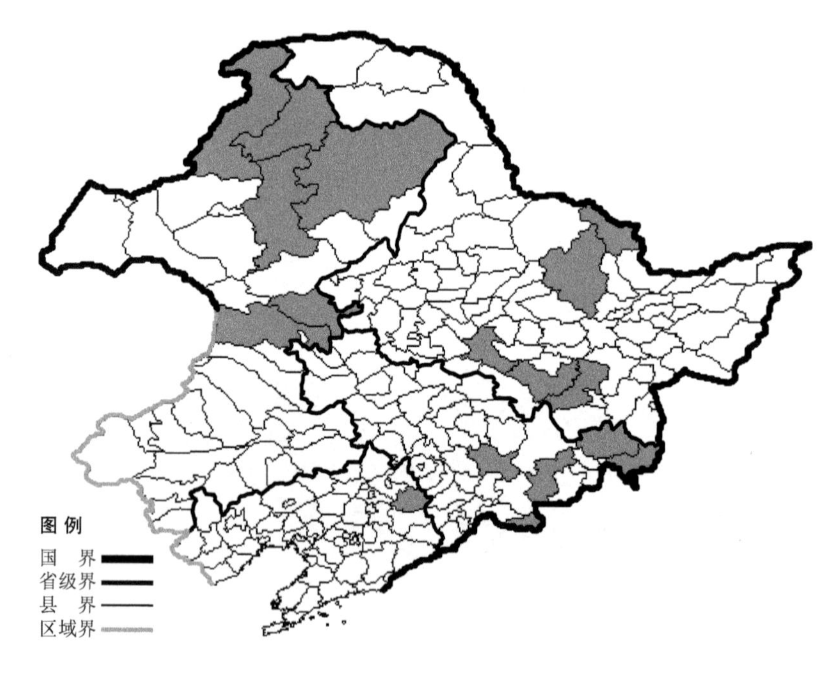

疣囊薹草

Carex pallida C. A. Mey.

生境：林下，草甸，海拔 1700 米以下。

产地：黑龙江省伊春、哈尔滨、尚志、嘉荫、海林，吉林省桦甸、安图、汪清、珲春、长白，辽宁省清原，内蒙古额尔古纳、根河、鄂伦春旗、科尔沁右翼前旗、扎赉特旗、牙克石。

分布：中国（黑龙江、吉林、辽宁、内蒙古），朝鲜半岛，日本，蒙古，俄罗斯（北极带、东部西伯利亚、远东地区）。

狭叶疣囊薹草 Carex pallida C. A. Mey. var. **angustifolia** Y. L. Chang 生于林下、林缘湿地，产于内蒙古额尔古纳、根河、扎赉特旗、阿尔山、鄂伦春旗、牙克石，分布于中国（内蒙古）。

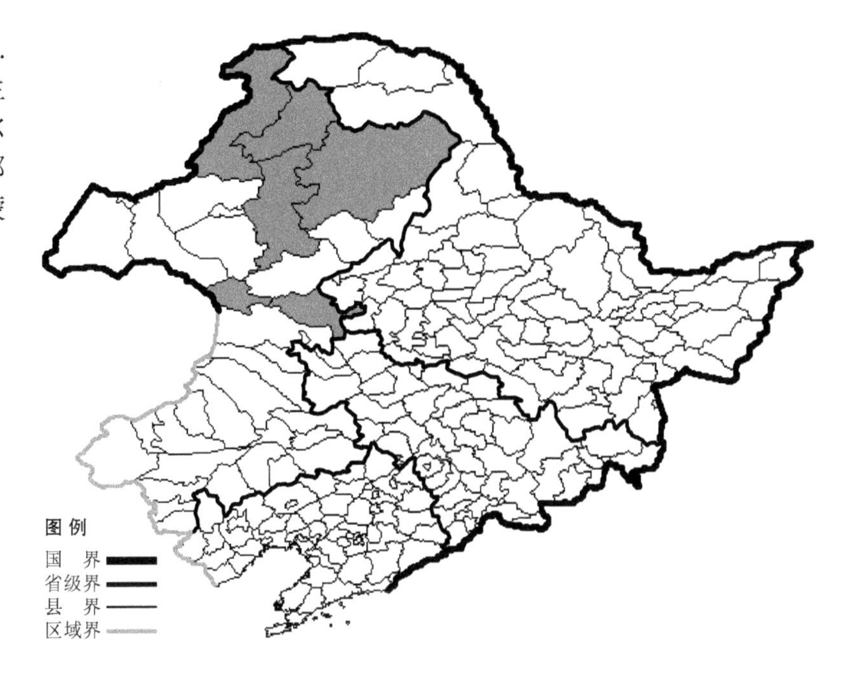

脚薹草

Carex pediformis C. A. Mey.

生境：山坡草地，海拔1000米以下。

产地：黑龙江省哈尔滨、呼玛、伊春、尚志、黑河、嘉荫，吉林省安图、桦甸，辽宁省沈阳，内蒙古满洲里、海拉尔、额尔古纳、新巴尔虎左旗、牙克石、科尔沁右翼前旗、科尔沁右翼中旗、阿尔山、扎兰屯、鄂温克旗、鄂伦春旗、根河、扎赉特旗、巴林右旗、克什克腾旗。

分布：中国（黑龙江、吉林、辽宁、内蒙古、河北、山西、陕西、甘肃、新疆），朝鲜半岛，蒙古，俄罗斯（北极带、欧洲部分、西伯利亚）。

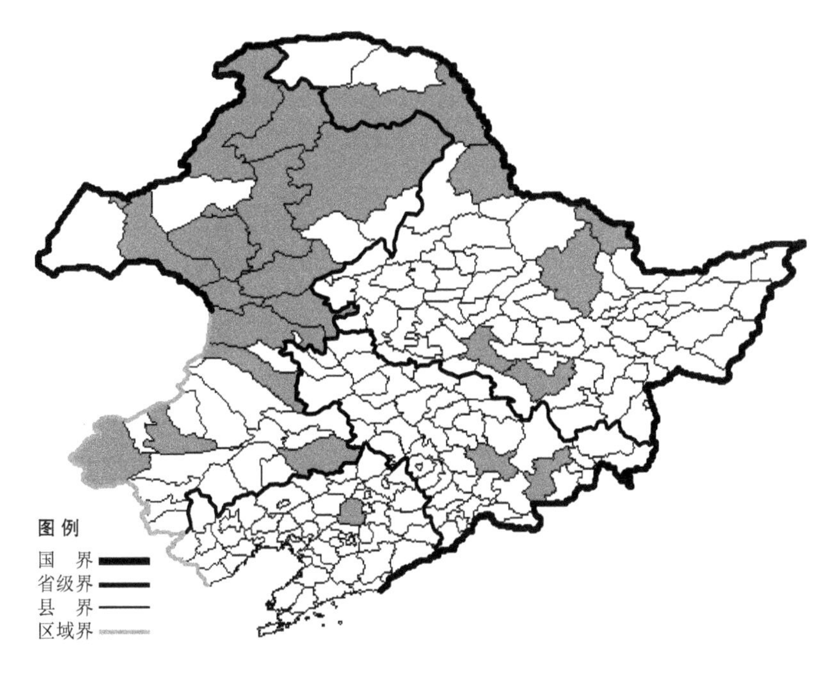

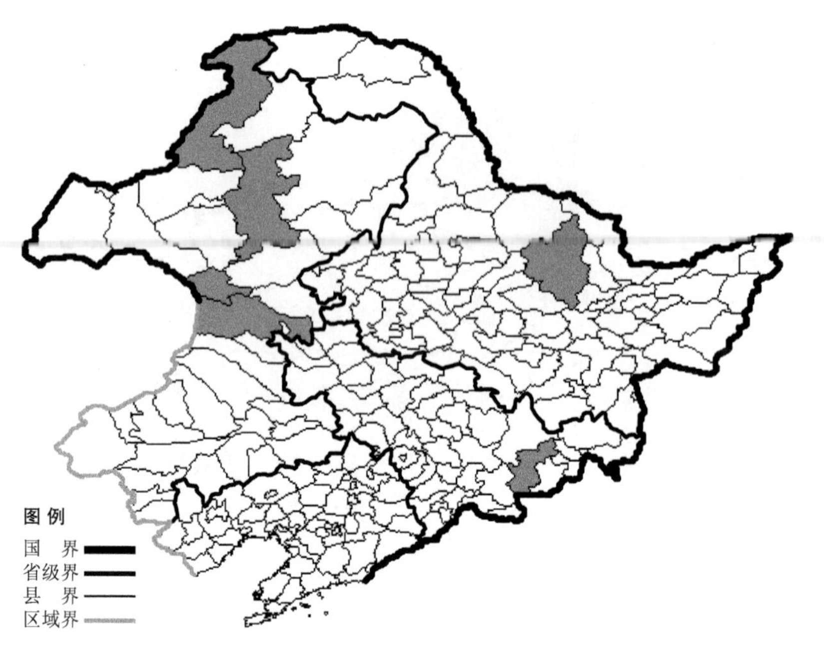

柞薹草 Carex pediformis C. A. Mey. var. **pedunculata** Maxim. 生于林下，海拔约 800 米，产于黑龙江省伊春，吉林省安图，内蒙古阿尔山、科尔沁右翼前旗、牙克石、额尔古纳，分布于中国（黑龙江、吉林、内蒙古），朝鲜半岛，俄罗斯（远东地区）。

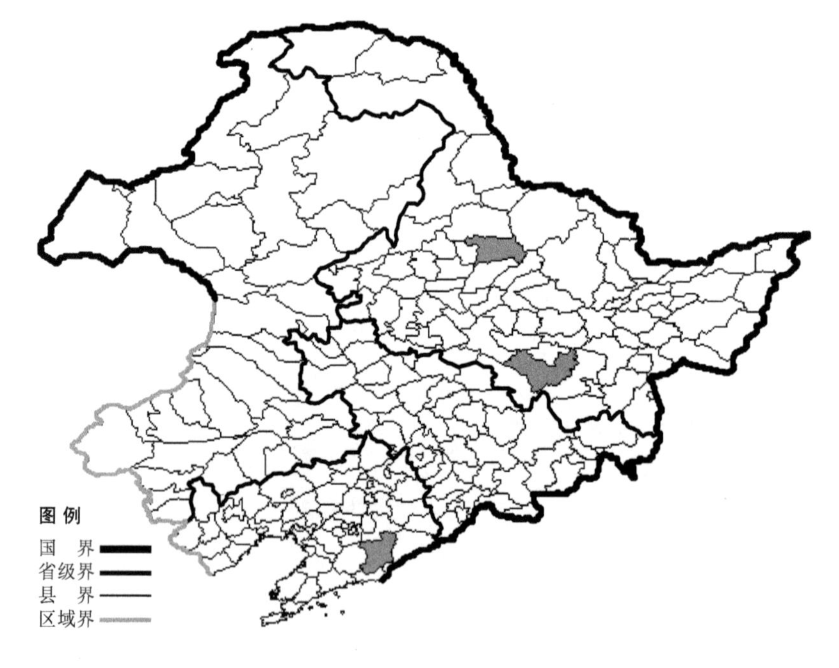

长白薹草

Carex peiktusani Kom.

生境：林下。

产地：黑龙江省尚志、北安，辽宁省凤城。

分布：中国（黑龙江、辽宁、河北、山西、山东），朝鲜半岛，日本，俄罗斯（远东地区）。

毛缘薹草

Carex pilosa Scop.

生境：林下。

产地：黑龙江省哈尔滨、伊春、尚志，吉林省安图，辽宁省凤城、宽甸。

分布：中国（黑龙江、吉林、辽宁），朝鲜半岛，日本，俄罗斯（欧洲部分），欧洲。

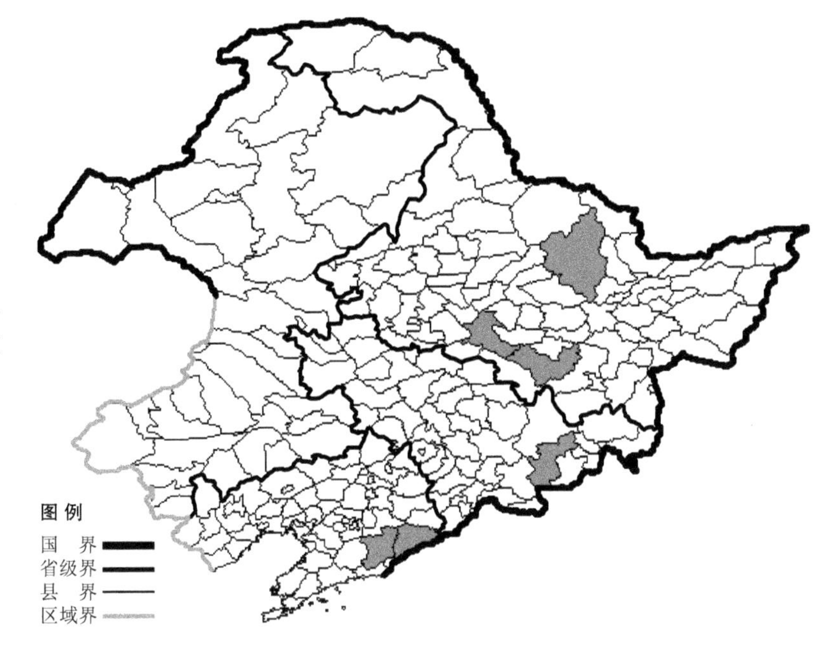

刺毛缘薹草 Carex pilosa Scop. var. **auriculata** Kukenth. 生于林下，产于黑龙江省伊春、尚志，分布于中国（黑龙江），朝鲜半岛，日本，俄罗斯（远东地区）。

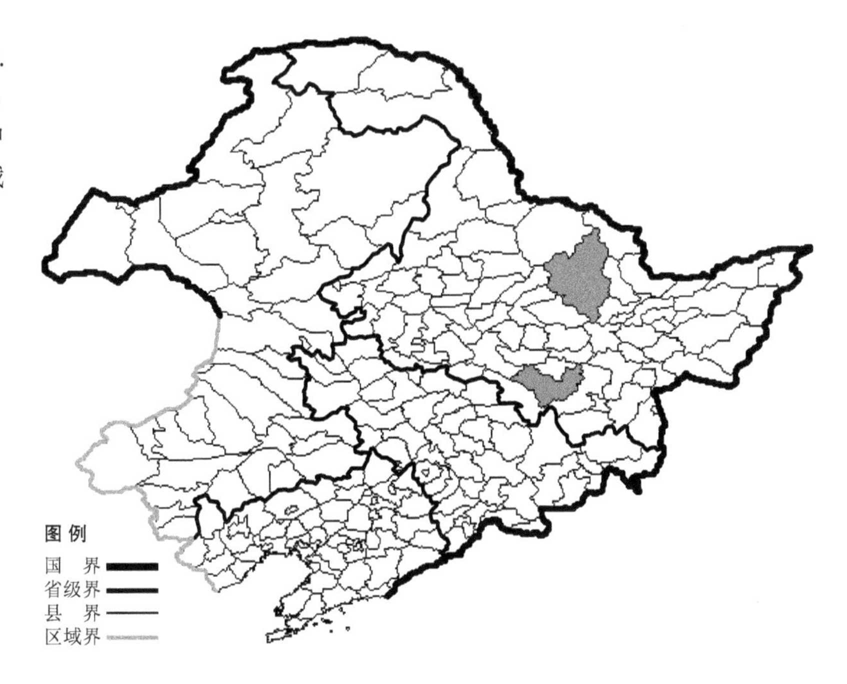

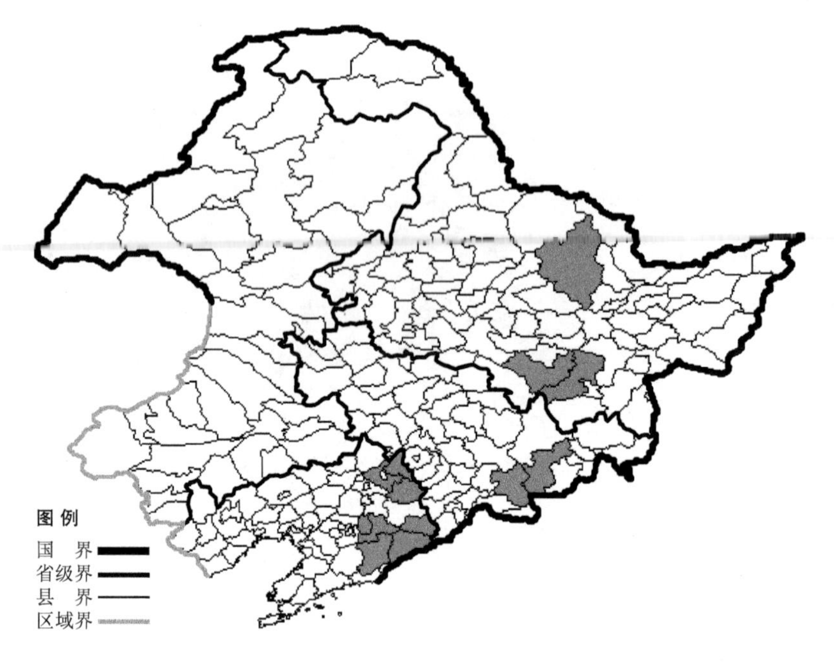

阴地薹草

Carex planiculmis Kom.

生境：林下，海拔1400米以下。

产地：黑龙江省尚志、伊春、海林，吉林省安图、抚松，辽宁省清原、西丰、宽甸、凤城、桓仁、本溪、开原。

分布：中国（黑龙江、吉林、辽宁），朝鲜半岛，日本，俄罗斯（远东地区）。

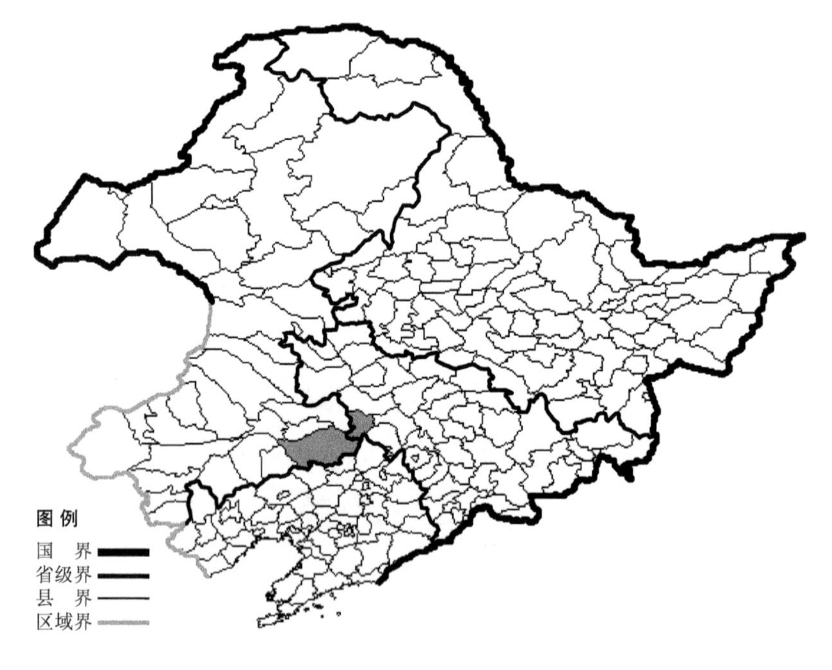

双辽薹草

Carex platysperma Y. L. Chang et Y. L. Yang

生境：草原中湿地。

产地：吉林省双辽，内蒙古科尔沁左翼后旗。

分布：中国（吉林、内蒙古）。

松花江薹草 Carex platysperma Y. L. Chang et Y. L. Yang var. **sungarensis** Y. L. Chang et Y. L. Yang 生于沼泽、湿地，产于黑龙江省富锦，分布于中国（黑龙江）。

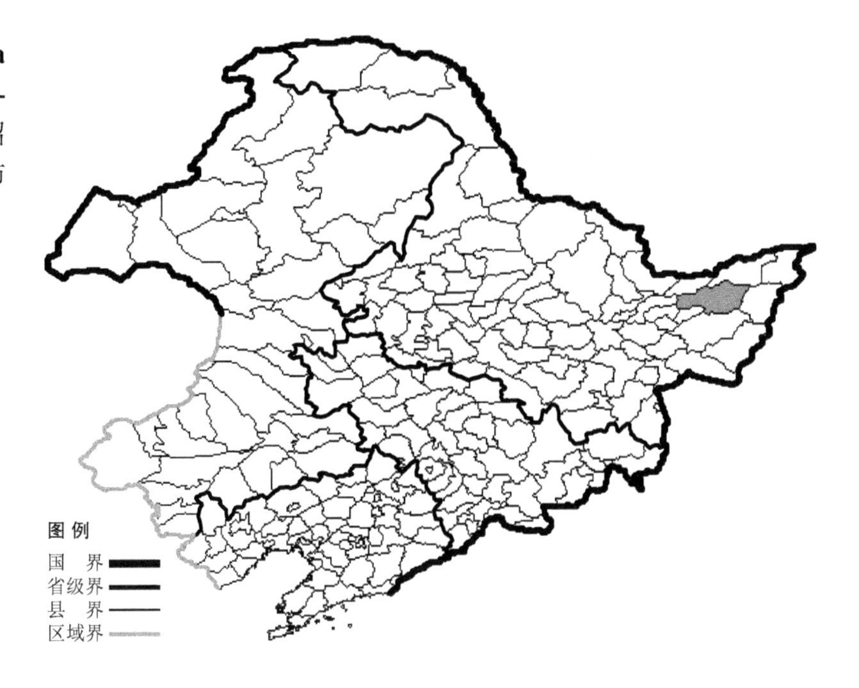

白雄穗薹草

Carex polyschoena Levl. et Vant.

生境：草地，疏林下，海拔 800 米以下。

产地：辽宁省丹东、鞍山、凤城、宽甸、东港、大连、桓仁、清原、北镇、庄河、瓦房店、义县。

分布：中国（辽宁、华北），朝鲜半岛。

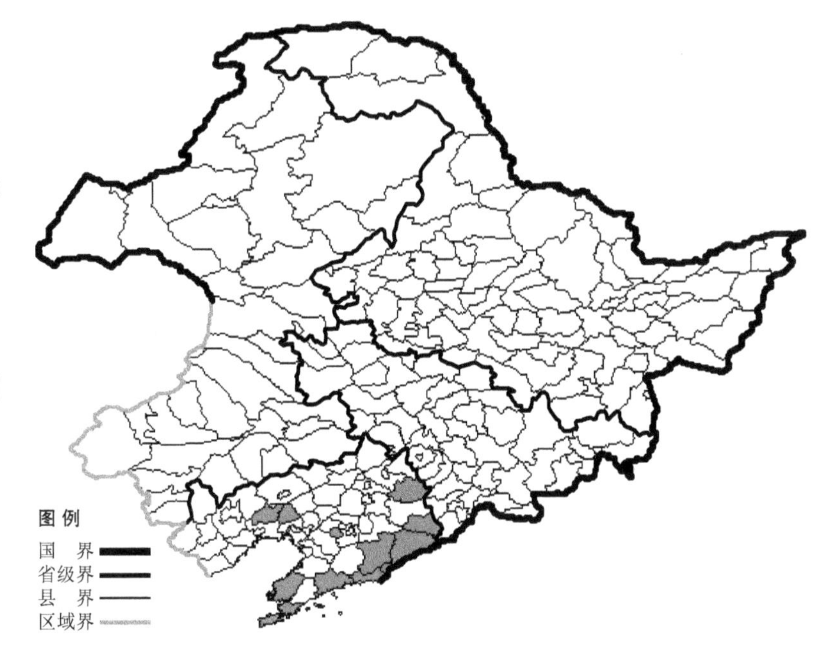

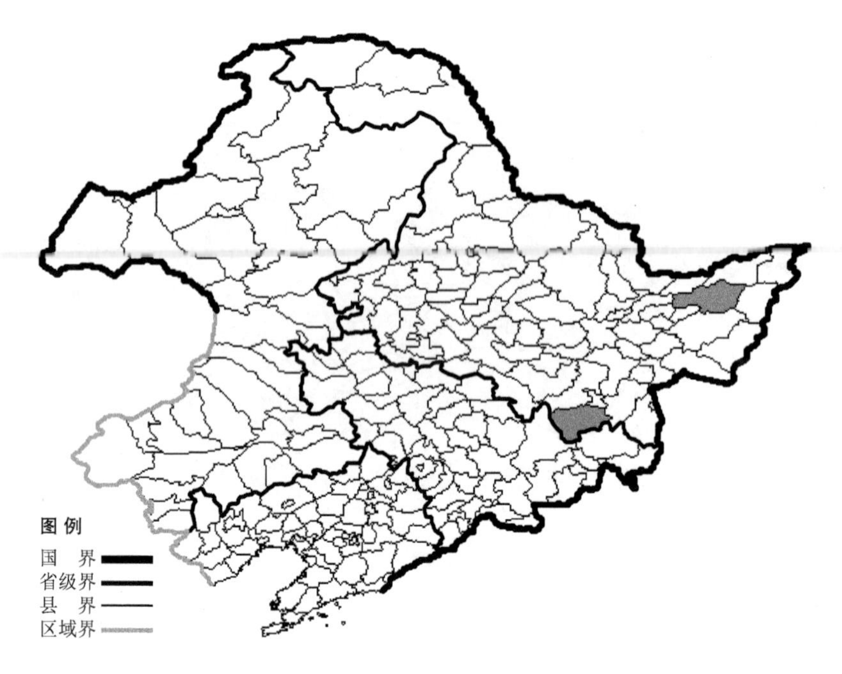

假松叶薹草

Carex pseudo-biwensis Kitag.

生境：湖边，溪流旁湿地。
产地：黑龙江省宁安、富锦。
分布：中国（黑龙江）。

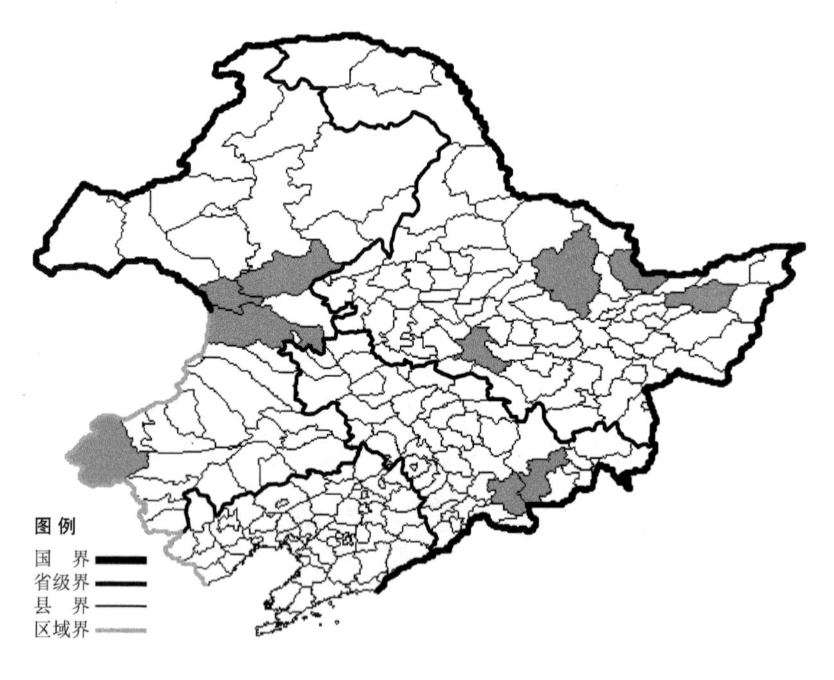

漂筏薹草

Carex pseudo-curaica Fr. Schmidt

生境：沼泽，湖边，河边泛滥的水中，海拔 700 米以下。

产地：黑龙江省哈尔滨、伊春、萝北、富锦，吉林省抚松、安图，内蒙古阿尔山、科尔沁右翼前旗、扎兰屯、克什克腾旗。

分布：中国（黑龙江、吉林、内蒙古），朝鲜半岛，日本，俄罗斯（东部西伯利亚、远东地区）。

假莎草薹草

Carex pseudo-cyperus L.

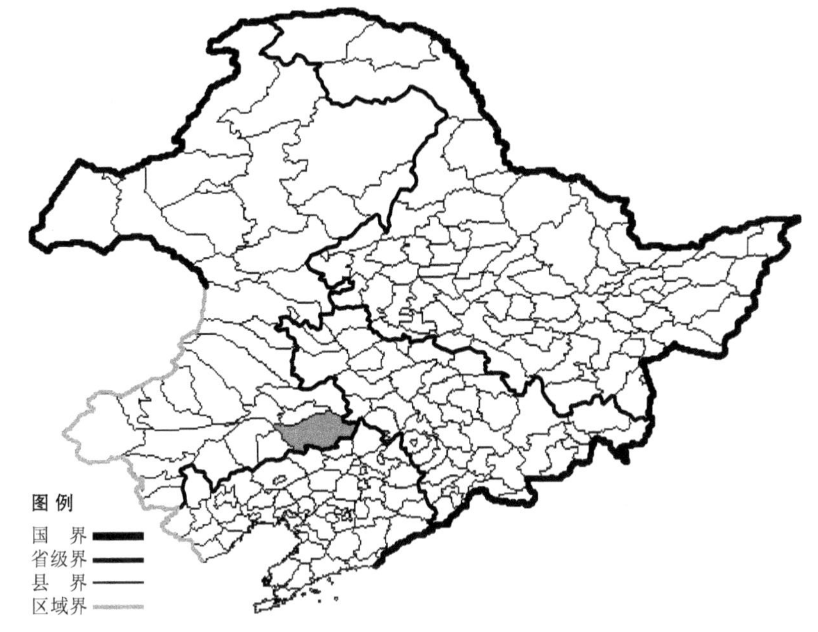

生境：溪流旁，沼泽。

产地：内蒙古科尔沁左翼后旗。

分布：中国（内蒙古、甘肃、新疆），蒙古，俄罗斯（欧洲部分、高加索、西伯利亚），中亚，欧洲，北美洲。

喙果薹草

Carex pseudo-hypochlora Y. L. Chang et Y. L. Yang

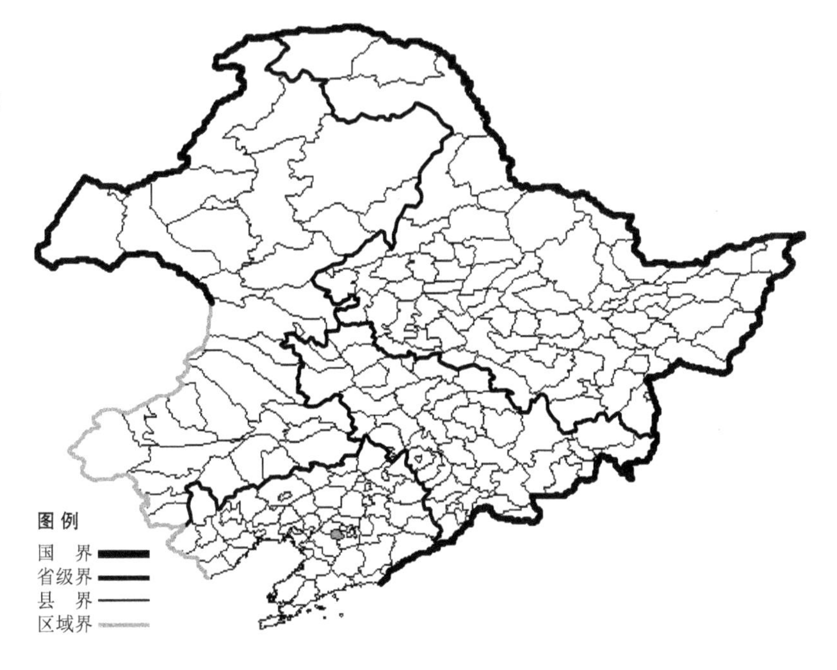

生境：溪流旁湿地。

产地：辽宁省鞍山。

分布：中国（辽宁）。

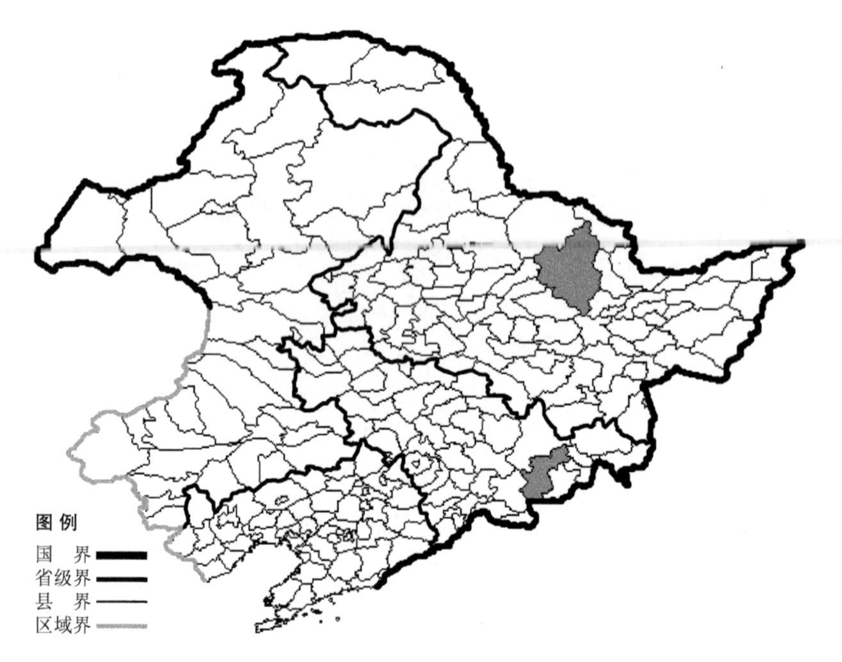

小齿喙果薹草 Carex pseudo-hypochlora Y. L. Chang et Y. L. Yang f. **denticulata** Y. L. Chang et Y. L. Yang 生于森林附近湿草地，产于黑龙江省伊春，吉林省安图，分布于中国（黑龙江、吉林）。

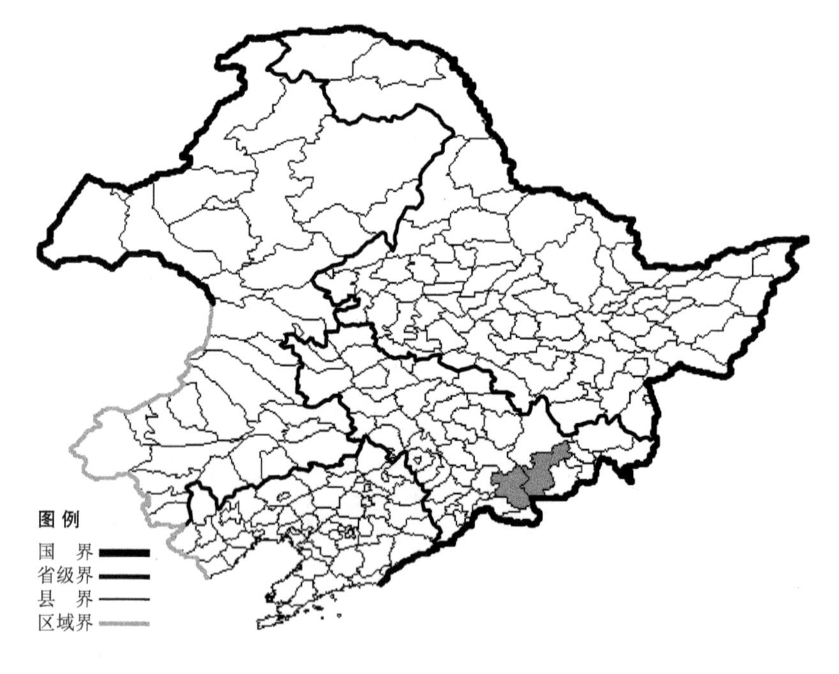

假长嘴薹草

Carex pseudo-longerostrata Y. L. Chang et Y. L. Yang

生境：高山冻原，海拔约 2500 米。
产地：吉林省安图、抚松。
分布：中国（吉林），朝鲜半岛。

栓皮薹草

Carex pumila Thunb.

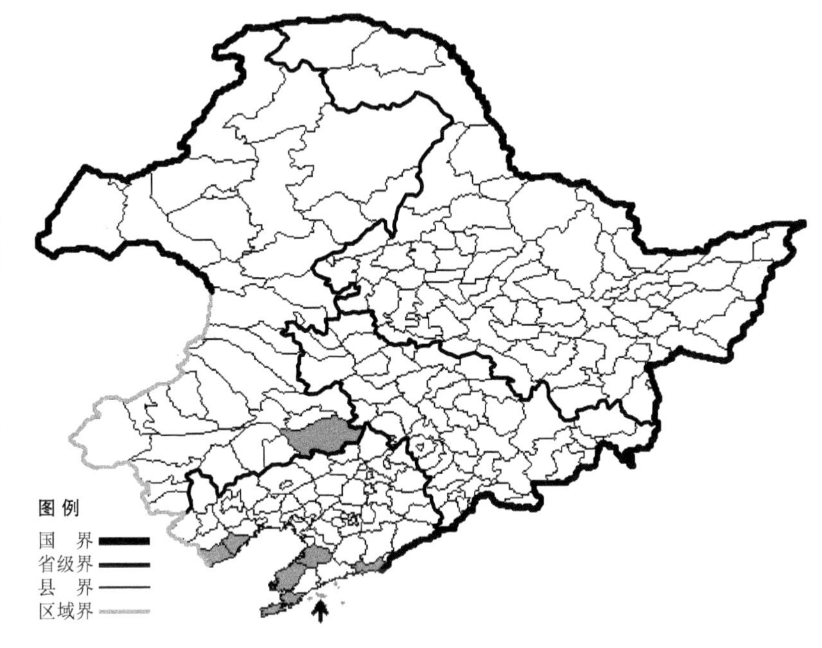

生境：海边。

产地：辽宁省绥中、兴城、瓦房店、长海、东港、盖州、大连，内蒙古科尔沁左翼后旗。

分布：中国（辽宁、内蒙古、河北、山东、江苏、浙江、福建、台湾），朝鲜半岛，日本，俄罗斯（远东地区）。

四花薹草

Carex quadriflora (Kukenth.) Ohwi

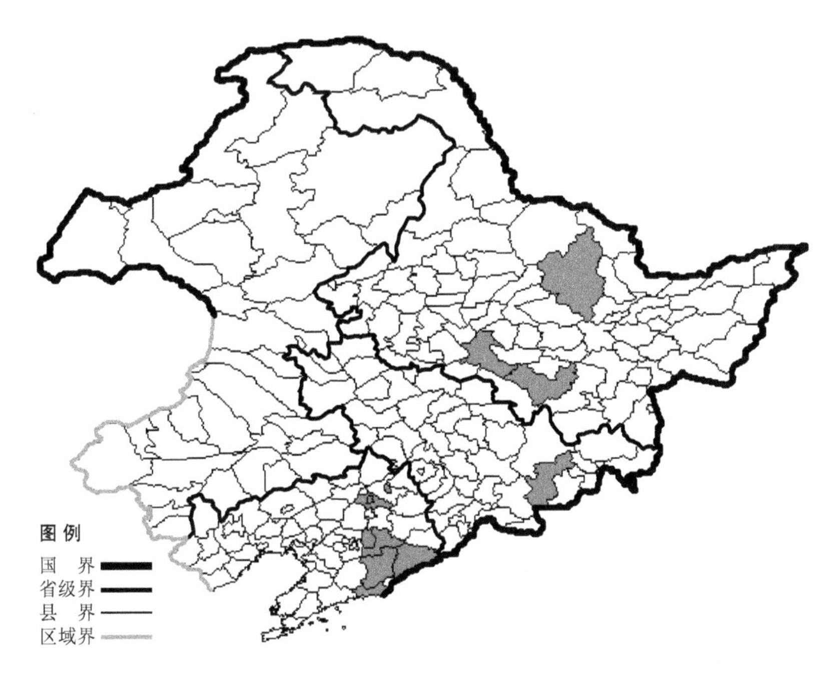

生境：阔叶红松林下，海拔 700 米以下。

产地：黑龙江省哈尔滨、伊春、尚志，吉林省安图，辽宁省凤城、宽甸、东港、本溪、铁岭。

分布：中国（黑龙江、吉林、辽宁、河北），朝鲜半岛，日本，俄罗斯（远东地区）。

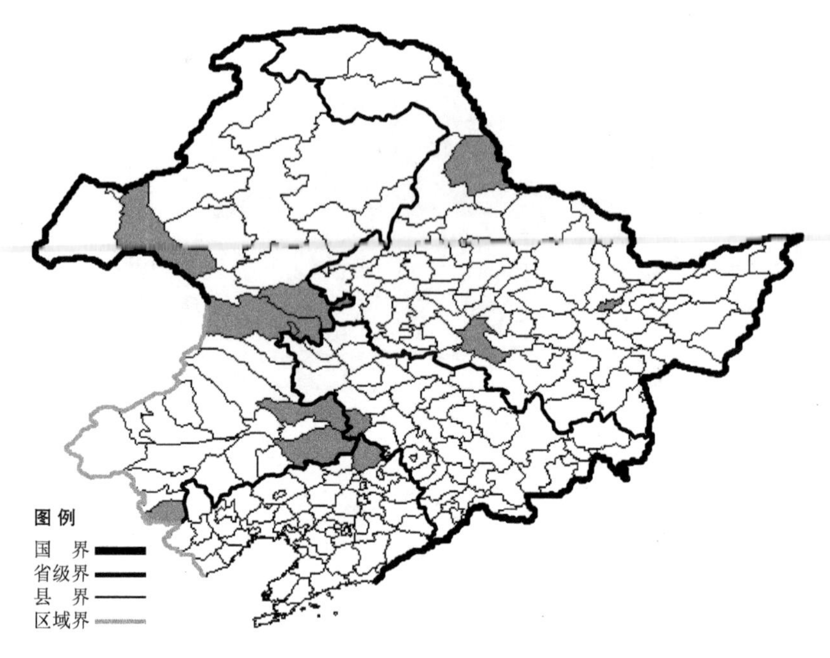

河沙薹草

Carex raddei Kukenth.

生境：河岸沙地。

产地：黑龙江省哈尔滨、黑河、佳木斯，吉林省双辽，辽宁省昌图，内蒙古乌兰浩特、新巴尔虎左旗、宁城、科尔沁右翼前旗、扎赉特旗、科尔沁左翼中旗、科尔沁左翼后旗。

分布：中国（黑龙江、吉林、辽宁、内蒙古、河北），朝鲜半岛，俄罗斯（远东地区）。

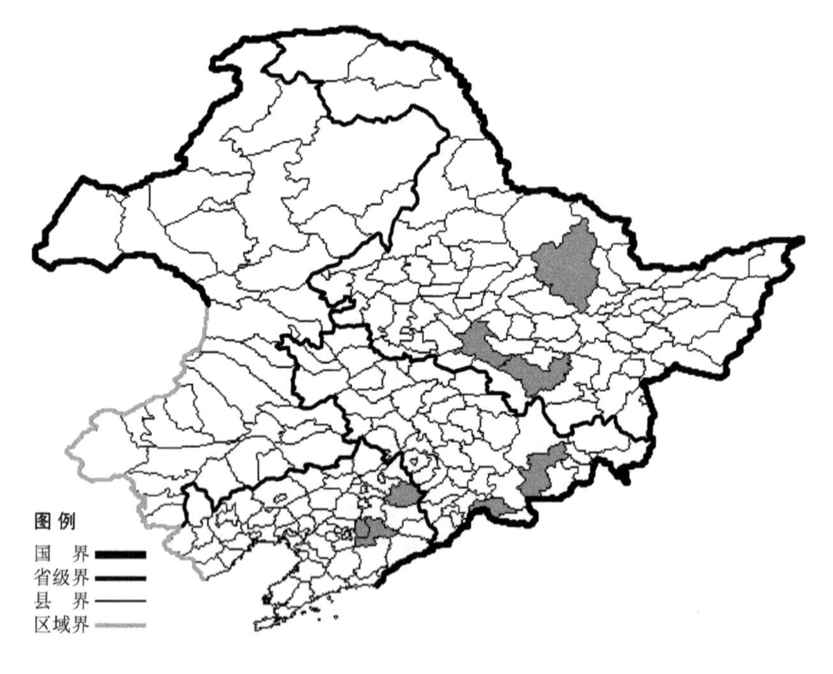

丝引薹草

Carex remotiuscula Wahlenb.

生境：阔叶红松林下，溪流旁，海拔 800 米以下。

产地：黑龙江省尚志、伊春、哈尔滨，吉林省临江、安图，辽宁省清原、本溪。

分布：中国（黑龙江、吉林、辽宁、河北、山西、陕西、甘肃、安徽、河南、四川、云南），朝鲜半岛，日本，俄罗斯（远东地区）。

走茎薹草

Carex reptabunda (Trautv.) V. Krecz.

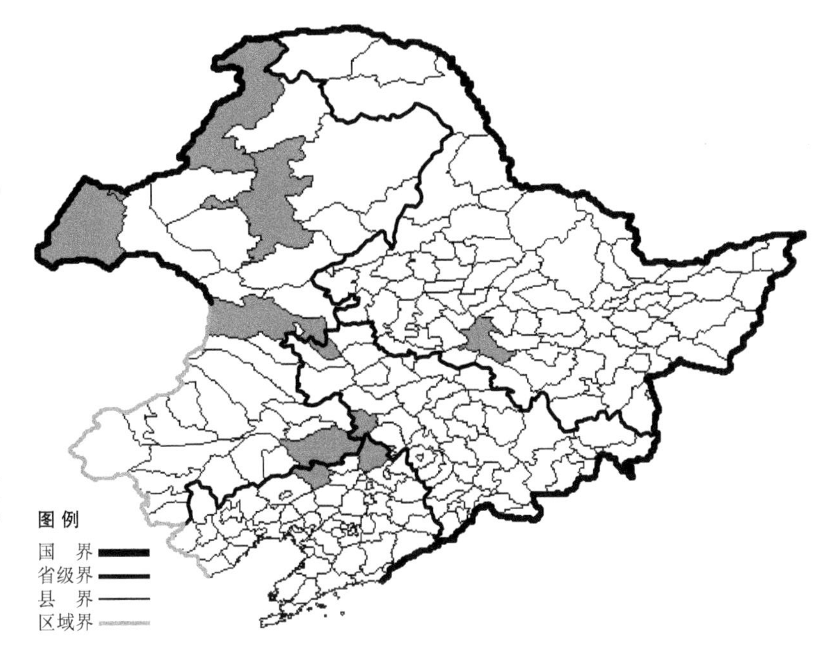

生境：盐碱土湿草地，海拔 600 米以下。

产地：黑龙江省哈尔滨，吉林省白城、双辽，辽宁省昌图、彰武，内蒙古科尔沁左翼后旗、新巴尔虎右旗、海拉尔、额尔古纳、满洲里、牙克石、科尔沁右翼前旗。

分布：中国（黑龙江、吉林、辽宁、内蒙古、陕西），蒙古，俄罗斯（东部西伯利亚）。

大穗薹草

Carex rhynchophysa C. A. Mey.

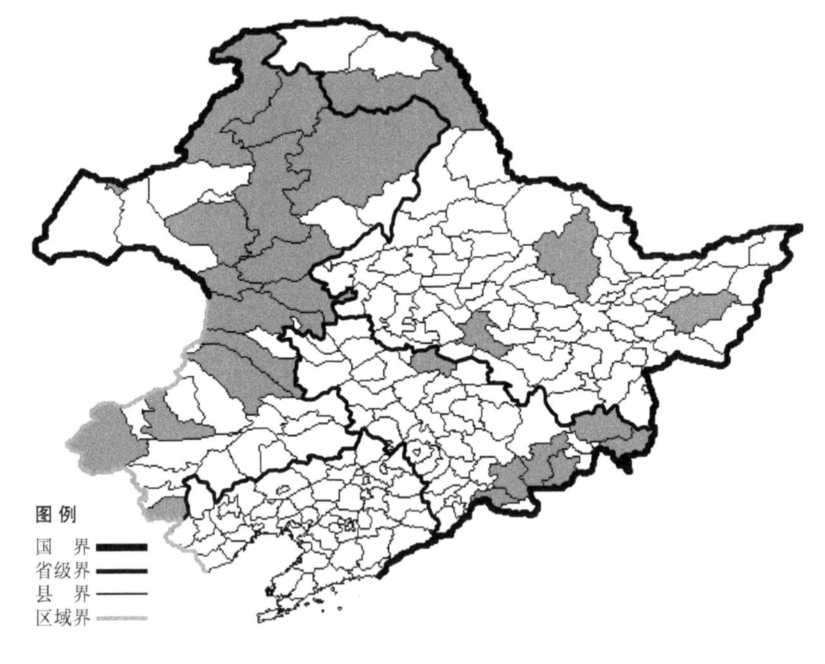

生境：河边积水地，沼泽，海拔 1200 米以下。

产地：黑龙江省伊春、宝清、呼玛、饶河、尚志、哈尔滨，吉林省汪清、珲春、扶余、抚松、安图、临江、和龙，内蒙古额尔古纳、根河、鄂温克旗、鄂伦春旗、牙克石、科尔沁右翼前旗、扎兰屯、满洲里、扎赉特旗、阿尔山、宁城、克什克腾旗、扎鲁特旗、科尔沁右翼中旗、巴林右旗。

分布：中国（黑龙江、吉林、内蒙古、新疆），朝鲜半岛，日本，俄罗斯（欧洲部分、西伯利亚、远东地区），欧洲。

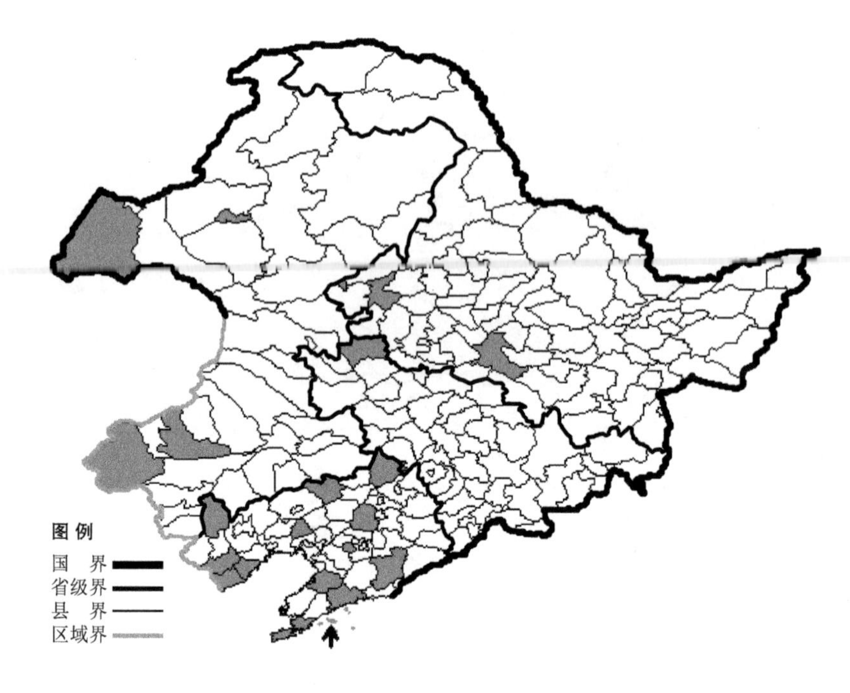

白颖薹草

Carex rigescens (Franch.) V. Krecz.

生境：干山坡，草原，海拔 800 米以下。

产地：黑龙江省哈尔滨、齐齐哈尔，吉林省四平、镇赉，辽宁省沈阳、凤城、盖州、彰武、昌图、建昌、鞍山、庄河、建平、兴城、北镇、绥中、大连、长海，内蒙古海拉尔、新巴尔虎右旗、巴林右旗、克什克腾旗。

分布：中国（黑龙江、吉林、辽宁、内蒙古、河北、山西、陕西、宁夏、甘肃、青海、山东、河南），朝鲜半岛，俄罗斯（远东地区）。

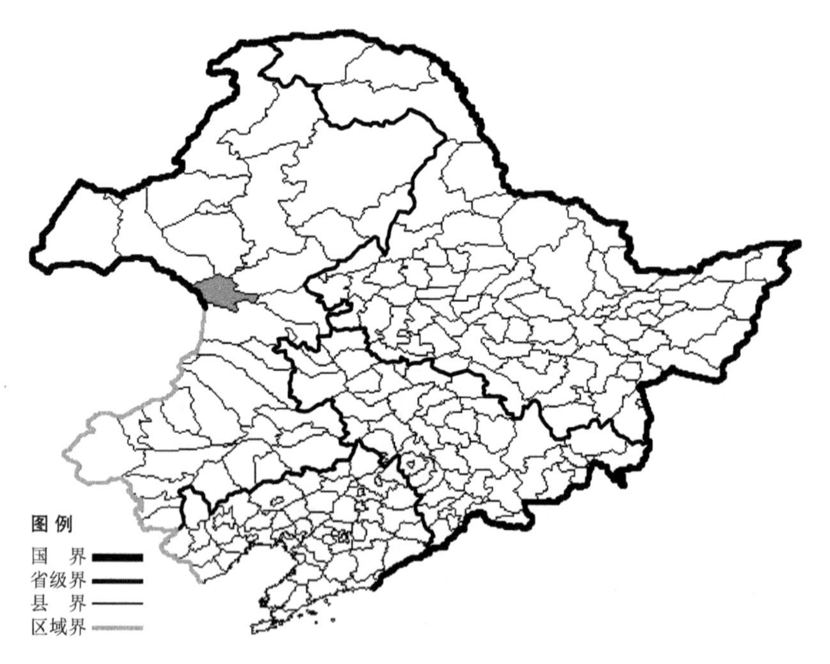

轴薹草

Carex rostellifera Y. L. Chang et Y. L. Yang

生境：落叶松林下。

产地：内蒙古阿尔山。

分布：中国（内蒙古）。

灰株薹草

Carex rostrata Stokes ex With.

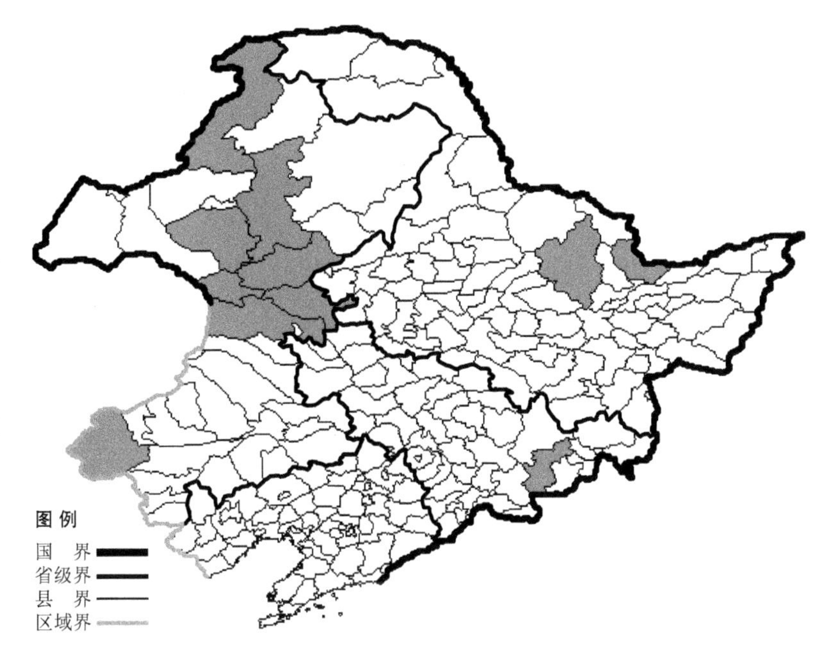

生境：沼泽，海拔 1900 米以下。

产地：黑龙江省伊春、萝北，吉林省安图，内蒙古阿尔山、科尔沁右翼前旗、扎赉特旗、牙克石、额尔古纳、鄂温克旗、扎兰屯、克什克腾旗。

分布：中国（黑龙江、吉林、内蒙古），朝鲜半岛，蒙古，俄罗斯（欧洲部分、高加索、西伯利亚），中亚，欧洲，北美洲。

粗脉薹草

Carex rugurosa Kukenth.

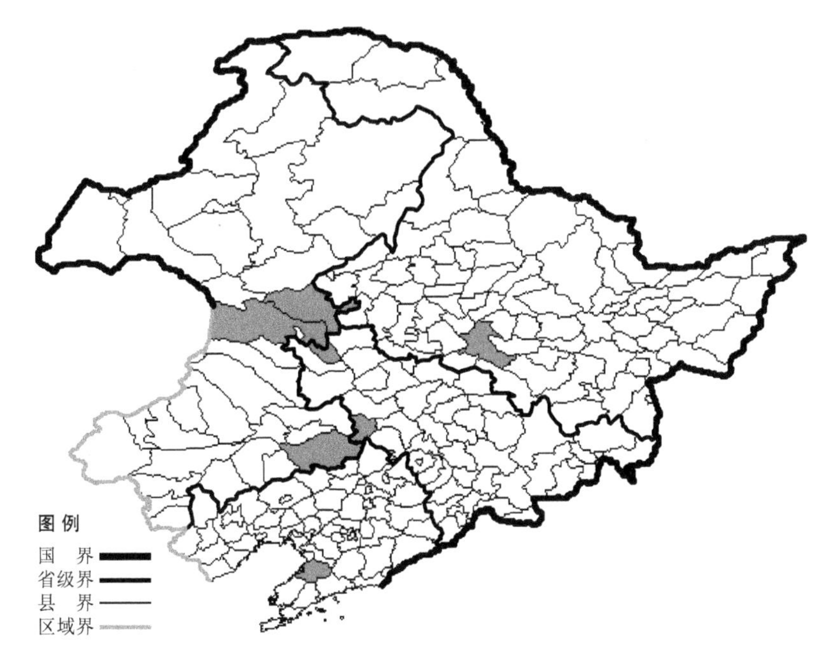

生境：草原中湿草地，河谷草地。

产地：黑龙江省哈尔滨，吉林省白城、双辽，辽宁省盖州，内蒙古科尔沁右翼前旗、科尔沁左翼后旗、扎赉特旗。

分布：中国（黑龙江、吉林、辽宁、内蒙古、河北、江苏），朝鲜半岛，日本，俄罗斯（东部西伯利亚、远东地区）。

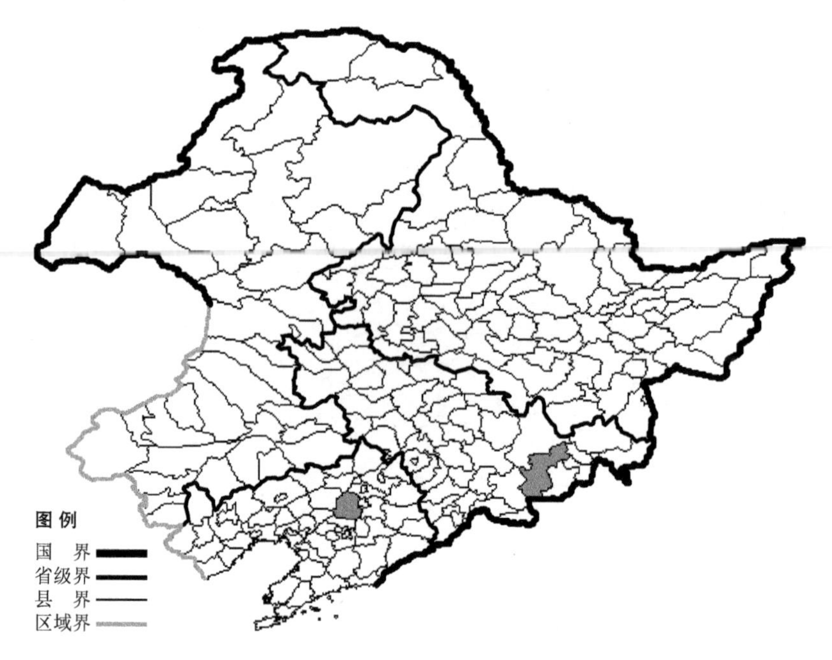

石薹草

Carex rupestris Bell. ex All.

生境：岩石壁上，石砾质山坡。

产地：吉林省安图，辽宁省沈阳。

分布：中国（吉林、辽宁），朝鲜半岛，日本，蒙古，俄罗斯（北极带、欧洲部分、高加索、西伯利亚、远东地区），欧洲，北美洲。

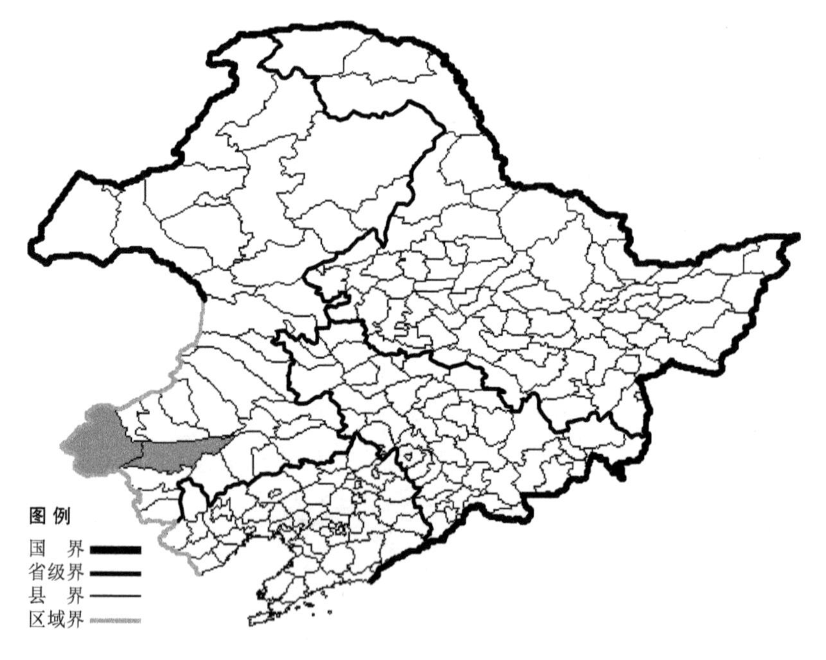

沙地薹草

Carex sabulosa Turcz. ex Kunth.

生境：沙质草原，路旁，沟谷。

产地：内蒙古翁牛特旗、克什克腾旗。

分布：中国（内蒙古、新疆），蒙古，俄罗斯（东部西伯利亚），中亚。

钢草

Carex scabrifolia Stend.

生境：海滩及沿海湿地上，海拔500米以下。

产地：辽宁省大连、长海、营口、丹东、东港、兴城、盘锦。

分布：中国（辽宁、河北、山东、江苏、浙江、台湾），朝鲜半岛，日本，俄罗斯（远东地区）。

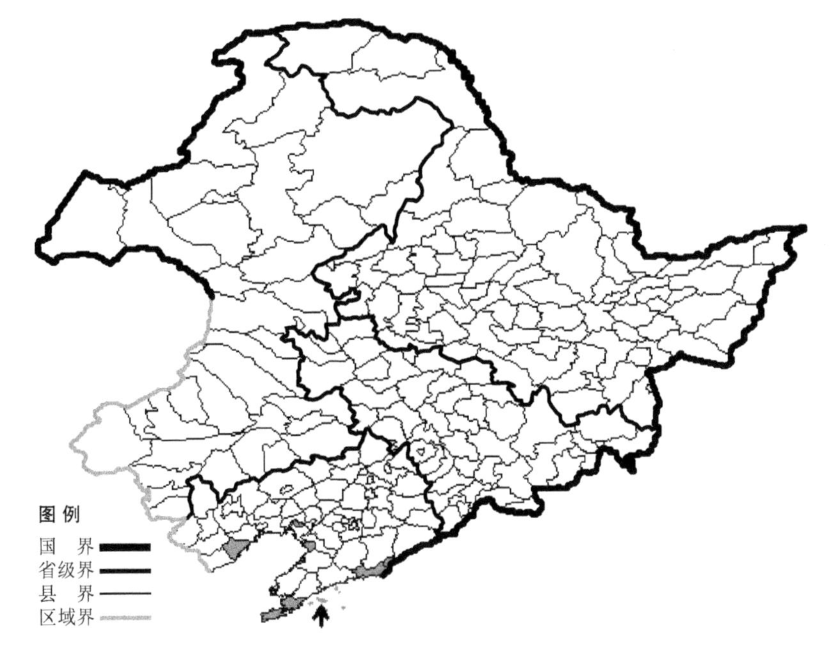

膨囊薹草

Carex schmidtii Meinsh.

生境：沟谷，沼泽，湿草地，河边，海拔700米以下。

产地：黑龙江省伊春、尚志、虎林、逊克、呼玛、富锦、黑河，吉林省安图、敦化，内蒙古牙克石、扎兰屯、额尔古纳、根河、阿尔山、科尔沁右翼前旗、科尔沁右翼中旗、巴林右旗、扎赉特旗、牙克石、克什克腾旗、鄂伦春旗、宁城、鄂温克旗。

分布：中国（黑龙江、吉林、内蒙古），朝鲜半岛，日本，蒙古，俄罗斯（东部西伯利亚、远东地区）。

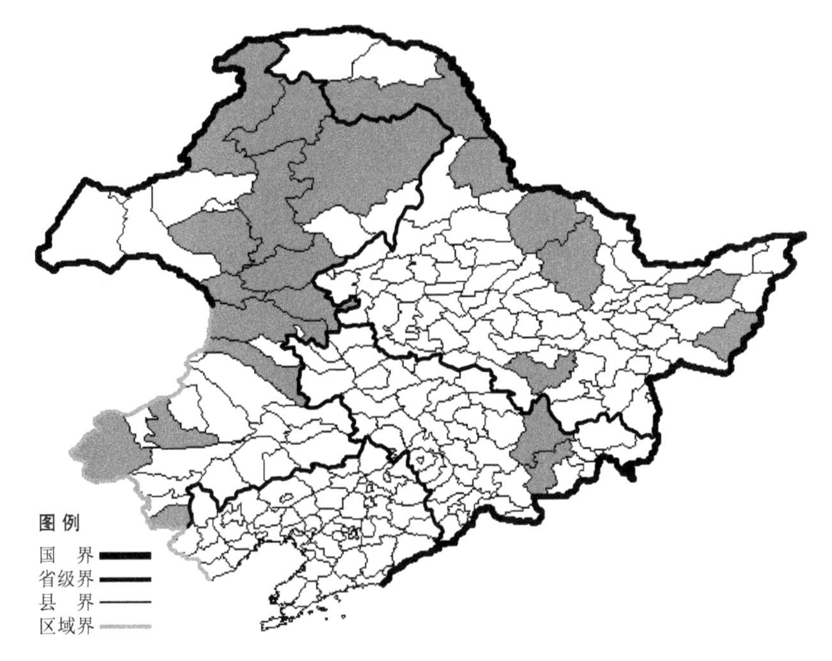

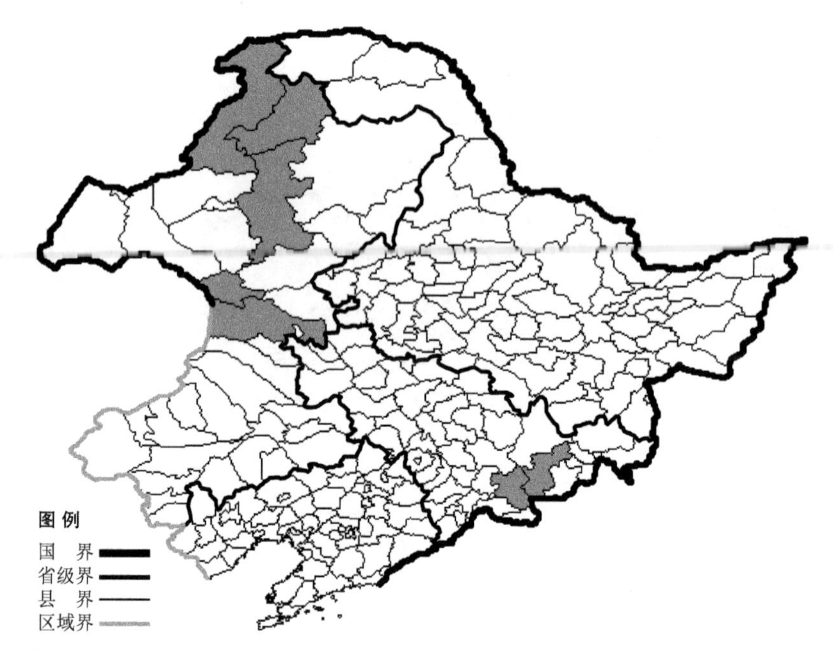

细毛薹草

Carex sedakowii C. A. Mey.

生境：高山山坡，高山冻原，海拔 700-2500 米。

产地：吉林省抚松、安图，内蒙古阿尔山、额尔古纳、根河、牙克石、阿尔山、科尔沁右翼前旗。

分布：中国（吉林、内蒙古），朝鲜半岛，蒙古，俄罗斯（西伯利亚、远东地区）。

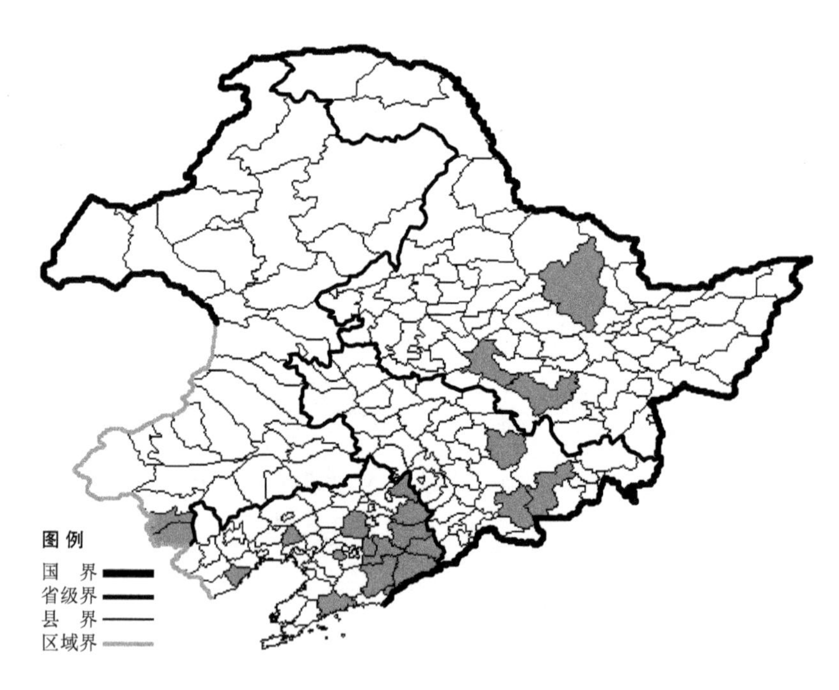

宽叶薹草

Carex siderosticta Hance

生境：林下，林缘，海拔 1000 米以下。

产地：黑龙江省哈尔滨、尚志、伊春，吉林省蛟河、安图、抚松，辽宁省沈阳、北镇、西丰、清原、庄河、宽甸、新宾、丹东、凤城、鞍山、桓仁、兴城、本溪，内蒙古喀喇沁旗、宁城。

分布：中国（黑龙江、吉林、辽宁、内蒙古、河北、山西、陕西、河南、山东、安徽、浙江、江西），朝鲜半岛，日本，俄罗斯（远东地区）。

冻原薹草

Carex siroumensis Koidz.

生境：高山冻原，海拔 2100-2600 米。

产地：吉林省抚松、安图。

分布：中国（吉林），朝鲜半岛，日本。

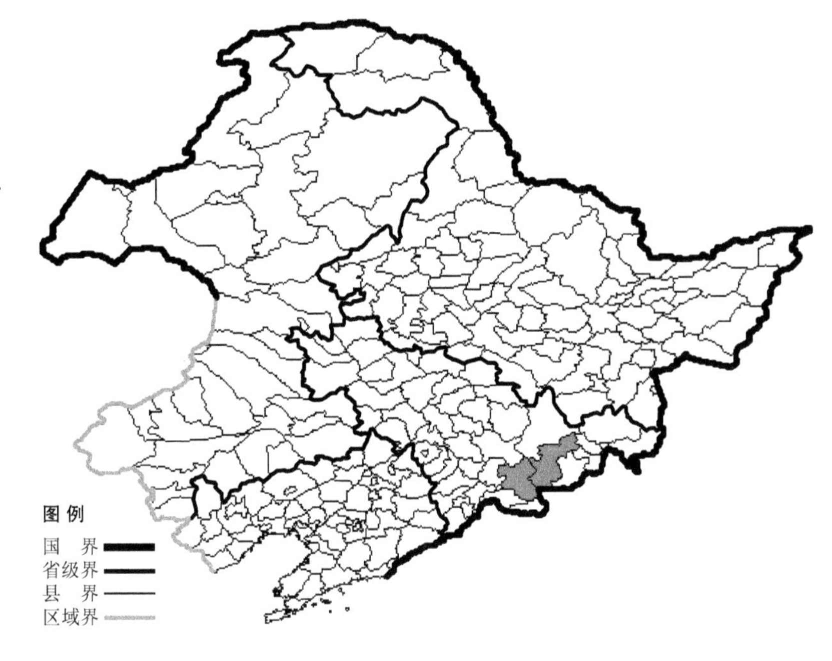

准噶尔薹草

Carex songaria Kar. et.Kir.

生境：草甸，河滩，湿地。

产地：内蒙古科尔沁左翼后旗。

分布：中国（内蒙古、新疆），蒙古，俄罗斯（高加索、西伯利亚），中亚，阿富汗，伊朗。

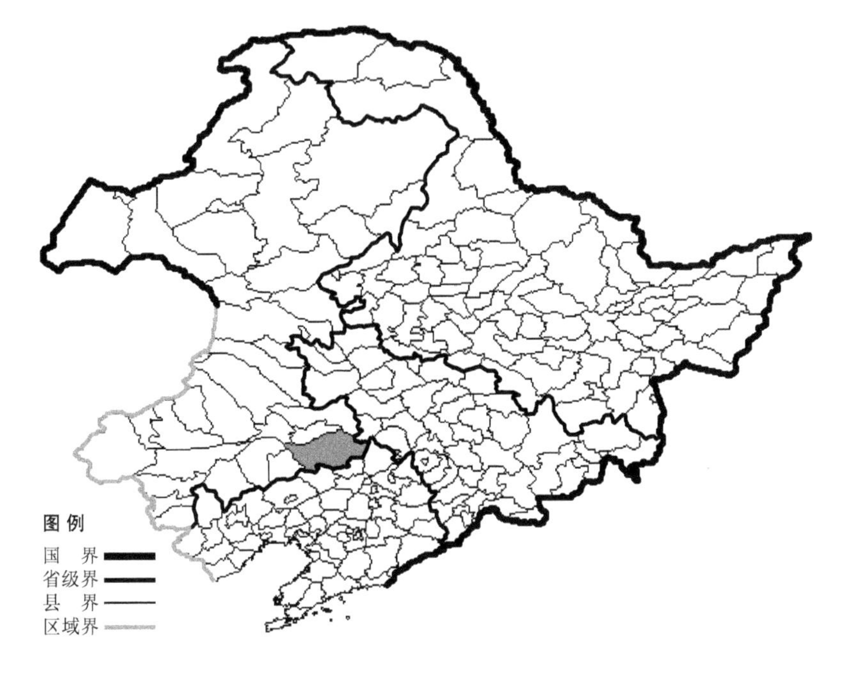

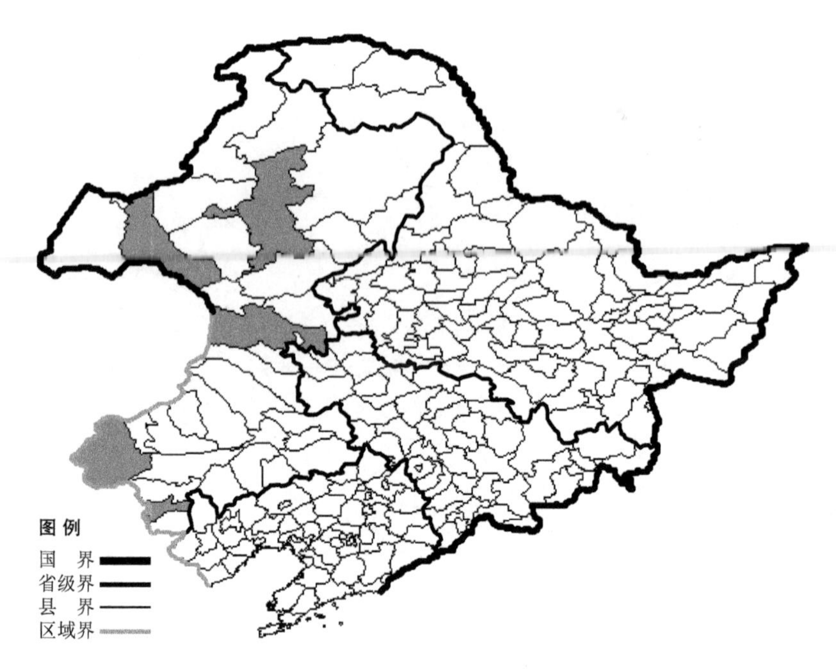

砾薹草

Carex stenophylloides V. Krecz.

生境：河边石砾地或沙质地，海拔约 700 米。

产地：内蒙古新巴尔虎左旗、海拉尔、牙克石、科尔沁右翼前旗、喀喇沁旗、克什克腾旗。

分布：中国（内蒙古、河北、陕西、甘肃、新疆、西藏），朝鲜半岛，蒙古，俄罗斯（高加索），中亚，土耳其，伊朗，阿富汗。

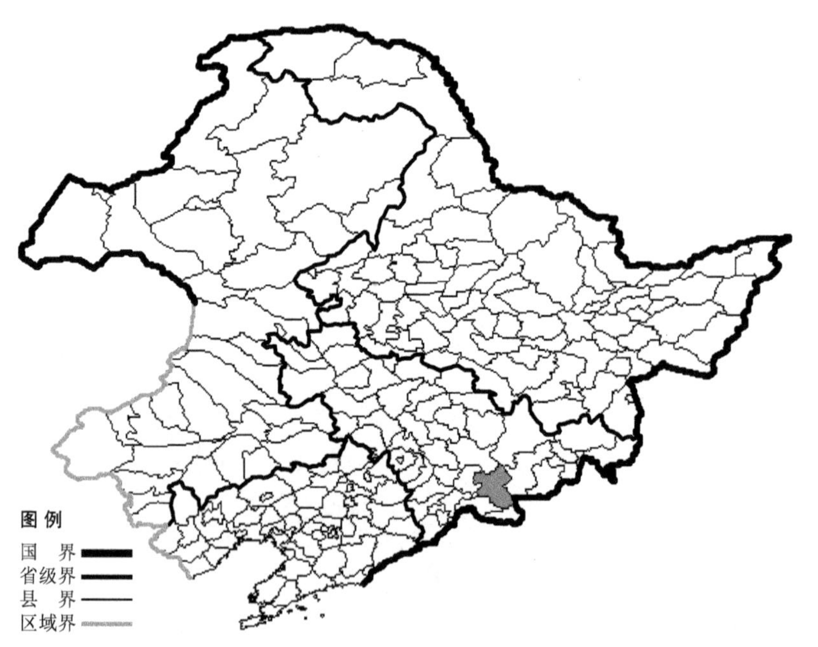

海绵基薹草

Carex stipata Muhlenb. ex Willd.

生境：林下，草甸。

产地：吉林省抚松。

分布：中国（吉林、湖北），朝鲜半岛，日本，俄罗斯（远东地区），北美洲。

早春薹草

Carex subpediformis (Kukenth.) Suto et Suzuki

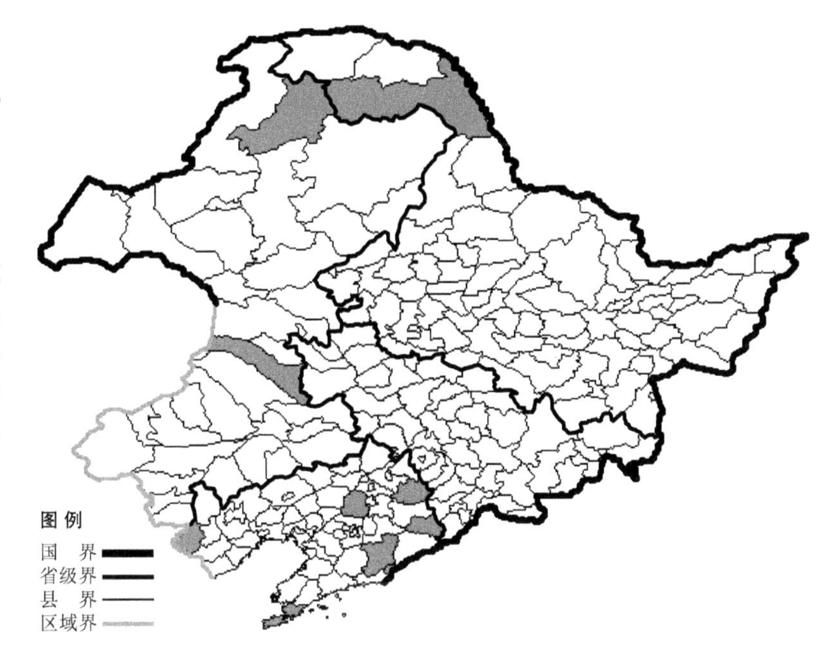

生境：山坡草地。

产地：黑龙江省呼玛，辽宁省大连、丹东、凤城、桓仁、清原、凌源、沈阳，内蒙古根河、科尔沁右翼中旗。

分布：中国（黑龙江、辽宁、内蒙古、河北、山西、陕西、甘肃、四川、贵州），俄罗斯（东部西伯利亚）。

长鳞薹草

Carex tarumensis Franch.

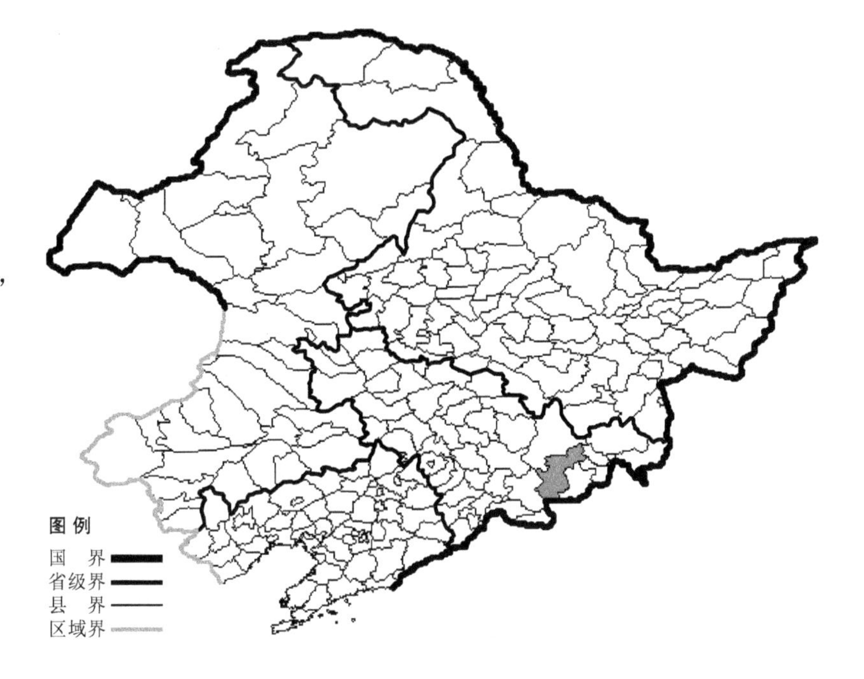

生境：草甸，湿草地。

产地：吉林省安图。

分布：中国（吉林），朝鲜半岛，日本。

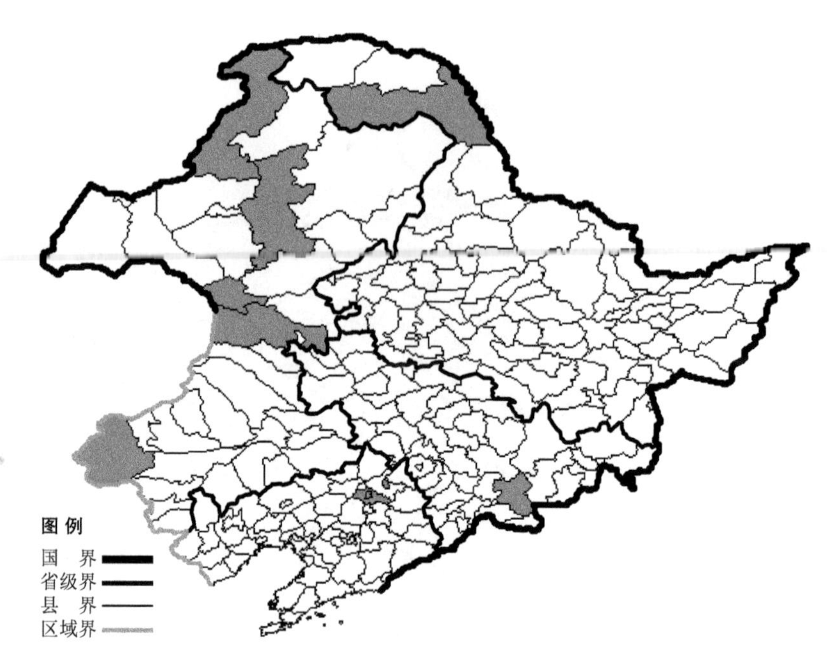

细花薹草

Carex tenuiflora Wahlenb.

生境：沼泽，海拔约 900 米。

产地：黑龙江省呼玛，吉林省抚松，辽宁省铁岭，内蒙古额尔古纳、牙克石、阿尔山、科尔沁右翼前旗。

分布：中国（黑龙江、吉林、辽宁、内蒙古），朝鲜半岛，日本，俄罗斯（北极带、欧洲部分、西伯利亚、远东地区），欧洲，北美洲。

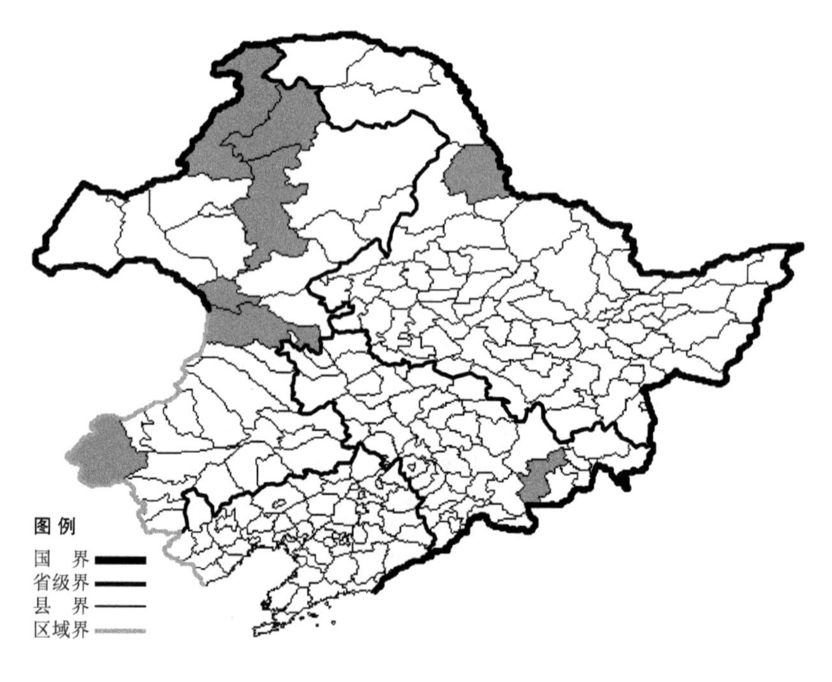

细形薹草

Carex tenuiformis Levl. et Vant.

生境：草甸，山坡，林下。

产地：黑龙江省黑河，吉林省安图，内蒙古额尔古纳、牙克石、根河、阿尔山、克什克腾旗、科尔沁右翼前旗。

分布：中国（黑龙江、吉林、内蒙古），朝鲜半岛，日本，俄罗斯（东部西伯利亚、远东地区）。

细穗薹草

Carex tenuistachya Nakai

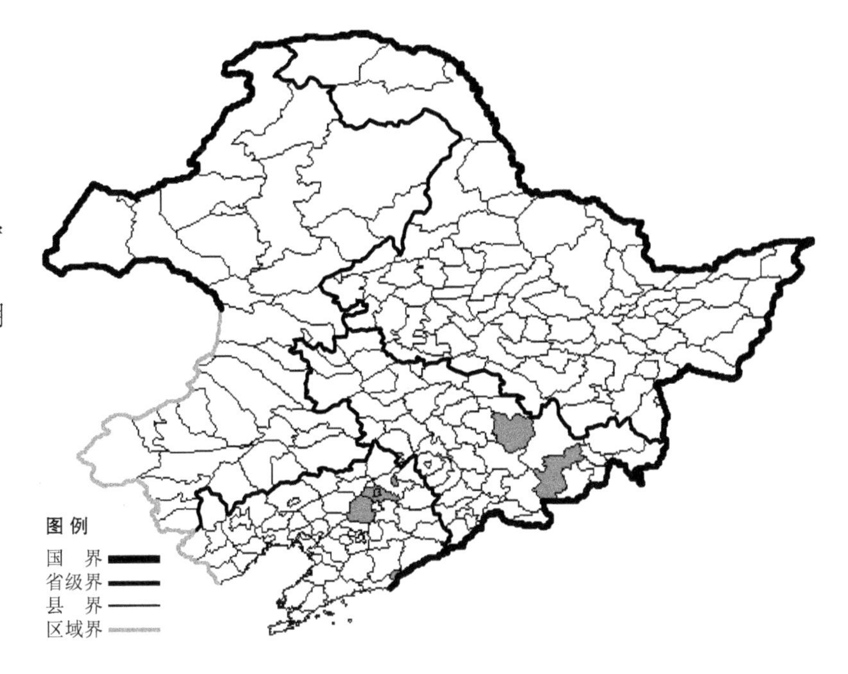

生境：林下，山坡草地。

产地：吉林省安图、蛟河，辽宁省铁岭、沈阳、丹东。

分布：中国（吉林、辽宁），朝鲜半岛，日本。

陌上菅

Carex thunbergii Steud.

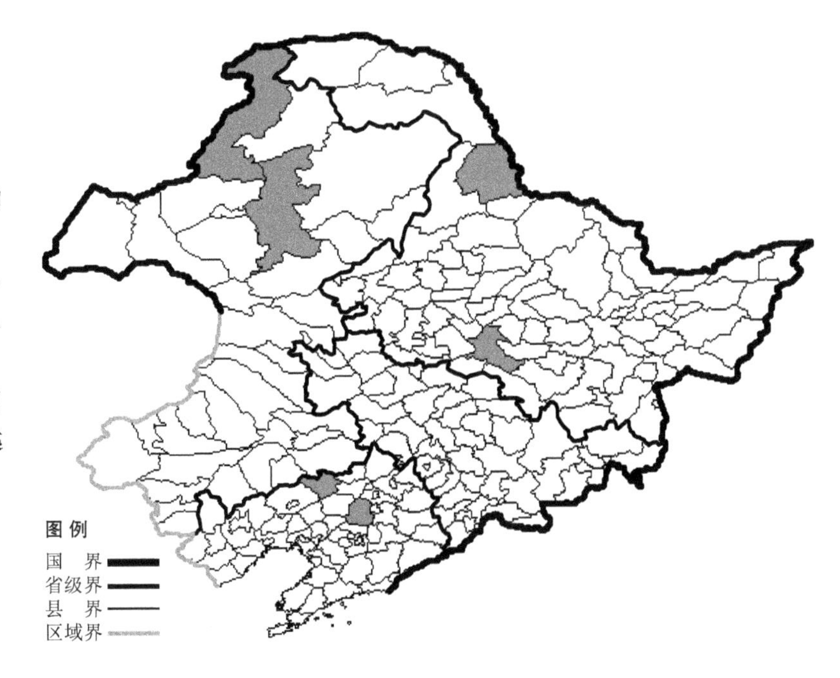

生境：湖边湿草地，海拔约200米。

产地：黑龙江省哈尔滨、黑河，辽宁省彰武、沈阳，内蒙古牙克石、额尔古纳。

分布：中国（黑龙江、辽宁、内蒙古、河北、山西），日本，俄罗斯（远东地区）。

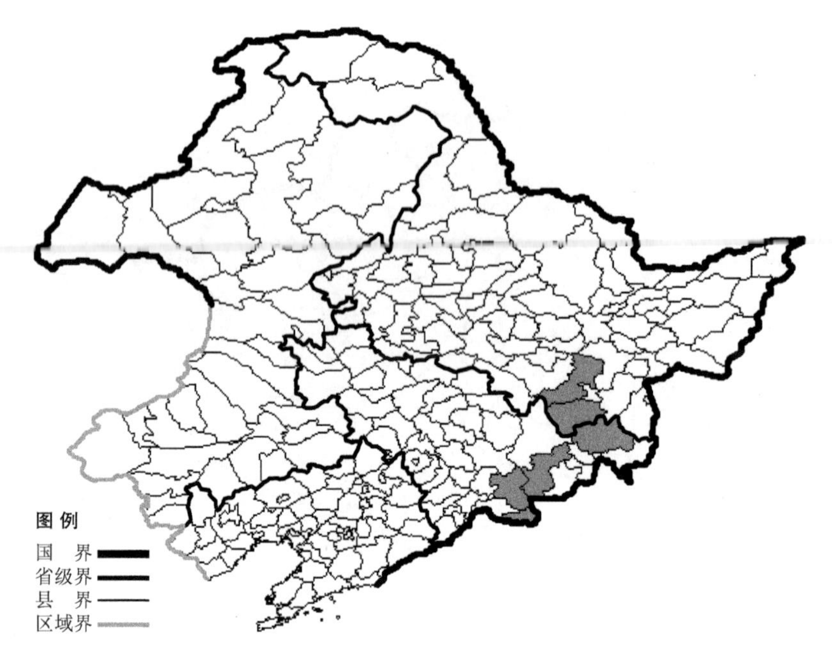

图们薹草

Carex tuminensis Kom.

生境：水边，山坡草地，海拔2100米以下。

产地：黑龙江省宁安、海林，吉林省安图、抚松、长白、汪清。

分布：中国（黑龙江、吉林），朝鲜半岛，俄罗斯（远东地区）。

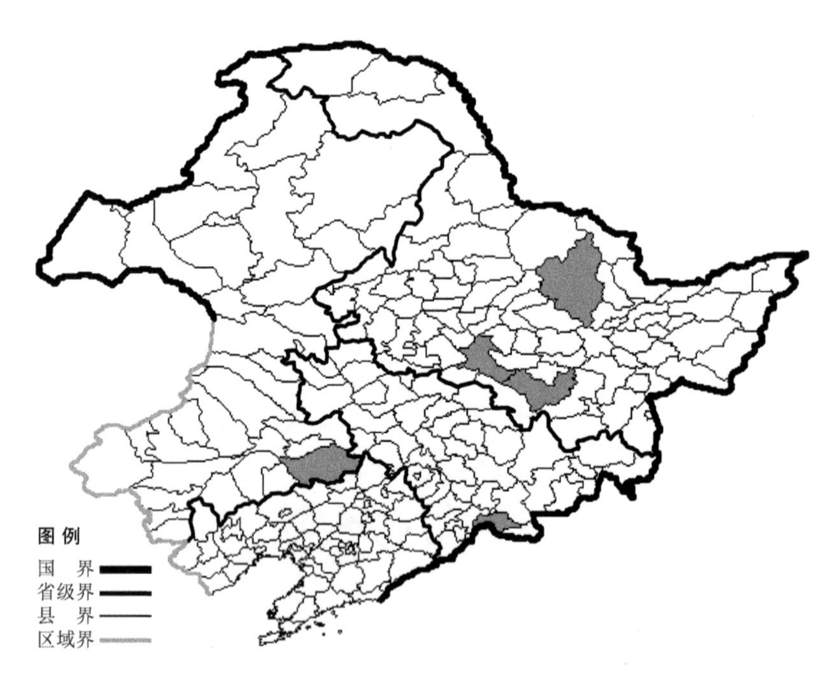

大针薹草

Carex uda Maxim.

生境：阔叶红松林下，海拔约800米。

产地：黑龙江省伊春、尚志、哈尔滨，吉林省临江，内蒙古科尔沁左翼后旗。

分布：中国（黑龙江、吉林、内蒙古），朝鲜半岛，日本，俄罗斯（远东地区）。

卷叶薹草

Carex ulobasis V. Krecz.

生境：向阳山坡疏林，灌丛。

产地：黑龙江省哈尔滨、五大连池，内蒙古鄂伦春旗。

分布：中国（黑龙江、内蒙古），朝鲜半岛，俄罗斯（远东地区）。

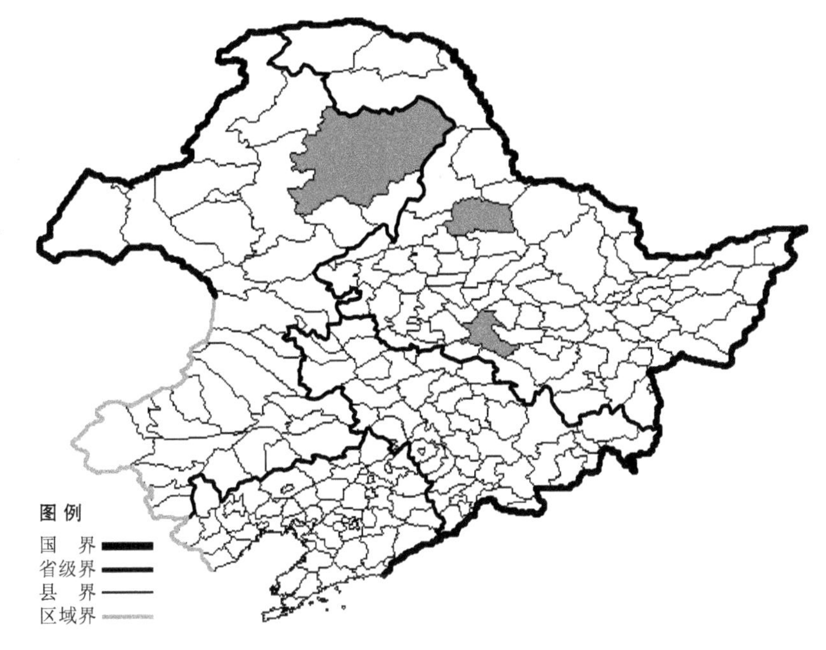

乌苏里薹草

Carex ussuriensis Kom.

生境：林下，海拔1400米以下。

产地：黑龙江省哈尔滨、尚志、伊春，吉林省汪清、抚松、安图，辽宁省桓仁、凤城、大连、瓦房店，内蒙古鄂伦春旗。

分布：中国（黑龙江、吉林、辽宁、内蒙古、陕西），朝鲜半岛，俄罗斯（远东地区）。

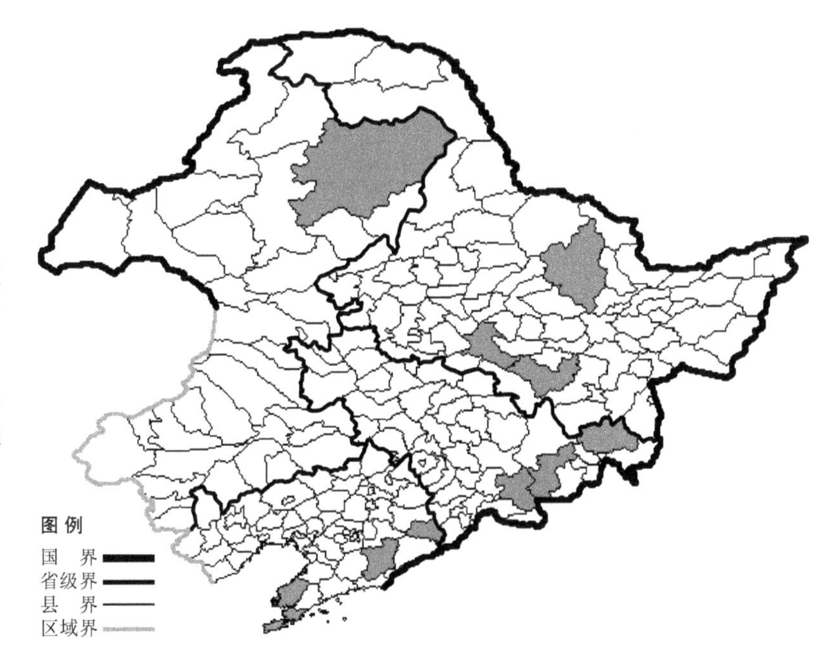

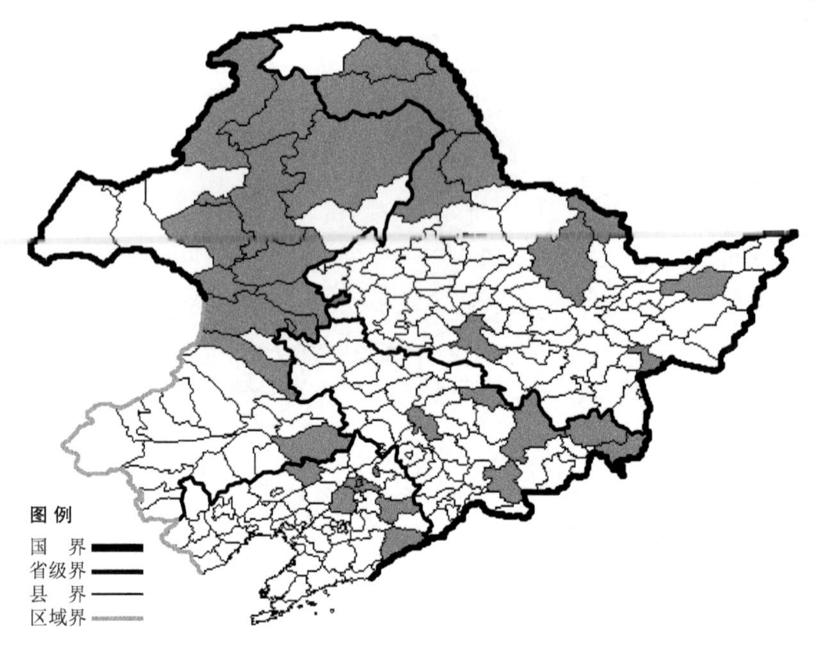

膜囊薹草

Carex vesicaria L.

生境：河边，沼泽，草甸，海拔1700米以下。

产地：黑龙江省哈尔滨、嫩江、鸡东、塔河、呼玛、嘉荫、伊春、富锦、黑河，吉林省汪清、珲春、长春、敦化、舒兰、抚松，辽宁省彰武、铁岭、沈阳、宽甸、新宾，内蒙古额尔古纳、海拉尔、牙克石、鄂伦春旗、鄂温克旗、扎兰屯、乌兰浩特、科尔沁右翼前旗、科尔沁右翼中旗、科尔沁左翼后旗、根河、阿尔山、额尔古纳、牙克石、扎赉特旗。

分布：中国（黑龙江、吉林、辽宁、内蒙古、河北），朝鲜半岛，日本，蒙古，俄罗斯（欧洲部分、高加索、西伯利亚、远东地区），中亚，欧洲，北美洲。

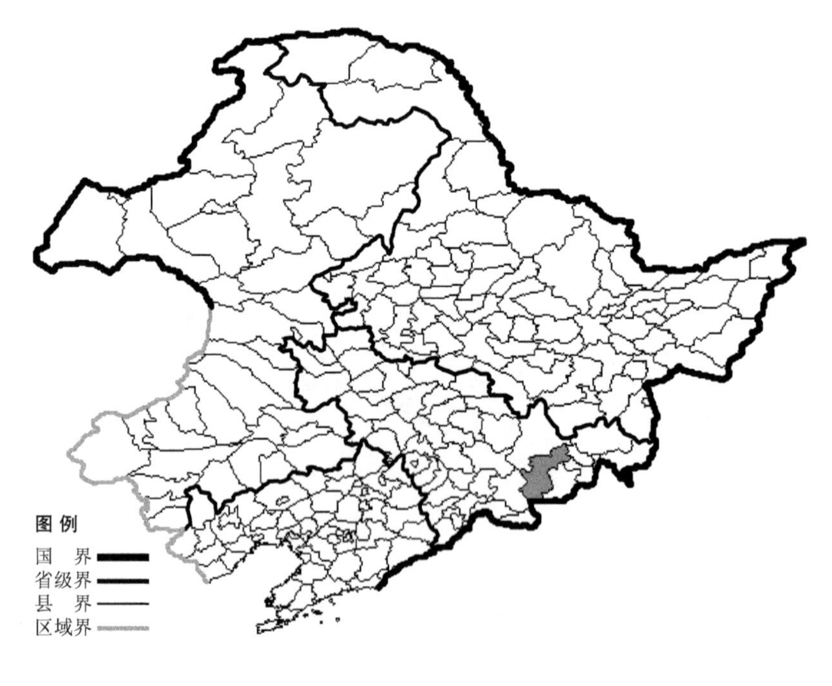

稗薹草

Carex xyphium Kom.

生境：林下。

产地：吉林省安图。

分布：中国（吉林），朝鲜半岛，俄罗斯（远东地区）。

山林薹草

Carex yamatscudana Ohwi

生境：林下，海拔约 800 米。

产地：内蒙古根河、额尔古纳、牙克石。

分布：中国（内蒙古）。

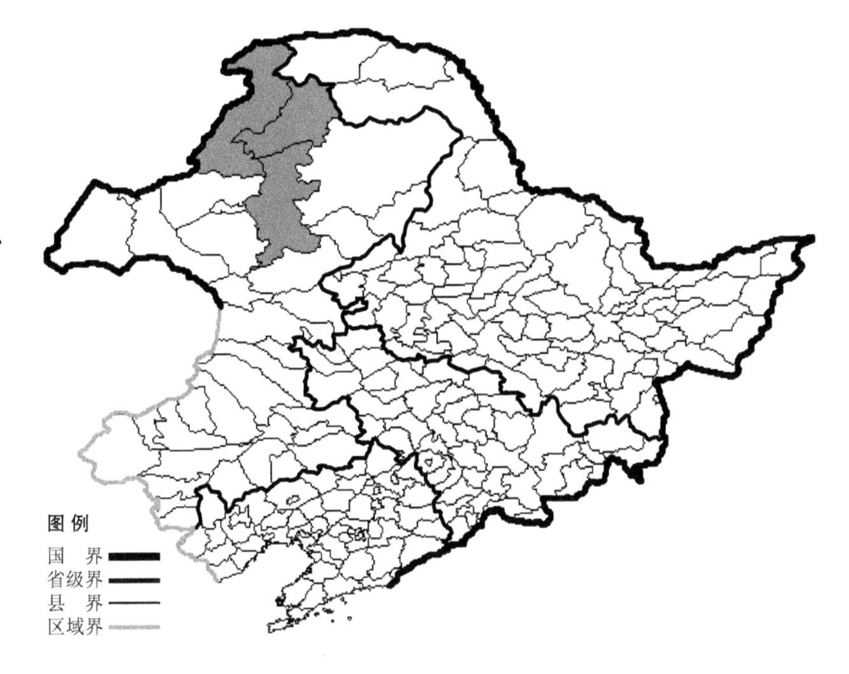

黑水莎草

Cyperus amuricus Maxim.

生境：河边沙地，湿地，水边，海拔 500 米以下。

产地：吉林省临江、永吉，辽宁省大连、本溪、瓦房店、凤城、铁岭、抚顺、桓仁、海城、庄河、普兰店。

分布：中国（吉林、辽宁、河北、山西、陕西、安徽、浙江、四川、云南），朝鲜半岛，日本，俄罗斯（远东地区）。

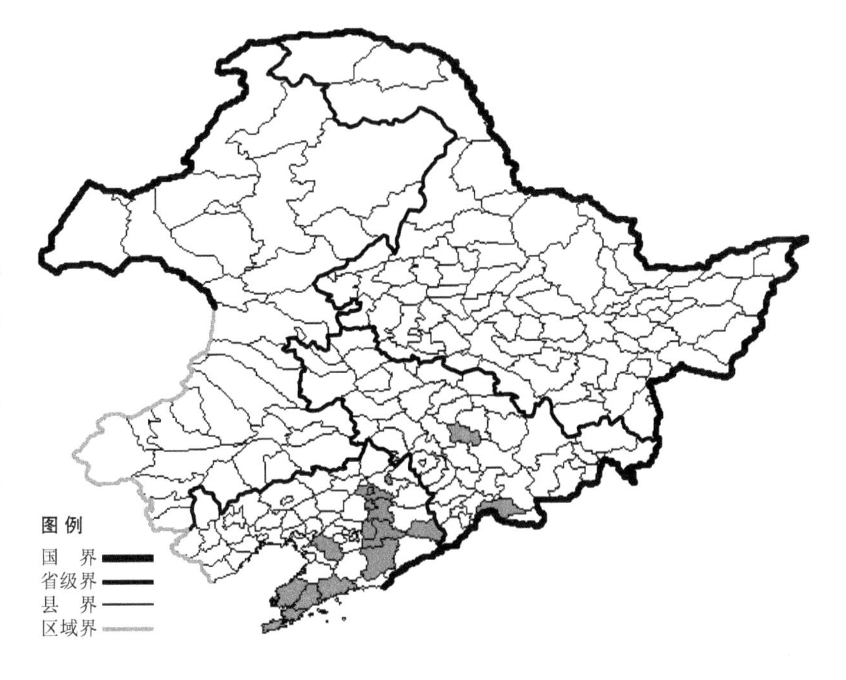

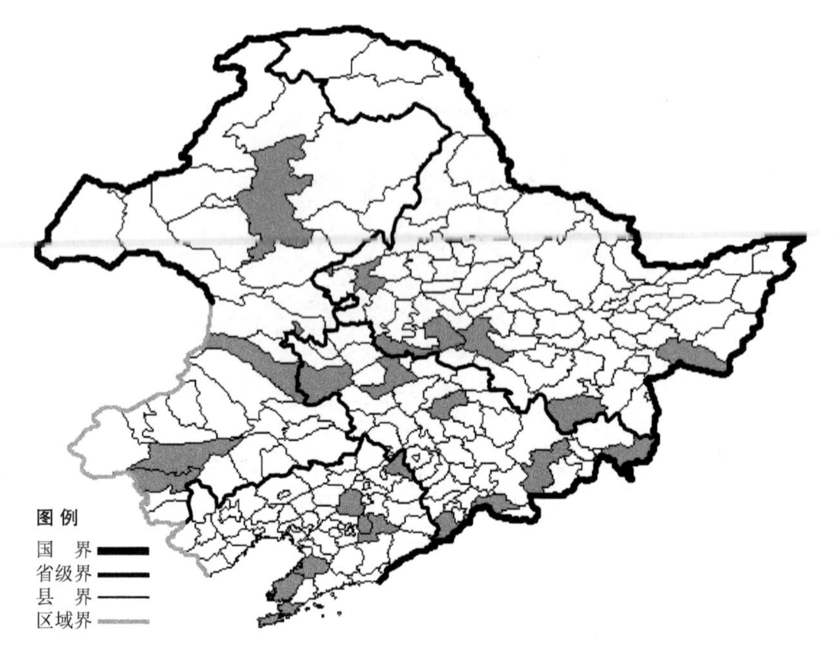

球穗莎草

Cyperus difformis L.

生境：湿草地，海拔1900米以下。

产地：黑龙江省宁安、密山、齐齐哈尔、哈尔滨、肇东、肇源，吉林省九台、珲春、临江、前郭尔罗斯、安图、通榆、珲春、集安，辽宁省本溪、瓦房店、沈阳、大连、西丰、盖州，内蒙古牙克石、乌兰浩特、科尔沁右翼中旗、翁牛特旗、赤峰。

分布：中国（黑龙江、吉林、辽宁、内蒙古、河北、山西、陕西、甘肃、江苏、安徽、浙江、福建、湖北、湖南、广东、广西、海南、四川、云南），朝鲜半岛，日本，俄罗斯（高加索、远东地区），中亚，伊朗，印度，非洲，大洋洲，北美洲。

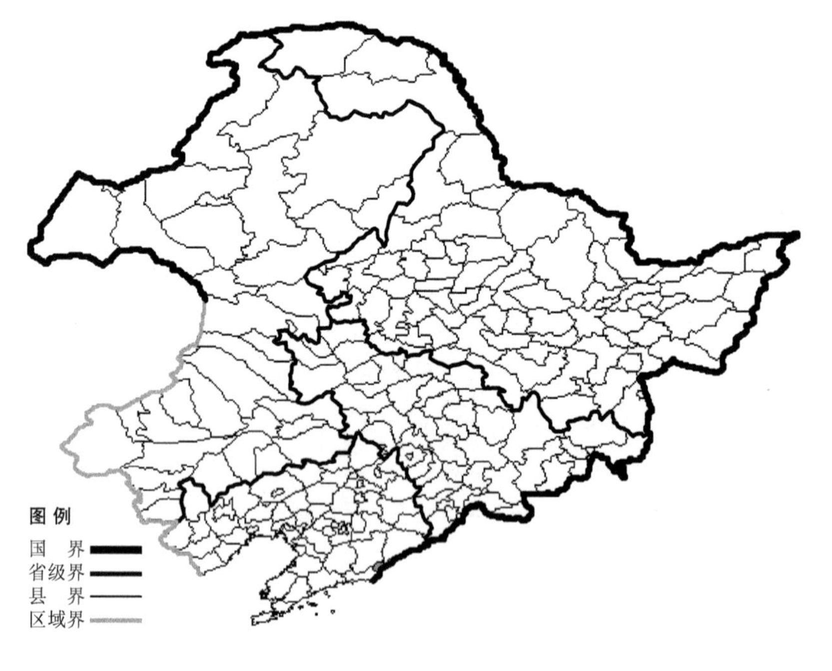

绿穗莎草

Cyperus flaccidus Kitag.

生境：河边，湿草地。

产地：辽宁省丹东。

分布：中国（辽宁），朝鲜半岛，日本，大洋洲。

密穗莎草

Cyperus fuscus L.

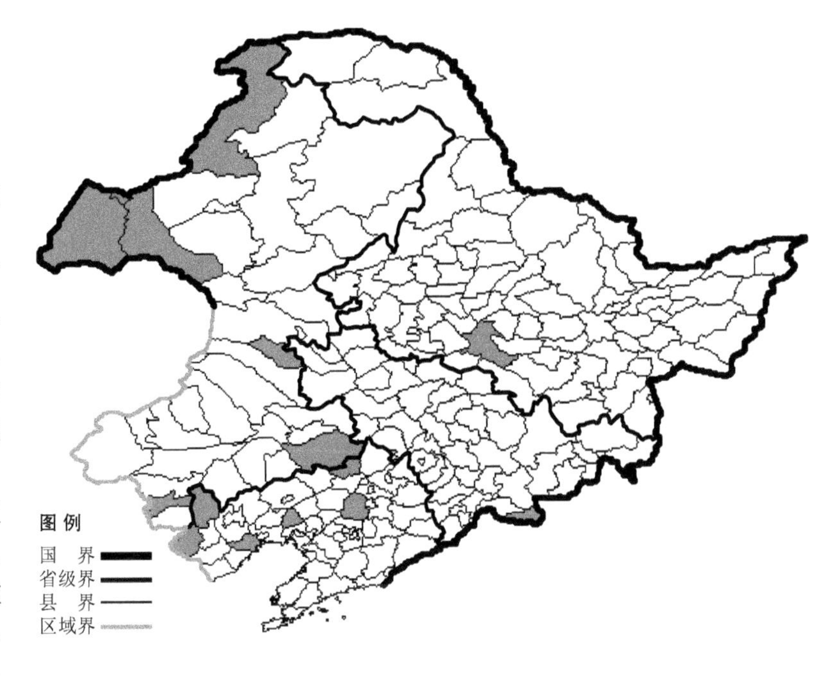

生境：草甸，沼泽，湖边，海拔1400米以下。

产地：黑龙江省哈尔滨，吉林省长白，辽宁省葫芦岛、凌源、沈阳、康平、北镇、建平，内蒙古满洲里、新巴尔虎左旗、新巴尔虎右旗、额尔古纳、突泉、喀喇沁旗、科尔沁左翼后旗。

分布：中国（黑龙江、吉林、辽宁、内蒙古、河北、山西、陕西、甘肃、新疆），朝鲜半岛，日本，俄罗斯（欧洲部分、高加索、西伯利亚），中亚，土耳其，伊朗，阿富汗，印度，越南，非洲，欧洲。

北莎草 Cyperus fuscus L. f. **virescens** (Hoffm.) Vahl 生于湿地，产于黑龙江省哈尔滨，分布于中国（黑龙江、河北、山西、陕西、甘肃），俄罗斯，中亚，非洲，欧洲。

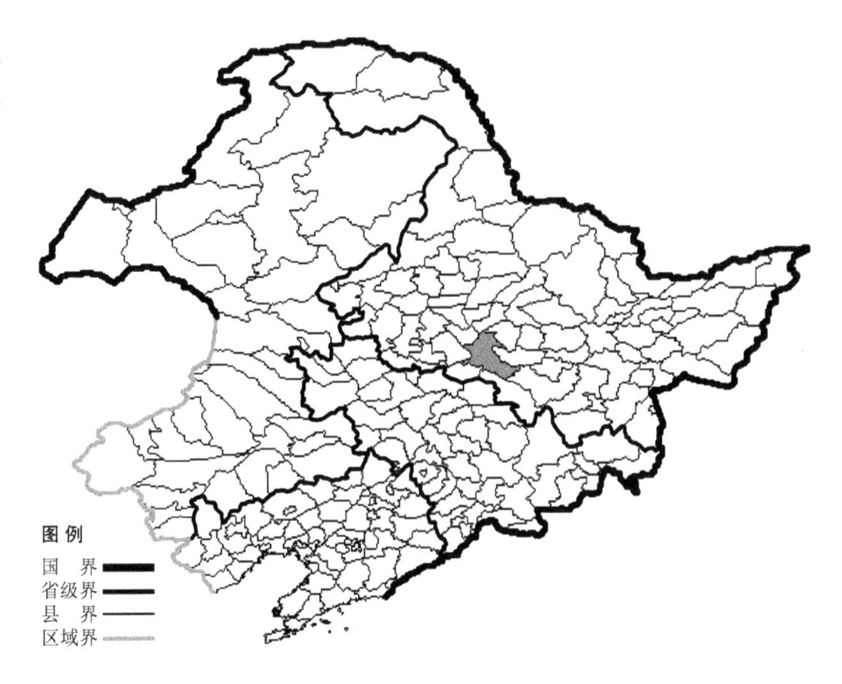

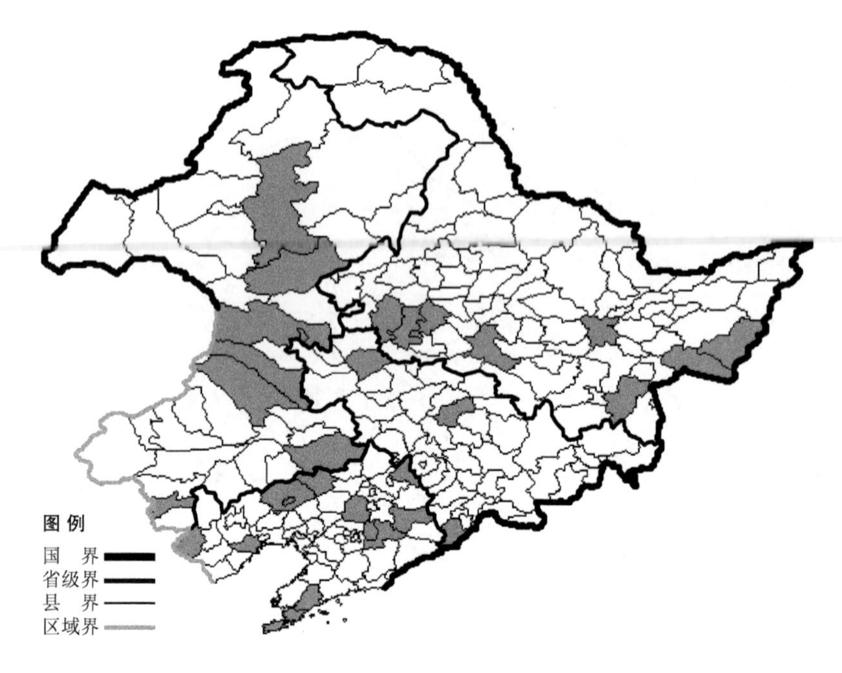

头穗莎草

Cyperus glomeratus L.

生境： 草甸，河边，稻田。

产地： 黑龙江省哈尔滨、虎林、密山、依兰、穆棱、大庆、安达、杜尔伯特，吉林省集安、九台、大安，辽宁省凌源、彰武、葫芦岛、大连、普兰店、本溪、新宾、阜新、西丰、沈阳，内蒙古科尔沁左翼后旗、扎兰屯、乌兰浩特、科尔沁右翼前旗、科尔沁右翼中旗、牙克石、扎鲁特旗、喀喇沁旗。

分布： 中国（黑龙江、吉林、辽宁、内蒙古、河北、山西、陕西、甘肃、河南），朝鲜半岛，日本，俄罗斯（欧洲部分、高加索、西部西伯利亚、远东地区），中亚，欧洲。

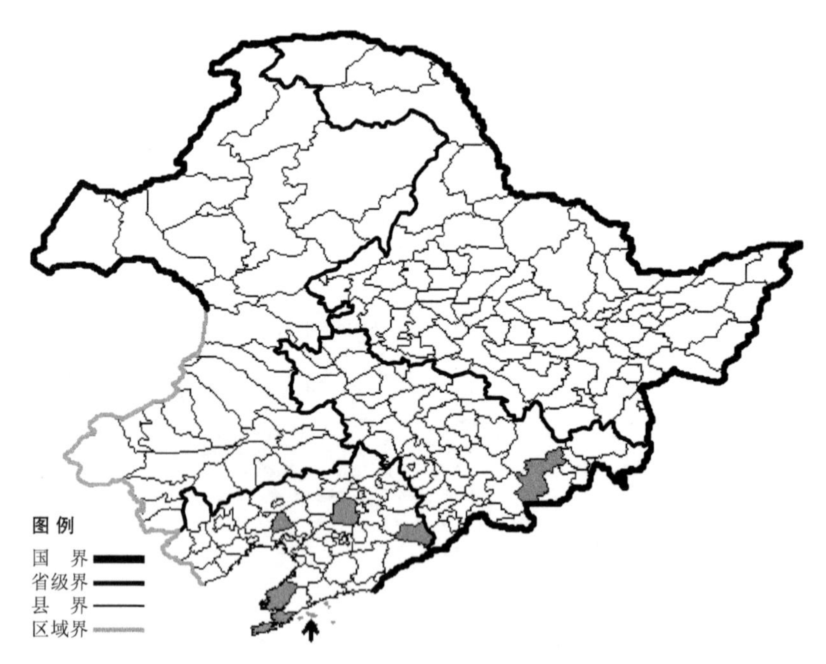

碎米莎草

Cyperus iria L.

生境： 稻田，湿地，海拔 400 米以下。

产地： 吉林省安图，辽宁省北镇、桓仁、瓦房店、大连、沈阳、长海。

分布： 中国（吉林、辽宁、华北、西北、华东、华中、华南、西南、西藏），朝鲜半岛，日本，中亚，越南，印度，马来西亚，伊朗，非洲，大洋洲，北美洲。

黄颖莎草

Cyperus microiria Steud.

生境：稻田，河边湿地，海拔500米以下。

产地：黑龙江省虎林，吉林省临江、集安，辽宁省丹东、锦州、大连、鞍山、普兰店、庄河、新民、宽甸、东港、长海、清原、北镇、西丰、盖州、沈阳，内蒙古扎兰屯。

分布：中国（黑龙江、吉林、辽宁、内蒙古、河北、山西、陕西、安徽、四川），朝鲜半岛，日本。

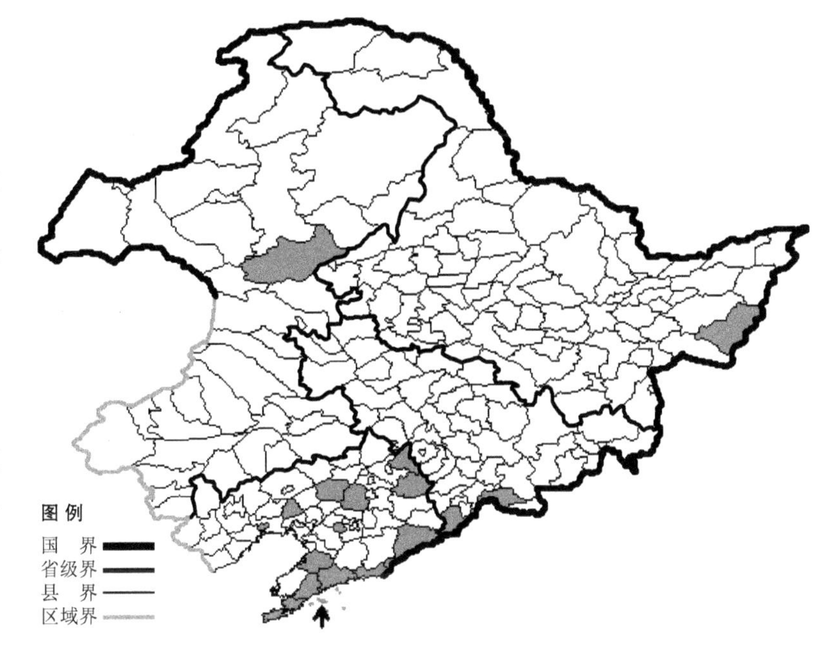

白鳞莎草

Cyperus nipponicus Franch. et Sav.

生境：湿地，河岸沙地，海拔300米以下。

产地：辽宁省沈阳、本溪。

分布：中国（辽宁、河北、山西、江苏），朝鲜半岛，日本，俄罗斯（远东地区）。

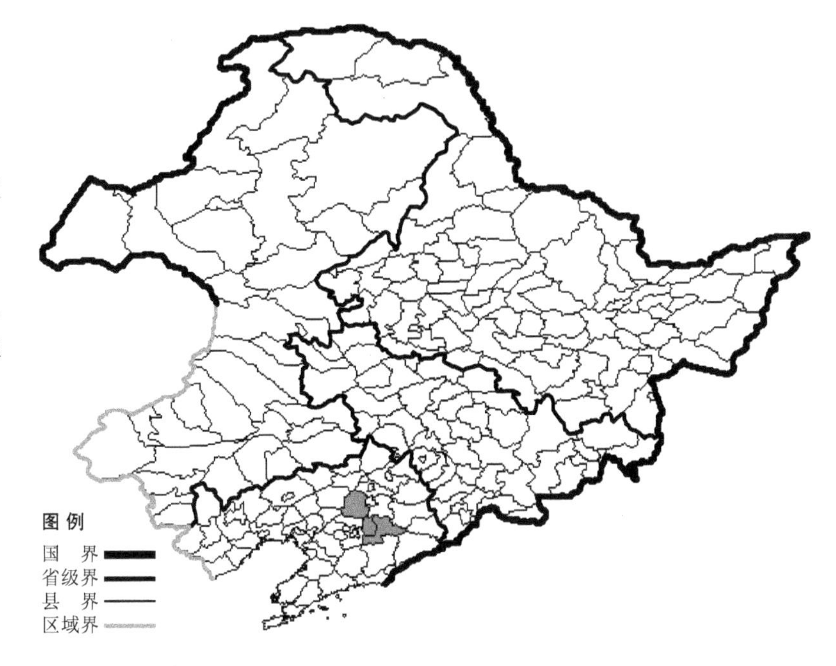

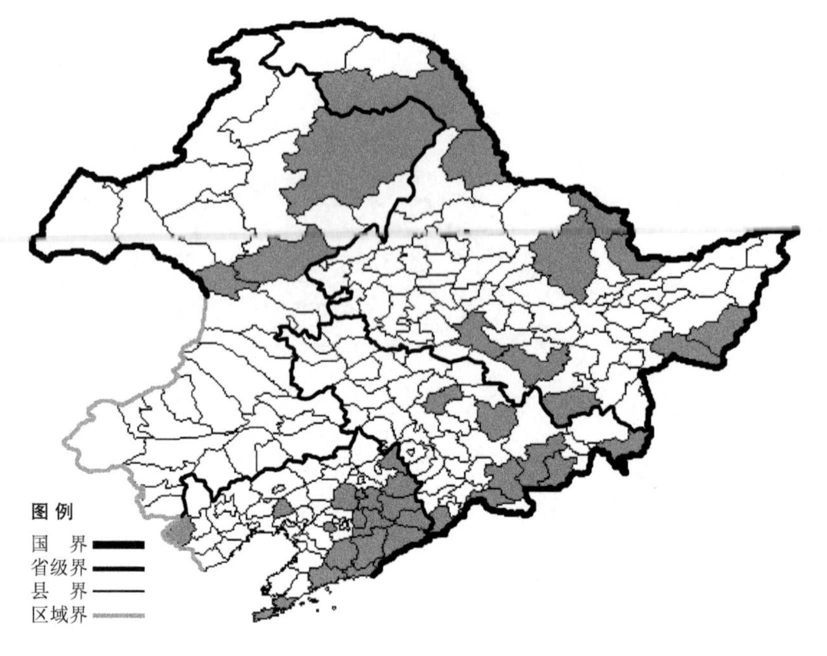

毛笠莎草

Cyperus orthostachys Franch. et Sav.

生境：河边，湖边，沼泽，海拔1000米以下。

产地：黑龙江省哈尔滨、宁安、萝北、尚志、密山、黑河、虎林、呼玛、伊春、嘉荫，吉林省临江、安图、和龙、珲春、蛟河、九台、抚松、集安，辽宁省沈阳、凌源、清原、桓仁、抚顺、丹东、西丰、北镇、鞍山、大连、本溪、凤城、宽甸、新宾、东港、庄河、岫岩，内蒙古阿尔山、扎兰屯、鄂伦春旗。

分布：中国（黑龙江、吉林、辽宁、内蒙古、河北、山东、湖北、四川、贵州），朝鲜半岛，日本，俄罗斯（东部西伯利亚、远东地区）。

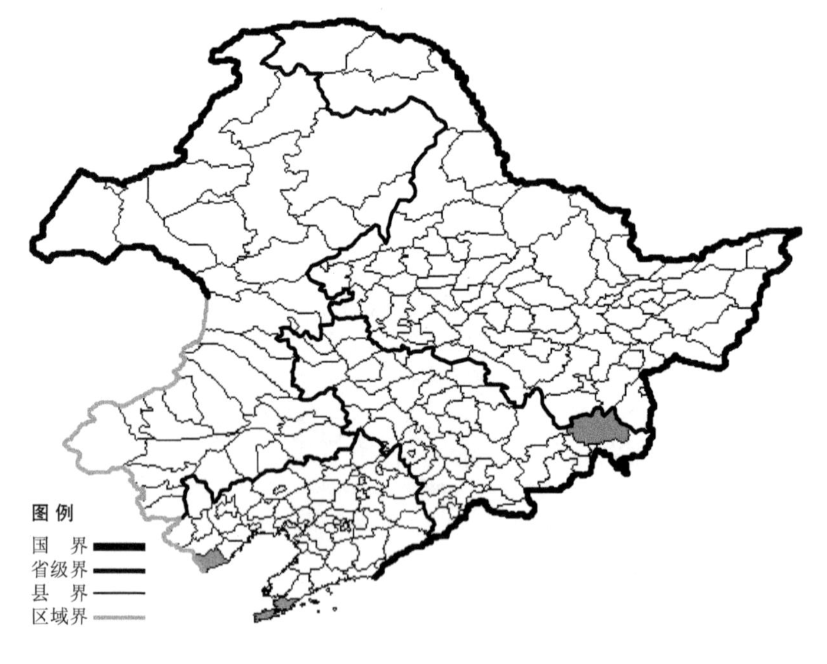

牛毛毡

Eleocharis acicularis (L.) Roem. et Schult.

生境：沼泽旁，水边湿地。

产地：吉林省汪清，辽宁省绥中、大连。

分布：中国（吉林、辽宁），朝鲜半岛，日本，蒙古，俄罗斯（北极带、欧洲部分、高加索、西伯利亚、远东地区），中亚，欧洲，北美洲。

槽秆荸荠

Eleocharis equisetiformis (Meinsh.) B. Fedsch.

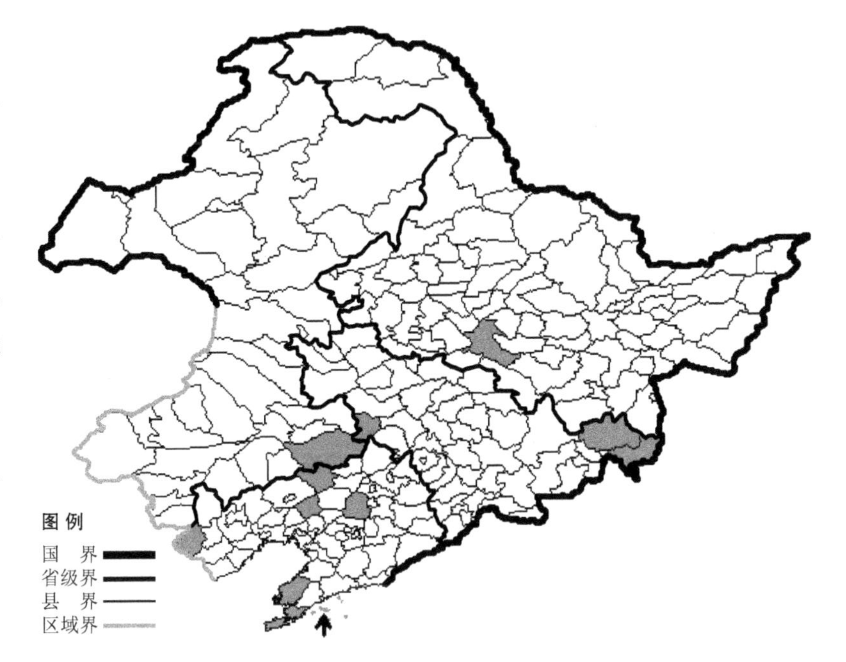

生境：水边湿地，海拔 300 米以下。

产地：黑龙江省哈尔滨，吉林省双辽、汪清、珲春，辽宁省大连、彰武、沈阳、长海、瓦房店、黑山、凌源，内蒙古科尔沁左翼后旗、扎鲁特旗。

分布：中国（黑龙江、吉林、辽宁、内蒙古），朝鲜半岛，日本，中亚。

扁基荸荠

Eleocharis fennica Palla. ex Kneuck.

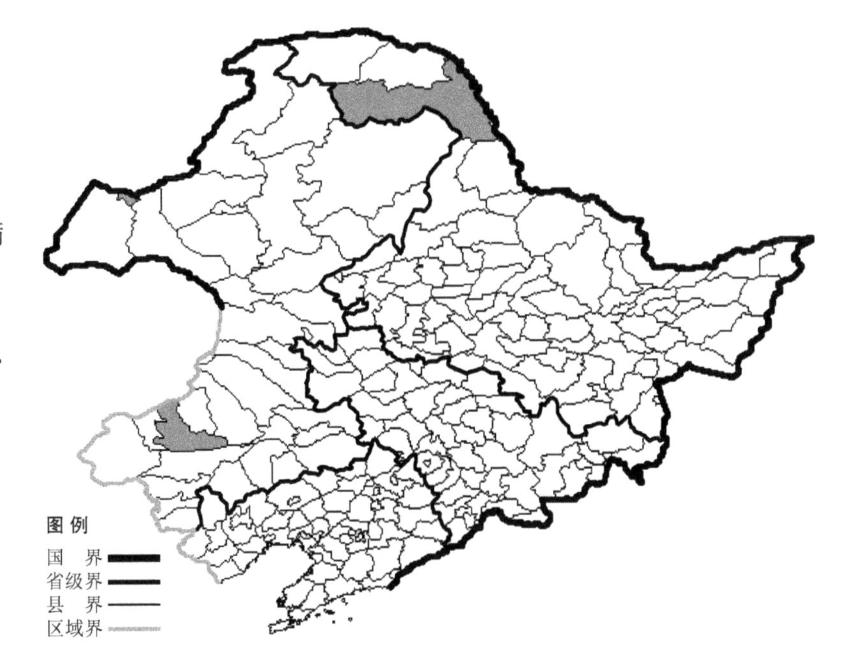

生境：湿地，海拔 700 米以下。

产地：黑龙江省呼玛，内蒙古满洲里、巴林右旗。

分布：中国（黑龙江、内蒙古），蒙古，俄罗斯（欧洲部分、高加索、西伯利亚），中亚，欧洲。

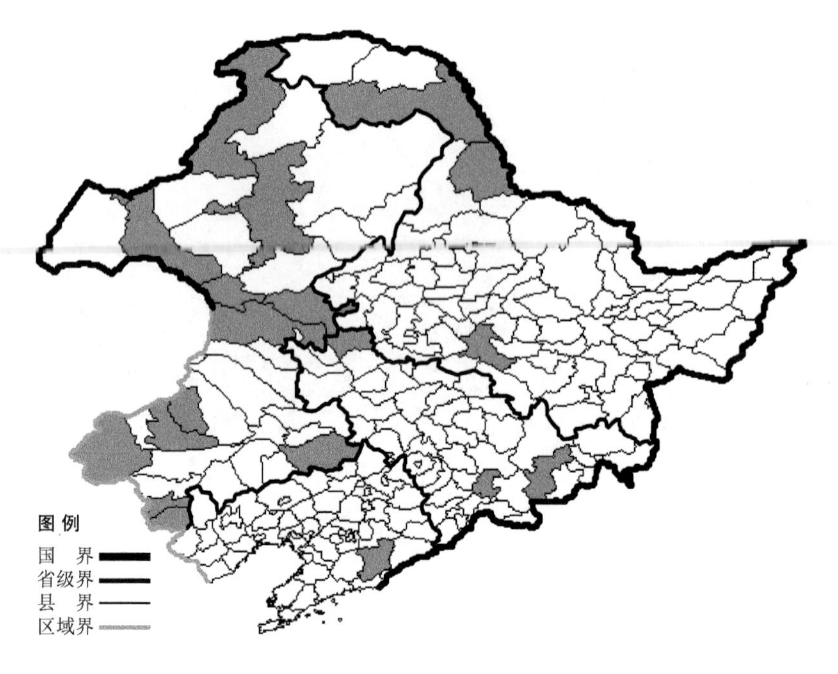

中间型荸荠

Eleocharis intersita Zinserl.

生境：沼泽，海拔 700 米以下。

产地：黑龙江省哈尔滨、黑河、呼玛、安达、伊春，吉林省镇赉、安图、靖宇，辽宁省凤城，内蒙古科尔沁右翼前旗、扎赉特旗、额尔古纳、满洲里、新巴尔虎左旗、巴林右旗、巴林左旗、喀喇沁旗、海拉尔、牙克石、阿尔山、克什克腾旗、宁城、新巴尔虎右旗、科尔沁右翼中旗、科尔沁左翼后旗。

分布：中国（黑龙江、吉林、辽宁、内蒙古），朝鲜半岛，日本，俄罗斯（北极带、欧洲部分、高加索、西伯利亚、远东地区），欧洲，北美洲。

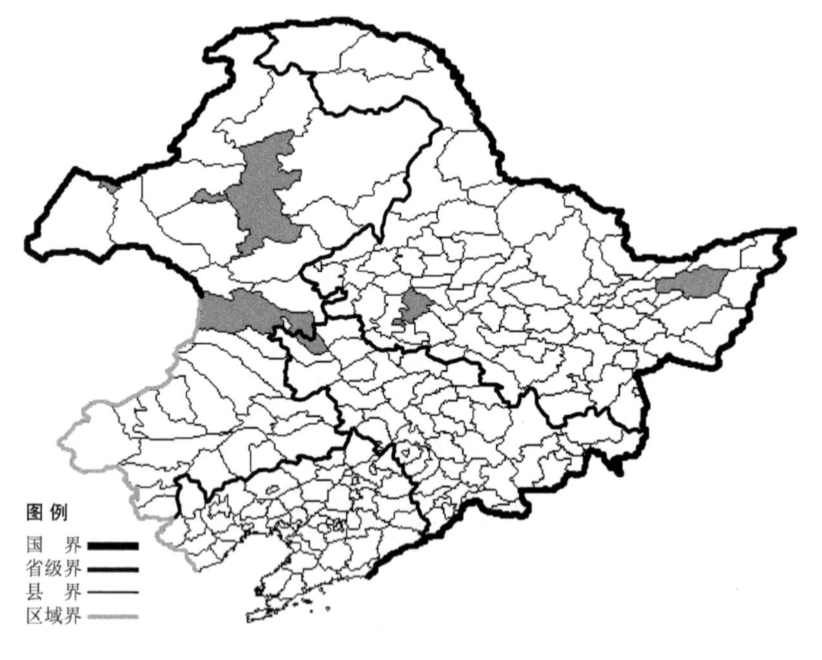

内蒙古荸荠 Eleocharis intersita Zinserl. f. **acetosa** Tang et Wang. 生于水边、沼泽，海拔 700 米以下，产于黑龙江省安达、富锦，吉林省白城，内蒙古海拉尔、牙克石、科尔沁右翼前旗、满洲里，分布于中国（黑龙江、吉林、内蒙古）。

乳头基荸荠

Eleocharis mamillata Lindb.

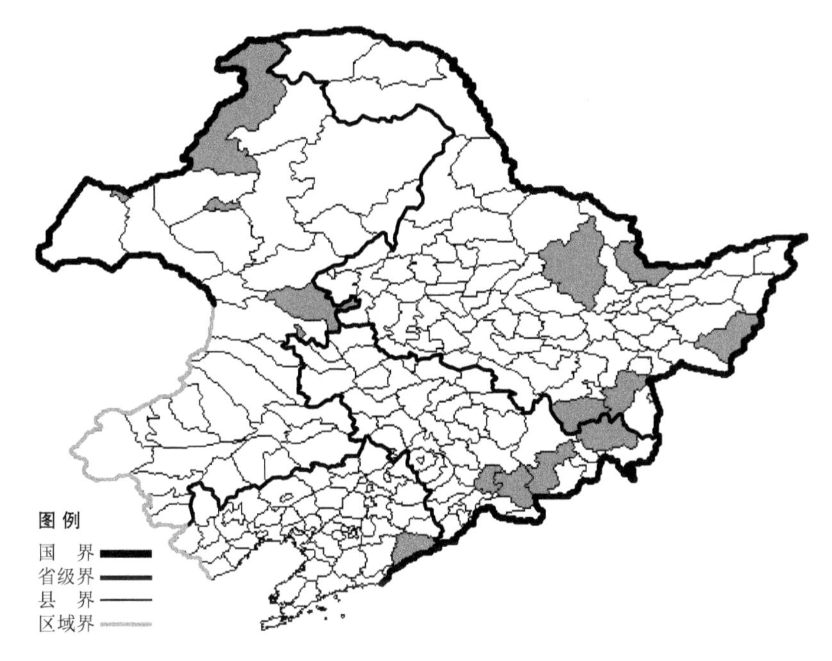

生境：草甸、沼泽，海拔 1700 米以下。

产地：黑龙江省穆棱、伊春、虎林、宁安、萝北，吉林省靖宇、汪清、安图、抚松，辽宁省宽甸，内蒙古满洲里、额尔古纳、海拉尔、乌兰浩特、扎赉特旗。

分布：中国（黑龙江、吉林、辽宁、内蒙古），朝鲜半岛，日本，俄罗斯（欧洲部分、西伯利亚、远东地区），欧洲。

乌苏里荸荠 Eleocharis mamillata Lindb. f. **ussuriensis** (Zinserl.) Y. L. Chang 生于湿地，海拔 500 米以下，产于黑龙江省富锦，内蒙古额尔古纳、满洲里、科尔沁右翼前旗、科尔沁右翼中旗，分布于中国（黑龙江、内蒙古），朝鲜半岛，俄罗斯（远东地区）。

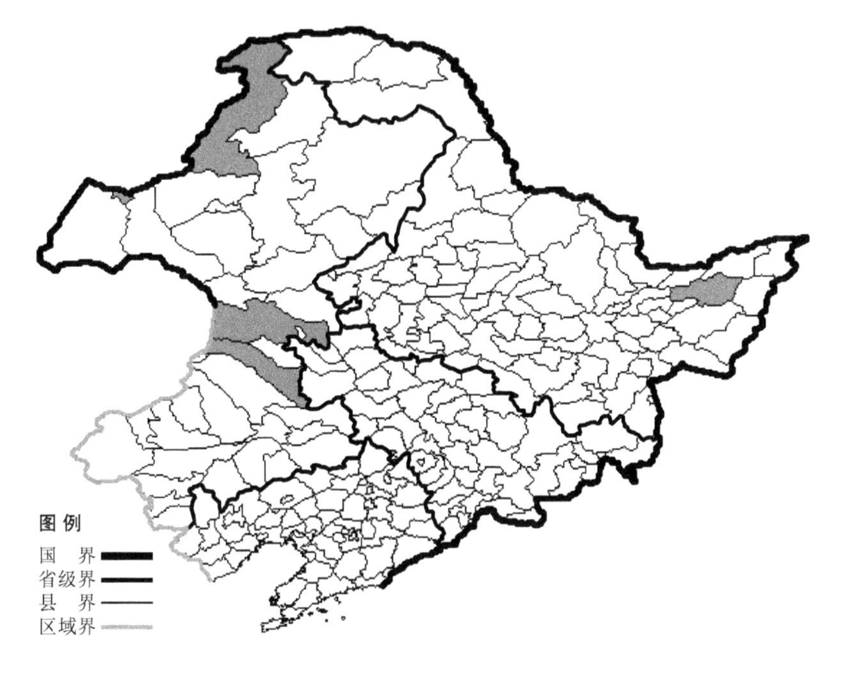

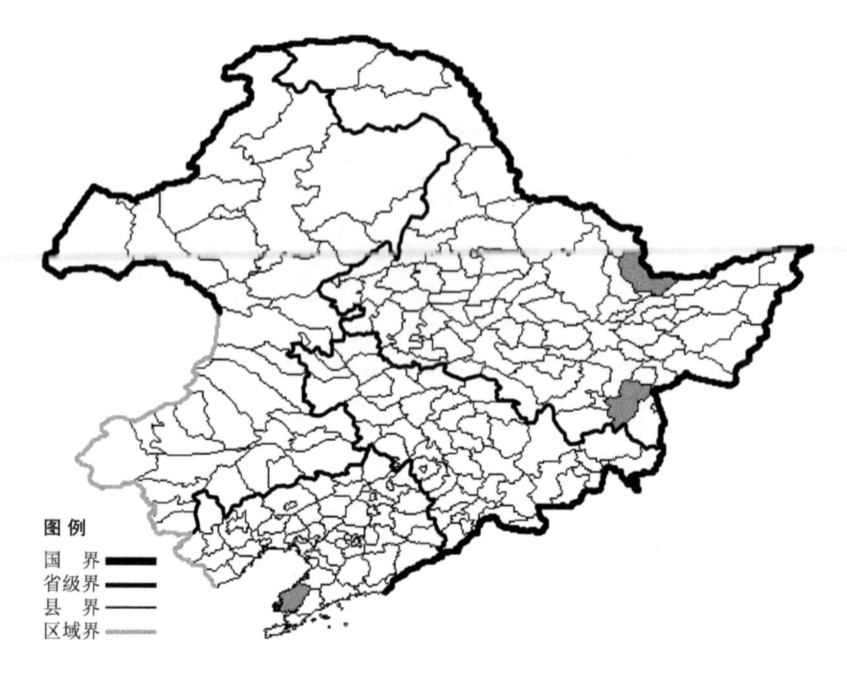

细杆荸荠

Eleocharis maximowiczii Zinserl.

生境：沼泽，草甸。

产地：黑龙江省萝北、穆棱，辽宁省瓦房店。

分布：中国（黑龙江、辽宁），朝鲜半岛，俄罗斯（远东地区）。

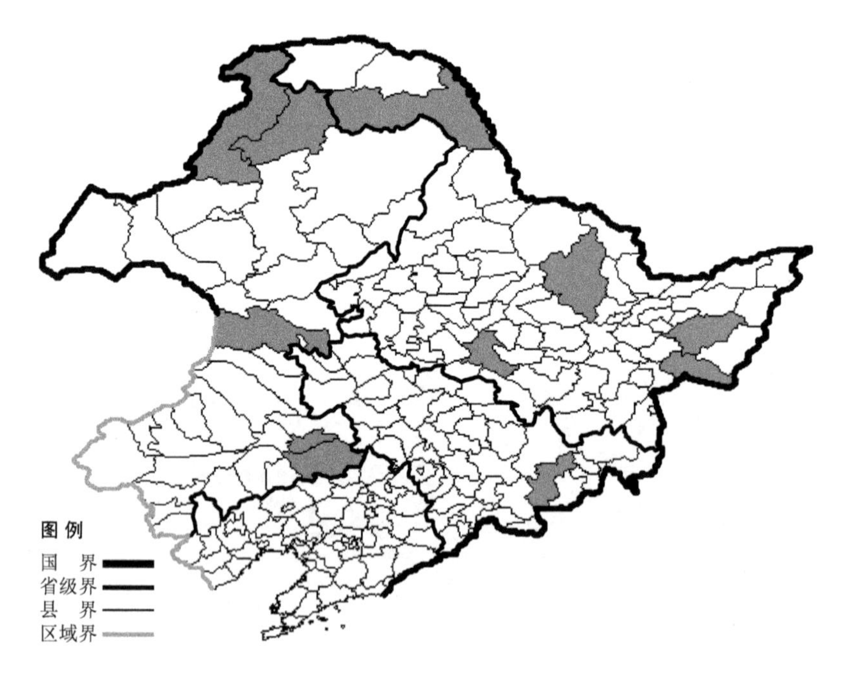

卵穗荸荠

Eleocharis ovata (Roth) Roem. et Schult.

生境：草甸，沼泽，河边，海拔800米以下。

产地：黑龙江省哈尔滨、宝清、呼玛、密山、伊春，吉林省安图，内蒙古额尔古纳、根河、科尔沁右翼前旗、科尔沁左翼后旗、通辽。

分布：中国（黑龙江、吉林、内蒙古），日本，俄罗斯（欧洲部分、高加索、东部西伯利亚、远东地区），印度，欧洲，北美洲。

穗生苗荸荠

Eleocharis pellucida Presl.

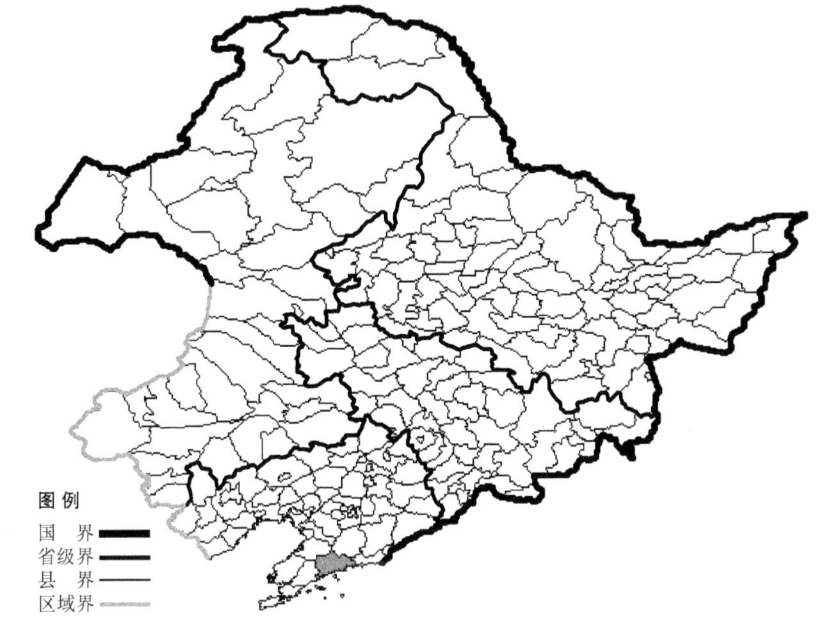

生境：沟边。

产地：辽宁省庄河。

分布：中国（全国各地），朝鲜半岛，日本，俄罗斯（远东地区），印度，缅甸，越南，印度尼西亚。

羽毛荸荠

Eleocharis wichurai Bockler

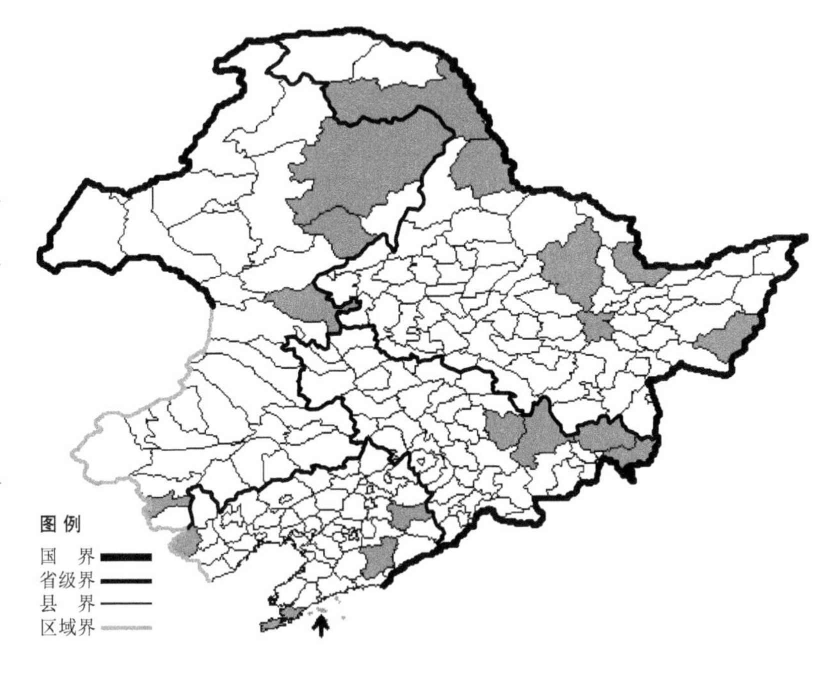

生境：沼泽，草甸，海拔 400 米以下。

产地：黑龙江省呼玛、伊春、萝北、依兰、虎林、黑河，吉林省汪清、珲春、敦化、蛟河，辽宁省长海、大连、新宾、凌源、凤城，内蒙古鄂伦春旗、喀喇沁旗、扎赉特旗、阿荣旗。

分布：中国（黑龙江、吉林、辽宁、内蒙古、河北、甘肃、山东、浙江），朝鲜半岛，日本，俄罗斯（远东地区）。

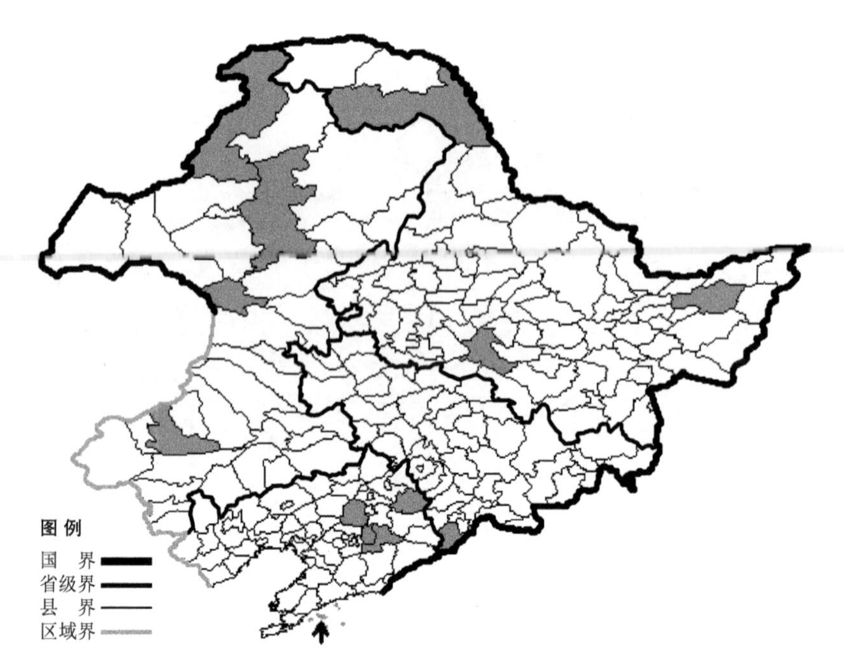

长刺牛毛毡

Eleocharis yokoscensis (Franch. et Sav.) Tang et Wang

生境：河边，沼泽。

产地：黑龙江省哈尔滨、富锦、呼玛，吉林省集安，辽宁省本溪、清原、长海、沈阳，内蒙古牙克石、额尔古纳、阿尔山、巴林右旗。

分布：中国（全国各地），朝鲜半岛，日本，蒙古，俄罗斯（东部西伯利亚、远东地区），印度，缅甸，越南。

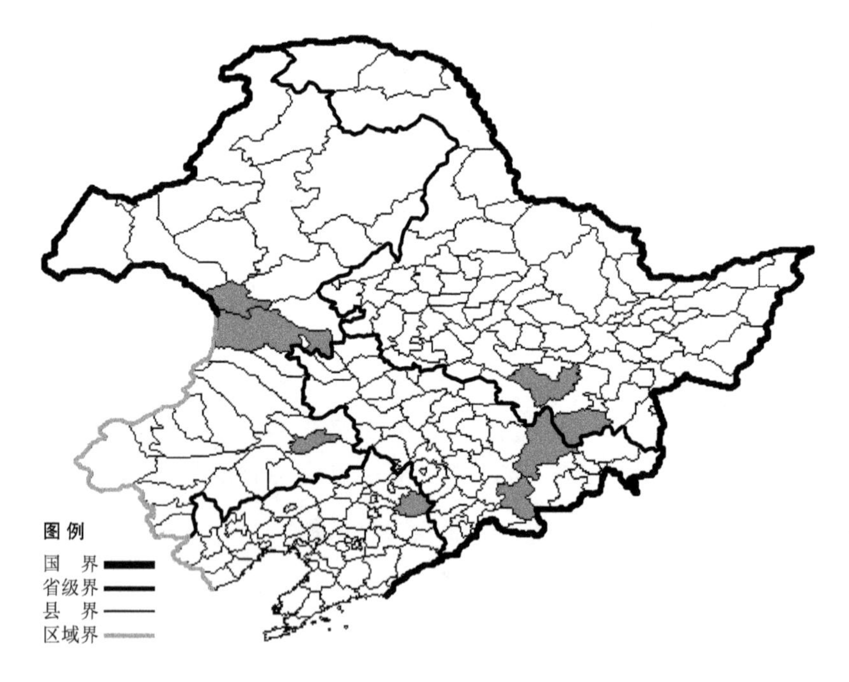

细秆羊胡子草

Eriophorum gracile Koch

生境：泥炭藓沼泽，海拔 900 米以下。

产地：黑龙江省尚志、宁安，吉林省抚松、敦化，辽宁省清原，内蒙古阿尔山、通辽、科尔沁右翼前旗。

分布：中国（黑龙江、吉林、辽宁、内蒙古、新疆），朝鲜半岛，日本，俄罗斯（北极带、欧洲部分、西伯利亚），欧洲，北美洲。

东方羊胡子草

Eriophorum polystachion L.

生境：湿地，沼泽，海拔 1100 米以下。

产地：黑龙江省哈尔滨、伊春、富锦、呼玛、嫩江、黑河、嘉荫、虎林、密山，吉林省敦化、汪清、珲春，辽宁省清原、彰武，内蒙古牙克石、新巴尔虎左旗、海拉尔、额尔古纳、根河、牙克石、鄂温克旗、科尔沁右翼前旗、科尔沁右翼中旗、克什克腾旗、阿尔山、喀喇沁旗。

分布：中国（黑龙江、吉林、辽宁、内蒙古），朝鲜半岛，蒙古，俄罗斯（北极带、欧洲部分、西伯利亚、远东地区），中亚，欧洲，北美洲。

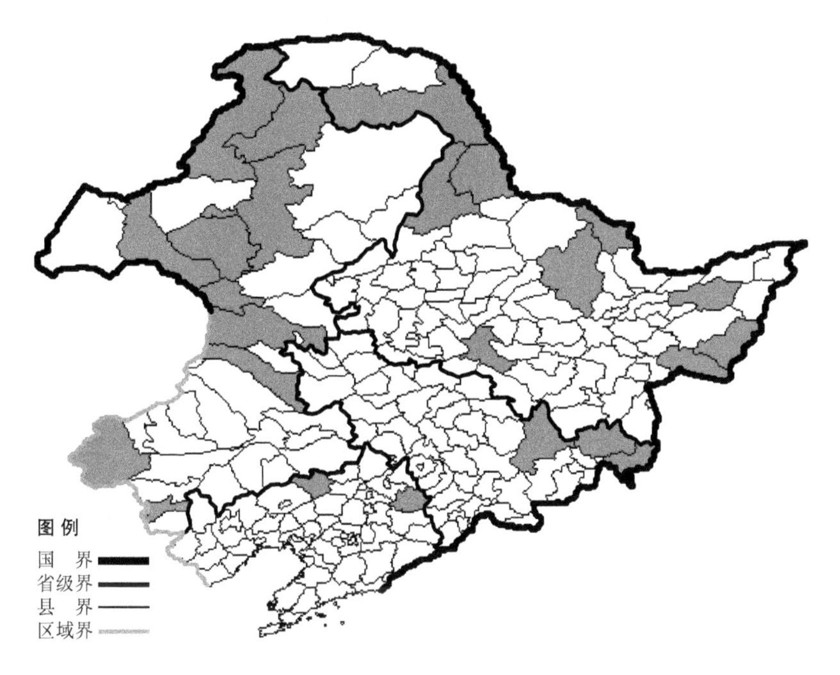

红毛羊胡子草

Eriophorum russeolum Fries

生境：沼泽，海拔约 800 米。

产地：黑龙江省虎林、集贤、黑河、萝北，内蒙古额尔古纳、海拉尔、牙克石、根河、阿尔山、科尔沁右翼前旗。

分布：中国（黑龙江、内蒙古），朝鲜半岛，俄罗斯（北极带、西伯利亚、远东地区），欧洲，北美洲。

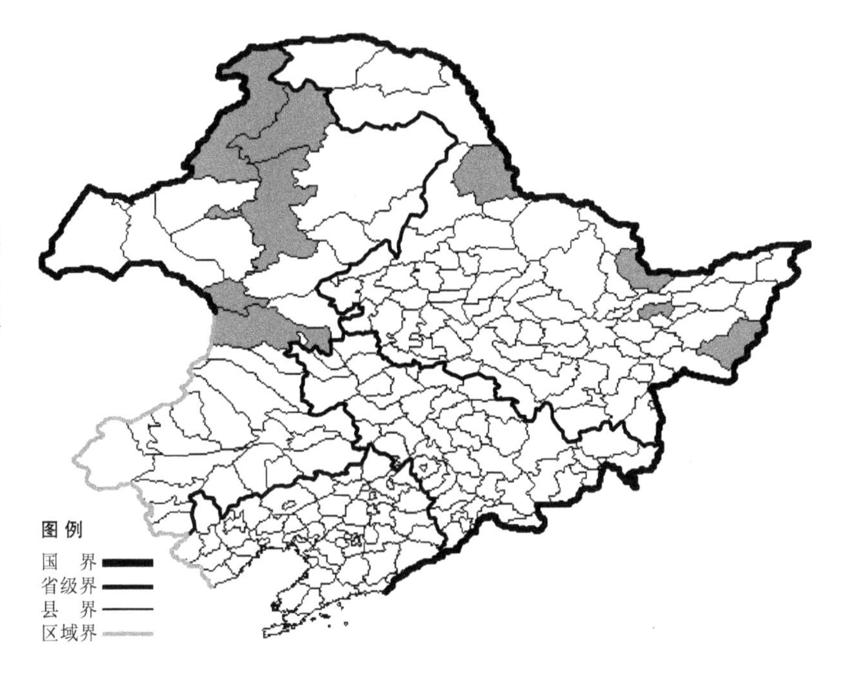

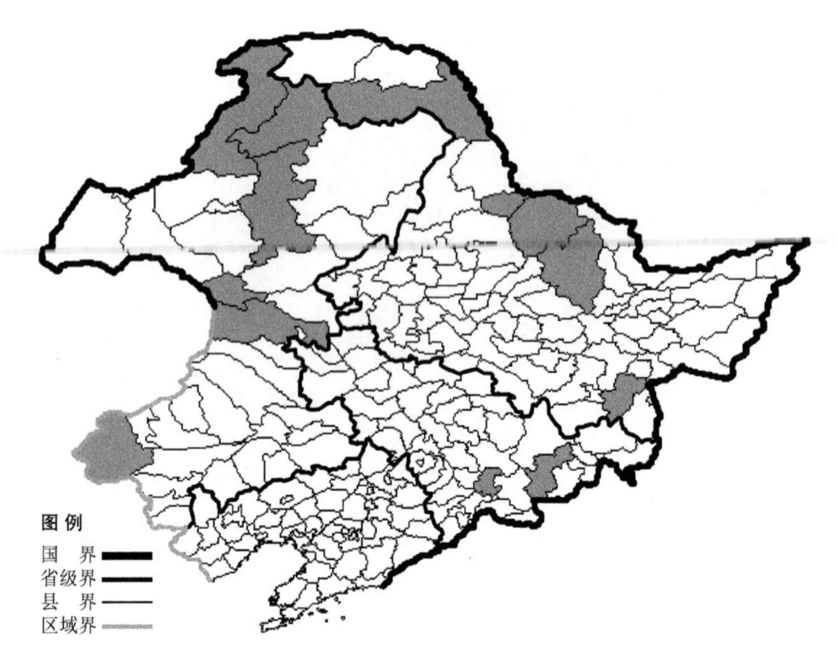

羊胡子草

Eriophorum vaginatum L.

生境：沼泽，海拔 600 米以下。

产地：黑龙江省穆棱、呼玛、逊克、孙吴、伊春，吉林省靖宇、安图，内蒙古科尔沁右翼前旗、阿尔山、额尔古纳、根河、牙克石、克什克腾旗。

分布：中国（黑龙江、吉林、内蒙古），朝鲜半岛，日本，蒙古，俄罗斯（北极带、欧洲部分、高加索、西伯利亚、远东地区），欧洲。

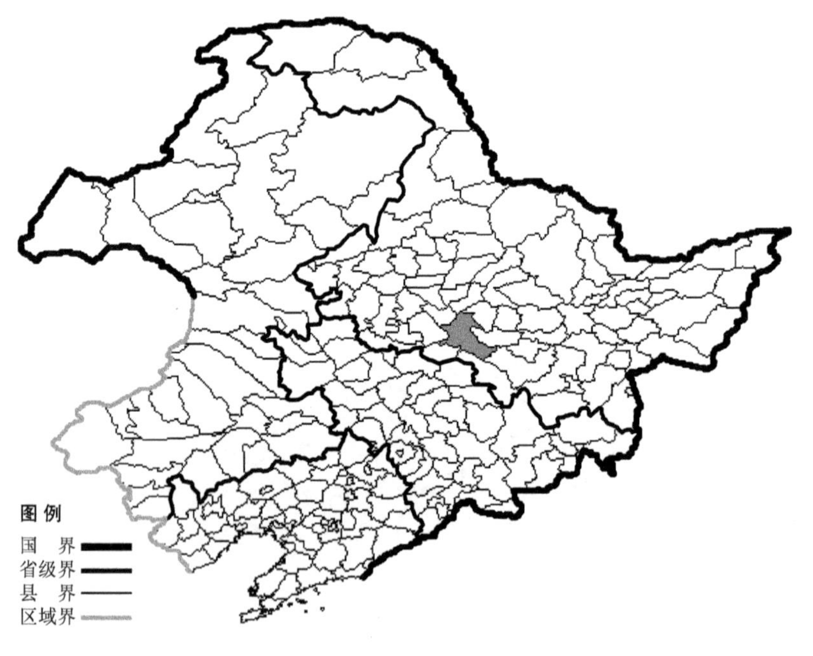

夏飘拂草

Fimbristylis aestivalis (Retz.) Vahl

生境：河边湿地。

产地：黑龙江省哈尔滨。

分布：中国（黑龙江、浙江、福建、广东、广西、海南、四川、云南、台湾），日本，朝鲜半岛，俄罗斯（远东地区），尼泊尔，印度，马来西亚，大洋洲。

飘拂草

Fimbristylis dichotoma (L.) Vahl

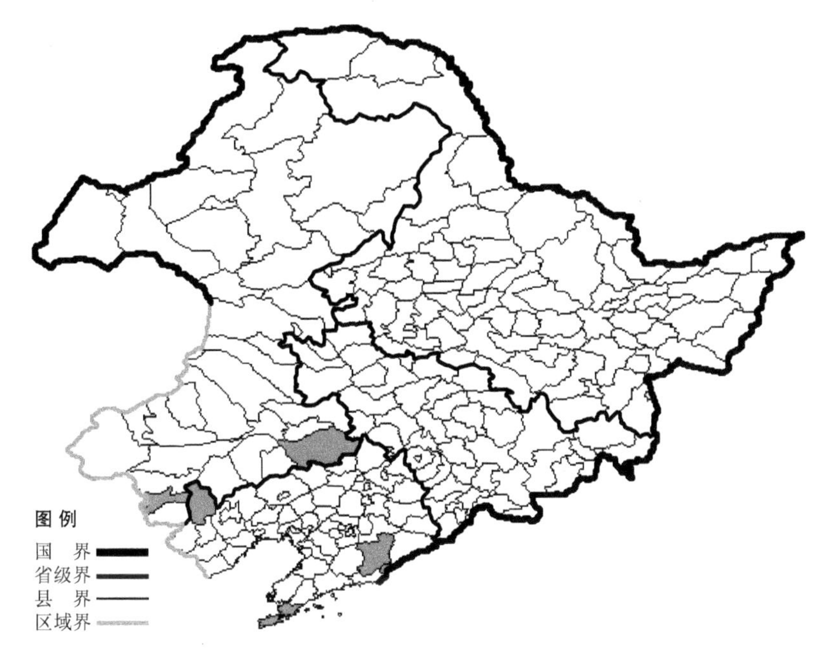

生境：河边湿沙地，海拔约 200 米。

产地：辽宁省丹东、大连、建平、凤城，内蒙古科尔沁左翼后旗、喀喇沁旗。

分布：中国（辽宁、内蒙古、河北、山西、山东、江苏、浙江、福建、江西、广东、广西、四川、贵州、云南、台湾），朝鲜半岛，日本，俄罗斯（高加索），中亚，印度，菲律宾，马来西亚，非洲，欧洲，大洋洲。

矮飘拂草 Fimbristylis dichotoma (L.) Vahl f. **depauperata** (R. Br.) Ohwi 生于湿地，产于辽宁省北镇、丹东，分布于中国（辽宁、河北、湖南），朝鲜半岛，日本，印度，马来西亚，非洲，大洋洲。

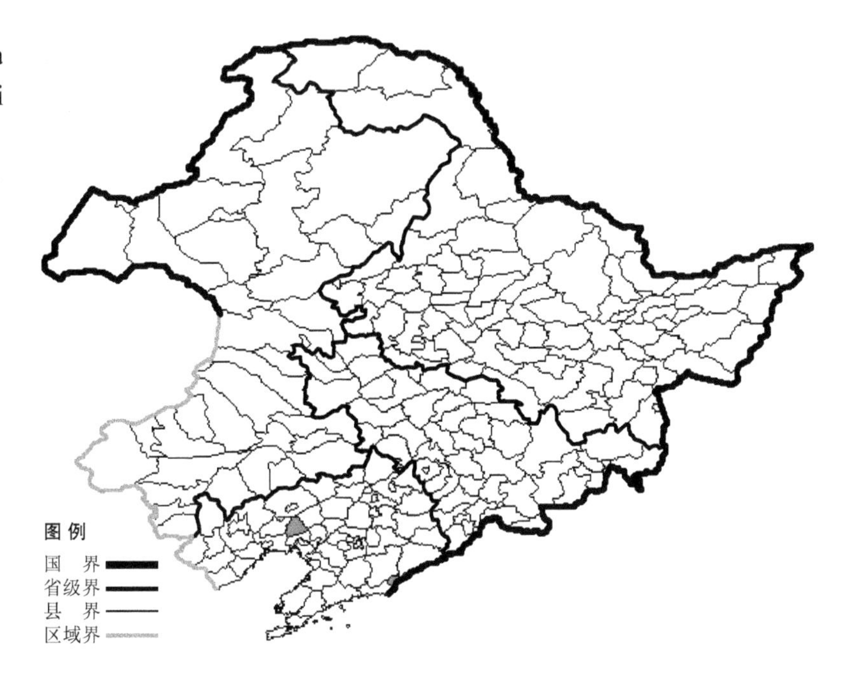

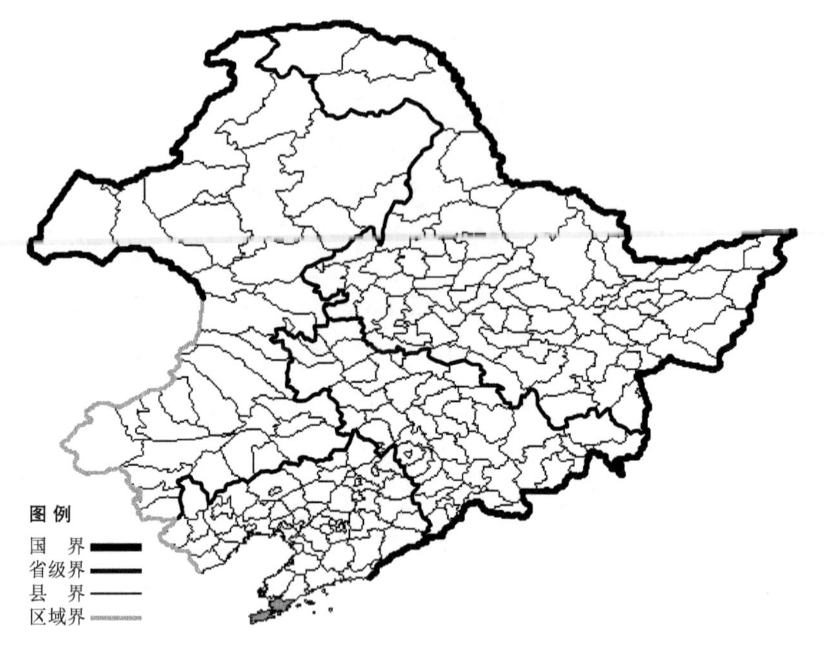

长穗飘拂草

Fimbristylis longispica Steud.

生境：湿地，海边。

产地：辽宁省大连。

分布：中国（辽宁、山东、江苏、浙江、福建），朝鲜半岛，日本，越南，马来西亚。

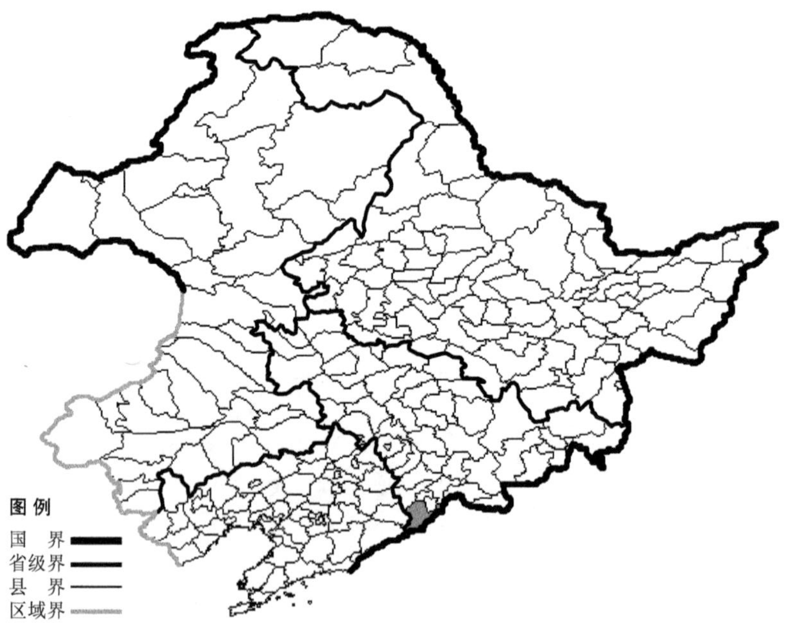

日照飘拂草

Fimbristylis miliacea (L.) Vahl

生境：湿地，河边，海拔约 200 米。

产地：吉林省集安。

分布：中国（吉林、河北、陕西、华东、华中、华南、西南），朝鲜半岛，日本，印度，泰国，越南，马来西亚，大洋洲，北美洲。

曲芒飘拂草

Fimbristylis squarrosa Vahl

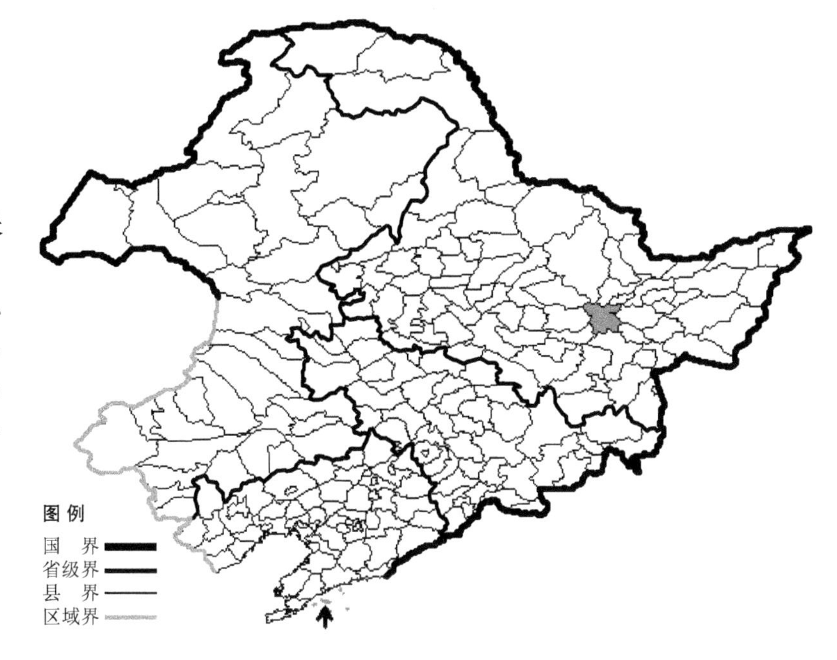

生境：湿地。

产地：黑龙江省依兰，辽宁省长海。

分布：中国（黑龙江、辽宁、河北、山东、广东、云南、台湾），朝鲜半岛，日本，俄罗斯（高加索、远东地区），印度，缅甸，非洲，南欧，地中海地区，南美洲。

短尖飘拂草 Fimbristylis squarrosa Vahl var. **esquarrosa** Makino 生于河边沙地、湿地，产于黑龙江省哈尔滨、嫩江，分布于中国（黑龙江、江苏），朝鲜半岛，日本，俄罗斯（远东地区），马来西亚，大洋洲。

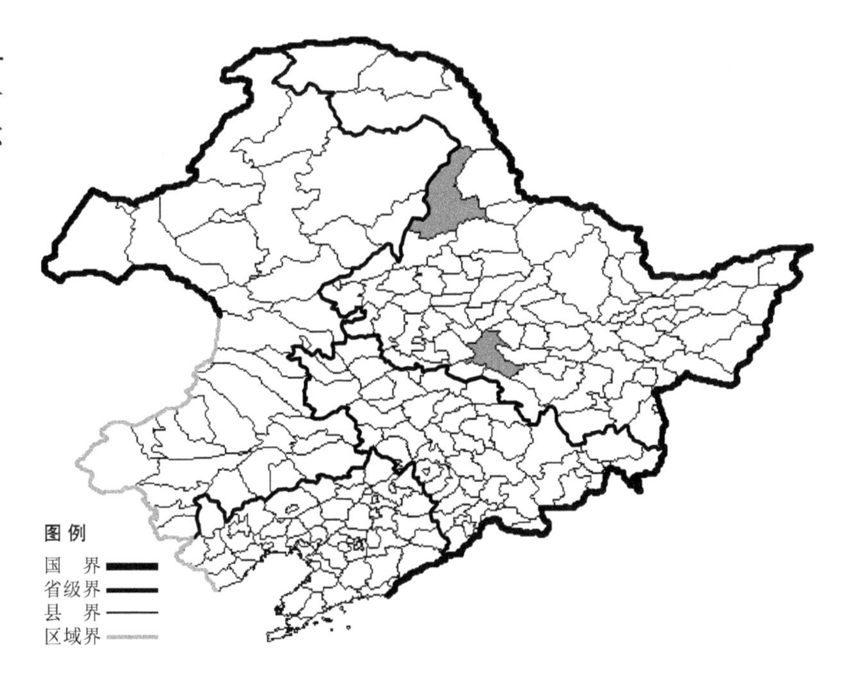

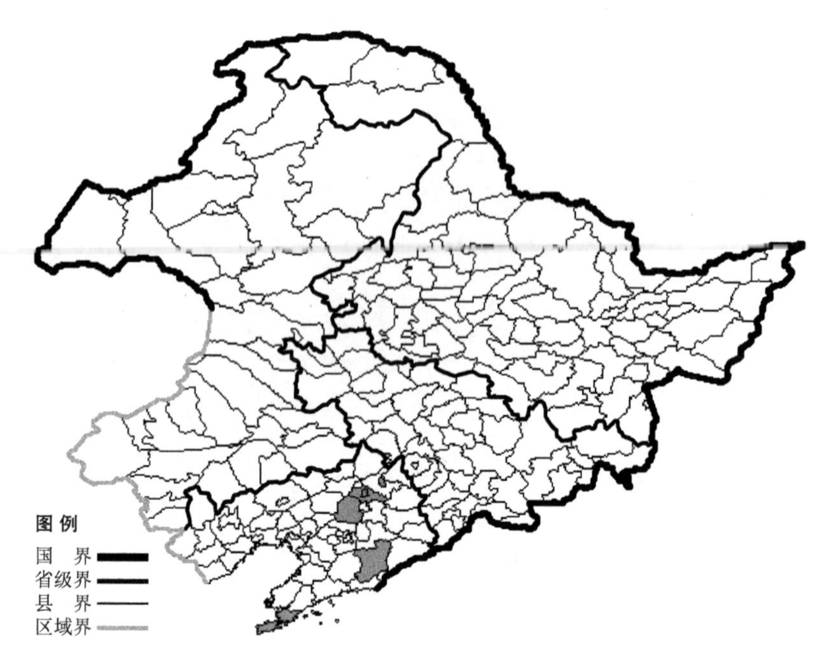

光果飘拂草

Fimbristylis stauntonii Debeaux et Franch.

生境：河边沙地或湿地。

产地：辽宁省沈阳、大连、铁岭、凤城。

分布：中国（辽宁、河北、陕西、山东、江苏、安徽、浙江、河南、湖北），朝鲜半岛，日本。

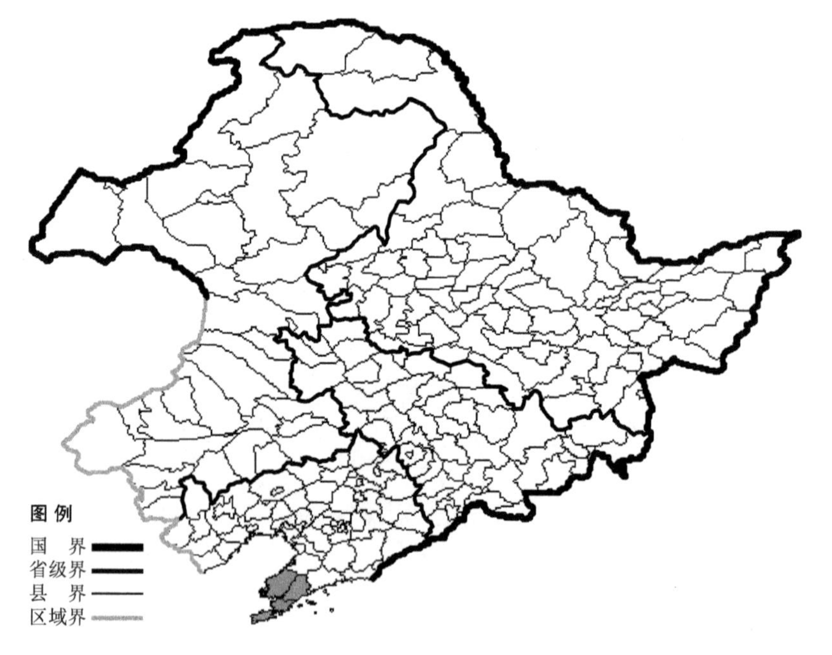

单穗飘拂草

Fimbristylis subbispicata Nees et Mey.

生境：湿地。

产地：辽宁省瓦房店、大连、普兰店。

分布：中国（辽宁、河北、山西、山东、江苏、安徽、浙江、福建、河南、广东、台湾），朝鲜半岛，日本。

疣果飘拂草

Fimbristylis verrucifera (Maxim.) Makino

生境：河边沙地。

产地：黑龙江省哈尔滨。

分布：中国（黑龙江、浙江），朝鲜半岛，日本，俄罗斯（远东地区）。

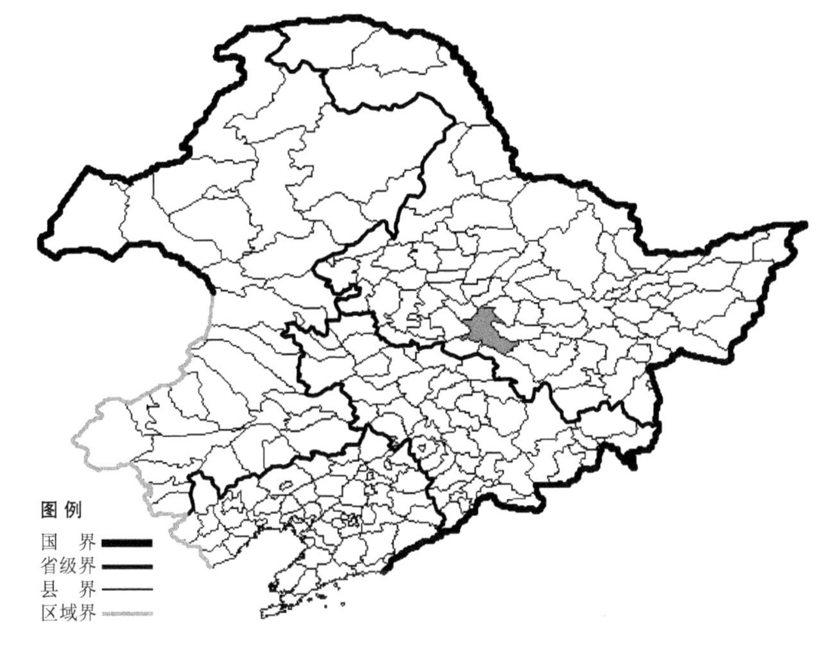

沼生水莎草

Juncellus limosus (Maxim.) C. B. Clarke

生境：河边沙地。

产地：黑龙江省哈尔滨。

分布：中国(黑龙江),俄罗斯(远东地区)。

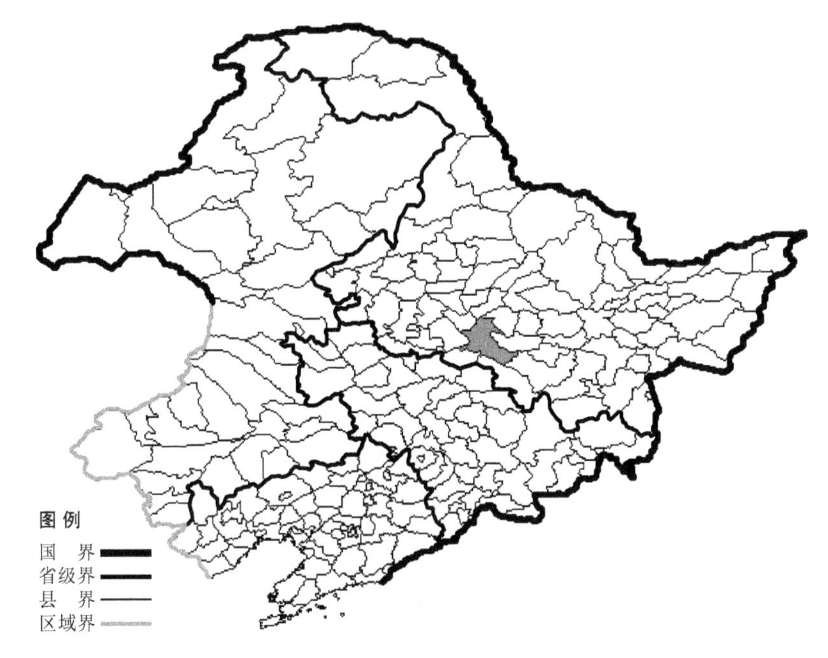

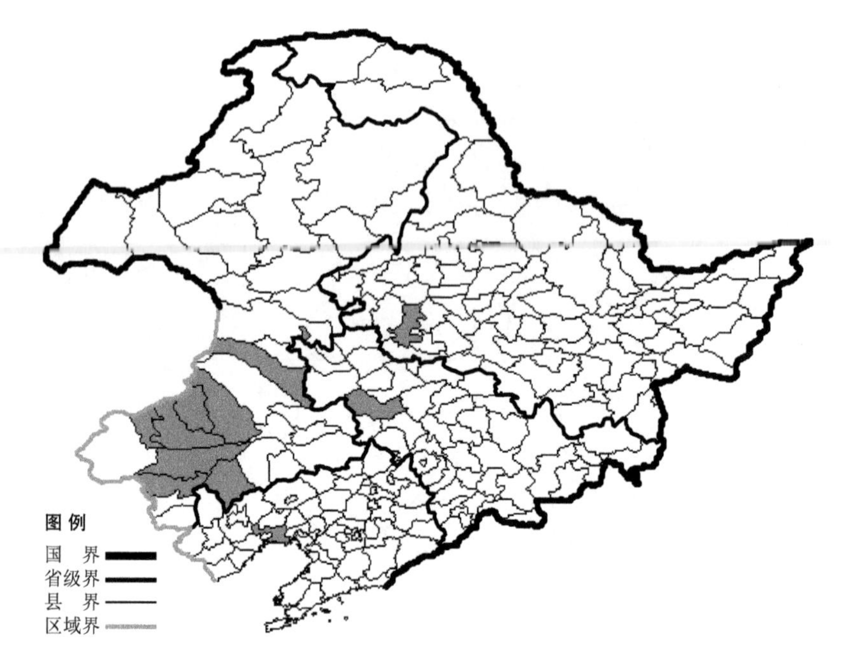

花穗水莎草

Juncellus pannonicus (Jacq.) C. B. Clarke

生境：草原地碱性池沼边湿地。

产地：黑龙江省大庆，吉林省长岭，辽宁省凌海，内蒙古科尔沁右翼中旗、乌兰浩特、巴林左旗、巴林右旗、林西、翁牛特旗、赤峰、阿鲁科尔沁旗、敖汉旗。

分布：中国（黑龙江、吉林、辽宁、内蒙古、河北、山西、陕西、新疆、河南），俄罗斯（欧洲部分、高加索、西部西伯利亚），中亚，欧洲。

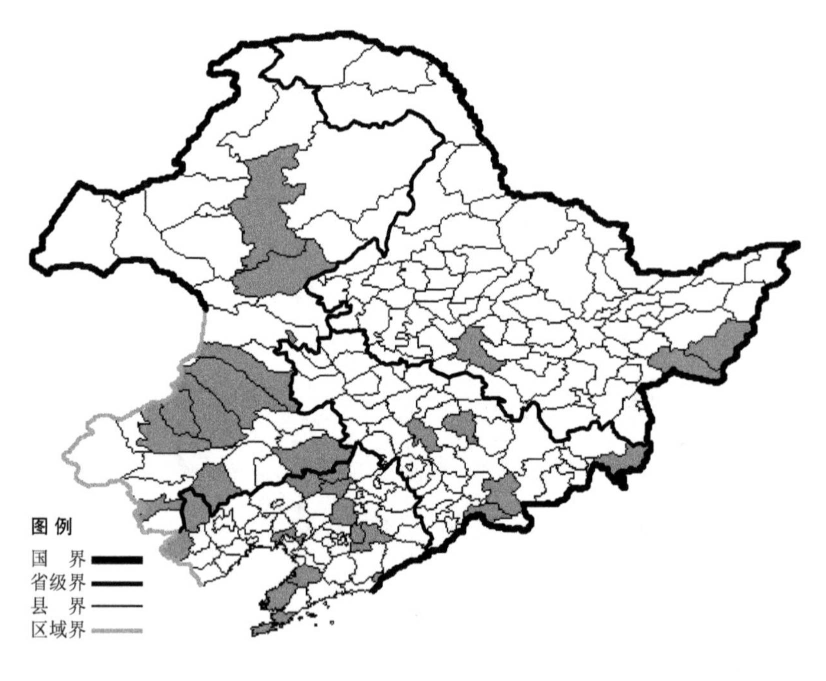

水莎草

Juncellus serotinus (Rottb.) C. B. Clarke

生境：湖边，河边湿地，海拔900米以下。

产地：黑龙江省哈尔滨、虎林、密山，吉林省吉林、长春、珲春、临江、抚松，辽宁省沈阳、大连、彰武、盖州、凌源、盘山、瓦房店、建平、法库、康平、丹东、本溪，内蒙古乌兰浩特、科尔沁右翼中旗、巴林左旗、巴林右旗、敖汉旗、科尔沁左翼后旗、阿鲁科尔沁旗、喀喇沁旗、牙克石、扎兰屯、扎鲁特旗。

分布：中国（黑龙江、吉林、辽宁、内蒙古、河北、山西、陕西、甘肃、新疆、山东、江苏、安徽、浙江、福建、河南、湖北、广东、贵州、云南、台湾），朝鲜半岛，日本，俄罗斯（欧洲部分、高加索、远东地区），中亚，印度，欧洲。

嵩草

Kobresia bellardii (All.) Degl.

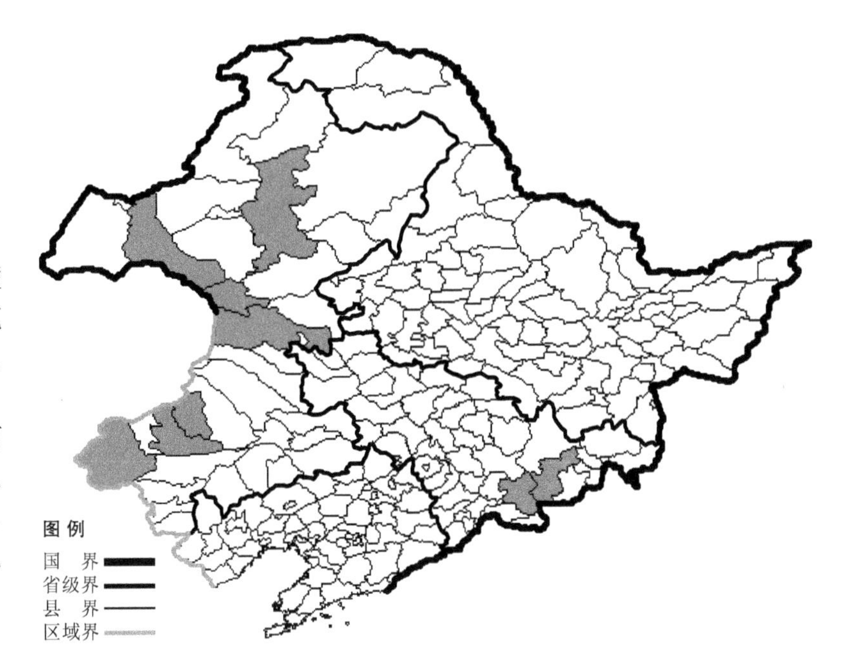

生境：高山冻原，石砾质山坡，海拔 2600 米以下。

产地：吉林省抚松、安图，内蒙古牙克石、巴林左旗、巴林右旗、克什克腾旗、新巴尔虎左旗、阿尔山、科尔沁右翼前旗。

分布：中国（吉林、内蒙古、河北、山西、甘肃、青海、新疆、四川、云南、西藏），朝鲜半岛，日本，蒙古，俄罗斯（北极带、高加索、西伯利亚、远东地区），中亚，欧洲，北美洲。

丝叶嵩草

Kobresia filifolia (Turcz.) C. B. Clarke

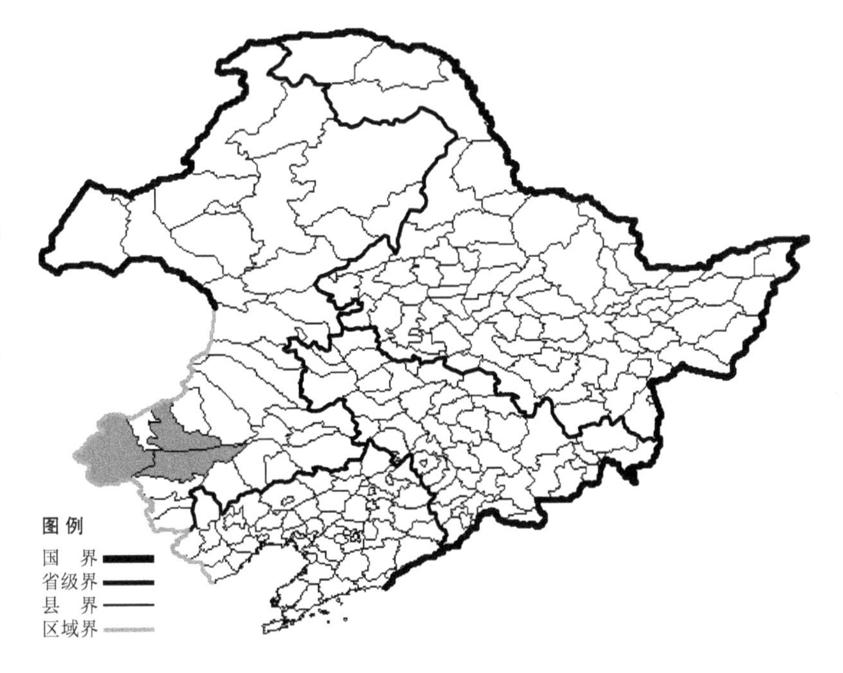

生境：山坡草地，草甸。

产地：内蒙古巴林右旗、翁牛特旗、克什克腾旗。

分布：中国（内蒙古、河北、山西、甘肃、新疆、青海），蒙古，俄罗斯（西伯利亚），中亚。

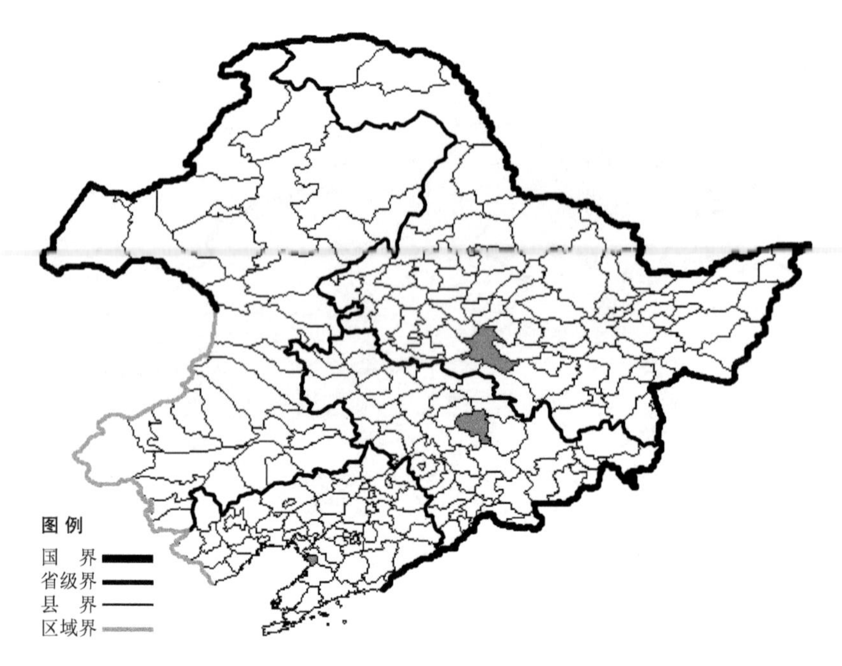

水蜈蚣

Kyllinga brevifolia Rottb.

生境：河边沙地。

产地：黑龙江省哈尔滨，吉林省吉林，辽宁省营口。

分布：中国（黑龙江、吉林、辽宁、陕西、华东、华中、华南、西南），朝鲜半岛，日本，俄罗斯（高加索、远东地区），印度，缅甸，越南，马来西亚，印尼，菲律宾，非洲，大洋洲，北美洲。

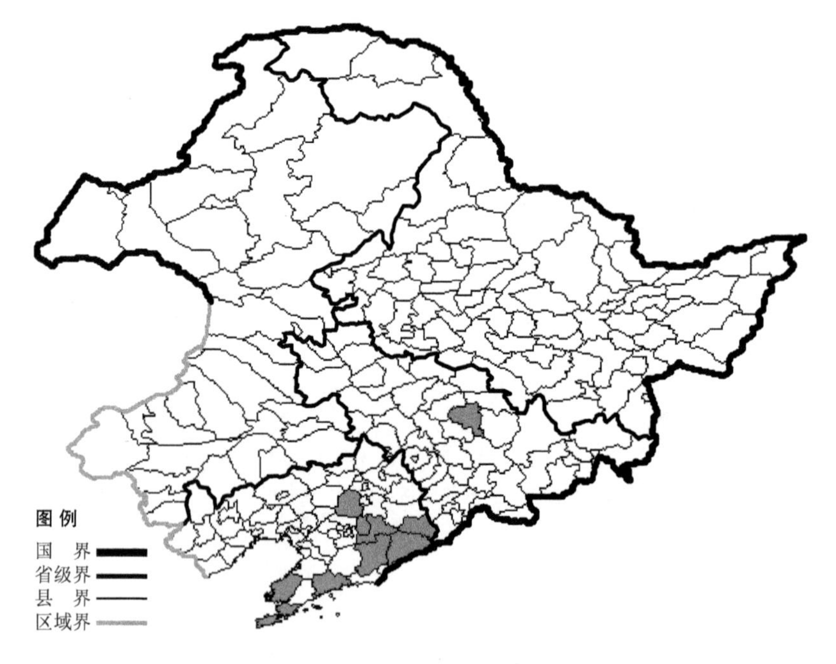

光颖水蜈蚣 Kyllinga brevifolia Rottb. var. **leiolepis** (Franch. et Sav.) Hara 生于湿地，产于吉林省吉林，辽宁省沈阳、凤城、大连、庄河、桓仁、宽甸、瓦房店、本溪，分布于中国（吉林、辽宁、河北、山西、陕西、甘肃、河南、江苏），朝鲜半岛，日本。

湖瓜草

Lipocarpha microcephala (R. Br.) Kunth

生境：河边沙地，湿地。

产地：辽宁省沈阳、本溪、大连。

分布：中国（辽宁、华北、华东、华中、华南、西南），朝鲜半岛，日本，印度，越南，马来西亚，大洋洲。

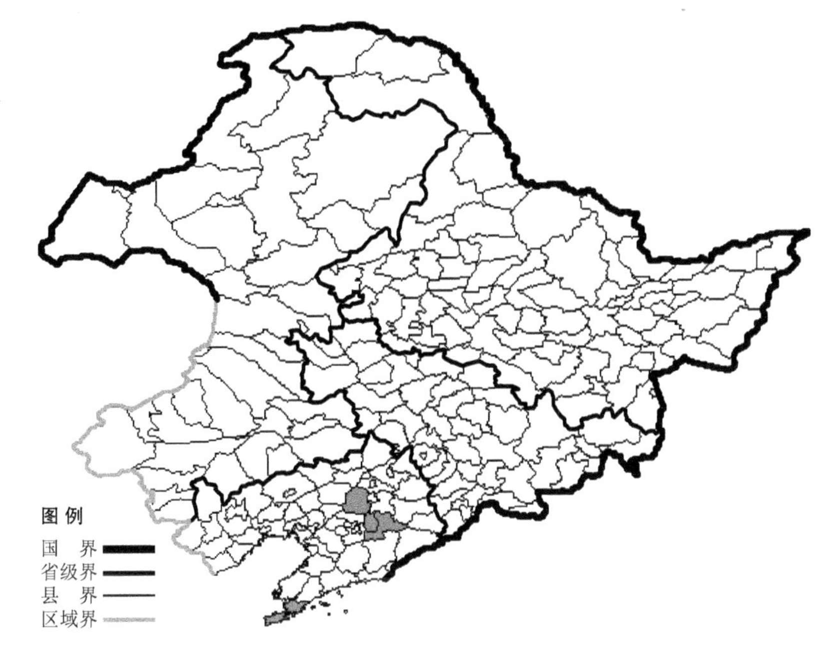

球穗扁莎

Pycreus globosus (All.) Rchb.

生境：河边湿沙地，草甸，海拔约 200 米。

产地：黑龙江省哈尔滨、密山，吉林省珲春、和龙、集安，辽宁省普兰店、营口、彰武、建平、沈阳、大连，内蒙古科尔沁右翼中旗、乌兰浩特、扎鲁特旗、翁牛特旗、科尔沁左翼后旗、赤峰、喀喇沁旗。

分布：中国（黑龙江、吉林、辽宁、内蒙古、河北、山西、陕西、山东、江苏、浙江、安徽、福建、广东、海南、四川、贵州、云南），朝鲜半岛，日本，俄罗斯（高加索），中亚，印度，越南，欧洲，非洲，大洋洲。

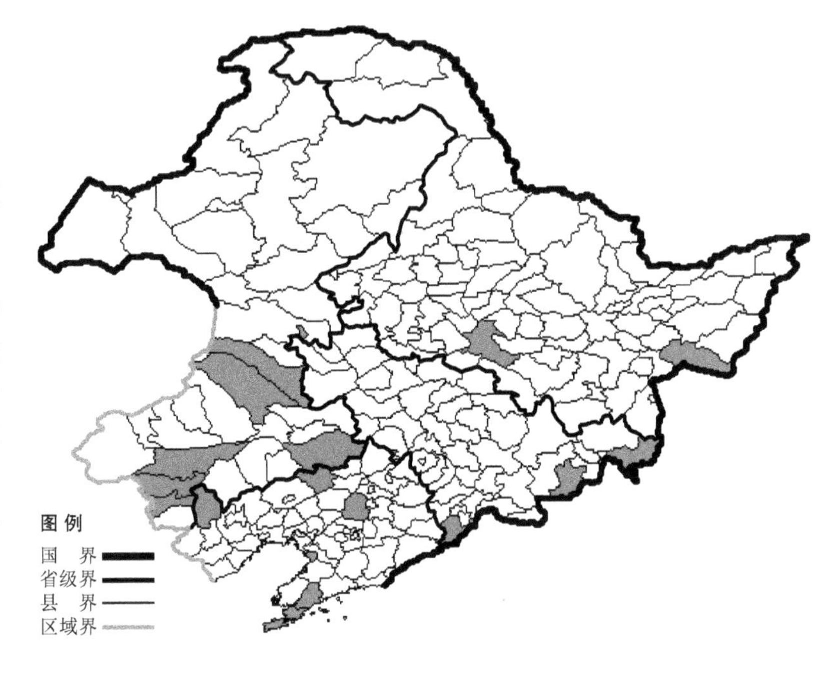

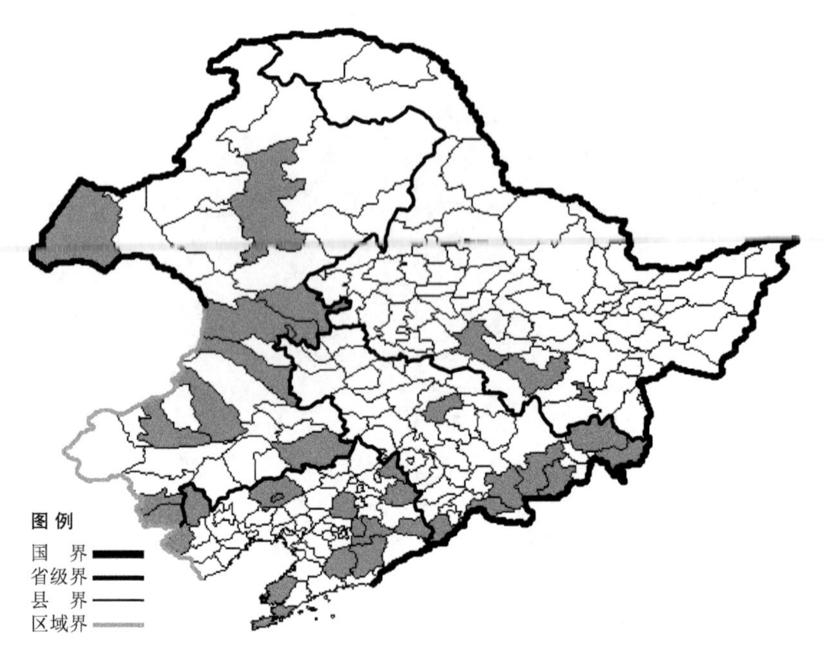

槽鳞扁莎

Pycreus korshinskyi (Meinsh.) V. Krecz.

生境：河边，湿草地，海拔 900 米以下。

产地：黑龙江省哈尔滨、牡丹江、尚志，吉林省临江、九台、抚松、珲春、和龙、汪清、安图、集安，辽宁省凤城、瓦房店、建平、阜新、本溪、大连、清原、西丰、凌源、沈阳、岫岩、桓仁，内蒙古阿鲁科尔沁旗、喀喇沁旗、新巴尔虎右旗、牙克石、科尔沁右翼中旗、科尔沁右翼前旗、巴林右旗、宁城、阿鲁科尔沁旗、喀喇沁旗、乌兰浩特、扎赉特旗、科尔沁左翼后旗。

分布：中国（黑龙江、吉林、辽宁、内蒙古、河北、山西、陕西、甘肃、新疆、山东、江苏、福建、江西、湖南、广东、广西、四川、贵州、云南），朝鲜半岛，日本，蒙古，俄罗斯（高加索、远东地区），中亚，印度，越南，菲律宾，马来西亚，印度尼西亚。

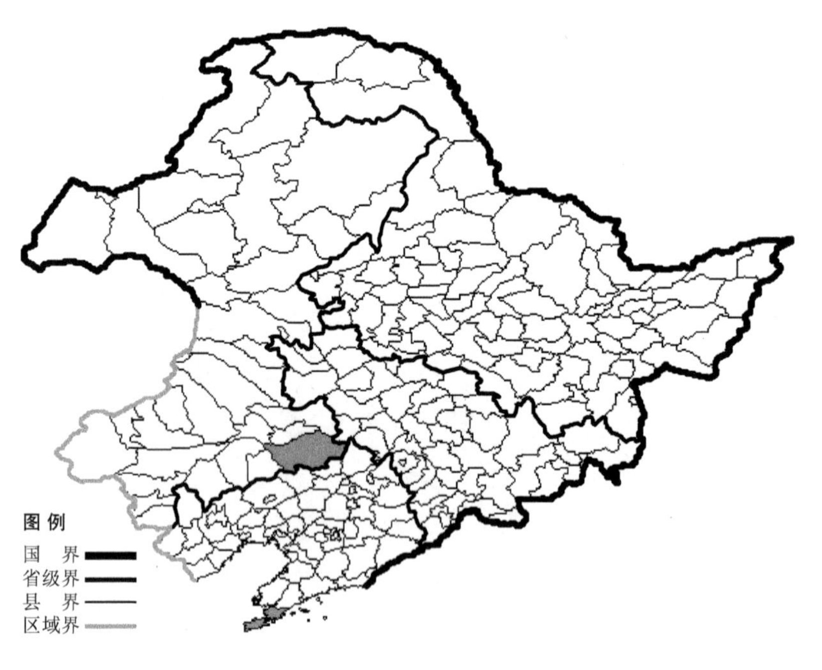

东北扁莎

Pycreus setiformis (Korsh.) Nakai

生境：沙丘间，草甸。

产地：辽宁省大连，内蒙古科尔沁左翼后旗。

分布：中国（辽宁、内蒙古），朝鲜半岛，日本，俄罗斯（远东地区）。

白鳞刺子莞

Rhynchospora alba (L.) Vahl

生境：沼泽。

产地：吉林省临江。

分布：中国（吉林），朝鲜半岛，日本，俄罗斯（欧洲部分、高加索、西伯利亚、远东地区），欧洲，北美洲。

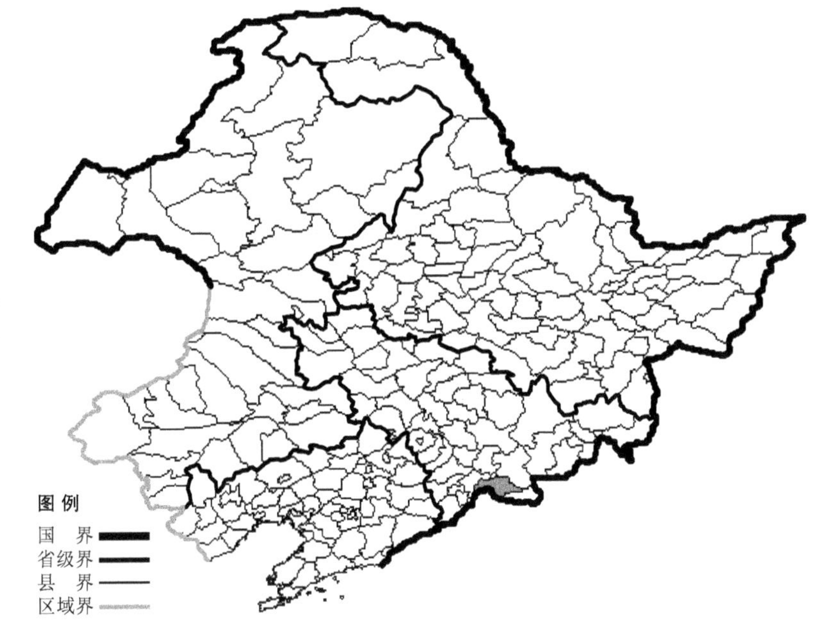

茸球藨草

Scirpus asiaticus Beetle

生境：草甸，海拔约 800 米。

产地：吉林省珲春、安图，辽宁省丹东、凤城、桓仁。

分布：中国（吉林、辽宁、山东、江苏、安徽、浙江、河南、湖北、江西、四川、贵州、云南、华东），朝鲜半岛，日本，俄罗斯（远东地区），印度。

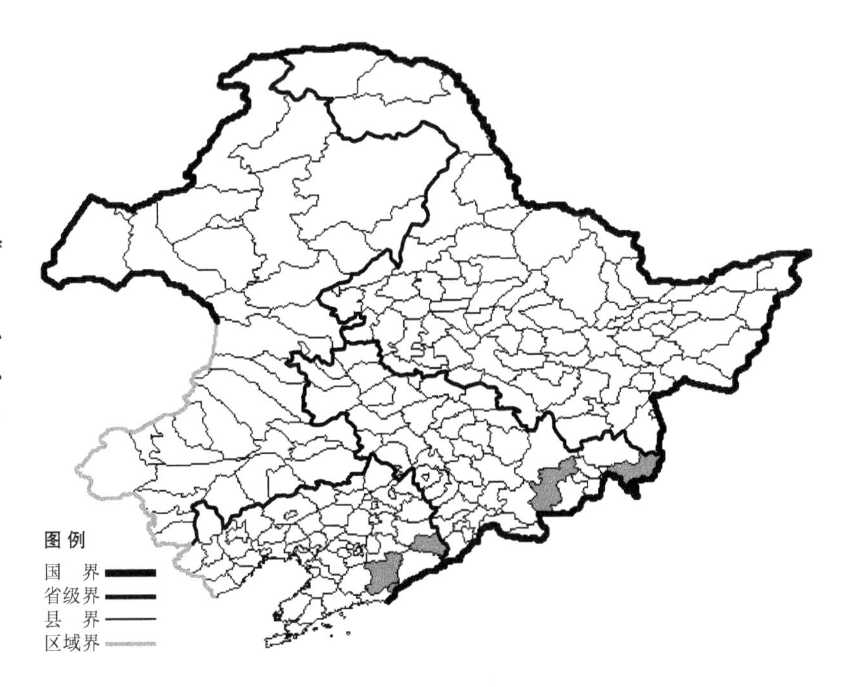

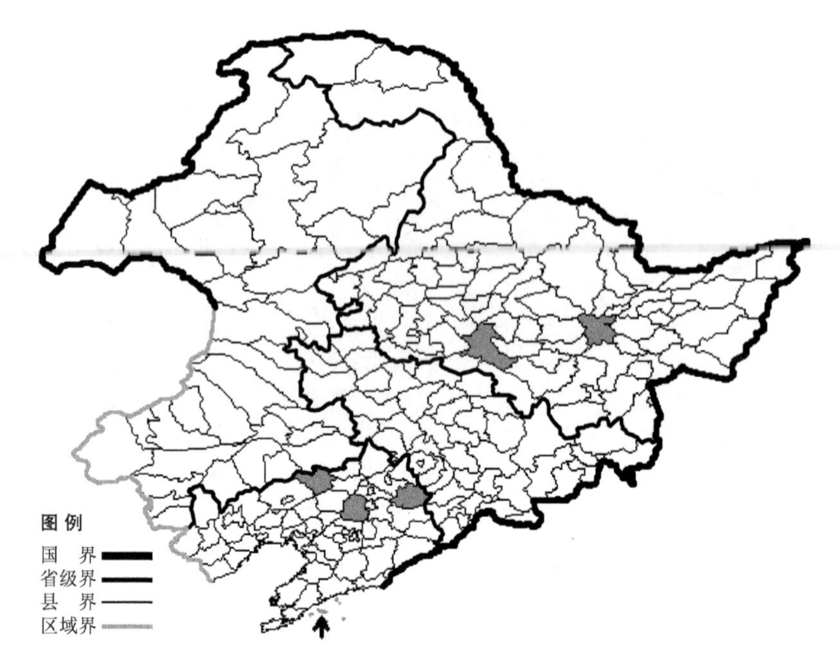

荆三棱

Scirpus fluviatilis (Torr.) A. Gray

生境：沼泽，河边，海拔 600 米以下。

产地：黑龙江省哈尔滨、依兰，辽宁省长海、沈阳、清原、彰武。

分布：中国（黑龙江、辽宁、河北、山西、新疆、江西、广东、四川、江苏、浙江、台湾、贵州），朝鲜半岛，日本，俄罗斯（远东地区），中南半岛，大洋洲，北美洲。

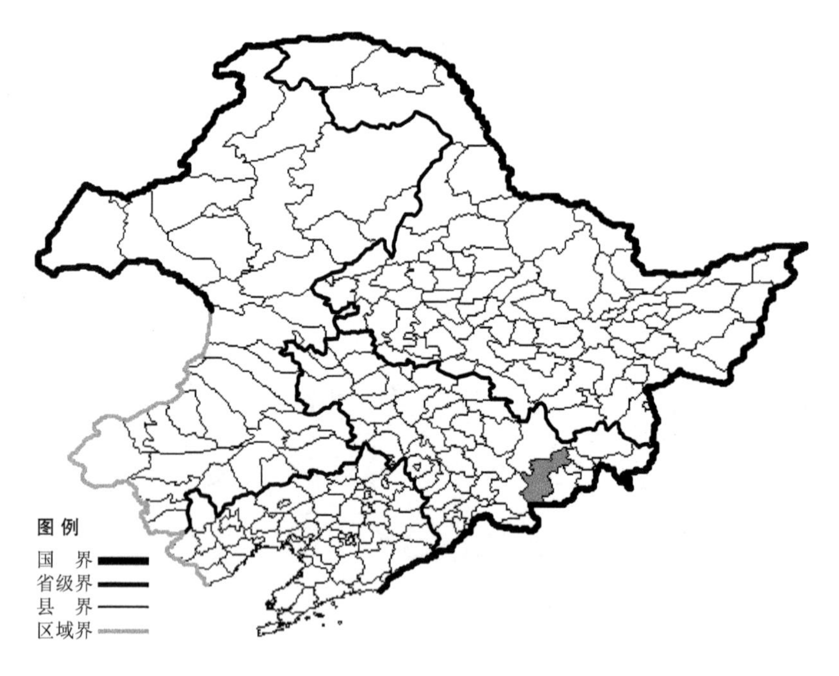

鳞苞藨草

Scirpus hudsonianus (Michx.) Fernald

生境：高山冻原，海拔约 2100 米。

产地：吉林省安图。

分布：中国（吉林），朝鲜半岛，日本，俄罗斯（北极带、欧洲部分、西伯利亚、远东地区），欧洲，北美洲。

萤蔺

Scirpus juncoides Roxb.var. **hotarui** (Ohwi) Ohwi

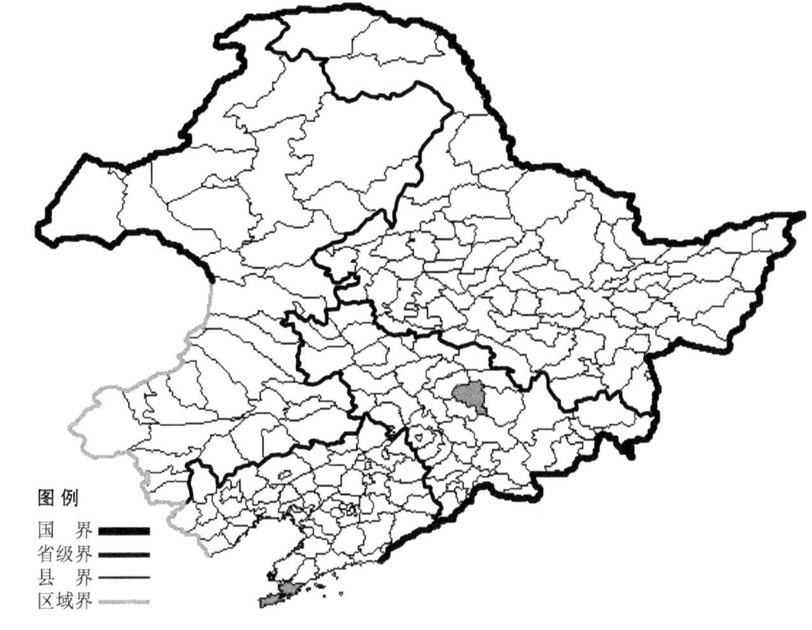

生境：湿地。

产地：吉林省吉林，辽宁省大连。

分布：中国（吉林、辽宁），朝鲜半岛，日本，俄罗斯（远东地区）。

吉林藨草

Scirpus komarovii Rosh.

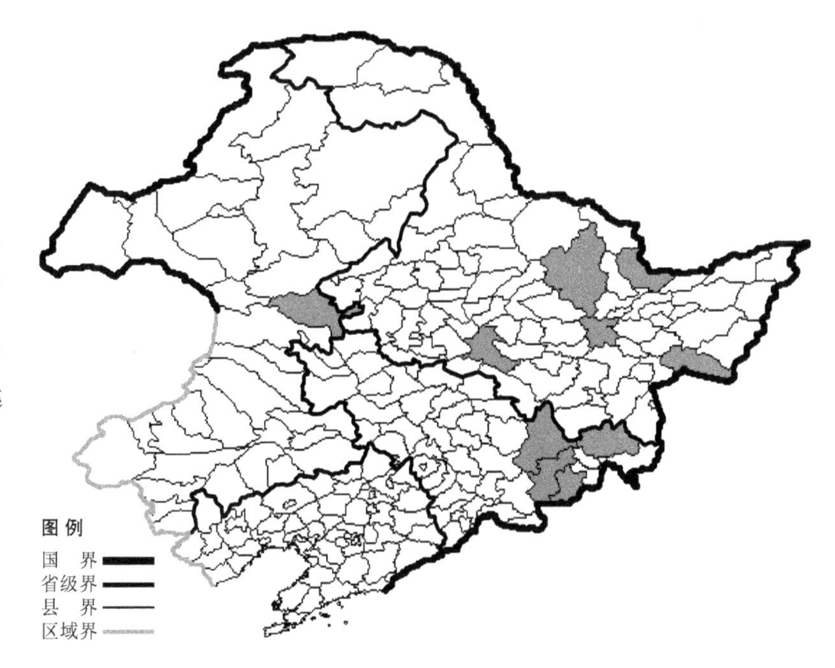

生境：沼泽，稻田。

产地：黑龙江省哈尔滨、伊春、萝北、依兰、密山，吉林省汪清、安图、敦化、和龙，内蒙古扎赉特旗。

分布：中国（黑龙江、吉林、内蒙古），朝鲜半岛，日本，俄罗斯（远东地区）。

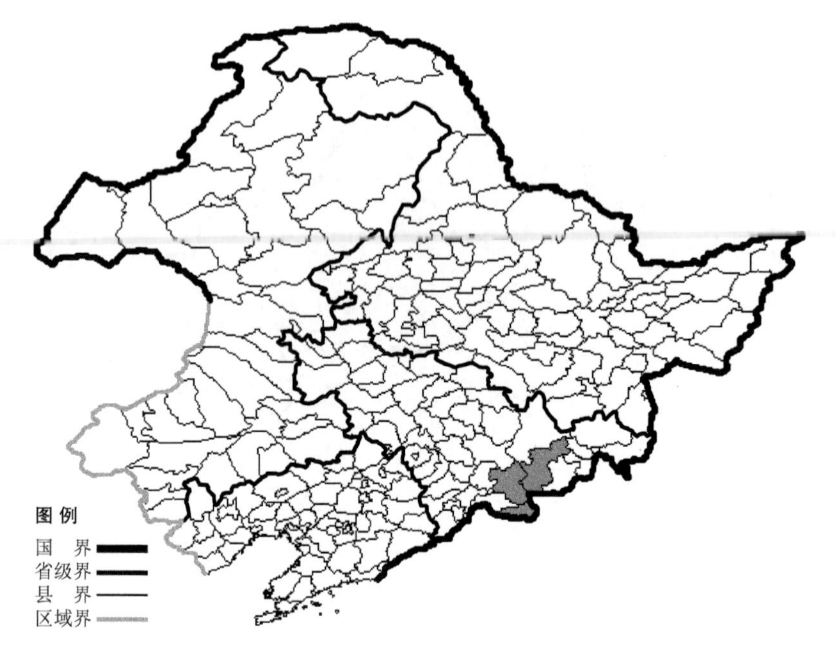

佛焰苞藨草

Scirpus maximowiczii C. B. Clarke

生境：高山冻原，海拔 2100-2600 米。

产地：吉林省抚松、安图、长白。

分布：中国（吉林），朝鲜半岛，日本，俄罗斯（远东地区）。

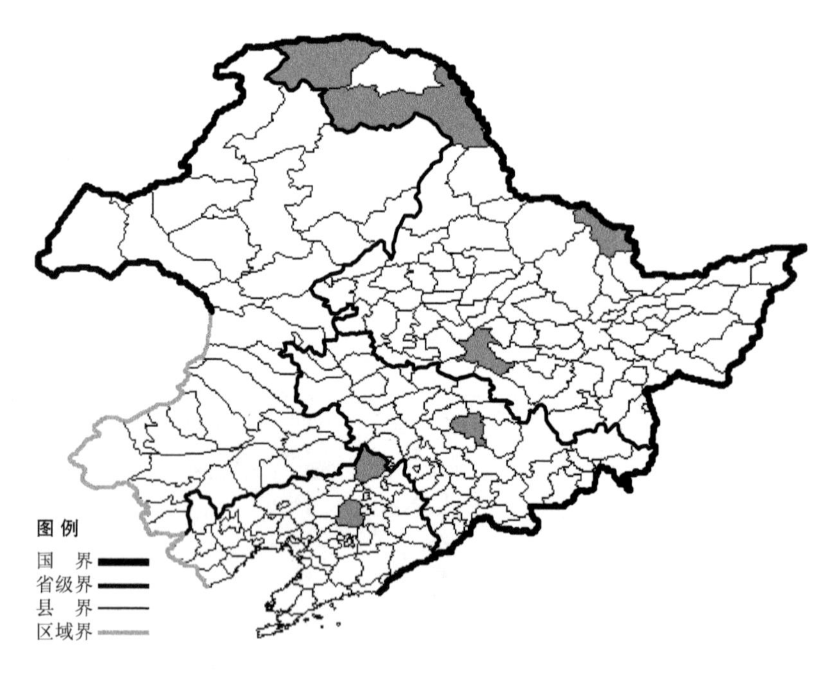

头穗藨草

Scirpus michelianus L.

生境：河边沙质地，湿地，海拔约 300 米。

产地：黑龙江省哈尔滨、呼玛、漠河、嘉荫，吉林省吉林，辽宁省沈阳、昌图。

分布：中国（黑龙江、吉林、辽宁、河北、河南、江苏、安徽、浙江、广东），朝鲜半岛，日本，俄罗斯（欧洲部分、高加索、西部西伯利亚），中亚，欧洲，非洲。

三江藨草

Scirpus nipponicus Makino

生境：稻田。

产地：黑龙江省佳木斯，内蒙古扎赉特旗。

分布：中国（黑龙江、内蒙古），日本，朝鲜半岛，俄罗斯（远东地区）。

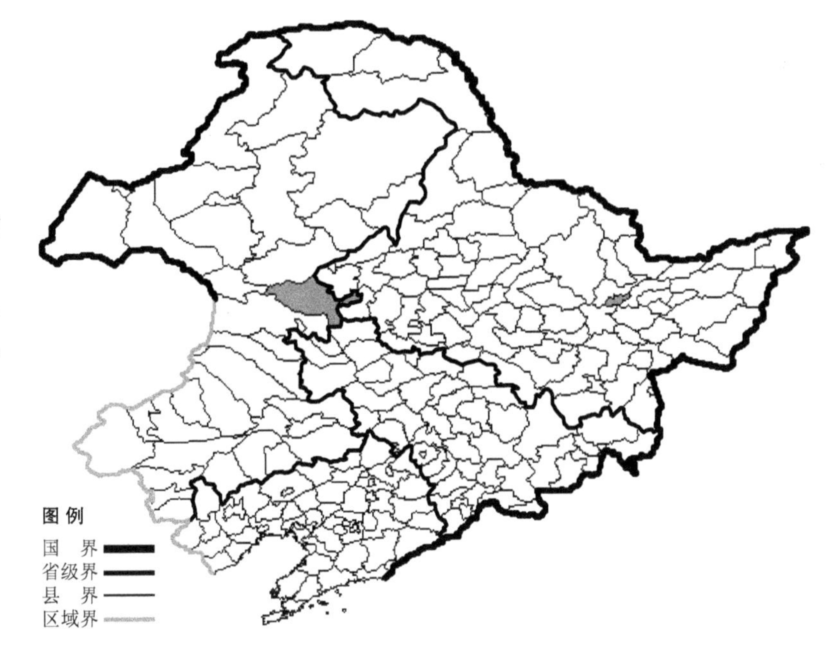

东方藨草

Scirpus orientalis Ohwi

生境：河边，沼泽，海拔 1900 米以下。

产地：黑龙江省哈尔滨、伊春、尚志、宁安、黑河，吉林省抚松、临江、和龙、汪清、珲春、磐石、安图，辽宁省丹东、东港、本溪、宽甸、清原、北镇、桓仁、凤城，内蒙古海拉尔、鄂温克旗、阿尔山、牙克石、额尔古纳、巴林右旗、乌兰浩特、通辽、扎兰屯、科尔沁右翼前旗、赤峰、克什克腾旗。

分布：中国（黑龙江、吉林、辽宁、内蒙古、河北、山西、陕西、甘肃、山东），朝鲜半岛，日本，俄罗斯（远东地区）。

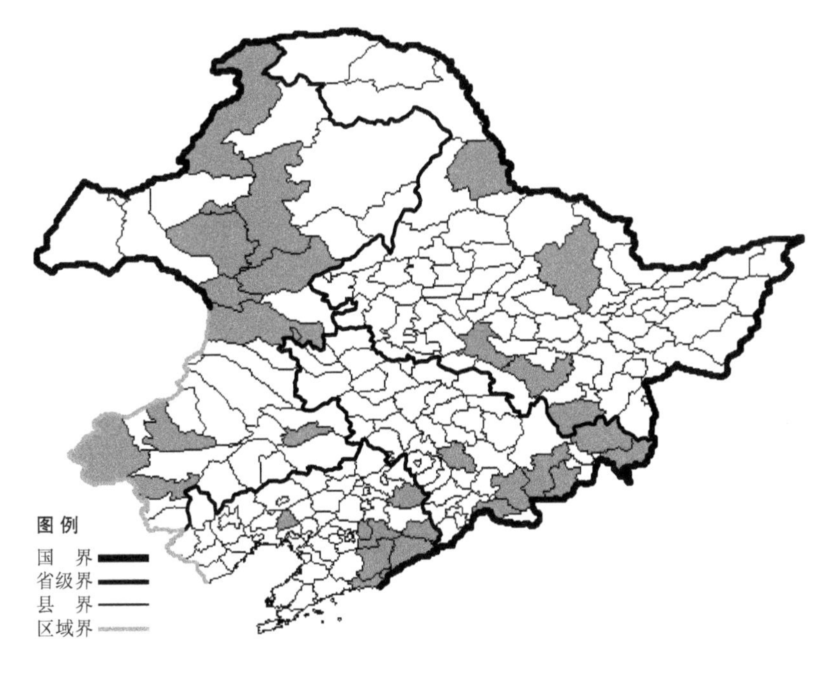

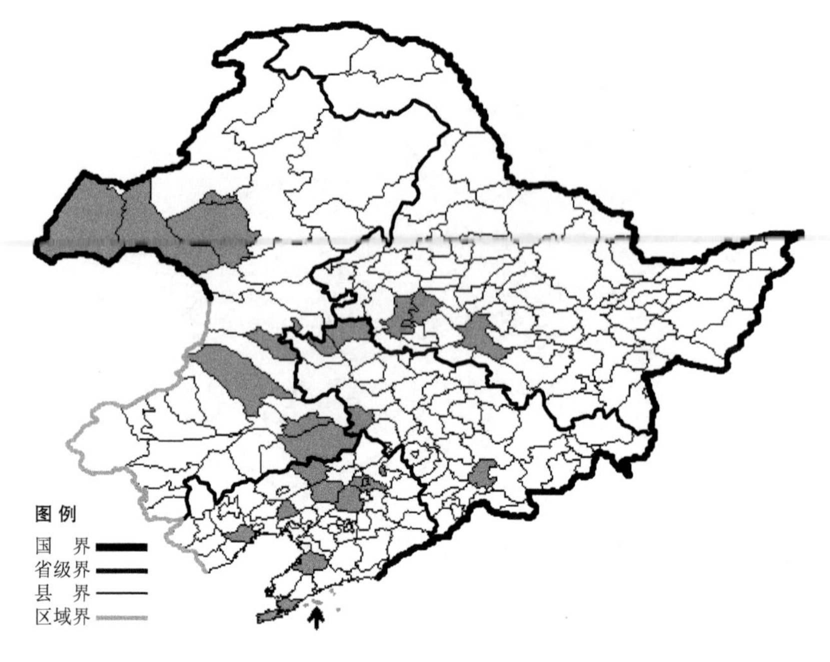

扁秆藨草

Scirpus planiculmis Fr. Schmidt

生境：湿地，河边，沼泽，海拔700米以下。

产地：黑龙江省安达、大庆、哈尔滨，吉林省双辽、白城、靖宇、镇赉，辽宁省葫芦岛、大连、北镇、盖州、彰武、新民、沈阳、长海、铁岭，内蒙古海拉尔、新巴尔虎右旗、鄂温克旗、科尔沁左翼后旗、新巴尔虎左旗、突泉、通辽、扎鲁特旗、乌兰浩特。

分布：中国（黑龙江、吉林、辽宁、内蒙古、河北、山西、甘肃、青海、山东、江苏、浙江、河南、云南），朝鲜半岛，日本，俄罗斯（远东地区）。

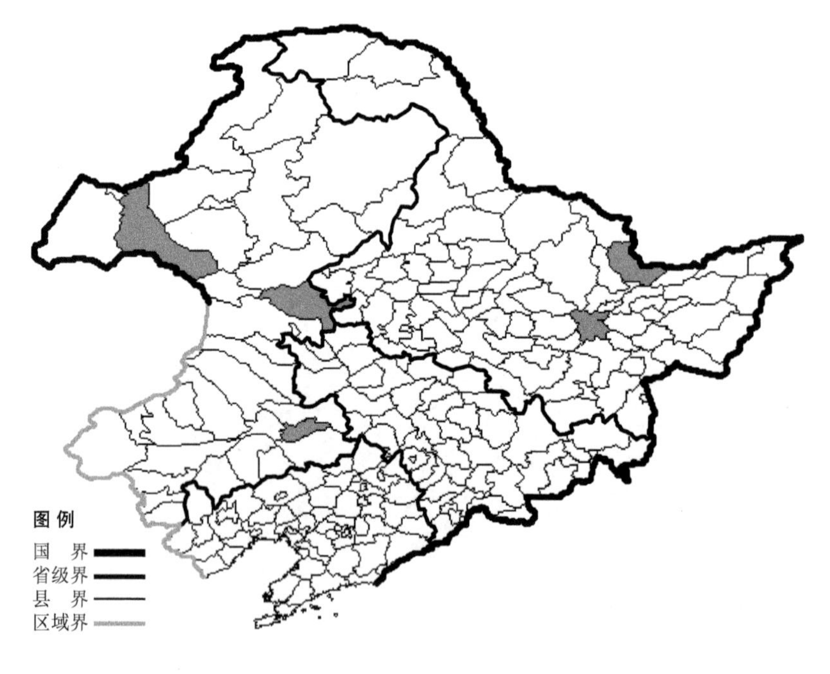

矮藨草

Scirpus pumilus Vahl

生境：草原中沙丘附近湿地，海拔900米以下。

产地：黑龙江省萝北、依兰，内蒙古新巴尔虎左旗、扎赉特旗、通辽。

分布：中国（黑龙江、内蒙古、河北、新疆、西藏），蒙古，俄罗斯（西伯利亚），伊朗，欧洲。

单穗藨草

Scirpus radicans Schkuhr

生境：河边水湿地，沼泽。

产地：黑龙江省哈尔滨、伊春、东宁、富锦、黑河，辽宁省沈阳、彰武，内蒙古根河、科尔沁左翼后旗、扎赉特旗、通辽。

分布：中国（黑龙江、辽宁、内蒙古），朝鲜半岛，日本，俄罗斯（欧洲部分、西伯利亚、远东地区），欧洲。

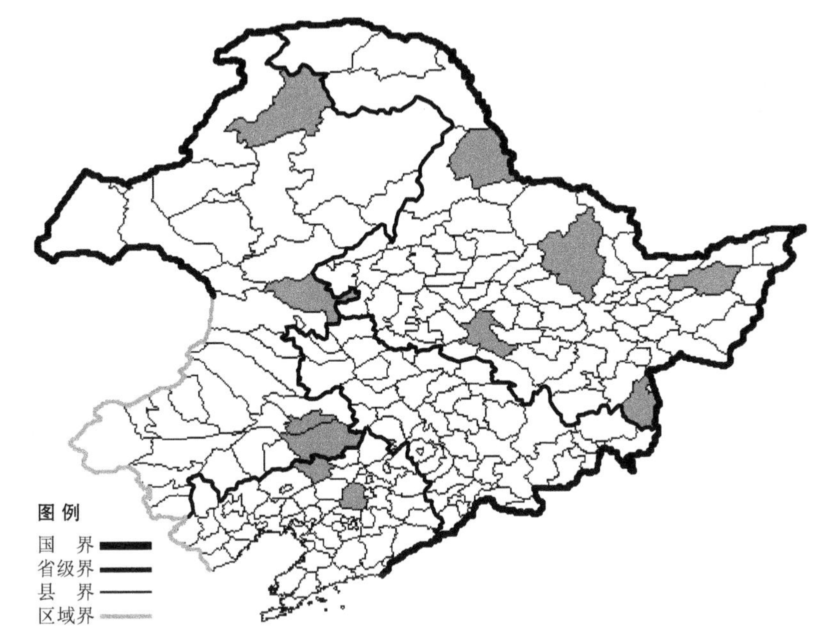

仰卧秆藨草

Scirpus supinus L.

生境：湿地。

产地：黑龙江省萝北、依兰。

分布：中国（黑龙江、新疆、西北地区），俄罗斯（东欧地区、高加索、西伯利亚），中亚，土耳其，欧洲，北美洲。

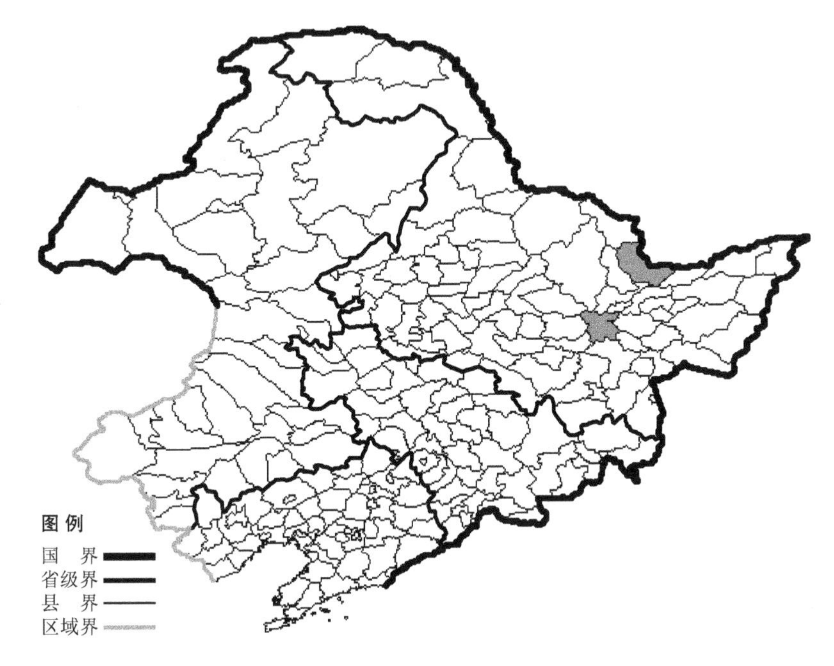

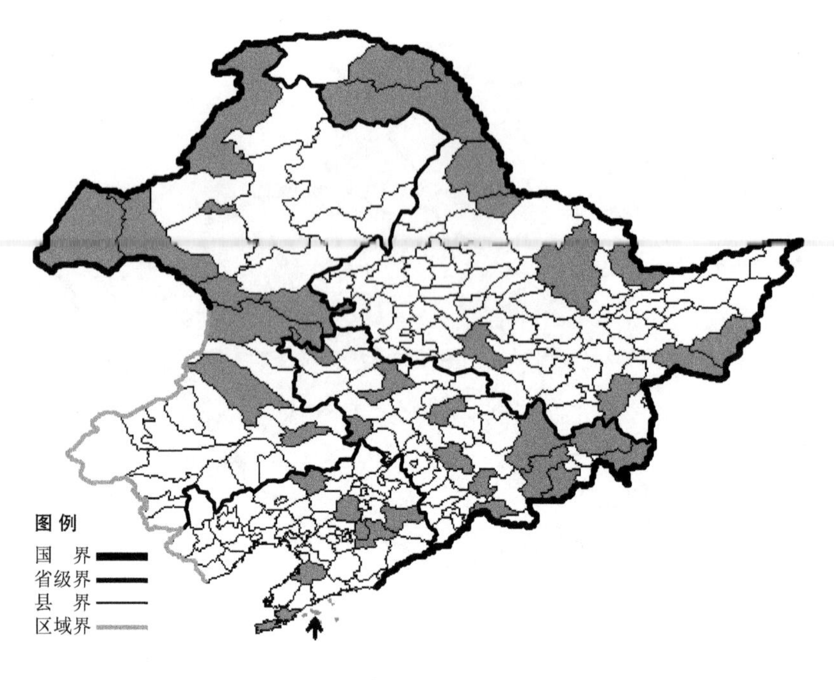

水葱

Scirpus tabernaemontani Gmel.

生境：湖泊、沼泽地，海拔 700 米以下。

产地：黑龙江省哈尔滨、穆棱、塔河、孙吴、虎林、密山、黑河、呼玛、伊春、萝北，吉林省双辽、白城、珲春、前郭尔罗斯、靖宇、九台、临江、和龙、安图、敦化、汪清、磐石，辽宁省彰武、沈阳、大连、本溪、新宾、长海、盖州，内蒙古海拉尔、满洲里、额尔古纳、科尔沁右翼前旗、新巴尔虎左旗、扎赉特旗、乌兰浩特、阿尔山、扎鲁特旗、通辽、新巴尔虎右旗。

分布：中国（黑龙江、吉林、辽宁、内蒙古、河北、山西、陕西、甘肃、青海、新疆、江苏、四川、贵州、云南），朝鲜半岛，日本，俄罗斯（欧洲部分、高加索、西伯利亚、远东地区），中亚，欧洲，大洋洲，北美洲。

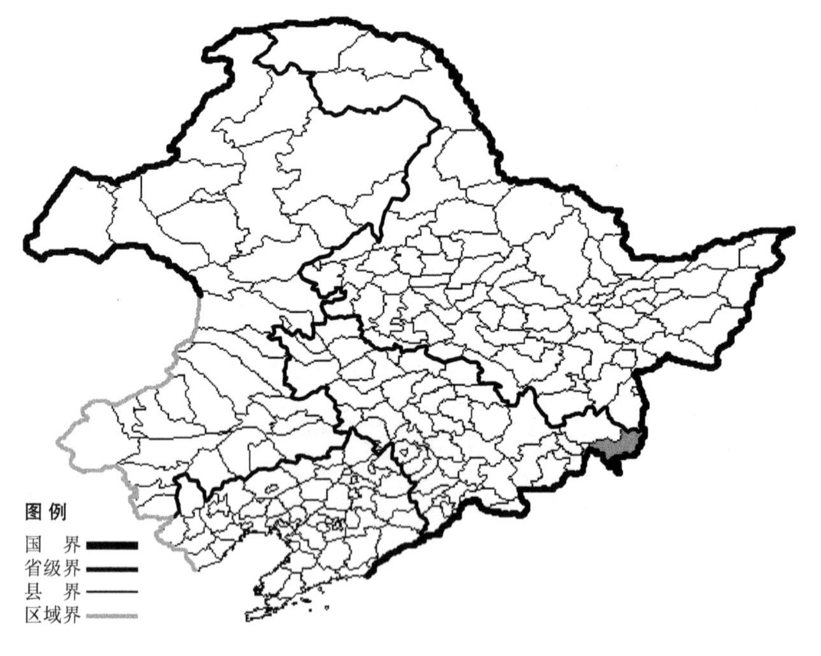

五棱藨草

Scirpus trapezoideus Koidz.

生境：湿地。

产地：吉林省珲春。

分布：中国（吉林、广西、台湾），日本。

水毛花

Scirpus triangulatus Roxb.

生境：河边湿地，草甸，沼泽。

产地：黑龙江省虎林、萝北、尚志，辽宁省葫芦岛、盘锦，内蒙古科尔沁左翼后旗、扎赉特旗。

分布：中国（全国各地），日本，俄罗斯（高加索、远东地区），中亚，马来西亚，印度。

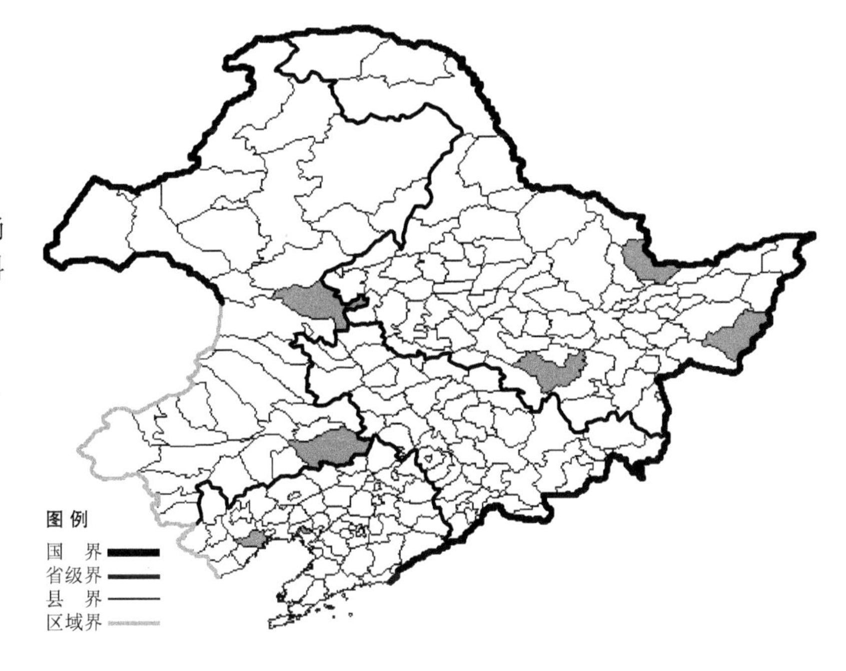

藨草

Scirpus triqueter L.

生境：河边，水边。

产地：黑龙江省哈尔滨，吉林省珲春、白城，辽宁省新民、盘山、丹东、沈阳、法库、海城、彰武、普兰店、凌源、建平、庄河、盖州、阜新、东港、大连、抚顺、本溪，内蒙古乌兰浩特、科尔沁右翼前旗、科尔沁右翼中旗、巴林右旗、鄂温克旗、敖汉旗、科尔沁左翼后旗、扎赉特旗、宁城。

分布：中国（全国各地），日本，朝鲜半岛，俄罗斯（高加索、远东地区），中亚，欧洲，北美洲。

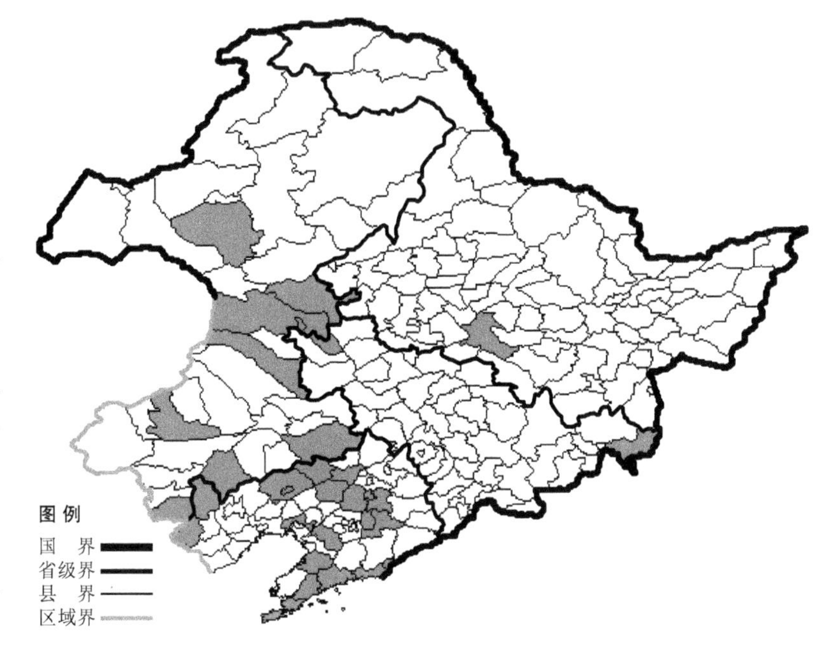

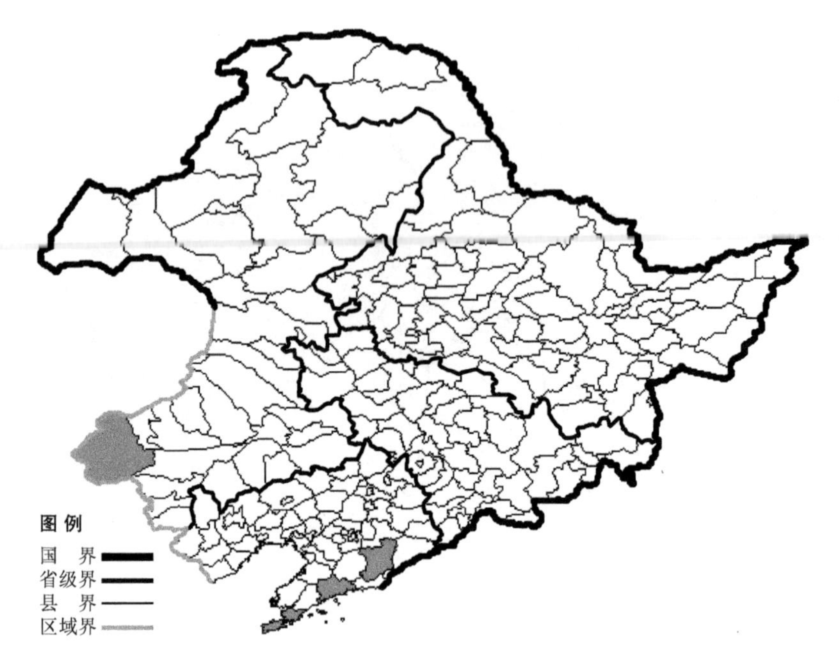

兰科 Orchidaceae

细葶无柱兰

Amitostigma gracile (Blume) Schltr.

生境：林下阴湿岩石上。

产地：辽宁省大连、凤城、庄河，内蒙古克什克腾旗。

分布：中国（辽宁、内蒙古、河北、陕西、山东、江苏、安徽、浙江、福建、河南、湖北、湖南、广西、四川、贵州、台湾），朝鲜半岛，日本。

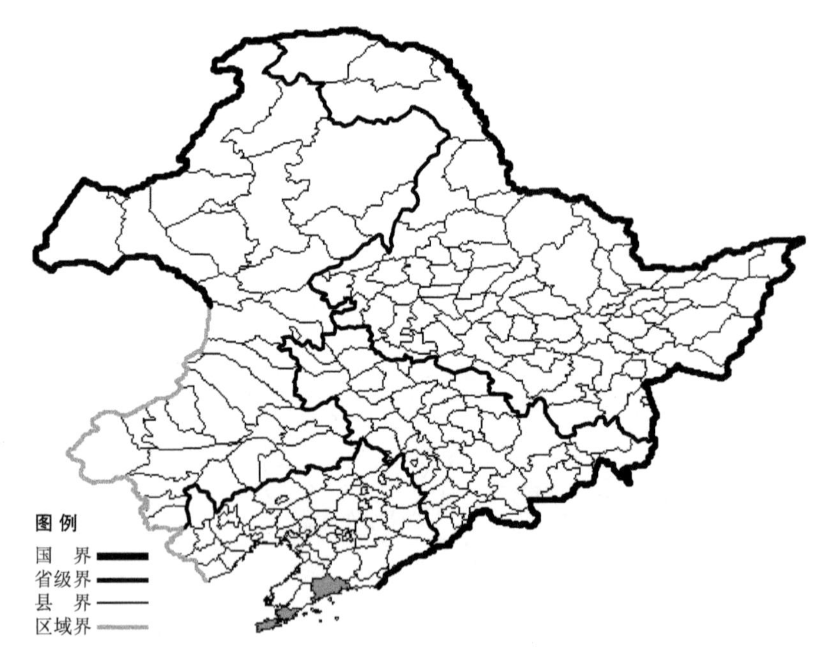

白花无柱兰 Amitostigma gracile (Blume) Schltr. var. **manshuricum** Kitag. 生于林下阴湿岩石上，产于辽宁省大连、庄河，分布于中国（辽宁）。

无喙兰

Archineottia gaudissartii (Hand.-Mazz.) S. C. Chen

生境：山坡林下。

产地：辽宁省清原、桓仁。

分布：中国（辽宁、山西、河南）。

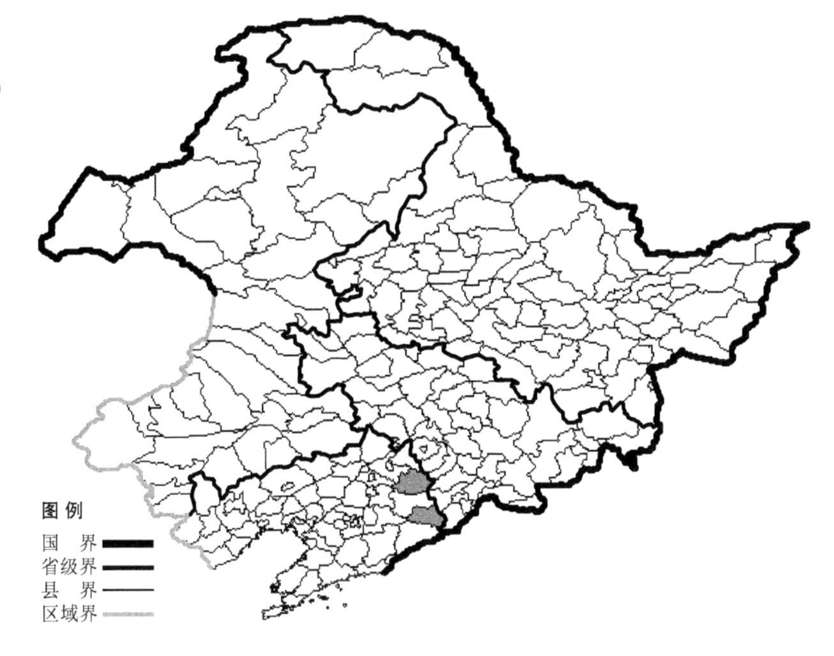

布袋兰

Calypso bulbosa (L.) Oakes

生境：林下，灌丛，海拔约 1300 米。

产地：吉林省安图、抚松，内蒙古牙克石、额尔古纳。

分布：中国（吉林、内蒙古、甘肃、四川），朝鲜半岛，蒙古，俄罗斯（欧洲部分、西伯利亚、远东地区），欧洲。

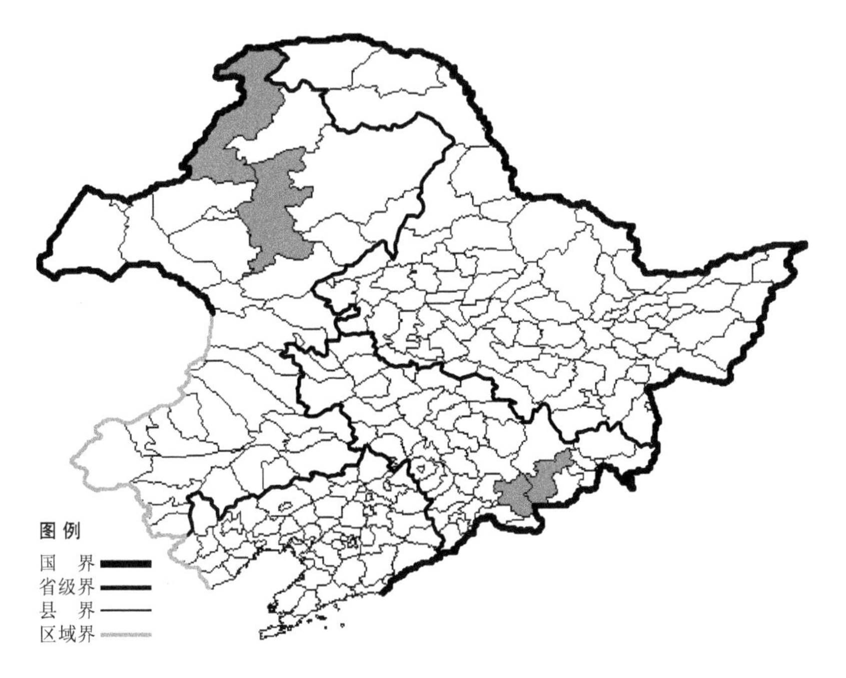

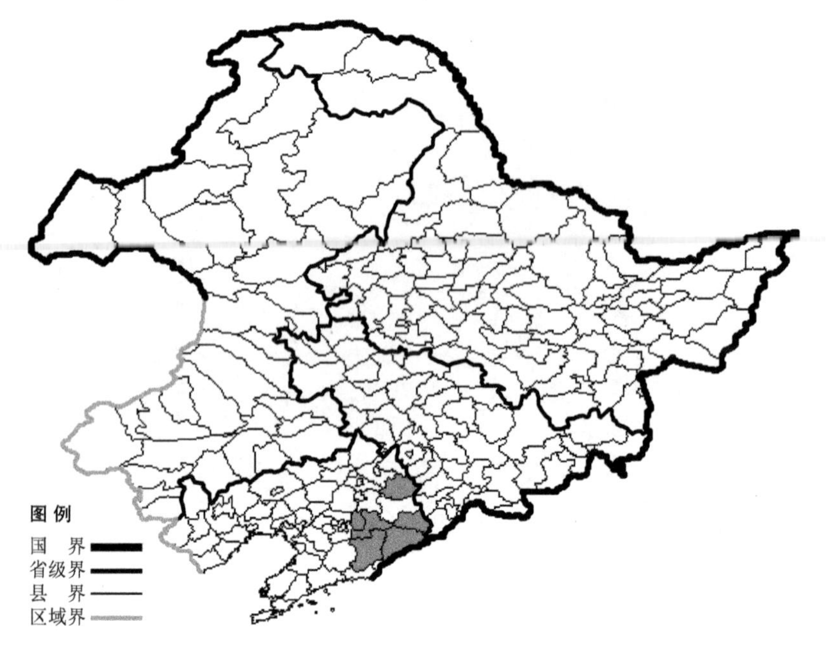

长苞头蕊兰

Cephalanthera longibracteata Blume

生境：杂木林下。

产地：辽宁省凤城、宽甸、桓仁、清原、本溪。

分布：中国（辽宁），朝鲜半岛，日本，俄罗斯（远东地区）。

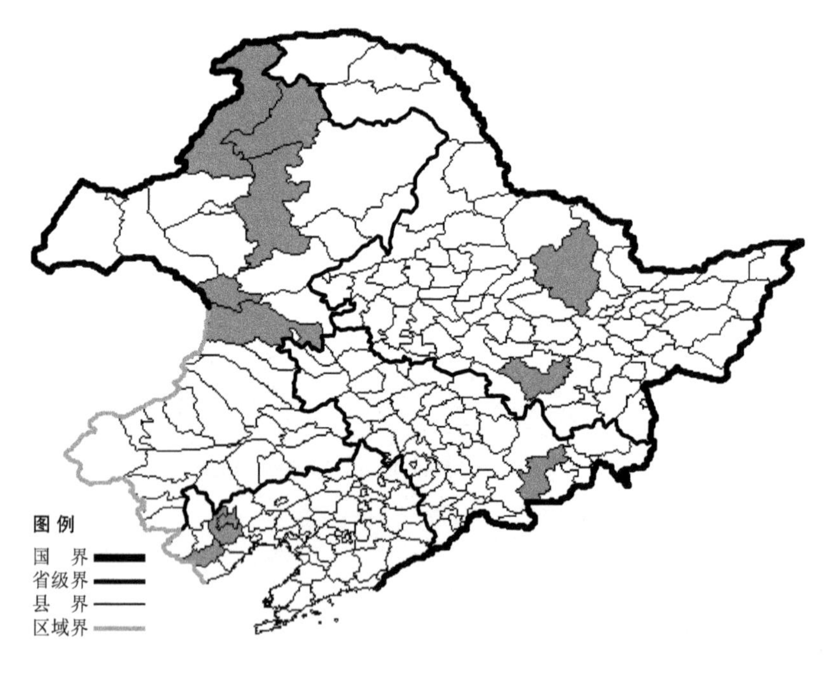

凹舌兰

Coeloglossum viride (L.) Hartm.

生境：草甸，林下，林缘，山坡草地，海拔约 2200 米。

产地：黑龙江省尚志、伊春，吉林省安图，辽宁省建昌、朝阳，内蒙古根河、牙克石、科尔沁右翼前旗、额尔古纳、阿尔山。

分布：中国（黑龙江、吉林、辽宁、内蒙古、河北、山西、陕西、宁夏、甘肃、青海、新疆、河南、四川、云南、西藏、台湾），朝鲜半岛，日本，蒙古，俄罗斯（欧洲部分、高加索、西伯利亚、远东地区），中亚，欧洲，北美洲。

珊瑚兰

Corallorhiza trifida Chatel.

生境：林下，灌丛（腐生）。

产地：吉林省安图，内蒙古牙克石、克什克腾旗、巴林右旗。

分布：中国（吉林、内蒙古、河北、陕西、甘肃、新疆、四川），朝鲜半岛，蒙古，俄罗斯（北极带、欧洲部分、高加索、西伯利亚、远东地区），中亚，欧洲，北美洲。

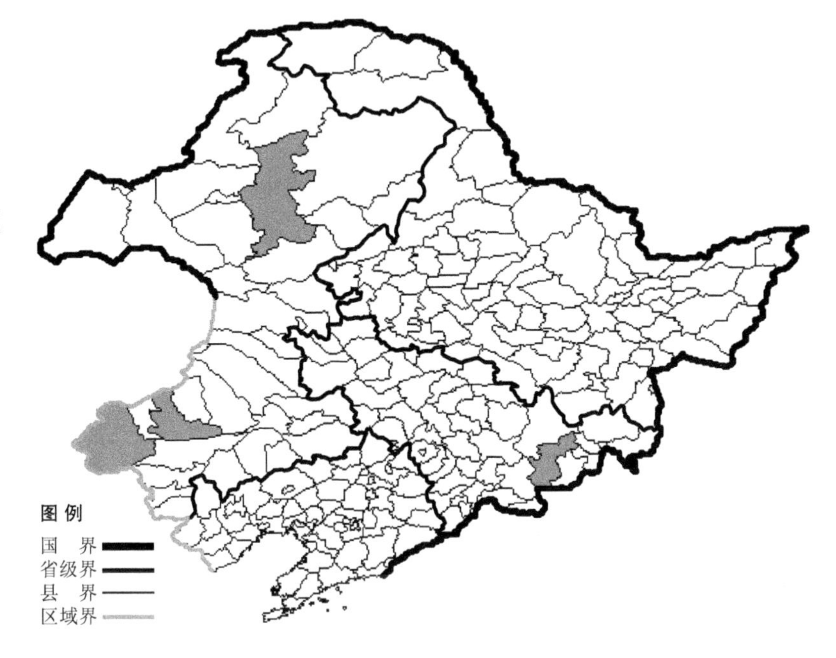

杓兰

Cypripedium calceolus L.

生境：针阔混交林下，林缘，海拔 1000 米以下。

产地：黑龙江省伊春、嘉荫、呼玛、尚志，吉林省安图、抚松、和龙、珲春、临江，辽宁省本溪、清原、新宾、桓仁，内蒙古牙克石、鄂伦春旗、通辽、赤峰、根河、额尔古纳。

分布：中国（黑龙江、吉林、辽宁、内蒙古），朝鲜半岛，蒙古，俄罗斯（欧洲部分、西伯利亚、远东地区），欧洲，北美洲。

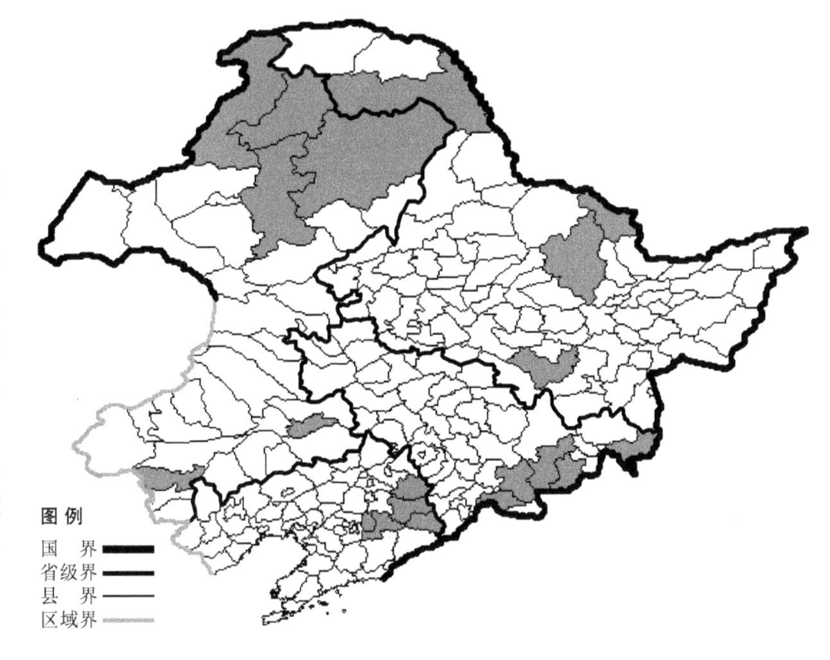

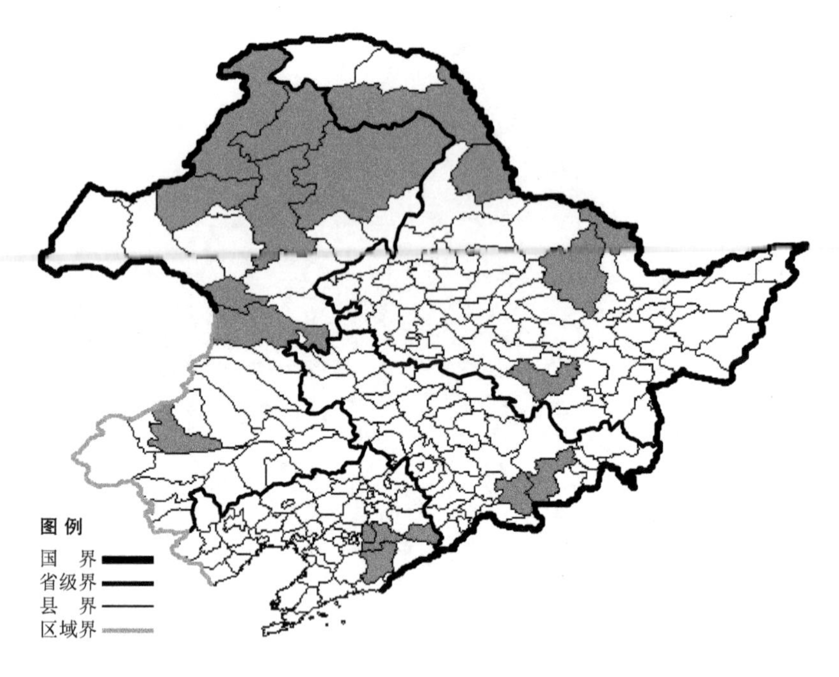

斑花杓兰

Cypripedium guttatum Swartz

生境：林间草地，林缘，林下，海拔 2300 米以下。

产地：黑龙江省嘉荫、尚志、伊春、黑河、呼玛，吉林省安图、抚松，辽宁省凤城、桓仁、本溪，内蒙古根河、牙克石、鄂伦春旗、阿尔山、额尔古纳、巴林右旗、科尔沁右翼前旗、陈巴尔虎旗。

分布：中国（黑龙江、吉林、辽宁、内蒙古、河北、山西、陕西、宁夏、山东、四川、云南、西藏），朝鲜半岛，日本，蒙古，俄罗斯（欧洲部分、西伯利亚、远东地区），北美洲。

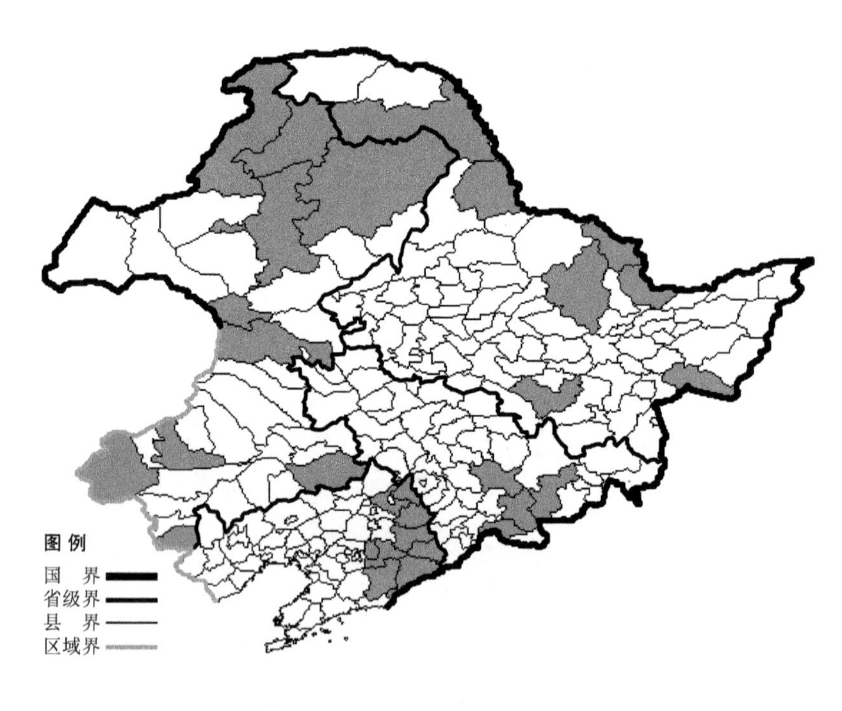

大花杓兰

Cypripedium macranthum Swartz

生境：草甸，灌丛，疏林下，林缘，海拔 1700 米以下。

产地：黑龙江省呼玛、黑河、嘉荫、尚志、密山、萝北、伊春，吉林省安图、桦甸、临江、抚松，辽宁省本溪、丹东、新宾、开原、西丰、凤城、清原、宽甸、桓仁，内蒙古额尔古纳、根河、牙克石、鄂伦春旗、阿尔山、海拉尔、科尔沁右翼前旗、科尔沁左翼后旗、克什克腾旗、宁城、巴林右旗。

分布：中国（黑龙江、吉林、辽宁、内蒙古、河北、山西、山东、西藏、台湾），朝鲜半岛，日本，蒙古，俄罗斯（欧洲部分、西伯利亚、远东地区）。

大白花杓兰 Cypripedium macranthum Swartz f. **albiflorum** (Makino) Ohwi 生于山阴坡，杂木林下，海拔约 400 米，产于黑龙江省宁安、伊春，吉林省安图，分布于中国（黑龙江、吉林）。

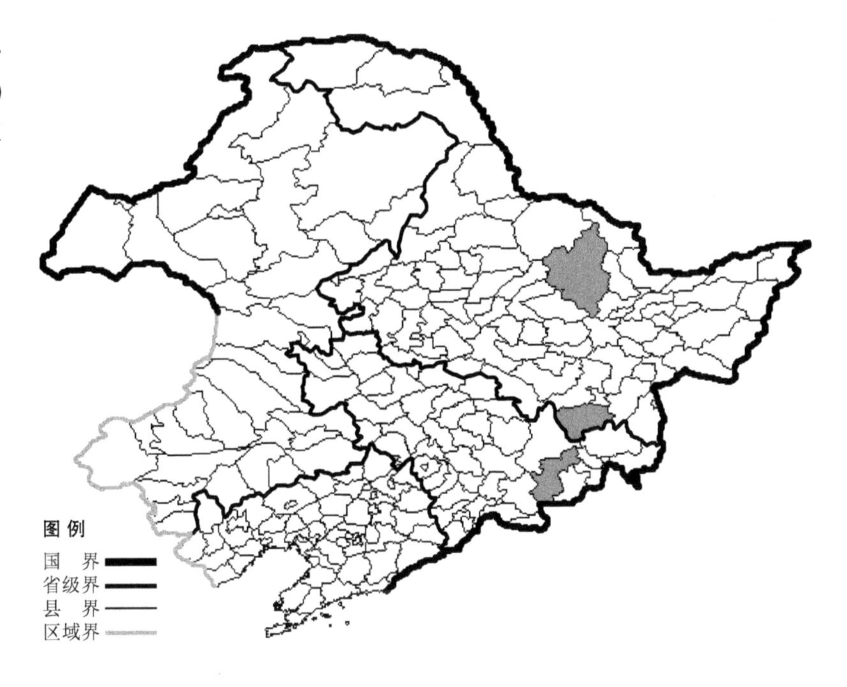

双蕊兰

Diplandrorchis sinica S. C. Chen

生境：疏林下，栎林下。
产地：辽宁省桓仁、新宾。
分布：中国（辽宁）。

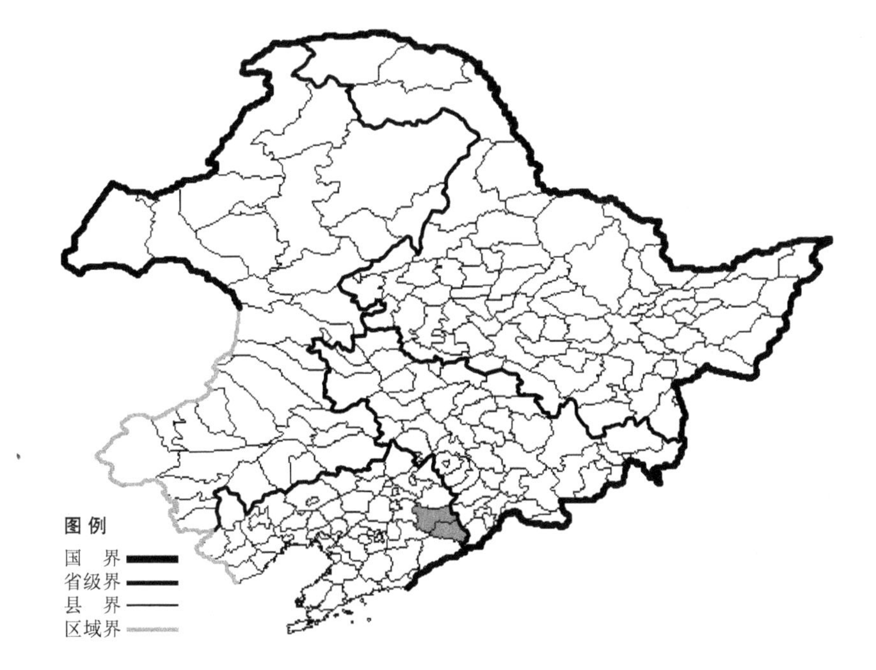

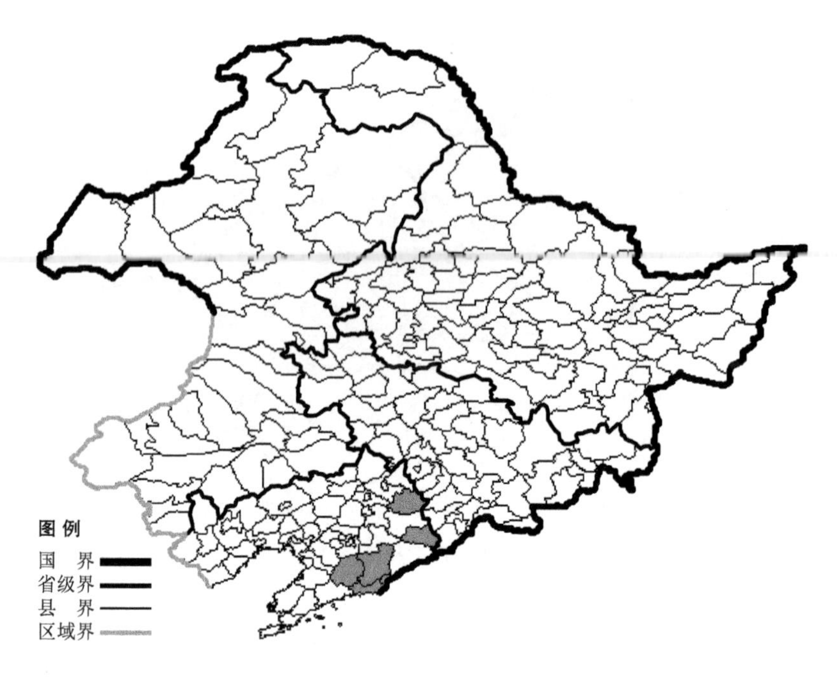

细毛火烧兰

Epipactis papillosa Franch. et Sav.

生境：阔叶林下。

产地：辽宁省清原、桓仁、岫岩、凤城、东港、丹东。

分布：中国（辽宁、河北、山西、陕西、宁夏、甘肃、青海），朝鲜半岛，日本，俄罗斯（远东地区）。

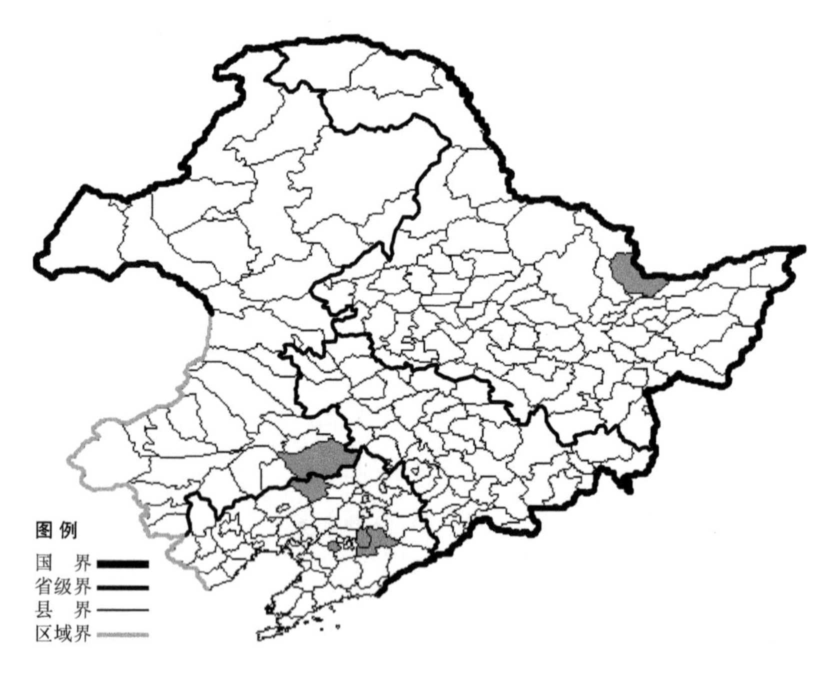

火烧兰

Epipactis thunbergii A. Gray

生境：湿草地及草甸。

产地：黑龙江省萝北，辽宁省鞍山、本溪、彰武，内蒙古科尔沁左翼后旗。

分布：中国（黑龙江、辽宁、内蒙古、山东、河北、新疆），朝鲜半岛，日本，俄罗斯（远东地区）。

裂唇虎舌兰

Epipogium aphyllum (F. W. Schmidt) Swartz

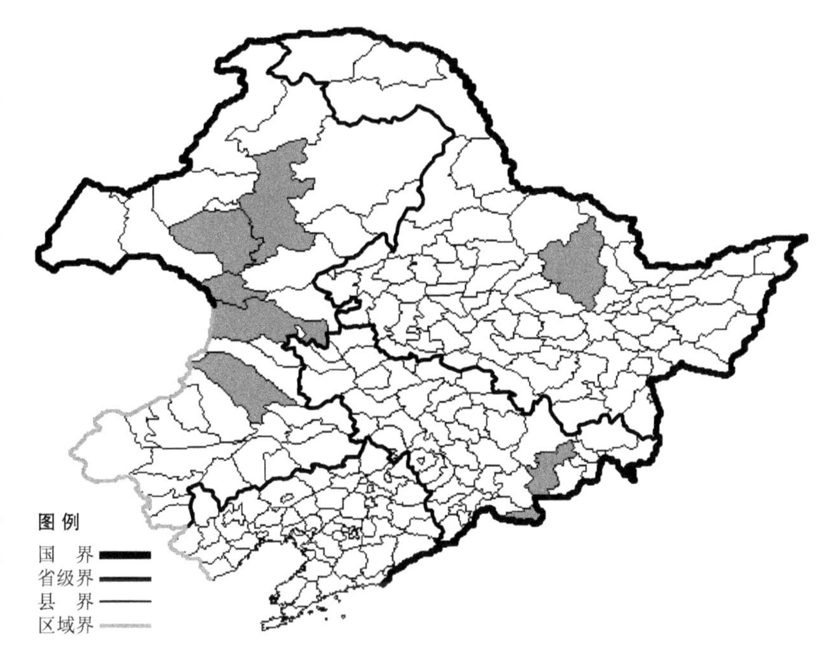

生境：林下（腐生），海拔 1200-1800 米。

产地：黑龙江省伊春，吉林省长白、安图，内蒙古牙克石、鄂温克旗、科尔沁右翼前旗、扎鲁特旗、阿尔山。

分布：中国（黑龙江、吉林、内蒙古、山西、甘肃、新疆、四川、云南、西藏），朝鲜半岛，日本，俄罗斯（欧洲部分、高加索、西伯利亚、远东地区），印度，欧洲。

小斑叶兰

Goodyera repens (L.) R. Br.

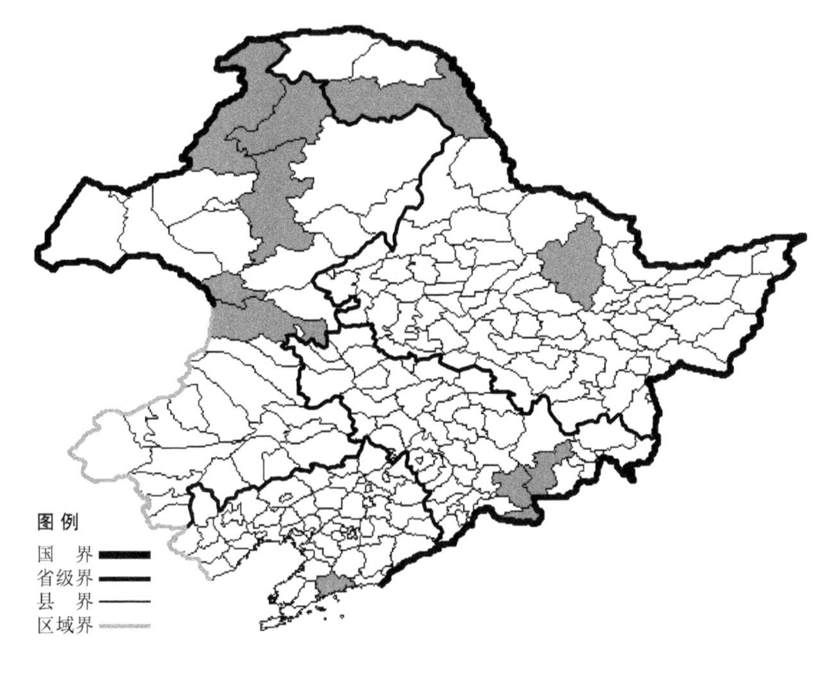

生境：林下，林缘，海拔 2100 米以下。

产地：黑龙江省呼玛，吉林省长白、抚松、安图，辽宁省庄河，内蒙古额尔古纳、牙克石、科尔沁右翼前旗、根河、阿尔山。

分布：中国（黑龙江、吉林、辽宁、内蒙古、山西、陕西、甘肃、青海、新疆、河南、安徽、湖北、湖南、四川、云南、西藏、台湾），朝鲜半岛，日本，俄罗斯（欧洲部分、高加索、西伯利亚、远东地区），中亚，缅甸，印度，不丹，欧洲，北美洲。

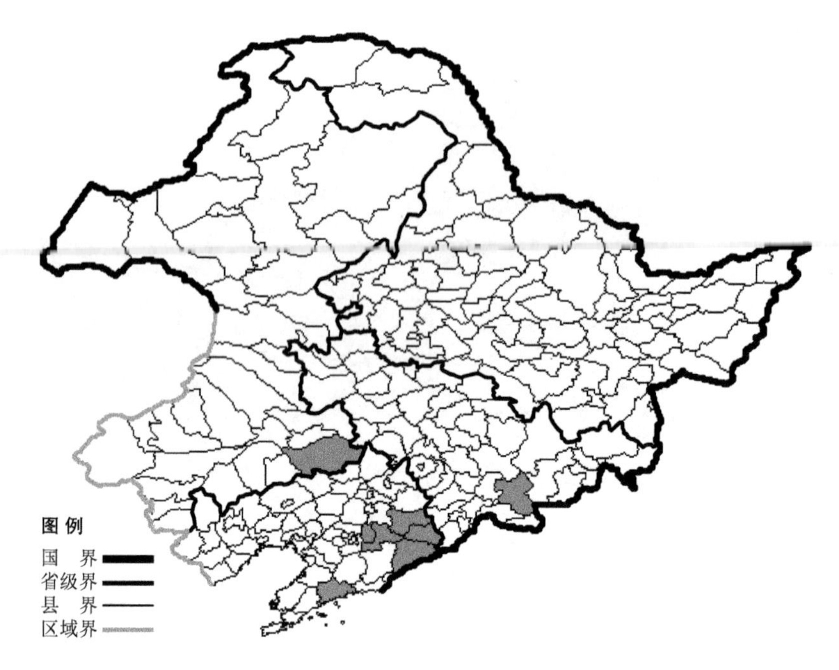

天麻

Gastrodia elata Blume

生境：林下，偶见于林缘，海拔1000米以下。

产地：吉林省抚松，辽宁省宽甸、本溪、新宾、庄河、桓仁，内蒙古科尔沁左翼后旗。

分布：中国（吉林、辽宁、内蒙古、河北、陕西、河南、湖南、湖北、四川、贵州、云南、西藏），朝鲜半岛，日本，俄罗斯（远东地区），印度。

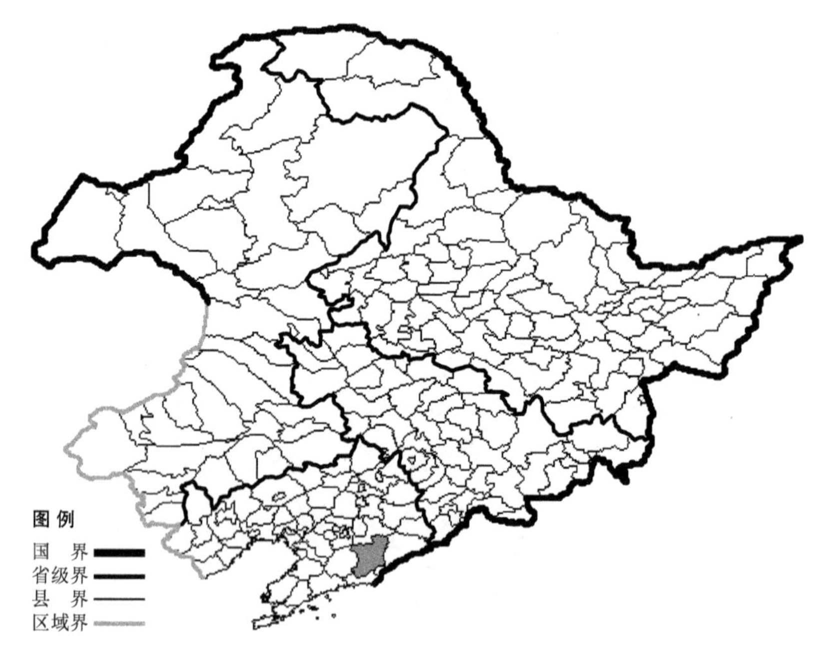

白花天麻 Gastrodia elata Blume var. **pallens** Kitag. 生于林下，产于辽宁省凤城，分布于中国（辽宁）。

手掌参

Gymnadenia conopsea (L.) R. Br.

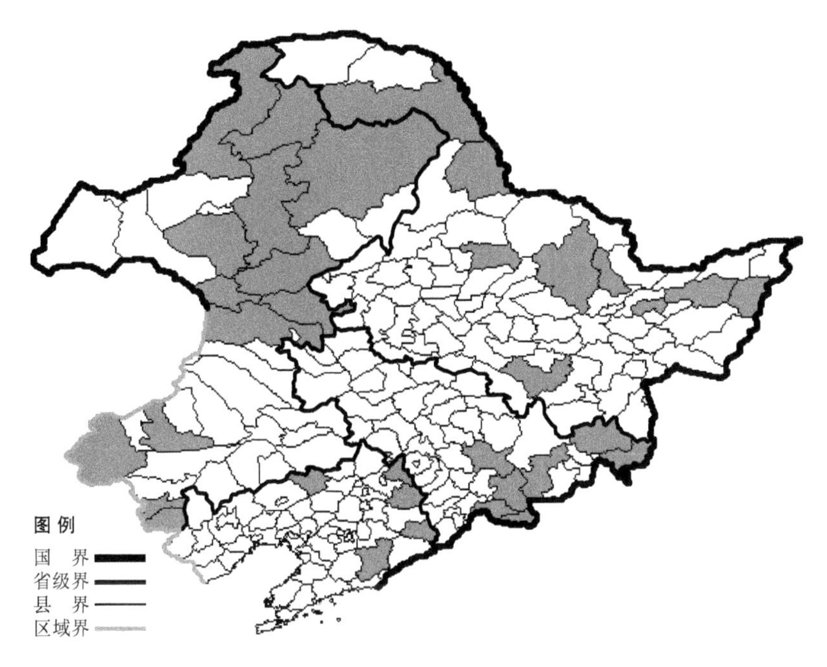

生境：草甸，灌丛，林下，林缘，海拔 2400 米以下。

产地：黑龙江省黑河、北安、尚志、鹤岗、集贤、饶河、富锦、伊春、密山、嘉荫、塔河、呼玛，吉林省抚松、安图、长白、临江、珲春、汪清、桦甸，辽宁省西丰、清原、桓仁，内蒙古额尔古纳、根河、阿尔山、扎兰屯、牙克石、鄂伦春旗、鄂温克旗、扎赉特旗、科尔沁右翼前旗、克什克腾旗、宁城、巴林右旗、喀喇沁旗。

分布：中国（黑龙江、吉林、辽宁、内蒙古、河北、山西、陕西、甘肃、四川、云南、西藏），朝鲜半岛，日本，蒙古，俄罗斯（欧洲部分、高加索、西伯利亚、远东地区），欧洲。

十字兰

Habenaria sagittifera Rchb. f.

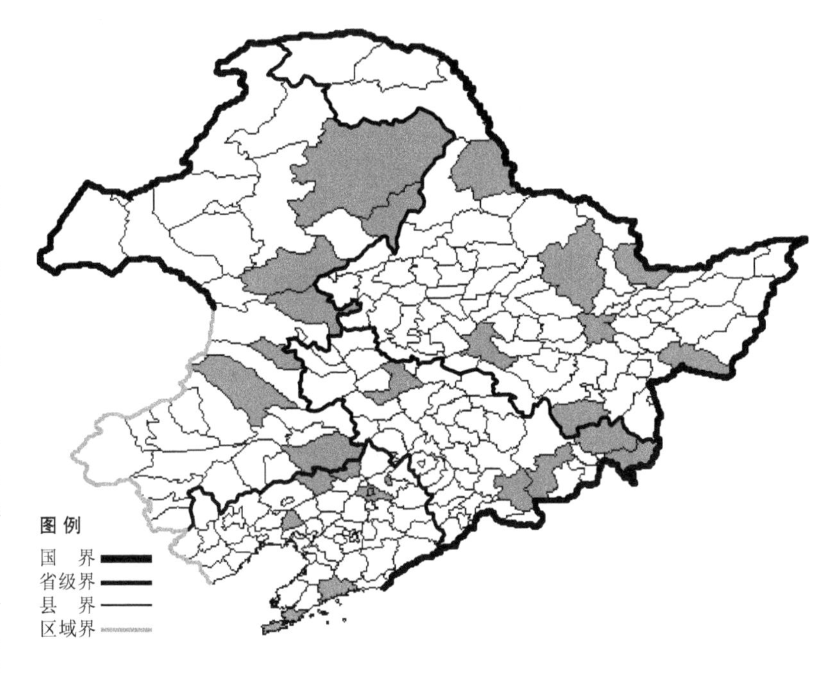

生境：草甸，沟谷，林下，山坡草地，海拔 900 米以下。

产地：黑龙江省伊春、黑河、萝北、依兰、密山、宁安、哈尔滨，吉林省汪清、珲春、安图、抚松、前郭尔罗斯，辽宁省大连、庄河、北镇、铁岭、彰武、康平，内蒙古鄂伦春旗、莫力达瓦达斡尔旗、突泉、扎兰屯、扎鲁特旗、科尔沁左翼后旗、扎赉特旗。

分布：中国（黑龙江、吉林、辽宁、内蒙古、河北、山西、江西、湖南、广东），朝鲜半岛，日本，俄罗斯（远东地区）。

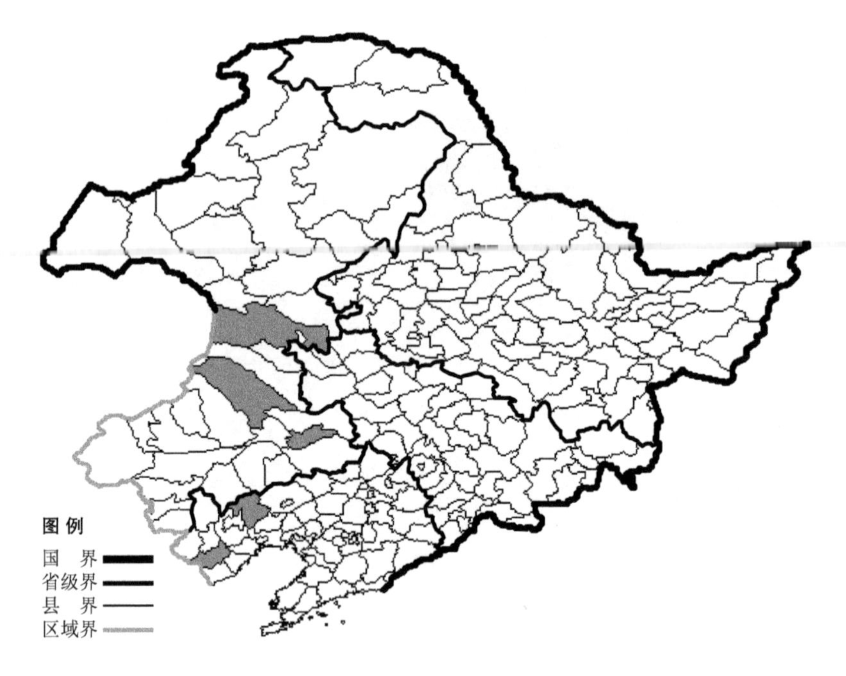

裂瓣角盘兰

Herminium alaschanicum Maxim.

生境：草甸，向阳草地。

产地：辽宁省建昌、北票，内蒙古科尔沁右翼前旗、扎鲁特旗、通辽。

分布：中国（辽宁、内蒙古、河北、山西、陕西、宁夏、甘肃、青海、四川、云南、西藏）。

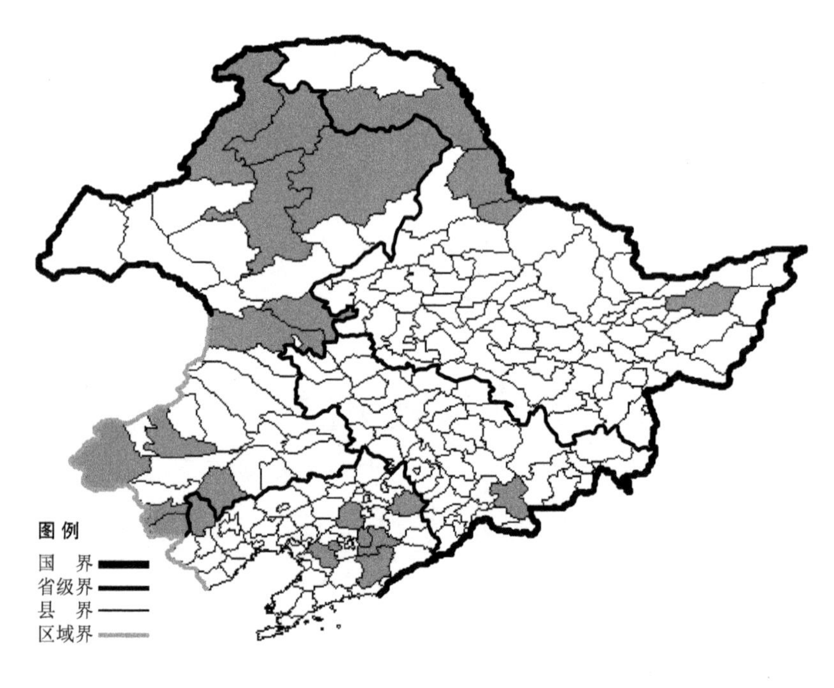

角盘兰

Herminium monorchis (L.) R. Br.

生境：草甸，灌丛，林下，林缘，海拔 1700 米以下。

产地：黑龙江省黑河、孙吴、呼玛、富锦，吉林省抚松，辽宁省清原、本溪、沈阳、鞍山、海城、建平，内蒙古额尔古纳、克什克腾旗、牙克石、海拉尔、鄂伦春旗、科尔沁右翼前旗、扎赉特旗、根河、宁城、敖汉旗、巴林右旗、喀喇沁旗。

分布：中国（黑龙江、吉林、辽宁、内蒙古、河北、山西、陕西、宁夏、甘肃、青海、山东、安徽、河南、四川、云南、西藏），朝鲜半岛，日本，蒙古，俄罗斯（欧洲部分、西伯利亚、远东地区），中亚，印度，欧洲。

羊耳蒜

Liparis japonica (Miq.) Maxim.

生境：林下，林缘，海拔 800 米以下。

产地：黑龙江省伊春，吉林省长春、临江，辽宁省鞍山、清原、桓仁、岫岩、本溪、凤城、西丰、新宾、铁岭、丹东、凌源、营口、抚顺、宽甸，内蒙古科尔沁左翼后旗。

分布：中国（黑龙江、吉林、辽宁、内蒙古、河北、山西、陕西、甘肃、山东、安徽、河南、湖北、四川、贵州、云南、西藏），朝鲜半岛，日本，俄罗斯（远东地区）。

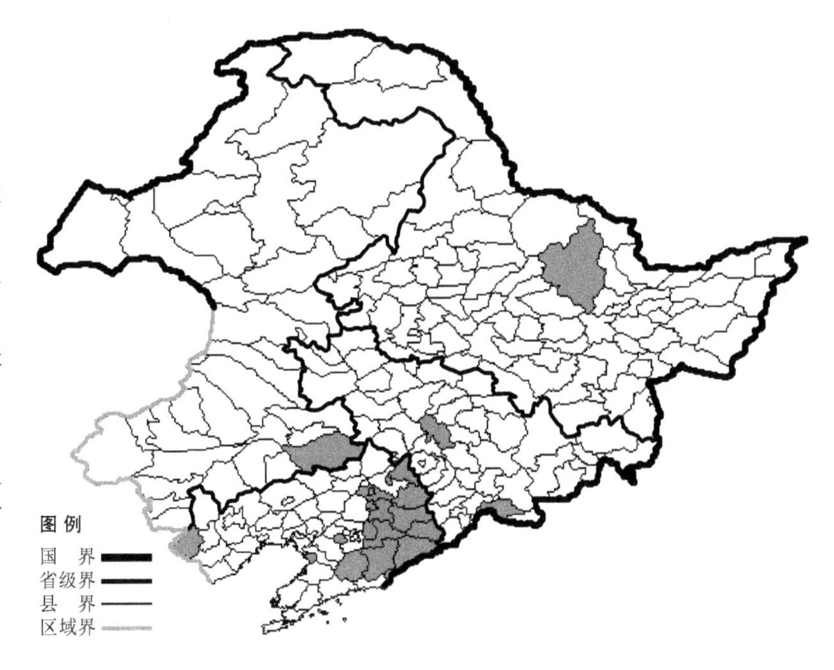

曲唇羊耳蒜

Liparis kumokiri F. Maek.

生境：林下，林缘，山坡草地。

产地：黑龙江省集贤，吉林省安图、抚松、长白、临江、长春，辽宁省铁岭、西丰、抚顺、本溪、清原、桓仁、新宾、宽甸、岫岩、丹东、营口、凌源。

分布：中国（黑龙江、吉林、辽宁），朝鲜半岛，日本，俄罗斯（远东地区）。

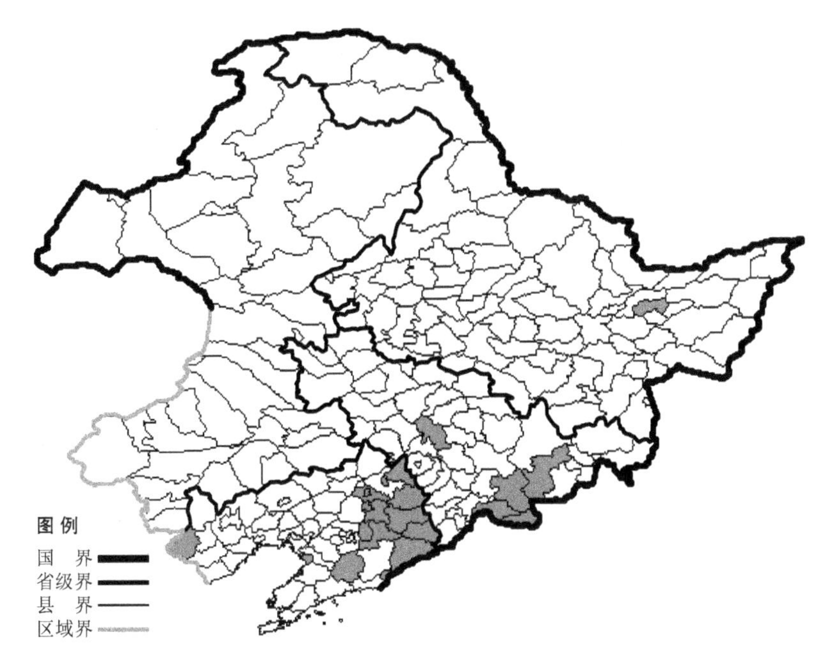

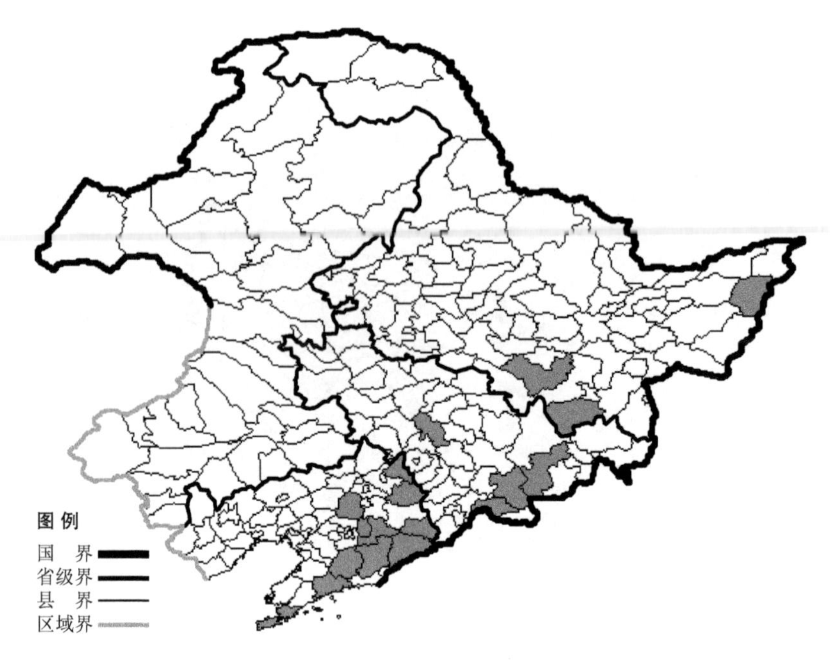

北方羊耳蒜

Liparis makinoana Schltr.

生境：林下，林缘，林间草地，灌丛，海拔 1100 米以下。

产地：黑龙江省尚志、宁安、饶河，吉林省安图、抚松、临江、长春，辽宁省西丰、沈阳、本溪、凤城、清原、桓仁、宽甸、岫岩、庄河、大连、西丰。

分布：中国（黑龙江、吉林、辽宁），朝鲜半岛，日本，俄罗斯（远东地区）。

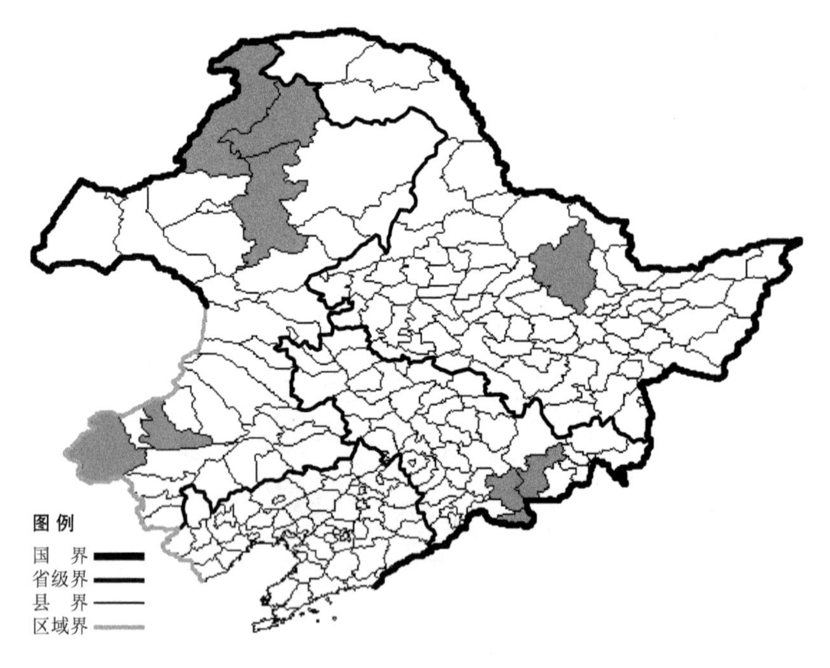

对叶兰

Listera puberula Maxim.

生境：林下，林缘，海拔 2000 米以下。

产地：黑龙江省伊春，吉林省安图、抚松、长白，内蒙古额尔古纳、牙克石、巴林右旗、克什克腾旗、根河。

分布：中国（黑龙江、吉林、内蒙古、河北、山西、甘肃、青海），朝鲜半岛，日本，俄罗斯（东部西伯利亚、远东地区）。

沼兰

Malaxis monophyllos (L.) Swartz

生境：草甸，林下，林缘，海拔900-1700米。

产地：黑龙江省嫩江、伊春、呼玛，吉林省安图、抚松，辽宁省宽甸，内蒙古牙克石、鄂伦春旗、科尔沁右翼前旗、额尔古纳、巴林右旗、扎赉特旗、克什克腾旗、宁城。

分布：中国（黑龙江、吉林、辽宁、内蒙古、河北、山西、陕西、甘肃、青海、河南、四川、云南、西藏），朝鲜半岛，日本，蒙古，俄罗斯（欧洲部分、西伯利亚、远东地区），欧洲，北美洲。

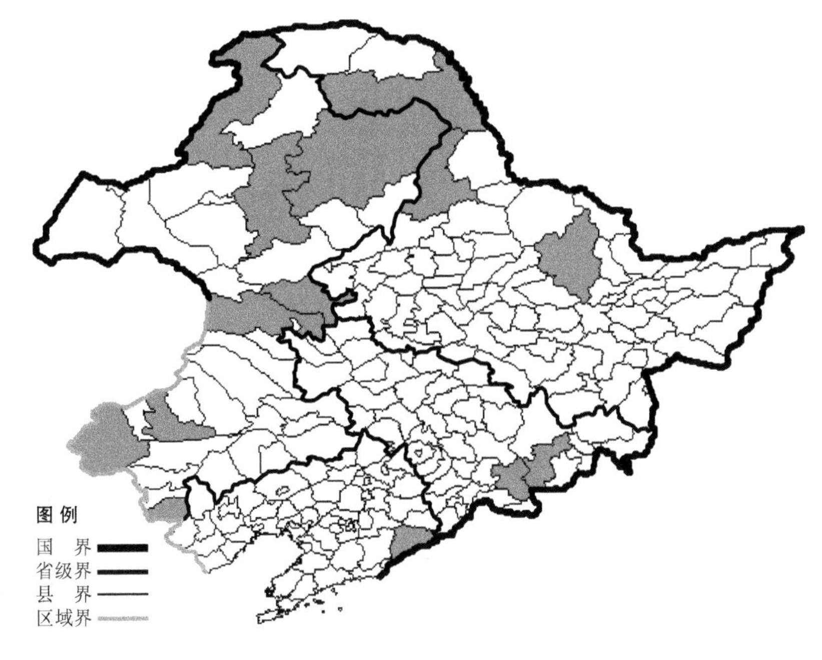

尖唇鸟巢兰

Neottia acuminata Schltr.

生境：林下（腐生）。

产地：吉林省安图，内蒙古阿尔山。

分布：中国（吉林、内蒙古、河北、山西、陕西、甘肃、青海、湖北、四川、云南、西藏），朝鲜半岛，日本，俄罗斯（远东地区），印度。

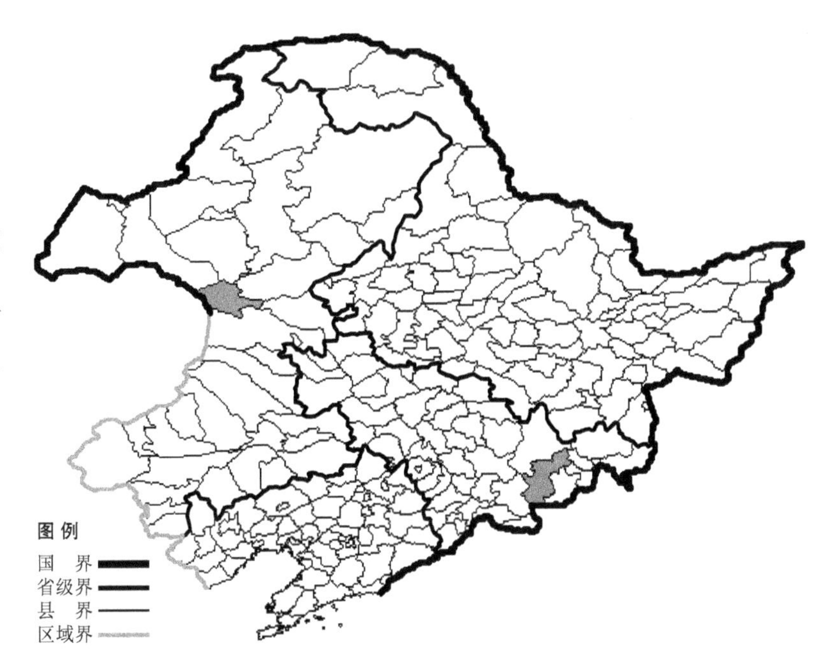

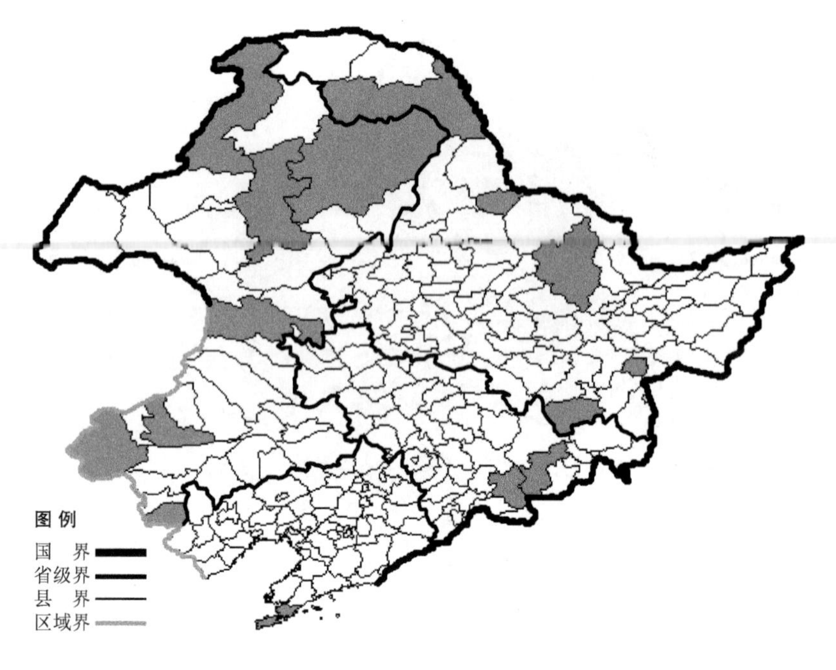

二叶兜被兰

Neottianthe cucullata (L.) Schltr.

生境：林下，林缘，海拔 1500 米以下。

产地：黑龙江省伊春、鸡西、呼玛、宁安、孙吴，吉林省安图、抚松，辽宁省大连，内蒙古牙克石、额尔古纳、巴林右旗、鄂伦春旗、科尔沁右翼前旗、克什克腾旗、宁城。

分布：中国（黑龙江、吉林、辽宁、内蒙古、河北、陕西、甘肃、青海、浙江、福建、河南、安徽、江西、四川、云南、西藏），朝鲜半岛，日本，蒙古，俄罗斯（欧洲部分、西伯利亚、远东地区），欧洲。

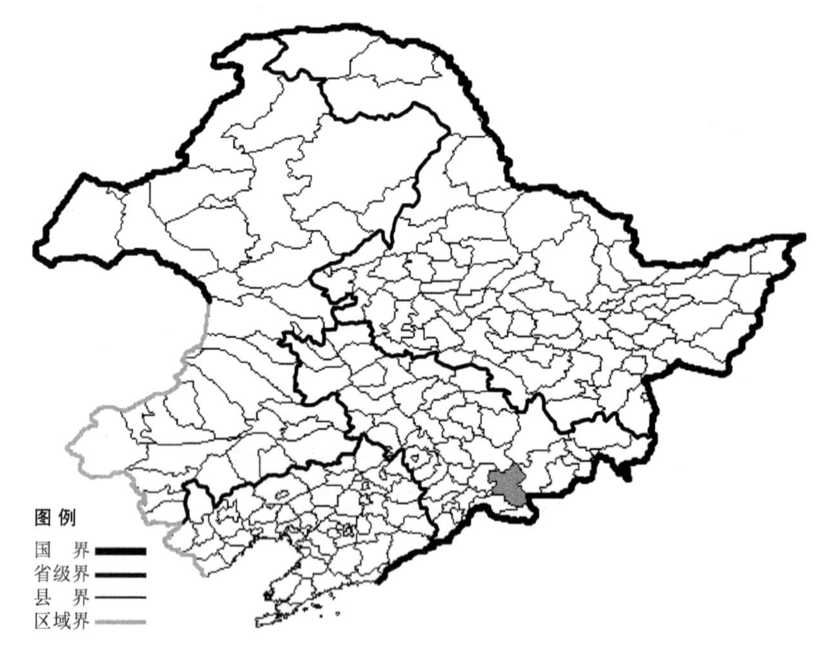

白花兜被兰 Neottianthe cucullata (L.) Schltr. f. **albiflora** P. Y. Fu et S. Z. Liou 生于林缘，海拔约 1400 米，产于吉林省抚松，分布于中国（吉林）。

斑叶兜被兰 Neottianthe cucullata (L.) Schltr. f. **macullata** (Nakai et Kitag.) Nakai et Kitag. 生于林下，林缘，产于辽宁省凌源，分布于中国（辽宁）。

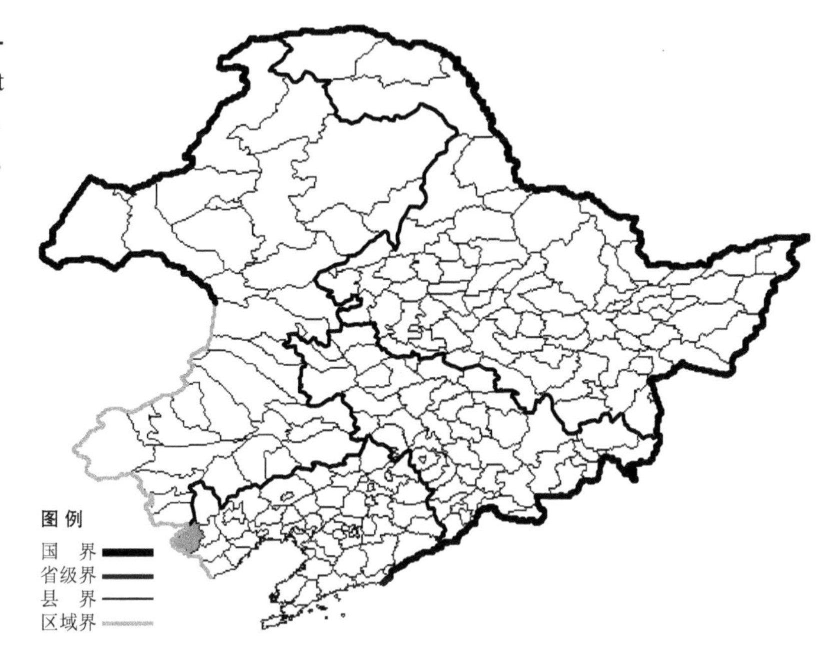

凹唇鸟巢兰

Neottia nidus-avis (L.) L. C. Rich. var. **manshurica** Kom.

生境：林下（腐生）。

产地：黑龙江省伊春、虎林，辽宁省桓仁、宽甸。

分布：中国（黑龙江、辽宁），朝鲜半岛，日本，俄罗斯（远东地区）。

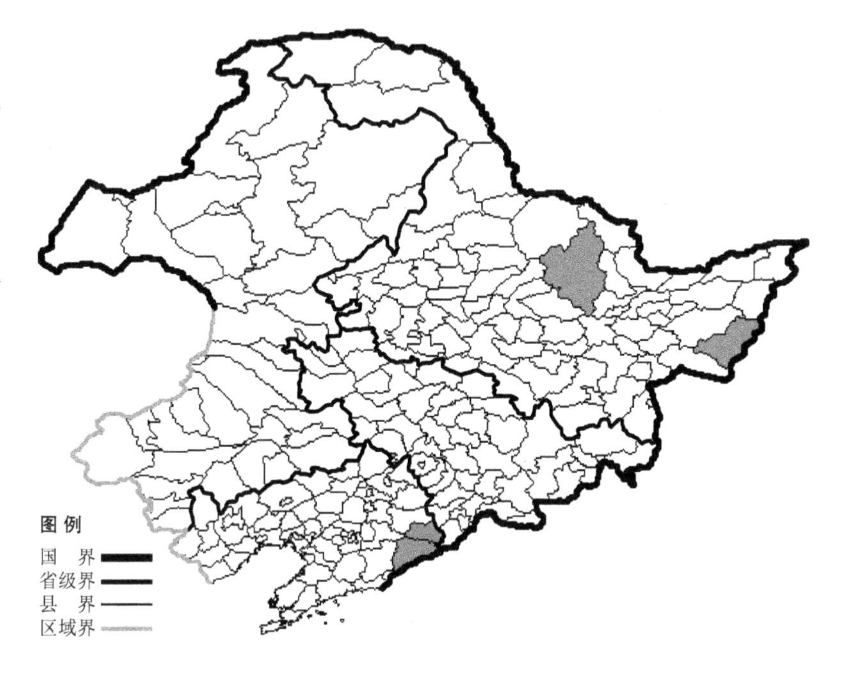

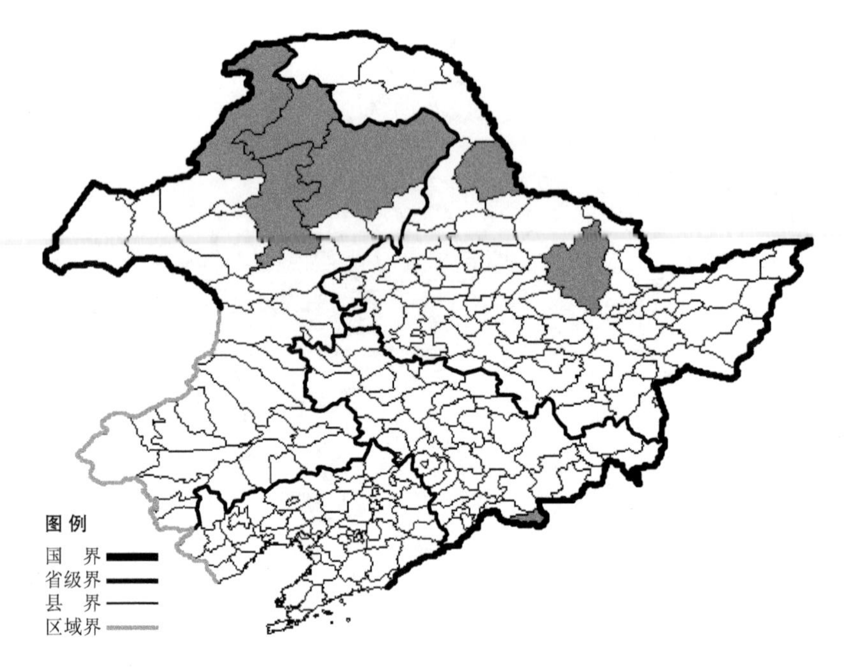

广布红门兰

Orchis chusua D. Don

生境： 湿草地，林下，林缘，海拔 2400 米以下。

产地： 黑龙江省黑河、伊春，吉林省长白，内蒙古根河、额尔古纳、牙克石、鄂伦春旗。

分布： 中国（黑龙江、吉林、内蒙古、河北、陕西、甘肃、青海、湖北、四川、云南、西藏、台湾），朝鲜半岛，日本，俄罗斯（东部西伯利亚、远东地区），尼泊尔，印度。

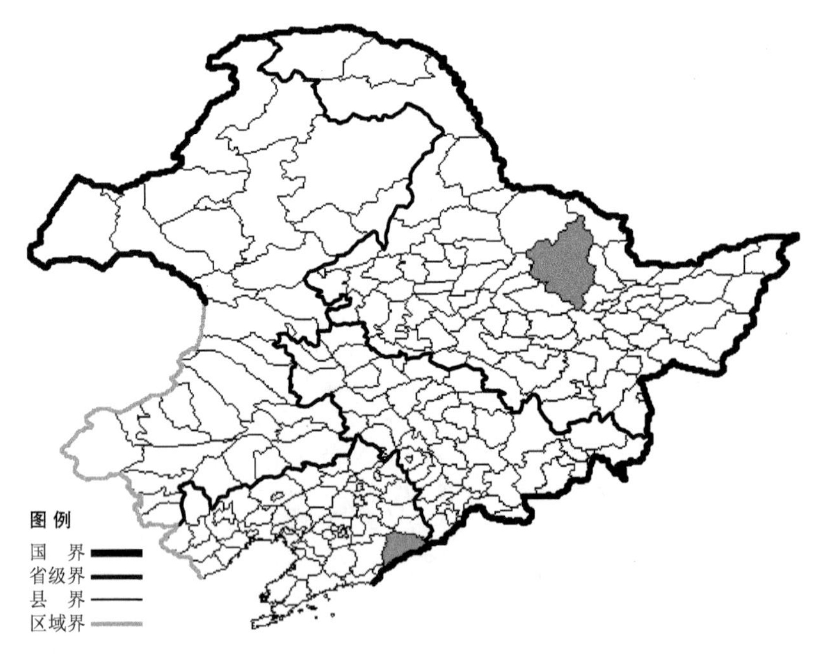

卵唇红门兰

Orchis cyclochila (Franch. et Sav.) Maxim.

生境： 林下。

产地： 黑龙江省伊春，辽宁省宽甸。

分布： 中国（黑龙江、辽宁），朝鲜半岛，日本，俄罗斯（远东地区）。

宽叶红门兰

Orchis latifolia L.

生境：草甸，湿草地。

产地：黑龙江省哈尔滨，吉林省双辽，内蒙古科尔沁左翼后旗、扎鲁特旗、陈巴尔虎旗、海拉尔、通辽、克什克腾旗。

分布：中国（黑龙江、吉林、内蒙古、华北、西北、西南），蒙古，俄罗斯（西伯利亚、远东地区、欧洲部分、高加索），中亚，土耳其，欧洲。

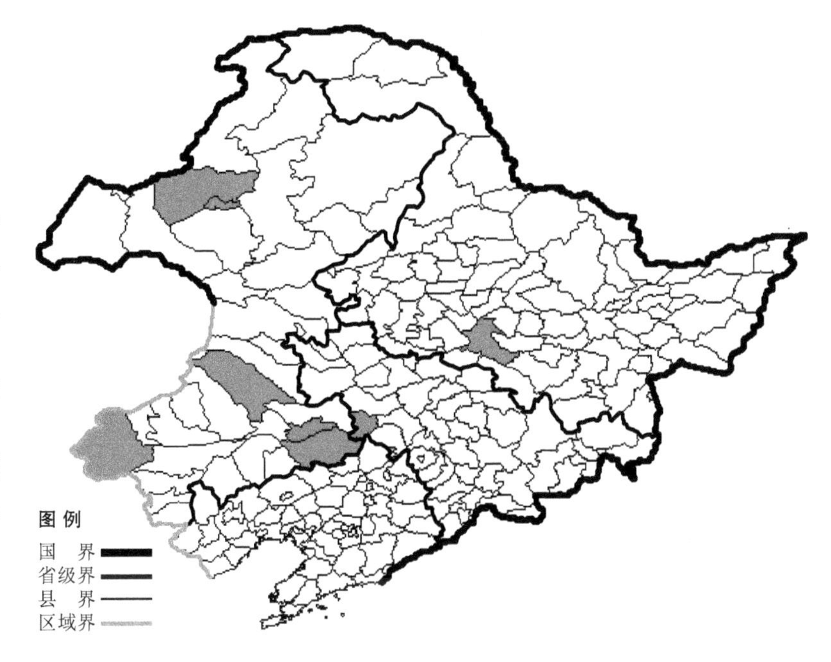

山兰

Oreorchis patens (Lindl.) Lindl.

生境：疏林下阴湿处。

产地：黑龙江省尚志、饶河，吉林省桦甸，辽宁省大连、清原、桓仁、宽甸、岫岩、新宾。

分布：中国（黑龙江、吉林、辽宁、陕西、甘肃、江西、湖南、四川、贵州、云南、西藏），朝鲜半岛，日本，俄罗斯（远东地区）。

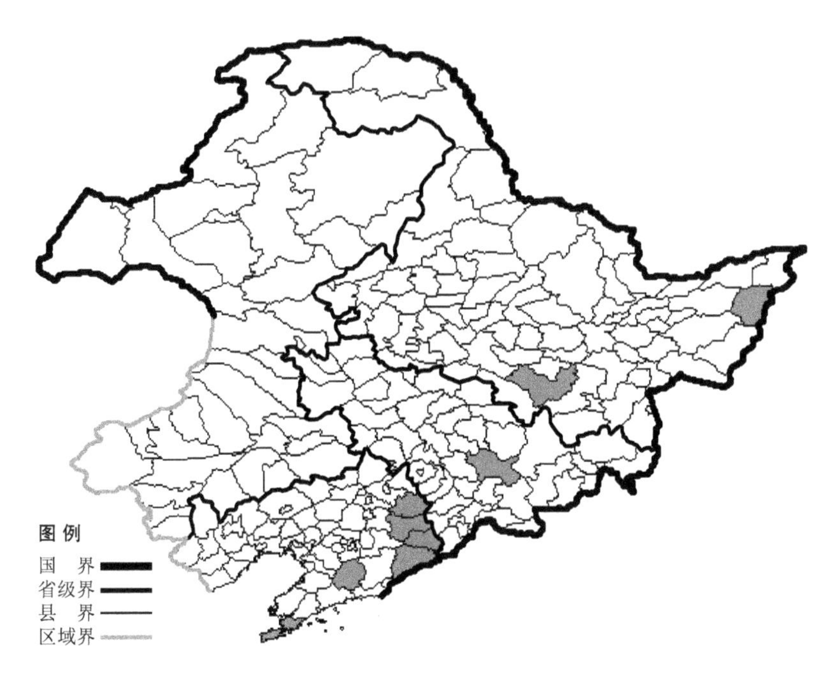

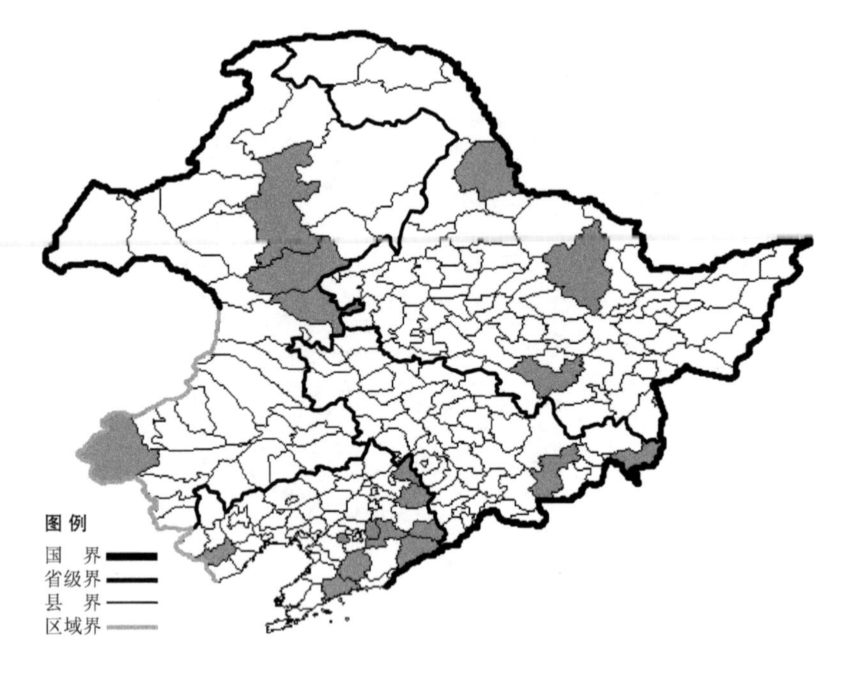

二叶舌唇兰

Platanthera chlorantha Cust. ex Rchb.

生境：草甸，林下，林缘，海拔 1000 米以下。

产地：黑龙江省黑河、尚志、伊春，吉林省安图、珲春，辽宁省西丰、本溪、清原、桓仁、宽甸、岫岩、鞍山、建昌、庄河，内蒙古牙克石、扎兰屯、扎赉特旗、克什克腾旗。

分布：中国（黑龙江、吉林、辽宁、内蒙古、河北、山西、陕西、甘肃、青海、四川、云南、西藏），朝鲜半岛，俄罗斯（东部西伯利亚、远东地区）。

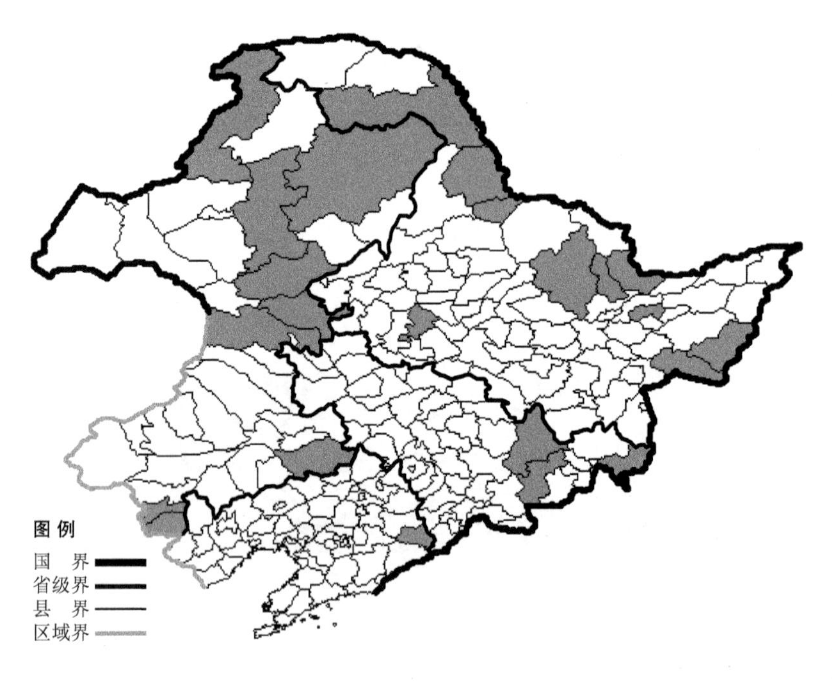

密花舌唇兰

Platanthera hologlottis Maxim.

生境：草甸，林缘，沼泽。

产地：黑龙江省黑河、孙吴、密山、呼玛、伊春、萝北、集贤、虎林、鹤岗、安达，吉林省安图、珲春、敦化，辽宁省桓仁，内蒙古鄂伦春旗、额尔古纳、喀喇沁旗、牙克石、扎兰屯、科尔沁左翼后旗、科尔沁右翼前旗、扎赉特旗、宁城。

分布：中国（黑龙江、吉林、辽宁、内蒙古、河北、山东、江苏、安徽、浙江、福建、湖北、江西、湖南、广东、四川、云南），朝鲜半岛，日本，俄罗斯（东部西伯利亚、远东地区）。

长白舌唇兰

Platanthera mandarinorum Rchb. f. var. **cornu-bovis** (Nevski) Kitag.

生境：林下，林间草地，海拔1400米以下。

产地：吉林省安图、抚松，辽宁省清原。

分布：中国（吉林、辽宁），朝鲜半岛，俄罗斯（远东地区）。

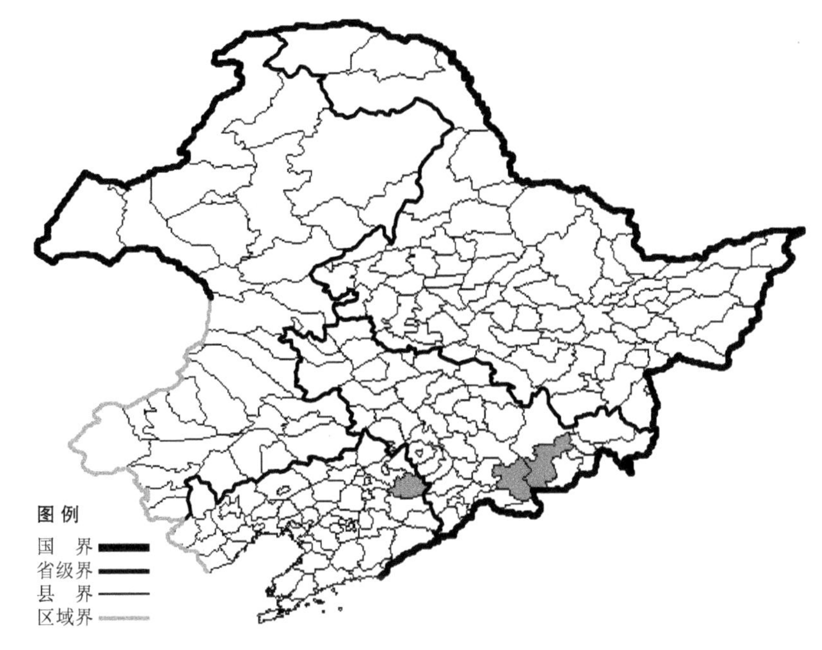

朱兰

Pogonia japonica Rchb. f.

生境：湿草地，林间草地，林下。

产地：黑龙江省伊春、集贤、绥芬河、嘉荫。

分布：中国（黑龙江、山东、安徽、浙江、福建、湖北、江西、湖南、广西、四川、贵州），朝鲜半岛，日本，俄罗斯（远东地区）。

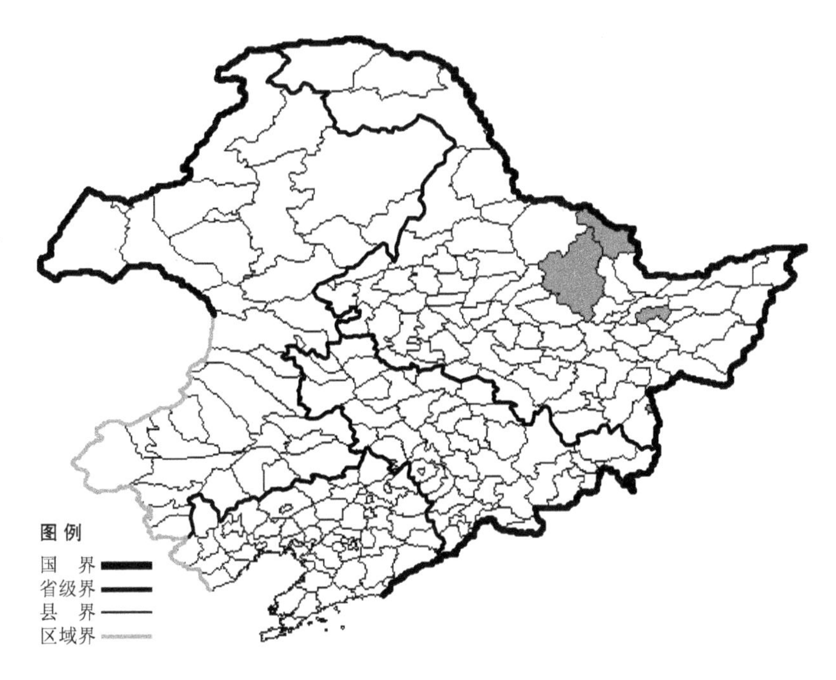

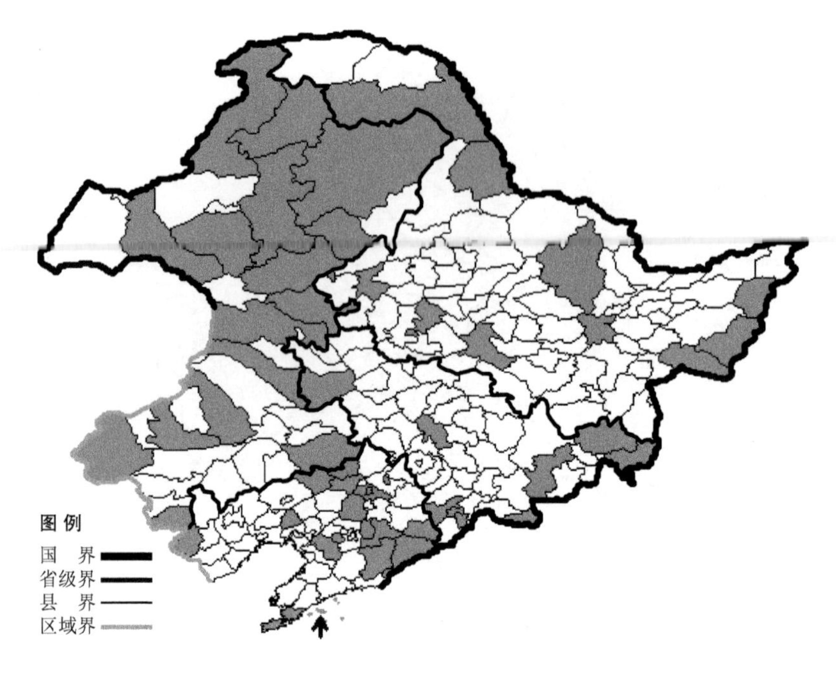

绶草

Spiranthes sinensis (Pers.) Ames

生境：林下，林缘，湿草地，沼泽化草甸，海拔 1700 米以下。

产地：黑龙江省虎林、黑河、齐齐哈尔、安达、哈尔滨、伊春、依兰、饶河、密山、呼玛，吉林省通化、安图、汪清、珲春、长春、通榆、长白，辽宁省凌源、北镇、彰武、康平、法库、铁岭、凤城、沈阳、鞍山、海城、长海、本溪、丹东、大连、宽甸、桓仁，内蒙古根河、巴林右旗、鄂温克旗、宁城、克什克腾旗、阿鲁科尔沁旗、鄂伦春旗、新巴尔虎左旗、扎赉特旗、科尔沁右翼前旗、科尔沁右翼中旗、阿荣旗、额尔古纳、科尔沁左翼后旗、扎兰屯、牙克石。

分布：中国（全国各地），朝鲜半岛，日本，蒙古，俄罗斯（欧洲部分、西伯利亚、远东地区），印度，大洋洲。

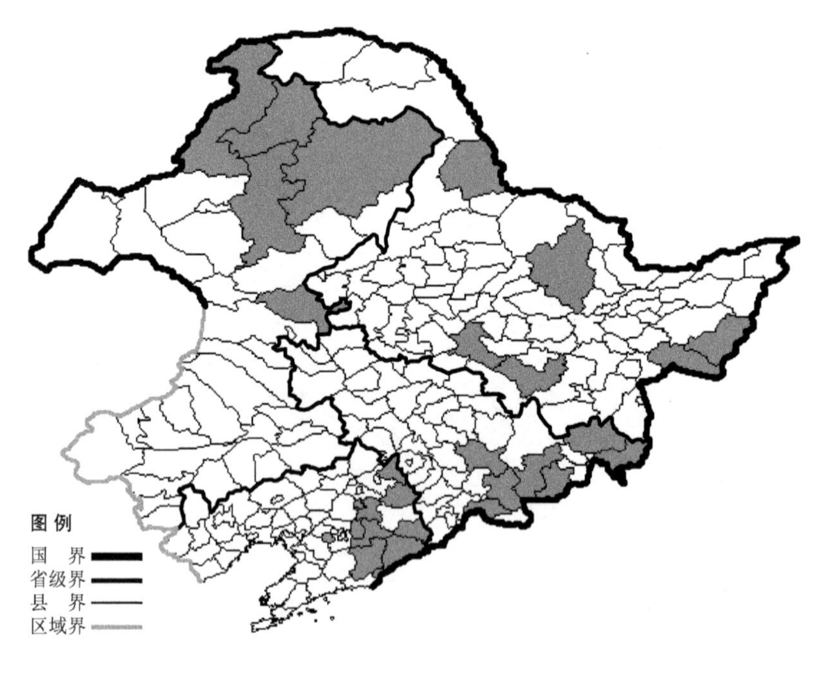

蜻蜓兰

Tulotis fuscescens (L.) Czer.

生境：草甸，灌丛，林下，林缘，海拔 1100 米以下。

产地：黑龙江省黑河、密山、伊春、虎林、尚志、哈尔滨，吉林省桦甸、抚松、安图、临江、汪清、珲春、和龙，辽宁省西丰、清原、桓仁、宽甸、鞍山、本溪、凤城、抚顺、丹东，内蒙古额尔古纳、根河、鄂伦春旗、扎赉特旗、牙克石。

分布：中国（黑龙江、吉林、辽宁、内蒙古、河北、山西、陕西、甘肃、青海、山东、河南、四川、云南），朝鲜半岛，日本，俄罗斯（西伯利亚、远东地区）。

小花蜻蜓兰

Tulotis ussuriensis (Regel et Maack) Hara

生境： 林下。

产地： 吉林省临江，辽宁省清原。

分布： 中国（吉林、辽宁、陕西、江苏、安徽、浙江、福建、河南、江西、湖南、广西、四川），朝鲜半岛，日本，俄罗斯（远东地区）。

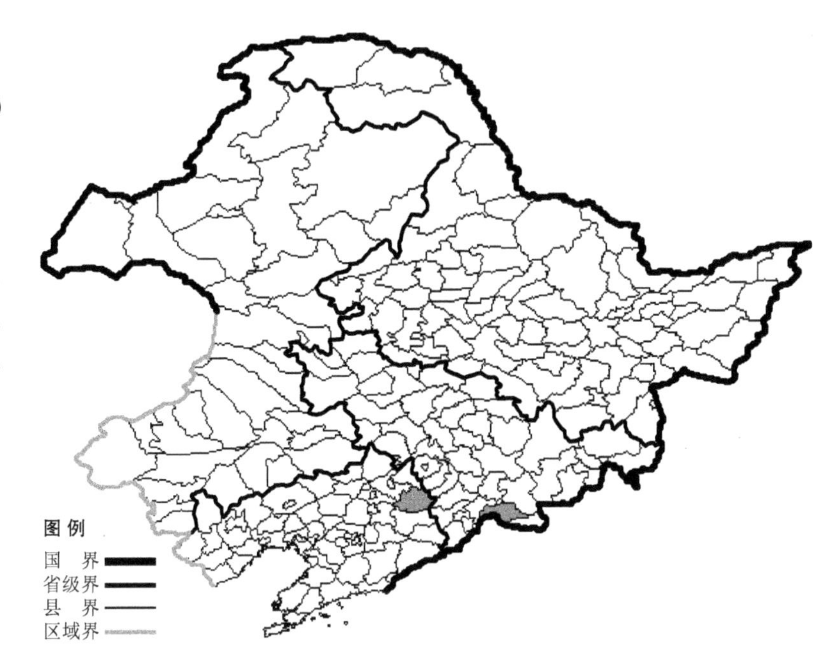

参考文献

曹伟，李冀云 . 2003. 长白山植物自然分布 . 沈阳 ：东北大学出版社

曹伟，李冀云 . 2007. 小兴安岭植物区系与分布 . 北京 ：科学出版社

曹伟，李冀云，傅沛云，等 . 2004. 大兴安岭植物区系与分布 . 沈阳 ：东北大学出版社

傅沛云 . 1995. 东北植物检索表（第 2 版）. 北京 ：科学出版社

傅沛云 . 1998. 东北草本植物志（第 12 卷）. 北京 ：科学出版社

李冀云 . 2004. 东北草本植物志（第 9 卷）. 北京 ：科学出版社

李书心 . 1988-1992. 辽宁植物志（上册、下册）. 沈阳 ：辽宁科学技术出版社

李书心，刘淑珍，曹伟 . 2005. 东北草本植物志（第 8 卷）. 北京 ：科学出版社

辽宁省林业土壤研究所 . 1975. 东北草本植物志（第 3 卷）. 北京 ：科学出版社

辽宁省林业土壤研究所 . 1976. 东北草本植物志（第 5 卷）. 北京 ：科学出版社

辽宁省林业土壤研究所 . 1976. 东北草本植物志（第 11 卷）. 北京 ：科学出版社

辽宁省林业土壤研究所 . 1977. 东北草本植物志（第 6 卷）. 北京 ：科学出版社

刘慎谔 . 1955. 东北木本植物图志 . 北京 ：科学出版社

刘慎谔 . 1958. 东北草本植物志（第 1 卷）. 北京 ：科学出版社

刘慎谔 . 1959. 东北草本植物志（第 2 卷）. 北京 ：科学出版社

刘慎谔 . 1980. 东北草本植物志（第 4 卷）. 北京 ：科学出版社

刘慎谔 . 1981. 东北草本植物志（第 7 卷）. 北京 ：科学出版社

马毓泉 . 1989-1998. 内蒙古植物志（第 2 版，第 1-5 卷）. 呼和浩特 ：内蒙古人民出版社

秦忠时 . 2004. 东北草本植物志（第 10 卷）. 北京 ：科学出版社

赵一之 . 2012. 内蒙古维管植物分类及其区系生态地理分布 . 呼和浩特 ：内蒙古大学出版社

中国科学院中国植物志编辑委员会 . 1959-2004. 中国植物志（第 1-80 卷）. 北京 ：科学出版社

Charkevicz S S. 1985-1996. Plantae Vasculares Orientis Extremi Sovietici, Vol. 1-8. Leningrad: NAUKA Press

Grubov V I. 1982. Key to the Vascular Plants of Mongolia, Leningrad. Leningrad: NAUKA Press

Kitagawa M. 1979. Neo-Lineamenta Florae Manshuricae. Vaduz: Verlag Kommanditgesellschati

Komarov V L. 1934-1964. Flora of URSS, Vol. 1-30. Leningrad: NAUKA Press

Ohwi J. 1978. Flora of Japan. Tokyo: Shibundo Co. Ltd Publishers

RokJae Y, HakSong G, HyeonSam G. 1974-1976. Flora Coreana, Vol. 2-7. Phyongyang: Editio Academiae Scientiarum R P D C

Wu Z Y, Raven P H. 1994-2013. Flora of China, Vol. 1-25. Beijing: Science Press and St.-Louis: Missouri Botanical Garden Press

中文名索引

C

D

E

H

J

K

M

R

S

T

X

Z

拉丁名索引

A

B

C

D

E

F

G

H

I

J

K

L

M

N

O

P

Q

R

T

U

V

W

X

Y

Z